Franz Stade

Die Holzkonstruktionen

Franz Stade

DIE HOLZ-KONSTRUKTIONEN

NIKOL VERLAG

Reprint nach dem Original aus dem Jahre 1904.

2. Auflage 2024

Umschlaggestaltung: Nele Schütz Design unter
Verwendung von shutterstock/VoodooDot
(Rahmenkonstruktion), Akim D (Werkzeug)
Druck und Bindung: Abedik SA
Printed in Poland

ISBN: 978-3-86820-695-1

Besuchen Sie uns im Internet:
www.nikol-verlag.de

Die Holzkonstruktionen.

Lehrbuch zum Selbstunterrichte

bearbeitet

von

Franz Stade, Architekt,

Lehrer an der kgl. sächs. Baugewerkenschule zu Leipzig.

Mit 918 Abbildungen und 16 Tafeln.

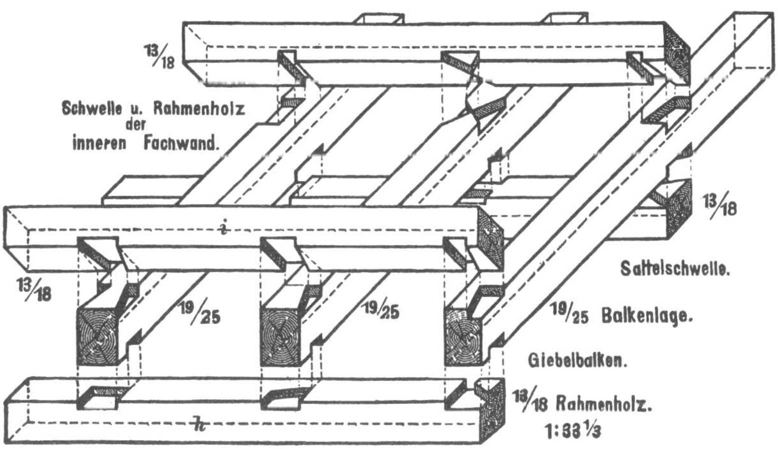

Leipzig.

Verlag von Moritz Schäfer.

Inhaltsverzeichnis.

Vorwort.

Die Holzkonstruktionen bilden den 13. Band des vom Unterzeichneten herausgegebenen Gesamtwerkes „die Schule des Bautecknikers“. Sie umfassen die wichtigsten Arbeiten des Zimmermanns. Der grosse Stoff, welchen die Holzkonstruktionen enthalten, ist durch 918 Textfiguren mit mehrfachen Unterabteilungen und 16 Tafeln in Bunt- und Schwarzdruck erläutert worden. Auch Arbeiten, welche vom Zimmermann nur selten oder gar nicht ausgeführt werden, wie hölzerne Treppen, Thüren und Fenster, sind erläutert worden, weil dieselben in den meisten Lehrplänen deutscher Baugewerkenschulen an die Holzkonstruktionen als konstruktives Lehrfach angeschlossen werden.

Da das Buch dem Selbstunterrichte dienen soll, so ist es erforderlich, dass der Leser mehrere der zahlreichen Beispiele in grösserem Maßstabe wie z. B. 1 : 50 zeichnerisch darstellt und die Verbindungen ihrer Konstruktionsteile unter einander in noch grösserem Maßstabe wie z. B. 1 : 20 in geometrischer oder auch isometrischer Projektion austrägt, zu welchem Zwecke den einzelnen Beispielen stets übliche, der Praxis entnommene Spannweiten, Höhen und Dimensionen der einzelnen Verbandhölzer beigefügt worden sind, sodass der Leser im Stande ist, die einzelnen Aufgaben richtig zu lösen. Die Holzstärken aber sind den Normalprofilen der Bauhölzer anzupassen. Sehr zu empfehlen ist die Konstruktion von Werksätzen nach gegebenen Grundrissen unter Beachtung der aufgestellten Regeln und Gesichtspunkte für die Konstruktion der Walm- und Wiederkehrdächer als Kehlbalken- und Pfettendächer, und die zeichnerische Darstellung und Entwickelung der Grat- und Kehlschiftungen in halber oder ganzer natürlicher Grösse. Auch für Treppenkonstruktionen ist es dienlich, die Austragung von gekrümmten Wangenteilen und Kropfstücken in natürlicher Grösse vorzunehmen; desgleichen sind Thüren und Fenster in ihren Einzelheiten in natürlicher Grösse vorteilhaft zu detaillieren.

Gesetzliche Bestimmungen wolle der Leser mit den Baugesetzen seines Heimatlandes vergleichen und berücksichtigen.

Die beigegebenen Normalpreise der einzelnen Arbeiten sind selbstverständlich stets Schwankungen unterworfen und dementsprechend mit den jeweilig geltenden Preisen zu vergleichen.

Leipzig, im Februar 1904.

Franz Stade.

Die Holzkonstruktionen.

I. Einleitung.

Die Holzkonstruktionen umfassen alle diejenigen Arbeiten des Hochbaues, welche durch den Zimmermann ausgeführt werden können. Das Material, welches man zu Holzkonstruktionen verwendet, liefern zum Teil die Nadelhölzer, welche sich durch schlanken Wuchs und reichen Harzgehalt auszeichnen, durch welch' letzteren sie sehr widerstandsfähig gegen Zerstörung des Holzes werden, zum Teil diejenigen Laubhölzer, welche eine grössere Härte haben. Von den einheimischen Nadelhölzern verwendet man daher zu den eigentlichen Zimmerarbeiten: die Kiefer, Kiene oder Föhre, die Fichte oder Rottanne, die Weiss- oder Edeltanne und den Lärchenbaum oder die Schwarzkiefer.

Von den ausländischen Nadelhölzern kommen hauptsächlich zu genanntem Zwecke in den Handel: die schwedische Kiefer, die amerikanische oder kanadische Pechkiefer, das sogenannte Pitch-pine-Holz (sprich Pitsch-pein), die kalifornische Kiefer oder das Yellow-pine-Holz (sprich Jellopein). Von den einheimischen härteren Laubhölzern sind es die Winter-, Trauben- oder Steineiche, die Sommer- oder Stieleiche, die Rotbuche, die Ulme oder Rüster und die Erle, während die weicheren Laubholzarten wie die Birke, Esche, Hain- oder Weissbuche, Pappel, Linde, Ahorn, Kastanie, Weide und die Obstbäume nur selten zu eigentlichen Bauarbeiten Verwendung finden; auch die ausländischen Laubhölzer wie italienischer und amerikanischer Nussbaum, Ebenholz, Cedernholz, Mahagoni-, Palisander- und Amarandholz sowie das indische Eichenholz, das sogenannte Teakholz, (sprich Tiekholz) dienen mehr zu Tischler- und Drechslerarbeiten, während das argentinische Quebrachoholz (sprich Kebratscho) und das australische Tallow-wood-Holz (sprich Tallowud) in der Neuzeit mit Erfolg zu Holzpflasterungen verwendet worden ist. Die Beschreibung der Bauhölzer in Bezug auf ihre Beschaffenheit und Verwendung im Baufache, ihre Krankheiten, das Schwinden, Reissen, Sichwerfen des Holzes und die Zerstörung desselben durch Fäulnis, Hausschwamm, Wurmfrass und Feuer, sowie deren Verhütung durch Imprägnierung und Anstriche enthält die Baumaterialienlehre.

Unter der Berücksichtigung, dass Holz nur dann dauerhaft ist, wenn es entweder beständig im Trocknen sich befindet oder beständig der Feuchtigkeit ausgesetzt ist, wird man je nach dem Konstruktionszwecke, welchem dasselbe dienen soll, zwischen den härteren Laubholzarten und den harzreicheren Nadelhölzern zu wählen haben.

Das Fällen der Bäume erfolgt im Spätherbst oder Winter, am besten im Monat Dezember und Januar, also in der Jahreszeit, in welcher der Saft in den Bäumen nicht mehr emporsteigt. Hierauf werden die Bäume von ihren Ästen und Zweigen, von ihrer Rinde und dem Splint befreit, welche Zurichtung der Baumstämme man das Bewaldrechten der Bäume nennt. Die weitere Bearbeitung derselben zu Bauholz geschieht alsdann durch das Behauen mit der Axt oder durch Schneiden mittels Sägen auf dem Zimmerplatze oder mittels Sägegattern (Horizontal- oder Vertikalgattern) in Säge- oder Schneidemühlen. Die Bearbeitung mit der Axt ergiebt sogenanntes Kantholz, bei welchem die Bauhölzer nicht immer genauen rechteckigen Querschnitt haben, sondern sogenannte Wahnkanten (auch Waldkanten, Baukanten) zeigen, welche jedoch bei einem Balken nicht breiter als $\frac{1}{3}$ seiner Breite und nicht länger als $\frac{1}{5}$ seiner Länge sein dürfen. Textfigur 1.

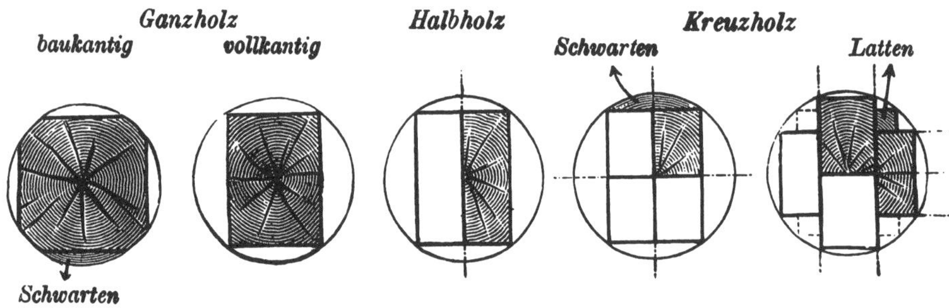

Fig. 1. Fig. 2. Fig. 3. Fig. 4. Fig. 5.

Werden die Baumstämme mittels Sägen geschnitten, so bezeichnet man solches Bauholz als Schnittholz. Die Stärke der Bauhölzer mit rechteckigem Querschnitt für Holzkonstruktionen schreibt man in Gestalt eines gemeinen Bruches, dessen Zähler die Breite und dessen Nenner die Höhe des Holzes bezeichnet; also z. B. ein $\frac{19}{25}$ cm starker Balken (vergl. *Taf. 1, Fig. 1*) ist ein Balken von 19 cm Breite und 25 cm Höhe. Die unbearbeiteten und geschnittenen Bauholzstämme werden in Bezug auf ihre Stärke und Länge eingeteilt und erhalten darnach folgende Bezeichnungen:

1. Extra starkes Bauholz von 14 bis 16 cm Länge und mit mehr als 34 bis 36 cm Zopfstärke, worunter man die Stärke des Stammes am oberen oder Wipfelende versteht; und 48 cm am Stamm- oder Wurzelende, dem unteren Ende des Baumes. Solche Hölzer liefern ungetrennt sogenannte Ganzholzbalken (vergl. oben Fig. 2); einmal getrennt, in halber Breite nach der Länge des Stammes sogenannte Halbholzbalken (vergl. oben Fig. 3); zweimal getrennt, in der Mitte ihrer Höhe und Breite durch zwei auf einander senkrecht stehende Schnitte nach der Länge des Stammes sogenanntes Kreuzholz (vergl. oben Fig. 4). Vorteilhafter ist es jedoch, das Kreuzholz aus einem Stamme sozu trennen, wie oben in Fig. 5 dargestellt ist.

Das Ganzholz dient zu Balken, Unterzügen und Trägern; das Halbholz zu schwächeren Balken und Zangen; das Kreuzholz zu Sparren, Schwellen, Säulen, Streben, Riegeln, Kopf- oder Winkelbändern; an Stelle des Kreuzholzes kann man jedoch auch schwaches Ganzholz verwenden.

2. Ordinär starkes Bauholz von 12 bis 14 m Länge und 26 bis 32 cm Stärke am Zopfende und 42 cm Stärke am Stammende.

3. Mittelbauholz oder Riegelholz von 10 bis 12 m Länge, 20 bis 24 cm Zopfstärke und 36 cm durchschnittlicher Stärke am Stammende.

4. Kleines Bauholz von 9 bis 11 m Länge und 16 bis 18 cm Stärke am Zopfende. Man bezeichnet es auch als Sparr- oder Sperrholz. Auch aus dem Mittel- und Kleinbauholz erhält man Ganzholz, Halbholz und Kreuzholz.

5. Bohlstämme von 9 bis 9,5 m Länge und 14 cm Stärke am Zopfende. Sie werden nur einmal getrennt und dienen zum Belag hölzerner Brücken mittels starker Bohlen.

6. Lattstämme von 7,5 bis 9,5 m Länge und 8 bis 10 cm Stärke am Zopfende. Sie werden gespalten und dienen zu Dachlatten (Stroh-, Rohr- und Ziegeldächer) und Zwischendeckenkonstruktionen (Windelböden).

7. Rindschäliges Holz oder Schwamm-, auch Schwemmbauholz, von 9 bis 12,5 m Länge und 36 bis 47 cm Stärke am Zopfende. Hierunter versteht man abgestandenes Bauholz, auf dessen Güte es weniger ankommt und welches daher zum Ausstaaken der Fachwerkwände (sogenannter Wellerwände) und Zwischendecken (der Windelböden) verwendet wird.

8. Sägeblöcke von 5 bis 7,5 m Länge und 30 bis 60 cm Stärke am Zopfende, aus welchen Bohlen, Bretter oder Dielen, Latten und Schwarten oder Schalen geschnitten werden, welche man als sogenanntes Schnittholz bezeichnet.

a) Die Bohlen haben eine Stärke von 5; 6,5; 8; 10,5 und 13 cm und dienen zur Konstruktion der Holzwände (Bohlenwände) und hölzernen Fussböden.

b) Die Bretter und Dielen nennt man
ganze Spundbretter mit 5 cm Stärke,
halbe Spundbretter mit 4 cm Stärke,
Tischlerbretter mit 3 cm Stärke,
Schalbretter mit 2 cm Stärke und
Kistenbretter mit 1,5 cm Stärke.

c) Die Latten teilt man ein in:
Doppellatten von 8 cm Breite und 4 bis 5 cm Höhe,
Dachlatten von 6,5 cm Breite uud 4 cm Höhe,
Spalierlatten von 4 cm Breite und 2 cm Höhe.

d) Die Schwarten oder Schalen, im Mittel 3,5 cm stark, sind die Teile, welche übrig bleiben, wenn aus einem Baumstamme ein Balken von quadratischem oder rechteckigem Querschnitt geschnitten-

wird. Sie werden zu Zwischendeckenkonstruktionen (Fehlboden, Einschub) verwendet. Siehe oben Fig 1 und 4.

Das Eigengewicht eines Kubikmeters (cbm) Kiefernholz beträgt 650 kg, 1 cbm Tannenholz wiegt 700 kg, 1 cbm Buchenholz 750 kg, 1 cbm Eichenholz 800 kg. Die zulässige Beanspruchung des Eichen und Buchenholzes auf Druck beträgt pro Quadratcentimeter (qcm) 80 kg; auf Zug 100 kg; diejenige des Kiefernholzes auf Druck pro qcm 60 kg, auf Zug pro qcm 100 kg.

Die Zimmerarbeiten, welche in ihren schwierigeren Konstruktionen in der Neuzeit durch die Anwendung des Eisens vielfach verdrängt und durch Eisenkonstruktionen ersetzt werden, erfordern, wie die Steinkonstruktionen, gewisse Verbände, die sogenannten einfachen Holzverbindungen, mittels welcher die Hölzer in ihren verschiedenen Lagen, welche sie zu einander einnehmen können, fest mit einander verbunden werden. Auch bei ihnen tritt eine Art mechanischer Verband hinzu in Gestalt schmiedeeiserner Klammern, Schienen, Bolzen, Bänder und gusseisernen Muffen, Schuhe und Auflagerplatten. Die zur Konstruktion der einfachen Holzverbindungen erforderlichen Zeichnungen auf den Tafeln der Holzkonstruktionen enthalten die Draufsicht (den Grundriss), die Ansicht (den Aufriss) bezw. die Seitenansicht (den Seitenriss) der einzelnen Verbandhölzer, und zum leichteren Verständnis die isometrische Darstellung der verbundenen oder zu verbindenden Hölzer. Für das Langholz ist ein schwacher Ton von ungebrannter Terra di Siena (Terre de Sienne), für das Hirnholz ein Ton von gebrannter Terra di Siena gewählt, während die Vorderflächen bezw. Seitenflächen der isometrischen Zeichnungen einen leichten Schattenton von chinesischer Tusche, Neutraltinte oder Sepia erhalten können.

II. Die einfachen Holzverbindungen.

Man teilt dieselben ein in

A. die Verlängerung der Hölzer,

B. die Verknüpfung der Hölzer,

C. die Verstärkung der Hölzer, welche bei der Konstruktion der Balkenlagen besprochen werden soll und

D. die Verbreiterung der Hölzer, welche bei der Bildung hölzerner Fussböden und Bretterwände zur Anwendung kommt.

A. Die Verlängerung der Hölzer.

Man unterscheidet die Verlängerung wagrecht liegender kantiger Hölzer, welche durch die Stösse und Blattungen bewirkt wird, und die Verlängerung **senkrecht stehender, runder** Hölzer, welche durch die **Pfropfungen** erfolgt.

1. Die Stösse.

Sie können nur da angewendet werden, wo die zu verlängernden Hölzer von unten her an der **Stossstelle** unterstützt sind, was durch direktes Auflager des Balkens auf einer Mauer, oder durch Unterstützung des Balkens durch Unterzüge, Sattelhölzer oder Säulen (Träger, Stiele) geschehen kann. Vergl Balkenlagen. Hauptsächlich werden folgende Verbindungen angewendet:

a) **Der gerade Stoss**, *Taf. 1, Fig. 1.*

Die beiden Hölzer, z. B. Balken, Unterzüge, Rahmenhölzer, stossen mit einem senkrechten Schnitt zu ihrer Längenachse stumpf zusammen und zwar Hirnholz gegen Hirnholz und werden gegen ein Auseinanderziehen gesichert durch seitlich oder unterhalb und oberhalb eingeschlagene schmiedeeiserne Klammern, welche 2 cm breit und 1 cm stark sind und deren Länge vorteilhaft gleich der doppelten Höhe des Balkens, mindestens jedoch 25 bis 30 cm zu machen ist. In der Zeichnung in *Fig. 1* auf *Taf. 1* ist ein Balken von 19 cm Breite und 25 cm Höhe, also mit einem Querschnitt von $\frac{19}{25}$ cm zu Grunde gelegt.

b) **Der schräge Stoss**, *Taf. 1, Fig. 2.*

erfolgt geneigt zur Längenachse des Balkens, und zwar unter einem Winkel von 60^0 oder mit $\frac{1}{4}$ der Balkenhöhe als Abweichung von der senkrechten Schnittlinie des geraden Stosses. Auch hier erfüllen die schmiedeeisernen Klammern denselben Zweck wie beim geraden Stoss.

Grössere Festigkeit gegen ein Auseinanderziehen oder seitliches Verschieben der beiden Balkenhölzer erzielt man durch Anwendung folgender Verbindungen:

c) **Der gerade Stoss mit eingesetztem Stück**, *Taf. 1, Fig. 1.*

Die Höhe des letzteren bezw. die Tiefe des **Ausschnittes** aus den beiden Balkenteilen beträgt $\frac{1}{2}$ h, wenn wir mit h die ganze Höhe des Balkens bezeichnen. Die Länge des **eingesetzten Stückes**, somit auch die des **Ausschnittes** beträgt 4 h. Der schräge Schnitt erfolgt unter 60^0 oder mit $\frac{1}{4}$ h als Abweichung von der Senkrechten. Auf beiden Balkenteilen in **diagonaler** Richtung eingetriebene **Nägel** aus Eichen- oder Rotbuchenholz und seitlich eingeschlagene schmiedeeiserne Klammern dienen zur Sicherung gegen ein Auseinanderziehen und seitliches Verschieben beider Balkenteile.

d) **Der gerade Stoss mit eingesetztem Haken**, *Taf. 1, Fig. 4*, macht die Anwendung von Klammern entbehrlich. Der **eingesetzte Haken**, dessen Gestalt durch die isometrische Zeichnung der beiden **ausgeschnittenen** Balkenteile leicht sich erkennen lässt, erhält als Länge die vierfache Höhe des Balkens. Die Tiefe der entsprechenden Einschnitte bezw. die Höhe des sich hierdurch ergebenden Hakens betragen $\frac{5}{8}$ bezw. $\frac{3}{8}$ der Balkenhöhe. Die Länge des eigentlichen Hakens ist gleich h. In diagonaler Richtung eingetriebene Holznägel sichern die Verbindung gegen ein seitliches Verschieben, der Haken aber gegen ein Auseinanderziehen beider Balkenteile. Noch fester wird die Verbindung durch

e) den geraden Stoss mit eingesetztem Haken und Keil, *Taf. 1, Fig. 5,*

bei dessen Konstruktion dieselben Dimensionen, wie beim geraden Stoss mit eingesetztem Stück und eingesetztem Haken anzuwenden sind. Durch die Keile mit quadratischem Kopf, dessen Seitenlänge $\frac{3}{8}$ der Balkenhöhe beträgt, werden Holznägel und schmiedeeiserne Klammern entbehrlich.

f) Der gerade Stoss mit eisernen Schienen.

Derselbe wird bei sehr starken Hölzern angewendet und unterscheidet sich vom geraden Stoss *(Taf. 1, Fig. 1)* durch weiter nichts, als dass an Stelle der Klammern schmiedeeiserne Schienen treten, welche 4 bis 5 cm breit, 1 bis $1\frac{1}{2}$ cm stark und ungefähr 1 m lang sind und durch schmiedeeiserne Schraubenbolzen mit Unterlagsscheibe und Schraubenmutter auf der einen und festem quadratischen Kopf auf der anderen Seite und Nägel an beide Balkenteile befestigt werden. Zu weiterer Sicherung werden die Schienen auch wohl an ihren Enden aufgebogen und hinter den dadurch gebildeten Haken eine kleine eiserne Klammer, Krampe oder Kramme geschlagen.

2. *Die Blattungen.*

Auch sie erfordern eine Unterstützung der Balken von unten an der Verbindungsstelle wie die Stösse. Man unterscheidet:

a) Das gerade Blatt, *Taf. 1, Fig. 6,*

bei welchem auf die Länge von 2 h aus beiden Balkenteilen die halbe Holzstärke ausgeschnitten wird. In diagonaler Richtung eingetriebene Holznägel sichern die Verbindung gegen ein Auseinanderziehen und seitliches Verschieben.

b) Das schräge Blatt, *Taf. 1, Fig. 7,*

erhält als Länge das zwei- bis dreifache der Balkenhöhe. Die Tiefe des senkrechten Einschnittes beträgt $\frac{1}{5}$ h, wodurch die schräge Richtung des Blattes gebildet wird. Hölzerne Nägel dienen dem gleichen Zwecke wie vorher.

c) Das schräge Hakenblatt oder französische Blatt, *Taf. 1, Fig. 8,*

hat zur Länge das $2\frac{1}{2}$ bis 3 fache der Balkenhöhe Die senkrechte Tiefe des Einschnittes beträgt $\frac{1}{6}$ h. Der Haken befindet sich in halber Länge der schrägen Richtung und zwar senkrecht zur letzteren. Hölzerne Nägel, in diagonaler Richtung eingetrieben, sichern die beiden Holzteile gegen ein seitliches Verschieben. Diese Verbindung wird zur Verlängerung der Hölzer meistens vorgeschrieben und angewendet.

d) Das schräge Hakenblatt mit dem Keil, *Taf. 1, Fig. 9,*

erhält die drei- bis vierfache Höhe des Balkens zur Länge, die Tiefe des Einschnittes senkrecht von der Oberkante des Balkens nach unten gemessen soll $\frac{1}{6}$ h betragen, wodurch die schräge Richtung des Blattes gebildet wird, auf welcher die schrägen Schnitte, sowie der Keil mit quadratischem Kopf senkrecht stehen. Schmiedeeiserne durchgezogene Bolzen geben der Verbindung grosse Festigkeit.

e) Das schräg eingeschnittene Blatt, *Taf. 1, Fig. 10,*
erhält die doppelte Höhe des Balkens zur Länge. Die Tiefe der gegenseitigen Ausschnitte an beiden Balkenteilen beträgt $\frac{1}{2}$ h. Die schräge Richtung der letzteren ist unter 60° oder mit $\frac{1}{4}$ h als Abweichung von der senkrechten Richtung zu konstruieren. In diagonaler Richtung eingetriebene hölzerne Nägel dienen gegen ein Auseinanderziehen und seitliches Verschieben beider Balkenteile.

f) Das kurze Hakenblatt, *Taf. 1, Fig. 11,*
hat die doppelte Höhe des Balkens zur Länge. Die Tiefe des senkrechten Einschnittes bezw. die sich hieraus ergebende Höhe des Hakens beträgt $\frac{5}{8}$ h bezw. $\frac{3}{8}$ h. Die Länge des Hakens ist gleich der Balkenhöhe.

g) Das verborgene Hakenblatt, *Taf. 1, Fig. 12,*
erhält einen dreieckigen Haken mit wagrechter Oberfläche auf der schrägen Schnittfläche, welcher in einen entsprechenden Ausschnitt in der Unterfläche des daraufgelegten Balkenteiles genau hineinpasst. Die Tiefe des senkrechten Einschnittes beträgt $\frac{1}{8}$ h, der dreieckige Haken erhält die halbe Balkenhöhe zur Höhe und die Balkenbreite als Länge. Die Gesamtlänge dieses Hakenblattes ist gleich der zwei- bis dreifachen Höhe des Balkens.

h) Das schwalbenschwanzförmige Blatt mit Brust oder Brüstung, *Taf. 1, Fig. 13,*
hat zur Länge die Höhe des Balkenholzes. Die Tiefe der Ausschnitte beträgt $\frac{1}{2}$ h, die Breite der Brust $\frac{1}{8}$ h, die Länge des schwalbenschwanzförmigen Blattes somit $\frac{5}{8}$ h. Die Verjüngung der Schwalbenschwanzform wird mit $\frac{1}{8}$ bezw. $\frac{3}{8}$ der Holzbreite gebildet.

i) Das schräg eingeschnittene Hakenblatt mit dem Doppelkeil, *Taf. 1, Fig. 14,*
erhält die drei- bis vierfache Höhe des Balkenholzes zur Länge. Die Tiefe der senkrechten Einschnitte beträgt $\frac{5}{8}$ h, die Höhe des Hakens bezw. des Doppelkeiles mit quadratischem Kopf $\frac{3}{8}$ h. Die schräge Richtung des Hakenblattes wird unter 60° gelegt oder mit der halben Höhe des senkrecht gemessenen Tiefeneinschnittes konstruiert als Abweichung von der senkrechten Richtung. Der Doppelkeil macht hölzerne Nägel oder schmiedeeiserne Bolzen entbehrlich.

k) Das gerade Blatt mit Grat. *Taf. 1, Fig. 15.*
Um ein seitliches Verschieben beider Holzteile zu verhindern, wendet man häufig einen schrägen Schnitt nach der Breite des Balkens an, welchen man Grat nennt. Die Länge dieses Blattes beträgt 2 h, die Tiefe des senkrechten Einschnittes $\frac{1}{2}$ h, die Gratrichtung erhält $\frac{1}{4}$ b als Abweichung. In diagonaler Richtung eingetriebene Holznägel dienen noch zu weiterer Sicherung.

3. *Die Pfropfungen oder das Aufpfropfen.*

Sie dienen zur Verlängerung senkrecht stehender, runder Hölzer, also Pfähle, wie sie bei der Konstruktion des Pfahlrostes vorkommen. Bei ihrer Ausführung ist besonders darauf zu achten, dass die Achsen der aufeinander gestellten Pfähle in eine Senkrechte zusammenfallen, und dass die Hölzer in einer ebenen Hirnholzfläche zusammenstossen, damit die Reibung beim Einrammen vermindert und etwa vorstehende Hirnholzfasern nicht in einander eindringen können. Die Pfropfungen werden meist mit Zuhilfenahme von Eisen hergestellt. Man unterscheidet:

a.) Die stumpfe Pfropfung mit schmiedeeisernem Dorn und schmiedeeisernem Ring, *Taf. 2, Fig. 1 a*,

Der mindestens 30 cm lange schmiedeeiserne Dorn wird zur Hälfte seiner Länge in den unteren Pfahl genau in dessen Mittelachse eingetrieben, während der darauf zu setzende obere Pfahl auf den Dorn aufgetrieben wird. Die stumpfe Pfropfungsstelle wird durch einen umgelegten schmiedeeisernen Ring gesichert.

b) Die stumpfe Pfropfung mit schmiedeeisernen Schienen, *Taf. 2, Fig. 1 b.*

Bei derselben werden die aufeinander gepfropften Pfähle durch mindestens 4 Schienen von etwa 1 m Länge, 4 bis 5 cm Breite und 1 bis 1½ cm Stärke, welche sich paarweise gegenüberstehen und durch eiserne Nägel, Bolzen bezw. auch Krammen befestigt sind, mit einander verbunden.

c) Die stumpfe Pfropfung mit gusseiserner Muffe oder Schuh, *Taf. 2, Fig. 1 c und 1 d.*

Beide Pfähle werden dem Profil des Schuhes entsprechend zugespitzt und in den Schuh eingesetzt. *Fig. 1 c* zeigt einen Längenschnitt durch die Mitte des Pfahles, wodurch das Querschnittsprofil des Schuhes sichtbar wird. *Fig. 1 d* giebt die Ansicht der durch die Muffe verlängerten Pfähle.

Senkrecht stehende kantige Hölzer werden nicht durch Pfropfungen, sondern durch Stösse oder Blattungen verlängert.

d) *Fig. 1 e* zeigt die Verlängerung einer Säule durch ein gerades Blatt, welches mindestens die doppelte Holzstärke zur Länge hat. Die Tiefe des Ausschnittes beträgt ½ der Holzstärke. Eiserne Bolzen dienen zu weiterer Sicherung.

In gleicher Weise kann man eine Art Verzapfung mit Grat anwenden, wie dieselbe in *Taf. 2, Fig. 1 f* und *1 g* dargestellt ist. Eiserne Bolzen dienen dem gleichen Zwecke;

oder, es werden, was namentlich bei Anordnung doppelter bezw. verstärkter Säulen angewendet wird, die einzelnen Säulenteile wechselweise gestossen und unter sich durch hölzerne Dübel und eiserne Bolzen verbunden. *Taf. 2, Fig. 1 h.* Auch kann man die Säulenteile durch Verzahnung oder Verschränkung unter Anwendung hölzerner Dübel und eiserner Bolzen mit einander verbinden. *Fig. 1 i.*

B. Die Verknüpfung der Hölzer.

Dieselbe teilt man ein in die Überschneidungen, Überblattungen, Verzapfungen, Verkämmungen, Versatzungen, Aufklauungen, Schifftungen und Verzinkungen.

1. *Die Überschneidungen.*

Sie finden dann statt, wenn 2 in wagerechter oder senkrechter Ebene liegende Hölzer in ihren Richtungen sich kreuzen, d. h. über ihren Kreuzungspunkt hinausgehen. Nach der Lage der zu verknüpfenden Hölzer kann die Überschneidung eine rechtwinklige oder eine schiefwinklige sein.

a) Die rechtwinklige Überschneidung, *Taf. 2, Fig. 2,*
ist dargestellt an 2 über ihren Kreuzungspunkt hinausgehenden, in wagerechter Ebene liegenden Balken von $\frac{18}{24}$ cm Stärke (also von 18 cm Breite und 24 cm Höhe), wie solche Anordnungen bei strahlenförmigen oder Stern- und Turmbalkenlagen vorkommen. Die rechtwinklige Ueberschneidung wird nun dadurch gebildet, dass man im Kreuzungspunkte aus beiden Hölzern die halbe Holzstärke ausschneidet und die Verbindung durch einen durchgetriebenen Holznagel oder schmiedeeisernen Bolzen sichert. *Fig. 2* zeigt die Verbindung der beiden Balken im Aufriss und Grundriss, sowie die Unter- und Seitenansicht des einen Balkens mit seinem entsprechenden Ausschnitte = $\frac{1}{2}$ h im Kreuzungspunkte beider Hölzer.

b) Die schiefwinklige Überschneidung, *Taf. 2, Fig. 3.*

Sie kann sowohl bei Balkenlagen, als auch bei Streben der Riegelwände und Zierfachwerke angewendet werden, wenn sich diese Streben in senkrechter Ebene schiefwinklig kreuzen. Auch bei ihr wird aus beiden Hölzern im Kreuzungspunkte die halbe Holzstärke ausgeschnitten, während ein Holznagel demselben Zwecke dient wie vorher. *Fig. 3* stellt die verknüpften Hölzer im Aufriss dar, hier 2 Streben von $\frac{13}{18}$ cm Stärke (also von 13 cm Stärke und 18 cm Breite), während ihre Seitenrissprojektionen die schiefwinkligen Ausschnitte = $\frac{1}{2}$ s erkennen lassen, wenn s die Stärke der Hölzer bezeichnet.

2. *Die Überblattungen (auch Überplattungen).*

Sie werden dann angewendet, wenn nur eins der zu verknüpfenden, in wagerechter Ebene liegenden Hölzer über den Kreuzungspunkt hinausgeht. Man unterscheidet:

a) Die gerade Überblattung, *Taf. 2, Fig. 4,*
bei welcher ebenfalls aus beiden Hölzern im Kreuzungspunkte die halbe Holzstärke ausgeschnitten wird. Auch hier giebt ein Holznagel, im Kreuzungspunkte eingetrieben, die erforderliche Sicherung gegen ein Auseinanderziehen beider Hölzer. *Fig. 4* zeigt die verknüpften Hölzer im Grund- und Aufriss, ferner rechts die Draufsicht und Seitenansicht des durchgehenden Holzes und über bezw. unter dem Grundriss beider Hölzer die Seiten- und

Unteransicht des im ersteren senkrecht endigenden Verbandholzes. Die beigezeichnete isometrische Darstellung beider Hölzer wird zum Verständnis der Konstruktion beitragen.

b) Die schwalbenschwanzförmige Überblattung, *Taf. 2, Fig. 5,*

erfordert ebenfalls einen gegenseitigen Ausschnitt aus beiden Hölzern im Kreuzungspunkte um die halbe Holzstärke. Auch hier dient die Anwendung eines Holznagels demselben Zwecke wie vorher. Die Schwalbenschwanzform des Blattes kann einseitig, wie gezeichnet, oder auch beiderseitig, ähnlich wie in *Fig. 6,* angeordnet werden. Die Abweichung des schrägen Schnittes der schwalbenschwanzförmigen Überblattung beträgt $\frac{1}{4}$ der Holzbreite. Durch denselben ist ein Auseinanderziehen beider Hölzer unmöglich.

c) Die schwalbenschwanzförmige Überblattung mit Brust oder Brüstung, *Taf. 2, Fig. 6,*

hat den Vorteil, dass man die Verbindung beider Hölzer an der Aussenseite des durchgehenden Holzes nicht sehen kann. Die Brust befindet sich in halber Balkenhöhe; ihre Breite beträgt $\frac{1}{4}$ der Balkenbreite. Da schwalbenschwanzförmige Blatt hat $\frac{3}{4}$ der Holzbreite zur Länge. Die beiderseitige Abweichung der Schwalbenschwanzform beträgt $\frac{1}{4}$ der Holzbreite, während die Stärke bezw. Höhe der Überblattung selbst zu $\frac{1}{3}$ der Balkenhöhe angenommen wird.

d) Die hakenförmige Überblattung, *Taf. 2, Fig. 7,*

bei welcher der Hakenschnitt in halber Breite ($= \frac{1}{2}$ b) des durchgehenden Holzes liegt. Die Tiefe der senkrechten Einschnitte beträgt $\frac{3}{5}$ h, sodass für die eigentliche Hakenhöhe sich $\frac{1}{5}$ h ergiebt, wenn h die Höhe der Hölzer bezeichnet.

Endigen aber beide zu verknüpfende Hölzer im Kreuzungspunkte, so bilden sie eine Ecke. Alsdann wendet man die folgenden 3 Verbindungen an, welche man insbesondere als Eckürberblattungen bezeichnet.

e) Die Eckürberblattung mit geradem Schnitt, *Taf. 2, Fig. 8.*

Bei derselben wird aus beiden Hölzern im Kreuzungspunkte die halbe Holzstärke ausgeschnitten, und dient ein daselbst durchgetriebener Holznagel zur Sicherung der Verbindung gegen eine Trennung beider Hölzer.

f) Die Eckürberblattung mit schrägem Schnitt, *Taf. 2, Fig. 9*

erfordert eine Teilung der Balkenhöhe in 6 gleiche Teile. An der äusseren und inneren Ecke giebt man dem entsprechenden Ausschnitte aus beiden Hölzern je 3 Teile zur Höhe, an den Seiten jedoch 4 und 2 Teile, bezw. 2 und 4 Teile, wodurch die Richtung des schrägen Schnittes konstruiert wird. Auch hier ist die Anwendung eines Holznagels erforderlich.

g) Die hakenförmige Eckürberblattung, *Taf. 2, Fig. 10,*

macht die Anordnung eines Holznagels entbehrlich. Die schräge Richtung des Hakens, welcher ein Auseinanderziehen beider Hölzer verhindert, beträgt $\frac{1}{8}$ der Holzbreite, die Tiefe der senkrechten Schnitte jedoch $\frac{3}{8}$ h, woraus sich die Höhe des Hakens zu $\frac{1}{8}$ h ergiebt.

h) Die kammförmige Ecküberblattung, *Taf. 2, Fig. 11,* unterscheidet sich von der vorigen Verbindung nur dadurch, dass der kammförmige Haken an dem betreffenden Holze nicht mehr an das Langholz angewachsen ist, sondern frei auf $\frac{3}{4}$ der Holzbreite stehen bleibt, wodurch derselbe leicht abschert, weshalb diese Verbindung keine gute genannt werden kann Die schräge Richtung des kammförmigen Hakens beträgt $\frac{1}{8}$ der Holzbreite. Die Tiefe der senkrechten Einschnitte ist, wie bei der vorigen Ecküberblattung, $\frac{3}{8}$ h, sodass der hakenförmige Kamm $\frac{1}{8}$ h zur Höhe erhält.

Diese Ecküberblattungen wendet man hauptsächlich bei der Verknüpfung der Schwellen eines Fachwerkbaues an und ist in den *Figuren 8, 9, 10* und *11* auf *Tafel 2* die Vorderansicht und Draufsicht der verknüpften Hölzer, zwischen diesen links die Vorderansicht und Draufsicht der in der Frontmauer liegenden Schwelle, rechts die Seitenansicht und Draufsicht der an der Giebelmauer liegenden Schwelle und die isometrische Projektion beider Verbandhölzer dargestellt.

i) Die An- oder Gegenblattung, *Taf. 3, Fig. 13.*

Sie findet im allgemeinen nur selten Anwendung, da an ihre Stelle meist die Verzapfungen treten. Auch bei ihr wird wie bei allen Überblattungen im Kreuzungspunkte aus beiden Hölzern die halbe Holzstärke ausgeschnitten, wodurch selbstverständlich die Hölzer sehr geschwächt werden. Sie dient zur Verknüpfung zweier Hölzer, deren Achsen sich rechtwinklig kreuzen und welche durch ein drittes in senkrechter Ebene geneigt stehendes Holz zu einem unverschieblichen Dreieck verbunden werden sollen, z. B. die Verbindung eines wagerecht liegenden Unterzuges, Sattelholzes, Balkens oder Rahmenholzes mit einer senkrecht stehenden Säule (Ständer, Stiel) und einem in senkrechter Ebene unter einem Winkel von 45^0 geneigt liegenden Kopf- oder Winkelbande. In *Fig. 13* auf *Tafel 3* ruht ein $\frac{15}{18}$ cm starkes Rahmenholz auf einer $\frac{15}{15}$ cm starken Säule und ist durch ein unter einem Winkel von 45^0 geneigt liegendes Kopfband von $\frac{12}{15}$ cm Stärke in seiner freien Länge unterstützt. Die Anblattung des Kopfbandes erfolgt oberhalb bis zur halben Höhe des Rahmenholzes bezw. unterhalb bis zur halben Breite der Säule. Aus allen 3 Verbandhölzern ist die halbe Holzstärke des Kopfbandes im Kreuzungspunkte auszuschneiden. Die Schwalbenschwanzform der Anblattung konstruiert man mit $\frac{1}{4}$ der Holzbreite als Abweichung. Etwaige entstehende spitze Ecken sind durch rechtwinklige Schnitte zu vermeiden. Ein Holznagel dient auch hierbei zur festeren Verbindung der Konstruktionsteile. *Fig. 13* zeigt die Vorder- und Seitenansicht der verknüpften Hölzer, die Unteransicht des abgehobenen Kopfbandes, sowie die isometrischen Darstellungen seiner oberen wie unteren Anblattung. Auch die Verbindung der Kehlbalken mit den Sparren eines Dachstuhles kann durch An- oder Gegenblattung auf gleiche Weise bewirkt werden, wie in umstehender Textfigur 6 dargestellt ist; ebenso kann die Verbindung zweier Sparren im

First oder Forst, dem höchsten Punkte eines Dachstuhles, durch An- oder Gegenblattung erfolgen, wie Textfigur 7 zeigt. In beiden letzteren Fällen jedoch tritt ebenfalls an Stelle der Anblattung meist die Verzapfung. Textfigur 6 stellt die verknüpften Hölzer in ihrer Vorderansicht dar, und enthält die Draufsicht auf den Kehlbalken, sowie die isometrischen Projektionen des Kehlbalkens und des Sparrens, während Textfigur 7 die Vorderansicht und Draufsicht der beiden verknüpften Sparren, ihre Unteransichten, sowie die isometrischen Projektionen zeigt.

3. Die Verzapfungen.

Auch sie wendet man dann an, wenn das eine oder auch beide zu verknüpfenden Verbandhölzer im Kreuzungspunkte endigen, wobei dieselben nicht immer auf beiden Seiten bündig (flüchtig oder fluchtrecht, d. h. eine Ebene bildend, also weder vor noch zurückstehend) mit einander zu liegen brauchen. Man unterscheidet:

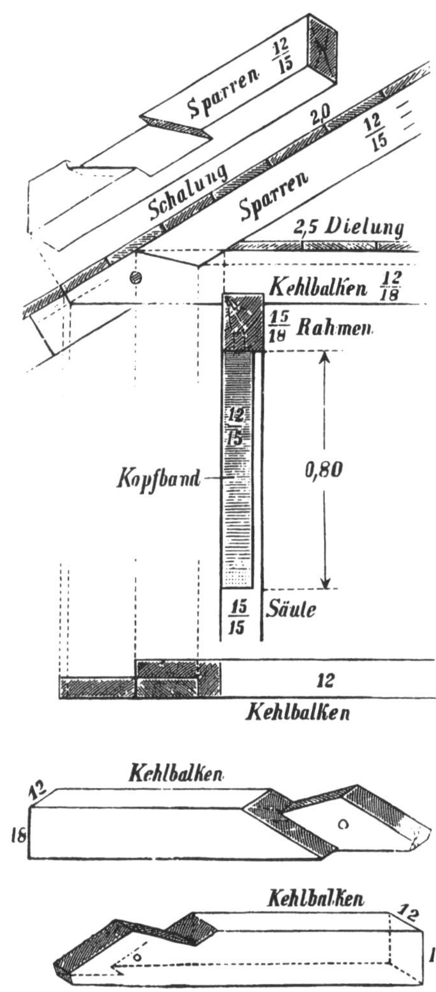

Fig. 6.

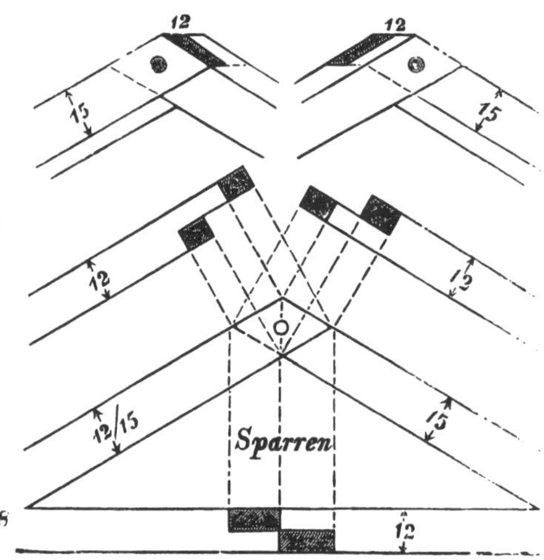

Fig. 7.

a) Den einfachen geraden Zapfen, *Taf. 3, Fig. 1.*

Derselbe wird bei der Verbindung eines senkrecht stehenden Holzes, z. B. einer Säule (Ständer, Stiel) mit einem wagerecht liegenden, z. B. einem Balken, Unterzug, Sattelholz, Schwelle oder Rahmenholz angewendet. In *Fig. 1* ist die Verbindung eines $\frac{15}{18}$ cm starken Rahmenholzes mit einer $\frac{15}{15}$ cm starken Säule eines Dachstuhles dargestellt. Die Zapfenbreite beträgt $\frac{1}{3}$ der Breite des senkrecht stehenden Holzes, hier der Stuhlsäule, die Zapfenlänge macht man gleich der Säulenstärke und die Zapfenhöhe gleich $\frac{1}{3}$ der Höhe desjenigen Holzes, aus welchem das Zapfenloch ausgeschnitten wird, hier des Rahmenholzes. Ein wegen des leichten Abscherens des Holzes möglichst nahe an der Wurzel des Zapfens durchgetriebener Holznagel giebt der Verbindung die nötige Festigkeit. *Fig. 1* stellt die verknüpften Hölzer in Vorder- und Seitenansicht dar, links und rechts neben der Säule stehen die Projektionen der aus dem Rahmenholz herausgezogenen Säule und unter diesen die isometrischen Darstellungen der Säule und des Rahmenholzes.

b) Den zurückgesetzten, geächselten oder Achselzapfen, *Taf. 3, Fig. 2.*

Er wird dann angewendet, wenn das wagerecht liegende Verbandholz, z. B. ein Rahmenholz, nicht über den Kreuzungspunkt hinausgeht, also mit den senkrecht stehenden, z. B. einer Stuhlsäule, eine Ecke bildet. Der Zapfen hat alsdann nur $\frac{3}{8}$ der Säulenbreite zur Länge, während die übrigen Dimensionen denen des geraden Zapfens entsprechen;

c) Den schwalbenschwanzförmigen Zapfen mit dem Keil, *Taf. 3, Fig. 3.*

Derselbe verhindert infolge seiner Gestalt ein Herausziehen der Säule. Der Zapfen erhält einen schrägen Schnitt, dessen Projektionsbreite $\frac{1}{4}$ der Säulenbreite beträgt, dem Zapfenloche giebt man die dem Zapfen entsprechende Gestalt, dasselbe ist jedoch um die Keilstärke länger zu machen. Die Zapfenstärke beträgt $\frac{1}{8}$ der Säulenbreite, die Zapfenhöhe $\frac{1}{8}$ der Höhe des Rahmenholzes. Nachdem das Rahmenholz auf die Säule aufgelegt worden ist, wird letztere durch Eintreiben des Keiles fest mit dem Rahmenholz verbunden;

d) Den Kreuzzapfen, *Taf. 3, Fig. 4.*

Er wird dann angewendet, wenn ein senkrecht stehendes Holz, z. B. die Säule eines Fachwerkbaues, mit einem wagerecht liegenden, z. B. der Schwelle eines solchen, verknüpft werden soll. Diese Verbindung hat den Vorteil, dass ein solcher Zapfen durch Eindringen von Wasser nicht so leicht verfaulen kann. Seine Gestalt ist kreuzförmig; seine Höhe bezw. die Tiefe des entsprechenden Ausschnittes im wagerecht liegenden Verbandholze beträgt $\frac{1}{5}$ der Höhe des letzteren. *Fig. 4* giebt die Verbindung einer $\frac{13}{15}$ cm starken Säule mit einer $\frac{18}{18}$ cm starken Schwelle eines Fachwerkbaues wieder und zeigt die Vorderansicht der verknüpften Hölzer die Draufsicht auf die Schwelle und die isometrische Projektion beider Verbandhölzer.

e) Den schrägen Zapfen, *Taf. 3, Fig. 5.*

Er dient zur Verbindung eines in senkrechter Ebene geneigt liegenden Holzes mit einem wagerecht liegenden, z. B. zur Verbindung der Sparren mit den Balken und Kehlbalken eines Dachstuhles, oder der Streben und Schwellen eines Fachwerkbaues. Gewöhnlich erhält der Zapfen auf der einen Seite einen senkrechten, auf der anderen einen schrägen Schnitt; vielfach tritt er in Verbindung mit den Versatzungen auf. Auch seine Dimensionen entsprechen im übrigen denen des geraden Zapfens. *Fig. 5* stellt die Verknüpfung einer $\frac{13}{18}$ cm starken Strebe mit einer ebenso starken Schwelle eines Fachwerkbaues dar und zeigt die Ansicht der verbundenen Hölzer, die Unteransicht der Strebe mit dem Zapfen, die Draufsicht auf die Schwelle mit ihrem Zapfenloch und die isometrische Projektion beider Verbandhölzer. Sind die durch einen schrägen Zapfen verknüpften Hölzer der Feuchtigkeit ausgesetzt, so empfiehlt es sich, etwa eindringendes Wasser durch ein im Zapfenloch angeordnetes Bohrloch nach unten abzuleiten, wodurch ein Verfaulen des Zapfens verhütet werden soll. In nebenstehender Textfigur 8 ist die Verbindung eines $\frac{12}{18}$ cm starken Kehlbalkens, durch welche die wagerechte Decken-Bildung in einem Dachstuhle bewirkt wird, mit einem $\frac{12}{15}$ cm starken Sparren eines solchen dargestellt und zwar in Ansicht der verknüpften Konstruktionsteile, der Draufsicht auf den herausgezogenen Kehlbalken und zur Verdeutlichung auch isometrisch. Beide Hölzer können jedoch auch durch An- oder Gegenblattung mit einander verknüpft werden. Vergl. diese unter Überblattungen i) und Textfigur 6.

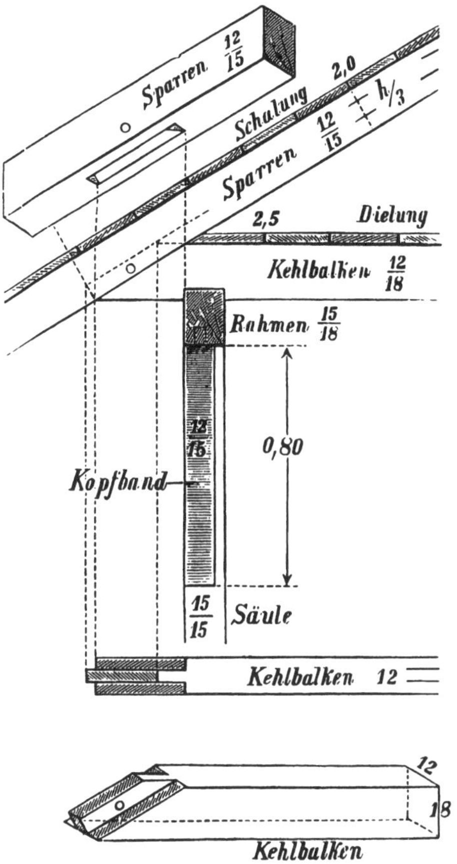

Fig. 8.

Sollen 2 in wagerechter Ebene liegende Hölzer, von welchen das eine das andere tragen soll, mit einander verbunden werden, so wendet man

f) Die Brustzapfen an. *Tafel 3, Fig. 6* und *7*.

Durch sie findet die Verknüpfung der Stich- und Wechselbalken mit anderen Balken statt. Sie treten auf als:

1) Der Zapfen mit gerader Brust, *Taf. 3, Fig. 6,*

bei welchem die Zapfenstärke $\frac{1}{4}$ der Balkenhöhe beträgt, während man der Zapfenlänge $\frac{1}{2}$ der Balkenbreite und der eigentlichen Brustbreite $\frac{1}{4}$ der Balkenbreite giebt.

2) Der Zapfen mit schräger Brust, *Taf. 3, Fig. 7.*

Derselbe unterscheidet sich von dem vorigen nur dadurch, dass die Brust nicht senkrecht, sondern schräg auf $\frac{1}{4}$ der Balkenbreite eingeschnitten ist. In *Fig. 6 und 7* sind die verbundenen Balken in Ansicht und Draufsicht, ferner rechts von letzterer die Ansicht und Draufsicht des einzuzapfenden Balkens und unter diesem die isometrischen Projektionen beider zu verknüpfender Hölzer dargestellt.

g) **Der Scher-, Scheren- oder Gabelzapfen**, *Taf. 3, Fig. 8*, dient zur Verbindung der **Sparren** im First eines Dachstuhles. Seine Stärke beträgt $\frac{1}{3}$ der Sparrenbreite. Der Zapfen des einen Sparrens ruht hierbei in dem entsprechenden Ausschnitte, der sogen. **Gabel**, des anderen, dessen Breite sonach ebenfalls $\frac{1}{3}$ der Sparrenbreite betragen muss. Ein Holznagel dient demselben Zwecke wie früher. In *Fig. 8* auf *Taf. 3* ist die Verbindung zweier $\frac{12}{15}$ cm starken Sparren dargestellt in Vorderansicht, Draufsicht und Unteransicht beider Sparren, sowie in ihrer isometrischen Projektion von 2 Seiten gesehen. An Stelle des Scherzapfens kann jedoch auch die **An- oder Gegenblattung** treten, vergl. Überblattungen unter i) und Textfigur 7.

Sollen zwei Verbandhölzer, deren Achsen sich kreuzen, durch ein drittes in senkrechter Ebene liegendes zu einem unverschieblichen Dreieck verbunden werden, so verwendet man

h) **Den Jagdzapfen**, *Taf. 3, Fig. 9*,

welcher dem **schrägen** Zapfen ähnlich ist, und dessen Höhe und Stärke denjenigen des einfachen geraden Zapfens entsprechen. Als Beispiel ist in *Fig. 9* die zur Längenunterstützung wagerecht liegender Hölzer häufig angewandte Verbindung von **Kopf- oder Winkelbändern** mit Säulen und **Rahmenhölzern**, **Unterzügen**, **Sattelhölzern** und **Balken** dargestellt. In *Fig. 9* ruht ein $\frac{15}{18}$ cm starkes Rahmenholz auf einer $\frac{15}{15}$ cm starken Säule und ist in seiner freien Länge durch $\frac{12}{15}$ cm starke Kopfbänder, welche unter einem Winkel von 45° in senkrechter Ebene geneigt liegen, unterstützt. Der **untere Zapfen** des Kopfbandes, durch welchen dasselbe in der Säule befestigt wird, muss nach der Halbierungslinie des stumpfen Winkels, welchen beide Verbandhölzer mit einander bilden, abgeschrägt werden. Nachdem das Kopfband mit seinem oberen Zapfen in das Zapfenloch des Rahmenholzes eingesetzt worden ist, wird es mit seinem unteren Zapfen in das Zapfenloch der Säule hineingedreht. Auch hierbei geben hölzerne Nägel der Verbindung die erforderliche Festigkeit. In *Fig. 9* ist die Vorder- und Seitenansicht der 3 verknüpften Verbandhölzer, ferner die Draufsicht auf das herausgezogene Kopfband nebst den isometrischen Projektionen seines unteren Zapfens rechts, und seines oberen Zapfens links dargestellt. An Stelle des Jagdzapfens kann auch die **An-** oder **Gegenblattung** treten, vergl. Überblattungen unter i) und *Taf. 3, Fig. 12*.

i) **Der Doppelzapfen**, *Taf. 3, Fig. 10*,

wird nur bei der Verbindung sehr starker wagerecht liegender Hölzer mit ebensolchen senkrecht stehenden angewendet, z. B. der **Säulen** mit einem **Unterzug**, **Sattelholz** oder **Balken** in einem Fabrik-, Speicher- oder Lagergebäude, in welchem infolge grosser Belastungen starke Hölzer verwendet werden müssen. Der Stärke des Zapfens giebt man $\frac{1}{3}$ der Säulenbreite, der Höhe desselben $\frac{1}{3}$ der Balkenhöhe, der Länge des Zapfens jedoch die Säulenstärke. *Fig. 10* zeigt die Verbindung einer $\frac{20}{20}$ cm starken Säule mit einem $\frac{20}{26}$ cm starken Balken und zwar die Vorder- und Seitenansicht der verknüpften Hölzer und der herausgezogenen Säule allein mit ihrem Doppelzapfen, sowie die isometrischen Projektionen beider zu verbindender Konstruktionsteile.

k) Der Blattzapfen, *Taf. 3, Fig. 11,*

dient ebenfalls zur Verknüpfung gleich starker Hölzer wie vorher, oder auch verschieden starker Hölzer, z. B. einer starken Säule mit einem schwächeren Rahmenholz. Haben die zu verbindenden Hölzer gleiche Stärke so erhält der Zapfen $\frac{1}{4}$ der Säulenstärke zur Dicke, während seine Höhe $\frac{1}{3}$ der Balkenhöhe und seine Länge der Säulenbreite entspricht; das Blatt selbst erhält ebenfalls $\frac{1}{4}$ der Säulenstärke zur Dicke, während im Kreuzungspunkte die Blattstärke aus dem wagerecht liegenden Verbandholze ausgeschnitten werden muss. Sind aber die zu verknüpfenden Hölzer verschieden stark, so beträgt die Zapfenstärke $\frac{1}{3}$ der Breite des wagerecht liegenden Holzes, während als Blattstärke die Differenz der Breiten beider Hölzer sich ergiebt. In beiden Fällen verbindet ein schmiedeeiserner Bolzen beide Konstruktionsteile fest mit einander. *Fig. 10* zeigt die Verbindung einer $\frac{20}{20}$ cm starken Säule mit einem $\frac{20}{25}$ cm starken Balken in gleicher Darstellung wie *Fig. 10* auf *Tafel 3,* während beistehende Textfigur 9 die Verknüpfung einer $\frac{20}{20}$ cm starken Säule mit einem $\frac{15}{18}$ cm starken Rahmenholze enthält, bei welcher das Blatt die Differenz der Breiten beider Hölzer, also = 20 — 15 cm = 5 cm zur Stärke erhält.

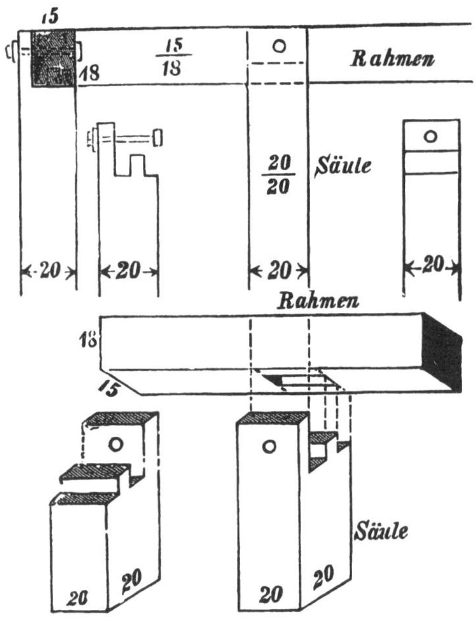

Fig. 9.

l) Der Seitenzapfen, *Taf. 3, Fig. 12,*

wird angewendet bei der Verbindung eines wagerecht liegenden Holzes mit einem senkrecht stehenden, welche auf keiner Seite bündig mit einander liegen, z. B. die Verbindung einer $\frac{15}{15}$ cm starken Säule mit einem $\frac{15}{18}$ cm starken Rahmenholze eines Dachstuhles. Der Zapfenstärke giebt man alsdann die halbe Breite, mit welcher das Rahmenholz auf der Säule aufliegt. Die Höhe und Länge des Zapfens dagegen entsprechen denen des geraden Zapfens.

m) Der Grundzapfen.

Derselbe dient ebenfalls zur Verknüpfung eines wagerecht liegenden Verbandholzes mit einem senkrecht stehenden und wird insbesondere bei der künstlichen Gründung der Gebäude durch Pfahlrost angewendet, bei welchem die $\frac{24}{26}$ bis $\frac{26}{31}$ cm starken Langschwellen (Grundschwellen oder Holme) auf den Pfählen durch diesen Zapfen befestigt werden

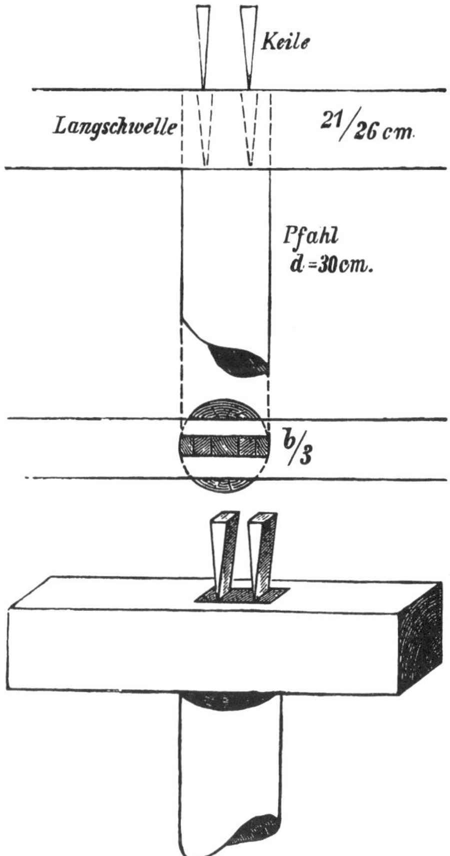

Fig. 10.

können, um ein Abheben der Langschwellen von den Pfählen durch aufsteigendes Grundwasser zu verhindern. Die Zapfenhöhe ist gleich der Höhe der Langschwellen, die Zapfenlänge gleich dem Pfahldurchmesser und die Zapfenstärke gleich ⅓ der Breite der Langschwellen zu machen. Bevor die Langschwellen auf die Pfähle aufgelegt werden, sind die Zapfen der Pfähle mit der Axt zweimal zu spalten. Nach der Verbindung beider Hölzer werden die Zapfen durch 2 in die Spaltstellen eingetriebene Holzkeile, deren Höhe gleich der Zapfenhöhe zu nehmen ist, auseinander getrieben, wodurch die Verbindung beider Hölzer eine sehr feste wird. In beistehender Textfigur 10 ist die Ansicht, Draufsicht und isometrische Projektion der verknüpften Konstruktionsteile dargestellt.

4. *Die Verkämmungen.*

Sollen in 2 wagerechten Ebenen übereinander liegende Hölzer, deren Achsen sich rechtwinklig kreuzen, so mit einander verbunden werden, dass sie sich gegenseitig nicht verschieben können, so wendet man die Verkämmungen an. Im Kreuzungspunkte beider Hölzer wird ein gegenseitiger Ausschnitt gemacht, in welchen der an dieser Stelle stehenbleibende Teil beider Hölzer, der sog. Kamm, genau hineinpasst. Die Tiefe dieses Ausschnittes beträgt bei allen Verkämmungen ⅐ bis ⅛ der Höhe des oberen Holzes. Die Verkämmungen treten bei der Verbindung der Balken mit Unterzügen, Rahmenhölzern, Schwellen und Mauerlatten auf, auf welchen sie ihr Auflager haben.

Gehen beide in wagerechten Ebenen übereinander liegende Verbandhölzer über den Kreuzungspunkt hinaus, so wendet man die folgenden 8 Arten der Verkämmungen an:

a) Den geraden Kamm, *Taf. 4, Fig. 1,*

bei welchem die Breite des Kammes des unteren Holzes, somit auch die Breite der Vertiefung des oberen Holzes der halben Breite des unteren Holzes entspricht, sodass die Breite der Ausschnitte im unteren Holze ¼ der Breite des letzteren beträgt. Die Tiefe der gegenseitigen Ausschnitte beträgt, wie schon erwähnt, ⅐ bis ⅛ der Höhe des oberen Holzes, während ihre Länge der Breite des letzteren entspricht. In *Fig. 1* ist die Verknüpfung eines $\frac{19}{25}$ cm starken Balkens (also von 19 cm Breite und 25 cm

Höhe) mit einem $\frac{18}{18}$ cm starken Rahmenholze einer inneren Fachwerkwand dargestellt und zwar enthält dieselbe die Vorderansicht und den Grundriss (Draufsicht) der beiden verbundenen Hölzer, links und rechts von letzterem sind die Seiten- und Unteransicht des Balkens (um 180° gedreht) und unter dem Grundrisse die Vorderansicht und Draufsicht des Rahmenholzes, sowie die isometrischen Projektionen der zu verknüpfenden Hölzer mit ihren entsprechenden Kämmen und Vertiefungen = $\frac{1}{7}$ bis $\frac{1}{8}$ h dargestellt. Die gleichen Projektionen enthalten auch die *Figuren 2* u. *3* auf *Tafel 4.*

b) Den Kreuzkamm, *Taf. 4, Fig. 2.*

Derselbe hat eine kreuzförmige Gestalt, welche sich durch die Breiten der aufeinander zulegenden Hölzer dadurch ergiebt, dass man in dem aus den Breiten beider Hölzer sich ergebenden Rechtecke die Diagonalen zeichnet. Die in *Fig. 2* enthaltene Darstellung zeigt im übrigen die gleiche Konstruktionsweise und Anwendung wie die unter a) erläuterte.

c) Den schrägen Kamm, *Taf. 4, Fig. 3,*

welcher eine beiderseitige Abschrägung des Kammes mit $\frac{1}{4}$ der Breite des unteren Holzes erhält, während seine Länge $\frac{3}{4}$ der Breite des oberen Holzes beträgt, sodass der Kamm des oberen Holzes $\frac{1}{4}$ der Breite des letzteren erhält und so in die entsprechende Vertiefung des unteren Holzes genau hineinpasst. Aus dem oberen Holze muss die dem Kamme des unteren Holzes entsprechende Vertiefung ausgeschnitten werden.

Geht nur eins der beiden zu verknüpfenden Hölzer über den Kreuzungspunkt hinaus, z. B. wenn die Balken auf dem Rahmenholze einer äusseren Fachwerkwand endigen, so entsteht eine sog. Endverkämmung, welche durch folgende 3 Verbindungen bewirkt wird:

d) Die gerade Endverkämmung, *Taf. 4, Fig. 4.*

Der Kamm des oberen Holzes erhält als Stärke die halbe Breite des unteren Holzes, desgleichen die Vertiefungen des Letzteren, ebenso umgekehrt der Kamm des unteren Holzes und die Vertiefungen des oberen Holzes, wie durch die unter a) erläuterten Darstellungen auch in *Fig. 4* ersichtlich ist.

e) Die schwalbenschwanzförmige Endverkämmung, *Tafel 4, Fig. 5.*

Der schräge Schnitt des schwalbenschwanzförmigen Kammes wird mit $\frac{1}{4}$ der Breite des oberen Holzes konstruiert, während die Länge des Kammes der Breite des unteren Holzes entspricht.

f) Die schräge Endverkämmung, *Taf. 4, Fig. 6,*

bei welcher die Richtung des schrägen Schnittes des Kammes bezw. der Vertiefung mit $\frac{1}{3}$ der Breite des unteren Holzes konstruiert wird.

Endigen aber beide zu verknüpfenden Hölzer im Kreuzungspunkte, so bilden sie eine Ecke, z. B. ein Giebelbalken und ein Rahmenholz oder eine Schwelle eines Fachwerkbaues. Alsdann wendet man die folgenden 3 Verbindungen an, welche man insbesondere als Eckverkämmungen bezeichnet:

g) Die Eckverkämmung mit schrägem Haken, *Taf.* 4, *Fig.* 7,

deren schräger Schnitt $\frac{1}{8}$ der Breite des oberen Holzes erhält, sodass der Kamm des unteren Holzes vorn $\frac{1}{8}$ und hinten $\frac{3}{8}$ der Breite des oberen Holzes erhält, während man dem Kamme des oberen Holzes vorn $\frac{3}{8}$ und hinten $\frac{1}{8}$ der Breite des letzteren giebt, wodurch sich die entsprechenden Vertiefungen beider Hölzer bestimmen, in welche die beiderseitigen Kämme genau hineinpassen.

Fig. 8 auf *Taf.* 4 zeigt eine andere hakenförmige Eckverkämmung, bei welcher der schräge Schnitt des Kammes mit $\frac{1}{8}$ der Breite des unteren Holzes konstruiert wird.

h) Die Eckverkämmung durch schrägen Kamm, *Tafel* 4, *Fig.* 9,

ist weniger empfehlenswert als die vorigen beiden Verbindungen, da der Kamm des unteren Holzes leicht abschert. Der schräge Schnitt des Kammes beträgt auch hier $\frac{1}{8}$ der Breite des unteren Holzes, die Breite des Kammes aber nur $\frac{3}{8}$ der Breite des oberen Holzes, sodass der Kamm des oberen Holzes $\frac{1}{8}$ der Breite des letzteren erhält.

Die Zeichnungen in *Fig.* 7, 8 und 9 enthalten die Ansicht und den Grundriss (Draufsicht) der verknüpften Hölzer. Rechts von letzterem ist die Seiten- und Unteransicht des Balkens (um 180^0 gedreht), unter dem Grundrisse die Vorderansicht und Draufsicht des Rahmenholzes und unter diesen die isometrischen Projektionen beider von einander abgehobenen Verbandhölzer dargestellt.

5. Die Versatzungen.

Dieselben kommen dann zur Anwendung, wenn ein in senkrechter Ebene geneigt stehendes Holz mit einem wagerecht liegenden oder auch senkrecht stehenden verknüpft werden soll, z. B. die Verbindung einer Strebe mit einem Balken, einer Schwelle, einer Säule (Klebpfosten) oder dem Mauerwerk selbst. Die Versatzung besteht im allgemeinen in einem schrägen Schnitte, in der Halbierungslinie des stumpfen Winkels geführt, welchen beide Konstruktionsteile mit einander bilden. Die senkrecht gemessene Tiefe des schrägen Einschnittes, welchen man mit dem inneren bezw. oberen Fusspunkte der Strebe geradlinig verbindet, beträgt $\frac{1}{8}$ der Höhe desjenigen Holzes, in welches die Versatzung eingeschnitten wird. Die Versatzungen treten aber selten allein auf, meist kommen sie in Verbindung mit dem schrägen Zapfen zur Anwendung. Man unterscheidet:

a) Die einfache Versatzung, *Taf.* 5, *Fig.* 1.

Sie ist dargestellt bei der Verbindung einer $\frac{18}{21}$ cm starken Strebe mit einem $\frac{18}{24}$ cm starken Balken. Da die beiden Verbandhölzer gleiche Breite haben, so liegen sie beiderseitig bündig mit einander. Der schräge Einschnitt liegt also in der Halbierungslinie des stumpfen Winkels x, welchen die Strebe mit dem Balken bildet, und seine von der Oberkante des Balkens nach unten senkrecht gemessene Tiefe beträgt $\frac{1}{8}$

der Balkenhöhe, hier also $\frac{1}{8}$ von 24 cm = 3 cm. Diese Tiefe projiziert man nun auf die Halbierungslinie des Winkels **x** und verbindet den erhaltenen Schnittpunkt mit dem inneren Fusspunkt der Strebe. Zu der auf diese Weise konstruierten Versatzung tritt nun die Verzapfung in Gestalt des schrägen Zapfens, dessen Breite $\frac{1}{3}$ der Breite der Strebe und dessen Höhe $\frac{1}{8}$ der Höhe des Balkens entspricht. Vergl. Verzapfungen unter e und *Taf. 3, Fig. 5.* Der Zapfen ist rechts in der Richtung der Strebe, links dagegen in der Richtung der Versatzung abgeschrägt. Wie bei den Verzapfungen giebt auch hier ein hölzerner Nagel die erforderliche Festigkeit gegen eine Trennung beider Verbandhölzer. *Fig. 1* zeigt die beiden verknüpften Hölzer in der Vorderansicht, ferner die umgeklappte Unteransicht der Strebe und die Draufsicht auf den Balken mit den Projektionen ihrer Versatzung und Verzapfung, sowie die isometrische Darstellung beider von einander abgehebenen Konstruktionsteile. Die gleichen Darstellungen enthalten auch die *Figuren 2, 3, 4* und *5* auf *Taf. 5.*

Haben aber die Hölzer verschiedene Breiten, so stellt man dieselben stets auf einer Seite bündig mit einander, also nicht Mitte auf Mitte, weil sonst die Herrichtung dieser Verbindungen dem Zimmermanne zu viel Schwierigkeiten und dadurch Zeitverlust beim Abbinden bereiten würde. In *Fig. 2* auf *Taf. 5* ist die Verknüpfung einer $\frac{15}{18}$ cm starken Strebe mit einem $\frac{18}{24}$ cm starken Balken dargestellt, bei welcher infolge der verschiedenen Breiten beider Hölzer am Balken die Differenz ihrer Breiten, hier also 18 cm — 15 cm = 3 cm Holz seitlich stehen bleiben.

b) Die doppelte Versatzung, *Taf. 5, Fig. 3.*

Sie wird dann angewendet, wenn sehr starke Hölzer mit einander verbunden werden sollen, oder wenn z. B. die Strebe unter einem sehr spitzen Winkel gegen den Balken geneigt ist. In *Fig. 3* ist das letztere zur Darstellung gebracht. Die Aufstandsfläche der Strebe ist hierbei sehr gross, weshalb zur festeren Verbindung beider Hölzer eine zweimalige Versatzung, welche in ihrer Konstruktionsweise ganz der einfachen Versatzung entspricht, angeordnet wird. Auch zur doppelten Versatzung tritt stets die Verzapfung hinzu.

Eine seltener angewandte Verbindung ist:

c) Der schräge Zapfen mit Versatzung, *Taf. 5, Fig. 4.*

Bei ihm befindet sich eine Art Versatz am inneren Ende des Strebenfusses. Im übrigen entsprechen alle Dimensionen denen des schrägen Zapfens bezw der Versatzung.

d) Die Versatzung ohne Verzapfung, *Taf. 5, Fig. 5,*

hat den Vorteil, dass ein Verfaulen des Zapfens im Zapfenloche durch eindringendes Wasser, falls die Hölzer der Feuchtigkeit ausgesetzt sind, verhütet wird. Diese Verbindung kann jedoch nur dann angewendet werden, wenn die Strebe nicht eine zu flache Neigung gegen den Balken hat, da sie andernfalls leicht aus dem Balken herausspringen kann.

Bei allen diesen Verbindungen ist darauf zu achten, dass vom äusseren Ende des Strebenfusses an gerechnet wenigstens noch 30 cm Langholz bis zur Hirnholzfläche des Balkens des leichten Abscherens wegen vorhanden sind.

e) Eine andere Anwendung der einfachen Versatzung ist in *Fig. 6* auf *Taf. 5*

dargestellt bei der Verbindung eines senkrecht stehenden Holzes, z. B. einer Säule oder eines Klebpfostens, d. i. eine Säule, welche direkt am Mauerwerke aufgestellt ist, mit einem in senkrechter Ebene geneigt liegenden Holze, z. B. einer Strebe oder Sprengstrebe. Die Konstruktion entspricht in allem derjenigen der einfachen Versatzung.

Häufig werden auch die Kopf-Winkel- oder Strebebänder mit der Säule und dem Unterzuge, Sattelholze oder Rahmenholze auf gleiche Weise verbunden, an Stelle der An- oder Gegenblattung oder Verzapfung allein. Vergl. die An- oder Gegenblattung unter Überblattungen i) und *Taf. 3, Fig. 13* und den Jagdzapfen unter Verzapfungen h) und *Taf. 3, Fig. 9.*

Setzt sich eine Strebe direkt gegen das Mauerwerk an, so entsteht:

f) Die sog. Mauerversatzung, *Taf. 5, Fig. 7,*

bei welcher die Versatzung durch rechtwinklige Schnitte am Strebenfusse dem Mauerverbande entsprechend bewirkt wird. Damit jedoch die Strebe ihren Druck nicht auf nur einen kleinen Teil des Mauerwerkes abgiebt, sondern der Druck sich auf eine grössere Fläche hin verteilen kann, ist es empfehlenswert, ein Winkeleisen von 60 bis 75 cm Länge zu vermauern, gegen welches sich die Strebe ansetzt. An Stelle des Winkeleisens kann man jedoch auch einen Sandsteinquader anordnen, in dessen Vertiefung, welche dem Strebenfusse entspricht, die Strebe eingesetzt wird. *Taf. 5, Fig. 7* und *8* zeigt den Querschnitt einer $1\frac{1}{2}$ Stein starken Mauer mit der Mauerversatzung einer $\frac{15}{18}$ cm starken Strebe, sowie die isometrischen Darstellungen des Winkeleisens, Sandsteinquaders und Strebenfusses.

6. Die Aufklauungen.

Soll ein in senkrechter Ebene geneigt liegendes Holz mit einem wagerecht liegenden so mit einander verbunden werden, dass das eine Holz das andere trägt, wobei sich die Achsen beider Hölzer rechtwinklig kreuzen, so wendet man die Aufklauungen an, d. h. aus dem in senkrechter Ebene geneigt liegenden Holze, z. B. einer Sprengstrebe oder einem Sparren, wird ein entsprechender Ausschnitt gemacht, mit welchem sich dasselbe gegen das wagerecht liegende Verbandholz befestigt. Diesen Ausschnitt nennt man die Klaue.

Taf. 5, Fig. 9 zeigt die Verbindung einer $\frac{18}{24}$ cm starken Sprengstrebe mit einem gleichstarken Unterzuge. An ihrem oberen Ende treffen die beiden Sprengstreben mit ihren Hirnholzflächen in Folge des unteren senkrechten Klauenschnittes zusammen. Damit die Hirnholzfasern aber bei dem starken Drucke, welchen die Streben auszuhalten haben, nicht in einander eindringen können, wodurch die Konstruktion gelockert werden würde, ist es erforderlich, eine Zink- oder Bleiplatte zwischen die Hirnholzflächen der Streben einzufügen. Um ferner zu vermeiden, dass bei sich bildenden spitzen Winkeln die Holzfasern absplittern, schneidet man die Klaue auch oberhalb wagerecht ab, wie es auf *Taf.* 5 in *Fig. 10* dargestellt ist.

Bei den Dachverbänden klauen sich die Sparren auf Rahmenhölzer (Versenkungs-, Stuhl- und Firstrahmen) auf, bei welchen ein schmiedeeiserner Sparrennagel von ungefähr 24 cm Länge die feste Verbindung der Konstruktionsteile bewirkt.

Taf. 5, *Fig. 11* zeigt die Befestigung der $\frac{12}{18}$ cm starken Sparren auf einem Stuhlrahmen von $\frac{15}{18}$ cm Stärke, welcher seinerseits auf einer $\frac{15}{15}$ cm starken Stuhlsäule ruht, während letztere durch eine Strebe von $\frac{15}{18}$ cm Stärke gegen den Sparrenschub gesichert und so in senkrechter Lage erhalten wird. Eine doppelte Zange von $2 \cdot \frac{12}{18}$ cm Stärke dient ebenfalls dem gleichen Zwecke und ist an alle sie kreuzenden Konstruktionsteile, also den Sparren, die Strebe und Säule, durch schmiedeeiserne Schraubenbolzen befestigt. Da die Strebe und die Säule stärker ist als der Sparren, so ist in den Kreuzungspunkten aus jeder Zange die halbe Differenz der Stärken beider Hölzer auszuschneiden. Der Stuhlrahmen ist in seiner freien Länge, welche 3,5 bis 5 m nicht überschreiten darf, durch $\frac{12}{15}$ cm starke Kopf- oder Winkelbänder unterstützt, welche unter einem Winkel von 45^0 in senkrechter Ebene geneigt sind. Die Kopfbänder sind mit dem Stuhlrahmen und der Stuhlsäule durch schrägen Zapfen verknüpft, während die Strebe durch Versatzung und Verzapfung mit der Säule und dem Balken verbunden ist. Die Aufklauung würde nach *Fig. 11* einen grossen Ausschnitt aus dem Sparren hervorrufen, welcher durch einen entsprechenden Ausschnitt aus dem Rahmenholze im Kreuzungspunkte der Konstruktionsteile vermieden wird. Denselben kann man mit $\frac{1}{8}$ der Sparrenstärke parallel zur Richtung des Sparrens ausführen. Soll jedoch diese Schwächung des Stuhlrahmens nicht erfolgen, so richtet man die Unterkante des Sparrens nicht auf die rechtsseitige Oberkante des Stuhlrahmens, sondern auf $\frac{1}{2}$ der Breite des Letzteren, wie diese Verbindung in *Fig. 12* auf *Taf.* 5 dargestellt ist, welche Konstruktionsweise die einfachere und billigere und deshalb auch gebräuchlichere ist.

Sind die Sparren im First eines Dachstuhles durch einen Firstrahmen unterstützt, *Taf.* 5, *Fig. 13*, so klauen sie sich ebenfalls auf den Letzteren auf. Die Sparren stossen mittels eines senkrechten Schnittes in der Firstlinie stumpf zusammen, während sie sich unterhalb mit ihrer Klaue auf den Firstrahmen auflegen. Ein schmiedeeiserner Sparrennagel dient dem gleichen Zwecke wie vorher.

Häufig tritt zu dieser Klauen-Verbindung noch der Scher- oder Gabelzapfen hinzu, wie diese Konstruktion in *Taf.* 5, *Fig. 14* dargestellt ist. Die *Fig. 11, 12, 13* und *14* enthalten die Ansicht der verknüpften Konstruktionsteile, sowie die umgeklappten Unteransichten des Sparrens mit seinem Klauenausschnitte.

Sind die aufzuklauenden Hölzer sehr stark, so kann man zur festeren Verbindung derselben in der Mitte der Klaue des einen Holzes eine Art „Steg" anordnen, welcher in die dem Stege entsprechende Vertiefung des anderen Holzes genau hineinpasst. *Taf.* 5, *Fig. 15* giebt die Verknüpfung einer $\frac{18}{21}$ cm starken Strebe mit einem $\frac{18}{24}$ starken Balken, welcher auf dem Absatze einer Mauer ruht. Die Strebe ist an ihrem unteren Fussende oberhalb senkrecht und unterhalb wagerecht abgeschnitten, dem in *Fig. 10* erläuterten Klauenschnitte entsprechend, während zur festeren Verbindung ein Steg angeordnet worden ist, dessen Breite $\frac{1}{8}$ der Strebenbreite beträgt. Zu dieser Klauenverbindung kann ausserdem noch eine Art Versatz hinzu treten, wie solcher in *Fig. 15* dargestellt worden ist. *Fig. 15* enthält die verknüpften Konstruktionsteile in der Ansicht, sowie ihre isometrischen Projektionen, welche zum leichten Verständnis der Verbindung beitragen werden.

7. *Die Schiftungen.*

Sollen Hölzer, deren Achse sich unter beliebigem Winkel kreuzen, welche also in verschiedenen Ebenen zu einander geneigt liegen, ohne besondere Ausschnitte, sondern lediglich durch Nagelung fest miteinander verbunden werden, so müssen diejenigen schrägen Schnittflächen bestimmt werden, mit welchen sie sich genau aneinander anschmiegen, welche Arbeit man das Schiften und welche Verknüpfungen man die Schiftungen oder die Anschiftung nennt. Die Schiftungen kommen nur bei den Sparren eines Walm oder Wiederkehrdaches vor und zwar werden bei denselben die gewöhnlichen Sparren gegen die Grat- und Kehlsparren geschiftet, wonach sie den Namen Schiftsparren oder Schifter erhalten. Derjenige Sparren, welcher von der Mitte der Traufkante, der unteren wagerechten Kante einer Dachfläche, an welcher sich die Dachrinne befindet, nach dem Anfallspunkte der Gratsparren am Anfallsgebinde oder Lehrgespärre eines Walmdaches gerichtet ist, heisst Mittelschifter, während ein Sparren zwischen Gratsparren oder Kehlsparren und Traufkante ein einfacher Schifter, ein solcher aber zwischen Grat- und Kehlsparren ein Doppelschifter genannt wird. Bei allen Schiftungen ist die grösste Genauigkeit erforderlich, weshalb diese Arbeit zu den schwierigsten des Zimmerhandwerkes gehört. Die schrägen Schnittflächen, mit welchen sich die Hölzer aneinander anschmiegen, heissen Schmiegeflächen oder Schmiegen. Diejenige, mit welcher sich ein Sparren mit seinem Fusse mittels schrägen Zapfens auf den Balken aufsetzt oder auf den Versenkungsrahmen oder eine Sparrenschwelle sich aufklaut, nennt man die Fussschmiege, während man bei jeder Schiftung eines Sparren an Grat- oder Kehlsparren den senkrechten Schnitt, oder die Lotschmiege und den schrägen Schnitt oder die Backen- oder Wangenschmiege zu unterscheiden hat, aus welchen beiden Schnitten sich die Grösse der Schmiegeflächen bestimmt. Diese Schnitte ergeben sich aus dem Neigungswinkel des Daches und dem Winkel, welchen die Grundrissseiten des Gebäudes (die Traufkanten) mit einander bilden, in dessen Halbierungslinie die Grundrissprojektionen der Grat- und Kehlsparren liegen. Der Gratsparren erhält den Dachneigungsflächen entsprechend eine Abkantung und mit ihr einen fünfeckigen Querschnitt, Textfigur 11, während der Kehlsparren mit einer den Dachneigungen entsprechenden Vertiefung oder Rinne, der sog. Kehle, Textfigur 12, versehen wurde. Dieses

Auskehlen, welches zu Undichtigkeiten im Dachstuhl Veranlassung gab, sowie jedes Schwächen eines tragenden Verbandholzes durch Ausschnitte, sucht man dadurch zu vermeiden, dass man entweder die Schifter sich mittels Aufklauung auf die Kehlsparren aufsetzen lässt, wodurch die sogen. Reitersparren entstehen, deren Klauenschnittfläche am Sparrenfusse der Geissfuss genannt wird. Hierbei ist der Kehlsparren um die Tiefe der Auskehlung zurück zu rücken, so dass die Sparren mit ihren Oberflächen die Kehle selbst bilden. Diese Schiftungsweise nennt man die

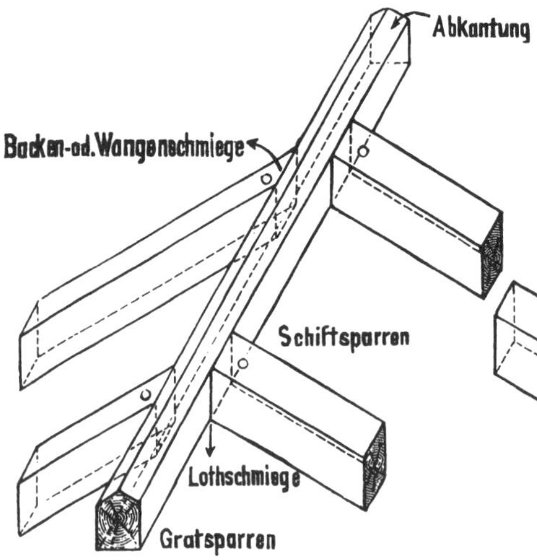

Fig. 11.

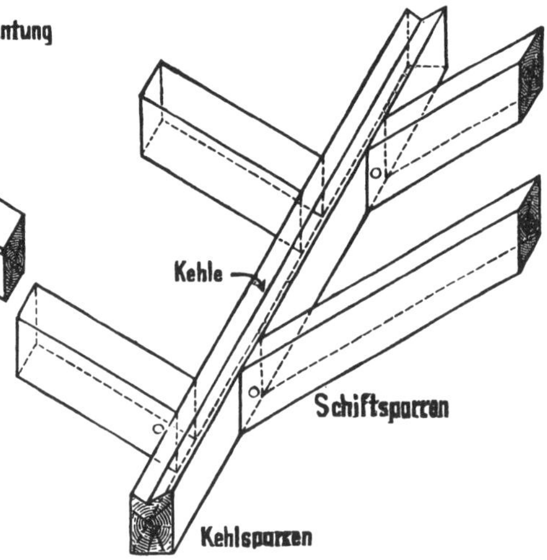

Fig. 12.

Klauenschiftung, Textfigur 13. Die Befestigung der Schiftsparren an Grat- und Kehlsparren erfolgt, wie anfangs schon erwähnt, durch Nagelung mittels sog. Sparrennägel von ungefähr 24 cm Länge, wobei dieser Nagelung wegen zu berücksichtigen ist, dass die Schifter auf beiden Seiten der Grat- und Kehlsparren nie gleichmässig, sondern stets gegeneinander versetzt angeordnet werden müssen. Die verschiedenen Konstruktionsarten der Schiftungen werden später bei der Konstruktion der Walm- und Wiederkehrdächer näher besprochen werden.

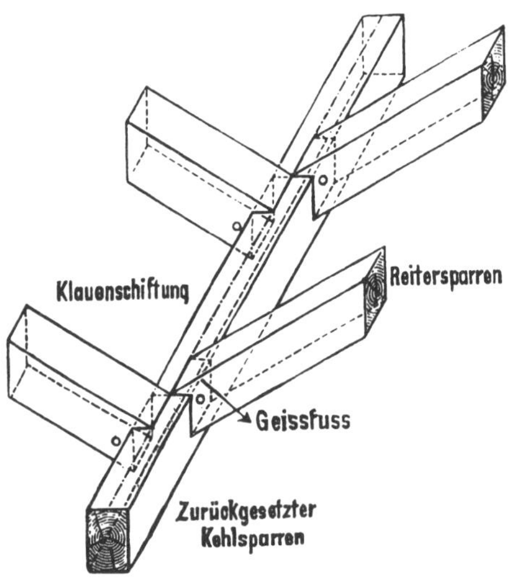

Fig. 13.

8. Die Verzinkungen.

Sie werden bei der Verbindung rechtwinklig zusammenstossender Bretter und Bohlen angewendet, wie eine solche bei der Herstellung von hölzernen Kisten und wasserdichten Kästen, bei der Wangenverbindung hölzerner Treppen, sowie bei Tischlerarbeiten vorkommt, woraus hervorgeht, dass der Zimmermann nur in vereinzelten Fällen Verzinkungen zur Ausführung zu bringen hat. Das eine der zu verbindenden Hölzer erhält schräg geschnittene, das andere aber schwalbenschwanzförmige Zähne oder Zinken, durch welche ein Auseinanderziehen der Hölzer nur nach einer Richtung möglich ist

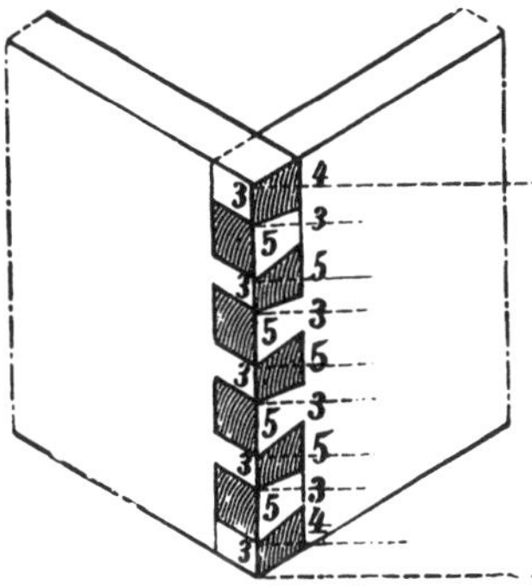

Fig. 14.

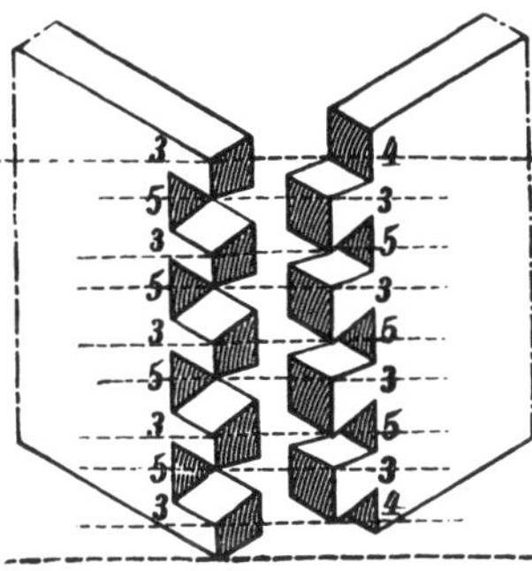

Fig. 15.

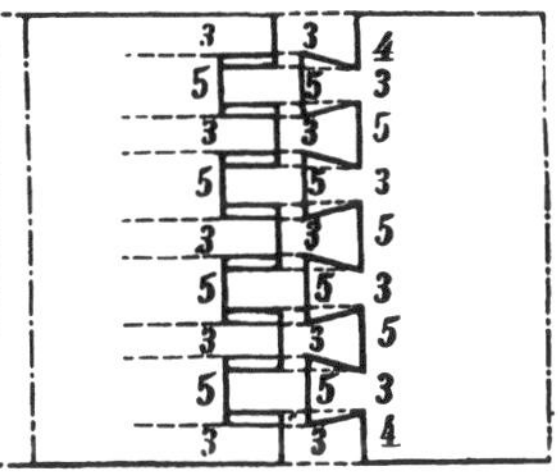

Fig. 16.

In Textfigur 14, 15, 16 ist die gewöhnliche Art der Verzinkung zweier Bretter dargestellt, bei welcher die Höhen der Zinken im Verhältnis von 3 : 5 zu nehmen sind, und zwar in isometrischer Projektion der verknüpften (Fig. 14) und auseinander gezogenen Bretter (Fig. 15), sowie ihrer geometrischen Projektion (Fig. 16).

III. Die Konstruktion der Balkenlagen.

Über jedem Stockwerke oder Geschosse eines Wohngebäudes befindet sich eine Balkenlage, welche den Zweck hat, die Decke der unteren Räume, die Zwischendecke zwischen den Balken und den Fussboden der oberen Räume zu tragen. Man unterscheidet drei Arten von Balkenlagen: die Balkenlagen über den einzelnen Stockwerken eines Gebäudes, welche man als gewöhnliche Stockwerks- oder Geschossbalkenlagen bezeichnet, während die Balkenlage über dem obersten Stockwerke, auf welcher der Dachstuhl errichtet wird, Dachbalkenlage heisst. Wird der Dachraum selbst zu Wohnungen ausgebaut, so muss zum wagerechten Abschlusse derselben eine Balkenlage im Dachstuhle angeordnet werden, welche man eine Kehlbalkenlage nennt.

Die vorherige Zurichtung einer Balkenlage erfolgt auf dem Zimmerplatze und wird als Zulage bezeichnet; die vollständige Grundrisszeichnung einer Dachbalkenlage mit dem auf derselben stehenden Dachstuhle aber nennt man einen Werksatz.

Jede Balkenlage enthält verschiedene Arten von Balken, welche entweder in Bezug auf ihre Auflager oder auf ihre Lage im Grundrisse eines Gebäudes verschiedene Namen erhalten. Man unterscheidet:

1) durchgehende Balken, *Taf. 6, Fig. 2a*, welche von der Vorderfront zur Hinterfront eines Gebäudes reichen, und mindestens zwei Auflager auf dem Mauerwerke — den Umfassungsmauern des Gebäudes — haben. Meist sind dieselben jedoch in ihrer freien Länge durch innere Mittel- und Scheidemauern, oder durch Unterzüge unterstützt, auf welchen sie gestossen werden können. Das Stossen der Balken auf Mauerwerk sollte jedoch nur auf Mittel-Mauern von 1½ Stein Stärke erfolgen. *Taf. 6, Fig. 2b.* (Vergl. II. A. die Verlängerung der Hölzer 1 und 2 und *Taf. 1.*) Bei Fachwerksbauten ruhen die Balken auf Rahmenhölzern der äusseren und inneren Fachwerkswände, mit welchen sie durch Verkämmung verknüpft werden. Auf gleiche Weise werden die Balken mit den Unterzügen verbunden. Vergl. II. B. 4 und *Taf. 4.*

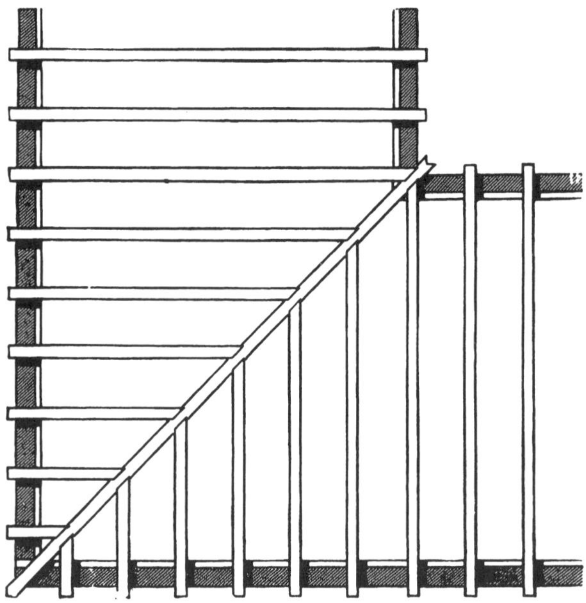

Fig. 17.

2) Stichbalken, *Taf. 6, Fig. 2c*, welche mit dem einen Ende im Mauerwerke der Umfassungen, mit dem anderen Ende aber in einem Balken mittels Brustzapfens ruhen. Vergl. II. B. 3f, 1 und 2 und *Taf. 3, Fig. 6 u. 7.*

3) Wechsel-, Schlüssel- oder Trumpfbalken, welche mit beiden Enden mittels Zapfens mit gerader oder schräger Brust in einem anderen Balken ihr Auflager haben. *Taf. 6, Fig. 2d.*

4) Gratbalken, welche in diagonaler Richtung eines Grundrisses verlegt werden. Die in demselben ihr Auflager habenden Stichbalken nennt man alsdann Gratstichbalken, welche namentlich dann angeordnet werden, wenn die Balken mit ihren meist profilierten Köpfen an Front- und Giebelseiten im ländlichen Stil errichteter, freistehender Wohngebäude dekorativ hervortreten sollen. Textfigur 17.

Ist der Gratbalken kein durchgehender Balken, sondern ein Stichbalken, welcher über Eck gelegt auf den Umfassungen und in einem durchgehenden

Balken sein Auflager hat, so kann man denselben auch als einen Gratstichbalken bezeichnen. Eine solche mit Stich- und Gratstichbalken hergestellte Balkenlage aber nennt man insbesondere ein Stichgebälk. Textfigur 18.

Stossen Gebäudeteile im einspringenden Winkel zusammen, so ist auch hier die Anordnung eines diagonal gelegten Balken, eines Kehlgratbalken, erforderlich, in welchen alsdann Kehlgratstichbalken eingreifen. Textfigur 19.

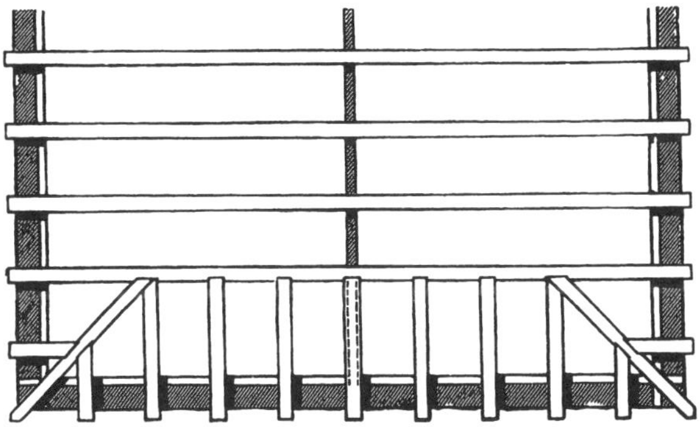

Fig. 18.

Im Allgemeinen ist die Anwendung durchgehender Grat- und Kehlgratbalken nur eine seltene, weil in der Neuzeit in den Dachstühlen sogenannte Grat- bezw. Kehlbinder nur noch selten aufgestellt werden, wodurch erstere hauptsächlich bedingt wurden.

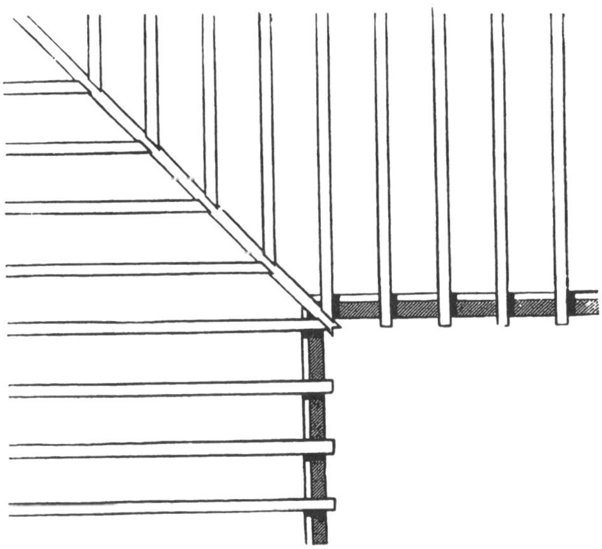

Fig. 19.

5) Bundbalken, *Taf. 6, Fig. 2e*, welche sich unter oder über einer abgebundenen Fachwerkswand befinden, in welche also die Säulen und Streben der letzteren verzapft bezw. versatzt sind. Vergl. II. B. 3. u. 5.

6) Giebel- oder Ortbalken, *Taf. 6, Fig. 2f*, welcher direkt neben der Giebelmauer eines Gebäudes liegt.

7) Streich- oder Streifbalken, *Taf. 6, Fig. 2g,* welcher neben einer massiven inneren Scheidemauer liegt und zur Befestigung der zur Deckenbildung erforderlichen Schalung unterhalb und des Fussbodens, der Dielung, oberhalb, zum Abschluss an den Wänden dient. Streichbalken sind stets als Ganzholzbalken zu konstruieren, da sie durch die Aufstellung der Öfen und Möbel an den Wänden der Zimmer entlang am meisten belastet sind, entgegen der früheren Konstruktionsweise, dieselben als Halbholzbalken auszuführen.

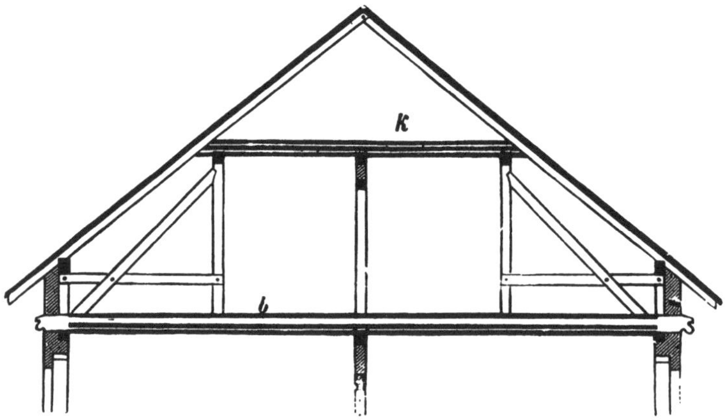

Fig. 20.

8) Wand- oder Mauerbalken, welche in ihrer ganzen Länge auf einer massiven Mauer ruhen. Sie können als Halbholzbalken, also aus schwachem Holze hergestellt werden.

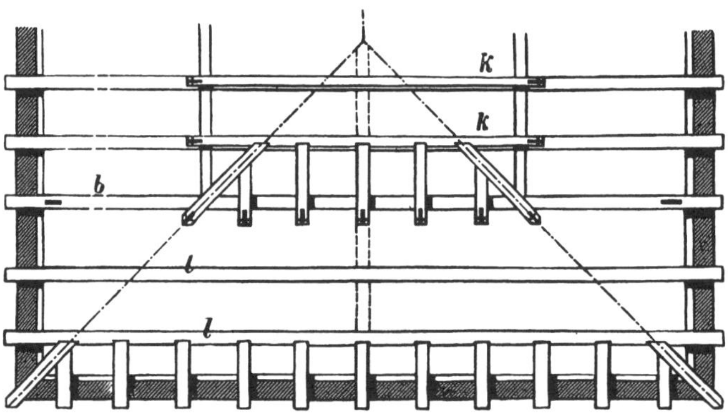

Fig. 21.

9) Binderbalken, Dachbinderbalken, auf welchen in der Dachbalkenlage die Dachbinder stehen. Sie sind stets als durchgehende Balken zu konstruieren und mit den Umfassungen gehörig zu verankern. Textfigur 20 b. Die Balken der Dachbalkenlage, welche keine Binderbalken sind, nennt man im Gegensatze zu diesen Leerbalken. Textfigur 21 l.

10) Kehlbalken, welche die Kehlbalkenlage in einem Dachstuhle bilden, auf den Rahmenhölzern ruhen und mit diesen verkämmt sind,

während sie in die Sparren eingezapft oder an diese angeblattet werden. Vergl. II. B. 1. i) Textfigur 6, und II. B. 3. e. Textfigur 8. Auch in der Kehlbalkenlage können Grat-, Gratstich-, Kehlgrat- und Kehlgratstichbalken vorkommen. Textfigur 20, 21 k.

Eine besondere Art der Kehlbalken bilden die Spannkehlbalken, welche bei der Konstruktion der Pyramidendächer oder Türme zum Abschlusse der einzelnen Stockwerke dienen, auf den Andreaskreuzen ruhen und verkämmt sind und an den Gratsparren seitlich angeblattet und angebolzt werden. Ist ein hohes Dach durch mehrere Kehlbalkenlagen übereinander in mehrere Dachbodengeschosse der Höhe nach geteilt, so erhalten die Balken der obersten, dem Dachfirst oder -forst zunächst liegenden Kehlbalkenlage den besonderen Namen Hain-, Spitz-, **Katzen**- oder Hahnenbalken.

Die Balken werden auf relative oder Biegungsfestigkeit beansprucht, bei welcher die Kraft senkrecht zur Längenachse des Balkens wirkt. Die zulässige Beanspruchung des Kiefern- oder Fichtenholzes pro qcm ist aber mit 75 bis 80 kg in Rechnung zu setzen. Für jeden einzelnen Fall der freien Länge eines Balkens, der Balkenweite, das ist die Entfernung der Balken von Mitte zu Mitte gerechnet, welche 0,75 bis 1,05 m betragen darf, und der entsprechend einzusetzenden Totalbelastung pro qm, welche sich aus dem Eigengewichte der Balkenlage und der zufälligen Belastung oder Nutzlast zusammensetzt, ist die Stärke eines Balkens, d. h. die Grösse seines Querschnittes (Breite b $\times$ Höhe h) zu berechnen. Der grösste tragfähige Querschnitt eines Balkens liegt aber in dem Verhältnisse der Breite b zur Höhe h desselben wie $1 : \sqrt{2}$ oder abgerundet wie 5 : 7.

Diesen grössten tragfähigen Querschnitt erhält man konstruktiv aus einem Baumstamme, wenn man den Durchmesser ad eines solchen in drei gleiche Teile teilt, in den beiden Teilpunkten b und c in entgegengesetzter Richtung Senkrechte auf dem Durchmesser ad errichtet, welche die Peripherie des Baumstammes in den Punkten e und f schneiden. Diese nun mit den Endpunkten a und d des Durchmessers verbunden, ergeben eine rechteckige Querschnittsfläche, in welcher sich verhält:

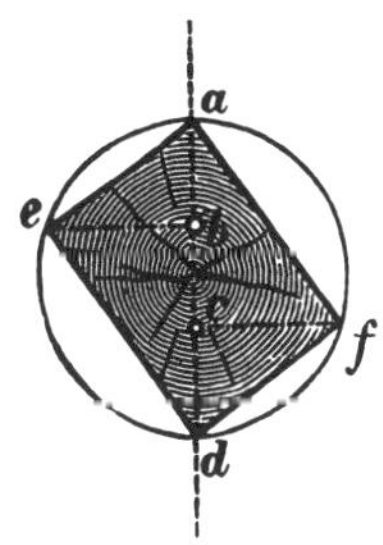

Fig. 22.

$$b : h = 1 : \sqrt{2} \sim 5 : 7.$$

Es ist also:

$$b = \tfrac{5}{7} h.$$

Textfigur 22.

Das Weitere über den rechnerischen Nachweis für die Stärke und die Tragfähigkeit der Balken bei gegebener freier Länge, Balkenweite und Totalbelastung siehe unter „Festigkeitslehre“.

Die Eigengewichte aber betragen nach dem Kalender der deutschen Baugewerkszeitung:

1 cbm Kiefernholz = 650 kg.

1 cbm Eichenholz = 800 kg.

1 qm Balkenlage mit Deckenschalung und Putz, Lehmausfüllung bis Unterkante Fussboden, 11 cm stark, Fussboden 3,5 cm stark = 250 kg.

1 qm Balkendecke wie vorher, aber statt Fussboden Gips- oder Lehmestrich 5 bis 7 cm stark = 340 kg.

1 qm Balkenlage nur mit Fussboden = 70 kg.

1 qm Balkenlage mit 3 cm starker Stülpdecke und 10 cm starkem Lehmschlag = 210 kg.

1 qm Balkenlage mit ganzem Windelboden, auch unterhalb mit Lehmbesatz bis Unterkante Balken, sowie 3,5 cm starkem Fussboden = 360 kg.

Die zufälligen Belastungen der Zwischendecken sind mit folgenden Werten zu normieren in kg pro qm:

In Wohngebäuden	250	In Fruchtböden	457
„ grösseren Geschäftsgebäuden	400	„ Kaufmannsspeichern	760
In Tanzsälen	400	„ Salzspeichern	600
„ Heuböden	406	Belastung durch Menschengedränge	400

Für die Totalbelastung der Zwischendecken sind aber folgende Werte in kg pro qm in Rechnung zu setzen:

Balkenlage mit einfacher Dielung ohne Stakung	350	Desgl. in Fabrik- u. Lagergebäuden	750
Desgl. gestakte Windelboden mit Lehmestrich	430	Desgl. mit ganzen Windelboden	580
Desgl. ausgestakt und verschalt in Wohnhäusern	500	Balkenlage m. Gipsestrich	590
Desgl. in Tanzsälen	710	Dachbalkenlage in Wohn-Gebäuden	735
Desgl. in Werkstätten	760	Balkenlage in Getreidespeichern (zum Nachweis)	850-1000

Im letzteren Falle beträgt die Grösse der Belastung der Zwischendecken in Lagerhäusern, Speichern u. s. w. durch aufgeschüttete Stoffe bei 1 m Schütthöhe:

Weizen u. Roggen	pr. qm ca. 750 kg	Zucker	pr. qm ca. 750 kg
Hülsenfrüchte (Erbsen, Bohnen, Wicken, Linsen u. s. w.)	pr. qm ca. 800 „	Kartoffeln	„ „ „ 700 „
Gerste	„ „ „ 650 „	Heu u. Stroh	„ „ „ 100 „
Hafer	„ „ „ 500 „	Holz	„ „ „ 400 „
Mehl	„ „ „ 700 „	Steinkohlen	„ „ „ 900 „
Gries	„ „ „ 650 „	Braunkohlen	„ „ „ 700 „
Lein- u. Rübsaat	„ „ „ 650 „	Koaks	„ „ „ 450 „
Hirse	„ „ „ 850 „	Torf	„ „ „ 600 „
		Salz	„ „ „ 800 „
		Zement	„ „ „ 1200 „

In Säcken geschichtet beträgt das Gewicht ungefähr $\frac{4}{5}$ von dem oben angegebenen.

Die **Balkenweite.** Die Entfernung der Balken von Mitte zu Mitte gerechnet beträgt ***0,75*** bis ***1,05 m.*** Für Wohngebäude mit 500 kg Totalbelastung pro qm soll jedoch dieselbe ***85 cm*** in der Regel nicht überschreiten.

Die **Balkenstärke.** Für die Stärke der Balken, also das Verhältnis der Breite b zur Höhe h des Balkenquerschnittes ist die freie Länge, Balkenweite und Totalbelastung der Decke maassgebend. Für die normalen Fälle sind die Berechnungen jedoch nicht erforderlich, da bis 7 m freier Länge die Baupolizeiverordnungen die Stärken der Balken vorschreiben. Nach den Baupolizeivorschriften der kgl. sächs. Amtshauptmannschaften, Brandversicherungsinspektionen des Königreichs Sachsens und denjenigen des Baupolizeiamtes der Stadt Dresden sind die Balken in der Regel nicht über 85 cm von Mitte zu Mitte von einander entfernt anzuordnen; die Mindestmaasse ihrer Stärke haben bei Verwendung von Fichten- oder Tannenholz in Wohnhäusern und in Räumen, in welchen grössere Belastungen als 500 kg auf je einen Quadratmeter, mit Einschluss des Eigengewichtes der Balkenlage nicht stattfinden, in Höhe und Breite zu betragen:

bei 4,00 Meter freier Länge 22 cm und 18 cm = $\frac{18}{22}$ cm
„ 4,25 „ „ „ 23 „ „ 18 „ = $\frac{18}{23}$ „
„ 4,50 „ „ „ 24 „ „ 19 „ = $\frac{19}{24}$ „
„ 4,75 „ „ „ 25 „ „ 19 „ = $\frac{19}{25}$ „
„ 5,00 „ „ „ 26 „ „ 20 „ = $\frac{20}{26}$ „
„ 5,25 „ „ „ 26 „ „ 22 „ = $\frac{22}{26}$ „
„ 5,50 „ „ „ 27 „ „ 23 „ = $\frac{23}{27}$ „
„ 5,75 „ „ „ 28 „ „ 22 „ = $\frac{22}{28}$ „
„ 6,00 „ „ „ 29 „ „ 23 „ = $\frac{23}{29}$ „
„ 6,25 „ „ „ 31 „ „ 22 „ = $\frac{22}{31}$ „
„ 6,50 „ „ „ 32 „ „ 22 „ = $\frac{22}{32}$ „
„ 6,75 „ „ „ 33 „ „ 22 „ = $\frac{22}{33}$ „
„ 7,00 „ „ „ 33 „ „ 24 „ = $\frac{24}{33}$ „

Rinde und Bast ist von den zu verlegenden Balken vollständig zu entfernen.

Nach dem Ingenieurtaschenbuch Hütte, II. Abt., IV. Ausbau, sind die Balkenstärken unter Zugrundelegung von 500 kg Totallast pro qm und 80 kg zulässige Beanspruchung des Holzes pro qcm nach folgender Tabelle zu wählen:

Freie-Länge in m	Balkenweite von Mitte zu Mitte	
	0,90 m	1,00 m
2,50	12 · 15 = $\frac{12}{15}$ cm	12 · 16 = $\frac{12}{16}$ cm
3,00	13 · 17 = $\frac{13}{17}$ „	13 · 18 = $\frac{13}{18}$ „
3,50	14 · 19 = $\frac{14}{19}$ „	14 · 20 = $\frac{14}{20}$ „
4,00	15 · 21 = $\frac{15}{21}$ „	16 · 22 = $\frac{16}{22}$ „
4,50	17 · 22 = $\frac{17}{22}$ „	18 · 23 = $\frac{18}{23}$ „
5,00	18 · 24 = $\frac{18}{24}$ „	19 · 25 = $\frac{19}{25}$ „
5,50	19 · 26 = $\frac{19}{26}$ „	20 · 27 = $\frac{20}{27}$ „
6,00	21 · 27 = $\frac{21}{27}$ „	21 · 28 = $\frac{21}{28}$ „

Nach Berliner Baupolizeivorschriften ist für grössere freie Längen der Balken als 6 m der rechnerische Nachweis der Tragfähigkeit beizubringen.

Aber auch nach alten Zimmermannsregeln kann man die Höhe h eines Balken für jeden Fall seiner freien Länge bestimmen, deren Resultate recht gut mit denjenigen der statischen Berechnung (Festigkeitslehre) übereinstimmen.

1. Man rechne auf jedes Meter freier Länge eines Balkens 4 cm (früher 1 Zoll) und gebe 4 cm (1 Zoll) als Sicherheitsmaass zu. Dieser Satz in einer Formel ausgedrückt lautet:

$$h = l^m \cdot 4 \text{ cm} + 4 \text{ cm Sicherheitsmaass},$$

wenn l die freie Länge des Balkens, in Metern ausgedrückt, bezeichnet.

Ist z. B.

$$l = 5 \text{ m},$$

so erhält man

$$h = 5 \cdot 4 \text{ cm} + 4 \text{ cm} = 20 + 4 = 24 \text{ cm}.$$

Die Breite b soll sich aber zur Höhe h verhalten wie 5 : 7, also $b = \frac{5}{7} h$, oder man macht die Breite gleich der Höhe minus 5 bis 6 cm:

$$b = h - 5 \text{ bis } 6 \text{ cm}.$$

Hier also

$$b = 24 - 6 \text{ cm} = 18 \text{ cm}.$$

Der Balkenquerschnitt ergiebt sich daher zu $\frac{18}{24}$ cm. (Vergl. die Tabelle der Hütte.)

2. Die Höhe h eines Balkens ist 16 cm + der doppelten freien Länge desselben in Metern ausgedrückt, das Resultat in cm:

$$h = (16 \text{ cm} + 2 \cdot l^m) \text{ cm}.$$

Ist l = 5 m, so ergiebt sich

$$h = (16 \text{ cm} + 2 \cdot 5 \text{ m}) \text{ cm} = 16 + 10 = 26 \text{ cm},$$

$$b = 26 - 6 = 20 \text{ cm},$$

der Balkenquerschnitt demnach zu $\frac{20}{26}$ cm.

(Vergl. die sächs. Baupolizeivorschriften.)

3. Die Höhe h eines Balkens ist 15 cm + 2,5 mal seiner freien Länge in Metern ausgedrückt, das Resultat in cm:

$$h = (15 \text{ cm} + 2{,}5\, l^m) \text{ cm}.$$

Angenommen l = 5 m, so erhalten wir:

$$h = (15 \text{ cm} + 2{,}5 \cdot 5 \text{ m}) \text{ cm} = 15 + 12{,}5 = 27{,}5 \text{ cm} = \text{abgerundet } 28 \text{ cm},$$

$$b = 28 - 6 \text{ cm} = 22 \text{ cm}.$$

Die Querschnittsfläche des Balkens beträgt demnach $\frac{22}{28}$ cm.

4. Die halbe Zimmertiefe, d. h. die freie Länge des Balkens, in Dezimetern ausgedrückt, ist gleich seiner Höhe in cm:

$$h = \left(\frac{t}{2}^{\,dzm}\right) \text{cm}.$$

Ist t = l = 5 m, so ergiebt sich

$$h = \frac{50}{2} = 25 \text{ cm},$$

da 5 m = 50 dzm sind.

$$b = 25 - 6 \text{ cm} = 19 \text{ cm}.$$

Der Balken erhält demnach $\frac{19}{25}$ cm Stärke.

Das A u f l a g e r a eines Balkens macht man meist gleich seiner Höhe h, also

$$a = h.$$

Dasselbe soll aber in der Regel nicht weniger als 25 cm betragen.

Bei gewöhnlichen Stockwerksbalkenlagen liegen die Balken direkt auf dem Mauerwerke auf; bei Dachbalkenlagen ist jedoch die Anordnung von M a u e r l a t t e n erforderlich, welche aus Eichenholz hergestellt $\frac{7}{9}$, $\frac{8}{10}$ cm, aus Kiefern- oder Fichtenholz $\frac{10}{10}$, $\frac{10}{12}$, $\frac{12}{12}$, $\frac{13}{13}$ cm stark gemacht werden. Auf den Mauerlatten, welche in ihrer ganzen Länge auf den Frontmauern der Gebäude liegen, werden die Balken verkämmt oder aufgedübelt, aufgedollt. Textfigur 23.

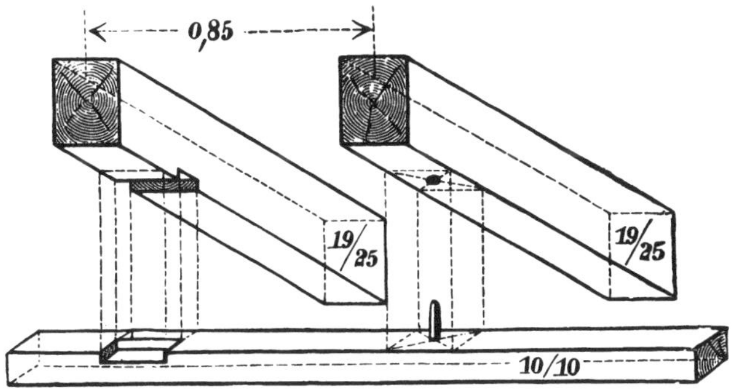

Fig. 23

An Stelle der hölzernen Mauerlatten hat man in der Neuzeit auch vielfach schmiedeeiserne, gewalzte ⊥-Eisen verwendet, welche mit ihren Stegen in die Balken eingeschnitten werden. Der Zweck der Anordnung von Mauerlatten für gewöhnliche Stockwerksbalkenlagen kann nur der sein, eine gleichmässigere Druckverteilung auf dem Mauerwerke hervorzurufen, während bei Dachbalkenlagen Mauerlatten unbedingt erforderlich sind aus folgendem Grunde: Die Dachbalkenlage wird wie die übrigen Geschossbalkenlagen auf dem Zimmer- oder Werkplatze als Zulage abgebunden und auf ihr der Dachstuhl errichtet. Auf dem Gebäude muss nun die Dachbalkenlage genau so verlegt werden, wie sie in der Zulage angeordnet war, andernfalls würden sonst nach Verlegung der Dachbalkenlage die Verbindungen der Holzkonstruktionsteile des Dachstuhles, z. B. die Zapfen der Säulen und die Zapfenlöcher der Stuhlrahmen nicht genau ineinander passen. Wird nun die Mauerlatte genau verlegt, so müssen die Balken auf ihr mittels der Verkämmung oder Verdübelung genau dieselbe Lage erhalten, wie in der Zulage.

Werden bei gewöhnlichen Stockwerksbalkenlagen Mauerlatten angewendet, so dürfen sie nur auf die Mauerabsätze und zwar s t e t s b ü n d i g m i t d e r u n t e r e n M a u e r k a n t e, nie in die Mauer hinein verlegt, also nie vom Mauerwerke umschlossen werden. Textfigur 24 und 25. Dienen die Balkenköpfe zugleich zum Tragen und Bilden eines Hauptgesimses, ragen sie also über die äussere Mauerflucht hinaus, so ist es vorteilhaft, zwei Mauerlatten anzuordnen, welche man von der Aussen- und Innenkante der Mauer um einige Centimeter zurücklegt, um schädliche Kantenpressungen im Mauerwerke zu verhüten. Textfigur 26.

Fig. 24.

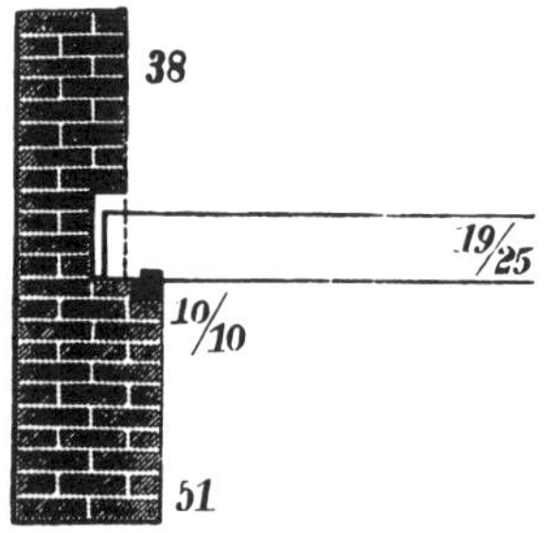

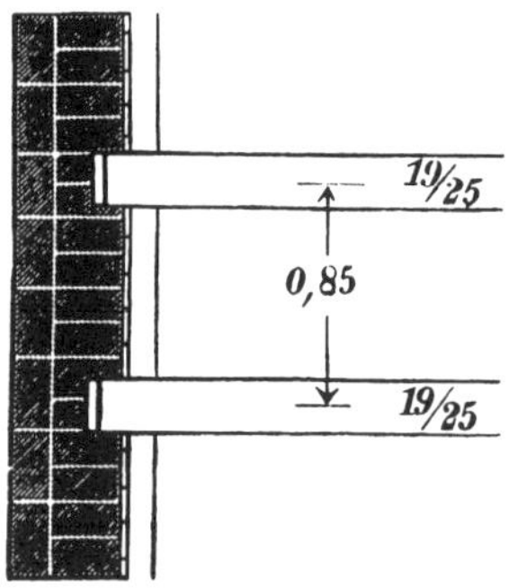

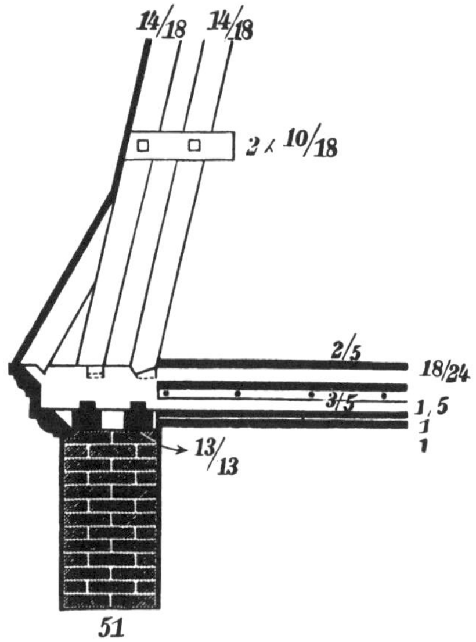

Fig. 25. Fig. 26.

Bei Turmbalkenlagen werden für jede Wandseite ebenfalls zwei Mauerlatten erforderlich, welche bis zu den Aussenseiten des Mauerwerkes verlängert, sich recht- oder schiefwinklig überschneiden. Vergl. II B. 1. a. b und *Taf. 2, Fig. 2 und 3.* Eine solche Anordnung mehrerer Mauerlatten nennt man einen Mauerlattenkranz. *Taf. 6, Fig. 11 und 12.*

Bei inneren und äusseren Fachwerksmauern ruhen die Balken auf Rahmenhölzern, mit welchen sie durch Verkämmung verknüpft sind. Vergl. II. B. 4. a bis h und *Taf. 4, Fig. 1 bis 9.*

Die Imprägnierung der Balken. Um die Balken an den Stellen vor Fäulnis zu schützen, mit welchen sie mit dem noch feuchten Mauerwerke in Berührung kommen, werden dieselben mit einem antiseptischen, d. h. fäulnisverhindernden Stoffe angestrichen oder imprägniert, wozu in der Neuzeit am meisten das Carbolineum verwendet wird. Andere Imprägnierungsmittel sind Teer, Kreosot, Kupfervitriol-, Eisenvitriol-, Zink- und Quecksilberchloridlösungen, Wasserglas (Alkali mit Kieselsäuregehalt) und Ölfarbenanstrich. Solche Präparate kommen in den Handel unter dem Namen Mykothanaton von Vilain, Antimerulion von Dr. Zerener. Vergl. Baumaterialienlehre.

Das Verlegen und Vermauern der Balken. Das Verlegen der Balken auf dem Gebäude erfolgt bei jedem Stockwerke dann, wenn das Mauerwerk in der Höhe der Unterkante der Balken ringsherum wagerecht abgeglichen, nachdem also die sogenannte Abgleichung oder Gleiche hergestellt worden ist. Auf das Vermauern der Balkenköpfe ist nun die grösste Sorgfalt zu verwenden. Um das Verfaulen der Balken zu verhüten, werden die Balkenköpfe zu beiden Seiten mit trockenen Ziegelsteinen, also ohne Mörtel, vermauert; zwischen der Hirnholzfläche des Balkens aber und dem Mauerwerke wird eine isolierende Luftschicht von 2,5 bis 4 cm Breite angelegt, welche vorteilhaft mit der inneren Luft im Gebäude und der Aussenluft in Verbindung, Cirkulation gebracht wird durch Anordnung entsprechender Kanäle.

Fig. 27.

Der über dem Balkenkopfe nach innen führende Kanal wird durch Aussparen oder Schrägstellung von Ziegelsteinen im Mauerwerke hergestellt (Textfigur 27); auf gleiche Weise ist der nach aussen führende Kanal herzustellen, welcher durch durchlochte Blechgitter im äusseren geschlossen wird. Textfigur 28. An seine Stelle tritt häufig auch eine kleine Blechröhre, welche in die Stossfuge zweier Ziegelsteine eingelegt wird, Textfigur 29. Befindet sich in der Fassade in Höhe der Balkenlage ein trennendes Gurtgesims aus Werkstein, so kann man auch einen solchen Kanal in die Unterglieder (Wassernase oder Unterschneidung) des Gesimses einbohren. Textfigur 30.

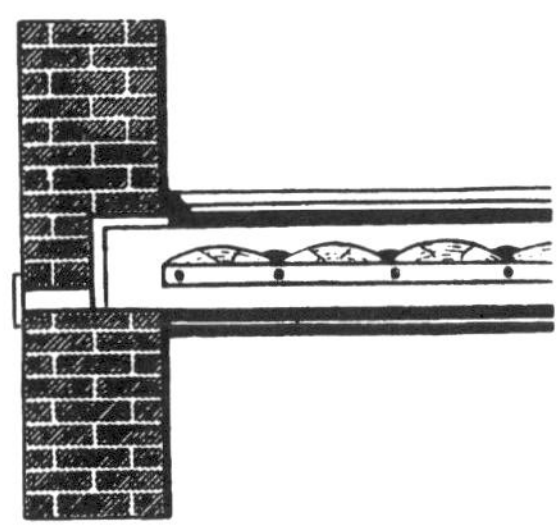

Fig. 28.

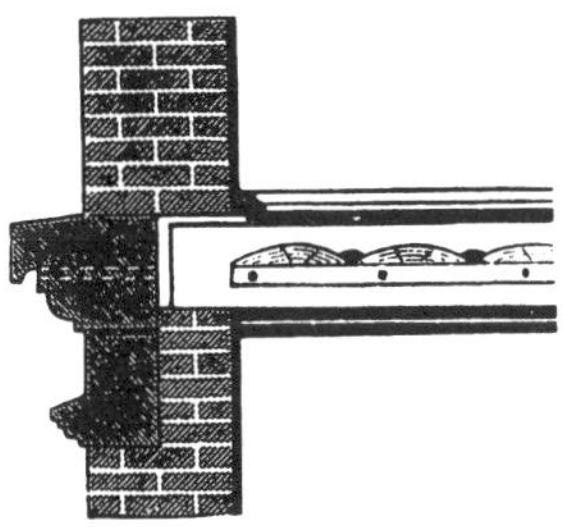

Fig. 30.

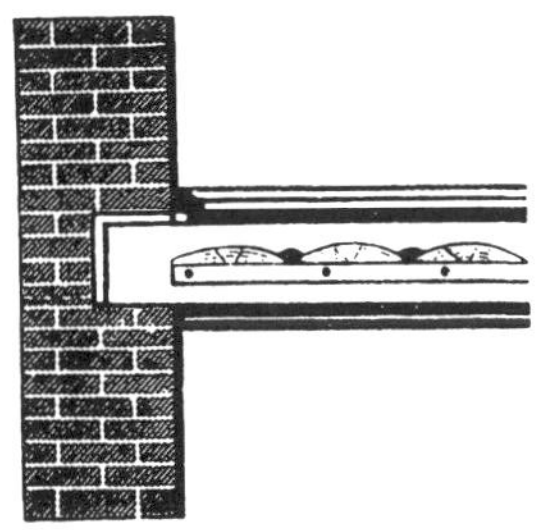

Fig. 29.

Alle anderen früheren Mittel, den Balkenkopf gegen Feuchtigkeit und Fäulnis zu schützen durch Umkleiden desselben mit Lehm, Dachpappe u. s. w. sind nicht empfehlenswert, da durch den hierdurch hervorgerufenen gänzlichen Abschluss der Luft von den Hirnholzfasern das Balkenholz stockig und so ebenfalls zerstört werden würde. Die Luftisolierung ist und bleibt daher der beste Schutz gegen ein Verfaulen der Balkenköpfe.

Die Lage bezw. Richtung der Balken zur Konstruktion einer Balkenlage. Sie ist in der Regel so zu wählen, dass die Balken die Räume nach deren geringster Tiefe überdecken, um hierdurch die geringsten Balkenstärken zu erhalten. Bei eingebauten mehrgeschossigen Wohngebäuden liegen die Balken meist senkrecht zu den Frontwänden; um jedoch letztere zu entlasten, werden die Balken häufig auch stockwerkweise wechselnd senkrecht oder parallel zu den Umfassungsmauern verlegt. Textfigur 31. Bei freistehenden Wohnhäusern ordnet man die Balken so an, dass sie die Räume ebenfalls meist nach ihrer geringeren Ausdehnung überdecken. *Taf. 6, Fig 3 und 4.* Bei schiefwinkligen Grundrissen und konpierten Ecken werden die Balken im allgemeinen rechtwinklig zu den Fronten verlegt; es können

Fig. 32.

hierbei verschiedene Anordnungen getroffen werden, wie solche in beistehenden Textfiguren 32, 33 und 34 dargestellt sind.

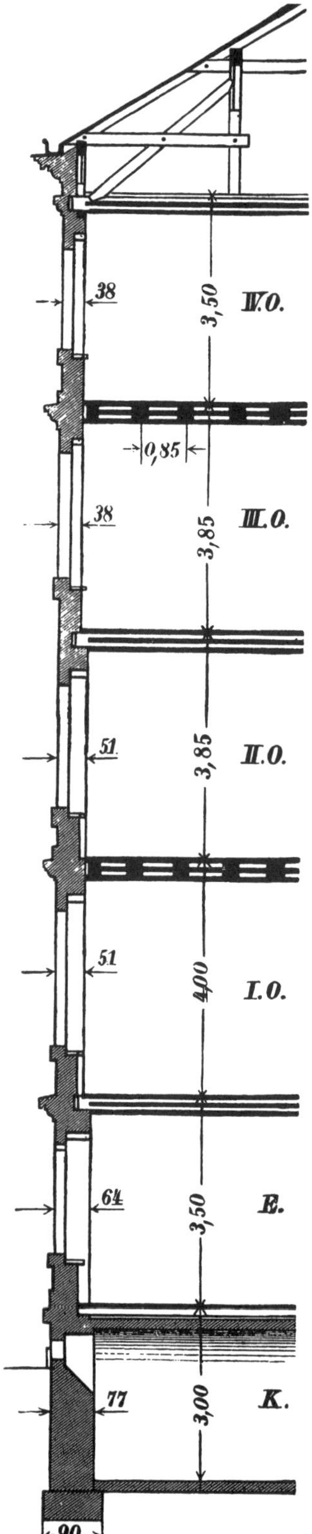

Fig. 31.

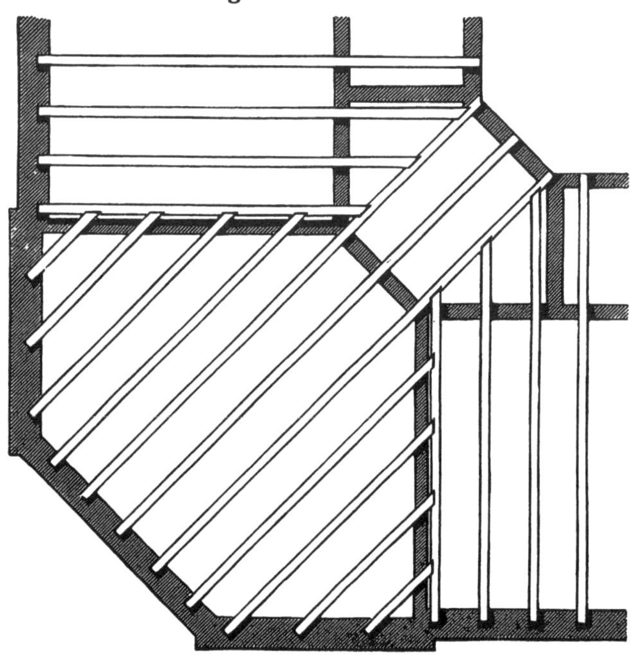

Fig. 33.

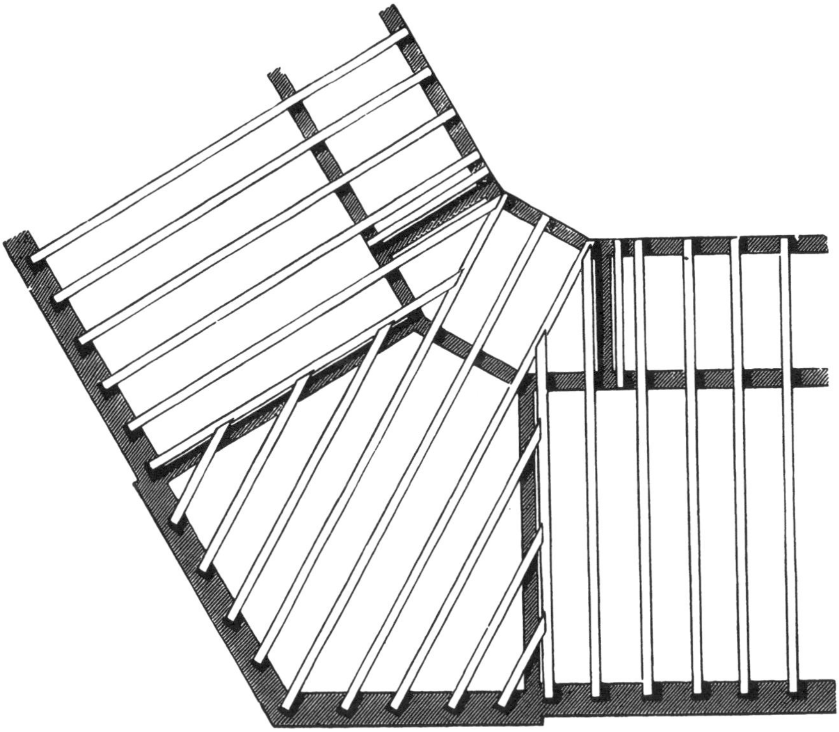

Fig. 34.

Die Konstruktion einer Balkenlage über einem gegebenen Grundrisse ist so zu bewirken, dass man, nachdem die Stärke der Balken nach der grössten freien Länge derselben bestimmt worden ist, — letztere entspricht bei normalen Wohnhausverhältnissen gewöhnlich einer vorderen Zimmertiefe von 5,00 bis 5,70 m — zunächst sämtliche Giebel-, Streich- und Bundbalken verlegt und in den einzelnen Haupträumen die Entfernungen dieser Balken von einander in einzelne Felder von ***0,75*** bis ***1,05 m***, vorteilhaft nicht über ***0,85 m*** Breite einteilt und jedem erhaltenen Teilpunkt seinen Zwischenbalken giebt. Man sehe zu, möglichst viele durchgehende Balken zu erhalten. Stösse der Balken sind vorteilhaft nur auf 1½ Stein starken Mittelmauern zu bewirken und durch schmiedeeiserne Klammern zu sichern. Liegen gestossene Balken nicht in einer senkrechten Ebene, sind dieselben also in ihren Richtungen um weniges verschoben, so wendet man den schräg versetzten Stoss an. Textfigur 35. Balken, welche in den Grundrissanlagen auf Schornsteine und die für die Holztreppen erforderlichen Öffnungen in der Balkenlage treffen, müssen ausgewechselt werden.

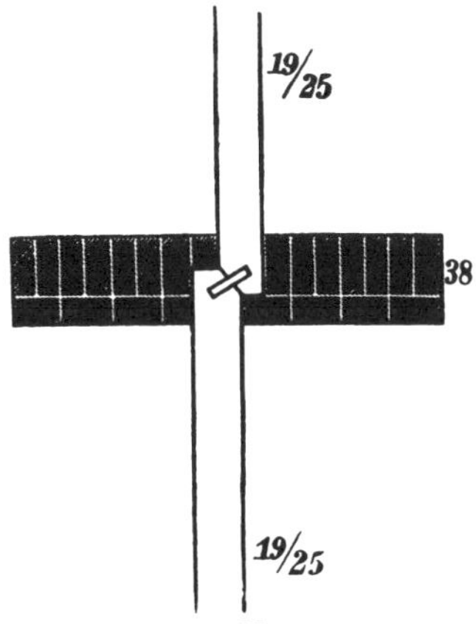

Fig. 35.

Die Auswechselung der Balken erfolgt unter Anwendung des Zapfens mit gerader oder schräger Brust. (Vergl. II. B. 3. f. 1 und 2, und *Taf. 3, Fig. 6 und 7.)* Letzterer kann jedoch auch beistehende Gestalt — eine Art Zapfen mit Versatz — erhalten. Textfig. 36.

Ferner sind die gesetzlichen Abstände des Balkenholzes von den Schornstein-Wandungen zu berücksichtigen, nach welchen alles verdeckte Holz der Balkenlagen von den Aussenwänden der Schornsteine **7 *cm*** entfernt sein muss. (Vergleiche Steinkonstruktionen B. z.) Nach preussischem Gesetze beträgt dieser Abstand 10 cm, falls die Wangenstärke der Schornsteine weniger als 25 cm beträgt. Textfiguren 37 und 38. Liegen jedoch die Balken nur um 2 bis 3 cm zu nahe am Schornsteine, so kann man sich durch entsprechende Ausschnitte der Balken helfen, ohne zur Auswechselung greifen zu müssen. Textfigur 39. Beträgt aber die Entfernung der Balken von den Schornsteinen und Wänden über 20 cm, so sind zur Befestigung der Dielung oberhalb und der Schalung unterhalb der Balken **Halbholzbalken** oder **Bohlenstücke** von halber Breite und ganzer Höhe der Balken im Abstande von 7 cm von der Aussenwandung der Schornsteine zu verlegen. Textfigur 37 und 38.

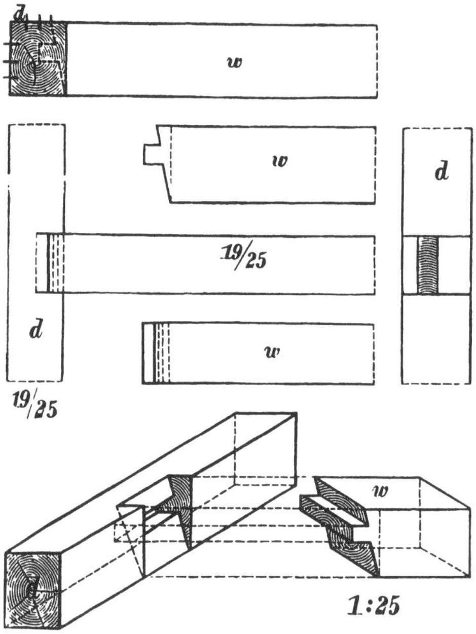

Fig. 36.

Fig. 37.

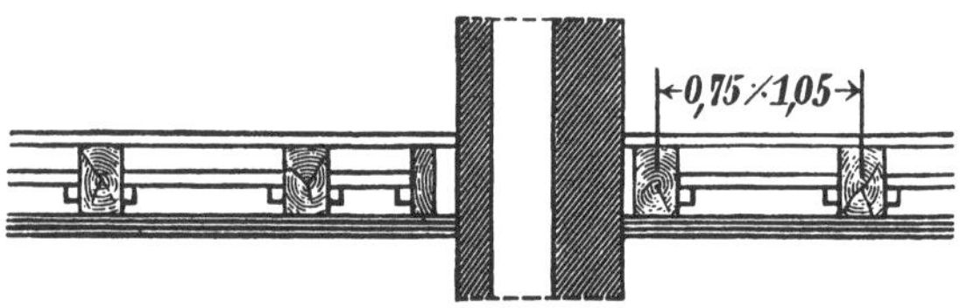

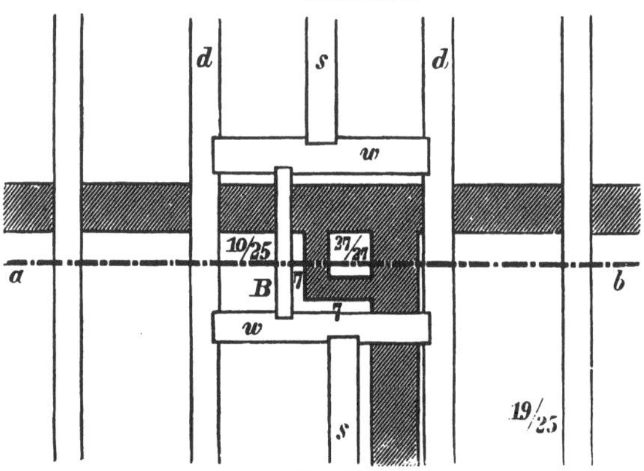

Fig. 38.

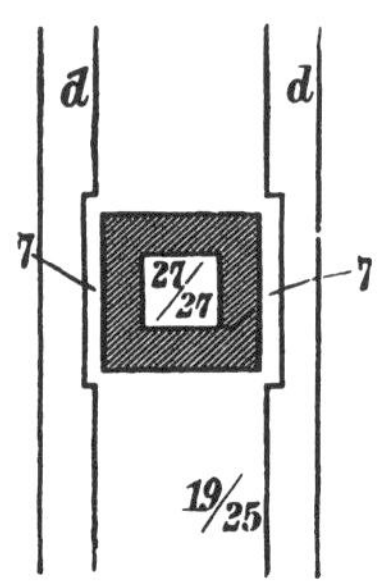

Fig. 39.

Ganz besondere Rücksicht aber ist zu nehmen auf die Anbringung von

Kronen oder Kronleuchtern in der Mitte der Zimmer. Befindet sich daselbst kein Balken, so ist zur Befestigung der Krone eine Balkenwechsel einzuziehen. *Taf. 6, Fig. 2.*

Die Verankerung der Balken. Die Balkenlagen sind sowohl mit den Front- als auch mit den Giebelmauern zu verankern. Im ersten Falle dürfen jedoch nur diejenigen durchgehenden Balken sogenannte Ankerbalken sein, welche ihr Auflager auf festem Mauerwerke, nicht auf Mauerbögen, also auf den Pfeilern zwischen den Fensteröffnungen haben.

Die schmiedeeisernen Balken- oder Kopfanker zur Verbindung der Frontmauern mit den Balkenlagen bestehen aus einem wagerecht liegenden Flacheisen, der Ankerschiene, von 1 bis 1,5 cm Stärke, 4 bis 5 cm Breite und 0,9 bis 1,20 m Länge, welche seitlich, seltener oberhalb an den Balken mittelst eiserner Nägel angeschlagen, am hinteren Ende aufgebogen und mit einer eisernen Kramme oder Krampe, einer kleinen eisernen Klammer, befestigt wird; am vorderen Ende erhält die Ankerschiene eine Öse, welche den senkrechten Teil des Balkenankers, den Ankersplint oder

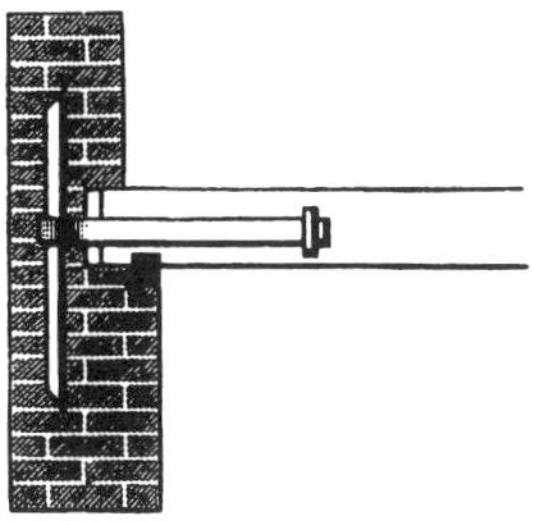

Fig. 40.

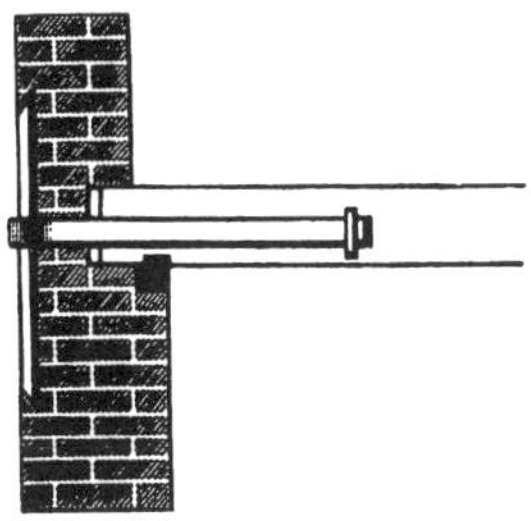

Fig. 41.

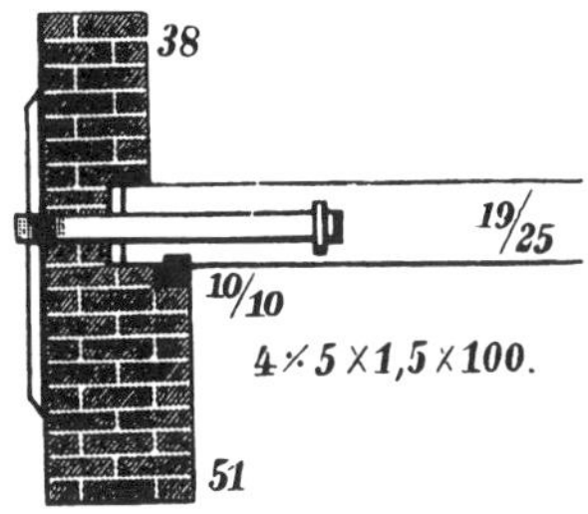

Fig. 42.

Ankerriegel aufnimmt. Letzterer, ebenfalls ein Flacheisen, ist 2 cm stark, 4 cm breit und ungefähr 0,90 m lang. Die Kopfanker können mit ihrem Splinte im Mauerwerke befestigt werden, Textfigur 40 und *Taf. 6, Fig. 2;* häufig spitzt man sie aber in die Aussenfläche des Mauerwerkes ein

Fig. 43.

Fig. 44.

Fig. 45.

und verputzt sie, Textfigur 41, oder man lässt sie vor die Aussenfläche der Frontmauern treten und bildet die Riegel zu Zierankern aus, Textfiguren 43, 44 und 45. Liegt hierbei der Ankerbalken nicht an passender

Stelle in Bezug auf die symmetrische Anordnung der Zieranker in der Fassade, so kann man sich durch eine Auswechselung zur Erzielung der Symmetrie helfen. Textfigur 46, 47, 48 u. 49.

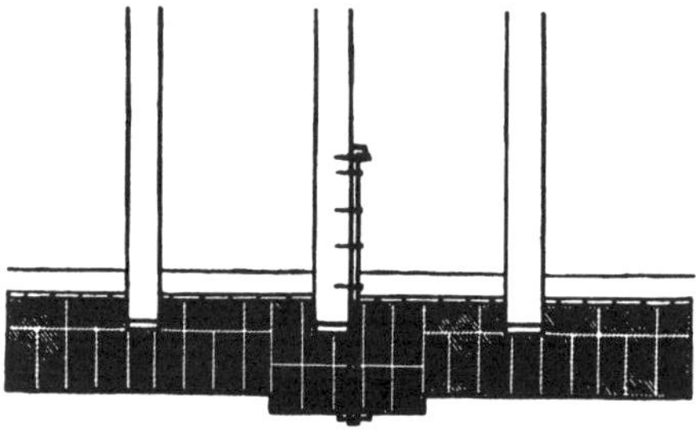

Fig. 46.

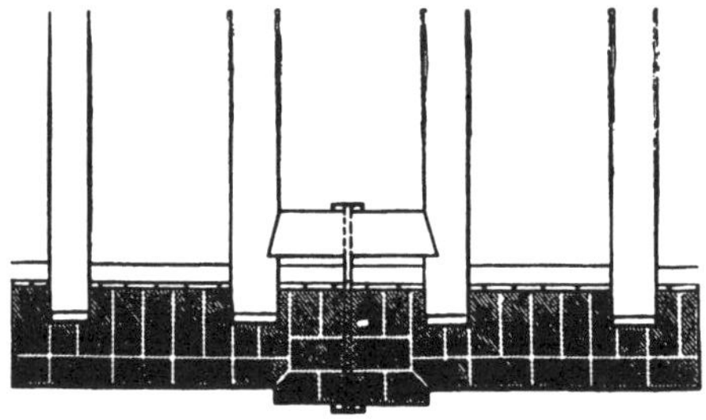

Fig. 47.

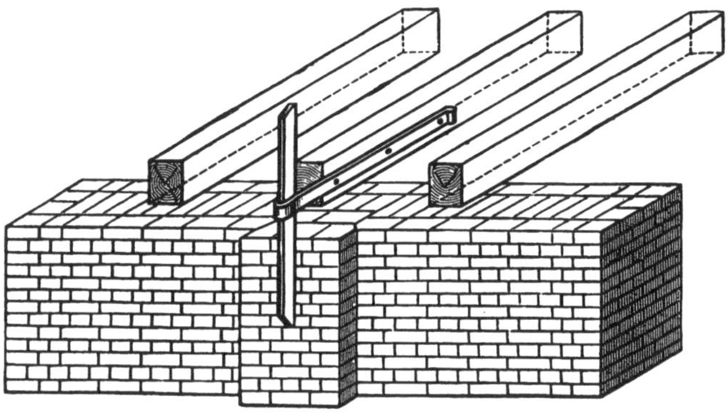

Fig. 48.

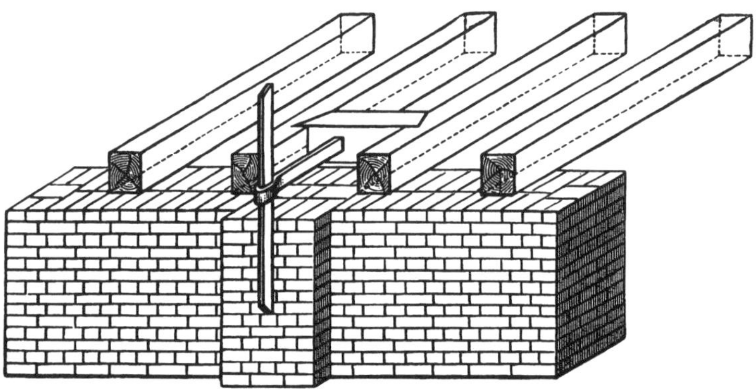

Fig. 49.

Zur Verankerung der Giebelmauer mit den Balkenlagen jedes einzelnen Stockwerkes dienen sogenannte Zug- oder Giebelanker, welche ebenfalls 1 bis 1,5 cm stark, 4 bis 5 cm breit sind und über 3 bis 4 Balken hinweg reichen. Sie werden in die Balkenoberflächen um ihre Stärke und Breite versenkt, d. h. eingeschnitten, damit über sie glatt hinweggedielt werden kann; auf jedem dieser Balken werden sie festgenagelt, am letzten

Balken aber umgebogen und an dessen Seitenfläche mit Nägeln und Kramme befestigt. Textfiguren 50, 51 und *Taf. 6, Fig. 2.*

Taf. 6, Fig. 2 zeigt die Konstruktion einer gewöhnlichen deutschen Stockwerksbalkenlage über dem Grundrisse eines eingebauten Wohnhauses *(Fig. 1)*, während in *Fig. 4* eine solche über dem Grundrisse eines kleinen freistehenden Arbeiterwohnhauses *(Fig. 3)* dargestellt worden ist, unter Berücksichtigung aller vorerwähnten Konstruktionserfordernisse.

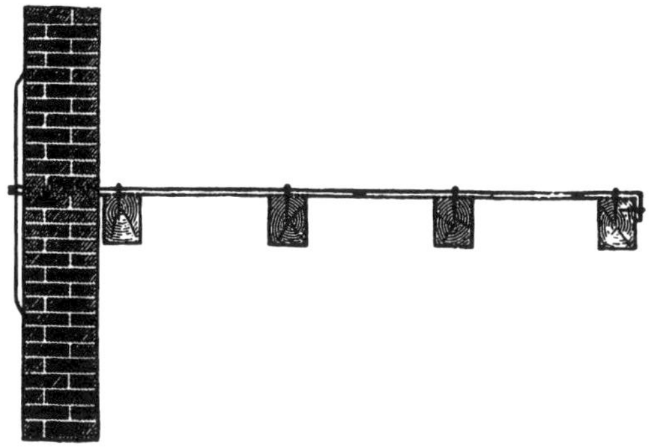

Fig. 50.

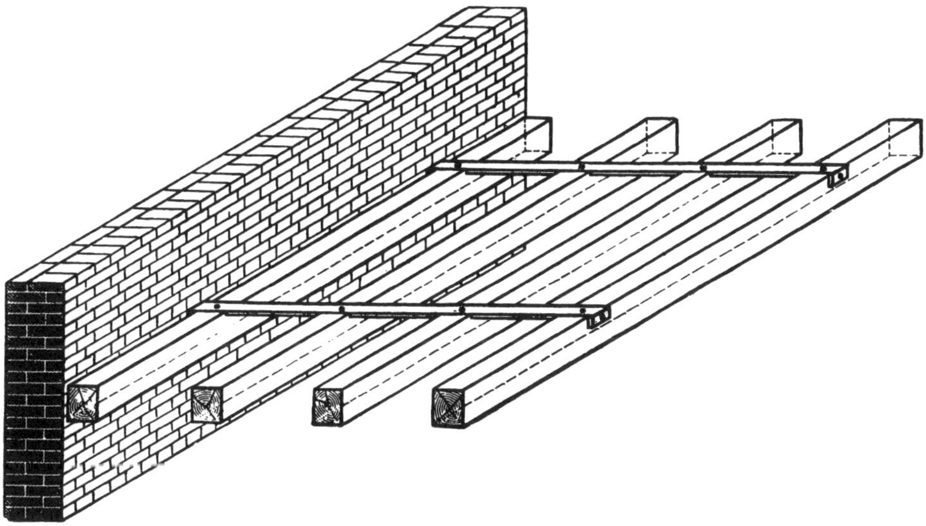

Fig. 51.

Bei den Dachbalkenlagen sind an jedem Giebel und in Abständen von *3,5* bis *5 m*, den Dachbinderentfernungen entsprechend, durchgehende Binderbalken anzuordnen. Dieselben dürfen daher nie gestossen und müssen mit den Umfassungen gehörig verankert werden.

Massive Erkervorbauten müssen ihre eigene Balkenlage, deren Balken dann meist parallel zu den Frontwänden verlegt werden, erhalten, während die eigentlichen Zimmerbalken ihr Auflager auf dem Mauerbogen oder schmiedeeisernen, gewalzten I-Trägern haben, welche die Erkeröffnung überdecken. Textfigur 52.

Eine besondere Art von Balkenlagen bilden die strahlenförmigen oder Sternbalkenlagen und die Turmbalkenlagen, welche zur Deckenbildung über quadratischen oder vieleckigen, z. B. polygonal sechs- oder achteckigen Grundrissen dienen.

Taf. 6, Fig. 5 enthält eine solche Balkenlage über quadratischem Grundrisse auf entsprechender Mauerlattenanordnung. Bei dieser Balkenlage wurde eine Öffnung in derselben nicht vorgesehen. Zwei durchgehende Balken von 19/25 cm Stärke für 5 m freier Länge in der Mitte der Umfassungen von 2 Stein Stärke = 51 cm, senkrecht zu diesen angeordnet, überschneiden sich in ihrem Kreuzungspunkte rechtwinklig, in welchem sie durch einen schmiedeeisernen Bolzen mit Schraubengewinde, Schraubenmutter und Unterlagsscheibe auf der einen Seite und festem Kopfe auf der anderen Seite fest mit einander verbunden werden. Vergl. II. B. 1. a und *Tafel 2, Fig. 2.* Zur Aufnahme der Gratbalken dienen die in ungefährem Abstande von 1 m vom Kreuzungspunkte zwischen die durchgehenden Balken eingezogenen Wechselbalken, in welchen die Gratbalken mittelst Brustzapfens ihr Auflager haben. In letztere greifen nun die zur Deckenbildung erforderlichen Zwischenbalken als Stich- bezw. Gratstichbalken ein. Der durch diese Balkenlage gelegte Schnitt ab ist in *Fig. 6* dargestellt.

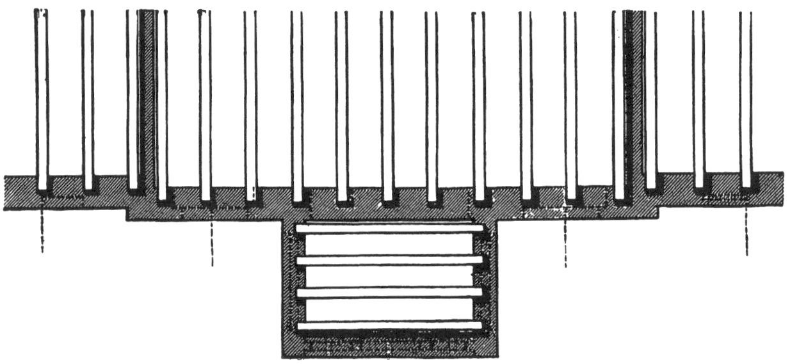

Fig. 52

Bei Turmbalkenlagen über quadratischem Grundrisse, *Taf. 6, Fig. 7,* ist aber meist zur Aufnahme einer durchgehenden Wendeltreppe eine entsprechend grosse Öffnung in der Balkenlage vorzusehen, welche durch je zwei sich überschneidende, durchgehende Balken gebildet wird. Auch hier dienen kurze Wechsel zwischen denselben angeordnet zur Aufnahme der Gratbalken, während Stichbalken in die durchgehenden Balken und Gratstichbalken in die Gratbalken eingezapft sind.

Sollen die Balken vor dem Mauerwerke sichtbar vortreten, so ist von Mitte zu Mitte der Gratbalken eine Einteilung der Balkenmittel in gleichen Abständen zu bewirken, und zwar an den Balkenköpfen. *Taf. 6, Fig. 8* enthält den durch diese Balkenlage gelegten Schnitt cd.

Bei der Balkenlage ohne Öffnung über einem regelmässig-sechseckigen Grundrisse, *Taf. 6, Fig. 9,* kreuzt ein durchgehender Balken in der Mitte einer Wandseite senkrecht zu dieser verlegt, einen durchgehenden Gratbalken, während die übrigen Gratbalken, Gratstichbalken und Stichbalken in Wechselbalken, zwischen den durchgehenden Balken eingezapft, ihr Auflager haben. In *Fig. 10* ist der durch diese Balkenlage gelegte senkrechte Schnitt ef ersichtlich.

Eine Turmbalkenlage über regelmässig-achteckigem Grundrisse auf einem Mauerlattenkranze — *Taf. 6, Fig. 11* —, bei welcher ebenfalls auf die Anordnung einer Öffnung für eine Wendeltreppe im Turme Rücksicht genommen worden ist, enthält *Taf. 6, Fig. 13.* Je zwei von den Ecken des Turmes rechtwinklig zu den Umfassungen verlegte, durchgehende Balken überschneiden sich und bilden so die quadratische Öffnung in der Balkenlage. Die zur Deckenbildung erforderlichen Stichbalken haben in den vier durchgehenden Balken ihr Zapfenauflager. Der durch diese Balkenlage gelegte Schnitt g h ist in *Fig. 14* dargestellt. Den für diese Balkenlage erforderlichen Mauerlattenkranz mit schiefwinkliger Überschneidung der Mauerlatten (vergl. II B. 1. b und *Taf. 2, Fig. 3)* enthält *Fig. 11,* während *Fig. 12* eine einfache Mauerlattenanordnung für diese Balkenlage zeigt.

Soll bei einer Balkenlage über achteckigem Grundrisse eine Öffnung nicht angebracht werden, so ordnet man über Eck zwei sich rechtwinklig kreuzende, durchgehende Gratbalken an, zwischen welchen man in ungefährem Abstande von 1 m vier Wechselbalken einzapft, welche senkrecht zu den nicht durchgehenden Gratbalken (Gratstichbalken) gerichtet sind, und zur Aufnahme dieser vier Gratbalken und acht Stichbalken dienen, *Taf. 6, Fig. 15.* Der Schnitt i k durch diese Balkenlage ist in *Fig. 16* enthalten.

Die Verspreizung der Balken.

Bei grösseren freien Längen der Balken als 6 m empfiehlt es sich, namentlich bei schwächeren Balkenhölzern, zwischen letzteren eine Verspreizung anzubringen, welche durch Kreuzstaaken und Spannbohlen bewirkt werden kann.

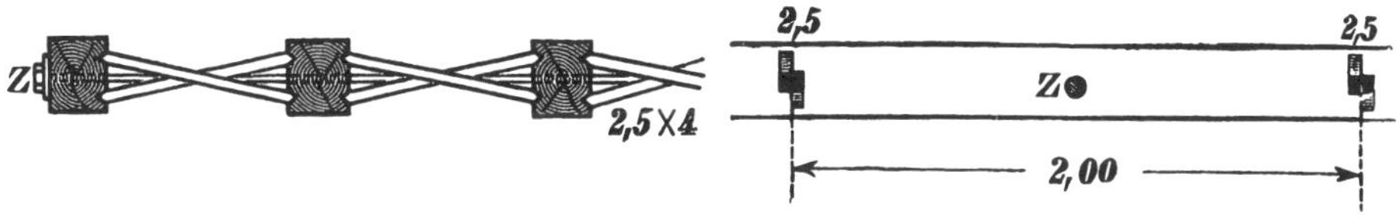

Fig. 53.

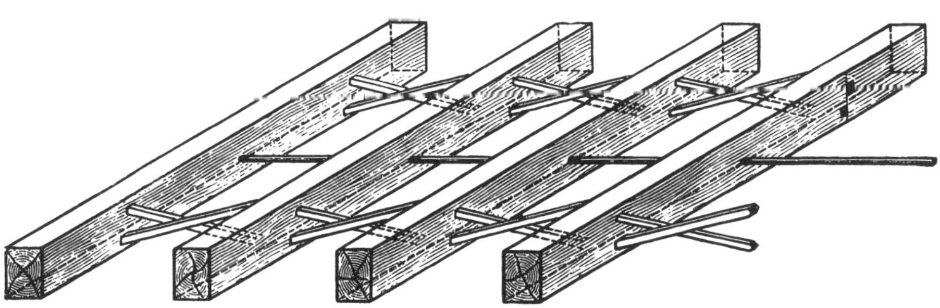

Fig. 54.

Die Kreuzstaaken sind Hölzer von 2,5 cm Stärke und 4 cm Breite, welche nach Art der Andreaskreuze (X oder ><) in Falze zwischen die Balken in Entfernungen von ungefähr 2 m eingesetzt werden. Sie haben den Zweck, die Last, welche etwa auf einen Punkt konzentriert ist, gleichmässig über die ganze Balkenlage zu verteilen. Um ein Durchbiegen der äusseren Balken sowohl als auch der Umfassungsmauern zu verhindern, ist es zweckmässig, schmiedeeiserne Zuganker über oder durch die Balken zu legen. Textfigur 53 und 54.

Die Spannbohlen, in gleichen Entfernungen wie die Kreuzstaaken in Falze zwischen die Balken eingesetzt, dienen dem gleichen Zwecke, erhalten 5 cm Stärke und die gleiche Höhe der Balken. Sie werden auf ¼ der Balkenbreite in die Balken keilförmig eingeschnitten. Auch hier empfiehlt sich die Anordnung von schmiedeeisernen Zugankern. Textfigur 55 u. 56.

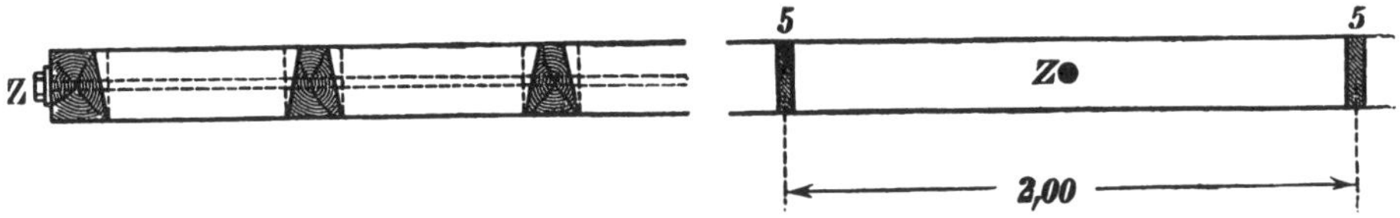

Fig. 55.

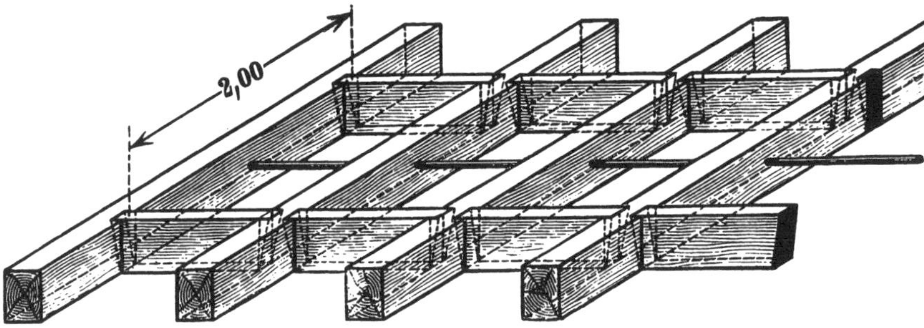

Fig. 56.

Die Reduktion der freien Länge der Balken.

Wird die freie Länge eines Balkens grösser als 7 m, etwa bis zu 7,5 m, so kann man immer noch denselben Balkenquerschnitt für 7 m = 24/33 cm ohne weitere Unterstützung der Balkenlage wählen, wenn man die freie Länge des Balkens auf das zulässige Maass von 7 m reduziert, was auf verschiedene Weise ausgeführt werden kann:

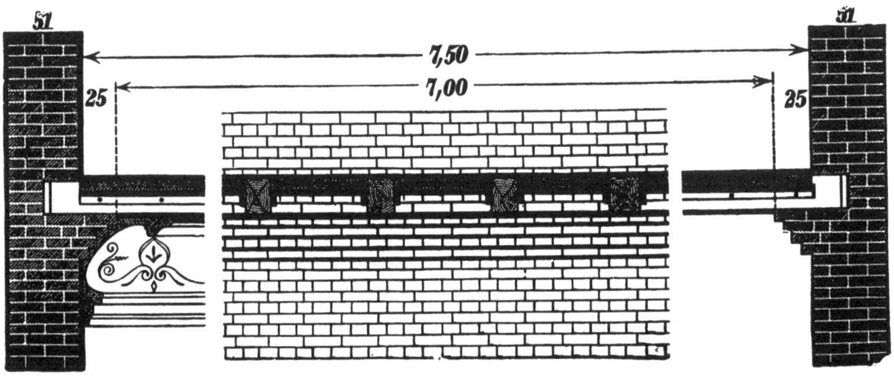

Fig. 57.

1) Durch ausgekragte Ziegelschichten am Auflager der Balken, durch welche bei einer grössten Ausladung von 25 cm auf beiden Seiten der Balkenauflager die freie Länge von 7 m nicht überschritten wird für den zugehörigen Balkenquerschnitt. Die Ziegelschichten können durch eine Hohlkehle oder Voute aus Gyps, Holzgypstrockenstuck u. dergleichen verkleidet werden. Textfigur 57.

2) Durch Anordnung von Konsolen von gleicher Ausladung aus Ziegeln oder Werksteinen unter jedem Balkenauflager. Textfigur 58.

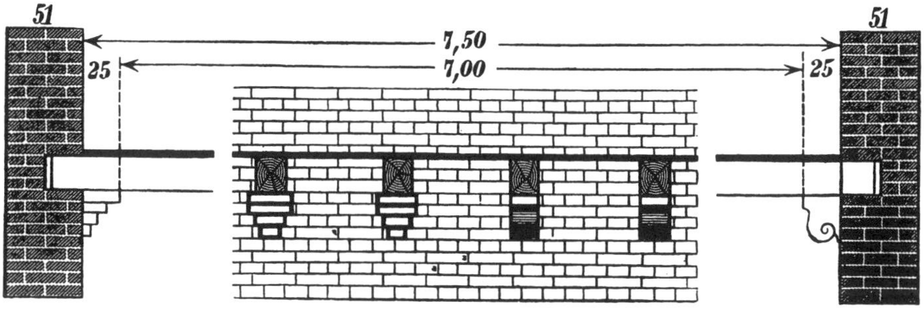

Fig. 58.

3) Durch Verlegen eines Wandträgers oder Wandbalkens unter die Auflager der Balken an den Wänden entlang, welcher seinerseits auf Konsolen ruht, die in Entfernungen von 3,5 bis 5 m in den Pfeilern zwischen den Fensteröffnungen vermauert sind. Textfigur 59.

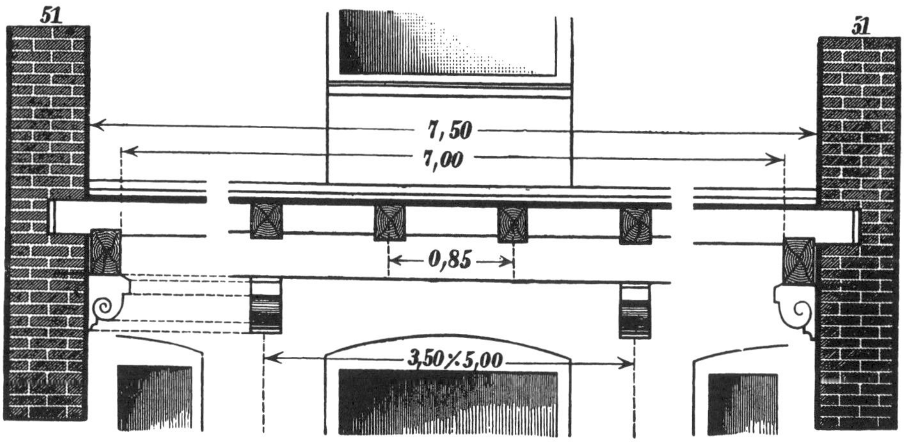

Fig. 59.

Die Unterstützung der Balkenlagen.

Wird aber die Tiefe der zu überdeckenden Räume und somit die freie Länge der Balken grösser als 7,50 m, so muss eine Unterstützung der Balkenlage durch Unterzüge oder Oberzüge (Ueberzüge) von 20/28,

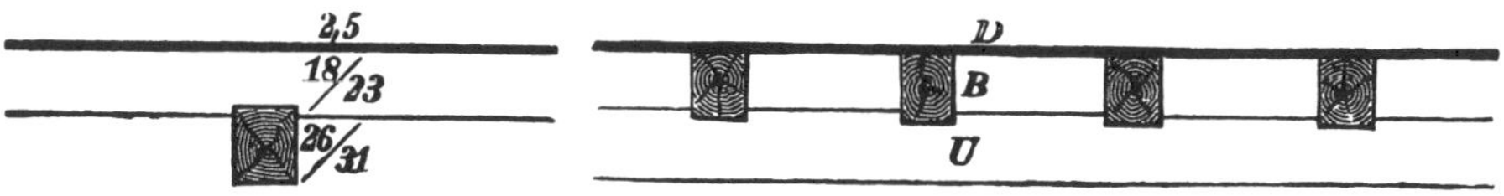

Fig. 60.

22/28, 26/31 bis 28/31 cm Stärke geschaffen werden. Auf die Unterzüge werden alsdann die Deckenbalken aufgekämmt, Textfigur 60 und 61 — vergl. II. B. 4 und *Tafel 4* —, an die Oberzüge dagegen werden sie mit schmiedeeisernen Bolzen mit Schraubengewinde, Schraubenmutter und Unterlagsscheibe, Textfigur 62 und 63, angehängt. Um den Oberzug gegen ein Durchbiegen tragfähiger zu machen, nimmt man für denselben wohl auch ein krummgewachsenes Balkenholz. Textfigur 64. Die hölzernen Unterzüge

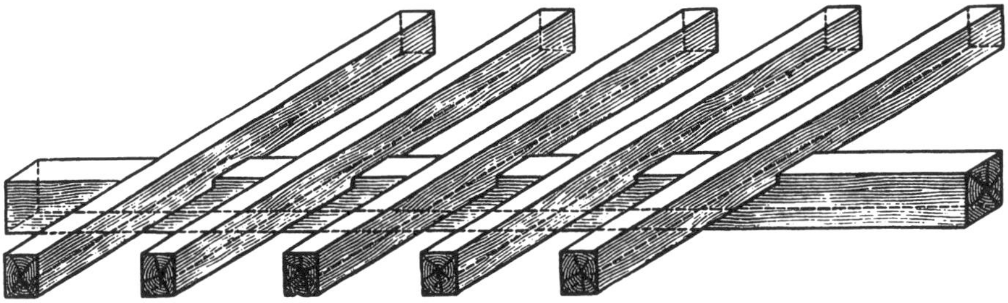

Fig. 61.

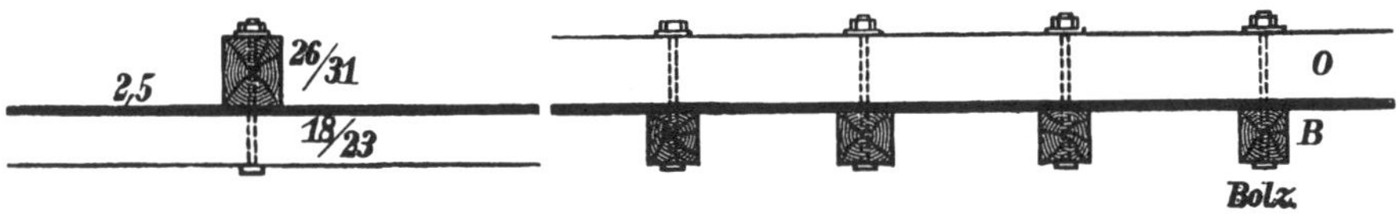

Fig. 62.

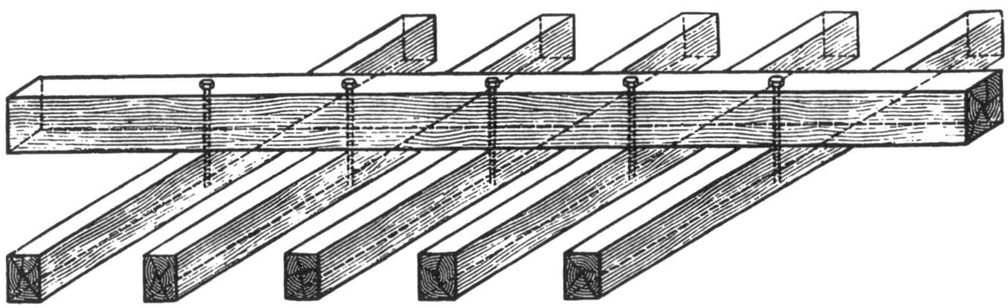

Fig. 63.

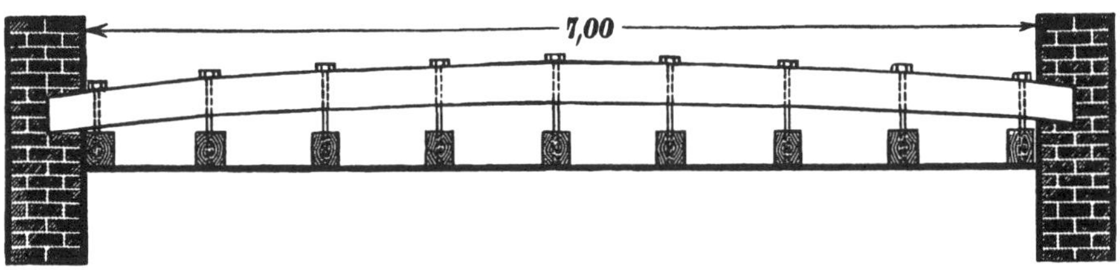

Fig. 64.

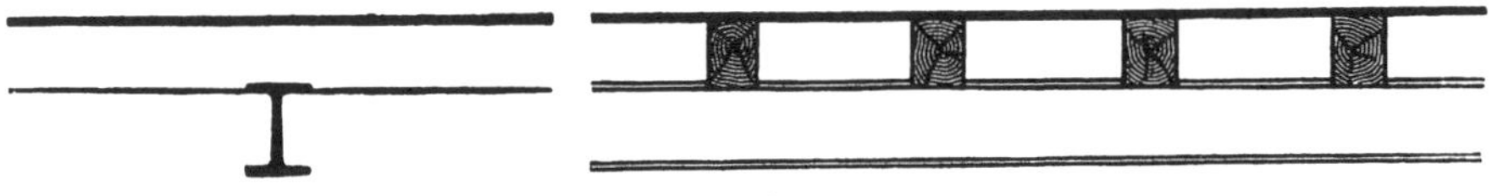

Fig. 65.

und Oberzüge werden aber in der Neuzeit vielfach durch schmiedeeiserne, gewalzte I-Träger ersetzt, bei deren Anwendung die Deckenbalken entweder auf dem oberen oder unteren Trägerflansch ruhen, Textfigur 65 und 66, oder auch an letzterem mittelst schmiedeeiserner Bolzen angehängt werden. Textfigur 67.

Die Unter- und Oberzüge, wie die Balken auf Biegungsfestigkeit beansprucht, liegen stets senkrecht zur Richtung der Balken und können entweder parallel oder senkrecht zu den Umfassungsmauern der Gebäude angeordnet werden. Bei grossen Längen der Unterzüge müssen dieselben unterstützt werden durch Säulen (Ständer, Stiele) aus Holz, Guss- oder Schmiedeeisen. Die Entfernung solcher Säulen beträgt durchschnittch 3,5 bis 5 m und sind dieselben nach den Regeln der Festigkeitslehre uf D ruck und Zerknicken zu berechnen, bei welchen beiden Arten

Fig. 66.

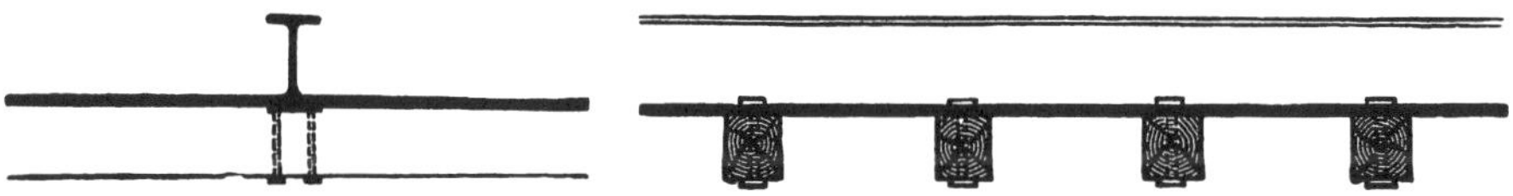

Fig. 67.

der Festigkeit die Kraft parallel oder in der Längenachse des Stabes wirkt, dessen Querschnitt im ersteren Falle im Verhältnis zur Länge desselben sehr gross, im letzteren Falle sehr klein ist (vergl. Festigkeitslehre). Für die gewöhnlichen Konstruktionsfälle genügen jedoch auch hier Erfahrungsregeln, nach welchen die Stärke einer hölzernen Säule, bezw. die Seitenlänge s ihres quadratischen Querschnittes bei gegebener Höhe h und Berücksichtigung der normalen Belastungen für Wohngebäude leicht nach folgenden Formeln berechnet werden kann, deren Resultate ebenfalls mit denen der statischen Berechnungen gut übereinstimmen:

$$s = (16\ cm + h^{m})\ cm$$

oder

$$s = (16\ cm + 1{,}33\ h^{m})\ cm.$$

d. h.: die Seite s des quadratischen Querschnittes der Säule ist gleich 16 cm + der Höhe oder 1,33 mal der Höhe der Säule in m ausgedrückt; das Resultat ergiebt die Säulenstärke in cm. Die Höhe h nimmt man vorteilhaft gleich der Stockwerkshöhe. Ist also z. B. die Höhe h = 4 m, so erhalten wir:

$$s = 16^{cm} + 4^{m} = 20\ cm$$

oder

$$s = 16^{cm} + 1{,}33 \cdot 4^{m} = 21\ cm\ (21{,}32\ cm).$$

Die hölzerne Säule erhält demnach einen Querschnitt von 20/20 cm oder 21/21 cm Stärke. Die Verbindung der hölzernen Säulen mit dem Unterzuge erfolgt durch die verschiedenen Arten der Verzapfungen. Vergl. II. B. 3. a. b. c. i. k. und *Taf. 3, Fig. 1, 2, 3, 10, 11.* Sind die Unterzüge in ihrer ganzen Länge nicht aus einem Holzbalken herzustellen, so müssen sie auf der Unterstützungsstelle, also über den Säulen verlängert, d. h. gestossen oder überblattet worden, wozu das schräge-Hakenblatt die sicherste Verbindung ist (vergl. II. B. 2. c. d. und *Taf. 1, Fig. 8 und 9*). Um den beiden Unterzugsteilen jedoch ein grösseres Auflager zu verleihen als wie es sonst die Querschnittsfläche der Säule bieten würde, legt man vorteilhaft zwischen Säule und Unterzug ein kurzes wagerechtes *Sattel-* oder *Jochholz*, welches quadratischen Querschnitt von gleicher Breite des Unterzuges erhält. Dieses Sattelholz wird mit dem Unterzuge durch schmiedeeiserne Bolzen fest verbunden, während die Säule mittelst Verzapfung in das Sattelholz eingreift. Textfigur 68. Soll jedoch die Säulenentfernung so gross wie möglich genommen werden, um den zu überdeckenden Raum möglichst frei zu gestalten, so muss man den Unterzug

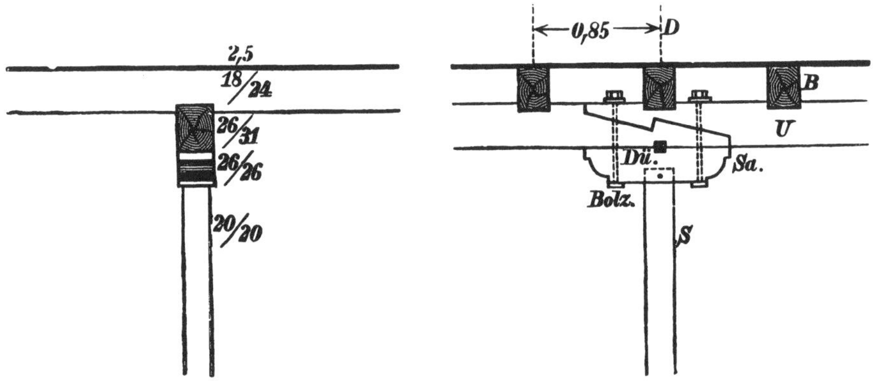

Fig. 68.

als *verstärkten Träger* konstruieren, was uns zur *Verstärkung wagerecht liegender Hölzer* führt.

Dieselbe erfolgt durch *Verzahnung*, *Verdübelung* und *Verbolzung*, wonach man auch den *verzahnten* und *verdübelten Träger* unterscheidet.

1) Der *verzahnte Träger*. Derselbe wird aus 3, 5, 7 Teilen hergestellt, welche durch Verzahnung und Verbolzung fest mit einander verbunden werden. Die Höhe H eines solchen Trägers beträgt $\frac{1}{15}$ bis $\frac{1}{12}$ seiner freien Länge oder Spannweite s:

$$H = \frac{1}{15} \text{ bis } \frac{1}{12}\, s.$$

Gewöhnlich rechnet man für jedes Meter freier Länge des Trägers 8 cm Höhe bei einer Breite von 26 bis 31 cm

$$H = l^m \cdot 8 \text{ cm}.$$

Die Länge l der einzelnen Zähne soll nicht über 1 m betragen:

$$l \leq 1 \text{ m}.$$

Die Höhe h der Zähne beträgt $\frac{1}{10}$ bis $\frac{1}{8}$ der Trägerhöhe H:

$$h = \frac{1}{10} \text{ bis } \frac{1}{8}\, H.$$

Der aus 3 Teilen hergestellte Träger, z. B. für 8 m Spannweite, hat gewöhnlich 1 m lange und 4 cm hohe Zähne. Derselbe würde nach obigen Formeln folgende Dimensionen erhalten:

$$H = \tfrac{1}{15} \text{ bis } \tfrac{1}{12} \cdot 8 = 53{,}3 \text{ bis } 66{,}6 \text{ cm},$$
$$l = 1 \text{ m},$$
$$h = \tfrac{1}{10} \text{ bis } \tfrac{1}{8}\, H = 6 \text{ bis } 8 \text{ cm}.$$

Oder rechnet man auf jedes Meter freier Länge 8 cm Höhe, so ergiebt sich die Trägerhöhe zu:

$$H = 8 \cdot 8 \text{ cm} = 64 \text{ cm}.$$

Um den Träger gegen ein Durchbiegen zu schützen und denselben noch tragfähiger zu machen, giebt man ihm eine Sprengung oder Wölbung, deren Stich- oder Pfeilhöhe $p = \frac{1}{60}$ seiner freien Länge oder Spannweite s betragen soll:

$$p = \frac{1}{60} s.$$

Bei 8 m freier Länge z. B. ergiebt sich demnach p zu:

$$p = \tfrac{1}{60} \cdot 8 \text{ m} = 13{,}3 \text{ cm}.$$

Die Sprengung der Träger wird dadurch hergestellt, dass man dieselben in der Mitte hohl legt und an den Auflagerenden belastet. Nach Einfügung und Verbolzung der Trägerteile wird diese Vorkehrung gelöst, worauf der Träger bei solider Arbeit seine Gestalt nicht mehr verändern darf. Grössere Festigkeit kann man dem verzahnten Träger durch Anwendung von Doppelkeilen oder Dübeln verleihen, welche zwischen die Zähne eingetrieben werden und deren Höhe gleich der Zahnhöhe zu nehmen ist. Zur Konstruktion eines solchen dreiteiligen Trägers — *Taf. 7, Fig. 1 a. b. c. d.* — teilt man seine Höhe H in 10 gleiche Teile, und giebt dem unteren Trägerteile, welcher die ganze Länge des Trägers zur Länge hat und auf welchem die beiden oberen Trägerteile von halber Länge des Trägers gelegt werden, in seiner Mitte $\frac{6}{10}$, an seinen beiden Auflagerenden aber je $\frac{4}{10}$ der gesamten Trägerhöhe H zur Höhe bei $\frac{1}{10}$ H als Zahnhöhe, und verbindet diese Punkte durch eine gerade Linie mittels Schnurschlages, auf welcher die Spitzen der Zähne liegen werden. Ferner macht man einen zweiten Schnurschlag, welcher dem ersteren parallel ist, mit $\frac{1}{10}$ der Trägerhöhe H = der Zahnhöhe, also in der Trägermitte von $\frac{5}{10}$ H nach $\frac{3}{10}$ H an beiden Trägerenden gerichtet, auf welchem man von der Mitte des Trägers aus symmetrisch zu beiden Seiten die Zahnlänge $\leqq$ 1 m anträgt. Verbindet man nun z. B. den Punkt I mit dem Punkte $m = \frac{6}{10}$ H in der Mitte des unteren Trägerteiles und errichtet auf dieser Strecke im Punkte I eine Senkrechte, so hat man die Zahnhöhe und Richtung der Zähne festgesetzt, zu welcher die anderen Zähne II, III, IV u. s. w. parallel sein müssen. An beiden Auflagerenden ergiebt sich durch die Konstruktion die Höhe des unteren Trägerteiles zu $\frac{4}{10}$ der gesamten Trägerhöhe H. Auf gleiche Weise sind nun die beiden oberen Trägerteile zu bearbeiten, welche dem unteren Teile entsprechend in der Mitte $\frac{4}{10}$ und an den beiden Auflagerenden je $\frac{6}{10}$ der Trägerhöhe zur Höhe erhalten. Auf jeden zweiten oder dritten Zahn rechnet man endlich einen schmiedeeisernen Bolzen, durch welche die Trägerteile miteinander fest verbunden werden Auch kann man die Bolzenentfernung E gleich der $1\frac{1}{2}$ bis 3 fachen Zahnlänge nehmen:

$$E = 1{,}5 \text{ bis } 3\, l.$$

Ein aus 5 Teilen hergestellter, verzahnter Träger z. B. für 9 m Spannweite — *Taf. 7, Fig. 2 a. b. c. d.* — würde nach obigen Formeln folgende Dimensionen erhalten müssen:

H = 60 bis 75 cm oder H = 9 · 8 cm = 72 cm.
B = 26 bis 31 cm.
l $\leqq$ 1 m.
h = 6 bis 7,5 oder 7,5 bis 9,4 cm.
p = 15 cm.
E = 1,5 bis 3 m.

Derselbe hat zwei untere und drei obere Teile Die beiden unteren Teile und der mittlere obere Teil haben je die halbe Trägerlänge — einschliesslich seines Auflagers gerechnet — zur Länge, während die beiden oberen Teile an den Auflagerenden je $\frac{1}{4}$ der Gesamtlänge des Trägers zur Länge erhalten. Die Konstruktion dieses fünfteiligen Trägers entspricht genau derjenigen des dreiteiligen Trägers.

2) Der verdübelte Träger. — *Taf. 7, Fig. 3 a. b. c. d.* Derselbe ist leichter herzustellen, als der verzahnte Träger. Er besteht aus zwei übereinander gelegten Balkenteilen, welche durch Dübel oder Doppel keile aus hartem Holze (Rotbuche oder Eiche) und durch Verbolzung miteinander fest verbunden werden. Seine Gesamthöhe H beträgt ebenfalls $\frac{1}{12}$ bis $\frac{1}{15}$ der freien Länge der Spannweite s oder man rechnet auch bei diesem Träger auf jedes Meter freier Länge 8 cm Höhe:

$$H = \frac{1}{12} \text{ bis } \frac{1}{15}\, s$$

oder

$$H = l^m \cdot 8 \text{ cm.}$$

Seine Breite beträgt ebenfalls 26 bis 31 cm:

$$B = 26 \text{ bis } 31 \text{ cm.}$$

Die Entfernung E der Dübel, welche prismatisch oder schwalbenschwanzförmig gestaltet sein können, und der Doppelkeile ist gleich der ein- bis zweifachen Trägerhöhe zu nehmen:

$$E = 1{,}5 \text{ bis } 2\ H.$$

Die Breite b der Dübel macht man gleich der halben Trägerhöhe H:

$$b = 0{,}5\ H,$$

ungefähr 17 bis 20 cm. Ihre Höhe h ist gleich $\frac{1}{10}$ der Trägerhöhe H:

$$h = 0{,}10\ H.$$

Die Keile oder Doppelkeile werden zu beiden Seiten des Trägers abwechselnd eingetrieben und müssen zu diesem Zwecke mindestens 10 bis 20 cm länger gemacht werden, als die Breite des Trägers. Ihre Länge l beträgt daher

$$l = B + 10 \text{ bis } 20 \text{ cm.}$$

Auch bei diesem Träger sind schmiedeeiserne Bolzen in Entfernungen gleich der $1\frac{1}{2}$ bis 2 fachen Gesamthöhe der Träger und eine Sprengung oder Wölbung p = $\frac{1}{60}$ seiner Spannweite anzuordnen. Für 9 m Spannweite z. B. erhält ein verzahnter Träger nach obigen Formeln folgende Dimensionen:

H = 60 bis 75 cm oder
H = 9 · 8 cm = 72 cm.
B = 26 bis 31 cm.

E = 0,90 bis 1,20 oder 1,05 bis 1,50 m.
b = 30 bis 37,5 cm.
h = 6 bis 7,5 cm.
l = 26 bis 31 cm + 10 bis 20 cm.
= 36 bis 41 cm oder 46 bis 51 cm.
p = 15 cm.

Die verstärkten Träger werden in der Neuzeit nur noch selten angewendet, sie sind vielmehr durch die Eisenkonstruktionen fast ganz verdrängt worden.

Sollen die nicht verstärkten Unterzüge durch gewöhnliche Holzsäulen unterstützt werden, deren Entfernung aber möglichst gross sein soll, um den Raum so frei wie möglich zu gestalten, so kann man die freie Länge der Unterzüge verringern und sie gegen ein Durchbiegen schützen durch Anwendung sog. Kopf- oder Winkelbänder. Unter diesen versteht man in senkrechter Ebene meist unter einem Winkel von 45° geneigt liegende Verbandhölzer von $\frac{12}{14}$, $\frac{14}{16}$, $\frac{15}{18}$, $\frac{16}{21}$, $\frac{18}{21}$ cm Stärke, welche bei ungefährer Projektionslänge von 0,80 bis 1,20 m sowohl in die Säule als auch in den Unterzug eingezapft oder versatzt bezw. überblattet sind. Text-

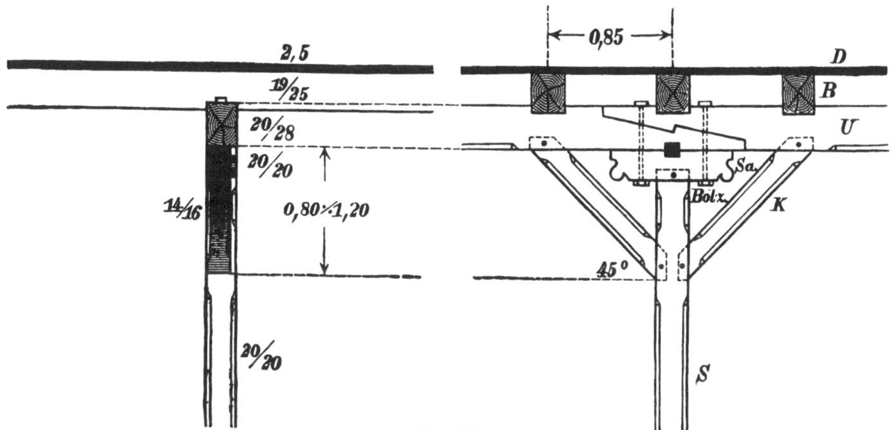

Fig. 69.

figur 69. Vergl. Überblattungen i. *Tafel 3, Fig. 13;* Verzapfungen h. *Tafel 3, Fig. 9* und Versatzungen e. *Tafel 5, Fig. 6.* Will man nun die Säulenentfernung grösser als 3,5 bis 5 m nehmen, oder den Unterzug in seiner freien Länge noch mehr gegen ein Durchbiegen schützen, so wird die Anwendung von Sattelhölzern und Kopfbändern erforderlich. Durch diese Konstruktionsweise lässt sich die Säulenentfernung auf 8 m bringen, wenn man den Sattelhölzern eine Länge von 4 m, d. h. eine Ausladung von 2 m zu beiden Seiten der Säule giebt. In die Sattelhölzer greifen alsdann die Kopfbänder, welche zur Längenunterstützung der Sattelhölzer dienen, mit Versatzung und Verzapfung ein. Die Verbindung der Sattelhölzer mit den Unterzügen erfolgt meist nach Art der verstärkten Träger durch Verzahnung, Verdübelung und Verbolzung. Textfigur 70 und 71. Für die Berechnung des Querschnittes des Unterzuges bei Anwendung von Sattelholz und Kopfband ist $\frac{2}{3}$ der Länge des Sattelholzes zu beiden Seiten der Säule gerechnet, von der freien Länge des Unterzuges in Abzug zu bringen.

Das Auflager der Unterzüge ist genügend stark herzustellen, sodass das gewöhnliche Ziegelmauerwerk in Kalkmörtel auf Druck nicht mehr beansprucht wird als 7 kg pro qcm. Sind die Mauern am Auflager des Unterzuges zu schwach, so muss man dieselben durch Pfeilervorlagen unter

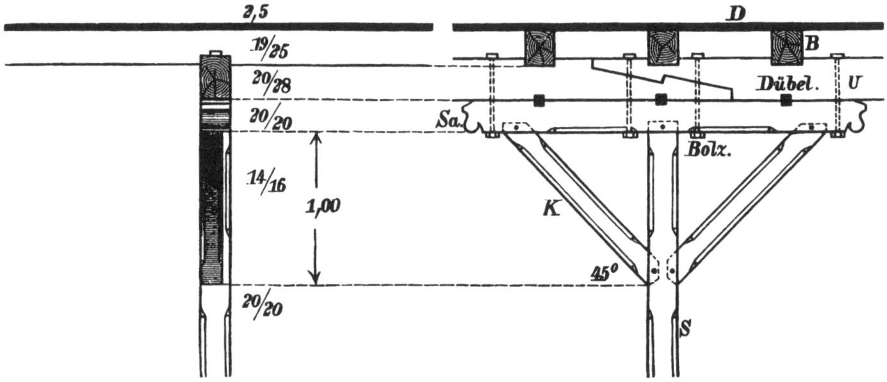

Fig. 70.

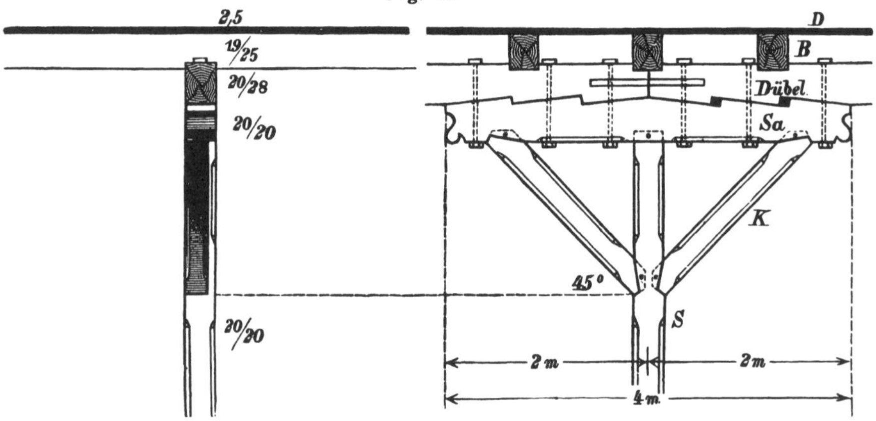

Fig. 71.

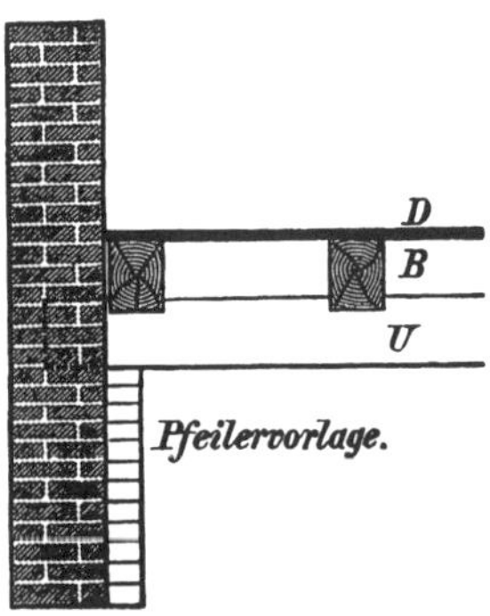

Fig. 72.

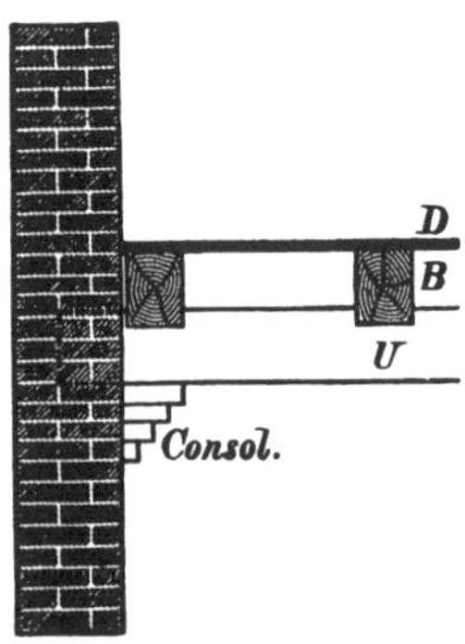

Fig. 74.

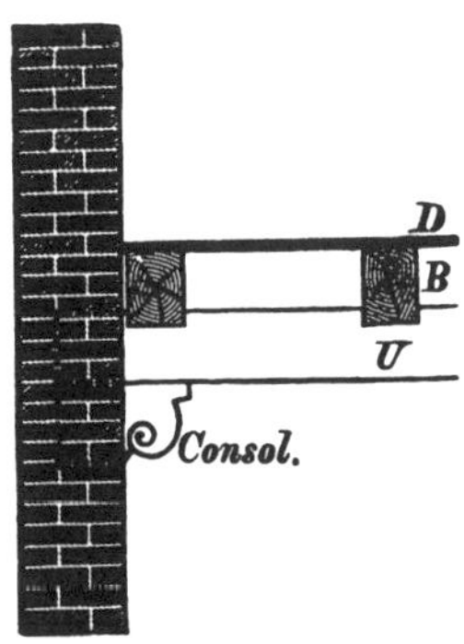

Fig. 73.

dem Unterzugsauflager verstärken, Textfigur 72, oder, um das Auflager zu vergrössern, ein Konsol aus Werkstein, Textfigur 73, oder aus ausgekragten Ziegelschichten, Textfigur 74, anordnen. Häufig werden auch durch Holzkonstruktionen die Unterzüge an ihrem Auflager unterstützt durch Wandstützen, welche durch Wandsäule (Klebfosten), Winkelband und einfache oder doppelte Zangen, eventuell auch Sattelholz gebildet werden können. Textfigur 75 und 76 a. b Der Klebfosten ruht in einem Steinkonsol mittels Zapfens und greift mit geradem Zapfen in den Unterzug bezw. das

Fig. 76 b.

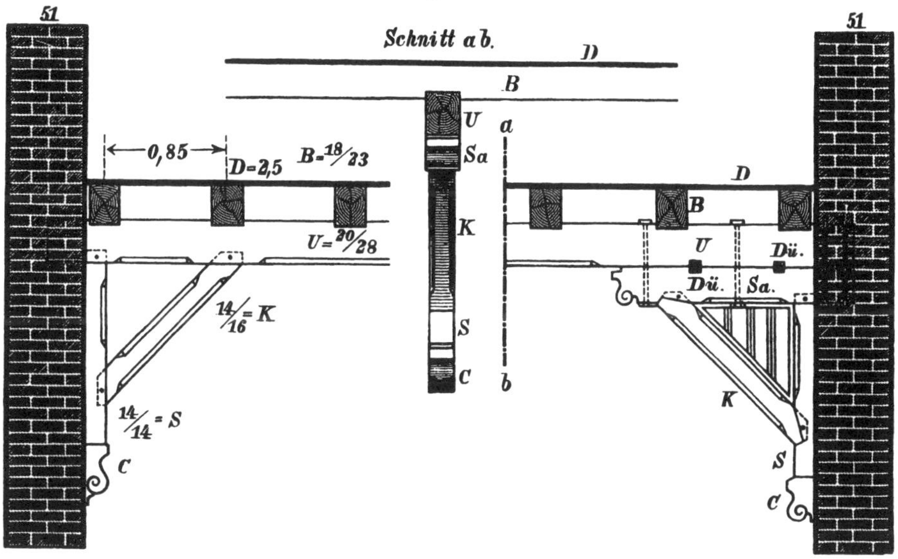

Fig. 75.

Fig. 76 a.

Sattelholz ein. Die Verbindung der einfachen Zangen mit den sie kreuzenden Konstruktionsteilen erfolgt durch Überschneidung. Bei Anwendung doppelter Zangen, welche Holz an Holz nebeneinander gelegt angeordnet

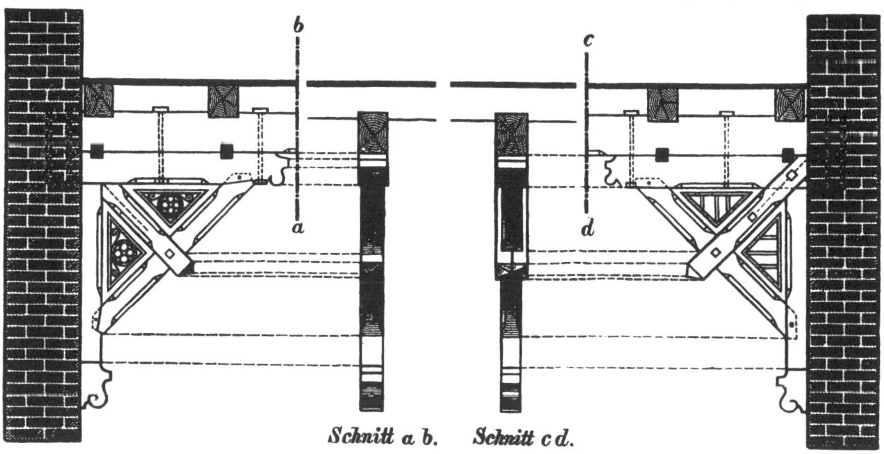

Fig. 77 a. Fig. 77 b. Fig. 78 a. Fig. 78 b.

werden, geht das Kopfband durch erstere hindurch und ist der entsprechende Ausschnitt aus beiden Zangenteilen zu bewirken. Textfigur 77 a. b. und 78 a. b.

Zur Dekoration der Konstruktionsteile wird häufig eine Abfasung angebracht, indem man die Kanten der Hölzer auf ungefähr 2 bis 3 cm Breite abschrägt unter einem Winkel von 45°.

Sind nun mehrere Geschossbalkenlagen übereinander in gleicher Weise durch hölzerne Säulen zu unterstützen, so müssen letztere als doppelte Säulen konstruiert, durch mehrere Stockwerke hindurch geführt werden, da es konstruktiv falsch wäre, in jedem einzelnen Geschosse die Säulen auf die Balken oder Unterzüge zu stellen. Vielmehr muss in solchem Falle stets Hirnholz auf Hirnholz gesetzt werden, da andernfalls sich das Hirnholz der Säulen in das Langholz der Balken oder Unterzüge eindrücken würde. Diese Konstruktionsweise führt uns zur Verstärkung senkrecht stehender Verbandhölzer, welche durch Verdübelung und Verbolzung, weniger gut durch Verschränkung bewirkt wird.

Zur Konstruktion solcher doppelter Säulen stellt man zwei einfache Säulen hart aneinander und verbindet sie durch eingetriebene hölzerne Dübel und durchgezogene, schmiedeeiserne Bolzen, deren Entfernung gleich der $1\frac{1}{2}$ bis 3 fachen Gesamtstärke der Säule zu nehmen ist und welche nach der Höhe der Säule zu regelmässig mit einander abwechseln. *Taf. 2, Fig. 1 k.* Eine solche Doppelsäule hat daher als Querschnitt die einfache Breite und die doppelte Stärke einer gewöhnlichen Säule, z. B. $2 \times \frac{20}{20} = \frac{20}{40}$ oder meist $\frac{20}{38}$ cm Stärke, d. h. sie ist 20 cm breit und 38 bis 40 cm stark. Die Verbindung der Säule in Bezug auf deren Höhe oder Länge ist so zu bewirken, dass die einzelnen Säulenteile wechselsweise Hirnholz gegen Hirnholz gestossen werden und so durch beliebig viele Stockwerke hindurch geführt werden können. Die Verschränkung wird nach Art der Verzahnung gebildet. Die Zahnlänge l ist ebenfalls gleich der $1\frac{1}{2}$ bis 3 fachen Gesamtstärke s der Säule:

$$l = 1{,}5 \text{ bis } 3\, s.$$

Die Zahnhöhe h oder die Tiefe der Einschnitte beträgt $\frac{1}{10}$ bis $\frac{1}{8}$ der Säulenstärke s:

$$h = \frac{1}{10} \text{ bis } \frac{1}{8}\, s.$$

Auf jeden zweiten oder dritten Zahn ist ebenfalls ein schmiedeeiserner Bolzen zur festen Verbindung beider Säulenteile, namentlich an den Stossstellen durchzuziehen. *Taf. 2, Fig. 1 i.* und Textfigur 79 a. b. c. d. e. f.

Bei Anwendung doppelter Säulen sind Unterzug und Sattelholz durch erstere hindurch zu führen; es müssen zu diesem Zwecke aus den Säulen die entsprechenden Ausschnitte gemacht werden. Vorteilhaft sichert man auch an diesen Stellen die Verbindung der Konstruktionsteile durch schmiedeeiserne Bolzen. Textfigur 80. Trifft hierbei ein Balken auf die durch mehrere Geschosse hindurchgeführte doppelte Säule, so muss derselbe durch zwei Halbholzbalken, zu beiden Seiten der Säule angeordnet, ersetzt werden oder es ist die Einteilung der Balkenfelder so zu bewirken, dass die Säule zwischen zwei Balken, also in ein Balkenfeld zu stehen kommt. *Taf. 7, Fig. 4 a. b. c.* zeigt eine durch Unterzug und doppelte Säulen unterstützte Balkenlage über einem 8 Meter tiefen Raum in Grundriss, Längen- und Querschnitt, bei welcher die erstere Anordnung gewählt wurde, während in *Fig. 5 a. b. c.* auf *Taf. 7* eine Balkenlage über einem 8 cm tiefen Saale konstruiert ist, deren Balken parallel und deren Unterzüge freitragend ohne Säulenunterstützung senkrecht zu den Frontmauern gerichtet sind.

Bei Anwendung gusseiserner Säulen ruht der Unterzug auf einer Auflagerkopfplatte, welche durch das Kapitäl gebildet wird, mit deren seit-

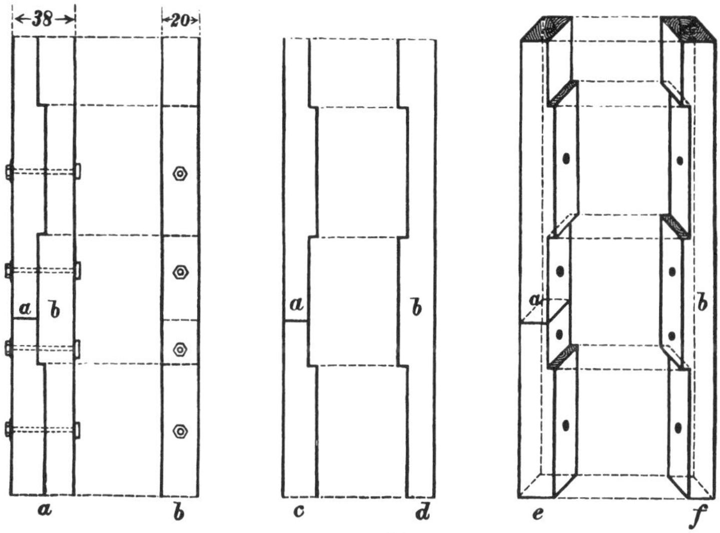

Fig. 79.

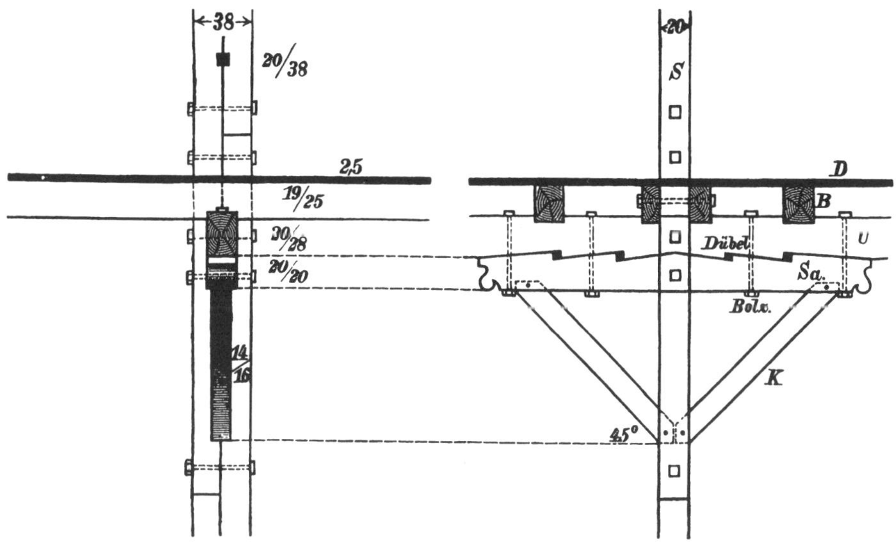

Fig. 80.

ichen Flanschen der Unterzug verbolzt werden kann. Textfigur 81. Bei Durchführung solcher Säulen durch mehrere Geschosse muss der Unterzug aus zwei Teilen, zwei Halbhölzern, hergestellt werden, während zu beiden Seiten der Säule ebenfalls zwei Halbholzbalken anzuordnen sind. Textfigur 82.

Grössere Spannweiten lassen sich durch Anwendung armierter Träger, Laves'scher oder linsenförmiger Balken (Fischbauchträger) und Gitter oder Fachwerkträger überdecken, welche jedoch in der Neuzeit ebenfalls durch die Eisenkonstruktionen sehr verdrängt worden sind und nur noch selten zur Ausführung gelangen. Letztere kommen noch bei der Errichtung provisorischer Gebäude von grosser Spannweite, wie z. B. bei Sänger- und Turnfesthallen, Triumphbögen u. dergl. zur Anwendung.

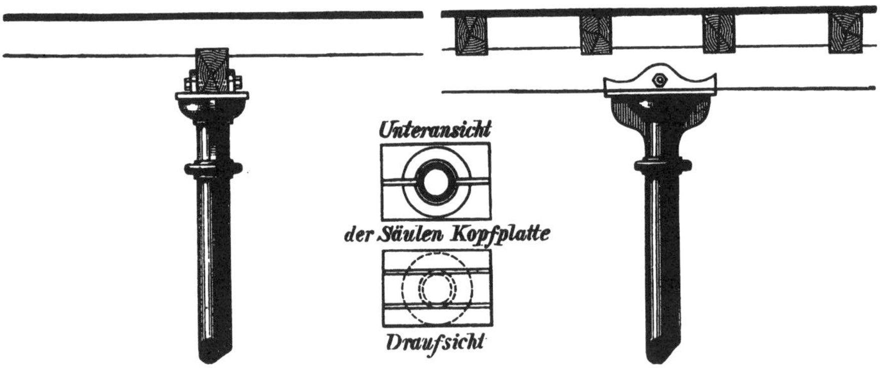

Fig. 81.

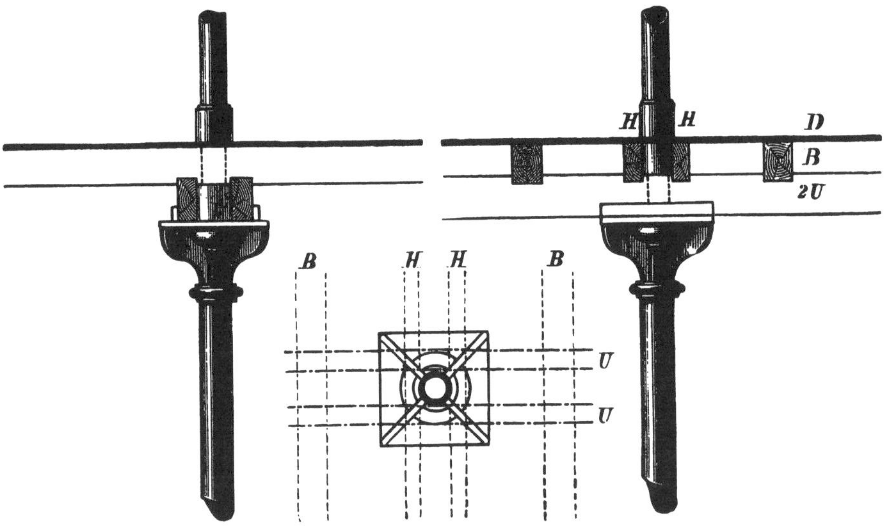

Fig. 82.

1) Die armierten Träger werden von unten in einem oder zwei Punkten nach Art eines Hängewerkes durch Unterzüge oder gusseiserne Druckstreben untsrstützt, welche mit den Hirnholzflächen der Balkenköpfe durch schmiedeeiserne Zugstangen verbunden werden. Der Balkenkopf wird senkrecht zur Richtung der Zugstangen geschnitten, welch' letztere mit Schraubenmutter und Unterlagsplatte oder gusseisernem Schuh am Balkenkopfe befestigt sind. Die gusseisernen Druckstreben erhalten einen kreuzförmigen Querschnitt. *Taf. 7, Fig. 8 bis 15.* (Vergl. Mechanik, S. 28.)

2) Die Laves'schen oder linsenförmigen Balken werden aus zwei Balkenteilen hergestellt, welche einerseits oder beiderseits gekrümmt

durch hölzerne Doppelzangen und schmiedeeiserne Bolzen mit einander fest verbunden werden. Die getrennten Balkenteile werden durch die Doppelzangen, welche Holz an Holz an einander gelegt sind, hindurch geführt und ihre Verbindung an den Balkenauflagern wird durch umgelegte schmiedeeiserne Bänder oder durchgezogene Bolzen gesichert. *Tafel 7, Fig. 10. 11.*

3) Die Gitter- oder Fachwerkträger bestehen aus zwei wagerecht liegenden Balkenteilen, welche durch Kreuzstreben nach Art der Andreaskreuze (×) vergittert werden, wodurch ein System unverschieblicher Dreiecksverbindungen hergestellt wird. Die Kreuzstreben überschneiden sich im Kreuzungspunkte schiefwinklig — vergl. B. 1. b. Überschneidungen S. 9 und *Taf. 2, Fig. 3* — und werden mit diesem durch schmiedeeiserne Bolzen verbunden, während sie ober- und unterhalb stumpf zusammenstossen, wobei zu beobachten ist, dass ihre Druck- oder Mittellinien in einem Punkte sich schneiden, damit der Druck sich gleichmässig fortpflanzen kann. Die in diesem Punkte durchgezogenen schmiedeeisernen Ankerbolzen bewirken die feste Verbindung der wagerechten Balkenteile oder Gurte. Vorteilhafter ist es jedoch, die Kreuzstreben in gusseiserne Schuhe einzusetzen, durch deren Auflagerplatten die Ankerbolzen hindurchgeführt werden müssen. Die Auflagerplatten der Schuhe erhalten seitliche Flanschen, zwischen welchen die Gurte festliegen und eventuell verbolzt werden können. *Taf. 7, Fig. 12. 13.*

Von den gewöhnlichen deutschen Balkenlagen verschieden sind:

1) Die Dübel- oder Dippelbalkenlage, bei welcher die direkt nebeneinander liegenden Balken durch Verdübelung mit einander verbunden sind. *Taf. 7, Fig. 14.*

2) Die französische Balkenlage. Zu ihrer Konstruktion werden seitlich an die Unterzüge, bündig mit deren Unterkanten, Latten angenagelt, auf welche Rahmenhölzer gelegt werden, die ihrerseits den schwachen Balken als Auflager dienen. Letztere werden mit den Rahmenhölzern verkämmt, liegen zu den Unterzügen parallel und die Oberflachen beider in einer wagerechten Ebene. Balken und Unterzüge tragen nun gemeinsam die Dielung, während an die unteren Flächen der Unterzüge und Rahmenhölzer die Deckenschalung angeschlagen wird. *Taf. 7, Fig. 15.*

3) Die einfache englische Balkenlage, bei welcher auf die 5 bis 6 m freiliegenden Unterzüge, in Entfernung von höchstens 3 m angeordnet, senkrecht zur Richtung der ersteren die schwachen Balken von $\frac{12}{16}$ cm Stärke aufgekämmt werden. *Taf. 7, Fig. 16. 17 a. b. c.*

4) Die doppelte englische Balkenlage. Bei derselben werden in die Unterzüge unter jedem Balken Rahmenhölzer eingezapft, die Balken selbst aber auf dem Unterzuge aufgekämmt. Unterzug und Rahmenhölzer tragen alsdann die Deckenschalung, die Balken aber die Dielung. Eine solche Balkenlage hat jedoch den Nachteil, dass die Unterzüge durch die Einzapfung der Rahmenhölzer stark geschwächt werden. *Taf. 7, Fig. 18. 19 a. b. c.*

Für das Veranschlagen der Holzkonstruktionen ist es erforderlich, eine Holzliste aufzustellen, welche nach beistehender Tabelle anzufertigen ist:

Benennung der Hölzer	Stückzahl	Einzel-länge m	Gesamt-länge m	Stärke der Hölzer		Kubikinhalt l × b × h cbm
				Breite × m	Höhe m	
Ganzholzbalken	15	15,00	150,00	0,19	0,25	7,125
Halbholzbaken	5	15,00	75,00	0,10	0,25	1,875
Wechselbalken						
Stichbalken						
u. s. w.						

Die Länge der Balkenhölzer ist aus den Zeichnungen zu entnehmen ohne Berücksichtigung etwaiger Verzapfungen.

Seitens des Innungsverbandes deutscher Baugewerksmeister ist in der neuesten Zeit eine Tabelle für Normalprofile der Bauhölzer in Deutschland aufgestellt worden, welche sich den Rundhölzern möglichst anpassen bei viel weniger Verlust an Rohmaterial in bezug auf die Bearbeitung vierkantiger Hölzer. Denselben werden in Zukunft die passenden Holzstärken zu entnehmen sein:

Tabelle für Normalprofile der Bauhölzer in Centimetern.

8	10	12	14	16	18	20	22	24	26	28	30
8|8	8|10	10|12	10|14	12|16	14|18	14|20	16|22	18|24	20|26	22|28	24|30
—	10|10	12|12	12|14	14|16	16|18	16|20	18|22	20|24	24|26	26|28	28|30
—	—	—	14|14	16|16	18|18	18|20	20|22	24|24	24|24	28|28	—
—	—	—	—	—	—	20|20	—	—	—	—	—

Tabelle für Schnittmaterial.

(Bretter, Bohlen, Pfosten, Latten.)

In Längen von 3,50, 4,00, 4,50, 5,00, 5,50, 6,00, 7,00 und 8,00 m.
In Stärken von 15, 20, 25, 30, 35, 40, 45, 50, 60, 70, 80, 90, 100, 120 und 150 cm.
Besäumte Bretter von Centimeter zu Centimeter steigend.

Nach dem Baugewerkskalender kostet:

1 cbm kiefernes, geschnittenes Bauholz in den erforderlichen Dimensionen für Balkenlagen 42 bis 55 Mk.

1 cbm eichenes Bauholz 100 bis 150 Mk.

1 lfd. m Ganz- oder Halbholz zu Balkenlagen abzubinden und zu verlegen 0,45 bis 0,60 Mk.

1 lfd. m Mauerlatten desgleichen 0,20 Mk.

1 lfd. m Holz zu Fussbodenlagern desgleichen 0,20 bis 0,25 Mk.

1 lfd. m Holz von zwei Seiten abzufasen 0,20 Mk.

IV. Das Hängewerk.

Dasselbe wird da angewendet, wo Räume von grosser Tiefe mit Balken uberdeckt werden sollen, deren Unterstützung in ihrer freien Länge durch Mauern oder Unterzüge mit Säulen nicht angängig ist. Wird daher ein an seinen beiden Auflagerenden freiliegender Balken von oben her dadurch unterstützt, dass man denselben an eine in der Mitte seiner freien Länge aufgestellte Säule, welche durch zwei Streben getragen wird, die am Balkenkopfe ihren Fusspunkt haben, anhängt, so entsteht das Hängewerk mit einem Unterstützungspunkte, das einsäulige oder einfache Hängewerk oder der einfache Hängebock. Textfigur 83. Derselbe besteht daher aus dem wagerecht liegenden Tram-, Zug-, Spann- oder Hauptbalken a, der senkrecht stehenden Hängesäule b, und den beiden in senkrechter Ebene gegen den Hauptbalken geneigt liegenden Hängestreben cc. Letztere tragen also die Hängesäule, an welche der Hauptbalken mit seiner auf ihm ruhenden oder an ihn angehängten Last, angehängt wird, und übertragen somit die Gesamtlast auf das Mauerwerk. Ein Hängewerk übt daher nie einen Seitenschub auf das Mauerwerk aus, sondern nur einen Vertikaldruck. Vergl. Mechanik, S. 25. Der einfache Hängebock wird angewandt für eine Spannweite von 7,5 bis 10 m.

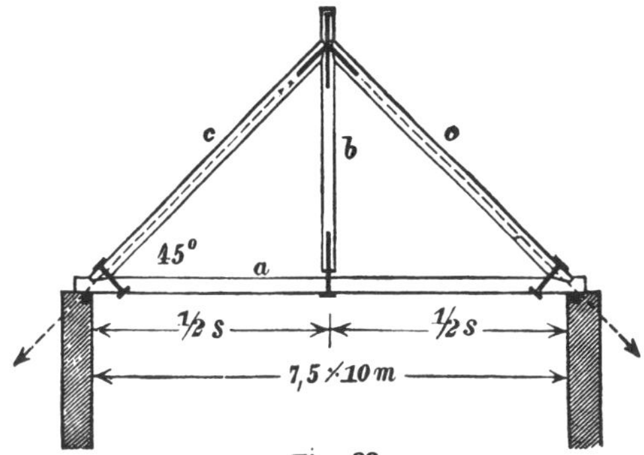

Fig. 83.

Soll eine Spannweite bis zu 15 m überdeckt werden, so muss der Hauptbalken in zwei Unterstützungspunkten aufgehängt werden, welche

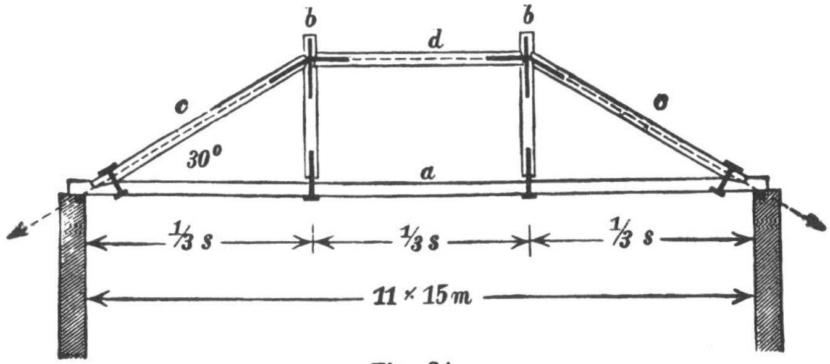

Fig. 84.

am besten in je ⅓ seiner freien Länge anzuordnen sind, wodurch der doppelte Hängebock entsteht. Textfigur 84. Derselbe wird gebildet durch den Hauptbalken a, die beiden Hängesäulen bb, die beiden Hänge-

streben cc und den zwischen den Hängesäulen wagerecht liegenden *Spannriegel* d, von welchem die Spannungen in den Hängestreben und Hängesäulen aufgenommen oder übertragen werden.

Zur Bildung grösserer Spannweiten werden nun ein- und zweisäulige Hängewerksysteme ineinander geschoben, wodurch wir das *kombinierte*, *mehrfache* oder *zusammengesetzte* Hängewerk erhalten, bei welchem die Entfernung der Unterstützungspunkte, somit der Hängesäulen, 4 bis 5 m bei schweren, 5 bis 6 m bei leichten Konstruktionen betragen kann. Hierdurch ergeben sich für *Hochbauten* folgende Hängewerksysteme:

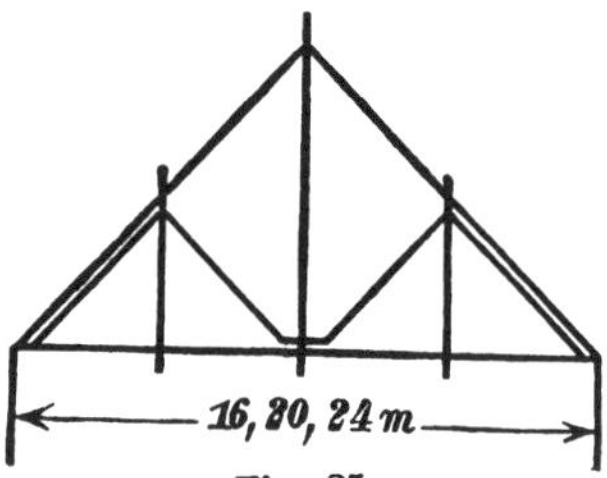

Fig. 85.

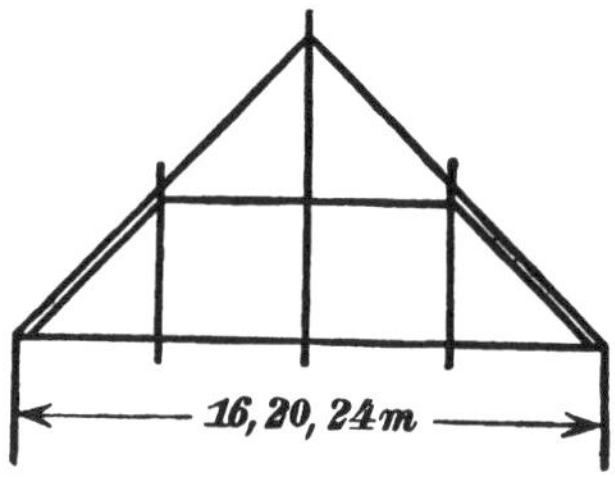

Fig. 86.

1) für 16, 20, 24 m Spannweite werden in einen einfachen Hängebock zwei kleine einsäulige Hängewerke, eingeschoben — Textfigur 85 — oder an deren Stelle tritt ein doppelter Hängebock. Textfigur 86.

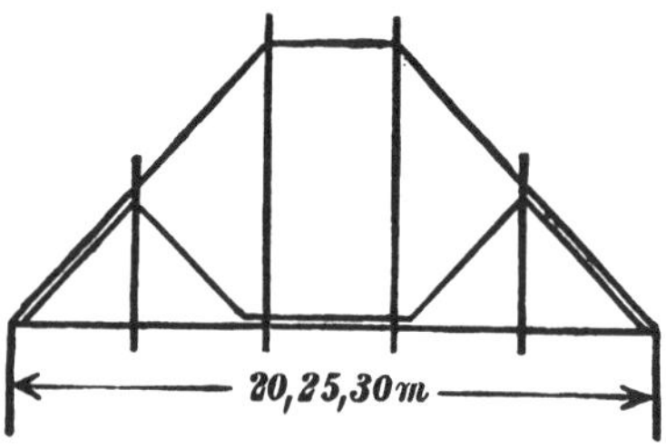

Fig. 87.

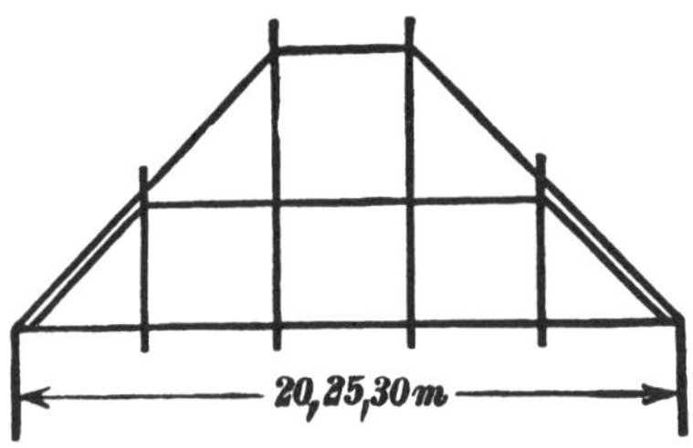

Fig. 88.

2) für 20, 25, 30 m Spannweite legt man in einen doppelten Hängebock zwei einfache Hängewerke ein — Textfigur 87 — oder an deren Stelle tritt ebenfalls ein zweifaches Hängewerk. Textfigur 88.

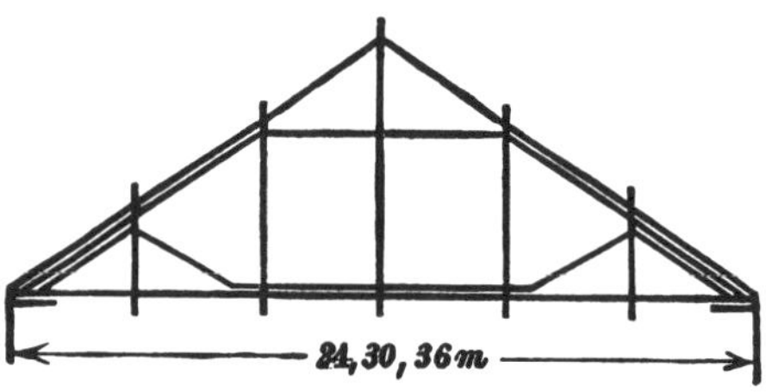

Fig. 89.

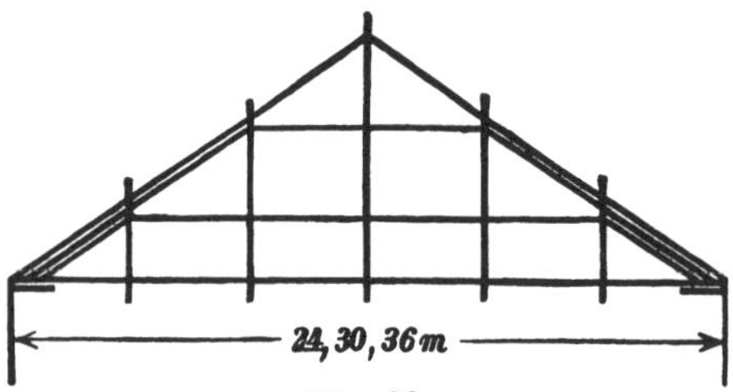

Fig. 90.

3) für 25, 30, 36 m Spannweite fügt man in ein einsäuliges Hängewerk ein zweisäuliges und zwei kleine einsäulige Hängewerke ein — Textfigur 89 — oder an Stelle der beiden kleinen einsäuligen Hängeböcke tritt ein zweisäuliges Hängewerk. Textfigur 90.

Für hölzerne Brückenbaukonstruktionen, sog. Hängewerksbrücken, aber wählt man eine steilere Form, indem man für letztere Spannweiten z. B. in einen doppelten Hängebock ein zweisäuliges und ein einsäuliges Hängewerk einfügt. Textfigur 91.

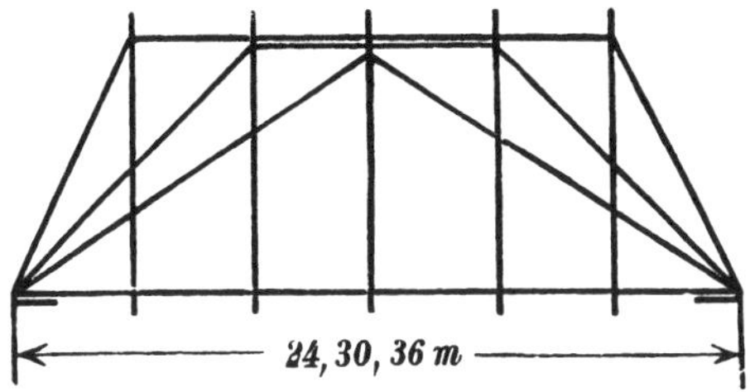

Fig. 91.

Die Verbindung der einzelnen Konstruktionsteile mit einander soll nun in den einzelnen Knotenpunkten klargelegt werden für die verschiedenen Konstruktionsfälle, welche in der Praxis auftreten können:

1) Die Verbindung der Hängestreben mit dem Hauptbalken.

Zunächst ist bei Anordnung der Hängewerke zu berücksichtigen, dass die vorteilhafteste Neigung der Hängestreben gegen den Hauptbalken 30° bis 45°, mindestens aber 25° und höchstens 60° betragen soll, und dass ferner die Druck- oder Mittellinie der Hängestreben stets nach dem Auflagerpunkte des Hauptbalkens auf dem Mauerwerke zu richten ist, da andernfalls im Hauptbalken schädliche Biegungsmomente entstehen könnten, welche die Tragfähigkeit desselben beeinträchtigen würden Ferner ist darauf zu achten, dass vom Strebenfusse weg gerechnet noch mindestens 30 cm Langholz am Hauptbalken bis zur Hirnholzfläche des Auflagerendes desselben gerechnet vorhanden ist, da sonst der Druck der Hängestreben bei mangelndem Langholze das Holz am Balkenkopfe abscheren würde. Der Hauptbalken wird also durch den Druck der Hängestreben auf Scher-, Schub- oder Gleitungsfestigkeit beansprucht, bei welcher die Kraft

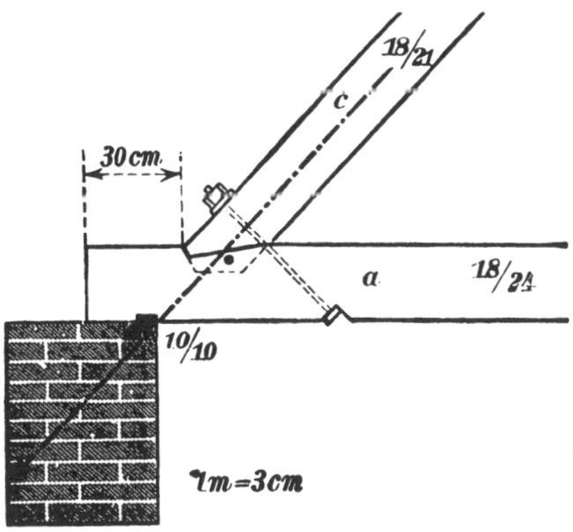

Fig. 92.

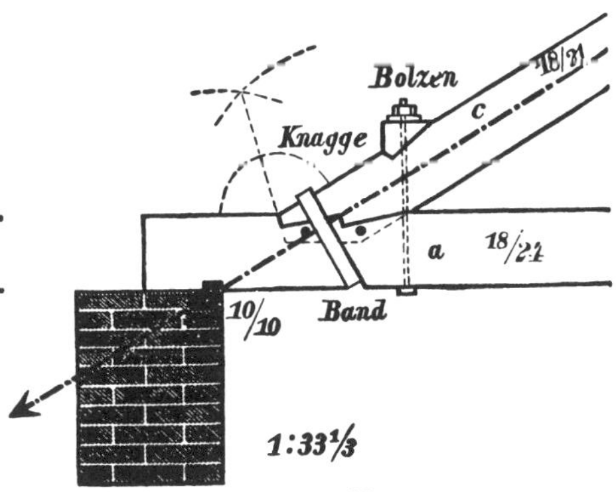

Fig. 93.

eine Trennung des Körpers in einer Fläche herbeizuführen sucht. Die Verbindung der Hängestrebe mit dem Hauptbalken erfolgt durch einfache oder doppelte Versatzung und meist auch Verzapfung — vergl. 5. Versatzungen a bis d und *Taf. 5, Fig. 1 bis 5* —, während schmiedeeiserne umgelegte Bänder oder durchgezogene Bolzen zu weiterer Sicherung der Verbindung gegen ein Herausspringen der Hängestreben aus dem Hauptbalken dienen. Die Bolzen können senkrecht zur Strebenrichtung oder senkrecht zur Richtung des Hauptbalkens angeordnet werden. Im ersten Falle sind aus der Unterfläche des Hauptbalkens entsprechende Ausschnitte zu machen, damit die Schraubenbolzen ein festes und sicheres Auflager erhalten. Textfigur 92. Sollen die Bolzen jedoch senkrecht zur Richtung des Hauptbalkens stehen, so müssen aus den Hängestreben die entsprechenden Ausschnitte gemacht werden. Da man aber vorteilhaft die tragenden Konstruktionsteile durch Ausschnitte nie schwächen soll, so empfiehlt es sich, sog. Knaggen auf die Hängestreben mit Versatz aufzulegen, welche den eisernen Bolzen ein sicheres Auflager gewähren. Textfigur 93. Damit aber beim Anziehen des

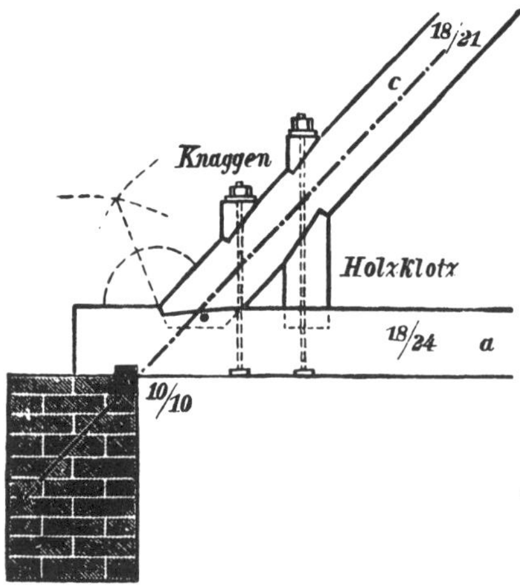

Fig. 94.

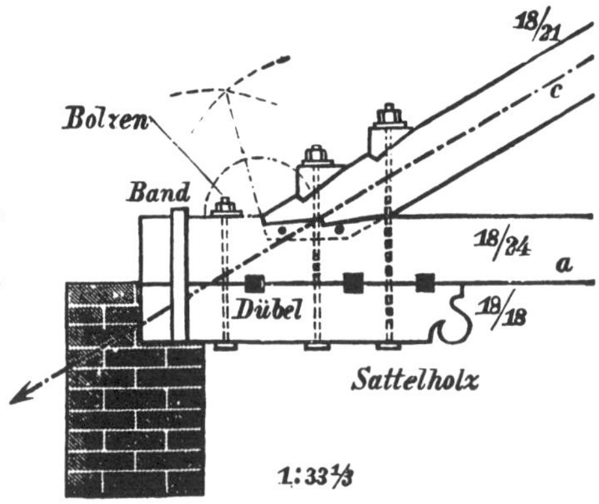

Fig. 95.

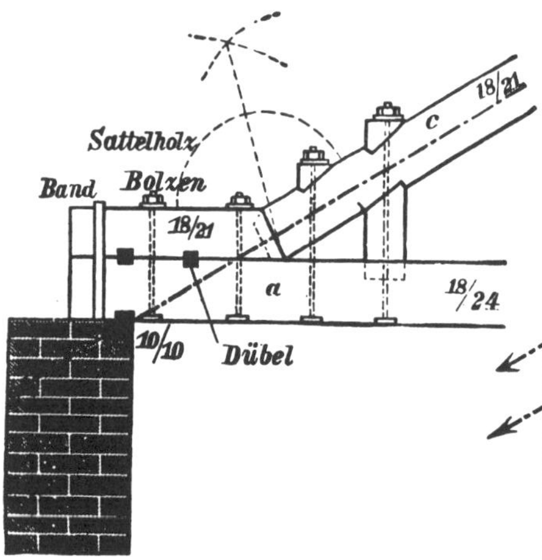

Fig. 96.

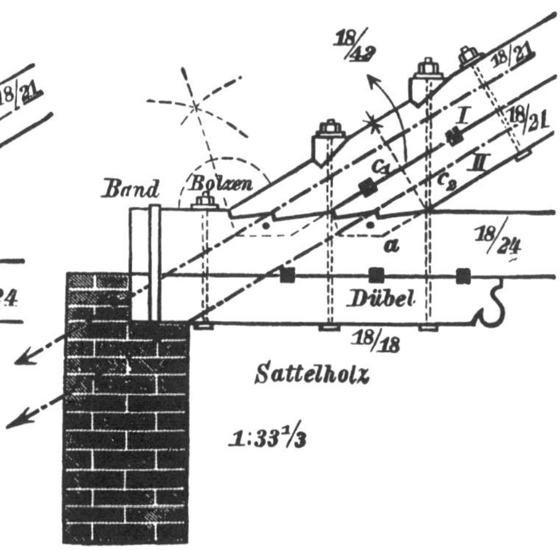

Fig. 97.

Schraubenbolzens die Hängestrebe sowohl wie der Hauptbalken nicht durchbiegen kann, wird häufig ein Holzklotz zwischen die Konstruktionsteile gestellt, durch welchen der Schraubenbolzen durchgeht, und welcher mit der Hängestrebe versatzt, in den Hauptbalken aber eingezapft ist. Textfigur 94.

Um ferner den Hauptbalken an seinem Auflager zu verstärken, legt man ein Sattelholz unter oder über denselben, welches durch Verdübelung und Verbolzung oder umgelegte schmiedeeiserne Bänder mit dem Hauptbalken verbunden wird. Textfigur 95. Bei oberhalb liegendem Sattelholze greift die Hängestrebe mit Zapfen in das Hirnholz des Sattelholzes ein. Textfigur 96. Die Anwendung solcher Sattelhölzer ist ganz besonders erforderlich bei kombinierten Hängewerken, bei welchen zwei oder drei Hängestreben direkt auf einander liegend durch hölzerne Dübel und schmiedeeiserne Bolzen mit einander verbunden werden, und deren Druck durch das Sattelholz auf das Mauerwerk übertragen wird. Textfigur 97.

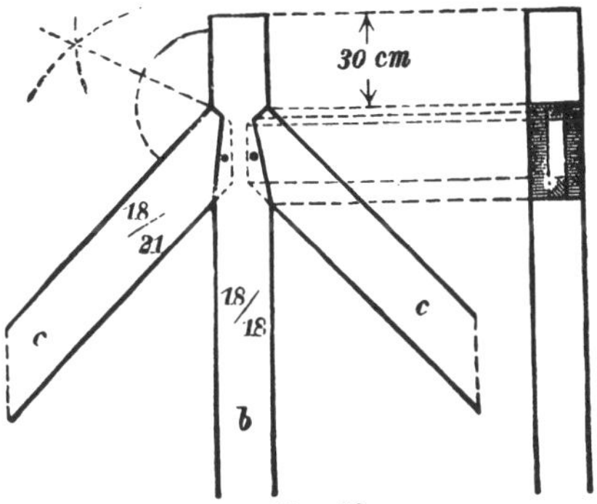

Fig. 98.

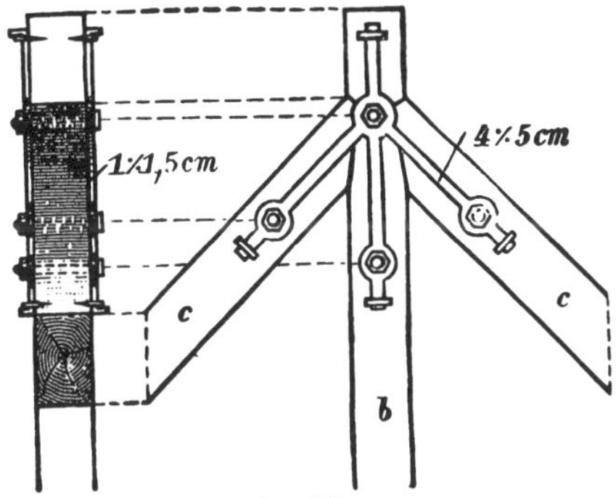

Fig. 99.

2) **Die Verbindung der Hängestrebe mit der Hängesäule.**

Sie erfolgt durch Versatzung und Verzapfung, wenn die Hängesäule über den Strebenansatz hinausgeführt wird, wobei der Abscherung wegen darauf zu achten ist, dass ebenfalls mindestens 30 cm Langholz bis zum Kopfe der Hängesäule vorhanden ist. Textfigur 98 Da Hängesäule und Hängestreben die tragenden Konstruktionsteile des Hängewerkes sind, wird ihre feste Verbindung durch eiserne Bänder von 4 bis 5 cm Breite und 1 bis 1,5 cm Stärke, zu beiden Seiten der Konstruktionsteile angebolzt, gesichert. Textfigur 99. Endigt jedoch die Hängesäule mit den Hängestreben wie z. B. bei einem Firstabschluss, so greifen die Hängestreben mit Versatz in die Hängesäule ein, und werden durch schmiedeeiserne gegabelte Kopfschienen mit Auflagerplatte für die Schraubenmuttern verbunden, welche zu beiden Seiten der Konstruktionsteile angebolzt

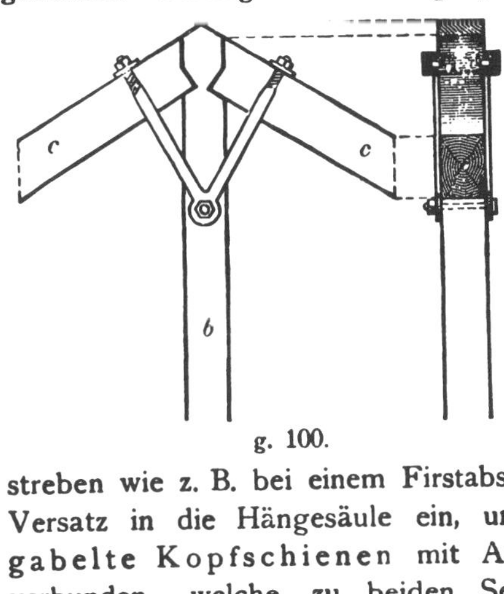

g. 100.

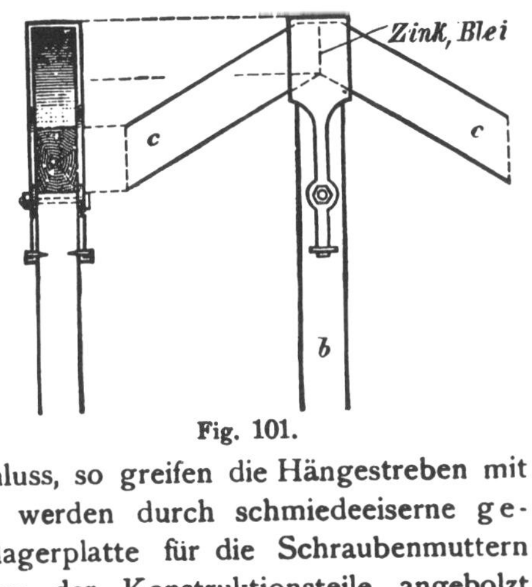

Fig. 101.

werden. Textfigur 100. Ebenso gut ist die Anwendung eines **eisernen Kopfschuhes**, wobei die Hängestreben über der Hängesäule stumpf zusammenstossen und zwischen deren Hirnholzflächen eine Metallplatte aus Blei oder Zink eingelegt werden kann, um ein Ineinanderdringen der Hirnholzfasern zu verhüten. Textfigur 101. Da bei kombinierten Hängewerken darauf zu achten ist, dass die tragenden Konstruktionsteile, also die Hängestreben, der Spannriegel und auch der Hauptbalken durch Ausschnitte nie geschwächt werden dürfen, so müssen alle sie kreuzenden Konstruktionsteile, also die Hängesäulen, verdoppelt werden, d. h. die Hängesäulen sind als **doppelte Säulen** zu konstruieren, durch welche alsdann die Hängestreben, der Spannriegel und der Hauptbalken hindurch geführt werden müssen. Die doppelten Säulen als Hängesäulen sind durch Verbolzung und Verdübelung zu verbinden. Textfigur 102.

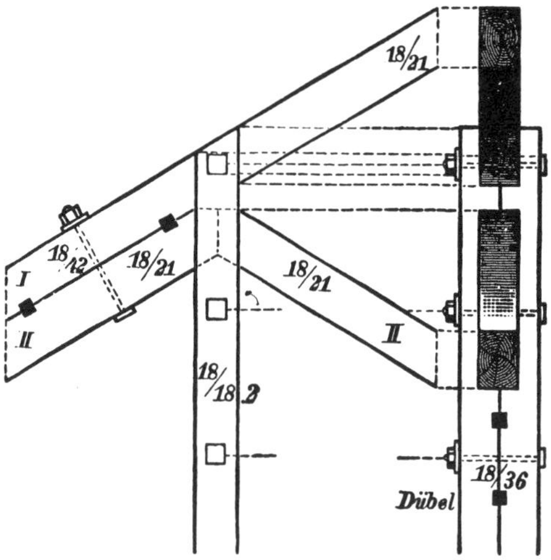

Fig. 102.

3) **Die Verbindung von Hängestrebe, Hängesäule und Spannriegel.**

Bei derselben ist zunächst zu beachten, dass die Druck- oder Mittellinien der drei Konstruktionsteile in **einem** Punkte sich schneiden. Geht die Hängesäule über den Ansatzpunkt der Hängestrebe und des Spann-

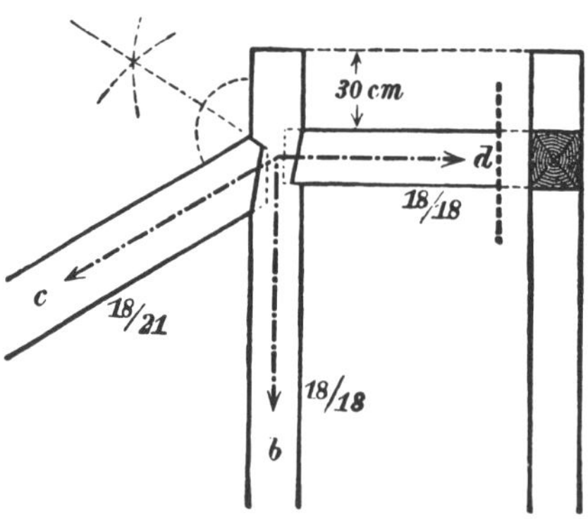

Fig. 103.

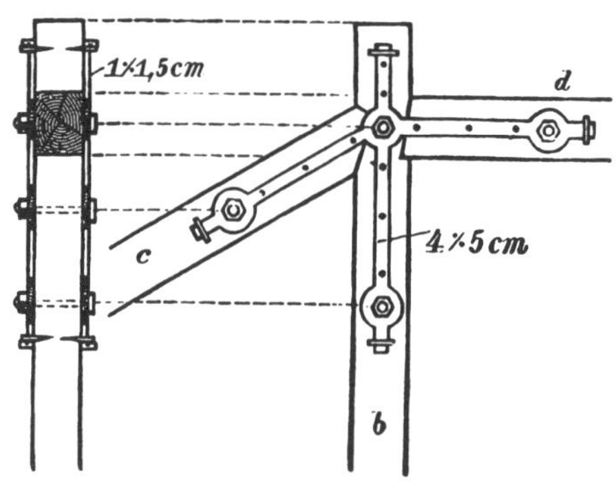

Fig. 104.

riegels hinaus, so greifen letztere mit Versatzung und Verzapfung in die Hängesäule ein, deren Langholz ebenfalls mindestens 30 cm über den Kreuzungspunkt hinausragen muss. Textfigur 103. Zur sicheren Verbindung der drei Konstruktionsteile werden auch hier schmiedeeiserne **gegabelte Kopfschienen** beiderseits angebolzt. Textfigur 104. Endigen aber die drei

Konstruktionsteile im Kreuzungspunkte, so empfiehlt sich die Anwendung einer g u s s e i s e r n e n K o p f h a u b e, innerhalb welcher die Hängestrebe und der Spannriegel mit einem stumpfen Schnitte zusammenstossen. Eine zwischen die Schnittflächen dieser Hölzer gelegte Zink- oder Bleiplatte würde auch hier ein Ineinanderdringen der Hirnholzfasern beider Konstruktionsteile verhüten. Textfigur 105.

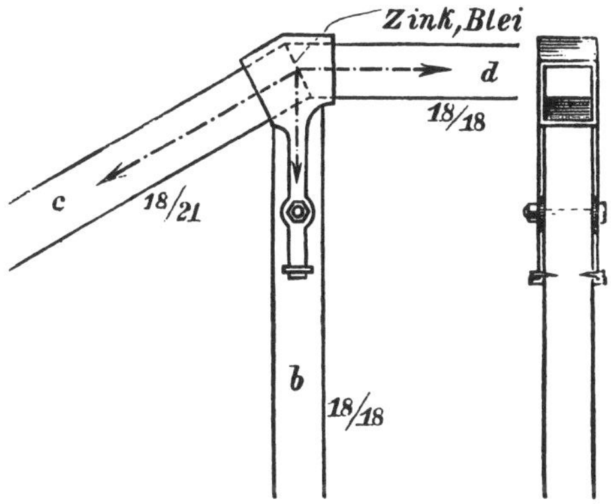

Fig. 105.

Bei kombinierten Hängewerken werden die Verbandhölzer unter Anwendung e i n f a c h e r Hängesäulen durch s c h m i e d e e i s e r n e G a b e l b ä n d e r fest miteinander verbunden. Textfigur 106. Werden jedoch die Hängesäulen als doppelte Säulen

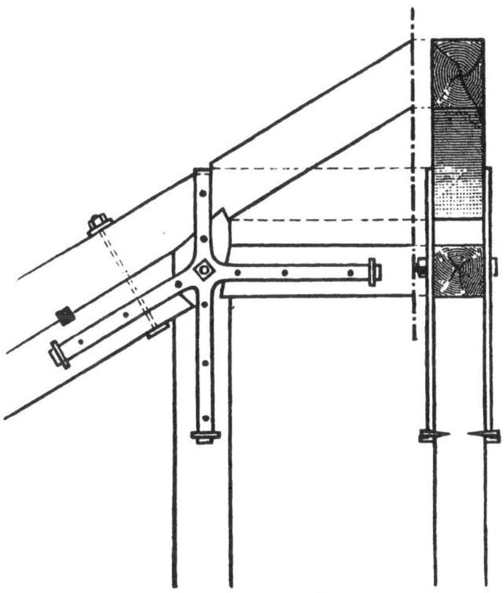
Fig. 106.

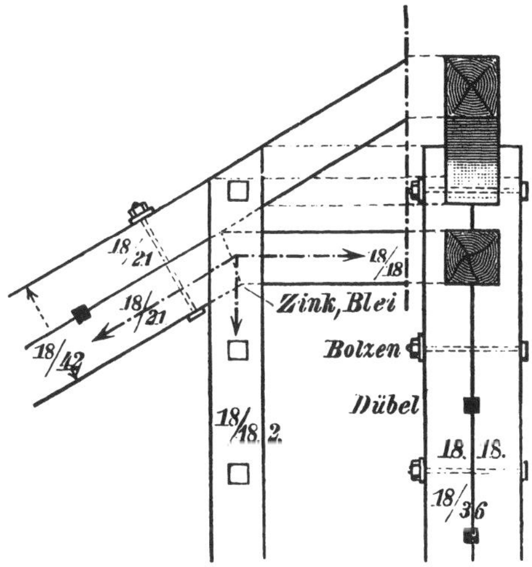

Fig. 107.

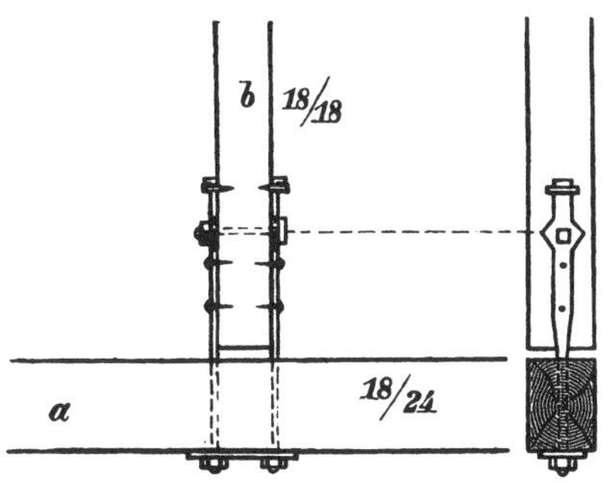

Fig. 108.

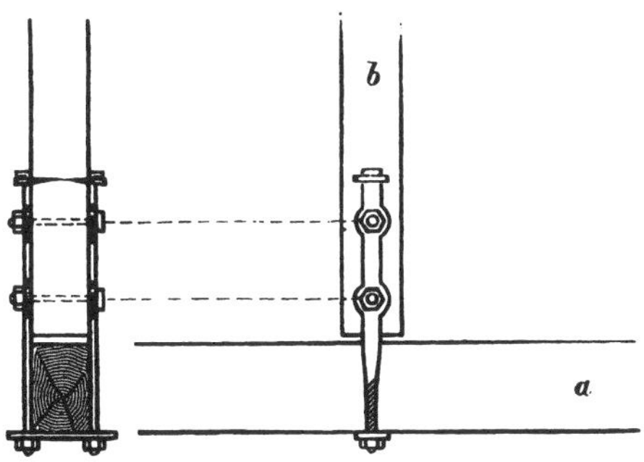

Fig. 109.

konstruiert, so sind Hängestreben und Spannriegel durch dieselben hindurchzuführen, indem aus den Hängesäulen die entsprechenden Ausschnitte gemacht werden. Textfigur 107.

4) **Die Verbindung der Hängesäulen mit dem Hauptbalken.** Auch hier bildet die hauptsächlichste Verbindung das Eisen in Gestalt schmiedeeiserner Hängeeisen mit loser Unterlagsplatte oder -schiene zum Nachziehen der Schraubenbolzen, Textfigur 108 und 109, oder Hängeeisen mit festem Unterbügel, Textfigur 110. Die Hängeeisen sind gewöhnlich 1 bis 1,5 cm stark und 4 bis 5 cm breit. In Fig. 108 sind die Hängeeisen seitlich an der Hängesäule durch schmiedeeiserne Schraubenbolzen und Kramme vor dem umgebogenen oder aufgekrempten Ende des Hängeeisens befestigt und gehen dieselben durch den Hauptbalken hindurch, während in Figur 109 die Hängeeisen an die Vorder- und Hinterfläche der Hängesäule angeschlagen sind, und zu beiden Seiten des Hauptbalkens vorbeigeführt werden. Zur Befestigung der Hängeeisen werden auch häufig gusseiserne Auflagerkonsole

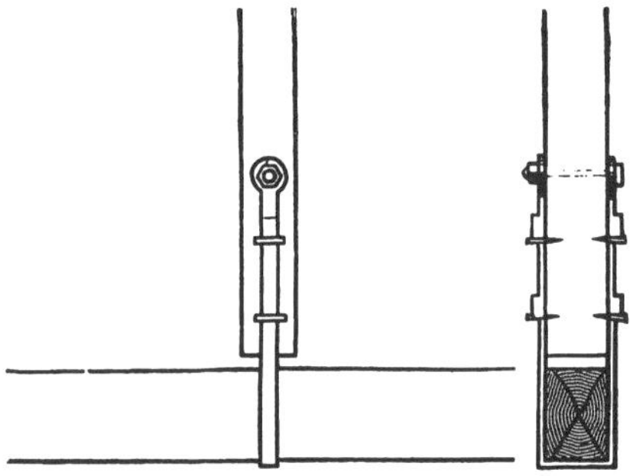

Fig. 110.

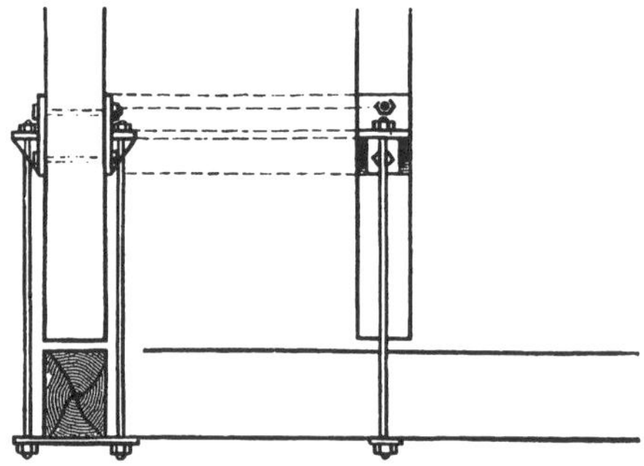

Fig. 111.

an die Hängesäulen angeschraubt, welche den beiderseitigen Hängeeisen mit der Unterlagsschiene unter dem Hauptbalken als Auflager dienen Textfigur 111. Die Hängesäule schwebt am besten frei über dem Hauptbalken und erhält einen Abstand von 6 bis 9 cm von demselben, damit bei einer etwaigen Senkung der ganzen Konstruktion die Hängesäule den Hauptbalken nicht durchbiegen kann. Das Hängeeisen darf daher mit dem Hauptbalken nicht fest verbunden werden. Ist jedoch eine Senkung des Hauptbalkens eingetreten, so lässt sich dieselbe durch Anziehen der Schraubenmuttern wieder ausgleichen. Werden die Hängesäulen als doppelte Säulen konstruiert, so wird auch der Hauptbalken durch sie hindurchgeführt und gehörig verbolzt. Hierbei kann die Hängesäule unter dem Hauptbalken vortreten, in welchem Falle dieselbe an ihrem unteren Ende pyramidal zugespitzt oder durch einen eingeschraubten Pinienzapfen

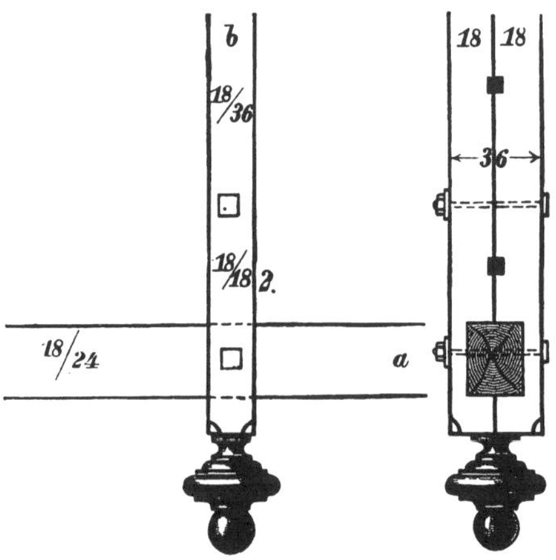

Fig. 112.

oder Knauf dekoriert wird. Textfigur 112. In der Neuzeit ersetzt man die hölzernen Hängesäulen vielfach durch schmiedeeiserne Zugstangen, namentlich bei der Konstruktion freitragender Hängewerksdachstühle, hauptsächlich, wenn die Dachneigung bezw. die Neigung der Hängestreben sehr flach wird. Alsdann stossen die Hängestreben bezw. auch der Spannriegel in einem gusseisernen Schuhe zusammen, welcher zur Befestigung der Zugstange dient. Textfigur 113 und 114.

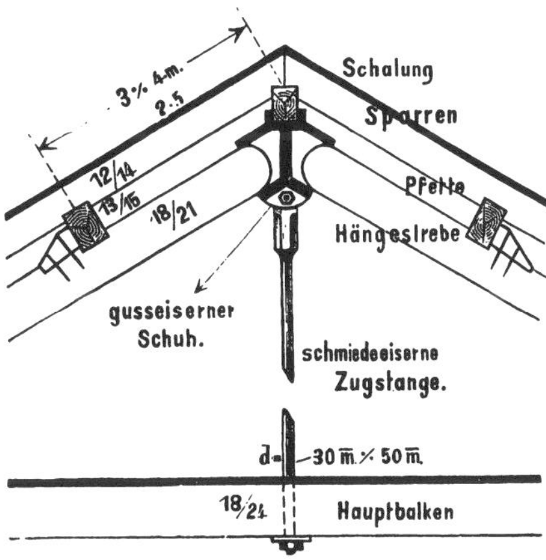

Fig. 113.

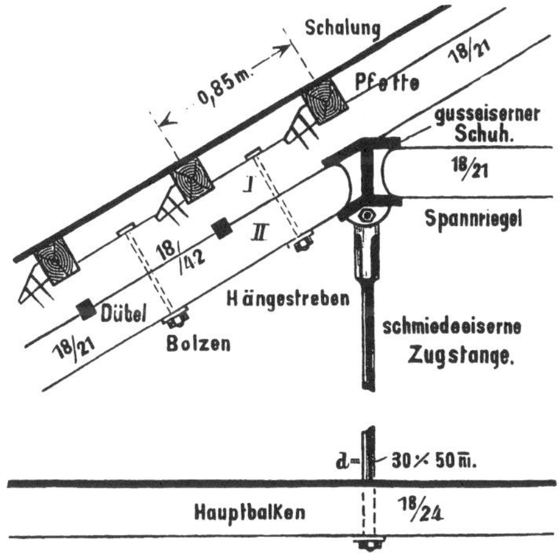

Fig. 114.

Soll nun bei Hängewerken eine wagerechte Balkendecke zur Überdeckung der Räume von grosser Tiefe gebildet werden, so sind folgende 4 Konstruktionsfälle möglich:

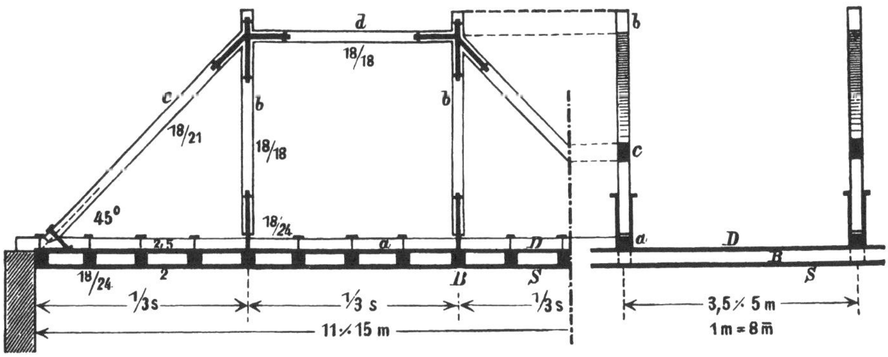

Fig. 115.

1) Die eigentlichen Deckenbalken werden an den Hauptbalken als Oberzug senkrecht zur Richtung desselben, also parallel zu den Frontmauern, mittels schmiedeeiserner Schraubenbolzen angehängt, wobei der untere Raum um die Höhe der Deckenbalken niedriger wird, aber eine wagerechte glatte Decke erhält. Textfigur 115. Die Entfernung der Hauptbalken und somit der Hängewerke entspricht den Entfernungen der Dachbinder = 3,5 bis 5 m, in welchem die Hängewerke anzuordnen sind.

2) Die Deckenbalken werden auf den Hauptbalken senkrecht zur Rich-

tung desselben aufgekämmt. Der Hauptbalken tritt hierbei als Unterzug an der Decke des unteren Raumes sichtbar hervor, während im oberen Raume eine glatte Fussbodendielung gebildet wird. Textfigur 116.

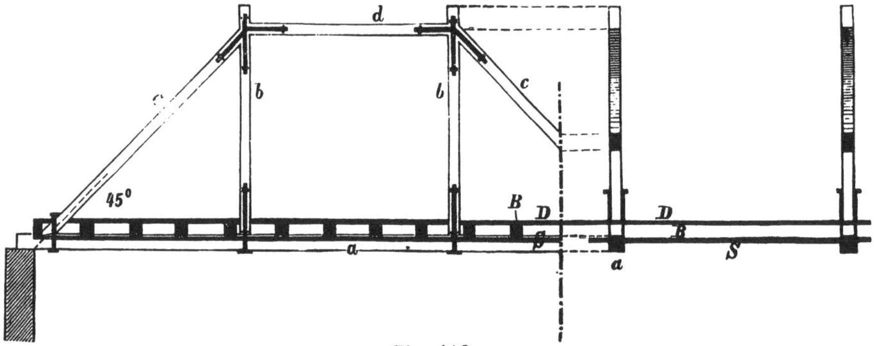

Fig. 116.

3) Die Deckenbalken liegen parallel und in einer wagerechten Ebene, also in gleicher Höhe mit den Hauptbalken und senkrecht zu den Fronten. Auf die Hauptbalken werden Oberzüge aufgekämmt, an welche die

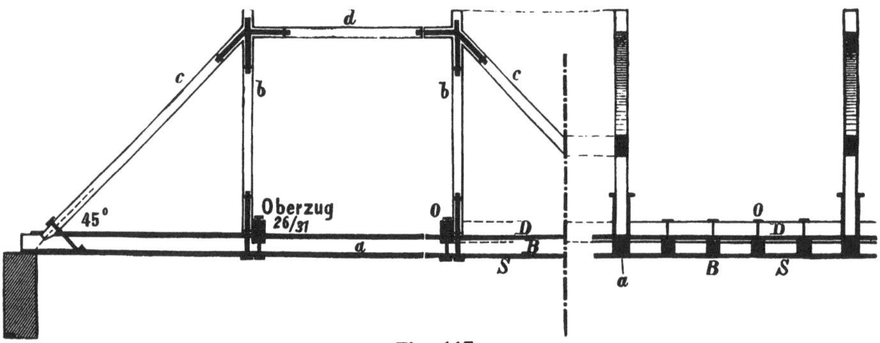

Fig. 117.

Deckenbalken bezw. Zwischenbalken mittels Schraubenbolzen angehängt werden. Die Oberzüge treten im oberen Raume, dem Dachraume, oberhalb der Dielung vor, während der untere Raum eine glatte Decke erhält. Textfigur 117.

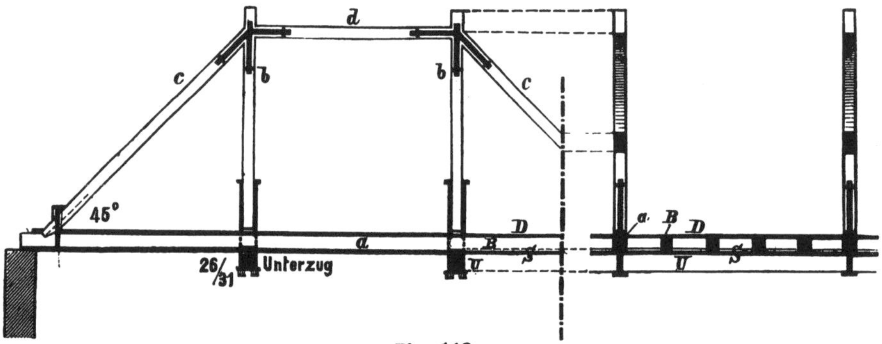

Fig. 118.

4) Die Deckenbalken liegen ebenfalls parallel und in gleicher Höhe mit den Hauptbalken, an welche Unterzüge mittels Hängeeisen ange-

hängt werden, auf die wiederum die Deckenbalken aufzukämmen sind. Die Unterzüge treten im unteren Raume vor der Decke vor, während im oberen Raume eine glatte Dielung sich ergiebt. Textfigur 118.

Eine weitere Anwendung der Hängewerke im Hochbau erstreckt sich auf die Herstellung sogenannter abgesprengter (aufgehängter) Fachwerkswände — siehe unter Holzwände — und auf die Bildung freitragender Dachstühle mit wagerechten Balkendecken, sogenannter Hängewerks-Dachstühle, welche meist über Saalbauten von grosser Tiefe als Pfetten- oder Fettendachstühle konstruiert werden, z. B. Textfigur 119.

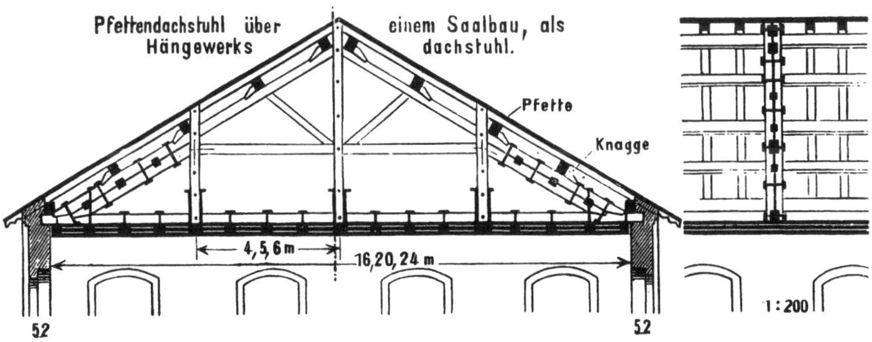

Fig. 119.

Endlich sei noch der Anwendung der Hängewerke im Brückenbau gedacht, wenn auch Brücken aus Holz in der Neuzeit nur selten noch ausgeführt werden, vielmehr durch die Eisenkonstruktionen fast ganz verdrängt worden sind. Als Beispiel sei eine Hängewerksbrücke von 10 m Spannweite angeführt. Textfigur 120. Bei grossen Spannweiten unter Anwendung

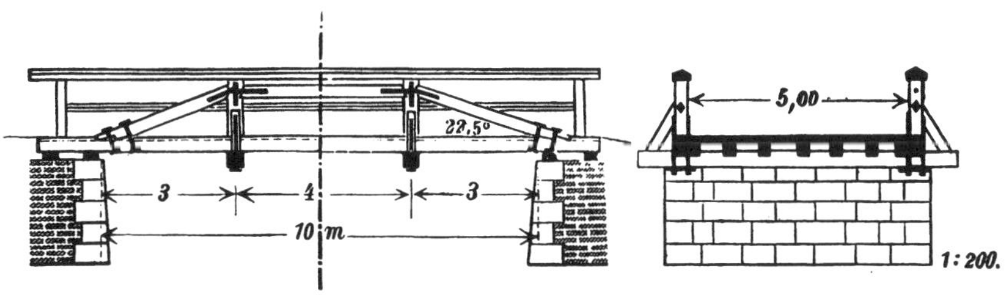

Fig. 120.

kombinierter Hängewerke dienen Doppelzangen, beiderseitig an den Köpfen der Hängesäulen angebolzt zur Herstellung des Querverbandes der Brückenkonstruktion, während die Unterzüge durch liegende Kreuzstreben oder Andreaskreuze zu verspreizen sind.

Nach dem Baugewerkskalender kostet: 1 lfd. m Holz zu Hängewerken abzubinden und zu verlegen 0,90 bis 1,20 Mark.

V. Das Sprengwerk.

Wird ein an seinen beiden Auflagerenden freiliegender Balken zur Überdeckung grösserer Spannweiten von unten her in einem Punkte, d. h. in seiner halben freien Länge durch Streben unterstützt, sodass durch letztere der Druck der ganzen Konstruktion auf das Mauerwerk übertragen wird, welches infolge dessen einen bedeutenden Seitenschub auszuhalten hat, so entsteht das Sprengwerk mit einem Unterstützungspunkte, das einfache Sprengwerk oder der einfache Sprengbock. Derselbe wird angewendet für eine Spannweite von 7,5 bis 9 m und besteht aus dem Haupt-, Zug-, Spann- oder Trambalken a und den beiden Sprengstreben b. Textfigur 121. Haben die Sprengstreben ihren Fusspunkt nicht direkt in dem Mauerwerke, sondern in hölzernen Säulen, welche am Mauerwerke aufgestellt sind, so treten noch die sogenannten Klebpfosten c hinzu. Da zur Herstellung einer wagerechten Balkendecke nicht jeder einzelne Balken in dieser Weise unterstützt werden kann, so ordnet man in halber freier Länge des Hauptbalkens einen Unterzug an, welcher durch die Sprengstreben mittels Aufklauung — vgl. S. 21

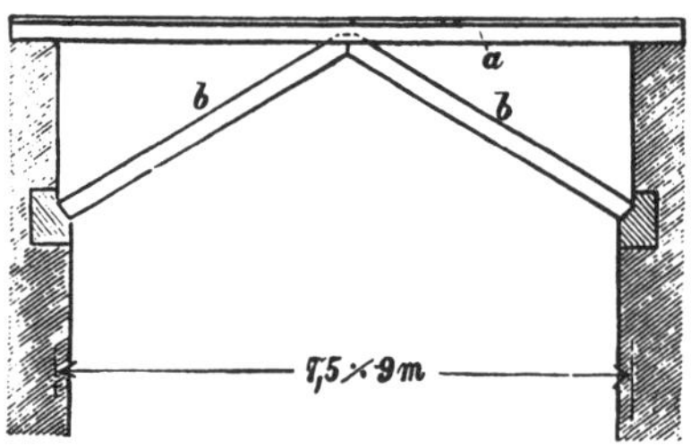

Fig. 121.

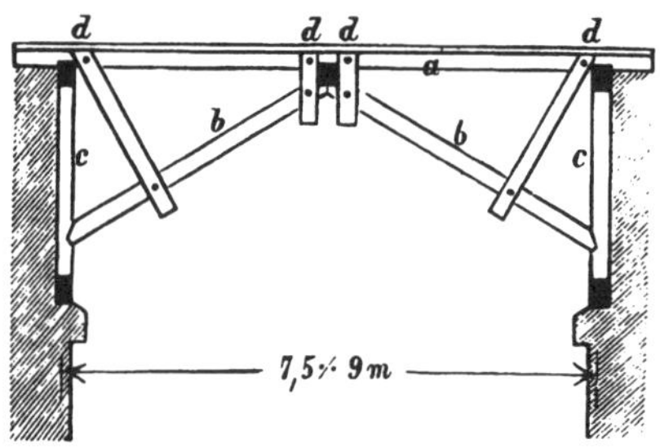

Fig. 122.

und *Taf. 5, Fig. 9. 10* — getragen wird, und auf welchem sowohl der Hauptbalken als auch die zur Deckenbildung erforderlichen Zwischenbalken, welche parallel und in gleicher Höhe mit dem Hauptbalken liegen, aufgekämmt werden. An Sprengstreben und Hauptbalken beiderseitig 1 bis 2 cm tief angeblattete und angebolzte Doppelzangen d dienen zur weiteren Sicherung der Konstruktion. Textfigur 122.

Für eine Spannweite von 10 bis 12 m wendet man das Sprengwerk mit zwei Unterstützungspunkten, das doppelte Sprengwerk oder den doppelten Sprengbock an, bei welchem zur Unterstützung des Hauptbalkens a zwischen beide Sprengstreben b ein Spannriegel e geschoben wird, dessen Länge $\frac{1}{3}$ der Spannweite beträgt. Derselbe wird mit dem Hauptbalken verbolzt und verdübelt. Textfigur 123. Wie beim einfachen Sprengbock werden auch hier zur Bildung einer wagerechten Balkendecke Unterzüge angeordnet, welche entweder zwischen Sprengstreben und Spannriegel ruhen — Textfigur 124 — oder welche durch den eigentlichen Sprengbock getragen werden. Textfigur 125. Hierzu treten nun noch die Klebpfosten c und die Doppelzangen d, welch' letztere entweder senkrecht zur Richtung der Sprengstreben oder senkrecht zum Hauptbalken angeordnet werden können. Das Sprengwerk wird nur in seltenen Fällen im H o c h b a u angewendet, höchstens dient es zur Längenunterstützung der Unterzüge von Balkenlagen, welche sich möglichst weit freitragen sollen, wobei also die Säulenentfernung so gross wie möglich genommen werden soll, um den Raum möglichst frei zu gestalten. Textfigur 126. In gleicher Weise kann man die Rahmenhölzer eines Dachstuhles unterstützen. Am meisten werden die Sprengwerke zur Bildung h ö l z e r n e r B r ü c k e n, sogenannter S p r e n g-

Fig. 123.

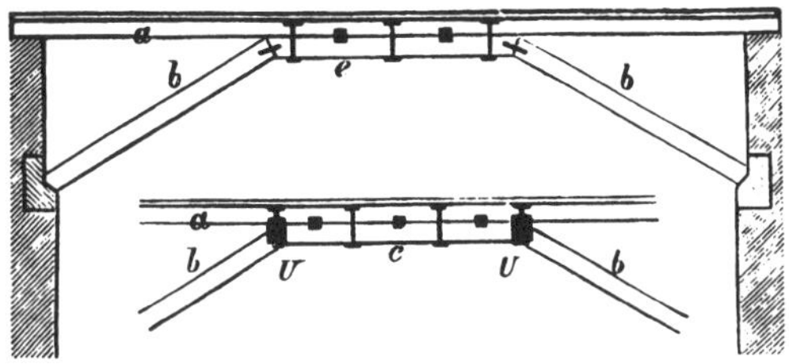

Fig 124.

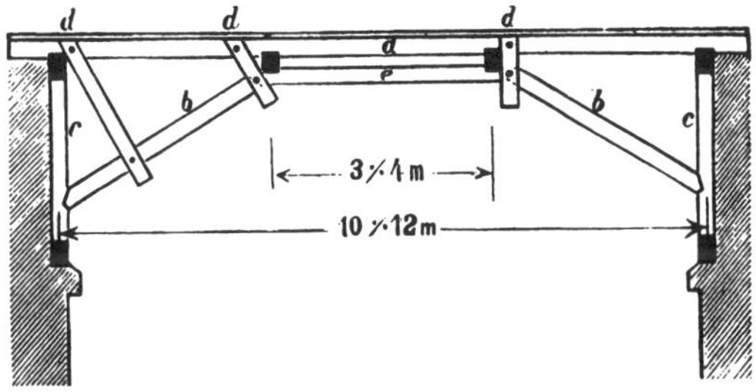

Fig. 125.

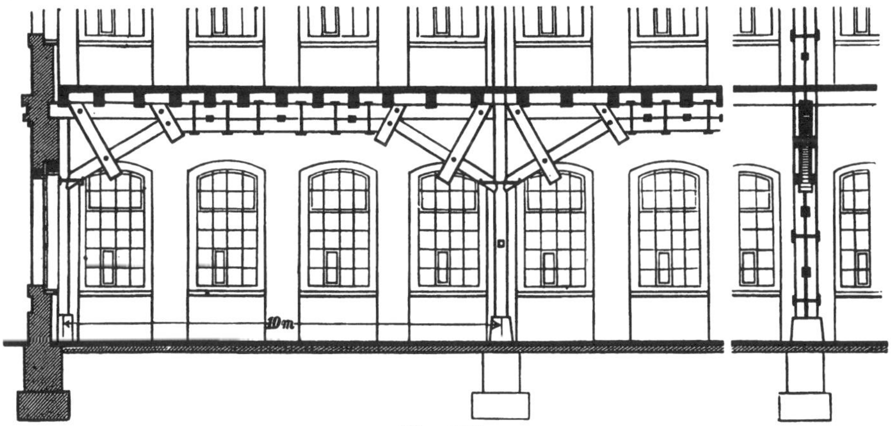

Fig. 126.

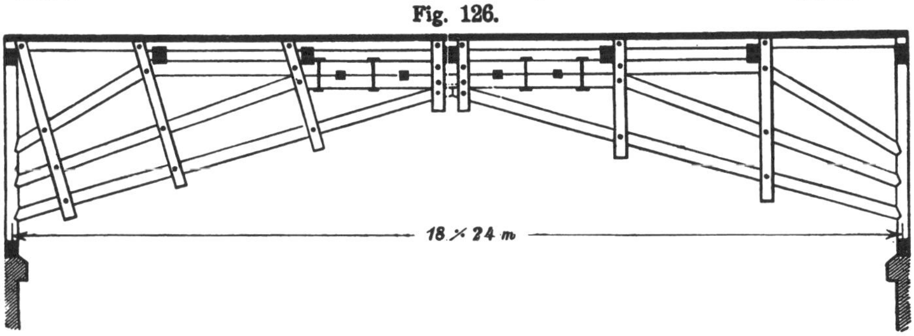

Fig. 127.

w e r k s b r ü c k e n, verwendet, bei welchen man zur Herstellung grösserer Spannweiten als 7,5 bis 12 m Sprengwerksysteme an- oder ineinanderstellt.

Im ersteren Falle erhält man Brückensysteme von beistehender Gestalt, Textfigur 127, während bei letzterer Konstruktionsweise sich folgende Brückensysteme ergeben, bei welchen die Entfernung der Unterzüge 3 bis 4 m beträgt. Textfigur 128. 129. 130. Die Klebpfosten, Sprengstreben und Unterzüge werden zur Bildung eines Querverbandes vorteilhaft wie bei den Hängewerksbrücken durch stehende, bezw. liegende Kreuzstreben oder Andreaskreuze verspreizt.

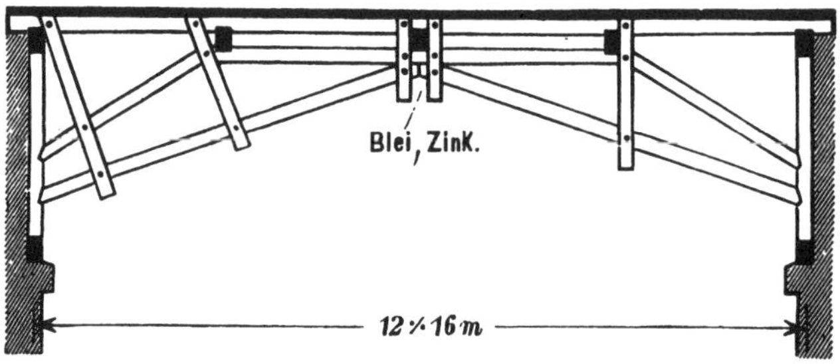

Fig. 128.

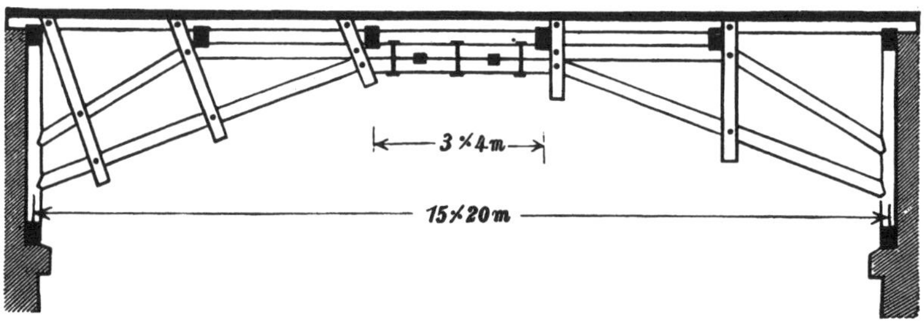

Fig. 129.

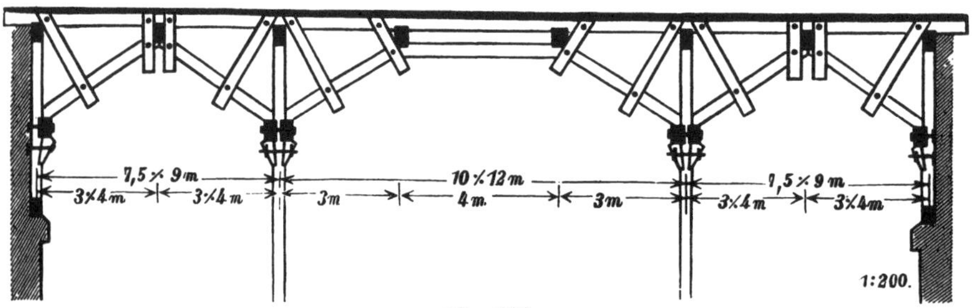

Fig. 130.

Die Verbindung der Konstruktionsteile in den einzelnen Knotenpunkten sei auch hier angeführt:

1) Die Verbindung der Sprengstreben mit den Klebpfosten bezw. dem Mauerwerke. Im ersteren Falle setzt sich die Sprengstrebe mit Versatzung und Verzapfung ein. Vergl. Versatzungen, Seite 21 und *Taf. 5, Fig. 6.* Ein schmiedeeiserner Bolzen dient zu weiterer Sicherung der Sprengstrebe gegen ein Herausspringen aus dem Klebpfosten. Der Klebpfosten selbst steht mittels Zapfens auf einem Steinkonsol —

— Textfigur 131 — oder auf einer Schwelle — Textfigur 132. Bei der Aneinanderreihung der Sprengwerksysteme jedoch ruhen die Sprengstreben mittels Aufklauung auf Schwellen, welche seitlich an die Säulen des Brückenjoches angeblattet und angebolzt sind und durch hölzerne Knaggen,

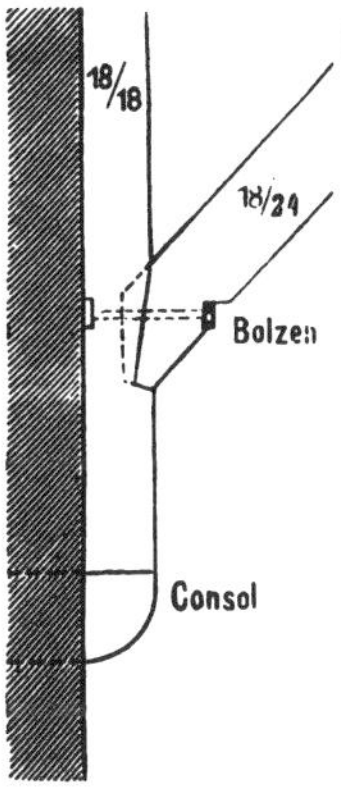

Fig. 131.

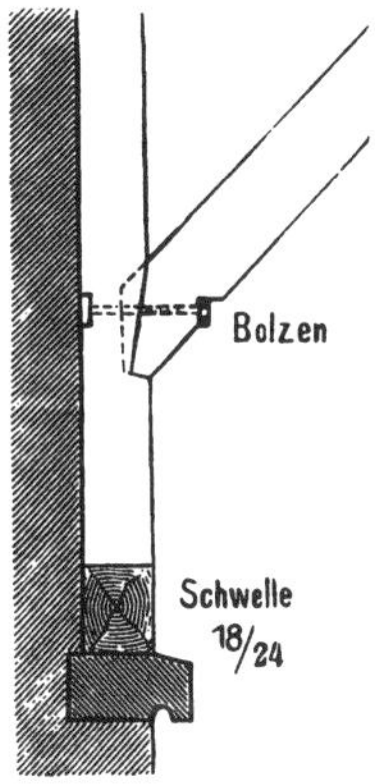

Fig. 132.

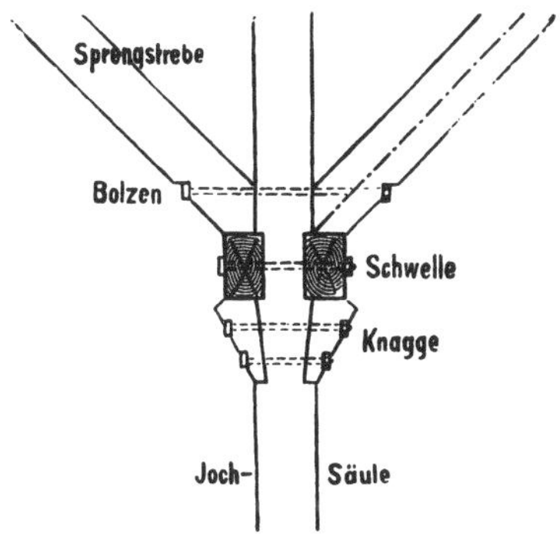

Fig. 133.

welche mit Versatz und eisernen Bolzen an die Jochsäulen befestigt sind, getragen werden. Textfigur 133. Sind aber die Sprengstreben direkt gegen das Mauerwerk gerichtet, sind also Klebpfosten nicht vorhanden, so können sie sich auf eine Schwelle aufklauen — Textfigur 134; vergl. Aufklauungen, Seite 23 und *Taf. 5, Fig. 15* — oder sie haben ihren Fusspunkt in einem Werksteinquader, in welchen sie mit oder besser ohne Zapfen eingreifen können, weil letztere leicht verfaulen durch ins Zapfenloch eindringendes Regenwasser. Textfigur 135 und 136.

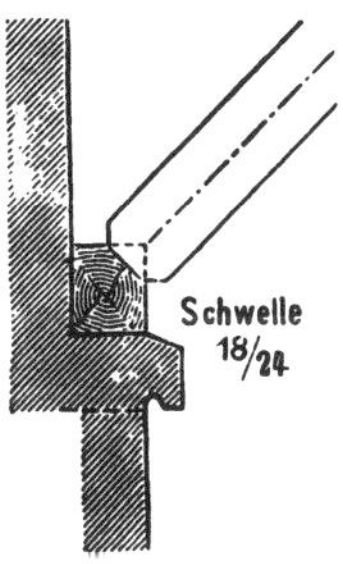

Fig. 134.

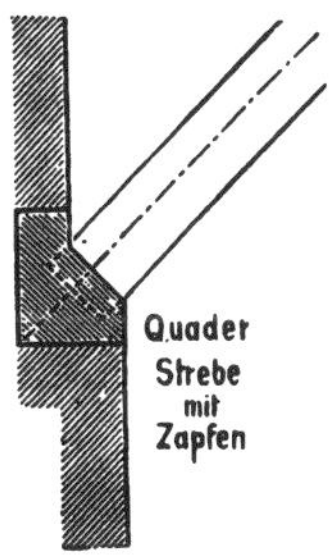

Fig. 135.

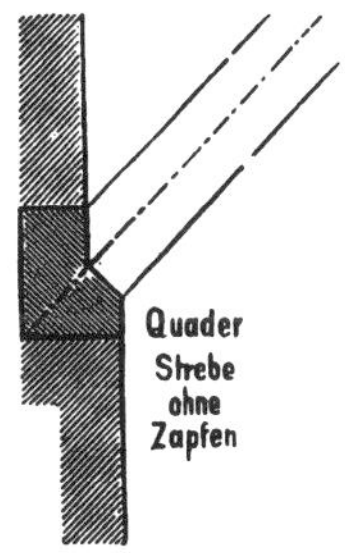

Fig. 136.

Bei kombinierten Sprengwerken sind zwei oder drei Sprengstreben gegen den Klebpfosten oder das Mauerwerk gerichtet. Im letzteren Falle verwendet man vorteilhaft eine gusseiserne Auflagerplatte, welche mit Steinschrauben im Mauerwerk befestigt wird und in welcher die Sprengstreben ihren Fusspunkt erhalten. Textfigur 137.

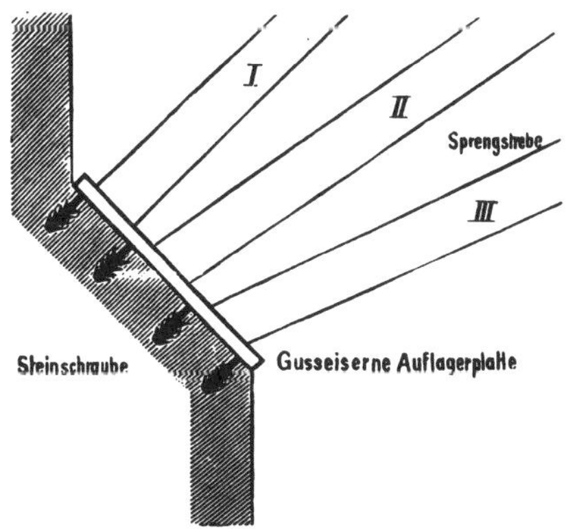

Fig. 137.

2) Die Verbindung der Sprengstreben mit dem Hauptbalken.

Beim einfachen Sprengbock stossen die Sprengstreben stumpf zusammen und werden in den Hauptbalken versatzt und verzapft. Eiserne Bolzen dienen zur sicheren Befestigung beider Konstruktionsteile. Eine zwischen die Hirnholzflächen derselben gelegte Metallplatte aus Zink- oder Blei verhindert ein Ineinanderdringen der Hirnholzfasern beider Sprengstreben, Textfigur 138. Bei Anwendung eines Unterzuges klauen sich die Sprengstreben an ersteren an, d. h. sie tragen den Unterzug mittels ihrer Klauenschnitte. Textfigur 139. Vgl. Aufklauungen, S. 21. 6. bezw. *Taf. 5, Fig. 9. 10.*

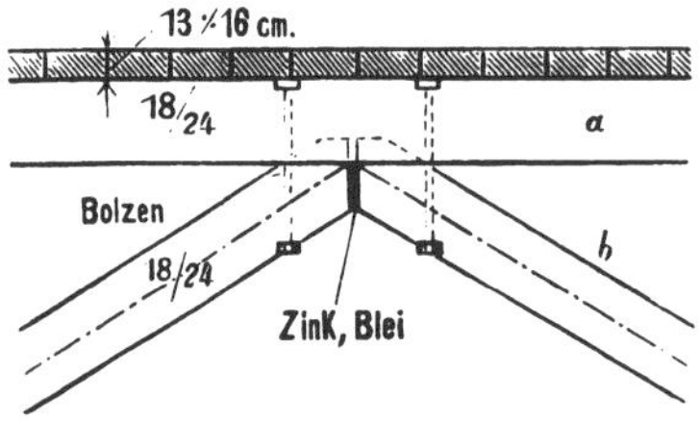

Fig. 138.

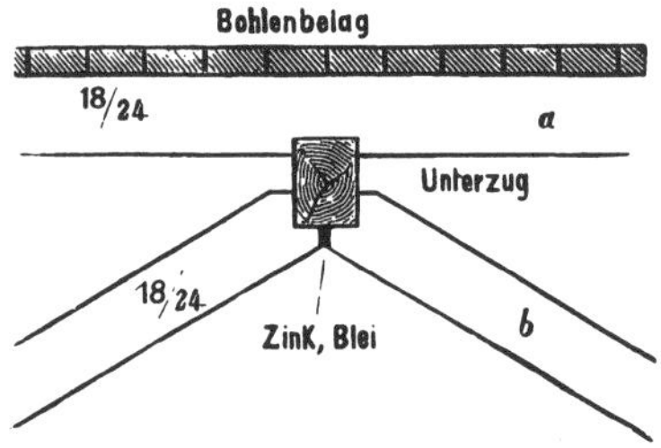

Fig. 139.

3) Die Verbindung der Sprengstreben mit dem Spannriegel.

Sie geschieht mittels eines geraden Schnittes in der Halbierungslinie des stumpfen Winkels, welchen beide Konstruktionsteile mit einander bilden. Beiderseits eingetriebene schmiedeeiserne Klammern und hölzerne 1 bis 2 cm tief angeblattete und angebolzte Doppelzangen dienen zu weiterer Sicherung der Konstruktion. Letztere können senkrecht zur Richtung des Hauptbalkens oder der Sprengstreben angeordnet werden. Textfigur 140. Vorteilhafter ist jedoch die Anwendung eines gusseisernen Schuhes, dessen Querschnitt in Textfigur 141 dargestellt ist. Liegt der

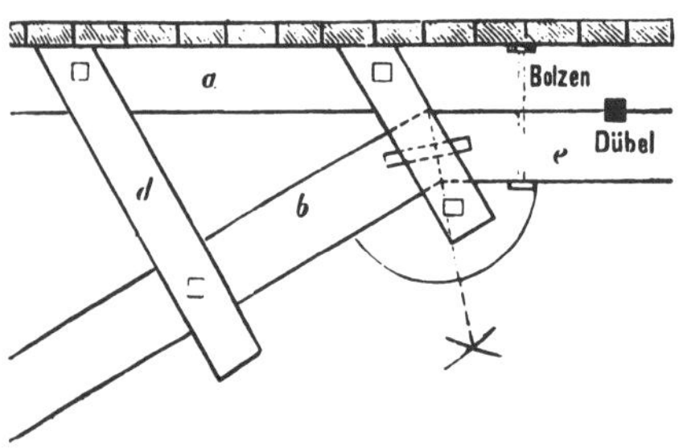

Fig. 140.

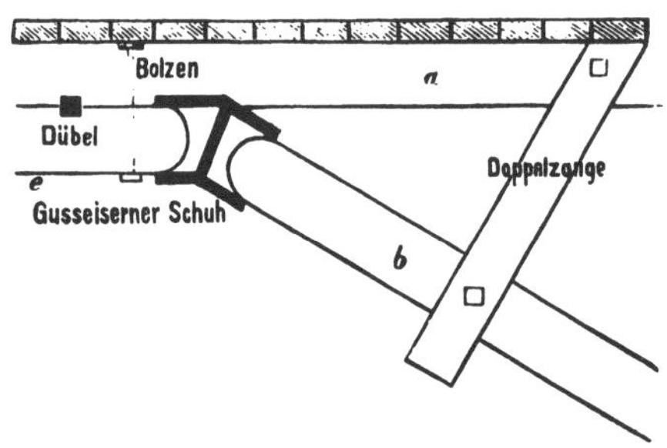

Fig. 141.

Spannriegel direkt unter dem Hauptbalken, so sind beide Konstruktionsteile durch hölzerne Dübel und eiserne Bolzen zu verbinden. In seltenen Fällen legt man die Unterzüge zwischen Spannriegel und Sprengstrebe. Der Spannriegel wird in solchem Falle in die Unterzüge eingezapft, letztere aber durch die Sprengstrebe mittels Klaue getragen und durch einen eisernen Bolzen am Hauptbalken befestigt. Textfigur 142 und 143. Gewöhnlich legt man die Unterzüge auf den oberen Spannriegel in Entfernungen von 3 bis 4 m, wonach die Systeme für die verschiedenen Spannweiten sich ergeben Hauptbalken und Deckenbalken liegen auch hier parallel und in gleicher Höhe miteinander und über diese wird der 10, 13 bis 16 cm starke Bohlenbelag der Brückenfahrbahn gestreckt. Textfigur 144.

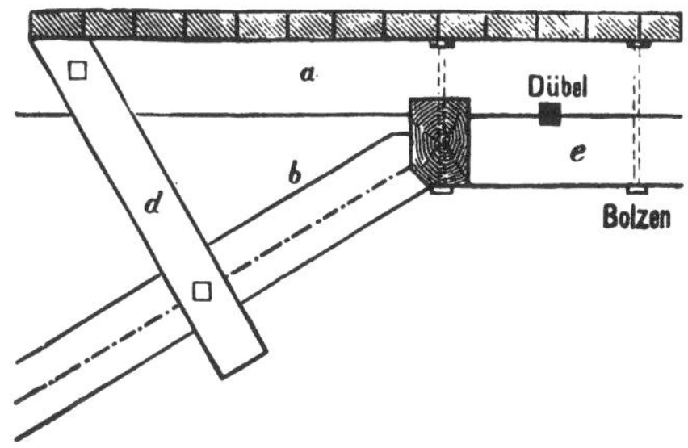

Fig. 142.

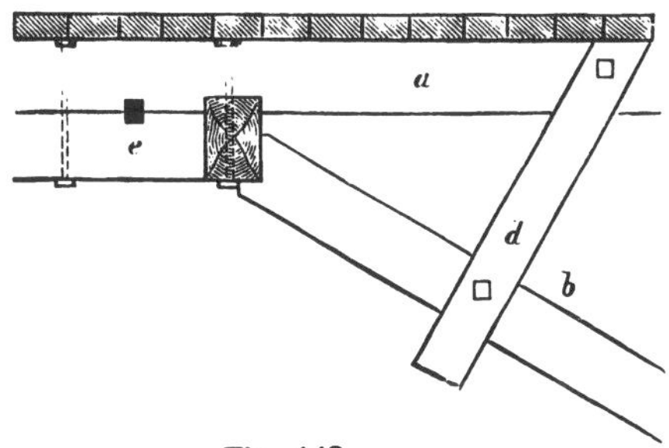

Fig. 143.

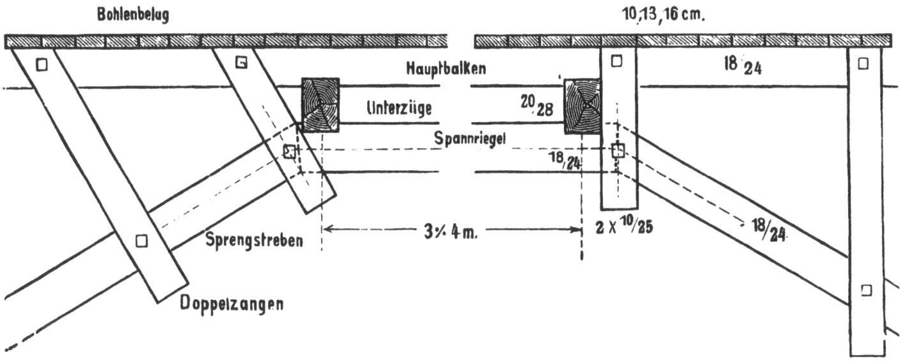

Fig. 144.

1 lfd. m Holz zu Sprengwerken abzubinden und zu verlegen kostet 0,90 bis 1,20 Mk.

Anmerkung. Bei den Hänge- und Sprengwerkkonstruktionen müssen für jeden Fall ihrer Spannweite und Belastung die Dimensionen ihrer Konstruktionsteile nach den Regeln der Mechanik und Festigkeitslehre berechnet werden. Die in die Textfiguren eingeschriebenen Maasse sollen nur dazu dienen, den Leser in den Stand zu setzen, die Verbindungen der Konstruktionsteile in den einzelnen Knotenpunkten richtig zeichnen zu können.

VI. Das vereinigte Hänge- und Sprengwerk.

Dasselbe dient zur Überdeckung grosser Spannweiten, bei welchen eine wagerechte Balkendecke fehlt. Es wird daher angewendet zur Herstellung hallenartiger Gebäude, deren Konstruktion bei den Satteldächern ohne Balkenlage besprochen werden wird.

Mit einem Unterstützungspunkte, gültig für eine Spannweite von 7,5 bis 9 m, besteht das vereinigte Hänge- und Sprengwerk aus der Hängesäule a, den beiden Sprengstreben b, den beiden Klebpfosten c und der Doppelzange d, welche an Stelle des Hauptbalkens tritt. In allen Punkten, in welchen die Doppelzange die anderen Konstruktionsteile kreuzt, ist ein schmiedeeiserner Bolzen durchzuziehen. Textfigur 145.

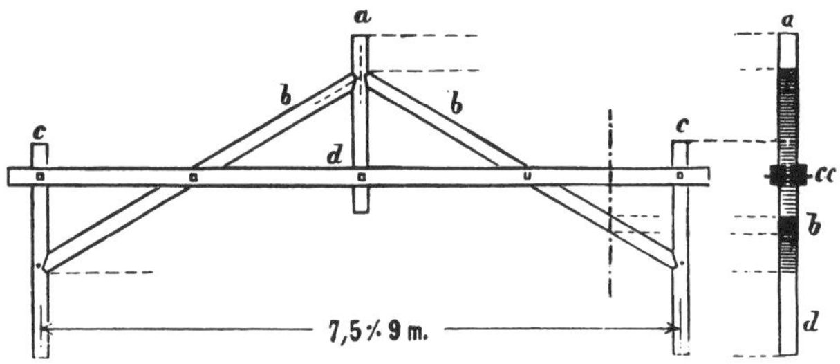

Fig. 145.

Mit zwei Unterstützungspunkten, gültig für eine Spannweite von 10 bis 12 m, besteht dasselbe aus den beiden Hängesäulen a, den Sprengstreben b, den Klebpfosten c, der Doppelzange d und dem

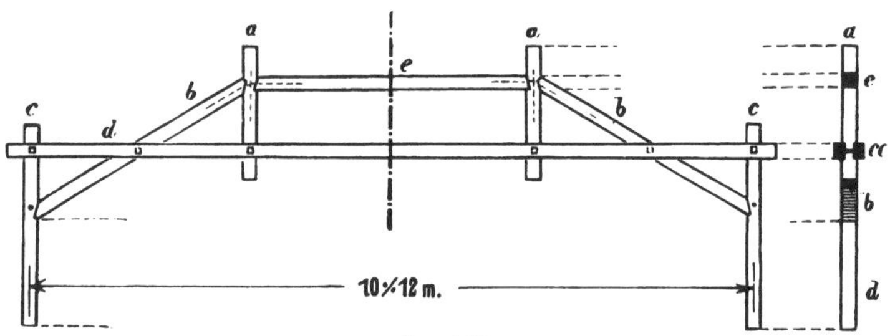

Fig. 146.

Spannriegel e. Auch hier ist zu beachten, dass die Druck- und Mittellinien der Hängesäule, Sprengstrebe und des Spannriegels in einem Punkte sich schneiden. Textfigur 146.

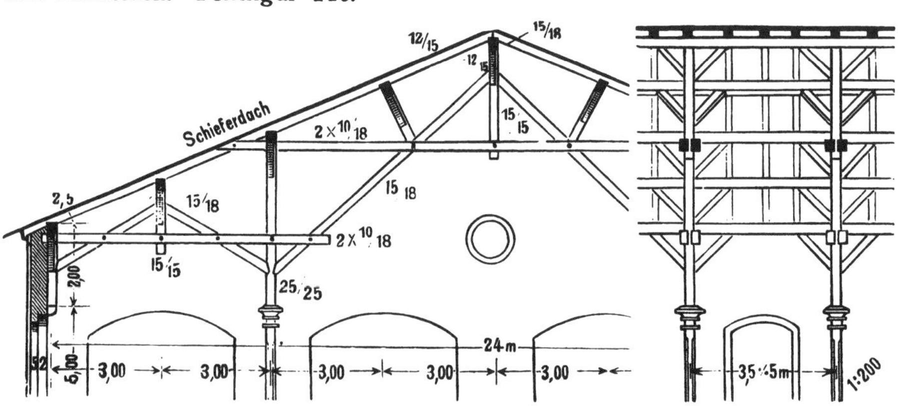

Fig. 147.

Zur Überdeckung grösserer Spannweiten werden ebenfalls ein und zweisäulige vereinigte Hänge- und Sprengwerke an- oder ineinander geschoben, wodurch Dachkonstruktionen entstehen, welche man als Knotensysteme bezeichnet und welche angewendet werden zur Bildung der Dachbinder von Schuppen, Lagerschuppen, Güterschuppen, Lokomotiv-

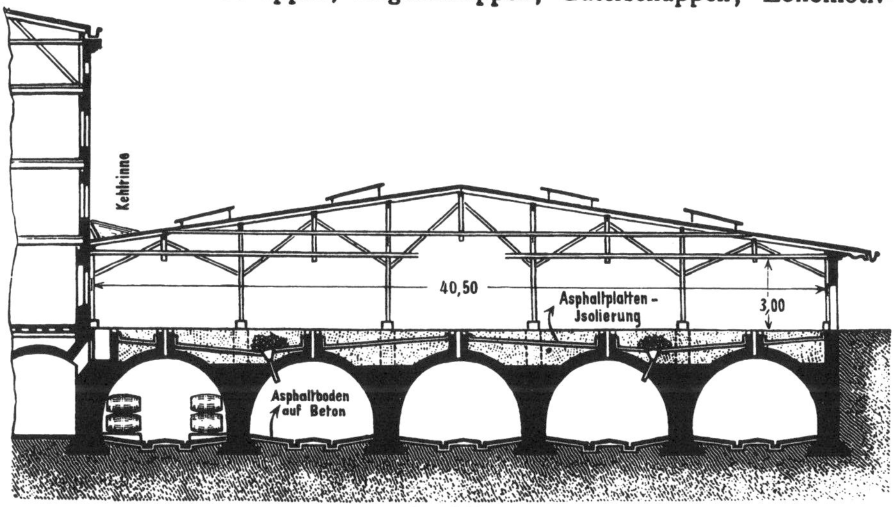

Fig. 148.

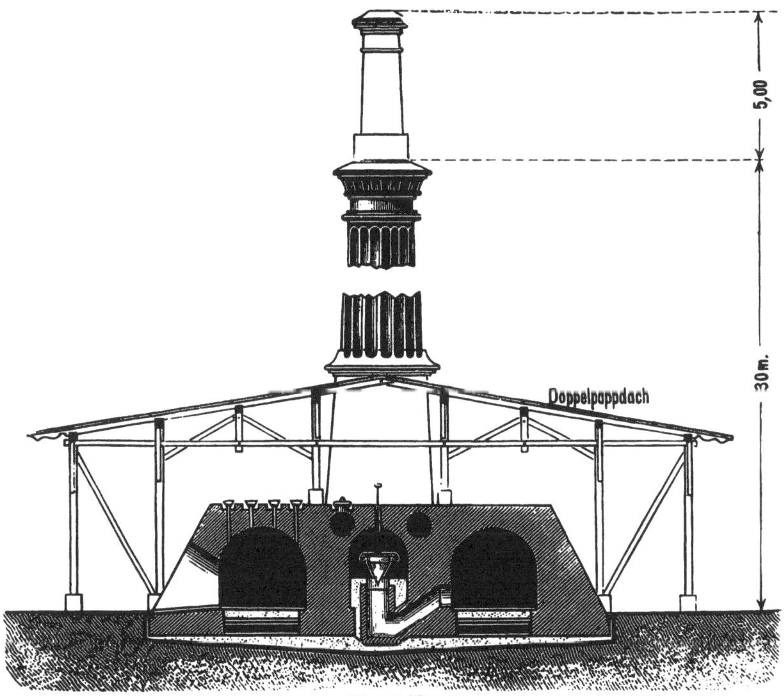

Fig. 149.

schuppen, Feldscheunen, Werkstättenhallen, Giessereien und sonstigen industriellen Anlagen, sowie zur Herstellung provisorischer Gebäude, wie Schiess, Turn- und Sängerfesthallen. Die normalen Holzstärken für solche Konstruktionen sind:

Hängesäulen 14|14, 15|15 cm,

Sprengstreben 14|16, 15|18, 15|19 cm,

Klebpfosten 14|14, 15|15 cm,
Doppelzangen 2 · 10|16, 2 · 10|18, 2 · 10|20 cm.
Spannriegel 14|14, 14|16, 15|15, 15|18, 15|19 cm.

Zur Erläuterung seien als praktische Beispiele angeführt: ein Dachbinder über einem Werkstättengebäude, Textfigur 147; ein Brauerei-Lagerkeller mit überdecktem Hofraume, Textfig. 148; und die Überdachung eines Ziegelringofens, Textfignr 149. Vergl. Hoppe & Roehming, Halle, das doppellagige Kies-Pappdach.

1 lfd. m Holz solcher Konstruktionen abzubinden und zu verlegen kostet 0,40 bis 0,50 Mark.

VII. Die Konstruktion der Holzwände.

Zu denselben gehören die Fachwerkswände, Blockwände, Bohlen- oder Spundwände, Bretterwände und Lattenwände.

1) Die Fachwerkswände.

Dieselben werden auch Fachwände, Riegelwände oder Fachwerk genannt und in äussere und innere Fachwerkswände eingeteilt. Erstere dienen zur Herstellung der Umfassungsmauern eines Gebäudes aus Holz, während man letztere zur Trennung innerer Räume als Scheide-

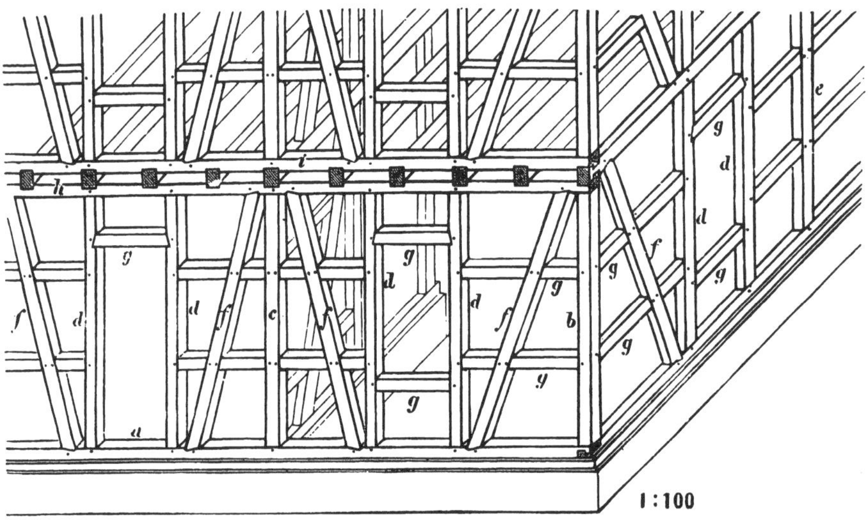

Fig. 150.

mauern anwendet. Die Fachwerkswände werden aus Gerüsten sich kreuzender Hölzer, sogenannten Fachwerken, hergestellt, deren Hohl- oder Zwischenräume, Fächer, ausgemauert oder ausgestaakt werden. Eine Fachwerkswand besteht aus

der Schwelle a, den Ecksäulen oder Eckstielen b. der Bundsäule c, hinter welcher sich eine innere abgebundene Fachwerkswand oder Bundwand befindet, den Thür- und Fenstersäulen d zur Bildung der

Fenster- und Thürgerüste, den Zwischensäulen e, den Streben f, den Riegeln g (Sohlbankriegel, Sturzriegel bei Fenstern bezw. Thüren) und dem Rahmenholze h, auf welches die Stockwerks Balkenlage aufgekämmt wird; auf letzterer ruht die Sattel-, Saum- oder Brustschwelle i, welche zur Aufnahme der Fachwerkswand des folgenden oberen Stockwerkes dient. — Textfigur 150. —

Die Schwelle, 13|18, 13|20, 15|20, 13|21, 16|21 cm stark, muss mindestens 50 bis 60 cm über das Terrain hoch gelegt werden. Sie ruht auf dem Sockelmauerwerke des Gebäudes, mit welchem sie gehörig verankert werden muss. Das Sockelmauerwerk muss, falls aus Bruchstein hergestellt, durch eine Asphaltschicht gegen die in dem hygroskopischen (Wasser aufsaugenden) Mauerwerke aufsteigende Erdfeuchtigkeit isoliert und mit einer Rollschicht aus Ziegelstein abgedeckt werden. Die Schwellen der Front- und Giebelmauern eines Fachwerkbaues sind durch Ecküberblattungen zu verknüpfen. Vgl. Überblattungen, S. 10 u. 11 e, f, g, h und *Taf. 2, Fig. 8. 9. 10. 11.* In die Schwelle greifen die Säulen und Streben mit Verzapfung, letztere bezw. auch mit Versatzung ein. Vergl. Verzapfungen S. 12. 3 a, b, c, d, e bezw. *Taf. 3, Fig. 1. 2. 3. 4. 5* und Versatzungen, S. 19, 5 a bezw. *Taf. 5, Fig. 1.* Die Breite der Schwellen richtet sich nach der Stärke der Eck- und Bundsäulen, welche stets stärkeren Querschnitt erhalten, als die Thür-, Fenster- und Zwischensäulen. Dient die Schwelle zugleich zur Befestigung der Dielung, so ist ihrer Breite noch 2,5 cm zuzugeben, während ihre Höhe nicht unter 13 cm betragen soll.

Fig. 151.

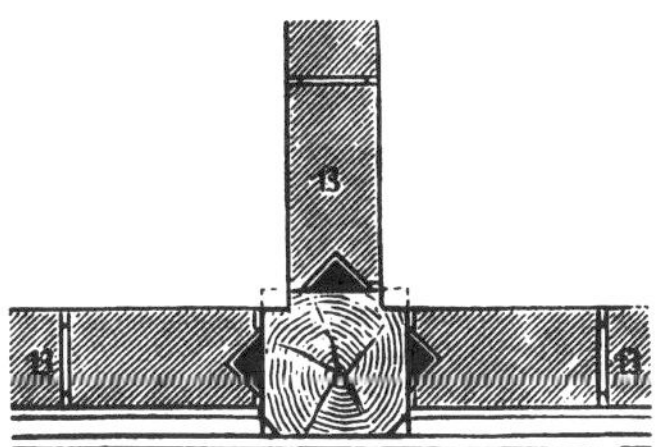

Fig. 152.

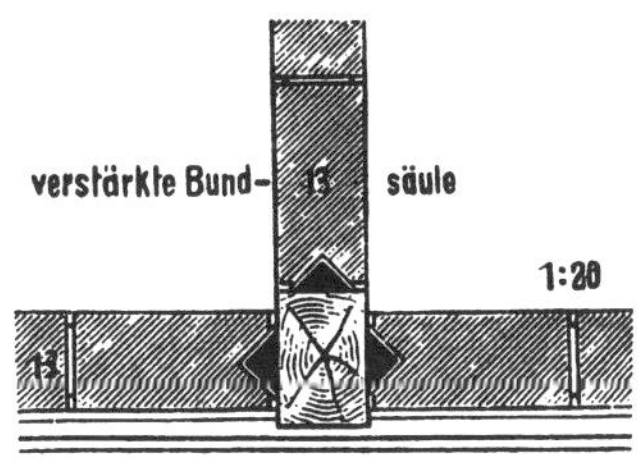

Fig. 153.

Die Ecksäulen werden 13|13, 15|15, 13|16, 16|16, 21|21 cm stark gemacht, je nach der Höhe des Gebäudes bezw. der Anzahl der übereinander stehenden Stockwerke. Die Bundsäulen nimmt man 13|18, 18 18 cm stark an. Bei verstärkten Eck- und Bundsäulen sind die Innenkanten derselben der ½ Stein starken Ausmauerung entsprechend auszuklinken. Textfigur 151 und 152. Die Bundsäulen kann man jedoch auch mit ihrer grösseren Stärke nach der Länge der inneren Bundwand anordnen. Textfigur 153.

Die Zwischen-, Thür- und Fenstersäulen erhalten 12|12, 13|13, 12|14, 13|15, 12|16, 13|16 cm zur Stärke bei 3,8 m Stockwerkshöhe und werden in die Schwellen- und Rahmenhölzer eingezapft (Kreuzzapfen).

Die Streben, 12|16, 13|18 cm stark, welche eine seitliche Verschiebung der Fachwerkswand verhüten sollen, ruhen mittels Verzapfung und Versatzung in den Schwellen und Rahmenhölzern. Vielfach erhalten die Eckfächer zwei sich kreuzende Streben, deren eine als ganze Strebe konstruiert wird, während die andere aus zwei Teilen bestehend, an erstere angenagelt wird; die Riegel, welche die durchgehende Strebe kreuzen, werden in diese eingezapft oder ebenfalls angenagelt. Die Neigung der Streben bestimmt sich dadurch, dass man von den Säulenfüssen bezw. Köpfen noch mindestens 8 cm Langholz der Schwellen- und Rahmenhölzer bis zum Strebenansatze in letzteren der Abscherung wegen stehen lässt.

Die Riegel von 12|12, 13|13, 12|14, 13|15, 13|18 cm Stärke werden in die Säulen und Streben eingezapft. Nur wagerechte Sturzriegel der Thüren und Fenster erhalten ausser Verzapfung noch Versatzung. Dieselben sind durch einen 1 Stein starken und ½ Stein breiten scheitrechten Entlastungsbogen vor einem Durchbiegen infolge der auf ihnen hohlliegenden Ausmauerung zu schützen. Alle sich kreuzenden Riegel und sonstigen Streben können sich recht- oder schiefwinklig überschneiden — vergl. Überschneidungen, S. 9, 1. a. b. bezw. *Taf. 2, Fig. 2. 3* — oder werden ebenfalls durch Verzapfung mit einander verbunden.

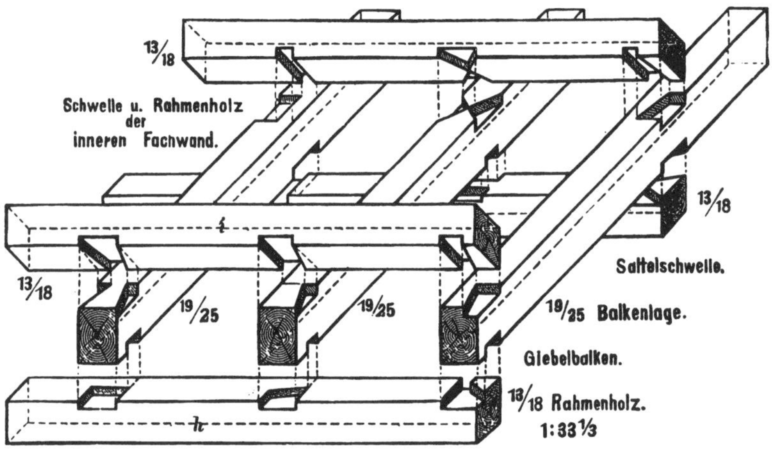

Fig. 154.

Das Rahmenholz von 12|16, 13|18, 16|21 cm Stärke bildet den oberen wagerechten Abschluss der Fachwerkswand, und dient zur oberen Befestigung der Säulen und Streben durch Verzapfung bezw. Versatzung. Die Breite desselben richtet sich ebenfalls nach der Stärke der Eck- und Bundsäulen. Dasselbe trägt die Balkenlage, welche durch Verkämmung auf ihr ruht, während auf die Stockwerksbalkenlage

die Sattel-, Saum- oder Brustschwelle aufgekämmt wird. Vergl. Verkämmungen, S. 17 bis 19 bezw. *Taf. 4, Fig. 1 bis 9* und Textfigur 154. Die Stärke der Sattelschwellen entspricht der des Rahmenholzes.

Die Säulenentfernungen nimmt man gewöhnlich zu 0,6 bis 1,50 m an, während die Eckfächer 1,50 bis 1,60 m Breite erhalten. Die Fächer selbst aber können 0,80 bis 1,50 qm gross gemacht werden. Vorteilhaft richtet man die Breite der Fächer bei Ausmauerung mit Ziegelsteinen den Ziegellängen entsprechend ein zur Erzielung eines guten Verbandes in der äusseren Ansicht, während man die Höhe derselben den Schichtenhöhen des Ziegelmauerwerkes entsprechend wählt. Vergl. Steinkonstruktionen S. 2. Gewöhnlich erhalten sie 0,6 bis 0,9 m Höhe.

Die Anzahl der wagerechten Verriegelungen richtet sich nach der Höhe der Fachwerkswände, welche

bei 2,5 m Höhe eine,
bei 3,5 m „ zwei,
bei 4 m und mehr Höhe drei

Verriegelungen erhalten müssen.

Die Befestigung der Ausmauerung mit Ziegelsteinen an dem Holzwerke erfolgte früher durch Ausspänen der Säulen, Streben und Riegel, während die Ziegel an ihren betreffenden Köpfen mit dem Ziegelhammer entsprechend zugerichtet wurden, um so durch das unausbleibliche Zusammentrocknen der Hölzer entstehende, durchgehende Fugen zwischen Fachwerk und Ausmauerung zu verhüten. Textfigur 155. Durch das Ausspänen werden aber die Hölzer sehr geschwächt, weshalb vorteilhafter dreikantige Leisten an dieselben angenagelt, die Ziegelsteine

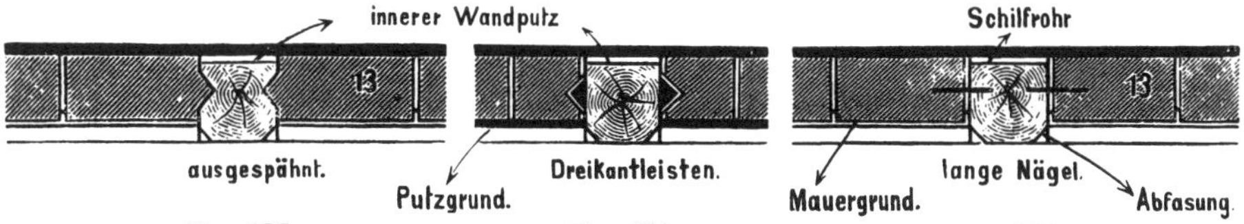

Fig. 155. Fig. 156. Fig. 157.

aber an ihren Köpfen entsprechend ausgeklinkt werden. Textfigur 156. Zu gleichem Zwecke kann man jedoch auch lange Nägel in die Seitenflächen der Hölzer einschlagen, nach je 4 bis 6 Schichten der Ausmauerung mittels Ziegeln, welche in den Lagerfugen derselben 5 bis 6 cm lang vorstehen. Textfigur 157. Diese Anordnung empfiehlt sich namentlich bei der Errichtung innerer Fachwerkswände.

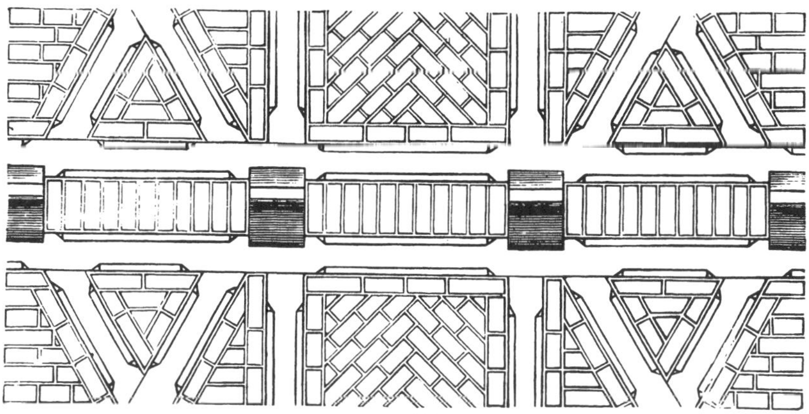

Fig. 158.

Die Ausmauerung selbst kann ½ oder 1 Stein stark gemacht werden. Im ersteren Falle wird dieselbe im Schornsteinverbande oder im figurierten Verbande ausgeführt. Textfigur 158. Wird die Fachwerkswand äusserlich ½ Stein stark verblendet, wie dies bei Pultdachstühlen sogenannter hoher Wände der Seitengebäude an Nachbargrenzen erforderlich ist, deren Hinterwand an der Nachbargrenze, also aus einer ½ Stein starken

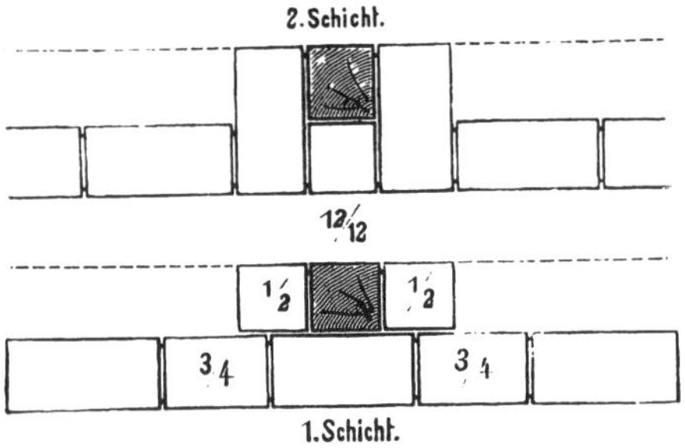

Fig. 159.

Fachwerkswand und der ½ Stein starken Verblendung nach der Nachbargrenze besteht, so kann man an Stelle der Ausmauerung die Säulen derselben auch nur beiderseitig ½ Stein breit einkränzen. Textfigur 159. Die 1 Stein starke Ausmauerung aber lässt sich im Block- oder Kreuzverbande ausführen. Textfigur 160.

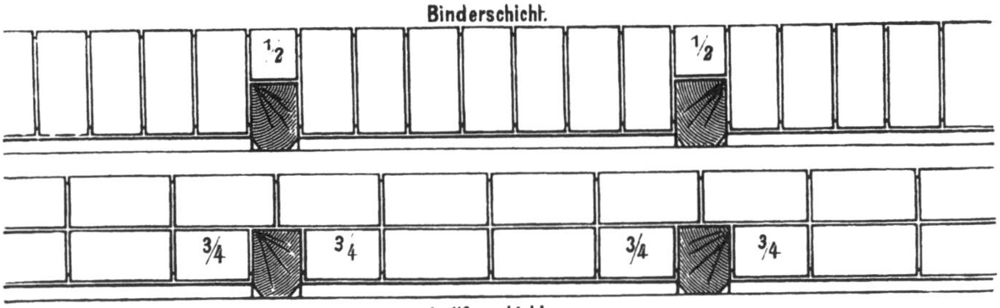

Fig. 160.

Bei äusseren Fachwerkswänden wird die Ausmauerung der einzelnen Fächer äusserlich entweder mit Cementmörtel ausgefugt (Fugmörtel), oder geputzt, wobei man die Hölzer 1,5 bis 2,5 cm vor dem Mauergrunde bezw. dem Putzgrunde vortreten lässt und ihre äusseren Kanten durch eine Abfasung dekoriert. In Textfigur 161 a b c d e sind mehrere Abfasungsprofile dargestellt. Um die Hölzer im Äusseren vor

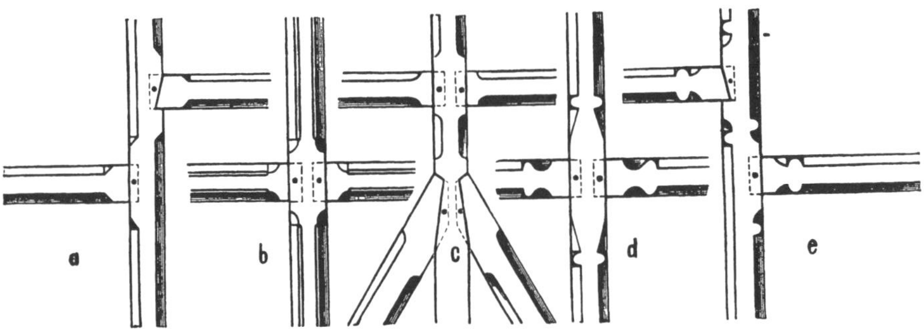

Fig. 161.

zerstörenden Witterungseinflüssen zu schützen, werden dieselben imprägniert oder auch, um das Aussehen der Fachwerkswand zu heben, mit Firnis lasiert, oder mit Ölfarbe hellbraun gestrichen; die Abfasungen aber können farbig (z. B. dunkelbraun, rot oder blau) abgesetzt werden. Bei ländlichen Wohngebäuden, Villen, Forsthäusern werden die Fachwerke häufig äusserlich mit dekorativ ausgeschnittenen Brettern verkleidet, während bei landwirtschaftlichen und untergeordneten Gebäuden dieselben eine Verkleidung von Dachpappe und Schiefer erhalten können.

Im Inneren treten die Hölzer der äusseren Fachwerkswände vor dem inneren Mauergrunde bei ½ Stein starker Ausmauerung der Fächer durch Ziegel um 1 cm zurück, werden berohrt mit Schilfrohrstengeln unter Verwendung von Putzdraht No. 23 oder 24 und Rohrnägeln, und darauf mit der inneren Wandfläche glatt verputzt.

An Stelle der Ausmauerung durch Ziegelsteine tritt häufig bei landwirtschaftlichen Gebäuden, wie Scheunen und Viehställen, eine solche mit rheinischen Schwemmsteinen, Luftziegeln, Mehlbatzen, oder eine Ausstakung mittels Stakhölzern, welche in Nuten der Schwellen, Rahmen und Riegel der Fachwerke fest eingestellt, beiderseits mit Strohlehm umwickelt und mit Lehm verstrichen werden. Letztere Fachwerke bezeichnet man als Wellerwände.

Besondere Konstruktionsfalle sind zu beachten bei der Anordnung des Dielenfussbodens im Erdgeschosse eines Fachwerksbaues in Bezug auf die Lage von Schwelle, Balken oder Lagerholz desselben. Entweder liegen die Balken wie die Schwelle auf dem durch eine Rollschicht abgeglichenen Sockelmauerwerke, also mit ihren Unterflächen in einer wagerechten Ebene,

Fig. 165.

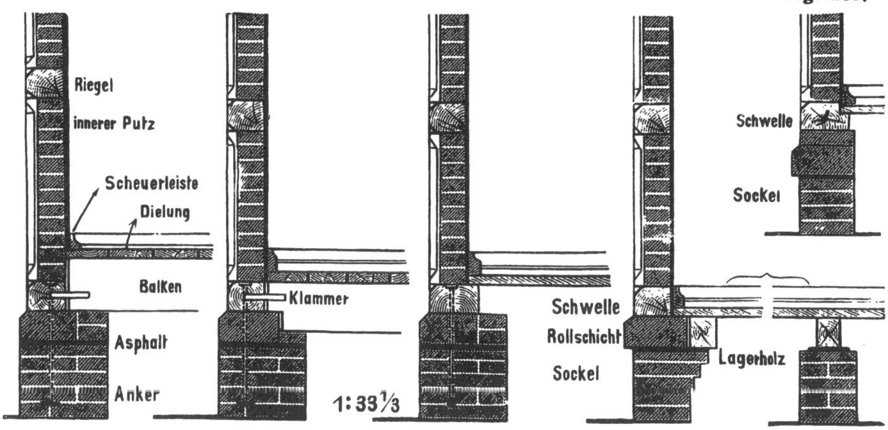

Fig. 162. Fig. 163. Fig. 164. Fig. 166.

— Textfigur 162, — oder Schwelle und Balken liegen in ihren Oberflächen bündig miteinander. Textfigur 163. Sind jedoch nur Lagerhölzer zur Befestigung der Dielung vorhanden, so muss der Schwelle eine um 2½ cm grössere Breite gegeben werden, wobei die Dielung auf der Schwelle — Textfigur 164 — oder in einem Falze derselben befestigt werden kann. Textfigur 165. Auch legt man die Lagerhölzer parallel zur Frontwand in gleicher Höhe mit der Rollschicht, wobei das Lagerholz neben dem Sockelmauerwerke auf ausgekragten Ziegelschichten des letzteren ruht. Textfigur 166.

Was die oberen Stockwerksbalkenlagen anbetrifft, so sind die Hirnholzflächen der Balken an der Aussenseite der Fachwand vor den Witterungseinflüssen zu schützen durch ein denselben vorgenageltes Schutzbrett. Textfigur 167. Treten die profilierten Balkenköpfe vor der äusseren Mauerflucht vor, so wird zum Schutze derselben gegen Feuchtigkeit ein Deckbrett aufgenagelt. Textfigur 168. Die Hohlräume, welche durch die

Balken, das Rahmenholz und die Sattelschwelle gebildet werden, können entweder ausgemauert werden mit gewöhnlichen oder profilierten Ziegeln (Formsteinen), oder man stellt Schrägbretter, welche mit profilierten Leisten verziert werden können, zwischen Rahmenholz und Sattelschwelle, wodurch die Ausmauerung entbehrlich wird. Textfigur 168 und 169. Bei mehrgeschossigen Fachwerksbauten, sowie bei im ländlichen Stil errichteten Wohngebäuden, deren Erdgeschoss massiv, deren Obergeschosse jedoch als Fachwerke hergestellt sind, treten den mittelalterlichen Fachwerksbauten der norddeutschen Städte, wie z. B. Hannover, Braunschweig, Hildesheim u. A. entsprechend die einzelnen Stockwerke nach oben zu vor dem unteren vor, weshalb zur Überleitung der vorgekragten Fachwerkswand zur unteren hölzerne Konsole oder Knaggen unter die Balkenköpfe gestellt werden, welche vielfach durch Holzschnitzereien verziert, die Zwischenräume der Balken aber durch profilierte Hölzer oder mit Kehlungen versehene Balken geschlossen wurden. Textfigur 170.

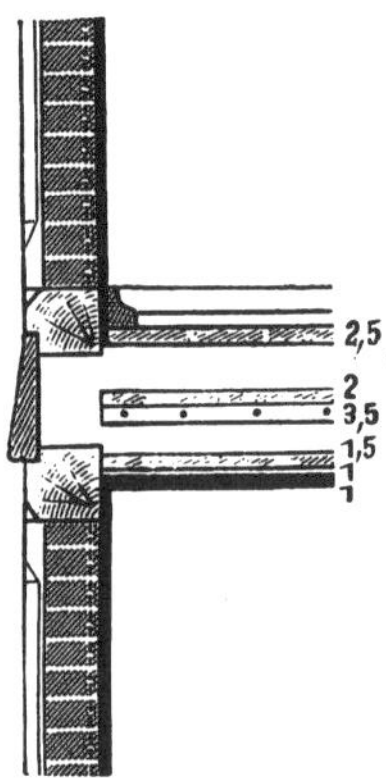

Fig. 167.

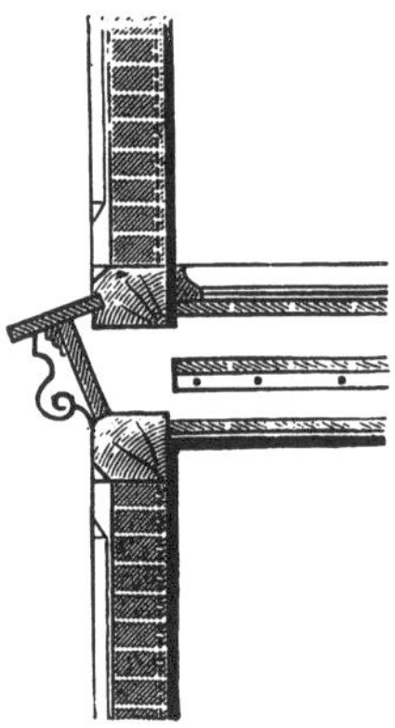

Fig. 168.

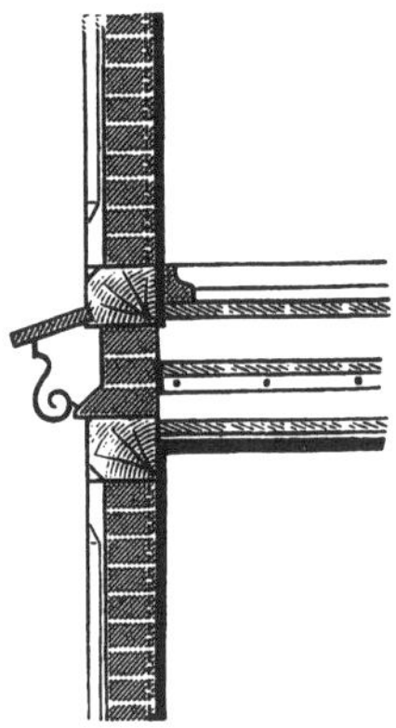

Fig. 169.

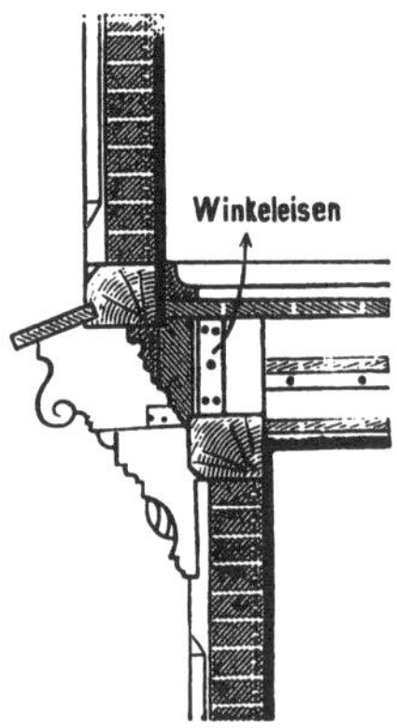

Fig. 170.

Taf. 8, Fig. 1 a. b. c. d. zeigt die Anwendung des Fachwerksbaues an einem kleinen Gartenhäuschen, welches in Grundriss, Vorder- und Seitenansicht, sowie Querschnitt und dem in die Vorderansicht einpunktierten Längenschnitte dargestellt ist.

Taf. 8, Fig. 2 und 3 enthalten je eine Reihe verschiedener Anordnungen für die äussere Ansicht der Fachwerksbauten, sogenannte Zierfachwerke.

Wird die Giebelwand eines Gebäudes ebenfalls als Fachwerkswand konstruiert, so tritt an Stelle des Rahmenholzes und der Sattelschwelle der Giebelbalken. *Taf. 8, Fig. 4 a. b. c.* und Textfiguren 150 und 171. Sollen die profilierten Balkenköpfe auch an der Giebelseite des Fachwerksbaues vortreten, so ist an Stelle des Giebelbalkens ein Stichgebälk anzuordnen, bei welchem ein kurzer Gratstichbalken und kleine Stichbalken in den nächsten durchgehenden Balken mit Brustzapfen eingreifen. Dieses Stichgebälk erfordert aber in der Fachwerkswand des Giebels die Anordnung von Rahmenholz und Sattelschwelle, da bei dieser Konstruktion der Giebelbalken durch das Stichgebälk ersetzt wird. *Taf. 8 Fig. 5 a. l. c.* und Textfigur 172.

Jede innere Scheidemauer eines Fachwerksgebäudes stösst auf eine Bundsäule in der äusseren Fachwerkswand. Tritt nun in solchem Falle die erforderliche Bundsäule in der Anordnung der Zierfachwerke, also in der Fassadenbildung, störend auf, so ist dieselbe h i n t e r die äussere Fachwerkswand zu stellen und erhält als solche die Bezeichnung „K l a p p s t i e l oder K l a p p s ä u l e". Letztere ist mit den Riegeln der Frontwand gehörig zu verbolzen *Taf. 8, Fig. 5 a. b. c.*

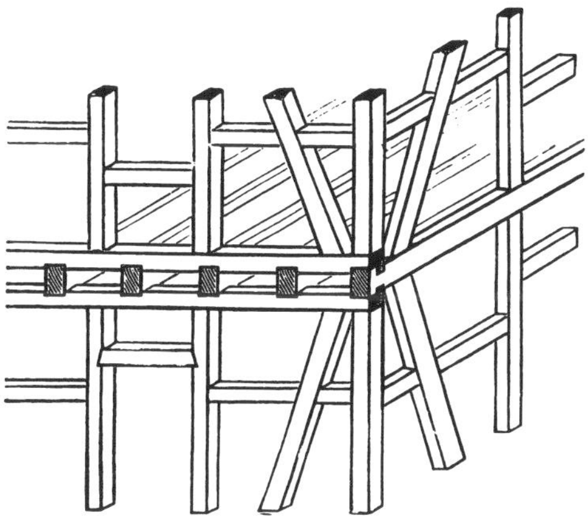

Fig. 171.

Fig. 172.

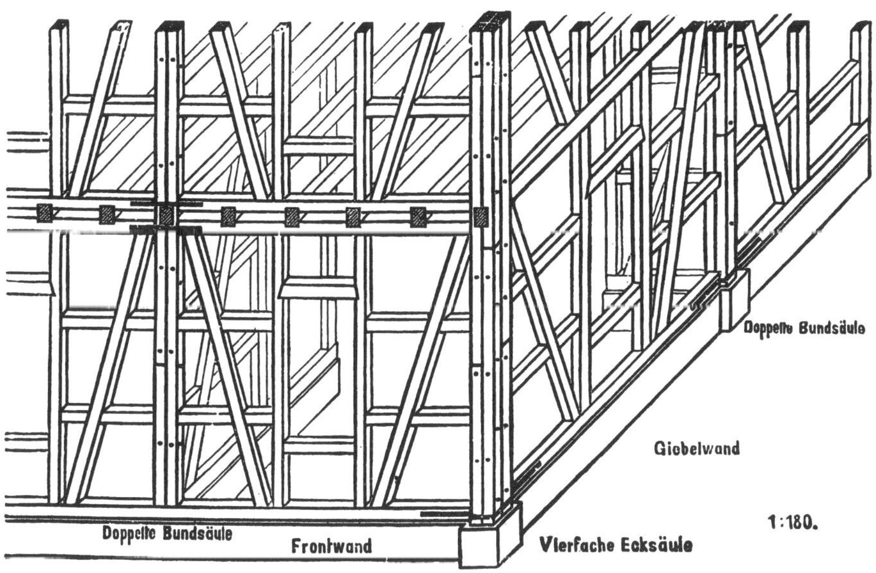

Fig. 173.

Bei schwer belasteten, mehrgeschossigen Fachwerksbauten, wie z. B. Lagerhäusern und Speichern, werden die Eck- und Bundsäulen verstärkt und als v i e r f a c h e E c k s ä u l e n $= 4 \cdot \frac{15}{15}$ cm stark und als d o p p e l t e B u n d s ä u l e n $= 2 \cdot \frac{15}{15}$ cm stark konstruiert, welche durch mehrere Stockwerke mit wechselnden Stössen ihrer verbolzten bezw. auch verdübelten Teile hindurchgeführt werden. Textfigur 173 und *Taf. 8, Fig. 6 a. b. und Fig. 7 a. b.* Durch die Ecksäulen gehen alsdann die Giebelbalken durch. Die doppelte Bundsäule der Frontwand steht in solchem Falle in der Längenrichtung derselben, — *Taf. 8, Fig. 6 a. b.* — die Bundsäule der Giebelwand aber ist in der Richtung der inneren Scheidemauer (Mittelmauer) anzuordnen. *Taf. 8, Fig. 7 a. b.* Der Bundbalken der inneren Fachwerkswand wird ebenfalls durch die doppelte Bundsäule in der Frontwand hindurchgeführt, während der Giebelbalken durch die doppelte Bundsäule in der Giebelwand geht. Die Schwellen und Rahmenhölzer sind in die Eck- und Bundsäulen einzuzapfen und durch schmiedeeiserne Bänder oder Schienen zu verbinden. Letztere sind 1 bis 1½ cm stark und 4 bis 5 cm breit zu machen. Die Eck- und Bundsäulen stehen hierbei in besonderen Sockelquadern, welche der Stärke der Säulen entsprechend vor dem übrigen Sockelmauerwerke vortreten.

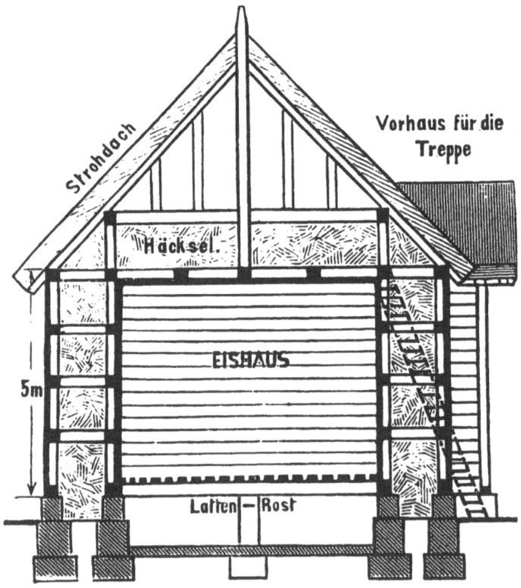

Fig. 174.

Endlich sind die doppelten Fachwerkswände zu erwähnen, welche bei Gebäuden mit Isolierungen, wie z. B. bei Eishäusern, zur Anwendung kommen. Sie bestehen aus zwei Fachwerkswänden, welche durch eingezapfte Riegel miteinander verbunden werden. Die Stärke solcher Wände beträgt 1 bis 1,30 m. Sie werden beiderseits verbrettert und ihr innerer Hohlraum wird mit schlecht wärmeleitenden Substanzen, wie Sand, trockene Torferde, Torfmull, Asche, Moos, Laub Strohhäcksel, Lohe oder Sägespäne ausgefüllt. Textfigur 174.

Die inneren Fachwerkswände werden meist als ½ Stein starke Mittel- und Scheidemauern angewendet, deren Säulen und Streben im letzteren Falle in den beiderseitigen Balkenlagen, den Bundbalken, eingezapft werden, während bei Mittelmauern die Anordnung von Schwelle und Rahmenholz erforderlich wird. Die Stärken der Säulen und Riegel beträgt für innere Fachwände 12|12, 13|13, 12|14, 13|15 cm, die der Streben, Schwellen und Rahmenhölzer 12|14, 13|15, 12|16, 13|18 cm. Sie werden ½ Stein stark ausgemauert mit gewöhnlichen oder porösen Ziegeln, Kanalziegeln oder porösen Lochsteinen, wenn es sich darum handelt, die Wand so leicht wie möglich zu konstruieren, namentlich, wenn dieselbe z. B. zur Herstellung der Scheidungen im Dachraume auf einem Balken steht, welcher von unten her nicht unterstützt ist, also freiliegt. Handelt es sich um keine massiven Scheidungen, so konstruiert man solche Fachwände als Bretterwände. Siehe diese. Steht nun eine innere Fachwerkswand auf einem nicht unterstützten Bundbalken, so ist dieselbe als eine abgesprengte (besser aufgehängte) Fachwerkswand auszuführen, indem in derselben ein Hängewerk angeordnet wird. Die Hängesäulen und Hängestreben erhalten für solche Fälle 12|16, 13|18 cm, der Spannriegel, welcher zugleich den Thürriegel bildet, 12|14, 13|15 cm Stärke, während die Spannweite den Zimmertiefen entspricht. Textfigur 175 zeigt die abgesprengte Wand mit dem einfachen Hängewerke, in welcher eine Thür sich nicht anbringen lässt, während *Taf. 8, Fig. 8 und 9* die abgesprengte Fachwerkswand mit doppeltem Hängewerke in symmetrischer und unsymmetrischer Anordnung enthält, entsprechend der Lage der Thür in der Wand. Die Hängesäulen bilden hier zugleich die Thürsäulen, der Spannriegel den Thürriegel.

Textfigur 176 zeigt eine aufgehängte Wand, deren Hängebock einen zweiten in Thürriegelhöhe gelegten

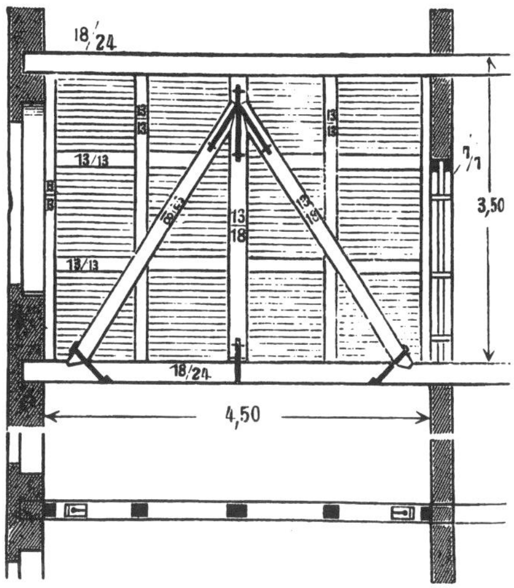

Fig. 175.

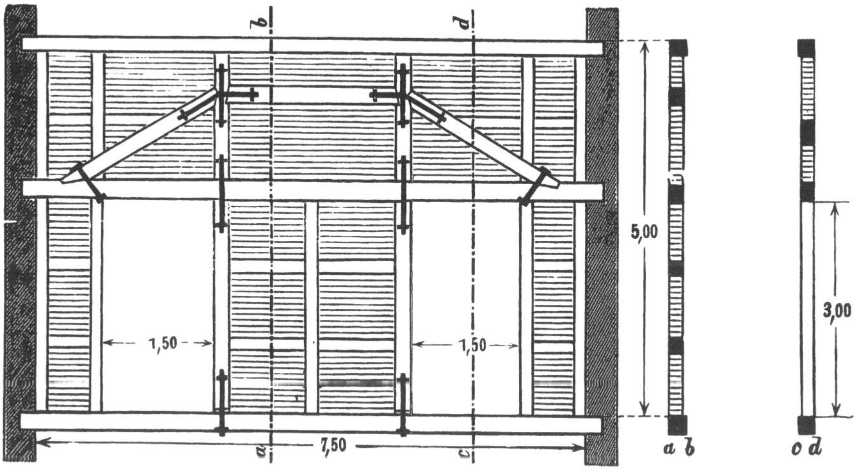

Fig. 176.

Balken trägt, an welchen der untere Teil der Fachwand angehängt ist welche Konstruktionsweise sich vorteilhaft für hohe Wände von Saalbauten eignet.

An Stelle des eigentlichen Hängewerkes tritt aber häufig die Aufhängung einer solchen Wand nach dem Prinzip des Gitterträgers mittels schmiedeeiserner Zugstangen. *Taf. 8, Fig. 10 und 11.* Auch hier kann den Thüröffnungen entsprechend eine symmetrische oder unsymmetrische Anordnung getroffen werden. Die Einzelverbindungen der Konstruktionsteile abgesprengter Wände sind in Textfigur 177 a. b. c. d. e. f. dargestellt. Vergl. auch IV das Hängewerk. S. 51.

Endlich sei an dieser Stelle die Konstruktion innerer Thürgerüste angeführt, welche ebenfalls zu den Fachwerken zu zählen sind. Die lichte Breite und Höhe der Thüren richtet sich nach dem Zwecke, welchem sie dienen sollen, und zwar erhalten:

einflügelige Thüren für Speisekammern, Aborte und Tapetenthüren eine geringste Breite von 0,60 m bei 1,80 m geringster Höhe,

einflügelige Küchenthüren 0,9 bis 1,00 m Breite bei 1,90 m Höhe,

einflügelige Wohnzimmerthüren eine grösste Breite von 1,10 m bei 2,60 m grösster Höhe (gewöhnlich 1 m Breite und 2,20 m Höhe),

zweiflügelige Thüren für Wohnzimmer mit e i n e r Schlagleiste 1,35 bis 1,90 m Breite und 2,45 bis 2,55 m Höhe. Die Thürflügel sind gleich breit, der halben Breite der Thüröffnung entsprechend. Die geringste Breite eines aufgehenden Thürflügels aber beträgt 0,68 m,

zweiflügelige Thüren für Wohnzimmmer mit z w e i Schlagleisten 1,25 bis 1,35 m Breite und 2,45 bis 2,55 m Höhe. Die Thürflügel sind verschieden breit, und zwar erhält der aufgehende Thürflügel eine um die Breite des mittleren Rahmens grössere Breite von 7 bis 8 cm

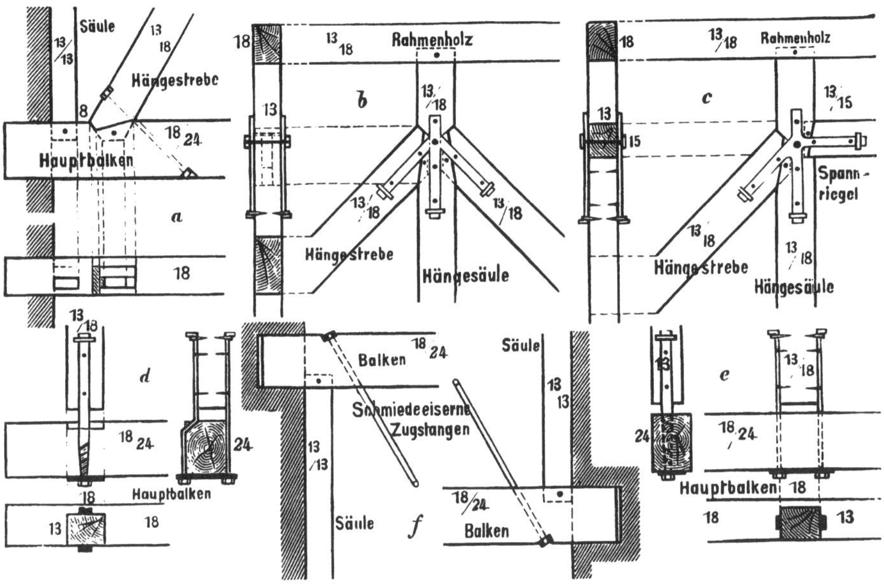

Fig. 177.

Diese **l i c h t e n** Maasse der inneren Thüren bezeichnet man als **T i s c h l e r m a a s s e**, während die **R o h b a u-** oder **Z i m m e r m a n n s m a a s s e** um 8 bis 10 cm breiter und 5 bis 8 cm höher zu nehmen sind, als das spätere Lichtmaass der Thüröffnungen betragen soll, was durch das Anschlagen des Thürfutters bedingt wird. Die Konstruktion der Thürgerüste richtet sich nach der Stärke der Mauern, in welchen dieselben anzuordnen sind:

In $\frac{1}{2}$ Stein starken Mauern — Scheide- oder Mittelmauern – werden **B l o c k- o d e r K r e u z h o l z z a r g e n** verwendet, welche aus $\frac{12}{12}$ cm starken **T h ü r s ä u l e n** und $\frac{12}{15}$ cm starken **S c h w e l l e n** und **Ü b e r l a g s h ö l z e r n** oder **Ü b e r s c h w e i f e n** bestehen. Steht die Thür in einer Scheidemauer, welche auf einem Balken ruht, also zwischen den Balken der beiderseitigen Balkenlagen aufgeführt ist, so fällt die Schwelle weg und die Thürsäulen werden in die beiderseitigen Balken (Bundbalken) eingezapft, während das Überlagsholz als Thürriegel in die beiden Thürsäulen eingezapft und versatzt wird. Ein scheitrechter **Entlastungsbogen** schützt den Thür- oder Sturzriegel vor einem Durchbiegen in Folge der auf ihm freiliegenden Belastung durch Mauerwerk. *Taf. 9, Fig. 1.* Bei Mittelmauern von $\frac{1}{2}$ Stein Stärke werden die Thürsäulen in die Schwelle und das Rahmenholz derselben eingezapft. Ist es nicht ausführbar, die Thürsäulen in die beiderseitigen Balkenlagen einzuzapfen, so werden die Hirnholzenden der Schwelle und des Überlagsholzes des Thürgerüstes schwalbenschwanzförmig ausgeschnitten, um so eine bessere Verbindung von Holz- und Mauerwerk zu erzielen, was ausserdem noch durch Anordnung von Ankern aus Flacheisen bewirkt werden muss. *Taf. 9, Fig. 2.* Auch hier ist aus gleichem Grunde über dem Überlagsholze ein Entlastungsbogen zu spannen.

In 1 und mehr Stein starken Mauern werden die Thürgerüste als Kreuzholzzargen, Bohlenzargen oder durch eingemauerte Holzdübel oder -ziegel mit Überlagsbohle zum oberen wagerechten Abschlusse der Thüröffnung hergestellt. Die Kreuzholzzargen bestehen bei 1 Stein starken Mauern aus zwei $\frac{7}{7}$ cm starken Gerüsten, welche beiderseits an den Aussenseiten der Mauer bündig gestellt durch $\frac{3}{7}$ cm starke schwalbenschwanzförmig angeblattete Latten mit einander verbunden werden. Ihre Säulen stehen in $\frac{8}{7}$ cm starken Schwellen, welche um ihre Stärke in die rechtwinklig zur Mauer liegenden Balken versenkt werden, wie dies je nach der Lage der Balken bei Thürzargen in Mittel- bezw auch Scheidemauern erforderlich wird. Die Schwell- und Überlagshölzer schneidet man an ihren Hirnholzflächen schräg ab, damit das Mauerwerk dieselben fest umschliessen kann. *Taf. 9, Fig. 3.*

Die Bohlenzargen bestehen aus 7 cm starken Bohlen, deren Breite der Stärke der Mauern entspricht, in welchen das Thürgerüst angeordnet wird. Bei 1 Stein starken Mauern erhalten sie daher $\frac{7}{25}$ cm Stärke. Die Schwell- und Überlagsbohlen müssen an ihren Hirnholzflächen beiderseits schräg abgeschnitten werden. *Taf. 9, Fig 4.*

Die Anwendung von Holzdübeln oder Holzziegeln nebst Überlagsbohle kann bei Thüröffnungen in 1, besser jedoch in $1\frac{1}{2}$ und mehr Stein starken Mauern erfolgen. Die Holzdübel werden schwalbenschwanzförmig geschnitten und erhalten 8,5 bis 9 cm bezw. 6,5 cm Höhe, bei 10 bis 13 cm Breite, während ihre Länge der Stärke der Mauer entspricht, in welcher die Thüröffnung sich befindet Je ein Dübel wird oberhalb und unterhalb der Thüröffnung in einem Abstande von ungefähr 30 cm = 4 Schichtenhöhen des Ziegelmauerwerkes und einer in halber Höhe derselben auf jeder Thürseite angeordnet. Bei grösserer Höhe der Thüröffnung als 2,55 m vermauert man zwischen den Ersteren zwei Dübel in entsprechenden, gleichen Abständen. Die Dübel dienen zur Befestigung des Thürfutters und der Thürumrahmung, welche nie direkt an dem feuchten Mauerwerke anliegen dürfen, des leichten Sichwerfens und Verziehens des Holzes wegen, weshalb zwischen Mauer- und Holzwerk eine isolierende Luftschicht dadurch gebildet wird, dass man die Dübel zu beiden Seiten der Mauer und nach dem Thürichten zu je 1 cm vortreten lässt, die Länge der Dübel also um 2 cm grösser macht als die Mauerstärke, in welcher der Dübel liegt. Die Breite der Ueberlagsbohle entspricht ebenfalls der Stärke der Mauer, ihre Dicke aber einer Schichtenhöhe des Ziegelmauerwerkes. *Taf. 9, Fig. 5.*

Bei Mauern von $1\frac{1}{2}$ und mehr Stein Stärke kann man auch doppelte Kreuzholzzargen von $\frac{12}{12}$ bezw. $\frac{12}{15}$ cm Stärke verwenden, deren Säulen durch $\frac{12}{15}$ cm starke, eingezapfte Riegel verbunden werden. Schwellen und Überlagshölzer sind auch bei diesen Zargen an ihren Hirnholzflächen schräg oder schwalbenschwanzförmig abzuschneiden. *Taf. 9, Fig. 6.*

An Stelle dieser kann man aber auch in stärkeren Mauern einfache Kreuzholzzargen von $\frac{7}{7}$, $\frac{8}{8}$, $\frac{10}{10}$ oder $\frac{12}{12}$ cm Stärke verwenden, indem man das Thürgerüst in eine Thürnische stellt, welche oberhalb durch einen Thürnischenbogen geschlossen wird. Die Nische erhält beiderseits der lichten Thüröffnung je 10 bis 15 cm Anschlag zum Zwecke der Anbringung einer entsprechend breiten Thürumrahmung. *Taf. 9, Fig 7.*

Bei allen Thürgerüsten sind die Überlagshölzer durch Entlastungsbogen zu schützen. Wird denselben ein Stichbogenprofil zu Grunde gelegt, so entsteht zwischen Bogenleibung und Überlagsholz ein Hohlraum, welcher auf beiden Seiten der Mauer durch eine $\frac{1}{4}$ oder $\frac{1}{2}$ Stein starke Ausfüllung (Ausmauerung) geschlossen werden muss. *Taf. 9, Fig. 4, 6 und 7.*

Hierbei ist es aber unausbleiblich, dass nach dem Zusammentrocknen des Holzes im Wandputze Risse sich zeigen, welche deutlich die Trennung der Ausmauerung von der Bogenleibung erkennen lassen. Es ist daher vorteilhafter, an Stelle des Stichbogens einen scheitrechten Bogen von grösserer Stärke treten zu lassen, in welchem ein Stichbogenprofil enthalten sein muss und durch welchen eine Ausmauerung entbehrlich wird. *Taf. 9, Fig. 1, 2, 3 und 5.*

1 lfd. m Holz zu Fachwerkswänden abzubinden und zu verlegen kostet 0,45 bis 0,60 Mk.

1 lfd. m Holz von 2 Seiten abzufasen, 0,20 Mk.

1 qm Holz zu hobeln 0,40 Mk.

1 lfd. m Holz zu Kreuzholzzargen abzubinden und zu verlegen, 0,50 Mk.

1 Thüröffnung, die nötigen Dübel und Überlagsbohlen fertigen und liefern, einschl. Material:

einflügelige Thür in 25 cm starker Mauer, 3,00 Mk.
„ „ „ 38 „ „ „ 3,75 „
„ „ „ 51 „ „ „ 4,50 „

1 cbm geschnittenes kiefernes Bauholz, in den erforderlichen Dimensionen zu Fachwerken zu liefern, kostet 36,50 bis 40,00 Mk.

2. **Die Blockwände.**

Sie werden nur in sehr holzreichen Gegenden ausgeführt und dienen zur Herstellung sogen. Blockhäuser, welche sowohl als ganze Wohn-Gebäude als auch als Unterkunftshütten in Wäldern und Gebirgen Verwendung finden. Vielfach werden sie auch solchen nachgebildet als Gartenpavillons in grösseren Parkanlagen oder als Stallgebäude in zoologischen Gärten. Die Blockwände werden aus runden Stämmen oder kantigen Hölzern, von ungefähr $\frac{16}{20}$. $\frac{20}{20}$ cm Stärke hergestellt, und erhalten an den Kreuzungen der Front und Giebelwände sowohl, wie an denen der

Front- und inneren Scheidewände sogenannte Vorstösse, d. h., die Balkenhölzer werden über ihren Kreuzungspunkt hinausgeführt. In Letzterem nun wird aus der Ober- und Unterfläche eines jeden Stammes je $\frac{1}{4}$ der Holzstärke in der Breite des rechtwinkelig aufliegenden Balkenholzes ausgeschnitten, sodass der Höhenunterschied der Oberflächen bezw. Fugen der rechtwinklig sich kreuzenden, verbundenen Stämme solcher Wände $= \frac{1}{2}$ h beträgt. Wird aus jedem der Hölzer auf einer Seite im Kreuzungspunkte die halbe Holzstärke ausgeschnitten, so erhalten die Fugen dieser Wände gleiche Höhe. — Zur grösseren Sicherung ihrer Verbindung werden sowohl in den Kreuzungspunkten als auch in der Längenrichtung der Balken hölzerne Nägel oder Dübel eingetrieben, die Fugen der aufeinanderliegenden Stämme aber mit Moos gedichtet,

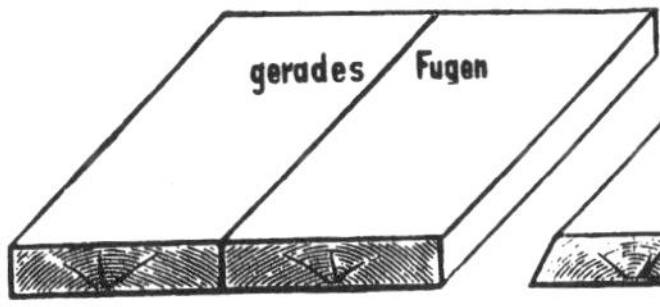

Fig. 178.

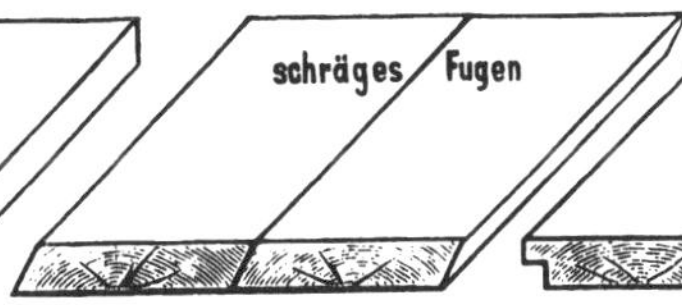

Fig. 179.

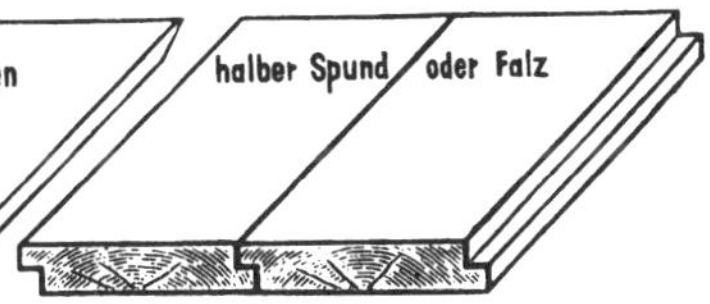

Fig. 180.

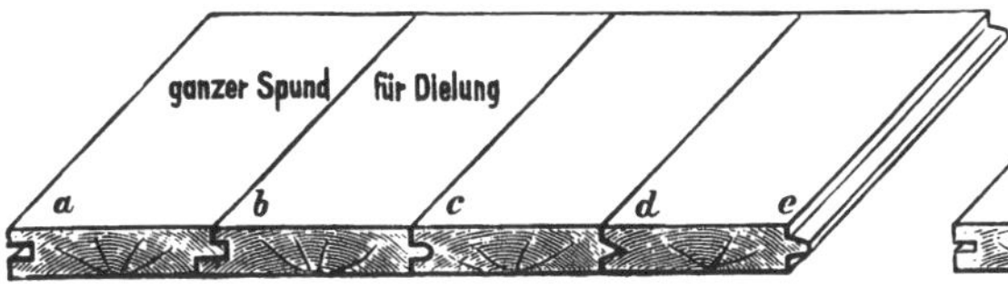

Fig. 181.

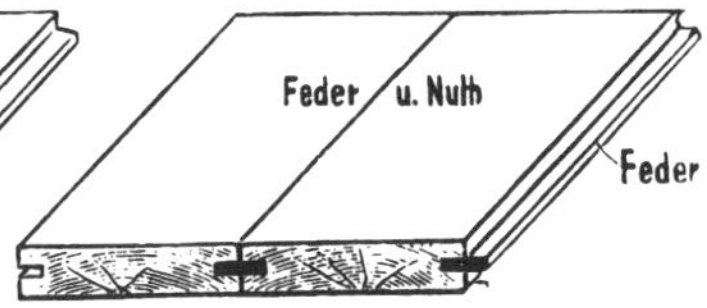

Fig. 183.

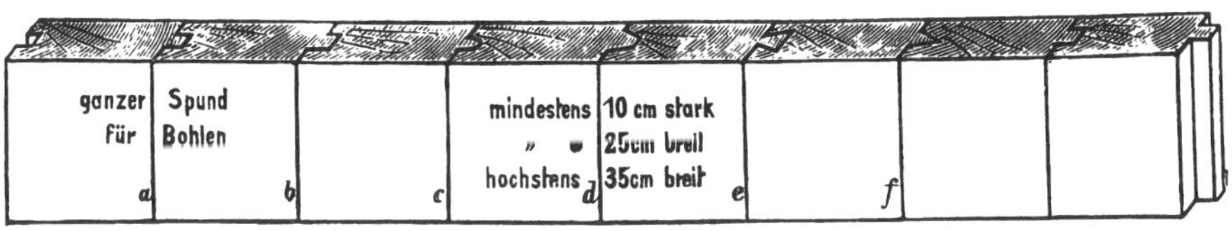

Fig. 182.

während die Hirnholzflächen der Vorstösse durch vorgenagelte Bretter vor den Witterungseinflüssen zu schützen sind. *Taf. 9, Fig. 8 und 9.* Die Einzelverbindungen der Hölzer sind in *Fig. 14 und 15* dargestellt.

Werden kantige Hölzer ohne Vorstösse angeordnet, so geschieht ihre Verbindung durch eine zapfenartige, gerade oder schwalbenschwanzförmige Eck-, bezw. Endüberblattung, *Taf. 9, Fig. 10 und 11, bezw. Fig. 16 und 17.*

1 lfd. m Holz zu Blockwänden abzubinden und zu verlegen kostet 0,45 bis 0,55 Mark.

Werden grössere Holzflächen aus Brettern oder Bohlen hergestellt, so ist zu deren Verbindung die Kenntnis der Verbreiterung der Hölzer erforderlich. Dieselbe dient zur Herstellung von Holzflächen in wagerechter Lage (hölzerne Dielenfussböden) und in senkrechter Lage (Holzwände) und erfolgt durch:

a) **das gerade Fugen.** Textfigur 178.

b) das schräge Fugen. Textfigur 179.

c) den halben Spund oder die Falzung. Textfigur 180.

d) den ganzen Spund in seinen verschiedenen Formen. Textfigur 181 und 182 a b c d e.

e) die Federung oder Feder und Nut, bei welcher Verbindung die aus härterem Holze (Rotbuche oder Eiche) oder Bandeisen bestehenden Federn in die beiderseitigen Nuten der Bretter eingetrieben werden. Textfigur 183.

Vergl. hölzerne Fussböden.

3. Die Bohlen- und Spundwände.

Sie dienen zur Herstellung von Holzwänden, sowohl in landwirtschaftlichen Gebäuden, wie Schweineställen, Scheunen, als auch in Gefängnissen zur Abtrennung einzelner Zellen; auch können die Umfassungen und

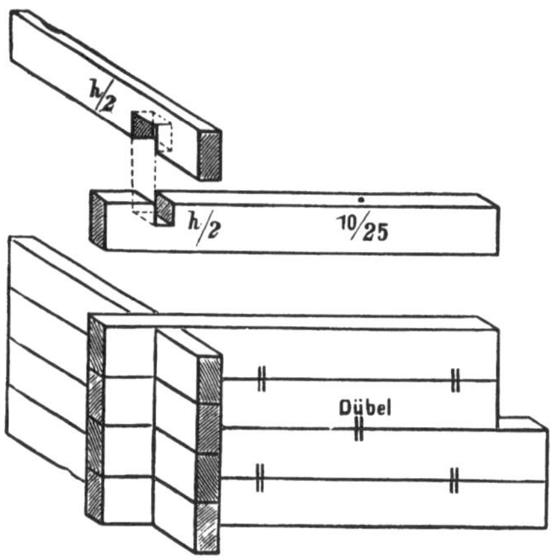

Fig. 184.

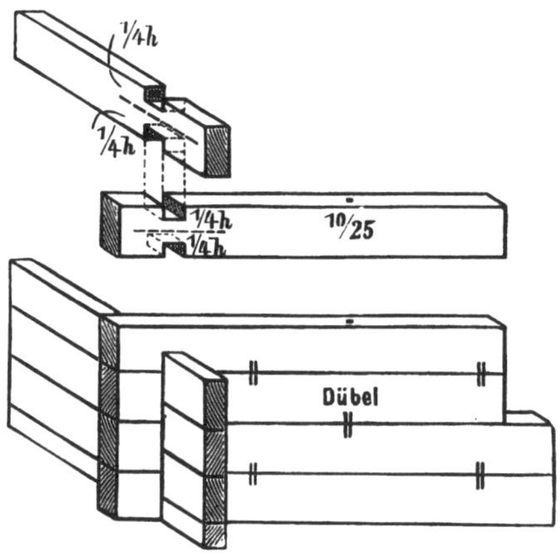

Fig. 185.

inneren Scheidungen im Schweizer Stil errichteter, hölzerner Gebäude aus Bohlenwänden hergestellt werden, wobei die Wände wie die Blockwände mit Vorstössen konstruiert werden, welche durch reiche Profilierungen, oder Kehlungen verziert sein können. Solche Wände, auch Schurzholzwände genannt, halten sehr warm, sind aber feuergefährlich und der Zerstörung durch Fäulnis sehr unterworfen. Textfigur 184 und 185. Die Bohlen können in wagerechter oder senkrechter Lage angeordnet werden, wodurch in letzterem Falle die eigentliche Spundwand entsteht. Die Bohlenwände teilt man ein in einfache oder doppelte Bohlenwände.

Die einfache Bohlenwand besteht aus 3 bis 5 cm starken und 25 bis 28 cm breiten Bohlen, welche in wagerechter Lage aufeinander gelegt oder mittels halben bezw. ganzen Spundes verbunden werden und in $\frac{15}{16}$ cm starken Schwellen, $\frac{18}{18}$ cm starken Ecksäulen und $\frac{15}{18}$ cm starken Zwischensäulen, deren Entfernung 2 bis 3 m beträgt, mittels Spundung bezw. Zapfens ruhen. Textfigur 186 und *Taf. 9, Fig. 12,* sowie für die

Einzelverbindungen *Fig. 18 und 19,* in welchen die Schwelle und die Verbindung der Bohlen unter sich dargestellt sind.

Die doppelte Bohlenwand besteht aus zwei Bohlenlagen, welche bündig mit den Aussenflächen der Schwellen und Säulen angeordnet sind und deren Zwischenraum zur Wärmehaltung und Schalldämpfung mit schlecht wärmeleitenden Substanzen, wie Sägespäne, Lohe, Spreu, Torf u. s. w. ausgefüllt wird. Textfigur 187 und *Taf. 9, Fig. 13 bezw. 20 und 21.*

Die eigentlichen Spundwände werden durch Bohlen in senkrechter Lage gebildet, welche durch die verschiedenen Arten des ganzen Spundes — Textfigur 182 — verbunden werden und ebenfalls in Schwellen, Eck- und Zwischensäulen ruhen. Textfigur 188. Hauptsächlich kommen sie zur Ausführung bei Herstellung starker Holzwände, wie solche bei künstlichen Gründungsarten der Gebäude und bei Wasserbauten erforderlich werden, z. B. bei Schwell- und Pfahlrostanlagen. Für solche Zwecke beträgt die geringste Bohlenstärke 10 cm bei 25 cm geringster und 35 cm grösster Breite und 2 m Länge der Bohlen. Bei

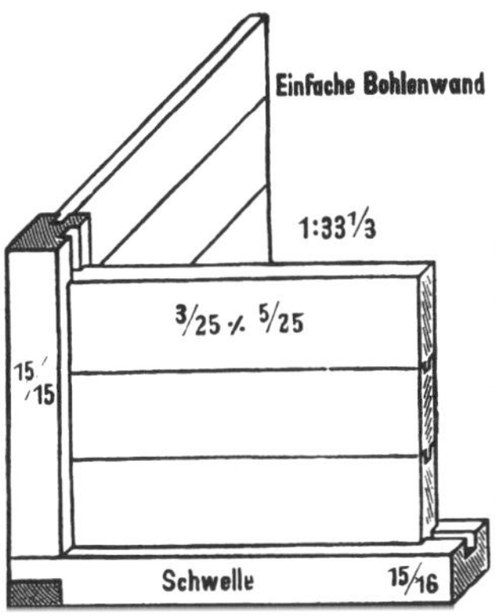

Fig. 186.

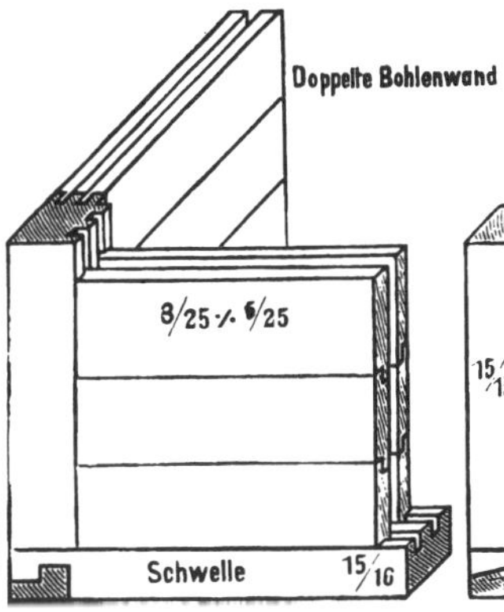

Fig. 187.

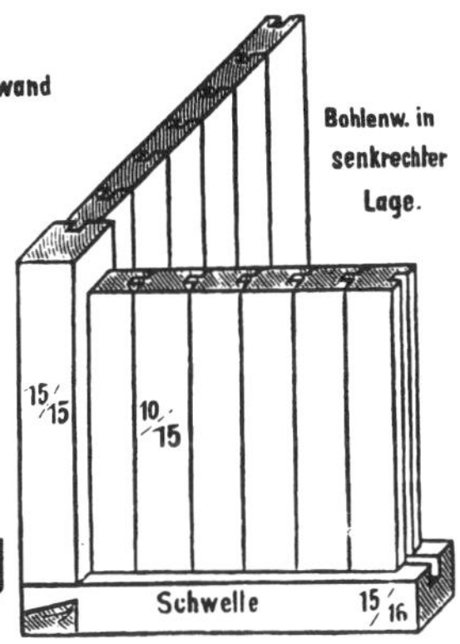

Fig. 188.

grösseren Längen derselben ist für jedes Meter mehr 1 bis 2 cm an Stärke hinzuzurechnen. Von den Spundungsarten ist die quadratische mit $^1/_8$ der Holzstärke als Spundbreite die vorteilhafteste. Textfigur 189. Die Bohlen stehen hierbei nicht in Schwellen, sondern werden mittels Rammen (Handramme, Kunstramme oder Dampframme) in das Erdreich eingetrieben, zu welchem Zwecke dieselben an ihrem unteren Ende zugespitzt werden, eine sogenannte Schneide erhalten, deren Länge der dreifachen Bohlenstärke entspricht; auch können mehrere Bohlen einen eisernen Schuh zum Zwecke leichteren Eindringens erhalten, während die Bohlen paarweise an ihren Köpfen durch eiserne Ringe von 3 cm Stärke und 7 cm Breite zusammengehalten werden, welche heiss auf den Kopf der Bohlen aufzuziehen sind. Die Spundwand wird durch angebolzte doppelte Zangen in senkrechter Lage erhalten, während sie oberhalb durch einen sogen. Holm wagerecht abgeschlossen wird. Stösse des Letzteren sind durch Eisenschienen zu sichern, während eiserne Gabelklammern die Holmteile mit den Bohlen der Spundwand fest verbinden. Um eine Spundwand wasserdicht zu machen, werden entweder deren Fugen mit geteertem Hanf verstrichen, was man als „Kalfatern" bezeichnet, oder man benagelt die Bohlen mit Segeltuch, welches mit einer Mischung aus Holzteer und Pech getränkt wird. An Stelle der Bohlen treten für solche Zwecke häufig auch Pfähle von $\frac{16}{26}$, $\frac{20}{26}$ cm Stärke, wodurch die Pfahlwand entsteht.

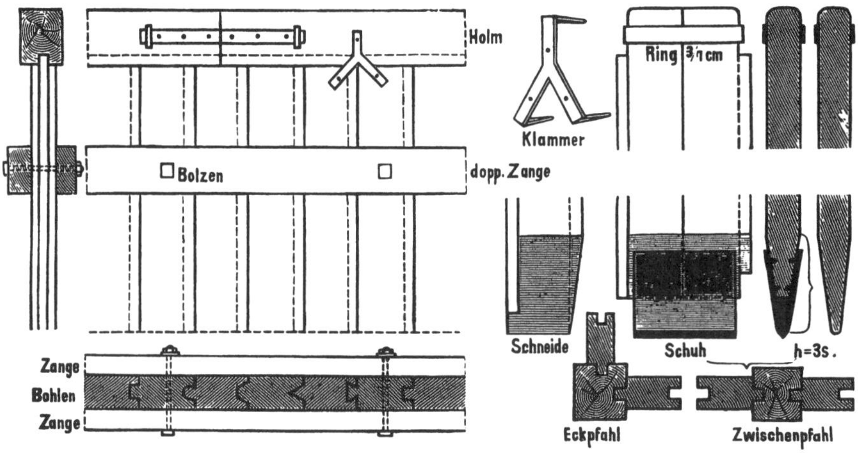

Fig. 189.

1 qm kieferne Stammbohlen, 8 cm stark, kostet 4,5 bis 6 Mk.
1 qm desgl., 5 cm stark, 3,5 bis 4,5 M.
1 qm kieferne Bretter, 4 cm stark, kostet 3,5 bis 4,5 Mk.
1 qm desgl., 3,25 cm stark, 2,10 bis 2,75 Mk.
1 qm desgl., 2,5 cm stark, 1,25 bis 2,00 Mk.

1 qm rauhe Bohlenwand, 5 cm stark, kostet einschl. Material herzustellen 4,00 bis 4,30 Mk.

1 qm Bohlenwand, auf beiden Seiten gehobelt und gespundet, 5,50 bis 6,50 Mk.

1 qm Bohlenwand, mit gestäbten Fugen, 6 bis 8 Mk.

4. Die Bretter- oder Brettwände.

Sie werden aus 2,5, 3,25 cm starken Brettern hergestellt, welche entweder auf schwache Riegelwände von $\frac{7}{7}$, $\frac{8}{8}$, $\frac{10}{10}$, $\frac{12}{12}$ cm Stärke mit 1,5 bis 2 m Riegel- und Säulenentfernung angenagelt, Textfigur 190, oder zwischen die Felder derselben gestellt, durch profilierte Anschlussleisten befestigt werden. Textfigur 191.

Die Bretter können rauh oder gehobelt sein, ihre Fugen aber werden bestrichen oder gesäumt, und durch aufgenagelte profilierte Deckleisten geschlossen. Letztere dürfen aber nur stets auf einer Seite vernagelt werden. Textfigur 192a. Bei besseren Ausführungen sind die Bretter glatt zu hobeln, ihre Verbindung durch Einfalzung zu bewirken und ihre Längenkanten zu stäben, d. h. zu profilieren. Textfigur 192b. Oder man verbindet entweder die Bretter durch halben Spund, wobei die Fugen ebenfalls gestäbt werden können. Textfigur

192 c, d, e; oder durch ganzen Spund. Textfigur 192f. Sollen jedoch solche Wände berohrt und geputzt werden, so sind die rauhen Bretter getrennt zu nageln und vor der Berohrung mit dem Beile zu spalten.

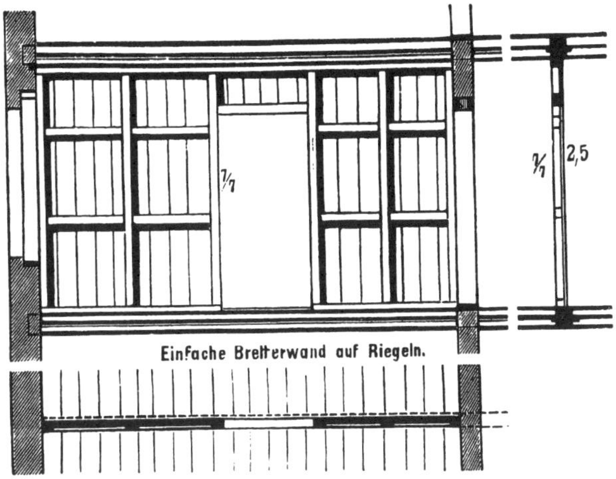

Fig. 190.

4 bis 5 cm starke sogenannte doppelte Bretterwände werden aus zwei Brettlagen von je 2 bis 2,5 cm Stärke hergestellt und ihre Bretter an Fuss- und Deckenleisten angeschlagen: Nachdem an den Fussboden (Dielung) und die Decke (Schalung, Rohr, Putz) eines Raumes, in welchem eine solche Bretterwand angebracht werden soll, in einer senkrechten Ebene übereinander die Fuss- und Deckenleiste von $\frac{3}{5}$, $\frac{4}{6}$, $\frac{4}{7}$ cm Stärke angenagelt worden sind, wird an

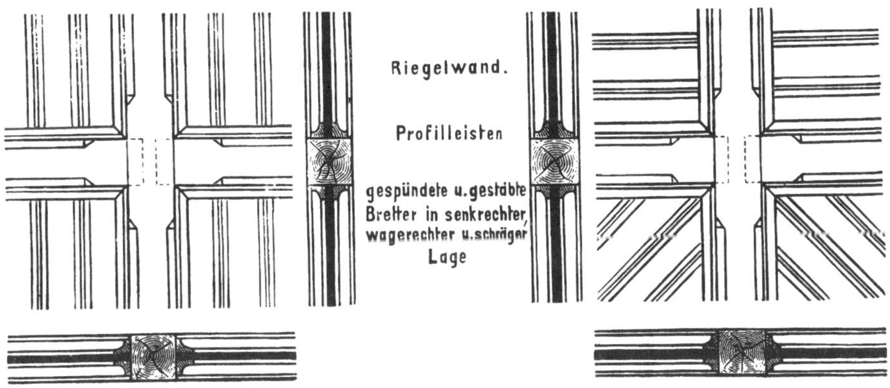

Fig. 191.

dieselben die erste Brettlage in senkrechter Richtung angeschlagen. Ist in der Wand eine Thüröffnung anzuordnen, so müssen die über derselben in Sturzhöhe freihängenden Bretter an einem wagerechten Sturzbrett befestigt werden, welches quer über die senkrechte Brettlage genagelt an den die Thüröffnung seitlich begrenzenden Brettern seinen Halt hat. Auf diese erste senkrechte

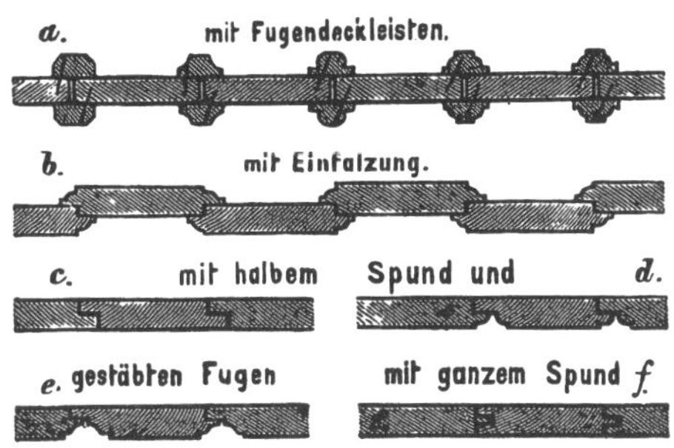

Fig. 192.

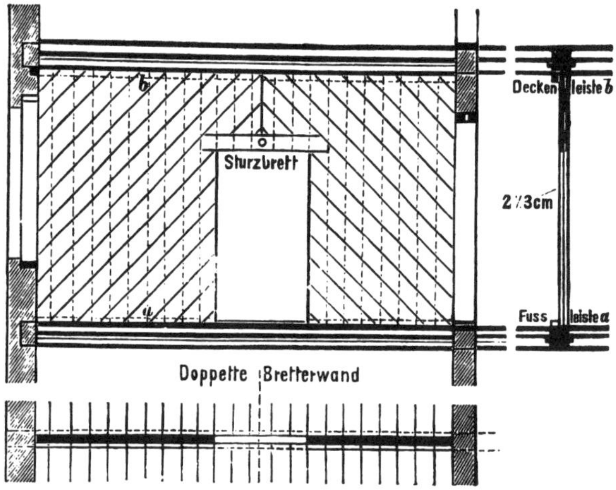

Fig. 193.

Brettlage wird die zweite entweder wagerechte oder vom Thürmittel aus in entgegengesetzter Richtung angeordnete, schräge Brettlage aufgenagelt. Textfigur 193. Soll eine solche Brettwand berohrt und geputzt werden, so sind die Bretter ebenfalls getrennt zu nageln und zu spalten, andernfalls aber sind die Fugen auf der Aussenseite der senkrechten Brettlage durch Fugenleisten zu schliessen. Zu den Bretterwänden gehören auch die hölzernen Einfriedigungen, Bretterzäune oder Planken, deren Bretter in senkrechter Lage an wagerechte Riegel angenagelt werden, die in hölzerne oder eiserne Säulen eingezapft sind. Die Säulenentfernung beträgt auch hier 2 bis 2,5 m, die Stärke hölzerner Säulen 20 bis 22 cm, die der Riegel $\frac{7}{7}$, $\frac{8}{8}$, $\frac{10}{10}$, $\frac{10}{12}$, $\frac{12}{12}$ cm, die der Bretter 2 bis 2,5 cm bei 15 bis 20 cm Breite. Die Höhe der Planken nimmt man zu 1,50, 1,80 bis 2 m an. Die Säulen oder Pfähle sind zu imprägnieren und 0,75 bis 1,20 m tief einzugraben: an ihrem Kopfe aber werden sie abgeschrägt, (abgewässert) oder durch ein Deckbrett gegen Fäulnis geschützt. Die Bretter selbst werden an ihrem oberen

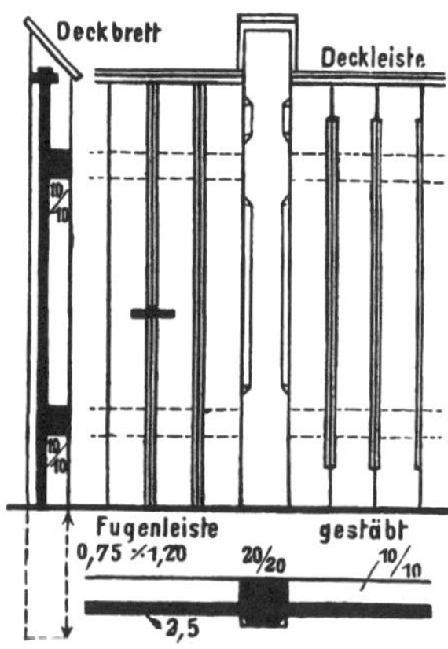

Fig. 194.

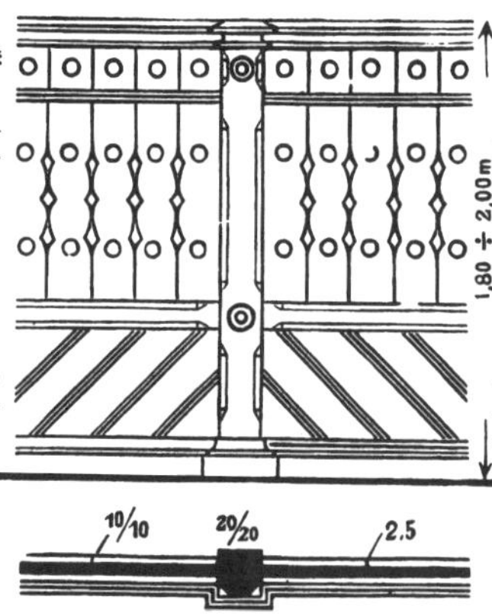

Fig. 196.

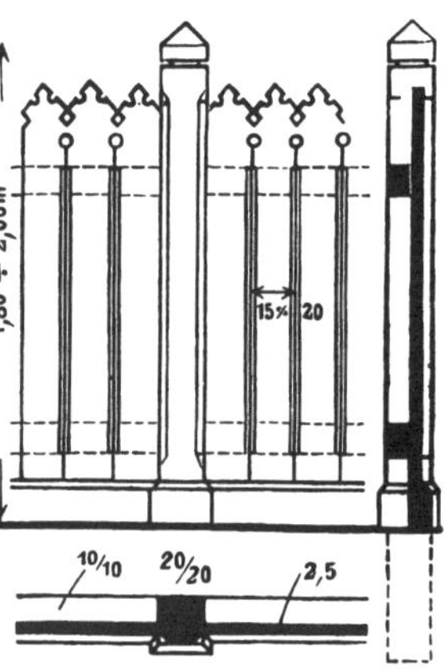

Fig. 195.

Ende mit einer aufgenuteten Deckleiste versehen, Textfigur 194, oder dekorativ ausgeschnitten. Textfigur 195. Die Fugen derselben können durch profilierte Fugenleisten geschlossen oder gespündet werden, (gestäbte Fugen mit Kehlstössen). Reicher lassen sich die Planken ausbilden durch Anordnung eines Schwell- und Brustriegels, wobei die Bretter verschiedene Richtungen erhalten können. Textfigur 196.

Zur Herstellung äusserer und innerer Holzwände bezw. auch zur Verkleidung und Aussetzung der Fachwerke verwendet man in der Neuzeit an Stelle der Bretter mit grossem Vorteil Gypsdielen von Mack in Ludwigsburg (Württemberg), Spreutafeln von Regierungsbaumeister Dr. Katz in Waiblingen (Württemberg), Cocolithplatten und Cocosgypsdielen von Süssmilch in Leipzig, Dr. Schwartz' Holzwollebaumaterialien, Xylolithplatten (Steinholz) von Senning in Potschappel bei Dresden, Korkplatten von Stumpf in Leipzig und Grünzweig & Hartmann in Ludwigshafen a. Rhein und Magnesitplatten von Karnasch in Frankenstein (Schlesien).

1 qm doppelte Brettwand zum Rohrputz von rauh besäumten, gespaltenen, 2 cm starken Brettern, in lot- und wagerechter oder schräger Richtung, zu fertigen und aufzustellen einschl. Material, kostet 2,25 Mark.

1 qm desgl. aus schmal getrennten Brettern, wie vorher, 2,70 Mk.

1 qm einfache Brettwand bezw. Verschlag aus rauh besäumten 2,5 cm starken Brettern, wie vorher, 2,00 Mk.

1 qm gestülpte, (halbgespundete) Brettwand von gesäumten, 2,5 cm starken Brettern, wie vorher, 2,25 bis 2,50 Mk.

1 Stück Thür für diese Wände mit eingeschobenen Quer- und Strebeleisten, Anschlageleisten u. s. w. als Zulage, 1,50 bis 2 Mk.

1 qm von beiden Seiten gehobelte Brettwand, 2,5 cm. stark, einschl. Fugen-, Fuss- und Deckenleisten, 3,75 bis 5 Mk.

1 qm desgl., gespundet, 5 Mk.

5. **Die Lattenwände.**

Sie bestehen aus $\frac{3}{5}$, $\frac{4}{6}$, $\frac{4}{7}$, $\frac{5}{8}$ cm starken Latten, welche auf schwache Riegelwände von $\frac{7}{7}$, $\frac{8}{8}$, $\frac{10}{10}$, $\frac{10}{12}$, $\frac{12}{12}$ cm Stärke genagelt werden. Es

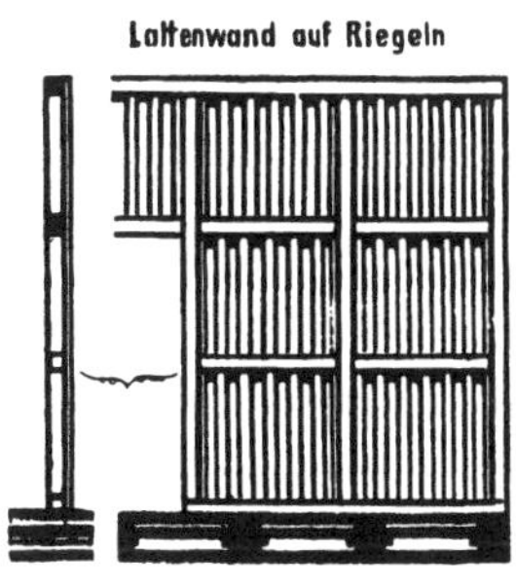

Fig. 197.

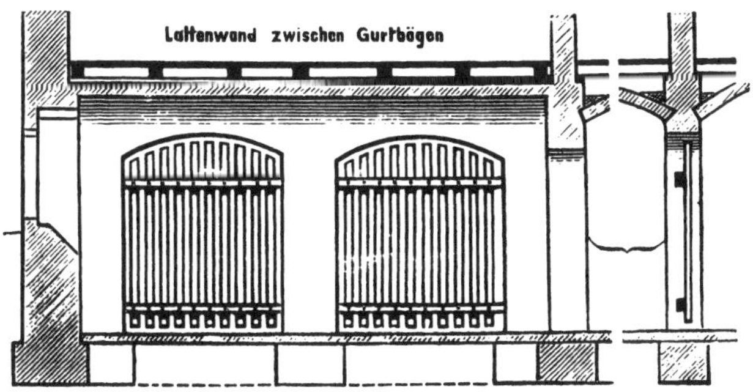

Fig. 198.

genügt hierbei, dieselben aus Schwelle, Säulen, Riegeln und Rahmenholz herzustellen. Textfigur 197. Die Lattenwände werden häufig als Verschläge und Abteilungen in Boden- und Kellerräumen angewendet. Im letzteren Falle stellt man dieselben zwischen die Gurtbögen, welche den Kappengewölben als Widerlager dienen, und befestigt die Latten an einem unteren und oberen Querriegel von $\frac{7}{7}$, $\frac{8}{8}$, $\frac{10}{10}$, $\frac{12}{12}$ cm Stärke. Textfigur 198. Im allgemeinen ist die Entfernung der Latten gleich der Breite derselben zu nehmen, was namentlich bei Einfriedigungen

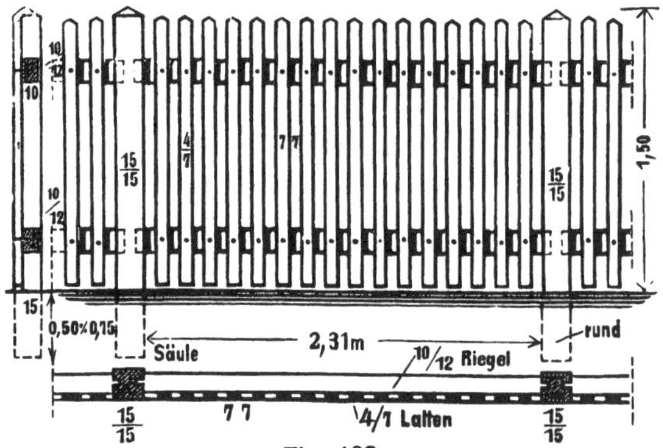

Fig. 199.

durch **Lattenzäune** oder **Stakete**, Textfigur 199, einzuhalten ist, während in Keller- und Bodenräumen die Lattenentfernung gewöhnlich 4 cm beträgt.

1 qm Lattenwand aus 4 cm starken, rauhen Dachlatten mit 4 cm breiten Zwischenräumen, einschl. der Thüren und den zu den Gerüsten erforderlichen Doppellatten (Riegeln), kostet 2 bis 2,5 Mk.

1 qm desgl. aus gehobelten Latten, wie vorher, 2,75 bis 3,25 Mk.

VIII. Die Konstruktion der Zwischendecken.

Die Balkenlagen bilden den wagerechten Abschluss der einzelnen Stockwerke oder Geschosse eines Gebäudes und tragen an ihrer Unterfläche die **Deckenschalung**, auf ihrer Oberfläche aber den **Fussboden**, die **Dielung**, während zwischen Deckenschalung und Dielung die **Zwischendecke** sich befindet, durch welche die Zwischenräume zwischen den Balken, die **Balkenfelder**, zum Teil oder ganz ausgefüllt werden, um die Wärme des unteren Raumes zusammenzuhalten, den Schall zu dämpfen, welcher durch Bewegung eines Körpers auf dem sonst hohlliegenden Fussboden verursacht werden würde, und um etwa eindringende Feuchtigkeit z. B. beim Reinigen des Fussbodens durch Scheuern fernzuhalten.

Für untergeordnete und landwirtschaftliche Bauten, bei denen eine Deckenschalung und hölzerner Fussboden nicht erforderlich ist, z. B. in Viehställen, wendet man die **Windelböden** an, deren Ausführung man als **Stakerarbeiten** bezeichnet. Man unterscheidet:

1) Den **ganzen Windelboden**, welcher dadurch gebildet wird, dass man Holzscheite, sogenannte Schlotstangen, Klobenhölzer, Stakhölzer, Wellerhölzer, von 4 bis 6 cm Stärke mit Langstroh und Lehm umwickelt oder **windelt**, und diese Rollen oder Windelpuppen in dreieckige Falze der Balkenseitenflächen eintreibt. Diese Falze ordnet man ungefähr 8 cm von der Balkenunterkante an. Oberhalb der Rollen werden die Balkenfelder mit Lehm ausgefüllt und der Fussboden durch **Lehmestrich** gebildet, während unterhalb die Zwischendecke mit **Lehmputz** in der Ebene der Balkenunterkanten abgeglichen wird. Der Lehmestrich wird bis zur grösstmöglichen Festigkeit festgeschlagen, und schliesslich mit **Teergalle** gestrichen. Auch kann man demselben Rindsblut und Eisenfeilspäne beimengen zum Zwecke grösserer Festigkeit und Härte. Solche Zwischendecken halten sehr warm, erfordern aber infolge ihrer Schwere starke Balken, weshalb sie auch kostspielig sind und selten angewendet werden.

1 qm ganzer Windelboden erfordert
0,025 cbm Stakholz
0,160 „ losen Lehm
0,42 Bund Stroh.

Hierbei sind 26 cm hohe Balken bei 1 m Balkenentfernung von Mitte zur Mitte gerechnet angenommen. Für jedes weitere Centimeter Balkenhöhe sind 0,008 cbm Lehm und 0,02 Bund Stroh pro qm hinzuzurechnen, wobei die Balken nicht in Abzug zu bringen sind. Textfigur 200.

1 qm ganzen Windelboden herzustellen, also die Balkenfelder mit Klobenholz auszustaken, die Staken vorher mit Strohlehm zu umwickeln, die fertigen Felder oberhalb mit dünnem Lehmstroh zu betragen, unterhalb mit dünnem Lehm glatt zu streichen einschl. Rüstung und sämtlicher Materialien 1,35 bis 2 Mk.

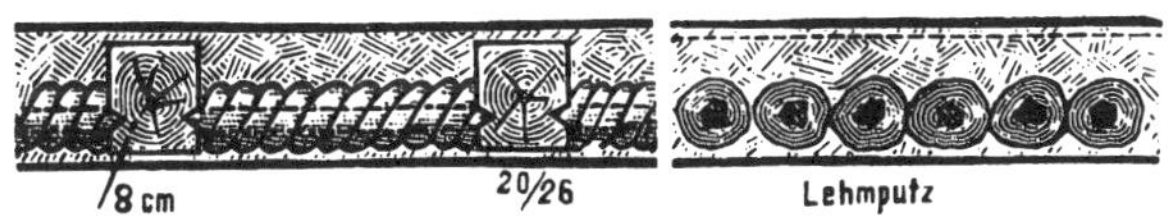

Fig 200.

Fig. 201.

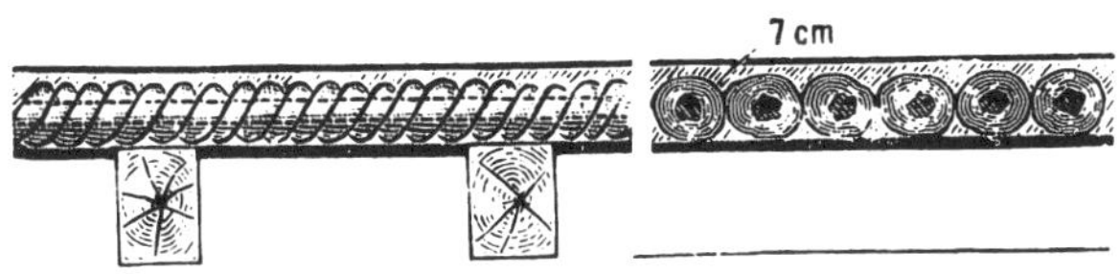

Fig. 202.

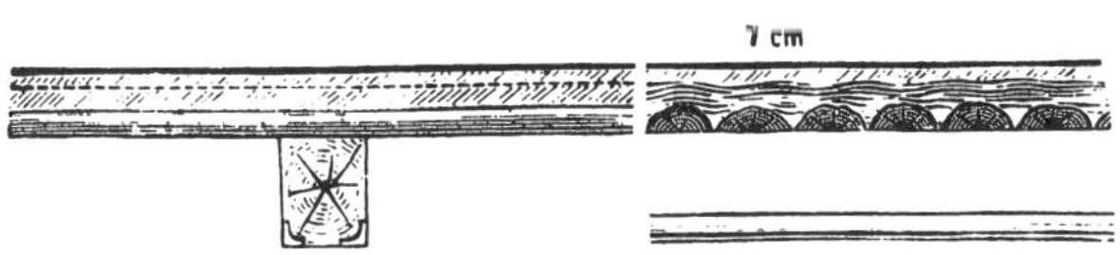

Fig. 203

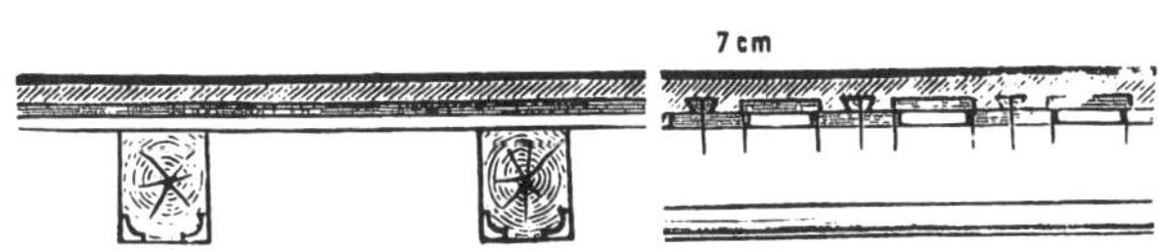

Fig. 204.

2) Den halben Windelboden, bei welchem die mit Strohlehm umwickelten Stakhölzer ebenfalls in Falze der Balken eingeschoben werden. Die Falze ordnet man aber ungefähr 8 cm von der Oberkante der Balken entfernt an. Oberhalb der Stakhölzer werden die Balkenfelder bis zur Oberkante der Balken mit Lehm ausgeschlagen, unterhalb aber mit Lehmputz abgeglichen, sodass die Balken zum Teil sichtbar bleiben. Textfigur 201.

1 qm halber Windelboden, 13 cm hoch, ohne Abzug der Balken erfordert
0,025 cbm Stakholz
0,1 „ losen Lehm
0,3 Bund Stroh.

1 qm desgleichen herzustellen kostet einschl. aller Materialien (mit gespaltenem Klobenholz, Strohlehm oder Lohe mit Lehm und Lehm oder Ascheausfüllung) 1,60 bis 1,75 Mk.

1 qm desgl. wie vorher mit gespaltenem Schalenholz 1,40 bis 1,60 Mk.

3) Den **gestreckten Windelboden**, welcher bei Viehställen am meisten zur Anwendung gelangt. Bei demselben werden die Stakhölzer von 8 bis 12 cm Stärke (sogenannte Lattstämme) mit Strohlehm umwickelt und auf den Oberflächen der Balken mit hölzernen Nägeln befestigt. Hierbei kann man die Balken 1,5 bis 1,7 m weit auseinander legen. Etwaige Stösse der Stakhölzer müssen wechselweise auf den Balken erfolgen. Der Fussboden wird als Lehmestrich gebildet, während die Unteransicht der Stakhölzer mit Lehm geputzt wird. Textfigur 202.

1 qm gestreckter Windelboden erfordert einen Lattstamm von 7,5 m Länge bei 8 bis 12 cm mittlerer Stärke, 0,4 cbm losen Lehm und 0,3 Bund Stroh.

1 qm gestreckter Windelboden kostet einschl. aller Materialien 2 Mk.

Sollen die Balken bis zu 2 m weit auseinander gelegt werden, so wendet man

4) die **Stakdecke** an. Bei derselben liegen die 20 cm starken Stakhölzer auf den Oberflächen der Balken und werden mit einer Lage Stroh überdeckt, worauf eine 7 cm starke Lehmschicht festgestampft wird. Textfigur 203.

5) Die **Stülpdecke**. Sie wird dadurch gebildet, dass zwei Brettschalungen von je 2,5 bis 3,5 cm Stärke den Lehmestrich tragen. Die unteren Schalbretter nagelt man in Zwischenräumen auf die Oberflächen der Balken auf, während die zweite Brettlage diese Zwischenräume überdeckt. Um dem 7 cm starken Lehmestrich besseren Halt zu geben, werden schwalbenschwanzförmige Latten auf die untere Brettlage aufgenagelt. Textfigur 204.

Für Wohngebäude wird in der Neuzeit fast ausschliesslich

6) die **Einschubdecke** angewendet, zu deren Konstruktion man Schwarten oder Schalen im Mittel 3,5 cm stark oder auch rauhe 2 bis 2,5 cm starke Kisten- oder Schalbretter zwischen die Balkenfelder in dreieckige Nuten oder rechteckige Falze der Balkenseitenflächen eintreibt oder besser auf Latten von $\frac{3}{5}$, $\frac{4}{6}$ cm Stärke auflegt, welche an die Balken seitlich angenagelt werden, wodurch der sog. **Fehlboden** gebildet wird. Da die Schwarten unregelmässige Kanten haben, so wird ein **Fugenverstrich** mit nassem Lehm erforderlich, damit das auf die Fehlbodenbretter bis Oberkante Balken aufgebrachte trockene und von organischen Bestandteilen freie **Schüttungsmaterial** nicht in den unteren Hohlraum der Balkenfelder eindringen kann. Als solches eignet sich am besten **trockener Lehm**, **reiner Sand** oder **Kies**, **reine Kohlenschlacken**, oder **durchgeworfener Kohlengrus** (**Coaksasche**) und **Infusorienerde**, während die Verwendung von Bauschutt unzulässig ist. Die Herstellung des Balkeneinschubes und die Aufbringung des Füllmateriales zwischen die Balken darf vor vollständiger Eindeckung des Daches nicht bewirkt werden. Textfigur 205.

Der Fugenverstrich des Schwarteneinschubes aber wird entbehrlich, sobald man die Schwarten mit ihren Kernseiten wechselweise nach oben und nach unten verlegt. Textfigur 206. Um die Schallsicherheit zu vermehren, empfiehlt es sich, die Giebel und Streichbalken nicht dicht an die

Mauern, sondern in einem Abstande von höchstens 10 cm von diesen zu verlegen, in Lattenhöhe eine Ziegelschicht im Mauerwerke auszukragen und auf beide einen Fehlboden nebst Auffüllung anzuordnen. Hierdurch ergiebt sich der weitere Vorteil, dass man Gas- und Wasserleitungsröhren an den Wänden bequem durch die Stockwerke herabführen kann, ohne die Balken durch Ausschnitte schwächen zu müssen. Textfigur 207.

1 qm Balkendecke mit guten Schalen zu staken, mit nassem Strohlehn oder Lohe mit Lehm zu überziehen, und mit naturfeuchtem Lehm oder Coaksasche 13 cm hoch zu beschütten, kostet einschl. Lieferung 0,70 bis 0,85 Mk.

1 qm desgl. jedoch mit Klobenholz zu staken, sonst wie zuvor 1,15 bis 1,30 Mk.

1 qm. Kreuzstakung als Zulage 0,10 Mk. (Vergl. Seite 43).

Sollen die Balken unterhalb sichtbar bleiben, fehlt also die eigentliche Deckenschalung, so wendet man

7) die doppelte Einschubdecke an, bei welcher eine doppelte Lage rauher Fehlbodenbretter zwischen die bis zu ihrer halben Höhe beiderseits ausgeschnittenen Balken gelegt wird. Die unteren Fehlbodenbretter werden an ihrer Unterfläche glatt gehobelt; die Balkenfelder aber können oberhalb mit Lehm ausgefüllt und dieser mit einer Sandschicht abgeglichen werden. An Stelle dieses Füllmateriales verwendet man auch vorteilhaft Beton, welcher auf die mit Dachpappe isolierten, oberen Fehlbodenbretter aufgebracht wird. Durch diese Anordnung wird eine vorzügliche Schalldämpfung erzielt. Textfigur 208. An Stelle der Fehlbodenbretter hat man in der Neuzeit zur Bildung von feuer-, schall- und schwammsicheren Zwischendecken mit grossem Vorteil Gypsdielen, Hartgypsdielen, Hohlgypsdielen, Cocosgypsdielen, Cocolithplatten

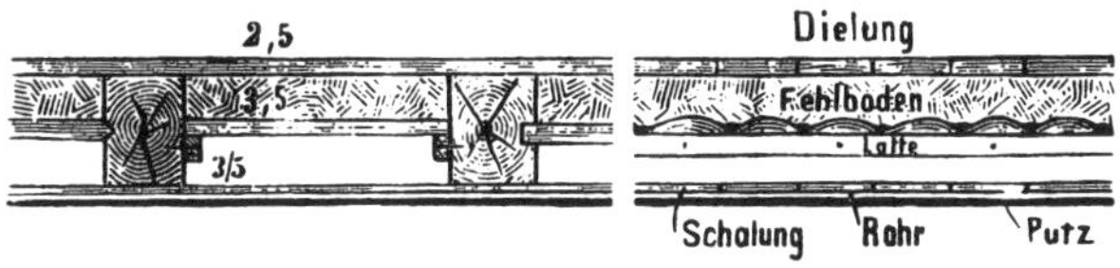

Fig. 205.

Fig. 206.

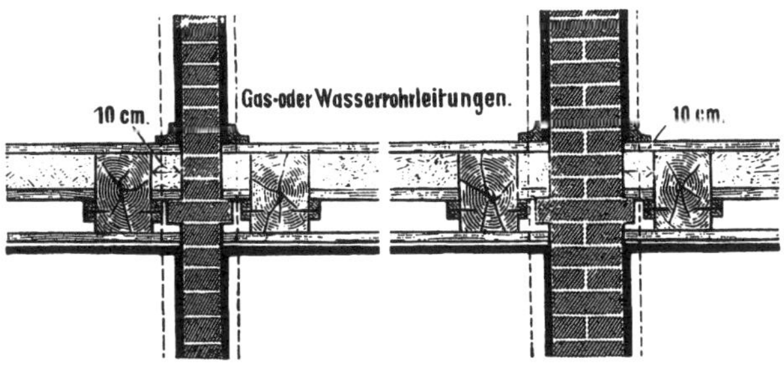

Fig. 207.

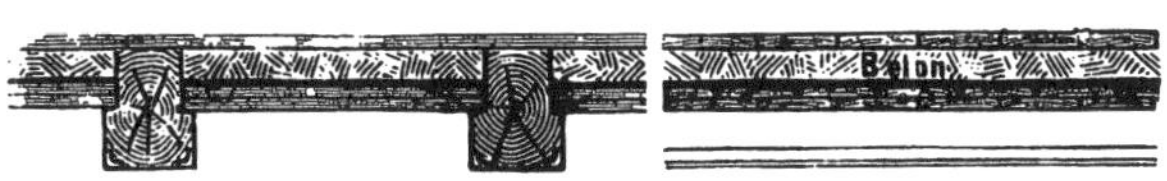

Fig. 208.

und Korksteine verwendet, deren Fugen mit Gypsmörtel verstrichen werden. Je nach Anordnung dieser künstlichen Baumaterialien kann durch dieselben zugleich die Aufschüttung ersetzt werden. Textfigur 209 zeigt die Verwendung Mack'scher Gypsdielen von 4, 5, 6, 7, 8 cm Stärke; Textfigur 210 diejenige Mack'schen Hohlgypsdielen von 10 bis 12 cm Stärke. Textfigur 211 enthält die Zwischendecke mit 10 bis 13 cm starken Spreutafeln von Dr. Katz, während Korkplatten von $30 \times 25 \times 3$ cm Grösse zur Isolierung und Schalldämpfung über die Fehlbodenbretter gelegt werden. Textfigur 212. Mit grossem Vorteil ist für Schul- und Konzertsaalbalkenlagen die Mack'sche Isolierdecke verwendet worden, bei welcher eine zweite Balkenlage die Deckenschalung trägt, Textfigur 213.

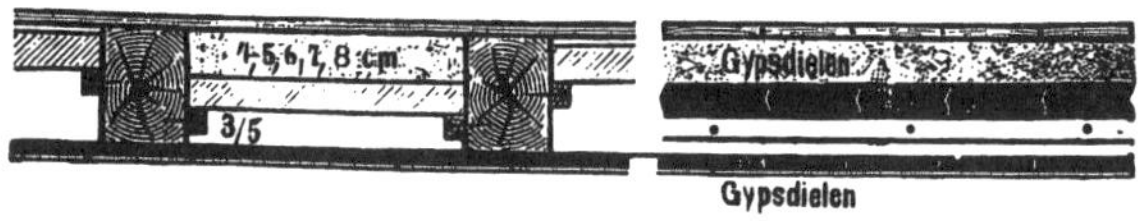

Fig. 209.

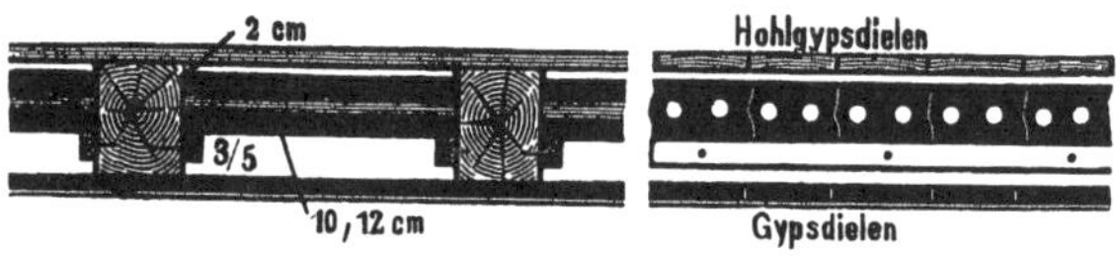

Fig. 210.

Fig. 211.

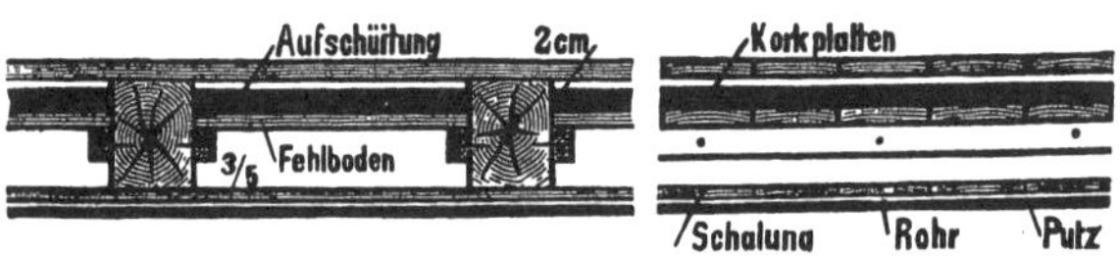

Fig. 212.

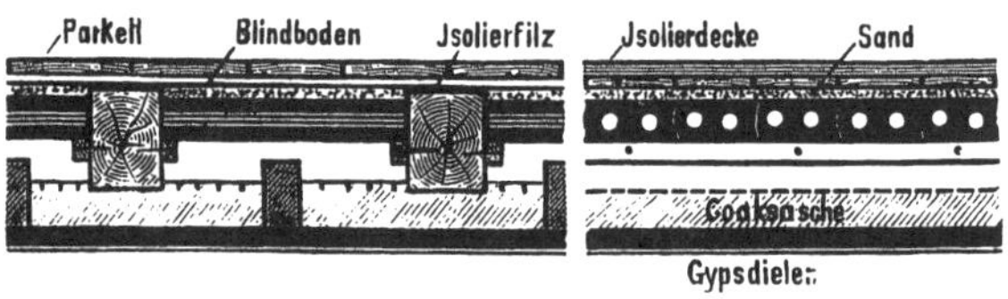

Fig. 213.

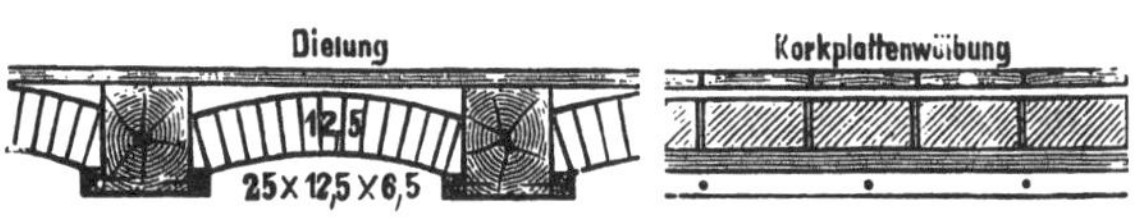

Fig. 214.

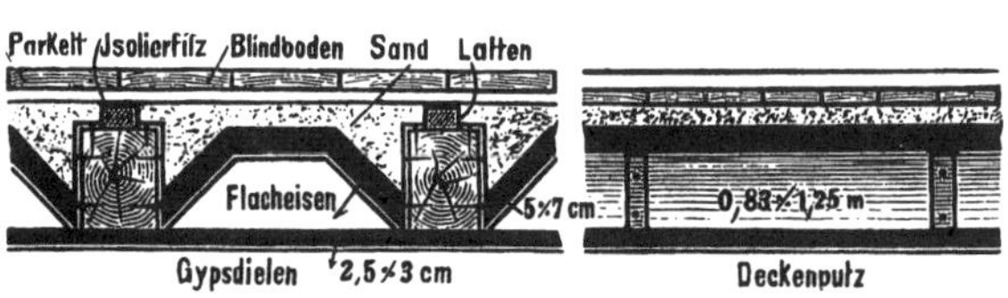

Fig. 215.

Auch die Wölbung zwischen den Balken dient zur Bildung einer Zwischen Decke, wenn auch hierbei zu beachten ist, dass durch das Zusammentrocknen des Balkenholzes die Wölbung keine grosse Festigkeit erhalten kann. Eine solche Wölbung ist vielfach mit besonders geformten Gypshohlkörpern versucht worden, welche in die Balkenfelder auf Latten gelegt wurden, die man an die Seitenflächen der Balken fest nagelte. In der Neuzeit hat man Korkplatten zu solchen Wölbungen verwendet, Textfigur 214, und Gypsdielen, welche einer Wölbung entsprechend zwischen die Balken gestellt und durch façonnierte Flacheisen getragen werden. Textfigur 215, 216 und 217. Durch Anwendung dieser künstlichen Baumaterialien wird der grosse Vorteil erreicht, dass die Zwischendecken in jeder Jahreszeit hergestellt werden können, bei sofortiger Trockenheit gegenüber dem feuchten und langsam trocknenden Lehmverstrich. Ferner empfiehlt sich deren Anwendung wegen der absoluten Reinlichkeit gegenüber der Auffüllung mit Lehm, Sand oder Coaksasche, wegen des Ausschlusses gesundheitsschädlicher Ausdünstung, Schwammbildung und Ungeziefer, wegen der geringen Belastung der Balkenlagen und vergrösserten Feuersicherheit und Schalldämpfung. Auch kann der Fussboden sofort nach Herstellung der Zwischendecke verlegt werden.

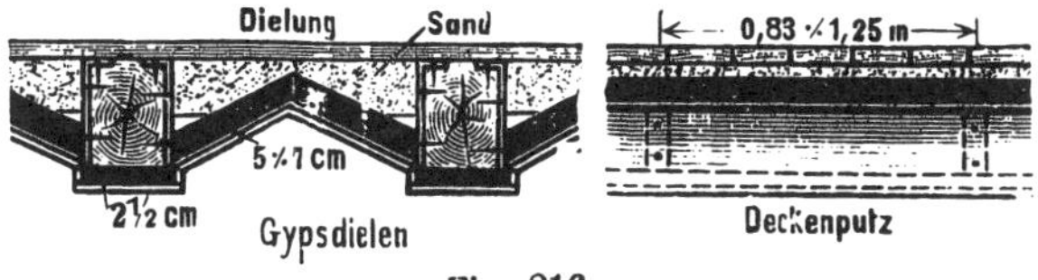

Fig. 216.

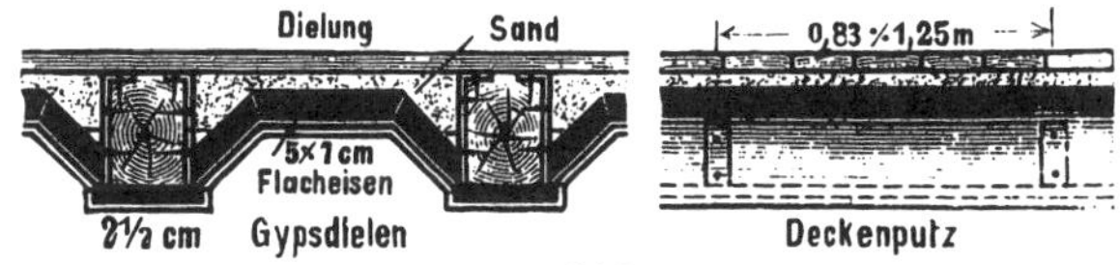

Fig. 217.

IX. Die Konstruktion der Deckenschalungen und Holzdecken.

Die Deckenschalung bildet den unteren wagerechten Abschluss der Balkendecke und dient dazu, die Balken bezw. die Zwischendecke zu verkleiden. Die hierzu verwendeten Schalungsbretter erhalten 1,5, 2 bis 3 cm Stärke und werden senkrecht zur Richtung der Balken an diese angenagelt. Man unterscheidet:

1) **Die Deckenschalung mit profilierten Fugenleisten**, bei welcher die unteren Flächen der Schalungsbretter glatt gehobelt und deren Fugen mit gestäbten Fugenleisten geschlossen werden. Textfigur 218.

Fig. 218.

Fig. 219.

Fig. 220.

2) **Die doppelte Deckenschalung**, welche namentlich in Stallgebäuden zur Fernhaltung der Dünste mit Vorteil angewendet werden kann. Sie besteht aus zwei Brettschalungen, welche mit wechselnden Fugen an die Balkenunterflächen angenagelt werden, Textfigur 219.

3) Die gestulpte Deckenschalung, welche ähnlich der Stülpdecke ebenfalls aus zwei Brettlagen besteht, deren eine in Zwischenräumen an die Balken angenagelt wird, während durch die zweite Brettlage diese Zwischenräume geschlossen werden. Die untere, zweite Brettlage wird an den Längenkanten gestäbt, während die Unterflächen beider Brettlagen glatt gehobelt werden. Textfigur 220.

4) Die genutete Deckenschalung. Bei derselben werden die Bretter mittels Falzung (halber Spund) verbunden, an den Unterflächen glatt gehobelt und an den Längenkanten gestäbt. Die Bretter können hierbei in verschiedenen Richtungen an die Balken angenagelt werden, wodurch die altdeutsche Zimmertäfelung entsteht. Textfigur 221.

Fig. 221.

Fig. 222.

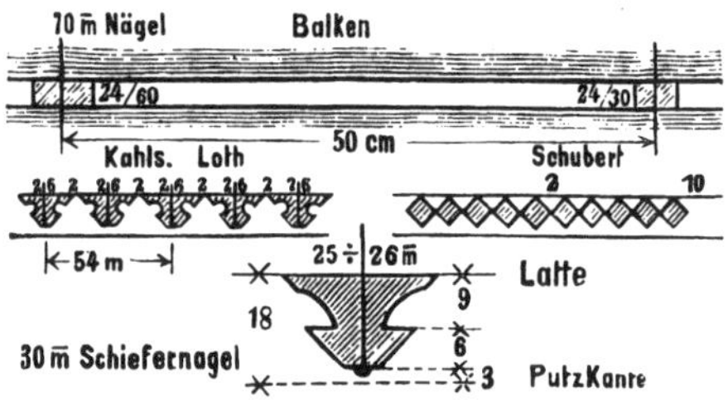

Fig. 223.

Fig. 224.

5) Die Deckenputzschalung, zu deren Konstruktion die 1,5 bis 2,5 cm (gewöhnlich 2 cm) starken und 12 bis 15 cm breiten, rauhen Schalungsbretter senkrecht zur Balkenrichtung getrennt, d. h. mit 1,5 bis 2 cm Abstand voneinander an die Unterfläche der Balken angeschlagen und darauf mit dem Beil gespalten werden. Nachdem die Schalung berohrt worden ist mit Schilfrohr unter Anwendung von Putzdraht No. 23 oder 24 und Putzhaken oder mit einfachem oder doppeltem Rohrgewebe, wird die Decke glatt geputzt. Das doppelte Rohrgewebe empfiehlt sich namentlich bei krummen Flächen der Deckenbildungen, wie z. B. beim Putzen der Hohlkehlen oder Vouten oder bei Imitation der Gewölbe durch verschalte und geputzte Decken. Mit grossem Vorteil hat man auch doppeltes Rohrgewebe auf Asphaltpapier hierzu verwendet. Durch das doppelte Rohrgewebe aber wird eine vollständige Einschalung der Decke entbehrlich, da dasselbe an $\frac{3}{5}$, $\frac{4}{6}$ cm starke Latten, welche mit 20 cm Abstand an die Balken genagelt werden, befestigt werden kann. Textfigur 222. An Stelle der Schalung und Berohrung wird aber vielfach mit grossem Vorteile das Holzstäbchengewebe oder Holzleistengeflecht von Kahls in Chemnitz i. S., Loth in Halberstadt und Schubert in Görlitz angewendet, welches an die Balken direkt oder an Latten von $\frac{24}{80}$ bezw. $\frac{24}{60}$ mm Stärke mit 30 mm langen Schiefernägeln genagelt wird, die zum Ausgleich an die Balken mit 70 mm langen Drahtnägeln befestigt sind. Textfigur 223.

In Süddeutschland tritt an Stelle der Schalung und Berohrung eine

Lattung von $\frac{4}{8}$ cm Stärke, deren Latten mit 2 cm Abstand von einander an die Balken angenagelt werden, und direkt zum Tragen des Deckenputzes dienen, bei welcher Anordnung freilich viel Putzmörtel in den unteren Hohlraum der Balkenfelder eindringt, wodurch die Decke unnötig schwer wird. Textfigur 224. Auch zur Deckenbildung bedient man sich in der Neuzeit vielfach der künstlichen Baumaterialien, vorzugsweise der Gypsindustrie, wie Gypsdielen, Kokosgypsdielen, Holzwollewelldielen, Magnesitplatten, Xylolithplatten, Spreutafeln, welche an Stelle der Deckenschalung, der Berohrung und eventuell auch des Deckenputzes selbst treten. Werden diese Materialien mit einem feinen Deckengypsmörtel überzogen, so ist deren gerauhte oder gerillte (geriffelte) Fläche nach unten zu verlegen, damit der Putzmörtel besser haften kann.

6) Die Deckenschalung unter massiven Betondecken, wie solche in Räumen mit massiven Fussböden als Täfelung, Terrazzo, Asphalt- und Cementestrich, z. B. in Küchen, Badezimmern und Veranden zur Anwendung kommt, wird dadurch hergestellt, dass man schwalbenschwanzförmig geschnittene Holzklötze in den Beton einbettet und an diese Latten nagelt, welche zur Befestigung der Deckenschalung dienen, während man früher Latten in den Beton einstampfte, an welcher die Deckenschalung angeschlagen wurde. Textfigur 225.

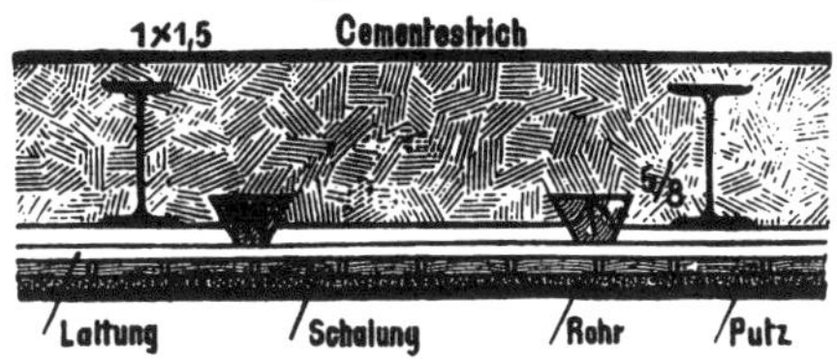

Fig. 225.

Sollen die Balken jedoch im unteren Raume sichtbar bleiben, so fällt die Deckenschalung fort und die Decken sind als Holzdecken auszuführen, zu welcher

7) die selten zu solchem Zwecke verwendete Dübel oder Dippelbalkenlage gerechnet werden muss, welche höchstens noch bei Turmbalkenlagen für Glockenstühle zur Ausführung gelangt. *Taf. 7, Fig. 14.*

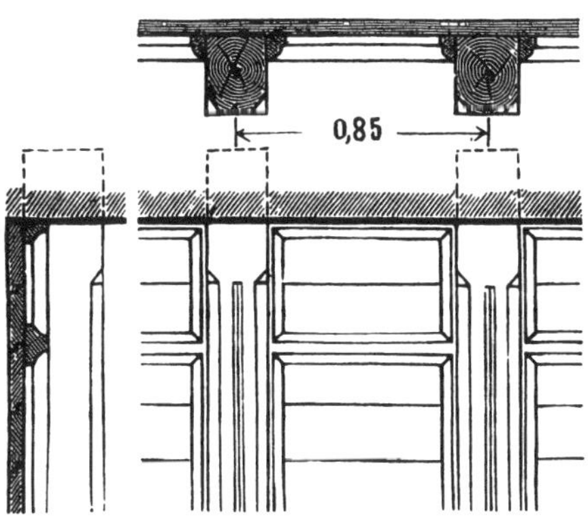

Fig. 226.

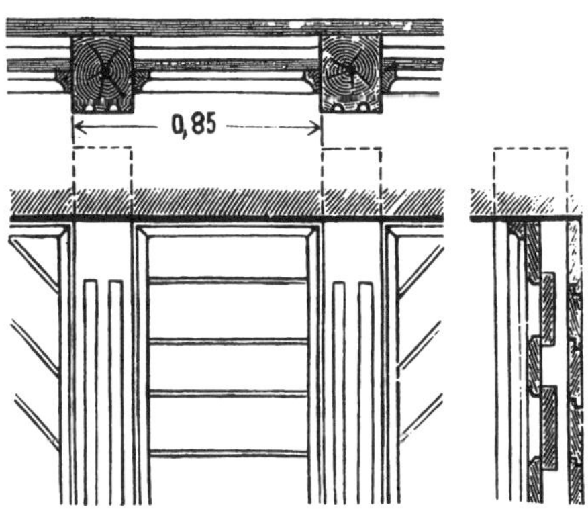

Fig. 227.

8) Die einfache Holzdecke, bei welcher die Dielung zugleich die Decke bildet und deren Unteransicht durch profilierte Leisten gegliedert werden kann. Textfigur 226.

9) Die gestülpte Holzdecke (Stülpdecke) als Einschubdecke. Textfigur 227. Vergl. VIII. 5. S. 100.

10) Die Einschubdecke mit geraden oder schrägen Fugen. Sie kann mit einfachen oder doppelten Einschubbrettern konstruiert werden. Textfigur 228. Vergl. VIII. 6. Seite 100. 7. Seite 101.

Fig. 228.

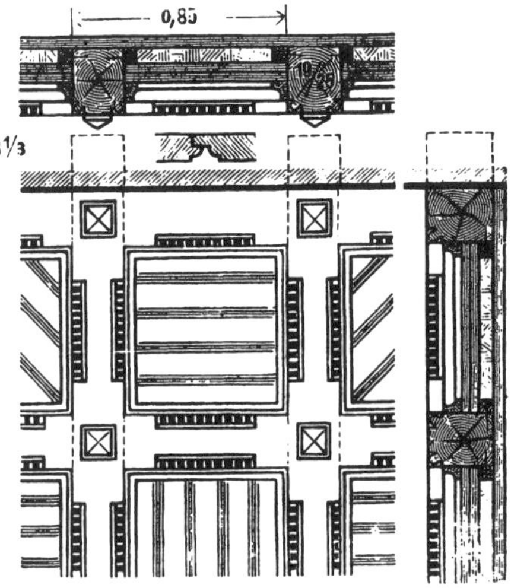

Fig. 229

11) Die kassettierte Holzdecke oder Kassettendecke, Textfigur 229, bei welcher man die Balkenfelder durch wirkliche (volle), Textfigur 230, oder blinde (hohle) Wechsel, Textfigur 231, die in regelmässigen Zwischenräumen zwischen den Balken eingezogen werden, in kleinere Abteile, Kassetten, einteilt. Die blinden Wechsel können als Holzkästen konstruiert und mittels Bank- oder Winkeleisen an die durchgehenden Balken befestigt

Fig. 230.

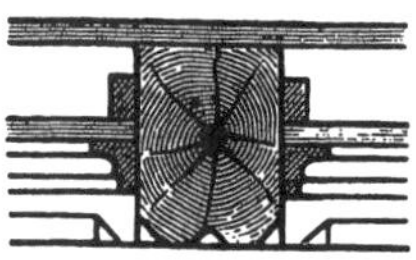

Fig. 231.

Fig. 232.

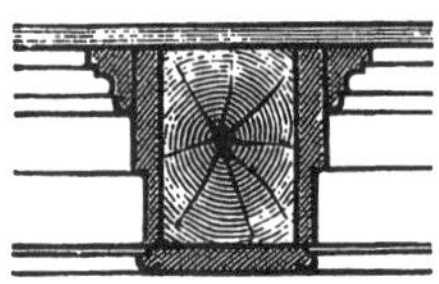

Fig. 233.

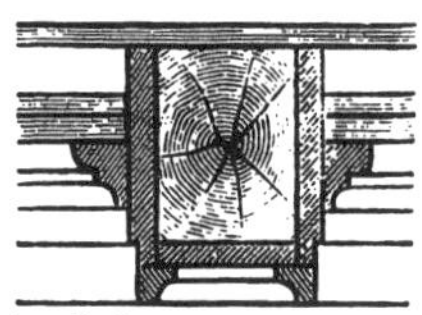

Verkleidung der Balken

1:20

Balkenkehlungen

Fig. 234

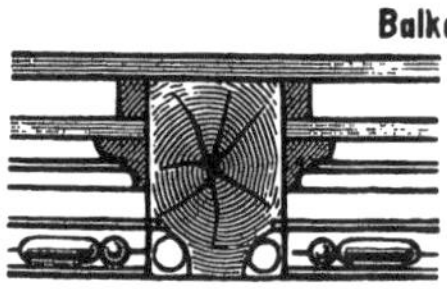

Fig. 235.

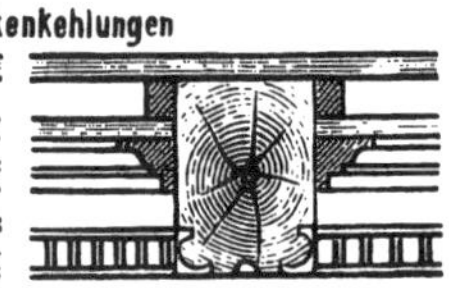

Fig. 236.

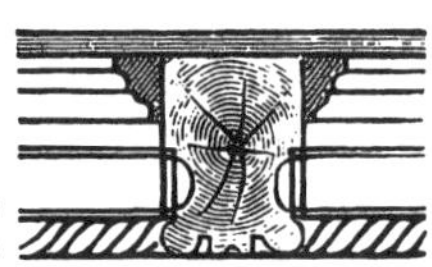

Fig. 237.

werden. Volle Balken und Wechsel werden häufig durch gestäbte oder mit Kehlstössen profilierte Bretter verkleidet, Textfigur 232 und 233, oder erhalten sogenannte Balkenkehlungen, Textfigur 234, 235, 236 und 237. Die Unteransichten sämtlicher Bretter der Holzdecken sind glatt zu hobeln und die Fugen zu falzen bezw. zu stäben. Sollen solche Decken geputzt werden, so sind die Balken und Wechsel vor der Berohrung mit Asphaltpapier oder Dachpappe zu umkleiden.

12) Die gewölbte Holzdecke. Sie wird nur selten ausgeführt und besteht, in solchem Falle sich freitragend, meist aus 5 cm starken Bohlen, welche durch Federung (Feder und Nut) mit einander verbunden werden Textfigur 238. Zu denselben gehören auch die Imitationen der Gewölbe und die grossen Hohlkehlen oder Vouten, welche den Übergang von der Wand zur Decke bilden. Zu ihrer Konstruktion werden die Bretter an Lehrbögen angeschlagen.

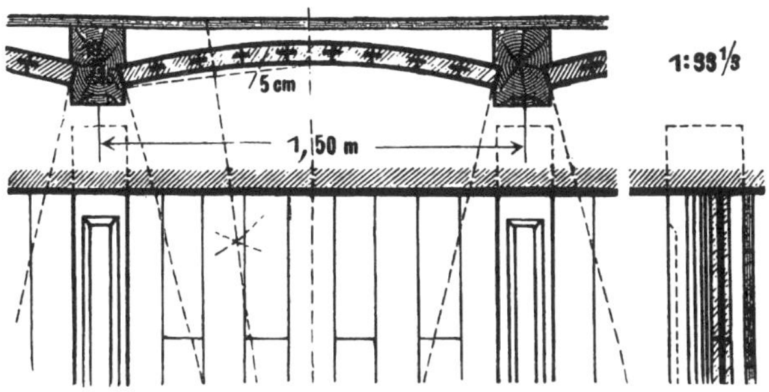

Fig. 238.

1 qm Deckenschalung, 2 cm stark, besäumt, fertigen einschl. sämtlicher Materialien und Rüstung 0,85 bis 1 Mk.
1 qm desgl. 2,5 cm stark wie vorher 1,60 Mk.
1 qm desgl. an der Unterseite gehobelt 2,50 Mk.
1 qm desgl. mit gestäbten Fugen 3 bis 3,25 Mk.
1 qm Deckenschalung zu spunten als Zulage 0,40 Mk.
1 qm Stülpdecke, 2 cm stark, Unteransicht gehobelt, die Fugen mit gestäbten Leisten einschl. Material 2,50 bis 3,50 Mk.

X. Die Konstruktion hölzerner Fussböden.

Zu den Holzfussböden gehören der ordinäre oder Dielenfussboden, das Band- und Tafelparkett, der Bohlenfussboden, das Holzpflaster und der Rostfussboden.

1) Der Dielenfussboden.

Zu demselben verwendet man gut ausgetrocknete, möglichst gleich breite und astfreie Bretter aus Weiss- oder Rottanne, deutscher, polnischer und schwedischer Kiefer, Buchen- oder Eichenholz von 2,5 bis 3,5 cm Stärke und höchstens 12 bis 15 cm Breite, welche mit ihrer Kernseite des leichten Sichwerfens wegen nach unten verlegt, senkrecht zur Richtung der Balken bei Balkendecken oder der Lagerhölzer bei gewölbten Decken (Gewölben) angeordnet und mit Nägeln befestigt werden. Da die Bretter beim Trennen oder Schneiden aus dem Stamme in Säge- oder Schneidemühlen nie eine ganz gleiche Stärke erhalten, so ist es erforderlich, beim Verlegen derselben in eine wagerechte Ebene oder „in Flucht“, die stärkeren Bretter abzuzwerchen, d. h. an deren Unterfläche mit dem Schrupp- oder Zwerchhobel diagonal oder quer gegen die Adern über den Balkenauflagern die zu grosse Stärke abzuhobeln. Auf jedem Balken oder Lagerholz erhält ede Diele eine zweimalige Nagelung, deren Nägel die dreifache Brettstärke zur Länge erhalten und mittels des Versenkers, Senkstiftes oder Durchschlages mit ihren Köpfen in die Oberflächen der Dielungsbretter versenkt und später verkittet werden, nachdem die Dielen mittels in die Balken eingeschlagener, eiserner Klammern und Holzkeile fest aneinander getrieben worden sind. Zu grösserer Vorsicht ist es empfehlenswert, den Dielen an ihren Hirnholzflächen Brettstückchen vorzunageln, um dieselben bei etwaiger Feuchtigkeit der Mauern vor Fäulnis zu schützen.

Die Richtung der Dielen ist gewöhnlich senkrecht zur Fensterwand zu nehmen, weil abgeschleisste oder abgenutzte Dielungsbretter auf diese Weise leichter herausgenommen und durch neue ersetzt werden können, während in Korridoren und Gängen die Dielen nach deren Längenausdehnung, also parallel zur Fensterwand mit versetzten Stössen verlegt werden müssen, da die in der Ganglinie befindlichen Bretter leichter abschleissen als die seitlichen. Die Dielung aber darf erst dann aufgebracht werden, wenn das Gebäude vollkommen eingedeckt, das Aufschüttungsmaterial der Zwischendecken ganz ausgetrocknet ist und die verglasten Fenster bereits eingesetzt sind. Bei Balkenlagen ohne Zwischendecken ist es vorteilhaft, unter die eigentliche Dielung einen aus 2 bis 2,5 cm starken, rauhen Brettern hergestellten Blind- oder Blendboden zu verlegen, dessen Unterfläche jedoch glatt gehobelt werden kann.

In Wohnräumen werden die ordinären Fussböden entweder mit Leinöl zweimal getränkt und darauf lackiert, wobei die Maserung des Holzes sichtbar bleibt, oder sie erhalten einen Ölfarbenanstrich, nachdem die versenkten Nägelköpfe verkittet worden sind. Der Anstrich mit Ölfarbe bezw. Lack darf aber erst nach vollkommener Austrocknung der Dielen erfolgen.

Stärkere Holzfussböden werden erforderlich in schwerbelasteten Gebäuden, wie Fabriken, Speichern und Lagerhäusern, zu welchen man Bohlen von 4 bis 10 cm Stärke verwendet; bei grösserer Bohlenstärke ist es jedoch vorteilhafter und feuersicherer, an deren Stelle zwei Bohlenlagen von geringerer Stärke übereinander anzuordnen. Nach der Stärke der Dielen und Bohlen richtet sich auch die Entfernung der Balken von einander und zwar trägt sich erfahrungsgemäss frei:

eine 2,5 cm starke Diele 0,80 m,
„ 4 „ „ „ 1,00 „
„ 4,5 „ „ „ 1 bis 1,20 m,
„ 5 „ „ Bohle 1,50 m,
„ 6,5 „ „ „ 2,00 „
„ 8 „ „ „ 2,50 „
„ 10 „ „ „ 3,00 „
„ 13 „ „ „ 4,00 „
„ 16 „ „ „ 4,50 „

Nach der Bearbeitung der Bretter unterscheidet man rauhe und gehobelte Dielenfussböden, deren erstere nur in untergeordneten Gebäuden und in Bodenräumen Verwendung finden.

Nach der Verbindung der Bretter aber teilt man die ordinären Holzfussböden ein in:

a) den gefügten oder gestrichenen Dielenfussboden, bei welchem die Längenkanten der Bretter, mit der Füglade gerade gehobelt, gefügt sind. Als Verbindung wendet man das gerade oder schräge Fugen an, vergl. Textfigur 178, 179 und 239 a, b. Die durch das Zusammentrocknen der Dielen entstehenden Fugen können durch späteres Ausspänen oder auch durch Zusammentreiben der Dielen geschlossen werden.

b) den gefalzten oder halbgespündeten Fussboden, dessen Dielen mit Falzen übereinander greifen, wodurch eine grösssere Dichtigkeit des Fussbodens erzielt wird. Derselbe wird indessen nur selten angewendet, höchstens bei Verwendung schwächerer Dielen. Textfigur 180 und 239 c.

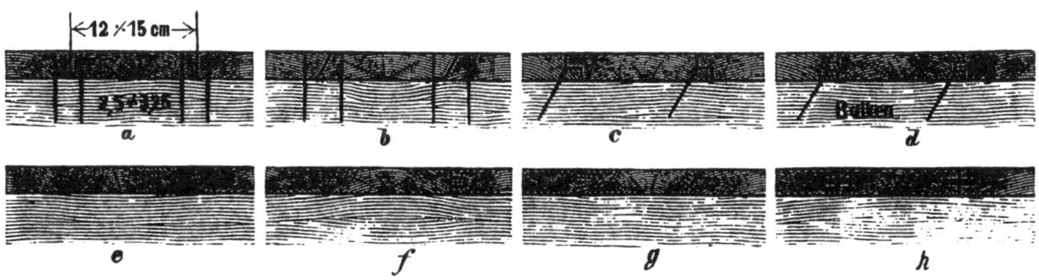

Fig. 239.

c) die ganzgespündete Dielung. Sie giebt einen festen, dichten Fussboden, weil die Bretter sich gegenseitig stützen, und wird am meisten angewendet. Die Verbindung der Bretter erfolgt durch den ganzen Spund oder die Spundung. Vergl. Textfigur 181 a, b, c, d, e und 239 d, e, f, g. Etwa entstehende Fugen können ebenfalls durch Zusammentreiben der Dielen, oder durch Verkitten mittels eines Kittes aus Sand und Tischlerleim oder eines Ölkittes geschlossen werden.

d) die gefederte Dielung. Bei derselben erhalten die Bretter an beiden Längenkanten Nuten, in welche Federn aus Rotbuche, Eiche, Flach- oder Bandeisen eingetrieben werden. Textfigur 183 und 239 h. Die Federung ist aber für Dielenfussböden wenig in Gebrauch, sie wird vielmehr bei Parkettfussböden angewendet.

e) den Dielenfussboden aus geleimten Tafeln, welcher dadurch gebildet wurde, dass man zwei oder drei Bretter zu einer Tafel mittels eines Kittes aus Quark (Käse) und Kalk zusammenleimte, verschraubte und dann glatt hobelte. Dieser Fussboden aber wird fast gar nicht mehr angewendet, da beim Schwinden des Holzes bei den breiten Tafeln nur um so grössere Fugen entstanden.

In der Neuzeit sind vielfach Versuche gemacht worden, durch besondere Konstruktionen Dielungen herzustellen, bei welchen die durch das Schwinden des Holzes entstehenden Fugen möglichst verhütet oder durch ein leichtes Zusammentreiben bezw. Abheben der Dielungsbretter geschlossen werden können. Zu diesen gehört:

f) der Patentfussboden, bei welchem der ganze Fussboden eines Raumes eine einzige zusammenhängende Platte bildet und das Schwinden des Holzes in Gestalt von Fugen nur an den Wänden zum Ausdruck gelangt. Diese Fugen werden entweder durch die Scheuerleisten an den

Wänden entlang gedeckt oder durch Anordnung von Friesbrettern (Friesen) geschlossen. Die Bretter dieser Dielung sind auf Gratleisten aufgeschoben und sämtlich geleimt. Textfigur 240.

g) die Dielung mit Eisenhaltern zum leichten Abheben und Zusammentreiben der Bretter, bei welcher die Dielungsbretter an _/‾ Eisen mit Holzschrauben befestigt werden. Diese Façoneisen können an Winkel-

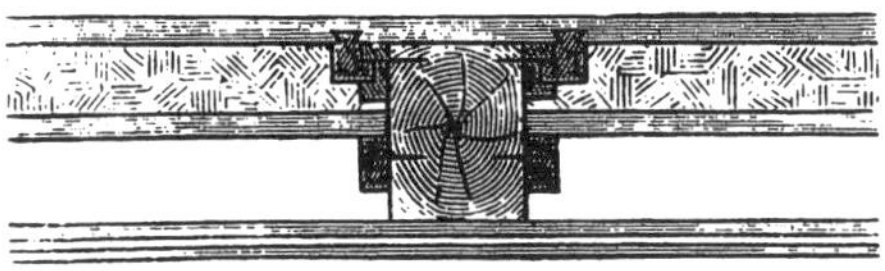

Fig 240.

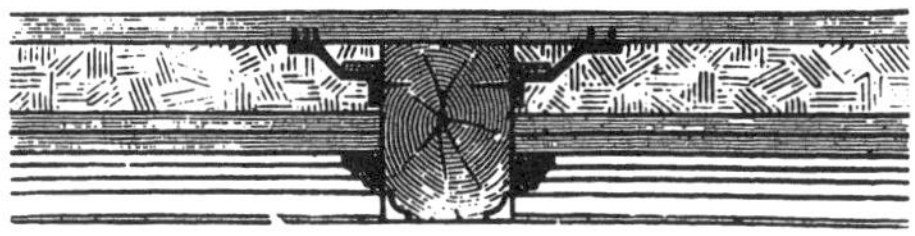

Fig. 241.

eisen fortbewegt werden, die an die Seitenflächen der Balken angeschraubt sind. Textfigur 241.

Bei sehr tiefen Räumen reicht die gewöhnliche Länge der Bretter — 4,5 bis 7,5 m — nicht aus, weshalb ein Stoss der Dielen gegen einen Querfries erforderlich wird, wodurch

h) der Friesfussboden entsteht. Die Friesbretter werden aus Kiefernholz, besser jedoch aus Eichenholz hergestellt und auf Balken oder eingezogenen kleinen Wechseln oder Zwischenlagern befestigt. In den Fries greifen die Bretter mit halbem oder ganzem Spunde ein Textfigur 242.

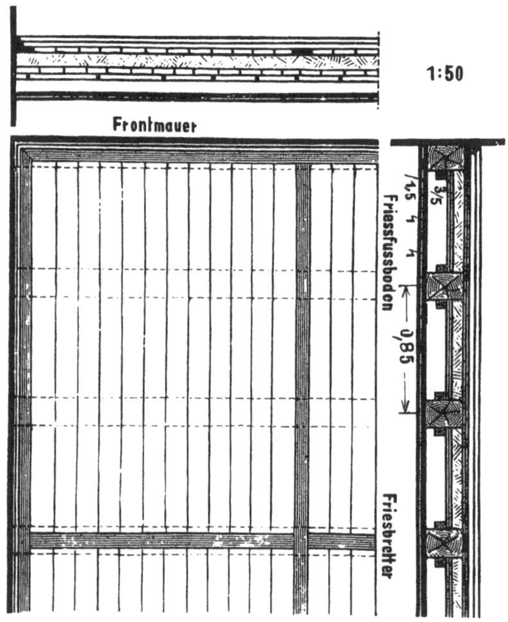

Fig. 242.

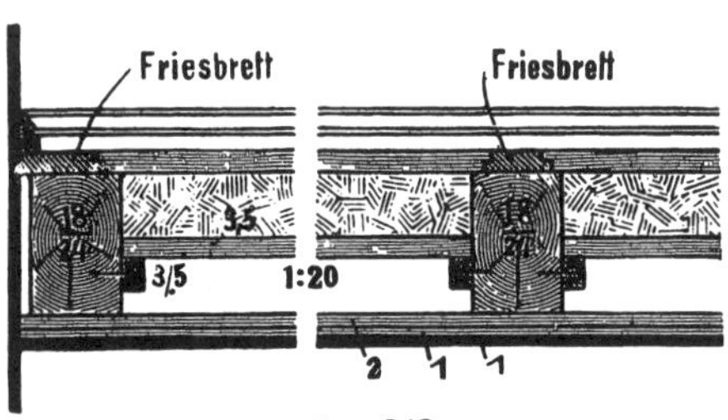

Fig 243.

Fig. 244.

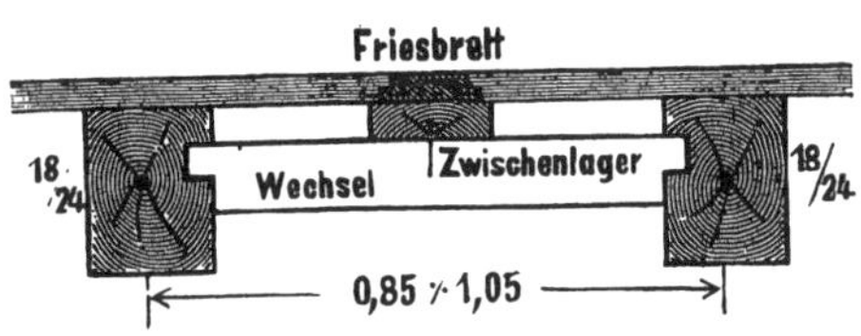

Fig. 245.

Die verschiedenen Anordnungen der gegenseitigen Befestigungen der Dielen- und Friesbretter sind in Textfiguren 243, 244 und 245 dargestellt.

k) die Dielung auf Lagerhölzern über gewölbten Räumen. Die Lagerhölzer aus Eichenholz 7|9, 8|10 cm, aus Kiefern- oder Fichtenholz 10|10, 10|12, 12|12, 12|15, 13|13 cm stark, letztere mit Carbolineum imprägniert, ruhen in Entfernungen von 0,60 bis 0,80 m in dem über dem Gewölberücken bis Oberkante Lagerholz oder Unterkante Dielung aufgebrachten, trockenen von organischen Substanzen freien Schüttungsmateriale aus Lehm, Sand, Kohlenschlacken oder Koaksasche, sind in einem Abstande von 5 bis 7 cm über dem Scheitel des Gewölberückens zu verlegen und erhalten ihr Auflager am

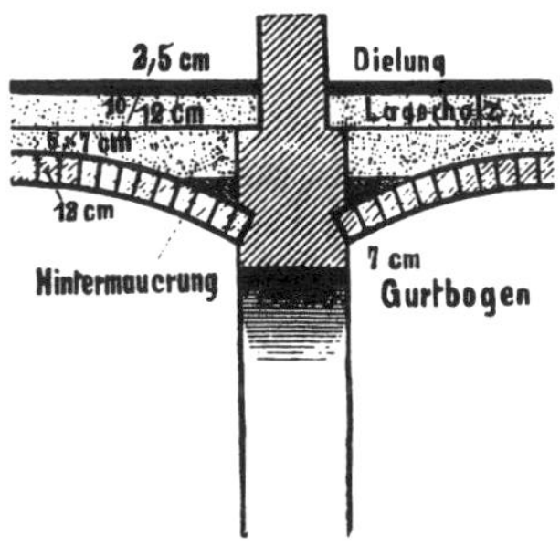

Fig. 246.

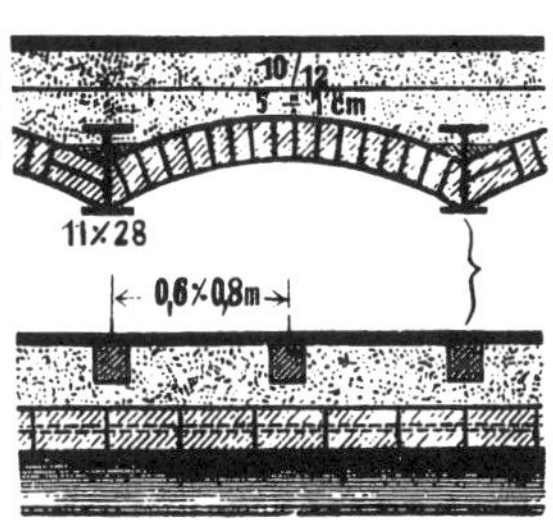

Fig. 247.

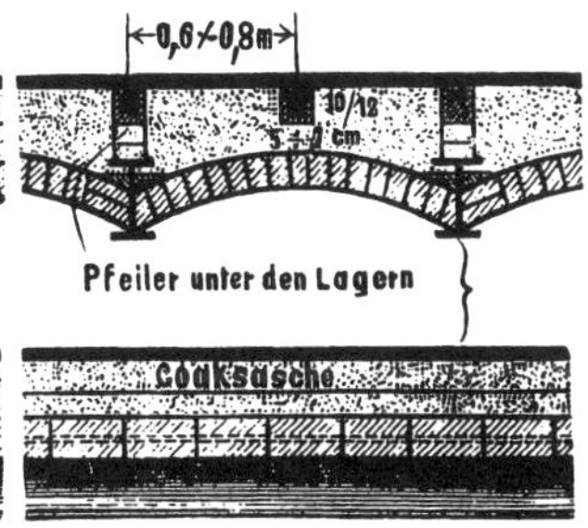

Fig. 248.

besten auf den Aufmauerungen der Gurtbögen, welche den Kappen als Widerlager dienen. Textfigur 246. Bei Kappengewölben zwischen I-Trägern ordnet man die Lagerhölzer vorteilhaft auf oder über dem oberen Trägerflansch an; im letzteren Falle werden kleine Ziegelpfeiler in Abständen von 1 m in der Längenrichtung der Lager bezw. I-Träger erforderlich. Textfigur 247 und 248. An den Wänden sind die Lagerhölzer gehörig zu verkeilen.

l) die Dielung auf Lagerhölzern in bewohnten Kellerräumen. Bei derselben kommt es hauptsächlich darauf an, einen trockenen, schwammsicheren Fussboden zu erhalten. Zu diesem Zwecke werden die Lagerhölzer mit Carbolineum imprägniert und über der steinernen Unterlage, als flachseitigem, 6,5 cm starken oder hochkantigen, 12 cm starken Ziegelsteinpflaster oder einer 12 bis 20 cm starken, vorteilhaft mit Cementestrich abgeglichenen Betonschicht, durch untergelegte Asphalt-Dachpappstreifen gehörig isoliert. An Stelle der Dachpappe kann man auch die Lager auf kleine quadratische Pfeiler, aus zwei Dachstein- oder Ziegelschichten bestehend, verlegen, um die aufsteigende Erdfeuchtigkeit fern zu halten. Diese mit Asphalt abzudeckenden Pfeiler ordnet man in Entfernung von 1 m in der Längenrichtung der Lagerhölzer an. Der hierdurch unter und zwischen den Lagern gebildete isolierende Hohlraum wird vorteilhaft mit den Ventilationskanälen oder Rauchröhren in Verbindung gebracht, damit beständige Luftzu-

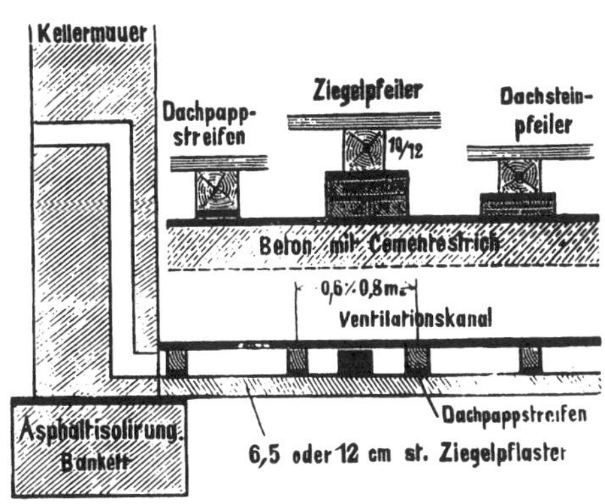

Fig. 249.

und -abführung als beste Isolierung gegen Feuchtigkeit erzielt wird. Textfigur 249. Auch hier sind an den Wänden die Lagerhölzer gehörig zu verkeilen.

1 qm rauher, gespündeter Fussboden, 2,5 cm stark, kostet einschliessl. Material 2 bis 2,50 Mk.
1 qm gehobelter, gespündeter Fussboden, wie vorher, 2,80 bis 3,30 Mk.
1 qm desgl. 3,25 cm stark, wie vorher, 3,50 bis 4,20 Mk.
1 lfd. m Fries aus Kiefernholz 0,50 Mk.

2) Das Bandparkett, der Riemen-, Schiffs- oder Wiener Stabfussboden.

Das Bandparkett besteht aus 10 bis 12 cm breiten und ca. 1 m langen Riemen, zu welchen hauptsächlich präparierte Rotbuche, Edeltanne, Eichenholz, amerikanische (kanadische) Kiefer (Pitch-pine), kalifornische Kiefer (Yellow-pine), und amerikanischer Ahorn verwendet wird. Die Riemen werden entweder direkt auf die Balken oder besser auf einen Blindboden aus rauhen Brettern von 2 cm Stärke aufgenagelt oder aufgeschraubt und mit geraden Fugen unter wechselnden Stössen der Riemen — Textfigur 250 — oder mit schrägen, unter einem Winkel von 45° gerichteten Fugen mit geradem Fugenschnitte der Riemen —

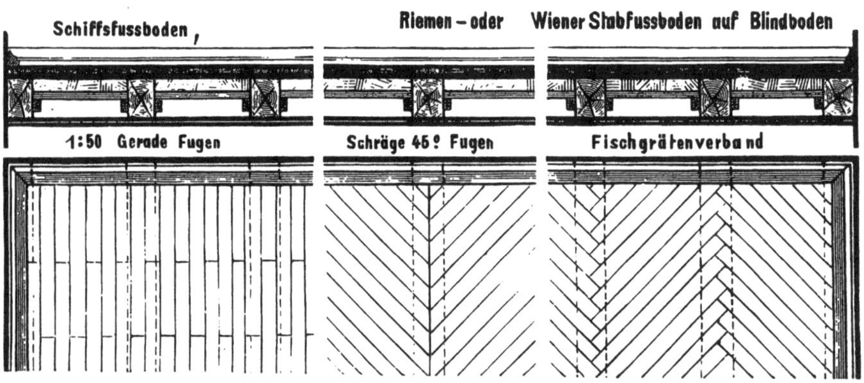

Fig. 250. Fig. 251. Fig. 252.

Textfigur 251 — oder im sogenannten Fischgrätenverbande angeordnet. Textfigur 252. Der Blindboden kann hierbei auf die Balken — Textfigur 253 — oder in rechteckige Falze der Balkenoberkanten verlegt werden. Textfigur 254. Im ersteren Falle liegt der Blindboden mit dem gewöhnlichen Dielenfussboden nicht parkettierter Räume in einer wagerechten Ebene, — Textfigur 255 — während in letzterem Falle Parkett und Dielenfussboden in einer Flucht liegen. Textfigur 256.

Der Anschluss der Riemen an den Wänden wird meist durch Friesbretter bewirkt oder durch Scheuerleisten überdeckt.

Die Nagelung der Riemen auf den Balken oder den Blindboden erfolgt schräg in die Nuten derselben, während man die Riemen unter sich durch ganze Spundung oder Federung verbindet. Werden die Riemen mit vertieften Holzschrauben aufgeschraubt, so entsteht der eigentliche

Schiffsfussboden. Textfigur 257 zeigt die Verbindung einer Ecke des Riemenfussbodens in isometrischer Darstellung.

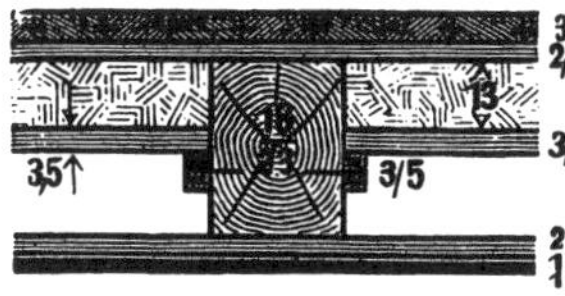

Fig. 253.

Fig. 254 a.

Fig. 254 b.

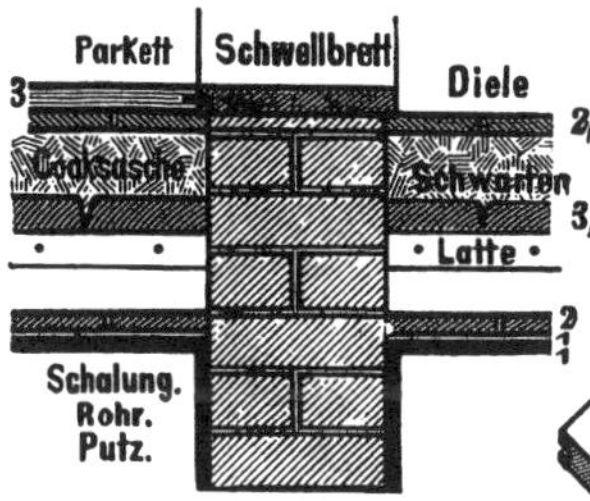

Fig. 255.

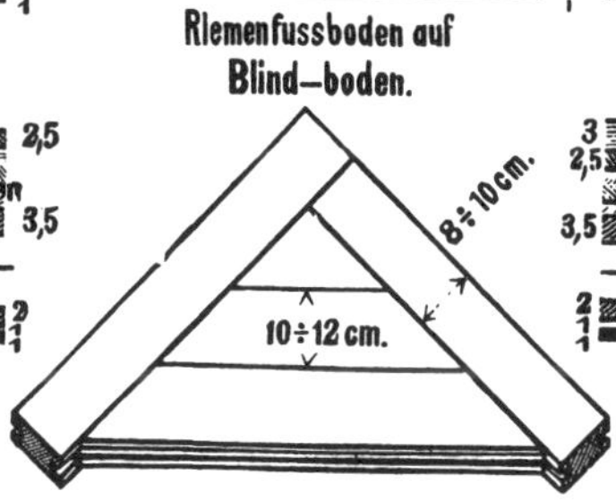

Fig. 257.

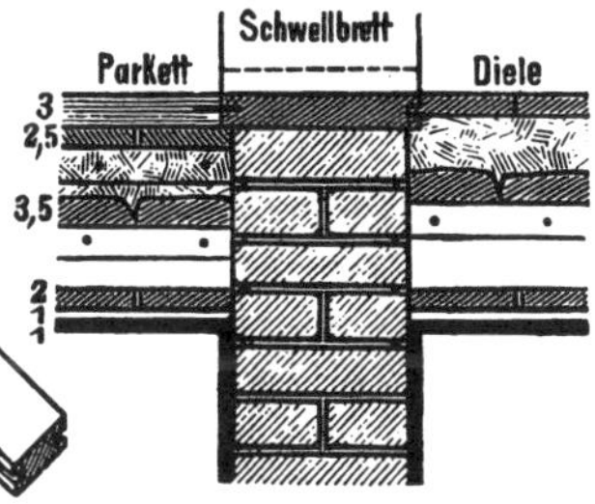

Fig. 256.

Eine besondere Art des Riemenfussbodens bildet der deutsche Fussboden des Hofzimmermeisters Hetzer in Weimar, D. R.-P. 63018, bei welchem die meist 2,5 cm starken, 6 bis 10 cm breiten und 50 bis 80 cm langen Riemen oder Stäbe, die mit Federn an den gefalzten Langseiten ineinander greifen, an den Hirnseiten mit kräftigem Zapfen in 4 bis 8 cm starke und 10 bis 12 cm breite, gefalzte Lagerfriese, ohne Nagelung, beweglich eingelegt werden. Die Federn wie Zapfen liegen hierbei nicht in der Mitte der Holzstärke, sondern mehr nach der unteren Seite, wodurch die Ablauffläche erhöht wird. Nur die Lagerfriese ruhen auf ihrer

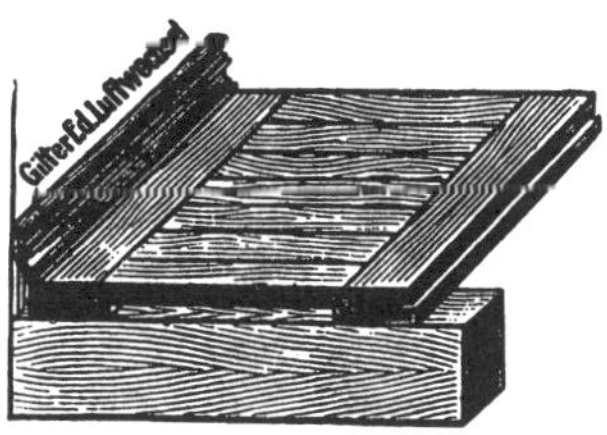

Fig. 258.

Fig. 259.

Unterlage, welche aus Lagerhölzern, Balken, eisernen Trägern, Gewölben, Cementbeton, Monierdecken, Gypsdielen und flachseitigem Ziegelsteinpflaster bestehen kann und von der Auflagerfläche der Friese isoliert werden muss. Die Lagerfriese, aus Kiefernholz mit 1 cm starker Buchenholzfournierung, können bis zu 12 m Länge ungestossen hergestellt werden. Die Riemen lassen an den Wänden einen ungefähr 5 cm offenen Spielraum zur freien Bewegung des Holzes und zur Lufterneuerung unter dem Fussboden. Textfigur 258. 259. Dieser Spielraum aber wird oberhalb durch eine gegliederte, hinten schräg abgeschnittene Wandleiste geschlossen, welche eine durchgehende, schmale, senkrechte, bis zum Austrocknen des Baues mit feinmaschiger Kupfergaze verschliessbare Öffnung an der Wandseite zur Verbindung der Zimmerluft mit dem Luftraum unter dem Fussboden erhält. Nach vollständigem Austrocknen des Baues kann diese Öffnung durch eine genau passende, jederzeit wieder entfernbare Holzleiste geschlossen werden. Eine weitere Vervollkommnung dieser Konstruktion erfolgte durch Anwendung gefalzter, an der Unterseite ausgeklinkter Kastenlager an Stelle der Lagerfriese. Textfigur 260. 261.

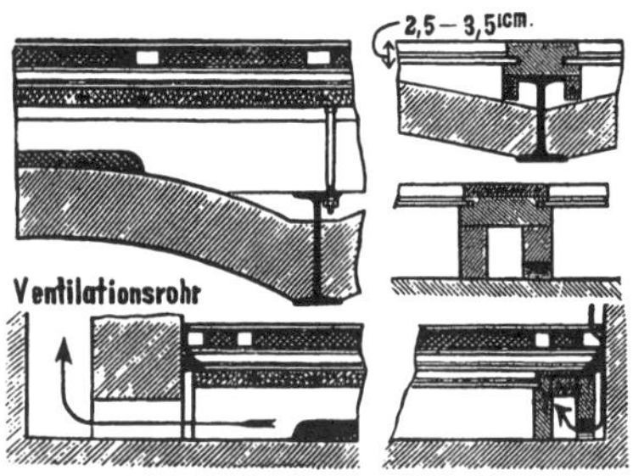

Fig. 260.

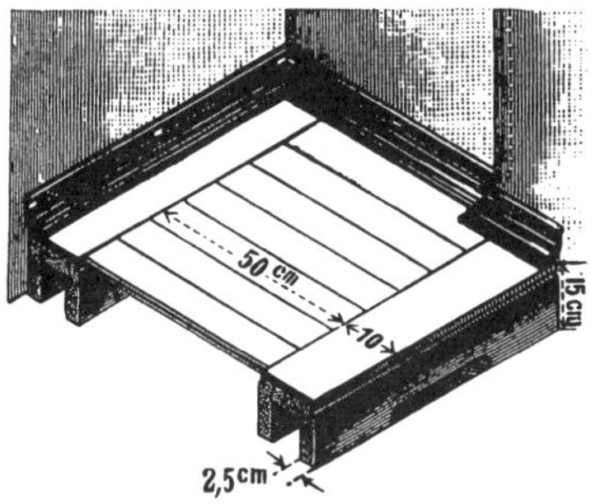

Fig. 261.

Durch diese mit Öffnungen versehenen Kastenlager und die durchbrochenen Wandleisten des Fussbodens wird eine vollkommene Luftcirkulation unter dem Fussboden und ein Schutz gegen Schwammbildung und Fäulnis erzielt. Der Hohlraum eines solchen Kastenlagers lässt sich mit einem Ventilationsrohre im Mauerwerke verbinden behufs Abfuhr schlechter, kalter, verdorbener Luft und Zufuhr frischer, trockener, warmer Luft. Weitere Vorteile dieses Fussbodens sind die Verhinderung des Hochgehens und starken Welligwerdens der Dielen, das leichte und dichte Schliessen der nach vollständigem Austrocknen des Baues etwa entstandenen Fugen, das bequeme und schnelle Herausnehmen und Wiederverlegen des Fussbodens aus provisorischen Bauten oder behufs Desinfektion, und die leichte Ergänzung oder Auswechselung abgenutzter Stäbe. An Stelle des Buchenholzes lässt sich auch jede andere zu Dielungen geeignete Holzart, z. B. Eiche, Kiefer, Fichte verwenden. (Nach gefl. Mitteilungen des Patentinhabers.)

Sowohl in Kellerräumen, welche als Wohnungen oder Aufenthaltsorte für Menschen dienen sollen, als auch in Durchfahrten, Schulen, Kasernen, Krankenhäusern, Lazarethbaracken legt man Riemen aus Eichenholz von 2,5 bis 3 cm Stärke, 10 bis 12 cm Breite und 50 bis 60 cm Länge häufig in Asphalt. Zum Zwecke besserer Verbindung mit der 1 cm starken Asphaltmasse erhalten die Riemen an ihrer Unterfläche schwalbenschwanzförmige Falze. Die in Asphalt verlegten Riemen erhalten stets eine Unterlage von 12 bis 20 cm starken Beton, oder von flachseitigem Ziegelsteinpflaster in Sandbettung. Textfigur 262 zeigt die verschiedene Anordnung der in Asphalt verlegten Riemen.

Hierher gehört auch die patentierte Holzflurplatte von Theissing in Münster in Westfalen, D. R.-P. 63399, welche aus quadratischen Eichenholzplatten von 34 cm Seitenlänge auf einem Blindboden bestehen und mit der Säge nach Maass geschnitten werden können. Die Schnittflächen sind jedoch alsdann vor dem Verlegen einmul mit Asphaltlack zu streichen.

1 qm Riemenfussboden aus 3,2 cm starken, aus dem Kern getrennten, schmalen Brettern, gehobelt und gespundet zu fertigen und zu verlegen einschliessl. Material kostet
mittelgut 5 Mk.,
astfrei 5,75 Mk.

1 qm schmaler, paralleler, astreiner Schiffsfussboden 5 bis 6 Mk.

1 qm Riemenfussboden aus Yellowpine 5 bis 6 Mk.

1 lfd. m Fries aus Kiefernholzbrettern 0,50 Mk.

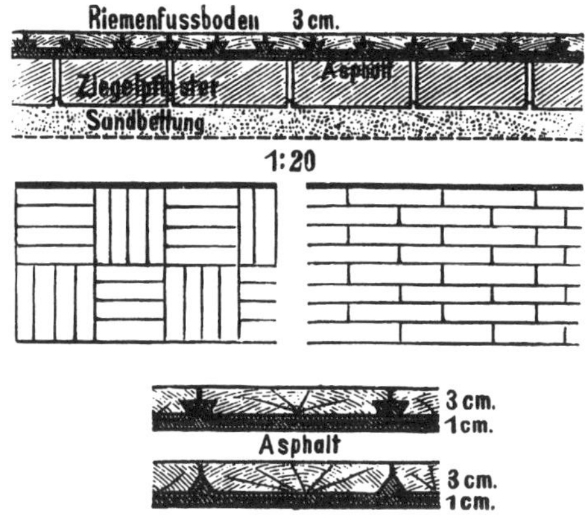

Fig. 262.

1 qm Blindboden zu Parketts 2,5 m stark über oder zwischen den Balken einschl. Leisten (Latten) 1,80 bis 2,25 Mk. (Vgl. Textfigur 253, 254 a, b.)

1 qm desgl. 3,5 cm stark 2,5 bis 3 Mk.

3) Das Tafelparkett. Dasselbe besteht aus zusammengeleimten Eichenholztafeln, welche mit Feder und Nut verbunden ebenfalls auf einem rauhen Blindboden verlegt werden. Es kann in reichster Weise durch Musterung unter Anwendung edler Holzarten, wie Ahorn, italienischer und amerikanischer Nussbaum, Rosenholz, Mahagoni, Palisander- oder Jakarandaholz, Amaranth- und Cedernholz, namentlich in den Friesen oder Bordüren, ausgeführt werden. Man unterscheidet:

a) Das massive Tafelparkett, welches aus 2,5 bis 4 cm starken Eichenholztafeln hergestellt wird, die unter sich durch Federung verbunden auf einem 2 bis 2,4 cm starken Blindboden aufgenagelt oder aufgeschraubt werden. Die Befestigung findet stets zweimal an jeder Tafelseite in der um die Tafel herumgehenden Nut statt, sie ist also äusserlich nicht sichtbar. Die Eichenholzfedern liegen mit ihrer Hirnholzseite meist unter Winkel von 45° geneigt zu ihrer Längenrichtung.

b) Das fournierte Tafelparkett. Dasselbe wird aus 0,5 cm starken Eichenholzfournieren hergestellt, welche auf eine Unterlage aus weichem Holze mit Blendrahmen und Hirnleisten aufgeleimt werden. Die Abschlüsse an den Wänden werden meist durch Friese der Bordüren bewirkt. Die Seitenlänge der quadratischen Tafeln, welche aus 4 bis 9 kleinen Tafeln aus Eichenholz mit wechselnder Richtung der Längsfasern zusammengesetzt werden können, beträgt 58, 62 bis 68 cm. Textfigur 263 zeigt den Querschnitt

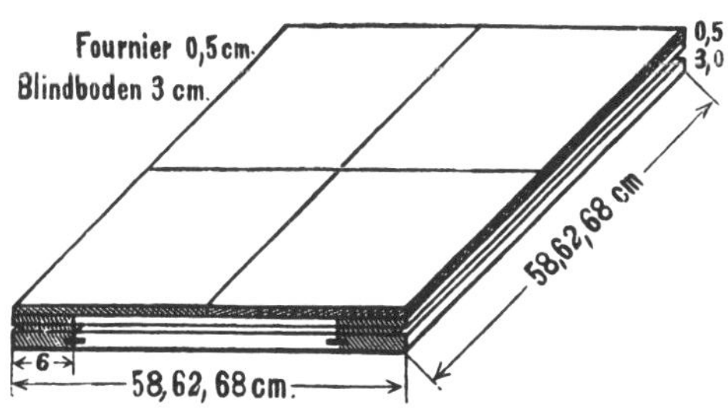

Fig. 263.

einer Parketttafel, Textfigur 264 einige Muster der Parkettfussboden-Fabrik von Adolf Heym in Leipzig-Plagwitz.

Der Parkettfussboden verträgt keine Nässe, weshalb derselbe **mit Wachs gebohnt** wird, d. h. er erhält einen Überzug von **Bohnerwachs**, welches durch Schmelzen von Wachs in Terpentinöl hergestellt, auf den Fussboden aufgetragen, gebürstet (frottiert) und mit wollenen Lappen abgerieben wird, wodurch der Fussboden einen glänzenden Überzug, eine Politur erhält. An Stelle des Bohnerwachses verwendet man in der Neuzeit mit grossem Vorteile auch sog. **Wachsseife**, welche aus Wachs, in Pottaschelösung aufgelöst und gekocht, besteht. Riemenfussböden werden entweder wie das Tafelparkett behandelt, oder mit **Terpentinöllack geölt**, oder sie erhalten einen Anstrich von **Harzfirnis**, einer Lösung von Kolophonium in heissem Leinölfirnis, und werden **lackiert**.

Fig. 264.

1 qm massiver Parkettfussboden, 24 mm stark, je nach Wahl des Musters einschl. Verlegen, Wachsen od. Firnissen schwankt zwischen 6 bis 9 Mk.

1 qm fournierter Parkettfussboden, 32 mm stark wie vorher, schwankt zwischen 10 bis 25 Mk.

1 qm Bordüren desgleichen 10 bis 28 Mk.

4) **Der Bohlenfussboden.**

Derselbe kommt zur Ausführung sowohl in Durchfahrten, als auch in den Ständen der Pferdeställe und wird aus Bohlen oder Latten von 6, 8, 10, 13, 16 cm Stärke und 8 bis 16 cm Breite hergestellt, welche glattgehobelt und dicht aneinander gefügt auf einer Unterlage von 6,5 oder 12 cm starken Ziegelsteinpflaster oder 20 cm starkem Beton verlegt werden. Textfigur 265.

Fig. 265.

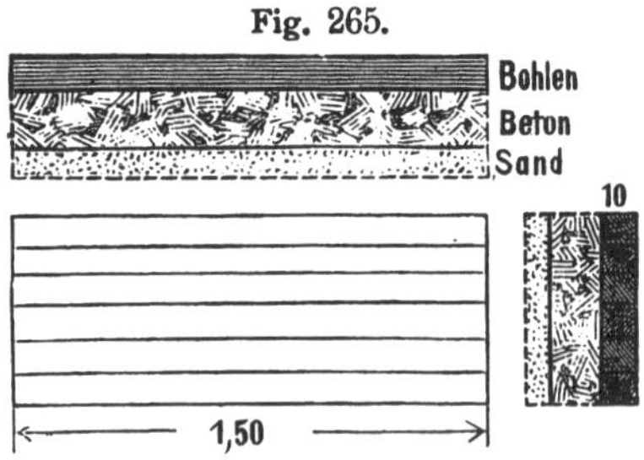

Auch können die Bohlen **auf Schweinsrücken** mit einander verbunden werden. Textfigur 266.

5) **Das Holzpflaster**, angewendet als Holzfussboden in Durchfahrten und als Strassenpflaster, wird entweder aus weichen imprägnierten oder harten Hölzern hergestellt. Zu ersteren eignet sich am besten **schwedische Kiefer** und **Rotbuche**, während zu

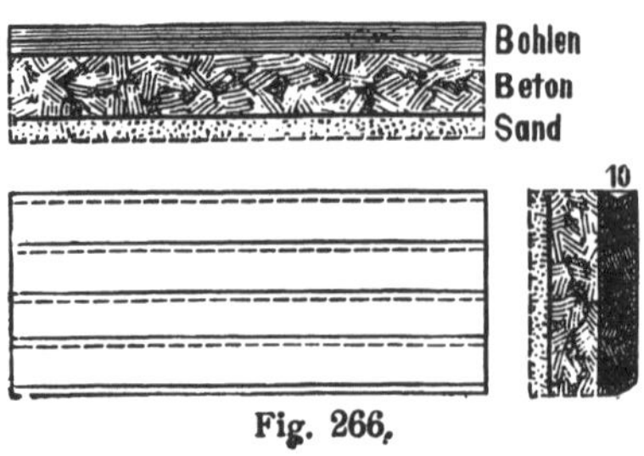

Fig. 266.

den letzteren ausländische Holzarten wie Tallow-wood- und Quebrachoholz verwendet werden. Vergl. Seite 1. Die in Leipzig zu Strassenpflasterungen verwendeten Holzklötze aus schwedischer Kiefer, Tallow-wood- und Quebrachoholz sind 10 cm hoch, 23 cm lang und 7,5 cm dick (nach englischem Maasse 4 Zoll = 102 mm hoch, 9 Zoll = 229 mm lang und 3 Zoll = 76 mm dick). Die Klötze aus schwedischer Kiefer werden mit Kreosot imprägniert. Am besten hat sich das Tallow-woodholz bei Strassenpflasterungen bewährt. Sämtliche Holzpflasterungen erhalten eine Unterlage aus Beton von 20 cm Stärke, im Strassenbahnkörper dagegen eine solche von 28 cm Stärke. Die Holzklötze aus weichem Holze werden mit Fugen von 5 bis 7 mm Breite versetzt, welche bis zur halben Höhe mit einer Mischung von Teer und Pech und darauf bis zur Oberfläche mit Cementmörtel ausgegossen werden. Letzterer wird im Mischungsverhältnisse von 1 Teil Cement zu 1 Teil reinem Sande hergestellt. Die Holzklötze aus Tallow-wood dagegen werden möglichst ohne Fugen versetzt, nachdem sie in eine siedend heisse Mischung von Teer und Pech soweit wie möglich mit blosser Hand eingetaucht worden sind. Unvermeidliche kleine Fugen werden nach fertiger Verlegung entweder mit einer Teer-Pechmischung oder vorteilhaft mit Cementmörtel durch Übergiessen oder Einkehren gedichtet. Zuletzt erhält das weiche Holzpflaster eine Kiesbestreuung von erbsengrossen Körnern auf die Holzoberfläche, das Tallow-woodpflaster dagegen einen schwachen Teerüberzug und auf diesen die gleiche Kiesbestreuung. Letztere ist bei weichem Holze monatlich einmal zu wiederholen, wobei sie nach ungefähr 8 Tagen, wenn der Kies zu Staub zerfahren ist, abgekehrt wird, während beim Tallow-woodpflaster feiner Sand nur bei nasser Witterung, wie beim Asphaltpflaster gestreut werden muss. Textfigur 267.

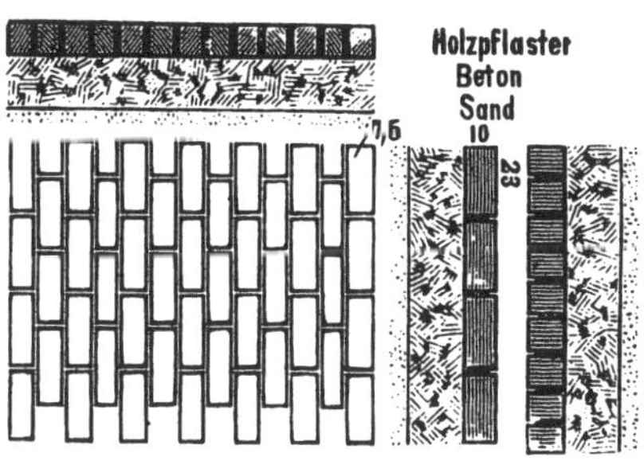

Fig. 267.

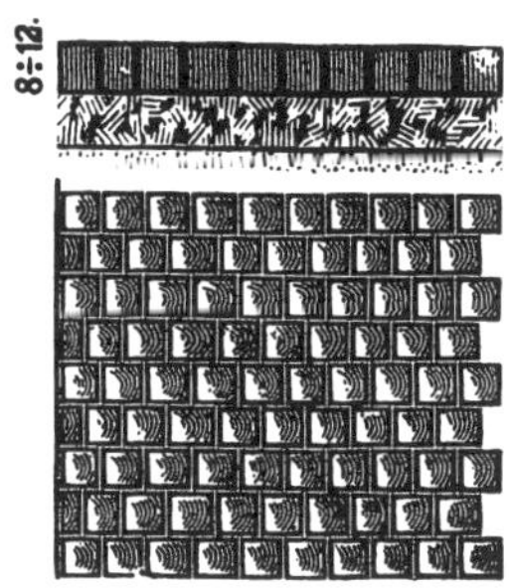

Fig. 268.

Eine andere Anordnung des Holzpflasters zeigt Textfigur 268, bei welcher die imprägnierten Holzklötze aus Kiefer oder Rotbuche von 8 bis 12 cm Höhe auf Hirnholz mit 1 cm breiten Fugen versetzt werden, welch' letztere mit Asphalt, Teer oder Pech ausgegossen werden müssen, worauf man die Oberfläche des Pflasters mit einer schützenden Sandschicht versieht. Auch dieses Pflaster erhält eine Unterlage aus Beton. Textfigur 268.

1 qm Holzpflaster aus schwedischer Kiefer einschliessl. Betonschicht als Unterlage kostet 15 bis 16 Mk.

1 qm desgl. aus Tallow-wood wie vorher 22 Mk.

6) Der Rostfussboden oder Lattenrost.

Derselbe wird aus Latten von $\frac{3}{5}$, $\frac{4}{6}$, $\frac{5}{8}$ cm Stärke hergestellt, welche an drei Seiten glatt gehobelt und deren Oberkanten abgefast werden. Diese Latten werden mit einer Lattenweite von 1 bis 2 cm auf Querlatten von gleicher Stärke genagelt. Textfigur 269. Der Lattenrost dient als Fussboden in den Gängen der Ställe und Abortanlagen (Pissoirs), sowie zum Schutze beim Begehen flacher Metalldächer aus Zink, Blei, Kupfer, auch wird derselbe in Eiskelleranlagen angewendet. Vergl. Textfigur 174, S. 86.

Fig. 269.

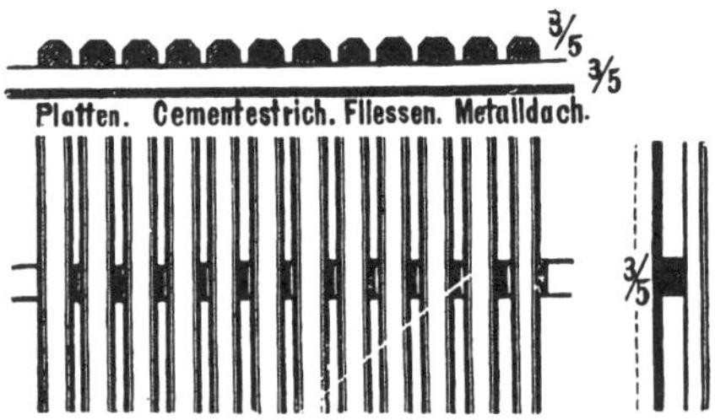

In der Neuzeit hat man auch bewegliche Lattenroste, D.R.-P. No. 20125, zum leichten Abheben des Holzfussbodens behufs Reinigung angewendet, bei welchem kurze Lattenstücke auf Eisenstangen aufgeschoben werden. Textfigur 270.

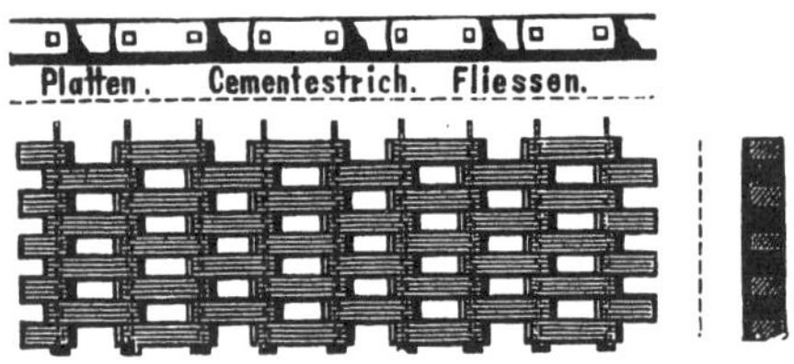

Fig. 270.

XI. Die Fussbodenleisten, Fuss-, Sockel- oder Scheuerleisten.

Zu den Fussböden gehören in konstruktiver Beziehung die Fussboden- oder Scheuerleisten, welche den Zweck haben, den oft unregelmässigen Anschluss der Dielungsbretter an den Wänden zu verdecken, ein Sichwerfen der Dielen zu verhindern und den Wandputz bezw. die Tapeten beim Reinigen des Fussbodens vor Beschädiguungen zu schützen. Sie werden 4 bis 16 cm hoch und 2,5 bis 4 cm breit gemacht und profiliert, gekehlt. Kleinere gekehlte Leisten werden durch Nagelung auf den Dielen befestigt, höhere Leisten dagegen nagelt oder schraubt man an eingegypste oder eingemauerte Holzdübel, die in Entfernungen von 1 bis 1,25 m angeordnet werden. Textfigur 271.

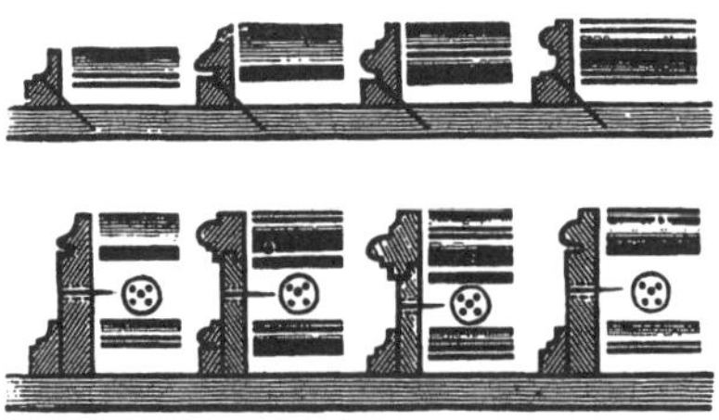

Fig. 271.

Die Balkenfelder, also die Hohlräume zwischen den Balken, ventiliert man unter dem Fussboden dadurch, dass man in den Scheuerleisten Öffnungen anbringt, welche durch Drahtgitter oder durchlochte Rosetten aus Zink, Bronce geschlossen werden müssen, damit das Ungeziefer ferngehalten wird. Die Parkettfussboden-Fabrik von Adolf Heym in Leipzig-Plagwitz fertigt sogen. Ventilationsscheuerleisten, deren Zweck ist: Lüftung der Balkenlager und Lagerhölzer, Verhütung von Schwammbildung, fortwährender Wechsel der Luft unter- und oberhalb des Fussbodens, also Abzug der unter dem Fussboden befindlichen, feuchten, kalten Luft und Zufuhr trockner, warmer Zimmerluft, daher Erwärmung des Fussbodens auch von unten, und endlich Verhütung des Abfaulens der Tapete über den Scheuerleisten Textfigur 272.

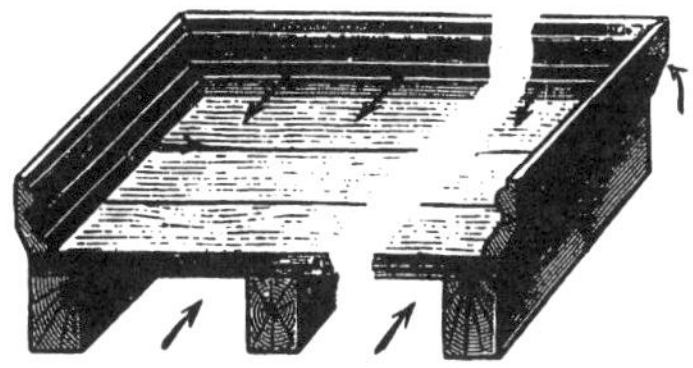

Fig. 272.

Höhere Fussbodenleisten gehen schliesslich über in die Wandbekleidungen, Holzvertäfelungen der Wände, Lambris oder Paneele, welche ebenfalls mit 1 cm Abstand von der ungeputzten Wandfläche als Luftisolierung hinter der Holzbekleidung an eingemauerten Holzdübeln angeschraubt werden. Die Wandbekleidungen werden mit Rahmen und Füllung, mit Sockelleiste und Gesimsbrettern, welche durch Konsole in ihrer Ausladung getragen werden, als gestemmte Arbeit wie die Thüren hergestellt und gehören zu den Tischlerarbeiten. Textfigur 273 und 274.

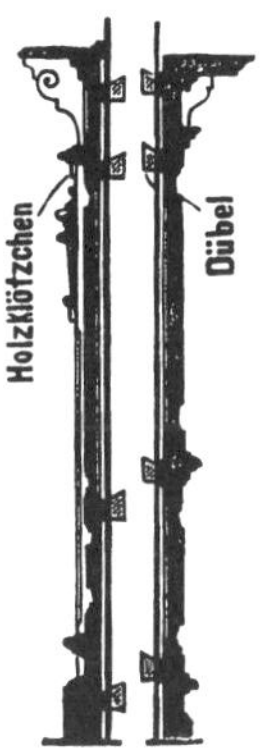

Fig. 273. Fig. 274.

Die eigentlichen Lambris reichen nur bis zum Fenster- oder Latteibrett hinauf, während die Paneele 1,8 bis 2 m Höhe erhalten oder in Thürhöhe abgeschlossen werden. Die über der Holzbekleidung übrig bleibende geputzte Wandfläche kann durch Tapeten oder Malerei dekoriert werden.

Auch in solchen Wandbekleidungen sind Ventilationslöcher einzubohren, welche, wie bei den Ventilationsscheuerleisten ebenfalls durch durchbrochene Metallrosetten verdeckt werden.

1 lfd. m 5 bis 6,5cm hohe, 2,5cm starke, gekehlte Fussleiste kostet 0,3 bis 0,4 Mk.

1 lfd. m desgl. 10 cm hoch, 0,50 bis 0,55 Mk.

1 lfd. m desgl. 13 cm hoch, 0,75 bis 0,90 Mk.

1 qm gestemmtes, einfaches Paneel 2,5 cm stark, 7,50 bis 10 Mk.

1 qm desgl. 3,5 m stark, 10 bis 15 Mk.

XII. Die Konstruktion der Dächer.

A. Allgemeines.

Unter einem Dache versteht man einen mit geneigten Flächen versehenen Gebäudeteil, welcher den Zweck hat, das Innere eines Gebäudes vor den Witterungseinflüssen zu schützen und das Regen- und Schneewasser abzuleiten. Jedes Dach besteht daher aus dem eigentlichen Dachgerüste und der Dacheindeckung, der sog. Dachhaut.

Die Neigung der Dachflächen zur Horizontalen richtet sich nach dem Verhältnisse der Höhe h zur Tiefe t eines Gebäudes, wodurch die Dächer besondere Namen erhalten Die Gebäudetiefe t ist einschliesslich der Hauptgesimsausladungen zu messen. Ist $h = \frac{1}{2}$ t, so entsteht das Winkeldach, bei welchem die Neigung der Dachflächen zu einander $90^0 = 1$ R, zur Horizontalen dagegen 45^0 beträgt. Ist aber $h = \frac{1}{3}, \frac{1}{4}, \frac{1}{5}$ t u. s. w., so erhält man das Drittel-, Viertel-, Fünftel-Dach. Dächer mit $\frac{1}{3}$ der Gebäudetiefe als Höhe nennt man auch steile Dächer, im Gegensatze zu den flachen Dächern mit $h = \frac{1}{4}, \frac{1}{5}, \frac{1}{10}, \frac{1}{20}, \frac{1}{30}$ t. Steile Dächer, deren Höhe = oder > als t ist, heissen gothische Dächer zum Unterschiede von den flachen italienischen Dächern mit h = oder < als $\frac{1}{3}$ t.

Den Dachdeckungsmaterialien entsprechend wendet man folgende Dachneigungen (h : t) an:

für Stroh-, Rohr- und Schindeldach: $h = \frac{1}{2}$ t,

für Ziegeldach: $h = \frac{1}{3}$ bis $\frac{1}{4}$ t, für Metalldach: $h = \frac{1}{8}$ bis $\frac{1}{12}$ t,

für Schieferdach: $h = \frac{1}{4}$ bis $\frac{1}{5}$ t, für Kiespappdach: $h = \frac{1}{12}$ bis $\frac{1}{15}$ t,

für Theerpappdach: $h = \frac{1}{6}$ bis $\frac{1}{8}$ t, für Holzcementdach: $h = \frac{1}{20}$ bis $\frac{1}{30}$ t.

Nach der Form der Dächer unterscheidet man:

a) Satteldächer, welche aus zwei Dachflächen bestehen, die das Gebäude derart überdecken, dass die Abwässerung des Regen- und Schneewassers nach zwei entgegengesetzten Seiten der Grundrissform erfolgt. Die beiden Dachflächen werden unterhalb durch die Dachtraufe oder die Traufkanten begrenzt, während sie sich oberhalb in einer wagerechten oder geneigten Firstlinie, dem Firsten oder Forst schneiden. Textfigur 275.

b) Pultdächer, bei welchen die Abwässerung nach einer Seite hin erfolgt. Sie bestehen daher aus nur einer Dachfläche, die unterhalb durch eine Traufkante und oberhalb durch eine Firstlinie begrenzt wird. Textfigur 276.

Bei Sattel- und Pultdächern nennt man den Anschluss der Dachflächen an die seitlichen senkrechten Giebel den Bord des Daches.

e) Walmdächer. Wird ein Satteldach an seinen Giebeln teilweise oder ganz abgeschrägt, so nennt man solche Abschrägungen der Giebelseiten eines Gebäudes Walme, welche Dachflächen meist den gleichen Neigungswinkel erhalten wie die Dachflächen über den sog. Langseiten, den Dachflächen über den Traufkanten der Frontwände eines Gebäudes. Ist die Abschrägung des Giebels eine teilweise, liegen also die Traufkanten der Langseiten und Walme verschieden hoch, so entsteht der sog. halbe Walm oder Krüppelwalm, Textfigur 277; haben dagegen die Langseiten und Walme gleichhohe Traufkanten, gehen also die Traufkanten (Hauptsimsoberkante) in gleicher Höhe um Front- und Giebelseiten eines Gebäudes

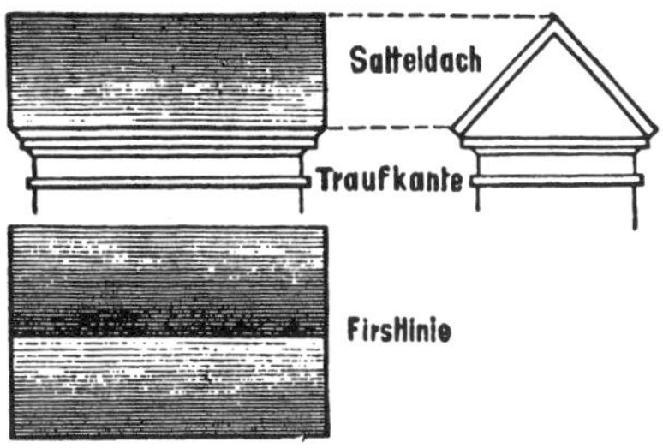

Fig. 275.

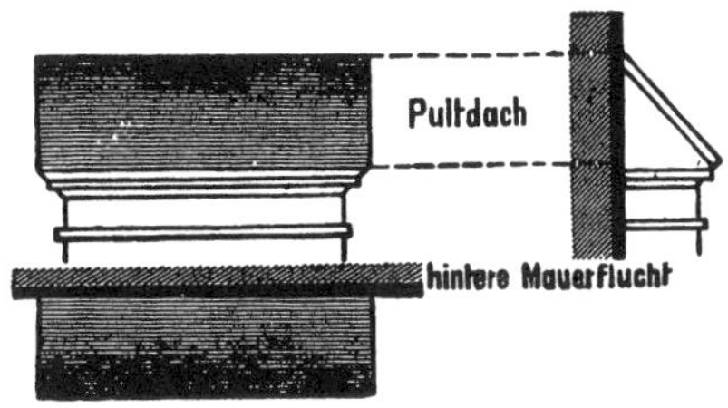

Fig. 276.

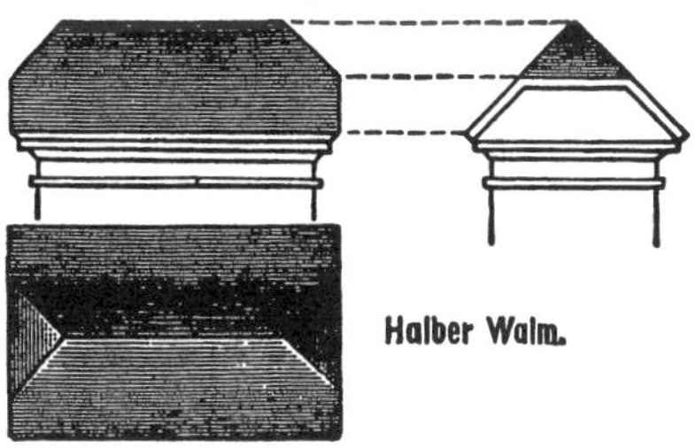

Fig. 277.

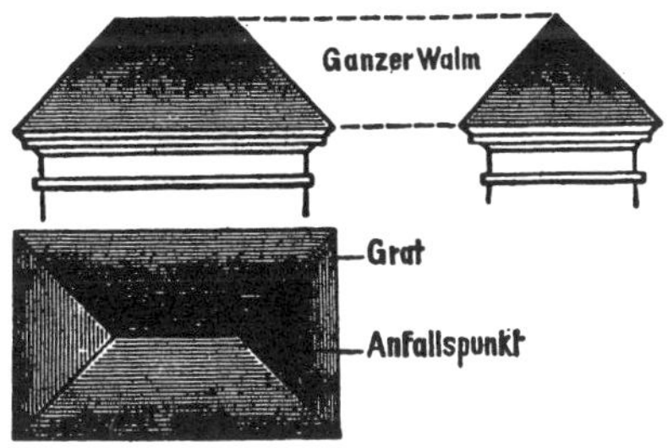

Fig. 278.

herum, so erhalten wir den ganzen Walm. Textfigur 278. Die Durchschnittslinien der Langseiten- und Walmflächen heissen Grate oder Gratlinien, und die Sparren, welche in der Richtung der Gratlinien angeordnet werden, Gratsparren; den Durchschnittspunkt zweier Gratlinien im Firsten aber nennt man den Anfallspunkt des Walmdaches. Vergl. Seite 23 und 24. Werden mehrere unter spitzen, rechten oder stumpfen Winkeln zusammenstossende Gebäudeteile unter einem Walmdache vereinigt, so entstehen sogenannte Wiederkehren, deren Dachflächen im einspringenden Winkel der Traufkanten sich in einer Kehle oder Kehllinie schneiden, deren Grundrissprojektion mit der Halbierungslinie des Winkels zusammenfällt, welchen die Traufkanten miteinander bilden. Der Sparren, welcher in der Richtung der Kehllinie angeordnet werden muss, heisst Kehl- oder Kehlgratsparren, derartige Dachformen selbst aber Kehlen- oder Wiederkehrdächer. Textfigur 279.

d) Mansardendächer, welche als Sattel-, Pult-, Walm- und Wiederkehrdächer auftreten können. Sie bestehen aus gebrochenen Dachflächen, von denen die unteren steil, die oberen dem Dachdeckungs-Materiale entsprechend mehr oder weniger flach sind. Diese Dachform

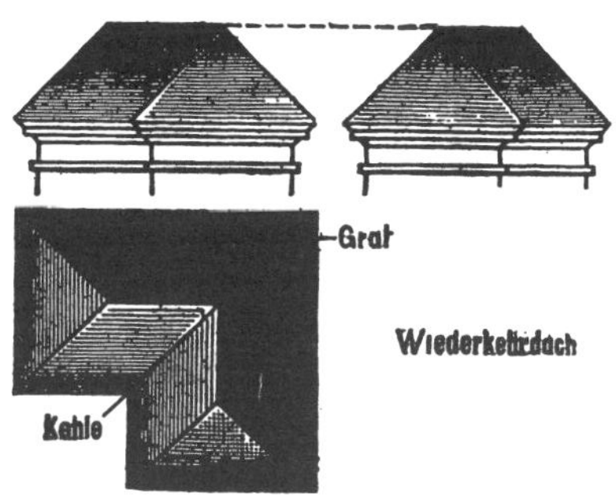

Fig. 279.

hat ihren Namen nach ihrem Erfinder, dem französischen Architekten Mansart oder Mansard erhalten, welcher 1598 geboren und 1666 gestorben, zu Paris ums Jahr 1650 derartige Dachformen bei seinen Bauten anwendete und reich verzierte, z. B das Schloss Maisons (jetzt Maisons Lafitte) bei St. Germain en Laye, während eigentlich schon vor ihm de Clagny solche Dächer zur Ausführung gebracht hatte. Durch die Hugenotten wurde diese Bauweise auch nach Deutschland übertragen, wo sie vielfach, wenn auch in der Neuzeit modifiziert, angewendet wird. Textfigur 280.

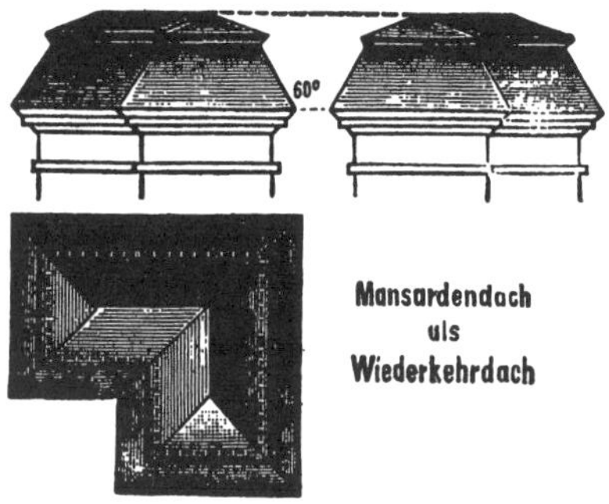

Fig 280.

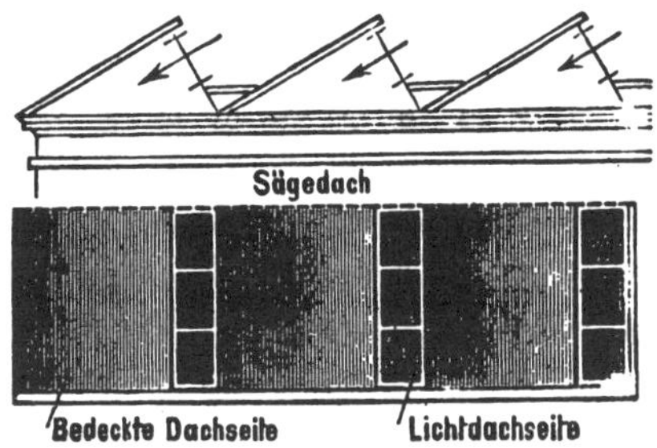

Fig. 281.

e) Shed-, Parallel- oder Sägedächer. Sie sind der Form nach Satteldächer mit ungleichschenkligen Dachflächen und bestehen aus einer flachen, bedeckten Dachseite und einer steilen, vorteilhaft nach Norden gerichteten Lichtdachseite. Sie werden meist in ausgedehnten Fabrikanlagen von grosser Gebäudetiefe behufs guter und gleichmässiger Beleuchtung der Arbeitssäle angewendet, zu deren Erleuchtung seitliches Fensterlicht nicht ausreichen würde. Textfigur 281.

f) Zeltdächer. Sie sind Walmdächer über quadratischem oder polygonalem Grundrisse, bei welchen die Walmflächen so nahe aneinander rücken, dass aus der Firstlinie ein Firstpunkt, die Spitze des Zeltdaches, wird, welcher lotrecht über dem Schwerpunkte der Grundrissfigur liegen muss. Der geometrischen Form nach sind die Zeltdächer Pyramidendächer, Textfigur 282. 283, während ein Zeltdach über kreisförmigem Grundrisse als Kegeldach bezeichnet wird, Textfigur 284. Zeltdächer von be-

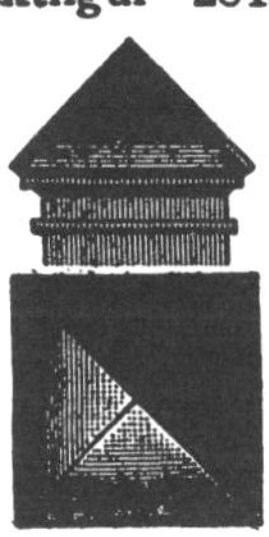

Fig 283.

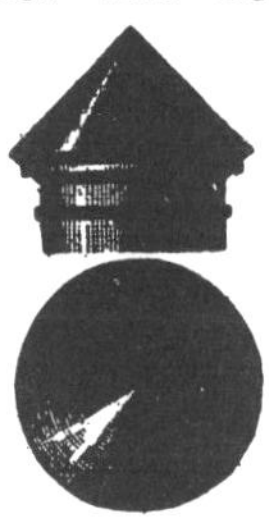

Fig. 284.

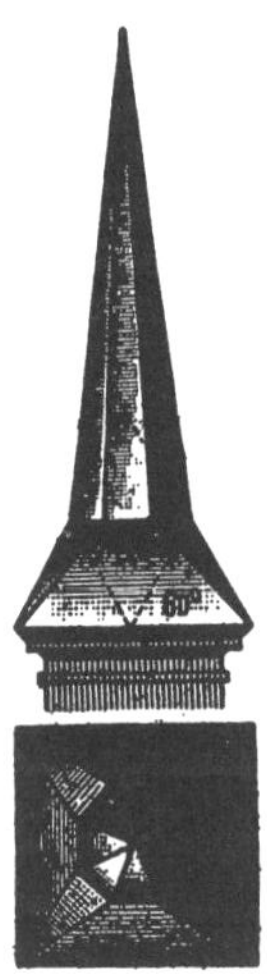

Fig 285.

Fig. 286.

Fig. 287.

deutender Höhe aber nennt man Turmdächer oder Türme. Textfigur 285. 286. 287.

g) Bohlendächer od. geschweifte Dächer. Dieselben können als Satteldächer — sog. Cylinderdach — Textfigur 288, Pult-, Mansarden- und Zeltdächer konstruiert werden unter Anwendung von Bohlensparren, welche nach jedem beliebigen Krümmungs-Halbmesser geschnitten werden können. Ist das Profil eines Zeltdaches halbkreisförmig oder mit überhöhtem Bogen, Spitzbogen oder Segmentbogen konstruiert, so entsteht das Kuppeldach, welches über quadratischem — Textfigur 289 —, polygonalem (nach Art des Klostergewölbes) — Textfigur 290 — oder kreisförmigem Grundrisse — Textfigur 291 — errichtet werden kann, während Türme mit geschweifter Aussenform je nach der Zusammensetzung der gekrümmten Linien ihres Profiles, wie Hohlkehlen, Karniese, Einzichungen und Wulsten, als Haubendächer, Dachhauben, Zwiebeldächer, Zwiebelhauben, Glockendächer und Kaiserdächer bezeichnet werden. Textfigur 292. 293. 294.

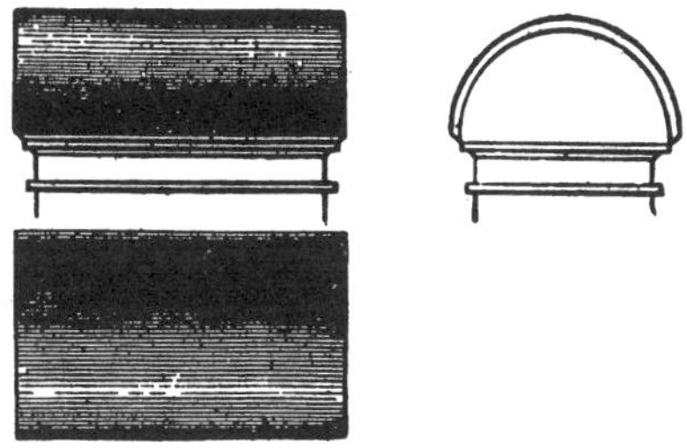

Fig. 288.

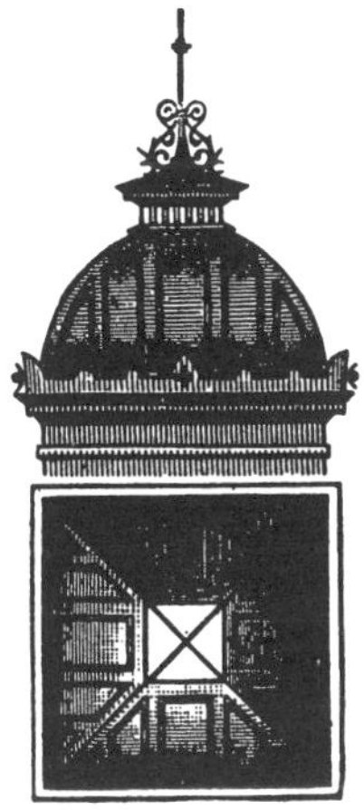

Fig. 289.

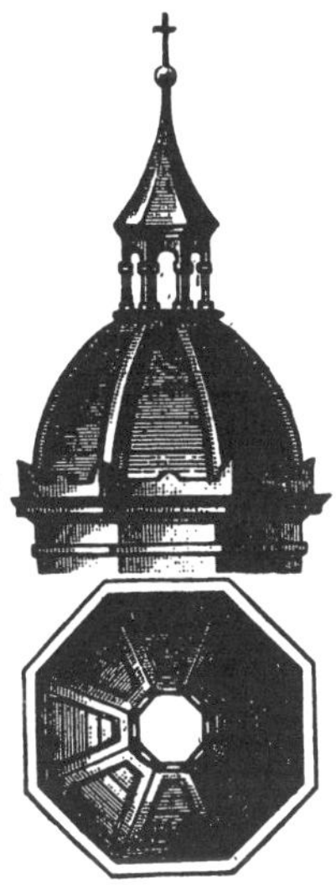

Fig. 290.

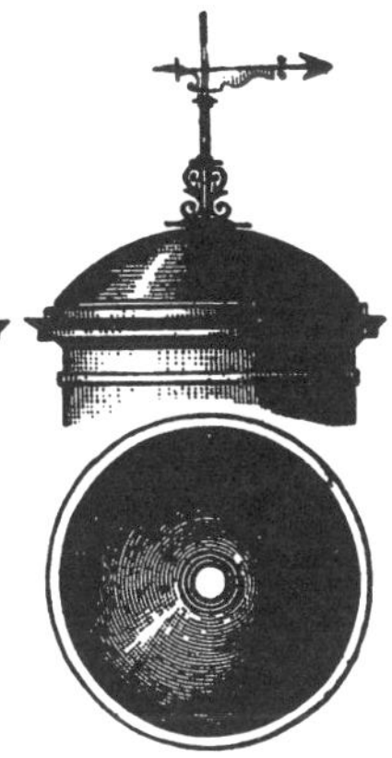

Fig. 291.

B. Die Dachausmittelungen.

Bevor zur Konstruktion eines Daches über einem gegebenen Grundrisse geschritten werden kann, ist zunächst die Gestalt desselben festzustellen was durch die Dachausmittelung oder Dachzerlegung erfolgt. Unter dem Ausmitteln eines Daches versteht man daher das Aufzeichnen der Grundrissprojektion der Dachflächen samt ihren Durchdringungslinien und das Heraustragen oder Bestimmen der wahren Grösse

Fig. 292.

Fig. 293.

Fig. 294.

und Gestalt der Grate und Kehlen bezw. der Dachflächen selbst. Bei Sattel- und Pultdächern ist im allgemeinen eine besondere Dachausmittelung nicht erforderlich, denn bei Satteldächern liegt die Firstlinie meist in halber Gebäudetiefe = ½ t und parallel zu den Traufkanten der vorderen und hinteren Gebäudefront, während bei Pultdächern die Firstlinie mit der hinteren Mauerflucht des Gebäudes — dem sog. hohen Giebel an der Nachbargrenze — zusammenfällt. Für die Dachausmittelung müssen stets gegeben sein die Dachneigung, welche in der Regel für alle Dachflächen die gleiche ist, und die Lage des Hauptgesimses bezw. der Traufkanten. Auf *Tafel 10, 11 und 12* der Holzkonstruktionen sind nun die hauptsächlichsten Beispiele für Dachausmittelungen dargestellt worden in Grundriss, Aufriss, Seitenriss bezw. auch schiefen Schnitten, welche kurz erläutert werden sollen:

Taf. 10, Fig. 1 a. b. c. d stellt ein Satteldach über rechteckigem Grundrisse eines freistehenden Gebäudes dar, dessen wagerechte Firstlinie in halber Gebäudetiefe des Grundrisses = ½ t parallel zu den Traufkanten der Langseitenfronten angeordnet ist unter Zugrundelegung vom Winkeldach. Aus dem in den Grundriss umgeklappten Profile des Satteldaches ist die wahre Breite 1''' 2''' der Dachflächen zu entnehmen, während deren Länge im Grund- und Aufrisse der Länge der Traufkanten entspricht. Die wahre Grösse der beiden gleich grossen Dachflächen ist durch Drehung derselben um die Traufkante in die Grundrissebene hinein bewirkt worden.

Denken wir uns die Giebelseiten dieses Gebäudes zum Teil abgeschrägt, z. B. in halber Höhe unter gleichem Neigungswinkel der Dachflächen des gegebenen Satteldaches als Winkeldach, so entsteht der halbe Walm oder Krüppelwalm, dessen Darstellung und Ausmittelung *Fig. 2 a. b. c. d* enthält. Auch hier findet man die wahren Grössen der vier Dachflächen durch Drehung der letzteren um ihre Traufkanten bezw. parallel zum Grundrisse unter Benutzung des umgeklappten Querschnittsprofiles. Erfolgt die Abwalmung der Giebelseiten jedoch in Höhe der Traufkanten der Langseitenfronten des Gebäudes, so erhalten wir

den ganzen Walm, *Tafel 10, Fig. 3 a. b. c. d.* Die ebenen unter gleichem Winkel (bei Winkeldach = 45°) geneigten Dachflächen schneiden sich in geraden Linien, den Graten oder Gratlinien, welche man nach folgender ***1. Hauptregel*** für Dachausmittelungen erhält:

Man errichte in irgend einem Punkte beider Walmseitentraufkanten ein Lot, auf welchem man die halbe Gebäudetiefe = ½ t anträgt. Durch den erhaltenen Endpunkt dieses Lotes zieht man eine Parallele zu dieser Traufkante, welche die in halber Gebäudetiefe parallel zu den Langseitentraufkanten liegende Firstlinie in den Anfallspunkten f' f' der Gratlinien schneidet, und welche mit den Eckpunkten der Grundrissfigur verbunden die Grundrissprojektionen der Gratlinien ergeben. Diese aber fallen mit der Halbierungslinie der Winkel zusammen, welche die Traufkanten mit einander bilden.

Die wahre Grösse der Gratlinien und ihres Neigungswinkels zum Grundrisse erhält man durch Drehung ihrer Grundrissprojektionen x' f' parallel zum Aufrisse = x″f″, während man die wahre Grösse der vier Dachflächen am einfachsten durch Drehung derselben um ihre Traufkanten in die Grundrissebene erhält. Da aber sowohl die wahre Breite oder Höhe als auch der Neigungswinkel der Dachflächen im Aufrisse durch die Strecke x″ f″ = y″ f″ gegeben ist, so braucht man nur auf dem verlängerten Lote vom Anfallspunkte der Grate auf die Traufkante der Lang- und Walmseiten die Strecke x″ f″ = y″ f″ von diesen Traufkanten aus anzutragen und die erhaltenen Punkte mit den Eckpunkten der Grundrissfigur zu verbinden, wodurch man ebenfalls die wahre Grösse sämtlicher Dachflächen erhält.

Ist der Grundriss schiefwinklig begrenzt, wie in *Fig. 4 a. b. c. d*, so gilt auch hier das gleiche Verfahren nach der 1. Hauptregel und Konstruktionsweise, d. h. auch hier bilden die Grundrissprojektionen der Grate die Halbierungslinien der Winkel, welche die Traufkanten mit einander bilden.

Tafel 10, Fig. 5 a. b. c. d enthält eine Grundrissfigur mit koupierten Ecken. Zur Konstruktion der Dachausmittelung ergänze man den Grundriss zu einem Rechteck durch Verlängerung der Traufkanten bis zu deren Schnitte, bestimme die Anfallspunkte der Grate wie vorher und verbinde diese mit den Ecken des gegebenen Grundrisses. Die Dachflächen über den koupierten Ecken haben daher den gleichen Neigungswinkel zur Horizontalen als die übrigen Dachflächen, weil der senkrechte Abstand der Anfallspunkte von allen Traufkanten der gleiche ist = ½ t. In gleicher Weise ist die Aufgabe in *Figur 6 a. b. c. d* gelöst.

Figur 7 a. b. c. d zeigt die totale Abwalmung des gegebenen Grundrisses, während bei gleicher Grundrissanlage in *Figur 8 a. b. c. d* an Stelle der kleinen Walmfläche ein Giebel getreten ist. Zur Konstruktion verlängere man auch hier die konvergierenden Traufkanten bis zu ihrem Schnitte und halbiere den Winkel, welchen dieselben mit einander bilden oder trage nach der Hauptregel ½ t senkrecht auf der betreffenden Traufkante an und ziehe eine Parallele, welche die Firstlinie in ½ t im Anfallspunkte der Grate schneidet. Der nach dem Schnittpunkte der konvergierenden Traufkanten gerichtete Grat aber wird von der Gratlinie der rechtwinklig sich schneidenden Traufkanten im Anfallspunkte der Gratlinien der kleinen Walmfläche geschnitten.

Tafel 10, Fig. 9 a. b. c. d. e zeigt einen Grundriss mit einem rechtwinklig anstossenden Gebäudeteile von gleicher Tiefe des Hauptgebäudes, also ein Wiederkehrdach, bei welcher Anlage die Firsten ebenfalls in halber Gebäudetiefe liegen und gleiche Höhe haben unter Zugrundelegung gleicher Dachneigung. Im einspringenden Winkel schneiden sich die Dachflächen in einer Kehllinie, deren Grundrissprojektion ebenfalls mit der Halbierungslinie des Winkels zusammenfällt, welchen die Traufkanten mit einander bilden. Zur Konstruktion der Dachausmittelung verfahre man nach folgender ***2. Hauptregel:*** Man zerlege die Grundrissfigur durch Verlängerung der Traufkanten in Rechtecke und bestimme nach der Hauptregel die Dachausmittelung über jedem Gebäudeteile für sich.

Hat der anstossende Gebäudeteil geringere Tiefe als das Hauptgebäude, so liegt der First des ersteren tiefer als der des letzteren, was man als eine Dachverfallung bezeichnet. Die Überleitung vom höher liegenden First zum tiefer liegenden erfolgt durch ein kurzes Stück einer Gratlinie, welches den Namen Verfallungsgrat erhält. Der Schnitt der tiefer liegenden Firstlinie mit dem Verfallungsgrat bildet zugleich den Anfallspunkt der Kehllinie, in welcher sich die Dachflächen im einspringenden Winkel der Grundrissanlage schneiden unter Annahme gleicher Dachneigung und gleich hoher Traufkanten. *Tafel 10, Fig. 10 a. b. c. d.*

In *Figur 11 a. b. c. d* ist die innere Ecke einer ähnlichen Grundrissform unter 45° abgeschrägt, wie solches vielfach bei Grundrissen zur Aufnahme des Treppenhauses erforderlich wird. Hierdurch erhalten wir zwei gleich grosse Kehllinien, in welchen sich die Dachflächen im einspringenden Winkel schneiden, deren Neigungswinkel α in *Figur 11 g* aus der Länge der Grundrissprojektion der Dachfläche und der Höhe des Anfallspunktes des Verfallungsgrates konstruiert worden ist.

Tafel 10, Figur 12 a. b. c. d enthält eine Grundrissanlage mit anstossendem Gebäudeteil als Vorlage von gleicher Breite bezw. Tiefe t des Hauptgebäudes. Die Firstlinien in $\frac{1}{2}$ t erhalten somit gleiche Höhe bei gleich hohen Traufkanten des allseitig abgewalmten Daches, während in *Fig. 13 a. b. c. d* die Vorlage eine geringere Tiefe t^2 hat, als die Tiefe t^1 des Hauptgebäudes. Die Dachflächen der Vorlage durchdringen daher die vordere Langseitendachfläche in zwei Kehllinien, während der First der geringeren Gebäudetiefe derselben entsprechend unter Annahme gleicher Dachneigung und Traufkantenhöhe eine geringere Höhe h^2 hat, als der First des Hauptwalmdaches mit der Höhe h^1. *Figur 13 e.*

In *Figur 14 a. b. c. d. e. f* auf *Tafel 10* hat die Vorlage grössere Breite bezw. Tiefe als das Hauptgebäude, infolgedessen der First der Vorlage höher liegt als der des Hauptgebäudes. Durch Zerlegung der Grundrissfigur in zwei Rechtecke und deren Ausmittelung als Walmdächer erhält man sowohl die Anfallspunkte der beiden Kehllinien, in welchen sich die Dachflächen schneiden, als auch die Verfallungsgrate.

Haben die Gebäudeteile jedoch verschiedene Tiefe t^1 und t^2, und sollen aber gleiche Firsthöhen erhalten, so müssen die Traufkanten verschieden hoch gelegt werden. *Tafel 10, Figur 15 a. b. c. d. e und Fig. 16 a. b. c. d. e.* Die Dachflächen durchdringen sich auch hier in zwei Kehllinien, deren Projektionen parallel zu den Graten der Walmfläche gerichtet sind.

In sämtlichen Übungsbeispielen sind die wahren Grössen der Dachflächen nach genannten Regeln ausgetragen worden. In den schiefen Schnitten sind die Höhen einzelner Haupt- und Zwischenpunkte der beliebig gewählten Schnittlinien durch Projektion derselben aus dem Grundrisse in den Aufriss leicht zu finden, und zwar wählt man zur Konstruktion der Schnitte stets Punkte der Traufkanten, First-, Grat- und Kehllinien. (Vergl. Projektionslehre S. 50 u. f., sowie S. 106 bezw. *Tafel 19*).

Tafel 11, Figur 1. 2. 3. 4 enthält einige ganz oder nur zum Teil eingebaute Grundrissanlagen mit auf der Rückseite offenen Höfen, bei deren Dachausmittelung auf gesetzliche Abführung der Tagewässer ins eigene Grundstück und nicht in das des Nachbars Rücksicht zu nehmen ist. Bei teilweiser Einbauung der Gebäudeteile wird aus genanntem Grunde eine Anordnung besonderer Kehlen nach der Ablaufrinne erforderlich. Zur Konstruktion dient folgende ***3. Hauptregel*** für Dachausmittelungen über zusammengesetzten Grundrissformen: Man zerlege die Gebäudeteile in einzelne Rechtecke durch Verlängerung ihrer Traufkanten bis zu ihrem Schnitte und bestimme deren Ausmittelung nach der 1. Hauptregel, beginne mit dem Rechtecke von ***grösster*** Tiefe und lasse darauf den verschiedenen Tiefen entsprechend die übrigen folgen. In *Figur 5. 6 und 7* sind einige Gebäudeanlangen mit rings umschlossenen Höfen dargestellt, welche freistehend, ganz oder nur teilweise eingebaut sind. Auch in diesen Beispielen ergeben sich bei der Gruppierung von Sattel-, Pult- und Walmdächern Grate, Kehlen, Verfallungsgrate und Firstlinien von verschiedener Höhe den verschiedenen Gebäudetiefen entsprechend unter Zugrundelegung gleicher Neigung sämtlicher Dachflächen und gleich hoher Traufkanten.

Figur 8. 9. 10. 11. 12 und 13 enthalten einige Grundrissformen freistehender Wohngebäude und Villen mit beliebiger Gruppierung ihrer Gebäudeteile bezw. Vor- und Rücklagen, deren Dachausmittelung unter Innehaltung der Hauptregeln leicht zu konstruieren ist.

Treten freistehende Gebäudeteile mit Hofanlagen unter beliebigen Winkeln zu einer Gebäudegruppe zusammen, so kann man auf zwei Arten die Dachausmittelung lösen: Entweder erhalten die schiefwinklig begrenzten Gebäudeteile mit nicht parallelen Traufkanten fallende Firstlinien bezw. Grate nach der Hauptregel durch Halbierung der Winkel, welche die zu verlängernden Traufkanten miteinander bilden, unter Zerlegung der Grundrissfigur in Dreiecke und Trapeze — *Fig. 14 und 15.* — oder man giebt sämtlichen Gebäudeteilen wagerechte Firstlinien mit verschiedenen Höhen den Gebäudetiefen entsprechend, indem man die Grundrissfigur in Trapeze dadurch zerlegt, dass man durch die inneren Hofecken Parallelen zieht zu den äusseren Traufkanten. Die dadurch gewonnenen Vierecke werden nach den Hauptregeln ausgemittelt, indem man ihre Firstlinien stets in halbe Gebäudetiefe parallel zur äusseren Traufkante legt. Die Gebäudetiefe erhält man durch Halbierung der Lote, die aus den inneren Hofecken auf die äusseren Traufkanten gefällt werden. *Taf. 11, Fig. 16 u. 17.*

Ist aber die Grundrissform eines Gebäudes ein beliebiges Viereck mit nicht parallelen Seiten oder Traufkanten, so kann die Dachausmittelung auf verschiedene Art ausgeführt werden: Entweder erhält das Dach eine fallende Firstlinie, die sich ergiebt durch Halbierung des Winkels, welchen die konvergierenden Traufkanten mit einander bilden. *Taf. 11, Fig. 18.* Oder man bildet eine Plattform, ein sog. Terrassendach, um die unschöne Form der fallenden Firstlinie zu vermeiden, unter Anwendung wagerechter Schnittebenen. Legt man eine solche durch den tiefer liegenden Anfallspunkt der Grate, so erhält die Plattform im Grundrisse die Gestalt eines Dreiecks, dessen Seiten parallel zu den entsprechenden Traufkanten sind. Jede tiefer gelegte Schnittebene schneidet das Walmdach in einem der Gundrissform ähnlichen Vierecke, dessen Seiten parallel den Traufkanten sind. *Tafel 11, Fig. 19.* Legt man ferner die Firstlinie in halber mittlerer Gebäudetiefe parallel zur Hauptgebäudefront, so kann man eine Kehle in die hintere Dachfläche einführen, wodurch leztere geknickt wird und zwei Dachflächen von verschiedenen Neigungen erhält, deren obere die gleiche Neigung wie die vordere Dachfläche hat, *Tafel 11, Fig. 20.* Oder man errichtet über der Grundrissform ein Zeltdach mit vier Dachflächen von verschiedener Neigung, dessen Spitze über dem Schwerpunkt der Grundrissfigur liegen muss, welchen man erhält durch zweimalige Zerlegung der Grundrissfigur in je zwei Dreiecke, deren Schwerpunkt man bestimmt, indem man die Mitte der Seiten mit den gegenüberliegenden Eckpunkten verbindet. Durch diese Konstruktion erhält man zwei sog. Schwerlinien, welche sich im Schwerpunkte der Grundrissfigur schneiden. *Tafel 11, Fig. 21.* Oder endlich legt man die Firstlinie parallel zur Gebäudevorderfront in halbe mittlere Gebäudetiefe $= \frac{1}{2}$ t^m, wodurch die vordere Langseitendachfläche und die beiden seitlichen Walmflächen eben, die hintere Langseitendachfläche dagegen windschief wird. *Taf. 12, Fig. 1.* Eine windschiefe Fläche aber entsteht, wenn eine erzeugende Gerade in ihrer Fortbewegung an zwei Leitlinien, welche nicht parallel zu einander sind, in jeder neuen Lage einen anderen Neigungswinkel zur Horizontalen einschliesst. Die Erzeugende ist in diesem Falle die Sparrenmittellinie, während die Firstlinie und die Traufkante der hinteren Gebäudefront als Leitlinien auftreten. Zur Konstruktion halbiere man die Traufkante der vorderen Gebäudefront und lege durch den erhaltenen Punkt x einen Schnitt xy senkrecht zur ersteren durch die Grundrissform, wodurch man die mittlere Gebäudetiefe $= t^m$ erhält. Ferner halbiere man xy im Punkte $z = \frac{1}{2}$ t^m, durch welchen man die Firstlinie parallel zur Traufkante der Vorderfront legt. Trägt man nun $\frac{1}{2}$ t^m senkrecht in irgend einem Punkte der Walmseitentraufkanten an und zieht zu letzteren Parallelen oder halbiert die Winkel, welche die Traufkanten der vorderen Langseiten- und beider Walmseitenflächen mit einander bilden, nach der 1. Hauptregel, so schneiden diese Parallelen bezw. die Halbierungslinien genannter Winkel die Firstlinie in den beiden Anfallspunkten f'_1 und f'_2. Nimmt man die Höhe des Daches $h = \frac{1}{2}$ t^m an als Winkeldach, so erhält man die Aufrissprojektionen der drei ebenen Dachflächen. Diese aber schneiden sich mit der windschiefen hinteren Dachfläche nicht in geraden, sondern gekrümmten Gratlinien, deren Grundriss- wie Aufrissprojektionen als Kurven sich ergeben. Um die Grundrissprojektion derselben zu erhalten, projiziere man die Grundrissprojektionen der Walmseitentraufkanten auf die Achsen des links und rechts in die Grundrissebene umgeklappten Seitenrisses. Ferner lote man die Anfallspunkte f_1' f_2' auf diese Seitenrissachsen und trage auf den verlängerten Loten die Höhe des Daches $= \frac{1}{2}$ t^m von den Seitenrissachsen aus an, welche mit den Traufkanteneckpunkten verbunden, die Normal- oder Querschnittsprofile der Dachflächen über den Walmseitentraufkanten ergeben. Die Höhe derselben teilt man in eine Anzahl gleicher oder ungleicher Teile und legt durch diese Teilpunkte wagerechte Schnittebenen

E^1 bis E^5. Die Schnittebene E^1 berührt nun das Walmdach in seiner Firstlinie, die Schnittebenen E^2 bis E^4 dagegen schneiden dasselbe in verschiedenen Breiten, die in den umgeklappten Normalprofilen ersichtlich sind, und welche, auf die Traufkanten der Walmseiten im Grundrisse gelotet und mit einander verbunden, die Schnittfiguren im Grundrisse ergeben, deren geradlinige Begrenzungen in den 3 ebenen Dachflächen parallel zu den Traufkanten gerichtet sind, während dieselben auf der hinteren windschiefen Dachfläche in dem Schnittpunkte S' der verlängerten Firstlinie und hinteren Traufkante zusammenlaufen. Die Schnitte in der vorderen ebenen Dachfläche schneiden auf den Grundrissprojektionen der Gratlinien die Punkte an, durch welche man die Schnittlinien auf den Walmseitenflächen parallel zu deren Traufkanten zu legen hat. Dieselben erhält man jedoch auch, wenn man die Höhen der einzelnen Schnittebenen senkrecht in einem Punkte der Walmseitentraufkante oder auf dem Lote der Anfallspunkte anträgt. Die Schnittebene E^5 aber schneidet das Walmdach in den Traufkanten seiner Grundrissfigur. Die Schnittlinien auf den Walmseitendachflächen nun schneiden die Schnittlinien auf der hinteren windschiefen Dachfläche in den Punkten I' II' III' IV' V' der gekrümmten Gratlinien, welche somit die Durchdringungskurven der windschiefen Dachfläche mit den beiden seitlichen Walmflächen bilden.

Um die Aufrissprojektionen der gekrümmten Gratlinien zu finden, suche man die Aufrissspuren der Schnittebenen E^1 bis E^5 durch Drehung der Seitenrissspuren aus dem umgeklappten Seitenrisse der Normalprofile in den Aufriss, auf welchen die Punkte I" II" III" IV" V" der Gratlinien liegen müssen und zwar I" auf E^1, II" auf E^2, III" auf E^3, IV" auf E^4, V" auf E^5. Die wahren Grössen der Dachflächen und somit auch der Gratlinien erhält man auch hier am leichtesten durch Umklappen bezw. Drehen derselben um ihre Traufkanten in die Grundrissebene, indem man auf den von den Anfallspunkten f_1' f_2' auf die Traufkanten gefällten und verlängerten Loten die wirklichen Abstände der Schnittebenen auf den Seitenflächen der Normalprofile von den Traufkanten aus anträgt.

Ist an der Hinterfront des Grundrisses der vorigen Aufgabe z. B. ein Treppenhaus ausgebaut, also ein vorspringender Gebäudeteil angeordnet, so schiebt sich dessen Satteldach auf die hintere windschiefe Dachfläche des Hauptgebäudes auf. *Tafel 12, Fig. 2.* Um die Durchdringungskurven bezw. Kehlen dieser Dachflächen zu erhalten, konstruiere man zunächst das um die Achse in die Grundrissebene umgeklappte Normalprofil der Giebelseite indem man die halbe Gebäudetiefe $\frac{1}{2}$ t des Vorbaues in halber Giebelbreite als Höhe auf der Achse anträgt und den erhaltenen Firstpunkt mit den Ecken der Giebelseite verbindet. Die Höhe teile man alsdann in eine Anzahl Teile ein und lege durch die Teilpunkte wagerechte Schnittebenen, welche das Satteldach des Vorbaues in zur Grundrissform ähnliche Rechtecke schneiden, deren Breiten aus dem umgeklappten Profile ersichtlich und deren Seiten parallel zu den Traufkanten der Langseitendachflächen sind. Trägt man nun die Höhen der Schnittebenen 1, 2, 3, 4 im umgeklappten Seitenrisse der Normalprofile des Hauptdaches links und rechts von der

Seitenrissachse der Normalprofile senkrecht an, so schneiden diese Schnittebenen auch die Normalprofile des Hauptdaches über den Walmseitentraufkanten in den Punkten 1''', 2''', 3''', 4''', welche auf die letzteren projiziert und mit einander verbunden, die Schnitte auf der windschiefen hinteren Dachfläche ergeben. Diese aber schneiden die gleichnamigen Schnittlinien der ebenen Dachflächen des Anbaues in den Punkten I', II', III', IV', welche mit einander verbunden die Grundrissprojektionen der gekrümmten Kehllinien sind, deren Aufriss auf den gleichnamigen Aufrissspuren der betr. Schnittebenen liegen müssen. Hieraus geht hervor, dass wie die Grate, so auch die Kehlen eine Grundriss- wie Aufrisskrümmung erhalten.

Ohne Zuhifenahme umgeklappter Normalprofile und Schnittebenen kann man auch die Ausmittelung derartig vornehmen, dass man wie in *Fig. 3* die Dachflächen an den Hauptfronten als ebene Dachflächen konstruiert, indem man aus der inneren Ecke des Grundrisses auf die äusseren Langseitentraufkanten Lote fällt, in deren Mitte $= \frac{1}{2} t^{1m}$ und $\frac{1}{2} t^{2m}$ als mittlere Gebäudetiefen man die Firstlinien parallel zu den Traufkanten der Vorderfronten anordnet, die Abwalmung also nach der Hauptregel ausführt und Lote fällt von den Anfallspunkten der Grate auf die äusseren Traufkanten. Teilt man nun diese Lote ab, cd, ef, gh und ik in eine Anzahl gleichgrosser Teile und verbindet die gleichnamigen Teilpunkte mit einander durch gerade Linien, so erhält man ebenfalls die Schnittlinien, welche sich in den Kurvenpunkten der Grate und Kehlen der beiden hinteren windschiefen Dachflächen schneiden, deren Aufrissprojektionen auf den gleichnamigen Aufrissspuren der Schnittlinien liegen müssen, deren Höhenlage aus den beigefügten Querschnittsprofilen cd, ef, gh, ik mit den Höhen $\frac{1}{2}$ cd und $\frac{1}{2}$ cg als mittlere Gebäudetiefen leicht ersichtlich sind. Auch hier sind die Schnittlinien der 2 windschiefen hinteren Dachflächen nach dem Schnittpunte S' der verlängerten Firstlinien und Traufkanten gerichtet.

Nicht immer sind jedoch die Grundrissformen der Gebäude geradlinig begrenzt, sondern häufig erhalten sie bogenförmig begrenzte Vorlagen, wie solche bei rund ausgebauten Treppenhäusern und Vestibülen erforderlich werden. Der Ausbau ist dann entweder halbkreis- oder segmentbogenförmig, nach aussen oder nach innen gekehrt, symmetrisch oder unsymmetrisch gestaltet, für dessen Dachflächen entweder Kegel mit gerader oder schiefer Achse, Cylinder mit schiefer Achse und die Kugel zu Grunde zu legen sind, welche sich mit dem Satteldache als dreiseitigem Prisma durchdringen in Kurven als Gratlinien. Hiernach unterscheidet man Kegelwalme, Cylinderwalme und Kugelwalme.

1) Voller Kegelwalm über halbkreisförmig ausgebautem Grundrisse, unter Zugrundelegung eines Kreiskegels mit zum Grundrisse senkrechter Achse, dessen Mantellinien parallel zur Dachneigung sind und dessen Spitze im Anfallspunkte der Grate auf der Firstlinie liegt. Da der Radius des halbkreisförmigen Ausbaues, sowie auch der Radius des Kegelgrundkreises $= \frac{1}{2}$ t ist, so fällt die Spitze s des Kegels bezw. der Anfallspunkt a der Grate auf der Firstlinie im Grundrisse mit dem Mittelpunkte m des Kegelgrundkreises zusammen unter Annahme von Winkeldach bezw. Dach-

neigung unter 45°. Zur Konstruktion klappe man das Querschnittsprofil des Satteldaches mit $h = \frac{1}{2}$ t im Grundrisse um und lege wagerechte Schnittebenen E^1 bis E^5 durch dasselbe. Die Schnittebene E^1 berührt das Satteldach in seiner Firstlinie, und den Kegel in seiner Spitze, während die Schnittebenen E^2 bis E^5 das Satteldach in verschieden breiten Rechtecken schneiden, die aus dem Querschnitte in den Grundriss zu projizieren sind; den Kegel aber schneiden sie in Kreisen, deren Radien r^2 bis r^5 und deren Mittelpunkte m^2 bis m^5 auf der Kegelachse liegend, mit dem Mittelpunkte m' des Kegelgrundkreises im Grundrisse zusammenfallen. Beide Schnitte der sich durchdringenden Körper schneiden sich aber in den Durchdringungspunkten I', II', III', IV', V', welche mit einander verbunden die Grundrissprojektion der Gratlinien ergeben, und deren Aufrissprojektionen auf den gleichnamigen Aufrissspuren der Schnittebenen liegen. Sowohl im Grundrisse, wie im Aufrisse stellen sich die Grate als gerade Linien dar, in welchen der Übergang der Satteldachfläche in die Kegelwalmfläche stattfindet. Die Satteldachflächen sind somit Tangentialebenen an der Kegelwalmfläche. *Taf. 12, Fig. 4.*

2) Voller Kegelwalm über segmentbogenförmig ausgebautem Grundrisse unter Zugrundelegung eines Kreiskegels mit schiefer Achse, dessen Spitze mit dem Anfallspunkte der Grate auf der Firstlinie zusammenfällt und dessen äussere Mantellinie parallel zur Dachneigung ist. Die Spitze s des Kegels erhält man dadurch, dass man $\frac{1}{2}$ t in der verlängerten Firstlinie von dem Punkte x der segmentbogenförmigen Traufkante aus anträgt: x's' = $\frac{1}{2}$ t. Verbindet man s' mit m' und s" mit m", so ergeben sich hieraus die Projektionen der schiefen Achse des Kegels parallel zum Aufrisse, da m's' parallel zur x-Achse ist, dessen Spitze s" auf der Firstlinie liegt und dessen Mantellinie x" s" parallel zur Dachneigung ist. Die Schnittebenen E^2 bis E^5 schneiden die Satteldachflächen in geraden Linien parallel zu den Traufkanten, den Kegel mit schiefer Achse hingegen in Kreisen, deren Mittelpunkte m^2 bis m^5 auf der schiefen Achse des Kegels liegen, und deren Radien r^2 bis r^5 sind. Beide Schnitte schneiden sich in den Durchdringungspunkten II', II', III', V', deren Aufrissprojektionen auf den gleichnamigen Aufrissspuren der Schnittebenen liegen. *Tafel 12, Fig. 5.*

3) Voller Kegelwalm über segmentbogenförmig begrenztem Grundrisse unter Zugrundelegung eines Kreiskegels mit senkrechter Achse, dessen Mantellinie parallel zur Dachneigung ist, dessen Spitze demnach über der Firstlinie liegt. Um die Kegelmantellinie parallel zur Dachneigung und den Anfallspunkt a' der Grate im Grundriss zu erhalten, trage man im Punkte x' der segmentbogenförmigen Traufkante $\frac{1}{2}$ t auf der bis x' verlängerten Firstlinie an, projiziere a' nach a" auf der Firstlinie, wodurch a" x" parallel zur Dachneigung wird. Die Schnittebenen E^1 bis E^5 schneiden auch hier die Satteldachflächen in geraden Linien parallel zu den Traufkanten, den Kegel aber in Kreisen, deren Mittelpunkte m^1 bis m^5 auf der Achse liegend, im Grundrisse mit m's' zusammenfallen, und deren Radien r^1 bis r^5 sind. Im übrigen verfahre man wie vorher. *Taf. 12, Fig. 6.*

4) Voller Kegelwalm über segmentbogenförmigem Grundrisse unter Zugrundelegung eines Kegels mit schiefer Achse, dessen Mantellinie x" a"

parallel zur Dachneigung ist. Auch hier trage man a'x' = $\frac{1}{2}$ t vom Punkte x' aus an, wodurch man den Anfallspunkt a' auf der Firstlinie und hieraus a"x" parallel zur Dachneigung erhält. Die Grundrissprojektion der schiefen Achse m_5's' ist hier mit $\frac{1}{4}$ t angenommen worden. Alsdann schneiden die Schnittebenen E^1 bis E^5 das Satteldach in geraden Linien, den Kreiskegel mit schiefer Achse aber in Kreisen, deren Mittelpunkte m^1 bis m^5 auf der schiefen Achse liegen und deren Radien r^1 bis r^4 sind. *Tafel 12, Fig. 7.*

5) V o l l e r K e g e l w a l m über segmentbogenförmigem Grundrisse in unsymmetrischer Anordnung unter Zugrundelegung eines Kreiskegels mit senkrechter Achse, dessen Mantellinie parallel zur Dachneigung ist. Um diese Bedingung zu erfüllen und zugleich den Anfallspunkt der Grate zu erhalten, trage man auf der durch m^1 gelegten, zur Traufkante des Satteldaches parallelen Hilfslinie im Schnittpunkte x' der segmentbogenförmigen Traufkante x'a' = $\frac{1}{2}$ t an, setze in m' ein und beschreibe mit m'a als Radius einen Kreisbogen, welcher die Firstlinie in $\frac{1}{2}$ t im Anfallspunkte a' der Grate schneidet. Die Schnittebenen E^1 bis E^5 schneiden das Satteldach in geraden Linien, den Kegel mit senkrechter Achse in Kreisen, deren Mittelpunkte m^1 bis m^5 auf der Achse liegen und deren Radien r^1 bis r^5 sind. Die Schnittebene E^1 berührt somit das Satteldach in der Firstlinie und schneidet den Kegel in einem Kreise aus m^1 mit r^1. Beide Schnitte schneiden sich daher ebenfalls im Anfallspunkte a' der Gratlinien. *Taf. 12, Fig. 8.*

6) H o h l e r K e g e l w a l m über segmentbogenförmig nach einwärts begrenztem Grundrisse unter Zugrundelegung eines Kreiskegels mit senkrechter Achse, dessen Spitze nach unten gekehrt und dessen Mantellinie parallel zur Dachneigung ist. Letztere erhält man dadurch, dass man vom Traufkanten-Punkte x' aus auf der verlängerten Firstlinie x'a' = $\frac{1}{2}$ t anträgt und x'a' in den Aufriss nach x" a" projiziert, welches nach unten verlängert die senkrechte Kegelachse in der Spitze s" des Kegels schneidet, dessen Mantellinie parallel zur Dachneigung ist. Auch hier ordne man wagerechte Schnittebenen an, welche die Satteldachflächen in geraden Linien, den Kegel aber in Kreisen schneiden, deren Mittelpunkte m^1 bis m^5 auf der senkrechten Achse liegen und deren Radien r^1 bis r^5 sind. *Taf. 12, Fig. 9.* Da die Sparrenmittellinien bei Kegelwalmdächern als Mantellinien der Kegel zu betrachten sind, so müssen dieselben sowohl im Grundrisse wie im Aufrisse nach der Spitze s des Kegels gerichtet sein.

7) V o l l e r C y l i n d e r w a l m über segmentbogenförmig ausgebautem Grundrisse unter Zugrundelegung eines Kreiscylinders mit schiefer, aber zur Dachneigung paralleler Achse bezw. Mantellinie. Trägt man vom Traufkantenpunkt x' $\frac{1}{2}$ t auf der verlängerten Firstlinie an, macht also a'x' = $\frac{1}{2}$ t, so erhält man die Mantellinie des Cylinders parallel zur Dachneigung, zu welcher die Achse aus m^5 ebenfalls parallel sein muss, denn $m'_1 m'_5$ ist auch gleich $\frac{1}{2}$ t. Legt man auch hier wagerechte Schnittebenen E^1 bis E^5, so schneiden dieselben die Satteldachflächen in geraden Linien, den Cylinder mit schiefer Achse aber in Kreisen, deren Mittelpunkte m^1 bis m^5 auf der schiefen Achse liegen und deren Radien r^1 bis r^5 gleich dem Radius des Cylindergrundkreises sind, von welchem die segmentbogenförmige Traufkante ein Teil ist. Beide Schnitte schneiden sich in den entsprechenden

Durchdringungspunkten a, II, III, IV, V, welche mit einander durch eine stetige Kurve verbunden, im Grund- und Aufrisse die Projektion der gekrümmten Gratlinien ergeben. *Taf. 12, Fig. 10.*

8) Voller Cylinderwalm über einem segmentbogenförmigen Grundrisse in unsymmetrischer Anordnung unter Zugrundelegung eines Kreiscylinders mit schiefer Achse, welche unter demselben Winkel zur Grundrissebene geneigt ist, wie die Satteldachflächen. Um zunächst den Anfallspunkt der Grate auf der Firstlinie zu erhalten, verbinde man einen beliebigen Punkt x' des Cylindergrundkreises, von welchem die segmentbogenförmige Traufkante ein Teil ist, mit dem Mittelpunkte m_5' des Cylindergrundkreises, mache $x'a = \frac{1}{2}$ t, setze in m'_5 ein und schlage mit $m'_5 a$ einen Kreisbogen, welcher die Firstlinie im Anfallspunkte a' der Gratlinien schneidet. Um ferner die Neigung der Cylinderachse zu bestimmen, verbinde man m'_5 mit a', auf welcher Linie man $m'_5 m'_1 = \frac{1}{2}$ t anträgt, wodurch die Grundrissprojektion der schiefen Cylinderachse festgelegt ist. Projiziert man m'_1 nach m''_1 auf die Firstlinie und m'_5 nach m''_5 auf die Traufkante, so erhält man die Aufrissprojektion der schiefen Achse. Die Schnittebenen E^1 bis E^5 schneiden auch hier die Satteldachflächen in geraden Linien parallel zu deren Traufkanten oder Firstlinie, den Cylinder mit schiefer Achse dagegen in Kreisen, deren Mittelpunte m_1 bis m_5 auf der schiefen Achse liegen und deren Radien r_1 bis r_5 gleich dem Radius des Cylindergrundkreises sind. Im übrigen verfahre man wie vorher. *Taf. 12, Fig. 11.*

9) Hohler Cylinderwalm über halbkreisförmig nach einwärts begrenztem Grundrisse unter Zugrundelegung eines Kreiscylinders mit schiefer, aber zur Dachneigung paralleler Achse bezw. auch Mantellinien. Zur Konstruktion des Anfallspunktes a der Gratlinien trage man vom Punkte x' der halbkreisförmigen Traufkante auf der verlängerten Firstlinie $\frac{1}{2}$ t an, mache also $x'a' = \frac{1}{2}$ t, projiziere x'a' nach x"a", wodurch die Projektionen der Mantellinien und somit der schiefen Achse des Cylinders bestimmt sind Die Schnittebenen E^1 bis E^5 schneiden die Satteldachflächen in geraden Linien wie vorher, den Cylinder aber in Kreisen, deren Mittelpunkte m_1 bis m_5 auf der schiefen Achse liegen und deren Radien r_1 bis r_5 gleich dem Radius des Cylindergrundkreises sind. *Taf. 12, Fig. 12.*

10) Hohler Cylinderwalm über segmentbogenförmig nach einwärts begrenztem Grundrisse unter Zugrundelegung eines Cylinders mit schiefer, aber zur Dachneigung paralleler Achse. Auch hier ist x'a' und $m'_1 m'_5 = \frac{1}{2}$ t, folglich x"a" und somit auch die Cylinderachse $m''_1 m''_5$ parallel zur Dachneigung. Im übrigen entspricht die Konstruktion derjenigen in voriger Aufgabe. *Taf. 12, Fig. 13.*

11) Kugelwalme. *Taf. 12, Fig. 14 und 15.* Dringen Satteldächer symmetrisch oder auch unsymmetrisch in ein Kuppeldach ein, so bezeichnet man diese Durchdringungen als Kugelwalme, deren Konstruktion auf der Durchdringung des dreiseitigen Prismas (Satteldach) mit einer Halbkugel (Kuppel) beruhen. Die Schnittebenen E^1 bis E^5 schneiden die Satteldachflächen in geraden Linien parallel zu den Traufkanten oder der Firstlinie, die Kuppel aber in Kreisen, deren Mittelpunkte m_1 bis m_5 auf der senk-

rechten Kugelachse liegen und deren Radien r_1 bis r_5 sind. Beide Schnitte schneiden sich in den Durchdringungspunkten I, II, III, IV, V, welche mit einander verbunden die Projektionen der Durchdringungskurven oder Kehlen ergeben. Selbstverständlich liegen die Aufrissprojektionen dieser Kurvenpunkte stets auf den gleichnamigen Aufrissspuren der Schnittebenen, durch welche jene erzeugt wurden.

Taf. 12, Fig. 16 enthält die Dachausmittelung eines allseitig abgewalmten Mansardendaches mit Giebelvorlagen, welche sich mit ihren Satteldachflächen vorn zum Teil auf das untere steile und obere flache Dach, hinten nur auf das untere steile Dach aufschieben. Der umgeklappte Seitenriss zeigt deutlich, in welchen Punkten diese Einschnitte erfolgen, welche in Grund- und Aufriss zu projizieren sind.

Taf. 12, Fig. 17 zeigt die Dachausmittelung eines Walmdaches mit halbkreisförmigem Querschnittsprofile, auf welches sich ebenfalls Giebelvorlagen aufschieben, deren Durchdringungskurven oder Kehlen ebenfalls mit Zuhilfenahme wagerechter Schnittebenen aus dem umgeklappten Seitenrissprofile leicht zu konstruieren sind. Auch die Gratlinien stellen sich in diesem Beispiele als Kurven dar, deren Aufrissprojektion zwar mit dem halbkreisförmigen Ouerschnittsprofile sich deckt, die aber in Wirklichkeit Viertel-Ellipsen sind, welche man durch Vergatterung aus dem Querschnittsprofile erhält, indem man in den Kurvenpunkten I', II', III', IV', V' der Grundrissprojektion die Gratlinien Senkrechte errichtet, und auf diesen die aus dem umgeklappten Querschnittsprofile ersichtlichen Höhen dieser Punkte bezw. der Seitenrissspuren der Schnittebenen aufträgt, welche mit einander verbunden, die wahre Grösse der Gratlinien, in den Grundriss umgeklappt, ergeben. *Taf. 12, Fig. 17 a.*

Taf. 12, Fig. 18 und 19 enthalten Dachausmittelungen bogenförmig gestalteter Grundrissanlagen mit Giebelvorlagen von gleicher und verschiedener Tiefe bezw. Breite, wie die Hauptgebäudeteile. Das Profil der Sattelbezw. Walmdächer ist geradlinig in *Fig. 18*, bogenförmig in *Fig. 19* gestaltet. Die Grat- und Kehllinien sind auch hier mit Zuhilfenahme wagerechter Schnittebenen und des umgeklappten Seitenrisses zu finden. Die Anfallspunkte der Grate erhält man ebenfalls nach der Hauptregel für Dachausmittelungen, indem man $\frac{1}{2}$ t in irgend einem Punkte der Walmseitentraufkante senkrecht anträgt, also $x' y' = \frac{1}{2}$ t macht und durch y' eine Parallele zu dieser Traufkante zieht, welche die im Grundrisse bogenförmige, im Aufrisse jedoch wagerechte Firstlinie in den Anfallspunkten der Grate schneiden. Die wahre Grösse der Gratlinien erhält man auch hier durch Vergatterung, indem man in den Kurvenpunkten I', II', III', IV', V' auf der geraden Verbindungslinie I'V' Lote errichtet und von deren Fusspunkten in dieser Verbindungslinie die Höhen der Kurvenpunkte bezw. der Schnittebenen, dem umgeklapten Querschnittsprofile entnommen, anträgt, z. B. *Taf. 12, Fig. 18 a und 19 a.*

C. Die Konstruktion der Dachverbände.

Jedes Dach soll eine, dem Dachdeckungsmateriale entsprechende, möglichst Holz sparende Konstruktion erhalten, deren Querverband nie einen Seitenschub auf die Umfassungsmauern eines Gebäudes, sondern nur einen Vertikaldruck ausüben darf, während ihr Längenverband Verschiebungen nach allen Seiten hin verhüten soll. Das Dachgerüst als Hauptbestandteil des Daches hat den Zweck, die Abdeckung des Gebäudes einschliesslich ihrer konstanten Belastung, dem Dachdeckungsmateriale als Stroh, Rohr, Schindeln, Ziegel, Schiefer, Dachpappe, Leinwand, Holzcement, Glas, Eisenblech, Zink, Blei und Kupfer, und ihrer zufälligen Belastung, dem Wind- und Schneedruck, zu tragen. Die Gesamtlast eines Daches pro qm der Horizontalprojektion setzt sich daher zusammen aus dem Eigengewichte der Dachdeckung und dem Schnee- und Winddrucke. Nach dem Baugewerkskalender betragen die Eigengewichte der Dächer:

Einfaches Ziegeldach inkl. Sparren	100 kg	Zinkwellblech auf Winkeleisen	15—20 kg
Kronziegeldach einschl. Sparren	130 „	Holzcementdach:	
Falzziegeldach einschl. Sparren	110 „	mit 5 cm Kiesschüttung	120—140 „
Schieferdach einschl. Sparren	85 „	mit 10 cm Kiesschüttung	200—250 „
Pappdach einschl. Sparren	35 „	Glasdach auf Sprosseneisen je nach der Glasdeckung (4 mm, 5 mm, 6 mm starkes Glas)	20, 25, 30 „
Zinkblechdach auf Schalung	40 „		
Eisen-Wellblech auf Winkeleisen	25 „		

während für

Winddruck auf eine Fläche normal zur Windrichtung	120 kg
Schneedruck	75 „

pro qm in Rechnung zu setzen sind. Hieraus ergiebt sich die Gesamtbelastung der Dächer pro qm der Horizontalprojektion zu:

Dachbalken in Wohngebäuden	350 kg
Dachflächen in der Horizontalprojektion gemessen, einschliesslich Schnee- und Winddruck bei Metall- oder Glasdeckung gemäss der Neigung	125—150 „
Desgleichen bei Schieferdeckung	200—240 „
Desgleichen bei Ziegeldeckung	250-300 „
Desgleichen bei Holzcementdeckung (10 cm Kiesschicht)	350 „
Steile Mansardedächer	400 „

Das Dachgerüst selbst ist nun in der Weise zu konstruieren, dass einzelne Haupttraggerüste oder Träger, sogenannte Dachbinder, nach dem Prinzipe fester, unverschieblicher Dreiecke unter Anwendung von Säulen, Streben, Kehlbalken, Zangen und Kopfbändern gebildet werden, durch welche die Dachlast auf die Mauern so übertragen wird, dass letztere keinen Seitenschub erleiden. Die Dachbinder, welche in Entfernungen von 3,5 bis 6 m von einander aufgestellt werden, tragen nun ihrerseits Längsträger in Gestalt sogenannter Stuhlrahmen, Pfetten oder Fetten, welche zur Unterstützung der die Dachhaut tragenden Sparren dienen. Dachbinder mit den auf ihnen ruhenden Bindersparren nennt man Bundgespärre, zum Unterschiede zu der Verbindung zweier Zwischensparren, welche, zwischen den Bindersparren angeordnet, als Leergespärre bezeichnet werden. In einem Dachstuhle aber können folgende Konstruktionsteile Verwendung finden, deren Stärken nach jedem einzelnen Falle ihrer freien Länge und Belastung nach den Regeln der Festigkeitslehre zu berechnen sind. Für gewöhnliche Konstruktionsfälle jedoch können die Holzstärken innerhalb der im Folgenden beigefügten

Querschnittsgrenzen gewählt werden, welche Profile den Resultaten der statischen Berechnung und den Normalprofilen der Bauhölzer entsprechen.

Tabelle der Normalprofile in Centimetern.

8	10	12	14	16	18	20	22	24	26	28	30
8|8	8|10	10|12	10|14	12|16	14|18	14|20	16|22	18|24	20|26	22|28	24|30
	10|10	12|12	12|14	14|16	16|18	16|20	18|22	20|24	24|26	24|28	28|30
			14|14	16|16	18|18	18|20	20|22	22|24	26|26	26|28	
						20|20					

Das Schnittmaterial wird an Stärken von 5 mm aufsteigend und mit 20 mm beginnend, hergestellt, also:
20, 25, 30, 35, 40, 50, 60, 80 mm stark.

1) Mauerlatten, deren Zweck für Dachbalkenlagen bereits auf Seite 33 besprochen wurde, erhalten aus Eichenholz 8|8, 8|10 cm, aus Kiefern- oder Fichtenholz hergestellt und mit Karbolineum imprägniert, 10|10, 10|12, 12|12, 12|14 cm Stärke. Vergl. Textfigur 23, Seite 33.

2) Balken, auf Biegung beansprucht, werden auf Mauerlatten und Rahmenhölzer ½ Stein starker innerer Mittel- und Scheidemauern und äusserer Fachwerkswände aufgekämmt oder aufgedollt. Textfigur 23. Ihre Stärke richtet sich nach ihrer freien Länge, ihrer Balkenweite, d. i. die Entfernung der Balken von Mitte zu Mitte gerechnet, und der Gesamtlast — 500 bezw. 350 kg pro qm für Wohngebäude, 750 bis 1000 kg pro qm für Fabrikgebäude. Unter Annahme von 500 kg pro qm Eigengewicht und Belastung für Wohngebäude können die Balkenstärken nach folgender Tabelle der Normalprofile gewählt werden:

Prof. cm	Abst. m	Freil. m	Prof. cm	Abst. m	Freil. m	Prof. cm	Abst. m	Freil. m
14 : 20	1,00	3,41	20 : 22	1,00	4,54	21 : 26	0,90	5,80
„	0,90	3,64	„	0,90	4,79	„	0,84	6,00
16 : 20	1,00	3,69	18 : 24	1,00	4,70	22 : 28	0,70	6,28
„	0,90	3,89	„	0,90	4,95	26 : 28	0,80	6,38
18 : 20	1,00	3,92	20 : 24	1,00	4,95	24 : 30	0,90	6,19
„	0,90	4,13	„	0,90	5,22	„	0,80	6,76
16 : 22	1,00	4,06	20 : 26	1,00	5,37	„	0,70	7,03
„	0,90	4,28	„	0,90	5,66	28 : 30	1,00	6,35
18 : 22	1,00	4,31	—	—	—	„	0,90	6,69
„	0,90	4,64	21 : 26	1.00	5,50	„	0,80	7,10

Die Balken können in ihrer freien Länge unterstützt werden durch ½, 1, 1½ Stein starke Mauern, oder durch Unterzüge von 20|20, 22|26, 22|28, 24|30, 26|30 cm Stärke, die ihrerseits durch hölzerne oder eiserne Säulen getragen werden. Vergl. S. 47 bis 56 und Textfigur 68 bis 82. Besondere Rücksicht erfordern die Binderbalken, vergl. Seite 28, 9., welche stets als durchgehende Balken zu konstruieren und mit den Umfassungen gehörig zu verankern sind. Sie sind ferner stets auf massiv gegründete Pfeiler, also stets auf die Pfeiler zwischen Fenstern, zu verlegen und nie auf einen

Fensternischenbogen. Vorteilhaft ordnet man sie, wenn angängig, über inneren Scheidemauern als Wandbalken oder Bundbalken oder auf den Mauerabsätzen, namentlich bei Giebelmauern, an.

3) Sparrenschwellen oder Fusspfetten, auf Biegung beansprucht, erhalten 12|16, 14|16, 14|18, 14|20 cm Stärke, werden auf die Balken aufgekämmt und in Abständen von 3 bis 4 m mit diesen verbolzt. Sie dienen zur Befestigung der Sparren in ihrem Fusspunkte mittels Aufklauung, falls dieselben nicht direkt in die Balken versatzt und verzapft sind. Durch Anordnung einer solchen Schwelle wird die Sparrenlage unabhängig von der Balkenlage. Textfigur 295.

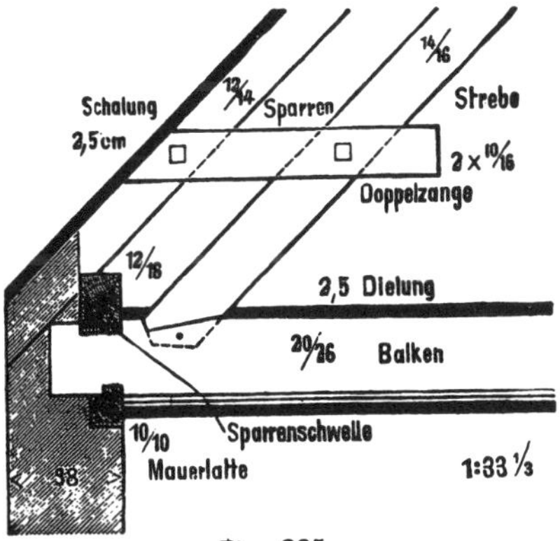

Fig. 295.

4) Stuhlsäulen, auf Druck und Zerknicken beansprucht, dienen zur Unterstützung der Stuhlrahmen und können eine senkrechte oder geneigte Lage haben, wonach man stehende und liegende Stuhlsäulen und stehende und liegende Dachstuhle unterscheidet. Textfigur 296 bis 300. Sie werden in die Binderbalken und Stuhlrahmen eingezapft bez. versatzt, während liegende Säulen auch direkt mit den Bindersparren durch Versatzung, Verzapfung und Verbolzung verbunden werden, und erhalten meist 14|14, 14|16 16|16 cm Stärke. Die Seite s ihres quadratischen Querschnittes kann man berechnen nach der Formel:

$$s = \frac{1}{15} \text{ bis } \frac{1}{18} h,$$

worin h die Säulenhöhe in Metern bezeichnet.

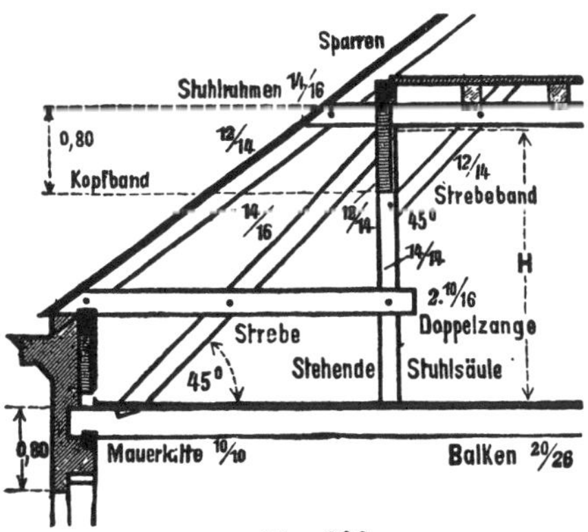

Fig. 296.

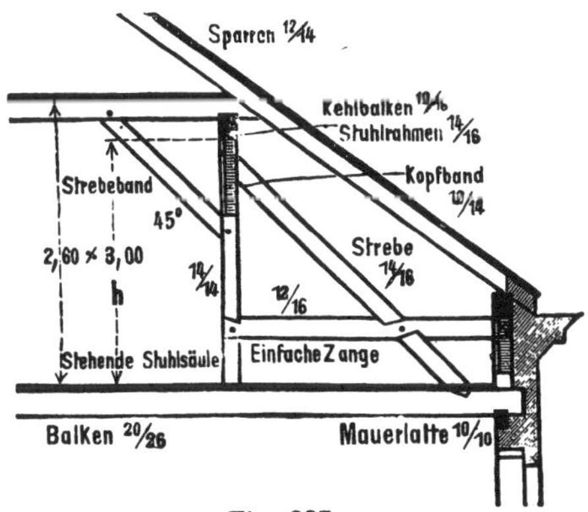

Fig. 297.

5) Stuhlrahmen, Pfetten oder Fetten, auf Biegung beansprucht, dienen zur Herstellung des Längenverbandes im Dachstuhle und zur Unterstützung der Kehlbalken und Sparren. Sie erhalten 12|16, 14|16, 16|18, 16|20, 16|22 cm Stärke bei einer freien Länge von 3,5 bis 6 m, der Binderentfernung entsprechend, werden auf Stuhlsäulen aufgezapft, Textfigur 296, 297, 298 300, oder auch auf Zangen aufgekämmt, Textfigur 299, und in ihrer freien Länge durch Kopf- oder Winkelbänder unterstützt. Unter Pfetten oder

Fetten insbesondere versteht man aber auch wagerecht liegende Verbandhölzer, welche auf Streben, Hängestreben, Pfettenträger, Haupt- oder Tragsparren aufgekämmt, und durch hölzerne Knaggen gegen ein Umkippen geschützt

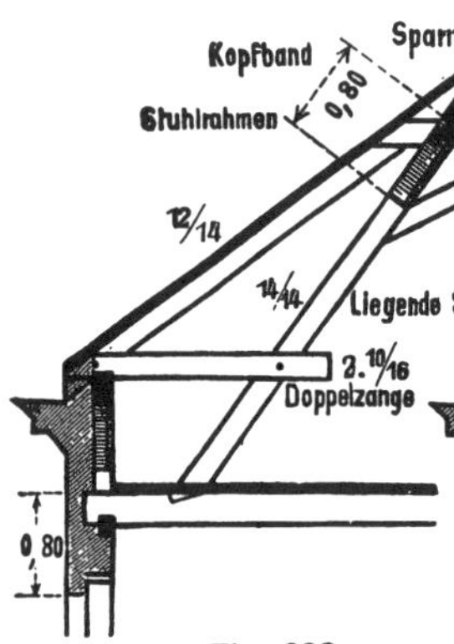

Fig. 298.

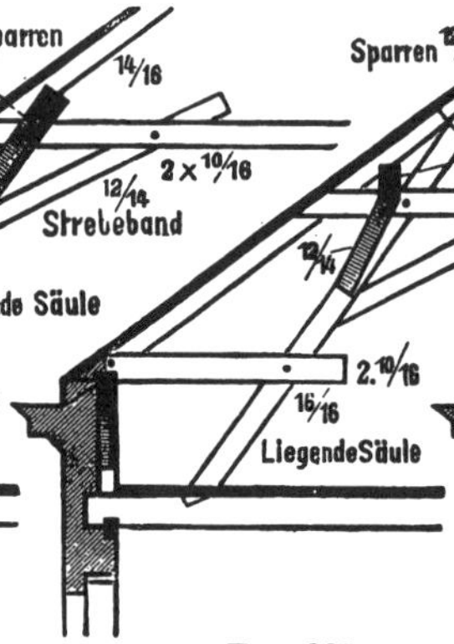

Fig. 299.

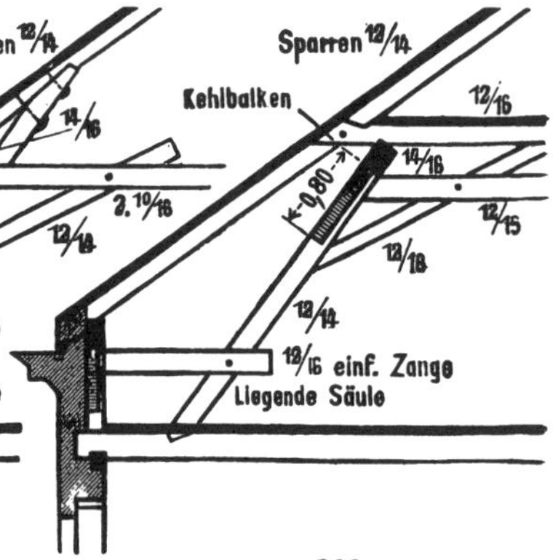

Fig. 300.

werden, entweder die Sparren oder seltener direkt die Schalung ohne Verwendung von Sparren tragen. Im ersteren Falle beträgt ihre Entfernung 3 bis 4 m, im letzteren Falle 0,8 bis 1 m. Textfigur 119, 301 und 302.

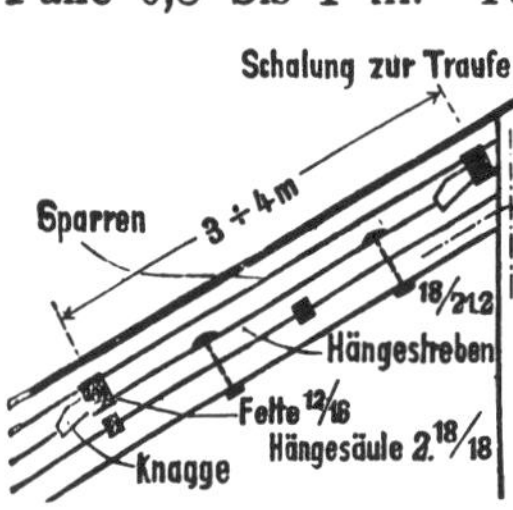

Fig. 301.

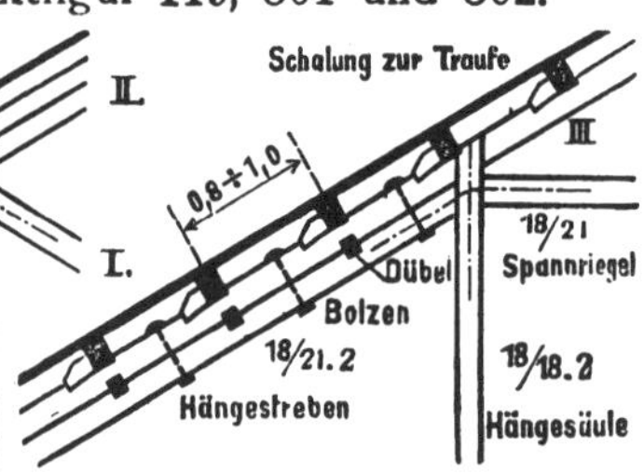

Fig. 302.

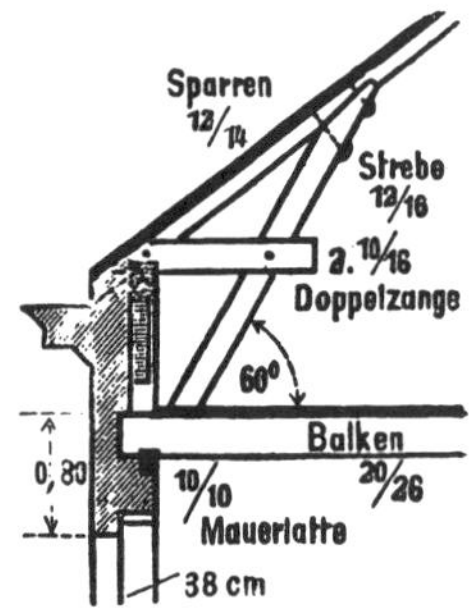

Fig. 303.

6) Kopf- oder Winkelbänder, auch Strebebänder genannt, auf Druck und Zerknicken beansprucht, und zur Längenunterstützung der Stuhlrahmen, Kehlbalken, Zangen, Bindersparren dienend, werden entweder in die Säulen und Rahmen mit schrägem oder Jagdzapfen eingezapft, *Tafel 3, Fig. 9* und Seite 15, oder schwalbenschwanzförmig angeblattet, *Tafel 3, Fig. 13* und Seite 11. Ihre Stärke beträgt 10|12, 12|12, 12|14, 12|16, 14|16, 16|18 cm bei 0,90 bis 1,60 m Länge. In der Regel nimmt man ihre Länge in der Projektion zu 0,80 m an, ihre Neigung aber unter 45°, seltener unter 60°. Textfigur 296 bis 300.

7) Streben, auf Druck und Zerknicken beansprucht, dienen zum Begegnen des Sparrenschubes und zur Bildung unverschieblicher Dreiecke im Querverbande der Dachbinder. Sie werden in die Binderbalken und Stuhlsäulen, Textfigur 296 und 297, und *Tafel 5, Fig. 1. 2. 3. 4.* bezw. S. 19 bis 20, eventuell auch direkt in die Bindersparren versatzt und verzapft. Textfigur 303. Die erstere Anordnung bietet grössere Festigkeit des Querverbandes, die letztere dagegen gestattet eine freiere Benutzungsweise des Dachraumes. Die Höhe h ihres rechteckigen Querschnittes mit dem Verhältnisse von b : h = 5 : 7, kann man nach folgenden Formeln berechnen:

$$h = (16\ cm + H^m)\ cm,$$

in welcher H die Projektionshöhe der Strebenneigung in Metern bezeichnet, welch letztere zwischen 20 und 60° schwankt, am besten aber 45° beträgt, Textfigur 296. Oder

$$h = \tfrac{1}{6}\ b \quad \text{oder} \quad h = \tfrac{1}{4}\ b,$$

worin b die Stuhlsäulenbreite bezeichnet, welcher die Strebenbreite entspricht. Ihre Stärke beträgt meist 12|16, 14|16, 16|16, 14|18, 16|18, 18|20 cm.

8) Zangen, auf Zug eventuell auch auf Biegung beansprucht, wenn sie durch Kehlbalken belastet sind, Textfigur 296, werden als einfache oder doppelte Zangen konstruiert. Die einfachen Zangen werden an alle sie kreuzenden Konstruktionsteile, wie Sparren, Streben, Stuhlsäulen, eventuell auch Balken, schwalbenschwanzförmig angeblattet und mit Holznägeln befestigt, die Doppelzangen dagegen 2 bis 3 cm tief an diesen eingeschnitten und ihre Verbindung mit schmiedeeisernen Schraubenbolzen gesichert. Auch die Zangen dienen sowohl zum Begegnen des Horizontalschubes der Sparren, als auch zur Bildung unverschieblicher Dreiecksverbindungen im Querverbande; sie kommen jedoch auch im Längenverbande hallenartiger Gebäude mit Bohlendächern zur Anwendung. Wird der Bodenraum eines Daches zu Wohnungen ausgebaut, so sind im Binder stets einfache Zangen zu verwenden, weil die Dachbinder alsdann stets in den Scheidemauern der Dachwohnung angeordnet werden. Ihre Breite entspricht daher der ½ Stein starken Ausmauerung der Dachbinder, also der Stärke dieser Scheidemauern = 12 oder 13 cm, wonach sie einen Querschnitt von 12|16, 13|18 cm Stärke erhalten. Die Höhe h der Doppelzangen, welche aus Halbholzbalken oder Bohlen hergestellt werden, ist aber nach folgenden Formeln zu berechnen, in denen l ihre freie Länge in Metern bezeichnet:

$$h = (10\ cm + l^m)\ cm,$$

wenn sie in der Mitte ihrer freien Länge unterstützt sind, z. B. durch eine Firstsäule, an welche sie angebolzt werden;

$$h = (10\ cm + 2\ l^m\ cm,$$

wenn sie in ihrer freien Länge sich freitragen. Ihre Breite b aber beträgt

$$b = \tfrac{1}{2}\ h.$$

Gewöhnlich erhalten die Doppelzangen 8|16, 10|16, 8|18, 10|18, 8|20, 10|20, 12|24, 12|26 cm Stärke.

9) Kehlbalken, auf Biegung beansprucht, dienen zur Unterstützung der Sparren und werden entweder an die letzteren schwalbenschwanzförmig angeblattet, *Taf. 3, Fig. 13* und Textfigur 6, oder mit schrägem Zapfen verbunden, Textfigur 8. Meist werden sie durch Stuhlrahmen oder Zangen in ihrer freien Länge unterstützt und mit diesen durch Verkämmung verknüpft. Textfigur 296. 297 und 300. Ihre freie Länge aber soll 4,5 m nicht überschreiten bei 12|16, 16|18, 18 21 cm Stärke der Kehlbalken. Erforderlich werden die Kehlbalken, wenn der Dachraum zu Wohnungen ausgebaut oder durch Balkenlagen nutzbar, begehbar gemacht werden soll. Textfigur 20 und 21 auf Seite 28 und Textfigur 297 und 300. Bei hohen

Dächern ordnet man häufig mehrere Kehlbalkenlagen stockwerkweise übereinander an, deren oberste in der Nähe des Firsten zur Unterstützung der Sparren die Hain-, Spitz-, Katzen- oder Hahnenbalken bilden. Vergl. Seite 29. Diese aber werden häufig durch Zangen ersetzt.

10) Versenkungs-, Kniestock-, Drempel- oder Stempelwände, bestehend aus Versenkungs-Säulen, -Rahmen, -Kopfbändern, -Streben, -Zangen, Textfigur 304, eventuell auch -Schwellen, Textfigur 305, werden erforderlich, wenn man die Dachbalkenlage unter den Fusspunkt

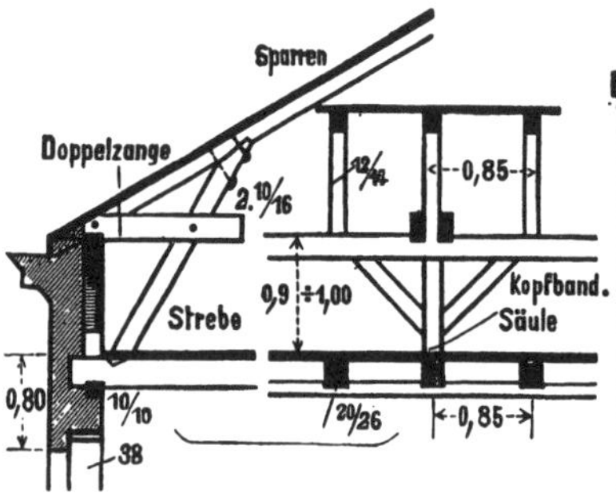

Fig. 304.

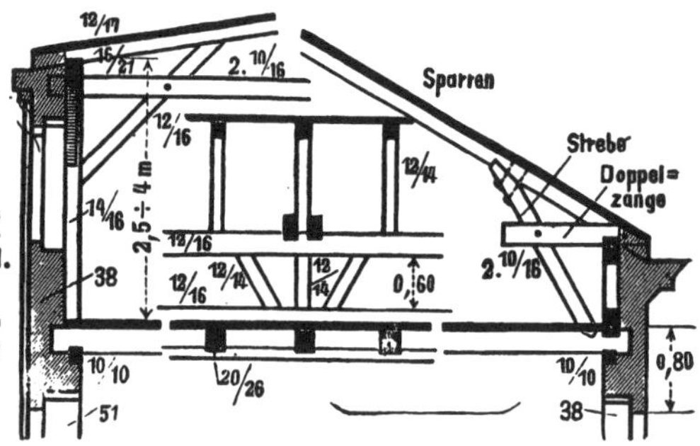

Fig. 306. Fig. 305.

der Sparren versenkt, oder den letzteren höher legt als die Dachbalkenlage, wodurch die Anordnung der Sparren unabhängig wird von den Dachbalken, wie bei Anwendung einer Sparrenschwelle. Die Sparren klauen sich alsdann auf den Versenkungsrahmen oder die Drempelpfette auf. Die Versenkungshöhe selbst aber, gemessen von Oberkante Dachbalken bis Oberkante Versenkungsrahmen kann 0,9 bis 1 m, der Brüstungshöhe der Dachfenster entsprechend, oder 2,5 bis 4 m betragen, wie solch' hohe Versenkungswände von $1\frac{1}{2}$ oder 2 Stein Stärke bei Fabrikgebäuden zur freieren Benutzung des Dachraumes als Arbeitssaal häufig angeordnet werden, Textfigur 306. Die Konstruktionsteile niedriger Versenkungen werden meist etwas schwächer, als die gleichnamigen des Querverbandes angenommen, die Säulen z. B. 12|14, Rahmen 12|16, Kopfbänder 10|12, 12|12 cm, während die Konstruktionsteile hoher Versenkungen den gleichnamigen des Querverbandes in Bezug auf ihre Stärke entsprechen. Die Doppelzangen der Versenkungen von geringer Höhe sind stets so anzuordnen, dass sie die Bindersparren an ihrem Fusspunkte fassen, um dem Sparrenschub begegnen zu können, also über dem Versenkungsrahmen, in welchen sie 2 bis 3 cm tief eingeschnitten werden. Bei hohen Versenkungen und flacher Dachneigung dagegen legt man die Doppelzangen stets unter den Versenkungsrahmen, wie die Doppelzangen im Dachstuhle, mit ebensolchem Ausschnitt aus den Zangen zum sicheren Auflager des Stuhl bezw. Versenkungsrahmen. Einfache Zangen dagegen werden in die Versenkungssäulen eingezapft oder an dieselben schwalbenschwanzförmig angeblattet. Textfigur 297 und 300. Die Kopfbänder endlich dienen zur Längenunterstützung der Versenkungsrahmen, welche auf die Versenkungssäulen aufgezapft werden. Bei geringerer Höhe der Versenkung als 0,60 m ist aber eine Unterstützung der Rahmen durch Kopfbänder nicht mehr ausführbar, vielmehr sind alsdann hierzu Streben anzuordnen, welche in den Versenkungsrahmen und eine Versenkungsschwelle verzapft bezw. auch versatzt werden. Letztere 12|16, 12|18 cm stark, wird auf die Dachbalken aufgekämmt. Textfigur 305. Die Versenkungssäulen werden häufig beiderseits ½ Stein breit eingekränzt, namentlich wenn die Versenkungswände nur 1 Stein stark sind. Siehe Steinkonstruktionen, Seite 82. Textfigur 59.

11) Sparren, auf Biegung beansprucht, werden entweder an ihrem Fusspunkte direkt in die Balken versatzt und verzapft, Textfigur 307 und S. 19. 20 bezw. *Tafel 5, Figur 1 bis 5* oder klauen sich auf eine Sparrenschwelle oder Fusspfette, Textfigur 295, oder auf einen Versenkungsrahmen oder Drempelpfette auf. Textfigur 296 bis 300. Bei mangelndem Hirnholze des Balkens jedoch erfolgt ihre Verbindung durch den zurückgesetzten oder geächselten Zapfen mit oder ohne Endversatzung. Textfigur 308. 309. 310. 311. Hierbei ist zu beachten, dass von der Hirnholzfläche des Balkens bis zur Versatzung bezw. bis zum Zapfenloche am Balkenkopfe mindestens noch 15 cm Langholz vorhanden sein müssen wegen der Abscherung durch

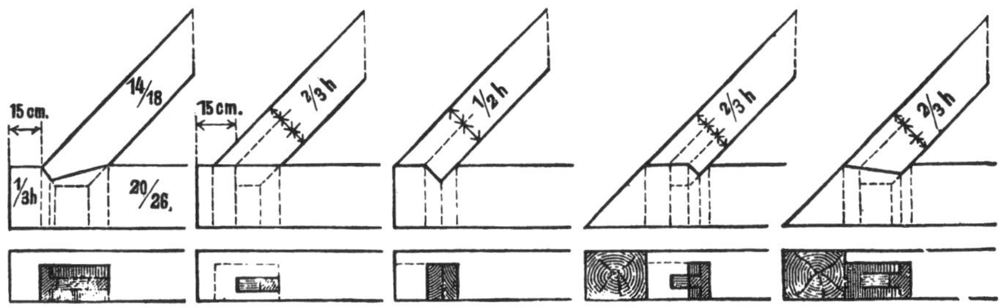

Fig. 307. Fig. 308. Fig. 309. Fig. 310. Fig. 311.

den Horizontalschub der Sparren. Im Firsten aber erfolgt ihre Verbindung durch Anblattung, vergl. S. 12, Textfigur 1, oder Scher- oder Gabelzapfen bezw. Aufklauung, je nachdem die Sparren im Firsten sich freitragen, oder durch einen Firstrahmen oder eine Firstpfette unterstützt sind. Vgl. S. 15 g) und *Taf. 3, Fig. 8* und S. 22, *Tafel 5, Fig. 13 und 14.* Die Länge der Sparren soll 4 bis 4,5 m nicht überschreiten bei 10|13, 12|14, 12|16, 14|18 cm Stärke. Im allgemeinen soll sich der Sparren nicht weiter freitragen als das 24 fache seiner Höhe, also bei 12|14 cm Stärke 3,56 m, bei 14|18 cm Stärke 4,32 m; oder 14 cm hohe Sparren tragen sich 4 m frei, 16 cm hohe 5 m. Seine Höhe h kann man aber auch nach folgenden empirischen Formeln berechnen, in denen l die freie Länge des Sparren in Metern bezeichnet:

$$h = l^m \cdot 4\ cm,$$

giltig für Sparren steiler Dächer. Also auf jedes Meter freier Länge rechne man 4 cm Höhe. Oder:

$$h = l^m \cdot 4\ cm + 2{,}5\ cm\ \textit{Sicherheitsmaass},$$

giltig für Sparren flacher Dächer; d. h zum Resultate voriger Formel rechne man noch 2,5 cm als Sicherheitsmaass hinzu. Die Breite b der Sparren aber ist

$$b = \tfrac{5}{7}\, h.$$

Da grössere Stärken der Sparren als 14|18 cm zu vermeiden sind, so sind letztere bei grösseren freien Längen als 4,5 m öfter zu unterstützen und zwar durch Kehlbalken, Pfetten oder Stuhlrahmen, wonach man weiter

Pfettendachstühle und **Kehlbalkendachstühle** zu unterscheiden hat. Die Entfernung der Sparren von Mitte zu Mitte gerechnet, die sog. **Sparrenweite**, richtet sich nach der Art des Dachdeckungsmateriales. Folgende Tabelle enthält die **Dachneigung** oder **Rösche** sowohl in Bezug auf die Höhe h zur Grundlinie g des Satteldachdreieckes, *Tafel 10, Fig. 17*, als auch in Bezug auf die **Grade der Dachneigungswinkel** und die **Sparrenweite** für verschiedene Dachdeckungsmaterialien:

Art der Dächer	Höhenverhältnis bezogen auf das Satteldach	Dachwinkel Rösche (Neigung)	Sparrenweite m
Rohr- und Strohdach	$\frac{1}{2}$ bis $\frac{2}{3}$	45° bis 53°	2,2 bis 2,4
Spliessdach	$\frac{1}{2}$	45°	1,1
Doppel- und Pfannendach	$\frac{1}{2}$ bis $\frac{1}{3}$	33° bis 45°	0,90 bis 0,95
Kronen- und Falzziegeldach	$\frac{1}{3}$	33°	0,85 bis 0,90
Schieferdach	$\frac{1}{3}$ bis $\frac{1}{2}$	33° bis 45°	0,90 bis 1,0
Pappedach	$\frac{1}{8}$ bis $\frac{1}{6}$	14° bis 18°	0,90 bis 1,0
Zinkdach	$\frac{1}{20}$ bis $\frac{1}{10}$	5° bis 11°	0,90 bis 1,0
Holzcementdach	$\frac{1}{25}$ bis $\frac{1}{20}$	4° bis 5°	0,70 bis 0,85

12) **Aufschieblinge** und **Unterschieblinge**. Erstere werden erforderlich, wenn man die Sparren nicht bis an die Hirnholzfläche der Dachbalken zur Ableitung des Regenwassers vortreten lässt. Dieselben werden daher, aus Bohlen oder Kanthölzern bestehend, an die Balken und Sparren mit schmiedeeisernen Sparrennägeln angenagelt. Textfigur 312. 313. 314. Durch diese Anordnung aber entsteht in der Dachfläche ein Knick, welchen man als **Wassersack** bezeichnet. Die geringste untere Breite der Aufschieblinge beträgt 10 bis 15 cm, ihre Stärke 10|13 bis 10|18 cm.

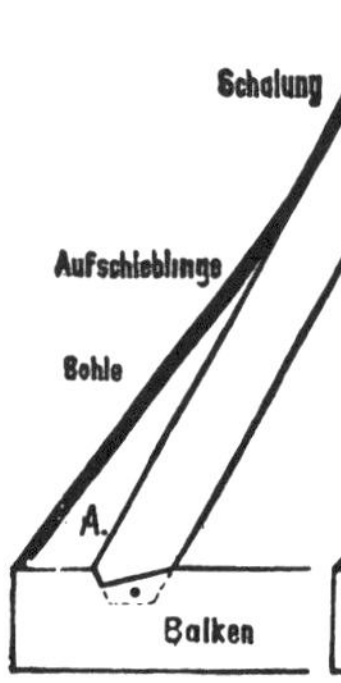

Fig. 312.

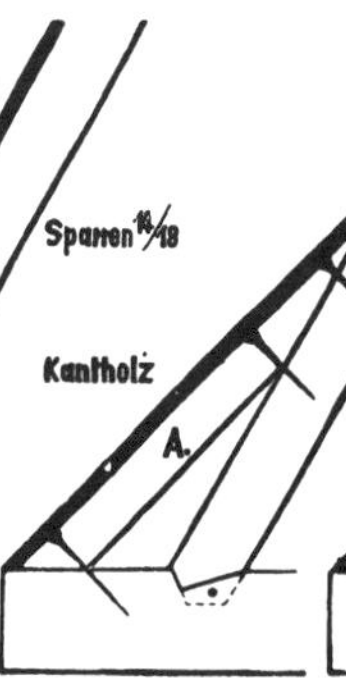

Fig. 313.

Fig. 314.

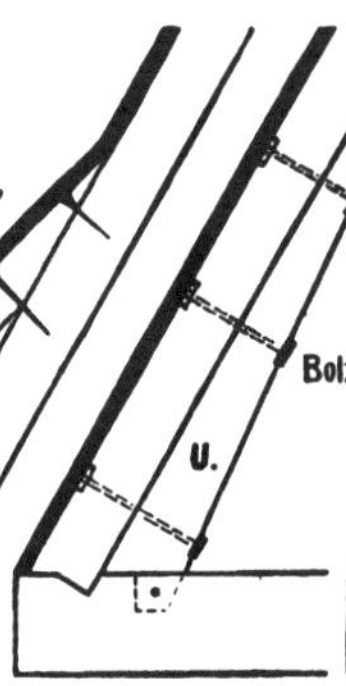

Fig. 315.

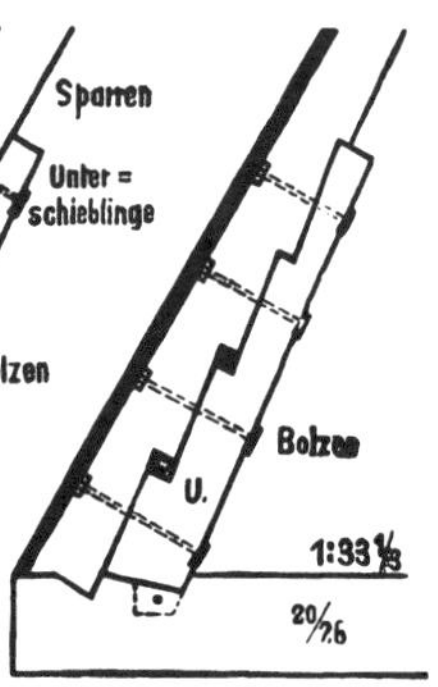

Fig. 316.

Zur Vermeidung eines solchen Wassersackes wendet man daher **Unterschieblinge** an, welche unter die Sparren angebolzt, eventuell auch mit dem Sparren verzahnt, verdübelt und verbolzt, den Horizontalschub der Sparren auf die Balken übertragen sollen. Textfigur 315. 316. Vorteilhafter wendet man statt dieser eine Sparrenschwelle oder Fusspfette an, Textfigur 317, oder verbindet die Sparren mit den Balken durch ein schwalbenschwanzförmig angeblattetes Bohlenstück, Textfigur 318, oder eine Zange, Textfigur 319.

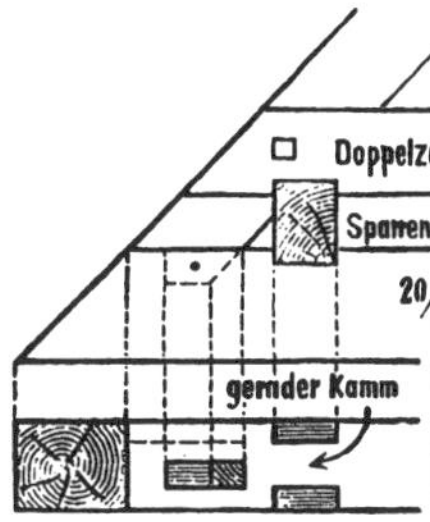

Fig. 317.

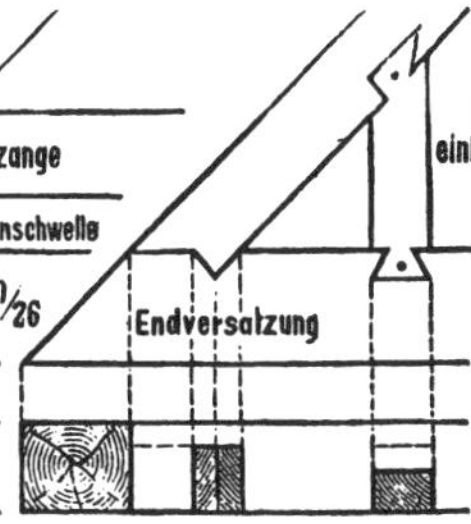

Fig. 318.

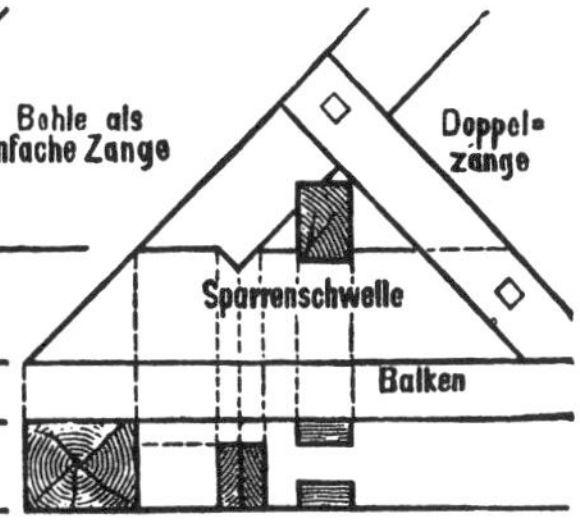

Fig. 319.

13) W i n d r i s p e n, S t u r m l a t t e n, S t r e b e s c h w a r t e n oder S c h w i b b e n dienen zur Herstellung des Längenverbandes einfacher Sparrendächer und erhalten 6|12 bis 10|14, 10|16 cm Stärke. Sie werden an die Unterseite der Sparren in diagonaler Richtung angenagelt, während sie in ihrem Kreuzungspunkte sich recht- oder schiefwinklig überschneiden.

14) K n a g g e n oder F r ö s c h e. Sie sind kurze Holzklötze, welche mit Versatzung eventuell Verzapfung und Nagelung oder Verbolzung an Stuhlsäulen und Streben befestigt werden. Sie dienen zur Unterstützung und als Auflager von Stuhlrahmen, welche n e b e n Stuhlsäulen angeordnet werden müssen, oder schützen auf Streben bezw. Hängestreben, Sprengstreben aufgekämmte Pfetten gegen ein Umkippen. Textfigur 320. 321.

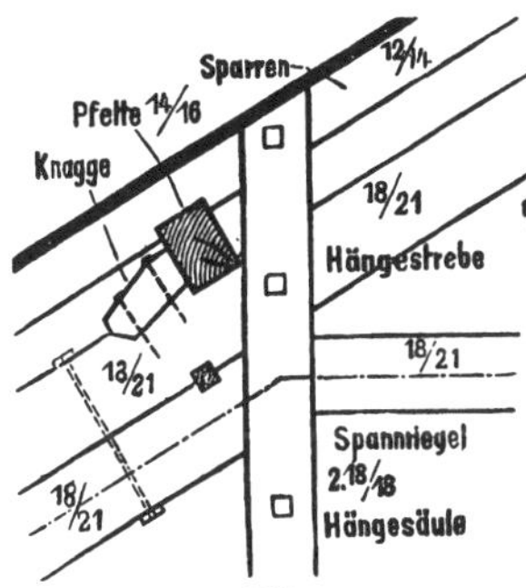

Fig. 320.

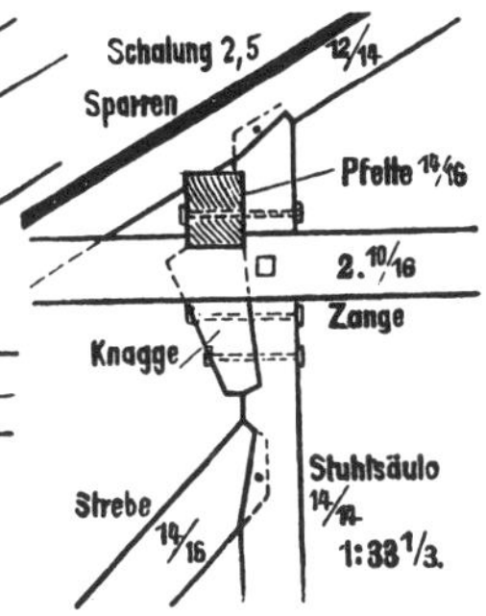

Fig. 321.

15) Die D a c h s c h a l u n g, auf Biegung beansprucht, wird senkrecht zur Richtung der Sparren eventuell auch der Pfetten an diese angenagelt und besteht aus rauhen Brettern von 2 bis 2,5 cm Stärke, welche dicht an einander gelegt oder mit halbem oder ganzem Spunde verbunden werden. Sie wird erforderlich bei der Eindeckung der Dächer mit Turmfalzziegeln, Schiefer in deutscher Deckungsart, Dachpappe, Asphaltfilz, Holzcement, Zink, Blei, Kupfer. Häufig wird auch eine i n n e r e Schalung aus rauhen oder gehobelten Brettern von 1,5 bis 2 cm Stärke an die Unterfläche der Sparren angeschlagen, z. B. bei Dachwohnungen, Sheddächern. An ihre Stelle tritt jedoch in der Neuzeit häufig eine solche aus Gypsdielen.

16) Die D a c h l a t t u n g, ebenfalls auf Biegung beansprucht, dient zur Befestigung der Dacheindeckung mittels Schiefers in englischer Deckungsart, Ziegel, Schindeln, Stroh und Rohr. Sie besteht aus 4|6, 5|8 cm starken Latten, welche senkrecht zur Sparrenrichtung angenagelt werden in einem Abstande, der sog. L a t t e n w e i t e, welcher sich nach der Art des Dachdeckungsmateriales richtet. Es erfordert:

Spliessdach 20 cm, — Doppeldach 14 cm, — Kronendach 25 cm, — Falzziegeldach 30 bis 32 cm, — Hohlziegeldach 32 cm, — Pfannendach 23,5 bis 26 cm bei kleinen, 31,5 cm bei grossen Pfannen. — Krämpziegeldach 23,5 bis 26 cm, — Cementplattendach 34,5 bis 45 cm, — Schieferdach, englisch gedeckt, in gerader Richtung 28,5 bis 35 cm, in schräger Richtung 18 bis 28,5 cm

Lattenweite, welche von Mitte Latte zu Mitte Latte gerechnet wird.

17) Die Dielung, auf Biegung beansprucht, besteht aus 2 bis 2,5 cm starken, rauhen Brettern von 12 bis 15 cm Breite, welche senkrecht zur Richtung der Dachbalken und Kehlbalken auf jeden Balken zweimal durch Nagelung befestigt wird. Siehe Konstruktion hölzerner Fussböden, Seite 107 bis 109.

Ausser diesen Konstruktionsteilen treten ferner bei freitragenden Dachstühlen von grosser Spannweite auf unter Anwendung der Hängewerke, vergl. Seite 59 bis 69:

18) Haupt-, Spann-, Zug- oder Trambalken, auf Zug, Biegung und Abscherung beansprucht, meist 18|24, 20|26, 22|28, 22|30, 24|32 cm stark, je nach seiner freien Länge und Belastung.

19) Hängesäulen, auf Zug, Druck und Zerknicken beansprucht, als einfache oder doppelte Säulen konstruiert, von 18|8, 18|21, 20|20, 20|22 oder 16|16 · 2, 18|18 · 2, 20|20 · 2 cm Stärke.

20) Hängestreben, auf Druck, Zerknicken und Biegung bei einer Belastung durch Pfetten beansprucht, unter 25 bis 60°, am besten unter 45° geneigt, von 18|20, 18|22, 18|24, 20|20, 22|22 cm Stärke.

21) Spannriegel, auf Druck, Zerknicken, eventuell auch Biegung beansprucht, wenn er senkrecht zu seiner Längenachse belastet wird, meist 18|20, 18|22, 18|24, 20|20, 22|22 cm stark.

Ferner unter Anwendung von Sprengwerken, vergl. Seite 70 bis 75:

22) Sprengstreben, auf Druck und Zerknicken beansprucht, eventuell auch auf Biegung, kommen bei Sprengwerk-Dachstühlen und zur Unterstützung sich weiter als 3,5 bis 6 m freitragender Stuhlrahmen im Längenverbande eines Dachstuhles vor. Textfigur 322. Ihre Stärke beträgt meist 14|16, 14|18, 16|20, 16|22, 18|22, 20|22 cm.

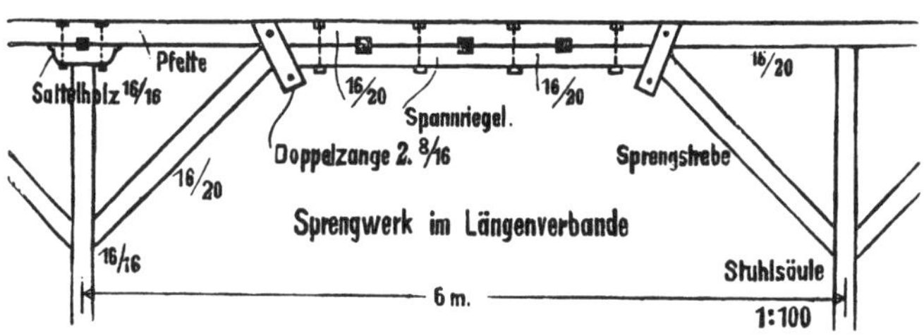

Fig. 322.

23) Spannriegel, dem gleichen Zwecke wie Sprengstreben dienend, auf Druck, Zerknicken, eventuell auch auf Biegung beansprucht, meist 14|16, 14|18, 16|20, 16|22, 18|22, 20|22 cm stark.

Bei hallenartigen Dächern ohne Balkenlage endlich unter Anwendung vereinigter Hänge- und Sprengwerke, vergl. Seite 75 bis 78:

24) Klebpfosten, auf Druck und Zerknicken beansprucht, von 14|14, 14|16, 16|16 cm Stärke.

25) Hängesäulen, auf Druck und Zerknicken beansprucht, seltener auf Zug, 14|14, 14|16, 16|16 cm stark.

26) Sprengstreben, auf Druck und Zerknicken, seltener auf Biegung beansprucht, von 14|16, 14|18, 16|20 cm Stärke.

27) Spannriegel, auf Druck und Zerknicken, eventuell auch auf Biegung beansprucht, 14|14, 14|16, 16|16, 14|18 cm stark.

28) Oberzüge und Unterzüge, deren Anwendung bei der Konstruktion der Balkenlagen, Hänge- und Sprengwerke erläutert wurde, auf Biegung beansprucht, erhalten 20|28 bis 26|33 cm Stärke.

Je nachdem nun die Dachbalkenlage durch Mauern oder Unterzüge unterstützt ist oder dieselbe sich freiträgt oder endlich eine Balkenlage überhaupt fehlt, unterscheidet man:

a) Dachstühle mit unterstützter Balkenlage.

b) Dachstühle ohne unterstützte Balkenlage, sog. freitragende Hängewerksdachstühle, wie solche bei Saalbauten von bedeutenden Tiefen erforderlich werden.

c) Dachstühle ohne Dachbalkenlage, wie solche bei hallenartigen Gebäuden unter Anwendung des Sprengwerkes und des vereinigten Hänge- und Sprengwerkes vorkommen.

Je nachdem die Sparren der Dächer in ihrer freien Länge gar nicht oder durch Kehlbalken oder Pfetten (Fetten) unterstützt werden, teilt man die Dächer ein in

d) Einfache Sparrendächer.

e) Kehlbalkendächer.

f) Pfetten- oder Fettendächer.

Letztere beiden zergliedern sich wiederum in:

1) stehende Dachstühle, d. h. solche mit stehenden Stuhlsäulen,

2) liegende Dachstühle mit liegenden Stuhlsäulen,

3) Dachstühle mit und ohne Versenkung.

Bei ein und demselben Dachstuhle können daher mehrere dieser Bedingungen zugleich erfüllt werden; z. B. ein stehender Kehlbalkendachstuhl mit Versenkung und unterstützter Balkenlage. Vergl. Textfigur 20, S. 28.

Zum Veranschlagen eines Daches ist die zeichnerische Darstellung eines Werksatzes nebst den zugehörigen Längen- und Querschnitten erforderlich, aus welchen man die wahren Grössen sämtlicher Konstruktionsteile entnehmen kann, welche ebenfalls in einer Holzliste von beistehender Tabelle einzutragen sind.

Benennung der Hölzer	Stückzahl	Einzellänge m	Gesamtlänge m	Stärke Breite m	Stärke Höhe m	Kubik-Inhalt cbm
Mauerlatten						
Balken						
Sparrenschwellen						
Stuhlsäulen						
Stuhlrahmen						
Streben						
Kopfbänder						
Kehlbalken						
Strebebänder						
Sparren						
u. s. w.						
		Summa		Summa		

Nach dem deutschen Baugewerkskalender betragen die Materialpreise und Arbeitslöhne für:

1 cbm geschnittenes kiefernes Bauholz in den erforderlichen Dimensionen von 21|26 bis 24|29 cm zu liefern 49 bis 60 Mark.

1 cbm desgleichen für den Dachverband 39 bis 43 Mark.

1 cbm eichenes Bauholz in den erforderlichen Dimensionen kostet 100 bis 150 Mark.

1 qm kieferne Stammbohlen 5 bis 8 cm stark 4 bis 6,50 Mark.

1 qm kieferne Bretter 2,5 bis 4 cm stark 1,50 bis 5 Mark.

Ferner kostet:

1 lfd. m Ganz- oder Halbholz zu Balkenlagen abzubinden und zu verlegen 0,48 bis 0,55 Mark.

1 lfd. m Mauerlatten desgl. 0.20 Mark.

1 lfd. m Holz zu Dachverbänden desgl. 0,45 bis 0,55 Mark.

1 lfd. m Holz zu Hänge- und Sprengwerken desgl. 0,90 bis 1,20 Mark.

1 qm Dachschalung aus 2,5 cm starken, rauh besäumten Brettern zu liefern, einschliesslich Material 2,25 bis 2,50 Mark.

1 qm desgleichen gespundet 2,65 Mark.

1 qm desgleichen unterhalb gehobelt und gestäbt 2,80 bis 3,20 Mark.

1 qm Holz zu hobeln 0,40 Mark.

1 lfd. m Holz von 2 Seiten abzufasen 0,20 Mark.

1 Stck. Aussteigeluke mit Zarge 1×0,8 m gross, aus 3,2 cm starken Brettern mit Hinterfütterung und 1 Klappe, 2,5 cm stark mit Quer- und Umfassungsleisten rauh zu fertigen und zu befestigen einschliesslich Material 9,50 bis 10 Mark.

1 Stck. desgleichen gehobelt 12 Mark.

1 lfd. m Laufbretter 3 cm stark, 26 cm breit einschlieslich Material 1,50 Mark.

1 lfd. m Schneeschutzbretter 3 cm stark, 26 cm breit für steile Dächer einschliesslich Material 1,25 Mark.

D. Die Konstruktion der Satteldächer.

I. Satteldächer mit unterstützer Balkenlage.

1) Einfache Sparrendächer oder Satteldächer ohne Dachstuhl.

Sie können nur dann angewendet werden, wenn die freie Länge der Sparren 3,5 bis 4,5 m bei der normalen Stärke derselben von 12|14, 12|16 bis höchstens 14|18 cm nicht überschreitet, und bestehen aus Sparrengebinden oder Gespärren, welche am Sparrenfusse mit den Dachbalken durch Verzapfung und Versatzung verbunden oder auf eine Sparrenschwelle oder Fusspfette aufgeklaut und genagelt, im Firsten aber durch Anblattung oder Scherzapfen verknüpft werden. Die Sparrenschwellen sind gegen ein Umkippen zu schützen durch Verbolzung mit den Dachbalken, mit welchen sie verkämmt werden. Die Sparren, welche mit den Balken unverschiebliche Dreiecke bilden, stellt man einseitig bündig mit den Balken auf deren sog. Bundseite, also nicht Mitte auf Mitte. Die Entfernung der Gespärre richtet sich nach dem Dachdeckungsmateriale und schwankt zwischen 0,70 bis 2,40 m, meist beträgt sie 0,80 bis 0.95 m. Der Querverband wird durch die Gespärre selbst gebildet.

während ein Längenverband durch die Dachschalung bezw. Lattung hergestellt wird. Besser jedoch ist zu diesem Zwecke die Anwendung sog Windrispen, Sturmlatten, Strebeschwarten oder Schwibben welche 6|12 bis 10|16 cm stark und 4 bis 5 m lang in schräger Richtung an die Unterseite der Sparren einfach oder in diagonaler Richtung sich kreuzend angenagelt oder auch angeblattet werden. Die Spannweite solcher Dächer darf höchstens 6 bis 7 m betragen. Textfigur 323 a b c.

Ist nun eine durchgehende Balkenlage nicht erforderlich oder ausführbar, wie z. B. bei Kirchenbauten, deren Gewölbe über die Dachbalkenlage in den Dachraum hineinragen, so legt man zwischen die Bund- oder Binderbalken b, deren Entfernung 3,5 bis 5 m beträgt, Wechselbalken w in einem Abstande von 0,60 m von der Innenkannte der Umfassungsmauern, in welche kurze Stichbalken s mittels Brustzapfens eingreifen, die ihrerseits zur Befestigung der Zwischensparren mittels Versatzung und Verzapfung an deren Fusspunkte dienen. Textfig. 324 a u. b.

Fig. 323a. Fig. 323c.

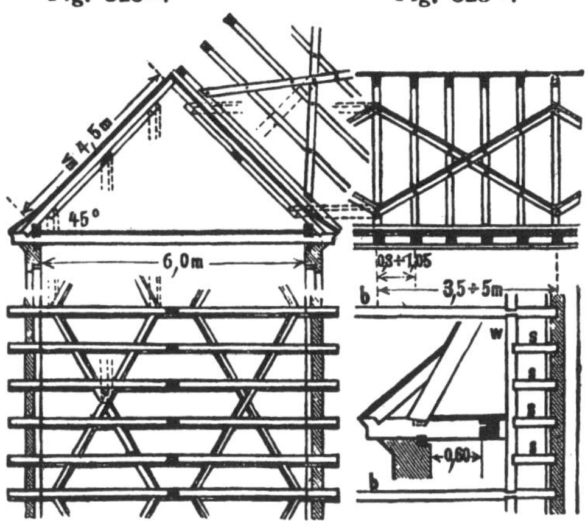

Fig. 323b. Fig. 324b. Fig. 324a.

Bei grösserer Länge der Sparren als 4,5 m wird jedoch eine Unterstützung derselben erforderlich, um keinen grösseren Sparrenquerschnitt anwenden zu müssen, und zwar durch Kehlbalken oder Pfetten (Fetten) wonach zu unterscheiden sind Kehlbalkendächer und Pfettendächer.

2) *Kehlbalkendächer.*

Die Kehlbalken haben den Zweck ein Durchbiegen der Sparren zu verhüten, weshalb sie in jedem Gespärre anzuordnen sind. Angewendet werden Kehlbalkendächer hauptsächlich dann, wenn der Bodenraum zu Dachwohnungen ausgebaut oder durch Anordnung einer oder mehrerer Kehlbalkenlagen übereinander im Dachstuhle nutzbar gemacht werden soll. Diese Kehlbalkenlagen können alsdann zur Befestigung einer Dielung bezw. auch Deckenschalung nebst Zwischendecke dienen. Die Kehlbalken selbst werden an die Sparren schwalbenschwanzförmig angeblattet oder mittels schrägen Zapfens verbunden. (Vergl. S. 139, 9).

a) Das einfache Kehlbalkendach. Die Höhe, in welcher die Kehlbalkenlage im Dachstuhle anzuordnen ist, richtet sich im Allgemeinen nach der freien Länge der Sparren, welche im unteren Teile 4,5 m, im oberen bis zum Firsten reichenden Teile 2,5 bis 3 m nicht überschreiten darf bei 12|14 bis 14|18 cm Stärke des Sparrenquerschnittes. Die geringste lichte Höhe über der Dachbalkenlage bis zur Kehlbalkenlage beträgt 1,80 m, während für Dachwohnungen die baugesetzlichen Bestimmungen maassgebend sind. Nach dem neuen allgemeinen Baugesetze für das Königreich Sachsen vom 1. Juli 1900 beträgt die lichte Höhe von Dachwohnungen

2,85 m, bei ländlichen Verhältnissen 2,25 m. Vergl. § 115 Die Länge der Kelbalken darf hierbei jedoch 3,5 m nicht überschreiten. Textfigur 325.

b) Das Kehlbalkendach mit einfach stehendem Stuhle. Sobald die Kehlbalken länger sind als 3,5 m bis höchstens 4 m, so sind dieselben zu unterstützen durch eine sog. Stuhlwand, welche aus der

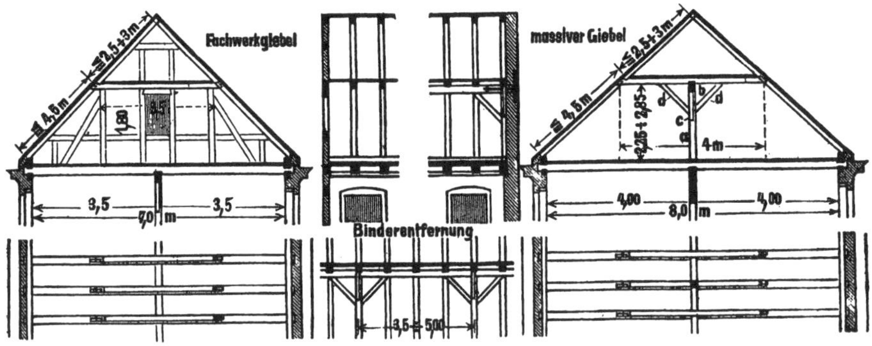

Fig. 326. Fig. 325.

Stuhlsäule a, dem Stuhlrahmen b und den Kopfbändern c besteht, welch' letztere zur Längenunterstützung des Stuhlrahmens dienen. Bei zu Wohnungen ausgebauten Kehlbalkendächern, bei welchen die Dachbinder in den Scheidemauern anzuordnen sind, werden diese Kopfbänder entbehrlich, da die Stuhlwände zugleich die Mittelmauern von ½ Stein Stärke als Fachwände bilden, wonach sich also auch die Dimensionen ihrer Konstruktionsteile richten müssen. Die Dachbinder stehen daher ebenfalls in Entfernungen von 3,5 bis 5 m, es entsprechen daher ihre Abstände den Zimmerbreiten der Dachwohnung, sodass gewöhnlich zwischen 2 Bindersparren 3 bis 4 Leersparren anzuordnen sind. Bei solch einem Dachstuhle kann ebenfalls die untere freie Länge der Sparren 4,5 m, die obere 2,5 bis 3 m betragen. Die Binderkehlbalken aber können in ihrer freien Länge durch Strebebänder d unterstützt werden, welche jedoch in der Stuhlsäule höher oder tiefer einzuzapfen sind, als die zur Längenunterstützung des Stuhlrahmen dienenden Kopfbänder c. Textfigur 326.

c) Das Kehlbalkendach mit doppelt stehendem Stuhle. Sobald die Kehlbalken 4 bis 5 m lang werden, ist es erforderlich zu deren Unterstützung 2 Stuhlwände aufzustellen, deren Entfernung im Querverbande 3,5 m nicht überschreiten soll. Die Stuhlsäulen stellt man so, dass ihre äussere Fluchtlinie senkrecht unter dem oberen Ansatzpunkte des Binderkehlbalkens am Sparren zu liegen kommt. Vergl. Textfigur 327 und 6 und 8, S. 12 und 14. Ist es jedoch der freien Länge der Kehlbalken wegen erforderlich, die Stuhlwände näher aneinander zu rücken, so darf die äussere Fluchtlinie der Stuhlsäulen vom unteren inneren Ansatzpunkte der Binderkehlbalken am Sparren nicht weiter als 0,80 m entfernt sein. In ihrer freien Länge können die Binderkehlbalken auch hier durch Strebebänder unterstützt werden. Textfigur 328.

Wird die Entfernung der Stuhlwände im Querverbande 4,5 bis 5 m gross, wird dementsprechend die obere freie Länge der Sparren grösser als 3 m, also bis 4,5 m, so ist die Anordnung einer Firstpfette erforderlich welche entweder durch einen Sprengbock — Textfigur 329 — oder eine Firststuhlwand — Textfigur 330 — getragen werden kann. Ist hierbei die freie Länge der Kehlbalken grösser als 3,5 m, so muss die Last der Firststuhlwand unter Anordnung eines Hängewerkes durch die Hängestreben auf die unteren beiden Stuhlwände übertragen werden. Textfigur 331. Die Stuhlsäulen selbst müssen auf unterstützte Punkte der

Fig. 327. Fig. 331. Fig. 328.

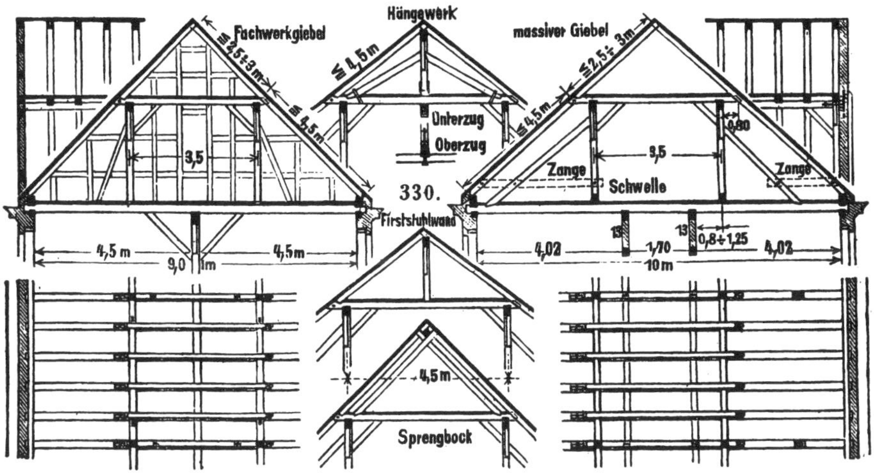

Fig. 329.

Binderbalken gestellt werden, wenigstens dürfen sie nicht weiter als 0,8 bis höchstens 1,25 m von solchen entfernt stehen. Ist dieses Maass nicht einzuhalten, so kann man entweder die Binderbalken von den Unterzugssäulen aus durch Kopfbänder unterstützen — Textfigur 327 — oder man stellt die Stuhlsäule auf eine Schwelle, welche über 3 Balken hinweg gelegt und mit diesen verkämmt oder verbolzt, den Druck der Stuhlwand auf mehrere Balken verteilt, sodass ein Durchbiegen der Binderbalken verhütet wird. Textfigur 328. Daher empfiehlt es sich die Binder stets über Scheidemauern aufzustellen, wodurch derartige Hilfskonstruktionen vermieden werden. Im übrigen ist es vorteilhaft den Querverband der Dachbinder durch Anordnung von Streben, (eventuell auch Zangen) zu verstärken, durch welche der Druck der Stuhlwand auf das Auflager der Binderbalken übertragen wird. Textfigur 328 und 332. Bei dem unvermeidlichen Zusammentrocknen der Verbandhölzer im Dachstuhle hat sich oft gezeigt, dass einzelne Kehlbalken gar nicht mehr auf dem Stuhlrahmen trotz ihrer Verkämmung aufliegen, weil der letztere sich geworfen hatte. Professor Dr. Moller in Darmstadt empfiehlt daher zur Vermeidung dieses Übelstandes folgende Konstruktionsweise: Die Stuhlsäule greift mit Versatzung und Verzapfung in den Bindersparren ein. Der Binderkehlbalken, als Doppelzange konstruiert, umfasst mit 2 bis 3 cm tiefen Ausschnitten die Stuhlsäule und den

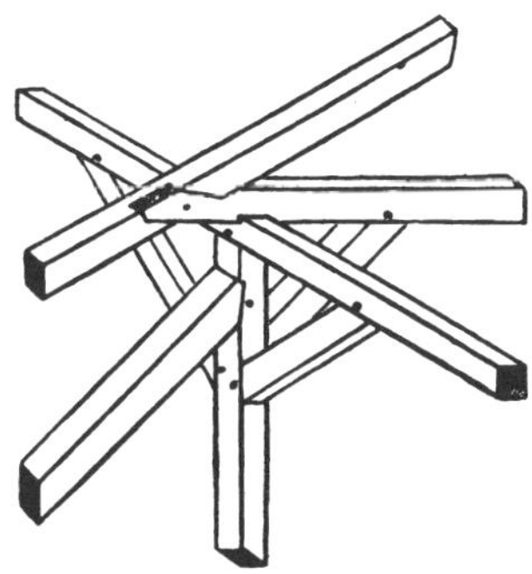

Fig. 332.

Bindersparren, während der Stuhlrahmen, mit 4 cm tiefer Anblattung an die Stuhlsäule angebolzt, auf Knaggen ruht, welche mit den Stuhlsäulen versatzt und verbolzt werden. Die Kopfbänder endlich, zur Längenunterstütung des Stuhlrahmen dienend, werden an die Stuhlsäule schwalbenschwanzförmig angeblattet, während sie mit Versatzung und Verzapfung in den Stuhlrahmen eingreifen. Die Binderkehlbalken als Doppelzangen werden durch Schraubenbolzen mit dem Bindersparren und der Stuhlsäule fest verbunden. Textfigur 333.

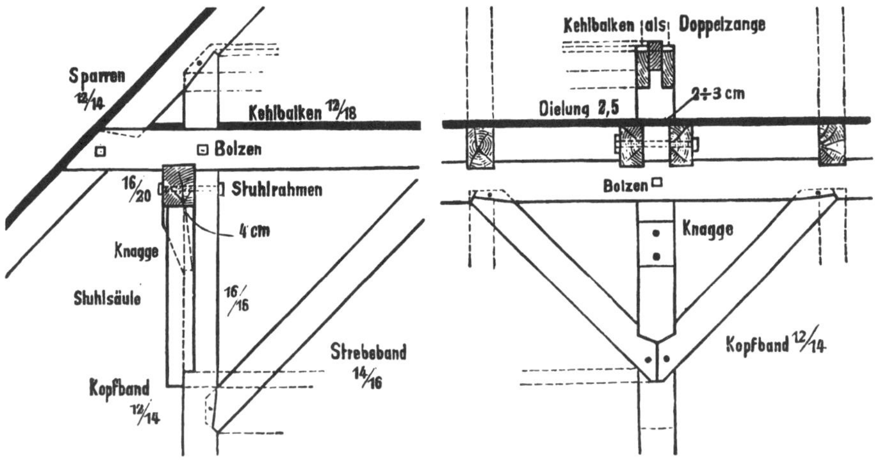

Fig. 333.

d) Das Kehlbalkendach mit dreifach stehendem Stuhle. Sobald die Länge der Kehlbalken 5,5 m überschreitet, muss eine dritte Stuhlwand in der Mitte der freien Länge der Kehlbalken eingezogen werden. Die untere Sparrenlänge kann auch hier 4,5 m betragen; ist die obere freie Länge der Sparren dagegen grösser als 3 m, so ist eine Firststuhlwand wie in Textfigur 330 oder eine zweite Kehlbalkenlage erforderlich, welch' letztere bei einer grösseren freien Länge als 3,5 m wiederum durch eine mittlere Stuhlwand getragen werden muss. Textfigur 334.

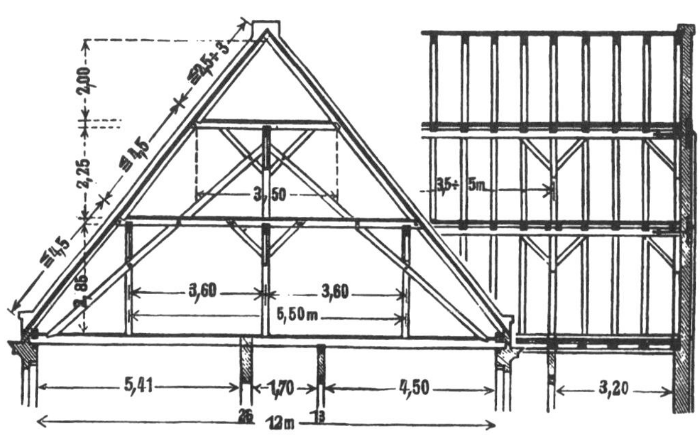

Fig. 334.

Zur Erzielung eines besseren Querverbandes im Dachbinder empfiehlt es sich auch hier Streben anzuordnen, welche in die Binderbalken und die obere, mittlere Stuhlsäule versatzt und verzapft, die unteren Stuhlsäulen schiefwinklig überschneiden, zwischen den doppelten Binderkehlbalken als Doppelzangen hindurchgehen und mit diesen verbolzt werden. Bei grösseren Sparrenlängen werden mehrere Kehlbalkenlagen übereinander erforderlich, deren oberste die sog. Hahnenbalken bilden. Textfigur 335.

Die Dächer mit stehendem Stuhle sind aber nur dann ausführbar, wenn die Binderbalken auf Scheidemauern angeordnet, oder durch Unterzüge, Säulen und Kopfbänder derartig unterstützt werden, dass die durch die stehenden Säulen auf die Binderbalken übertragene Dachlast kein Durchbiegen derselben hervorrufen kann. Ist dies nun konstruktiv nicht zu erzielen, so sind liegende Säulen anzuordnen und es entsteht:

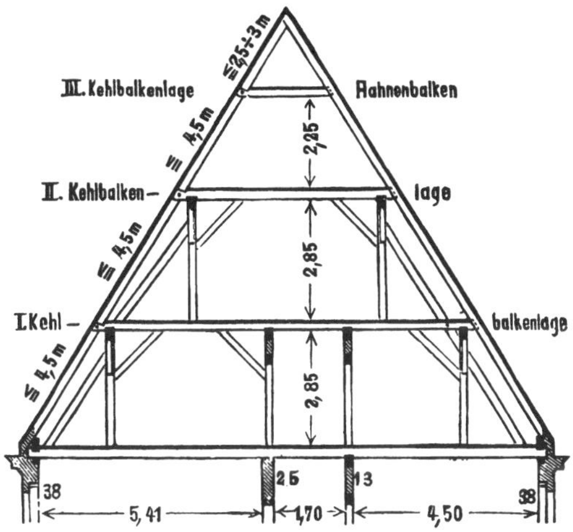

Fig. 335.

e) Das Kehlbalkendach mit liegendem Stuhle, durch welches der Dachraum sich viel freier gestaltet. Nur vom historischen Interesse ist die alte Konstruktionsweise des liegenden Stuhles, der wegen der erforderlichen Stärke seiner Verbandhölzer und der Schwierigkeit etwaiger Reparaturen an demselben gar nicht mehr ausgeführt wird. Textfigur 336. Derselbe besteht aus den liegenden Säulen a von 20|29

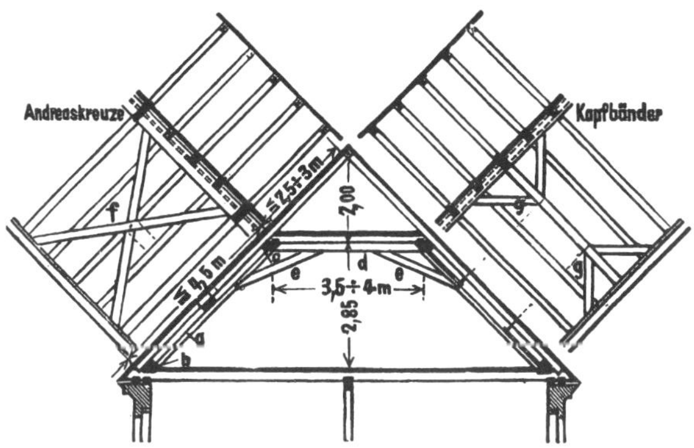

Fig. 336.

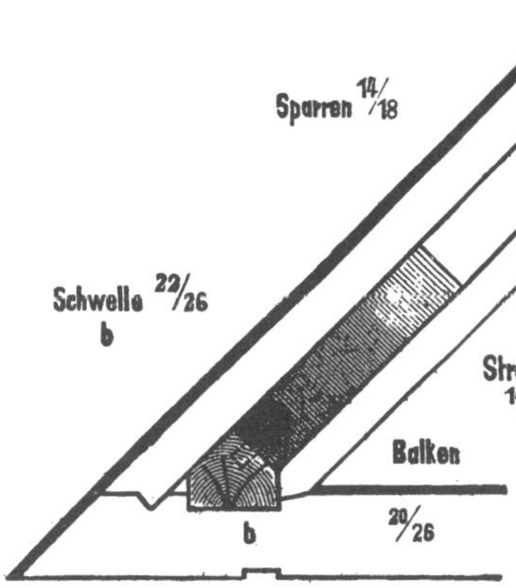

Fig. 337.

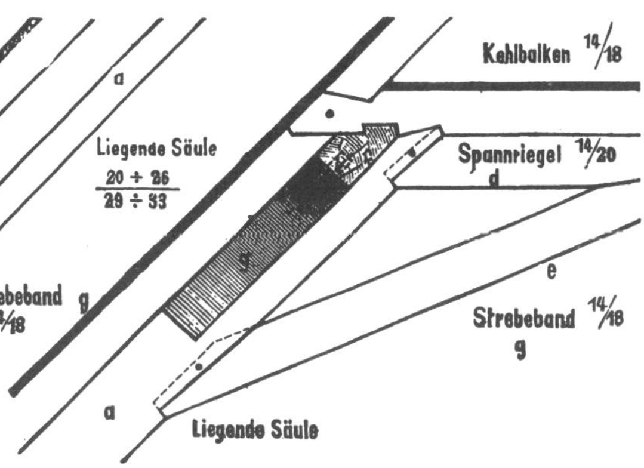

Fig. 338.

bis 26|33 cm Stärke, der Fussschwelle b von 22|26 cm, dem Stuhlrahmen c von 16|21 cm und dem Spannriegel d von 15|20 cm Stärke, welch' letzterer durch Strebebänder e in seiner freien Länge unterstützt wurde, während ein Längenverband entweder durch sich kreuzende Streben f, sog. Andreaskreuze, oder durch Strebebänder g von 14|18 cm Stärke, welche von der Stuhlsäule unten nach der Fussschwelle und oben nach dem Stuhlrahmen unter einem Winkel von 45 bis 60° gerichtet waren, bewirkt wurde. Textfigur 337 und 338.

Die neueren Konstruktionsweisen sind in Textfigur 339 und 340 dargestellt, bei welchen die liegenden Stuhlwände, zur Unterstützung der Kehl-

Fig. 339a. Fig. 339c.

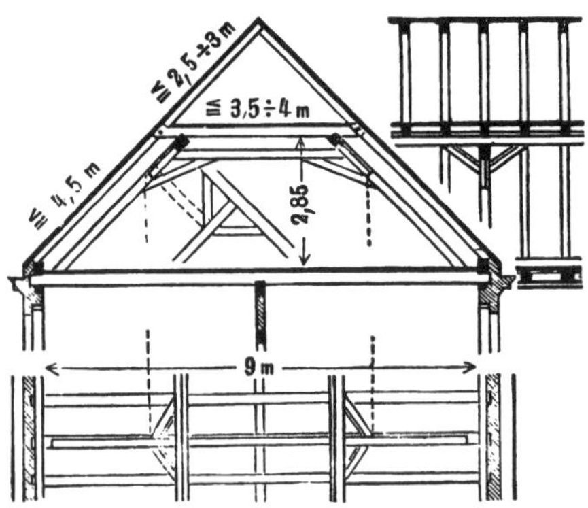

Fig. 339b.

Fig. 340c. Fig. 340a.

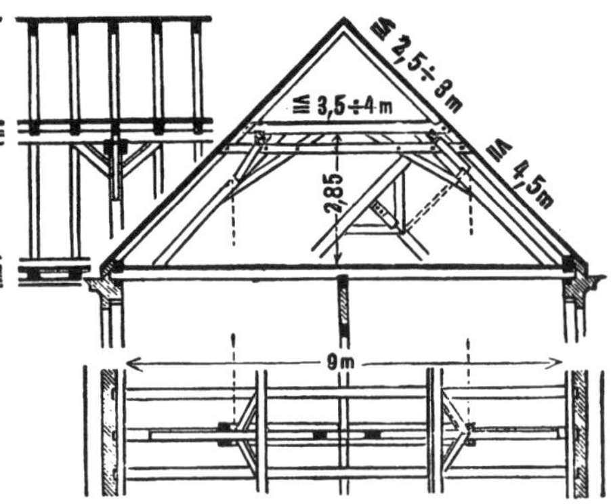

Fig. 340b.

balken dienend, ebenfalls durch einen Spannriegel verspreitzt werden Textfigur 339 a, b, c, 341 und 342. Der Stuhlrahmen, wird hierbei durch Kopfbänder in seiner freien Länge unterstützt, der Spannriegel greift mit Versatzung und Verzapfung in die Stuhlsäule ein, während zur Unterstützung

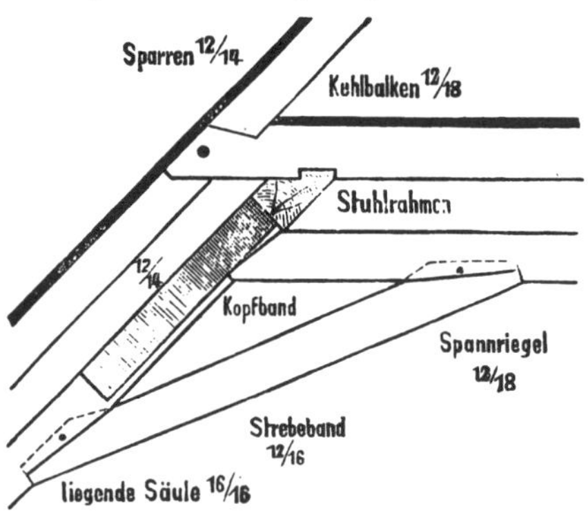

Fig. 341.

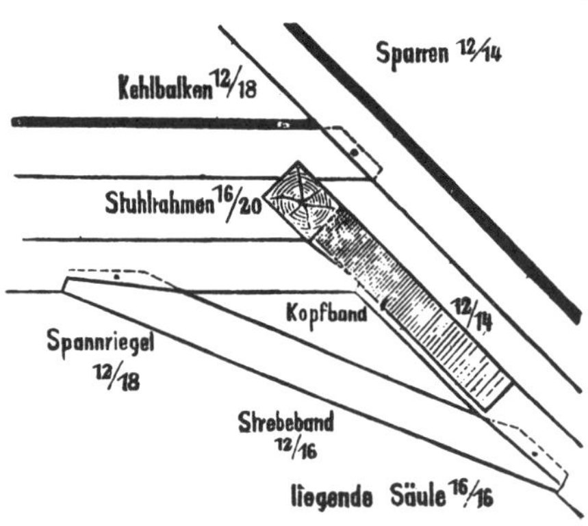

Fig. 342.

des Spannriegels ebenfalls Strebebänder dienen, welche von der Säule zum Spannriegel gerichtet sind. An Stelle des Spannriegels tritt aber vielfach eine Doppelzange — Textfigur 340 a b c — wobei man die liegende Stuhlsäule mit dem Binderkehlbalken versatzt, verzapft und verbolzt und zwar so anordnet, dass der Stuhlrahmen entweder neben der Stuhlsäule mit 4 cm tiefer blattung an diesem auf Knaggen ruht, die mit der liegenden Säule versatzt und verbolzt werden — Textfigur 343 — oder neben der Stuhlsäule auf die Doppel-Zange aufgekämmt wird — Textfigur 344, wobei in beiden Fällen die Strebebänder des Querverbandes zwischen den Doppelzangen hindurchgehen und mit den Binderkehlbalken versatzt und verzapft werden. Hierbei ist besonders auf die Projektion der Kopfbänder zur Längenunterstützung des Stuhlrahmen im Grundriss und Längenschnitt zu achten.

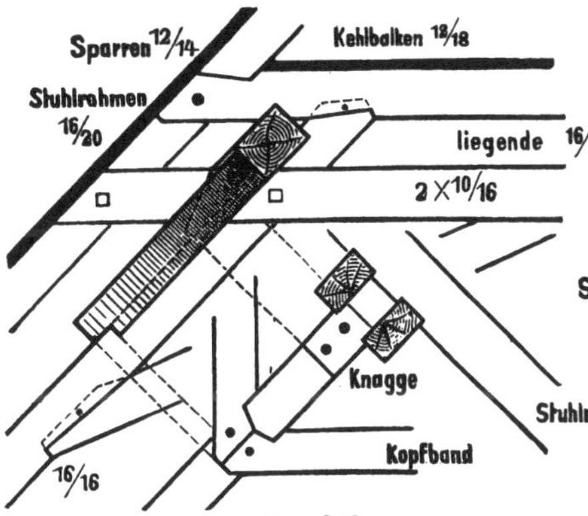

Fig. 343.

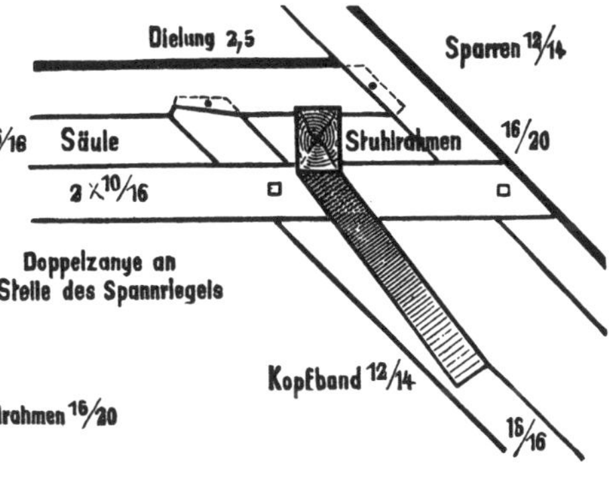

Fig. 344.

f) Das kombinierte Kehlbalkendach mit stehendem und liegenden Stuhle. Wird die freie Länge der Kehlbalken auch hierbei grösser als 5,5 m, so wird eine mittlere senkrechte Stuhlwand zur Unterstützung derselben erforderlich, wodurch ein Dachbinder entsteht, der in seiner Konstruktion dem Kehlbalkendach mit dreifachstehendem Stuhle entspricht. Ist die Länge der oberen zweiten Kehlbalken grösser als 3,5 m, so sind dieselben durch eine mittlere Stuhlwand zu unterstützen — Textfigur 325 — sind sie aber länger als 4 m, so ruhen dieselben ebenfalls auf

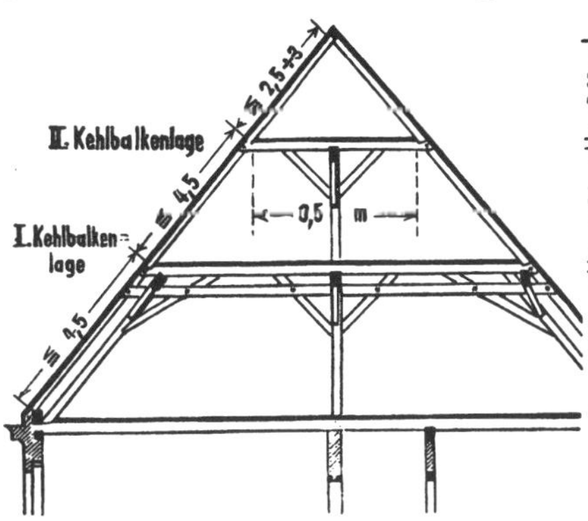

Fig. 345.

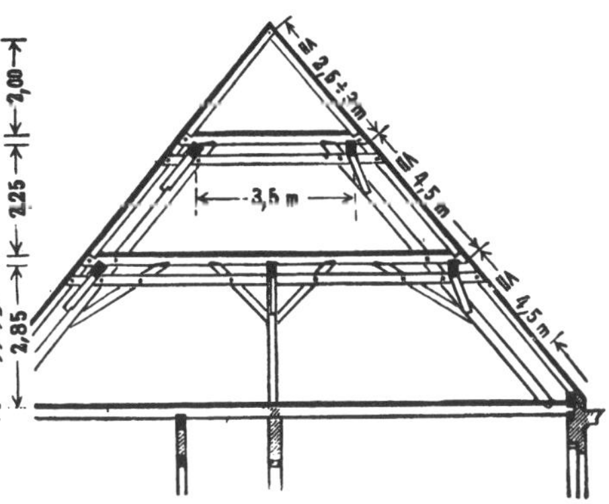

Fig. 346.

liegenden Stühlen, deren Säulen, zwischen der Doppelzange und dem unteren doppelten Binder-Kehlbalken hindurchgeführt, in den oberen einfachen Binderkehlbalken eingezapft und versatzt werden. Textfigur 346. Die Anordnung der Kopfbänder zur Längenunterstützung der Stuhlrahmen sowohl wie die Lage der letzteren entspricht der Konstruktionsweise des liegenden Kehlbalkendachstuhles. Die Gesamtlänge der Sparren kann in diesen Fällen 4,5 + 4,5 + 3 = 12 m betragen.

Um eine freiere Benutzungsweise des Dachraumes zu erzielen, versenkt man die Dachbalkenlage unter den Fusspunkt der Sparren, wodurch eine Versenkungs-, Drempel- oder Kniestockwand entsteht. Vergl. S. 140, 10). Bei Anordnung einer solchen fehlt aber die feste Verbindung zwischen Bindersparren, Binderbalken und Stuhlwand. Da nun die Versenkungswand keinen Seitenschub erleiden darf, durch welchen sie sogar hinausgedrängt werden oder umkippen könnte, so muss sowohl der Horizontalschub der Sparren, der sog. Sparrenschub, als auch die Dachlast durch Anordnung von Streben (Dach- oder Schubstreben) auf die Dach-

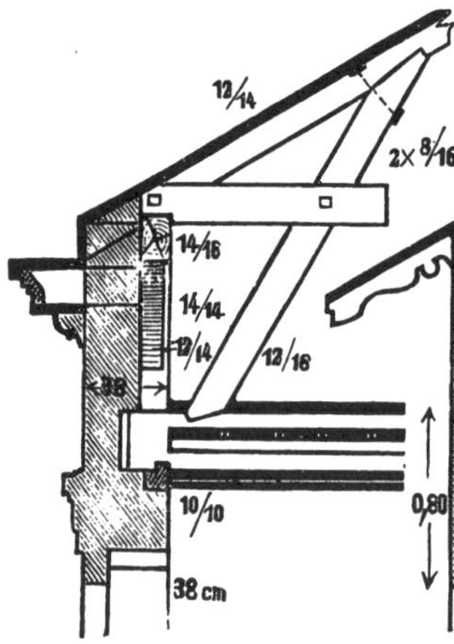

Fig. 347.

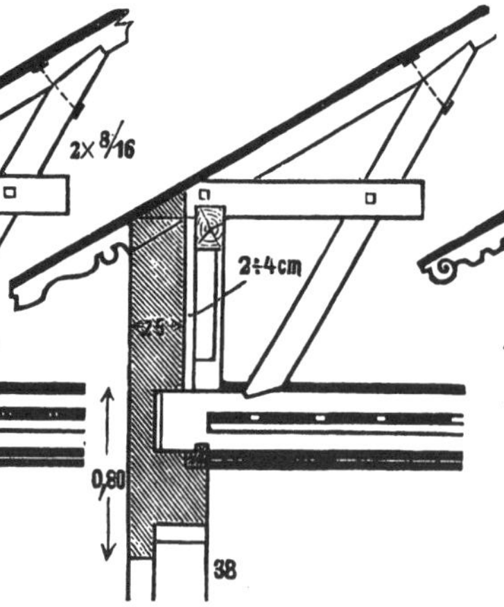

Fig. 348.

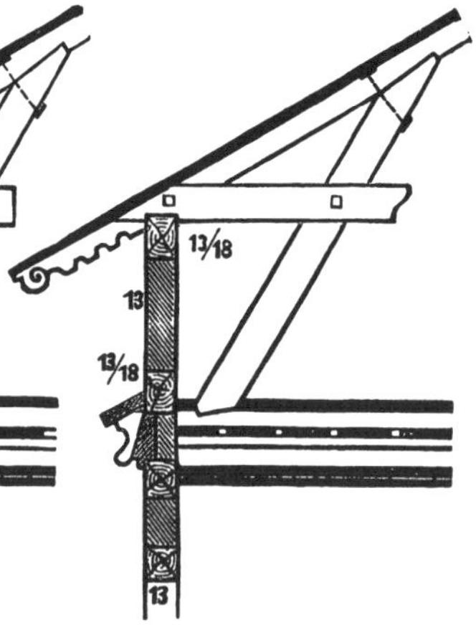

Fig. 349.

balkenlage übertragen werden. Diese Streben versatzt und verzapft man einerseits mit dem Binderbalken, andrerseits dagegen entweder mit den Stuhlsäulen oder mit den Bindersparren. Vergl. S. 138, 7) und Textfigur 296 und 304. Die Versenkungssäulen stellt man bündig mit der unteren inneren Mauerkante bei 1 bis 2 Stein Stärke der Umfassungen im obersten Geschosse eines Gebäudes, während die Versenkungswand selbst 1 bis 1½ Stein Stärke erhält. Textfiguren 347 und 350. Bei dem unvermeidlichen Sichsetzen der Dachbinder namentlich infolge des Zusammentrocknens der Verbandhölzer im Dachstuhle empfiehlt es sich jedoch, die Versenkungssäulen um 2 bis 4 cm nach innen zu rücken, um ein Hinausdrängen der Versenkungswand zu verhüten. Textfig. 348

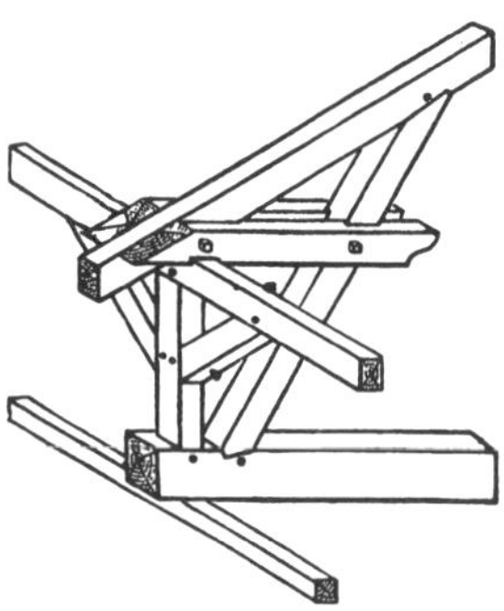

Fig. 350.

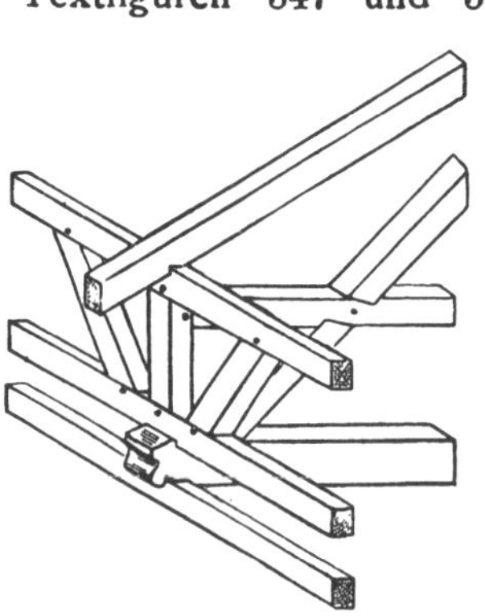

Fig. 351.

Bei Fachwerksmauern ist stets über der Dachbalkenlage eine Versenkungsschwelle anzuordnen, welche mit ersterer verkämmt wird. Textfigur 349 und 351. Häufig tritt in solchen Fällen die Versenkungswand vor dem

Mauergrunde des unteren Stockwerkes vor. Vergl. S. 84 und Textfigur 170. Im übrigen nun gelten dieselben Gesichtspunkte für die Konstruktion wie bei Kehlbalken - Dächern ohne Versenkung.

g) Das Kehlbalkendach mit einfach stehendem Stuhle und Versenkung. Textfigur 352. Die Dachstreben sind zu dem Zwecke freierer Gestaltung des Dachraumes nach den Bindersparren gerichtet. Vergl. S. 148, b) und Textfigur 326.

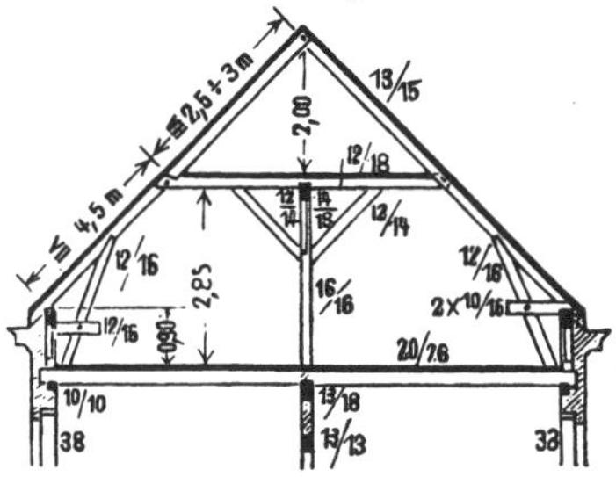

Fig. 352a.

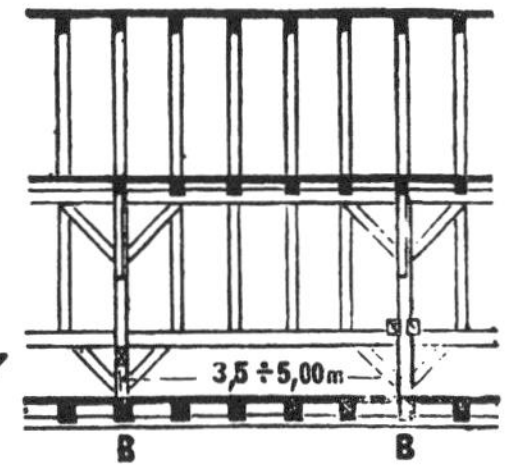

Fig. 352b.

h) Das Kehlbalkendach mit doppelt stehendem Stuhle und Versenkung, bei welchem in Bezug auf die freie Länge der Sparren und Kehlbalken dieselben Konstruktionsfälle auftreten wie beim Kehlbalkendache ohne Versenkung. Die Streben sind in Textfigur 353 (links) nach den Stuhlsäulen, (rechts) nach dem Bindersparren geführt, während links eine einfache Zange unter dem Versenkungsrahmen, rechts dagegen eine

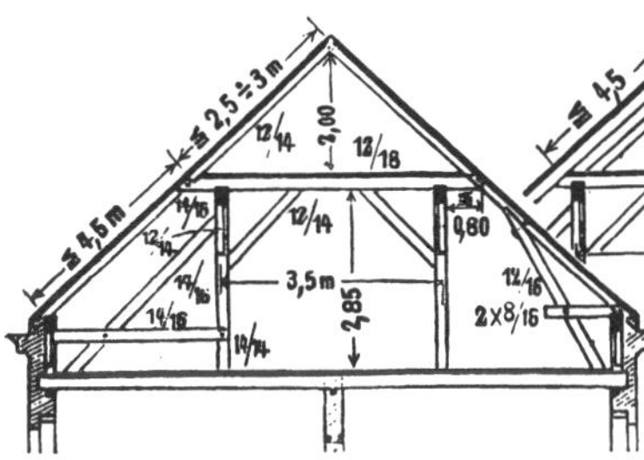

Fig. 353.

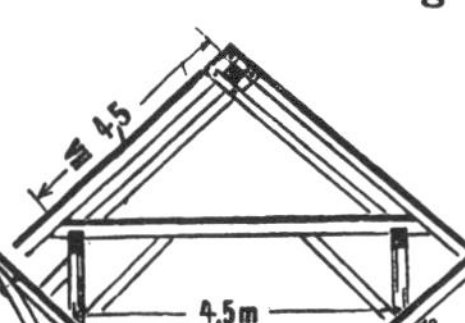

Fig. 354.

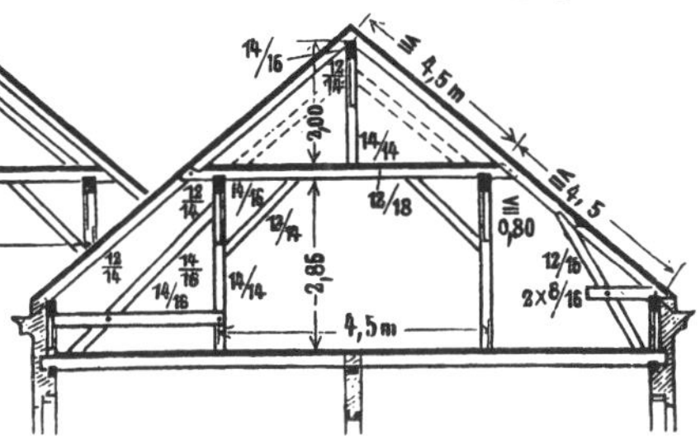

Fig. 355.

Doppelzange über dem letzteren angeordnet ist. In Textfigur 354 ist eine Firstpfette mit Sprengbock, in Textfigur 355 eine solche mit Firststuhlwand für eine obere freie Sparrenlänge $\leq$ 4,5 m dargestellt. Vergl. S. 148, c) und Textfiguren 329 und 330.

i) Das Kehlbalkendach mit dreifach stehendem Stuhle und Versenkung. In Textfigur 356 ist die zweite obere Kehlbalkenlage

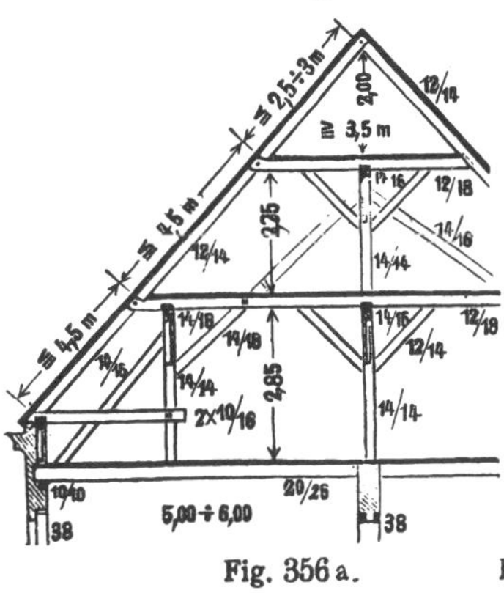

Fig. 356a.

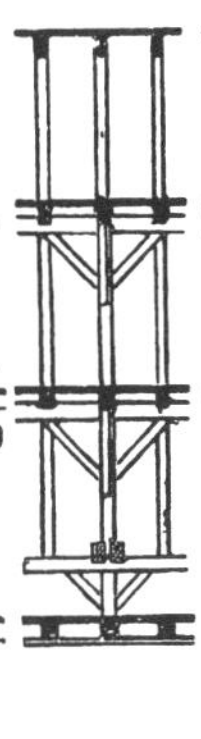

Fig. 356b.

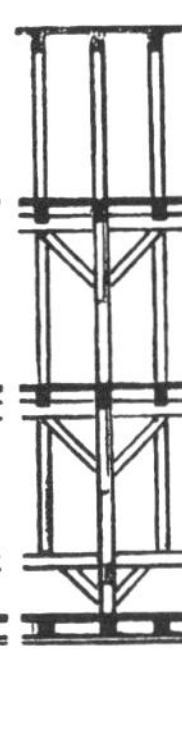

Fig 357b.

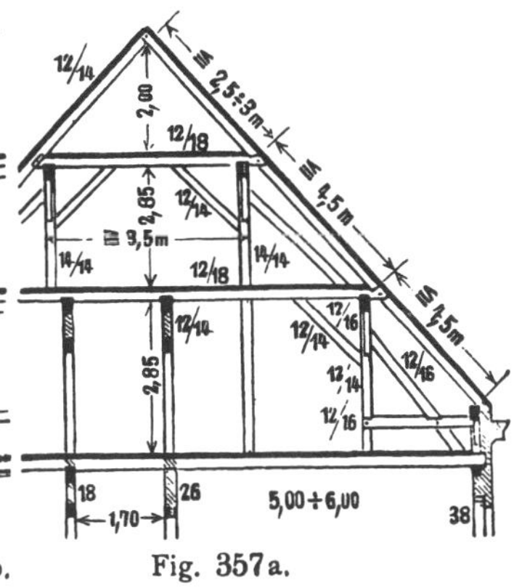

Fig. 357a.

durch eine einfache Stuhlwand unterstützt, während bei grösserer freier Länge der ersteren als 3,5 m bis 4,5 m eine doppelte Stuhlwand anzuordnen ist. Textfigur 357. Vgl. S. 150, d) und Textfigur 334. Ist die Gesamtlänge der Sparren grösser als 13,50 m, so tritt an Stelle der oberen Kehlbalkenlagen häufig eine Unterstützung der Sparren durch Pfetten. In Textfigur 358 ist die Firststuhlwand abgesprengt, während die mittleren Pfetten auf der Doppelzange aufgekämmt sind.

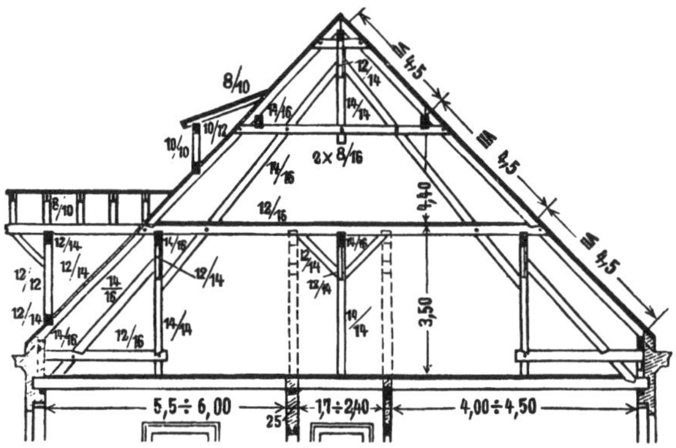

Fig. 358.

Sind stehende Säulen konstruktiv nicht anwendbar, so muss man auch hier zu liegenden Säulen greifen, wobei wiederum zu beachten ist, dass liegende Säulen stets die Streben ersetzen, letztere also in Wegfall kommen.

k) Das Kehlbalkendach mit liegendem Stuhle und Versenkung. Textfigur 359. Auch hier dient ein Spannriegel (links) zur Verspreizung der liegenden Säulen, an dessen Stelle aber häufig eine Doppelzange (rechts) tritt.

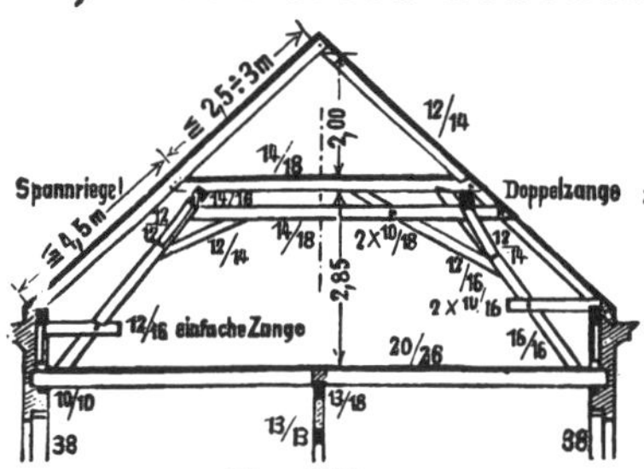

Fig. 359a.

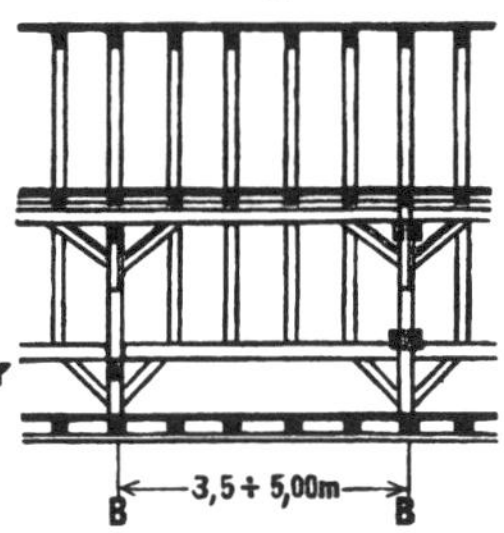

Fig. 359b.

Vergl. S. 151, e) und S. 152, sowie Textfigur 339 und 340.

l) Das Kehlbalkendach mit stehendem und liegenden Stuhle und Versenkung für 13,50 m Sparrenlänge zeigt Textfigur 360,

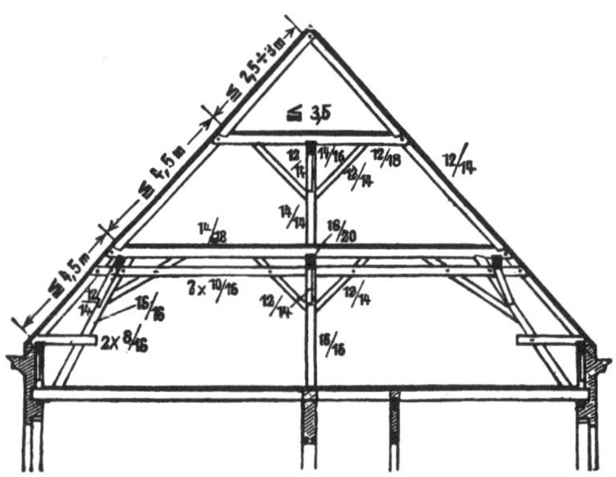
Fig. 360.

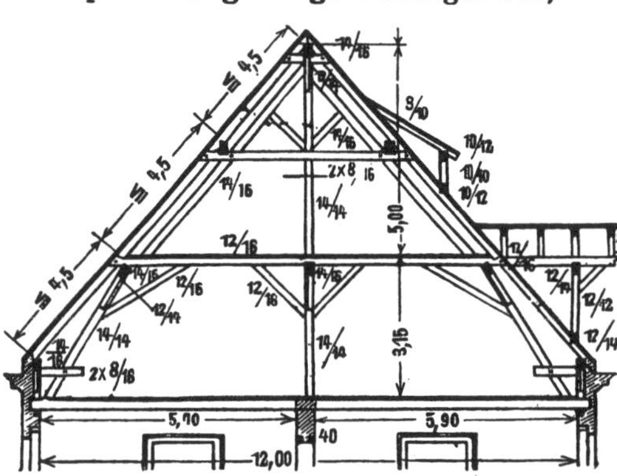

Fig. 361.

während in Figur 361 eine Firstpfette durch eine Firstsäule getragen wird und die Mittelpfette auf der Doppelzange aufgekämmt wird. Vergl. Textfigur 358. Auch hier liesse sich die Firstsäule absprengen, wobei die liegenden oberen Säulen als Sprengstreben dienen würden.

3) Pfetten- oder Fettendächer.

Bei denselben werden die Sparren direkt durch wagerecht liegende Hölzer, die Pfetten, Fetten oder Rahmenhölzer, auch Stuhlrahmen, getragen, in dem sie sich auf dieselben aufklauen. Die Pfetten selbst ruhen ebenfalls auf Stuhlsäulen mittels Verzapfung und werden in ihrer freien Länge durch Kopfbänder unterstützt. Doppelzangen dienen zur Erhöhung des Querverbandes und zum Begegnen des Sparrenschubes. Pfettendächer kommen zur Anwendung, wenn Kehlbalkenlagen der Benutzungsweise des Dachraumes wegen nicht erforderlich sind. Sie sind einfacher in der Konstruktion, aber auch mannigfaltiger, und wegen des geringeren Holzbedarfes auch billiger herzustellen; auch gewähren sie einen freieren Dachraum als Kehlbalkendächer. Sie können sowohl mit stehenden, als auch mit liegenden Säulen und ohne oder mit Versenkung konstruiert werden, während in Bezug auf die freie Länge der Sparren die gleichen Regeln gelten, wie für Kehlbalkendächer.

a) Das Pfettendach mit einfach stehendem Stuhle. Die Sparrenlänge darf hierbei 4,5 m nicht überschreiten. Im Firsten ist eine Firstpfette anzuordnen, welche auf einer Firstsäule ruht und durch Kopfbänder in ihrer freien Länge = 3,5 bis 5 m unterstützt wird. Die Sparren klauen sich an ihrem Fusspunkte auf eine Sparrenschwelle auf oder sie werden mit den Balken direkt versatzt und verzapft. Eine Doppelzange in der Nähe des Firsten, eventuell auch Streben dienen zum Begegnen des Sparrenschubes, bezw. zum Übertragen der Dachlast auf die Umfassungsmauern. Textfigur 362. Bei ganz flachen Dächern mit Dachpapp-, Holzcement- oder Metalleindeckung wird die Höhe der Firstsäule sehr gering, weshalb zur Unterstützung der Firstpfette ein kurzer Stempel oder Holzklotz genügt. Textfigur 363.

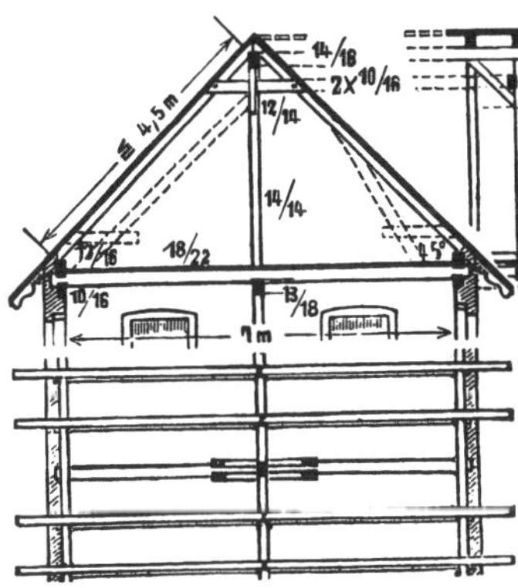

Fig. 362a.

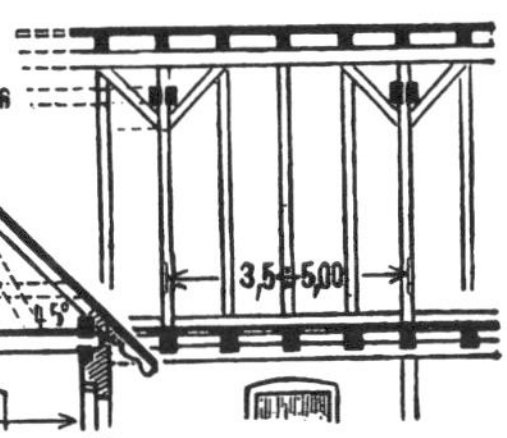

Fig. 362b.

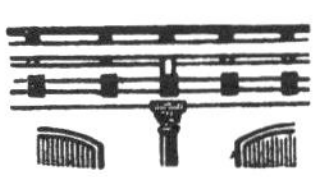

Fig. 363a.

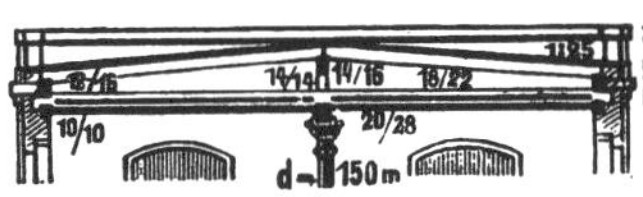

Fig. 363b.

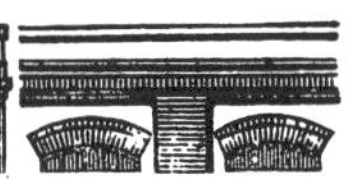

Fig. 363c.

b) Das Pfettendach mit doppelt stehendem Stuhle. Textfigur 364. Die Säulenentfernung im Querverbande des Dachbinders darf höchstens 5 m, die untere Sparrenlänge 4,5 m, die obere 2,5 m bis 3 m betragen. Die Streben übertragen auch hier die Dachlast auf das Auflager der Binderbalken. Die Doppelzange unter den Pfetten angeordnet, wird durch Strebebänder, welche zwischen den Zangen hindurchgeführt mit letzteren durch schmiedeeiserne Bolzen fest verbunden werden, in ihrer freien Länge unterstützt. Textfigur 365. Bei flacher Dachneigung werden die Mittelpfetten ebenfalls durch kurze Stempel oder Holzklötze getragen. Textfigur 366. Die obere freie Länge der Sparren darf hierbei 2,5 m nicht überschreiten. Vorteilhafter ist es jedoch, an Stelle der Verbindung der Sparren im Firsten durch Scherzapfen, eine Firstpfette anzuordnen, auf welcher sich die Sparren aufklauen.

Fig. 364a. Fig. 364b.

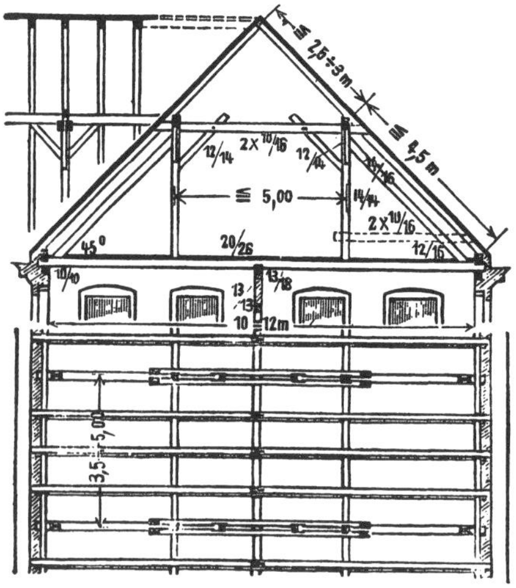

Fig. 364c.

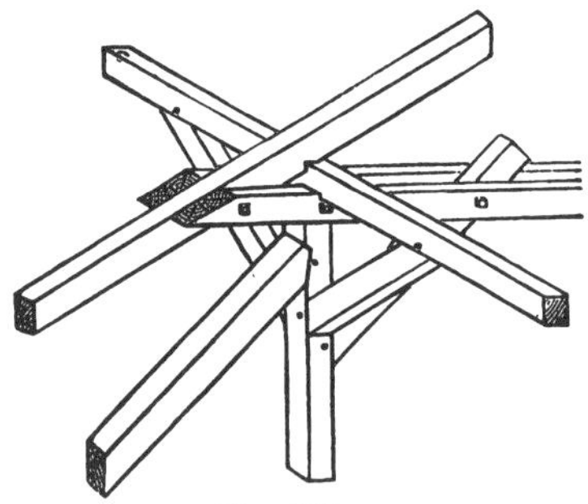

Fig. 365.

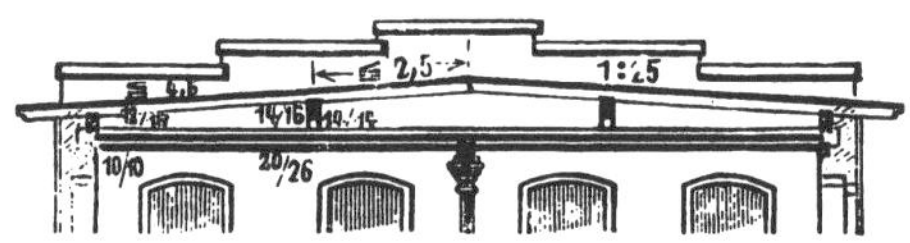

Fig. 366.

Wird die Säulenentfernung im Querverbande grösser als 5 m und die obere freie Länge der Sparren grösser als 3 m, so ist die Anordnung einer Firstpfette erforderlich und es entsteht:

c) Das Pfettendach mit dreifach stehendem Stuhle. Die freien Längen der Sparren dürfen 4,5 m nicht überschreiten, desgleichen ist auf genügende Unterstützung der Stuhlsäulen auf den Binderbalken zu achten, welche nicht weiter als 0,8 bis 1,25 m von festen Auflagern der letzteren

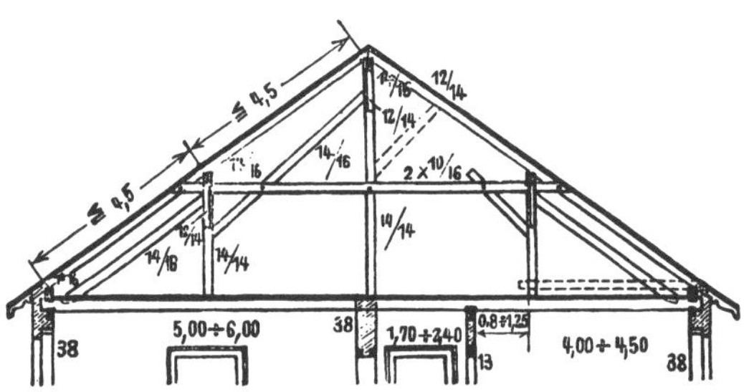

Fig. 367.

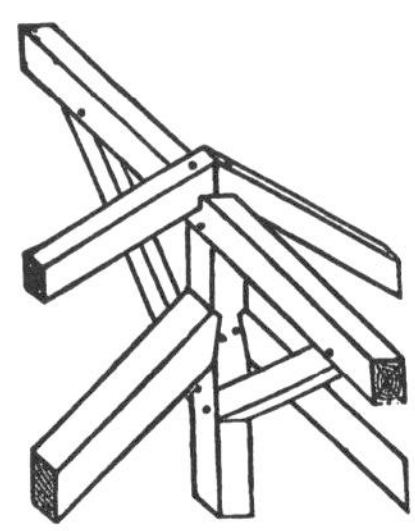

Fig. 368.

entfernt stehen dürfen. Wenn angängig, stellt man die Firstsäule auf die Mittelmauern. Textfigur 367 und 368. Ist die Firstsäule jedoch für die freie Benutzungsweise des Dachraumes störend, so kann dieselbe abgesprengt werden unter Zuhilfenahme des vereinigten Hänge- und Sprengwerkes, durch dessen Sprengstreben die Last der Firststuhlwand auf die mittleren Stuhlwände übertragen wird. Textfigur 369. Die Doppelzange, hier über den

Mittelpfetten angeordnet, wie Firstsäule und auch Bindersparren können zur Erhöhung des Querverbandes im Binder in ihren freien Längen durch Strebebänder unterstützt werden. Auch liesse sich eine Doppelzange am Sparrenfusse anordnen, um dem Sparrenschube besser zu begegnen. Auch für Pfettendächer hat Prof. Moller Verbesserungen der Konstruktion vorgeschlagen, nach welchen die Stuhlsäulen mit Versatz und schrägem Zapfen in die Bindersparren eingreifen, die einfachen oder Doppelzangen seitlich an Stuhlsäule und Bindersparren mit 1 bis 2 cm tiefen Ausschnitten angeblattet und verbolzt werden, während die Mittelpfette 2 bis 4 cm tief an die Stuhlsäule angeblattet und verbolzt, auf der Zange verkämmt wird mit 1 bis 2 cm tiefem Ausschnitte aus der Zange. Sie ruht also zwischen Stuhlsäule, Zange und Bindersparren in unverrückbarer Lage. Textfigur 370.

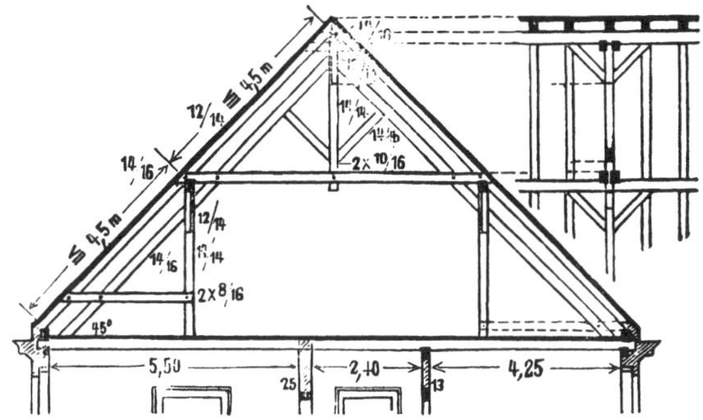

Fig. 369a. Fig. 369b.

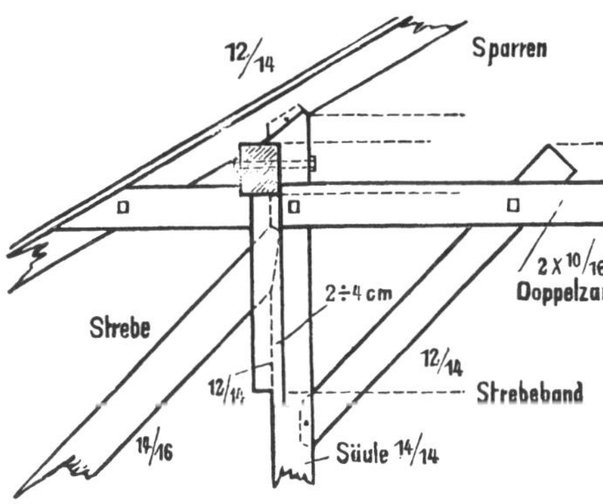

Fig. 370a.

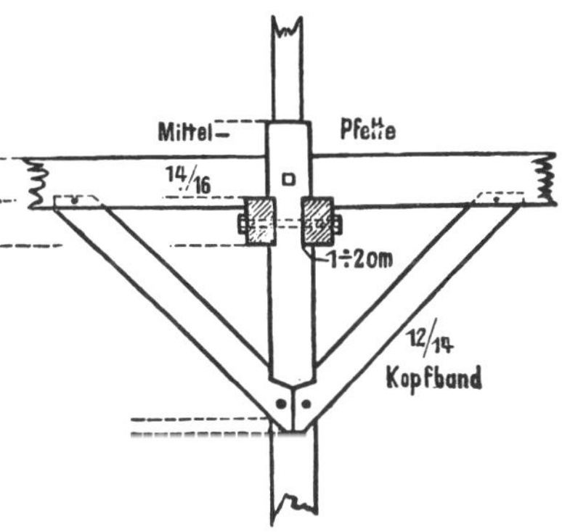

Fig. 370b.

Können die stehenden Säulen nicht über unterstützten Punkten der Binderbalken angeordnet werden, so sind auch beim Pfettendache liegende Säulen anzuwenden.

d) Das Pfettendach mit liegendem Stuhle, bei welchem die liegenden Säulen entweder nach innen, d. h. nach den die Dachbalkenlage tragenden Mittelmauern oder Unterzügen oder nach den Aussenwänden gerichtet sein können. Beträgt die Länge der Sparren nur 4,5 m, so genügt die Anordnung einer Firstpfette, welche durch liegende Säulen in Gestalt eines Sprengbockes ge-

Fig. 371b. Fig 371a. Fig. 371c.

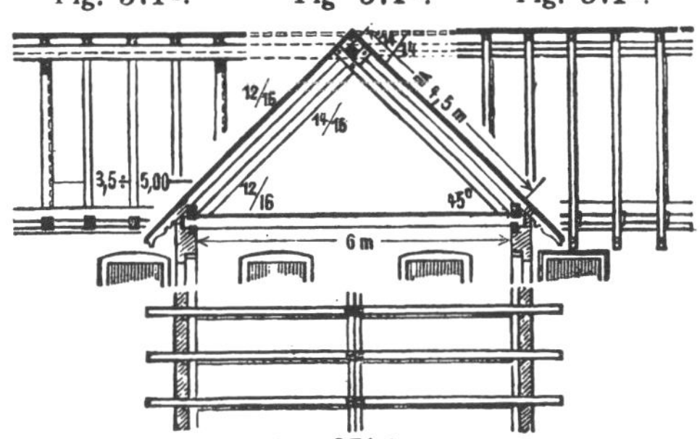

Fig. 371d.

tragen und durch Kopfbänder, welche in die Firstpfette eingezapft, an die liegenden Säulen aber angeblattet sind, in ihrer freien Länge unterstützt wird. Textfigur 371. Die Lage der Firstpfette kann in zweifacher Gestalt auftreten, wonach die Anordnung der Kopfbänder sich richtet, welche in Textfigur 372, 373 und 374 dargestellt ist. Ist die ganze Sparrenlänge

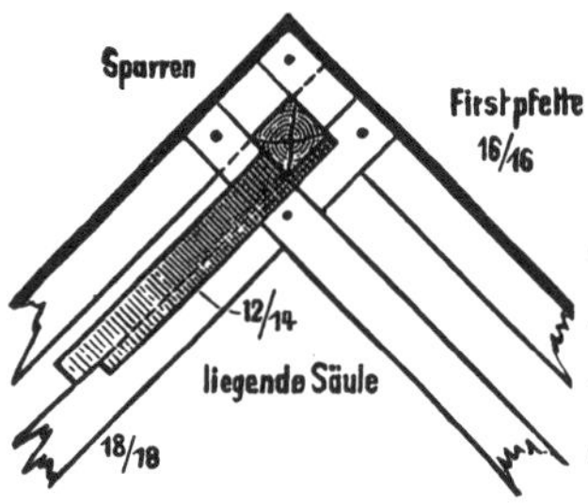

Fig. 372.

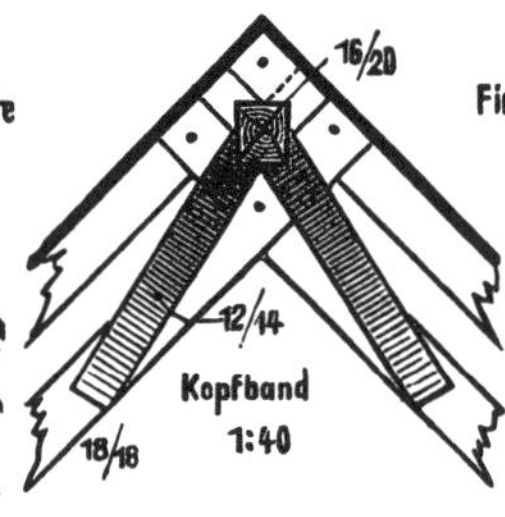

Fig. 373.

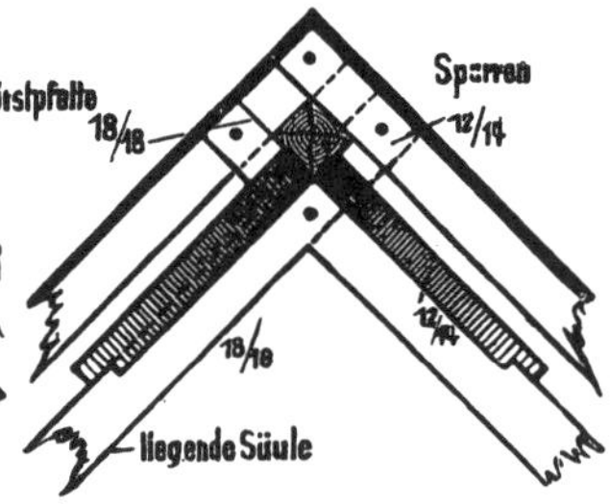

Fig. 374.

grösser als 4,5 m, aber kleiner als 7,5 m, so genügt eine Mittelpfette zur Unterstützung der Sparren, wobei die untere freie Länge derselben 4,5 m, die obere höchstens 2,5 bis 3 m betragen darf. Textfigur 375 zeigt das Pfettendach mit nach innen gerichteten liegenden Säulen unter Anwendung von Doppelzangen unter den Pfetten, während in

Fig. 375b. Fig. 376b. Fig. 376c.

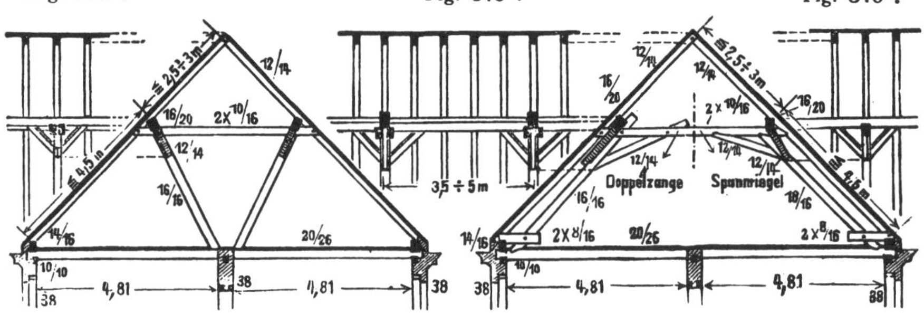

Fig. 375a. Fig. 376a.

Textfigur 376 das Pfettendach mit nach den Aussenwänden gerichteten liegenden Säulen dargestellt ist, bei welchen an Stelle der Doppelzange (links) auch ein Spannriegel (rechts) zur Verspreizung der Säulen treten kann. Die Einzelverbindungen enthalten Textfigur 377, 378 und 379.

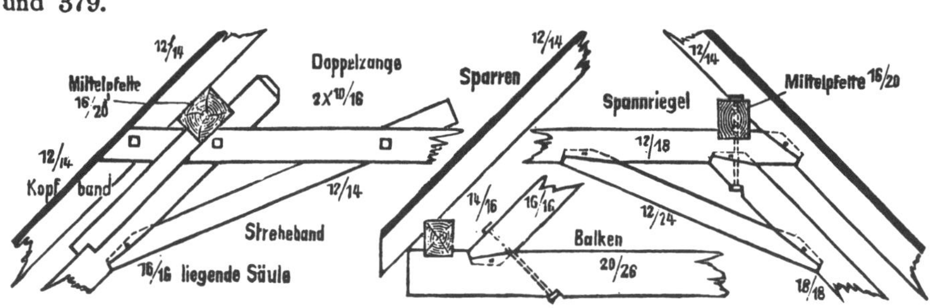

Fig. 378. Fig. 377. Fig. 379.

Beträgt die Sparrenlänge 7,5 bis 9 m, so ist eine Firstpfette erforderlich, wodurch auch die obere freie Sparrenlänge 4,5 m betragen kann. In Textfigur 380 ist ein Pfettendach im engeren Sinne dargestellt, — vergl. S. 138 und Textfigur 301 und 302 — bei welchem die Mittel- und Firstpfette auf Hauptträgern, Hauptsparren oder Binderstreben in Gestalt liegender Säulen ruhen. Die Binderstreben werden in den durch Pfetten belasteten Punkten durch einen Spannriegel oder durch Doppelzangen verspreizt, oder es übertragen nach innen gerichtete, liegende Säulen die Last der Mittelpfetten auf feste Punkte der Binderbalken, während die Firstpfette in der Gabel der Binderstreben oder auf einer abgesprengten Firstsäule ruht. Textfigur 381. Bei grösserer Sparrenlänge bis 13,50 m ist die Anordnung einer weiteren Pfette erforderlich. Textfigur 382. Die Unterstützung der Mittelpfetten durch Kopfbänder ist in Textfigur 383 und 384 dargestellt. Liegt die Binderstrebe von dem Bindersparren zu weit entfernt, als dass die Mittelpfette mit beiden verkämmt werden könnte, so muss man zur Ausgleichung dieses Zwischenraumes die Pfetten auf Knaggen lagern, welche mit den Binderstreben versatzt und verbolzt werden. Textfigur 385.

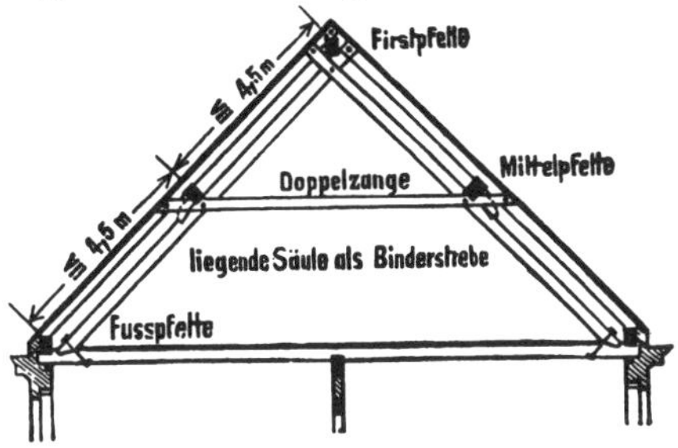

Fig. 380.

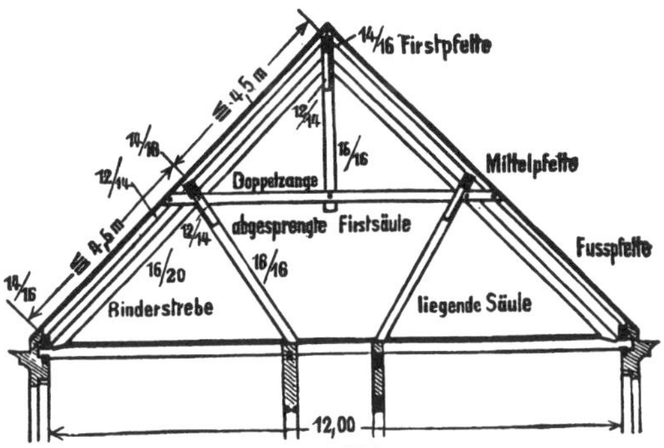

Fig. 381.

Fig. 382b. Fig. 382c.

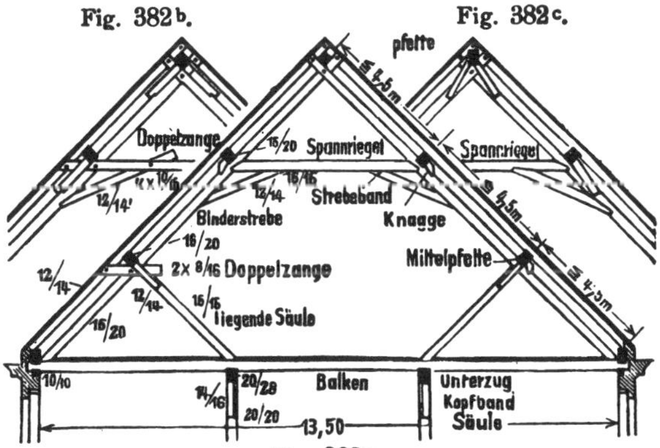

Fig. 382a.

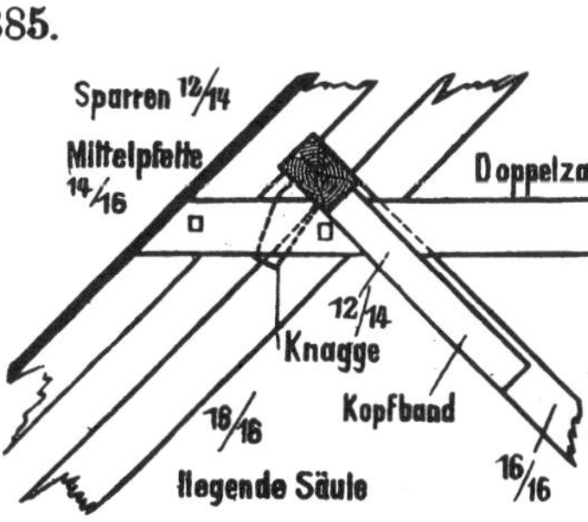

Fig. 383.

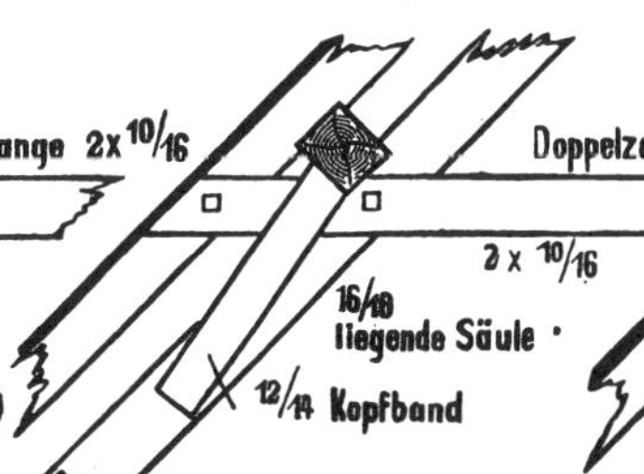

1:40.

Fig. 384

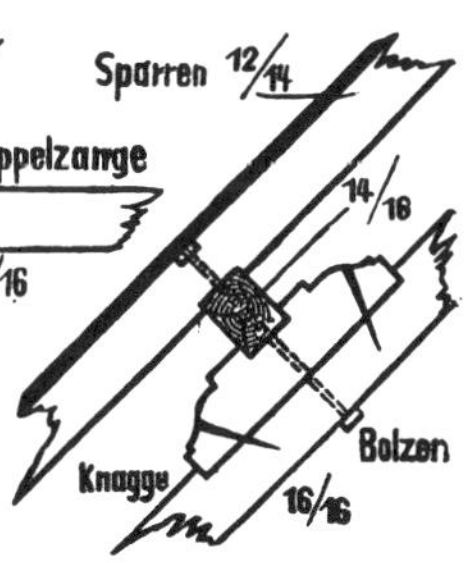

Fig. 385.

f) Eine Kombination der Pfettendächer mit stehenden und liegenden Säulen, welch letztere nach aussen gerichtet sind, zeigen die Textfiguren 386 und 387, bei welchen die liegenden Säulen mit den

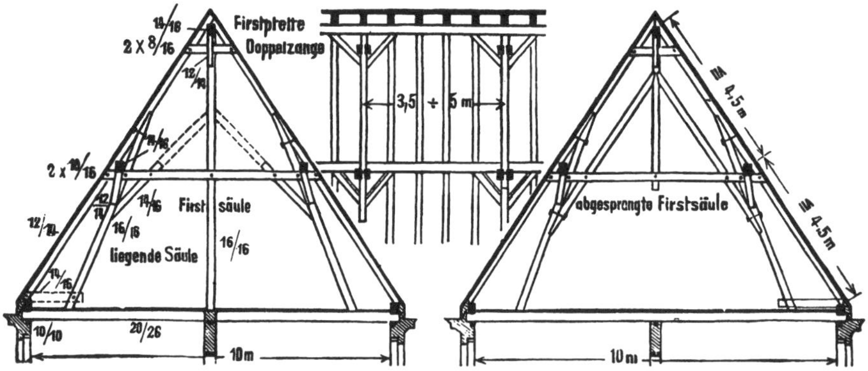

Fig. 386. Fig. 387b. Fig. 387a.

Bindersparren versatzt, verzapft und verbolzt werden, so dass die Mittelpfette zwischen Doppelzange, liegender Säule und Bindersparren ruht. Textfigur 388. In Textfigur 387 ist die Firstsäule abgesprengt.

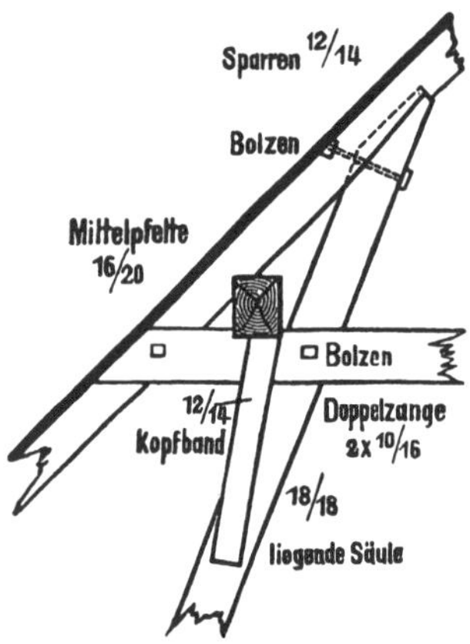

Fig. 388.

Auch die Pfettendächer werden mit Versenkung konstruiert, — vergl. S. 140, 10 — wobei durch Anordnung von Streben dem Sparrenschube zu begegnen und die Last der Mittelpfetten auf das Mauerwerk zu übertragen ist. Stehende und liegende Säulen tragen auch hier die Pfetten. Bei Pfettendächern mit hoher Versenkung und flacher Dachneigung aber fallen meist diese Streben weg und werden ersetzt durch Strebebänder, welche im Querverbande von den stehenden Säulen nach dem Bindersparren zu richten sind, wobei wiederum zu beachten ist, dass die Strebebänder tiefer oder höher in die Stuhlsäulen eingezapft werden, als die zur Längenunterstützung der Pfetten dienenden Kopfbänder. Werden liegende Säulen angewendet, so versatzt, verzapft und verbolzt man auch hier dieselben am besten mit den Bindersparren.

Fig. 389a. Fig. 389b.

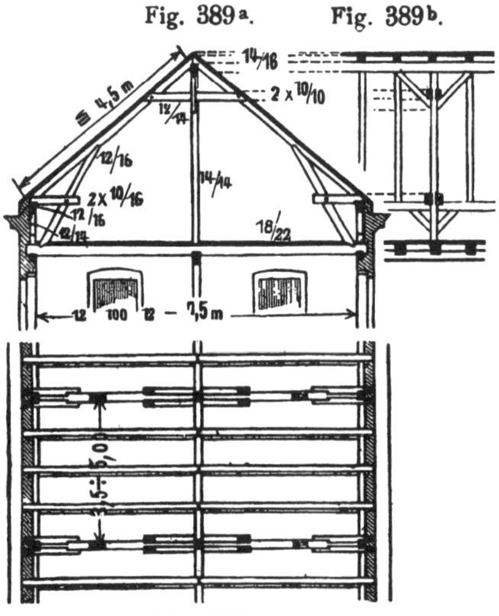

Fig. 389c.

g) Das Pfettendach mit einfach stehendem Stuhle und Versenkung. Textfigur 389. Die Streben sind nach dem Bindersparren gerichtet. Vergl. S. 138, 7. Unter An-

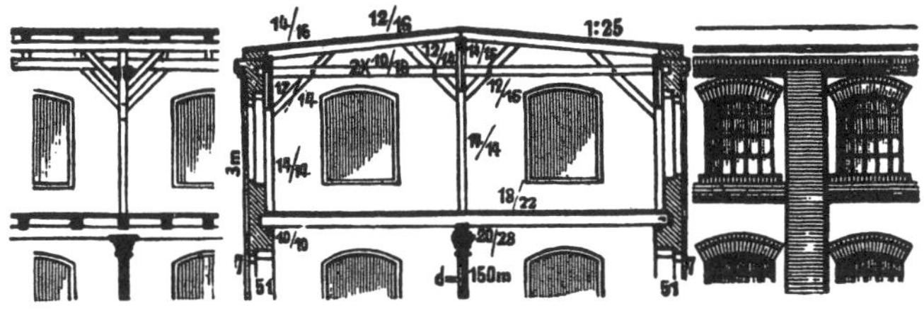

Fig. 390b. Fig. 390a. Fig. 390c.

nahme flacher Dachneigung für Holzcement und hoher Versenkung dient die Doppelzange zur Bildung unverschieblicher Dreiecke im Querverbande. Textfigur 390.

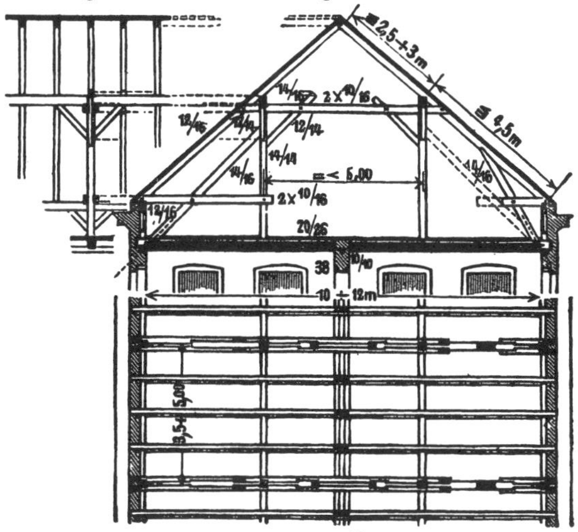

Fig. 391b. Fig. 391a. Fig. 391c.

h) Das Pfettendach mit doppelt stehendem Stuhle und Versenkung. Textfigur 391. Auch hier ist die Strebe (links) nach der Stuhlsäule, rechts dagegen nach dem Bindersparren gerichtet, während die Doppelzangen der Versenkung (links) Bindersparren, Strebe und Stuhlsäule, rechts dagegen nur Strebe und Bindersparren umfassen. Die Stuhlsäulenentfernung im Querverbande darf auch hier 5 m nicht überschreiten. Die Doppelzangen unter den Mittelpfetten angeordnet, werden ebenfalls durch Strebebänder in ihrer freien Länge unterstützt. Textfigur 392 zeigt das Pfettendach mit doppeltstehendem Stuhle bei flacher Dachneigung und hoher Versenkung, bei welchem die obere freie Sparrenlänge 2,5 m nicht überschreiten darf. An Stelle der durchgehenden Doppelzange kann man auch die mittleren Stuhlsäulen durch eine besondere Zange zusammenhalten, also drei einzelne Doppelzangen im Binder anwenden.

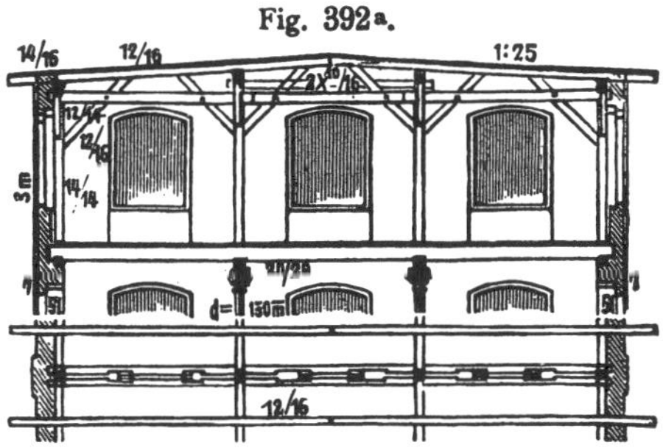

Fig. 392a. Fig. 392b.

i) Das Pfettendach mit dreifach stehendem Stuhle und Versenkung, bei welchem die Sparren je 4,5 m freiliegen können. Textfigur 393. Zur Verstärkung des Querverbandes kann man entweder Strebebänder von der Stuhlsäule nach der Doppelzange, oder von der Firstsäule nach dem Bindersparren (links) oder von der Stuhlsäule nach der Firstsäule richten (rechts). Auch lässt sich die Firstsäule absprengen mit Zuhilfenahme des vereinigten Hänge- und Sprengwerkes. Textfigur 394. Bei hoher Versenkung und flacher Dachneigung kann die Doppelzange durch den ganzen Binder hindurchgehen oder man fasst die drei mittleren Stuhlsäulen und je die ersten beiden Stuhlsäulen durch Doppelzangen zusammen.

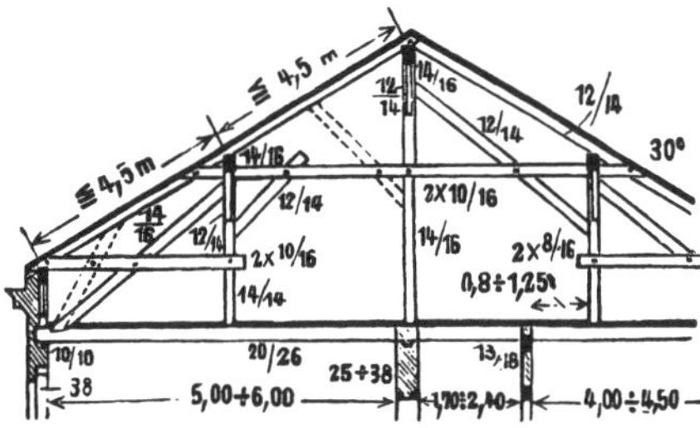

Fig. 393

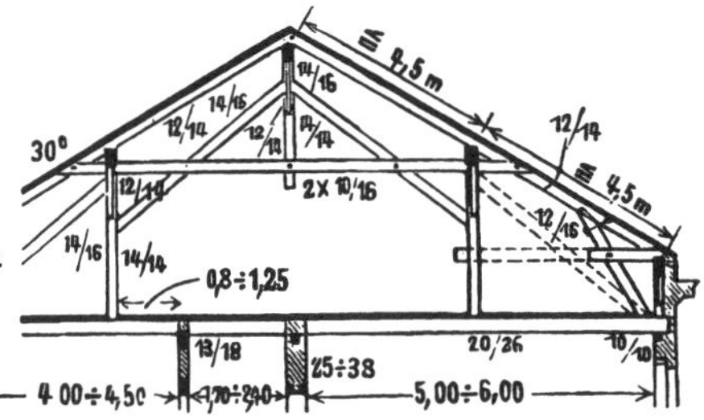

Fig. 394.

Fig. 395b.

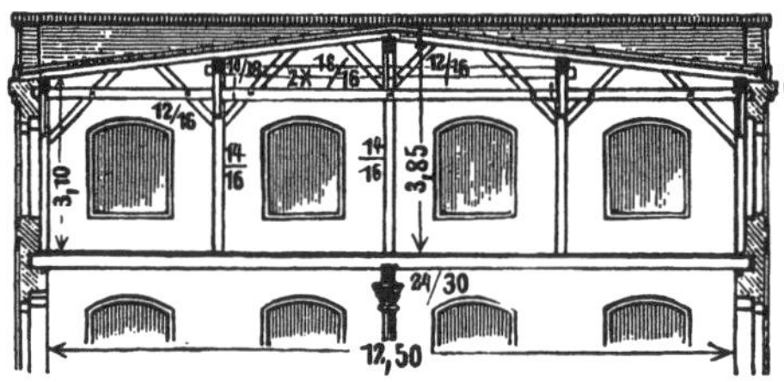

Fig. 395a.

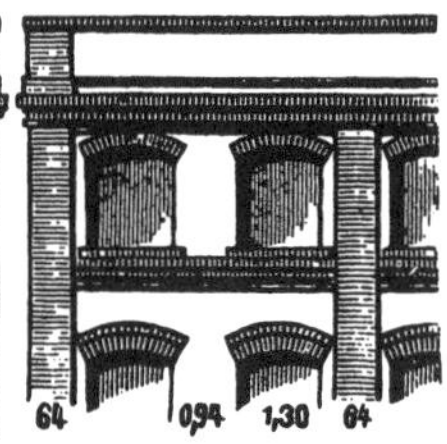

Fig. 395c.

Textfigur 395. Sind Räume von bedeutender Tiefe zu überdecken, so bestimmt man nach Festsetzung der Dachneigung, also der Lage der Bindersparren, zunächst die Anzahl der Pfetten bezw. Stuhlsäulen derart, dass die freie Länge der Sparren 4,5 m nicht überschreitet und verfährt nach obigem Konstruktionsprinzip. Textfigur 396 zeigt einen solchen Binder über einem

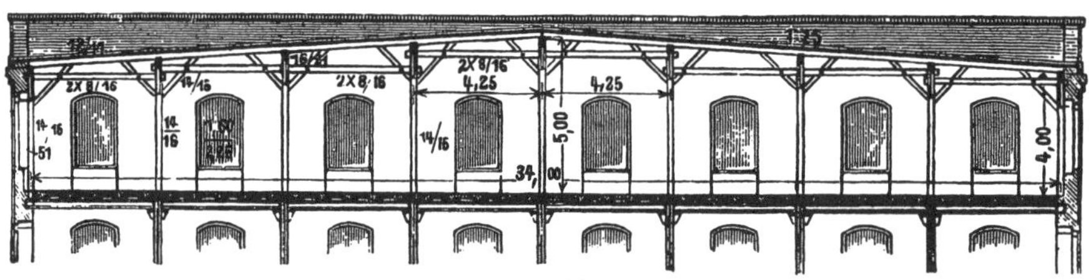

Fig. 396.

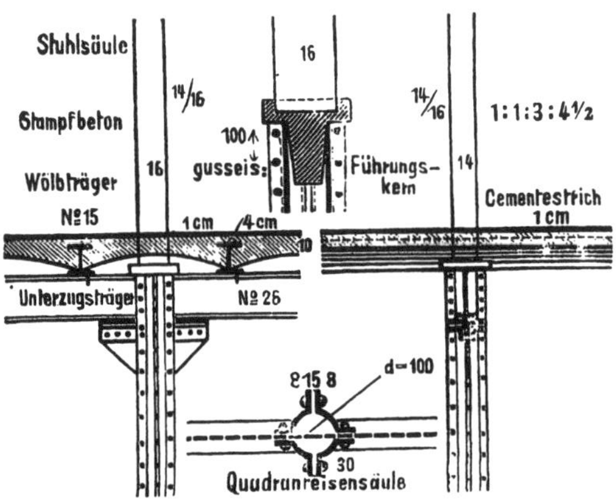

Fig. 397a. Fig. 397b.

Fabrikgebäude von 34 m Tiefe mit flacher Dachneigung für Holzcement, 4 m hoher Versenkung und feuerfester Zwischendecke (Stampfbeton — im Mischungsverhältnisse von Cement : Kalk : Sand : Steine $= 1 : 1 : 3 : 4\frac{1}{2}$) zwischen I Wölb-Trägern No. 15 auf I Unterzügen No. 26, welche durch Flussstahl-Säulen aus Quadranteisen getragen werden. Die Entfernung der Wölbträger beträgt 0,85 m. Die

Stuhlsäulen haben ihren Fusspunkt in der Kopfplatte eines gusseisernen Führungskernes, welcher in die Quadranteisensäulen von 100 mm lichtem Durchmesser, 8 mm Wandstärke und 30 mm Flanschbreite eingesetzt ist. Textfigur 397.

k) Das Pfettendach mit liegenden Säulen und Versenkung. Textfigur 398 und 399. Die Streben fallen hierbei weg und werden durch die liegenden Säulen ersetzt. Diese tragen entweder die Mittelpfetten oder sind direkt mit dem Bindersparren versatzt, verzapft und verbolzt. Zur Verspreizung der liegenden Säulen dient auch hier eine Doppelzange, welche eventuell durch einen Spannriegel ersetzt werden kann.

Fig. 398b. Fig. 398a.

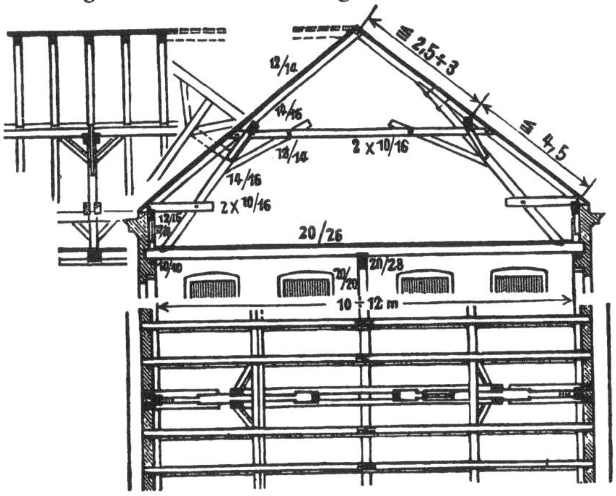

Fig. 398c.

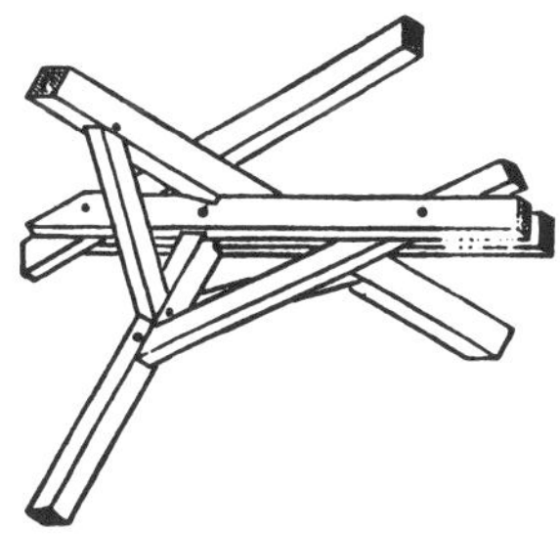

Fig. 399.

Diese jedoch sind in ihrer freien Länge durch Strebebänder zu unterstützen. Bei grösserer Länge der Sparren als 7,5 m ist eine Firstpfette anzuordnen, welche wiederum entweder in der Gabel der beiden Binderstreben (liegenden Säulen) ruht, Textfigur 400, oder durch eine Firststuhlwand getragen

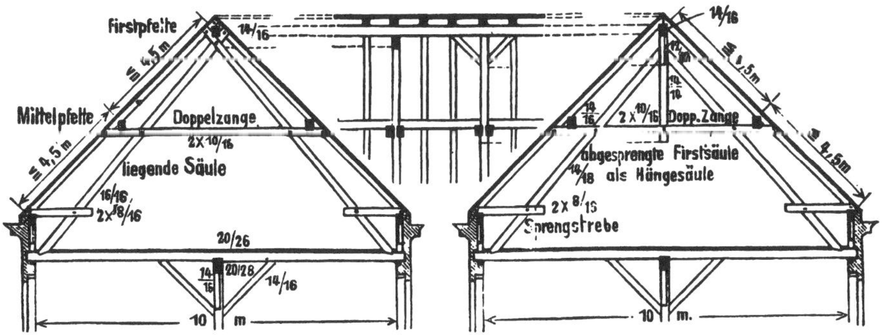

Fig. 400. Fig. 401b. Fig. 401a.

wird, deren Firstsäule abgesprengt werden kann. Textfigur 401. Die Mittelpfetten sind hierbei auf die Doppelzangen aufgekämmt.

l) Das Pfettendach mit liegendem und stehenden Stuhle und Versenkung, bei welchem die Sparrenlänge 9 m betragen kann. Textfigur 402. Die Firstsäule kann auch hier zur freieren Benutzung des Dachraumes abgesprengt werden. Textfigur 403. Auf die Doppelzangen kämmt man häufig parallel zur Mittelpfette Kehlbalken auf zur Benutzung des oberen Bodendreiecks, wodurch die Zangen auch auf Biegung beansprucht werden. Vergl. auch S. 137, 5. Textfigur 296. Vorteilhaft ordnet man alsdann ein Hängewerk oder vereinigtes Hänge- und Sprengwerk an, dessen Hängesäule die Firstsäule und dessen Hauptbalken die Doppelzangen bilden.

Soll nun für ein Gebäude ein Kehlbalken- oder Pfettendachstuhl konstruiert werden, so sind noch folgende Gesichtspunkte zu beachten:

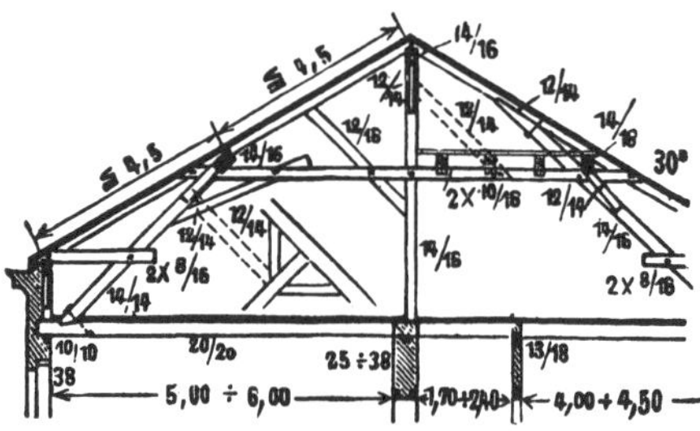

Fig. 402.

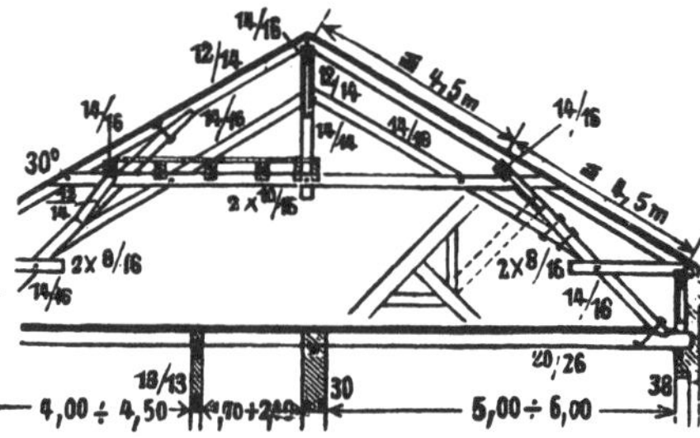

Fig. 403.

1) Binderbalken müssen stets durchgehende Balken sein und sind mit den Umfassungen gehörig zu verankern. Vergl. S. 28, 9 und S. 39. Sie durfen weder gestossen noch ausgewechselt werden. Am besten ordnet man sie über den Pfeilern zwischen den Fenstern an, nie auf Fensterbögen, während Giebelbalken vorteilhaft auf den Absätzen der Giebelmauern ruhen. Kommen Binderbalken über $\frac{1}{2}$ Stein starke Scheidemauern zu liegen, so sind diese als Fachwände zu konstruieren, wobei der Binderbalken zugleich als Bundbalken dient. Andernfalls sind die Binderbalken neben die Scheidemauern als Streichbalken zu verlegen, da $\frac{1}{2}$ Stein starke massive Scheidemauern nicht durch Binderbalken belastet werden sollen.

2) Bei Fachwerksmauern und Fachwerksgiebeln fallen die Binder weg, da äussere wie innere Fachwerkswände die Binder stets ersetzen.

3) Bei massiven Giebeln, deren geringste Schildstärke 1 Stein = 25 cm beträgt, stellt man an jedem Giebel einen Binder auf und ordnet zwischen diesen weitere Binder in Abständen von 3,5 bis 5 m an. Zwischen zwei Bindergespärren werden daher bei 0,8 bis 1 m Sparrenweite — vergl. Tabelle auf S. 142 — 3 bis 4 Leergespärre, bei 0,6 bis 0,8 m Sparrenweite 4 bis 5 Leergespärre erforderlich.

4) Die Stuhlrahmen und Pfetten dürfen durch Schornsteine nie unterbrochen werden und daher auch nie ausgewechselt werden, da sonst der Längenverband im Dachstuhle zerstört werden würde. Sind sie zu verlängern, so hat dies stets auf unterstützten Stellen und zwar durch die Stösse unter Anwendung eiserner Schienen oder Klammern — vergl. S. 5, 6, a und f — oder durch das schwalbenschwanzförmige Hakenblatt mit Brüstung — vergl. S. 7. h — zu erfolgen.

5) Alle freiliegenden Hölzer des Dachverbandes müssen von der Aussenkante der Schornsteine *5 cm* entfernt sein oder es ist zwischen deren äusserer Wandfläche und dem Holzwerke eine *6,5 cm* starke Verblendung aus hartgebrannten Ziegeln oder sonstigen flachen Steinen in Mörtel vorzusehen. Vergl. Allgemeines Baugesetz für das Königreich Sachsen vom 1. Juli 1900: § 120. Um diesen Bedingungen entsprechen zu können, ist

es erforderlich, den Werksatz zu entwerfen, indem man in den Grundriss des obersten Geschosses eines Gebäudes die Dachbalkenlage einschliesslich der Grundrissprojektionen aller wagerecht liegenden Verbandhölzer, also der Dachbalken, Kehlbalken, Stuhlrahmen und Pfetten aus den zugehörigen Quer- und Längenschnitten einzeichnet, nach welchen man die Lage der Schornsteine in den Zimmern bestimmt. Treten hierbei geringe Abweichungen von den angeführten gesetzlichen Abständen auf, so kann man diese durch Verziehen der Schornsteine ausgleichen. Vergl. Steinkonstruktionen, S. 34. Ist letzteres jedoch nicht angängig, so muss man die Kehlbalkenlage bezw. die Stuhlrahmen und Pfetten höher oder tiefer anordnen, damit man mit beiden letzteren den gesetzlichen Abstand von den Schornsteinen einhalten kann.

6) Bei freistehenden Gebäuden erhalten die Giebelmauern im Dachgeschosse vielfach die gleiche Stärke der Frontmauern von mindestens $1\frac{1}{2}$ Stein = 38 cm. In solchen Fällen werden Giebelbinder entbehrlich. Die ersten Bin-

Fig. 404a. Fig. 405a. Fig. 406a. Fig. 407a. Fig. 408a.

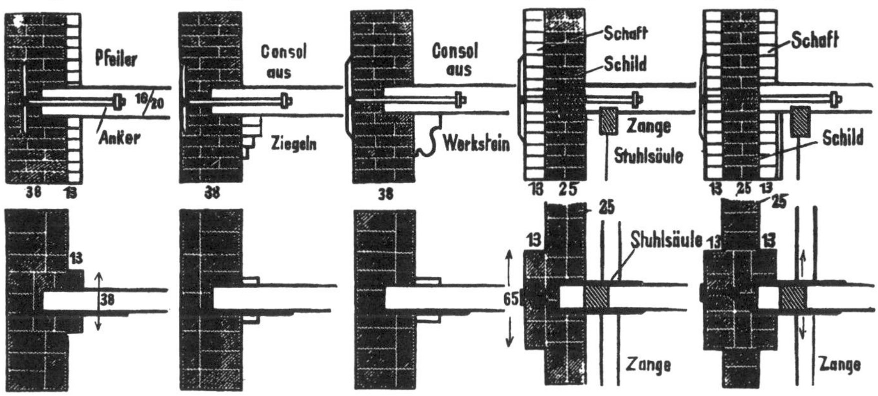

Fig. 404b. Fig. 405b. Fig. 406b. Fig. 407b. Fig. 408b.

der stellt man vielmehr in Entfernung von 3,5 bis 4 m von den Giebeln auf, und giebt den Stuhlrahmen und Pfetten ihr Auflager in der Giebelmauer unter Berücksichtigung gehöriger Verankerung. Diese Auflager jedoch verstärkt man vorteilhaft durch vorgelegte Pfeiler, Textfigur 404, oder Konsole aus Ziegel- oder Werkstein, Textfigur 405 und 406. Bei 1 Stein starken Giebeln stellt man die Binder neben die Giebelmauer, wobei zu beachten ist, dass bei Pfettendächern nur e i n e Zange anzuordnen ist. Textfigur 407. Ist der Giebel eines eingebauten Wohnhauses dagegen eine gemeinschaftliche Brandmauer, eine sog. Kommunmauer, so darf alles Holzwerk nur so tief in die Giebelmauer einbinden, dass die Minimalschildstärke = 25 cm bestehen bleibt. Textfigur 408. Vergl. Sächs. Baugesetz § 120.

II. Satteldächer ohne unterstützte Balkenlage.

Auch sie können als Kehlbalkendächer und als Pfettendächer sowohl ohne, als auch mit Versenkung konstruiert werden. Sie werden erforderlich, sobald die freie Länge der Dachbalken 6,5 m überschreitet und eine Unterstützung derselben von unten her durch Mauern oder Unterzüge nicht angängig ist. Die Dachlast wird daher unter Anwendung der **Hängewerke** auf die Aussenwände übertragen und die Binderbalken als Haupt-, Spann- oder Zugbalken sind durch Hängesäulen, deren Entfernung im Querverbande des Dachbinders 3,5 bis 4,5 m beträgt, in einem oder mehreren Punkten der Spannweite des letzteren entsprechend aufzuhängen. Im allgemeinen ordnet man je nach der Balkenstärke

von 8 bis 10 m freier Länge der Balken 1 Hängesäule,
„ 12 „ 15 „ „ „ „ „ 2 Hängesäulen
„ 16 „ 20 „ „ „ „ „ 3 „

an. Bei grösseren zu überdeckenden Gebäudetiefen als 19 bis 20 m ist es ratsam, die Dachbinder aus Holz und Eisen oder ganz aus Eisen zu konstruieren, denn bei Anwendung von mehr als 3 Hängesäulen werden die Binder zu kostspielig und in der Ausführung zu schwierig und auch unzuverlässig in Bezug auf ihre Festigkeit. Vorteilhaft stellt man eine ungeraden Anzahl Hängesäulen auf, wodurch man stets eine Hängesäule in der Firstlinie erhält, auf welcher die Firstpfette ruhen kann. Die Hängewerksdächer haben den grossen Vorteil, dass sie keinen Horizontalschub auf die sie tragenden Umfassungsmauern ausüben, dieser vielmehr durch die Binderbalken aufgehoben wird. Bei der Konstruktion solcher Dachstühle gelten daher alle die Regeln, welche bei Besprechung der Hängewerke — vergl. S. 59 bis 69 — aufgestellt wurden. Bei Kehlbalkendächern kommt eine Aufhängung mit mehr als 2 Hängesäulen fast gar nicht vor, während bei Pfettendächern das einfache, doppelte und kombinierte Hängewerk angewendet wird. Zu beachten ist namentlich, dass die Drucklinien der Hängestreben das Auflager der Hauptbalken treffen und dass die Drucklinien der Hängestrebe, Hängesäule und des Spannriegels in **einem** Punkte sich schneiden müssen. Bei kombinierten Hängewerksystemen, bei welchen meist 2 bis 3 Hängestreben aufeinander liegen, sind **Sattelhölzer** unter oder über den Hauptbalken anzuordnen, damit die Drucklinien der Streben noch innerhalb der Balkenhöhe das Mauerprofil erreichen. Vergl. Textfigur 95 und 97. Ganz besonders ist auf die 4 Konstruktionsfälle für die Bildung einer wagerechten Balkendecke bei Hängewerken Rücksicht zu nehmen. Vergl. S. 67 und 68. Handelt es sich jedoch darum, einen leichten Deckenabschluss zu bilden, bei welchem die Totallast der Deckenbildung, die sich zusammensetzt aus dem Eigengewichte der Decke und der zufälligen Nutzlast, 150 kg pro qm nicht überschreiten darf, so kann man als 5. Fall der Deckenbildung 13|13 cm starke Deckenbalken senkrecht zur Richtung der Haupt- oder Binderbalken anordnen, welche auf 10|12 bis 12|14 cm starken Kanthölzern, die ihrerseits seitlich an die Binderbalken angebolzt werden, ihr Auflager erhalten. Diese Balken, deren Oberfläche bündig liegt mit derjenigen der Hauptbalken, er-

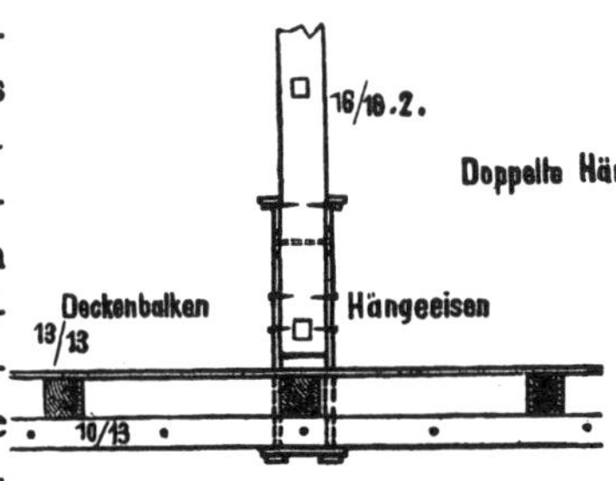

Fig. 409a.

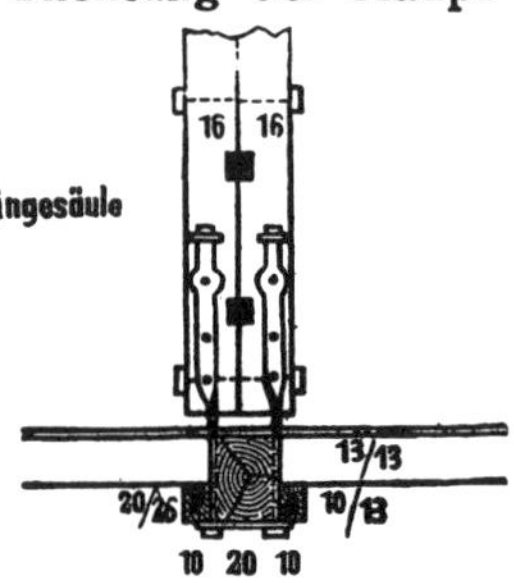

Fig. 410b.

halten nur eine freie Länge von 3,5 bis 4 m, den Binderentfernungen bei Hangewerksdachstühlen entsprechend. Textfigur 409. Auch im Längenverband der Dachstühle können Hängewerke zur Anwendung kommen.

1) Kehlbalkendächer.

Bei der Konstruktion derselben als Hängewerksdachstühle gelten dieselben Gesichtspunkte wie bei Kehlbalkendächern mit unterstützter Balkenlage.

a) Das freitragende Kehlbalkendach mit einem Unterstützungspunkte oder einfacher Absprengung ohne Versenkung, giltig für 7,5 bis 9 m Spannweite. Textfigur 410. Die untere freie Länge der Sparren darf auch hier höchstens 4,5 m, die obere 2,5 bis 3 m betragen. Die Kehlbalken von 12|18 bis 14|18 cm Stärke sind auf einen 14|16 bis 16|20 cm starken Stuhlrahmen aufgekämmt, der durch die

Fig. 410a. Fig. 410c. Fig. 411c. Fig. 411a.

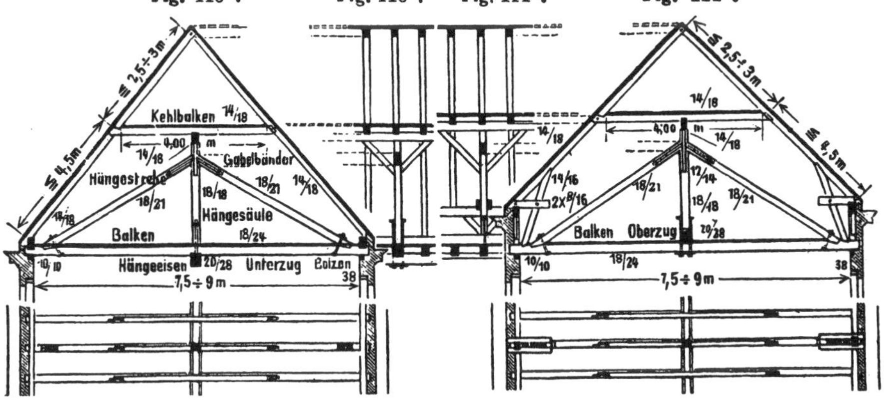

Fig. 410b. Fig. 411b.

Hängesaulen von 18|18 cm Stärke getragen wird. Die Hängestreben, 18|21 bis 20|20 cm stark, welchen man vorteilhaft einen quadratischen Querschnitt oder mehr Breite als Höhe giebt, da sie naturgemäss seitlich eher ausbiegen als nach oben oder unten, übertragen die Dachlast auf die Umfassungen, sodass der Hauptbalken als Binderbalken nicht durch die Dachlast, sondern nur durch die Deckenlast auf Biegung beansprucht wird. Die Deckenbalken sind hier auf einen Unterzug aufgekämmt und liegen parallel zum Hauptbalken. (4. Fall der wagerechten Deckenbildung bei Hängewerken.)

Soll ein solches Kehlbalkendach mit Versenkung konstruiert werden, so ist der Sparrenschub durch Anordnung von Schubstreben aufzufangen, welche nach dem Bindersparren gerichtet und mit diesen versatzt und verzapft werden. Die Doppelzange umfasst zu diesem Zwecke den Bindersparren und die Schubstrebe. Weniger gut ist die Konstruktion, bei welcher die Hängestreben selbst an Stelle der Schubstreben treten und die Doppelzangen die Hängestreben umfassen, wodurch einerseits eine etwaige Bewegung des Hängewerkes auf die Dachhaut, die Dacheindeckung, übertragen und letztere sogar beschädigt werden könnte, andrerseits aber die Durchbiegungsfähigkeit des Hängewerkes beeinträchtigt würde. Die Deckenbalken sind in diesem Beispiele an einen Oberzug angehängt, der auf die Hauptbalken als Binderbalken aufgekämmt wird, und liegen parallel zu letzterem. (3. Fall der wagerechten Deckenbildung bei Hängewerken.)

Die Einzelverbindungen in den Knotenpunkten des Hängewerkes sind auf S. 62, 63, 65 und 66 erläutert.

b) Das freitragende Kehlbalkendach mit zwei Unterstützungspunkten oder doppelter Absprengung ohne Versenkung, giltig für 10 bis 12 m Spannweite. Textfigur 412. Die untere Sparrenlänge kann auch hier 4,5 m, die obere dagegen nur 2,5 bis höchstens 3 m betragen. Ist letztere grösser als 3 m, so ist eine Firstpfette anzuordnen, welche entweder durch einen Sprengbock — Textfigur 413 — oder eine Firststuhlwand — Textfigur 414 — getragen werden kann. Ist hierbei die freie Länge der Kehlbalken grösser als 4 m, so ist die Kehlbalkenlage durch Anordnung eines einfachen Hängewerkes unter Anwendung eines Ober- oder Unterzuges aufzuhängen. Textfigur 415. Die Entfernung der Hängesäulen im Querverbande beträgt $\frac{4}{10} = \frac{2}{5}$ oder $\frac{1}{3}$ der Spannweite s.

Fig. 413. Fig. 415. Fig. 414.

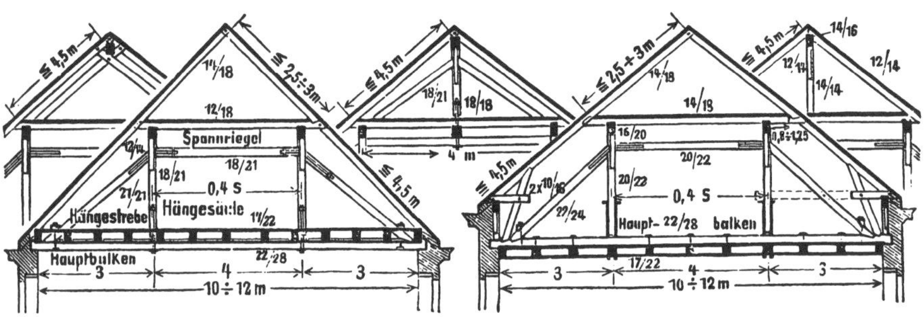

Fig. 412. Fig. 416.

Für denselben Dachbinder mit Versenkung konstruiert, gelten selbstverständlich die gleichen Gesichtspunkte, wie beim freitragenden Kehlbalkendache mit einem Unterstützungspunkte und mit Versenkung. Auch hier würde es aus dem gleichen Grunde nicht vorteilhaft sein, die Schubstreben durch die Hängestreben selbst zu ersetzen und die Doppelzange die Hängestreben und Hängesäulen umfassen zu lassen. Was die Deckenbildung anbetrifft, so sind die Deckenbalken in Fig. 412 senkrecht zur Richtung des Hauptbalkens auf diesen aufgekämmt — (2. Fall der wagerechten Deckenbildung bei Hängewerken) — während in Fig. 416 die Deckenbalken senkrecht zur Richtung des Hauptbalken an diesen durch schmiedeeiserne Schraubenbolzen angehängt sind. (1. Fall der wagerechten Deckenbildung bei Hängewerken.)

2) *Pfetten- oder Fettendächer.*

Während bei den Kehlbalkendächern die Sparren durch die Kehlbalken getragen werden, sind dieselben bei Pfettendächern durch Pfetten unterstützt, welche entweder auf Hängesäulen als Stuhlsäulen ruhen, oder auf Hängestreben aufgekämmt und durch Knaggen gegen ein Umkippen geschützt werden.

a) Das freitragende Pfettendach mit einem Unterstützungspunkte oder einfacher Absprengung ohne Versenkung, für 7,5 bis 9 m Spannweite. Textfigur 417. Die Deckenbalken sind an die Binderbalken senkrecht zur Richtung der letzteren angehängt und ist die Deckenlast (250 kg) einschliesslich der Nutzlast (150 kg) mit 400 kg pro qm in Rechnung zu setzen. Die Anordnung der Doppelzange dient zum Begegnen des Sparrenschubes.

Fig. 417a. Fig. 417c. Fig. 418c. Fig. 418a.

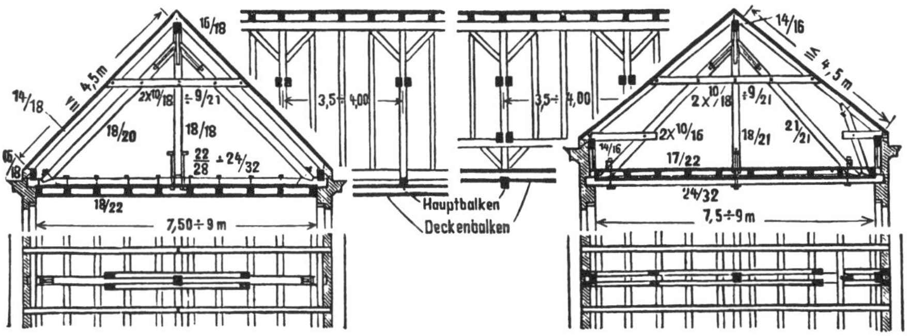

Fig. 417b. Fig. 418b.

Ist der Dachstuhl mit Versenkung zu konstruieren, so ist es auch hier vorteihafter, besondere Schubstreben anzuordnen, um dem Sparrenschube besser begegnen zu können, und die Dachlast von der Versenkungswand abzuleiten, als erstere durch Hängestreben zu ersetzen. Textfigur 418.

Werden solche Dachbinder als eigentliche Pfettendächer konstruiert, bei welchen also die Pfetten auf die Hängestreben aufgekämmt werden, so sind die durch die Mittelpfetten belasteten Punkte der Hängestreben durch liegende Säulen oder Streben zu unterstützen — Textfigur 419 — oder durch einen Spannriegel zu verspreizen. Textfigur 420. An Stelle des letzteren tritt jedoch häufig eine Doppelzange,

Fig. 419b. Fig. 421. Fig. 420b.

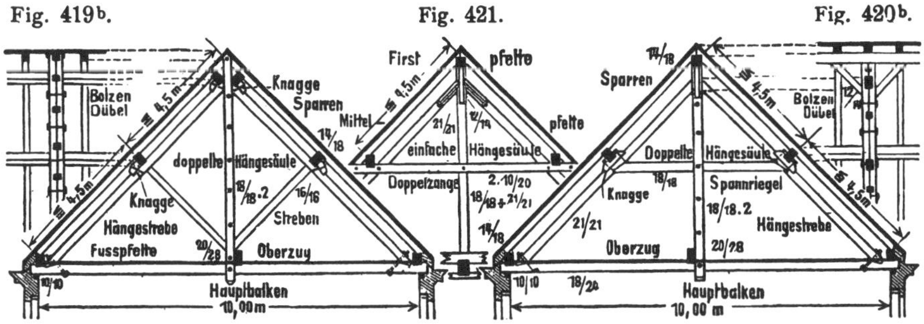

Fig. 419a. Fig. 420a.

auf welche die Mittelpfetten alsdann aufgekämmt werden. Textfigur 421. Die Hängesäulen selbst kann man als einfache oder doppelte Säulen konstruieren.

Textfigur 422 zeigt den gleichen Dachbinder wie Fig. 421, aber unter Annahme versenkter Dachbalkenlage.

Die Anwendung der Hängewerke mit einfacher Absprengung und einfachem Deckenabschluss zeigt ein Dachbinder über einem Schulgebäude

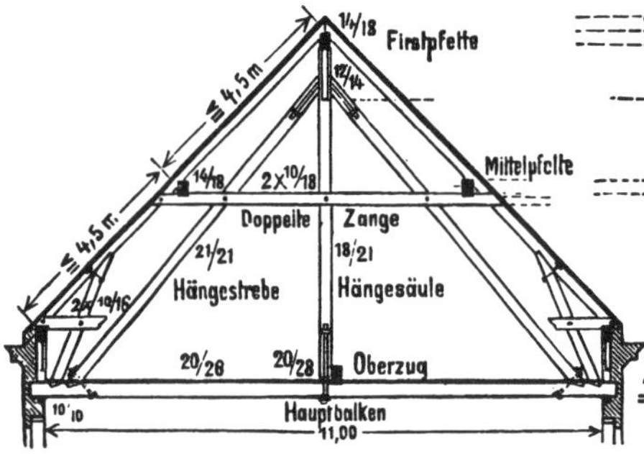

Fig. 422a.

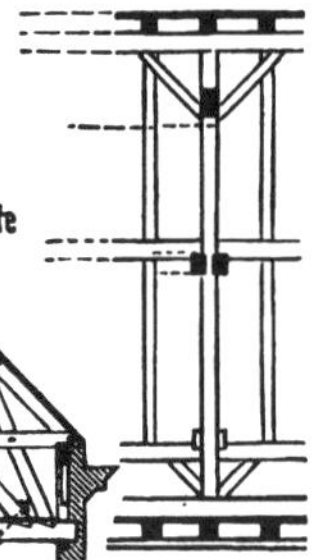

Fig. 422b.

von 17 m Tiefe mit zwei durch einen Korridor geteilten Klassenzimmerreihen. Textfigur 423. Die Dachneigung ist hierbei für Schieferdachdeckung unter 30⁰ angenommen.

Bei flachen Dächern ist es stets ratsam, eine Versenkung anzuordnen, weil sonst die

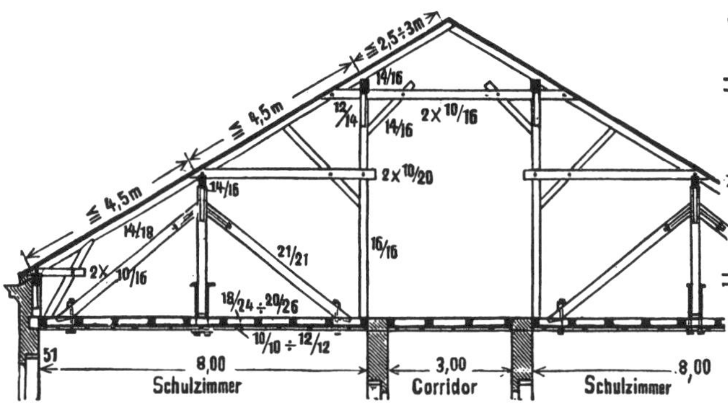

Fig. 423a.

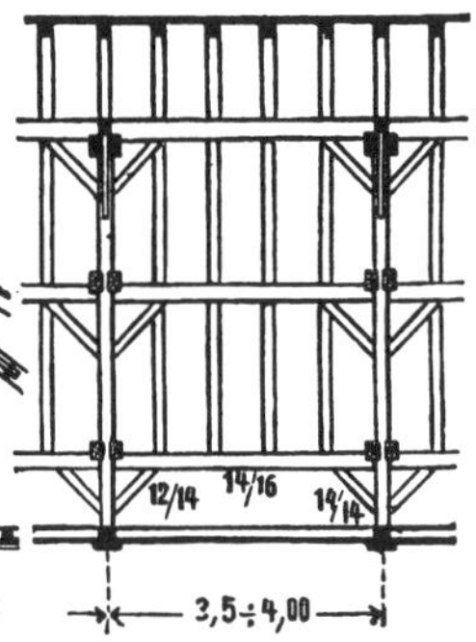

Fig. 423b.

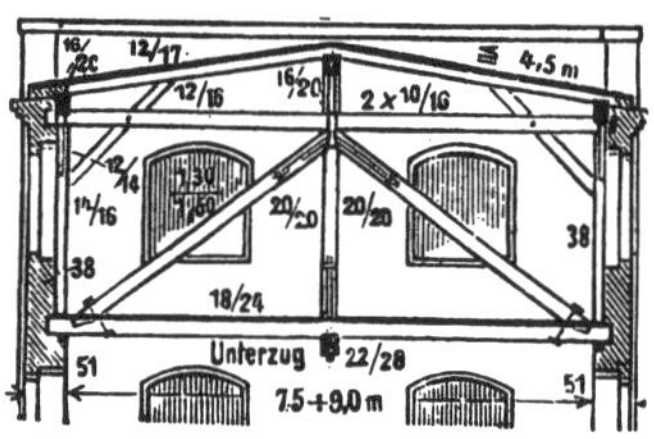

Fig. 424.

Hängestreben zu flache Neigung erhalten. Textfigur 424 zeigt ein freitragendes Pfettendach mit einfacher Absprengung mit hoher Versenkung und flacher Dachneigung für Holzcementdach über einem Fabrikgebäude.

b) Das freitragende Pfettendach mit 2 Unterstützungspunkten oder doppelter Absprengung ohne Versenkung für 10 bis 12 m Spannweite. Textfigur 425. Der Binderbalken wird durch das zwei-

Fig. 425c. Fig. 425a.

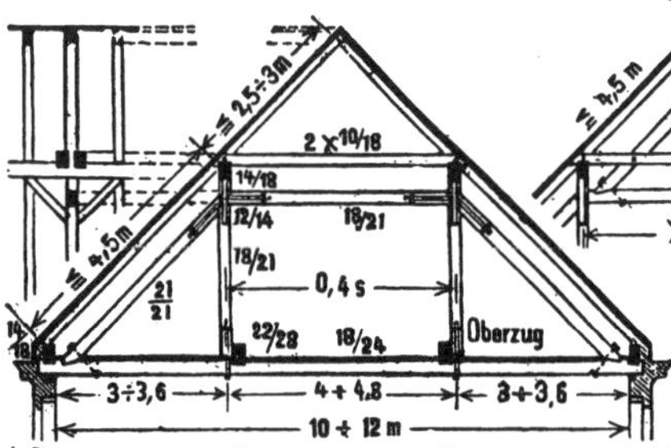

Fig. 426.

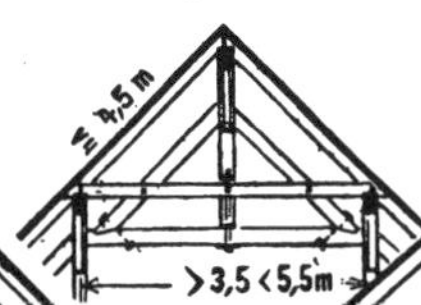

Fig. 427a. Fig. 427c.

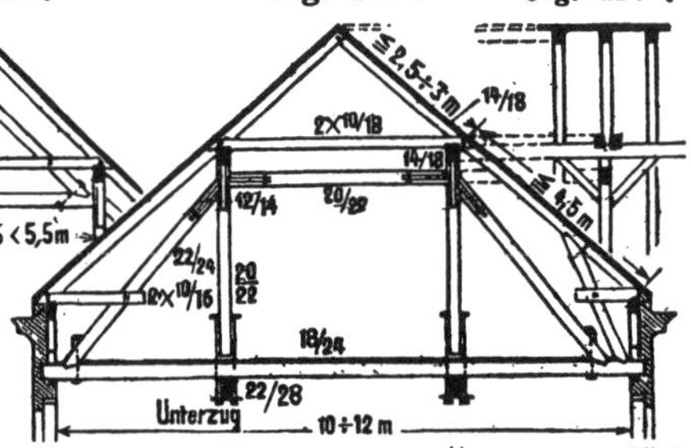

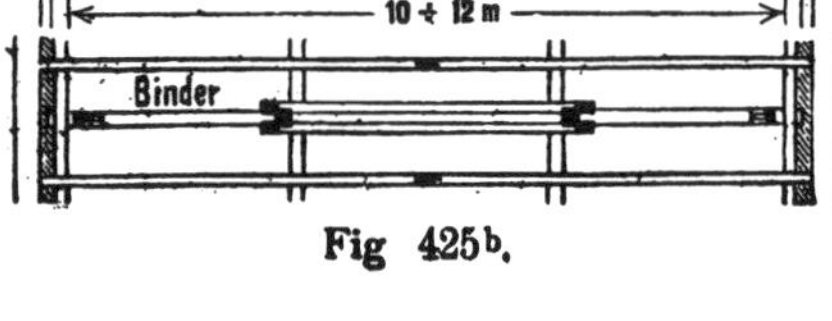

Fig 425b.

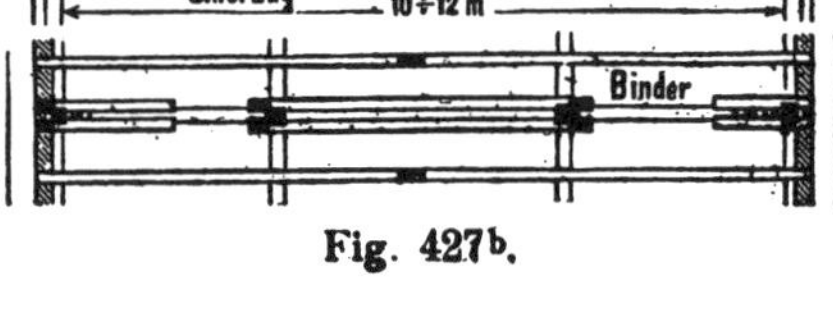

Fig. 427b.

säulige Hängewerk getragen, dessen Hängesäulen $\frac{4}{10}$ oder $\frac{1}{8}$ der Spannweite s von einander entfernt anzuordnen sind. Ist die obere freie Sparrenlänge grösser als 3 m, so wird eine Firstpfette erforderlich, welche auf einer Firststuhlwand ruht. Hat jedoch hierbei der Spannriegel eine grössere freie Länge als 4 m, so ist derselbe durch ein einfaches Hängewerk aufzuhängen. Textfigur 426.

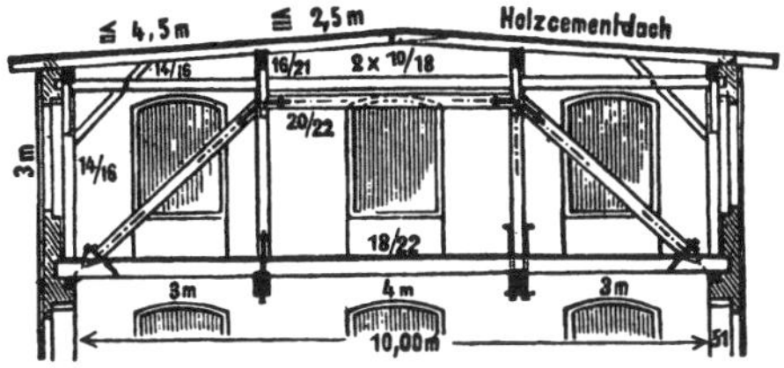

Fig. 428.

Unter Berücksichtigung der gleichen Gesichtspunkte wie vorher ist dieses Pfettendach auch mit Versenkung zu konstruieren, — Textfigur 427, — während in Textfigur 428 das freitragende Pfettendach mit 2 Unterstützungspunkten mit hoher Versenkung und flacher Dachneigung dargestellt ist, bei welchem die obere freie Länge der Sparren 2,5 m nicht überschreiten darf.

c) Das freitragende Pfettendach mit 3 Unterstützungspunkten oder dreifacher Absprengung ohne Versenkung, unter Anwendung des kombinierten Hängewerkes nach dem System, wie solches in Textfigur 86 gezeichnet ist. Textfigur 429. Die Hängesäulen sind hierbei stets als doppelte Säulen zu konstruieren, sodass die Hängestreben und der Spannriegel durch sie hindurchgeführt werden können. Die Hängestreben des ersten grossen Hängewerksystems I können durch Streben

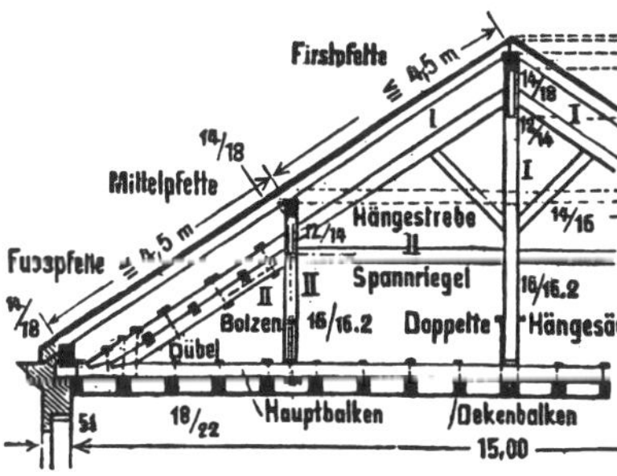

Fig. 429a.

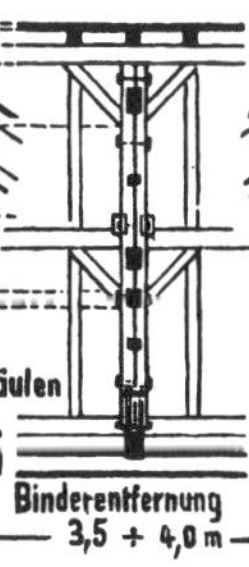

Fig. 429b.

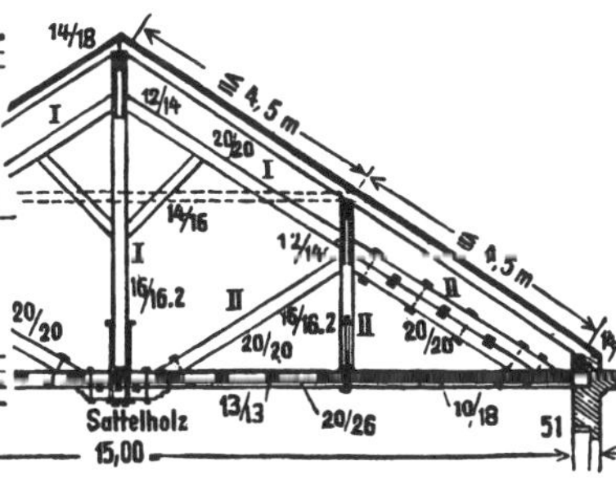

Fig. 430.

in ihrem oberen Teile unterstützt werden. Textfigur 430 zeigt den gleichen Dachbinder nach dem System in Textfigur 85, bei welchem in ein grosses

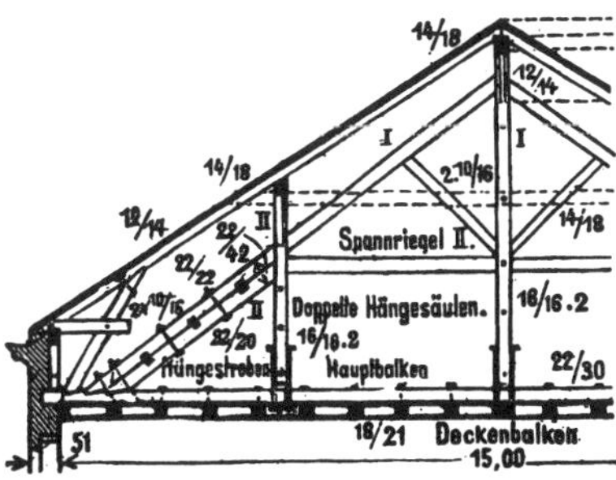

Fig. 431a.

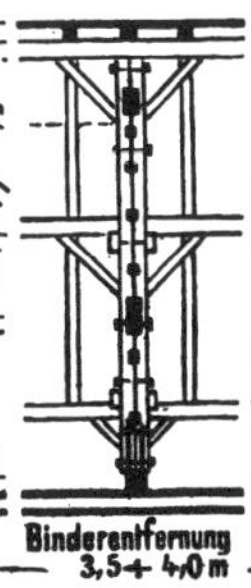

Fig. 431b.

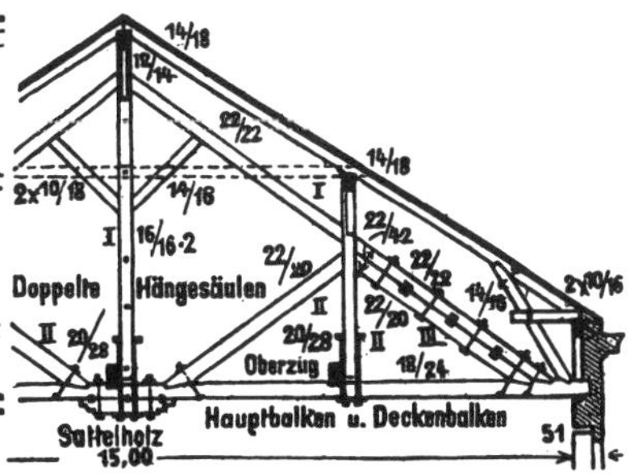

Fig. 432.

einsäuliges Hängewerk I zwei kleinere einfache Hängewerke II eingeschoben sind. Über die Anordnung von Sattelhölzern siehe Seite 62 und 63.

In den Textfiguren 431 und 432 sind die gleichen Dachbinderanordnungen mit Versenkung konstruiert, während in Textfigur 433 und 434 die Einzelverbindungen der hauptsächlichsten Knotenpunkte enthalten sind.

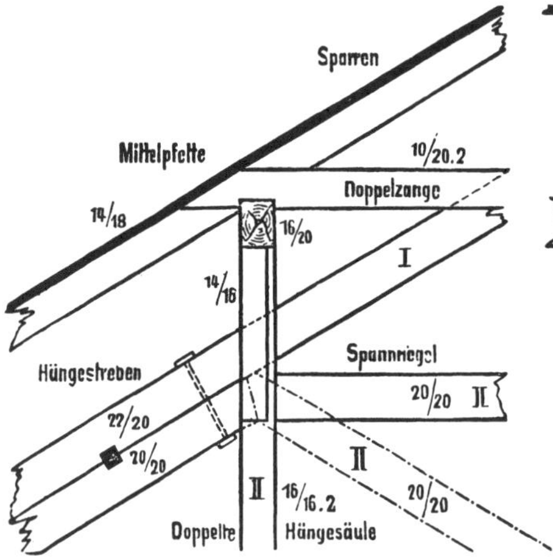

Fig. 433a.

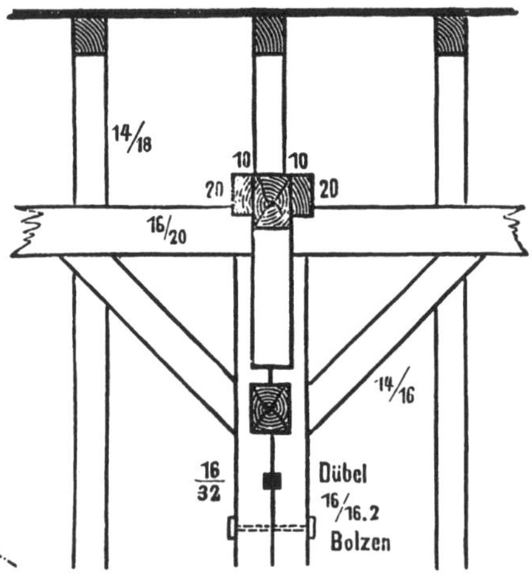

Fig. 433b.

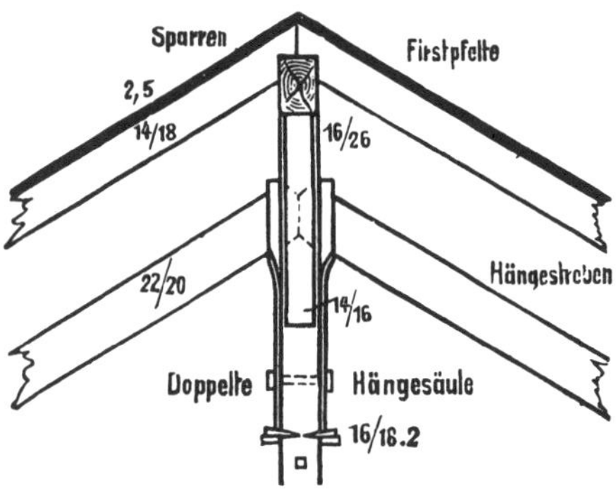

Fig. 434a.

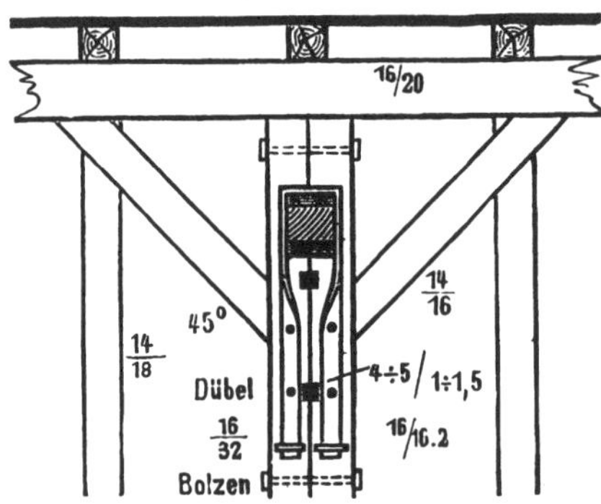

Fig. 434b.

Als Anwendung diene der Dachbinder über einem Saalbaue von 15 m Tiefe, bei welchem der Hauptbalken ebenfalls durch 3 Hängesäulen getragen wird. In das grosse zweisäulige Hängewerk I ist ein einsäuliges Hängewerk II eingeschoben. Textfigur 435.

Fig. 435b. Fig. 435c.

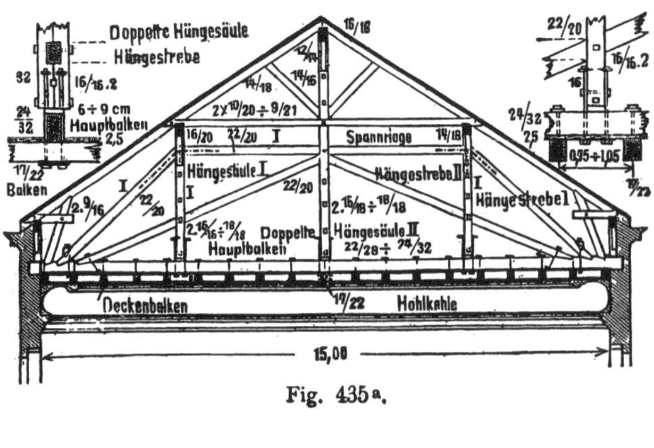

Fig. 435a.

Die Aneinanderreihung solcher Hängewerksysteme ist bei einem Dachbinder über einem Saale von 13 m Spannweite mit beiderseitigen Kolonnaden von je 6,8 m lichter Tiefe zur Darstellung gebracht. Die Dachneigung ist auch hier unter 30⁰ für Schieferdachdeckung angenommen. Textfigur 436.

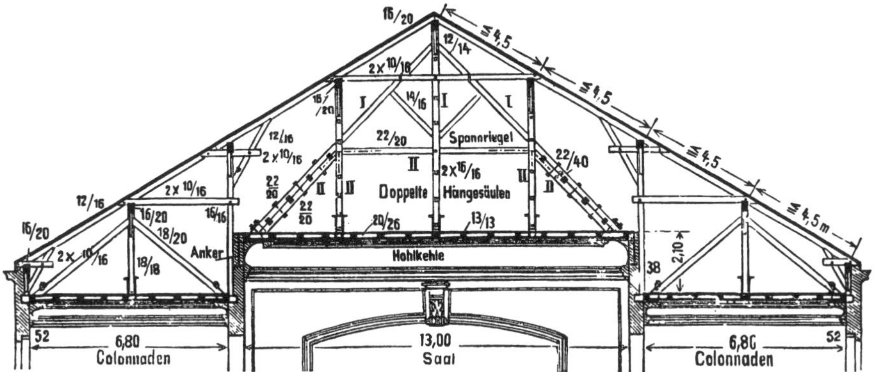

Fig. 436.

Das freitragende Pfettendach mit 3 Unterstützungspunkten oder dreifacher Absprengung als eigentliches Pfettendach für 19 bis 20 m Spannweite, bei welchem die Hängestreben in den

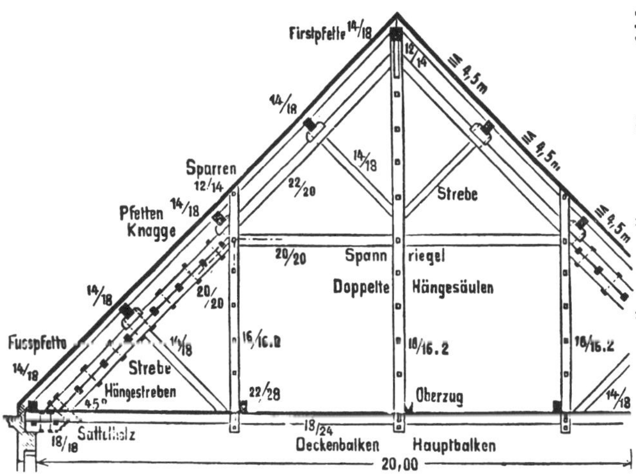

Fig. 437a.

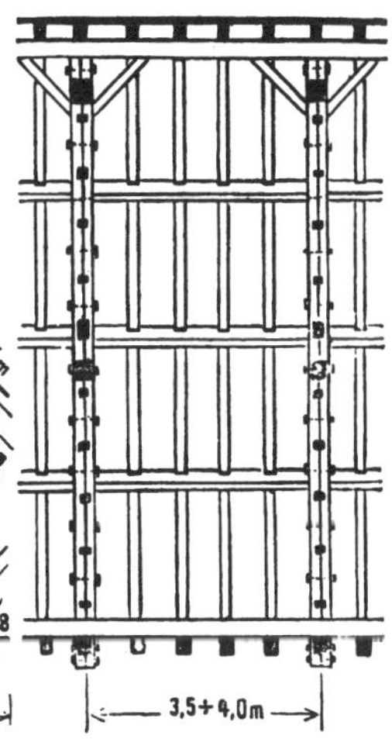

Fig. 437b.

durch Mittelpfetten belasteten Punkten durch liegende Säulen oder Streben unterstützt sind, zeigt Textfigur 437. Vergl. auch Textfigur 119, 301, 302 und 320.

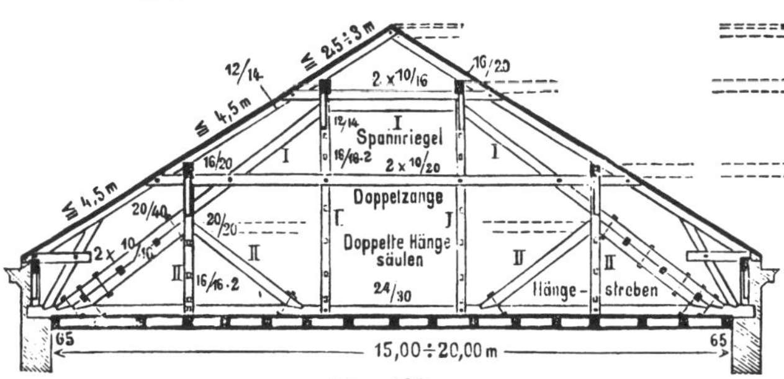

Fig. 438a.

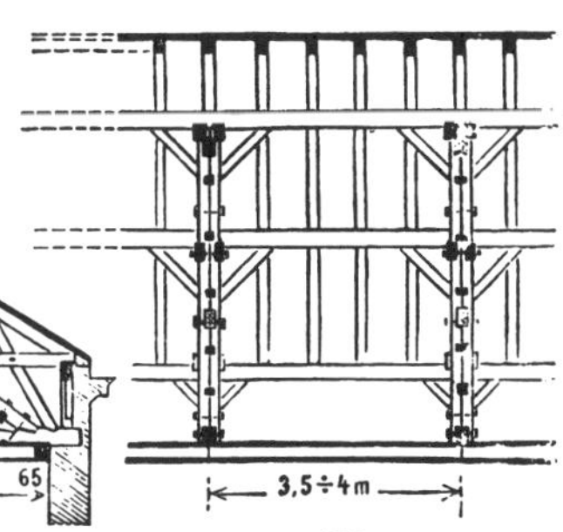

Fig. 438b.

d) Das freitragende Pfettendach mit 4 Unterstützungspunkten oder vierfacher Absprengung für eine Spannweite von 15 bis 20 m nach dem System in den Textfiguren 87 bezw. 88, bei welchem in ein zweisäuliges Hängewerk I zwei einsäulige Hängewerke II oder auch ein zweisäuliges Hängewerk II eingeschoben ist, enthält Textfigur 438. Nach diesen Beispielen lassen sich auch Hängewerksdachstühle nach den in Textfigur 89 und 90 dargestellten Systemen leicht ausführen.

III. Satteldächer ohne Balkenlage.

Sie kommen zur Anwendung bei hallenartigen Gebäuden, bei welcher eine wagerechte Balkendecke fehlt, z. B. bei Kesselhäusern, Geräte-, Holz- und Arbeitsschuppen, Wagenremisen, Hof- und Feldscheunen, Lokomotiv- und Güterschuppen, Reparaturwerkstätten, Bahnhofshallen, Exerzierhallen, Reitbahnen, Markthallen, sowie bei provisorischen Gebäuden, z. B. Ausstellungsgebäuden, Sänger, Turn- und Schützenfesthallen. Sie werden stets als Pfettendächer konstruiert und können bei grösseren Spannweiten mit und ohne Zwischenunterstützung ausgeführt werden. Ihre Konstruktion beruht daher auf der Anwendung sowohl der Hänge- und Sprengwerke, als auch der vereinigten Hänge- und Sprengwerke, deren Aneinanderreihung und Ineinanderschiebung zur Überdeckung grosser Spannweiten man als Knotensysteme bezeichnet, bei welchen die Sparrengebinde durch möglichst grosse wagerechte Doppelzangen zusammengehalten und durch in verschiedenen Richtungen sich kreuzende Streben unverschiebliche Dreiecke gebildet werden zur Aufhebung des Horizontalschubes der Sparren.

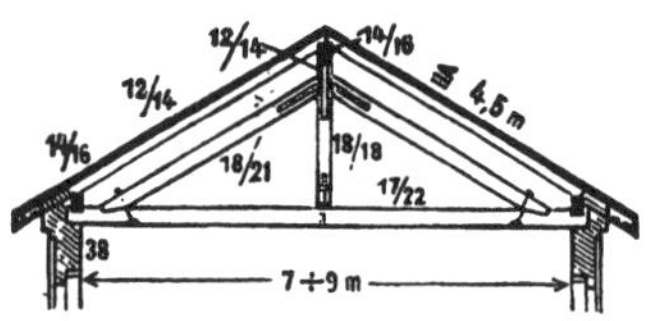

Fig. 439.

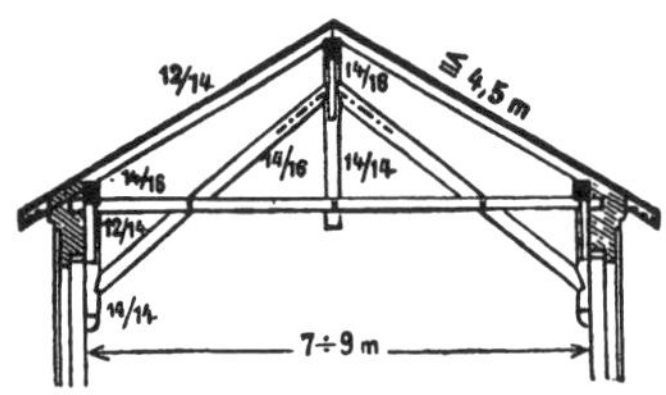

Fig 440.

Textfigur 439 zeigt den Binder über einem Kesselhaus von 7 bis 9 m Spannweite als Hängewerksdachstuhl, während in Textfigur 440 ein solcher unter Anwendung des vereinigten Hänge- und Sprengwerkes mit einem Unterstützungspunkte dargestellt ist. Bei Güterschuppen ist es erforderlich, das Dach über die Umfassungsmauern weit ausladen zu lassen, um den anfahrenden Güterwagen Schutz zu bieten, weshalb die Sparrenage am Fusspunkte durch eine weitere Fusspfette zu unterstützen ist, welche meist auf einer Doppelzange aufgekämmt wird. Textfigur 441. In Figur 442 ist ein offener Schuppen mit ausladenden Dachflächen dargestellt.

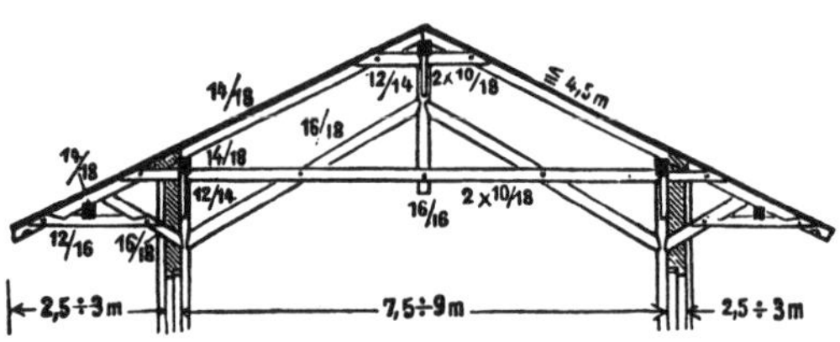

Fig. 441.

Für Spannweiten von 10 bis 12 m ist der doppelte Hängebock — Textfigur 443 — oder das vereinigte Hänge- und Sprengwerk mit 2 Unterstützungspunkten anzuordnen. Textfigur 444. Als Beispiel für erstere Konstruktionsweise diene der Dachbinder eines

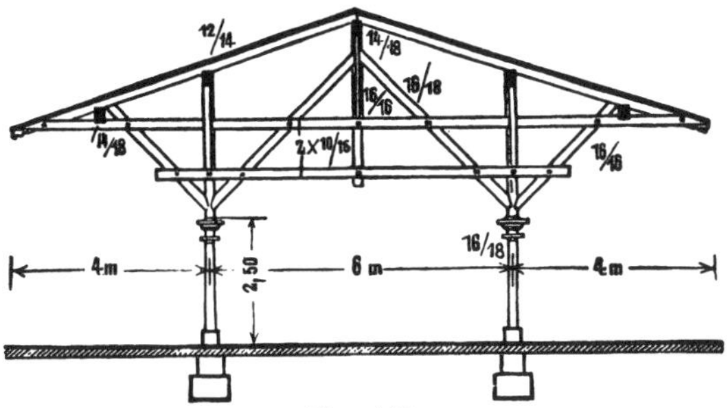

Fig. 442.

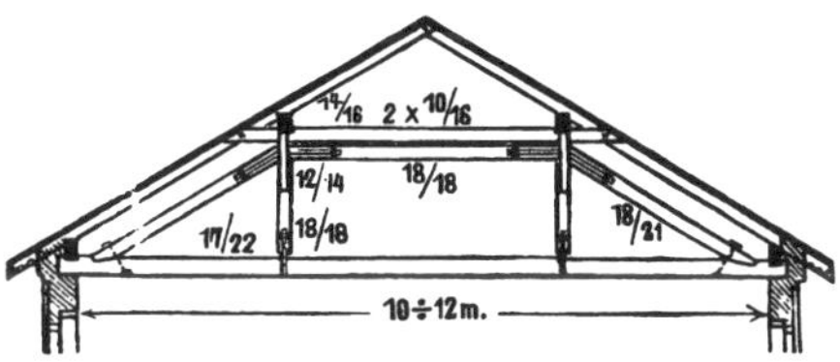

Fig. 443.

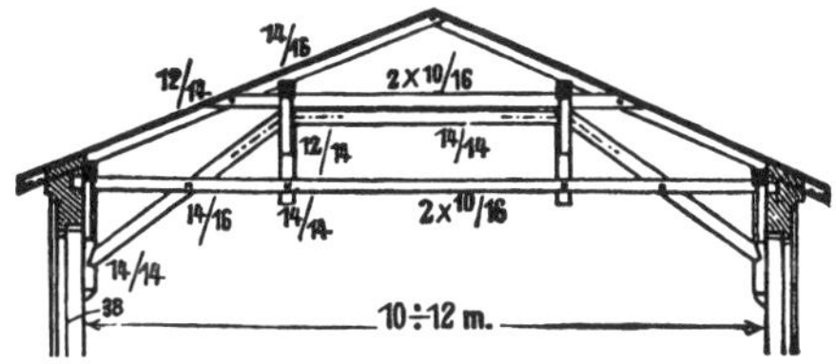

Fig. 444.

Güterschuppens mit weitausladenden Dachflächen, bei welchem die untere Fusspfette in dem durch Bindersparren, Strebe und Zange gebildeten Dreieck ruht — Textfigur 445 — während Klebpfosten auf Stein-

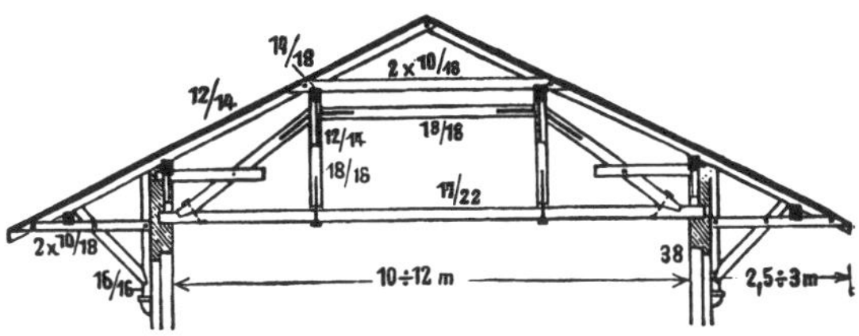

Fig. 445.

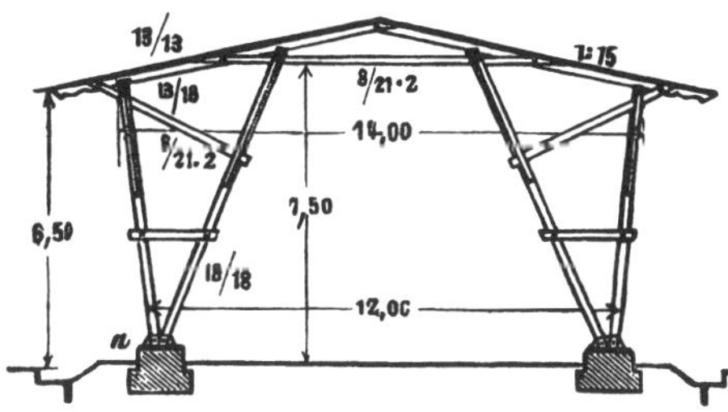

Fig. 446a.

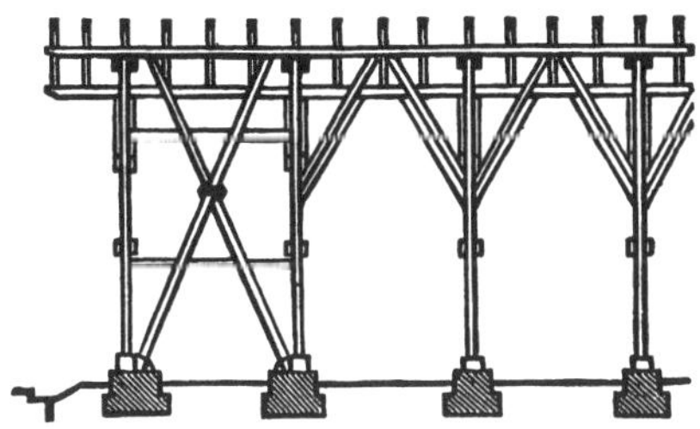
Fig. 446b.

konsolen zur Befestigung der Strebe und Zange dienen.

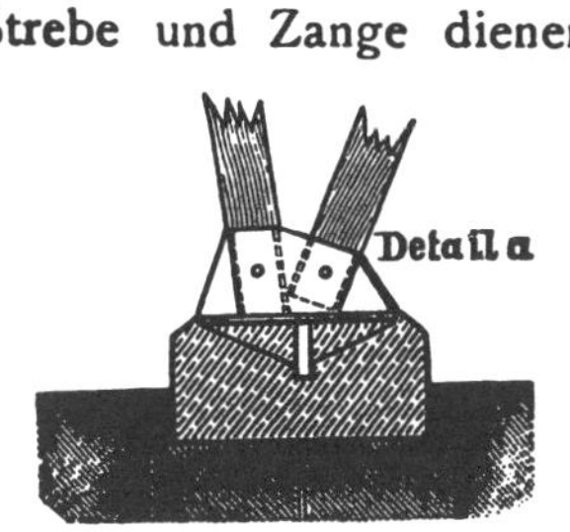

Fig. 446c.

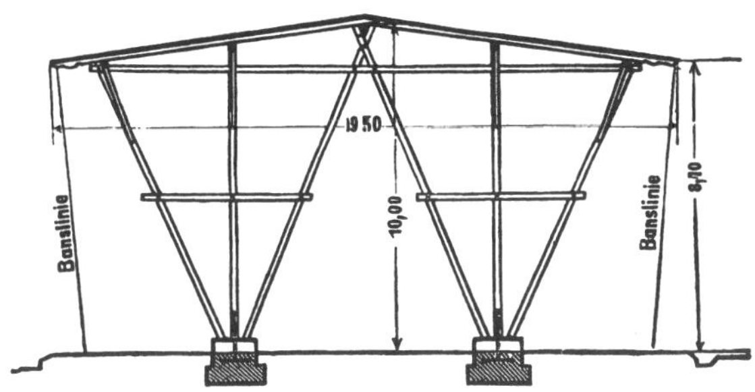

Fig. 447.

Für Feldscheunen eignen sich am besten die Bindersysteme, welche in den Textfiguren 446 bis 451 dargestellt sind. Mittel- und Firstpfetten können bei derartig leichten Konstruktionen mit flacher Dachneigung

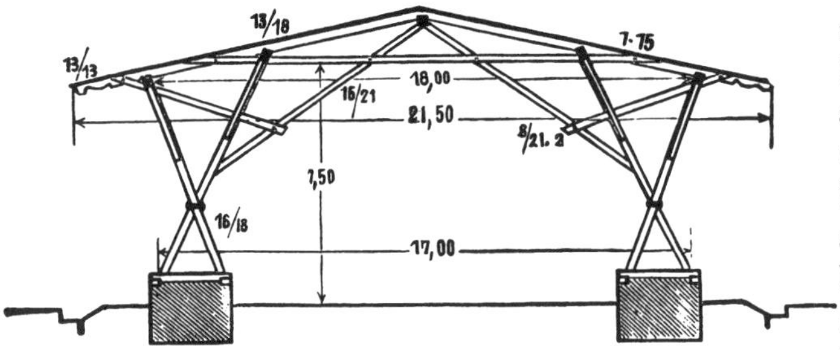

Fig. 448.

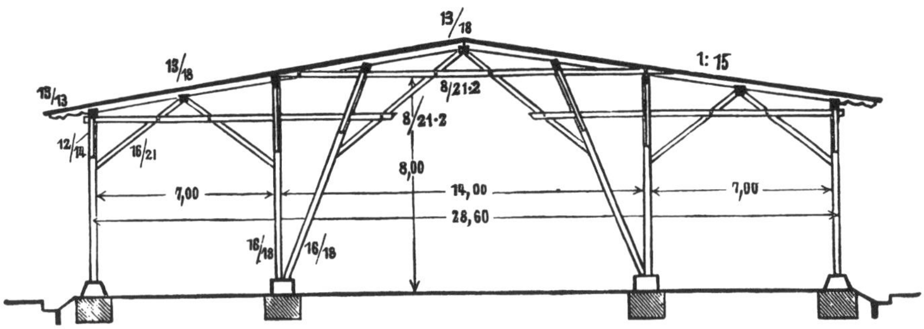

Fig. 449.

von h : g = 1 : 15 und 150 kg Dachlast pro qm durch die Klauen der Sprengstreben getragen werden, so dass bei so flacher Dachneigung die Hängesäulen entbehrlich sind. In Textfigur 451 ist der doppelte Hängebock angewendet zur Überdeckung von 18 m Spannweite. Zur Verspreizung der durch Mittelpfetten belasteten Hängestreben dienen die in der

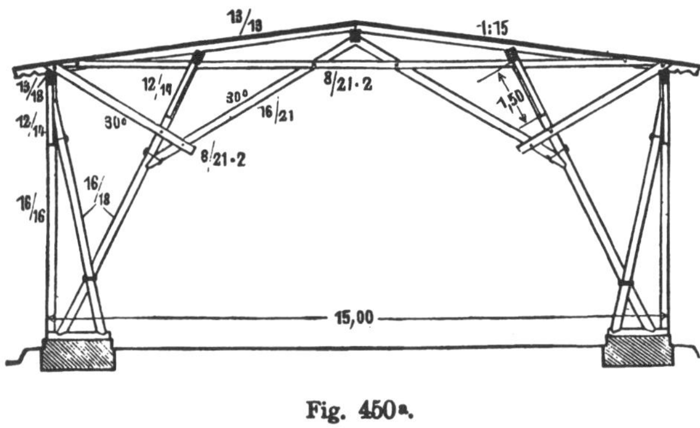

Fig. 450a.

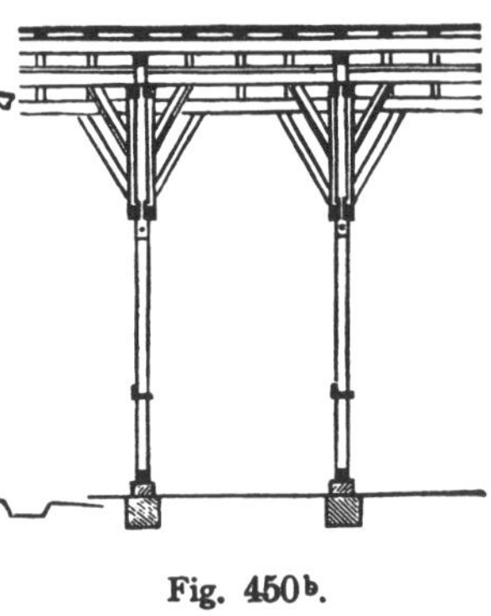

Fig. 450b.

Neigung der letzteren liegenden Andreaskreuze x. Vorteilhaft umzieht man die Feldscheunen mit aus dem Erdreich ausgeworfenen Rinnen zur Abführung des Regen- und Schneewassers. Vergl. Hoppe u. Röhming, Halle, das doppellagige Asphaltpappdach.

Bei grösseren Gebäudetiefen werden nun durch Aneinanderreihung und Ineinanderschiebung der vereinigten Hänge- und Sprengwerksysteme Mittel-

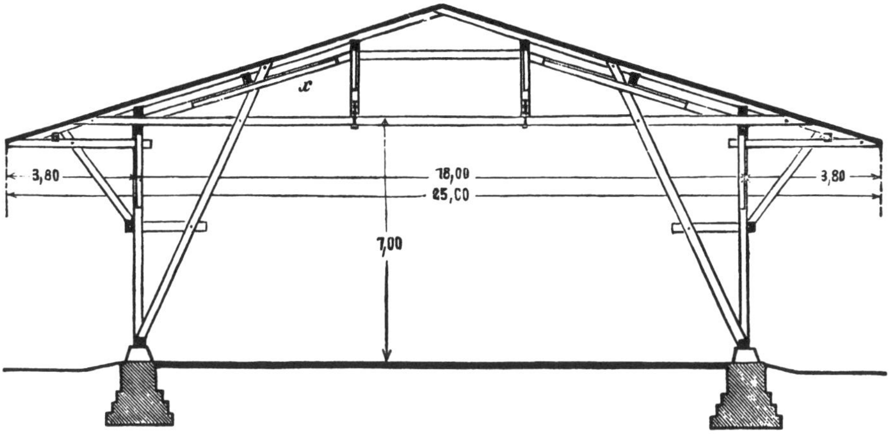

Fig. 451.

unterstützungen erforderlich, deren starke Säulen in Steinsockeln oder im Erdreich selbst ihren Fusspunkt haben. In Textfigur 452 bis 458 sind die verschiedenen Anordnungen solcher Dachbinder, welche hauptsächlich zur

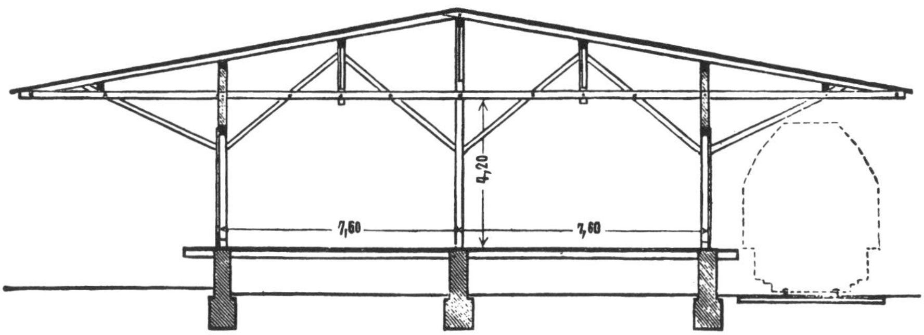

Fig. 452.

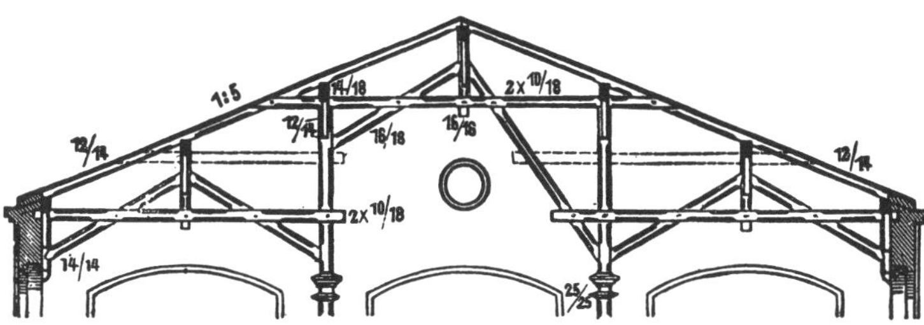

Fig. 453a.

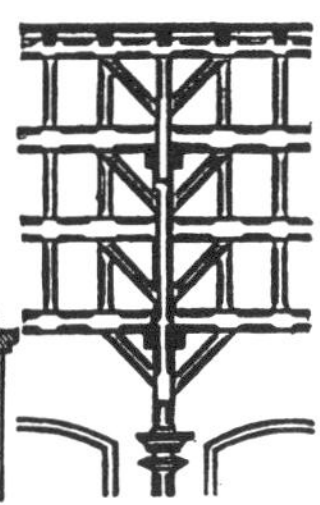

Fig. 453b.

Überdeckung von Lokomotivschuppen, Reparaturwerkstätten und dergl. Gebäuden bei Eisenbahnbetrieben zur Anwendung gelangen, dargestellt. Ausserdem sei verwiesen auf die Textfiguren 147 bis 149.

Handelt es sich aber um Saalbauten von grossen Tiefen, bei welchen solche Mittelsäulen nicht angängig sind, um den Raum vollständig frei zu gestalten, so treten uns 2 Hauptgruppen von Dachbindern entgegen, und zwar solche aus krummen Hölzern, sog. Bohlendächer, und solche aus geraden Hölzern, sog. Polygondächer.

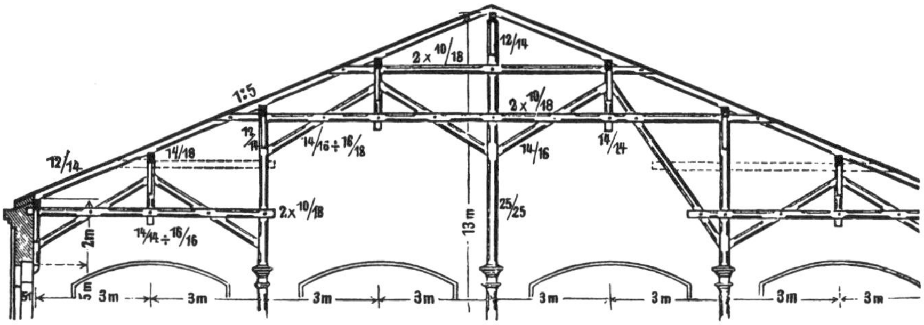

Fig. 454a. Fig. 454b.

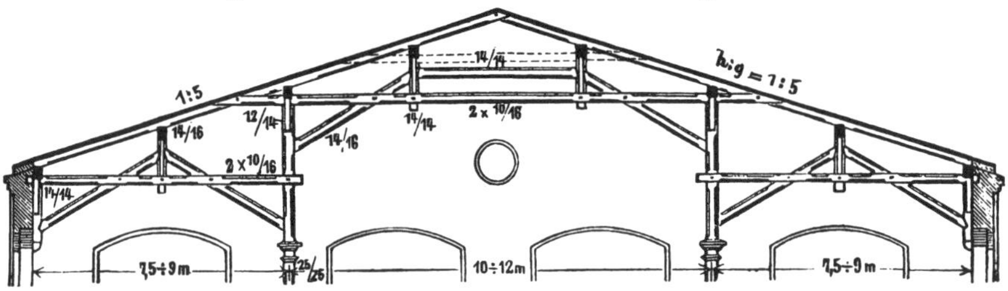

Fig. 455

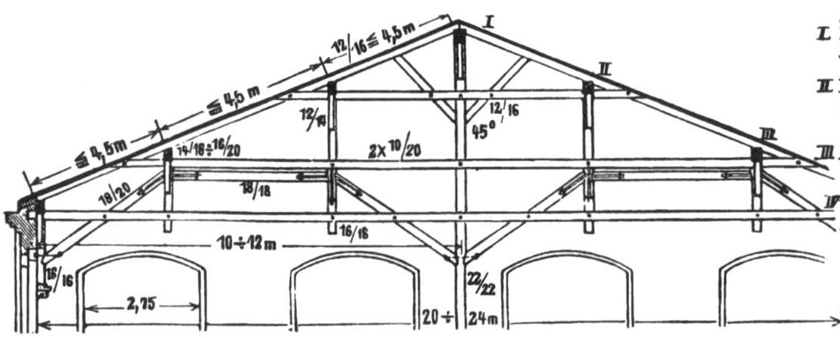

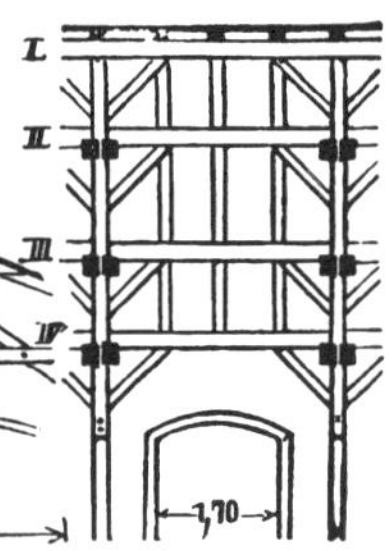

Fig. 456a. Fig. 456b.

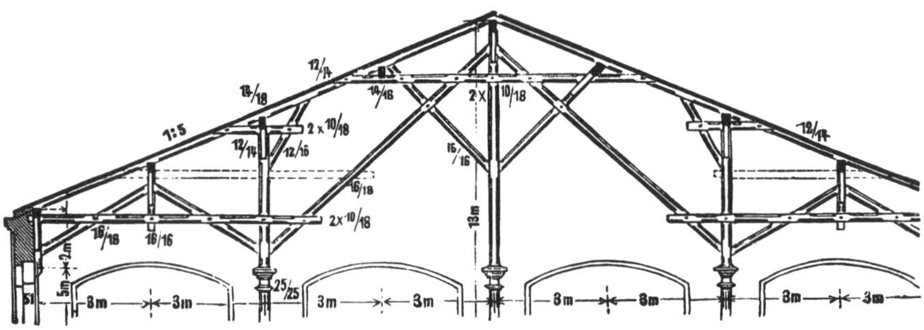

Fig. 457.

1) Die Bohlendächer.

Sie zergliedern sich in zwei Konstruktionssysteme und zwar in das ältere nach dem französischen Architekten Philibert de l'Orme und in das neuere nach dem französischen Ingenieur Oberst Emy benannte.

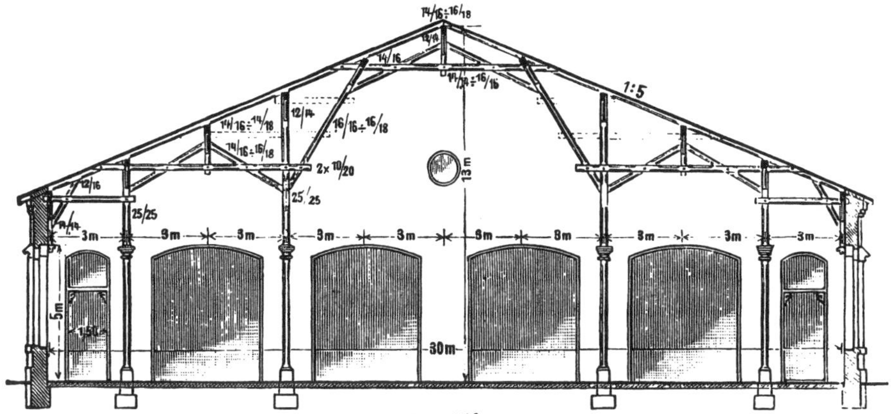

Fig. 458.

Beide überdecken grosse Spannweiten mit Bohlenbögen, welche nur in seltenen Fällen die Dachhaut direkt tragen; meist ruht auf ihnen ein besonderes Dachgerüst, bei welchem die Pfetten entweder auf den Bohlenbögen selbst bezw. auf Doppelzangen ruhen, oder auf Hauptträgern, Hauptsparren aufgekämmt werden, während wiederum die Pfetten entweder die eigentlichen Sparren oder auch die Schalung direkt tragen können. In Deutschland wurden die Bohlendächer erst bekannt durch Baumeister Friedrich Gilly, welcher 1771 in Altdamm bei Stettin geboren und 1810 in Karlsbad gestorben, der Lehrer von Schinkel in Berlin war, und diese Dächer zur Überdeckung von Theatern, Kirchen, Reithäusern, Scheunen und dergl. empfahl.

a) Die Bohlendächer nach dem System von Philibert de l'Orme (auch Delormes). Derselbe, ums Jahr 1515 zu Lyon geboren und 1570 zu Paris gestorben, veröffentlichte seine neue Bauweise 1561. Er baute die Tuillerien zu Paris um und es stammen von ihm die Schlösser St. Maur, St. Germain, Madrid im Bois de Bologne, sowie mehrere Kirchen

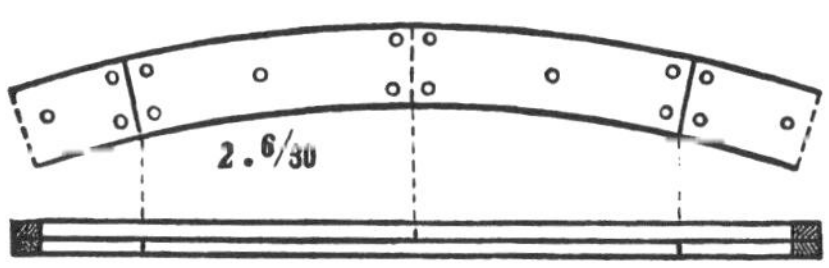

Fig. 459a.

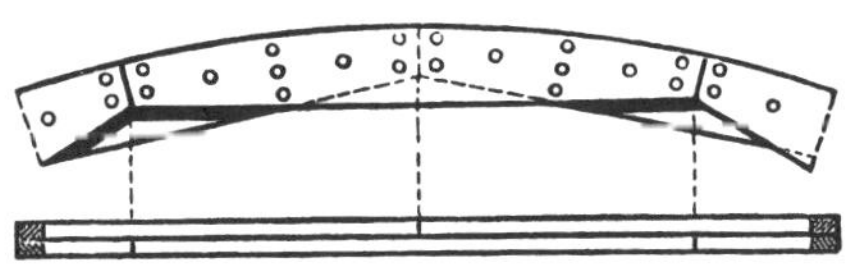

Fig. 459b.

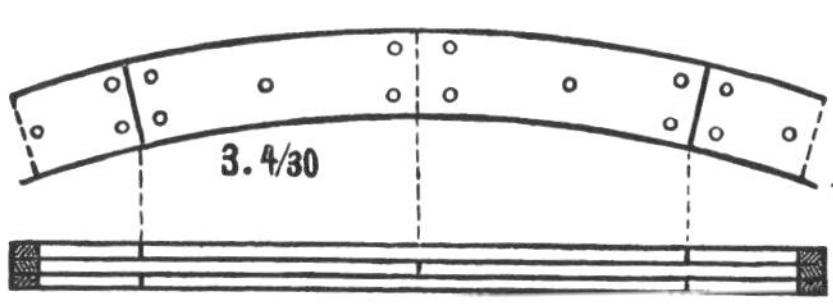

Fig. 460a.

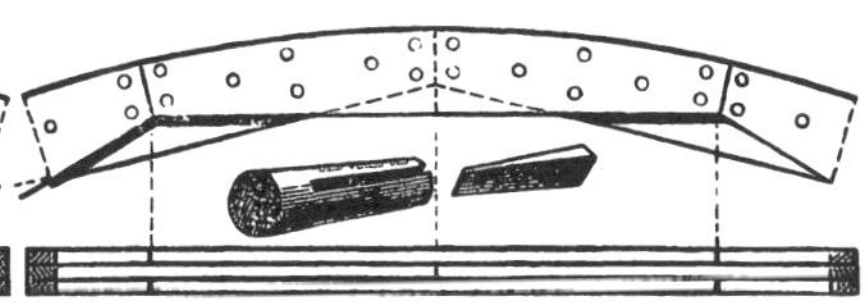

Fig. 460b.

in Frankreich. Zur freien Überdeckung grosser Hallen stellte er Bohlenbögen her, welche aus einzelnen Bohlen von 1,25 bis 2 m Länge, 15 bis 30 cm Breite und 4 bis 6 cm Dicke bestanden. Diese Bohlen werden nun durch Nagelung bezw. Holzkeile in 2 bis 4 fachen Lagen mit gegenseitig versetzten Stössen ihrer Bretter fest mit einander verbunden. Textfigur 459 und 460 enthalten die Verbindung zweier und dreier Bohlen miteinander, welche innerlich und äusserlich bogenförmig oder nur äusserlich nach dem Radius geschnitten werden können, während sie innerlich geradlinig begrenzt sind. Die rationelle Ausnutzung einer Bohle, aus welcher 2 Bohlenstücke zu schneiden sind, zeigt Textfigur 461. Das Profil, nach welchem

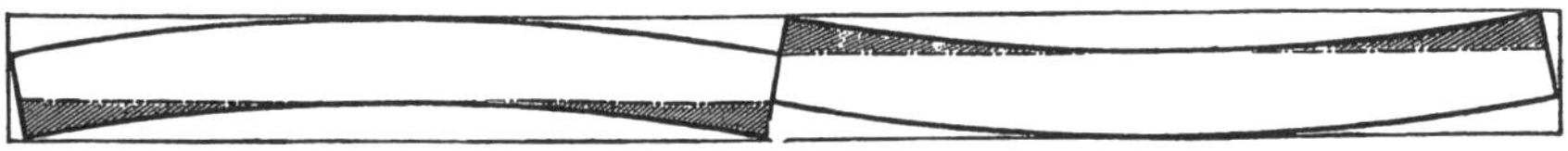

Fig. 461a. Fig. 461b.

die Bohlen ausgeschnitten werden, kann ein Halbkreis, Ellipse, Korbbogen, Spitzbogen oder Segmentbogen sein. Die Nagelung selbst erfolgt durch Eichenholznägel mit Keilen oder besser durch schmiedeeiserne Nägel mit breiten Köpfen, welche einige Centimeter länger sein müssen, als die Stärke der Bohlenbögen beträgt, damit man ihre Spitzen umnieten kann, weil sonst die Nägel bei dem unausbleiblichen Sichsetzen der Bohlenbögen leicht herausgedrängt werden können. Besonders wichtig ist die Verbindung der Bohlenbögen an ihrem Fusspunkte, wo sie in Schwellen ruhen, welche entweder 16|18, 16|20, 16|35 cm stark sind oder durch 2 bis 3 nebeneinanderliegende verbolzte Kanthölzer von 15|15 cm Stärke gebildet werden können. Sie erfolgt durch den geraden oder zurückgesetzten Zapfen, Aufklauung

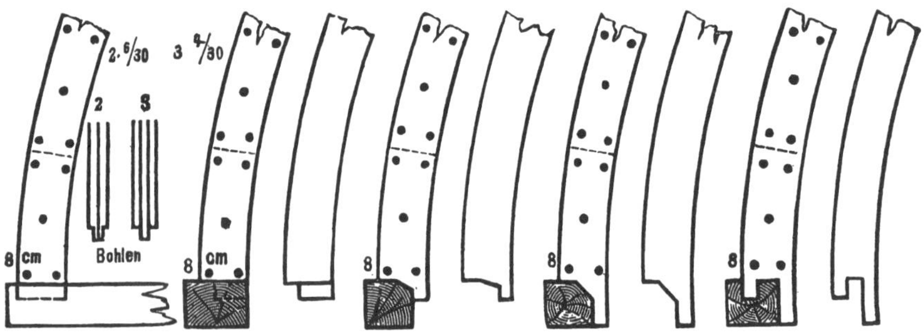

Fig. 462.

mit Anblattung und Anblattung mit Verzapfung. Textfigur 462. Die Stärke der Bohlenbögen richtet sich nach deren Spannweite und zwar rechnet man:

für 7	bis 11	m Spannweite	2	Bohlen	à 4	cm	Stärke,
„ 11	„ 12	„	2	„	à 5	„	„
„ 12	„ 15	„	3	„	à 4	„	„

für je 3 m grössere Gebäudetiefe legt man den Sparren 2,5 bis 3 cm Stärke zu. Die Breite der Bohlen schwankt zwischen 15 bis 35 cm, meist beträgt sie 25 bis 30 cm.

Bohlendächer, welche die Dachhaut direkt tragen, was aber nie zu empfehlen ist wegen der Schwierigkeit der Dacheindeckung auf der Bogenform, zeigen die Textfiguren 463 und 464. Während in Figur 463 der Längenverband nur durch eine Firstbohle hergestellt wird, die auf einer Doppelzange aufgekämmt ist, welch' letztere die Bohlenbogen am Firsten zusammenfasst, ist in Figur 464 ein inneres Tragegerüst (liegender Stuhl) mit liegenden Stuhlsäulen und abgesprengter Firstsäule angeordnet. In den meisten Fällen aber tragen die Bohlenbögen ein Dachgerüst, durch

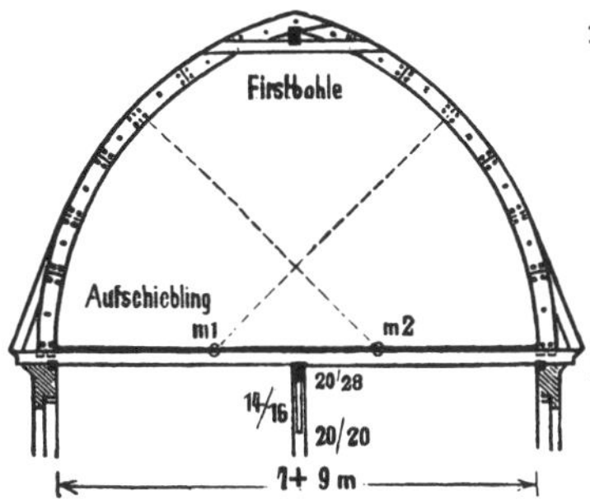

Fig. 463a.

Fig. 463b.

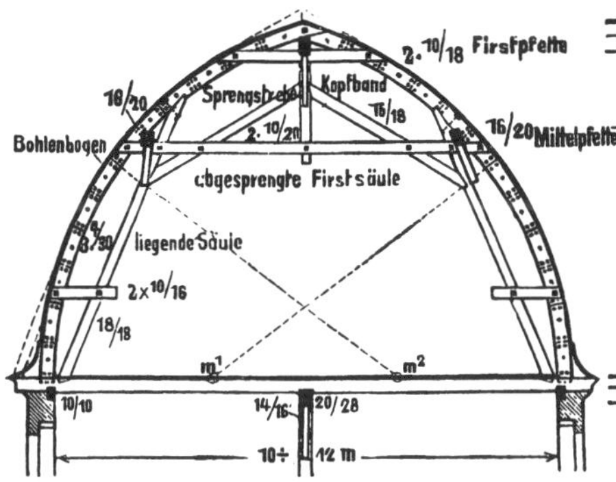

Fig. 464a.

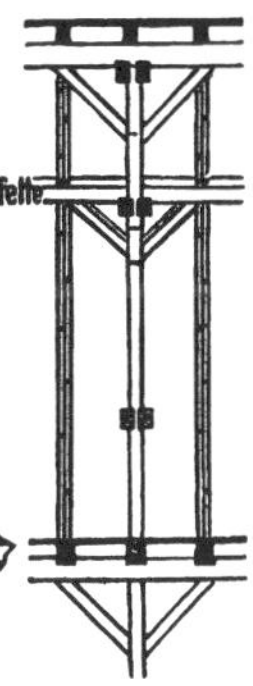

Fig. 464b.

dessen Pfetten der Längenverband im Dachstuhle hergestellt wird. Doppelzangen verbinden das Dachgerüst mit den Bohlenbögen, die in Binderentfernung = 3 bis 4 m stehen und begegnen dem Sparrenschube, während besondere Schubstreben von den Widerlagersäulen oder Klebpfosten an den Frontmauern nach dem Bindersparren oder dem Hauptträger (Hauptsparren) welch letztere alsdann die eigentlichen Pfetten tragen, gerichtet, dem gleichen Zwecke dienen. Im Inneren bleibt die Konstruktion entweder sichtbar oder sie kann auch verschalt werden. Im ersteren Falle stehen die Bohlenbögen meist nur unter den Bindersparren, also in Dachbinderentfernung = 3 bis 4 m, im letzteren Falle dagegen unter jedem Sparren, also in Sparrenentfernung = 0,8 bis 1,25 m.

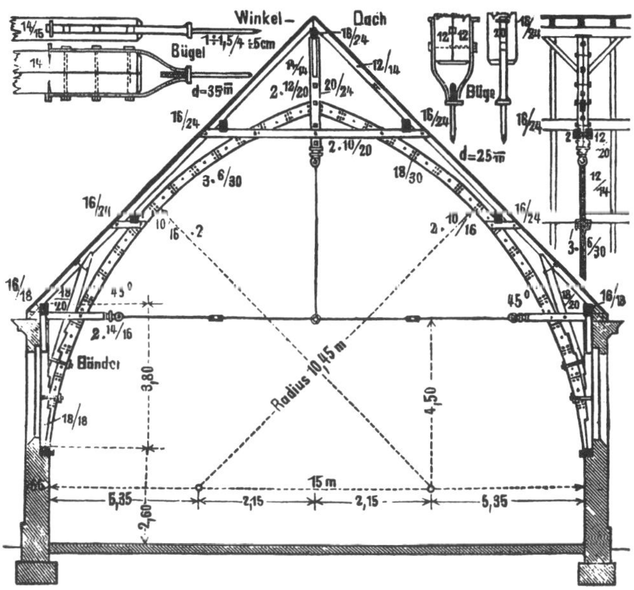

Fig. 465.

Textfigur 465 zeigt einen solchen Dachbinder über einer Exerzierhalle und Reitbahn von 15 m Spannweite. Die Firstsäule ist als doppelte Säule 2 · 12|20 cm stark konstruiert; in ihr stossen die Bohlenbögen in Spitzbogenprofil zusammen. Die Mittelpfetten, 16|24 cm stark, ruhen auf Doppelzangen von 2 · 10|20 cm bezw. 2 · 10|16 cm Stärke, während die Fusspfette, 16|18 cm stark, über der Widerlagersäule von 18|18 cm Stärke auf den unteren kurzen 2 · 14|15 cm starken Doppelzangen verkämmt ist, welche Holz an Holz gelegt und verbolzt, Bindersparren,

Widerlagersäule, Schubstrebe und Bohlenbogen umfassen und mit diesen verbolzt werden. Diese Doppelzangen sind durch eine wagerechte, schmiedeeiserne Zugstange, deren Teile mit Kompensationsschrauben (Schraubschloss, Muffenschloss) mit Rechts- und Linksgewinde versehen sind, verbunden, Textfigur 466 und 467 a, b, während eine senkrechte, schmiedeeiserne Hängestange die erstere vor einem Durchbiegen in der Mitte schützt. Sowohl die Zugstange als auch die Hängestange ist an den Doppelzangen bezw. an der Firstsäule durch schmiedeeiserne Bügel befestigt. Die Bohlenbögen selbst, 3 · 6|30 cm stark, in Binderentfernung von 4 m aufgestellt, sind sowohl mit der Widerlagersäule von 18|18 cm Stärke als auch mit der 18|20 cm starken Schubstrebe verzahnt und durch schmiedeeiserne Bänder fest verbunden.

Fig. 466.

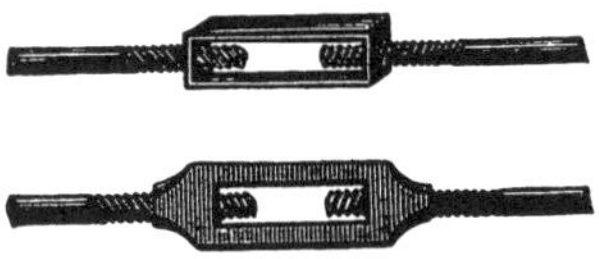

Fig. 467a. Fig. 467b.

In Textfigur 468 ist ein Bohlenbinder über

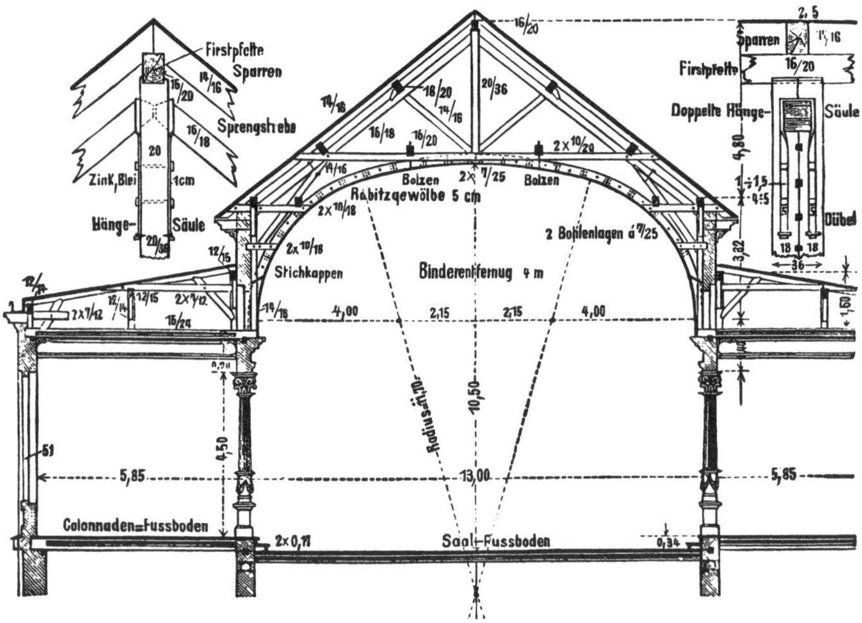

Fig. 468a. Fig. 468b. Fig. 468c.

einem Konzert- und Ballsaal von 13 m Spannweite mit beiderseitigen Kolonnaden von 5,85 m Tiefe dargestellt, bei welchem die Bohlenbögen von 2 · 7|25 cm Stärke in Sparrenentfernung = 0,8 bis 1,25 cm stehen, so dass der Saalraum nach Art eines elliptischen Tonnengewölbes mit Stichkappen über den Fenstern in Rabitzbauweise geschlossen ist. Auf dem Hauptsparren, 16|18 cm stark, als Sprengstrebe sind die Pfetten von 16|20 cm Stärke aufgekämmt und durch Knaggen gegen ein Umkippen geschützt, während auf die Pfetten die eigentlichen Sparren, 14|16 cm stark, aufgekämmt werden. Die Firstsäule ist auch hier als doppelte Säule von 2 · 18|20 = 20|36 cm Stärke konstruiert. Auf die obere 2 · 10|20 cm starke Doppelzangen sind 16|20 cm starke Pfetten als Oberzüge aufgekämmt, an welche die Bohlenbögen angehängt und so in unverschieblicher, senkrechter Lage gehalten werden. Durch diese über den Bohlenbögen befindlichen Pfetten wird auch der Längenverband im Dachstuhle erhöht. Der Hauptträger wird ferner in den durch Mittelpfetten belasteten Punkten durch 14|16 cm starke Streben bezw. Schubstreben unterstützt, während Bindersparren, Hauptträger, Widerlagersäule, Schubstrebe und Bohlenbogen durch Doppelzangen zusammengehalten werden.

Auch für provisorische Gebäude, namentlich Ausstellungs- und Festhallen werden solche Bohlendächer in der Neuzeit vielfach ausgeführt. Als Beispiel diene der Bohlenbinder der Festhalle für das 19. Provinzialsängerfest zu Elbing, dessen Bohlenbögen von4 · 4|25 cm Stärke in Segmentbogenform ausgeführt wurden. Die Binderentfernung betrug 3 m. Textfigur 469.

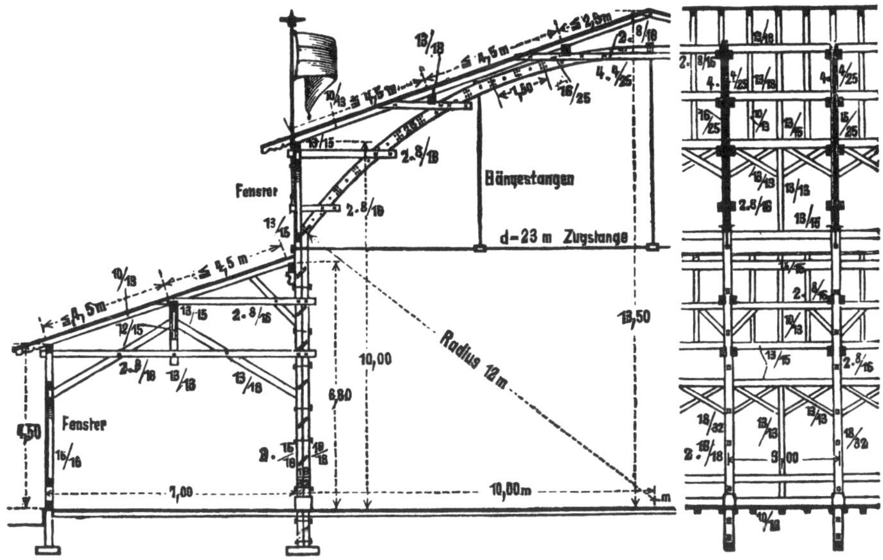

Fig. 469a. Fig. 469b.

Auch hier soll die wagerechte, schmiedeeiserne Zugstange, welche durch 3 senkrechte Hängestangen in horizontaler Lage gehalten und gegen ein Durchbiegen geschützt wird, den fehlenden Zugbalken ersetzen und den Horizontalschub der Sparren aufheben.

b) Die Bohlendächer nach dem System des Oberst Emy. Derselbe veröffentlichte 1826 sein neues Konstruktionsprinzip, welches sich ebenfalls zu Überdeckungen grosser Spannweiten für Hoch- und Brückenbauten aus Holz vorzüglich eignet. Bei demselben werden die Bohlen nicht aufrecht nebeneinander, sondern flach übereinander liegend mit wechselnden Stössen der Bretter zu Bohlenbögen vereinigt. 4 bis 6 cm starke, 15 bis 20 cm breite und möglichst lange Bretter oder Bohlen werden in Bogenform, meist ein Halbkreis oder Segmentbogen, 4 bis 10 fach übereinander gelegt und durch schmiedeiserne Bolzen von 10 bis 18 mm Durchmesser, und Bänder, abwechselnd in Entfernung von 0,5 bis 0,8 m angeordnet, fest mit einander verbunden. Textfigur 470.

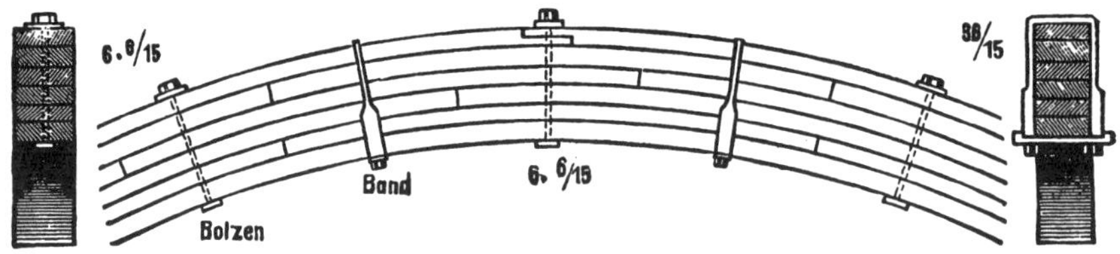

Fig. 470b. Fig. 470a. Fig. 470c.

Auch diese Bohlenbögen tragen ein eigentliches Dachgerüst, welches durch Doppelzangen mit den Bohlenbögen verbunden wird. Diese Doppelzangen werden nach dem Mittelpunkte, aus welchem das Bogenprofil beschrieben ist, gerichtet und in gleichen Entfernungen von 1,5 bis 2 m angeordnet, während die Hauptsparren, auf welche die Pfetten aufgekämmt sind und durch Knaggen gegen ein Umkippen geschützt werden, durch untergelegte verbolzte und verdübelte Sattelhölzer verstärkt werden. Zur Erhöhung des Längenverbandes im Dachstuhle dienen ferner Doppelzangen, welche zu beiden Seiten der doppelten oder vierfachen Firstsäule und der Doppelzange des Querverbandes an dem Fusspunkte der Bindersparren, eventuell auch an jedem zweiten oder dritten Zangenpaare des Querverbandes angeordnet werden. Zwischen die doppelten Firstsäulen zweier Dachbindersysteme sowohl als auch zwischen die Doppelzangen des Querverbandes am Fusspunkte der Bindersparren

Fig. 471c.

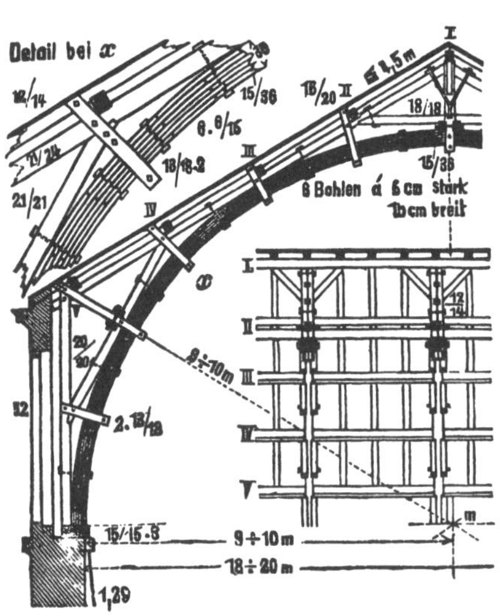

Fig. 471a. Fig. 471b.

Fig. 472c.

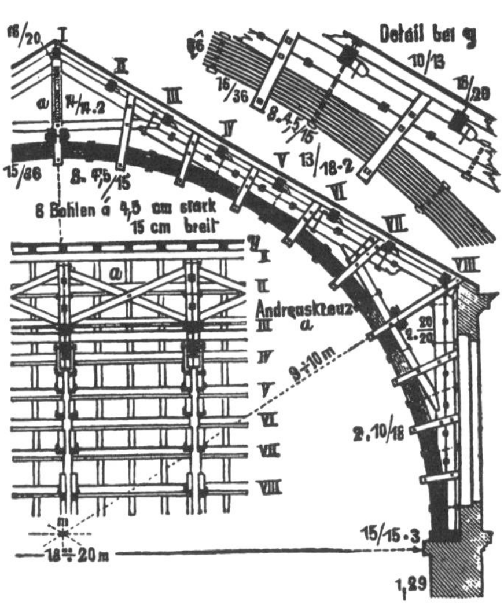

Fig. 472b. Fig. 472a.

und Hauptträger eingesetzte Andreaskreuze a können dem gleichen Zwecke dienen. Endlich werden die Widerlagersäulen häufig auch als doppelte Säulen konstruiert und stets von den Umfassungen entfernt aufgestellt, höchstens lässt man die Doppelzangen an diese herantreten, damit beim Sichsetzen der Bohlenbögen nicht ein Hinausdrängen der Umassungen hervorgerufen wird. Textfigur 471 bis 473 zeigen einige Bohlen

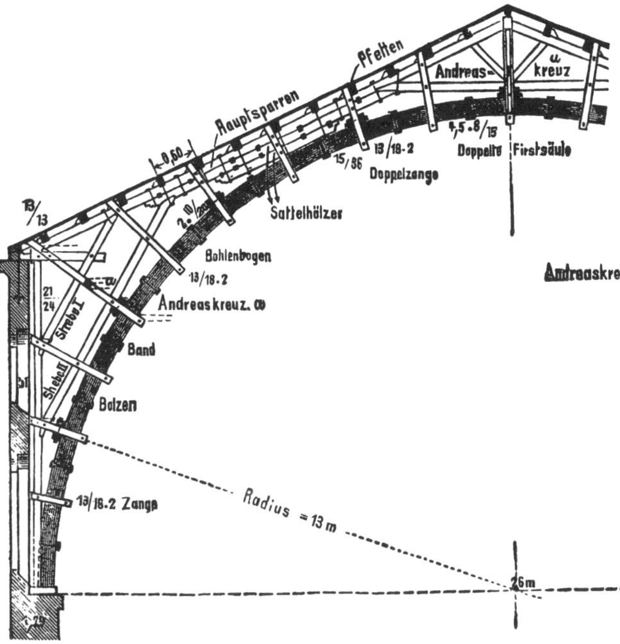

Fig. 473a.

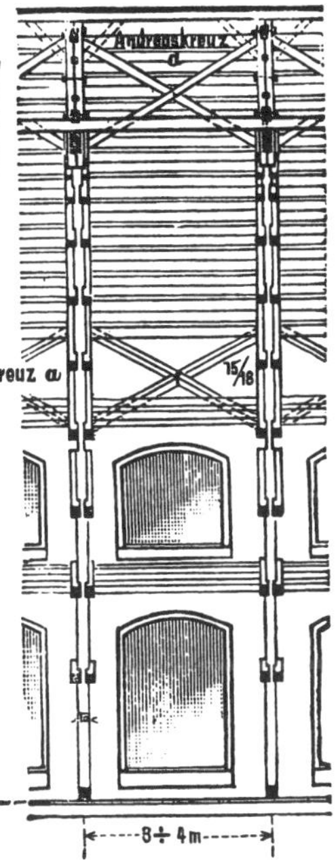

Fig. 473b.

binder nach Emy'schem System, bei welchem die angeführten Konstruktionsgesichtspunkte genau innegehalten worden sind.

Um die Bohlenbögen nach dem System des Philibert de l'Orme besser gegen ein seitliches Ausbiegen schützen zu können, hat man in der Neuzeit das de l'Orme'sche und Emy'sche System vereinigt, indem man den Bohlenbögen einen I-förmigen Querschnitt gab. Textfigur 474.

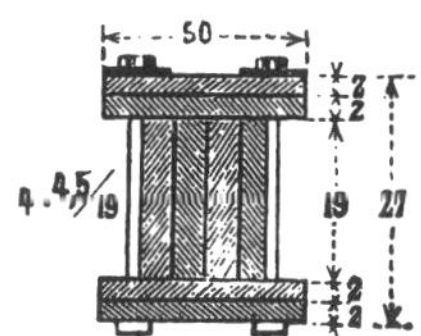

Fig. 474.

1 Längenmeter Bohlendach nach dem Systeme des Philibert de l'Orme anzufertigen einschliessl. Errichtung des Reissbodens, des Aufschnürens Abbindens, Vernagelns und Aufrichtens kostet 4 bis 6 Mark.

1 Längenmeter Bohlendach nach dem System des Oberst Emy anzufertigen, abzubinden, zu verbolzen und aufzurichten einschliesslich der Röstung zum Biegen und Verbolzen der Bretter kostet 3 bis 5 Mk.

2) Dächer aus geraden Hölzern.

a) Die Polygondächer. Der französische Kapitän P. Ardand, nach welchem diese polygonalen Dächer aus geraden Hölzern auch Ardand'sche Dächer heissen, wies durch seine theoretischen und praktischen Untersuchungen nach, dass Dächer aus Bohlenbögen einen sehr grossen Horizontalschub namentlich infolge des fehlenden Zugbalkens auf die Umfassungsmauern ausüben, weshalb letztere eine bedeutende Stärke erhalten müssen, und dass die Bohlengespärre, gegen Biegung und Bruch nur $\frac{1}{4}$ der Widerstandsfähigkeit besitzen, wie Gespärre aus geraden Hölzern. Ihre Konstruktion beruht daher auf der

Anwendung der Sprengwerke, deren Sprengstreben bezw. Spannriegel in mannigfacher Anordnung sich dem Halbkreisbogen als Tangenten anschmiegen und den Hauptsparren, welcher die Pfetten trägt, in mehreren Punkten bezw. in den durch Mittelpfetten belasteten Punkten stützen. Zwi-

Fig. 475.

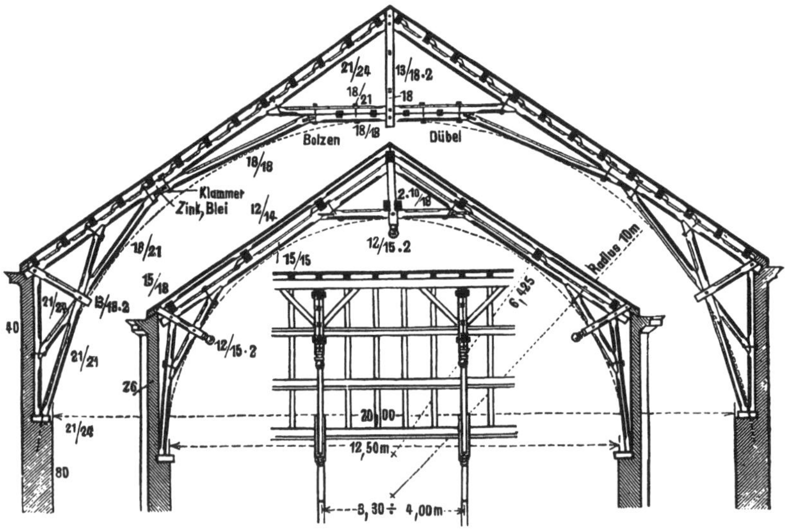

Fig. 476 a b.

Fig. 477c.

Fig. 477d.

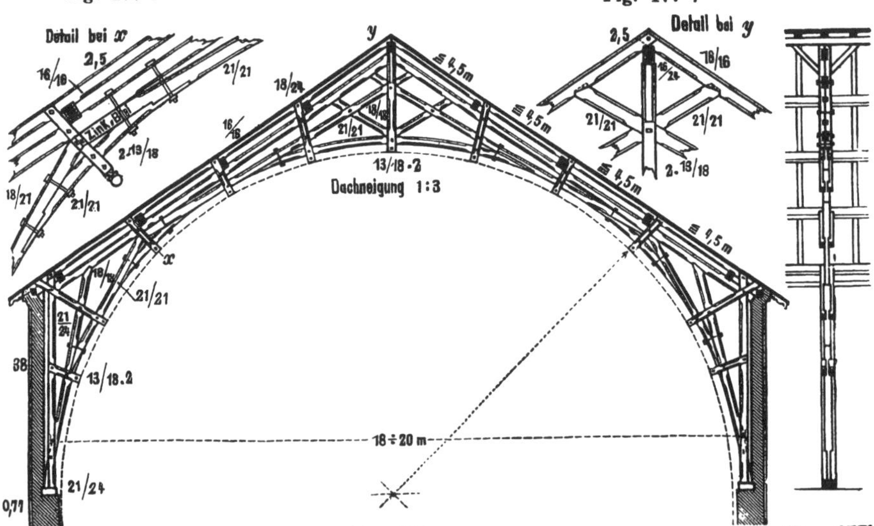

Fig. 477a.

Fig. 477b

schen ihren Hirnholzflächen erhalten die Sprengstreben Zink- oder Bleiplatten, um ein Ineinanderdringen der Hirnholzfasern zu verhüten, während sie gegen ein seitliches Ausbiegen durch schmiedeeiserne Klammern zu schützen sind. Alle sich kreuzenden Konstruktionsteile sind ferner in ihren Kreuzungspunkten durch schmiedeeiserne Schraubenbolzen zu verbinden. Textfigur 475 bis 477 zeigen derartige Bindersysteme.

b) Die Sprengwerkdächer. Ihre Konstruktion beruht auf der Anwendung der Sprengwerke, deren Sprengstreben von den Widerlagersäulen an den Umfassungsmauern nach dem Hauptsparren gerichtet sind. Sprengstreben, Spannriegel und Zangen bilden auch hier Knotensysteme in Gestalt unverschieblicher Dreiecke im Querverbande der Dachbinder. Prof. Dr. Moller in Darmstadt hat in dem Dachbinder über der Reitbahn in Wiesbaden die Anwendung des eigentlichen Sprengwerkes gezeigt, bei welchen die 0,75 m starken Umfassungen bei 18,50 m Spannweite der Binder den Horizontalschub aufzunehmen haben. Von den auf Steinkonsolen ruhenden doppelten Widerlagersäulen sind zwei Sprengstreben nach dem Hauptsparren gerichtet. Die zur Dachneigung parallele Sprengstrebe von 11|24 cm Stärke ist als einfache Strebe konstruiert, während die unter 60^{0} geneigte doppelte Sprengstrebe die Wiederlagersäule, die einfache Sprengstrebe und den Hauptsparren umfasst. Doppelzangen zur Bildung unverschieblicher Dreiecke im Querverbande des Dachbinders endlich sind mit allen sie kreuzenden Konstruktionsteilen durch schmiedeeiserne Bolzen zu verschrauben; durch die 24|29 cm starken Pfetten, welche auf den oberen Sprengstreben bezw. Doppelzangen ruhen, wird der Längenverband im Dachstuhle erhöht.

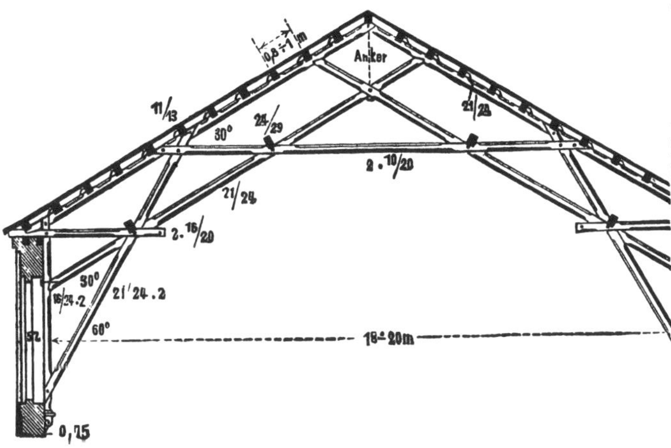

Fig. 478a.

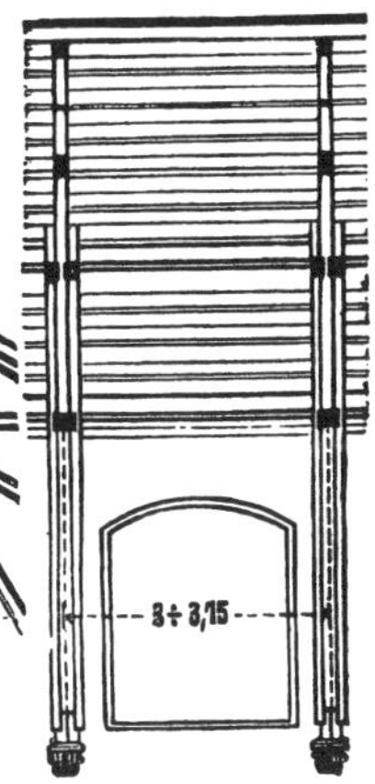

Fig. 478b.

Textfigur 478. Eine weitere Anwendung von Sprengwerken zeigen die Textfiguren 479 bis 482. Figur 479 enthält einen Dachbinder mit innerer gebrochener Deckenbildung, bei welcher die schwachen Deckenbalken von 13|13 cm Stärke auf die 20|20 cm starken Sprengsreben bezw. die 2 · 10|20 und 10|25 cm starken oberen und unteren Doppelzangen, letztere als Zugbalken, aufgekämmt, die Deckenschalung tragen. Die Ineinanderschiebung solcher Tragkonstruktionen tritt deutlich

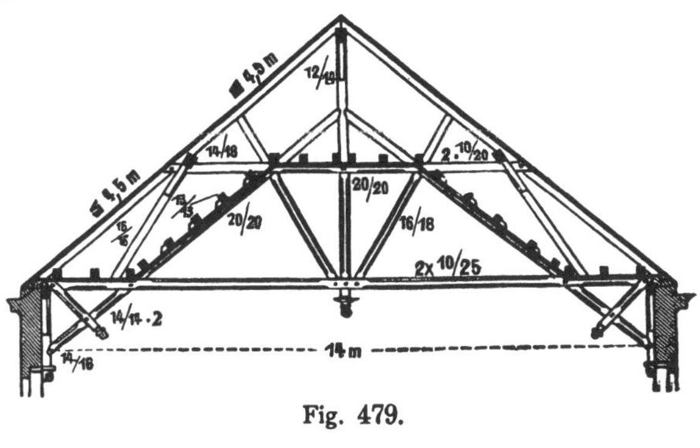

Fig. 479.

hervor in den Figuren 480 bis 483, welche Dachbindersysteme vielfach zur Überdeckung von Turnhallen angewendet worden sind. Figur 480 zeigt einen Saalbau mit ringsum geführter Kolonnade und Gallerie, bei welchem

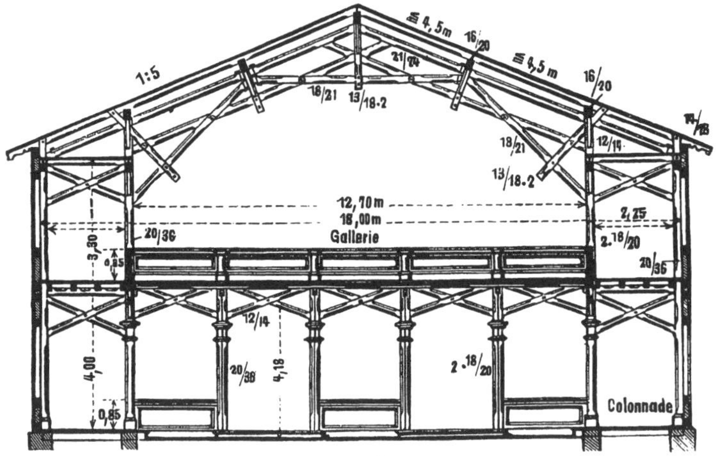

Fig. 480.

Fig. 481 b. Fig. 481 a. Fig. 482 a. Fig. 482 b.

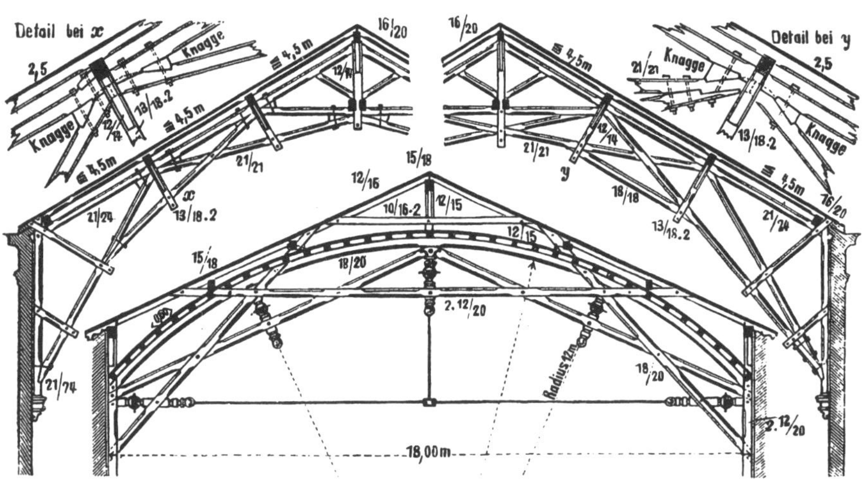

Fig 483.

wie bei den Bindern in Figur 481 und 482 die Dachkonstruktion von unten sichtbar bleibt, während bei dem Binder in Figur 483 der Saal eine in Segmentbogenform gebogene Decke erhält, deren schwache Deckenbalken von 12|15 cm Stärke auf einem gebogenen Holzträger von 18|20 cm Stärke, der sich gegen die Widerlagersäulen spannt, aufgekämmt sind. Auch hier ist der eigentliche Zugbalken durch eine schmiedeeiserne Zugstange, welche in ihrer Mitte durch eine Hängestange gefasst wird, ersetzt. Die Sparrenlage ist ausser durch Fuss- und Firstpfette durch 2 Mittelpfetten unterstützt, deren obere auf der doppelten Sprengstrebe ruht bezw. an diese angebolzt wird, während die untere auf die durchgehende Doppelzange aufgekämmt ist

E. Die Konstruktion der Pultdächer.

Sie werden auch Flugdächer, Halbdächer, Schleppdächer oder einhängige Dächer genannt und bestehen nur aus einer Dachfläche, welche unterhalb durch die Traufkante und oberhalb durch die Firstlinie begrenzt wird. Sie sind im eigentlichen Sinne halbe Satteldächer, weshalb auch bei ihrer Konstruktion fast alle die bei den Satteldächern besprochenen Regeln und Konstruktionsgesichtspunkte Anwendung finden können. Bei der Bildung von Pultdachbindern ist hauptsächlich darauf zu achten, dass der Schub der Dachfläche auf die Pultdachwand, d. i die hohe Wand an der Nachbargrenze, aufgehoben, und so der einseitigen Wirkung der Kräfte begegnet wird. Dies erreicht man am besten durch Anordnung von Streben, welche gegen die Pultdachfläche gerichtet sind, und durch welche der Druck der Dachfläche auf feste Auflagerpunkte der Binderbalken übertragen wird. Endlich ist auch eine gute Verankerung der Dachbalkenlage und Firststuhlwand mit der Giebelmauer oder hohen Wand als Brandmauer an der Nachbargrenze Rücksicht zu nehmen. Die Säulen der Firststuhlwand werden häufig beiderseitig $\frac{1}{2}$ Stein breit eingegrenzt, während dieselbe nach der Nachbargrenze zu mindestens eine $\frac{1}{2}$ Stein starke Verblendung erhalten muss. Vergl. S. 82 und Textfigur 159 und 160. Hieraus geht hervor, dass Pultdächer dann erforderlich werden, wenn Gebäudeteile an die Nachbargrenze zu stehen kommen, deren Dachform so gestaltet sein muss, dass das Regen- und Schneewasser laut Traufrecht nach dem eigenen Grundstück abgeleitet werden muss, während nach dem Lichtrecht keinerlei Fenster-Öffnungen in der hohen Wand nach der Nachbargrenze zu angebracht werden dürfen. Haben die Sparren eine grössere Länge als 4,5 m, so sind dieselben wiederum zu unterstützen durch Kehlbalken oder durch Pfetten, wonach man auch hier Kehlbalkendachstühle und Pfettendachstühle zu unterscheiden hat. Diese können nun wiederum mit stehenden und liegenden Stühlen, mit und ohne Versenkung, mit und ohne unterstützte Balkenlage und endlich auch ohne Balkenlage konstruiert werden. In den meisten Fällen lassen sich daher ohne Weiteres die bisher angeführten Bindersysteme der Satteldächer auch als Pultdächer ausführen, sodass eine besondere Besprechung der einzelnen Pultdachbinder entbehrlich wird.

Textfigur 484 und 485 zeigen Pultdächer als Kehlbalkendächer mit unterstützter Balkenlage und zwar mit stehendem Stuhle, mit und ohne Versenkung; Textfigur 486 und 487 dieselben Anordnungen mit liegendem Stuhle.

Textfigur 488 und 489 enthalten Pultdächer als Pfettendächer und zwar mit stehenden Stuhlsäulen, mit und ohne Versenkung bei

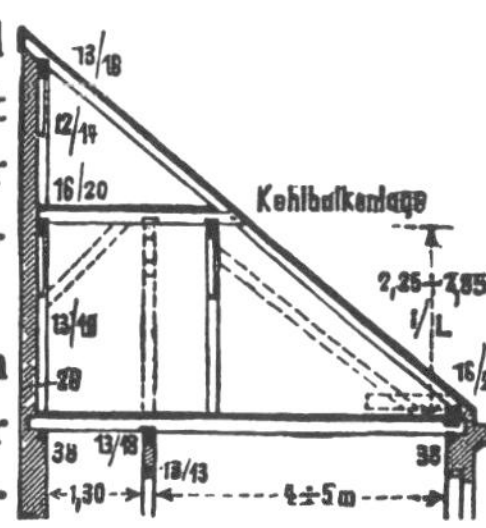

Fig. 484.

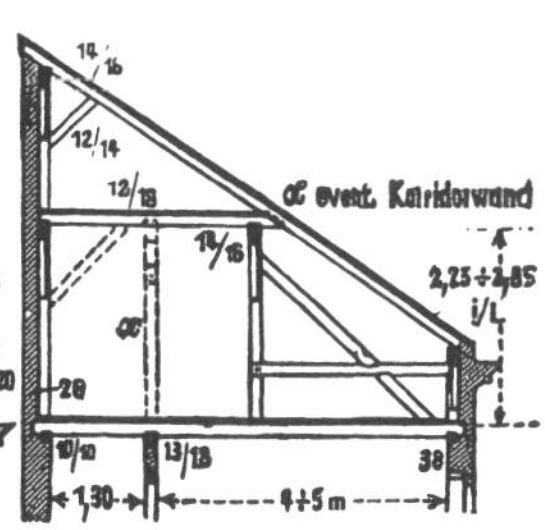

Fig. 485.

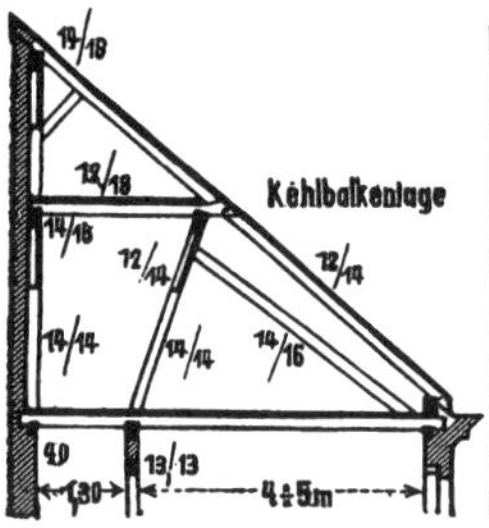

Fig. 486

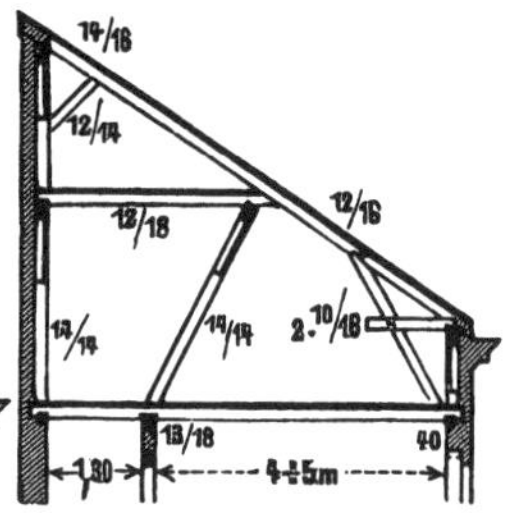

Fig. 487.

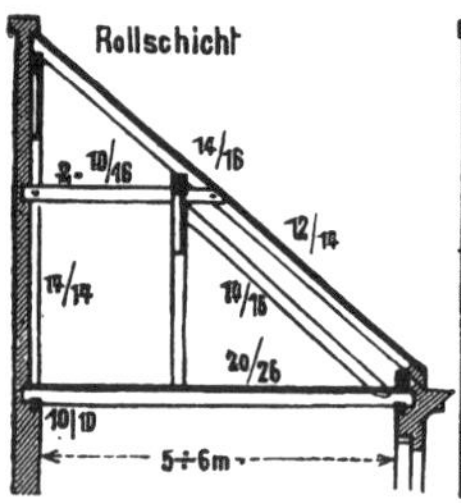

Fig. 488.

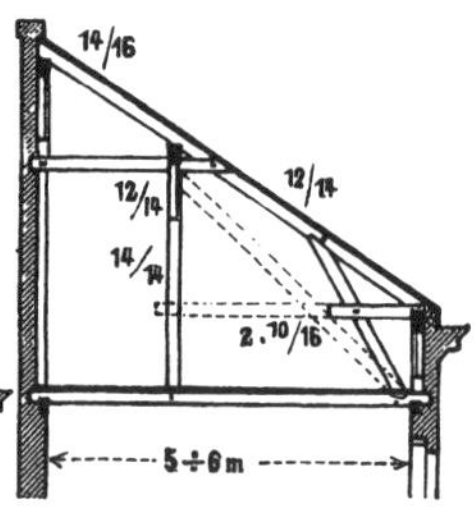

Fig. 489.

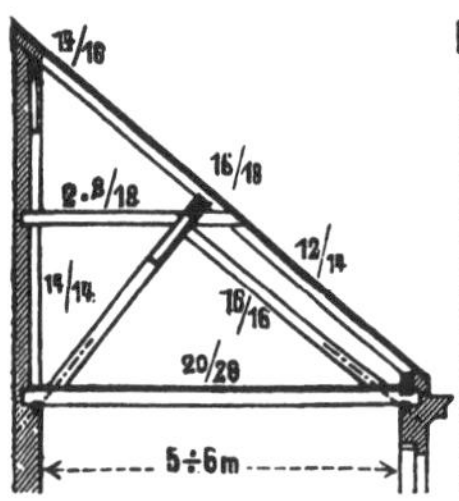

Fig. 490.

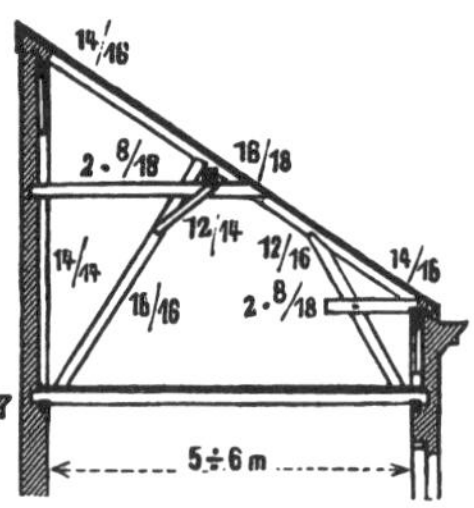

Fig. 491.

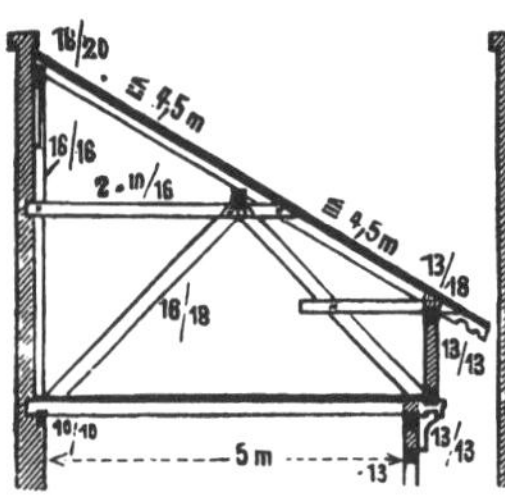

Fig. 492.

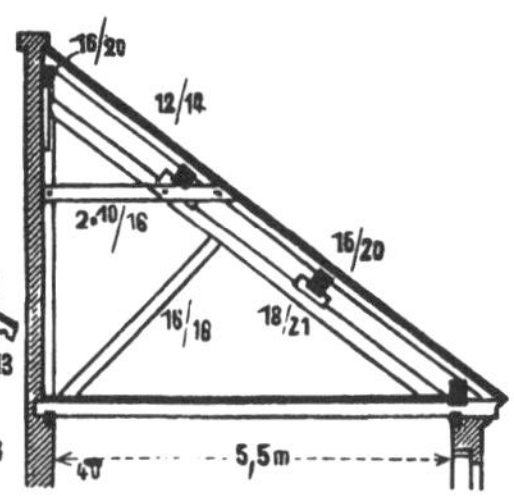

Fig. 493.

unterstützter Balkenlage, während in Textfigur 490 und 491 dieselben mit liegenden Säulen dargestellt sind. Textfigur 492 zeigt ein Pultdach mit Versenkung, dessen Mittelpfette durch einen Sprengbock getragen wird. Textfigur 493 und 494 enthalten Pultals eigentliche Pfettendachstühle, deren Pfetten auf Streben aufgekämmt sind. Liegende Säulen bezw. Streben dienen auch hier zur Unterstützung der durch Mittelpfetten belasteten Punkte der Hauptstreben und übertragen den Druck der Dachfläche auf feste Punkte der Binderbalken bezw. Stuhlfirstsäulen. Textfigur 495 und 496 zeigen Pultdächer als Pfettendachstühle mit liegenden Säulen und Versenkung, deren liegende Säulen auch hier die Schubstreben der Versenkungswand ersetzen. In Text-

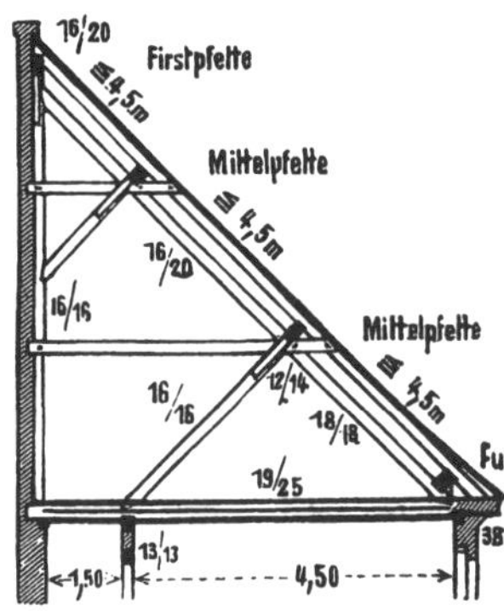

Fig. 494.

figur 497 bis 500 sind Pultdächer als Pfettendächer mit flacher Dachneigung für doppellagiges Kiespappdach und Holzcementdach dargestellt, wie solche vielfach bei Fabrikgebäuden erforderlich werden.

Freitragende Pultdächer enthalten die Textfiguren

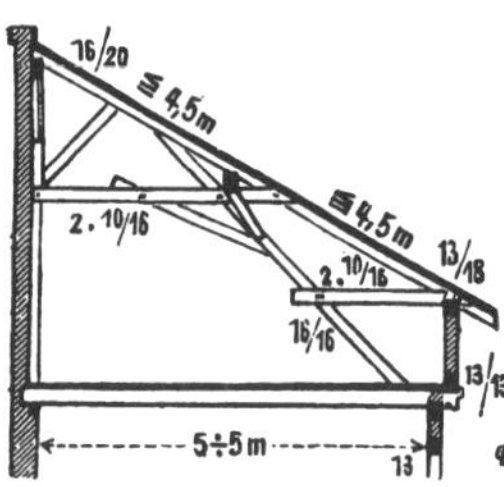

Fig. 495.

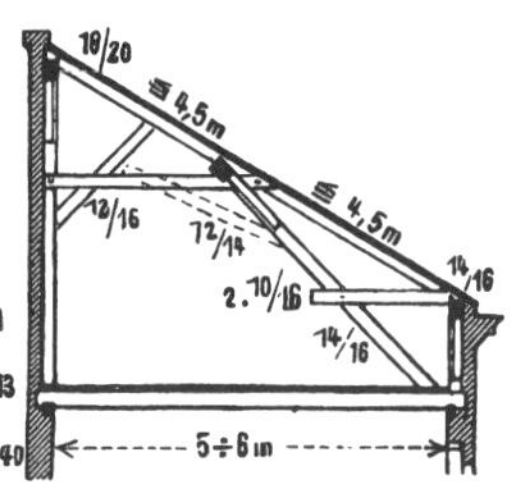

Fig. 496.

501 bis 504. Sie sind as Pfettendächer mit und ohne Versenkung konstruiert, unter Anwendung des einfachen bezw. doppelten Hängebockes.

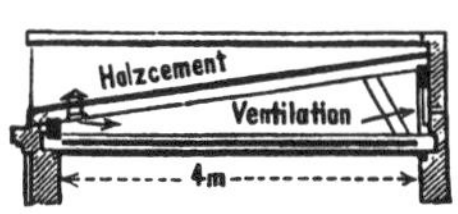

Fig. 497.

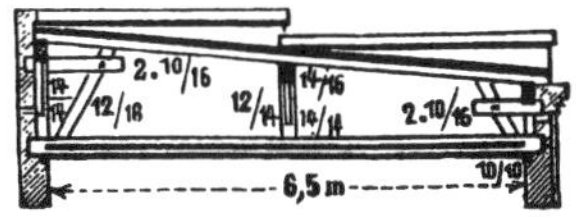

Fig. 498.

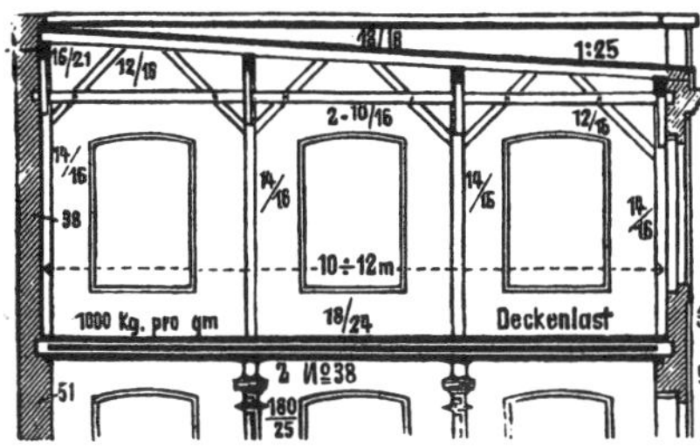

Fig 499.

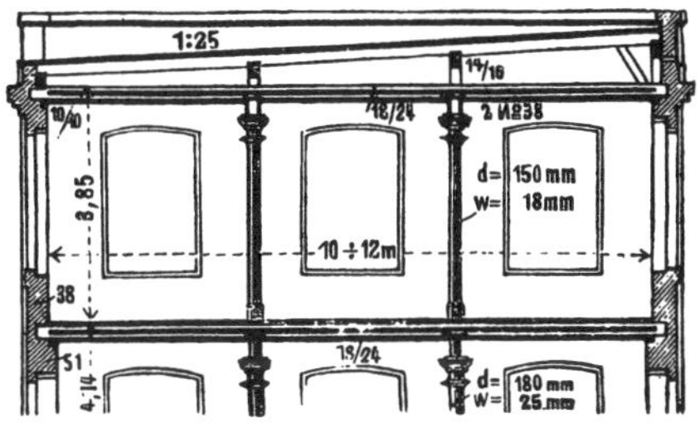

Fig. 500.

Pultdächer ohne Balkenlagen zeigen die Textfiguren 505 und 506 unter Anwendung des einsäuligen bezw. zweisäuligen vereinigten Hänge- und

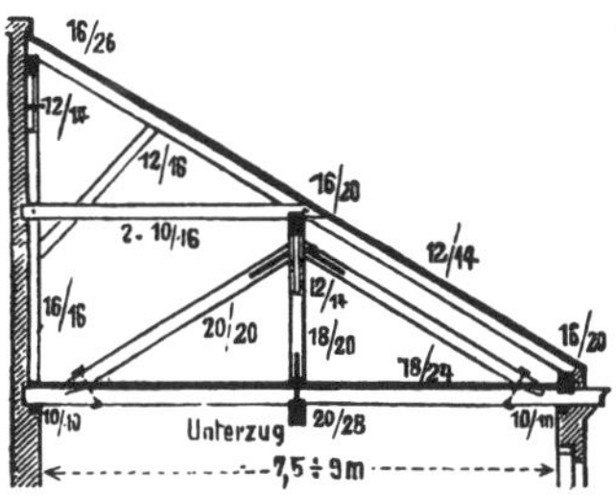

Fig. 501.

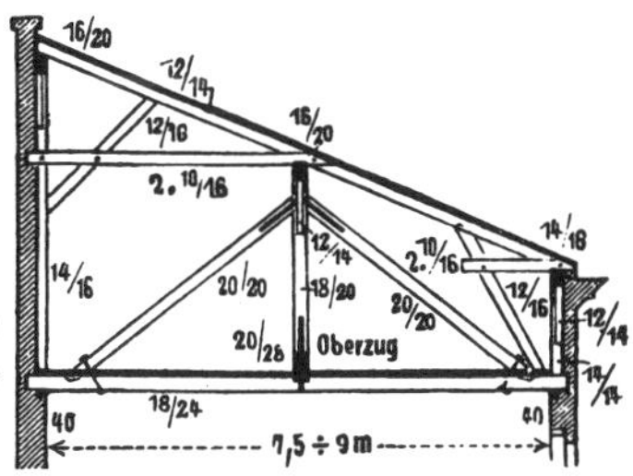

Fig. 502.

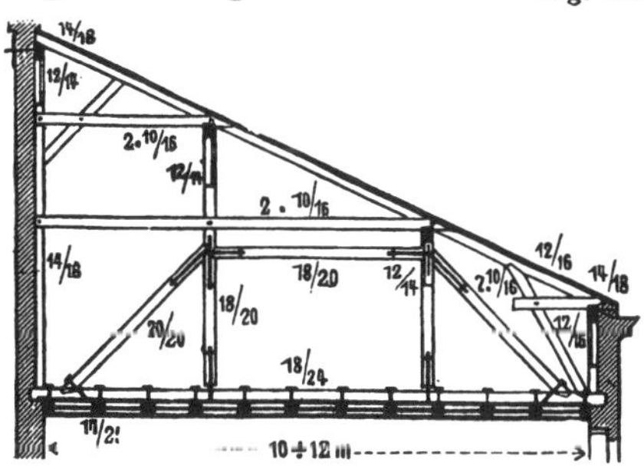

Fig. 503.

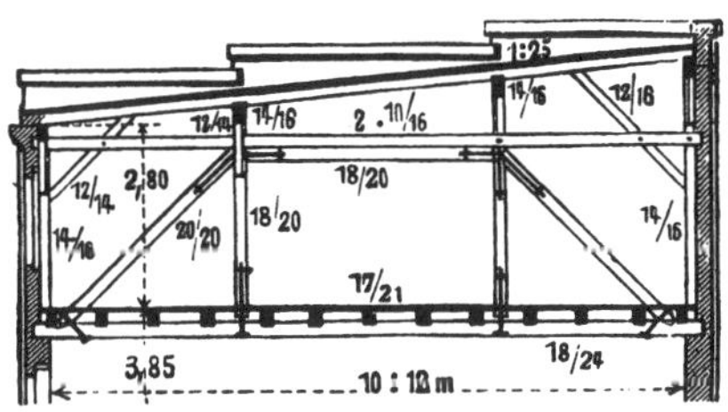

Fig. 504.

Fig. 507. Fig. 508.

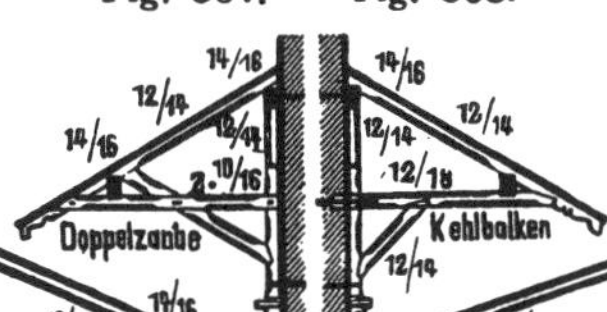

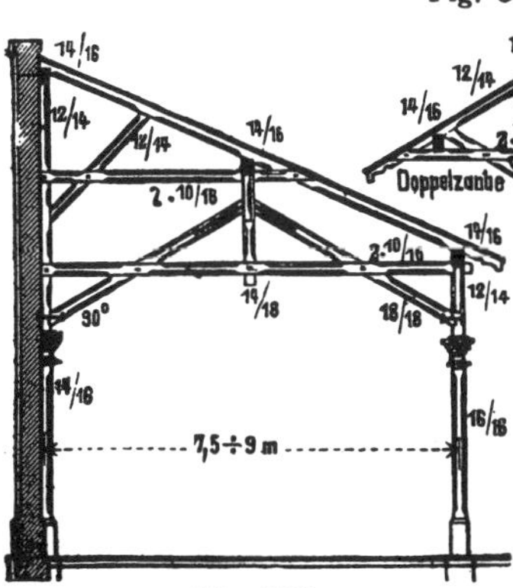

Fig. 505.

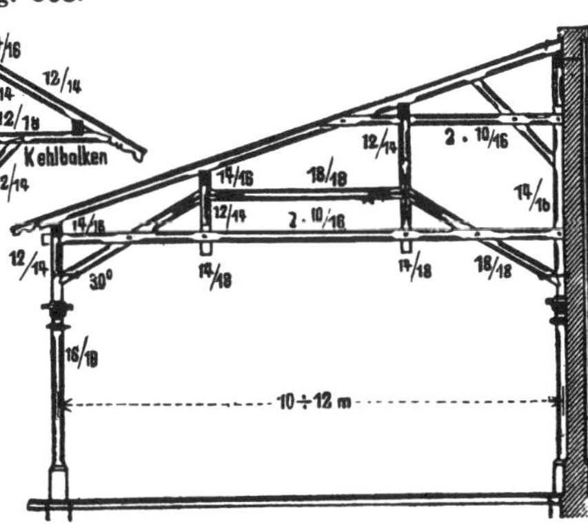

Fig. 506

Sprengwerkes. Kleinere Pultdächer kommen häufig als Portalüberdachungen vor und können als Pfettendächer — Textfigur 507 — oder als Kehlbalkendächer — Textfigur 508 — konstruiert werden.

F. Die Konstruktion der Mansardendächer.

Der Form nach sind diese Dächer Satteldächer bezw. Pultdächer mit gebrochenen Dachflächen, deren Entstehung bereits erläutert wurde. Vergl. A. d) Mansardendächer, S. 121, 122. Sie werden vielfach dann angewendet, wenn es sich darum handelt, den Dachbodenraum eines Gebäudes zu Wohnzwecken auszubauen und somit ein weiteres Geschoss zu erhalten, welches über der Hauptgesimsoberkante, deren Höhe nach § 98 des Sächs. Baupolizeigesetzes vom Jahre 1900 nicht mehr als 22 m betragen, in der Regel aber die Strassenbreite nicht überschreiten darf, angeordnet werden kann. Die untere, steile Dachfläche hat meist eine Neigung von 60 bis 70° zur Horizontalen und ist vielfach baupolizeigesetzlich festgestellt. Die obere flache Dachneigung aber richtet sich nach der Art des Dachdeckungsmateriales. Im Allgemeinen diente ein über der Gebäudetiefe konstruierter Halbkreis zur Formgebung des Daches, indem man denselben in 4, 5 oder 6 gleiche Teile teilte und aus den ge-

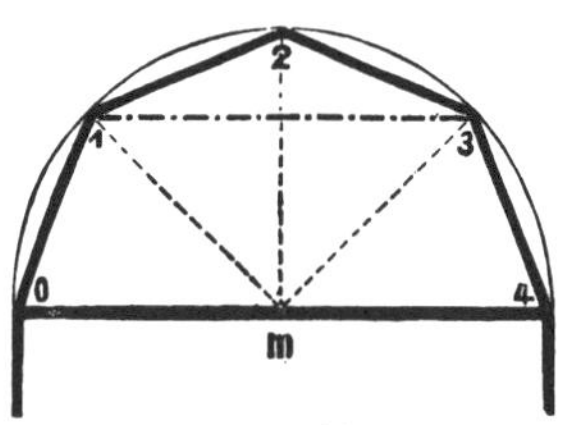

Fig. 509.

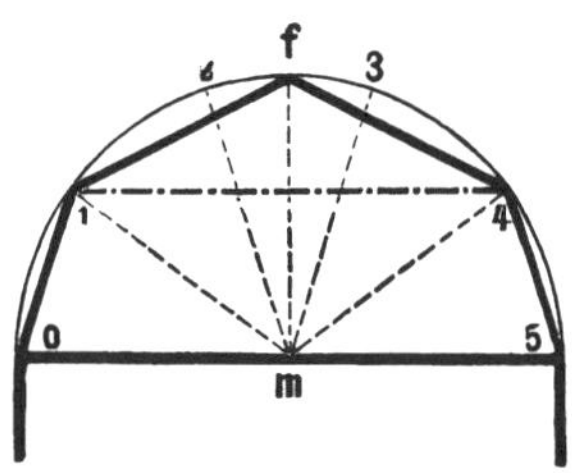

Fig. 510.

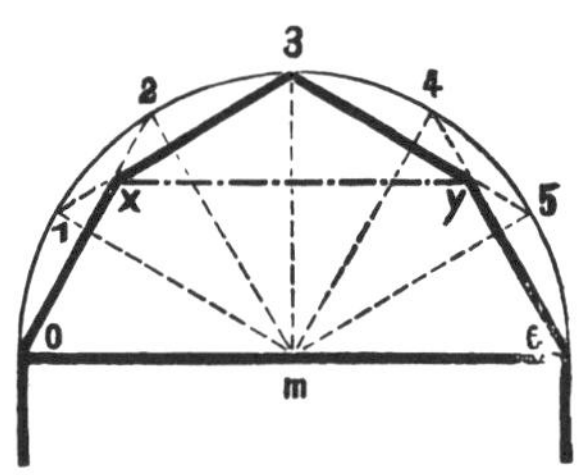

Fig. 511.

zogenen Sehnen die Dachform bestimmte. Textfigur 509, 510, 511. Vorteilhafter ist die Konstruktion von Gilly — vergl. S. 181 — nach welcher man zuerst die Höhe des unteren Dachraumes bestimmt, welche nach dem Baugesetze 2,25 m im Lichten bei ländlichen, 2,85 m im Lichten bei städtischen Wohngebänden betragen soll. (Vgl. Sächs. Baugesetz § 115). Diese Höhe H nun teilt man in 3 gleiche Teile und giebt $\frac{1}{3}$ H als Abweichung von der senkrechten Richtung der Frontmauern der unteren steilen Dachfläche als Neigung, während die obere flache Dachneigung mit $\frac{1}{2}$, $\frac{1}{3}$, $\frac{1}{4}$, $\frac{1}{5}$, $\frac{1}{10}$, $\frac{1}{15}$, $\frac{1}{20}$, $\frac{1}{25}$, $\frac{1}{30}$ der Grundlinie g als Höhe h konstruiert werden kann. Textfigur 512. Das bei dem Bruch beider Dachflächen anzuordnende Mansarden-Gesims bildete Mansard besonders architektonisch reich aus und bekrönte dasselbe mit einem Mansardengesims-

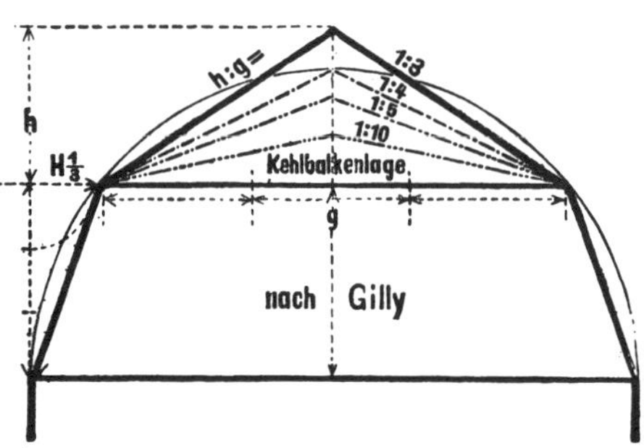

Fig. 512.

Geländer aus Eisen oder Zink. Das Erstere kann in Holz oder ebenfalls in reichster Ausstattung in gepresstem Zink ausgeführt werden. Textfigur 513, 514, 515, 516 und 517, 518. Auch die Mansardendachfenster

Fig. 513.

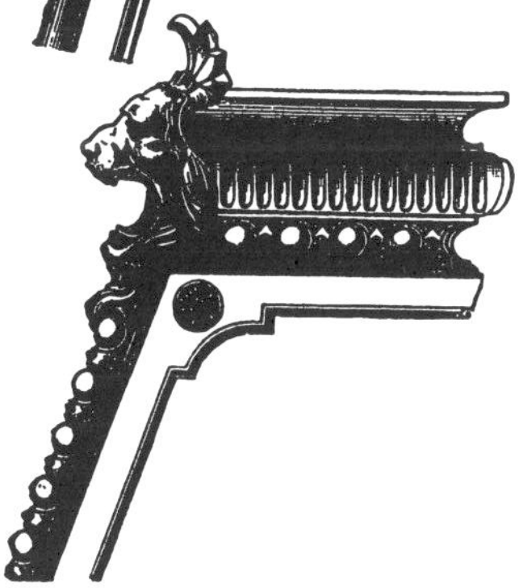

Fig. 514.

Fig. 515.

Fig. 516.

Fig 517.

Fig. 518.

Fig. 519.

Fig. 520.

werden meist in Zink hergestellt, Textfigur 519, 520, 521, 522, 523, 524, und können auch der Sandsteinarchitektur entsprechende Formen erhalten. Textfigur 525 und 526. (Vergl. Musterkatalog der Rheinischen Zinkornamentenfabrik von Larondelle, Pelzer & Co. in Köln a. Rh.) Die Mansardendächer können wie die Sattel- und Pultdächer als Kehlbalkendächer und Pfettendächer ausgeführt und sowohl mit stehendem, als auch liegenden Stuhle, mit und ohne Versenkung, mit und ohne unterstützter Balkenlage

Fig. 521.

Fig. 522.

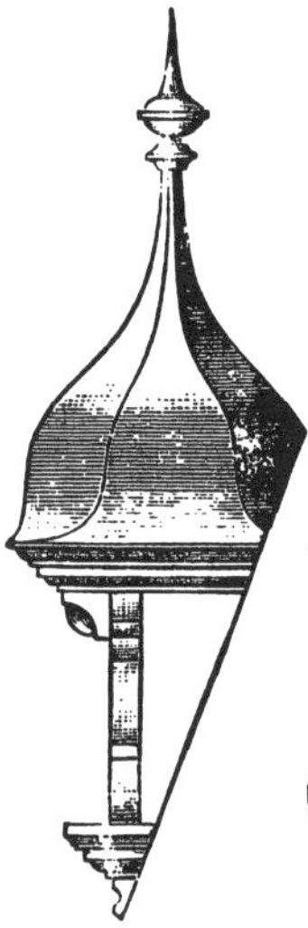

Fig. 523 b.

Fig. 523 a.

Fig. 524.

Fig. 525.

Fig. 526.

konstruiert werden, wobei die gleichen Konstruktionsregeln, wie solche für Satteldächer aufgestellt wurden, zu beachten sind. Besonders ist auf die Verbindung der Sparren der steilen Dachfläche mit den Stuhlrahmen und Kehlbalken zu achten, welche unterhalb sich auf die Sparrenschwelle bezw. die Versenkungspfette, oberhalb dagegen sich an den Stuhlrahmen anlegen, Textfigur 527, an letzteren sich auch anklauen, Textfigur 528, oder in den Kehlbalken eingezapft werden, Textfigur 529 und 530. In allen Fällen erfolgt die Befestigung ferner durch Nagelung mittels schmiedeeiserner Sparrennägel von ca. 24 cm Länge. Die Sparren der oberen flachen Dachneigung werden mit End- oder Versenversatzung in die Kehlbalken eingesetzt oder klauen sich auf eine Sparrenschwelle auf. Wird die obere flache Dachneigung mit

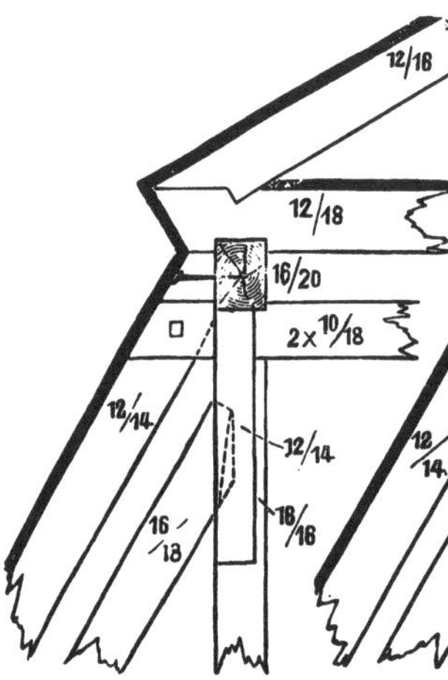

Fig. 527.

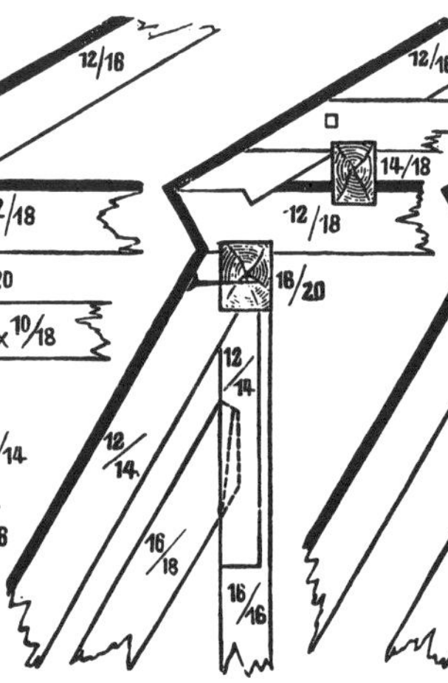

Fig. 528.

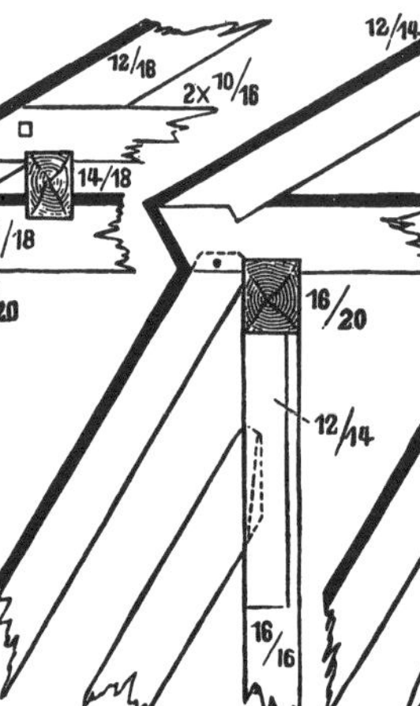

Fig. 529.

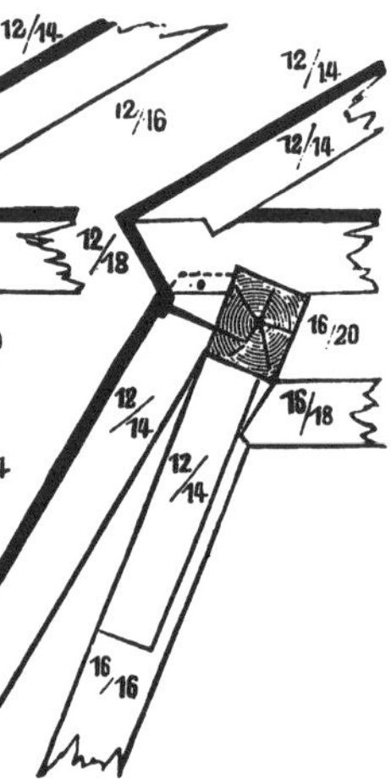

Fig. 530.

Metall oder Holzcement eingedeckt, so werden die Kehlbalken oft der Dachneigung entsprechend an ihrer Oberfläche keilförmig geschnitten, Textfigur 531, oder es werden auf die Kehlbalken keilförmig geschnittene Halbhölzer oder Bohlen aufgenagelt. Textfigur 532. Bei Mansardendachwohn-

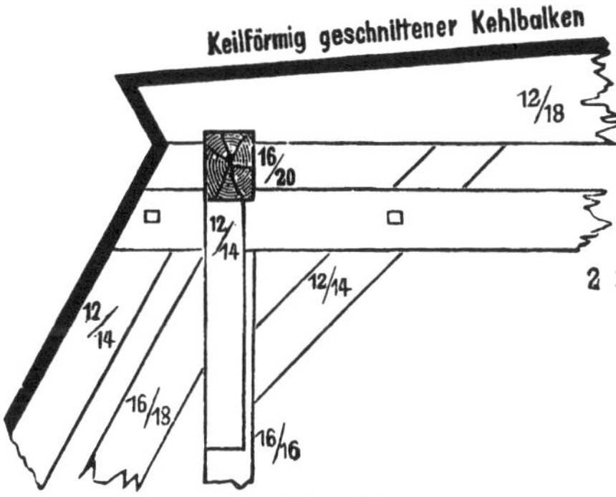

Fig. 531.

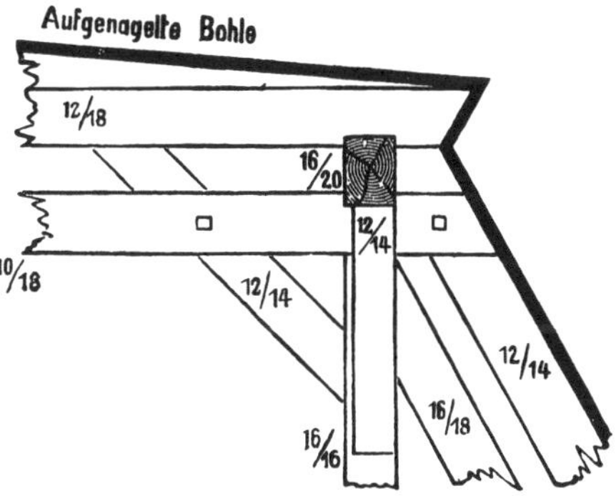

Fig. 532.

räumen muss selbstverständlich die Kehlbalkenlage mit einer Zwischendecke versehen werden. Bei Anordnung einer Kastenrinne über dem Hauptgesims des Gebäudes ist bei Mansardendächern mit Versenkung zur Überleitung der Dachfläche in die Rinne häufig die Anordnung eines Aufschieblinges erforderlich. Textfigur 533.

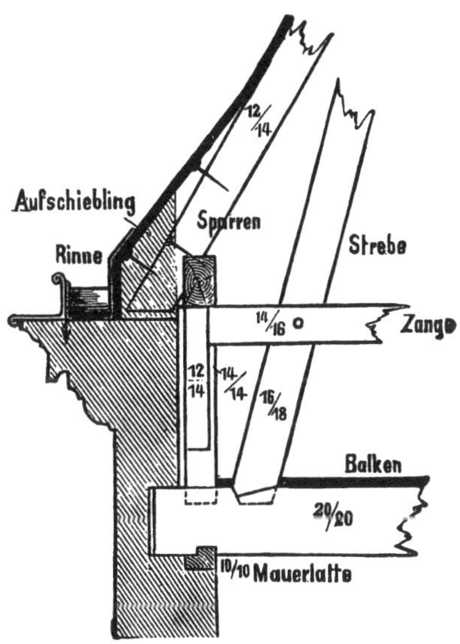

Fig. 533.

Mansardendächer als Kehlbalkendachstühle zeigen die Textfiguren 534 bis 545, und zwar ist in Textfigur 534 ein solches links mit stehendem und liegenden Stuhle ohne, rechts mit Versenkung dargestellt. Die liegende Säule bedingt eventuell die Anordnung eines Spannriegels, welcher auch durch eine Doppelzange ersetzt werden kann. Ist die freie Länge der oberen Sparren grösser als 3 m, so sind diese Sparren durch eine Firstpfette zu unterstützen, welche durch einen Sprengbock, Textfigur 535, oder durch eine Firststuhlwand getragen wird. Textfigur 536. In letzterem Dachbinder liegen die Bindersparren der unteren

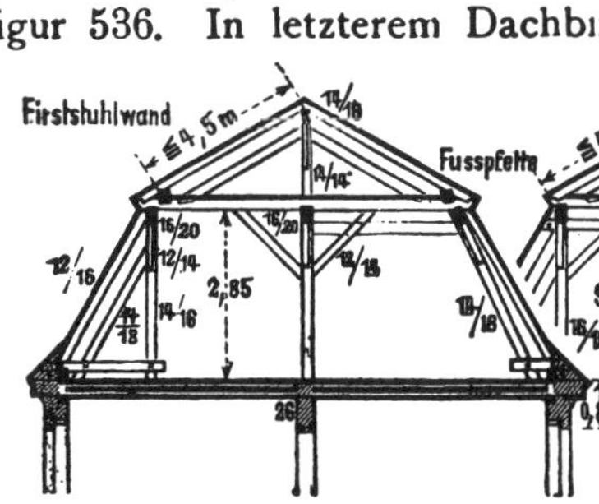

Fig. 534.

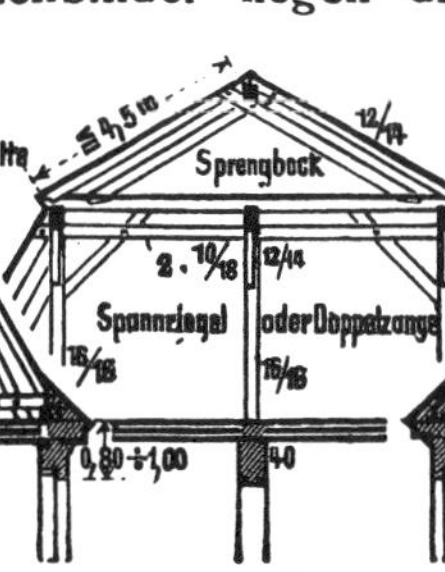

Fig. 535.

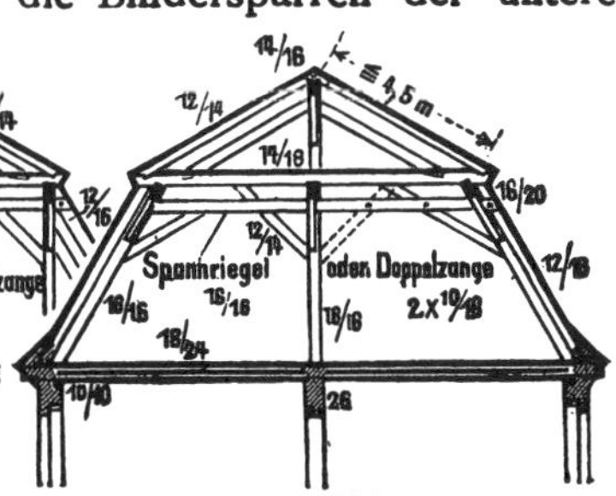

Fig. 536.

steilen Dachfläche direkt auf den liegenden Stuhlsäulen und sind in den Dachbalken versatzt und verzapft. Aufschieblinge dienen auch in diesen Beispielen zur Überleitung der unteren Dachfläche zum Hauptgesims. Textfigur 537 enthält einen solchen Dachbinder mit stehendem Stuhle und

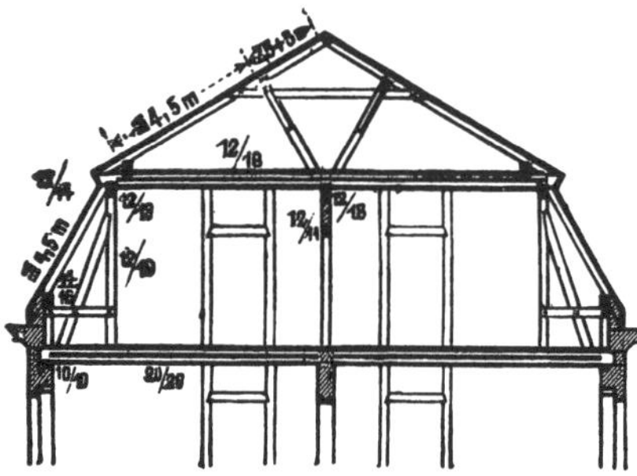

Fig. 537.

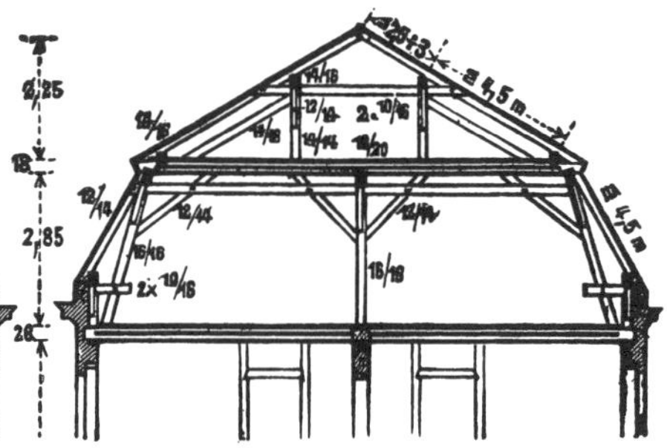

Fig. 538.

Versenkung, bei welcher stets eine Dachstrebe und Zange angeordnet werden muss, damit die Versenkungswand durch den Sparrenschub und die Dachlast nicht herausgedrückt, bezw. dem Sparrenschube begegnet wird. Im oberen Dachraume sind liegende Säulen, welche die Mittelpfetten tragen, nach dem durch die untere Mittelmauer unterstützten, festen Punkte des Binderkehlbalkens gerichtet, während in Textfigur 538 das Mansardendach mit liegendem Stuhle und Versenkung dargestellt ist bei welchen die Mittelpfetten des oberen Dachraumes durch stehende Säulen getragen werden. Ist die obere Dachfläche mit Metall oder Holzcement abgedeckt, und soll der obere Dachraum eine grössere Höhe erhalten, der freieren Benutzung wegen, so ist über der Kehlbalkenlage ein Pfettendachstuhl anzuordnen zur Unterstützung der Sparren, während die Sparren des unteren Dachraumes über die Kehlbalkenlage hochgeführt werden können Textfigur 539 Sind zwei innere Korridormittelmauern vorhanden, so lassen sich die Bindersysteme der Textfiguren 540, 541 und 542 anwenden, wäh-

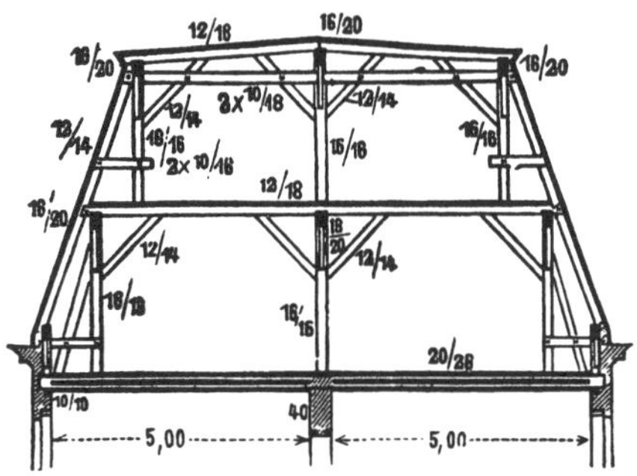

Fig. 539.

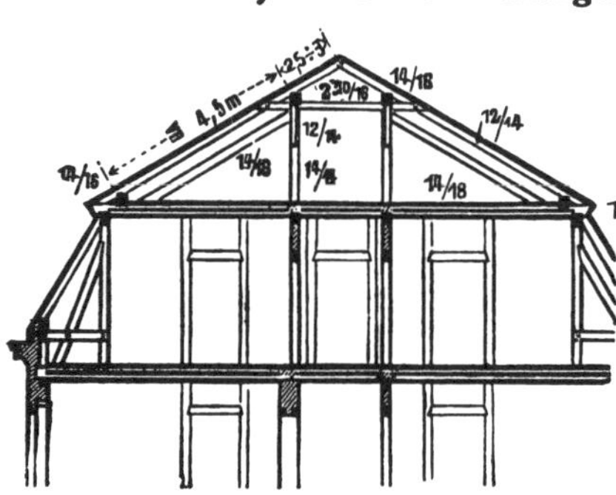

Fig. 540.

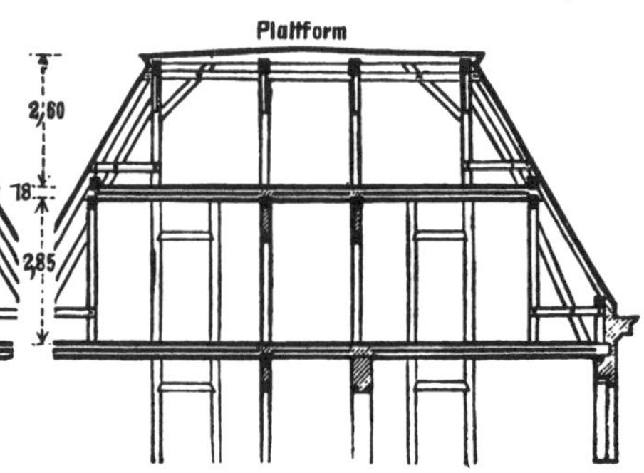

Fig. 541.

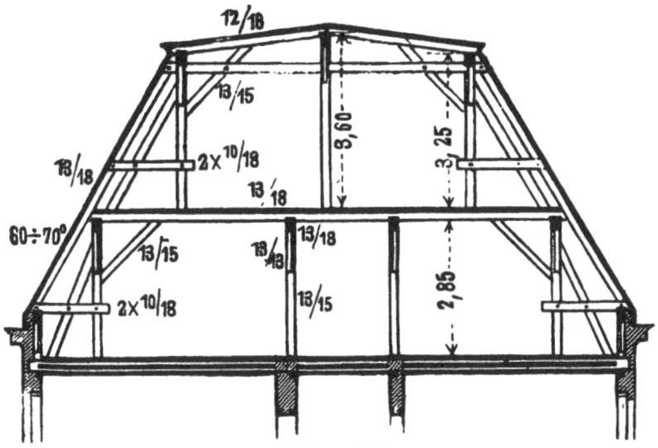

Fig. 542.

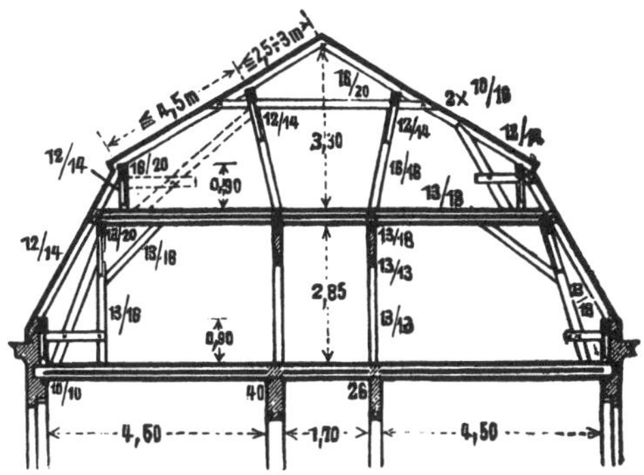

Fig. 543.

rend die Textfiguren 543 und 544 Dachbinder zeigen, bei welchen im oberen Bodenraume liegende Säulen zum Tragen der erforderlichen Mittelpfetten angeordnet wurden und zwar haben die liegenden Säulen in Fig. 543 über den inneren Korridorwänden ihren Stützpunkt, während in Fig. 544 die-

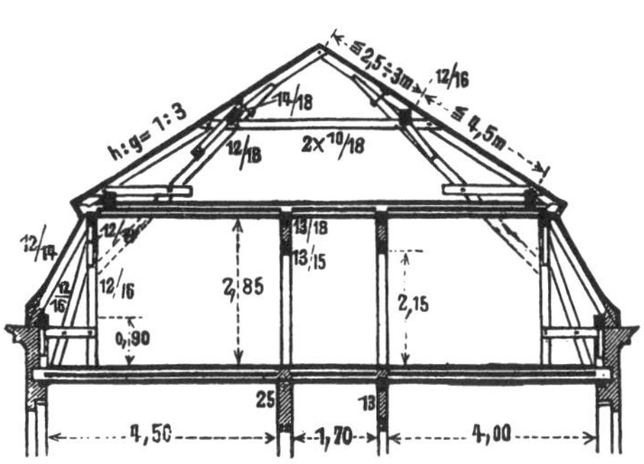

Fig. 544.

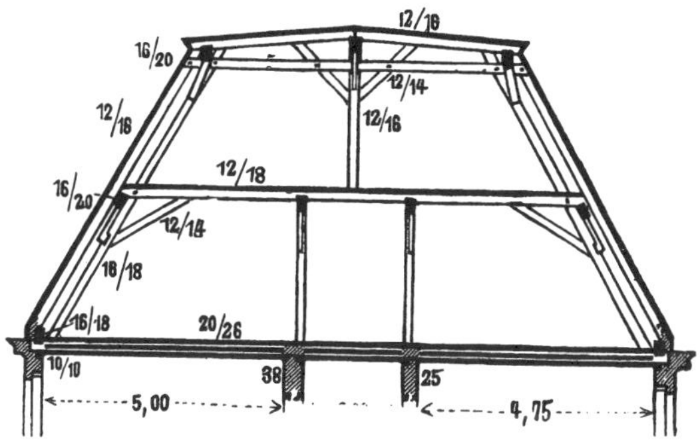

Fig. 545.

selben nach aussen gerichtet sind, und eventuell in den unteren Stuhlsäulen ihren Fusspunkt haben können. Textfigur 545 enthält einen Dachbinder mit in den oberen Raum geführten liegenden Säulen. Ist die obere Dachneigung ganz flach, also ein oberer Bodenraum nicht vorhanden, so lässt sich der Binder in Textfigur 546 verwenden.

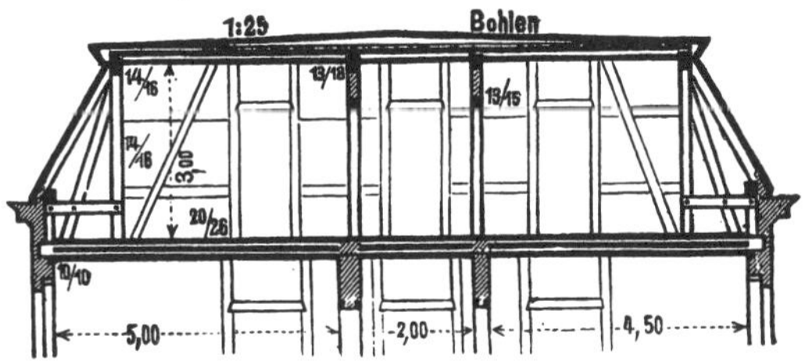

Fig. 546

Mansardendachbinder als

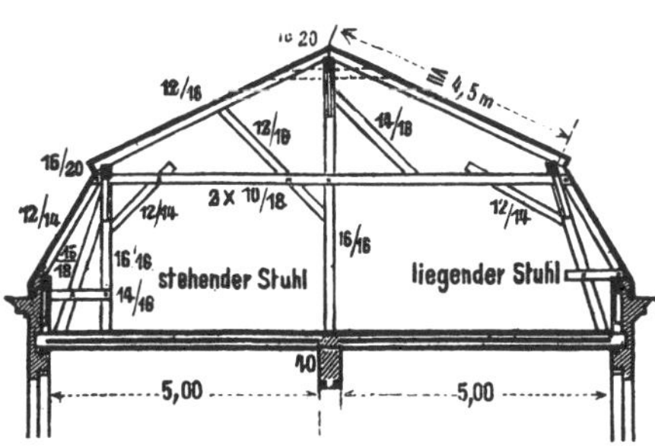

Fig. 547

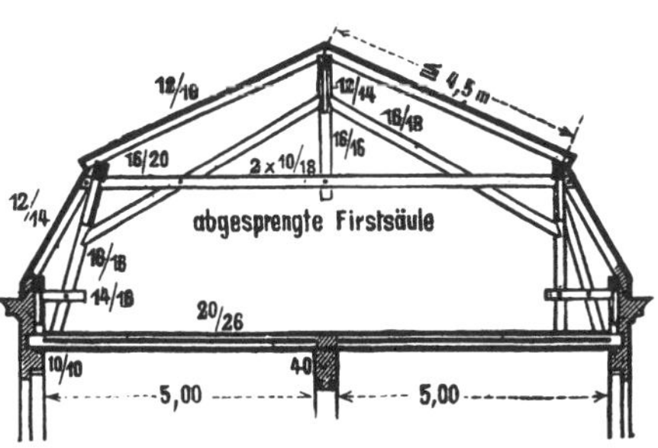

Fig. 548.

reine Pfettendächer sind in den Textfiguren 547 bis 555 dargestellt und zwar mit stehenden und liegenden Stuhlsäulen, und durchgehender bezw. abgesprengter Firstsäule in Figur 547 bezw. 548, während Figur 549 den Stuhl mit liegenden Säulen zeigt, auf dessen unterer Doppelzange eventuell eine Kehlbalkenlage senkrecht zu ersterer angeordnet werden kann. Textfigur 550 und 551 enthalten Dachbinder über grösseren Gebäudetiefen mit Korridoranlagen, während Textfigur 552 ein Pfettendach mit liegenden Stuhl säulen und abgesprengten Mittelpfetten zeigt. Vielfach giebt man dem oberen Dachraume nur eine Dachneignng, meist nach der Hofseite hin fallend, wodurch

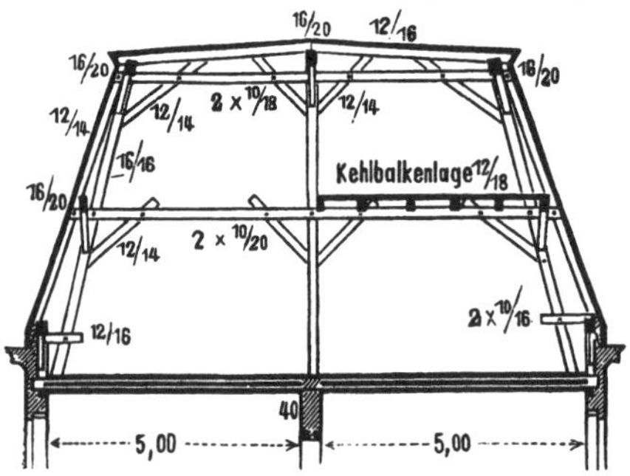

Fig. 549.

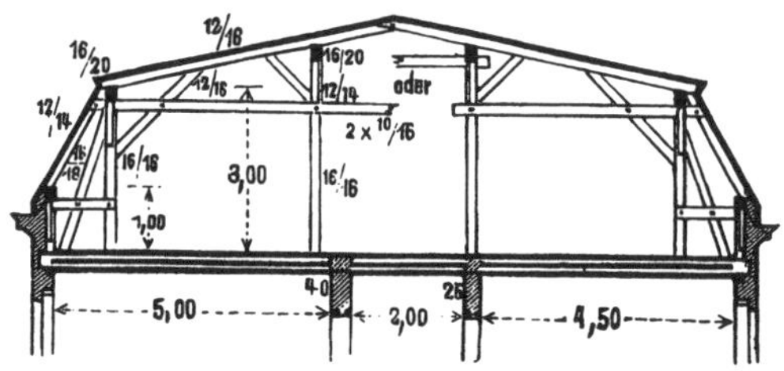

Fig. 550.

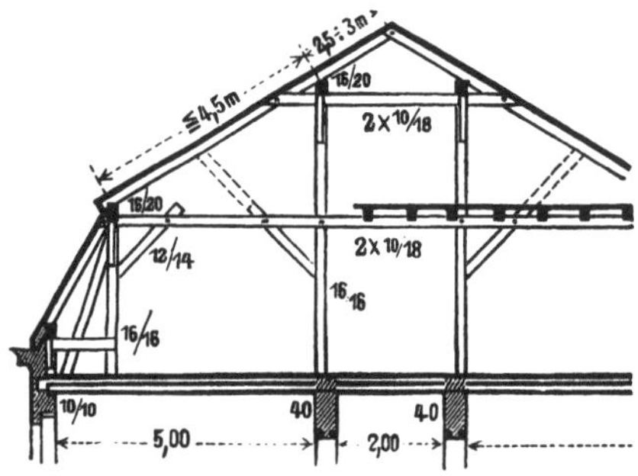

Fig. 551.

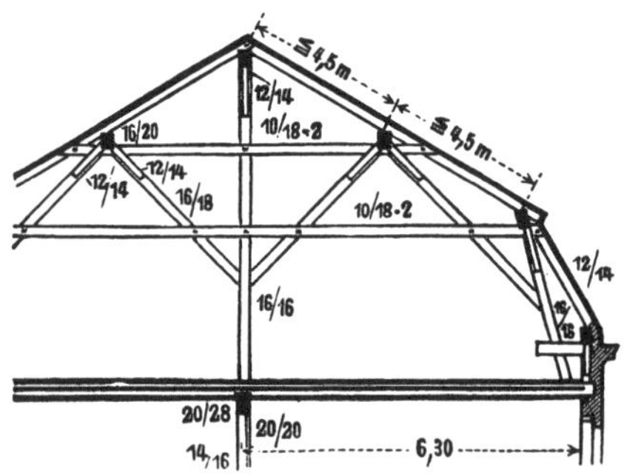

Fig. 552.

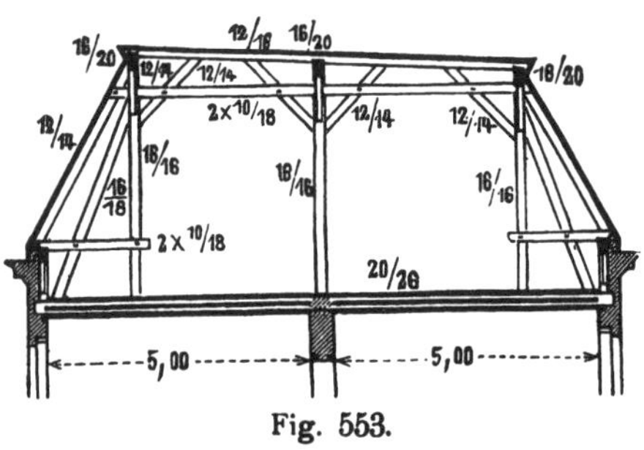

Fig. 553.

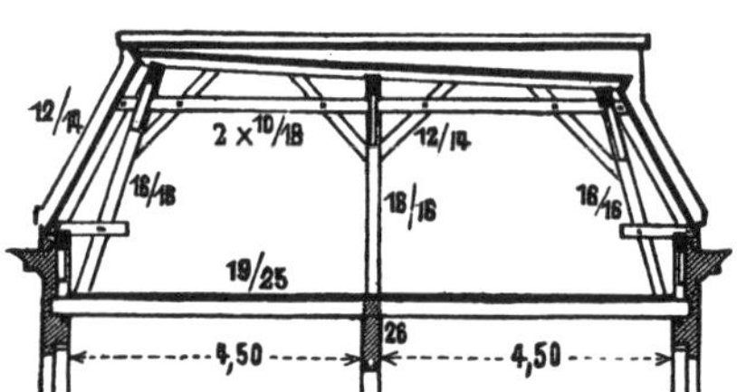

Fig. 554.

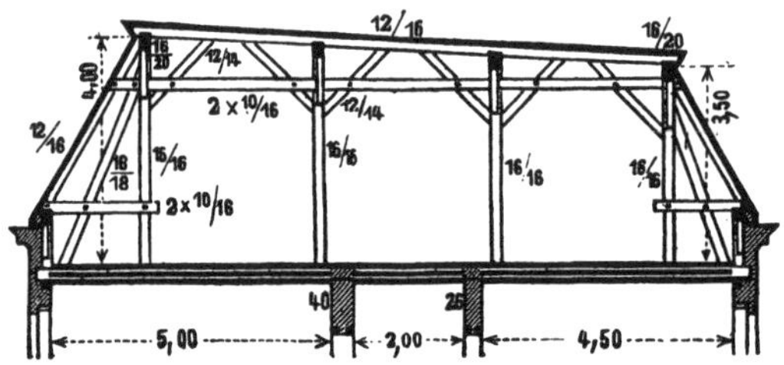

Fig. 555.

Mansardendächer als Pfettendachstühle nach den Bindersystemen der Textfigur 553, 554 und 555 entstehen. Auch ohne untertützte Balkenlage können Mansardendachstühle konstruiert werden, unter Anwendung des einfachen oder doppelten Hängewerkes, wobei allerdings nur liegende Stuhlsäulen anwendbar sind. Textfigur 556 zeigt einen solchen Dachbinder mit einsäuligem Hängewerk für 7,5 bis 9 m Spannweite als Kehlbalkendach ohne Versenkung; Textfigur 557 dasselbe mit Versenkung,

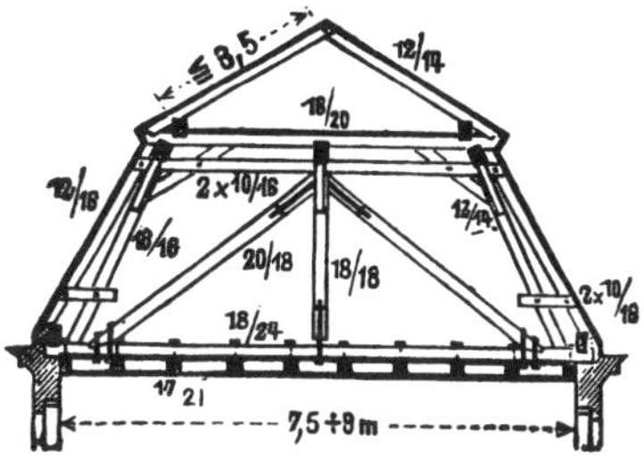

Fig. 556.

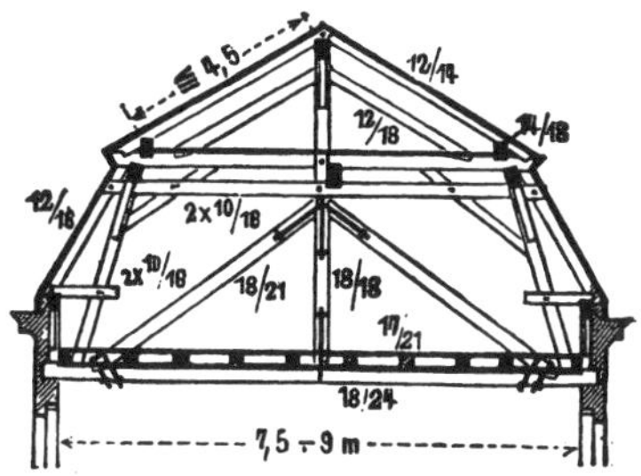

Fig. 557.

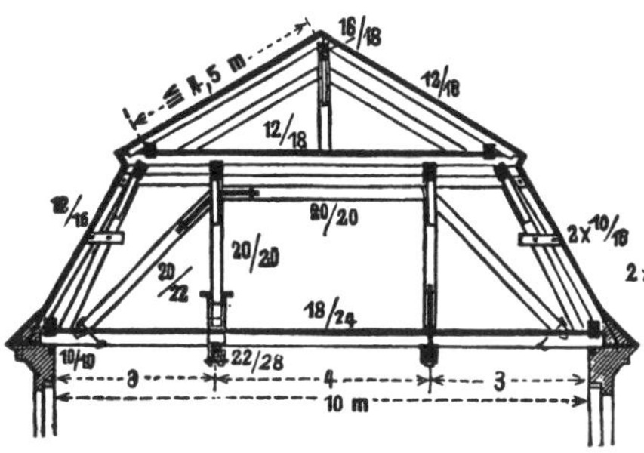

Fig. 558.

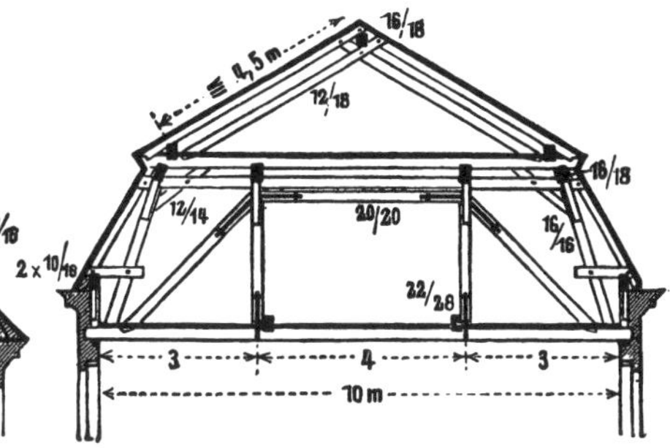

Fig. 559.

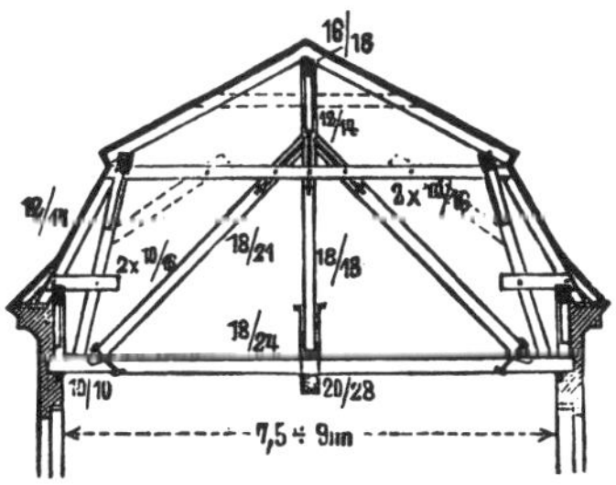

Fig. 560.

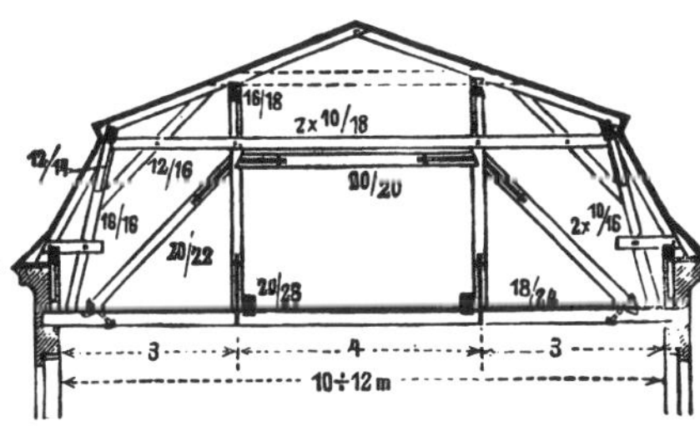

Fig. 561.

während in Textfigur 558 ein solches mit doppeltem Hängewerk für 10 bis 12 m Spannweite ohne Versenkung, in Textfigur 559 derselbe Binder mit Versenkung dargestellt ist. Auch bei Mansarden-Pfettendächern können die gleichen Anordnungen getroffen werden, wie solche die Textfiguren 560 und 561

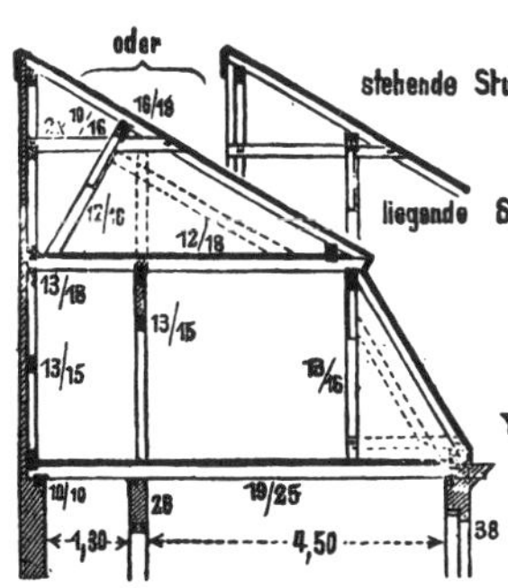

Fig. 562.

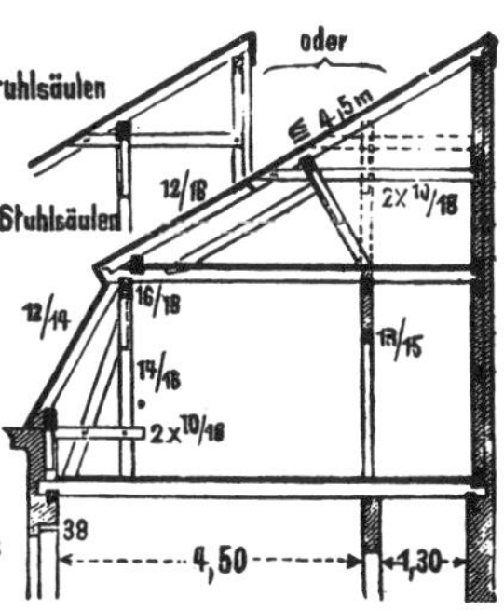

Fig. 563.

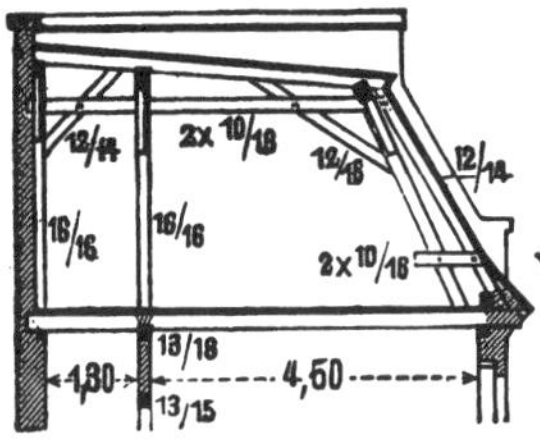

Fig. 564.

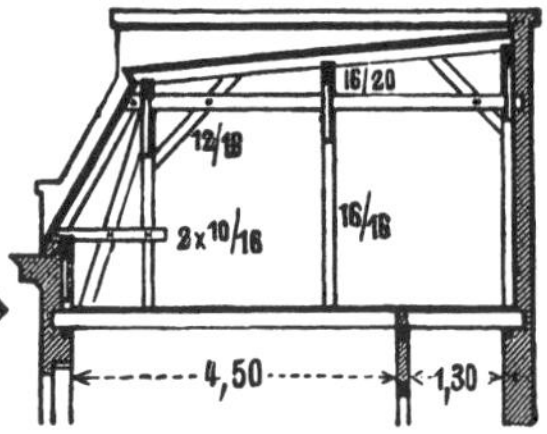

Fig. 565.

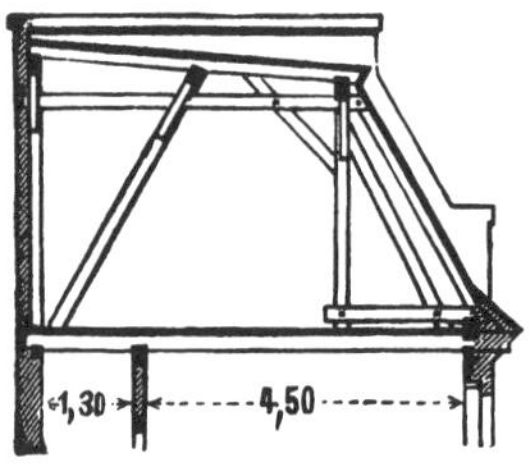

Fig. 566.

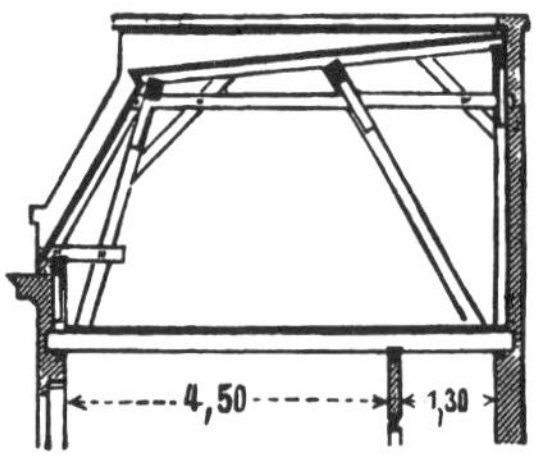

Fig. 567.

enthalten, bei welchen ebenfalls liegende Säulen anzuwenden sind. Mansardendächer endlich in Pultdachform zeigen die Textfiguren 562 bis 569 und zwar als Kehlbalkendächer mit stehenden bezw. liegenden Stuhlsäulen, mit und ohne Versenkung, Textfigur 562 und 563, Pfettendächer mit stehenden und liegenden Stuhlsäulen, mit und ohne Versenkung, Textfigur 564 bis 567, während freitragende Pfettendächer in Textfigur 568 und 569 dargestellt sind.

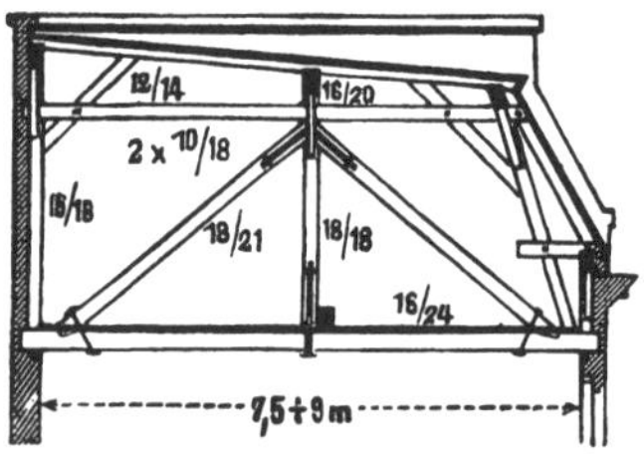

Fig. 568.

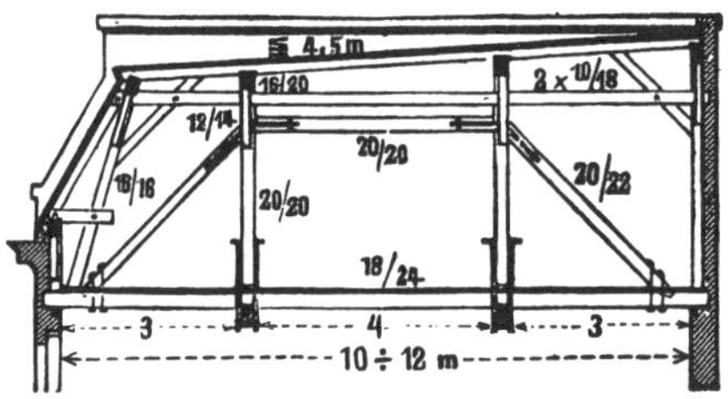

Fig. 569.

G. Abweichende und unsymmetrische Formen der Sattel-, Pult- und Mansardendächer.

1) Die Kombination des Kehlbalken- und Pfettendachstuhles. Sie wird in der Neuzeit vielfach angewendet und besteht darin,

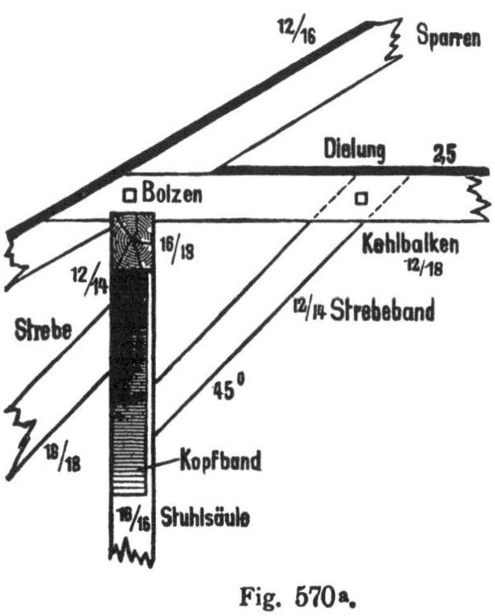

Fig. 570a.

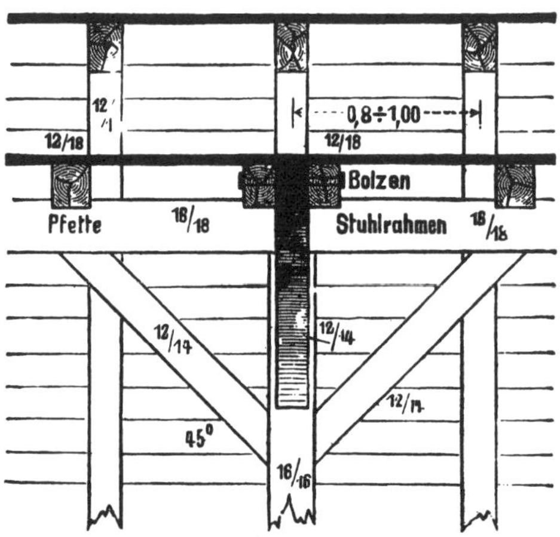

Fig. 570b.

dass man die Sparren in ihrer freien Länge durch Pfetten (Stuhlrahmen) unterstützt, die Kehlbalken neben den Sparren anordnet und auf den Stuhlrahmen aufkämmt. Am Bindersparren sind hierbei 2 Kehlbalken zu verlegen, welche zangenartig den Bindersparren umfassen und mit diesem durch Schraubenbolzen fest verbunden werden. Textfigur 570. Etwaige Winkelbänder zur Längenunterstützung der doppelten Binderkehlbalken (Zangen) sind mit letzteren ebenfalls zu verbolzen. Textfigur 571 a b c zeigt einen solchen Satteldachstuhl im Bindersystem, Werksatz (Grundriss) und

Fig 571a.

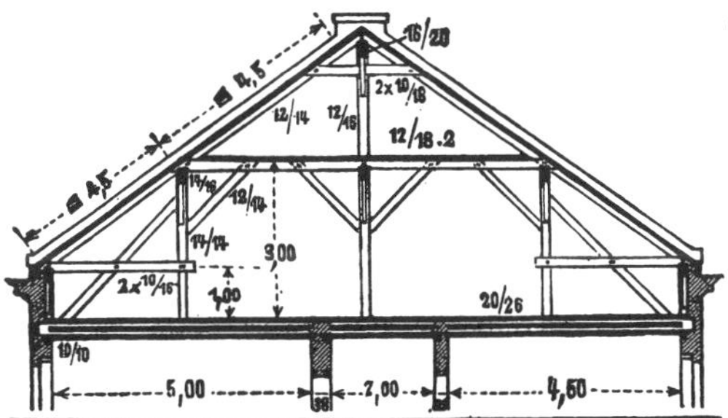

Fig. 571b.

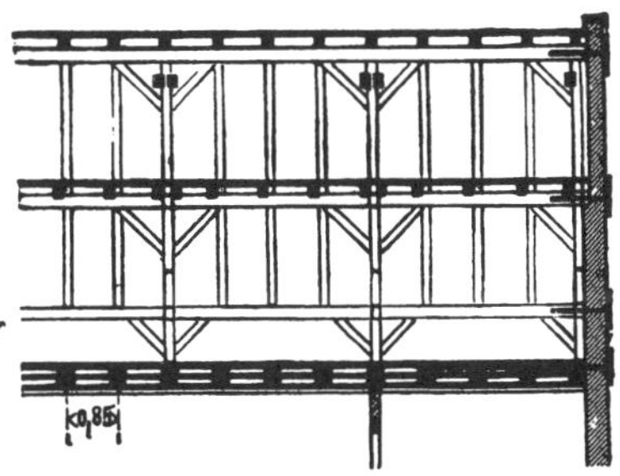

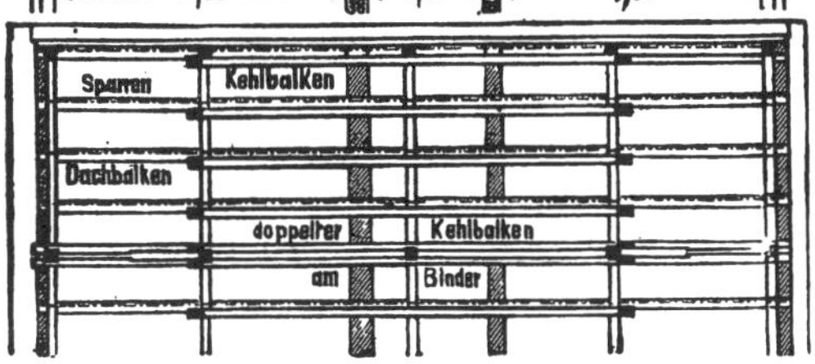

Fig 571c.

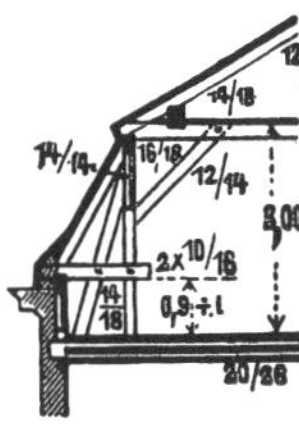

Fig. 572a.

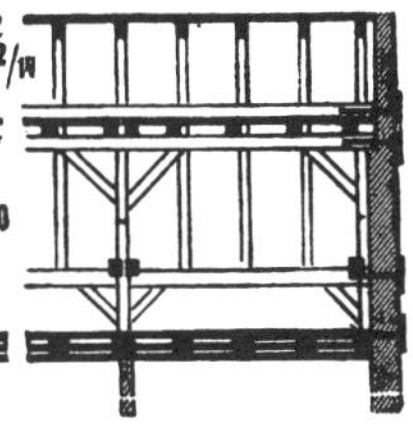

Fig. 572b.

Längenschnitt, während in Textfigur 572 a b diese Konstruktionsweise auf ein Mansardendach angewendet wurde.

2) Die Laternendächer. Dieselben sind ebenfalls Satteldächer mit gebrochenen Dachflächen, bei welchen auf den eigentlichen Satteldachflächen in der Nähe des Firsten die sog. Laterne als Dachreiter sich aufsetzt, die sowohl bei Saalbauten als auch bei Hallendächern

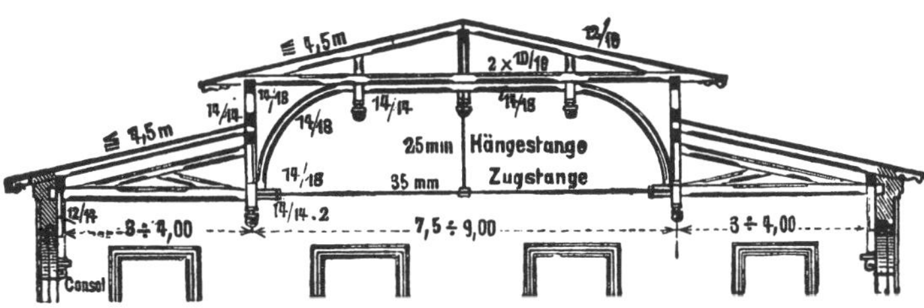

Fig. 573a.

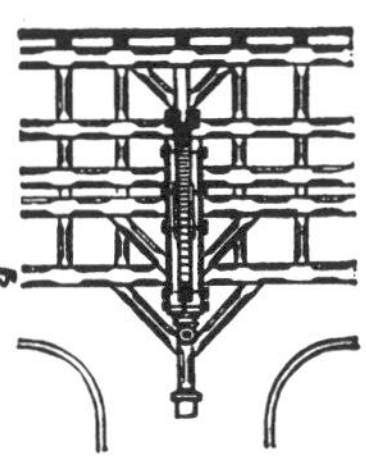

Fig. 573b.

namentlich landwirtschaftlicher und industrieller Anlagen, wie Ställen, Hofscheunen mit Quer- und Längstennen, Giessereihallen, Speichergebäuden anzuordnen sind, einesteils zur Erleuchtung durch seitliches Oberlicht, andernteils zur Ventilation. Als Beispiele dienen ein Laternendach über einem Restaurationssaale, Textfigur 573; ein solches über einer Hofscheune oder stationären Feldscheune als Fachwerksbau, Textfigur 574; eine massive

Hofscheune, Textfigur 575; ein Dachbinder über einer Giessereihalle von 14 m Tiefe, Textfigur 576; ein solcher für 18 bis 20 m Spannweite, bei

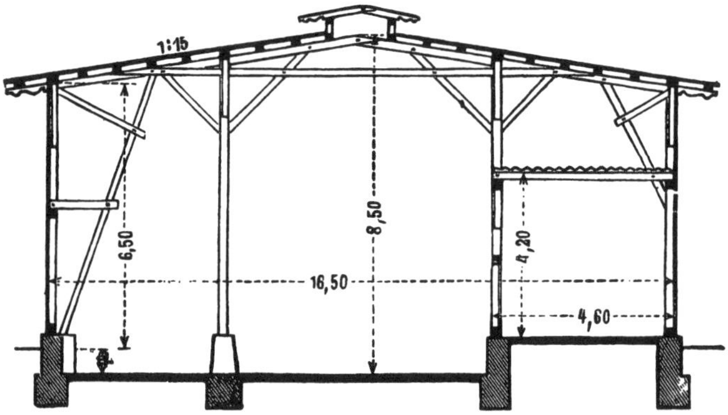

Fig. 574.

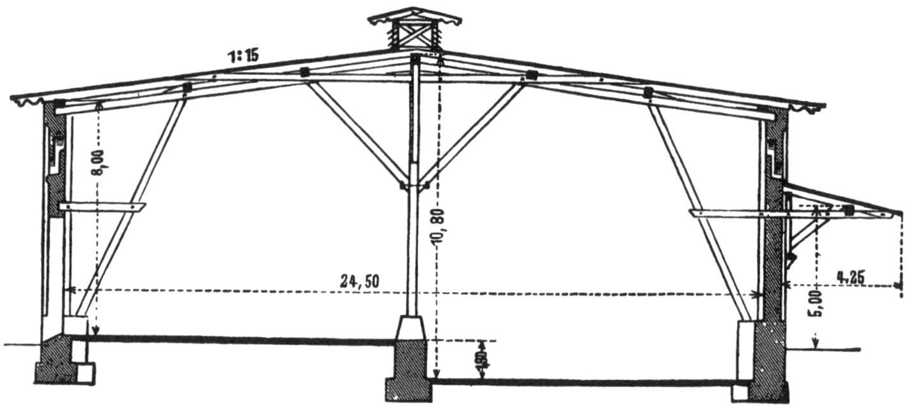

Fig. 575.

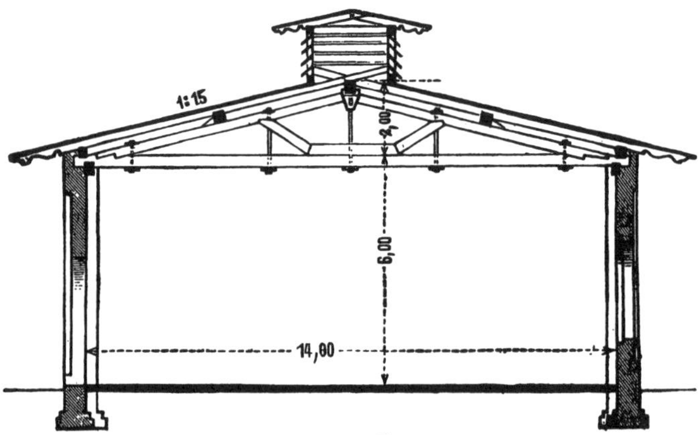

Fig. 576.

welchem die Mittelpfetten durch ein parallel bezw. senkrecht zur Dachneigung liegendes, vereinigtes Hänge- und Sprengwerk getragen werden, Textfigur 577. Vorteilhaft lässt man die Bindersparren zur Verstrebung der kurzen senkrechten Laternenwände über die eigentliche Firstpfette hinausgehen, und verzapft sie mit den Bindersäulen der Laterne. Endlich ist in Textfigur 578 ein Hängewerksdachbinder (Dachbinder aus Holz und Eisen nach englischem

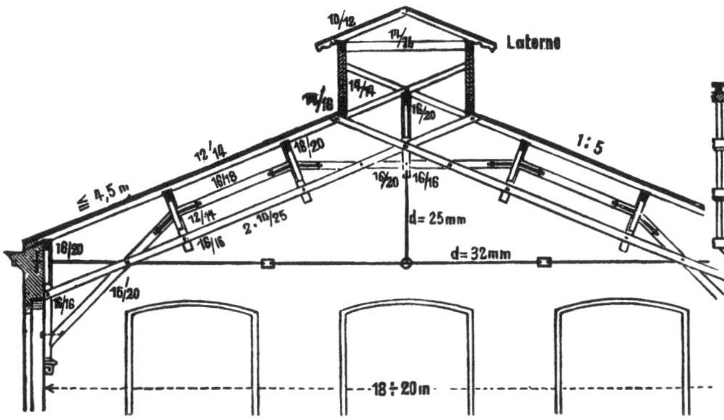

Fig. 577a.

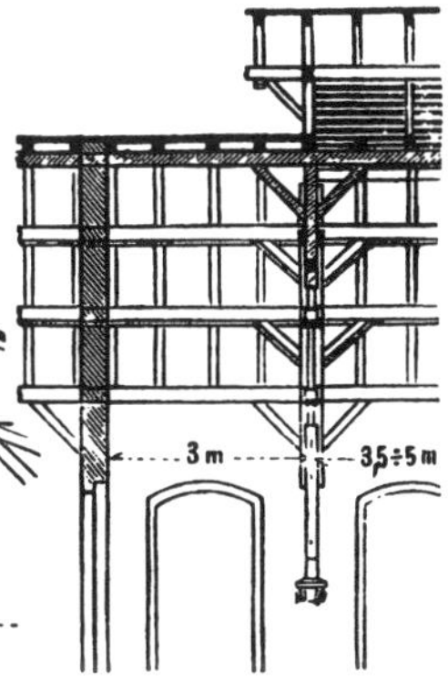

Fig. 577b.

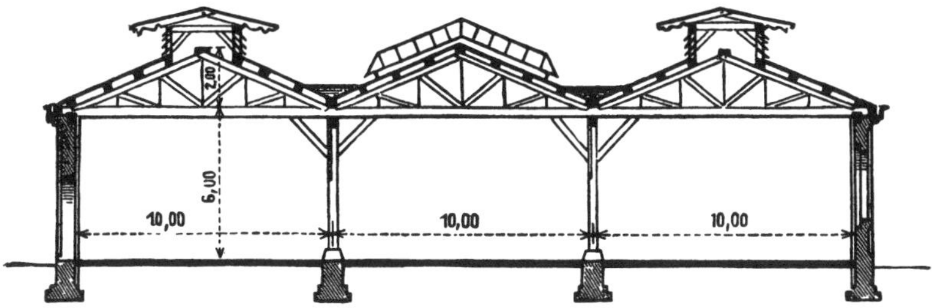

Fig. 578.

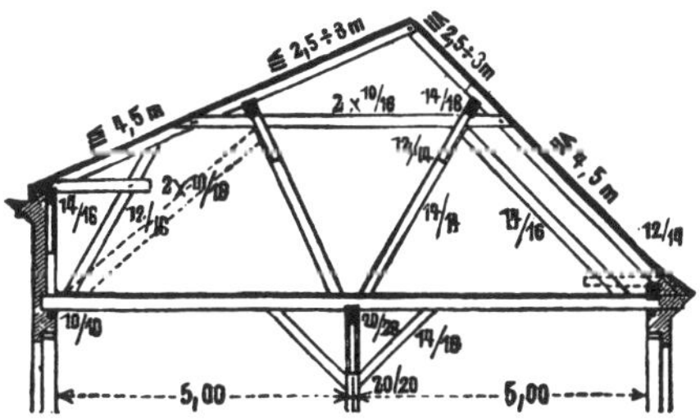

Fig. 579.

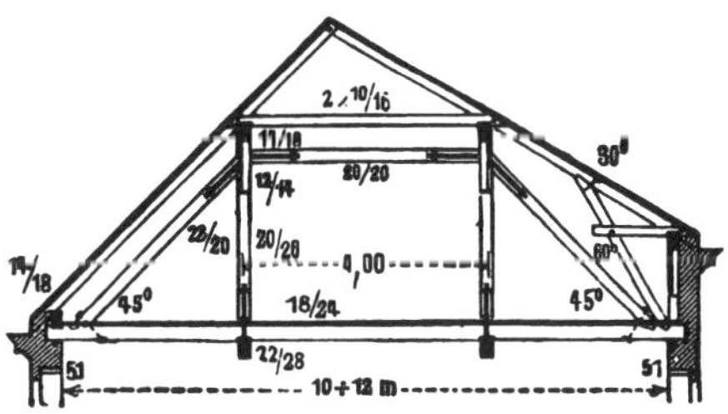

Fig. 580.

Dreiecksssystem) für 10 m Spannweite, welcher in seiner Form und dreifachen Aneinanderreihung sich einem Sheddachbau sehr nähert, dargestellt.

3) Unsymmetrische Dachformen entstehen, wenn die eine Seite eines Daches ohne, die andere mit Versenkung konstruiert wird, Textfigur 579 und 580, oder

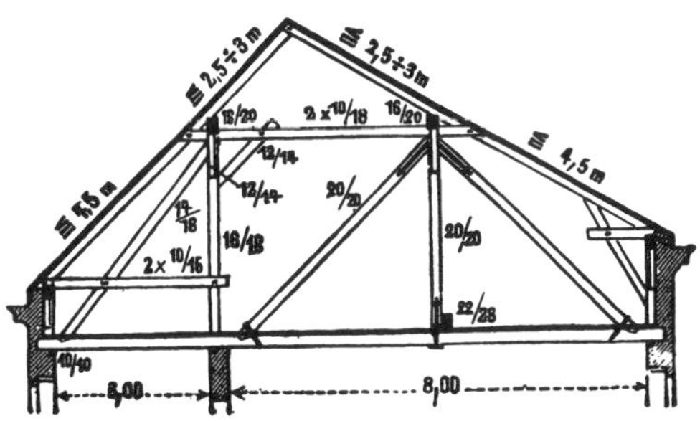

Fig. 581.

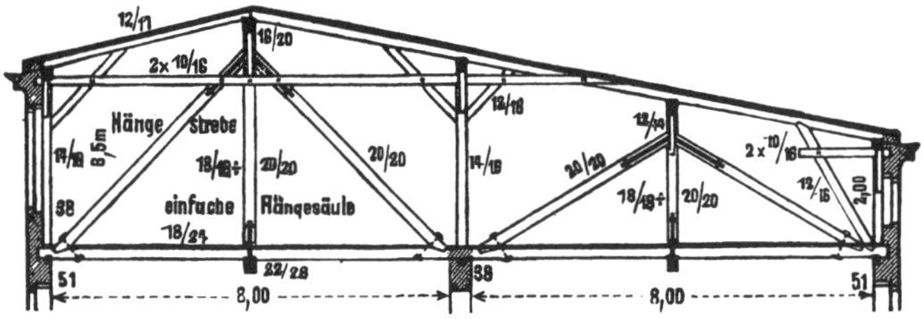

Fig. 582.

die Versenkungswände verschiedene Höhe haben. Textfigur 581 und 582. Auch treten Fälle auf, bei welchen die Frontseite eines Gebäudes als Mansardendach, die Hofseite dagegen als Satteldach, Textfigur 583, oder letztere auch als senkrechte Wand aufgeführt wird, Textfigur 584, od. umgekehrt, Textfigur 585.

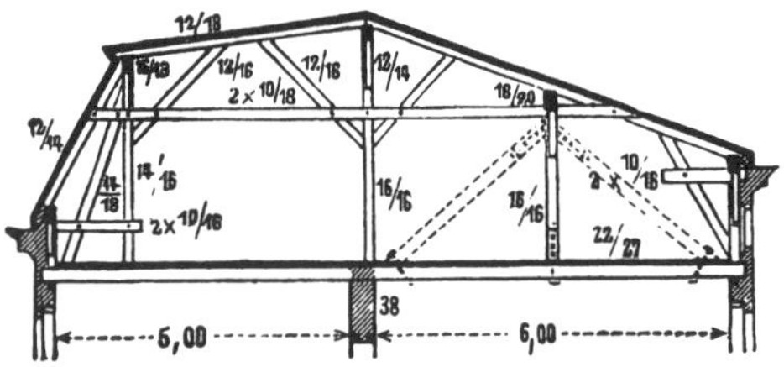

Fig. 583

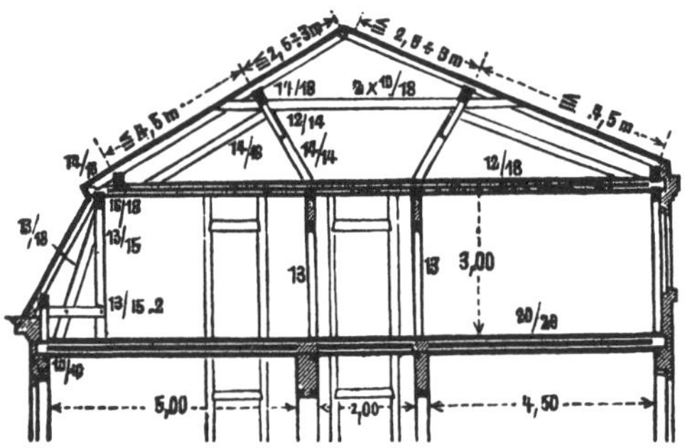

Fig. 584.

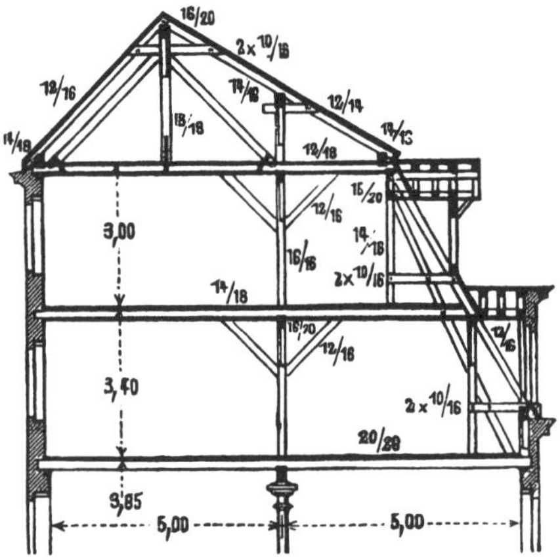

Fig. 585.

J. Die Konstruktion der Parallel-, Shed- oder Sägedächer.

Unter einem Sheddach versteht man im allgemeinen eine Aneinanderreihung ungleichschenkliger Satteldächer, von Satteldächern mit gebrochenen Dachflächen, oder auch von Pultdächern, deren sog. Stütz- oder Rückwände Lichtflächen bilden. Vgl. XII. A. 2). Dem Namen Shed — sprich Schĕd — was Schuppen, Hütte, Werkstätte bedeutet, entsprechend, wendet man diese Dachform hauptsächlich bei ausgedehnten Fabrik- und Arbeitssälen von bedeutender Tiefe an, bei welchen für eine gute Erleuchtung der Räume seitliches Fensterlicht nicht ausreichen würde. Diese Gebäude haben keine eigentliche Längenfront, vielmehr nähern sich dieselben in ihrer Grundrissform mehr oder weniger dem Quadrate. Bei jedem Sheddach unterscheidet man eine **Lichtdachseite** und eine **bedeckte Dachseite**. Erstere muss, um das direkte Einfallen der Sonnenstrahlen zu vermeiden, um also zerstreutes Licht zu erhalten, am besten nach Norden gerichtet sein, die bedeckte Dachfläche somit nach Süden, sodass die Fensterflächen nach Osten und Westen hin verlaufen. Ihre Gesamtgrösse soll $\frac{1}{6}$ der Grundfläche des zu erleuchtenden Raumes betragen. Sie sind meist unter einem Winkel von 60 bis 70° gegen die Horizontale geneigt, während der Winkel der bedeckten Dachseite 30 bis 20° beträgt, sodass der Winkel am Firsten meist als ein rechter Winkel = 90° auftritt, Textfigur 586. In schneereichen, namentlich Gebirgsgegenden, stellt man die Fensterflächen vorteilhaft senkrecht, weil bei dieser Lage Regen, Schnee und Eis sich weniger festsetzen können. Der Winkel der Lichtdachseite gegen die Horizontale beträgt hierbei also 90°, während derjenige der bedeckten Dachseite zwischen 30 bis 20°, und somit der Winkel am Firsten zwischen 60 bis 70° schwankt, Textfigur 587. In der Neuzeit bildet man das Sheddach auch häufig als gleichschenkliges Satteldach aus, auf welchem das eigentliche Oberlicht als Laterne sich aufsetzt oder durch Verlängerung der bedeckten Dachseite über den Firsten hinaus gebildet wird, Textfigur 588. Die Spannweiten, bis zu welchen Sheddächer ausgeführt werden, betragen 4 bis 17 m

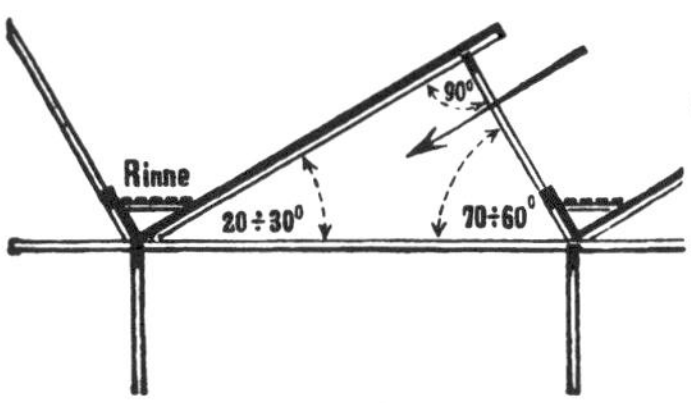

Eig. 586.

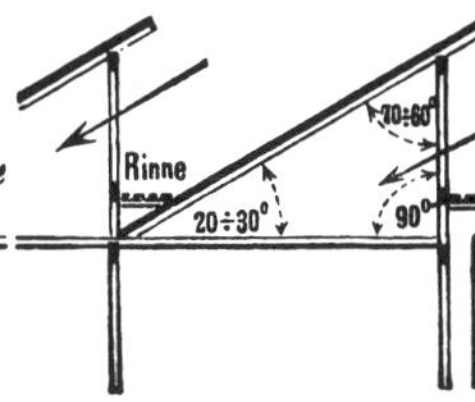

Fig. 587.

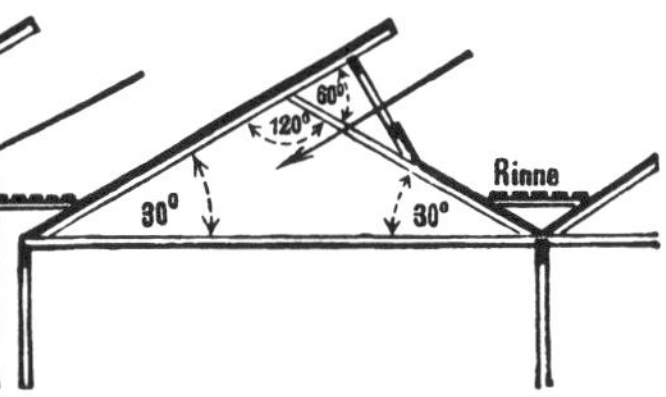

Fig. 588.

während unter Anwendung von Eisen das sog. Doppelparalleldach für 10 m Spannweite, das dreifache oder Tripelparalleldach von Langer in Prag für 15 m Spannweite ausgeführt worden sind. Die Binderentfernung schwankt zwischen 3,5 bis 6 m.

Bei der grossen Ausdehnung eines Sheddachbaues bilden die Dachflächen selbstverständlich auch ein grosses Niederschlagsgebiet der meist von Westen her auftretenden Wetter, weshalb für eine rationelle Abführung des Regen- und Schneewassers in den Rinnen Sorge zu tragen ist. Letztere müssen daher ein starkes Gefälle erhalten, um das Wasser am Giebel des Gebäudes durch Abfallrohre in einen Sammelkanal leiten zu können. Bei allen Sheddachbauten ist daher auf die Anordnung der Rinnen die grösste Sorgfalt zu legen. Gewöhnlich bestehen die Rinnen von mindestens 30 cm Breite aus verschiedenen Verschalungen, welche mit Weiss-, Zink- oder verzinktem Eisenblech oder am besten mit Kupferblech beschlagen werden. Zur leichteren Konstruktion derselben ordnet man bei hölzernen Dachstühlen vorteilhaft doppelte Säulen und doppelte Rahmenhölzer an. Der bequemeren Reinigung wegen werden die Rinnen begehbar hergestellt, indem man dieselben mit einem L a t t e n rost abdeckt. Vergl. X. 6, S. 118. Sehr zu empfehlen sind gusseiserne Rinnen, welche zugleich als Sparrenträger vielfach angegossene Schuhe erhalten zur Aufnahme der Sparren, Streben und Stuhlsäulen der Dachbinder. An diese Rinnen sind alsdann gusseiserne Rohrstutzen angegossen, welche in die hohlen gusseisernen Säulen genau hineinpassen und diesen das Wasser zuführen, während die Säulen wiederum mit einem

Schleussenrohr in Verbindung stehen, durch welches das Wasser in die Schleusse abfliesst.

Meist werden die Sheddächer als Pfettendächer konstruiert, und zwar entweder ganz aus Holz bei kleineren Spannweiten der Binder oder aus Holz und Eisen bezw. ganz aus Eisen für grössere Spannweiten. Bei Anwendung der Hängewerke wird der Haupt-, Zug- oder Spannbalken häufig durch eine schmiedeeiserne Zugstange mit vertikaler Hängestange, Kompensationsschraube mit Links und Rechtsgewinde ersetzt; desgleichen werden die Hängesäulen häufig als schmiedeeiserne Zugstangen konstruiert. Auch das vereinigte Hänge- und Sprengwerk kann bei Sheddachbindern angewendet werden, während bei Dächern aus Holz und Eisen das französische Polonceausystem mit zur Dachneigung senkrecht gestellten Druckstreben aus Gusseisen mit kreuzförmigem Querschnitte oder das englische Dreieckssystem mit senkrechten Zugstangen als Hängesäulen und zum Hauptbalken geneigt liegenden hölzernen Streben zur Unterstützung der Hauptsparren oder Pfettenträger dient. Etwaige Zangen sind stets als Doppelzangen auszuführen, desgleichen können Schubstreben einfach oder doppelt konstruiert werden, während Auflagerschuhe für Streben und Hängestreben vorteilhaft aus Gusseisen hergestellt werden.

Als Bedachungsmaterial eignen sich am besten Schiefer, Dachpappe, Asphaltpappe, Theerpappe, doppellagiges Kiespappdach, Holzcementdach und gewelltes Zinkblech, welche auf Schalung aus Holz oder Gypsdielen aufgebracht werden. Das Holzcementdach ist vorzugsweise zu empfehlen, da dasselbe verhältnismässig billig ist, desgleichen seine Instandhaltung, und weil dasselbe die Räume im Sommer vor Hitze und im Winter vor Kälte schützt. Den gleichen Vorteil gewährt das doppellagige Kiespappdach. Vielfach erhält auch die innere Dachseite eine Verschalung aus Holz oder besser ebenfalls aus Gypsdielen von 2,5 oder 3 cm Stärke der grösseren Feuersicherheit wegen, während der Zwischenraum zwischen innerer und äusserer Schalung mit schlecht wärmeleitenden Substanzen, wie Korksteine, Torfmull, Lohe, Sägespäne, Lehm, Holzwolle und Gypsdielen von 4, 5, 7 cm Stärke ausgefüllt wird zum Zwecke entsprechender Isolierung nach aussen und innen, damit sich die Temperaturunterschiede im Arbeitssaale nicht geltend machen können.

Die Lichtdachseite enthält die Fensterflächen aus fein geripptem Glas oder Hagelglas von 3 mm Stärke, deren Höhe 0,90 bis 1,20 m, höchstens 2 m beträgt, während ihre Breite von der Sparrenentfernung der Lichtdachseite abhängt. Gewöhnlich beträgt sie 0,4 bis 0,5 m. Empfehlenswert ist es, die Fenster nicht bis an die Rinne herabzuführen, sondern zwischen diesen ein Stück Dachfläche anzuordnen, welches mit Zink- oder Kupferblech beschlagen wird. Die Glasscheiben selbst ruhen in Falzen der Rahmenhölzer oder bei Eisenkonstruktionen auf ⊥ Eisensprossen von 25 bis 60 mm Stärke. Das an den Fensterflächen sich ansammelnde Schweisswasser ist durch kleine sogenannte Schweisswasserrinnen aufzufangen und abzuleiten. Vielfach ordnet man in der Neuzeit eine innere und äussere Verglasung, also Doppelfenster an, wodurch die zwischen den Glasscheiben ruhende Luftschicht eine vorzügliche Isolierung bildet, welche im Winter eine schnelle

Abkühlung der Saaltemperatur, im Sommer aber das Eindringen der Aussenwärme verhindert.

Auch auf zweckentsprechende Lüftung der Räume ist Rücksicht zu nehmen, welche durch Kanäle im Mauerwerke, seitliche Fenster und Ventilatoren bewirkt werden kann.

Die Fussböden in einem Sheddachraume sind in Bezug auf die Wahl des Materiales den Arbeitsprozessen anzupassen. Für Betriebe mit Flüssigkeiten verwendet man Platten aus Sandstein oder Granit; ferner Beton mit Cement- oder Asphaltestrich, Antiaelacolith von C. F. Weber in Leipzig-Plagwitz (Stampfasphalt), Xylolith und Ziegelpflaster an. Für Öle, Fette und dergl. ist es empfehlenswerth, emaillierte Platten oder glasierte Steine anzuwenden. Bei ruhigem Betriebe eignet sich Holzfussboden am besten während Montierungssäle von Maschinenfabriken am besten ein Holzpflaster von 8 bis 12 cm starken Holzwürfeln auf Betonunterlage erhalten. Vergl. X. 5.) S. 116 und Textfigur 268.

Die Umfassungsmauern erhalten $1\frac{1}{2}$ bis 2 Stein Stärke unter Berücksichtigung der erforderlichen Verstärkungen derselben an den Binderauflagern durch Pfeilervorlagen von $\frac{1}{2}$ bis 2 Stein Stärke und $1\frac{1}{2}$ bis $2\frac{1}{2}$ Stein Breite. Die Höhe bis zum Hauptbalken ist im Allgemeinen maassgebend für ihre Höhe bis zum Hauptgesims und schwankt zwischen 4 bis 7,5 m. Die Giebelmauern werden über das Hauptgesims hochgeführt und entweder mindestens 25 cm hoch über den Dachflächen parallel zu letzterem durch Rollschichten abgeschrägt, oder um die unschöne Dachform zu verdecken, als Attikamauer bis über den Firsten ragend hergestellt und diese häufig durch Bogenöffnungen durchbrochen, oder man lässt die Fensterflächen namentlich bei gleichschenkligen Dachflächen mit aufgesetzten Oberlichtfenstern erst in einem Abstande von 2 bis 3 m von den Giebelmauern beginnen, wie bei Laternendächern.

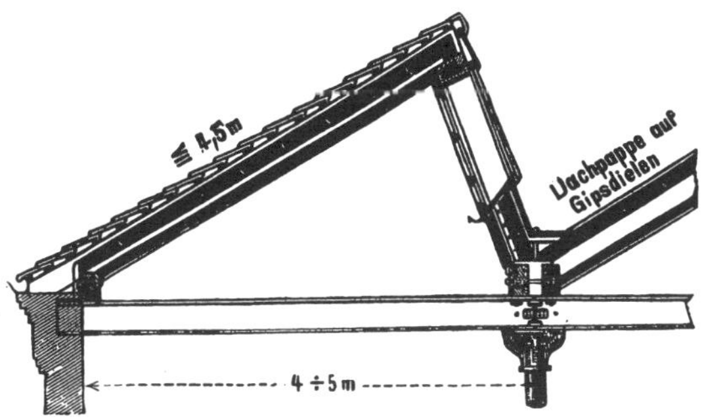

Fig. 589.

Textfigur 589 zeigt nun ein Sheddach für 4 bis 5 m Spannweite, bei welchem die Sparren der bedeckten Dachseite nicht weiter freiliegen, ohne Unterstützung derselben, als 4,5 m. In diesem Beispiele sind Mack sche Gipsdielen von 4,5 oder 7 cm Stärke als Isolierung (Einschub-Decke zwischen den Sparren) mit Falzziegeln oder Asphaltpappe abgedeckt, während die Deckenschalung aus 2,5 bis 3 cm starken Gypsdielen als Ersatz für Holzschalung und Berohrung der letzteren besteht. Die Gypsdielen der Isolierung zwischen den Sparren werden auf 3|5, 4|6 cm starke, an die Seitenflächen der Sparren angenagelte, Latten gelegt, Textfigur 591 a, und ihre Fugen mit Gypsmörtel verstrichen. Die inneren Gypsdielen dagegen werden mittels verzinkter Drahtstifte quer über die Sparren genagelt und ihre gerauhte Fläche mit Mörtel aus Gyps, Weisskalk und Flusssand glatt verputzt. Auch auf die Sparren können 7 cm starke Gypsdielen genagelt und deren Fugen mit Gypsmörtel ausgegossen werden. Textfigur 590 und 591 b.

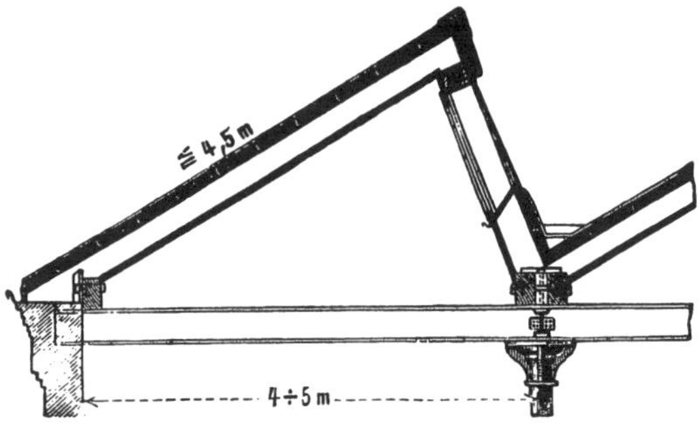

Fig. 590.

Fig. 591a. Fig. 591b.

Soll die innere Gypsdielenschalung nicht verputzt werden, so wird die glatte Gypsdielenfläche nach unten gekehrt und nur die Fugen derselben werden mit Gypsmörtel verstrichen. Die Vorzüge der Anwendung von Gypsdielen bestehen in der Herstellung in jeder Jahreszeit, vorzüglichem Schutz gegen Witterungseinflüsse, sofortige Trockenheit, bester und billigster Isolierung, bedeutender Ersparnis an Heizmaterial und Ausschluss jeder Bildung von Niederschlägen.

Bei grösseren Spannweiten und grösserer freierer Länge der Sparren der bedeckten Dachseite als 4,5 m muss selbstverständlich eine Unterstützung der letzteren durch Pfetten erfolgen, welche wiederum auf stehenden Säulen, Hängesäulen bei Anwendung der Hängewerke oder auf Haupt-

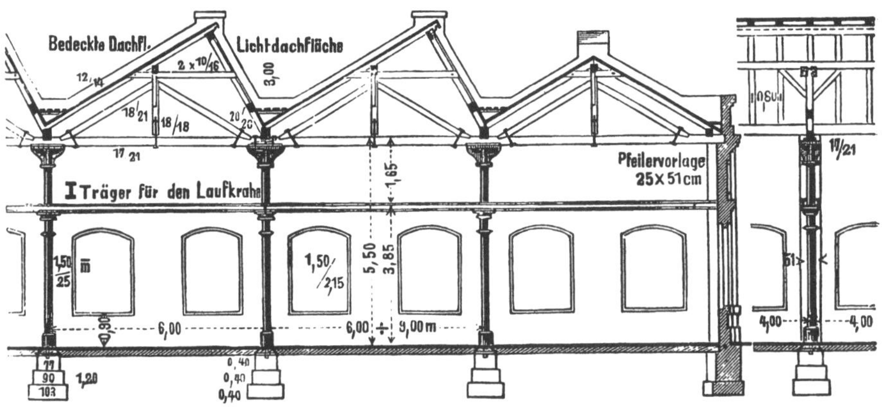

Fig. 592a. Fig. 592b.

trägern bei eigentlichen Pfettendächern ruhen. In Textfigur 592 ist ein Sheddachbinder für 6 m Spannweite dargestellt, unter Anwendung eines einsäuligen Hängewerkes zur Unterstützung des Hauptbalkens bezw. zum Tragen der Mittelpfette unter dem Sparren der bedeckten Dachseite. Textfigur 593 enthält ein solches für die gleiche Spannweite als eigentliches Pfettendach, dessen Hauptträger durch eine Strebe in dem durch die mittlere Pfette belasteten Punkte unterstützt wird, während in Textfigur 594 die Einzelverbindungen im Fusspunkte Sparren, sowie die Rinnenkonstruktion enthalten sind.

Unter Anwendung schmiedeeiserner Binderbalken und gusseiserner Hohlsäulen ist in Textfigur 595 ein Sheddach von 6,5 m Spannweite für eine Eindeckung mit doppellagigem Asphaltpappdach dargestellt, dessen Sparrenlage der bedeckten Dachseite durch eine Mittelpfette unterstützt wird, welche auf einer schmiedeeisernen ⊤ förgen Strebe von 10 mm Höhe und Flanschbreite ruht und durch ein kurzes Stück Winkeleisen als Knagge gegen ein Umkippen geschützt wird. Textfiguren 596 und 597 zeigen die Einzelverbindungen der Knotenpunkte.

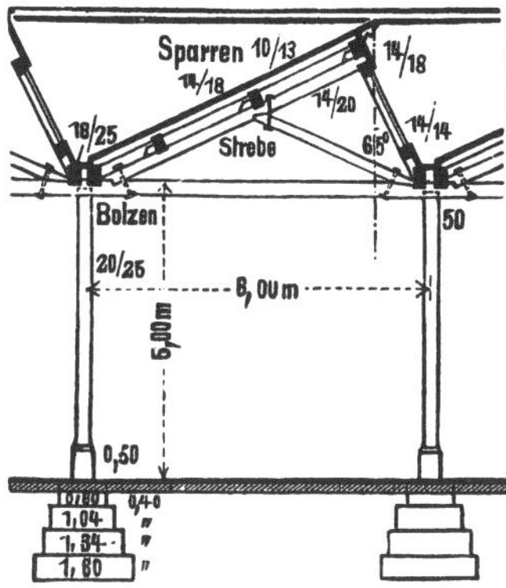

Fig. 593a.

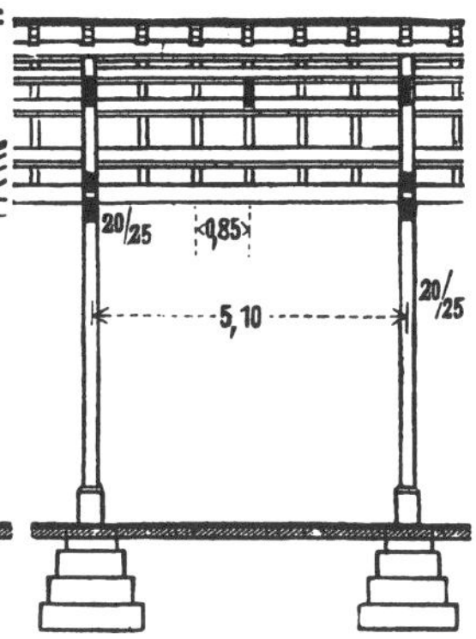

Fig. 593b.

Textfigur 598 enthält ein Sheddach von 6,8 m Spannweite für eine mechanische Weberei unter Anwendung schmiedeeiserner Hauptbalken u. gusseiserner Hohlsäulen, bei welchem die unter einem Winkel von 30° gegen den Binderbalken geneigten Dachstreben in gusseisernen Schuhen ihren Fusspunkt haben, welche auf den Hauptbalken aufgeschraubt sind, während die Stuhlsäule mittels zweier ∟-Eisen auf dem Hauptbalken befestigt ist. Textfigur 599.

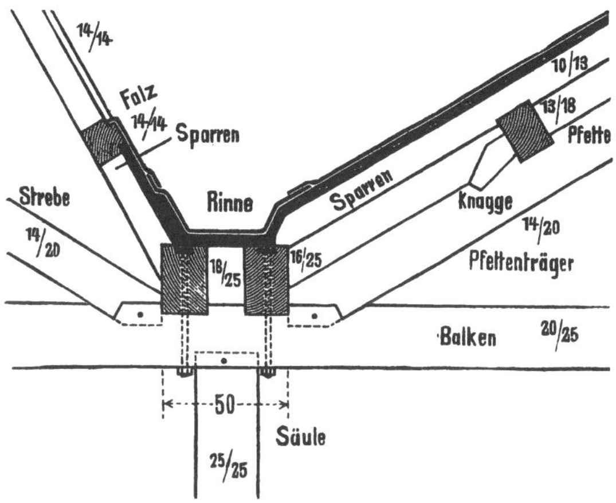

Fig. 594.

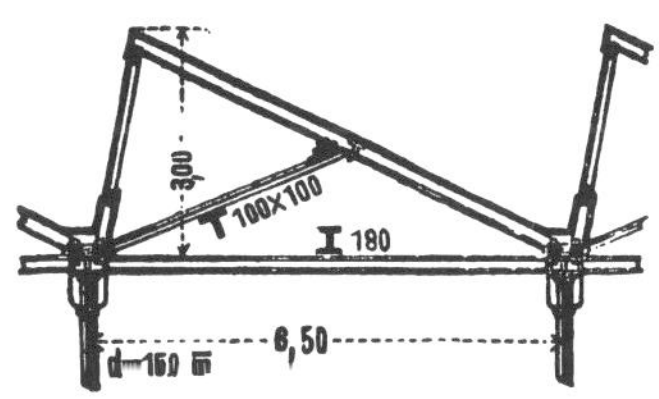

Fig. 595.

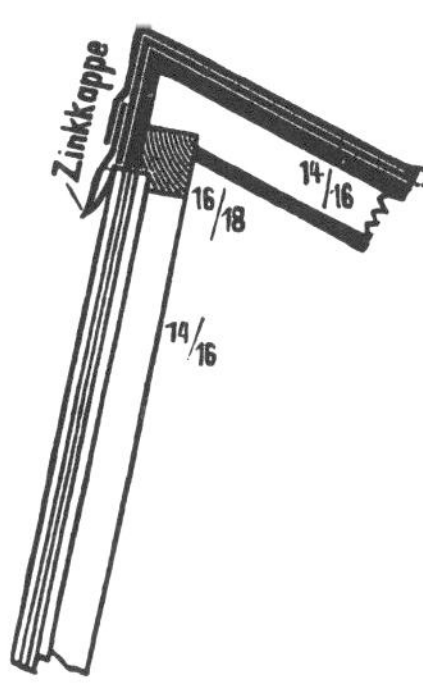

Fig. 596.

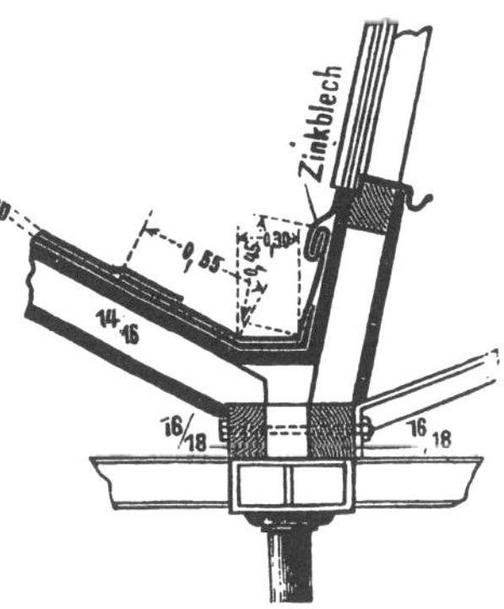

Fig. 597.

Ein Sheddach für 7,5 bis 9 m Spannweite zeigt Textfigur 600, bei welchem die Mittelpfette durch ein vereinigtes Hänge- und Spreng-

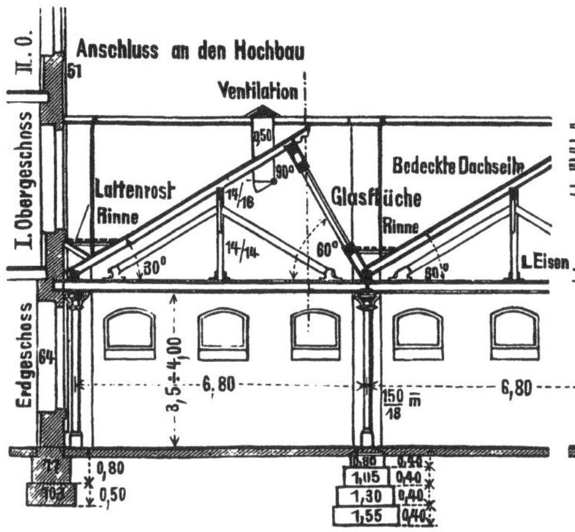

Fig. 598a.

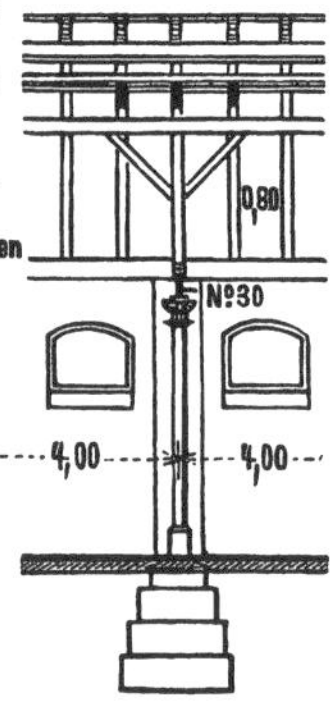

Fig. 598b.

Fig. 598c.

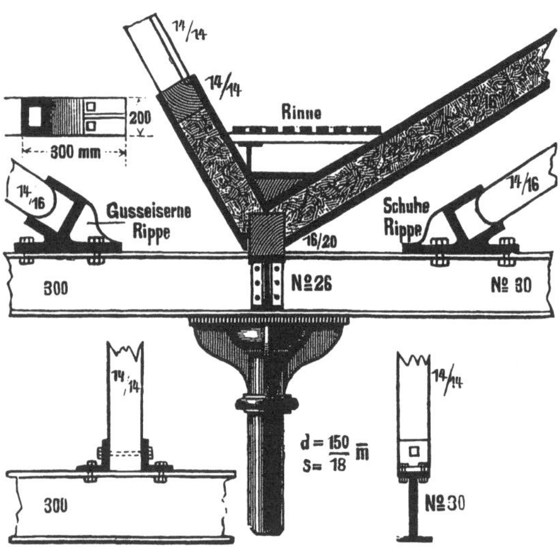

Fig. 599.

werk getragen wird. Eine isometrische Darstellung dieses Dachbinders enthält die Textfigur 601. Unter Anwendung des **einsäuligen Hängewerkes** ist in Textfigur 602 ebenfalls ein Sheddach für 7,5 bis 9 m Spannweite konstruiert, dessen Hängesäule in diesem Falle als doppelte Säule von 2 · 19|20 = 20|38 Stärke auftritt, durch welche sowohl der 18|24 cm starke Hauptbalken, — Textfigur 603 —

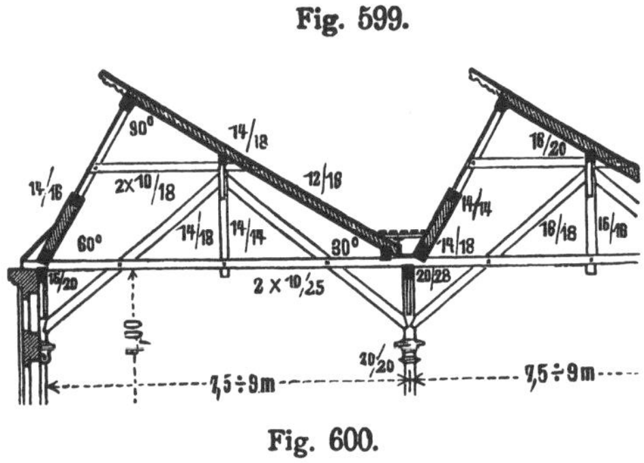

Fig. 600.

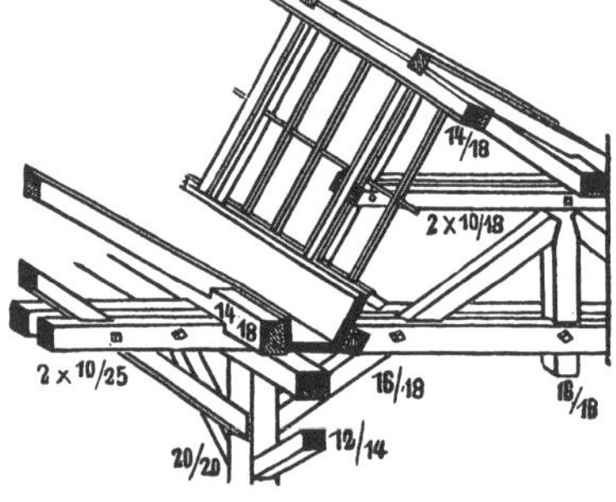

Fig. 601.

als auch die obere 18|20 cm starke Hängestrebe hindurchgeführt und verbolzt wird. Die beiden aufeinander liegenden Hängestreben von 18|20 cm Stärke, also von 18|40 cm Gesamtstärke, sind durch hölzerne Dübel und schmiedeeiserne Bolzen in Abständen von je 1 m fest mit einander verbunden. Die Einzelverbindungen im Fusspunkte der Sparren und die Rinnenanordnung

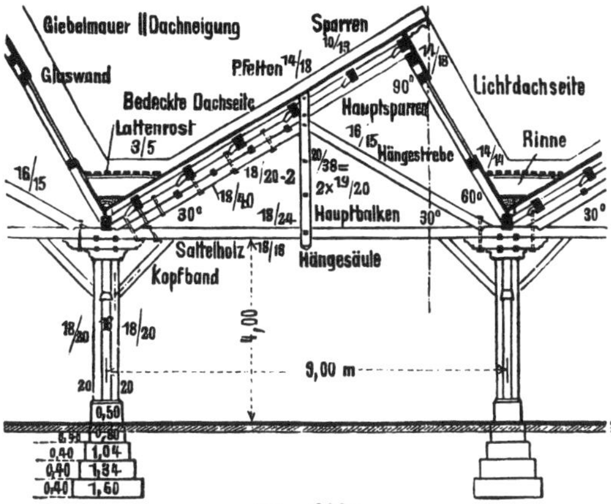

Fig. 602a.

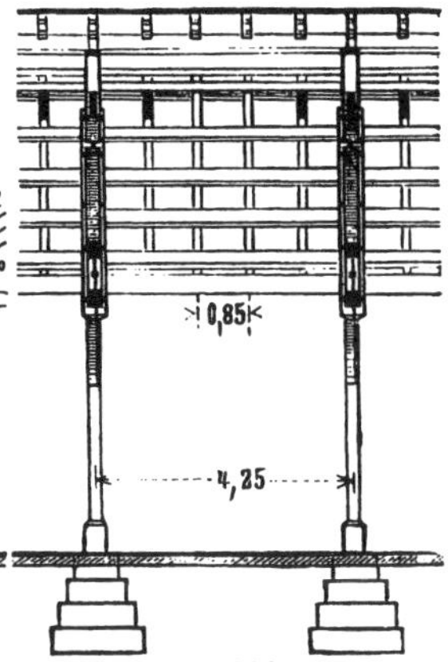

Fig. 602b.

sind in Textfigur 604 dargestellt. Wird der Hauptbalken durch eine schmiedeeiserne Zugstange ersetzt, so dienen zur Aufnahme der Sparren der bedeckten und der Lichtdachseite gusseiserne Schuhe, welche auf der Kapitäl-Platte der gusseisernen Hohlsäule aufgeschraubt werden, während die erforderliche Länge dieser Auflagerplatte durch Konsolrippen gestützt werden kann. An den Rückwänden der guss-

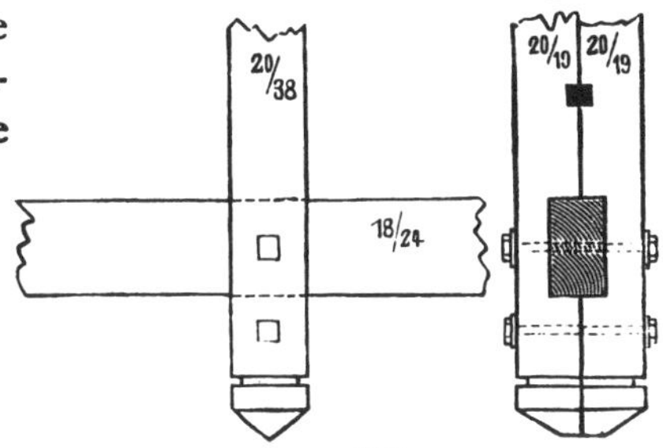

Fig. 603.

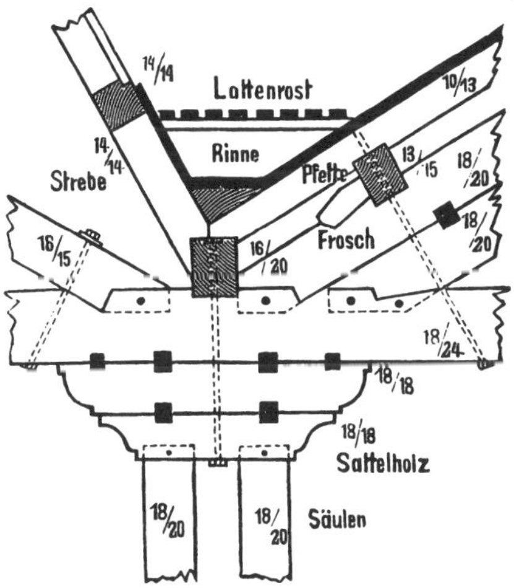

Fig. 604.

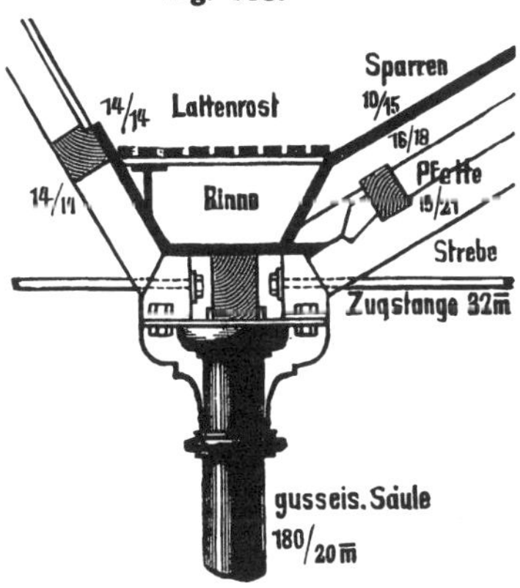

Fig. 605.

eisernen Schuhe werden die schmiedeeisernen Zugstangen verschraubt. Textfigur 605.

Die Anwendung des **französischen Polonceausystems** für ein Sheddach enthält Textfigur 606. Bei dem-

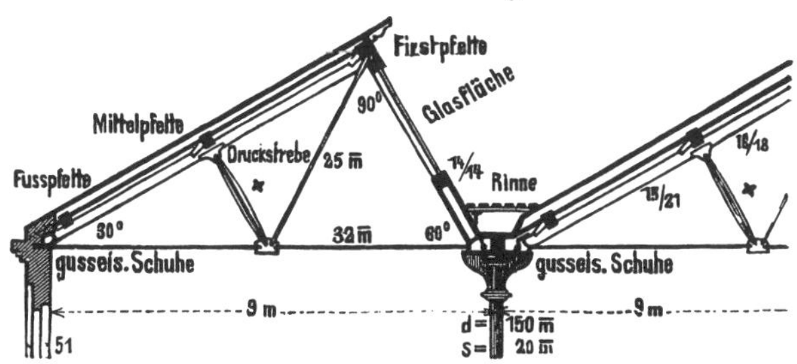

Fig. 606.

selben ist der Hauptbalken durch eine schmiedeeiserne Zugstange ersetzt, während die Hauptträger durch gusseiserne Druckstreben mit kreuzförmigem Querschnitte in dem durch die Mittelpfette belasteten Punkte unterstützt werden. Eine vom Firsten nach dem unteren Befestigungspunkte der Druckstrebe mit der horizontalen Zugstange gerichtete geneigte schmiedeeiserne Zugstange hat ihren oberen Ansatz in dem zur Verbindung der Binder-Sparren erforderlichen gusseisernen Schuh oder einen Gabelanker. Einen Sheddachbinder für eine Maschinenfabrik für 9 m Spannweite nach englischem Dreieecks-System mit senkrechten schmiedeeisernen Zug-

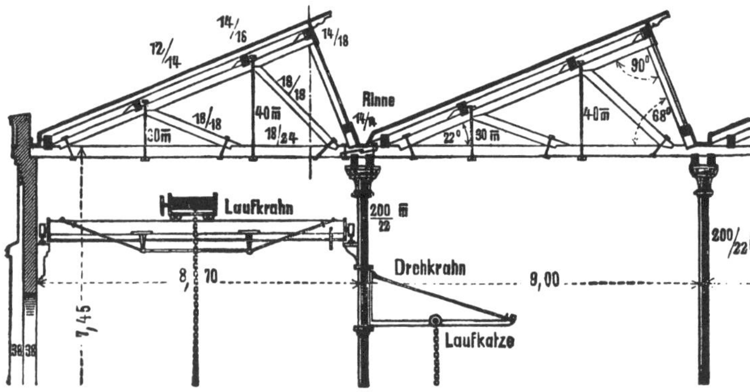

Fig. 607a.

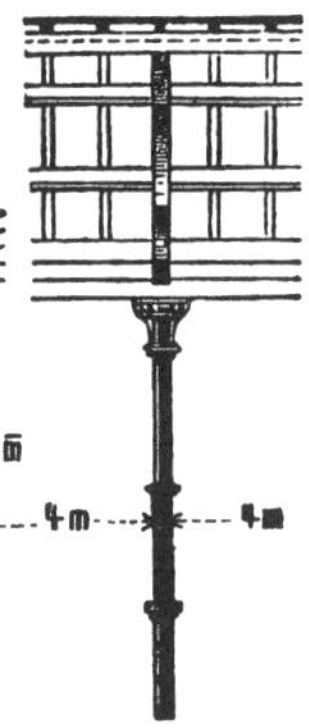

Fig. 607b.

stangen und geneigten hölzernen Streben zeigt Textfigur 607; Figur 608 eine Rinnenanordnung mit flacherer Neigung der bedeckten Dachseite für doppellagiges Kiespappdach.

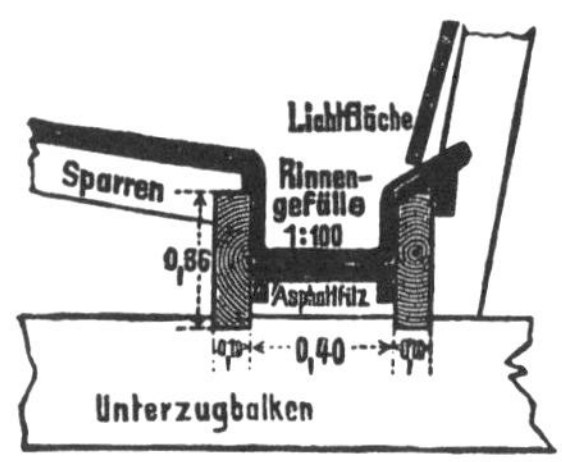

Fig. 608.

Senkrecht gestellte Lichtdachflächen enthält das Bindersystem in Textfigur 609, giltig für 10 m Spannweite unter Anwendung des Hängewerkes, dessen Hauptbalken zum Teil durch eine schmiedeeiserne Zugstange, und dessen Hängesäule durch eine vertikale Hängestange aus Schmiedeeisen ersetzt ist. Letztere ist an den angegossenen Lappen eines gusseisernen Schuhes, in welchem die beiden Hängestreben zusammenstossen, und welcher zugleich zum Tragen und Auflager der Mittelpfette dient, durch Schrauben befestigt. Das Stück Zugbalken ist als doppelter Balken von 2 · 16|16 cm Stärke konstruiert; derselbe umfasst also die Unterzugs-Säule von 18|18 bis 20|20 cm Stärke und durch denselben sind die nach den 18|18 cm starken Hängestreben gerichteten Streben von 14|18 cm Stärke hin-

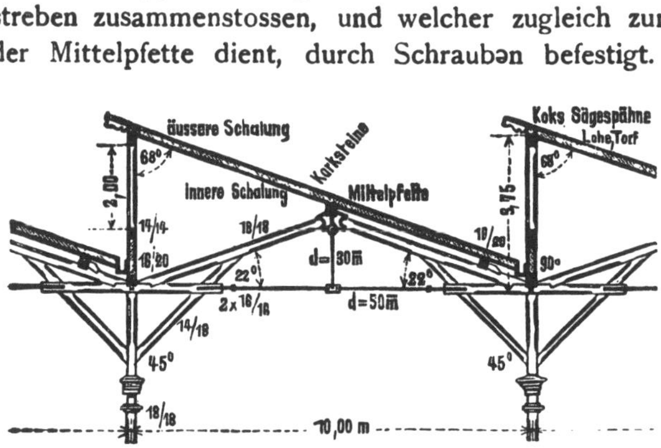

Fig. 609.

durchgeführt und verbolzt. — Zur Überdeckung grosser Gebäudetiefen von 11,5 bis 17 m ohne Aneinanderreihung der Sheddachbinder dient das sog. modifizierte Sheddach von Professor Koch in Wien, bei welchem unter Anwendung eines kombinierten Hängewerkes ebenfalls senkrechte Fensterflächen zur Erleuchtung des Raumes dienen. Die Hauptstreben sind hierbei als doppelte Streben von 2 · 10|21 cm Stärke ausgeführt und gelten die im Binder eingeschriebenen Maasse für eine Spannweite von 17 m. Textfigur 610.

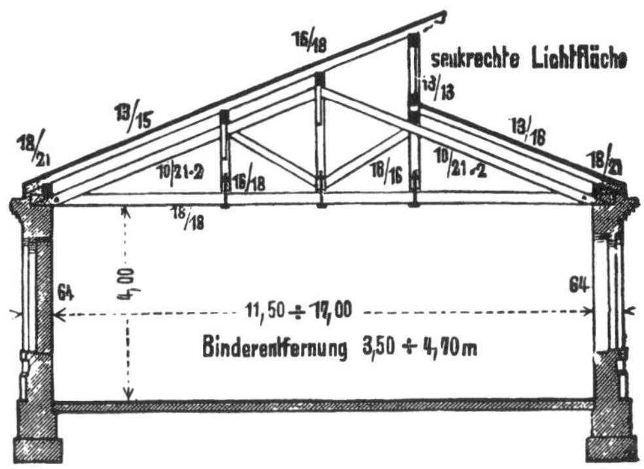

Fig. 610.

Eine Saalüberdeckung von 14 m mittels eines Sheddachbaues unter Anwendung des englischen Systems als Pfettendach mit senkrechten Zugstangen und geneigt liegenden Streben zeigt Textfig. 611. Gusseiserne Armierungen im oberen Dreieck dienen zur grösseren Sicherung der Verbindung zwischen Hauptträger, Hauptstrebe und Sparren, bezw. Rahmenwerksträger der Lichtdachseite.

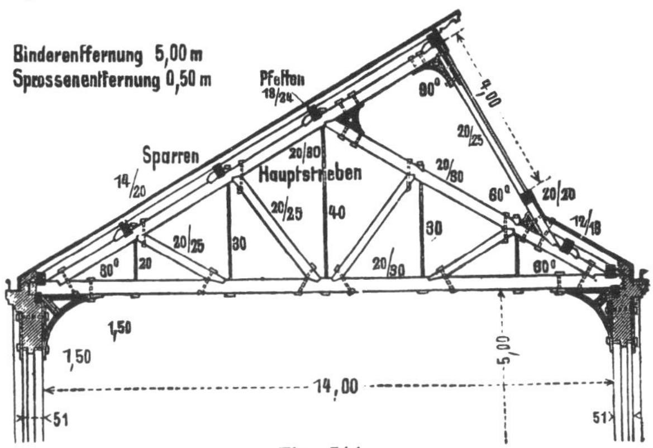

Fig. 611.

Den Sheddächern sehr nahe kommende Dachbinder, die aber auch den Laternendächern zugehören, indem auf den aneinander gereihten Sattel bezw. Pultdachflächen Glashütten und Laternen sich erheben, enthalten die Textfiguren 612 und 613. Erstere zeigt den Binder

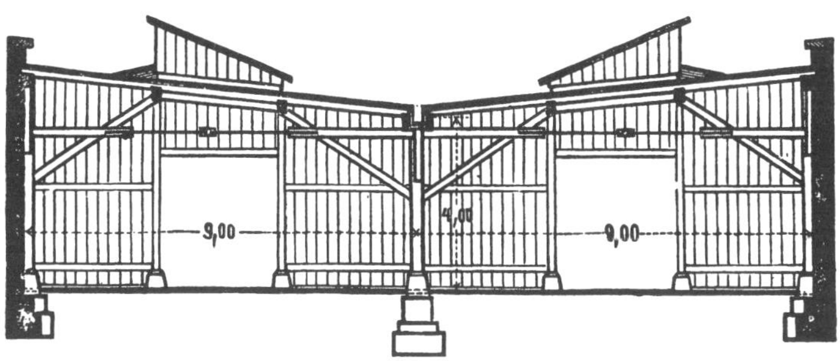

Fig. 612

einer Hofüberdachung, dessen Mittelpfetten durch ein Sprengwerk getragen werden, während in Fig. 613 eine dreifache Aneinanderreihung von Satteldächern mit französischem Polonceausystem und aufgesetzten Laternen zur Lichtgebung und Ventilation dargestellt ist. In der Neuzeit ist man vielfach von der Konstruktion der eigentlichen Sägesheddächer abgewichen und hat dieselben mehr und mehr als Laternensheds ausgeführt und ist namentlich der sog. Séquin-Bronner-Shed in Frankreich, Italien und in der Schweiz von dem Erfinder dieser neuen Oberlichtkonstruktion, dem Ingegenieur Séquin Bronner, vielfach ausgeführt worden, welcher hauptsächlich

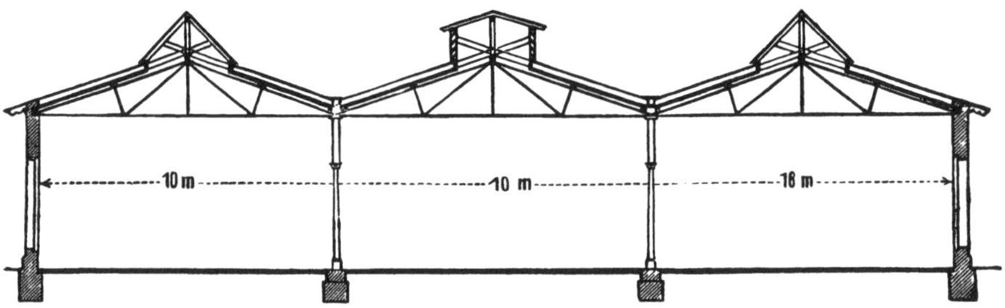

Fig. 613.

in schneereichen Gegenden die Übelstände der Sägesheds kennen lernte. Seine Konstruktion erhebt sich ebenfalls über Parterrebauten mit flacher Holzcementbedachung und sattelartiger Oberlichtlaterne mit doppelter Verglasung, zwischen welcher eine ruhende Luftschicht als schlechter Wärmeleiter sich bildet, der im Winter den Abfluss der Saalwärme verhindert, im Sommer dagegen die Aussenwärme in den Arbeitssaal nicht eindringen lässt. Als nicht zur eigentlichen Holzkonstruktion gehörig sei wenigstens auf diese Neuerungen hingewiesen. Vgl. Uhland, Der praktische Maschinenkonstrukteur, XXXIII. Jahrgang, Moderne Fabrikanlagen, und Uhland, Skizzenbuch, Band XIV.

K. Die Konstruktion der Walm- und Kehlen- oder Wiederkehrdächer und der Schiftungen.

Inbezug auf die Konstruktion der Bindersysteme für Walm- und Wiederkehrdächer gelten zunächst die gleichen Regeln, welche für Sattel-, Pult- und Mansardendächer aufgestellt wurden. Auch sie können als Kehlbalkendächer und als Pfettendächer auftreten und als solche mit stehendem oder liegenden Stuhle, mit und ohne unterstützter Balkenlage, mit und ohne Versenkung konstruiert werden. Im Anschluss an die Definition der Schiftungen, — vergl. II. 7 S. 23 — der Walm- und Wiederkehrdächer — vergl. XII. A c. S. 120 — und an die Dachausmittelungen — vergl. XII. B. S. 123 — seien zunächst die Bezeichnungen angeführt, welche bei diesen Dachformen vorkommen, Textfigur 614:

a) Langseitendachflächen oder Langseiten.

b) Walmdachflächen oder Walme.

c) Traufkanten.

d) Firstlinien.

e) Grate und Gratlinien.

f) Gratsparren, die Sparren, welche in der Richtung der Gratlinien angeordnet werden.

g) Anfallspunkt a, der Schnittpunkt zweier Grat- bezw. auch Kehllinien.

h) Kehlen und Kehllinien.

i) Kehlsparren oder Kehlgratsparren, die Sparren, welche in der Richtung der Kehllinien anzuordnen sind.

k) Schiftsparren oder Schifter, die Sparren der Langseitendachflächen und der Walmflächen, welche sich an Grat- bezw. Kehlsparren anschmiegen, wonach man Langseiten- und Walmschifter, Grat- und Kehlschifter zu unterscheiden hat. Schiftsparren jedoch, welche sich

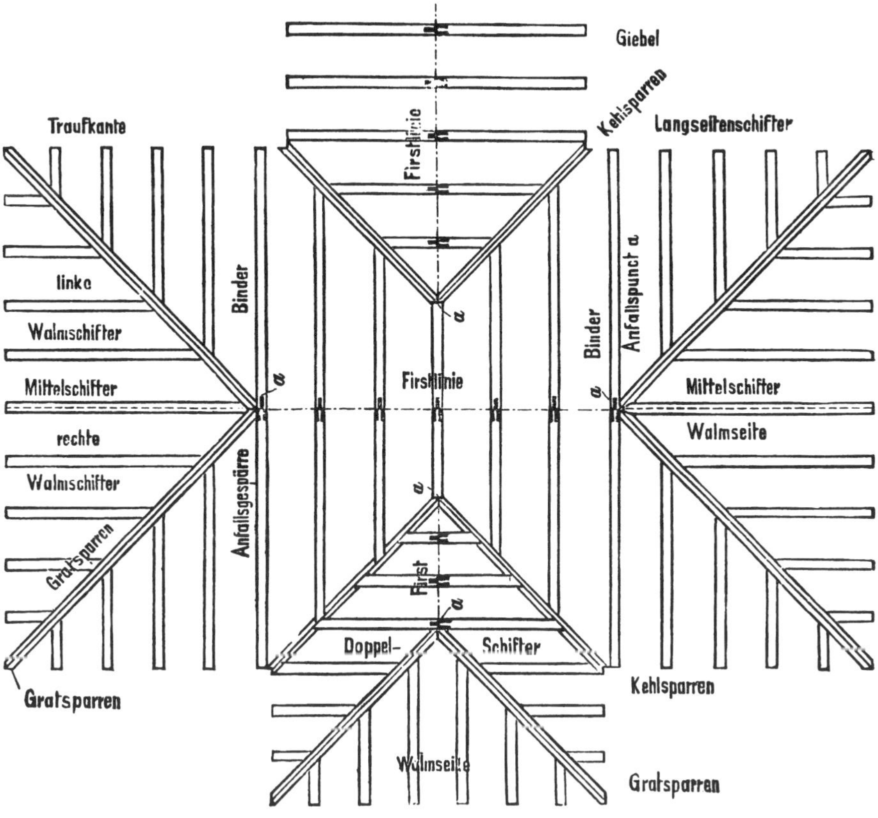

Fig. 614.

an Grat- und Kehlsparren zugleich anlegen, heissen Doppelschifter. Der Schiftsparren eines Walmes ferner, welcher senkrecht zur Traufkante nach dem Anfallspunkte gerichtet ist, wird als Mittelschifter bezeichnet. Je nachdem die Schifter rechts oder links von der Mittellinie oder dem Mittelschifter eines Walmes liegen, unterscheidet man rechte und linke Walmschifter.

l) Dachverfallung und Verfallungsgrat. Vergl. Seite 126 und Textfigur 615.

m) Bund- oder Bindergespärre, die Sparren über den Haupttragegerüsten der Dächer, den sog. Bindern. Diese aber treten auf als ganze Binder mit einem Bindersparrenpaare; halbe Binder mit nur einem Bindersparren und Gratbinder, welche unter Graten bezw. auch Kehlen aufgestellte halbe Binder sind und meist bei Walm- und Wiederkehrdächern mit liegendem Stuhle erforderlich werden.

n) Anfallsgespärre oder -gebinde, das Gespärre, welches am Anfallspunkte a liegt; es kann zugleich ein Bundgespärre sein.

o) Lehrgespärre, meist ein Bindergespärre, welches bei den Schiftungen als Lehre dient, aus welchem man sowohl die Dachneigungswinkel als auch die Stärken der Sparren, Grat-, Kehl- und Schiftsparren entnehmen bezw. konstruieren kann.

p) Leergespärre oder -gebinde, solche Gespärre, welche zwischen Bindergespärren liegen, also keine Bindergespärre sind.

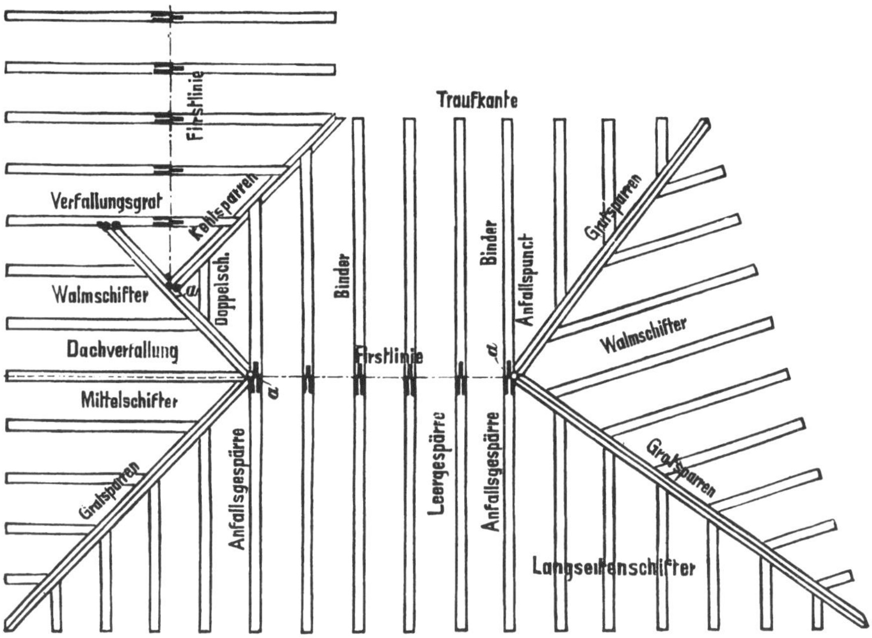

Fig. 615.

p) Fussschmiege, die wagerechte Schnittfläche, mit welcher die Schifter- und Grat- bezw. Kehlsparren auf den Dachbalken aufsitzen.

r) Lotschmiege, der senkrechte Schnitt, Wangen-, Backen- oder Klebeschmiege, der schräge Schnitt, aus welchen die Schmiegflächen bestehen, mittels welcher sich die Schifter an Grat- und Kehlsparren anlegen.

s) Das Schiften, Anschiften, Verschiften, oder die Schiftungen, das Austragen oder Bestimmen der wahren Grösse, der Grat-, Kehl- und Schiftsparren nebst deren Schmiegflächen oder Schmiegen.

t) Bundseite, Unterseite, Klebseite, Oberseite, die vier Seitenflächen eines Schifters. Mit Bundseite bezeichnet man die längste Seite des Schifters, mit welcher er bündig liegt mit dem Dachbalken und welche dem Grat- oder Kehlsparren abgewendet ist. Unter Klebseite versteht man die kürzere Seite eines Schifters, welche dem Gratsparren zugekehrt ist.

1) Die Schiftungen.

Dieselben können auf verschiedene Weise ausgeführt werden, und zwar unterscheidet man folgende Schiftungsmethoden:

a) Die Schiftung auf dem Lehrgespärre.

b) Die Schiftung auf dem Werksatze.

c) Die Schiftung auf Dachflächen oder die Bohlen-, Laden- oder Pfostenschiftung.

d) Die Schiftung am Gratsparren, welche nur bei Zelt- und Turmdächern vorkommt.

e) Die Schiftung bei windschiefen Dachflächen.

a) Die Schiftung auf dem Lehrgespärre. *Tafel 13 und 14.*

Soll ein Dachgerüst abgebunden oder verzimmert werden, so wird zunächst ein Gespärre mit der dasselbe stützenden Konstruktion nach dem im Bauplane als Werkzeichnung ersichtlichen Bindersysteme in die Grundrissprojektion umgeklappt, d. h. es wird auf untergelegten Holzklötzen oder einem Schnürboden in horizontale Lage gebracht oder an Stelle des wirklichen Gespärres ein solches in natürlicher Grösse auf den Schnürboden aufgerissen, aufgezeichnet. Dieses nennt man alsdann das Lehrgespärre, weil dasselbe als Lehre oder Schablone für die übrigen Sparren dient, welche auf demselben zugelegt und abgebunden werden. Die Form und Grösse der Grat-, Kehl- und Schiftsparren ist aus dem vorher ausgeführten Werksatze, d. h. aus der Zulage der Dachbalkenlage nebst der Dachausmittelung und dem Lehrgespärre zu ermitteln. Auf die Dachbalkenlage nagelt man meist in der Richtung der Grate bezw. Kehlen ein Bret, auf welchem die Grundrissprojektion der Gratsparren genau aufgerissen, gezeichnet wird, während man auf den Dachbalken bezw. Stichbalken die Grundrissprojektionen der Schifter vorzeichnet und so an der Grundrissprojektion des Gratsparren diejenigen Anschnitte erhält, welche zur Bestimmung ihrer Schmiegflächen am Lehrgespärre erforderlich sind.

1) Die Bestimmung der wahren Grösse der Gratlinie und des Gratsparren nebst seinen Schmiegen am Anfallspunkte und seinem Sattel (Klaue) am Fusspunkte. *Tafel 13, Fig. 1 und 2.*

Nach Aufzeichnung des Werksatzes bezw. der Sparrenlage als Grundriss und des Lehrgespärres als Aufriss ist $a'b'$ die Grundrissprojektion, $a''b''$ die Aufrissprojektion der Gratlinie ab, a' der Anfallspunkt der letzteren am Anfallsgespärre, a'' seine zugehörige Aufrissprojektion als Firstpunkt des Lehrgespärres. Nimmt man nun $a'b'$ auf eine sog. Schiftlatte und trägt $a'b'$ von a^0 aus auf einer wagerechten Achse, welche durch b'' geht, nach b^{II} an oder dreht $a'b'$ um a' als Drehpunkt parallel zum Aufrisse nach $a'b_1$, projiziert b_1 nach b^{II} und verbindet b^{II} mit a'', so ist $a''b^{II}$ die wahre Grösse der Gratlinie. Vgl. XII. B. Dachausmittelungen, S. 124. Der Gratsparren aber selbst liegt mit seiner Oberfläche in zwei Dachflächen, nämlich in der Langseiten- und Walmdachfläche; er muss daher fünfeckigen Querschnitt erhalten, dessen obere Schrägflächen man die

Abgratung oder Abkantung nennt. Um diese zu erhalten, projiziert oder wickelt man c' nach c auf die Grundrissprojektion der Gratlinie a'b', nimmt a'c auf die Schiftlatte und trägt a'c auf a^0 aus nach c^{II} oder dreht a'c mit a' als Drehpunkt nach $a'c_1$ und lotet c_1 herauf nach c^{II} oder man nimmt b'c in den Zirkel und trägt b'c von b^{II} aus wagerecht nach c^{II}. Zieht man nun eine Parallele mittels Schnurschlages durch c^{II}, so ist die Seitenkante der Abgratung bestimmt.

Die Höhe der Gratsparren aber ist abhängig von der Lotschmiege der Schiftsparren, mit welcher letztere sich an die Seitenfläche des Gratsparren anschmiegen. Um daher die Höhe des Gratsparren zu erhalten, nehme man einige Vertikalschnitte (Lotschmiegen) am Lehrgespärre, z. B. n"o", p"q" und projiziere dieselben auf die Abkantung des Gratsparren $a''c^{II}$ nach $n^{II}o^{II}$, $p^{II}q^{II}$. Zieht man nun durch $o^{II}q^{II}$ eine Parallele zur Gratlinie $a''b^{II}$ mittels Schnurschlages, so erhält man die untere Kante des Gratsparren, dessen vertikale Schnittfläche am Fusspunkte derjenigen des Lehrgespärres entsprechen muss, d. h. $b^{II}d^{II}$, $c^{II}e^{II} = b''d''$.

Um nun den fünfeckigen Querschnitt des Gratsparren zu erhalten, nimmt man einen Normalschnitt N senkrecht zur Gratlinie $a''b^{II}$, trägt zu beiden Seiten der Schnittlinie N die halbe Breite des Gratsparren, dem Grundrisse entnommen, an, errichtet in den erhaltenen Punkten Lote zu $a''b^{II}$ und verbindet den durch den Normalschnitt erhaltenen Punkt der Gratlinie mit den sich anschneidenden Punkten der Abkantung.

Am oberen Ende stossen beide Gratsparren mit zwei einen Winkel bildenden senkrechten Schnittflächen am Lehrgespärre stumpf zusammen, mit welchen sie sich gegenseitig und an das Anfallsgespärre anlehnen bezw. durch Nagelung befestigt werden. Ihre Schnittflächen am Anfallsgespärre aber erhält man dadurch, dass man die Punkte f'f' auf die Gratlinie nach f projiziert oder wickelt, a'f' parallel zum Aufriss nach $a'f_1$ dreht und in das Lehrgespärre herauflotet oder a'f von a^0 nach f^0 und von a" nach f_2 wagerecht anträgt und durch einen Schnurschlag die Lotschmiege $f^{II}f_2$ an der wahren Grösse des Gratsparren bestimmt, oder indem man bei rechtwinkligem Grundrisse a'f = der halben Gratsparrenbreite von a^0 und a" aus wagerecht anträgt und ebenfalls mittels Schnurschlages die Lotschmiege bestimmt, welche die Abkantung in f^{II} schneidet, welcher Punkt mit a" verbunden, die Wangenschmiege des Gratsparren am Anfallsgespärre ergiebt. Dreht man die Seitenansicht des Gratsparren um 90°, so erhält die Unteransicht desselben, auf welcher man durch Projektion der Punkte der Schmiegfläche am Anfallsgespärre und der vertikalen Schnitt oder Stirnfläche am Fusspunkte des Gratsparren auf die entsprechenden Kanten des letzteren die Projektionen dieser Schnittflächen erhält.

In den meisten Fällen klauen sich die Grat- und Schiftsparren auf eine Sparrenschwelle, Fusspfette oder einen Versenkungsrahmen auf, weshalb die Klaue oder der Sattel des Gratsparren auf dieser zu bestimmen ist. Ihre Grundrissprojektion ergiebt sich als ein Fünfeck, welches man dadurch erhält, dass man die Mittellinie der Fusspfette, in welcher sich der Sparren aufklaut, aus dem Aufriss herunterlotet auf die Aussenkanten des Gratsparren, und die Punkte 3' und 4' senkrecht zur Grundrissprojektion der Gratlinie mit einander verbindet. Projiziert oder wickelt man diese Punkte auf die Gratlinie und dreht dieselben mit a' als Drehpunkt parallel zum Aufriss nach 4_1 (3_1), 5_1 (2_1), 1_1, und lotet sie auf die gleichen Höhen des Klauenschnittes am Lehrgespärre nach 4^{II} (3^{II}) 5^{II} (2^{II}) 1^{II} oder nimmt dieselben auf die Schiftlatte von a' aus gemessen und trägt sie von a^0 im Lehrgespärre wagerecht an, so erhält man den Sattel des Gratsparren, dessen Unteransicht durch Projektion der betreffenden Punkte auf die entsprechenden Kanten der Gratsparrenunterfläche sich ergiebt. Zum besseren Verständnis ist der Gratsparren mit seinen Schmiegflächen am Anfallspunkte nebst seiner Klaue und Stirnfläche am Fusspunkte isometrisch dargestellt in Textfigur 616.

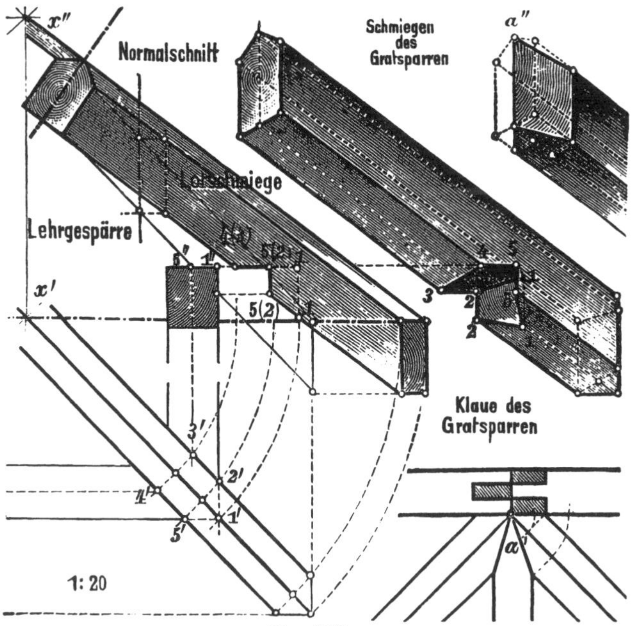

Fig. 616.

2) **Die Bestimmung der wahren Grösse der Langseitenschifter.** *Tafel 13, Fig. 1 und 2.* Es ist selbstverständlich, dass diese Schifter Teile des Lehrgespärres sein müssen, weil sie parallel zu diesem liegen, also auch den gleichen Neigungswinkel haben. Sie erhalten denselben Vertikal- und auch Klauenschnitt am Sparrenfusse wie das Lehrgespärre, nur ihre Länge ist verschieden. Sie schmiegen sich an den Gratsparren an mit einer Schmiegfläche, die aus Lot- und Wangenschmiege besteht. Zu ihrer Bestimmung nimmt man die längere Kante h'i' und die kürzere k'l' der Grundrissprojektion des Schifters (Bundseite und Klebseite) auf die Schiftlatte, und trägt h'i' und k'l' von der Stirnfläche des Lehrgespärres wagerecht nach h''i_0, k''l_0 an, und errichtet Lote, oder legt die Schiftlatte im Firstpunkte a'' wagerecht an und bestimmt durch Schnurschläge die Projektion der Schmiegflächen am Lehrgespärre l''l'', i''i''. Legt man nun das für den Schifter bestimmte Sparrenholz auf das Lehrgespärre und schneidet dasselbe den Lotschmiegen entsprechend, deren Punkte auf der Ober- und Unterseite des Schifters man verbindet, wodurch die Wangenschmiege sich ergiebt, so erhält man den Schifter mit seiner Schmiegfläche, dessen Seitenflächen durch jedesmalige Umklappung um 90° herausgetragen sind, und zwar Klebseite, Unterseite, Bundseite, Oberseite. Die Klaue am Fusspunkte, sowie seine vertikale Schnitt- oder Stirnfläche erhält man durch Projektion derselben dem Lehrgespärre entsprechend. Die Befestigung der Schifter am Gratsparren er-

folgt durch Nagelung mittels ca. 24 cm langer schmiedeeiserner Sparrennägel.

3) Die Bestimmung der wahren Grösse der Walmschifter. *Tafel 13, Figur 1 und 2.*

Sie bestehen hier aus dem Mittelschifter und je zwei rechten und linken Walmschiftern. Der Mittelschifter legt sich zwischen beide Gratsparren mit zwei lotrechten Schmiegflächen und wird an ersteren durch Nagelung befestigt. Seine Befestigung ist immerhin eine schwierige, weshalb man vorteilhafter die Schmiegflächen nach dem Anfallspunkte greifen lässt, *Tafel 13, Fig. 3*, oder den Mittelschifter auswechselt durch Anordnung eines Wechselsparrens, der im Abstande von 0,8 bis 1 m vom Anfallspunkte a" in beide Gratsparren eingezapft wird. In dem Wechselsparren kann der Mittelschifter durch Anblattung oder Verzapfung befestigt werden. *Tafel 13, Fig. 4 und 5.* Am besten ist es, einen Mittelschifter überhaupt ganz zu vermeiden durch zweckentsprechende Einteilung der Schifter an der Walmseite. Textfigur 616 rechtsseitiger Walm und *Tafel 13, Fig. 6.*

Zur Austragung des Mittelschifters I nimmt man die Länge seiner Oberseite (Mittellinie) b'm' und seiner Klebseite b'n' auf die Schiftlatte und trägt diese Maasse vom Fusspunkte b" des Lehrgespärres wagerecht an, errichtet Lote, welche am Lehrgespärre die Lotschmiegen des Mittelschifters anschneiden, oder man projiziert, wickelt n' nach n auf die Mittellinie b'm' und dreht n'n um a' als Drehpunkt parallel zum Aufriss oder trägt a'm' und a'n von a⁰ und a" wagerecht an, und bestimmt durch Schnurschläge ebenfalls beide Lotschmiegen des Mittelschifters, dessen Seiten- und Unteransicht man durch Drehung um 90° unter Projektion der Punkte seiner Schmiegflächen, Klaue und vertikalen Stirnfläche am unteren Sparrenende

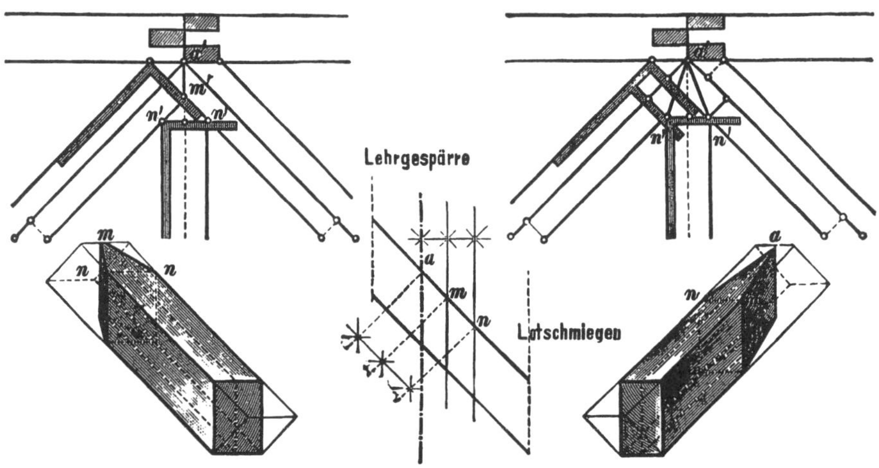

Fig. 617. Fig. 618.

erhält. Textfigur 617 und 618. Auch der Mittelschifter ist ein Teil des Lehrgespärres; er hat somit auch die gleiche Neigung, da die Walmfläche, in der derselben liegt, die gleiche Neigung der Langseitendachfläche hat, entsprechend den Regeln der Dachausmittelungen. Ist der Walmfläche eine andere Neigung aus konstruktiven oder anderen Gründen zu geben, so muss selbstverständlich für die Ermittelung der Schifter der Walmseite ein der Neigung derselben entsprechendes Lehrgespärre aufgeschnürt oder verlegt, abgebunden werden.

Die Austragung der rechtseitigen Walmschifter ist ebenfalls in *Tafel 13, Fig. 1 und 2* enthalten. Infolge der symmetrischen Einteilung der Schifter von der Mittellinie aus entsprechen die linken Walmschifter in Bezug auf Form und Grösse den rechten, nur sind ihre Schmiegflächen entgegengesetzt anzuschneiden. Zur Konstruktion nimmt man ihre Grundrissprojektionen b′r′ und b′s′ auf die Schiftlatte, trägt diese Strecken von b″ wagerecht nach $r_0 s_0$ an und errichtet Lote, welche am Lehrgespärre die Aufrissprojektionen der Schmiegflächen r″s″ anschneiden. Oder man legt die Schiftlatte in Firsthöhe parallel zur Achse a^0b″ und macht durch r und s Schnurschläge oder man projiziert r′ und s′ auf die Mittellinie der Walmfläche nach $r_1 s_1$ und dreht a′r′ und a′s′ mit a′ als Drehpunkt parallel zum Aufriss nach $r_1 s_1$, errichtet die Lote $r_1 r_0$, $s_1 s_0$, welche verlängert ebenfalls die Schmiegflächen am Lehrgespärre ergeben. Legt man nun wiederum ein Sparrenholz auf das Lehrgespärre, überträgt beide Lotschmiegen r und s auf die Bund- und Klebseite und verbindet die Endpunkte beider Lotschmiegen mit einander durch gerade Linien auf der Ober- und Unterseite des Schifters, so sind letztere die Wangenschmiegen, nach welchen nun der Schifter abzuschneiden ist. Durch Drehung des Schifters um 90° erhält man die Projektionen seiner Bund-, Unter-, Kleb- und Oberseite nebst ihren zugehörigen Schmiegflächen, Klauen und Stirnflächen am Fusspunkte. Eine isometrische Darstellung des Schifters III mit sichtbarer Bund- und Oberseite enthält *Tafel 13, Fig. 7.*

4) Stehen die Sparren direkt in den Balken mit schrägem Zapfen, so ist die sog. Fussschmiege der Grat- und Schiftsparren zu bestimmen. *Tafel 13, Fig. 8 und 9* enthält die Austragung der Grat- und Schiftsparren mit ihren Fussschmiegen, deren Konstruktion in nichts abweicht von derjenigen der Grat- und Schiftsparren mit Klauenschnitt.

5) *Tafel 13, Fig. 10* enthält ferner die Bestimmung der Schmiegflächen von Gratsparren bei rechtwinkligem Grundrisse unter Anordnung eines Mittelschifters, dessen Schmiegflächen bis zum Anfallspunkte a hineingreifen. In *Fig. 11* ist dieselbe Konstruktion bei schiefwinkligem Grundrisse dargestellt. In beiden Fällen projiziere man die Punkte der Schmiegen im Grundrisse auf die Mittellinie der Gratsparren (Gratlinie) und drehe dieselben mit a′ als Drehpunkt parallel zum Aufrisse u. s. w.

6) *Tafel 13, Fig. 12* enthält die Bestimmung der Fussschmiegen am Gratsparren bei rechtwinkligem Grundrisse und zwar mit Zapfen und mit Stirnflächen. *Fig. 13* enthält die gleiche Ermittelung bei schiefwinkligem Grundrisse. In beiden Beispielen ist die Gratsparrenprojektion parallel zum Aufrisse angeordnet. Die erforderlichen Lotschmiegen sind *Tafel 13, Fig. 14* zu entnehmen.

7) Was nun das Schiften selbst anbelangt als Arbeit des Zimmermanns, so wird gewöhnlich zuerst die Lotschmiege an der Bundseite des Schifters bestimmt. Alsdann legt man im Werksatze ein Winkeleisen so an, dass

der kurze Schenkel desselben durch Punkt y, der lange durch Punkt z geht und letzterer bündig liegt mit der Bund- oder Klebseite des Schifters. Den Punkt y markiert man am kurzen Schenkel des Winkeleisens. Ferner legt man den langen Schenkel des Winkeleisens an die am Schifter vorgerissene Lotschmiege so an, dass der auf dem kurzen Schenkel desselben markierte Punkt y auf die obere Sparrenkante der Bundseite zu liegen kommt. Legt man nun das Winkeleisen an die Oberkante der Bundseite an und wickelt Punkt y auf die Oberkante der Klebseite herüber nach y' und verbindet y' mit x, so hat man die Wangenschmiege bestimmt, nach welcher der Schifter zu bearbeiten ist, *Tafel 13, Fig. 15* und Textfigur 619.

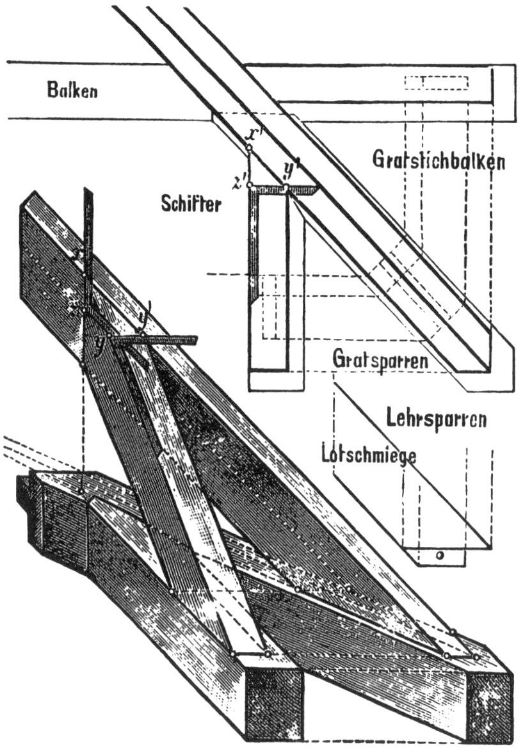

Fig. 619.

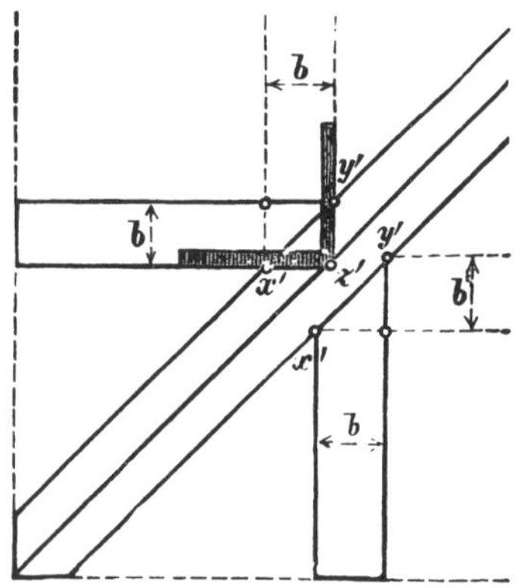

Fig. 620.

8) Bei rechtwinkligem Grundrisse und gleichen Dachneigungen ist die Projektion der Wangenschmiege gleich der Sparrenbreite, wodurch sich das Verfahren noch vereinfacht, indem man nur die Sparrenbreite b am kurzen Schenkel des Winkeleisens zu markieren braucht, und diese senkrecht zur vorgerissenen Lotschmiege anträgt. Zieht man durch den erhaltenen Punkt eine Parellele zur Lotschmiege, und verbindet deren Endpunkte auf der Ober- und Unterseite des Schifters, so hat man die Wangenschmiege bestimmt, nach welcher das für den Schifter bestimmte Sparrenholz zu bearbeiten ist. *Tafel 13, Fig. 16* und Textfigur 620.

9) Für die praktische Ausführung genügt es, einen der Schifter nach den angegebenen Methoden zu bestimmen, während für die übrigen, welche sich nur in ihrer Länge von diesem unterscheiden, nicht aber in den Schmiegen, die Fuss-, Lot- und Wangenschmiege durch Schablonen bestimmt werden können. Diese aber können aus Pappe, Holz oder Eisenblech hergestellt werden. Die Schablone der Fussschmiege und Lotschmiege kann sehr leicht vom Lehrgespärre entnommen, bezw. durch

einen wagerechten und einen senkrechten Schnitt am Lehrgespärre bestimmt werden. *Tafel 13, Fig. 1* links oben und *Fig. 17.* Die Wangenschmiege dagegen entnimmt man dem ausgetragenen Schifter. Zur Bestimmung der Schmiegflächen eines solchen legt man daher die Schablone der Lotschmiege bezw. auch der Fussschmiege an der Bundseite desselben so an, dass deren Oberkante sich mit der Oberkante der Bundseite des Schifters deckt und schneidet die Lotschmiege der Bundseite an. Darauf legt man der Schablone der Wangenschmiege so auf die Oberseite des Schifters, dass deren längste Seite mit der Oberkante der Bundseite des Schifters bündig liegt und reisst auf der Oberseite des letzteren die Wangenschmiege vor. Natürlich muss beachtet werden, dass bei rechtsseitigen Walmschiftern die Schablone um 180° gedreht, also mit ihrer Oberfläche auf die Oberseite des Schifters gelegt werden muss. *Tafel 13, Fig. 18.* Endlich ist noch zu beachten, dass das zu Schiftern verwendete Sparrenholz lang genug ist, um die Fuss- und Scherzapfen anschneiden zu können.

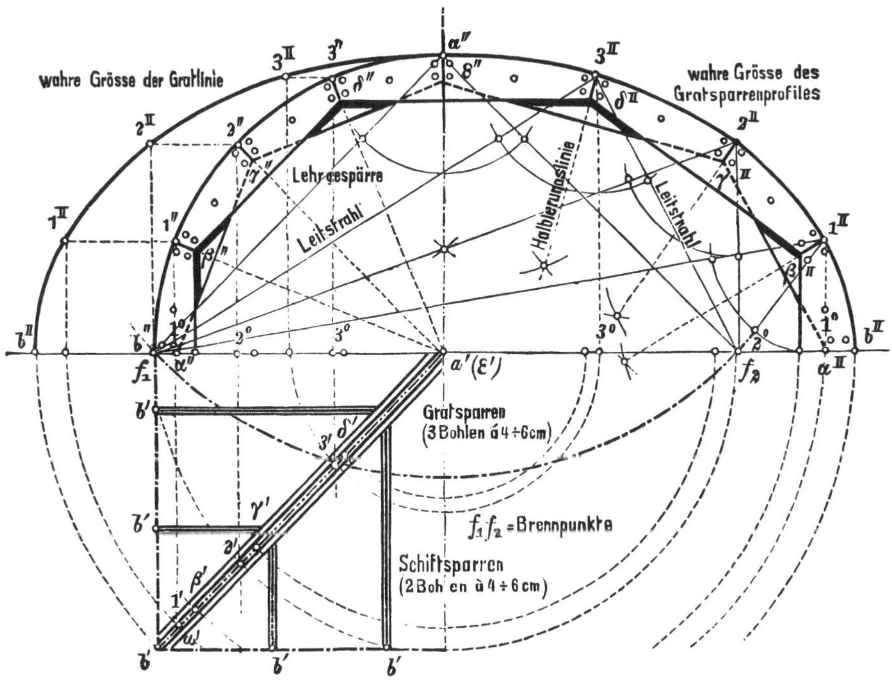

Fig. 621.

10) Ist das Profil eines Daches bogenfömig gestaltet, z. B. das Lehrgespärre ein Halbkreis, — vergl. XII. B. Dachausmittelungen S. 134 und *Tafel 12, Fig. 17 und 19* — so ist die wahre Grösse der Gratlinie durch Vergatterung zu bestimmen. Textfigur 621 zeigt einen bogenförmigen Bohlensparren als Lehrgespärre, aus dessen Halbkreisprofil die wahre Grösse des Gratprofiles durch Vergatterung gefunden wurde, indem man den Punkten b^{II} 1^{II} 2^{II} 3^{II} a'' der Gratlinie die gleichen Höhen der Punkte b'' $1''$ $1''$ $2''$ $3''$ a'' des Halbkreisprofiles giebt. Die Gratlinie stellt sich als halbe Ellipse dar, deren Brennpunkte f_1 und f_2 man erhält, wenn man mit

der halben grossen Achse $b'a' = b^{II}a'$ als Radius aus dem Scheitel a'' der halben kleinen Achse einen Bogen beschreibt, welcher die grosse Achse $b^{II}\,a'\,b^{II}$ in f_1 und f_2 schneidet. Zieht man ferner die Leitstrahlen $a''\,f_1\,f_2$, $3^{II}f_1\,f_2$, $2^{II}f_1\,f_2$, $1^{II}f_1\,f_2$ und halbiert die Winkel, welche diese Leitstrahlen mit einander bilden, so erhält man die normale Fugenrichtung der Bohlenstücke, aus welchen der Bohlengratsparren hergestellt werden kann. Die Schiftsparren erhalten meist 2 Bohlen à 4 bis 6 cm, die Gratsparren 3 Bohlen à 4 bis 6 cm Stärke.

Die Schiftung, bei welcher sich Schiftsparren an Gratsparren anschmiegen, bezeichnet man als ***Gratschiftung***. Stossen nun Dachflächen im einspringenden Winkel zusammen, so bilden ihre Schnittlinien eine Kehle, in deren Richtung ein Kehlsparren oder Kehlgratsparren anzuordnen ist, an welchen wiederum die Schifter als Kehlschifter sich anlegen. Die Schiftung selbst nennt man die ***Kehlschiftung***. *Tafel 14, Fig. 1.* Die Ermittelung der wahren Grösse der Kehlsparren und Kehlschifter entspricht in ihrer Konstruktion ganz derjenigen der Gratsparren und Gratschifter, nur mit dem Unterschiede, dass hier die Schmiegflächen am unteren Ende der Schifter anzuschneiden sind. Vergl. Textfigur 12.

11) Die Bestimmung der wahren Grösse der Kehllinien und des Kehlsparren nebst seinen Schmiegflächen am Anfallspunkte a und seinem Sattel (Klaue) am Fusspunkte. *Tafel 14, Fig. 2 und 3* links. Vergl. Textfigur 622. In *Tafel 14, Fig. 2 und 3* ist wiederum das Lehrgespärre und der Werksatz dargestellt, welche als wirkliches Gespärre bezw. Dachbalkenlage zugelegt oder auf einen Schnürboden aufgerissen werden müssen. $a'\,b'$, $a''\,b''$ sind die Projektionen der Kehllinie in Grund- und Aufriss. Dreht man $a'\,b'$ um a' als Drehpunkt parallel zum Aufriss, also b' nach b^0, und projiziert b_0 auf die durch b'' gelegte wagerechte Achse nach b^{II} oder nimmt $a'\,b'$ auf die Schiftlatte, trägt $a'\,b'$ von a^I nach b^{II} und verbindet b^{II} mit a'', so ist $a''\,b^{II}$ die wahre Grösse der Kehllinie. Projiziert man weiter d' nach d auf die Kehllinie $a'\,b'$, dreht $a'd$ um a' als Drehpunkt nach $a'd^0$, projiziert d^0 nach d^{II} und zieht durch d^{II} eine Parallele zu $a''\,b^{II}$ mittels Schnurschlages, so erhält man die Seitenflächenoberkante des Kehlsparren, während $a''\,b^{II}$ die tieferliegende Rinne als Kehllinie ist. Projiziert man die Stirnfläche am Fusspunkte des Lehrgespärres auf das Lot b^{II} und zieht eine Parallele zur wahren Grösse der Kehllinien $a''\,b^{II}$, so hat man die Höhe der Seitenfläche der wahren Grösse des Kehlsparren bestimmt, an welche sich die Schifter mit ihren Schmiegflächen anlegen und durch Nagelung befestigt werden.

Der Kehlsparren aber klaut sich auch hier auf einen Versenkungsrahmen, Drenpelpfette oder eine Sparrenschwelle, Fusspfette auf. Zur Bestimmung seiner Klaue oder seines Sattels lotet man die Mittellinie der Pfette aus dem Aufriss herunter auf die Grundrissprojektion der Kehllinie $a'b'$, errichtet in dem erhaltenen Punkte ein Lot, welches die Punkte $3'\,4'$ an den Seitenkanten des Kehlsparren anschneidet, während die Punkte $1'\,2'\,5'$ des Klauenschnittes sich durch die Pfettenprojektion selbst ergeben. Winkelt man $5'\,(2')$, $4'\,(3')$ nach $5\,(2)$, $4\,(3)$ auf $a'\,b'$ und dreht diese Punkte um a, als Drehpunkt nach 5_0 (2_0), 4_0 (3_0) auf die durch a' gelegte wagerechte Achse, oder nimmt diese Strecken von a' aus gemessen auf die Schiftlatte, trägt sie von a^I aus nach 5^{II} (2^{II}) 1^{II}, 4^{II} (3^{II}) und errichtet in diesen Punkten Lote, so ergiebt sich der Klauenschnitt oder Sattel des Kehlsparren in seiner wahren Grösse, wenn man die Klaue des Lehrgespärres wagerecht auf diese Lote herüberprojiziert.

Um die lotrechten Schmiegflächen des Kehlsparren am Anfallspunkte a zu erhalten, projiziert oder winkelt man e' nach e auf a' b', dreht a' e um a' als Drehpunkt nach e^0 und errichtet ein Lot oder trägt a' e von dem Lote in a" wagerecht nach e^{II} an und zieht eine Parallele zur Lotschmiege in a", so ist a" e^{II} wagerecht als ein Teil der Firstlinie, während die Lotschmiege in e^{II} die Unterkante der wahren Grösse des Kehlsparren in e" schneidet, wodurch die wahre Grösse der Schmiegflächen am Anfallspunkte bestimmt ist.

Legt man nun durch den Kehlsparren einen Normalschnitt NN, trägt zu beiden Seiten desselben die halbe Kehlsparrenbreite, dem Werksatze entnommen, an und verbindet die Punkte der Seitenflächenoberkante des Kehlsparren mit einander, welche durch die in diesen Punkten errichteten Lote sich anschneidenden, so erhält man den fünfeckigen Querschnitt des Kehlsparren mit seiner Rinne.

Dreht man die wahre Grösse des Kehlsparren um 90°, so erhält man seine Unteransicht und durch Projektion auf diese auch seine Stirnfläche am Fusspunkte, seine Klaue und die lotrechten Schmiegflächen am Anfallspunkte a.

12) Die Bestimmung der wahren Grösse der vorderen Walmkehlschifter. *Tafel 14, Fig. 2 und 3* links.

Die Kehlschifter der vorderen Walmfläche müssen Teile des Lehrgespärres sein, denn sie sind parallel zu demselben. Projiziert man daher die Grundrissprojektionen ihrer Schmiegflächen 1' 2' (3') (4') in das Lehrgespärre herauf nach 1" 2" 3" 4", so sind 1" 4", 2" 3" die Lotschmiegen, 1" 2", 3" 4" die Wangenschmiegen der Schmiegflächen im Aufriss. Projiziert man nun diese Lotschmiegen auf die Seitenfläche der wahren Grösse des Kehlsparren, so erhält man die wahre Grösse der Schmiegflächen 1^{II} 2^{II} 3^{II} 4^{II}, und damit zugleich die wahre Grösse ihrer Wangenschmiege. Als Beispiel für die Ermittelung der wahren Grösse der Kehlschifter ist der Schiftsparren II in den Projektionen seiner Bund-, Unter-, Kleb- und Oberseite ausgetragen worden durch Projektion der Punkte seiner Schmiegfläche auf die zugehörigen Kanten seiner Seitenflächen. *Tafel 14, Fig. 2* links oben.

14) Die Bestimmung der wahren Grosse der Kehlschifter der Langseitendachfläche, *Tafel 14, Fig. 4.*

Dieselben stellen sich ebenfalls als Teile des Lehrgespärres dar, welches man als Seitenrissprojektion des Hauptbinders leicht umklappen kann. Projiziert man daher die Punkte 1' 2' (3') (4') der Schmiegflächen der Schifter auf dieses Lehrgespärre, so erhält man die Projektionen derselben 1''' 2''' 3''' 4''', welche auf die entsprechenden Kanten der Bund-, Unter-, Kleb- und Oberseite der Schifter (hier Schifter VII) gelotet, die Projektionen des letzteren in seinen vier Seitenflächen ergeben.

Auf der rechten Seite der Firstlinie des vorderen Walmes stehen die Sparren in den Dachbalken mit zurückgesetztem schrägen Zapfen. Um das Auskehlen des Kehlsparren, welche stets zu Undichtigkeiten im Dachstuhl Veranlassung giebt, zu vermeiden, ist es vorteilhafter, den Kehlsparren um die Tiefe seiner Auskehlung zurückzusetzen, sodass derselbe rechteckigen Querschnitt erhält, und die Schifter mittels Klaue sich auf den Kehlsparren aufsetzen, welche Schiftungsweise man insbesondere die ***Klauenschiftung,*** die Schifter selbst Reitersparren und ihre Schmiegfläche den Geissfuss oder die Gabel, Gabelschmiege nennt. Vergl. Textfigur 13.

14) Die Bestimmung der wahren Grösse der Kehllinie und des Kehlsparren nebst seinen Schmiegflächen am Anfallspunkte a und seiner Fussschmiege am Fusspunkte.

In *Tafel 14, Fig. 3* rechts sind a'b', a" b" die Projektionen der Kehllinie ab, welche hier als Mittellinie der Kehlsparrenoberfläche im Aufriss als gestrichelte Linie dargestellt ist. Errichtet man in b' ein Lot, so schneidet dasselbe die untere Begrenzung des Kehlsparren c'd' an dessen Seitenkanten an, welche auf die Balkenoberkante heraufgelotet c" d" ergeben. Legt man nun durch c" und d" Parallele zu a" b", so erhält man die Aufrissprojektion der Oberfläche des Kehlsparrens. Lotet man die inneren Ansatzpunkte f" des Lehrgespärres herunter nach f auf die Grundrissprojektion der Kehllinie a'b' und errichtet auf derselben in f ein Lot, so erhält man die hintere Aufstandslinie f'f' des Kehlsparren und somit seine Fussschmiege. Projiziert man das vordere f' auf die Balkenoberkante nach f" und zieht durch f" eine Parallele zu a" b", so erhält man die Aufrissprojektion der Unterkante des Kehlsparren. Um nun die wahre Grösse des letzteren zu bestimmen, dreht man a'b' um a' als Drehpunkt parallel zum Aufriss nach a'b^0 und lotet b^0 herauf nach b^{II}, so ist a" b^{II} die wahre Grösse der auf der Mitte der Kehlsparrenoberfläche vorzureissenden Kehllinie und zugleich der Seitenflächenoberkante des zurückgesetzten Kehlsparren. Dreht man a'f' parallel zum Aufriss nach f^{II} und zieht durch f^{II} eine Parallele zu a" b^{II}, so hat man sowohl die Höhe als auch die wahre Grösse des Kehlsparren samt seiner Fussschmiege bestimmt, dessen lotrechte Schmiegflächen am Anfallspunkte a man wie vorher erhält. Der Normalschnitt NN durch die wahre Grösse des Kehlsparren ergiebt seinen viereckigen Querschnitt. Die Unteransicht des Kehlsparren erhält man durch Drehung seiner wahren Grösse um 90° unter Projektion seiner Fussschmiege nebst dem zurückgesetzten, schrägen Zapfen, und seiner lotrechten Schmiegflächen am Anfallspunkte a.

15) Die Bestimmung der wahren Grösse der vorderen Walmkehlschifter. *Tafel 14, Fig. 2 und 3* rechts.

Die Schift- oder Reitersparren greifen mittels Klauenschnittes (Geissfuss oder Gabel) auf die Mittellinie der Kehlsparrenoberfläche und bilden selbst die eigentliche Kehle oder Rinne. Projiziert man die Punkte 1' 2' (3') 4' 5' (6') des Klauenschnittes der Schifter der Walmseite auf die Aufrissprojektion des Kehlsparren herauf, also 1' 4' nach 1" 4" auf die Kehllinie a" b", 2' (3') 5' (6') als Lotschmiegen auf die Seitenfläche des letzteren, so schneiden diese

Lote die Unterkante des Lehrgespärres in 3" 6", wodurch die Lotschmiegen 2" 3", 5" 6" an der Seitenfläche des Kehlsparren bestimmt sind. Verbindet man nun 1" mit 2", 4" mit 5", so erhält man die Projektionen der Klauenschnitte 1" 2" 3" 4" 5" 6", welche auf die wahre Grösse des Kehlsparren übertragen die wahre Grösse der Schmiegflächen ergeben. *Tafel 14, Fig. 2 und 3* und Textfigur 623. Die Projektionen eines Kehlschifters (Reitersparrens II) aber erhält man, wenn man die Punkte seines Klauenschnittes auf die zugehörigen Kanten seiner Bund-, Unter-, Kleb- und Oberseite projiziert.

16) D i e B e s t i m m u n g d e r w a h r e n G r ö s s e e i n e s L a n g s e i t e n k e h l s c h i f t e r s. *Tafel 13, Figur 5.*

Die Projektionen des L a n g s e i t e n k e h l s c h i f t e r s IX sind mittels eines umgeklappten Lehrgespärres des Hauptbinders auf gleiche Weise leicht zu finden wie unter 13) gezeigt wurde.

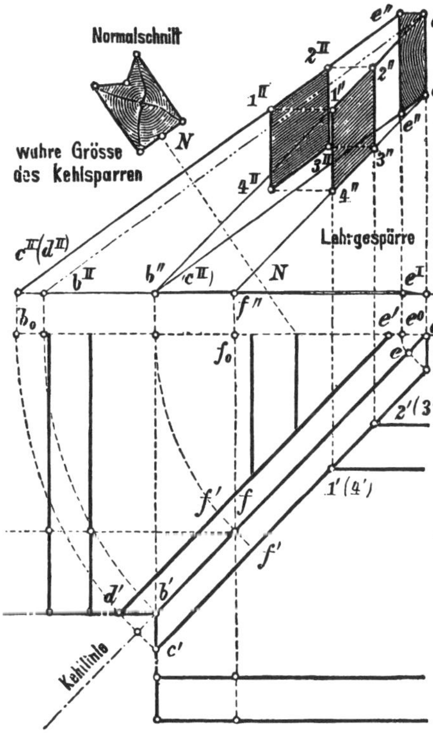

Fig. 622.

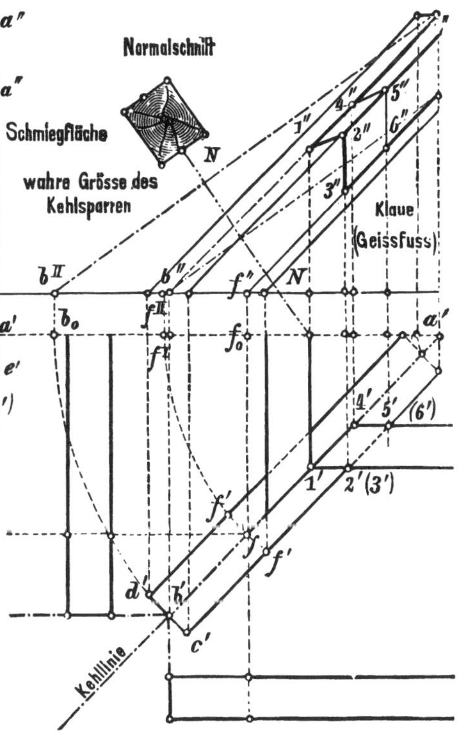

Fig. 623.

17) In *Fig. 6* auf *Tafel 14* ist die Fussschmiege bezw. Stirnfläche am Fusspunkte der Kehlsparren mit Auskehlung bei rechtwinkligem Grundrisse, in *Fig. 7* bei schiefwinkligem Grundrisse dargestellt, wobei der Kehlsparren parallel zum Aufriss gestellt, in wahrer Grösse erscheint.

18) *Tafel 14, Fig. 8 und 9* zeigen die dem Werksatze zu entnehmenden Stichmaasse (Abstiche), um die Schmiegfläche bezw. den Klauenschnitt am Schifter richtig austragen zu können, wie solcher in *Fig. 10* isometrisch dargestellt ist.

19) Auch hier lassen sich S c h a b l o n e n für die Fuss- und Lotschmiege sowohl für die Bearbeitung der Kehlschifter als auch für den

Kehlsparren selbst anwenden, wie solche leicht dem Lehrgespärre bezw. der wahren Grösse des Kehlsparren entnommen werden können. *Tafel 14, Fig. 11 und 12.*

20) Bei flachen Dächern würde der Klauenschnitt zu spitz und zu dünn (flach) werden an der Oberfläche des Kehlsparren, weshalb man, um eine grössere Stärke der Klauen zu erhalten, den Kehlsparren noch weiter zurücksetzt. Textfigur 624. Zur Konstruktion projiziert man zunächst die Kehllinie a′ b′ in den Aufriss nach a″ b″ und trägt von derselben ein beliebiges Stichmaass x y, um welches die Klaue überstehen soll — dasselbe beträgt meist 3 bis 4 cm — lotrecht nach unten an, man macht also x″ y″ = x y. Durch y″ legt man nun eine Parallele zur ursprünglichen Kehllinie a″ b″, wodurch man die neue Kehllinie a′ b^I durch Projektion des Punktes b^{II} nach b^I auf die Grundrissprojektion der Kehllinie a′ b′ erhält. Projiziert man nun die Klauenschnittpunkte 1′ (2′) 3, (4′) 5′ (6′) 7′ (8′) des Kehlschifters auf die zugehörigen Kanten der Aufrissprojektion des Kehlsparrens wie vorher, so erhält man den Reitersparren mit seinem Geissfuss 1″ 2″ 3″ 4″ (5″) (6″) (7″) (8″), dessen isometrische Projektion in Textfigur 624 dargestellt ist.

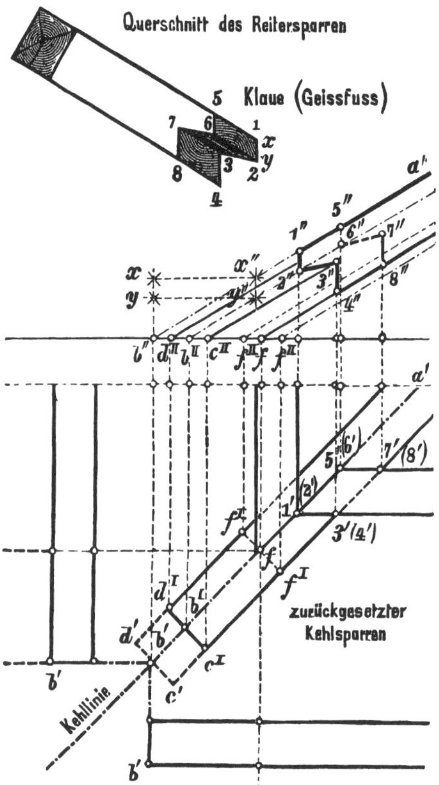

Fig. 624.

Sowohl den Grat- als den Kehlsparren giebt man stets grössere Breite als den Schiftsparren, weil letztere namentlich viel zu tragen haben und durch die Auskehlung ihr Querschnitt sehr geschwächt wird; meist erhalten sie 14 bis 18 cm Breite. Das Schiften selbst ist genau so vorzunehmen, wie bei der Gratschiftung gezeigt wurde.

b) Die Schiftung auf dem Werksatze.

Sie beruht auf der Bestimmung der wahren Grösse der Grat-, Kehl- und Schiftsparren durch Drehung derselben parallel zum Grundrisse, entsprechend der Bestimmung der wahren Grösse von Dachflächen, wie solche bei den Dachausmittelungen besprochen wurde. *Tafel 15, Fig. 1a und 1b* Vergl. XII. B. S. 123 und Tafeln 10. 11.

Für diese Schiftungsmethode ist ebenfalls eine Aufschnürung des Werksatzes bezw. auch eines Lehrgespärres erforderlich. *Tafel 15, Fig. 2 und 3.* Auf den linken Seiten sind die Sparren mit den Balken durch schrägen, zurückgesetzten Zapfen verbunden, auf der rechten Seite dagegen klauen sich dieselben auf einen Versenkungsrahmen (Drempelpfette, Fusspfette) auf.

1) Die Bestimmung der wahren Grösse der Grat- und Schiftsparren der linken Langseitendachfläche nebst ihren Schmiegflächen am Anfalls- und Fusspunkte. *Tafel 15, Fig. 2 und 3* links.

Dreht man a" b" als wirkliche Höhe der Langseitendachfläche von der Traufkante bis zum Firstpunkte in der Neigung der Dachfläche am Lehrgespärre gemessen, um b" als Drehpunkt parallel zum Grundrisse, klappt also die Langseitendachfläche, um ihre Traufkante gedreht, in die Grundrissebene hinein, so kommt im Aufrisse a" nach a^0, im Grundrisse daher a' nach a^I. Verbindet man nun a^I mit b', so ist a^I b' die wahre Grösse der Gratlinie. Trägt man weiter die halbe Gratsparrenbreite, dem Grundrisse (Werksatze) entnommen, normal zur wahren Grösse der Gratlinie an und zieht mittels Schnurschlages Parallelen zu letzterer, so erhält man die wahre Länge und Breite des Gratsparren b' f' e' a^I c^I d^I, wenn man die Projektionen seiner Schmiegflächen a' c' und a' d' am Anfallspunkte a' auf die Seitenkanten der wahren Grösse des Gratsparren wagerecht herüberlotet. Legt man nun das für den Gratsparren bestimmte Holz auf diese konstruierte wahre Grösse desselben und schneidet dasselbe den Wangenschmiegen entsprechend, so sind nur noch die Lot- bezw. Fussschmiege zu bestimmen. welche man aus dem Lehrgespärre zu entwickeln hat und mittels Schablone am Gratsparren aufreisst. Nach diesen ist letzterer weiter zu bearbeiten. *Tafel 15, Fig. 5* enthält die Schablone der Lot- und Fussschmiege der Gratsparren, welche an die Abkantung oder Abgratung des Gratsparren, also an die Oberkante der Seitenfläche desselben anzuhalten ist und welche am Gratsparren anzureissen ist. Die Abkantung aber erhält man nach der Schiftungsmethode a, indem man b' f = b' e von der Gratlinie wagerecht anträgt nach b^{II} e^{II} (f^{II}), während die Höhe der Seitenfläche des Gratsparren der Lotschmiege der Schiftsparren entsprechen muss. Aus diesen Bestandteilen lässt sich auch der fünfeckige Querschnitt des Gratsparren leicht konstruieren. Die wahre Grösse des Neigungswinkels der Gratsparren gegen die Horizontale, seine Lot- und Fussschmiege aber findet man unter Anwendung der Schiftungsmethode 1 durch Drehung der Gratlinie und des Gratsparrens selbst parallel zum Aufrisse. *Tafel 15, Fig. 2 und 3.*

Verlängert man auch die Grundrissprojektionen der Schifter bis zum Schnitte ihrer Bund- und Klebseitenkante mit den Seitenflächen der wahren Grösse der Gratsparren, so hat man die wahre Grösse der Schifter nebst deren Wangenschmiegen bestimmt, nach welchen das auf erstere gelegte Sparrenholz zu schneiden ist. Auch die Lot- und Fussschmiege der Schifter wird durch Schablonen bestimmt, welche man durch einen senkrechten bezw. wagerechten Schnitt am Lehrgespärre leicht entnehmen kann. *Tafel 15, Fig. 2* links oben *und 4* zeigen die Bestimmuug dieser Schablone, welche nun an die Oberkante der Bund- und Klebseite des Schifters bezw. den Wangenschmiegen anzulegen und vorzureissen ist, und nach welcher die Schifter weiter zu bearbeiten sind.

2) Die Bestimmung der wahren Grösse des Gratsparren

und der linken Gratschifter an der Walmfläche. *Tafel 15, Fig. 2 und 3* links.

Auch diese erhält man durch Drehung der Walmseitendachfläche um ihre Traufkante parallel zum Grundrisse. Trägt man daher a″b″ als wirkliche Breite (Höhe) der Walmdachfläche, den Regeln der Dachausmittelungen entsprechend, — gleiche Dachneigungen der Langseiten- und Walmfläche vorausgesetzt — von b′ auf der Mittellinie der Walmfläche (des Mittelschifters) senkrecht zur Traufkante nach a^I an, so ist a^I b′ die wahre Grösse der Gratlinie. Normal zu letzterer ist wiederum die halbe Gratsparrenseite, dem Werksatze entnommen, anzutragen und mittels Schnurschlages sind Parallelen zur Gratlinie zu ziehen, wodurch man die wahre Grösse des Gratsparren b′ f′ e′ a^I c^I d^I nebst seinen Schmiegflächen am Anfallspunkte a erhält, während man die Lot- und Fussschmiege des Gratsparren unter Verwendung der Gratsparrenschablone, *Tafel 15, Fig. 5,* bestimmt.

Verlängert man wiederum die Grundrissprojektionen der Walmschifter I und II bis zum Schnitte der Oberkanten ihrer Bund- und Klebseite mit den Seitenkanten des Gratsparren, also velängert man m′l′ nach m^I l^I, so ist die wahre Grösse der Walmschifter nebst ihren Wangenschmiegen bestimmt. Legt man daher das für die Schifter bestimmte Sparrenholz auf und schneidet dasselbe der Wangenschmiege entsprechend ab und hält die Lot- und Fussschmiegenschablone der Schifter — *Tafel 15, Fig. 4* — an die Oberkante der Bund- und Klebseite des Schifters an und bearbeitet denselben nach dieser weiter, so hat man die wahre Grösse und Form der Schifter betimmt.

Den Mittelschifter der Walmfläche erhält man auf gleiche Weise, indem man seine Grundrissprojektion b′a′d′ bis zum Schnitt seiner Klebseiten an der wahren Grösse des Gratsparren a^I c^I d^I verlängert, wodurch ebenfalls die wahre Länge des Mittelschifters nebst seinen Schmiegflächen am Anfallspunkte a bestimmt ist. Nachdem auch an diese die Schabloneder Fuss- und Lotschmiege angerissen ist, lässt sich der Mittelschifter leicht bearbeiten.

Tafel 15, Fig. 8 und 9 enthält die isometrische Projektion des linken Langseitenschifters II, und zwar *Fig. 8* den Schnitt der Wangenschmiege, *Fig. 9* die mittels Schablone an letztere angeschnittene Lotschmiege.

In *Tafel 15, Fig. 10* ist der Mittelschifter isometrisch ausgetragen in seiner Bearbeitung, liegend in der Grundrissebene des umgeklappten Werksatzes. Selbstverständlich ist der Zapfen am Fusspunkte der Schifter, wie bei jedem gewöhnlichen Sparren anzuschneiden und das erforderliche Holz für denselben am Sparrenholze vorzusehen. Zur Kontrolle für die Richtigkeit der Konstruktion sind auf *Tafel 15, Fig. 2* die linken Gratschifter I und II der Walmfläche nach der Schiftungsmethode a ausgetragen, deren Resultate selbstverständlich übereinstimmen müssen.

3) Die Bestimmung der wahren Grösse und Form der rechten Grat- und Schiftsparren der Walmfläche, deren Sparren sich auf eine Pfette aufklauen. *Tafel 15, Fig, 2 und 3.*

Auch hier ist die wahre Grösse und Form der Grat- und Schiftsparren auf gleiche Weise wie unter b) durch Drehung derselben parallel zum Grundrisse leicht zu finden, deren Fuss- und Lotschmiegen — *Tafel 15, Fig. 6 und 7* — nach der Schiftungsmethode a bestimmt wurden. An Stelle des Zapfens ist hier die lotrechte Stirnfläche und die Klaue am unteren Sparrenende anzuschneiden. *Tafel 15, Fig. 11 und 12* zeigen die isometrische Darstellung des rechten Walmschifters I in seiner Bearbeitung und zwar *Fig. 11* den Schnitt seiner Wangenschmiege, dem umgeklappten Grundrisse entnommen, *Fig. 12* die Lotschmiege desselben mittels Schablone bestimmt, welche an die Oberkante der Bund- und Klebseite des Schifters an seiner Wangenschmiege anzuhalten ist.

Tafel 15, Fig. 13 enthält die isometrische Darstellung des Mittelschifters der linken Walmseite in seiner Bearbeitung.

Zur Kontrolle sind in *Tafel 15, Fig. 2* die Schifter auch nach der ersten Schiftungsmethode ausgetragen worden zum Vergleiche ihrer Resultate und der Richtigkeit beider Konstruktionsweisen.

4) Die Betimmung der wahren Grösse der Gratsparren und der Schifter der Langseitendachfläche rechts ist auf *Tafel 15, Fig. 2 und 3* ebenfalls enthalten und entspricht ihre Konstruktion der unter b) 1 besprochenen Schiftung.

Bei Wiederkehrdächern sind die Kehllinien, Kehlsparren, Kehl- bezw. Doppelschifter selbstverständlich auf gleiche Weise zu bestimmen wie auf *Tafel 14, Fig. 2 und 3* angedeutet worden ist.

c) Die Bohlen-, Laden- oder Pfostenschiftung.

Tafel 15, Fig. 14 bis 18.

Sie kommt nur dann zur Anwendung, wenn bei nachträglichen Anbauten ein neues Dach sich auf ein altes ansetzt. Die Schifter des neuen Daches erhalten ihre Befestigung am Fusspunkte durch Nagelung und entsprechende Schmiegflächen, mit welchen sie sich auf eine Bohle von 6 bis 10 cm Stärke aufsetzen, die in der Richtung der Kehllinien zur Bildung der Letzteren quer über die Sparren des alten Daches genagelt wird. Auch bei grösseren Dachfenster- und Giebelausbauten kann diese Schiftungsmethode angewandt werden.

Tafel 15, Fig. 14 enthält die Sparrenlage einer diesbezüglichen Dachkonstruktion, bei welcher die Sparren des alten Daches mit der Schiftung selbst nicht in Berührung kommen.

Tafel 15, Fig. 15 und 16 zeigen nun die Anlage eines alten und neuen Daches in Grund- und Aufriss nebst den zugehörigen Seitenrissprojektionen bezw. Querschnitten. In *Fig. 15* als Vorderansicht beider Dächer ist das Lehrgespärre des Dachneubaues gezeichnet, dem die in der Richtung der Kehle verlegte Bohle in ihrer Projektion entsprechen muss. In *Fig. 17* aber ist die auf die Sparren des alten Daches aufgenagelte Bohle, die in Firsthöhe des neuen Dachgespärres wagerecht abgeschnitten ist, dargestellt.

Projiziert man nun in *Fig. 17 u. 18* die Eckpunkte der oberen wagerechten Schnittfläche der Bohle $1''' \; 2'' \; 3''' \; 4'''$ herunter nach $1^0 \; 2^0 \; 3^0 \; 4^0$ und trägt die Strecke $b''' 1^0$, $b''' 2^0$, $b''' 3^0$, $b''' 4^0$ von b' aus senkrecht zur Traufkante des alten Daches an oder lotet man diese Punkte aus dem Querschnitt in *Fig. 18* herunter in den Grundriss, so erhält man durch Verbindung von b′ mit 2′ die Neigung der Bohle im Grundriss, zu welcher die Kanten 1′, 3′, 4′, parallel sein müssen.

Um die wahre Grösse der Bohle zu erhalten, dreht man dieselbe um b′b′ parallel zum Grundriss, also in den Querschnitten — *Fig. 17 u. 18* — um b‴ nach 1^{III}, 2^{III}, 3^{III}, 4^{III} und trägt die Strecken b‴ 1^{III}, b‴ 2^{III}, b‴ 3^{III} und b‴ 4^{III} von b′ im Grundrisse lotrecht zur Traufkante des alten Daches an, verbindet wiederum 2^{I} mit b′ als Drehpunkt und zieht durch 1^{I}, 3^{I}, 4^{I} Parallelen zu b′ 2^{I}, wodurch die wahre Grösse der Bohle in Länge und Breite bestimmt ist. Zu beachten ist jedoch hierbei, dass bei dieser Drehung um b‴ der Fusspunkt x‴ der äusseren Bohlenkante sich ebenfalls dreht, bis er von x‴ nach x^{III} gekommen ist, dessen Projektion x^{I} in den Grundriss die Vorderkante der Hirnholzfläche der Bohle ergiebt.

Der Schifter, welcher sich auf die Bohle mittels einer Schmiegfläche cdef bezw. Nagelung aufsetzt, ist jedoch wiederum ein Teil des Lehrgespärres des neuen Daches. Zur Bestimmung der wahren Grösse desselben und seiner Schmiegfläche cdef projiziert man c‴ (d‴) (e‴) f‴ aus den Querschnitten in *Fig. 17 u. 18* herunter in den Grundriss — *Fig. 2 und 3* —, in welchem die Schmiegfläche als c′d′e′f′ sich darstellt, deren Projektion in den Aufriss aus Grund- und Seitenriss als c″ d″ e″ f″ leicht gefunden wird. Legt man nun ein Sparrenholz auf den Aufriss des Schifters und schneidet dasselbe der Schmiegfläche entsprechend ab, so ist die wahre Grösse und Gestalt des Schifters bestimmt, dessen Bund-, Unter-, Kleb- und Oberseite in *Fig. 15* ausgetragen worden sind.

d) Die Schiftung am Gratsparren.

Sie kommt nur bei Zelt- bezw. Turmdächern vor — vergl. XII. A. S. 122 —, bei welchen die Binder unter den Graten stehen. Die Schiftung selbst kann auf dem Lehrgespärre, auf dem Werksatze oder durch Drehung der Schifter parallel zum Aufrisse bewirkt werden.

Textfigur 625 a enthält die Grundrissprojektion der Sparrenlage eines Zeltdaches über achtseitigem Grundrisse. Die Gratsparren sind an ihrem oberen Ende in eine Helmstange eingezapft, welche einen dem Grundrisse entsprechenden, polygonalen Querschnitt erhalten muss An die Gratsparren schmiegen sich auch hier die Schifter und zwar zwei auf jeder Seite an. In Textfigur 625 c ist die Vorderansicht (Aufriss) des Zeltdaches dargestellt.

1) Die Bestimmung der wahren Grösse des Gratsparren. Textfigur 625 a und b.

b′s′, b″ s″ sind die Projektionen der Gratlinie, welche hier bereits in wahrer Grösse vorhanden ist, da der Gratsparren parallel zum Aufrisse liegt. Projiziert man c′ in den Aufriss herauf nach c″ und zieht durch c″ eine Parallele zu a″ b″, so hat man die Abkantung des Gratsparren bestimmt, welche an der Helmstange etwas tiefer einschneidet als die Gratlinie selbst. Die Höhe der Seitenfläche des Gratsparren entspricht aber der Lotschmiege der Schifter. Um diese zu erhalten, errichte man auf der Grundrissprojektion der Mittellinie einer Walmfläche m′ s′ in

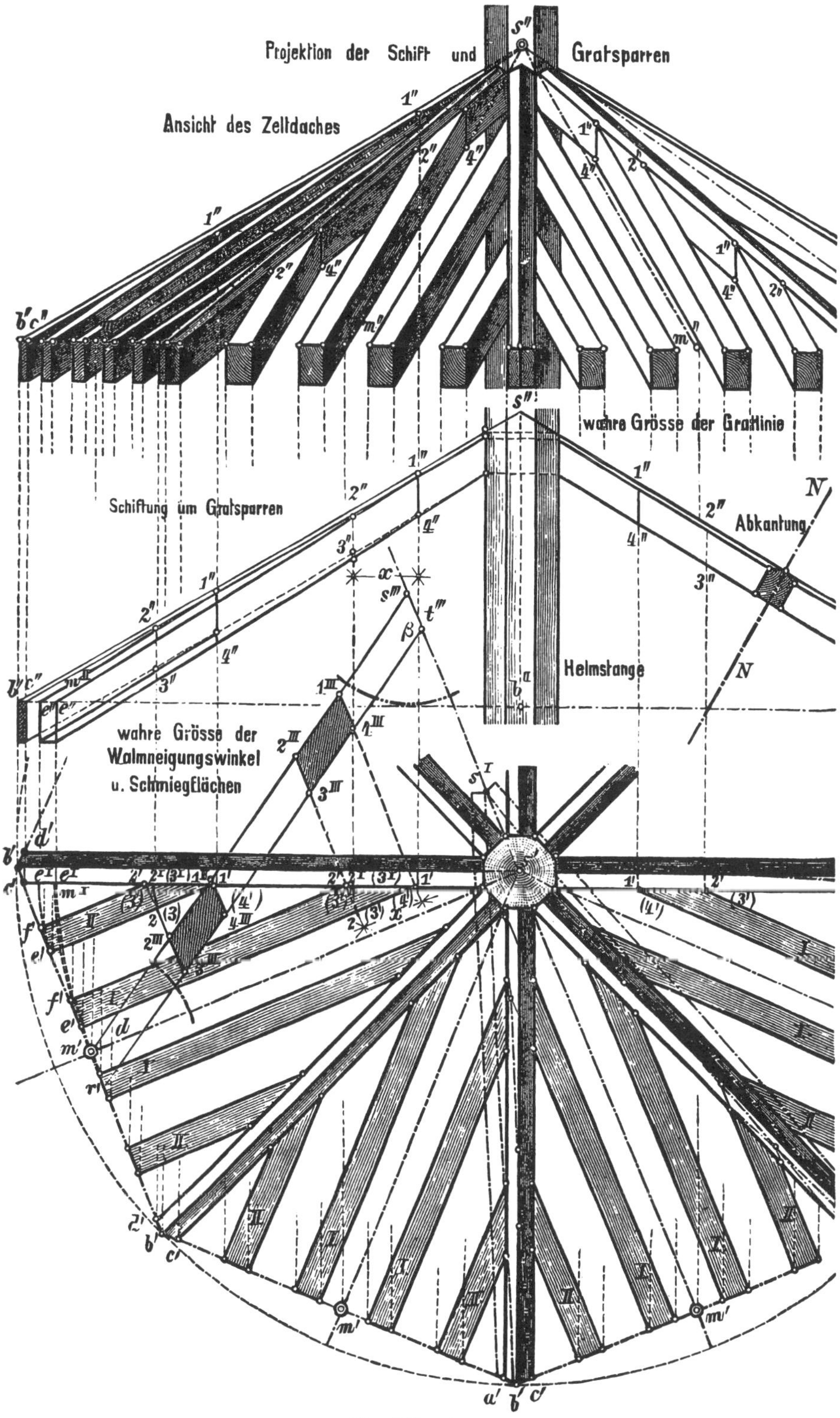
Projektion der Schift und Gratsparren
Ansicht des Zeltdaches
wahre Grösse der Gratlinie
Schiftung um Gratsparren
Abkantung
Helmstange
wahre Grösse der
Walmneigungswinkel
u. Schmiegflächen

Fig. 625 a, b, c.

s′ ein Lot, und trage die Höhe s″ b^{II} in s′ nach s‴, mache also b^{II}s′ = s′s‴. Verbindet man s‴ mit m′, so hat man die wirkliche Neigung m′s″, der Walmflächen gegen die Grundrissebene bestimmt, in welcher die Schifter liegen müssen. Trägt man nun zu dieser die Höhe der Schiftsparren von 12|14 bis 14|18 cm Stärke senkrecht an und zieht eine Parallele zu m′s‴, so erhält man die wirkliche Lage der Schifter, von welcher man die erforderliche Lotschmiege entnehmen kann durch Vertikalschnitte senkrecht zu m′s′ gestellt, z. B. s‴t‴. Diese Lotschmiege überträgt man nun auf die Seitenfläche des Gratsparren c″ s″ und zieht eine Parallele zur Gratlinie b″ s″, wodurch man die untere Kante des Gratsparren erhält. Durch einen Normalschnitt N ist mit Leichtigkeit der Querschnitt des Gratsparren zu bestimmen, wie früher gezeigt wurde.

2) Die Bestimmung der wahren Grösse der Walmschifter I und II. Textfigur 625 a und b.

Dreht man e′1′ mit 1′ als Drehpunkt parallel zum Aufriss nach e^{I}, projiciert e^{I} auf die durch b″ gelegte wagerechte Achse nach e″ und verbindet e″ mit 1″, so ist e″ 1″ 4″ die wahre Grösse der Bundseite eines Schifters. Projiziert oder winkelt man 2′(3′) auf die Bundseite des Schifters herüber nach 2 (3), dreht 2 (3) nach 2^{I} (3^{I}) und lotet 2^{I} (3^{I}) herauf nach 2″ 3″, so hat man die Schmiegfläche des Schifters bestimmt, deren Lotschmiege 1″ 4″, 2″ 3″, und deren Wangenschmiege 1″ 2″, 3″ 4″ ist, nach welchen das in der Richtung 1″ e″ bezw. 1″ f″ verlegte Sparrenholz zu bearbeiten ist. Für die Schiftung selbst braucht man nur die Projektion der Wangenschmiege 1′2′(3′)(4′) = x wagerecht von der angeschnittenen Lotschmiege des Schifters aus anzutragen mittels Winkeleisens, wie unter a) 7 und 8 gezeigt wurde.

Mit Zuhilfenahme eines Lehrgespärres vereinfacht sich die Konstruktion, indem man nur auf m′ s‴ r′ t‴ die Grundrissprojektion der Schmiegflächen 1′2′(3′)(4′) heraufzuloten braucht nach 1^{II} 2^{II} 3^{II} 4^{II}, wodurch die wahre Grösse der Schifter nebst ihren Schmiegflächen sich anschneidet.

Die Schiftung auf dem Werksatze erfordert wiederum eine Drehung der Zeltdachwalmflächen um ihre Traufkante in die Grundrissebene. Dreht man daher m′s′ um s′ als Drehpunkt parallel zum Aufriss nach m^{I} und projiziert m^{I} nach m″, so ist m″ s″ die wahre Höhe der Walmdreiecksdachfläche. Trägt man diese Strecke von m′ aus senkrecht zur Traufkante der letzteren, so erhält man s^{I}, welches mit b′ b′ verbunden die wahre Grösse der Walmdreiecksfläche und somit auch die wahre Grösse der Gratlinien b′s^{I} ergiebt. Zu dieser nun ist die halbe Gratsparrenbreite, dem Werksatze entnommen, normal beiderseits auszutragen, worauf durch die erhaltenen Punkte Parallelen zur Gratlinie zu ziehen sind. Verlängert man nun die Grundrissprojektionen der Schifter bis zur Seitenkante der wahren Grösse der Gratsparrenbreite, so erhält man die wahre Grösse der Schifter nebst ihren Wangenschmiegen, während die Lotschmiegen, dem Lehrgespärre entnommen, mittels Schablone übertragen werden können.

e) Die Schiftung bei windschiefen Dachflächen.

Auf *Tafel 12, Fig. 1 bis 3* — Seite 128 — wurde die Konstruktion der Dachausmittelung windschiefer Dachflächen erläutert. Sie erfolgte unter Anwendung wagerechter Schnittebenen, welche die ebenen Dachflächen in geraden Linien parallel zu den Traufkanten, die windschiefe Dachfläche aber in konvergierenden Linien schnitten, welche nach dem Schnittpunkte der wagerechten Firstlinie in $\frac{t^m}{2}$ parallel zur Traufkante der Vorderfront des Gebäudes liegend, mit der konvergierenden Traufkante der Hinterfront verliefen. Die Grate bezw. Kehlen ergeben sich als Schnittlinien ebener Dachflächen als gerade Linien, als Schnittlinien der ebenen Walmdachflächen mit der windschiefen Langseitendachfläche der Hinterfront dagegen sowohl im Grundriss als auch im Aufriss als Kurven. Die Grat- bezw. Kehlsparren müssen daher gekrümmt sein und zwar erhalten sie

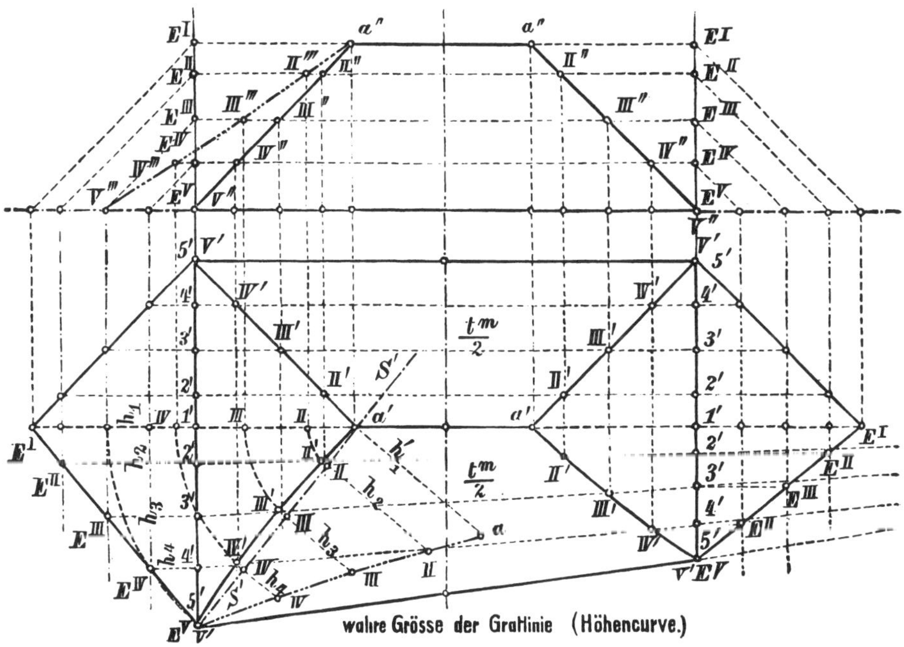

Fig. 626.

eine Grundriss- oder sog. Seitenkrümmung und eine Aufriss- oder Höhenkrümmung. Die Sparren einer windschiefen Dachfläche stehen stets normal zur Firstlinie; bei windschiefen Pultdächern kann man dagegen auch die Sparren normal zur Traufkante stellen. Da das Austragen und namentlich das Bearbeiten solcher Grat, Kehl- und Schiftsparren sehr schwierig und kostspielig ist, so sucht man bei Dächern windschiefe Dachflächen überhaupt zu vermeiden, was leicht bewirkt werden kann durch Anwendung von Dächern mit Plattform, Mansardendächern oder von Zeltdächern. Vergl. XII. B. S. 127 und *Tafel 11, Fig. 18 bis 21.*

Textfigur 626 zeigt zunächst die Dachausmittelung über viereckigem Grundrisse nebst Bestimmung der wahren Grösse der linksseitigen Gratlinie, durch Drehung ihrer Grundrissprojektion parallel zum Aufrisse, und durch Umklappung um eine senkrechte Ebene S in die Grundrissebene hinein. In beiden Fällen legt man die Grundrissspur dieser Ebene durch den Anfallspunkt a' und den Fusspunkt V' der Gratlinie a' V' und projiziert die Punkte 4', 3', 2' der Seitenkrümmung auf a' V' nach IV, III, II. Die Höhen dieser Punkte entsprechen den Höhenlagen der Schnittebenen über der Traufkante.

In Textfigur 627 ist nun die Sparrenlage eines solchen Daches dargestellt, dessen hintere Dachfläche windschief ist und wurde die wahre Grösse des Gratsparren durch Drehung seiner Grundrissprojektion parallel zum Aufriss bestimmt. Seine Abkantung erhält man wie früher gezeigt wurde, und ist nur noch zu bemerken, dass auch hier die Höhe der Seitenfläche des Gratsparren der Lotschmiege der Schifter entsprechen muss.

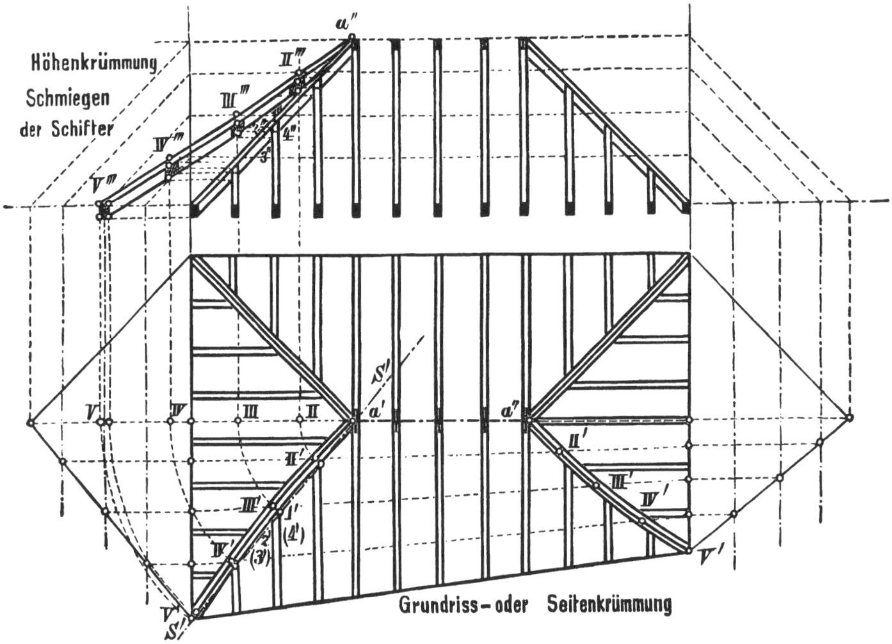

Fig. 627.

Jeder einzelne Sparren und Schifter einer windschiefen Dachfläche hat selbstverständlich einen anderen Neigungswinkel zur Horizontalen und somit auch andere Schmiegen, weshalb jeder Sparren für sich ausgetragen und dessen Oberseite auch noch windschief bearbeitet werden muss. Die Neigungswinkel der einzelnen Sparren und Schifter jedoch sind leicht durch Projektion ihrer Fusspunkte in die Normalschnitte zu ermitteln.

2) *Die Bezeichnungen der Holzkonstruktionsteile eines Gebäudes auf der Zulage.*

Bei der Verbindung der einzelnen Konstruktionsteile mit einander zu einem Ganzen, seien es Balkenlagen, Längs- und Querwände, Dachstühle, dem sog. Richten oder Heben eines Dachstuhles, eines Gebäudes sind die einzelnen Verbandstücke vom Zimmerplatze, von der Zulage, nach dem Bauwerke zu transportieren und an Ort und Stelle ihrer Verwendung zu bringen. Die Verbandhölzer selbst sind, damit die zu einander gehörigen Konstruktionsteile leicht zu finden sind, mit besonderen Zeichen zu versehen. Allgemein gebräuchlich sind die römischen Ziffern als Nummern der Hölzer, die Rute, der Rutenschlag als Zeichen für Längswände, der Stich für Tiefenwände, der Pick oder Steinschlag als Stockwerkszeichen, und der Hohlschlag. Textfigur 628 a bis e.

a. b. c. d. e.

Röm. Ziffer. Rute. Stich. Pick. Hohlschlag.

Fig. 628.

a) Die Bezeichnung für Balkenlagen.

Dieselben werden vorteilhaft auf einem Schnürboden — der Zulage — abgebunden, auf welchem der Grundriss des Erdgeschosses — das Profil — aufgeschnürt wird. Bei dem schnellen Abräumen und Verlegen der Balkenlagen auf dem Gebäude verlohnt sich das Aufschnüren des Erdgeschossgrundrisses, entgegen der ebenfalls gebräuchlichen Ausführungsweise, bei welcher die Dachbalkenlage zuerst und auf diese die folgenden Balkenlagen des III., II., I. Obergeschosses und des Erdgeschosses abgebunden werden, sodass der Ingebrauchnahme der Balkenlagen entsprechend diejenige des Erdgeschosses zuoberst liegt. Das Zurücksetzen der Frontmauern infolge ihrer geringeren Stärke nach oben zu lässt sich bei ersterer Ausführungsweise auf dem Profil leicht anreissen. Damit Schnurschläge und sonstige Vorzeichnungen namentlich auf dem Schnürboden längere Zeit deutlich sichtbar bleiben, lässt man die Schnur durch rote oder schwarze Firnisfarbe laufen, anstatt sie mit trockener oder eingeweichter Kreide oder mit trockener oder in Wasser aufgelöster Roterde, Rötel oder Bolus,

1 2 3 4 5 6 7 8 9 10 11 12

Nummern der Verbandhölzer.

Fig. 629.

Wasserblei, Graphit, Russschwarz einzureiben. Die Balken erhalten als Nummern — von links nach rechts oder von einer Gebäudeecke aus gerechnet — römische Ziffern I, II, III, IV, V, VI, VII, VIII, IX, X, XI, XII u. s. w., Textfigur 629, und rechts von diesen das eigentliche Stockwerks-Zeichen, den sog Pick, Schlag, Steinschlag, welcher mit einem schmalen Stemmeisen geschlagen wird und zwar erhalten die Balken des Erdgeschosses kein Beizeichen, die des 1. Obergeschosses einen Schlag (Pick), die des 2. zwei Schläge, die des 3. Obergeschosses drei

Schläge u. s. f. Textfigur 630 a. Wechsel- und Stichbalken erhalten die gleichen laufenden Nummern ohne Beizeichen und zwar an der Steile, wo sie eingezapft werden.

Die Kehlbalken sind an und für sich schon erkennbar, indem sie entweder Zapfen für die Sparren und Kämme oder Dübellöcher für die Stuhlrahmen besitzen; sie sind daher nur mit laufenden Nummern zu versehen, ebenfalls von links nach rechts oder von der Ecke eines Gebäudes aus gerechnet, oder man giebt ihnen als Beizeichen zwei Stiche.

b) Die Bezeichnungen der Verbandhölzer in einer Längswand erfolgt durch sog. Rutenschläge oder Ruten, welche mit der Queraxt geschlagen und eingekerbt werden, damit sie nicht verquellen, und zwar erhalten die Schwellen, Säulen, Riegel, Bänder, Streben und Rahmenhölzer, Stuhlrahmen bezw. Pfetten der Anzahl der Wände entsprechend beistehende Rutenzeichen: Textfigur 630 b. Säulen und Riegel werden

a. b.

1 2 3 4 5 1 2 3 4

Pick (Stockwerkszeichen). Rute (Längswände).

Fig. 630.

auch hier von links nach rechts in jeder Wand mit römischen Ziffern bezeichnet. Der Riegel erhält an seinem rechten Ende die Zahl der Säule, in die er sich an dieser Stelle einzapft. Die Bänder jeder Wand werden wie die Säulen aber für sich von links nach rechts numeriert; beide aber erhalten das Zeichen in der Nähe ihres Zapfens, bezw. Zapfenloches.

c) Die Bezeichnungen für Verbandhölzer in einer Quer- oder Tiefenwand, in einem sog. Binder. Sie erhalten das sog. Bundzeichen, den Stich, welcher rechts von den römischen Ziffern als laufende Nummern anzuordnen ist. Die Anzahl der Stiche bezw. ihrer diesbezüglichen Zeichen entspricht auch hier der Anzahl der Wände. Säulen und Riegel jeder Wand werden von vorn nach hinten laufend mit römischen Ziffern bezeichnet. Textfigur 631.

1 2 3 4 5 6 7 10 15 20

Stich- oder Bundzeichen (Querwände, Binder).

Fig. 631.

d) Die Bezeichnungen der Sparren eines Dachstuhles. Die Sparren eines Dachgespärres erhalten stets die gleiche Nummer mit römischen Ziffern, wobei aber zu beachten ist, dass der Sparren der Vorderfront unten (am Sparrenfusse), derjenige der Hinterfront eines Gebäudes dagegen oben (am Firsten) zu bezeichnen ist. Ist das Gebäude abgewalmt, so erhalten die Sparren des linken Walmes einen sog. Hohlschlag, einen Schlag mit dem Hohlmeissel, die des rechten Walmes dagegen zwei Hohlschläge als Beizeichen neben den römischen Ziffern als Hauptzeichen. An Stelle der Hohlschläge können jedoch auch die Stiche treten. Textfigur 632.

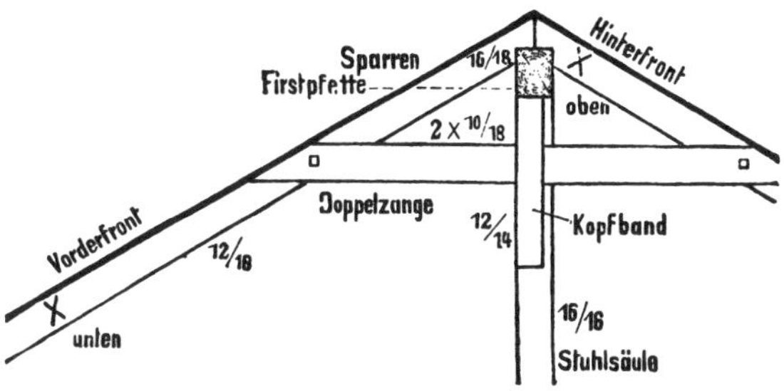

Fig. 632.

e) Die Bezeichnung der Holzkonstruktionsteile in Seitenflügeln. Auch sie erhalten Hohlschläge als Beizeichen und zwar die Verbandhölzer eines linken Seitenflügels einen, die eines rechten Seitenflügels dagegen zwei Hohlschläge.

3. *Regeln für die Konstruktion der Walm- und Wiederkehrdächer.*

Da dieselben sowohl als Kehlbalken, wie als Pfettendächer ausgeführt werden können, so gelten zunächst in Bezug auf die Konstruktion ihrer Bindersysteme die gleichen Regeln, welche bei Besprechung von Sattel-, Pult- und Mansardendächern aufgestellt wurden. Ausser diesen Regeln sind nun noch folgende zu beachten:

a) Zur Konstruktion eines Walm- bezw. Wiederkehrdaches über gegebenem Grundrisse ist zunächst die Dachausmittelung vorzunehmen, bei welcher den Dachflächen in der Regel gleiche Neigungswinkel zu geben sind. Verschiedene Dachneigungen sind erst dann geboten, wenn durch dieselben die Konstruktion des Daches sich vereinfachen lässt, oder wenn solche durch die Fassadenbildung bedingt sind.

Hierauf ist der Dachbinder zu entwerfen, dessen wagerecht liegende Verbandhölzer, also die Mauerlatten, Dachbalken, Sparrenschwellen, Stuhlrahmen bei Kehlbalkendächern, Pfetten bei Pfettendächern, Kehlbalken urd Zangen, in den sog. Werksatz, als Horizontalprojektion sämtlicher wagerecht liegender Verbandhölzer eines Dachstuhles einzuzeichnen sind. Die Unterstützung der Stuhlrahmen und Pfetten aber erfolgt durch Stuhlsäulen, welche zunächst an allen denjenigen Stellen anzuordnen sind, wo Erstere eine Ecke bilden, also ihre Richtung verlassen, was stets unter Graten und Kehlen stattfindet. Von diesen, 3,5 bis 4,5 m entfernt, sind weitere Säulen aufzustellen, damit die freie Länge die Stahlrahmen und Pfetten 3,5 bis 4,5 m nicht überschreitet. Vielfach zeichnet man den Grundriss stehender Stuhlsäulen als Horizontalschnitt in den Werksatz mit ein, obgleich die Säulen durch die auf ihnen ruhenden Stuhlrahmen und Pfetten im Grundriss verdeckt werden. Die Stellung liegender Säulen und Streben dagegen giebt man durch Zeichnung ihrer Versatzung und Verzapfung am Fusspunkte in den Binderbalken an.

Hierauf bestimmt man die Stellung der Binder im Dachstuhl und mit diesen die **Binderbalken**, welche möglichst durchgehende Balken sein sollen, die am besten auf festem Mauerwerk, also auf den Pfeilern zwischen den Fenstern ihr Auflager erhalten, und die mit den Umfassungsmauern gehörig zu verankern sind. Haben Binderbalken jedoch ihr Auflager auf Fensterbogen, was oft nicht zu vermeiden ist, so müssen letztere als balkentragende Mauern im Scheitel mindestens $1^1/_2$ Stein = 38 bis 40 cm stark sein. Bei geringerer Stärke muss das Auflager der Balken durch schmiedeeiserne, gewalzte I-Träger oder Eisenbahnschienen (sog. Altschienen) verstärkt werden. Die Stellung der Binder wird sich in vielen Fällen nach der Grundrissdisposition der Räume richten müssen, sodass dieselben vorteilhaft über Scheidemauern anzuordnen sind. $^1/_2$ Stein starke Scheidemauern aber sollen nie durch Binder belastet werden, weshalb erstere als Fachwände, mindestens aber mit in beiden Balkenlagen eingezapften Thürsäulen zu konstruieren sind.

Darnach ergänze man durch Einzeichnung der Bundbalken, Zwischen- oder Leerbalken, Wechsel- und Stichbalken bei Auswechselung der Balken an Schornsteinkörpern, Ventilationsschächten und Oeffnungen in der Balkenlage für die Treppe die **Dachbalkenlage**.

Liegen Binderbalken auf Mauern, so achte man konstruktiv darauf, dass sowohl unterhalb die Deckenschalung als oberhalb die Dielung an den Balken befestigt werden kann.

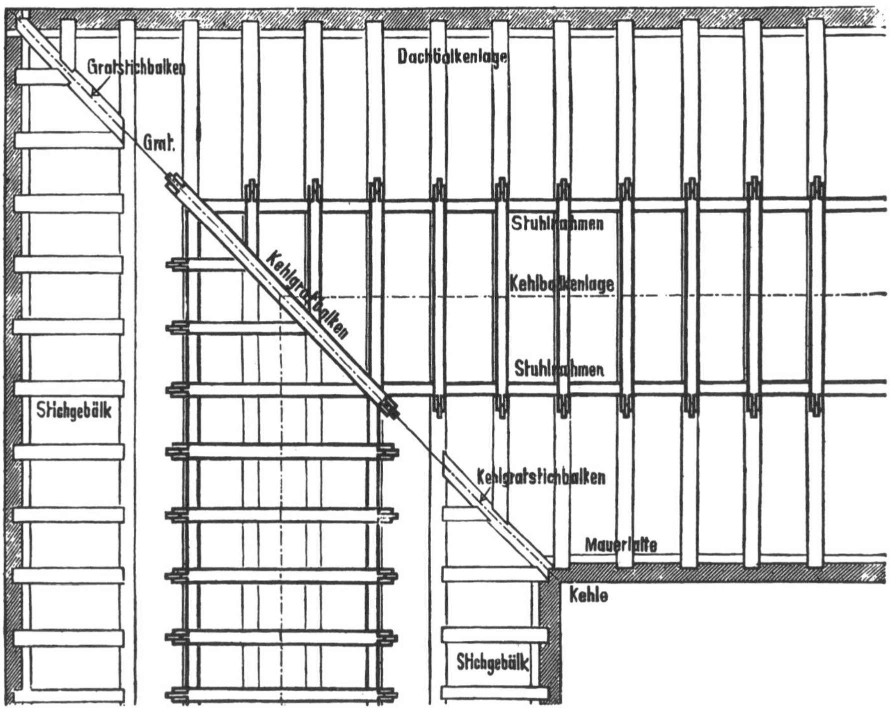

Fig. 633.

Alles verdeckte Holzwerk der Dachbalkenlagen, also der Balken, Wechsel und des Wandbundholzes, muss mindestens ***6,5 cm*** von den Aussenwänden der Schornsteine entfernt sein, oder es ist eine

6,5 cm starke Verblendung von gebrannten Ziegeln oder anderen flachen Steinen in Kalkmörtel anzubringen, während bei freiliegendem Holzwerke der Dachstühle ein freier Zwischenraum von mindestens *5 cm* Breite oder eine gleiche Verblendung vorzusehen ist. Vergl. Allgemeines Baugesetz für das Königreich Sachsen vom 1. Juli 1900. § 120. S. 48.

Bei Kehlbalkenwalmdächern ist die Kehlbalkenlage in den Werksatz einzuzeichnen. Die freie Länge der Kehlbalken darf hierbei 4 bis 5 m nicht überschreiten. Ruhen die Sparren an ihrem Fusspunkte direkt in den Balken mittels zurückgesetzten, schrägen Zapfens, so ist an den Walmseiten ein Stichgebälk vorzusehen, dessen Stich-, Gratstich und Kehlstichbalken in den nächsten durchgehenden Balken mittels Brustzapfens eingezapft werden. Auch in der Kehlbalkenlage ist ein solches Stichgebälk anzuordnen. Vergl. Textfigur 20 und 21. Liegen bei Wiederkehrdächern Grat- und Kehllinie in einer vertikalen Ebene, so ist in der Kehlbalkenlage ein durchgehender Kehlgratbalken zu verlegen. Textfigur 633. Ist ein kombinierter Kehlbalken- und Pfettendachstuhlbinder zur Anwendung gebracht, dessen Sparren sich auf den Stuhlrahmen der Pfette aufklauen und dessen Kehlbalken neben den Sparren liegend auf den Stuhlrahmen aufgekämmt werden, so sind an Grat- und Kehlsparren zwei Gratkehlbalken als Doppelzangen zu verlegen, dem Doppelkehlbalken an Bindergespärren entsprechend. Textfigur 634, in welcher die Sparrenlage und die Kehlbalkenlage dargestellt sind. Vergl. XII. G. 1. S. 202 und Textfigur 570 bis 572.

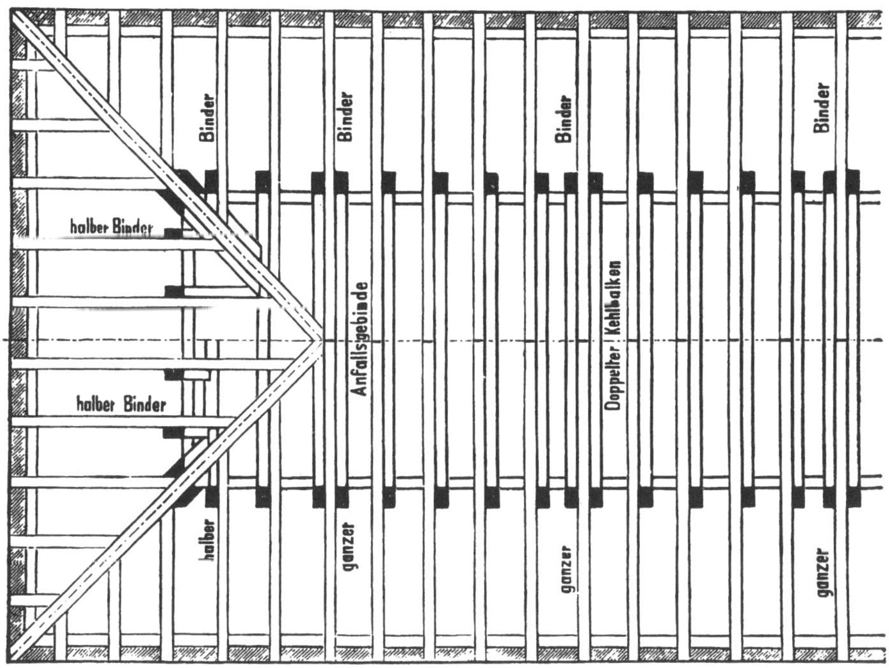

Fig. 634.

b) Die Binder treten bei Walm- und Wiederkehrdächern auf als ganze Binder, halbe Binder, Gratbinder unter Graten und Kehlbinder unter Kehlen.

c) Im Anfallspunkte a ist meist ein Gespärre erforderlich, gegen welches die Grat- und Kehlsparren sich anschmiegen. Dieses Gespärre, (das sog. Anfallsgebinde), aber kann entweder ein Bindergespärre oder ein Leergespärre sein. Bei Dachstühlen mit liegenden Säulen ist jedoch im Anfallspunkte stets ein Bindergespärre anzuordnen, desgleichen bei Hängewerksdachstühlen.

d) Die Sparren stehen bei Walm- und Wiederkehrdächern stets normal zur Traufkante. Nur bei windschiefen Dachflächen sind sie normal zur Firstlinie gerichtet. Grat- und Kehlsparren dürfen nie über 4,5 bis höchstens 5 m freiliegen. Bei grösserer freier Länge sind sie durch stehende Säulen oder Streben zu unterstützen. Vorteilhaft ist es, eine Grundrissprojektion der Sparrenlage, gesondert vom eigentlichen Werksatze zu entwerfen, in welcher zunächst sämtliche Grat-, Kehl- und Bindersparren und zwischen diesen alsdann die Lehrgespärre in möglichst gleichen Abständen, der Sparrenweite für die verschiedenen Dachdeckungsmaterialien entsprechend anzuordnen sind. Vergl. XII. C. 11). S. 142.

e) Stuhlsäulen sind stets auf durchgehende Balken und nur ausnahmsweise auf Balkenwechsel oder Schwellen zu stellen.

f) Stuhlrahmen, Pfetten, sowie Grat- und Kehlsparren dürfen nie unterbrochen werden. Um dies zu ermöglichen, sind die Schornsteine dementsprechend anzuordnen, weshalb bei Anlage der Schornsteine im Grundrisse die Dachausmittelung sowohl wie die Lage der Stuhlrahmen und Pfetten massgebend ist. Andernfalls muss man die Schornsteine ziehen oder wenn dies nicht möglich oder statthaft ist, verlegen. Ist auch dieses nicht angängig, so muss man die Lage der Stuhlrahmen und Pfetten verändern, indem man sie höher, tiefer oder mehr seitwärts anordnet. Treten

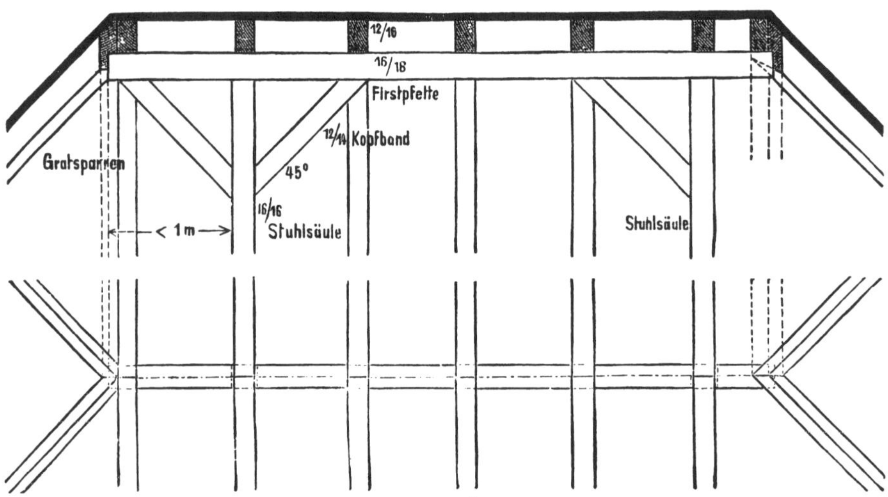

Fig. 635.

Schornsteine zu nahe an Grat- und Kehlsparren heran oder durchschneiden sie dieselben, so muss man, wenn ein Verziehen oder Verlegen der Schornsteine nicht möglich ist, die Neigung der Walmdachflächen verändern, wobei alsdann die Grat- und Kehllinien nicht mehr als die Halbierungslinien der

Winkel erscheinen, welche die Traufkanten mit einander bilden. Die freie Länge der Stuhlrahmen und Pfetten darf ebenfalls 4 bis höchstens 5 m betragen.

g) Ist im Dachbinder eine Firstpfette, deren freie Länge 3,5 bis 4,5 m nicht überschreiten darf, vorhanden, so wird entweder das Anfallsgebinde oder das nächstfolgende Gebinde als Bindergespärre konstruiert. Im letzteren Falle ist die Firstpfette um höchstens 1 m zu verlängern und von der Säule des letzten Binders aus durch Kopfbänder in ihrer freien Länge zu unterstützen. Auf dieser verlängerten Firstpfette erhalten die Gratsparren alsdann ihr sicheres Auflager. Textfigur 635. Erhält man durch die Dachausmittelung eine höchstens 1 m lange Firstlinie, so empfiehlt es sich, um eine grössere Firstlinie zu erhalten, den Walmdachseiten steilere Neigung zu geben, da zu kurze Firstlinien unschön wirken, oder man konstruiert das Dach als Zeltdach ohne Firstlinie, indem man den Walmdachseiten flachere Neigung giebt.

h) Kehlbalkenwalmdächer mit liegendem Stuhle erfordern stets die Anordnung von ganzen Bindern sowohl im Anfallspunkte als Halbbindern unter Graten und Kehlen. Je nach der Gebäudetiefe bezw. Länge der Walmseitentraufkanten sind ferner noch ein oder zwei Halbbinder an letzterer anzuordnen. Textfigur 636. Hierbei ist namentlich auf die

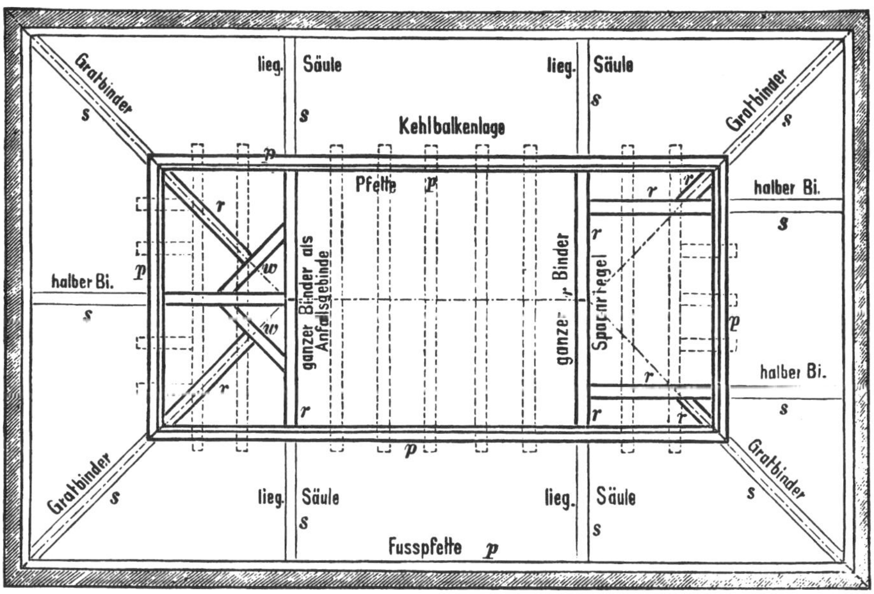

Fig. 636.

Befestigung der Spannriegel im Gratbinder liegender Dachstühle Rücksicht zu nehmen, für welche Wechsel eingezogen werden müssen zwischen den Spannriegel des Anfallsgebindes als ganzer Binder und den der halben Binder an den Walmdachflächen.

i) Bei Pfettenwalmdächern mit stehendem Stuhle werden die Sparren und Schiftsparren der Walmdachseiten durch Pfetten unterstützt, welche an den Walmseiten zugleich den Querverband mit den Längenstuhlwänden bilden, weshalb an der Walmdachseite unter oder über den Pfetten die Anordnung von Zangen, wie solche bei ganzen Bindern erforderlich werden, überflüssig, ja sogar fehlerhaft sind.

k) Bei Pfettenwalmdächern mit liegendem Stuhle sowohl wie bei eigentlichen Pfettendächern, deren Sparren auf Pfetten ruhen, welche durch Hauptträger, Hauptsparren bezw. Hängestreben bei Hängewerksdachstühlen getragen werden, sind ebenfalls ganze Binder im Anfallspunkte, halbe Gratbinder unter Graten und Kehlen und zwei oder drei Halbbinder an den Walmseiten der freien Länge der Pfetten bezw. der Gebäudetiefe oder Länge der Walmseite entsprechend anzuordnen.

l) Bei Walm- und Wiederkehrdächern mit Versenkung, Drempel- oder Kniestockwand, ist zunächst die Anordnung eines Stichgebälkes in der Dachbalkenlage an den Walmseiten entbehrlich, weil die Sparrenlage von der Balkenlage unabhängig ist, da die Sparren sich auf den Versenkungsrahmen aufklauen. Die Versenkungswand, meist 0,9 bis 1 m hoch, von Oberkante Dachbalken bis Oberkante Versenkungsrahmen gemessen, der Brüstungshöhe der Dachfenster entsprechend, ist durch Anordnung von Streben und Zangen gegen den Sparrenschub zu sichern, damit dieselbe nicht hinausgedrängt werden kann. Für die Schubstreben ist jedoch an den Walmseiten ein Wechsel w zwischen den Balken einzuzapfen zur Aufnahme ihres Zapfens am unteren Ende, oder es muss eine Schwelle s über zwei bis drei Balken hinweg verkämmt werden, während für die Streben der Gratbinder Gratstichbalken oder in gleicher Weise Gratschwellhölzer vorzusehen sind. Textfigur 637.

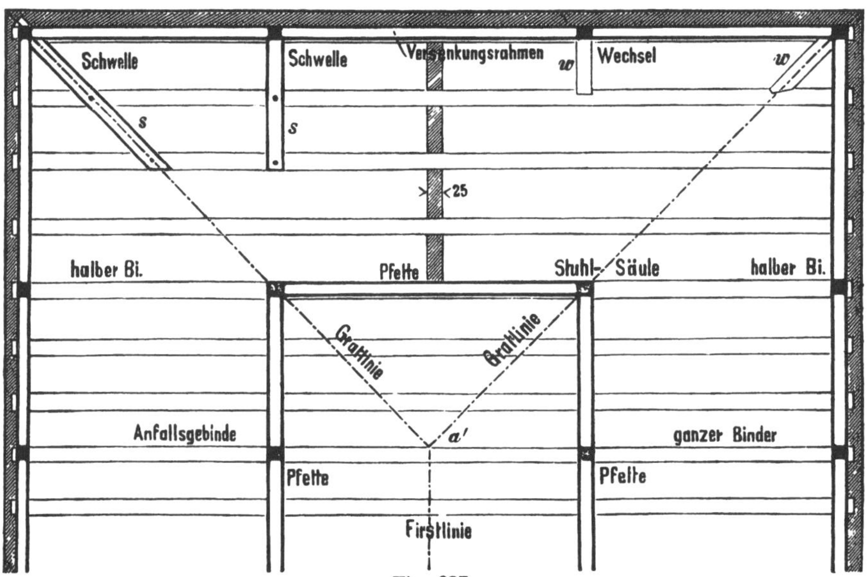

Fig. 637.

m) Für die Aufstellung der Binder bei Pfettenwalmdächern mit Versenkung kann man als Regel gelten lassen, dass bei geringer Gebäudetiefe im Anfallspunkte ein Bindergespärre und unter den Graten halbe Binder anzuordnen sind. Textfigur 638 a. Ist hierbei im Anfallspunkte ein Bindergespärre nicht angängig, so sind halbe Binder von den Stuhlsäulen an der

Walmseite sowohl als an der Langseite des Daches vorzusehen. Textfigur 638 b. Den nächsten ganzen Binder stellt man alsdann in Entfernung von 3,5 bis 4,5 m von den Halbbindern der Langseitendachfläche auf.

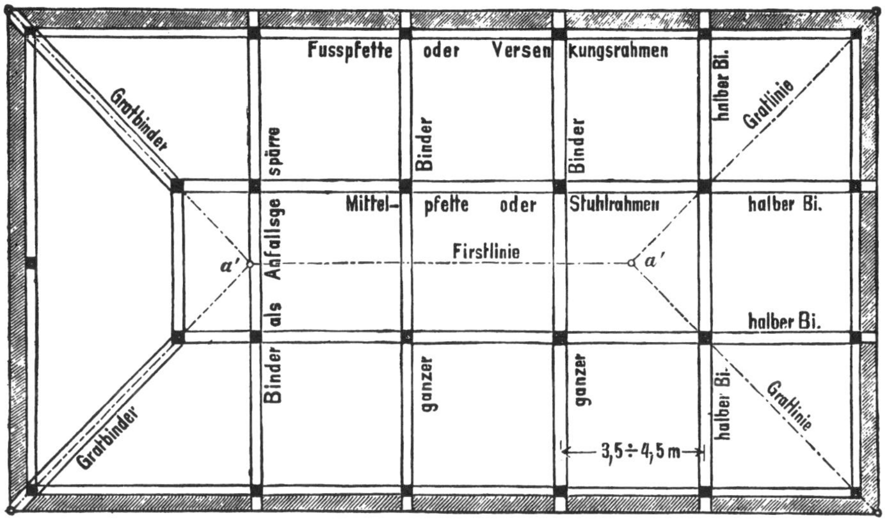

Fig. 638 a. Fig. 638 b.

Bei grösserer Gebäudetiefe ist ausser dem Binder im Anfallspunkte und den beiden Gratbindern noch ein halber Binder in der Mitte der Walmseite erforderlich. Textfigur 639 a. Ist jedoch auch hier ein Anfallsgebinde nicht angängig, so stellt man Halbbinder derart auf, dass die freie Länge s des Versenkungsrahmen 3,5 nicht überschreitet. Textfigur 639 b. Ist dieselbe jedoch grösser als 3,5 m bis höchstens 4,5 m, so wird wiederum die Aufstellung von Gratbindern erforderlich. Textfigur 639 c. Der nächste ganze

Fig. 639 c.

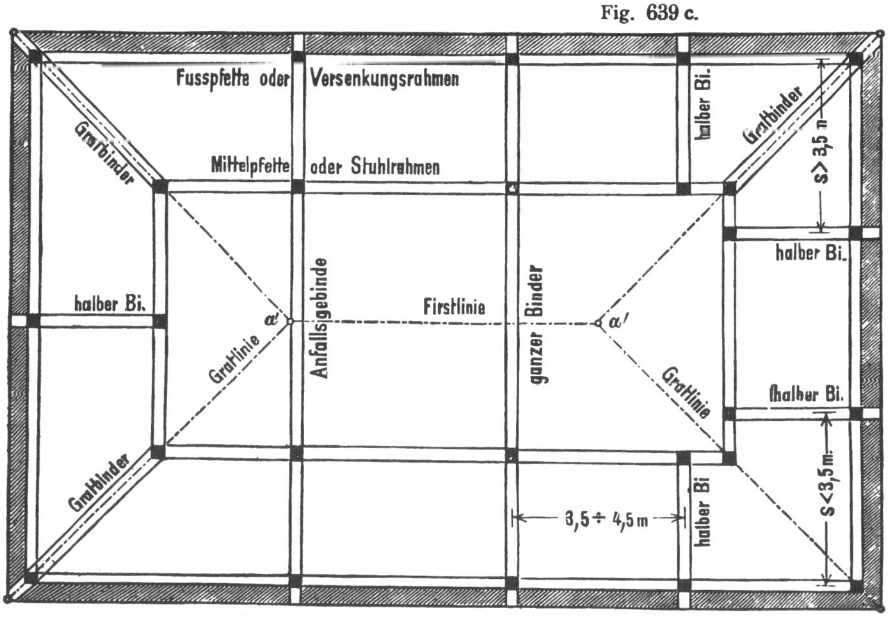

Fig. 639 a. Fig. 639 b.

Binder der Langseite ist in Entfernung von 3,5 bis 4,5 m von den Halbbindern der Langdachseiten anzuordnen.

Fig. 640 a. Fig. 640 b.

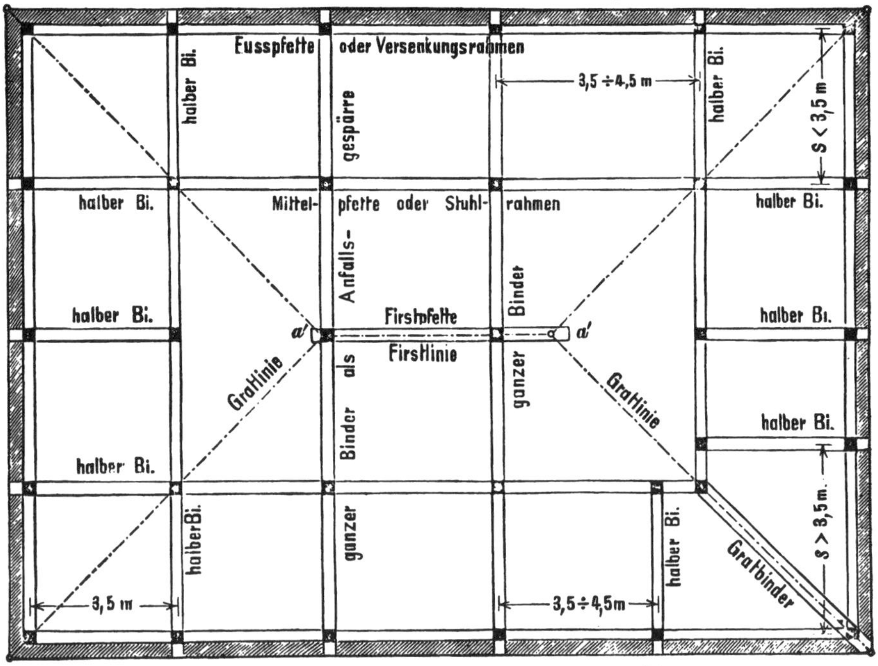

Fig. 640 c.

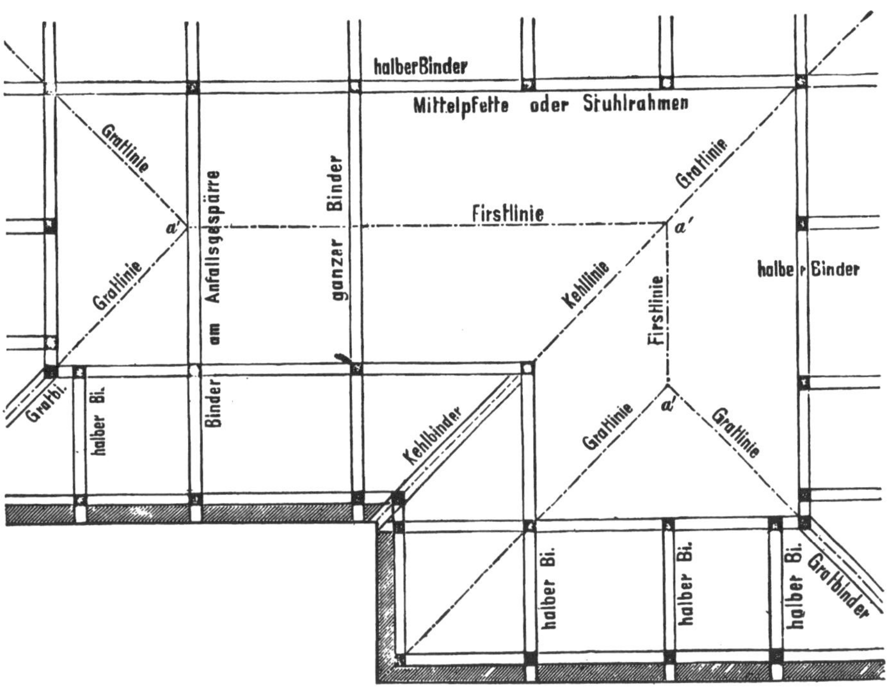

Fig. 641.

Bei noch grösserer Gebäudetiefe wird die Anordnung einer Firstpfette erforderlich. Die Stellung der Binder kann dann ebenfalls bei gegebenem oder fehlendem Anfallsgebinde unter gleichen Gesichtspunkten wie vorher ausgeführt werden. Textfigur 640 a b c.

Bei Kehlen- oder Wiederkehrdächern sind Kehlgratbinder unter den Kehlen aufzustellen, während die Stellung der übrigen halben und ganzen Binder derjenigen bei Walmdächern entspricht, wobei also genau dieselben Gesichtspunkte zu beachten sind· Textfigur 641.

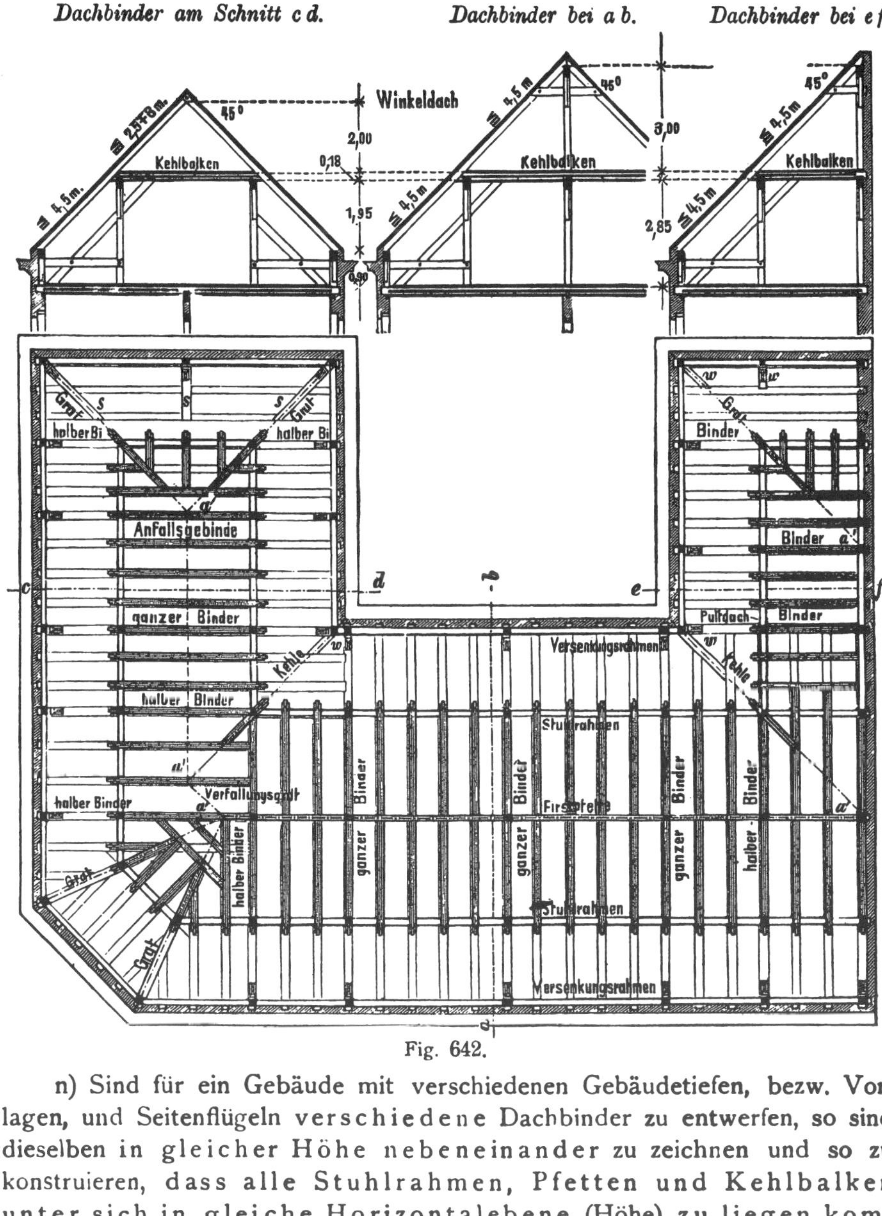

Fig. 642.

n) Sind für ein Gebäude mit verschiedenen Gebäudetiefen, bezw. Vorlagen, und Seitenflügeln verschiedene Dachbinder zu entwerfen, so sind dieselben in gleicher Höhe nebeneinander zu zeichnen und so zu konstruieren, dass alle Stuhlrahmen, Pfetten und Kehlbalken unter sich in gleiche Horizontalebene (Höhe) zu liegen kommen. Textfigur 642

o) Sind bei Dächern über Gebäudevorlagen Firstpfetten erforderlich, so ist es vorteilhaft, die Kehlbalkenlage in solcher Höhe anzuordnen, dass ein Kehlbalken in seiner Verlängerung zugleich die Firstpfette bildet. Textfigur 643.

Schnitt a b c d in der Richtung der Firstlinien gebrochen. *Schnitt g h.*

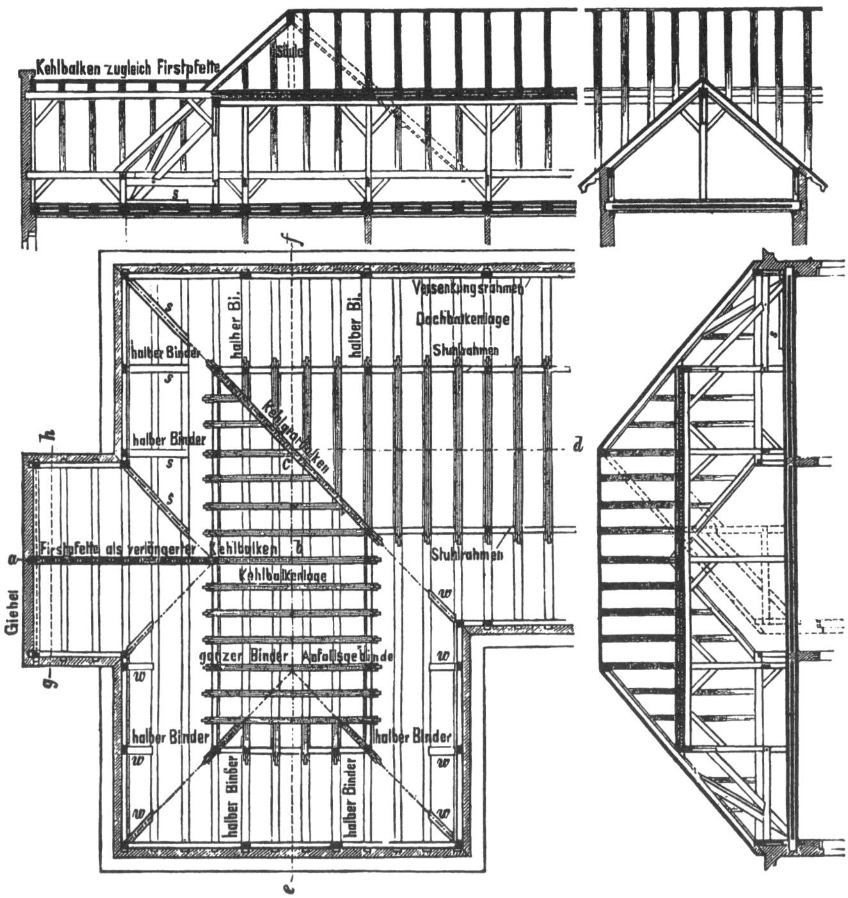

Fig. 643. *Schnitt e f.*

p) Bei Walmdächern mit Vorlagen, deren Traufkanten verschiedene Höhe haben oder bei welchen das Hauptdach mit Versenkung konstruiert, der Vorbau aber als Stockwerk über die Traufkante des Ersteren hochgeführt wird, wobei die Firsten beider Dächer eventuell gleiche Höhe erhalten können, — vergl. XII. B. Dachausmittelungen, S. 126 und *Tafel 10, Fig. 15.* — legt man die Firstpfetten beider Dächer in gleiche Höhe und die Mittelpfetten des Hauptdaches in gleiche Höhe der Fusspfetten des Vorbaudaches, wodurch die Höhe der Dachbalkenlage über dem Vorbaue bestimmt ist. Textfigur 644. Ist eine Kehlbalkenlage im Hauptdache vorhanden, so legt man die Dachbalkenlage des Vorbaues in gleiche Höhe der Kehlbalkenlage des Ersteren, wodurch sich wiederum die Lage der Firstpfetten des Vorbaudachstuhles ergiebt. Textfigur 645. In beiden Fällen müssen die in der Richtung der sich bildenden Kehlen zu verlegenden

Kehlsparren ihre Befestigung am unteren Ende an einem Leer- oder Bindersparre erhalten, welches n e b e n der hochzuführenden, inneren Seitenmauer des Dachvorbaues angeordnet werden muss.

q) D i e B e f e s t i g u n g d e r F i r s t p f e t t e e i n e s a b g e w a l m t e n V o r b a u d a c h e s erfolgt am besten auf einer einfachen oder doppelten Zange, welche am Anfallsgespärre des Vorbaudaches angeblattet bezw. verbolzt wird. Textfigur 646. Ist dagegen

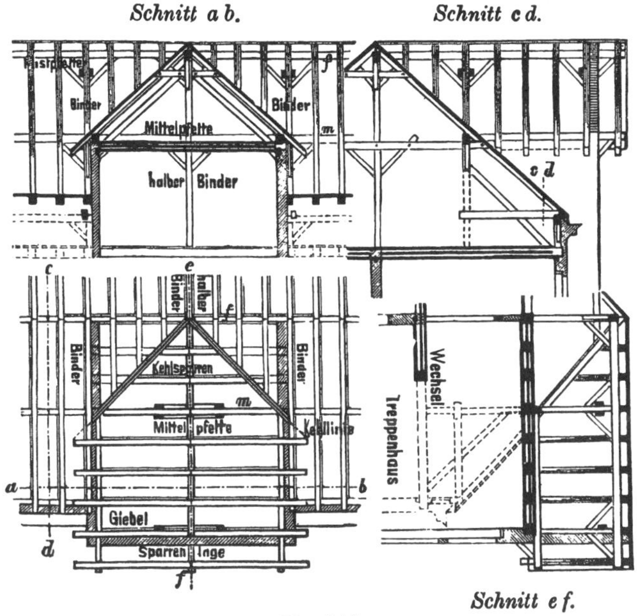

Fig. 644.

ein Giebel vorhanden, so kann man bei $1\frac{1}{2}$ Stein starker Giebelmauer die Pfetten in letzterer direkt auflagern unter entsprechender Verankerung; bei geringerer Stärke der Giebelmauer aber zapft man die Firstpfette auf einer Stuhlsäule auf, welche auf einem Balken oder Kehlbalken ruht. Diese aber sind bei grösserer freier Länge gegen ein Durchbiegen zu sichern durch Anwendung eines Hängewerkes — vergl. Textfigur 331 — eines vereinigten Hänge- u. Sprengwerkes oder eines

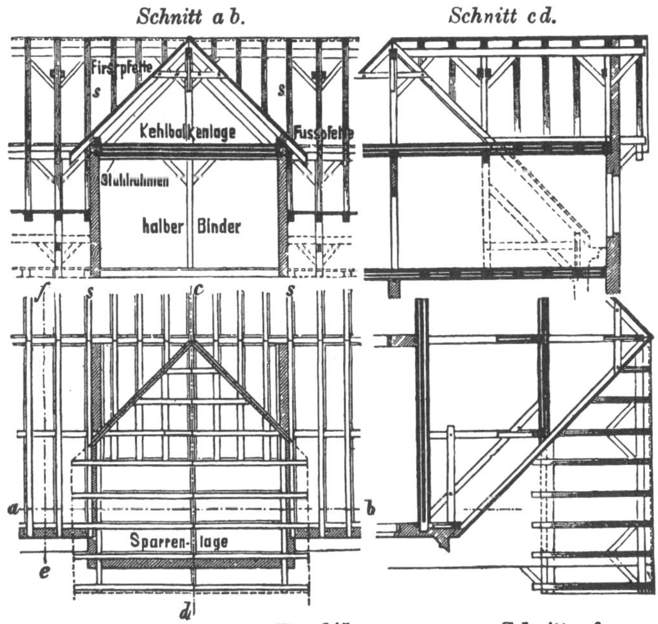

Fig. 645

Sprengbockes unter Fortfall einer Stuhlsäule. Vergl. Textfigur 329. Auch die freie Länge dieser Firstpfetten darf höchstens 3,5 bis 4,5 m betragen unter Anwendung von Kopfbändern zur Längenunterstützung derselben.

r) Liegt eine Treppe in der Ecke eines abgewalmten Gebäudes, so lässt sich eine Schubstrebe für den Gratsparren nicht gut anordnen ohne den Verkehr zu beeinträchtigen und unschön zu wirken im Treppenhause. Um dennoch dem Schube des Gratsparren begegnen zu können, legt man zwischen die Fusspfetten oder Versenkungsrahmen einen **Wechsel** von gleicher Höhe der Ersteren mittels schwalbenschwanzförmiger Überblattung und hält den Gratsparren an seinem Fusspunkte durch Anordnung einer **Doppelzange** fest, welche mit dem Gratsparren und dem Pfettenwechsel zu verblatten und zu verbolzen ist. Textfigur 647.

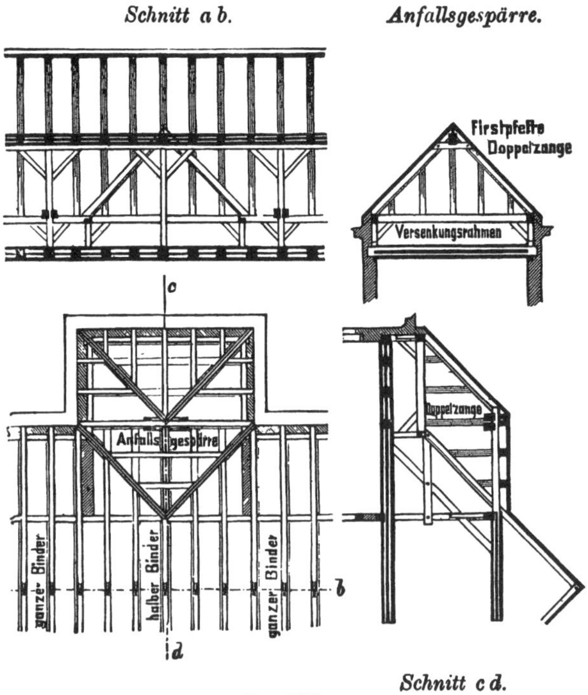

Fig. 646.

Es ist selbstverständlich, dass bei jedem Grundrisse, über welchem Walm- bezw. Wiederkehrdächer zu entwerfen sind, neue Konstruktionsfälle auftreten, die sich aber unter Innehaltung der angeführten, hauptsächlichsten Gesichtspunke und Regeln lösen lassen.

L. Die Konstruktion der Zeltdächer.

Nach der Definition eines Zeltdaches — vergl. XII. A. f. Seite 122, und Textfigur 282 bis 284 — sind Zeltdächer Walmdächer ohne Firstlinie, deren Walmflächen in einem Firstpunkte zusammenstossen. Dieser muss stets lotrecht über dem Schwerpunkte der Grundrissfigur liegen, welche quadratisch, polygonal oder kreisrund sein kann. Im letzteren Falle geht das sog. **Pyramidendach** in ein **Kegeldach** über. In der **Spitze** eines Zeltdaches treffen soviele Gratsparren zusammen als die Grundrissfigur Ecken hat, und zwar erhalten diese Gratsparren ihre Befestigung an einer **Helmstange**, mit welcher sie zu versatzen und zu verzapfen sind. Der Querschnitt der Helmstange entspricht der Grundrissfigur in Bezug auf die Anzahl der Ecken derselben, somit auch der Anzahl der Gratsparren, welche sie auf-

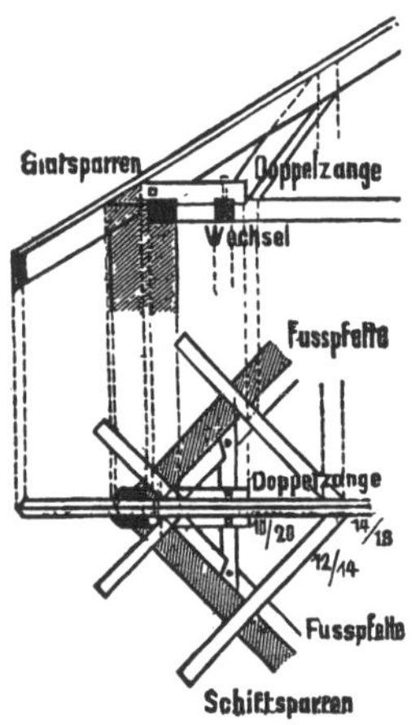

Fig. 647.

zunehmen hat. Die Binder eines Zeltdaches stehen stets in diagonaler Richtung der Grundrissfigur, also unter den Graten, sie sind also Gratbinder, während bei grösseren Längen der Traufkanten und somit auch Pfetten noch weitere halbe Binder erforderlich werden können. Die Zwischensparren eines Zeltdaches sind stets Schiftsparren, welche sich an die Gratsparren anschmiegen und stets normal zu den Pfetten und Traufkanten anzuordnen sind. Vgl. K. d), Seite 234. Bei Kegeldächern dagegen sind die Mittellinien sämtlicher Grat- und Zwischensparren nach der Spitze des Kegeldaches gerichtet, wobei jedoch nur die eigentlichen Bindersparren nach der Helmstange geführt werden, während die Zwischensparren meist in Wechseln endigen, welche zwischen den Bindersparren eingezapft werden.

Der Verband der Zeltdächer entspricht ganz dem der Sattel- und Walmdächer. Sie können mit und ohne unterstützte bezw. ohne Balkenlage konstruiert werden, weshalb bei der Konstruktion ihrer Bindersysteme sowohl das Hängewerk wie das vereinigte Hänge- und Sprengwerk zur Anwendung kommen kann. Bei ihrer Konstruktion gelten somit die gleichen Regeln über Sattel- und Walmdächer und ist nur zu beachten, dass bei etwaigen Überschneidungen der Verbandhölzer, namentlich der Streben und Zangen, kein Holz mehr als $\frac{1}{2}$ bis $\frac{1}{3}$ seiner Höhe durch Ausschnitte geschwächt werden darf, während schmiedeeiserne Bolzen die Verbindungen in ihren Knotenpunkten sichern. Bei der erforderlichen Anwendnng von Doppelzangen, welche die Helmstange tragen und die von jedem Gratbinder ausgehen, überschneiden sich rechtwinklig sich kreuzende Zangen stets um die Hälfte ihrer Höhe. Vorteilhafter ist es jedoch, die Doppelzangen in verschiedenen Höhenlagen anzuordnen, um diese die Hölzer schwächenden Ueberschneidungen zu vermeiden. Als Beispiele mögen dienen:

1) ein Zeltdach über quadratischem Grundrisse. Textfigur 648. Die Gratsparren sind nach der Helmstange als Hängesäule gerichtet, während die Schifter an erstere sich anschmiegen. Zur Unterstützung der Schifter jedoch dient eine Mittelpfette, welche durch liegende, nach der Helmstange gerichtete Säulen getragen werden. Doppelzangen endlich, in zwei verschiedenen Höhenlagen sich kreuzend, sollen dem Sparrenschube begegnen. Textfigur 648 zeigt den Werksatz, die Sparrenlage, den Quer- und Diagonalschnitt.

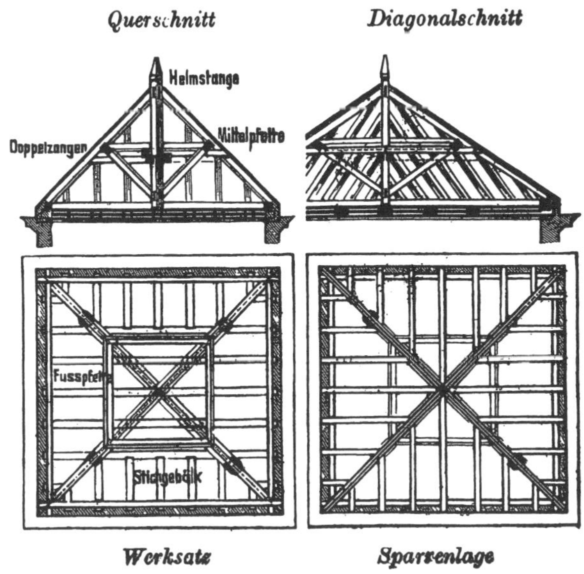

Fig. 648.

2) ein Zeltdach über quadratischem

Diagonalschnitt.

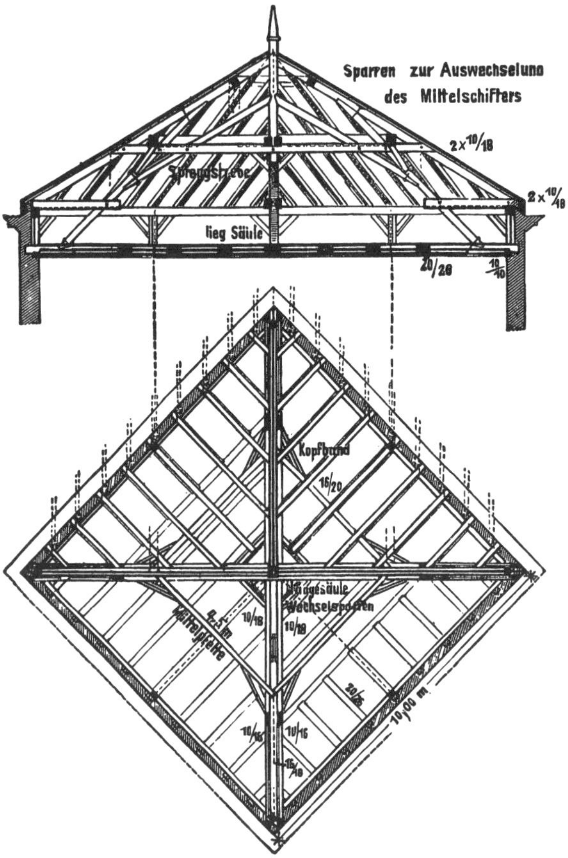

Balkenlage mit Werksatz.

Fig. 649.

Grundrisse mit unterstützter Balkenlage und Versenkung. Textfigur 649. Auch hier stehen die Hauptbinder unter den Graten, während bei grösseren freien Längen der Mittelpfetten als 4,5 m noch ein oder zwei Halbbinder wie bei Walmdächern anzuordnen wären. Der Binder ist nach dem Prinzip des vereinigten Hänge- und Sprengwerkes konstruiert und zwar mit liegenden Säulen, von welchen aus Sprengstreben nach der kurzen Helmstange als Hängesäule gerichtet sind. Doppelzangen, in gleicher Höhenlage sich um die Hälfte ihrer Höhe überschneidend, tragen die Mittelpfette, welche in dem durch Gratsparren, liegende Säule und Doppelzange gebildeten Dreieck ruht. Kopfbänder endlich dienen zur Längenunterstützung der Mittelpfette, auf welche die Schifter sich aufklauen. Die Mittelschifter, welche nach der Spitze des Zeltdaches gerichtet sind, werden durch Wechsel, die zwischen die Gratsparren eingezapft sind, aufgefangen, reichen also nicht bis zur Helmstange hinauf.

3) ein Zeltdach über quadratischem Grundrisse ohne Balkenlage und ohne Versenkung. Textfigur 650. Auch dieser Binder ist nach dem Prinzip des vereinigten Hänge- und Sprengwerkes konstruiert, indem die Helmstange als Hängesäule durch Sprengstreben und Doppelzangen getragen wird. Die Sprengstreben erhalten ihren Fusspunkt in kurzen Gratstichbalken, welche durch schmiedeeiserne Zugstangen verbunden sind, während eine senkrechte Hängestange ein Durchbiegen der ersteren verhüten soll. Auf die obere Doppelzange kämmt sich die Mittelpfette auf. Da aber die Doppelzangen in zwei verschiedenen Höhenlagen sich kreuzen, so muss die Mittelpfette bei den tiefer liegenden Zangen auf Knaggen gelagert werden, welche auf den Sprengstreben mit Versatzung und Nagelung befestigt sind, wie dies in den Einzelverbindungen dargestellt ist.

4) ein Kegeldach über kreisförmigem Grundrisse. Textfigur 651. Bei Kegeldächern werden die Pfetten aus krummen oder gebogenen Hölzern hergestellt, vorteilhafter aber verwendet man Bohlenkränze aus dreifach zusammengebolzten Brettlagen, welche nach dem Krümmungshalbmesser geschnitten werden. Diese Bohlenkränze erhalten alsdann meist 3 × 5|20 bis 5|25 cm Stärke und werden ausserdem durch eiserne Bolzen und Bänder abwechselnd zusammengehalten, welche in Entfernung von 2 bis 3 m anzuordnen sind. Die Fusspfette ist mit dem Mauerwerke gehörig zu verankern. In Fig. 651 sind 8 Haupt- oder Gratbinder, deren Sparren die Helmstangen tragen, angeordnet, während die Zwischensparren I und II durch Wechsel, welche zwischen den Hauptsparren eingezapft sind, aufgenommen werden. Je zwei Doppelzangen in zwei verschiedenen Höhenlagen angeordnet, überschneiden sich um die Hälfte ihrer Höhe, sodass auf den tiefer liegenden Doppelzangen für das Auflager der Mittelpfette eine Unterfütterung vorzusehen ist.

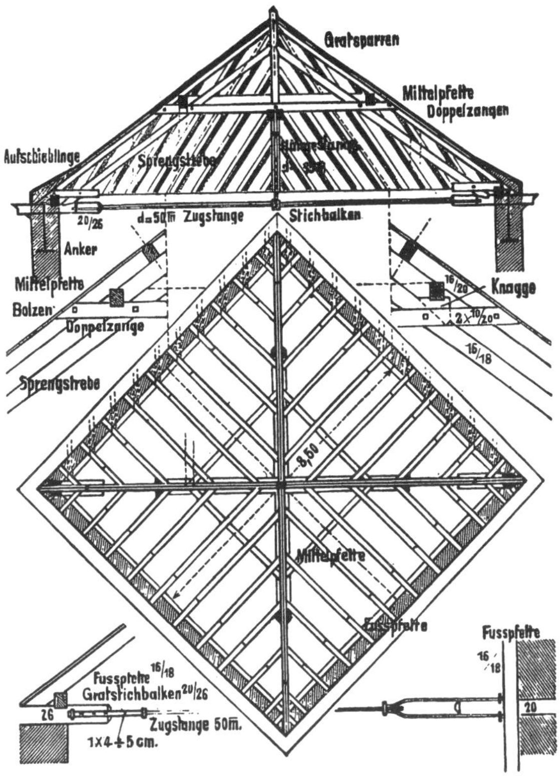

Fig. 650.

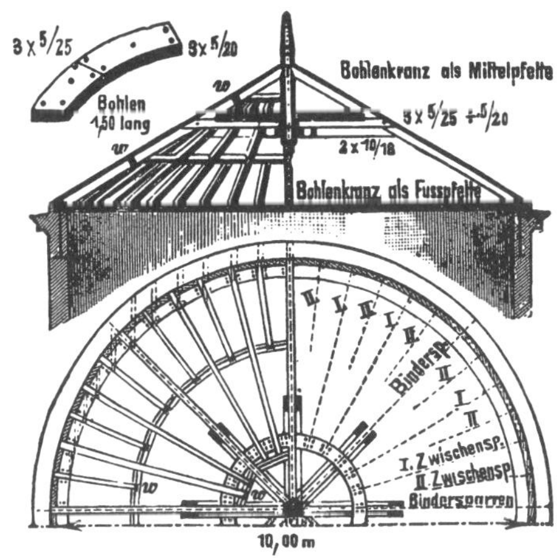

Fig. 651.

Grössere Zeltdachbauten kommen zur Ausführung bei landwirtschaftlichen Gebäuden, wie z. B. Feldscheunen und bei Cirkus und Panoramagebäuden, welche meist mit einer Laterne bekrönt sind und einen 8, 16, 20 eckigen Grundriss haben.

5) ein Zeltdach über achteckigem Grundrisse einer sogenannten Polygonalscheune. Textfigur 652. Die Umfassungen sind hier als Fachwerkwände konstruiert, deren Seitenwände die Länge von

6 m nicht überschreiten sollen, damit sich die Pfetten noch freitragen können. Die Ecksäulen der Umfassungen erhalten fünfeckigen Querschnitt, entweder wie bei a oder b. Die eigentlichen Bindersäulen stehen hinter diesen Ecksäulen im Abstande von ca. 1 m und sind mit denselben durch sich kreuzende Streben und Doppelzangen nach dem Prinzip des Gitterträgers verbunden. Die nach aussen gerichtete Strebe soll dem Winddrucke, die nach innen gerichtete dagegen dem Sparrenschube begegnen. Die inneren Bindersäulen haben ihren Fusspunkt auf einer kurzen Schwelle,

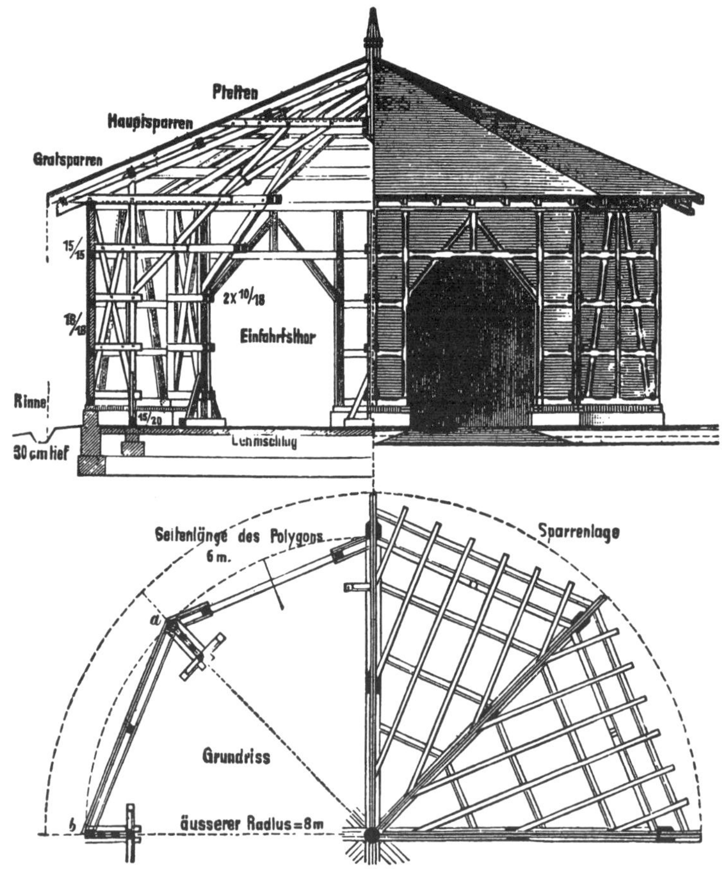

Fig. 652.

und sind von dieser aus durch Strebebänder gesichert. Das Dach selbst ist als eigentliches Pfettendach konstruiert, bei welchem die zur Unterstützung der Schiftsparren erforderlichen 4 Pfetten auf Hauptträgern, Hauptsparren aufgekämmt und durch Knaggen gegen ein Umkippen gesichert sind. Die Hauptträger nun werden ebenfalls nach dem Prinzip des vereinigten Hänge- und Sprengwerkes gestützt unter Anwendung der Hängesäule als Helmstange mit achteckigem Querschnitt, der Sprengstreben und Doppelzangen. Die oberen Zangen sind in zwei verschiedenen Höhenlagen angeordnet und überschneiden sich je zwei Zangenpaare um ihre halbe Höhe. Das mit einer

Rollschicht abgedeckte Sockelmauerwerk hat 0,50 m Höhe und trägt die 15|20 cm starke Schwelle der Fachwerkwände, welch' letztere bei 5,5 m Höhe eine dreimalige Verriegelung erfordern. Die Einfahrtsthore sind 3,5 bis 3,8 m hoch bei 3,8 m geringster Breite. Die Dachneigung beträgt 1 : 10 bis 1 : 15 für doppellagiges Pappdach auf 2,5 cm starker gespundeter Schalung. Die Fundamente sind auf Frosttiefe 1 bis 1,30 m tief zu gründen, die Fundamente der inneren Bindersäulen dagegen erhalten 0,50 m Tiefe. Der ganze Bau ist endlich mit einer 0,30 m tiefen Rinne zu umziehen, damit das Regenwasser leicht abgeführt werden kann, zu welchem Zwecke auch das Dach mindestens 0,60 m Überstand erhalten hat.

M. Die Konstruktion der Turmdächer oder Turmhelme.

Turmdächer sind Zeltdächer von sehr steiler Dachneigung und bedeutender Höhe, im Verhältnis zu ihrer Basis, ihrer Spannweite. Gewöhnlich verhält sich die Basisweite zur Höhe des Turmdaches wie $1 : 3^1/_2$, $1 : 4^1/_2$ bis höchstens $1 : 5$, d. h. die Höhe des Turmes ist das $3^1/_2$, $4^1/_2$, 5 fache der Breite seiner Basis. Ihr Grundriss kann ebenfalls quadratisch, polygonal

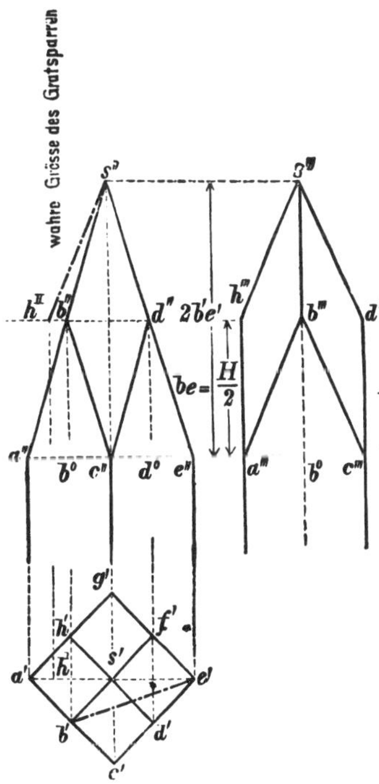

Fig. 653.

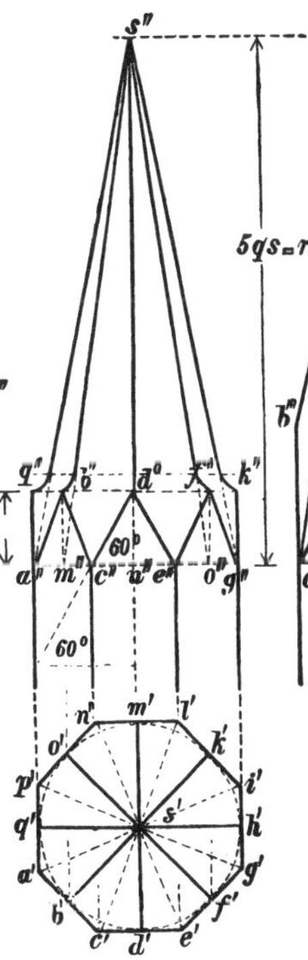

Fig. 655.

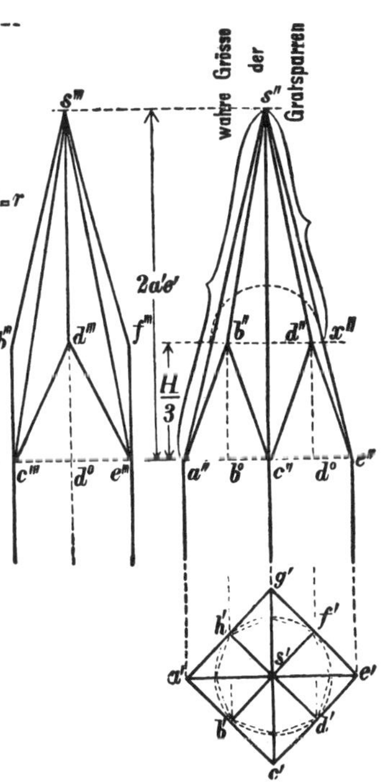

Fig. 654.

oder kreisrund sein, wonach man sie ebenfalls als Pyramiden bezw. Kegeldächer bezeichnen kann. Ihre äussere Gestalt ist sehr mannigfach und wird durch die Dachausmittelung wie bei Zeltdächern bestimmt. Vergl. Projektionslehre, Durchdringungen, Seite 106, 35. *Tafel 19, Fig. 112.* Im

Folgenden seien einige Turmdachausmittelungen nach Möllinger kurz besprochen:

1) Vierseitiges Turmdach über quadratischem Grundrisse, dessen Gratsparren zur Vermeidung von Kehlen nach den 4 Giebelspitzen gerichtet sind Die Höhe des Turmdaches beträgt 2 b'c', die der Giebelspitzen b'c'. Textfigur 653 enthält den Grundriss, die Diagonal- und Vorderansicht der Turmpyramide. Die wahre Grösse der Gratlinien erhält man durch Drehung von h's' um s' nach h^{I} parallel zum Aufriss = s" h^{II}.

2) Achtseitiges Turmdach über quadratischem Grundrisse, dessen Gratsparren gleiche Neigung haben und 4 derselben nach den Ecken der Grundrissfigur gerichtet sind, während die übrigen 4 sich auf die Giebelspitzen aufsetzen zur Vermeidung von Kehlen. Die Höhe des Turmdaches ist gleich der doppelten Diagonale a'e' des quadratischen Grundrisses, die der Giebelspitzen dagegen $\frac{1}{8}$ der Turmdachhöhe. Textfigur 654. Da a's' bereits parallel zum Aufriss liegt, so ist a"s" die wahre Grösse der Gratlinien, welche nach den Ecken gerichtet sind, s"x" dagegen die wahre Grösse der Gratlinien, welche sich auf die Giebelspitzen aufsetzen.

3) Achtseitiges Turmdach über achtseitigem Grundrisse. Textfigur 655. Hier sind die 8 Gratsparren nach der Mitte der Giebeldreiecksgrundlinien m", n", o" gerichtet, setzen sich aber auf die Giebel

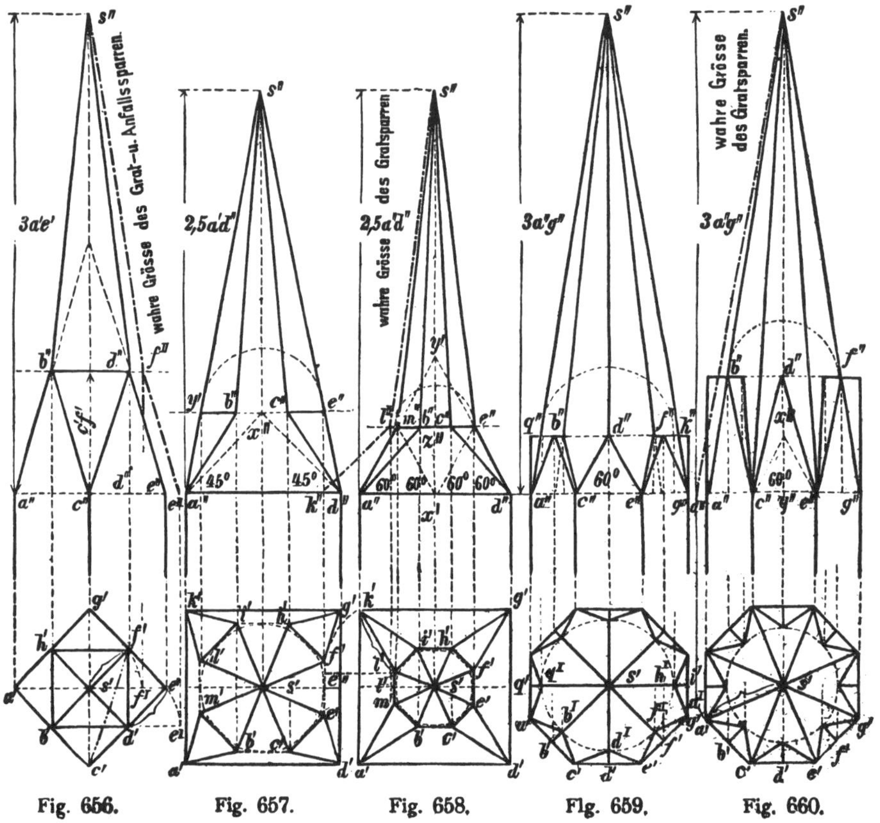

Fig. 656. Fig. 657. Fig. 658. Fig. 659. Fig. 660.

auf, wozu sich eine Abrundung der Kehlen erforderlich macht. Die Seiten der Giebeldreiecke sind unter 60° geneigt, während die Höhe des Turmdaches dem fünffachen Radius q's' des in die Grundrissfigur eingeschriebenen Kreises entspricht.

4) Vierseitiges Turmdach mit geknickten Seitenflächen über quadratischem Grundrisse. Textfigur 656. Zur Vermeidung von Kehlen sind auch hier die vier Gratsparren nach den Giebelspitzen gerichtet, wobei jedoch die Seitenflächen in der Höhe der letzteren geknickt sind. Die Höhe des Turmhelmes ist gleich der dreifachen Diagonale des Grundrisses, die der Giebeldreiecke aber ist gleich c'f'. Die wahre Grösse der Grat- und Anfallssparren erhält man durch Drehung von f's' nach $s'f^{I}$ bez. d'e' nach $d'e^{I}$ parallel zum Aufriss, wodurch man $s''f^{II}e^{II}$ erhält.

5) Achtseitiges Turmdach mit geknickten Seitenflächen über quadratischem Grundrisse. Textfigur 657. Die Knickung erfolgt über den Graten einer vierseitigen Turmpyramide, deren Höhe sich ergiebt im Schnittpunkte x" zweier 45° Linien aus a" und b". Legt man durch x" eine wagerechte Schnittebene, so erhält man den Radius x"y" des eingeschriebenen Kreises der achtseitigen Pyramide. Durch Projektion von m'b', c'e' nach m"b", c"e" auf die vertikale Spur der Schnittebene erhält man die Knickung der nach a" und d" gerichteten Abspitzung.

6) Achtseitiges Turmdach mit geknickten Seitenflächen über quadratischem Grundrisse. Textfigur 658. Hier setzt sich eine achtseitige Pyramide auf eine abgestumpfte vierseitige auf. Die Höhe der Abstumpfung der letzteren erhält man, wenn man aus a", x", d" Linien unter einem Winkel von 60° zeichnet, welche sich in m" e" schneiden, welche Strecke der Durchmesser des eingeschriebenen Kreises ist, an welchem die achtseitige Grundrissfigur der oberen Pyramide tangential anzuziehen ist. Die wahre Grösse der Gratlinien der letzteren sowohl wie der Knickung über Eck erhält man wiederum durch Drehung von s'l' nach $s'l^{I}$ bezw. l'k' nach $l'k^{I}$, wodurch man im Aufrisse $s''l^{II}k^{II}$ erhält.

7) Achtseitiges Turmdach über achtseitigem Grundrisse. Textfigur 659. Die Gratsparren sind nach den Mitten der Giebeldreiecksgrundlinien gerichtet; die Giebeldreiecksseiten, z. B. c"d" und e"d", sind unter 60° geneigt, während die Höhe des Turmdaches 3 a"g" beträgt. Legt man durch d" eine wagerechte Schnittebene, so ist x"d" der Radius eines Kreises, auf welchem die Giebelfirstlinien einschneiden müssen. Verbindet man diese Punkte g^{I}, b^{I}, d^{I}, f^{I}, h^{I} mit den zugehörigen Eckpunkten der Grundrissfigur, so erhält man die Kehlen der Giebeldachflächen, mit welchen sich letztere auf die Turmpyramide aufsetzen. g"s" ist die wahre Grösse der Gratlinie gs, da g's' bereits parallel zum Aufrisse liegt.

8) Achtseitiges Turmdach über achtseitigem Grundrisse. Textfigur 660. Die Gratlinien sind hier nach den Ecken der Grundrissfigur gerichtet, während die senkrechten Giebel mit ihren Dachflächen wiederum in Kehlen auf der Turmpyramide einschneiden. Die Höhe der letzteren ist auch hier 3 a"g", diejenige der Giebeldreiecke aber beträgt 2 x"y", wobei c"x" und e"x", unter 60° geneigt, sich in x" schneiden. Legt man durch d" eine wagerechte Schnittebene, so ist wiederum d"b"

= d" f" der Radius des Kreises, auf welchem die Giebelfirstlinien einschneiden. Die wahre Grösse der Gratlinie a' s' erhält man wiederum durch Drehung von a' s' um s' nach a^{II} parallel zum Aufrisse = s" a^{II}.

9) Sechszehnseitiges Turmdach über achteckigem Grundrisse nebst Überleitung der letzteren in die quadratische Grundform unter Vermeidung von Kehlen und Knicken. Textfigur 661. Die Giebelseiten sind unter einem Winkel von 45° geneigt, sämtliche Gratsparren haben gleiche Neigung und zwar sind deren 8 nach den Giebelspitzen gerichtet, wobei die Höhe des Turmdaches 3 a" g" beträgt. Die durch c" d" f" gelegte wagerechte Schnittebene ergiebt den Durchmesser des eingeschriebenen Kreises der achtseitigen Turmpyramide, deren 16 Dachflächen fächerartig gestaltet sind. Die Überleitung des achteckigen Turmmauerkörpers in den quadratischen Grundriss erfolgt durch eine Abfasung der Achteckseiten unter einem Winkel von 45°.

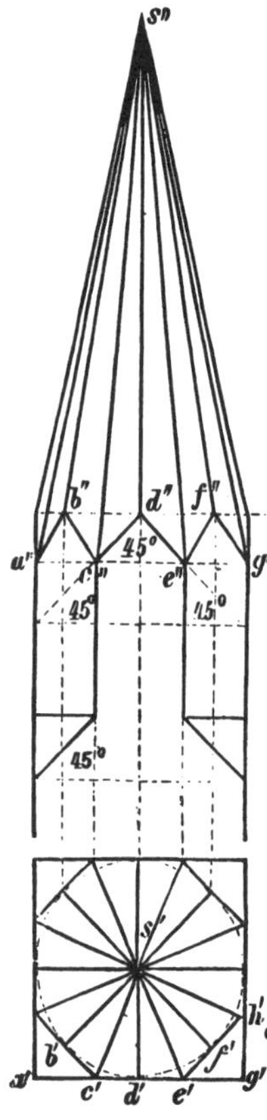

Fig. 661.

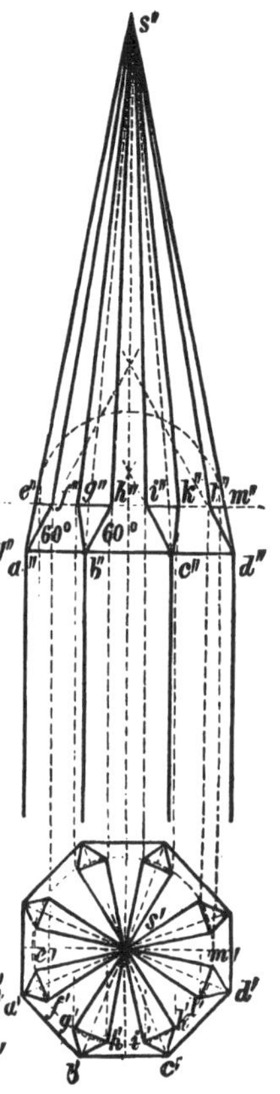

Fig. 662.

10) Sechszehnseitiges Turmdach über achteckigem Grundrisse mit ausgespitzten Dachflächen über den Graten einer achtseitigen Turmpyramide. Textfigur 662. Die Ausspitzung erfolgt unter einem Winkel von 60° und die Höhe des Turmhelmes beträgt 2,5 a" d". Die Höhe der Ausspitzung kann man der Höhe der Giebelseiten des vorigen Beispieles gleich nehmen, in deren Höhe eine wagerechte Schnittebene gelegt wird, durch welche der Radius des Kreises sich bestimmt, den man alsdann in 16 gleiche Teile zu teilen hat.

Was nun die Konstruktion der Turmhelme anbetrifft, so werden dieselben nur noch nach den von Professor Moller in Darmstadt — geb. 1784, gest. 1852 — angegebenen Regeln, nach welchen er den Kirchturm zu St. Fid bei St. Gallen in der Schweiz zuerst konstruirte, ausgeführt, wenn auch in der Neuzeit durch Anwendung der Eisenkonstruktionen das sog. Moller'sche System mancherlei Veränderungen erfahren hat, so z. B. durch Baurat Otzen in Berlin, geb. 1839, und Baurat Hase in Hannover, geb. 1818. Nach dem Moller'schen System sind Kirchtürme in folgender Weise zu konstruieren:

1) Das Zimmerwerk der Turmpyramide errichtet man unmittelbar auf

dem obersten Geschoss des Turmmauerwerkes, dessen Stärke 2 bis 3 Stein beträgt, während die Mauerstärke der übrigen Geschosse nach unten um je $\frac{1}{2}$ Stein zunimmt. Die Turmpyramide als Holzkonstruktion darf nur einen Vertikaldruck, nie einen Seitenschub auf das Turmmauerwerk ausüben. Eine Verankerung im Mauerwerke oder besser im Innern des Turmes ist jedoch statthaft.

2) Die Turmbalkenlage ist als strahlenförmige oder Sternbalkenlage zu konstruieren und in ihr eine Oeffnung vorzusehen zur Aufnahme der Turmwendeltreppe, indem man die durchgehenden Balken auf die Ecken des Turmes legt. Vergl. S. 43 n. *Tafel 6, Fig. 11 u. 13.* Sie ruht auf einem unverschieblichen Mauerlattenkranze von $\frac{12}{12}$, $\frac{13}{13}$ cm Stärke, welcher vorteilhaft aus Eichenholz hergestellt wird. Die Mauerlatten und Balken müssen frei auf der Mauer ohne Einmauerung liegen und gegen Feuchtigkeit vorzüglich isoliert werden, sodass Luftzutritt jederzeit möglich ist. Zapfenlöcher, in welche Wasser eintreten kann, sind von unten aufzuschlitzen, damit das Wasser ablaufen kann und nicht in den Zapfenlöchern stehen bleibt, wodurch Fäulniss des Holzes entstehen würde. Textfigur 663.

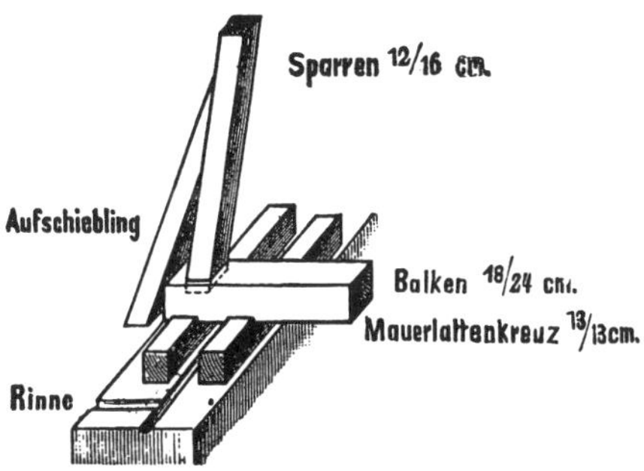

Fig. 663.

3) Die Höhe des Turmhelmes teilt man nun in einzelne Stockwerke ein, deren Höhe 3 bis 4 m betragen soll, während das oberste Geschoss im Turmhelme grössere Höhe erhält. Die Gesamthöhe des Turmhelmes beträgt das $3\frac{1}{4}$ bis 5 fache seiner Gesamtbreite.

4) Der Drehung der Turmpyramide durch Winddruck ist durch parallel zur Dachneigung liegende Stuhlwände, sog. Andreaskreuze, zu begegnen, welche die in den einzelnen Geschossen anzuordnenden Kehlbalkenlagen zu tragen haben. Sie bestehen aus einer Schwelle, zwei schiefwinklig sich überschneidenden Streben und einem Rahmenholz, deren Stärke $\frac{14}{18}$ cm beträgt. In Schwelle und Rahmenholz sind diese Streben versatzt und verzapft. Die sog. Spannkehlbalken von $\frac{13}{18}$ cm Stärke werden an der Innenseite der Eck- oder Gratsparren angeblattet und mit diesen verbolzt. Die sich kreuzenden Spannkehlbalken aber sind in zwei verschiedenen Höhenlagen übereinander zu verlegen, wodurch ebenfalls eine Oeffnung in der Kehlbalkenlage sich ergiebt zur Aufnahme einer Treppe oder Leiter. Die Andreaskreuze stellt man vorteilhaft wechselsweise in den Seitenwänden des Turmdaches auf, sodass sich von den 4 in einem Geschosse aufgestellten Andreaskreuzen je 2 sich gegenüberstehen. Da infolge der verschiedenen Höhenlage der Spannkehlbalken die Rahmenhölzer der Andreaskreuze ebenfalls verschieden hoch liegen, die Schwellen derselben aber auf den Kehlbalken zu verkämmen sind, so kann auf den tieferliegenden Spannkehlbalken eine Auffütterung vorgesehen werden, damit die Schwellen in gleiche Höhe zu liegen kommen, indem Holzklötze auf die Spannkehlbalken aufgelegt und verbolzt werden, falls nicht die Spannkehlbalken, rechtwinklig sich überschneidend, in einer horizontalen Ebene liegen.

5) Die Eck- oder Gratsparren dürfen nie durch wagerechte Verbandhölzer unterbrochen werden, sondern sind, falls sie in so bedeutender Länge nicht aus einem Stück hergestellt werden können, Hirnholz auf Hirnholz zu verlängern, durch Anblattung mit Grat und Verbolzung. Vergl. S. J. II. A.) 2. k *Tafel 1, Fig. 15*, und *Tafel 16, Fig. 1*. Ihr Querschnitt ist fünfeckig bei einer Stärke von $\frac{14}{18}$ bis $\frac{18}{18}$ cm. *Tafel 16, Fig. 2 und 3.* Die Gratsparren greifen an ihrem oberen Ende mit Versatzung und langen Schmiegezapfen in die Helmstange, den sog. Kaiserstiel, ein, welcher als kurze Hängesäule durch Doppelzangen von $\frac{10}{18}$ bis $\frac{12}{18}$ cm Stärke getragen wird, die, beiderseits an die Gratsparren angebolzt, in verschiedenen Höhenlagen übereinander anzuordnen sind. Damit die Gratsparren nicht aus dem Kaiserstiel herausspringen können, sind schmiedeeiserne Bänder von 1 bis 1,5 cm Stärke und 4 bis 5 cm Breite erforderlich, welche an der Turmspitze um die Gratsparren gelegt werden. Der Kaiserstiel dient ferner zum Tragen des Turmknopfes, des Kreuzes, oder einer Wetterfahne, bezw. auch des Blitzableiters, welche unter Anwendung schmiedeeiserner Schienen am Kaiserstiel ihren festen Halt bekommen. Der Querschnitt des Kaiserstieles erhält durchschnittlich 30 bis 40 cm Stärke und hat soviel Seiten, als Gratsparren in ihm ihre obere Befestigung erhalten, bezw. so viel Ecken der Grundriss der Turmpyramide hat. Eine grössere Stärke des Kaiserstieles kann man vermeiden durch beiderseitige Zuspitzung der Ecksparren an ihrem oberen Ende um je 1 bis $1\frac{1}{2}$ cm auf jeder Seite.

6) Die Zwischensparren von $\frac{12}{14}$ bis $\frac{12}{16}$ cm Stärke stehen stets normal zur Traufkante und sind der Stärke der Dachschalung entsprechend in den unteren beiden Geschossen meist nur 2 Zwischensparren, in den beiden folgenden nur ein solcher erforderlich, während in dem oberen Teile des Turmdaches die Gratsparren so nahe aneinander treten, dass für die Schalung ein Zwischensparren entbehrlich wird. Sie haben ihre Befestigung und Unterstützung in ihrer freien Länge mittels Zapfens bezw. Anblattung auf Riegeln, welche als sog. Riegelkränze in jedem Stockwerke des Turmes zwischen den Gratsparren einzuzapfen sind, sodass jedes Stockwerk eines Turmdaches eine in sich abgeschlossene, abgestumpfte Pyramide bildet.

7) In jedem Stockwerke des Turmdaches ist zur Erleuchtung des Innenraumes ein Fenster anzuordnen; auch kann dieselbe durch Einlegung von Glasdachziegeln bewirkt werden.

8) Die Errichtung eines Turmdaches erfolgt nach Verlegung des Mauerlattenkranzes und der Turmbalkenlage ohne Gerüst nach der Mollerschen Konstruktion in folgender Weise:

Es werden im ersten unteren Stockwerke die 4 Andreaskreuze als Stuhlwände aufgestellt und auf diesen die Spannkehlbalken verkämmt, worauf die Gratsparren gerichtet und mit den Spannkehlbalken verbolzt werden. Sie reichen durch je zwei Geschosse und sind wechselsweise zu stossen. Dann errichtet man die Andreaskreuze des zweiten Stockwerkes nebst den zugehörigen Spannkehlbalken u. s. w., sodass die betreffende Kehlbalkenlage zugleich das Arbeitsgerüst für das Errichten des Turmes bildet.

Tafel 16, Fig. 4 a bis g enthält nun die Konstruktion eines Kirchturmhelmes nach Moller'schem System über achteckigem Grundrisse bei einem inneren Durchmesser von 4,5 m und 3 Stein Stärke des Turmmauerwerkes im obersten Geschosse. Die Dachausmittelung ergiebt eine einfache achtseitige Pyramide, deren Höhe von Dachbalkenoberkante gerechnet, als das $3\frac{1}{2}$ fache des äusseren Durchmessers $= 3,5 \cdot (4,5 + 2 \cdot 0,77) = 3,5 \cdot 6,09$ m $= 21,14$ m angenommen wurde.

Die Dachbalkenlage, als Sternbalkenlage konstruiert, nebst dem darunter liegenden Mauerlattenkranze wurde bereits auf Seite 43 bezw. *Tafel 6, Fig. 11 und 12* erläutert.

Die Sparren stehen in gleichen Abständen auf einer Turmwandseite von den Ecken aus eingeteilt, und sind die Balken den Sparren entsprechend zu verlegen, welche in ihnen ihren Fusspunkt haben. Projiziert man die Ecken des Grundrisses, also die Fusspunkte der Gratlinien, auf die Oberkante der Balkenlage im Höhenschnitt und verbindet diese Punkte mit der Turmhelmspitze, so erhält man die Projektion der Gratlinien im Aufriss, zu welcher die Kanten der Grat- oder Ecksparren, ebenfalls aus dem Grundriss heraufgelotet, parallel sein müssen. Die Mittellinie einer Turmseitendachfläche m's', ebenfalls in den Aufriss projiziert, nach m"s", ergiebt die Richtungslinie der Zwischensparren, welche normal zur Traufkante stehen, und deren Grundrissprojektionen (Aufstandsflächen) auf die Oberkante der Turmbalkenlage heraufzuloten sind. Zieht man durch die erhaltenen Punkte Parallelen zur konstruierten Richtungslinie m" s", so erhält man die Aufrissprojektionen der Zwischensparren.

Die Höhe des Turmhelmes ist nun in einzelne Geschosse von 3,50, 3,25 und 3,00 m eingeteilt worden. In jedem der Stockwerke sind Spannkehlbalken von 13|18 cm Stärke, in zwei verschiedenen Höhenlagen sich kreuzend und mit einander verkämmt, an die Innenseite der Gratsparren angeblattet und verbolzt. Diese Spannkehlbalken aber werden getragen durch 4 Andreaskreuze, deren je 2, wechselweise in den einzelnen Geschossen aufgestellt, sich gegenüber stehen.

Zur Konstruktion und richtigen Darstellung des Höhenschnittes sind jedoch die Horizontalschnitte in jedem Stockwerke des Turmhelmes auszuführen, aus denen man mit Leichtigkeit die Projektionen der Grat- und Zwischensparren sowohl wie der Spannkehlbalken und Andreaskreuze in den Höhenschnitt übertragen kann. Um den Schnitt durch die Andreaskreuzstreben in ihrem Kreuzungspunkte zu erhalten, empfiehlt sich eine Umklappung der Andreaskreuze in eine Seitenrissebene, welche senkrecht zur Turmdachneigung zu stellen ist.

Zur Unterstützung der Zwischensparren aber dienen Ringelkränze, welche, von $\frac{18}{15}$ cm Stärke, zwischen den Ecksparren zur Verspreizung derselben eingezapft werden, und so jedes Stockwerk des Turmhelmes als abgestumpfte Pyramide erscheinen lassen. In den beiden unteren Geschossen sind zwei, in den beiden folgenden nur ein Zwischensparren angeordnet, welche mit den Riegelkränzen verblattet, an ihrem unteren und oberen Ende aber mit diesen verzapft sind.

Zur Aufnahme der Gratsparren an ihrem oberen Ende dient der Kaiserstiel, die Helmstange, welche als kurze Hängesäule durch Doppelzangen getragen wird, wie aus den Horizontalschnitten ik und lm zu ersehen ist.

Diese Doppelzangen, 2 · 12|18 cm stark, sind in 4 bezw. 2 verschiedenen Höhenlagen sich kreuzend, anzuordnen. Eiserne Ringe endlich am Ansatz der Ecksparren an dem Kaiserstiel sichern die feste Verbindung dieser Konstruktionsteile mit einander durch Versatzung und Verzapfung.

Tafel 16, Fig. 5 a und b enthält die Konstruktion eines Turmhelmes, wie solche Baurat Otzen in Berlin beim Bau der Kirche zu Apolda in Sachsen-Weimar angewendet hat. Bei derselben fehlt zunächst eine eigentliche Turmbalkenlage und erhalten die Ecksparren sowohl wie die Zwischensparren in eisernen Schuhen ihren Fusspunkt, während der untere Schwellenkranz durch einen Ankerstern gesichert ist. Um die Turmpyramide so frei und leicht wie möglich zu gestalten, sind ferner sich schiefwinklig überschneidende Andreaskreuzstreben in die Ebene der Sparren zwischen den Riegelkränzen der einzelnen Geschosse des Turmhelms hineingerückt worden, mit welcher letztere durch starke Gabelbänder festverbunden werden. Diese Streben dienen ebenfalls zur Verspreizung der Ecksparren, während die Riegelkränze, dem gleichen Zwecke dienend, die Spannkehlbalken der einzelnen Stockwerke tragen. Die langen Sparren können hierbei aus einzelnen Stücken hergestellt werden, welche Hirnholz auf Hirnholz gestellt, mit einander zu verblatten sind. Der Kaiserstiel endlich wird ebenfalls durch Doppelzangen getragen, während um die Ecksparren an ihrem Ansatze am Kaiserstiel wiederum schmiedeeiserne Bänder gelegt worden sind.

In beiden Beispielen ist eine Verankerung der Turmdachbalkenlage bezw. des unteren Schwellenkranzes mit dem Turmmauerwerke angewendet worden.

Tafel 16, Fig. 6 ferner enthält eine von diesen Beispielen abweichende ältere Konstruktionsweise, bei welcher der Drehung der Turmpyramide durch Winddruck mittels Riegelanordnungen o und u begegnet wird, die über und unter den Doppelzangen, welch letztere die durchgehenden Spannkehlbalken ersetzen, angeordnet, unter sich durch schmiedeeiserne Bolzen verbunden werden. Der Kaiserstiel tritt ebenfalls als kurze Hängesäule auf, und wird durch zwei Sprengstreben von 14|18 cm Stärke und Doppelzangen getragen. (Vereinigtes Hänge- und Sprengwerk.) Die Doppelzangen der beiden unteren Stockwerke sind in ihrer freien Länge durch Strebebänder von 12|18 bis 14|18 cm Stärke zu unterstützen, welche von den Hängestreben nach den Zangen gerichtet, zwischen diesen hindurch geführt und mit denselben verbolzt werden. Im dritten Stockwerke ist die freie Länge der Doppelzangen zu gering, weshalb derartige Strebebänder entbehrlich sind. Die Zangenanordnungen in den oberen Horizontalschnitten ik und lm sind verschieden. Während beim Schnitt ik 4 Doppelzangen in 4 verschiedenen Höhenlagen den Kaiserstiel umfassen, sind im Schnitt lm 4 einfache Zangen angeordnet, deren je 2 vor den Kaiserstiel und 2 hinter denselben in 4 verschiedenen Höhenlagen angeordnet sich kreuzen.

Die Riegel treten auf als obere und untere, äussere und innere. Die äusseren Riegel werden hierbei zwischen Ecksparren und Sprengstreben hindurch geführt. Die äusseren Riegel liegen direkt hinter den Turm-

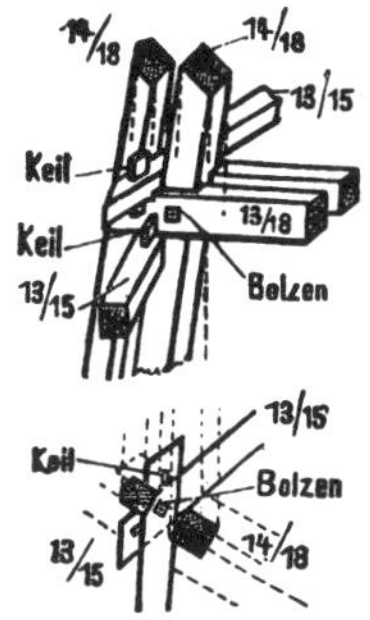

Fig. 664.

wänden. Textfigur 664 zeigt die Verbindung des Knotenpunktes in isometrischer Projektion.

In Textfigur 665 ist die Konstruktion des Turmhelmes der Kirche zu Plagwitz-Leipzig, erbaut von Baurat Otzen in Berlin, dargestellt, bei welcher die Andreaskreuzstreben durch schmiedeeiserne Zugstangen ersetzt worden sind. Das Turmmauerwerk hat im obersten Geschosse nur $1^1/_2$ Stein Stärke, wobei nur die am meisten belasteten Teile, also die Ecken desselben, durch im Innern vorgelegte Pfeiler von $1^1/_2$ Stein Breite und Stärke verstärkt worden sind. Die Balken- und Kehl-

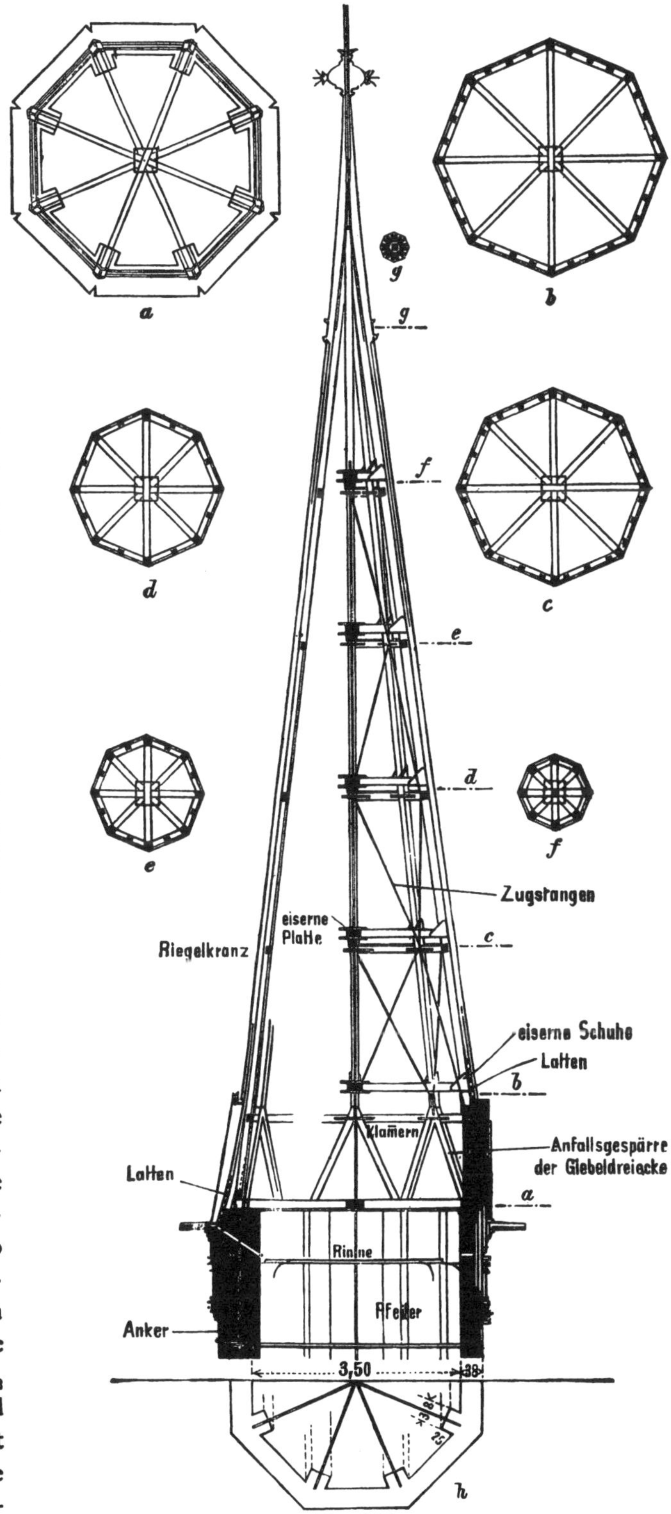

Fig. 665.

balkenlagen in den einzelnen Geschossen sind als Sternbalkenlagen derart konstruiert, dass zwei durchgehende Gratbalken sich rechtwinklig überschneiden, während die andern vier halben Gratbalken zwischen zwei schmiedeeisernen, quadratischen Platten, die an den durchgehenden Gratbalken befestigt sind, verbolzt werden. Die Gratsparren setzen sich auf die Anfallsgespärre der Giebeldreiecke auf und sind an ihrem Fusspunkte mit ersteren durch schmiedeeiserne Gabelbänder fest verbunden. Die Gratspannkehlbalken der einzelnen Geschosse ruhen in schmiedeeisernen Schuhen, welche seitlich an den Gratsparren laschenartig durch Verbolzung befestigt sind. Die Andreaskreuze sind hier durch schmiedeeiserne Zugstangen aus Rundeisen von 25—40 mm Stärke ersetzt worden, welche zwischen den Gratsparren in den einzelnen Geschossen angeordnet wurden Erst im obersten Teile der Turmpyramide ist der Kaiserstiel als kurze Säule zur Aufnahme der acht Gratsparren und zwar auf der Kehlbalkenlage des Schnittes f durch Verzapfung befestigt. Zur Unterstützung der Zwischensparren sowohl als auch zur weiteren Verspreizung der Gratsparren dienen auch hier die in jedem Geschosse zwischen die Ecksparren eingezapften Riegelkränze. Durch die beiden unteren Stockwerke der Turmpyramide sind auf jeder Turmdachseite 3 Zwischensparren — vergl. Schnitt b und c —, durch die drei folgenden Geschosse jedoch nur 1 Zwischensparren zur Befestigung der Lattung für Ziegeldach erforderlich, — vergl. Schnitt d und e —, während vom Schnitte f ab die Zwischensparren entbehrlich sind. Textfigur 665 zeigt in der linken Hälfte den Diagonalschnitt, in der rechten Hälfte dagegen den eigentlichen Höhenschnitt. Die Horizontalschnitte a bis f aber enthalten die Grundrisse der Spannkehlbalkenlagen in den einzelnen Geschossen.

Zur Konstruktion kleinerer Türme, wie solche sowohl bei kleineren Kirchen und Villen, wie auch als Dachreiter, Dächer über polygonal oder rund ausgebauten Treppenhäusern und Dachfenstern vorkommen, gelten selbstverständlich die gleichen Gesichtspunkte für die Konstruktion, zu deren Anwendung folgende Beispiele dienen mögen:

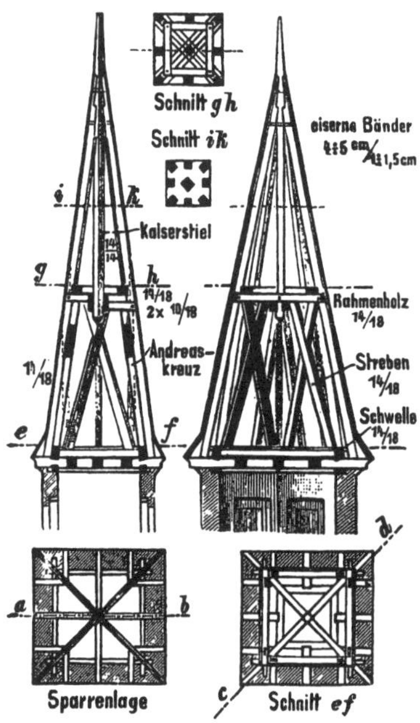

Fig. 666.

1. ein Turmdach über quadratischen Grundrisse. Textfigur 666. Vier unter den Seitenwänden des Turmdaches aufgestellte Andreaskreuze, deren Rahmenhölzer auf den oberen Doppelzangen ruhen, begegnen der Drehung der Turmpyramide durch Winddruck, während die kurze Helmstange durch zwei Doppelzangen getragen wird. Die Balkenlage besteht aus zwei sich rechtwinklig überschneidenden Gratbalken, in welche Wechselbalken eingezapft sind, die ihrerseits wieder die für die Zwischensparren erforderlichen Stichbalken aufnehmen. Textfigur 666 zeigt die

Balkenlage im Schnitte ef, und die Schnitte gh und ik, Vertikalschnitt ab dagegen den Höhenschnitt und Vertikalschnitt cd den Diagonalschnitt

2. ein Turmdach über rechteckigem Grundrisse enthält Textfigur 667. Auch in diesem Beispiele sind hinter den Turmdachseiten der Walmflächen Andreaskreuze aufgestellt, welche die Kehlbalkenlage zu tragen haben. Eine Firstpfette, welche durch Doppelzangen getragen wird, dient zur Aufklauung der Sparren im Firsten.

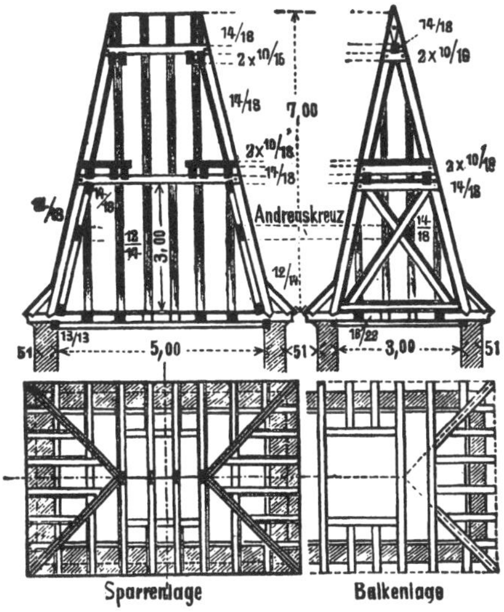

Fig. 667.

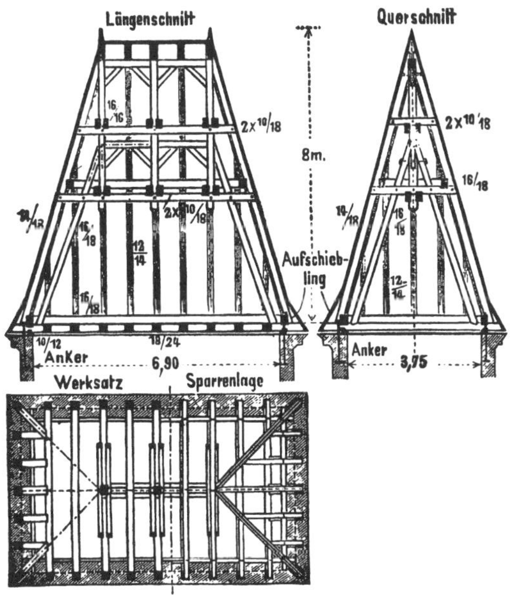

Fig. 668

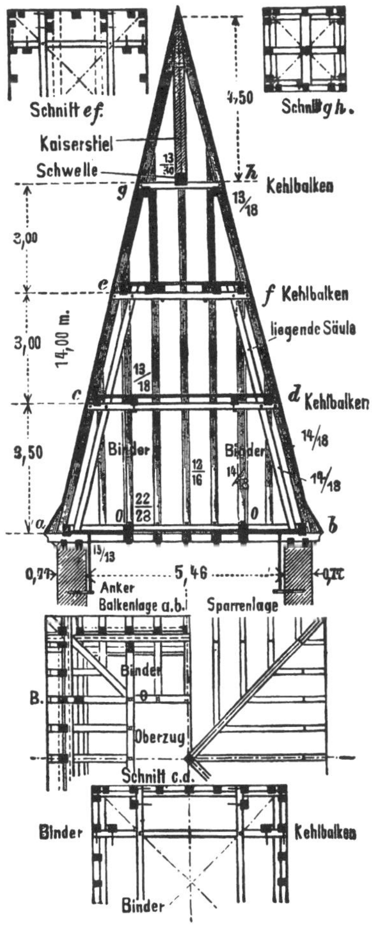

Fig 669.

Textfigur 667 zeigt die Sparrenlage, Balkenlage, den Längen- und Querschnitt.

3. Ein Turmdach über rechteckigem Grundrisse ist ferner in Textfigur 668 dargestellt, zu dessen Konstruktion das vereinigte Hänge-

und Sprengwerk angewendet wurde. Die Tragekonstruktion besteht daher in diesem Beispiele aus der kurzen Helmstange, den beiden Sprengstreben und der Doppelzange bezw. auch dem Spannriegel. Auch hier ist eine Firstpfette zur Unterstützung der Sparren angeordnet, welche durch die Hängesäulen und Kopfbänder getragen wird.

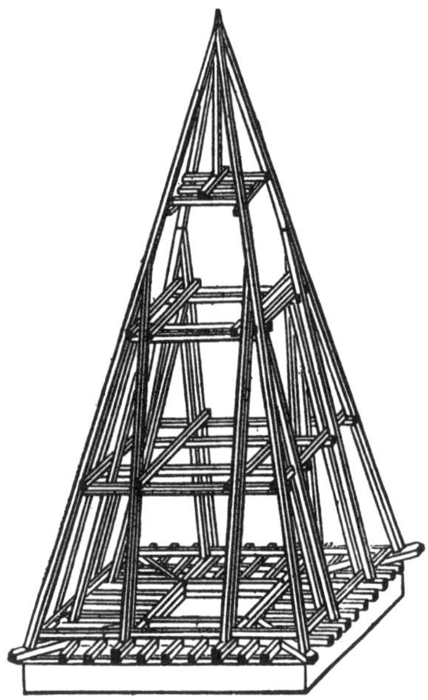

Fig. 670.

4. Ein Turmdach über quadratischem Grundrisse nach Professor Moller, Darmstadt, konstruiert, enthalten die Textfiguren 669 und 670. Die Kehlbalkenlagen werden in diesem Beispiele durch liegende Säulen getragen, welche hinter den Bindersparren angeordnet sind. Der innen frei bleibende Raum zwischen den verdielten Kehlgebälken dient sowohl als Gerüst zum Richten und bei notwendigen Reparaturen, als auch zum Auf- und Abbringen der Materialien. Die Dachbalkenlage ist derart zu konstruieren, dass die kurzen Balken und Gratbalken an die Oberzüge mittels schmiedeeiserner Bolzen angehängt sind, oder in 4 durchgehenden sich rechtwinklig überschneidenden Balken eingezapft werden, durch welche die Oeffnung in der Balkenlage gebildet wird und mit welchen die Oberzüge verkämmt werden. Vergl. III. S. 42 und Tafel 6, Fig. 7.

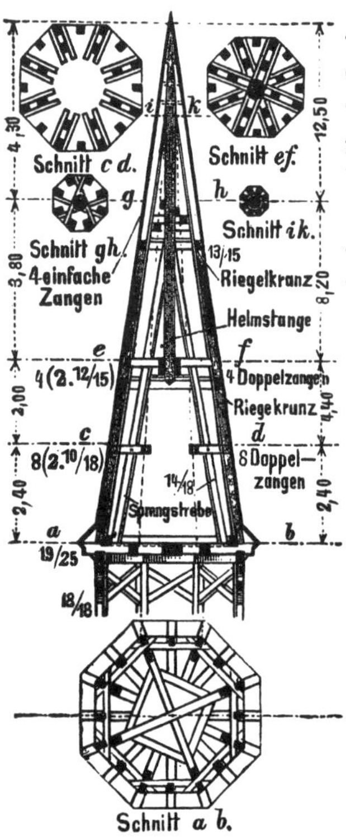

Fig. 671

5. Ein achtseitiger Turm als Aussichtsturm oder Dachreiter von 12,50 m Höhe ist in Textfigur 671 dargestellt. Die Balkenlage von 10 m Spannweite ist als Sternbalkenlage ohne Öffnung in derselben konstruiert, während die kurze Helmstange durch ein vereinigtes Hänge- und Sprengwerk getragen wird, bestehend aus 14/18 cm starken Sprengstreben und 10/18 cm bezw. 12/15 cm starken Doppelzangen. Im Schnitt cd halten die kurzen Doppelzangen nur die Ecksparren und Sprengstreben, unter den Graten aufgestellt, zusammen; im Schnitt ef aber umfassen sie ausser diesen noch die Helmstange und sind in 2 verschiedenen Höhenlagen untereinander angeordnet, sodass sich je 2 Zangenpaare rechtwinklig überschneiden. Im Schnitt gh kreuze ich je 2 einfache Zangen vor bezw. hinter dem Helmstange und sind mit der Helmstange durch Anblattung und schmiedeeiserne Bolzen fest ver-

bunden. Auch hier sind 13/15 cm starke Riegelkränze zwischen den Ecksparren zur Unterstützung der Zwischensparren angeordnet, während die Ecksparren an der Spitze der Pyramide mit langen Schmiegzapfen in die Helmstange eingreifen und umgelegte eiserne Bänder ausserdem ihre Verbindung sichern. Die Projektionen der Grat- und Leersparren sowohl wie der Sprengstreben sind weggelassen, um die Klarheit der Binderkonstruktion nicht zu beeinträchtigen.

6. Textfigur 672 zeigt **einen kegelförmigen Turm als Wasserturm**, dessen Sparren also nach der Spitze des Kegeldaches zu richten sind. Die Turmbalkenlage zunächst besteht aus 2 sich rechtwinklig überschneidenden Balken von 15/25 bis 16/26 cm Stärke und 4 weiteren Binderbalken zur Aufnahme der 8 Hauptsparren von 14/18 cm Stärke, welche zwischen zwei schmiedeeisernen Plattenringen von 1,20 m Durchmesser fest verbolzt sind. Die durchgehenden Binderbalken sind mit 2 Schraubenbolzen, die nicht durchgehenden aber mit je einem mit den Platten verbunden. Auf der Balkenlage ruht zunächst die Fusspfette von 13/18 cm Stärke mittels Verkämmung, in welcher sämtliche Sparren ihren Fusspunkt haben. An die Helmstange mit achteckigem Querschnitte von 30 cm Durchmesser wird durch 4 Hängeeisen von 1 bis 1,5 cm Stärke und 4 bis 5 cm Breite die Balkenlage angehängt, während die Helmstange selbst durch 14/18 cm starke Hängestreben I und II getragen wird. (Hängewerk). Die Hängestrebe I ist hierbei parallel zur Turmdachneigung gestellt, die Hängestrebe II dagegen hat flachere Neigung erhalten, nahezu 45°. Die Höhe des 12 m ohen Turmkegeldaches ist zur weiteren Konstruktion in 3, 4, 2,7 und 2,3 m hohe Geschosse eingeteilt worden, in welchen doppelte Spannkehlbalken, sog. Balkenschlösser, von 2 · 14/16 bis 2 · 10/20 cm Stärke, Holz an Holz ge-

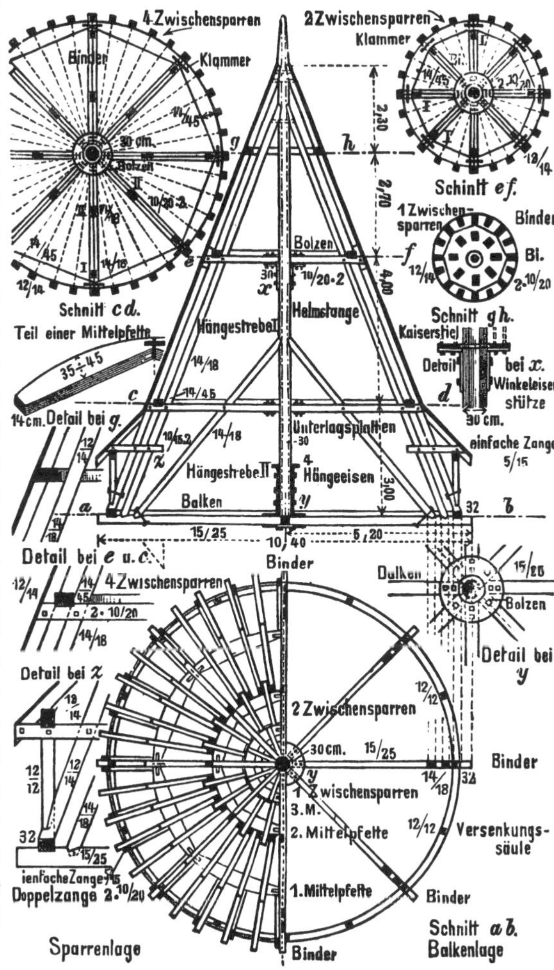

Fig. 672.

legt, die Bindersparren und Hängestreben umfassen und mit diesen verbolzt sind. Die Bindersparren und Hängestreben werden also durch die doppelten Spannkehlbalken hindurchgeführt. Letztere aber gehen bis an die Helmstange und werden, wie die Turmbalkenlage, zwischen 2 schmiedeeisernen Plattenringen verbolzt und verschraubt. Bei der 2. Spannkehlbalkenlage werden dieselben jedoch durch 4 schmiedeeiserne Winkelstützen getragen, welche an der Helmstange durch schmiedeeiserne Schraubenbolzen befestigt sind. Auf diese Spannkehlbalken sind nun die zur Unterstützung der Binder- und Leersparren erforderlichen Mittelpfetten aufgekämmt, welche aus 14 cm starken Bohlen bestehen, deren grösste Breite 35 bis 45 cm beträgt. Da in den beiden unteren Geschossen 4 Leersparren, in dem folgenden jedoch nur 2 solche und im obersten Stockwerke nur ein Leersparren von 12/14 cm Stärke erforderlich sind, so endigen die 2 Leersparren des III. Geschosses und der eine Leersparren des IV. Geschosses in einer Mittelpfette, welche zu diesem Zwecke zwischen den Bindersparren eingezapft ist, somit in die Turmwandfläche hineingerückt werden muss (siehe Detail bei g.), wesshalb für diese obere Mittelpfette eine Spannkehlbalkenlage entbehrlich ist. Um die Sparren werden auch hier schmiedeeiserne Bänder gelegt von 1 bis 15 cm Stärke und 4—5 cm Breite und so eine feste Verbindung der 8 Bindersparren und 8 Zwischensparren mit der durchgehenden Helmstange erzielt.

Endlich ist das Kegeldach mit Versenkung von 1,30 m Höhe konstruiert, dessen 8 Säulen von 12/14 cm Stärke, auf den 8 Bindersparren mit Versatzung, Verzapfung und Verbolzung ruhen, während die zur weiteren Unterstützung der 12/14 cm starken Versenkungspfette erforderlichen 8 Zwischensäulen in der Fusspfette verzapft sind. Die kurzen 12/14 cm starken Sparren der Versenkung werden auf die Versenkungspfette aufgeklaut und als Aufschieblinge an den Binder- und Zwischensparren angenagelt mittels 24 cm langer Sparrennägel.

Horizontalschnitt ab zeigt rechts die halbe Balkenlage, während links die Draufsicht auf das Turmdach, die Sparrenlage, dargestellt wurde. Schnitt cd, ef und gh geben volle Klarheit über die Konstruktion des Turmhelmes und somit auch der Spannkehlbalkenlagen in den einzelnen Stockwerken, während in den Details bei x die schmiedeeisernen Winkelstützen an der Helmstange zum Auflegen der unteren Plattenringe, bei y die Verbindung der unteren Balkenlage zwischen den Eisenringen, bei a, c und g die Knotenpunkte, die Anordnung der Mittelpfetten in den einzelnen Geschossen betreffend, enthalten sind. Das Detail bei z enthält die Versenkungskonstruktion, bei welcher Doppelzangen an den 8 Bindersparren und einfache Zangen an den mittleren Leersparren zwischen je zwei Bindersparren dem Seitenschube des Daches begegnen.

N. Die Konstruktion der Türme mit geschweifter Aussenform.

Wie unter XII. A. S. 123 bereits erläutert wurde, setzt sich ihre Aussenform oder Profilierung aus verschiedenen Bogenlinien wie Karnies, Hohlkehle, Wulst, Einziehung und Ausbauchung zusammen, nach deren Anwendung bezw. Aneinanderreihung die einfacheren Dachformen als Glockendach, Zwiebeldach und Zwiebelhaube, Haubendach und Dachhaube bezeichnet werden, während bei reicherer Zusammensetzung ihrer Profilierung das Kaiserdach entsteht. Im letzteren Falle ist zu beobachten, dass die allzuplötzlichen Uebergänge aus einer Bogenlinie in die andre zu vermeiden sind, zum Zwecke leichterer Konstruktion und Eindeckung der Dächer. Textfigur 673, 674, 675. Was ihre Konstruktion anbetrifft, so

Fig. 673.

Fig. 674.

Fig. 675.

sind dieselben stets als Zeltdächer mit durchgehender Helmstange zu behandeln, auf deren Sparren die bogenförmig geschnittenen Kanthölzer oder besser Bohlensparren, nach dem System von Philibert de l'Orme zusammengefügt, aufgenagelt werden. Vergl. XII. D. III. 1. a). Seite 181 und K. 1. a). Seite 225 sowie Textfigur 621, Im letzteren Falle werden die Gratsparren meistens aus 3, erforderliche Leersparren aus 2 Bohlenlagen von 2,5 bis 4 cm Stärke und 20 bis 30 cm Breite hergestellt Sind diese Bohlensparren nicht unmittelbar auf die Hauptsparren des Zeltdaches bezw. auch Streben des Dachstuhles zu befestigen, so klaut man sie auf Pfetten-

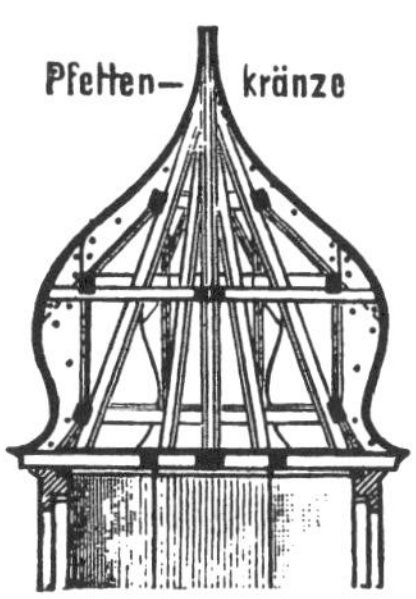

Fig. 766.

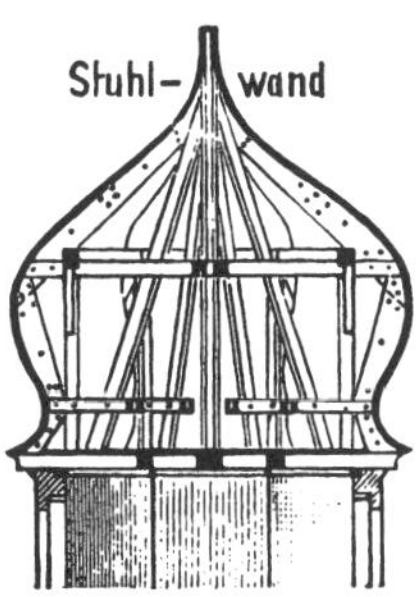

Fig. 677.

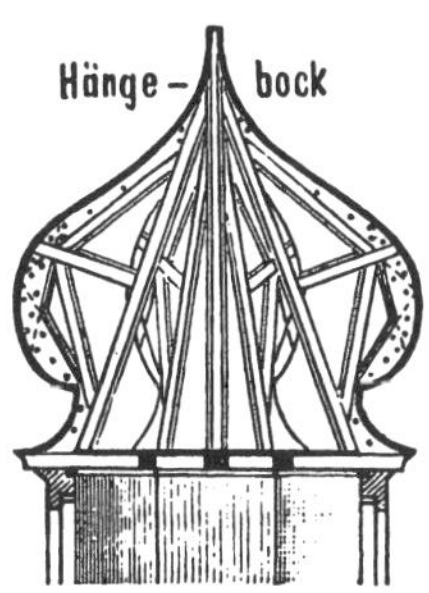

Fig. 678.

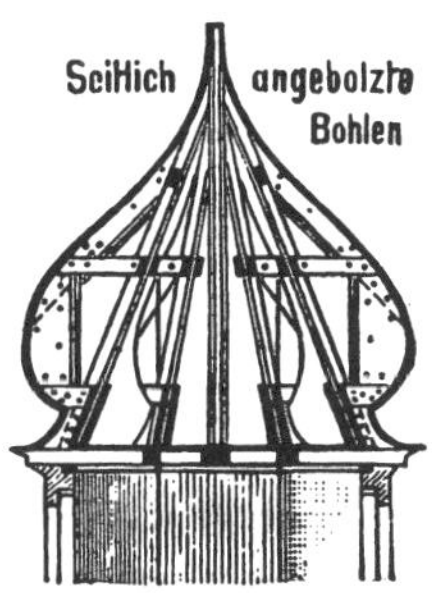

Fig. 679.

kränze auf, welche auf den Zeltdachsparren aufgekämmt und verbolzt werden, Textfigur 676. Auch können die Mittelpfetten auf stehenden Stuhlsäulen ruhen, wie in Textfigur 677 dargestellt ist. Bei grösseren Ausbauchungen würden aber die Bohlensparren zu grosse Breite erfordern, wesshalb man vorteilhafter besondere Trageböcke, aus kleinen Säulen und Streben bestehend, auf die Zeltdachgratsparren stellt. Textfigur 678. Auch kann man die bogenförmig geschnittenen Bohlenstücke seitlich an die Zeltdachsparren annageln, wie in Textfigur 679 angedeutet wurde.

Vielfach werden solche Turmdächer mit geschweifter Aussenform durch eine Laterne bekrönt, deren oberer Abschluss wiederum als kleiner Turm mit geschweifter Aussenform auftreten kann. Textfigur 680 und 681 zeigen solche Turmdächer, bei welchen die durchgehenden Säulen des Turmes bezw. der Laternen bis auf die Dachbalkenlage, Textfigur 680, oder bis auf die untere Kehlbalkenlage, Textfigur 681, herunter zu gründen sind und auf festem Schwellenkranze ruhen, welcher mit den Balkenlagen zu verkämmen und zu verbolzen ist. Um der Drehung des Turmes durch Winddruck begegnen zu können, ist es erforderlich, diese Säulen durch Streben zu verspreizen.

Fig. 680.

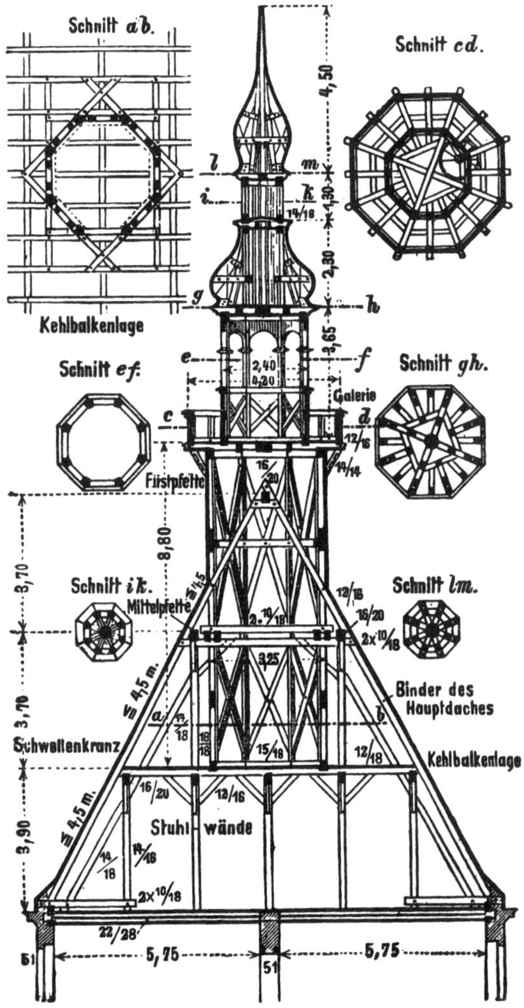

Fig. 681.

Auch bei Erkervorbauten kommen derartige geschweifte Dachformen zur Anwendung, deren Konstruktion nach den gleichen Principien zu bewirken ist. Textfigur 682 a, b, c und 683.

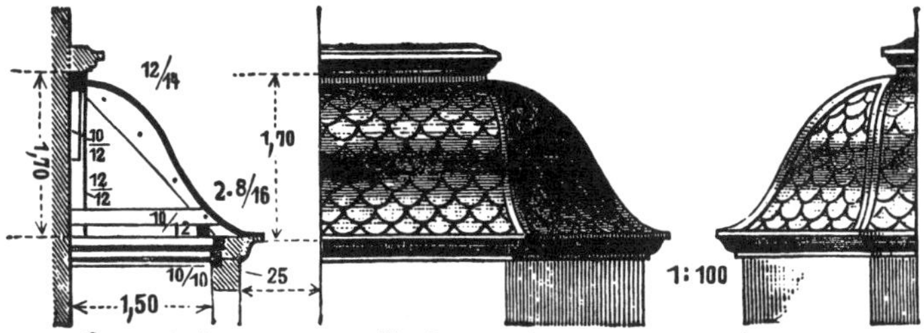

Querschnitt. Fig. 682 c. Vorderansicht. Fig. 682 a. Seitenansicht. Fig. 682 b.

Die Eindeckung solcher Dächer kann mit Ziegeln, Schiefer, Zink und Kupfer erfolgen. Bei sehr starker Krümmung des Profiles solcher Türme ist jedoch eine Schalung aus sehr schmalen Brettern bezw. eine Lattung vorzusehen.

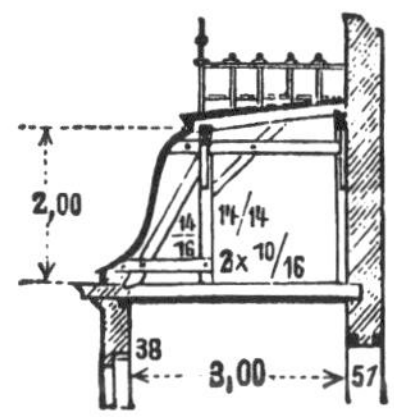

Fig. 683.

O. Die Konstruktion der Kuppeldächer oder Kuppeln aus Holz.

Die Kuppeldächer sind ebenfalls als Zeltdächer mit gebogenen Sparren zu konstruieren und lassen sich über quadratischem, polygonalem und kreisrundem Grundrisse anordnen. (Vergl. XII. A. G. S. 123 und Textfiguren 289 bis 201.) Die meist nach einem Halbkreise, überhöhtem Bogen oder auch Spitzbogen gekrümmten Sparren eines Kuppeldaches werden am besten aus Bohlen nach dem System von Philibert de l'Orme hergestellt, und zwar meist aus 2 bezw. 3 Bohlenlagen von 2,5 bis 5 cm Stärke bei 25 bis 30 cm Breite derselben. Die Bohlensparren einer Kuppel nennt man Rippen und unterscheidet man Hauptrippen, unter den Graten angeordnet, und Nebenrippen als Leersparren zwischen den ersteren. Die Nebenrippen reichen nicht immer bis zum oberen Abschluss des Kuppeldaches hinauf, sondern schifften sich entweder an die Gratrippen an, oder endigen über den Mittelpfetten. Entweder dienen die Kuppeldächer zur Überdeckung einer inneren Steinkuppel und erhalten dann insbesondere den Namen Schutzkuppel; oder sie treten als besondere Teile eines Gebäudes bekrönende Dächer auf. In den meisten Fällen sind die Kuppeldächer im Scheitel nicht geschlossen, sondern werden durch eine Laterne bekrönt, deren Grundriss ebenfalls quadratisch, polygonal oder kreisrund sein kann. Die hölzernen Schutzkuppeln aber werden in der Neuzeit, namentlich bei grösseren Spannweiten derselben, nur selten noch angewendet, vielmehr sind auch sie durch eiserne Kuppeldächer verdrängt worden. Kleinere Kuppeln aus Holz aber treten häufig auf, namentlich über Hallen und Sälen öffentlicher Gebäude sowie über abgerundeten Ecken von Wohn- und Geschäftshäusern Textfigur 684. Auch die Haupthallen provisorischer Ausstellungsgebäude werden häufig durch Kuppeldächer überdeckt.

Fig. 684.

Was ihre Konstruktion selbst anbetrifft, so erhalten sie stets ein inneres Tragegerüst, dessen stehende oder liegende Säulen die zur Unterstützung der Bohlensparren oder Rippen erforderlichen Pfetten oder bei Kehlbalkenlagen die Rahmenhölzer der bezüglichen Stuhlwände zu tragen haben. Auch können sie nach Art der Zeltdächer mit Streben und Helmstange konstruiert werden während bei grossen Spannweiten zum Tragen der Kehlbalkenlagen bezw. auch schwerer Laternen Hängewerke anzuordnen sind. Jedenfalls ist auch bei ihrer Konstruktion darauf zu achten, dass die Dachlast auf feste Punkte des Mauerwerkes übertragen wird und letzteres keinen Seitenschub erleidet. Die Pfetten und Rahmenhölzer sind als Bohlenkränze von meist $3 \cdot {}^{5}/_{20}$ bis ${}^{5}/_{25}$ cm Stärke auszuführen, deren Brettlagen durch Nagelung und Verbolzung fest miteinander verbunden werden, und zwar mit wechselnden Stössen der Bretter oder Bohlen. Die Eindeckung der Kuppeldächer erfolgt stets auf Schalung bezw. Lattung mittels kleiner Schablonenschiefer, Blei, Zink, Kupfer oder Eisenblech bezw. verzinktem Eisenblech.

Als Beispiele seien angeführt:

1. eine Schutzkuppel über einer inneren Steinkuppel von 10 m Spannweite mit Kehlbalkenlagen. Textfigur 685. Die innere Steinkuppel hat in ihrem unteren Teile $1^{1}/_{2}$ Stein, im oberen dagegen 1 Stein Stärke bei $^{1}|_{7}$ bis $^{1}|_{9}$ ihrer Spannweite als Wiederlagerstärke. Sie ist im Scheitel nicht geschlossen, sondern erhielt eine Öffnung von 2 m Durchmesser, ein sog. Auge, welches durch einen Werksteinkranz, den Nabel oder Nabelkranz, begrenzt wird.

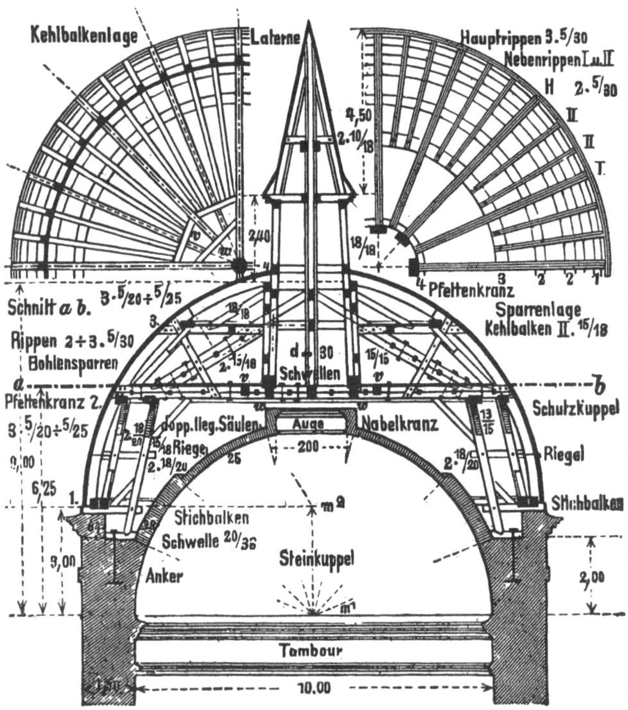

Fig. 685 a b c.

Die Schutzkuppel, deren Bohlensparren von 2 bezw. $3 \cdot {}^{5}/_{30}$ cm Stärke durch Kehlbalkenlagen gestützt werden, trägt über dem Auge eine Laterne, welche wiederum durch ein Turmdach geschlossen wird. Die Kehlbalkenlage I, über dem Nabelkranze angeordnet, ruht auf einer äusseren und einer inneren liegenden Stuhlwand, deren liegende Säulen als doppelte Säulen von $2 \cdot {}^{18}/_{20}$ bis ${}^{20}/_{20}$ cm Stärke und deren Stuhlrahmen aus 3 Bohlenlagen von je ${}^{5}/_{25}$ cm Stärke nach Art der bogenförmigen Pfettenkränze gebildet wurden. Ausserdem wird diese Kehlbalkenlage noch durch 2 combinierte Hängewerke getragen, deren gemeinschaftliche Hängesäule zugleich als Helmstange für das Laternenturmdach dient. Auch die geneigt stehenden Säulen des Dachstuhles sowohl, welche die obere Pfette als ringförmiges Rahmenholz tragen und die gegen Drehung zu verriegeln sind, als auch die Säulen der Laterne sind hier als doppelte Säulen von $2 \cdot {}^{18}/_{18}$ cm Stärke konstruiert. Die liegenden Säulen der äusseren Stuhlwand sind in einer Schwelle verzapft, welche auf einem kurzen Stichgebälk aufgekämmt ist. Die inneren liegenden Säulen dagegen haben ihren Fusspunkt in einer Schwelle, die auf der Hintermauerung der Steinkuppel ruht und gehörig zu verankern ist. Riegel, durch die doppelten Säulen der Stuhlwände hindurchgeführt und verbolzt, dienen ferner zur Verspreizung der Stuhlwände unter sich, während Strebebänder zu gleichem Zwecke Stuhlsäulen, Stuhlrahmen, Kehlgebälk und Stichbalkenlage stützen. Die untere Kehlbalkenlage I besteht aus 2 sich rechtwinklig kreuzenden, verbolzten und verdübelten Binderkehlbalken von $2 \cdot {}^{15}/_{18}$ cm Stärke, während 2 solche unter 45° gerichtete doppelte Binderkehlbalken in Wechsel w eingezapft sind, die zwischen den ersteren ruhen. Die übrigen einfachen Kehlbalken, in deren Hirnholzflächen die Bohlensparren eingeschlitzt werden, sind ebenfalls central gerichtet und haben ein Zapfenauflager in Wechseln v, die zwischen den oberen Teilen der Binderkehlbalken ruhen. Die Kehlbalkenlage II ferner trägt den zur Unterstützung der Rippen erforderlichen Pfettenkranz 3 und wird ebenfalls durch liegende Säulen von ${}^{18}/_{18}$ cm Stärke gestützt. Durch ihre doppelten Binderkehlbalken sowohl als auch durch die doppelten Stuhlsäulen und die Laternensäulen werden die Hängestreben I und II hindurch geführt und verbolzt. Textfigur zeigt den Querschnitt, die Sparrenlage rechts, und den Grundriss der ersten Kehlbalkenlage links.

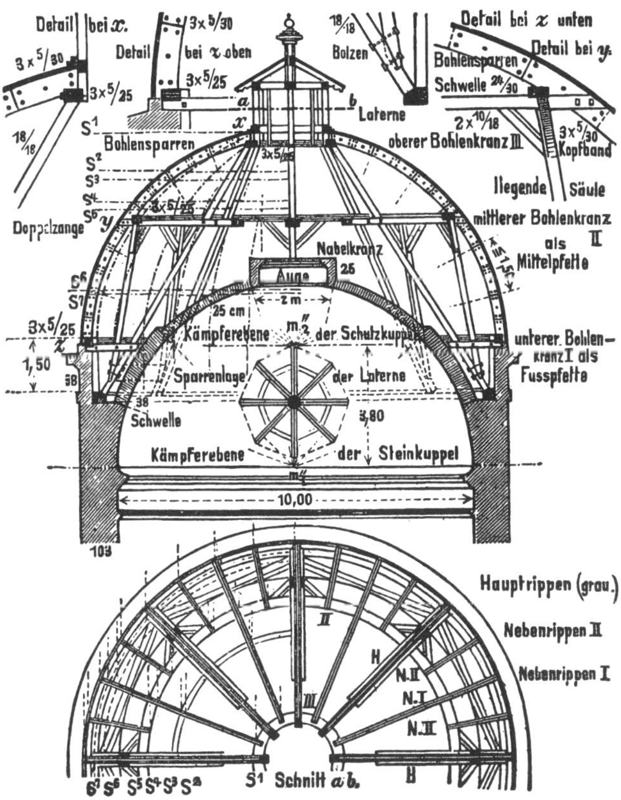

Fig. 686 a—f.

In ähnlicher Weise konstruierte der berühmte Baumeister und Maler Schinkel — geboren 1781, gestorben 1841 — die Kuppel der Nicolaikirche zu Potsdam, welche jedoch nicht ausgeführt, sondern durch eine eiserne Schutzkuppel ersetzt wurde.

2. eine Schutzkuppel über einer Steinkuppel ohne Kehlbalkenlage von 10 m Spannweite. Textfigur 686. Auch in diesem Beispiele ragt die Steinkuppel in die Schutzkuppel hinein. Die zur Unterstützung der 2 bezw. $3 \cdot {}^{5}/_{30}$ cm starken Rippen erforderlichen Pfettenkränze von $3 \cdot {}^{5}/_{20}$ bis ${}^{5}/_{25}$ cm Stärke ruhen hierbei auf ${}^{18}/_{18}$ cm starken liegenden Säulen, welche in ${}^{24}/_{35}$ cm starken Schwellen ihren Fusspunkt haben. Die Schwellen aber ruhen auf dem wagerecht abgeglichenen Mauerwerke der Hintermauerung bezw. Widerlager zwischen der $1^1/_2$ Stein starken äusseren Mauer und dem Gewölbenmauerwerke von $1^1/_2$ Stein Stärke. An den Stellen, wo die Schwellen in letzteres hineinschneiden würden, sind diese an ihrer Innenseite bogenförmig auszuschneiden. An Stelle der unter den Bindersäulen sich überblattenden Schwellenteile könnte man auch kurze Schwellen normal zur Frontmauer unter die Bindersäulen stellen, und mit der Widerlagermauer gehörig verankern. Die Kämpferebene der hölzernen Schutzkuppel liegt 3,80 m über derjenigen der Steinkuppel. Die Bohlensparren, deren einzelne Bretter nicht länger als 1,5 m sein sollen, werden durch eine Fuss-, Mittel- und Oberpfette getragen. Die erstere ruht auf einer Doppelzange von $2 \cdot {}^{10}/_{16}$ cm Stärke, welche an die Versenkungssäule und liegenden Säulen angeblattet und angebolzt wird. Die äusseren ${}^{18}/_{18}$ cm starken liegenden Säulen, welche den mittleren Pfettenkranz tragen, sind mittels Versatzung, Verzapfung und Verbolzung mit den inneren liegenden Säulen von gleicher Stärke, welche mittels Klaue die Oberpfette stützen verbunden. Doppelzangen von $2 \cdot {}^{10}/_{18}$ cm Stärke unter der Mittelpfette angeordnet, fassen die Hauptrippen und liegenden Säulen zusammen, mit welchen sie verbolzt sind. Auf dem oberen Pfettenkranz sind endlich die ${}^{12}/_{12}$ bis ${}^{14}/_{14}$ cm starken Säulen der Laternen angeblattet und angebolzt, welch letztere durch ein kleines Zeltdach geschlossen wird.

3. Ein Kuppeldach über quadratischem Grundrisse zur Überdeckung bezw. Bekrönung der Halle eines öffentlichen Gebäudes Textfigur 687. Die Halle ist durch Kreuzgewölbe mit Bogenstich, das sich unmittelbar anschliessende Treppenhaus dagegen durch ein Spiegelgewölbe überdeckt. Über diesen Gewölben, welche eventuell in Rabitzbauweise, also nicht massiv, ausgeführt werden können, ruht im Mindestabstand von 5 bis 7 cm die Dachbalkenlage, auf welcher sowohl die Versenkungssäulen von ${}^{14}/_{16}$ cm Stärke als auch die stehenden ${}^{18}/_{18}$ cm starken Säulen des Pfetten-Dachstuhles, welche zugleich die Laterne tragen und durch Spannriegel von ${}^{16}/_{18}$ bis ${}^{18}/_{18}$ cm Stärke verspreizt sind, als auch die Streben von gleicher Stärke ihren Fusspunkt haben. Durch letztere wird die Dachlast auf feste Punkte des Balkenauflagers übertragen. Die Versenkungssäulen und Streben werden durch doppelte Zangen von $2 \cdot {}^{10}/_{16}$ bzw. ${}^{10}/_{20}$ cm Stärke verbunden. Die Bohlensparren klauen sich auf die Versenkungs- und Oberpfette auf, und werden die Hauptrippen an ihrem Fusspunkte durch die durchgehenden Doppelzangen gefasst. Zur Verspreizung der Rippen untereinander dient eine Bohle, welche zwischen den Rippen mittels Knaggen

befestigt wird. Vergl. Detail bei x. Der Dachstuhl über dem Spiegelgewölbe ist als Hängewerksdachstuhl auszuführen.

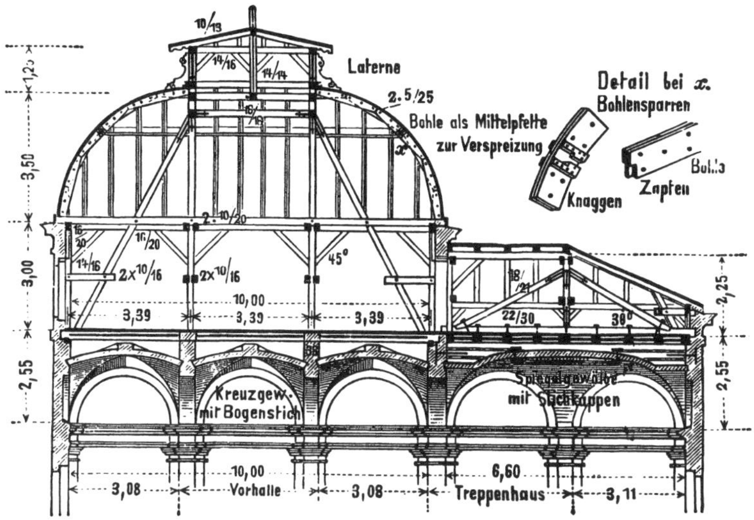

Fig. 687 a b c.

4. Eine Kuppel über einem Eckgebäude. Textfigur 688. Die Kuppel setzt sich auf eine Kehlbalkenlage auf, welche durch liegende Stuhlwände getragen wird. Ausserdem ist dieselbe auf einen Unterzug aufgekämmt, der an die Helmstange als Hängesäule eines Hängewerkes angehängt ist mittels Hängeeisen. Die $^{18}/_{18}$ cm starken Hängestreben tragen die Hängesäule, welche zugleich die Helmstange der Laterne bildet, die wiederum durch ein Glockendach bekrönt ist. Die zur Unterstützung der Bohlensparren erforderliche Mittelpfette von $^{6}/_{20}$ cm Stärke wird durch stehende Stuhlsäulen getragen, welche auf den Hängestreben durch Versatzung, Verzapfung und Verbolzung befestigt sind, während die Oberfette auf Doppelzangen ruht, welche an die Rippen, Hängestreben und Hängesäule angeblattet und angebolzt sind. Kopfbänder endlich dienen zur Längenunterstützung der Pfetten.

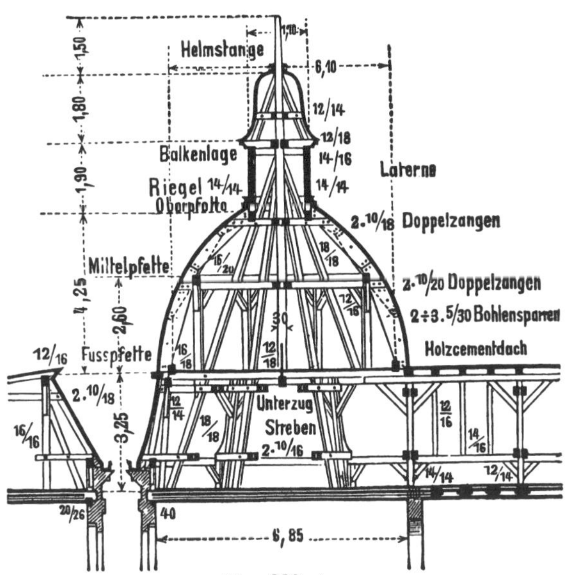

Fig. 688 a b.

5. Eine grössere Kuppel von 19,20 m Spannweite über einem provisorischen Gebäude zeigt Textfigur 689, welche die Kuppel über

der Haupthalle der Deutschnordischen Handels- und Industrie-Ausstellung im Jahre 1895 zu Lübeck, entworfen von Architekt Groothoff in Hamburg, darstellt. Ihre Spannweite beträgt 19,20 m, ihre Höhe vom Kämpfer bis zur Laterne gemessen 10,80 m. Ihre Hauptrippen bezw. Binder stehen

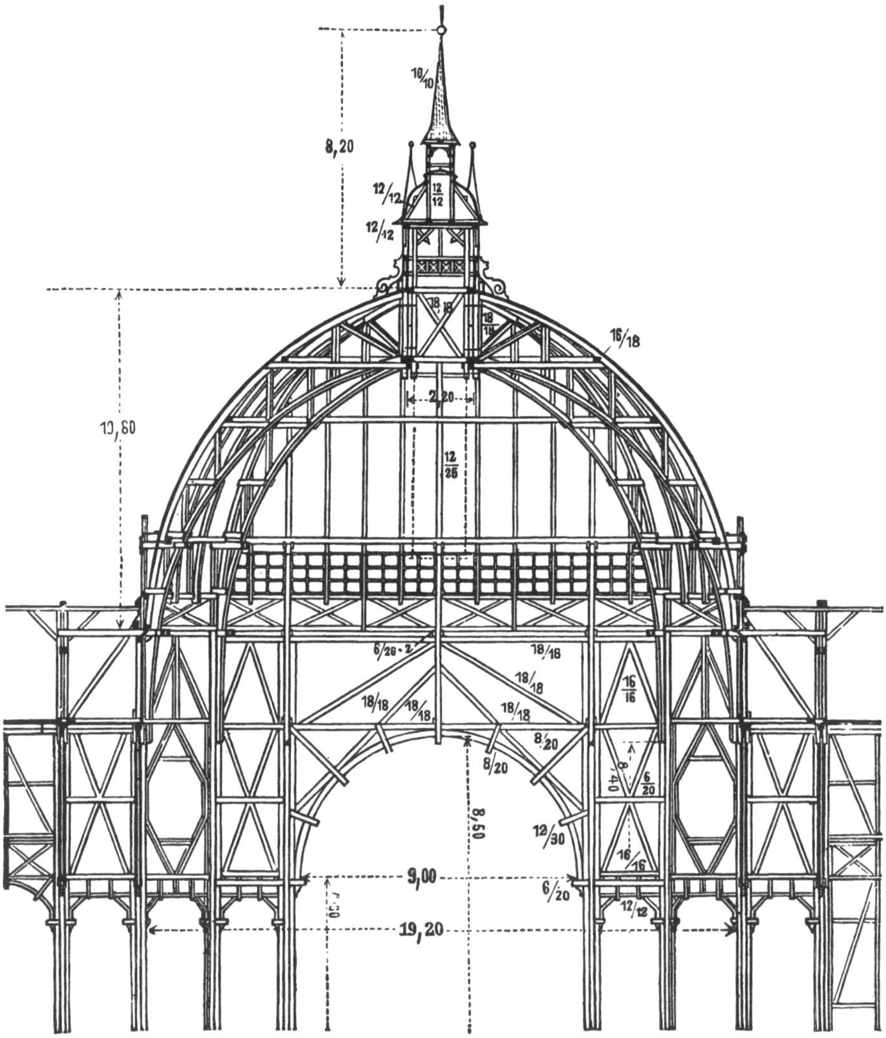

Fig 689.

unter den Graten des an den Ecken coupierten quadratischen Grundrisses. Die zur Unterstützung der Rippen erforderlichen Pfetten ruhen auf Doppelzangen, welche an die inneren und äusseren Gratrippen angebolzt sind, während stehende Säulen die letzteren verspreizen. Die Höhe vom Fussboden bis zum Kämpfer des Gurtbogen beträgt 4,00 m, bis zum Gurtbogenscheitel aber 8,50 m bei 9 m Spannweite des Gurtbogen. Der Kämpfer der inneren Gratbogenrippe liegt 8,40 m über dem Fussboden, während der Höhenunterschied zwischen den Kämpfern der inneren und äusseren Gratrippen 3,50 m beträgt. Die äussere Kuppel aber erhebt sich 10,80 m vom Kämpfer bis zu der 2,20 m breiten Laterne von 8,20 m Höhe.

P. Die Konstruktion der Dächer aus Holz und Eisen.

Ihre Anwendung erstreckt sich meist auf Satteldächer ohne Balkenlagen zur Ueberdeckung hallenartiger Gebäude und auf Sheddächer. Schon bei Besprechung der Hängewerke war bereits darauf hingewiesen worden, dass sowohl Hauptbalken wie Hängesäulen durch schmiedeeiserne Zugstangen ersetzt werden und Hängestreben sowohl wie Spannriegel in gusseisernen Schuhen ihr Auflager erhalten können. Vergl. IV das Hängewerk, Seite 67 und Textfiguren 113 und 114. Auch bei der Konstruktion der Satteldächer ohne Balkenlagen und Sheddächer traten an Stelle der Hauptbalken schmiedeeiserne Zugstangen, welche wiederum durch schmiedeeiserne Hängestangen in horizontaler Lage gehalten wurden. Vergl. XII. D. III. Seite 183 und Textfiguren 465, 468, 469, 483 sowie XII. G. S. 203 und Textfiguren 606, 609, 613. Es erübrigt daher nur noch diejenigen Dachbindersysteme zu erwähnen, bei welchen die Hauptbalken der Hängewerke durch wagerechte oder ansteigende Zugstangen und die Hängesäulen durch vertikale Hängestangen aus Schmiedeeisen ersetzt werden, bezw. die Bindersysteme anzuführen, welche als englisches Dreieckssystem, Polonceau- und französisches Bindersystem bezw. deren Combinierung bezeichnet und zur Ueberdeckung grosser Spannweiten angewendet werden. Stets werden solche Dächer als Pfettendächer bezw. als solche im engeren Sinne, bei welchen die Pfetten auf Hauptsparren aufgekämmt und durch Knaggen gegen ein Umkippen geschützt werden, ausgeführt. Vergl. XII. C. S. 137 nebst Textfigur 301 und 302. Für solche Dachbinder aber ist es unerlässlich, die Dimensionen ihrer Konstruktionsteile nach den Regeln der Festigkeitslehre und Graphostatik rechnerisch bezw. graphisch zu bestimmen. Vergl. diese Band VII, VIII und Eisenkonstruktionen Band XV. Als Beispiele mögen dienen:

1. ein Satteldach als Hängewerksdachstuhl für 5 bis 6 m Spannweite, dessen Hauptbalken durch eine schmiedeeiserne Zugstange ersetzt wurde, während die Hängesäule als schmiedeeiserne Hängestange auftritt. Die Hängestreben ruhen in gusseisernen Schuhen, an welchen auch die Zug- und Hängestange befestigt sind. Der Schuh am Firsten dient zugleich zur Aufnahme der Firstpfette. Textfigur 690 a b c.

2. ein Hängewerksdachstuhl für 5 bis 6 m Spannweite bei grösserer Länge der Sparren als 4,5 m. Textfigur 691. Auch in diesem Beispiele kann der Hauptbalken durch eine Zugstange ersetzt werden. Die in ihrer Mitte durch eine Mittelpfette belasteten Hauptsparren oder Träger sind durch einen Kehlbalken verspreizt, während die schmiedeeiserne Hängestange durch diesen hindurchgeführt wird.

3. ein Hängewerksdachstuhl für 6 bis 10 m Spannweite, Textfigur 692 a b, bei welchem die durch Mittelpfetten belasteten Hauptsparren durch nach innen gerichtete Streben gestützt werden, welche ihren Fusspunkt in einem gusseisernen Schuh haben, der wiederum durch die horizontale oder ansteigende Zugstange und vertikale Hängestange getragen wird.

4. Hängewerksdachstühle mit 2 Mittelpfetten zur Unterstützung der

Sparren zeigen die Textfiguren 693 und 694, bei welchen der Hauptbalken und die Hängesäulen teilweise durch eine Zugstange ersetzt wurden, Textfigur 693, während Textfigur 694 die gleiche Konstruktionsweise zeigt wie Figur 692.

5. ein Polonceaudachbinder für 10 bis 15 m Spannweite enthält Textfigur 695 a b c. Er hat seinen Namen nach dem französischen Ingenieur Polonceau, welcher Eisenbahngebäude zwischen Paris und Versailles zuerst nach seinem Bindersystem errichtete. Die durch die Mittelpfetten belasteten Hauptsparren werden in diesen Punkten durch eine senkrecht zum Hauptsparren gerichtete gusseiserne Druckstrebe (Druckstab) mit kreuzförmigem Querschnitte gestützt, während der Hauptbalken durch eine mit $^1/_{30}$ bis $^1/_{40}$ der Spannweite s ansteigenden und im mittleren Teile wagerechten Zugstange ersetzt und durch die geneigten Hängestangen getragen wird. Zu beachten ist bei solchen Dachstühlen, dass der Längenverband durch

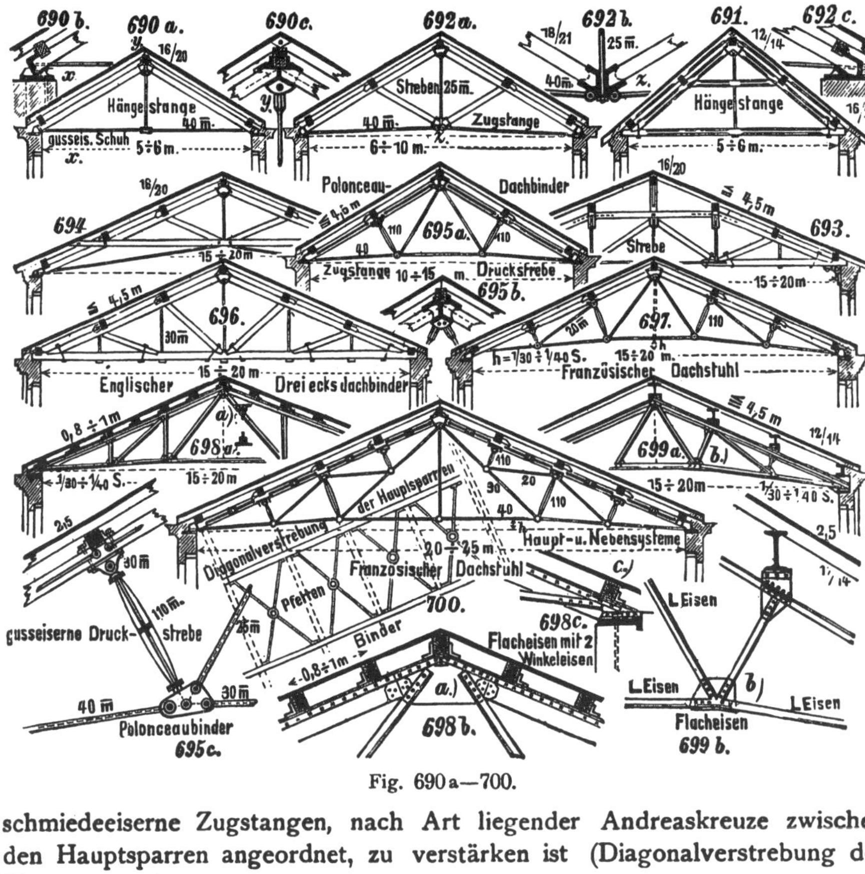

Fig. 690 a—700.

schmiedeeiserne Zugstangen, nach Art liegender Andreaskreuze zwischen den Hauptsparren angeordnet, zu verstärken ist (Diagonalverstrebung der Hauptsparren).

6. ein Dachbinder von 15 bis 20 m Spannweite nach englischem Dreiecksystem, bei welchem die vertikalen Hängestangen aus Rundeisen als Hängesäulen den Hauptbalken tragen und der Hauptsparren durch 2 nach innen gerichtete Streben in den durch die Mittelpfetten belasteten Punkten unterstützt wird. Textfigur 696.

7. ein Dachbinder nach französischem System für 15 bis 20 m Spannweite, Textfigur 697, welcher in der Konstruktion seiner Knotenpunkte ganz dem Polonceaudachbinder entspricht.

8. In der Neuzeit aber verdrängt das Schmiedeeisen für derartige Konstruktionen das Gusseisen fast ganz, sodass sowohl Auflagerschuhe wie Druckstäbe aus Flach- und Winkeleisen hergestellt werden. Textfiguren 698abc und 699ab zeigen solche Dachbinder für 15 bis 20 m Spannweite, wobei ersterer Dachbinder als Pfettendachstuhl im engeren Sinne konstruiert wurde, während bei letzterem die Pfetten durch I bezw. [Eisen ersetzt sind.

9. ein Dachbinder nach französischem System für 20 bis 25 m Spannweite, Textfigur 700, dessen Hauptsparren in den durch 3 Mittelpfetten belasteten Punkten durch 3 gusseiserne Druckstäbe gestützt wird. Hierbei sind sog. Nebensysteme in das Hauptsystem eingeschoben worden. Die zur Erhöhung des Längenverbandes erforderliche Diagonalverstrebung der Hauptsparren ist in diesem Beispiele angedeutet worden.

XIII. Die Konstruktion hölzerner Hauptgesimse.

Die Hauptgesimse haben den Zweck, einem Gebäude nach oben hin einen bekrönenden Abschluss zu geben. Sie liegen daher unter der Dachtraufe und ist ihre Konstruktion meist abhängig von der Art der Dachrinnenanordnung als hängende, liegende oder Kastenrinne. Meist werden die Hauptgesimse aus Werkstein hergestellt, bestehend aus Obergliedern, Hängeplatte und Untergliedern mit oder ohne Konsolanordnungen oder Bogenkonstruktionen (romanischer Bogenfries), während bei Ausführung in Ziegelstein dieselben durch ausgekragte Ziegelschichten und in gleicher Weise hergestellt werden können. Eine Ueberleitung vom steinernen Hauptsims zum hölzernen bilden diejenigen Gesimsanordnungen, bei welchen die Dachrinne, an den über die Mauerflucht vortretenden Sparren hängend und in Rinneneisen ruhend, welche seitlich an den Sparren oder auf die Dachschalung angenagelt werden, gewissermassen die Oberglieder, die Sima oder den bekrönenden Karnies, bildet, während die Hängeplatte und Unterglieder des Hauptsimses in Werkstein ausgeführt sind. Textfigur 701 und 702. Zur Bildung hölzerner Hauptgesimse verwendet man Gesimsverschalungen, welche an die über die Mauerflucht vorgestreckten Balkenköpfe, die dem Profil entsprechend auszuschneiden sind, angeschlagen werden. Textfigur 703. Ist der Balkenkopf schräg abgeschnitten, so muss für die Befestigung des Hängeplattenbrettes eine dreikantige Knagge an die Balkenköpfe ange-

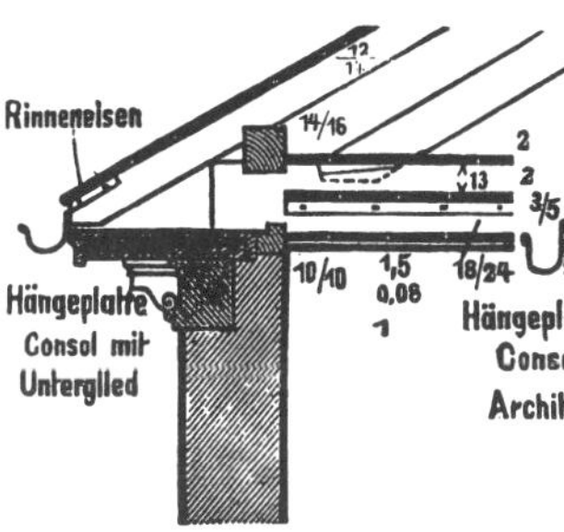

Fig. 701.

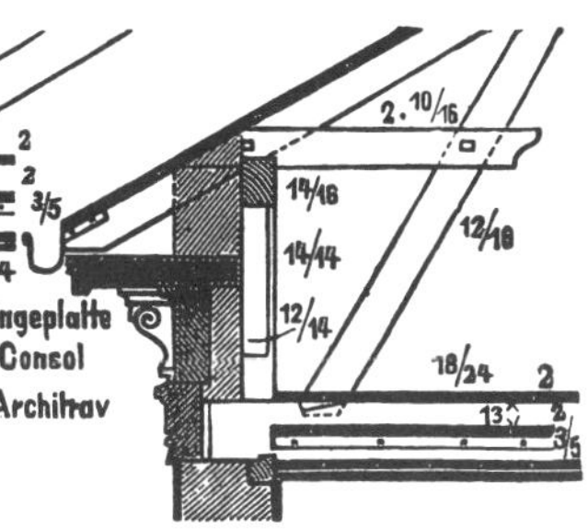

Fig. 702.

nagelt werden. Textfigur 704. Ähnliche Anordnungen zeigen die Textfiguren 705 bis 707, und zwar enthält Figur 705 ein Hauptgesims für einen Fachwerkbau, bei welchem das Gesimsbrett an die schräg abgeschnittenen Balkenköpfe angenagelt, sich auf die Oberfläche des Rahmenholzes aufsetzt In Textfigur 706 sind die Unterglieder des Hauptsimses aus Werkstein hergestellt, während Figur 707 eine Anordnung zeigt, bei welcher die Balken in einen Wechsel eingezapft sind, welcher zur Befestigung der Gesimsschalung dient.

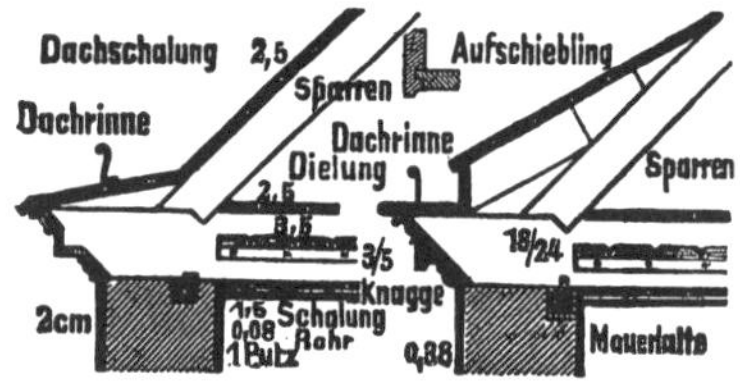

Fig. 703. Fig. 704.

Vielfach werden die Hauptsimse aus Holz, namentlich bei eingebauten Wohnhäusern, deren Dachstuhl der bequemeren Benutzung des Dachraumes wegen mit Versenkung konstruiert sind, an hölzerne Knaggen als Bohlen von 4 bis 5 cm Stärke befestigt, welche an die Sparren bezw. bei den Dachbindern auch an die Versenkungssäulen angenagelt oder angebolzt werden. Zur grösseren Sicherung der Nachbarhäuser gegen Feuersgefahr ist es in den meisten Städten baupolizeiliche Vorschrift, an die Giebel als Brand- bezw. Kommunmauern sog. Anfänger aus Werkstein von 0,60 bis 0,80 m Länge zu versetzen, an welche sich das hölzerne Hauptgesims mit gleichem Profile anschliesst. In Textfigur 708 sind die Knaggen dem Profile des Gesimses entsprechend ausgeschnitten. Es können jedoch auch hier die Unterglieder des

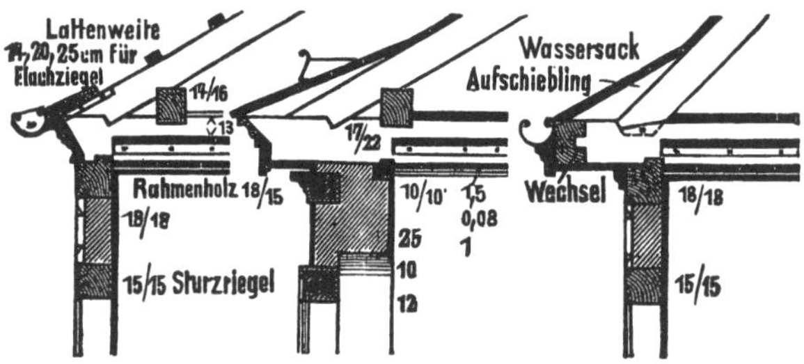

Fig. 705. Fig. 706. Fig. 707.

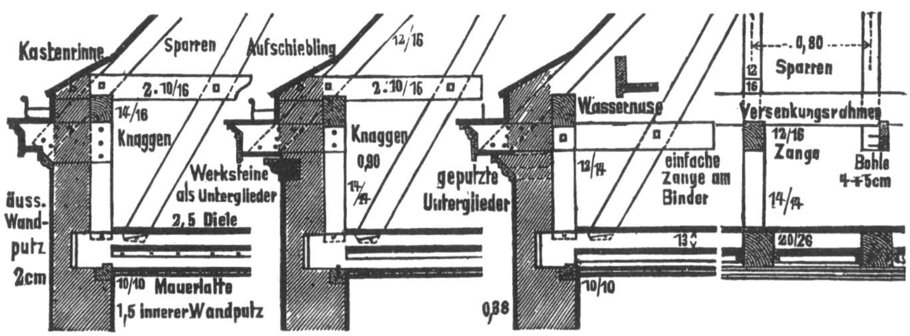

Fig. 708. Fig. 709. Fig. 710a. Fig. 710b.

Hauptsimses aus Werkstein hergestellt — Textfigur 709 — oder in Putzmörtel an dem Profil derselben entsprechend vorgekragten Ziegelschichten angezogen werden. Textfigur 710. An den Dachbindern können die Zangen an Stelle der Knagge treten. Bei weit ausladenden Hauptsimsen aus Holz aber ordnet man besondere Stichgebälke an, welche in Wechsel zwischen den Zangen der Versenkung eingezapft werden. Textfigur 711 und 712.

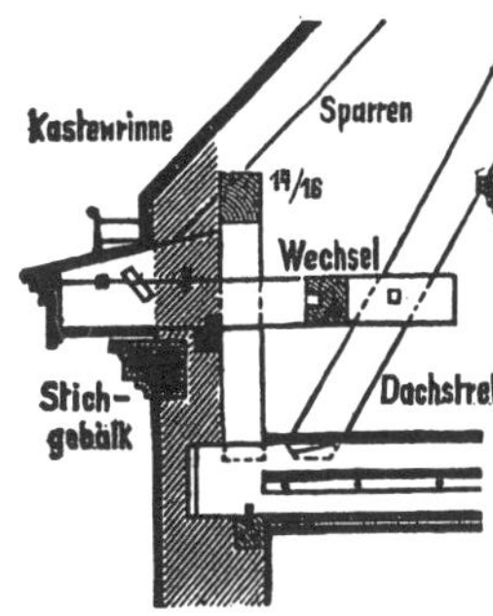

Fig. 711.

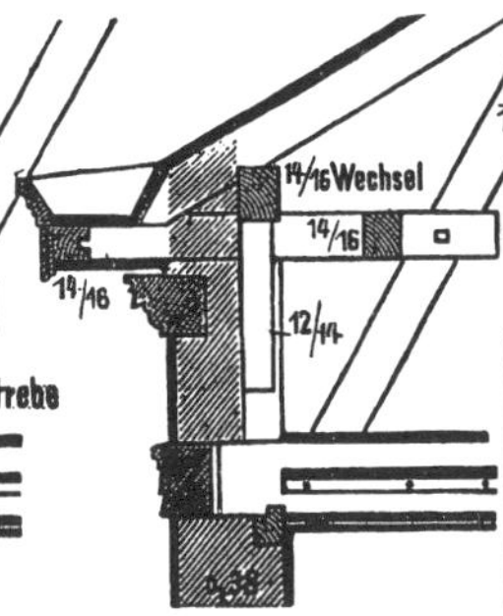

Fig. 712.

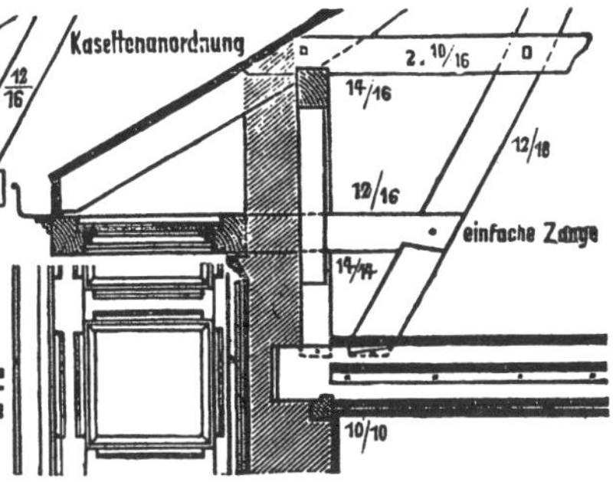

Fig. 713.

Die Konstruktion eines in der Unteransicht kassettierten hölzernen Hauptsimses zeigt Textfigur 713. Eine ähnliche Anordnung zeigt Textfigur 714, bei welcher profilierte Balken in eine Schwelle der Versenkungswand eingezapft sind. Bei in ländlichem Stil errichteten und einfacheren Wohngebäuden aber besteht das Hauptgesims meist aus über die Mauerflucht 0,60 bis 0,80 m vortretenden vielfach profilierten Sparrenköpfen, deren Zwischenraum durch Schrägbretter geschlossen wird. Textfigur 715, 716, 717. Meist wird den Sparrenköpfen ein dekorativ ausgeschnittenes Stirn- oder Traufbrett, eine Traufleiste vorgenagel Die Konstruktion eines solchen Gesimses mit Unterschieblingen, welche mit den eigentlichen Sparren verbolzt werden, enthält Textfigur 718.

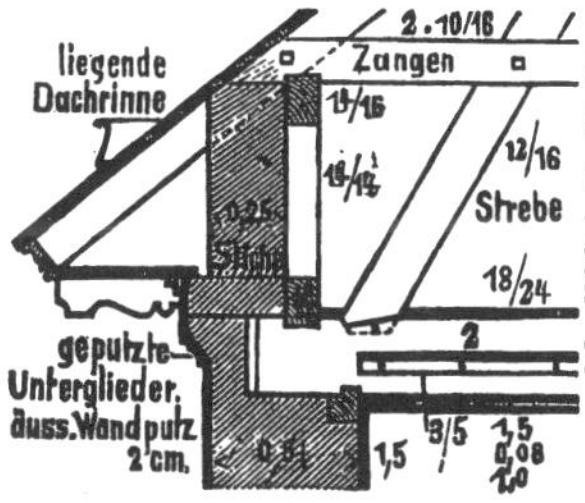

Fig. 714a.

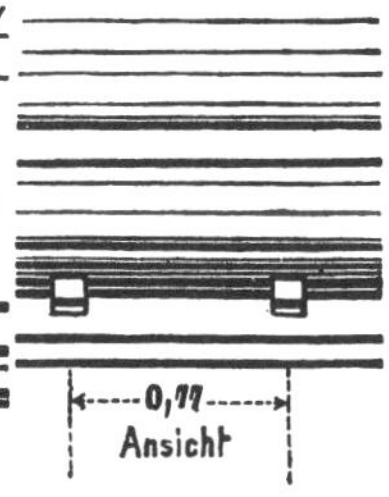

Fig 714b.

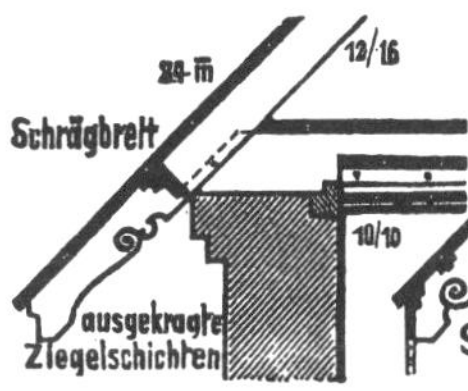

Fig. 715.

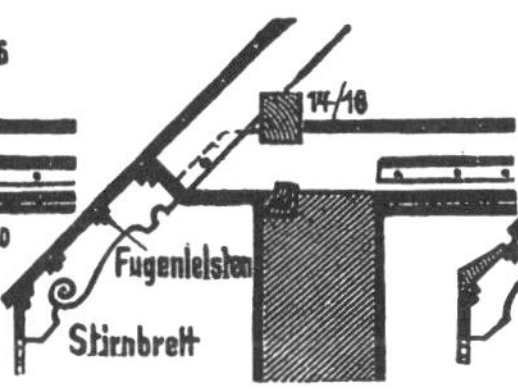

Fig. 716.

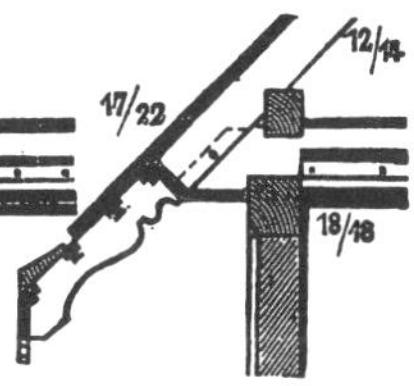

Fig. 717.

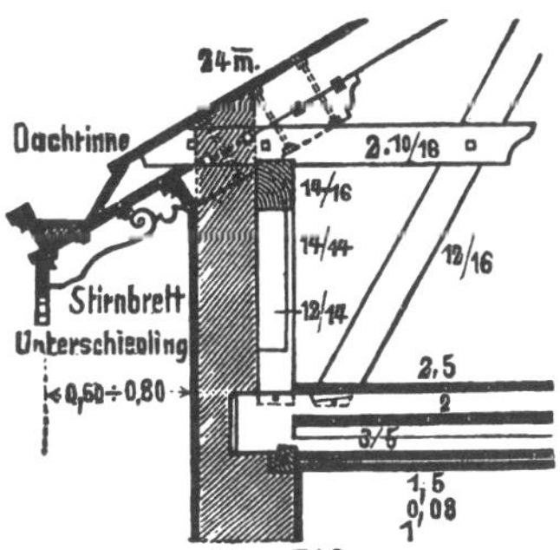

Fig. 718.

XIV. Die Konstruktion der Dachfenster.

Die Dachfenster dienen zur Ventilation und Erleuchtung des Dachraumes, sie können als s t e h e n d e oder l i e g e n d e Fenster konstruiert werden Ihrer äusseren Formgebung nach erhalten sie aber auch besondere Bezeichnungen und treten auf als D a c h l u k e n mit senkrechter oder nach vorn schräger Vorderwand und flachem Pultdach oder Satteldach; als O c h s e n a u g e n mit runder oder ovaler Oeffnung in senkrechter Vorderwand mit Cylinder-, oder Satteldach, die namentlich bei Mansarden- und Kuppeldächern angewendet werden; ferner als *Fledermausfenster* oder *Schwalbenschwanz* in Gestalt eines menschlichen Auges; als *Froschmaul* oder *grosses Kafffenster* mit halbkreisförmiger Oeffnung in senkrechter Vorderwand; als *Dacherker* oder *Dachnasen* mit Giebel und Satteldach; als *flämisches Dachfenster* mit Segmentbogenverdachung und dieser entsprechendem Bogendach; und als *Kapuzinerfenster*, *Kappfenster*, *Gaupe* oder *Gunge* mit drei-, vier- oder fünfeckiger Oeffnung in senkrechter Vorderwand und Sattel- oder Walmdach. Die Dacherker bilden meist selbständige, kleine Wohnungen; als Dachluken bezw. auch Windeluken aber bezeichnet man meist nicht verglaste Oeffnungen in der Dachfläche. Die liegenden Dachfenster, *Dachklappen* oder *Klappfenster* aber bestehen meist aus einem aus Gusseisen, Zink- oder Eisenblech hergestellten Rahmen, zur Aufnahme des Flügels von 2, 4 oder 6 Scheiben Grösse, welcher an der oberen Querseite in Scharnieren beweglich ist und mittels durchlochten Bügels nach aussen gestellt werden kann. Meist sind sie im Lichten 40 : 45 cm gross. Textfigur 719 zeigt ein sog. *Sächsisches Dachfenster*, Figur 720 ein eisernes Dachfenster für *Ludovicifalzziegeldach*eindeckung. Auch sog. *Kaffziegel* dienen zur Lüftung eines Dachraumes, während in die Dachdeckung mit Biberschwänzen oder Falzziegeln eingelegte *Hartglasbiberschwänze* bezw. *Falzziegel aus Hartglas* zur Erleuchtung der Dachräume verwendet werden.

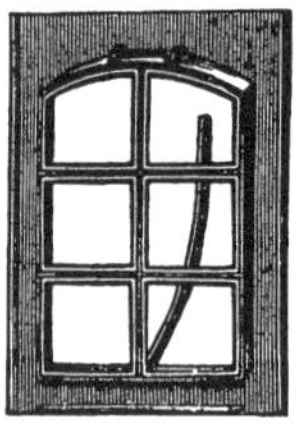

Fig. 719.

Fig. 720.

Verschiedene Formen für stehende Dachfenster sind in den Textfiguren 721 und 722 in Grundriss und Aufriss ihrer Dachausmittelungen dargestellt,

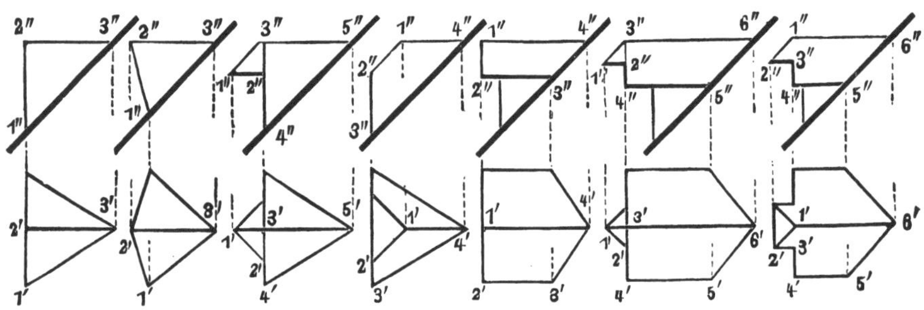

a *b* *c* *d* *e* *f* *g*

Fig 721a—g.

und zwar ergeben Figur 721a bis d dreieckige Oeffnungen in senkrechter bezw. bei b nach vorn geneigter Vorderwand, Figur 721e bis g dagegen vier- bezw. fünfeckige Oeffnungen der Fenster, während Textfigur 722 solche mit zeltdachförmigen Dachaufbauten zeigt.

Bei der Konstruktion der Dachfenster nun ist vielfach die Auswechselung von einem oder mehr Sparren je nach der Breite derselben unvermeidlich. Die Brüstungshöhe der Dachfenster ist vielfach abhängig von der Versenkungshöhe des Dachstuhles, meist beträgt sie 0,9 bis 1 m oder etwas mehr. Jedenfalls ist darauf zu achten, dass der Versenkungsrahmen oder die Drempelpfette nicht unterbrochen wird, da sonst der Längenverband im Dachstuhl beeinträchtigt würde. Die untere wagerechte Begrenzung hölzerner Dachfensterkonstruktionen bildet die Schwelle (Sohlbankriegel), welche auf die die Fensteröffnung in der Dachfläche begrenzenden Sparren aufgeklaut wird. In diese Schwelle werden die beiderseitigen Fenstersäulen eingezapft, welche das Rahmenholz (Sturzriegel) tragen. Bei gewöhnlichen Dachluken klauen sich die Sparren des zugehörigen Pultdaches auf dieses Rahmenholz vorn auf, während sie hinten auf die Sparren bezw. Wechsel zwischen den Sparren aufgenagelt werden. Textfigur 723a und b. Gewöhnlich aber werden seitliche Rahmenhölzer in das vordere eingezapft, welche auf die entsprechenden Sparren des Daches durch Nagelung befestigt werden.

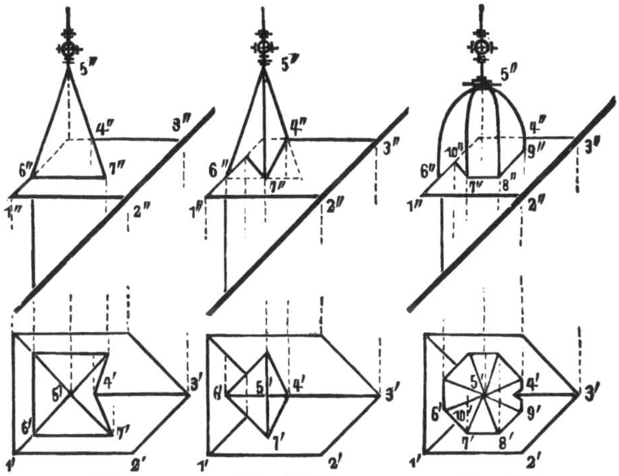

Fig. 722 a. Fig. 722 b. Fig. 722 c.

Diese Rahmenhölzer aber tragen die kleinen Balken des Fensterdaches, in welche die Sparren des letzteren eingezapft werden, falls nicht die innen verschalten Sparren die Decke selbst bilden; diese klauen sich in solchem Falle direkt auf die Rahmenhölzer auf. Auch kann man die kleinen Balken neben diesen Sparren auf den Rahmenhölzern aufkämmen, oder sie mit denselben verblatten. Die seitlichen senkrechten Wände eines Dachfensters nennt man die Backen desselben, welche zwischen Dachsparren und Rahmenholz auf $\frac{1}{4}$ oder $\frac{1}{2}$ Stein Stärke auszumauern sind, während sie äusserlich geputzt, besser aber verlattet oder verschalt und mit Flachziegeln bezw. Schiefer oder Zink verkleidet werden. Die zu dieser Verkleidung erforderliche Lattung oder Schalung aber ist so anzuordnen, dass dieselbe bündig liegt mit den Seitenflächen der $\frac{14}{16}$ cm starken Fenstersäulen, sodass erstere in senkrechter Richtung oben an die $\frac{12}{16}$ cm starken seitlichen Rahmenhölzer, deren Breite meist der Sparrenbreite entspricht, unten dagegen an $\frac{3}{5}$ cm starke Latten angenagelt wird, welche auf den die Backen tragenden Dachsparren zu befestigen sind. Auf Letzere wird auch die eigentliche Dachschalung bezw. Lattung aufgelegt. Hierbei ist ferner zu beachten, dass die Verkleidung der Backen stets die entstehende Fuge zwischen Fenstersäule und Verschalung bezw. Lattung decken muss. Letztere aber wird in wagerechter Lage ebenfalls an $\frac{3}{5}$ cm starke Latten in gleicher Weise

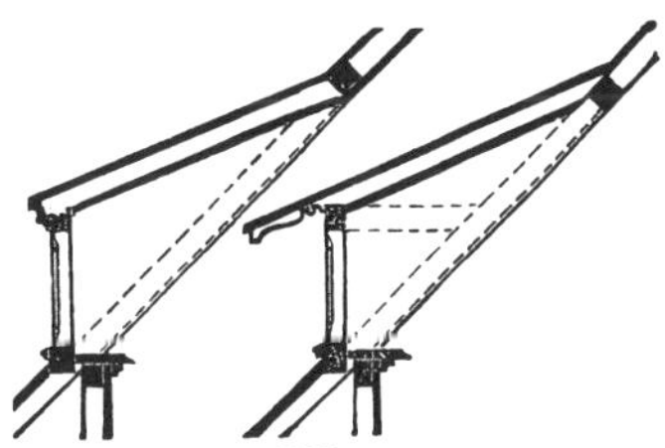

Fig. 723 a—b.

angenagelt. An der Innenseite der Dachfenstersäulen aber muss ein Anschlag von mindestens 4 cm Breite zur Befestigung des Fensterfutterrahmens vorgesehen werden. Die Schalung des Fensterdaches aber wird auf die Sparren desselben genagelt und stösst stumpf auf die eigentliche Dachschalung. Bei grösseren Dachausbauten jedoch kann auf letztere in Richtung der sich bildenden Kehlen eine Latte oder auch eine Bohle auf die Dachsparren direkt genagelt werden. (Verg. Bohlenschiftung unter VII. K. c. Seite 233).

In Textfigur 724 a bis d ist nun ein stehendes Dachfenster für eine Mansardendachwohnung dargestellt und zwar in Grundriss a bezw. Horizontalschnitt über der Schwelle, Querschnitt b und Vorderansicht c, sowie der Grundriss d der Fensterdachbalkenlage für ein kleines Walmdach mit kurzen Gratstickbalken, bei welchem die Schiftungen der Sparren genau so zu konstruieren sind wie unter XII. K. 1 a und b gezeigt wurde. Die Textfiguren 725 und 726 enthalten Gaupen mit Sattel bezw. Walmdach, die Textfiguren 727 bis 729 dagegen solche mit zelt- bezw. kuppeldachförmigen Dachaufbauten. In allen diesen Beispielen ist die Schwelle so angeordnet, dass auf dem Versenkungsrahmen das Fensterbrett

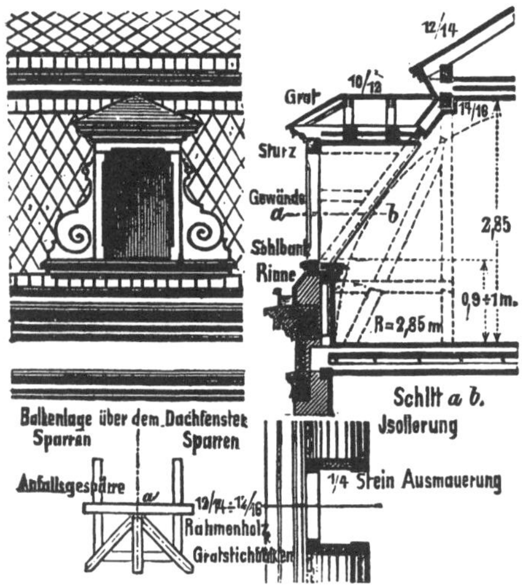

Fig. 724.

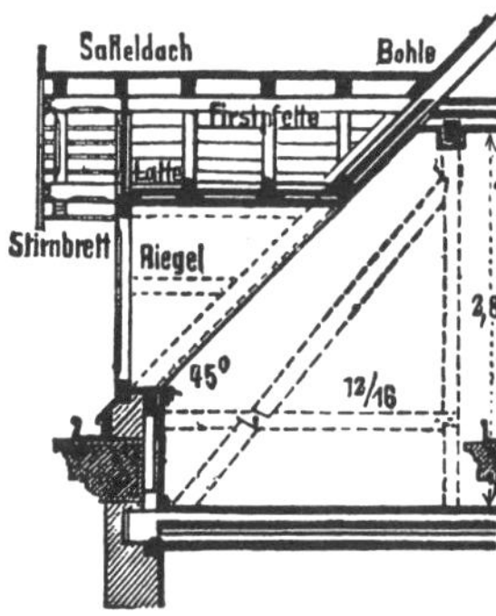

Fig. 725.

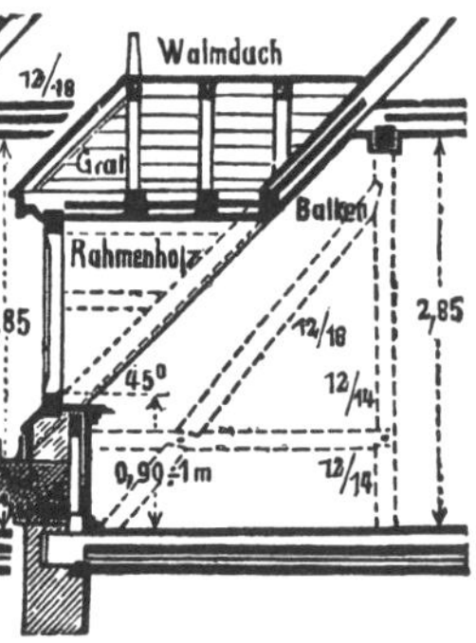

Fig. 726.

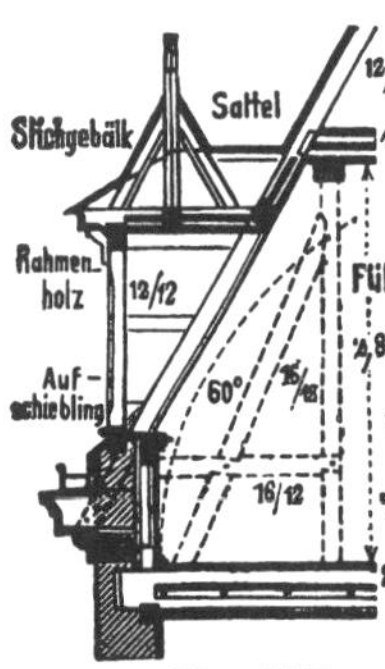

Fig. 727.

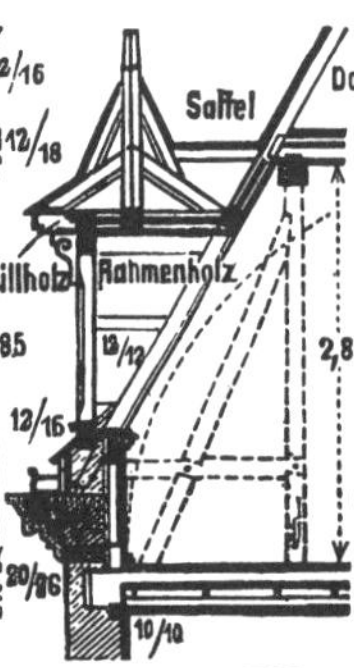

Fig. 728.

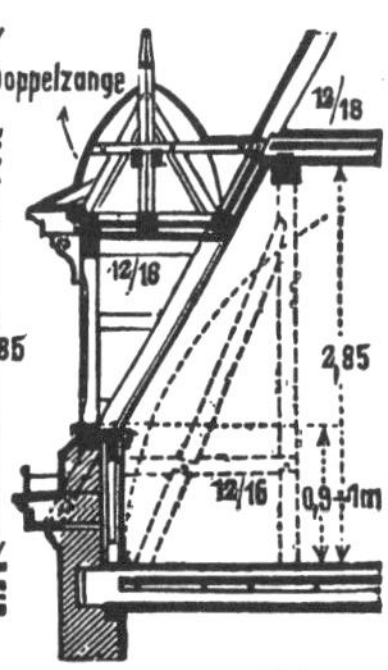

Fig. 729.

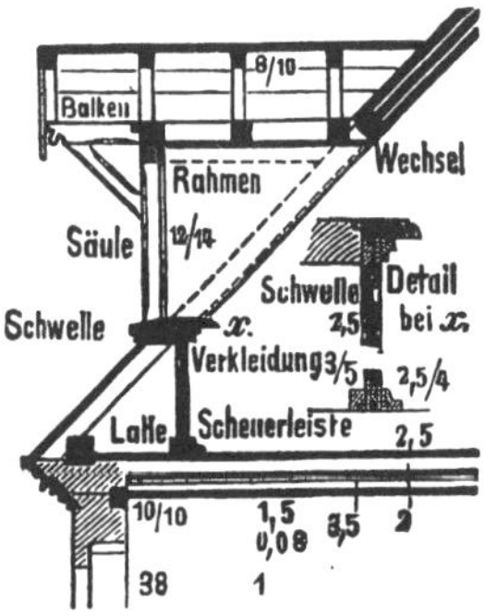

Fig. 730.

liegt. In Textfigur 730 aber ist die Anordnung eines Dachfensters bei einem Dachstuhle ohne Versenkung dargestellt, während die Textfiguren 731 und 732 die Anordnung steinerner Dachfenster bezw. Dacherker enthalten, bei welchen die Kehlbalken des Dachstuhles zugleich die Erkerdecke tragen und bei 1½ Stein starker Vorderwand direkt in dieser ihr Auflager erhalten, während sie bei 1 Stein starker Vorderwand auf einem Rahmenholze aufgekämmt werden müssen, welches durch Säulen getragen wird. Bei grösserer Breite der Backen sind dieselben durch entsprechende Verriegelungen zu verstärken. Bei der Anordnung steinerner Dachfenster ist ferner darauf zu achten, dass die Dachrinne (Kastenrinne) ohne Unterbrechung fortgeführt werden kann, wonach sich also die Höhenlage des Hauptsimses bezw. die Brüstungshöhe des Dachfensters richten muss. Vielfach werden die steinernen Dachfenster in ihrer architektonischen Gestaltung durch solche aus Zinkblech ersetzt, zu deren Befestigung selbstverständlich ein hölzernes Dachfenster errichtet werden muss. Vergl. auch Textfiguren 519 bis 526. Zur Erleuchtung einer Dachwohnung ist es vorteilhafter, an Stelle zweier einfacher Dachfenster ein gekuppeltes Dachfenster anzuwenden, dessen Mittelpfosten aus Holz die einfache oder doppelte Breite der Fenstersäulen erhält, in Stein ausgeführt aber 18 bis 20 cm breit gemacht wird. Bewohnte Dachräume aber sind gegen Temperaturunterschiede zu isolieren, indem man die Sparrenfelder entweder mit porösen Lochsteinen auf ¼ oder ½ Stein Stärke auswölbt, indem man zu deren Befestigung an den Sparren drei- oder vierkantige Leisten an die Seitenflächen der Dachsparren annagelt, Textfigur 733, oder indem man einen Fehlboden zwischen den Sparrenfedern anordnet, Textfigur 734, oder an Stelle desselben Mack'sche Gypsdielen verwendet. Textfiguren 735 c und 736.

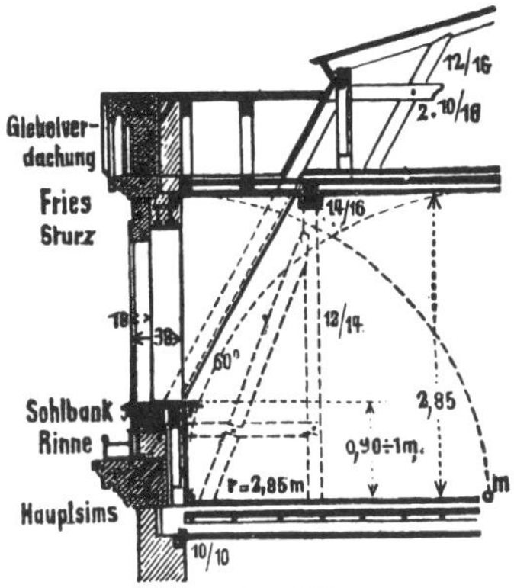

Fig. 731.

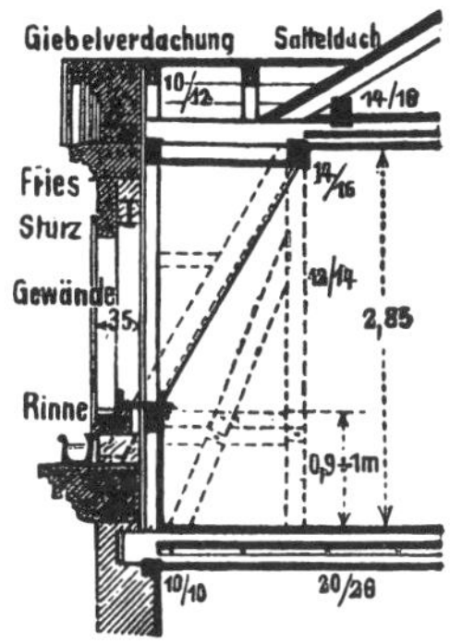

Fig. 732.

Fig. 733.

Fig. 734.

Fig. 735.

Fig. 736.

XV. Die Konstruktion der Baugerüste, Absteifungen und Verspreizungen

unter Zugrundelegung der Unfallverhütungsvorschriften der Sächsischen Baugewerksberufsgenossenschaft vom 1. März 1902.

Die Baugerüste teilt man ein in B o c k g e r ü s t e, S t a m m - oder S t a n g e n g e r ü s t e, a b g e b u n d e n e G e r ü s t e, L e i t e r g e r ü s t e, f l i e g e n d e und h ä n g e n d e G e r ü s t e und in W ö l b g e r ü s t e. Letztere werden erforderlich bei Ausführung der Bogen und Gewölbe, und bilden die Lehre für die Wölbung, während die eigentlichen Baugerüste den Arbeitern als Standort und zum Transport der Baumaterialien dienen bei Errichtung der Gebäude.

A. Die Bockgerüste. Textfigur 737 a b c d.

Sie müssen aus starken Hölzern und nicht nur aus Brettern oder Pfosten hergestellt werden, und zwar derart, dass die $\frac{10}{12}$ cm starken Beine der-

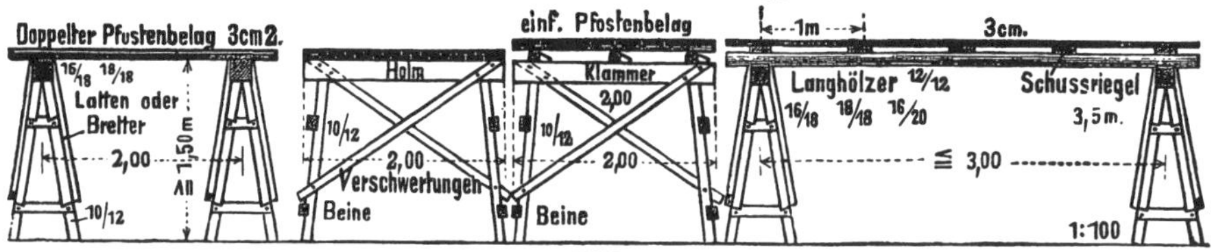

Fig. 737 a - d.

selben in den Holm eingelassen und vernagelt werden können. Bei Böcken von grösserer Höhe als 1,50 m sind die Beine unter sich und mit dem Holme zu verschwertern. Auf die Böcke selbst legt man entweder den einfachen oder doppelten Pfostenbelag von mindestens 3 cm Stärke oder die am Zopfende mindestens 12 cm starken runden Lang- oder Karrenhölzer, auf welchen wiederum mit 1 m Entfernung von Mitte zu Mitte die Schussriegel von mindestens 3,5 cm Stärke ruhen, welche alsdann den Pfostenbelag tragen. Falls die Bockgerüste nicht auf dem Erdboden zu stehen kommen, darf ihre Aufstellung nur auf vollkommen dichten und soliden Pfostenbelag und nie direkt auf den Langhölzern oder auf offener Balkenlage erfolgen. Bei doppelt übereinander stehenden mehretagigen Bockgerüsten müssen die Bocke nach rückwärts abgesteift werden. Bei Rüstungen bis zu 5 m Höhe sind Bockgerüste allein zulässig. Leere Cementfässer, Wassereimer, Ziegel und dergl. dürfen zu Fussgerüsten, auf welchen gearbeitet werden soll, nicht verwendet werden.

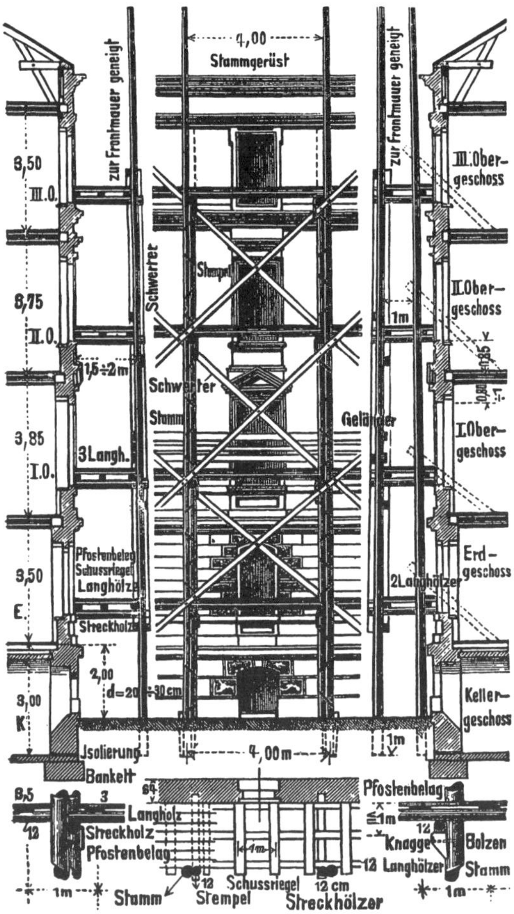

Fig. 738 a—f.

B. Stamm- oder Stangengerüste.

Dieselben können ausgeführt werden als Stammgerüste mit Stempeln und solche mit Knaggen. Textfigur 738 a—f.

1. Stammgerüste mit Stempeln bestehen aus Stämmen von mindestens 25 cm Durchmesser am Stamm- oder Wurzelende, welche in Entfernung von höchstens 4 m von einander in das Erdreich 0,8 bis 1 m tief eingegraben und mit Bohlen verkeilt oder auf durchgehender Schwelle von $\frac{25}{15}$ cm Stärke verzapft und mit geringer Neigung nach dem Gebäude zu errichtet werden. Den verschiedenen Geschosshöhen entsprechend sind dicht neben diese

Fig. 739 a—b.

Gerüststämme- oder bäume Stempel von mindestens 12 cm Durchmesser am Zopf- oder Wipfelende beizusetzen und mittels Gerüstklammern aus Hufstabeisen oder Rundeisen, Textfigur 739a und b, in Entfernung von 0,50 m von einander und in ihren Richtungen wechselnd eingeschlagen, sicher zu befestigen. Auf diese Stempel legt man nun die sog. Streckhölzer von mindestens 12 cm Durchmesser am Zopfende, welche in auszusparenden Rüstlöchern im Mauerwerke oder über den Fenstersohlbänken ihr Auflager erhalten. Auch diese sind an den Rüstbäumen und Stempeln mittels Rüstklammern sicher zu befestigen. Quer über die Streckhölzer hinweg kommen in gleichen Abständen unter sich von höchstens 1 m in 2 oder 3 Reihen je nach dem Abstande der Stämme von der Gebäudeflucht, welcher 1 bis 2 m beträgt, die Lang- oder Karrenhölzer von gleicher Stärke der Streckhölzer zu liegen. Auf diese aber sind wiederum die Schussriegel von mindestens 3,5 cm Stärke mit 1 m Entfernung von Mitte zu Mitte zu legen, welche den 3 cm starken Pfostenbelag tragen. Die Pfosten aber müssen auf den Schussriegeln mit beiden Enden ein entsprechend sicheres Auflager erhalten und falls Bockgerüste auf ihnen stehen, einen die Breite ausfüllenden, dichten Gerüstboden bilden.

Anstatt die Streckhölzer in der Frontmauer aufzulagern, kann man jedoch auch Gerüstbäume an der Gebäudeflucht direkt in senkrechter Lage aufstellen und die Streckhölzer auf den beigesetzten Stempeln dieser Gerüstwand auflegen. Stockwerksweise sind die Stammgerüste mit den Balkenlagen bezw. dem Gebäudeinneren zu verankern, während sie unter sich gegen Längen- und Seitenverschiebung genügend starke Diagonalverstrebungen (×) oder Verschwerterungen erhalten müssen.

2. Stammgerüste mit Knaggen. An Stelle der Stempel dürfen bei Stammgerüsten auch Knaggen verwendet werden, die entweder aus Holz geschnitten $\frac{12}{12}$ cm stark und 30 bis 40 cm lang mit 3 Sparrennägeln oder einem Schraubenbolzen an dem Stamme sicher zu befestigen sind, oder die aus einer besonderen sich bewährt habenden Eisenkonstruktion als sog. Gerüsthalter bestehen. Textfigur 740abc.

Rüstklammern zu ihrer Befestigung allein zu verwenden, ist unzulässig. Bei Anwendung hölzerner Knaggen aber sind die runden Streckhölzer an ihrem Auflager auf den Knaggen kantig zu beschlagen. Textfigur 738f. Soll ein Rüststamm durch Verbindung mit einem anderen verlängert, aufgesetzt oder aufgepfropft werden, so müssen die Enden beider Stämme auf eine Länge von mindestens 1,50 m nebeneinander stehen und sicher mit einander verbunden werden, wobei die Anwendung von Stricken, Seilen

Fig. 740 a.

Drahtgerüstbindestricke.

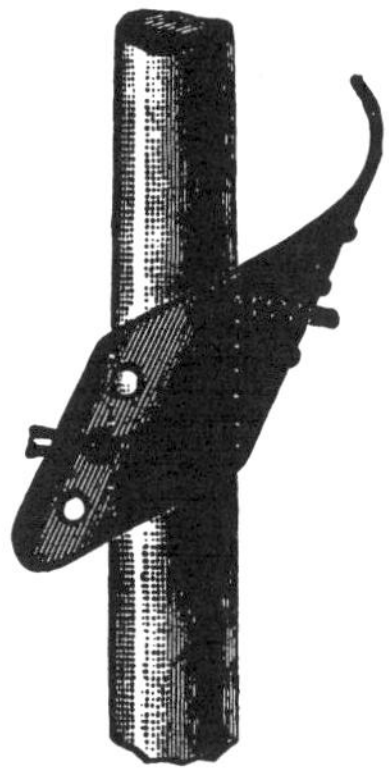

Fig. 740 b.

Gerüsthalter

D. R. G. M. No. 125240.

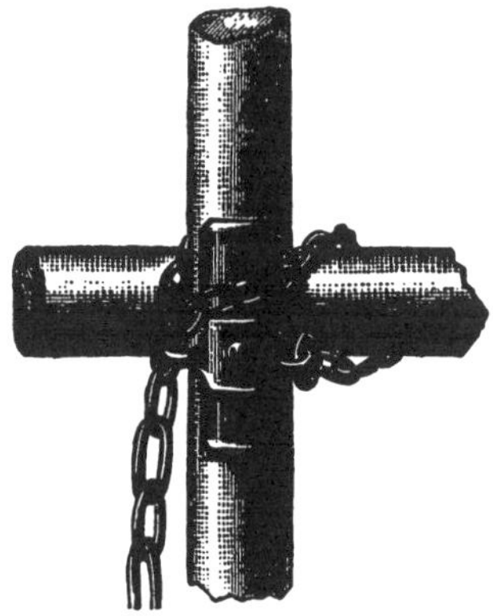

Fig 740 c.

Baugerüsthalter mit Kette.

oder Tauen unzulässig ist. Auch ist darauf zu achten, dass der untere Stamm an seiner Spitze noch stark genug ist zur Verbindung mit dem aufzusetzenden Rüstbaume.

C. Abgebundene Gerüste. Textfigur 741 a b.

Sie bestehen durchgehend aus Hölzern mit regelrechter Bearbeitung der Verbindungen und Kreuzungsstellen, zu deren Verknüpfung Schraubenbolzen zu verwenden sind, wobei darauf zu achten ist, dass in den Kreuzungspunkten mehrere Verbandhölzer durch einen Bolzen zusammengehalten werden. Sie werden als sog. V e r s e t z g e r ü s t e bei der Errichtung von Gebäuden, deren Fassaden eine Werksteinverblendung erhalten, erforderlich und bestehen meist aus

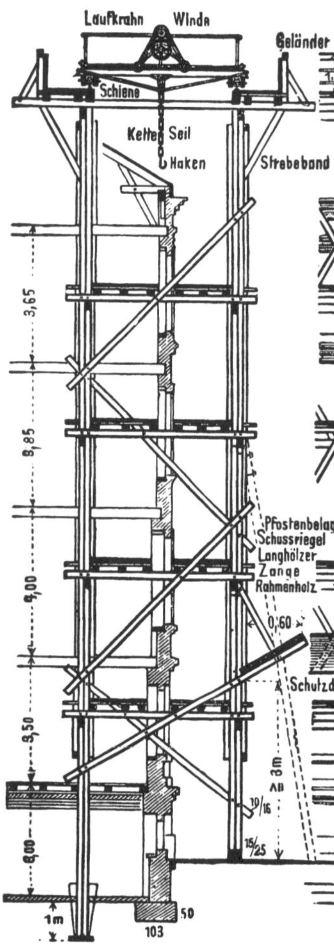

Fig. 741 a.

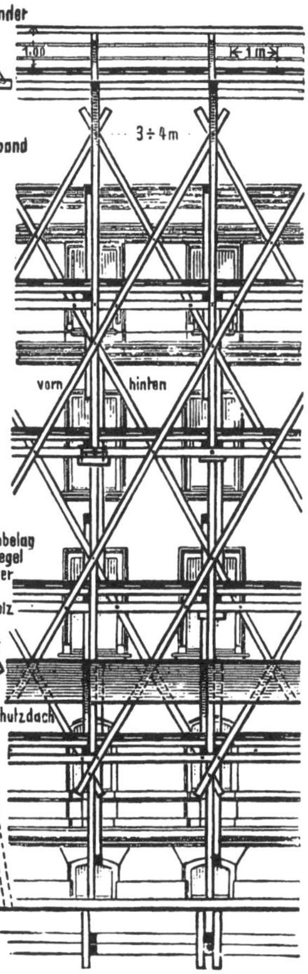

Fig. 741 b.

2 Gerüstwänden, einer äusseren und einer inneren Gerüstwand, welche aus $\frac{12}{12}$ cm starken Doppelsäulen, deren Teile hintereinander stehen und aus den Rahmenhölzern von $\frac{12}{16}$ cm Stärke, welche den Gerüstetagen entsprechend abwechselnd über der vorderen oder hinteren Gerüstsäule ruhen, hergestellt werden. Ueber oder unter den Rahmenhölzern ordnet man einfache oder doppelte Zangen von $\frac{12}{14}$ bezw. $2 \cdot \frac{10}{14}$ cm Stärke als Streckhölzer an, auf welche wie bei Stammgerüsten die Langhölzer, Schussriegel und der Pfostenbelag zu liegen kommen. Zur Erhöhung des Querverbandes beider Gerüstwände dienen die Schwerter, während gegen seitliche Verschiebungen wie bei Stammgerüsten ebenfalls Diagonalverstrebungen vorzusehen sind. Auch hier sind die Gerüstsäulen in das Erdreich einzugraben und gehörig zu verkeilen oder in eine durchgehende Schwelle zu verzapfen. Müssen die Rahmenhölzer gestossen werden, so hat der Stoss stets auf einer Gerüstsäule zu erfolgen und ist das Auflager beider Rahmenholzteile durch unter die Stossstelle gelegte Pfostenstücke oder Sattelhölzer zu vergrössern. Stehen die Gerüstsäulen in grösserer Entfernung als 4 m von einander in einer Gerüstwand, so sind die Rahmenhölzer durch Sprengböcke zu unterstützen. Vergl. Textfigur 322. Die einfachen oder doppelten Zangen sind seitlich an die Gerüstsäulen anzubolzen. Legt man dieselben unter die Rahmenhölzer, so liegen die Langhölzer in gleicher Höhenlage mit den ersteren. Mindestens 2 m über der höchsten Versetzungsstelle (dem Hauptsims oder der Attikamauer über demselben) trägt das abgebundene Gerüst meist eine Fahrbahn (Schlitten) für einen Laufkrahn, dessen beiderseitige Laufbühnen mit Holzbelag und einem Geländer zu versehen sind. Die Vor- und Rückwärtsbewegung derselben wird durch die auf einer Seite angebrachte Drehvorrichtung bewirkt, während zum Heben und Senken der Last eine fahrbare Kabelwinde mit doppelter Räderübersetzung und Transportvorrichtung dient. Textfigur 742.

Fig. 742.

Die Spannweite solcher Laufkrahnen schwankt zwischen 4 bis 6 m dem Abstande beider Gerüstwände von einander entsprechend. Vor dem Laufkrahn aber ist ein sicherer Laufgang über beiden Gerüstwänden anzuordnen mit 1 m hohem Schutzgeländer über dem Pfostenbelag, wel her durch Verlängerung der Zangen, auf welchen wiederum die Langhölzer aus Kantholz ruhen, die ihrerseits die Schussriegel und den Pfostenbelag tragen, leicht konstruiert werden kann. Die Zangen aber können in ihrer freien Länge durch Strebebänder gestützt werden, während das über den Zangen aufgekämmte stärkere Rahmenholz, auf welchem die Schienen für den Laufkrahn befestigt sind, durch Kopfbänder bezw. auch Sprengböcke in seiner freien Länge unterstützt werden kann. Im Übrigen gelten für die Konstruktion abgebundener Gerüste dieselben Gesichtspunkte und Bezeichnungen wie bei Stangengerüsten. In vielen Fällen tritt sogar eine gleichzeitige Verwendung beider Gerüstarten bei Herstellung von Zwischengerüsten auf. Zu den abgebundenen Gerüsten gehören auch der Richt- oder Hebebaum zum Aufziehen der Balken und Dachverbandhölzer und die fahrbaren Montagegerüste, welche bei der Errichtung hallenartiger Gebäude erforderlich werden.

D. Leitergerüste. Textfigur 743 a b.

Dieselben sind nur zulässig bei Anstricherneuerungen oder Reparaturarbeiten mit ganz geringem Materialbedarf, keinesfalls aber bei umfänglichen Putzerneuerungen. Patentleitern dürfen, wenn die Pfosten nicht doppelt übereinander gelegt werden, nur höchstens 3 m Abstand von einander haben. Sie müssen senkrecht stehen, was durch Verkeilung ihrer Füsse leicht zu bewirken ist, und in den Fensterleibungen sämtlicher Obergeschosse zangenartig mit besonderen Vorrichtungen verschraubt und befestigt werden. Der obere Teil ist, wenn nötig, durch Seile nach dem Gebäudeinneren zu befestigen. Die Leiterbäume sind meist $\frac{8}{12}$ cm stark, im Lichten mindestens 50 cm, besser 60 cm weit, während die Sprossen abwechselnd aus Rundholz 3,5 cm Durchmesser, aus Lattenholz $\frac{8,5}{7}$ cm Stärke erhalten und in Abständen von 50 cm angeordnet werden, sodass zwischen denselben eiserne Halter ange ordnet werden können. Eine Verlängerung der Leitern muss in der Weise geschehen, dass die Enden derselben mindestens 2 m nebeneinander stehen. In die Sprossen der verlängerten Leitern sind wenigstens 2 eiserne Halter einzulegen, durch welche die Leitern in der Längsrichtung gehalten werden. Ausserdem sind die Leitern mit Draht oder Drahtstrick zu verbinden. Die Patentleitern müssen ferner mit durchgehends anzubringenden Diagonalverstrebungen versehen und ihrer Länge entsprechend stark sein. Auch aufgepfropfte Leitern

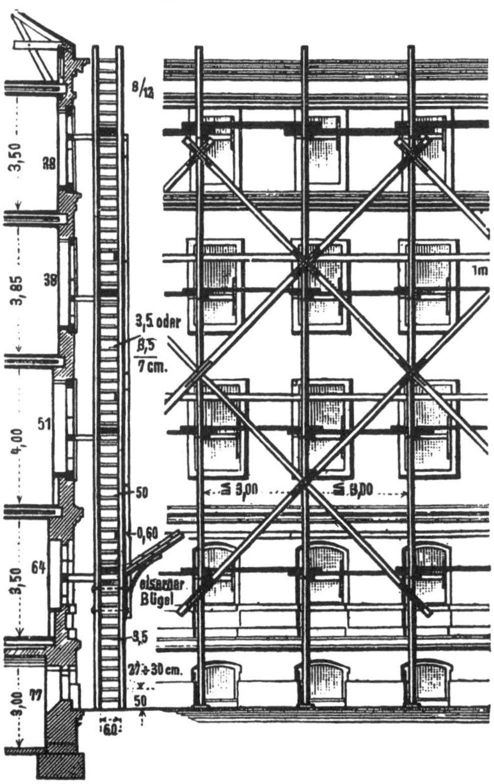

Fig. 743 a. Fig. 743 b.

sind mit Diagonalverstrebung unter sich zu versehen und hat dieselbe bis auf die Hauptleitern durchzugehen. 1 m über den in entsprechender Rüsthöhe verlegten Pfosten ist ein Geländerbrett an den Leiterbäumen innerlich anzubolzen.

E. Hängegerüste, hängende Gerüste, Fahrgerüste oder Fahrzeuge. Textfigur 744 a b

Sie sind, soweit sie überhaupt behördlich statthaft, nur bei leichten Anstreicherarbeiten zulässig. Sie bestehen meist aus einem Fussboden von 0,90 m Breite und 3 bis 4 m Länge, der auf einem Rahmen liegt, welcher in den 1,20 m hohen Ecksäulen eingezapft ist. Der Fussboden wird seitlich begrenzt durch 15 cm hohe aufrecht gestellte Dielen, um ein Herabfallen von Werkzeugen und Materialien zu verhindern. Oberhalb sind in die Säulen ebenfalls Rahmenhölzer eingezapft, an welchem die untere Rolle befestigt wird. An den aus den Fenstern ausgekragten Kanthölzern oder Auslegern hängen die oberen Rollen über welche die Seile gleiten zum Heben und Senken des Gerüstes. Textfigur 744 zeigt ein Hängegerüst nach John Davis in London konstruiert. Gerüste, welche nur an in's Mauerwerk eingeschlagenen Haken hängen, auch bei Dampfschornsteinreparaturen, sind unter allen Umständen verboten.

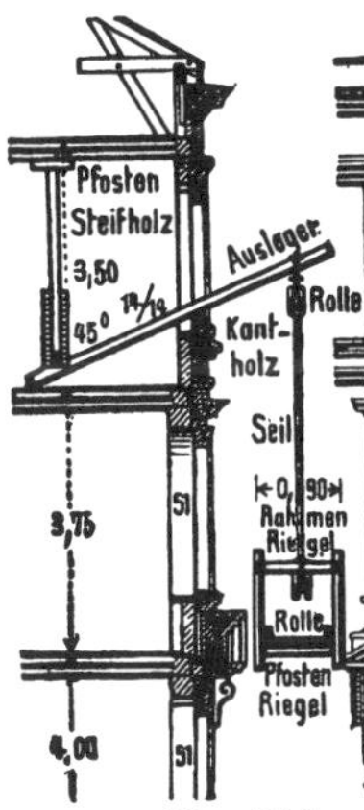

Fig. 744a.

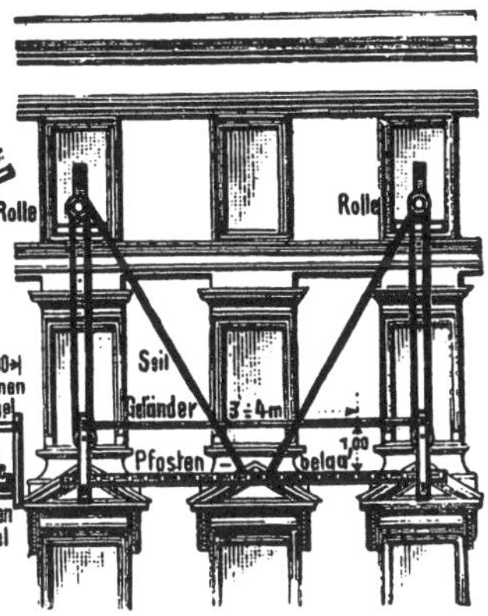

Fig. 744b.

F. Fliegende Gerüste. Textfigur 745.

Dieselben sind nur für Abputzarbeiten zulässig und werden in folgender Weise hergestellt: Innerhalb des Gebäudes sind vor der Oeffnung, zu welcher hinausgerüstet werden soll, senkrecht zur Umfassungsmauer 2 Böcke, deren Höhe den Fensterbrüstungen entspricht, aufzustellen. Quer über diese Böcke muss ein mindestens 12 cm starkes und wenigstens zweiseitig beschlagenes Querholz, sowie auf dieses und die Fenstersohlbank das zum Fenster hinausragende, wenigstens 16 cm starke Streckholz gelegt werden. Das innere Ende des letzteren ist durch ein gegen die Decke des betreffenden Raumes gestemmtes Steifholz niederzuhalten. Zwischen dieses aber und die Decke sind Bretter oder Pfosten zu legen. Zwischen dem Steifholz aber und dem Querholz auf den Böcken sind ferner Winkelbänder bezw. Brett- oder Pfostenstreifen unter einem Winkel von 45° anzu-

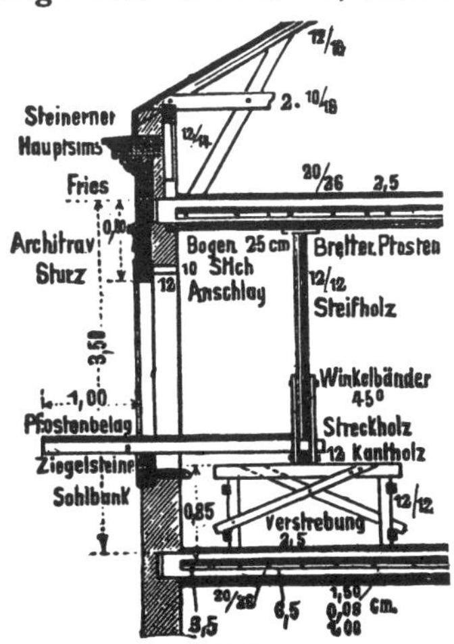

Fig. 745.

nageln. Ausserdem sind alle Verbindungsstellen durch Klammern gehörig zu befestigen.

Ist ausnahmsweise eine stärkere Belastung eines fliegenden Gerüstes nicht zu vermeiden, so sind die äusseren Enden der Streckhölzer mittels Streben gegen das Mauerwerk zu stützen und auf denselben ist dann mittels Langhölzern wie bei Stammgerüsten weiterzurüsten. Textfigur 746.

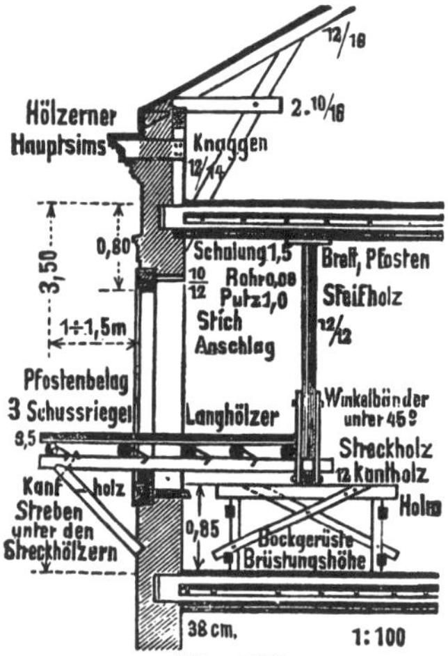

Fig. 746.

Häufig wird die Aufstellung von Böcken vermieden, indem man die inneren Enden der Streckhölzer direkt auf den Zimmerboden auflagert, sodass die Streckhölzer von der Frontwand nach innen zu geneigt liegen. Auf diesen ordnet man nun das Querholz an, welches durch das Steifholz niedergehalten wird. Letzeres ist mit dem Streckholz gehörig zu verkeilen und zu verklammern. Auf die Streckhölzer legt man alsdann äusserlich den Pfostenbelag; die Sohlbank aber schützt man vorteilhaft durch ein auf dieselbe gelegtes Kantholz oder wohl auch durch eine Abdeckung mittels Ziegelschichten. Textfigur 747.

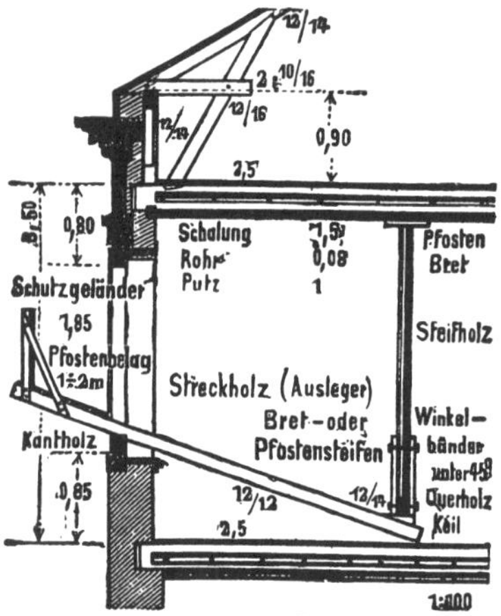

Fig. 747.

G. Wölbgerüste.

Man teilt dieselben ein in Wölbscheiben, Lehrbogen und Lehrgerüste. Erstere wendet man an bei der Ausführung aller Arten von Bogen bis zu 3 m Spannweite. Sie bestehen aus Brettern, welche nach der Bogenlinie geschnitten auf Leisten aufgenagelt werden, während die Lehrbogen aus Brettern, welche in mehrfachen Lagen nach dem System von Philibert de l'Orme zusammengenagelt werden, oder aus stärkeren Brettern bezw. Bohlen bestehen. Zur Ausführung schwerer Bogen aber benutzt man Lehrgerüste, welche aus Kanthölzern unter Anwendung der Hänge- und Sprengewerke herzustellen sind. Im Allgemeinen müssen je nach der von ihnen aufzunehmenden Belastung in genügender Anzahl und Stärke Lehrbogen aufgestellt werden und dieselben gegen Umkanten gesichert sein. Bei grösseren Spannweiten und bei allen eingeschalten Wölbgerüsten zur Aufnahme von Arbeitern und Materialien sind sowohl die Lehrbogen als auch deren Auflagerhölzer mit einer entpsrechenden Anzahl von Steifen zu versehen. Ferner müssen die Wölbgerüste mindestens derart aufgestellt sein, dass vor Wegnahme derselben ein Lüften möglich ist. Diese Rüstung (Lehrbogen) darf aber nicht eher beseitigt werden, als bis der Mörtel abgebunden hat, die Zwickel (Hintermauerung) ausgemauert sind und jedem Ausweichen der Widerlager vorgebeugt ist.

Für scheidtrechte Bögen in Ziegelstein mit geringer Spannweite bis höchstens 2 m legt man ein Brett wagerecht unter den auszuführenden Bogen mit ganz geringem Stich, indem man dasselbe durch ein unter einem Winkel von 45° vom Scheitel nach dem Widerlager gerichtetes B r e t t verspreizt, welch letzteres wiederum durch ein solches Brett in seiner Lage gehalten und mit diesem verkeilt wird. Textfigur 748. Bei solchen Bogen in Werkstein ist die Rüstung aus K a n t h ö l z e r n herzustellen der grösseren Belastung wegen. Textfigur 749.

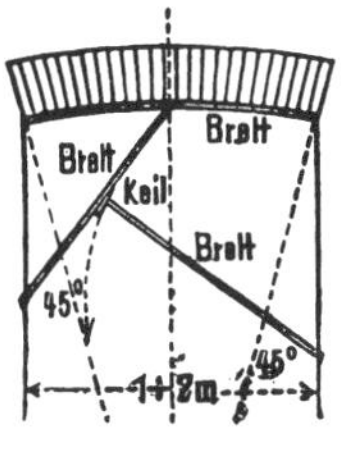

Fig. 748.

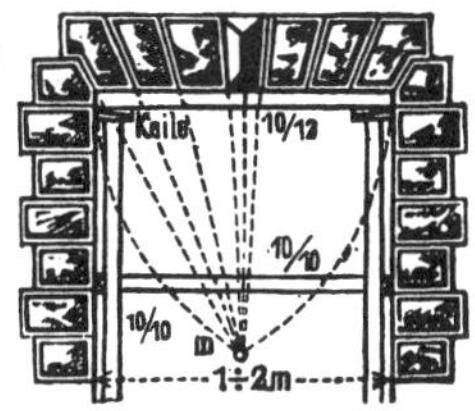

Fig. 749.

Bei allen anderen Bogenformen sind W ö l b s c h e i b e n bezw. L e h r b o g e n zu verwenden. Bei Bögen mit Segmentprofil können die Wölbscheiben, welche durch aufgenagelte Leisten oder Schalungsbretter zu verbinden sind, auf an den Widerlagern aufgestellte und verspreitzte Bretter, Textfigur 750, oder auf ausgekragten Ziegeln, die später abgestemmt werden,

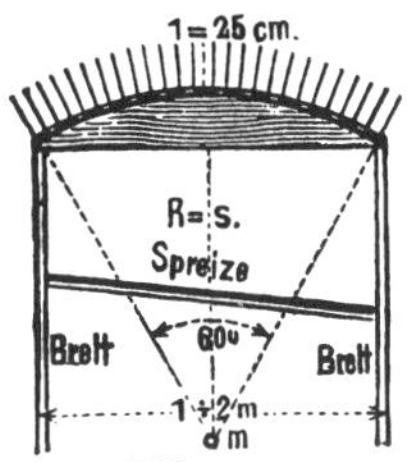

Fig. 750.

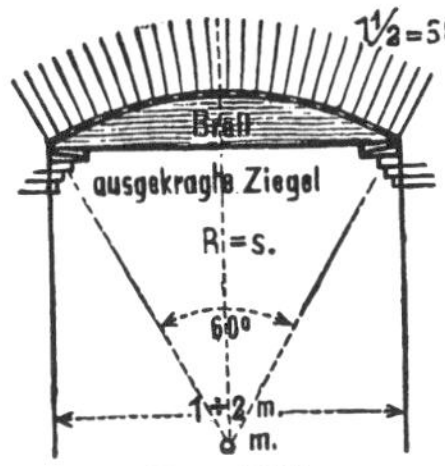

Fig. 751.

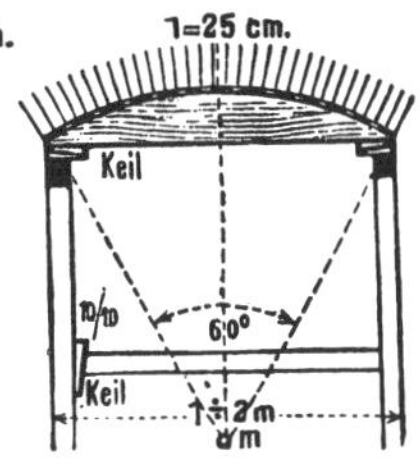

Fig. 752.

ruhen. Textfigur 751. Auch kann man man bei grösserer Tiefe der Bogen, bezw. Gewölbe die Lehrbogen auf Rahmenhölzer stellen, die wiederum durch Stempel (Säulen) getragen werden. Zum Lüften der Rüstung sind die erforderlichen Doppelkeile vorzusehen. Textfigur 752. Für Bogen mit Halb-

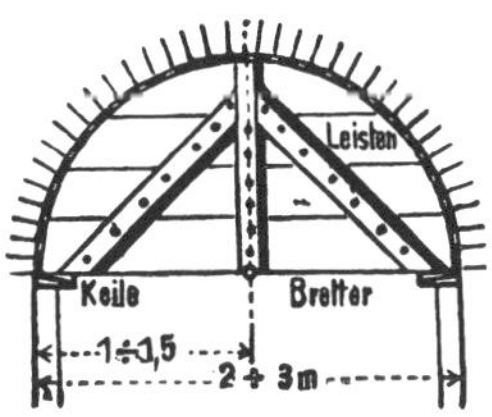

Fig. 753.

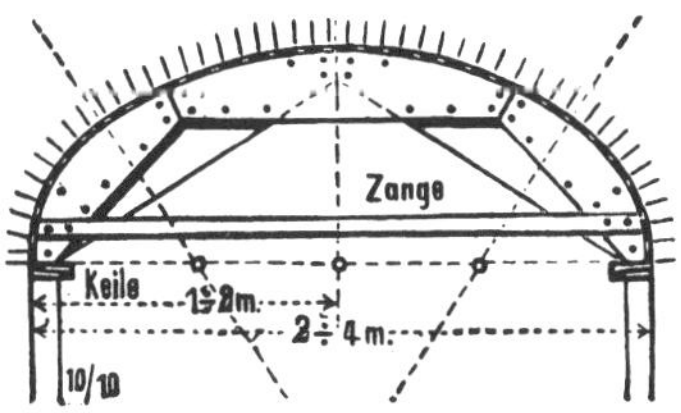

Fig. 754.

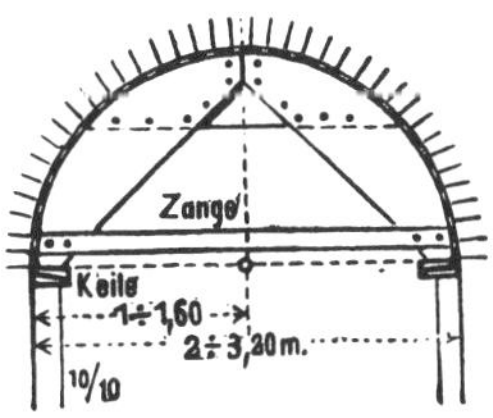

Fig. 755.

kreis oder Korbbogenprofil sind die in den Textfiguren 753 bis 756 dargestellten Lehrbogen gebräuchlich. Vorteilhaft sind jedoch in der Neuzeit die sog. S p e n g l e r'schen S p a r b o g e n (D. R. P. No. S. 7562) angewendet worden, welche aus mehreren linsenförmigen Teilen zusammengesetzt, für jede beliebige Spannweite benutzt werden

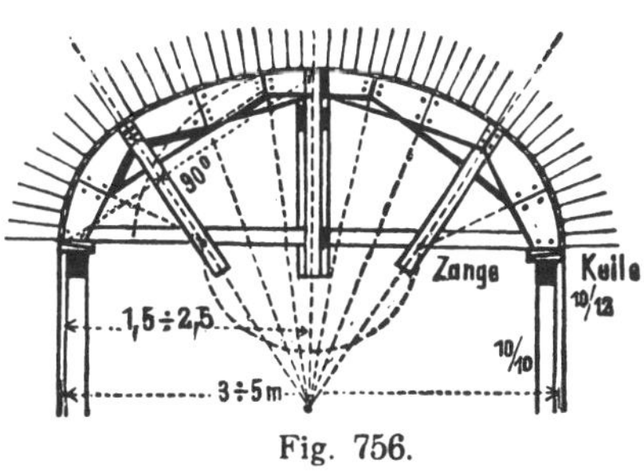

Fig. 756.

können. Textfigur 758a bis m. Vergl. auch Deutsche Bauzeitung 1894, No. 45, S. 279. Für Gewölbe, namentlich solche aus Werkstein, sind Lehrgerüste zu verwenden, welche als feste oder gesprengte konstruiert werden.

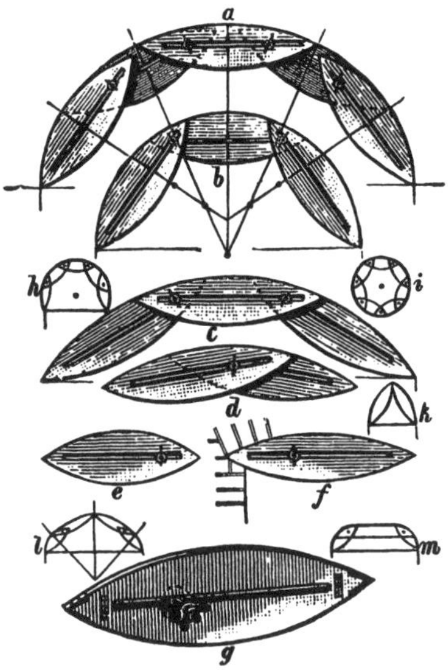

Fig. 775 a—m.

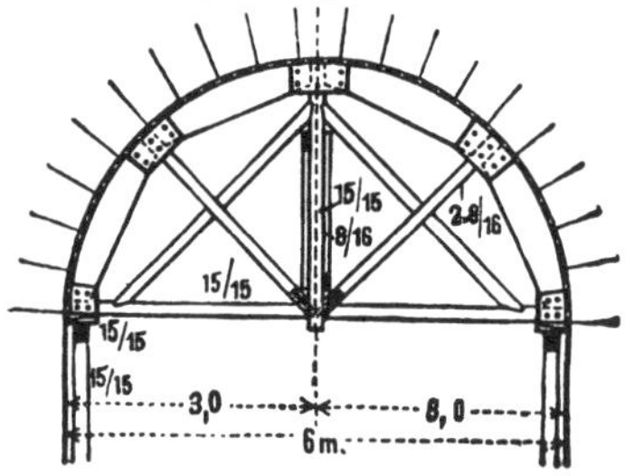

Fig. 759.

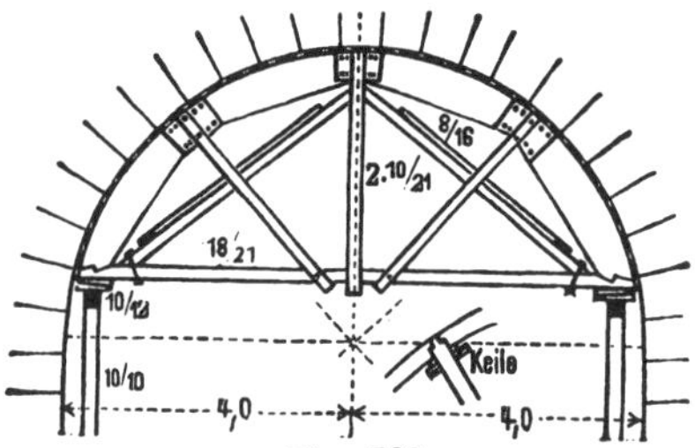

Fig. 760.

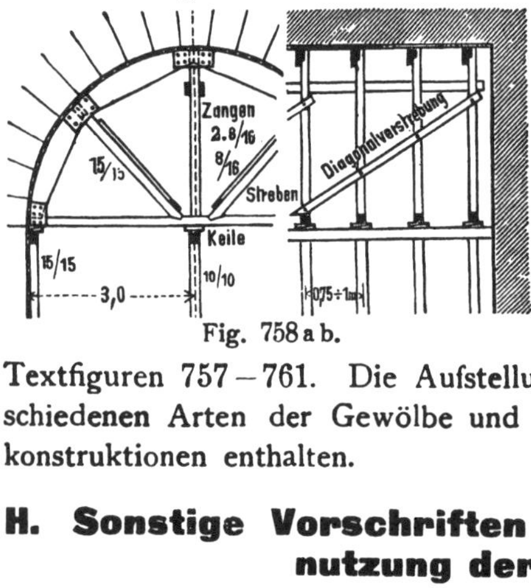

Fig. 758 a b.

Fig. 761.

Textfiguren 757 – 761. Die Aufstellung aber der Wölbgerüste für die verschiedenen Arten der Gewölbe und deren Ausführungen ist in den Steinkonstruktionen enthalten.

H. Sonstige Vorschriften über Ausführung und Benutzung der Baugerüste.

1. **Das Rüstmaterial und die Leitern.** Zu Gerüsten darf nur festes, zuverlässiges Material verwendet werden, welches jedesmal vor dem Gerüstbau zu prüfen ist. Dasselbe ist möglichst von allen alten Nägeln zu befreien. Das bei Aufstellung von Gerüsten zu verwendende Bindezeug darf nicht durch öfteren Gebrauch oder Witterungseinfluss (Rost) schadhaft geworden sein. Dasselbe muss bei länger stehenden Gerüsten mindestens von 3 zu 3 Monaten auf seine Festigkeit untersucht werden. Die Gerüstbretter müssen eine der Belastung entsprechende Stärke besitzen und dürfen, wenn sie nicht doppelt gelegt werden, nicht über das 50fache ihrer Stärke frei liegen. Hauptsächlich ist aber beim Verlegen derselben darauf zu achten, dass sog. Wippen oder Fallen vermieden werden. Liegen die Rüstbretter nur einfach, so müssen sie gesäumt sein. Ausserdem sind sie so zu verlegen, dass ein Herabfallen vonMaterialien verhindert wird.

Die Gerüstleitern, Bäume wie Sprossen, müssen aus gesunden, nicht überspähnigem Holze ohne grosse Aeste bestehen und nach ihrer Aufstellung so befestigt werden, dass sie weder unten abrutschen, noch oben überschlagen können. Ferner müssen die Leitern mindestens 0,80 m senkrecht gemessen, über den Austritt hervorragen, was eventuell durch anzunagelnde Latten zu bewirken ist, und bei verhältnismässig weit von einander liegenden Gerüstlagen gegen Durchbiegen und seitliches Schwanken fest bezw. kreuzweise abgesteift werden.

Beim Verlängern von Rüstbockbeinen und Leiterbäumen nach unten durch Annageln von Stangen- oder Lattenstücken muss alle Sicherheit für die Haltbarkeit gegeben werden. Solche Böcke oder Leitern dürfen grössere Belastung nicht erhalten.

2. Schutzgeländer und Trittleisten. Alle Gerüstboden in Höhenlagen von über 3 m sind mit festen Schutzgeländern in Höhe von mindestens 1 m über der Gerüstlage und mit Sockelbrettern, Fahr- und Laufbrücken, sowie freiliegende Treppenläufe und Podeste gleichfalls mit Schutzgeländern in gleicher Höhe und wenn die Brücken stark geneigt sind, diese auch mit Trittleisten zu versehen.

Bei Zwischengerüsten, welche mindestens ein Drittel schmäler als das Hauptgerüst sind, können Schutzgeländer und Sockelbretter in Wegfall kommen. Auch alle Ueberbrückungen von Vertiefungen oder Gewässern müssen beiderseitig mit Schutzgeländer und Sockelbrettern versehen sein. Beim Mauern über die Hand sind genügend starke und gut befestigte Schutzdächer nach aussen anzubringen.

3. Gerüste im Innern der Gebäude. Die von den verschiedenen Gewerken innerhalb der Gebäude benutzten Gerüste müssen gleich den anderen von festem Material und vor Schwankungen mittelst Diagonalverstrebungen sicher hergestellt sein. Sog. zweiseitige Malerleitern sind gegen unzeitiges Auseinandergehen, abgesehen von einer sonstigen Vorrichtung, durch Kette oder kräftigen Strick zu sichern.

4. Verantwortlichkeit für die Gerüste Für die richtige Herstellung und Benutzung der Gerüste ist derjenige Betriebsunternehmer verantwortlich, von dem, bezw. von dessen Arbeitern die Gerüste benutzt werden.

5. Stehenlassen der äusseren Gerüste. Gerüste sind in der Regel so lange stehen zu lassen, bis Bildhauer, Klempner, Dachdecker, Blitzableiterverfertiger und sonstige Gewerke ihre Arbeiten vollendet haben. Andernfalls sind für diese Gewerke später besondere vorschriftsmässige Gerüste herzustellen.

6. Untersuchung der Gerüste nach Sturmwind. Nach Sturmwind ist bei allen Gerüsten zu prüfen, ob die Verbindungen gelockert worden sind.

7. Prüfung des Arbeitszeuges. Vom Betriebsunternehmer oder dessen Beauftragten muss vor Beginn einer Arbeit festgestellt werden, ob die zur Verwendung kommenden Pfosten, Bretter, Leitern, Bindezeug, Tauwerk, nebst Blöcken, Rollen, Winden u. s. w. sich im brauchbarem Zustande befinden.

8. Lage der Leitergänge, Lauf- und Fahrbrücken. Dieselben dürfen nicht so über einander liegen, dass herabfallende Gegenstände tiefer gelegene Leitergänge, Fahr- und Laufbrücken treffen können. Die letzteren aber müssen gleichmässig liegen und derart unterstützt sein, dass beim Betreten und Befahren ein Kippen und grössere Schwankungen vermieden werden.

9. Verwahrung von Treppen, Oeffnungen, Eingängen, Verkehrswegen und Arbeitsplätzen. Alle Oeffnungen, wagerechte wie senkrechte, als Lichtschächte, Aufzüge u. s. w. in den Balkenlagen bezw. Gewölbedecken, sowie auch Kalkgruben und auf längere Zeit bestehende Vertiefungen der Baustelle, ferner die bis zur Aufstellung der Treppen vorhandenen Öffnungen derselben sind mit hinreichend festem Brustgeländer einzufriedigen oder mit Brettern sicher zuzudecken. Alle Öffnungen über den Stuckaturgerüsten (Deckenputzgerüsten) sind gegen das Hinausfallen der Arbeiter zu verwahren. Alle Arbeitsstellen, sowie Eingänge und Verkehrswege der Arbeiter müssen, sofern oberhalb derselben gearbeitet wird, durch feste Pfostenabdeckung oder durch genügend breites Schutzdach gegen herabfallende Gegenstände gesichert sein. Während des Aufbringens der Balken, Dachverbandhölzer und sonstigen Materialien hat jeder Verkehr zu ruhen.

10. Aufziehen der Balken und des Dachverbandes. Für dasselbe ist in der Regel ein Schwenkboden zu errichten. Ist dies aus besonderen Gründen nicht angängig, so müssen innerhalb der Umfassungswände Gerüste errichtet werden, von welchen aus einige Balken verlegt werden können. Auf diese Balken ist alsdann ein dichter Belag zu beschaffen. Verkehrswege und Arbeitsplätze auf den Balkenlagen müssen, wie die Gerüstböden und mindestens in einer Breite von 0,8 m hergestellt werden. — Der Fehlboden darf mit Lasten nicht betreten werden, auch ist das Springen von Balken zu Balken nicht zu dulden. Für das Aufstellen von Dachbindern ohne Balkenlage müssen entsprechende Gerüste (fahrbare Montagegerüste) errichtet werden.

11. **Aufstapeln von Brettern und Stammholz.** Bretter dürfen nicht über 8 m, Stammhölzer nicht über 2,5 m hoch aufgestapelt werden, falls nicht besondere Vorkehrungen gegen Einsturz oder Abrollen getroffen sind.

12. **Verhalten bei Sturmwind.** Bei Sturmwind darf auf im Freien befindlichen Gerüsten bezw. Leitern nicht gearbeitet werden, wenn nicht durch ausreichende Sicherheitsmassregeln Unfällen vorgebeugt ist.

13. **Überlastung.** Es ist streng darauf zu halten, dass Gerüste, Leitern und einzelne Gebäudeteile nicht überlastet werden.

14. **Arbeiten auf Leitern.** Wird auf wagerecht liegenden Leitern gearbeitet, so müssen dieselben hinreichend stark und von 2 zu 2 m unterstützt sein, auch dürfen die Arbeiter nur in Zwischenräumen von 2 m sich darauf aufhalten. Leitern mit Sprossen von nur aufgenagelten Leisten dürfen als Arbeitsleitern nicht benutzt werden. Leitern, welche über 5 m lang sind, müssen von einen kräftigen Arbeiter gehalten werden, sobald Jemand darauf arbeitet und nicht genügende Vorkehrungen gegen das Abrutschen nach unten und nach den Seiten, sowie gegen das Durchbiegen getroffen sind.

15. **Dachstühle und Fussgerüste.** Die Dachstühle (Arbeitsgerüste) der Dachdecker dürfen nie über 2 m entfernt von einander hängen. Die Fussgerüste aus Leitern mit aufgelegten Brettern, auf angenagelten Brettknaggen ruhend, müssen ausserdem von 3 zu 3 m durch unverschiebbare Steifen mit Sattelhölzern unterstützt werden.

16. **Glasdächer und eiserne Dächer.** Die Herstellung, Anstrich und Neueindeckungen von Glasdächern dürfen nur ausgeführt werden, wenn sich unter denselben fest mit Brettern abgedeckte Gerüste befinden. Reparaturen an Glasdächern dürfen nur von sicher befestigten Leitern aus vorgenommen werden, und müssen die damit beschäftigten Arbeiter in jedem Falle durch eine 11 mm starke Sicherheits-Leine mit Leibgurt, Karabinerhaken und Messingösen gegen Hinabfallen gesichert sein.

17. **Dach- und Dachrinnenarbeiten.** Arbeiten, an und auf Dächern, im letzteren Falle, wenn sie nicht ganz flach sind, sowie an Dachrinnen, auch dann, wenn auf Dachstühlen gearbeitet wird, dürfen nur ausgeführt werden, wenn der Arbeiter durch eine Sicherheitsleine vor dem Herabfallen geschützt ist. Ist dieses unangängig, so muss vor dem Gebäude ein Gerüst hergestellt werden. Bei Dachdeckerarbeiten sind Schutzbretter gegen das Herabfallen von Werkzeug, Material und dergl. anzubringen, zu welchem Zwecke verzinkte, auf die Sparren verbolzte Haken dort anzubringen sind, wo eine Befestigung der Bretter auf andere Weise nicht erzielt werden kann.

18. **Für Vorhalten der Geräthe, Rüstzeuge und Rüstungen** sind im Kostenanschlag $1^1/_2$ bis $3^0/_0$ der Bausumme in Rechnung zu stellen.

I. Absteifungen und Verspreizungen.

Sie werden erforderlich bei Umbauten (Wegnahme innerer Mauern und Ladendurchbrüchen) und bei Niederlegung ganzer Gebäude. Bei allen derartigen Arbeiten muss die grösste Vorsicht obwalten und sind zunächst die anstossenden Nachbargebäude vor etwaigen Rissigwerden, Sichsenken oder Einstürzen zu schützen. Dies aber geschieht durch entsprechende Verspreizung der Fensteröffnungen, in welchen die Spreizen von $\frac{8}{8}$, $\frac{10}{10}$, $\frac{12}{12}$ cm Stärke gegen 2,5 bis 3,5 cm starke Bretter oder $\frac{10}{10}$, $\frac{12}{12}$ cm starke

Pfosten gestellt werden, um die Fenstereinfassungen (Gewände, Sohlbank, Sturz) vor Beschädigungen zu schützen und den Druck gegen dieselben gleichmässig zu verteilen. Die Spreizen aber stossen stumpf zusammen und sind gehörig zu verkeilen. Textfigur 762 a b. Ausserdem sind aber die Nachbargebäude durch genügend starke Streben aus Kant- oder Rundholz, welche in das Erdreich fest eingestampft oder in besonderen in die Erde eingegrabenen Schwellen, sog. Treibladen, eingezapft und verkeilt werden, zu stützen. Bei Wegnahme innerer Mauern (Mittel- und Scheidemauern) ist eine Absteifung der auf denselben ruhenden, oberen Geschossmauern erforderlich. Liegen in solchem Falle die Balken senkrecht zu der wegzunehmenden Mauer, so muss zunächst auf die Balkenlage bezw. Dielung parallel und im Abstande von 0,35 m zu beiden Seiten dieser Wand je eine $\frac{18}{18}$ cm starke Schwelle verlegt werden, welche zum Tragen der erforderlichen senkrechten Steifhölzer oder Steifen von $\frac{18}{18}$ cm Stärke und einem Abstande von 1 m von einander dienen, die ihrerseits wiederum die $\frac{18}{18}$ cm starken Rahmenhölzer tragen. Auf diese aber legt man die

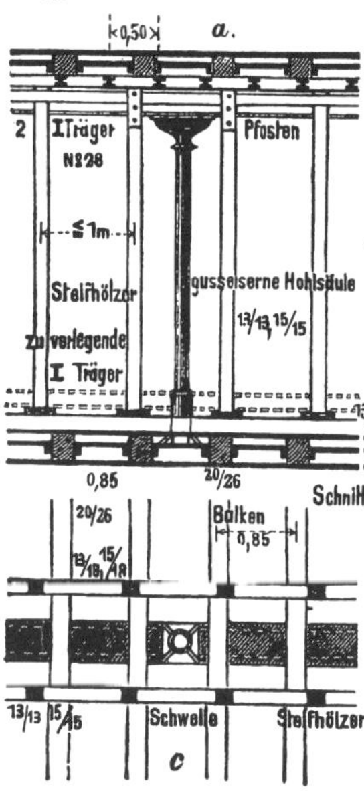

Fig. 763 a b c.

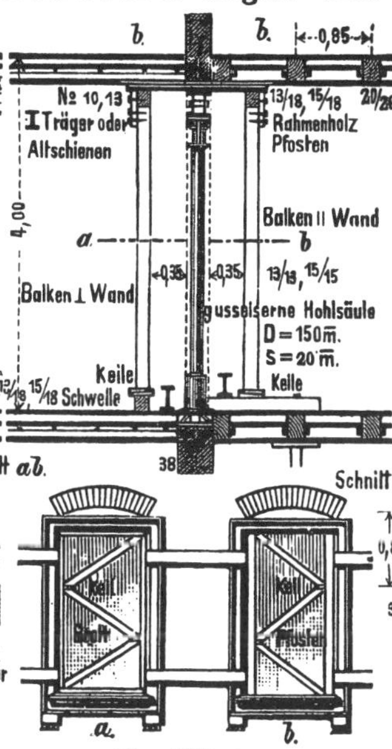

Fig. 762 a b.

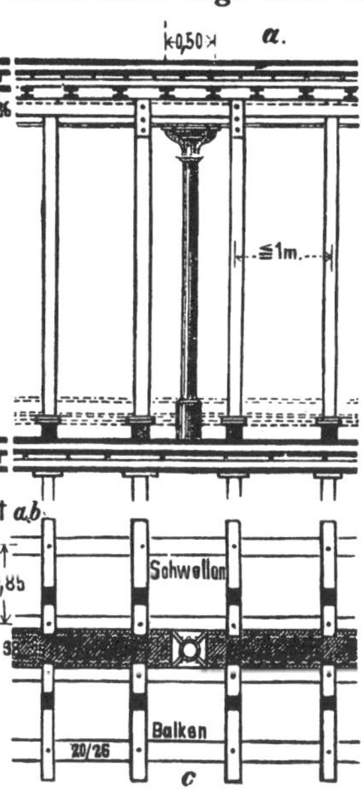

Fig. 764 a b c.

zum Abfangen der oberen Wand erforderlichen I-Träger oder alten Eisenbahnschienen, sog. Altschienen, welche so anzuordnen sind, dass sie unmittelbar unter die Deckenbalken zu liegen kommen. Um das Ausrüsten leichter bewirken zu können, stellt man die Steifen auf Doppelkeile, welche angetrieben und gelüftet werden können. Textfigur 763 a b c.

Liegen jedoch die Deckenbalken parallel zu der wegzunehmenden Wand, so muss unter jedem Steifholze eine kurze $\frac{18}{18}$ cm starke Schwelle, quer über 2 Balken hinwegreichend, angeordnet werden, um die Last des oberen Mauerwerkes auf diese Balken zu übertragen. Bei hohen Gebäuden aber empfiehlt es sich, den zweiten äusseren Balken von unten her abzusteifen, damit die Decke nicht rissig wird durch ungleichmässiges Sichsetzen in Folge der starken Belastung. Textfigur 764 a b c. Da die Mauer des Obergeschosses durch schmiedeiserne I-Träger unterfangen werden muss, die ihrerseits eventuell durch guss- oder schmiedeeiserne Säulen in ihrer freien Länge zu unterstützen sind, so ist es erforderlich, die I-Träger und Säulen bereits vor Aufstellung der Absteifung an Ort und Stelle zu bringen, damit sie alsdann mit Leichtigkeit aufgezogen werden können.

Bei L a d e n u m b a u t e n oder -d u r c h b r ü c h e n sind zunächst die Frontwände gehörig zu stützen durch Anordnung von Streben und die Fensteröffnungen zu verspreizen. Die Streben sind stets gegen die Mauerpfeiler zu richten, über einander angeordnete Streben aber durch angebolzte $\frac{10}{20}$ cm starke Zangen zu verbinden. Die Stärke solcher Streben beträgt aus Kantholz hergestellt $\frac{20}{26}$ bis $\frac{28}{30}$ cm, bei Rundholzstämmen mindestens 30 cm im Durchmesser am Stammende. Sie werden entweder in das Erdreich entsprechend tief eingegraben und gehörig verkeilt oder in einer im Erdreich versenkten Schwelle oder Treiblade verzapft mittels eines angeschnittenen Zapfens von 25 cm Länge und $\frac{1}{8}$ der Schwellenbreite als Stärke. An ihrem oberen Ende aber erhalten sie einen Klauenschnitt,

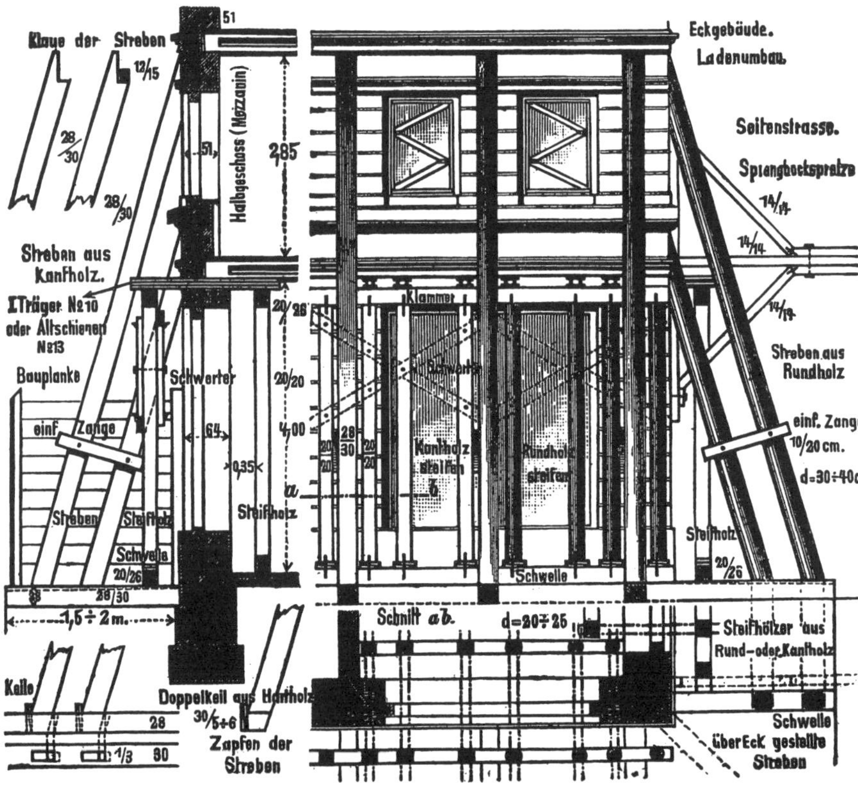

Fig. 765 a—g.

mit welchem sie in ausgespitzte Löcher der Frontmauer eingreifen und diese so stützen. In Abständen von ungefähr 35 cm werden nun die $\frac{20}{26}$ cm starken Schwellen zu beiden Seiten der zu durchbrechenden Frontmauer verlegt. Die äussere Schwelle ruht auf den Treibladen, die innere dagegen auf den Mauerabsätzen und Aufmauerungen der Gurtbogen bezw. I-Träger, welche den Kellergewölben als Widerlager dienen. Bei 4 oder 5 Geschoss hohen Gebäuden aber empfiehlt es sich, diese Schwelle vom Kellerfussboden aus zu versteifen durch Steifhölzer, welche auf einer besonderen Schwelle, die auf dem Kellerfussboden ruht, stehen. Auf die äussere wie innere Schwelle nun stellt man die Steifhölzer aus Kantholz $\frac{20}{20}$ cm, aus Rundholz 20 cm im Durchmesser am Stammende stark, welche namentlich unter den aufzufangenden Mauerpfeilern der Frontwände enger stehen müssen. Sie können durch $\frac{5}{20}$ cm starke Pfosten oder Bohlen verschwertert werden, um den Längenverband der Absteifung zu erhöhen. Die Steifen aber tragen den Unterzug oder Balken von $\frac{20}{26}$ cm Stärke, auf welchen die zum Unterfangen der Frontwand erforderlichen I Träger oder Altschienen ruhen. Vorteilhaft sind unter jedem Balkenauflager 2 Träger anzuordnen. Die Steifhölzer sind sowohl mit der Schwelle als auch mit dem Balken gehörig zu verklammern und zu verkeilen. Zur Ausrüstung aber ist es zu empfehlen, an Stelle des Lüftens der Keile besser die Schwelle zu untergraben, um so ein allmähliges Lüften der Absteifung zu erzielen. Das Ausrüsten selbst aber darf erst 4 bis 6 Tage nach Vollendung der Arbeiten vorgenommen werden. Ist das Gebäude ein Eckhaus, so ist die gleiche Absteifung auch an der Seitenstrasse anzuordnen, das Eckgebäude selbst aber durch Streben, welche auch über Eck gestellt werden können, und durch Sprengbockspreizen mit dem gegenüberliegenden Eckgebäude zu stützen. Textfigur 765a bis g.

Bei Niederlegung eingebauter Wohnhäuser sind die Frontmauern, Giebel und hohen Wände an den Nachbargrenzen durch Streben und Sprengbockspreizen gehörig zu sichern. Letztere bestehen meist aus $\frac{12}{12}$, $\frac{13}{13}$, $\frac{14}{14}$ cm

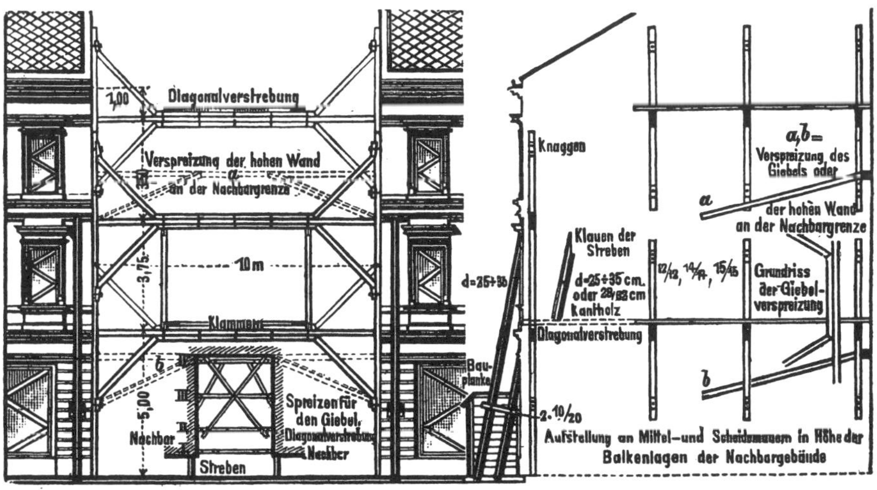

Fig. 766a—e.

starken Kanthölzern oder man verwendet als eigentliches Spreizholz Balken des niedergelegten Hauses, welche durch Sprengböcke (Spannriegel und Sprengstreben) in ihrer freien Länge gestützt, gegen Klebhölzer an den Giebelmauern sich spannen. Diese Sprengbockspreizen aber sind da anzuordnen, wo im Inneren der Nachbarhäuser Mittel bezw. Scheidemauern sich befinden, welche den starken Druck der Abspreizung aufzunehmen haben. Auch kann man diese Spreizen durch Verschwerterungen (Diagonalverstrebungen in horizontaler Lage) mit einander verbinden. Textfigur 766 a—e.

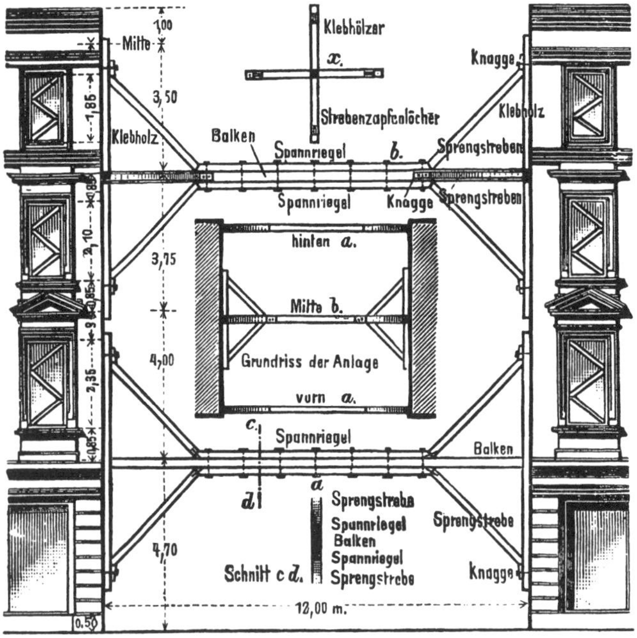

Fig. 767 a—d.

Um den Druck der Spreizen auf grössere Flächen zu verteilen, kann man die Klebhölzer kreuzweise durch Ueberschneidung anordnen und weitere Streben in wagerechter Lage nach dem Balken oder Spreizholze richten, die sich alsdann gegen **K n a g g e n** spannen, welche am Balken festgenagelt sind. Textfigur 767 a bis d.

Bei **S c h l e u s s e n b a u t e n** sind endlich auch Absteifungen und Verspreizungen erforderlich, namentlich in solchen Fällen, wenn die Ausschachtung der Schleuse sehr nahe an die Frontmauern der anliegenden Gebäude und unter deren Fundamente zu liegen kommt. Die Frontmauern dieser Häuser sind alsdann ebenfalls durch $\frac{20}{26}$ cm starke **S t r e b e n** zu stützen, welche mittels Klaue ein $\frac{16}{16}$ bis $\frac{18}{18}$ cm starkes **K a n t h o l z** tragen,

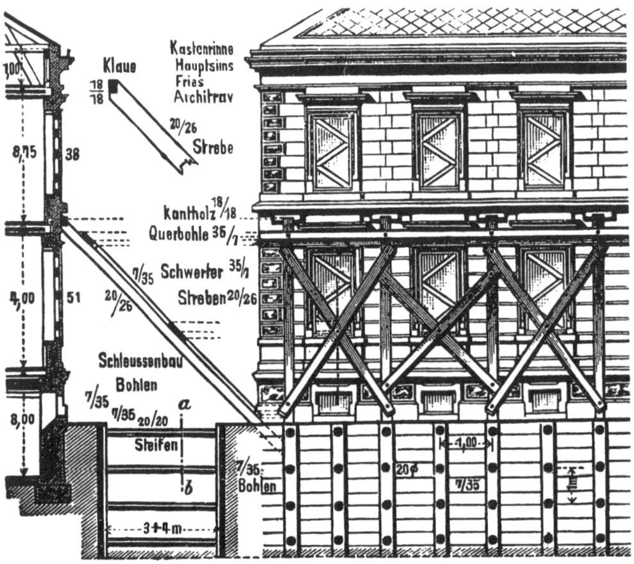

Fig. 768a—c.

das zum Schutze der Frontmauern zwischen diese und die Klaue der Strebe gelegt wird. Auch wird durch dasselbe der Strebendruck auf eine grössere Fläche verteilt. Die Streben sind unter sich durch eine aufgenagelte $\frac{7}{35}$ cm starke Bohle und ausserdem durch Diagonalverstrebungen von gleicher Stärke zu verbinden zur Erzielung eines Längenverbandes innerhalb der Absteifungen. Die Fensteröffnungen sind auch hier selbstverständlich zu verspreizen.

Zur Absteifung der Ausschachtung sind $\frac{7}{35}$ cm starke Bohlen in wagerechter Lage und ebensolche Bohlen als Pfähle in senkrechter Lage mit 1 bis 2 m Entfernung von einander anzuordnen, gegen welche die Steifen aus Rundholz mit 20 cm Durchmesser sich spannen. Textfigur 768 a bis c.

XVI. Die Konstruktion der Rostanlagen.

Sie gehören zu den künstlichen Gründungen der Gebäude und werden erforderlich, wenn fester Baugrund in mehr oder weniger erreichbarer Tiefe liegt oder gar nicht erreichbar ist, wobei ausserdem noch zu beachten ist, ob Grundwasser oder offenes Wasser vorhanden und zu bewältigen ist oder nicht. Nach dem aufgestellten Satze, dass Holz nur dann dauerhaft ist, wenn es beständig im Trocknen oder beständig im Wasser liegt, während der Wechsel zwischen Trockenheit und Feuchtigkeit das Holz zerstört, so können Rostanlagen nur dann angewendet werden, wenn Grundwasser vorhanden ist und zwar müssen dieselben stets 0,30 bis 0,50 m unter dem niedrigsten Grundwasserspiegel augeordnet werden. Befindet sich aber fliessendes Wasser in der Nähe der Roste, so sind dieselben durch Spundwände gegen ein Unterspülen zu schützen. Vergl. VII. 3, Seite 94 und Textfigur 189. Man unterscheidet den liegenden Rost oder Schwellrost und den stehenden Rost oder Pfahlrost.

A. Der liegende Rost.

Derselbe kann bei gleichmässig weichem Boden angewendet werden, welcher ein gleichmässiges Sichsetzen eines Gebäudes zulässt. Vor Verlegung des Rostes aber ist die Baugrube auszupumpen. Der liegende Rost wird ausgeführt

1. als Bohlenrost, für untergeordnete Gebäude angewendet, welcher aus Längsbohlen mit darunter gelegten Querbohlen von 8 bis 10 cm Stärke besteht, die in Entfernung von 1,25 bis 1,75 m angeordnet werden. Auf die Längsbohlen wird alsdann der Bohlenbelag mit hölzernen oder eisernen Nägeln befestigt. Die Längsbohlen legt man 0,75 bis 1 m weit auseinander der Breite der unteren Fundamentsohle entsprechend. Daher erhalten die Fundamente der Frontmauern meist 3 Längsbohlen, die der Mittel- und Scheidemauern meist nur 2 solche. Textfigur 769 a b c.

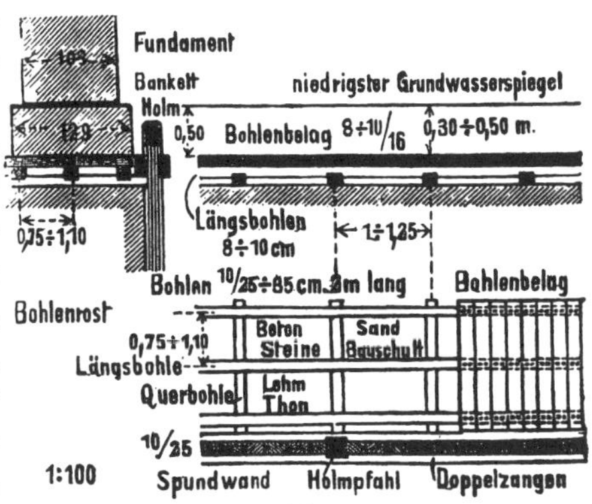

Fig. 769 a b c.

2 als Schwellen-, Schwell- oder Streckrost, dessen Querschwellen oder Zangen 24 bis 31 cm breit und 16 bis 24 cm hoch in Entfernungen von 1, 1,5 bis 1,75 m liegen, auf welchen die $\frac{18}{21}$, $\frac{20}{24}$, $\frac{21}{26}$, $\frac{21}{31}$, $\frac{24}{31}$ cm starken Langschwellen, in Entfernung bis zu 1,10 m von einander verlegt, 5 cm tief verkämmt werden. Etwaige Stösse derselben sind stets durch das schräge Hakenblatt oder durch den geraden Stoss mit eisernen Schienen bezw. Klammern zu bewirken. Die äusseren wie inneren Langschwellen liegen 0,30 bis 0,50 m von den Enden der Querschwellen zurück und sind die Zwischenräume der Hölzer auszupacken mit festgestampften Lehm, Ton, Bauschutt, am besten jedoch mit Beton oder dieselben sind auszumauern in hydraulischem Mörtel. Der Rost wird endlich mit 8 bis 10 cm starken und 10 bis 16 cm breiten Bohlen abgedeckt, welche 5 cm mindestens über die Aussenkante der Langschwellen beiderseits vortreten müssen. Die zulässige Belastung eines liegenden Rostes beträgt hierbei 2 bis 3 kg pro qcm.

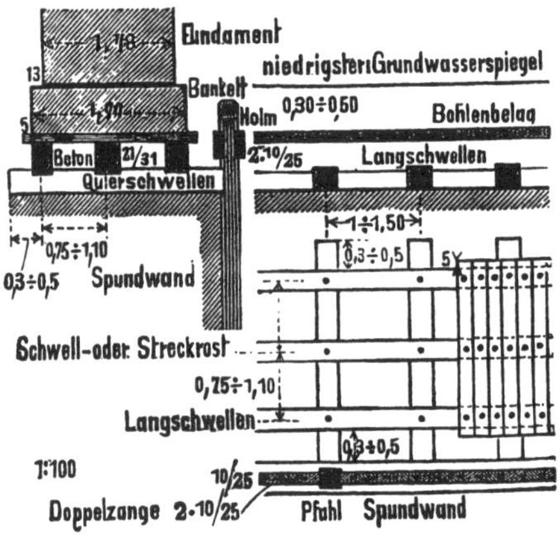

Fig. 770 a b c.

Die den Rost gegen Unterspülen schützende Spundwand aber darf nie mit dem Roste in Verbindung gebracht werden, damit der Rost sich gleichmässig setzen kann und nicht etwa eine schiefe Lage erhält. Textfigur 770 a b c Zu beachten ist bei Rostanlagen unter sich kreuzenden Mauern, dass die Querschwellen der Front- und Mittelmauern im Kreuzungspunkte zugleich die Langschwellen der Giebel- und Scheidemauern bilden, wodurch die Höhenlagen der Quer- und Langschwellen unter diesen bestimmt werden. Textfigur 771abc. Auch kann man die Querschwellen oder Zangen auf die Langschwellen aufkämmen, welche Anordnung

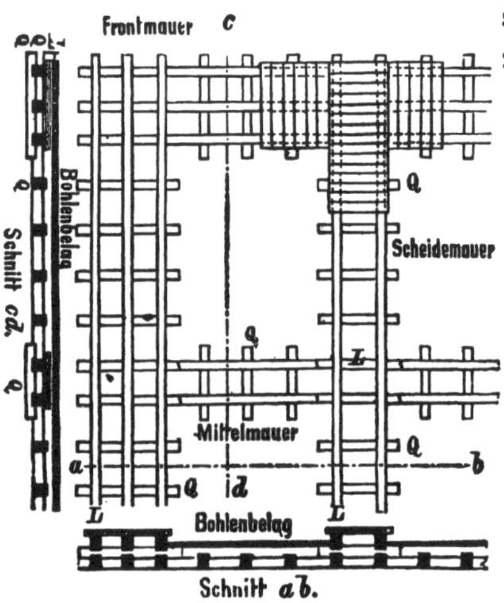

Fig. 771 a b c.

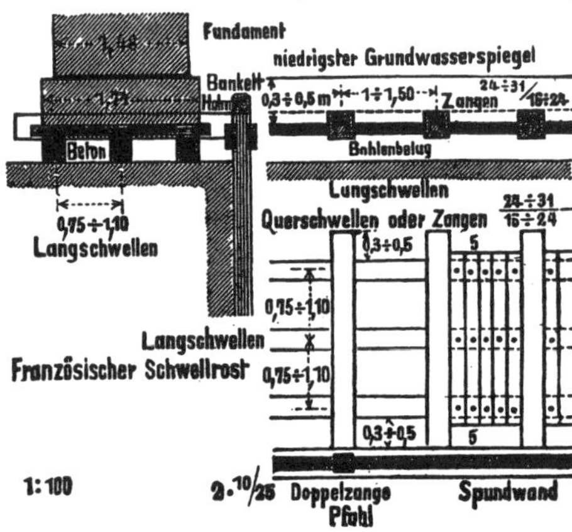

Fig. 772 a b c.

eines liegenden Rostes man als französischen Schwellrost bezeichnet. Bei demselben liegen alsdann die Bohlen zwischen den Zangen auf den Langschwellen, während die Querschwellen über dem Bohlenbelag vortreten und der dadurch entstehende Höhenunterschied zwischen Zangen und Bohlenbelag durch Ausmauerung dieser Rostfelder ausgeglichen werden muss. Textfigur 772abc. Oder man muss die Querschwellen mit den Langschwellen so tief verkämmen, dass die Oberflächen der Zangen mit dem Bohlenbelag in einer horizontalen Ebene liegen.

B. Der stehende Rost oder Pfahlrost.

Er wird da angewendet, wo fester Baugrund durch Pfähle zu erreichen ist, wobei die Pfähle noch in denselben einzutreiben sind. Ist aber guter Baugrund nicht zu erreichen, so dienen die Pfähle zu Verdichten des ersteren und die von denselben aufzunehmende Last wird alsdann durch Reibung getragen. Der Pfahlrost besteht daher aus Pfählen, sog. Grundpfählen, aus nassen, harzreichem Buchen-, Eichen, Kiefern- oder Erlenholz, welche nicht zu beschlagen sind und die mit ihren Kopfflächen noch mindestens 0,60 m unter dem niedrigsten Grundwasserspiegel liegen müssen. Ihre Stärke kann man nach folgenden empirischen Formeln berechnen, in welchen d den Pfahldurchmesser in cm und l die Pfahllänge in m bezeichnet:

$$d^{cm} = 0{,}12 + 0{,}03\ l^{m} \quad \text{oder} \quad d^{cm} = 0{,}15 + 0{,}0275\ l^{m}$$

Gewöhnlich erhalten sie bei 6 m Länge 0,30 bis 0,315 m Durchmesser.

Die Entfernung der Grundpfähle in einer Pfahlreihe beträgt 0,75 bis 1 m von Mitte zu Mitte gerechnet, diejenige der Pfahlreihen von einander aber 0,80 bis 1,25, höchstens 1,50 m, sodass auf einem Pfahl 0,60 bis 1,25 qm der Gründungs- oder Fundamentsohle zu rechnen ist. Die Pfähle aber können in den Pfahlreihen rechteckig, weniger gut schachbrettartig angeordnet werden. Sie werden an ihrem unteren Ende pyramidenförmig zugespitzt oder erhalten einen eisernen Pfahlschuh mit 4 Lappen von 7,5 bis 10 kg Gewicht. Die Länge der Pfahlspitze aber soll das $1\frac{1}{2}$ bis 2fache des Pfahldurchmessers betragen. (Ueber das Verlängern senkrecht stehender, runder Hölzer, die sog. Pfropfungen, siehe II. A. 3. Seite 8 und Tafel 2, Fig. 1a bis d). Auf den Pfahloberflächen werden nun die Zapfen von 15 bis 16 cm Länge, 8 bis 9 cm Breite und 5 cm Stärke angeschnitten, nachdem man in der Baugrube das Grundwasser hat ansammeln lassen, wodurch die wagerechte Ebene der Pfahlkopfflächen bestimmt wird, in welcher die Pfähle gleichmässig abgeschnitten werden müssen, um dann 60 cm tiefer als der niedrigste Grundwasserspiegel die Zapfen anschneiden zu können. Auf die Pfähle werden nun die Lang-, Grund- oder Rostschwellen, auch Holme genannt, aufgezapft, wobei man den sog. Grundzapfen anwenden kann. Vergl. II. B. 3 m und Fig. 9 auf Seite 16. Etwaige Stösse der Holme sind wiederum über Pfahlköpfen anzuordnen und die Stosstellen mit eisernen Schienen zu sichern. Die Stärke der hochkantig zu verlegenden Langschwellen aber beträgt meist $\frac{21}{26}$, $\frac{26}{26}$ bis $\frac{21}{31}$ cm. Auf diese nun werden die Querschwellen oder Zangen von $\frac{15}{25}$ bis $\frac{25}{25}$ cm Stärke in Entfernung von 2,5 bis 3 m von einander aufgekämmt, zwischen welche der Bohlenbelag von 6,5, 8 bis 10 cm Stärke mit hölzernen oder eisernen Nägeln auf den Langschwellen befestigt wird. Auch hier kann man die Zangen so tief mit den Langschwellen verkämmen, dass die Oberflächen der Zangen mit dem Bohlenbelag eine wagerechte Ebene bilden. Vorteilhaft schachtet man die Felder zwischen den Rostpfählen auf 60 cm Tiefe aus und stampft sie mit Beton fest. Textfigur 773 a bis k.

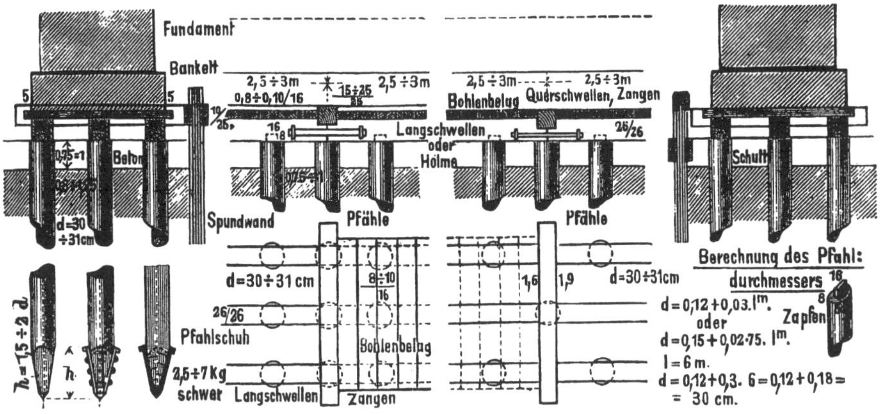

Fig. 773 a—k.

Auch bei Pfahlrostanlagen unter sich kreuzenden Mauern treten die gleichen Höhenunterschiede der Lang- und Querschwellen auf wie beim Schwellrost, Textfigur 774 a b c. Häufig wird an Stelle des Bohlenbelages eine Betonschüttung zwischen den Pfahlköpfen angeordnet, wenn die Pfähle den festen Baugrund nicht erreichen und die auf ihnen ruhende Last nur durch Reibung tragen, wodurch der sog. Betonpfahlrost entsteht, bei welchem die Pfahlköpfe mindestens 15 cm tief in die mindestens 75 cm starke Betonschicht eingreifen müssen. Auch der Pfahlrost ist bei in in der Nähe fliessendem Wasser durch eine Spundwand gegen ein Unterspülen zu schützen. Die zulässige Belastüng eines Pfahlkopfes pro qm ist mit 20 kg in Rechnung zu setzen.

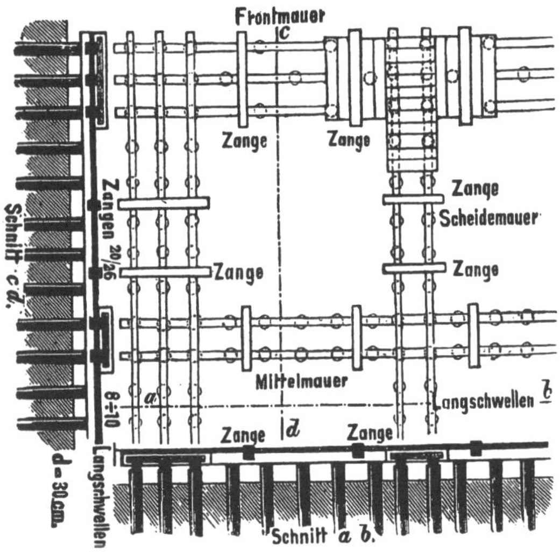

Fig. 774 a b c.

Das Einrammen der Grundpfähle aber erfolgt mittels der Zug-, Kunst- oder Dampframme. Bei ersterer ziehen 15 bis 30 Arbeiter am hinteren Ende des Rammtaues, an welches Stricke angebunden sind, wobei der Rammbär eine Hubhöhe von 1,25 bis 1,50 m erhält. 25 bis 30 aufeinander folgende Züge nennt man eine Hitze. Bei Kunstrammen kann die Hubhöhe 2 bis 8 m betragen, und sind zur Bedienung nur 4 bis 5 Arbeiter erforderlich. Das Gewicht des Rammbäres einer Zugramme beträgt 200 bis 500 kg, dasjenige einer Kunstramme 600 bis 800 kg, während de

Rammbär einer Dampframme 700 bis 1000 kg schwer ist, bei einer Fallhöhe von 2 bis 6 m und 3 bis 10 Schlägen in der Minute; bei Anwendung eines 2500 kg schweren Rammbäres aber beträgt die Hubhöhe 0,80 bis 1 m, bei 75 bis 100 Schlägen in einer Minute.

XVII. Die Konstruktion der Treppen aus Holz.

A. Allgemeines.

Die Treppen haben den Zweck, den Verkehr zwischen den einzelnen Stockwerken oder Geschossen eines Gebäudes zu vermitteln.

Nach § 114 des Allgemeinen Baugesetzes für das Königreich Sachsen vom 1. Juli 1900 darf kein Punkt eines zu menschlichen Wohn- oder Aufenthaltsverhältnissen dienenden Gebäuderaumes, dessen Fussboden mehr als 1,50 m über die angrenzende Strassen oder Hofgrundfläche erhöht ist, horizontal gemessen weiter als 30 m von einer Treppe entfernt sein. Die hierdurch erforderlichen Treppen müssen unmittelbaren Ausgang nach der Strasse oder dem Hofe haben, leicht zu ersteigen sein, aus unverbrennlichen Stoffen bestehen oder falls aus Holz hergestellt, an der Unterseite mit Kalkputz oder anderer unverbrennlicher Verkleidung versehen sein.

Die Treppenhausumfassungen sind aus unverbrennlichem Stoffe, wenn aus Ziegeln, mindestens 1 Stein stark herzustellen.

Treppenhäuser ohne nach dem Freien gehende Fenster — durch Oberlichte erhellt — sind mit Einrichtung gegen das Verqualmen zu versehen. Nach Treppenhäusern, in denen sich nicht unverbrennliche Treppen befinden, sollen nur die notwendigsten Zugangsthüren — Korridor- und Abortthüren — ausmünden.

Treppen, die nur bis zum ersten Obergeschosse führen, dürfen als Freitreppen hergestellt oder in grosse Vorräume — Dielen — eingebaut werden.

Für die Ausführung der Treppen aus Holz aber treten folgende Bezeichnungen und Konstruktionsteile auf:

1. Die Stockwerkshöhe, gemessen beim inneren Ausbau der Gebäude von Fussbodenoberkante zu Fussbodenoberkante, im Rohbau dagegen von Balkenoberkante zu Balkenoberkante.

2. Die Stufen, bestehend aus einem wagerechten Teile, dem Auftritte a und einem senkrechten Teile, der Steigung s, dem senkrecht gemessenen Abstande zweier Auftritte. Textfigur 775. Bei Holztreppen aber wird der Auftritt durch die Trittstufe, die Steigung durch die Setz- oder Futterstufe gebildet, und zwar erhalten die Trittstufen, meist aus Eichenholz hergestellt, 4 bis 5 cm, die Futterstufen aus Kiefern- oder Fichtenholz dagegen 2 bis 2,5 cm Stärke. Stufen, welche den Steinstufen entsprechend aus einem Stück Holz, einem Holzklotz, hergestellt werden, heissen Block- oder Klotzstufen.

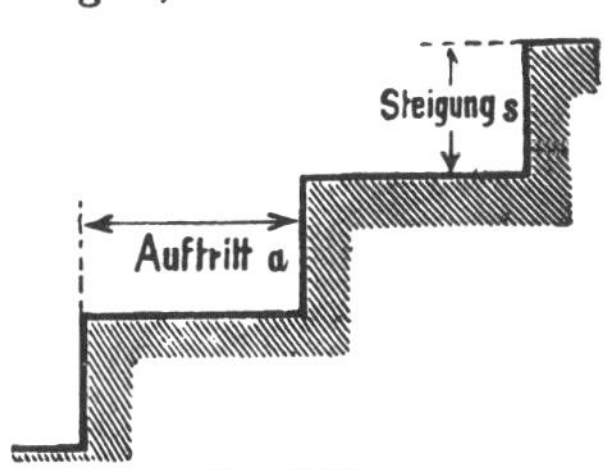

Fig. 775.

3. Die Wangen oder Zargen, bestehend aus Aussen- oder Wand-

wangen und Innen- oder Freiwangen. Erstere werden meist 5 bis 7 cm stark aus Kiefern- oder Fichtenholz gefertigt, letztere dagegen 7 bis 10 cm stark meist aus Eichenholz hergestellt und an ihrer Unterseite wie Oberseite entsprechend profiliert gekehlt. Textfigur 776 a bis g zeigt einige gebräuchliche Wangenkehlungen an deren Unterseite.

Fig. 776 a—g.

Die Wangen dienen zur Befestigung der Tritt- und Futterstufen und je nachdem diese in die Wangen eingeschoben, eingestemmt oder auch aufgesattelt werden, unterscheidet man eingeschobene, eingestemmte und aufgesattelte Treppen aus Holz.

4. Die Treppenarme oder Treppenläufe, nach deren Anzahl man ein-, zwei- und mehrarmige Treppen unterscheidet, deren Läufe durch sog. Podeste (Ruheplätze für die Füsse) unterbrochen werden. Ein Treppenarm soll nie mehr als 12 bis 15, höchstens 18 Steigungen enthalten, wonach ein Podest anzuordnen wäre. Die geringste Podestbreite ist aber gleich 3 Auftritten; meist macht man die Podestbreite gleich der Treppenarmbreite. Die nutzbare Breite eines Treppenarmes richtet sich nach der Anzahl der Geschosse eines Gebäudes und zwar rechnet man für Treppen in Gebäuden mit nur einem Obergeschosse ohne Wohnungen im Dache **1 m** Treppenarmbreite; für jedes vorhandene weitere Geschoss ist dieses Mindestmass der nutzbaren Treppenbreite für die ganze Anlage um je **10 cm** zu vergrössern. Für Treppen, die nach gänzlich unbewohnten Dachgeschossen oder nach dem Keller führen, genügt **0,75 m** nutzbare Breite. Gebäude mit mehr als 4 Wohnungen in einem Geschosse müssen mindestens 2 Treppen erhalten. Bei Eckgebäuden sind Ausnahmen zulässig

Wendeltreppen haben eine entsprechend grössere Breite zu erhalten. Vergl. § 114 des Allgemeinen Baugesetzes für das Königreich Sachsen vom 1. Juli 1900. S. 46.

Der Grundrissform der Treppen nach teilt man dieselben ein in geradläufige oder gerade, gebrochene, gewundene und die eigentlichen Wendeltreppen. Enthält eine Treppe gerade Stufen und nach einem Wendelpunkt gerichtete Wendel- oder Winkelstufen, so erhält man eine Treppe gemischter Form. Bei den gewundenen Treppen bilden die Wangen eine nicht geschlossene Kurve, während diese bei Wendeltreppen geschlossen ist. Textfiguren 777 bis 790 enthalten verschiedene Grundrissformen von Treppenanlagen und zwar Textfigur 777a eine einfache gerade Treppe; Textfigur 777b eine solche mit verzogenen Antrittsstufen; Textfigur 778 bis 780 solche mit Viertelwendelungen; Textfigur 781 und 782 gebrochene Treppen mit Podest bezw. Winkelstufen an Stelle des Podestes. Textfiguren 783,

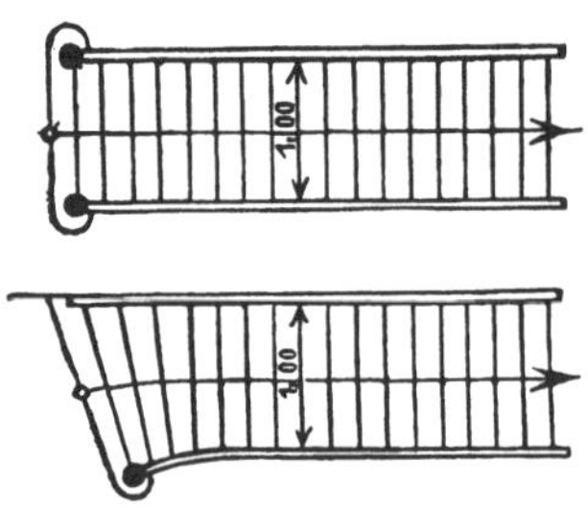

Fig. 777 ab.

784 und 785 zeigen zweiarmig gebrochene Treppen mit Podesten in halber Höhe des Stockwerkes, desgleichen Textfiguren 786, 787, 788, bei welchen an Stelle der Treppenspindeln die Wangen durch Kropfstücke verbunden sind, während in Textfigur 789 und 790 dreifach gebrochene Treppen mit Podest bezw. Winkelstufen dargestellt wurden. Textfiguren 791 bis 794 zeigen die Grundrissanlagen gewundener Treppen, die Textfiguren 795 bis 797 solche von Wendeltreppen und zwar Textfigur 795 eine Wendeltreppe mit offener Spindel oder Auge, Textfiguren 796 und 797 solche mit voller Spindel, Mönch oder Makler.

Die erste Stufe eines Treppenarmes aber nennt man die Antrittsstufe oder den Antritt, die letzte eines solchen die Austrittsstufe oder den Austritt. Erstere wird meist als Block- oder Klotzstufe konstruiert, während letztere höchstens 10 cm Breite erhält.

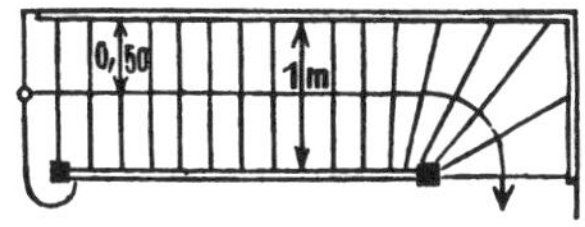

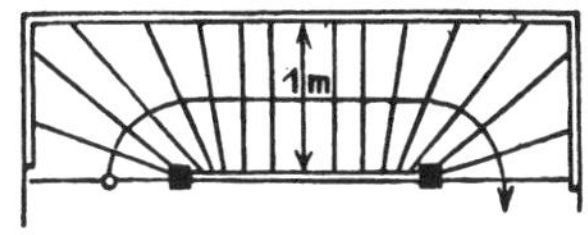

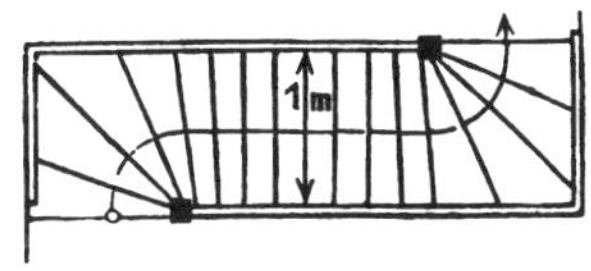

Fig. 778. Fig. 779. Fig. 780.

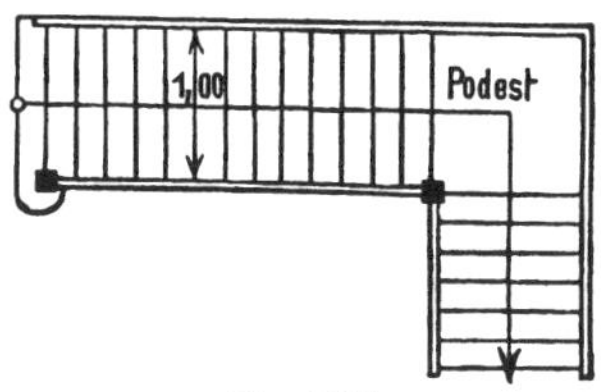

Fig. 781.

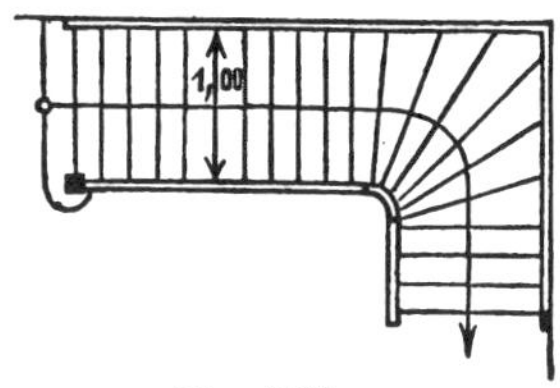

Fig. 782.

5. Die Treppenpfosten, Spindeln, Pilare oder Treppensäulen, welche zur Befestigung der Freiwangen und des Geländers dienen. Sie werden meist aus Eichenholz hergestellt architektonisch reich ausgestattet und auf der Antrittsstufe oder auf dem Podest-

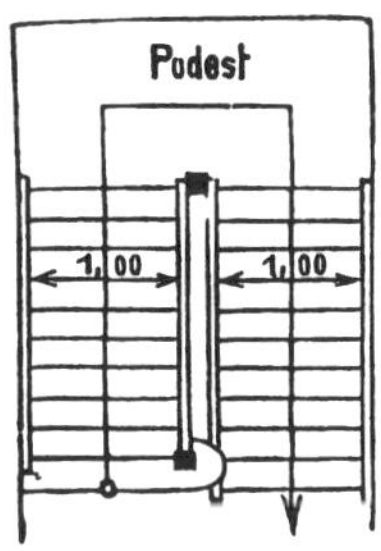

Fig. 783.

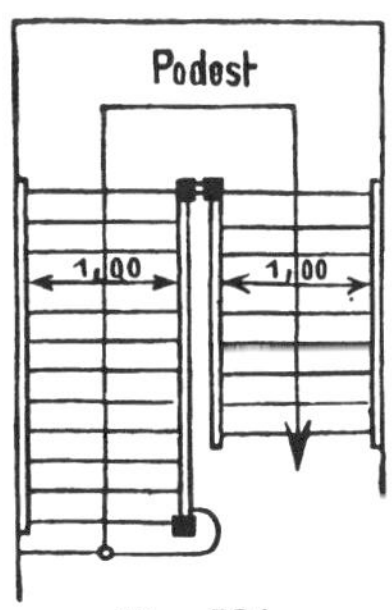

Fig 784.

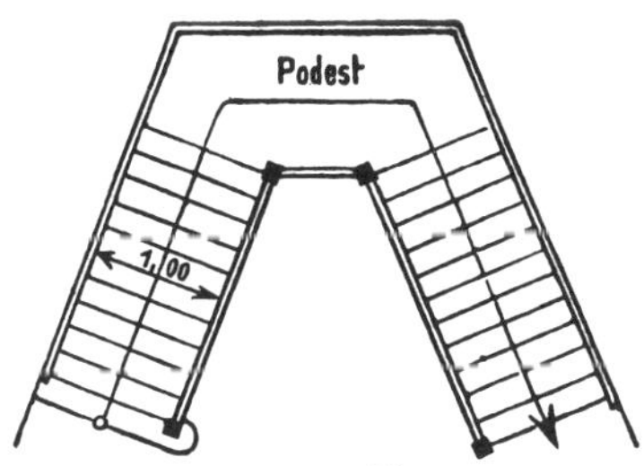

Fig. 785.

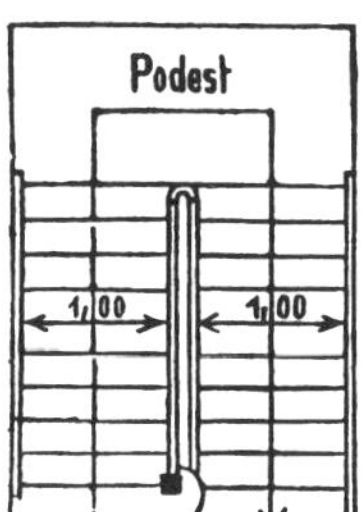

Fig. 786.

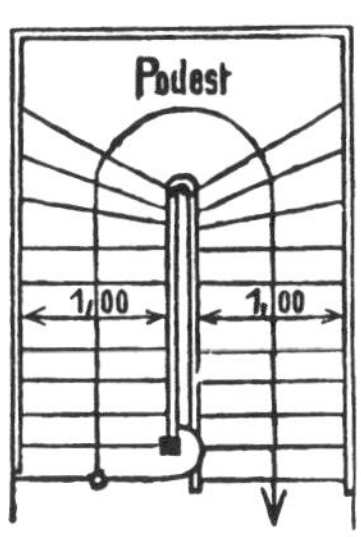

Fig. 787.

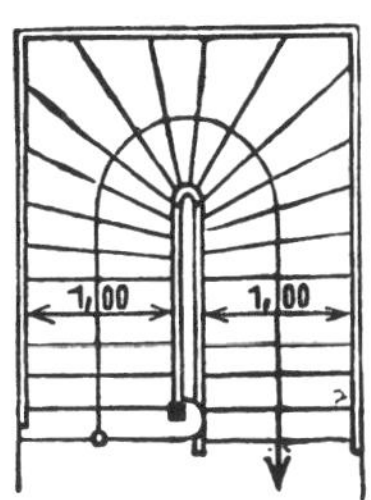

Fig. 788.

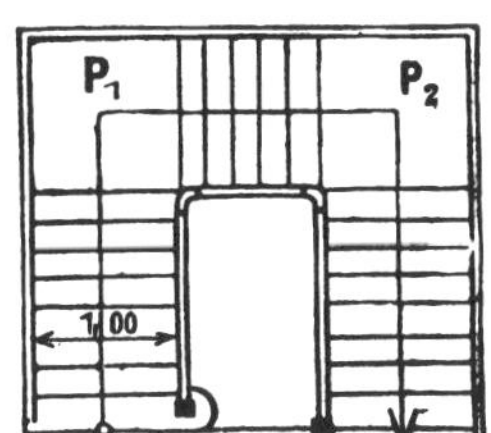

Fig. 789.

wechsel eingezapft oder als Hängepfosten konstruiert, mit diesem verblattet und verbolzt.

6. Die Geländerstäbe oder Traillen aus Kiefer, Fichte, Ahorn oder Eiche, 4 bis 6,5 cm stark im Mittel und ebenfalls reich verziert, werden 3 cm tief in die Freiwangen bezw. Trittstufen so-

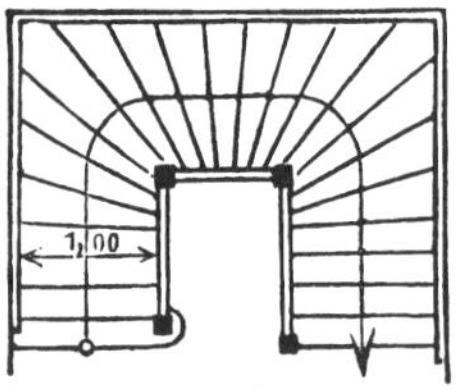

Fig. 790.

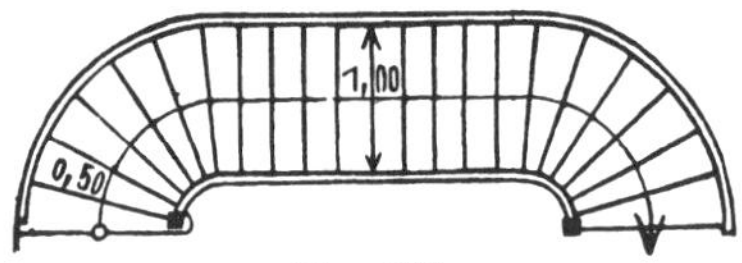

Fig. 791.

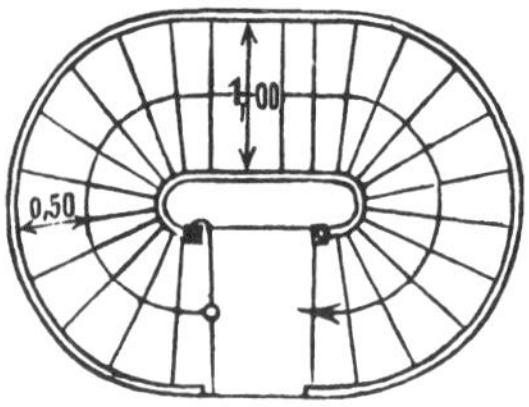

Fig. 792.

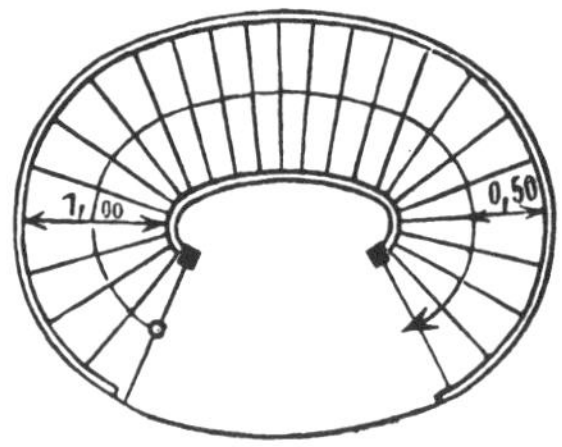

Fig. 793.

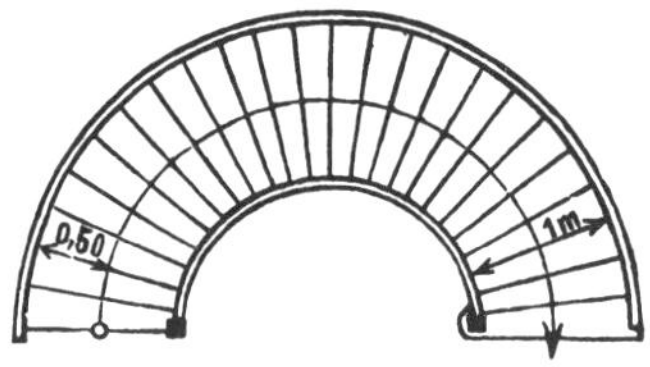

Fig. 794.

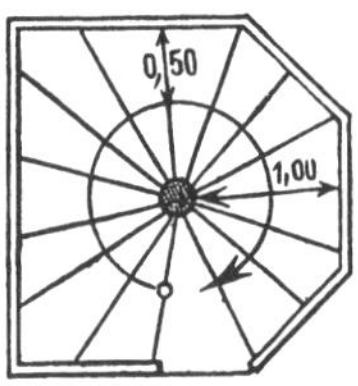

Fig. 796.

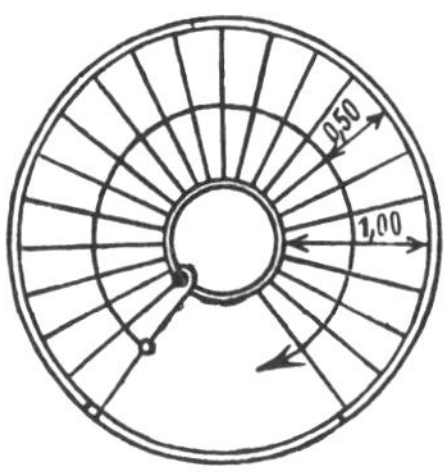

Fig. 795.

Fig. 797.

wohl wie in die Handleiste eingelocht und verleimt. Ihr wagerecht gemessener Abstand von einander soll 13 bis 15, höchstens aber 18 bis 20 cm betragen. Textfiguren 798 bis 800 zeigen einige gebräuchliche Profilierungen von Treppenspindeln und Traillen.

Fig. 798.

Fig. 799.

7. Die Handleiste oder der Handgriff, durchschnittlich $\frac{5}{8}$ bis $\frac{6}{10}$ cm stark ans gleichem Materiale wie die Traillen bestehend, welche durch die Geländerstäbe getragen wird, ist in die Treppenspindeln einzuzapfen und zu verleimen, oder an die Spindeln seitlich anzublatten bezw. zu verschrauben

Ihre Höhe über den Trittstufen beträgt 0,90 m von Vorderkante Trittstufe bis Oberkante Handleiste gemessen. Auch sie erhält, über den Freiwangen angeordnet, ein zum bequemen Anfassen mit der Hand entsprechendes Profil, während man der W a n d h a n d l e i s t e meist einen kreisrunden Querschnitt mit 4 bis 5 cm Durchmesser giebt und diese im Abstande von 6 bis 9 cm von der Wandfläche auf entsprechenden Eisen ruhend anordnet. Textfigur 801 a bis p zeigt gebräuchliche Profilformen von Handleisten.

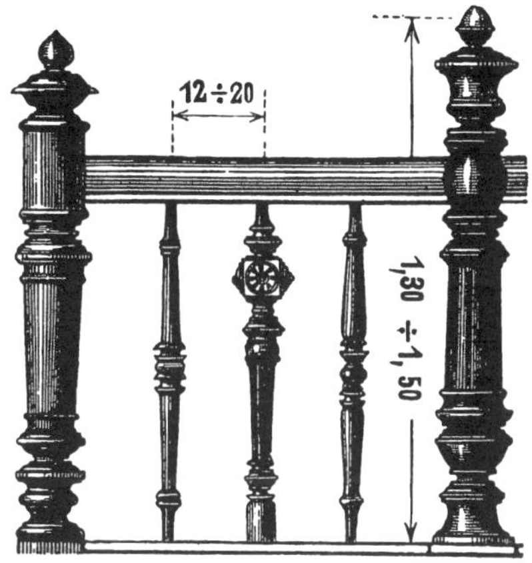

Fig. 800.

B. Berechnung einer Treppe.

Zum bequemen Begehen einer Treppe muss der Auftritt a zur Steigung s in indirektem Verhältnisse stehen, d. h. j e g r ö s s e r d e r A u f t r i t t i s t, d e s t o k l e i n e r m u s s d i e S t e i g u n g s e i n und umgekehrt: j e k l e i n e r d e r A u f t r i t t, d e s t o g r o s s e r i s t d i e S t e i g u n g.

Fig. 801 a—p.

Die Auftrittsbreite a aber kann man nach folgenden empirischen, d. h. durch Versuche abgeleiteten Formeln berechnen:

I. $a + 2s = 60$ bis 64 cm, in welcher 60 bis 64 cm das normale Schrittmass eines Menschen beim Gehen bezeichnet. Meist benutzt man

II. $a + 2s = 62$ cm oder III. $a + 2s = 63$ cm.

IV. $a \cdot s = 500$ cm. V. $a + s = 47$ cm.

VI. $\frac{4}{3} s + a — 52$ cm nach Professor Warth,

deren Resultate in umstehender Tabelle auf Seite 312 für verschiedene Steigungen s zusammengestellt sind:

Die Steigung s aber richtet sich nach dem Zwecke der Treppen bezw. der Gebäude, in welchen sie errichtet werden.

Für Prachttreppen beträgt	s = 12	bis 14 cm
„ Haupttreppen	s = 16	„ 17 „
„ Nebentreppen	s = 17	„ 20 „
„ Keller- u. Bodentreppen	höchstens 24 cm.	

D i e A n z a h l d e r A u f t r i t t e i s t s t e t s u m 1 g e r i n g e r a l s d i e A n z a h l d e r S t e i g u n g e n, weshalb es vorteilhaft ist, stets nach Steigungen zu rechnen bezw. bei Bildung des Grundrisses einer Treppe zu zeichnen. J e d e V o r d e r k a n t e e i n e r T r i t t s t u f e b e z e i c h n e t d a h e r e i n e S t e i g u n g u n d z w i s c h e n 2 S t e i g u n g e n l i e g t e i n A u f t r i t t.

Bei Berechnung und Einteilung der Stufen beginne man stets mit dem Stockwerke von grösster Höhe, dividiere mit der gewählten Steigung s

Steigung	Berechneter Auftritt a nach der Formel					
s.	I. a + 2 s = 60 cm	II. a + 2 s = 62 cm	III. a + 2 s = 63 cm	IV. a · s = 500 cm	V. a + s = 47 cm	VI. $\frac{4}{3}$ s + a = 52 cm
12 cm	36 cm	38 cm	39 cm	41,6 cm	35 cm	36 cm
13 „	34 „	36 „	37 „	38,5 „	34 „	34$\frac{2}{3}$ „
14 „	32 „	34 „	35 „	35,7 „	33 „	33$\frac{1}{3}$ „
15 „	30 „	32 „	33 „	33,3 „	32 „	32 „
16 „	**28 „**	**30 „**	**31 „**	**31,2 „**	**31 „**	**30$\frac{2}{3}$ „**
16,5 „	**27 „**	**29 „**	**30 „**	**30,3 „**	**30,5 „**	**30 „**
17 „	**26 „**	**28 „**	**29 „**	**29,4 „**	**30 „**	**29$\frac{1}{3}$ „**
18 „	**24 „**	**26 „**	**27 „**	**27,7 „**	**29 „**	**28 „**
19 „	22 „	24 „	25 „	26,3 „	28 „	26$\frac{2}{3}$ „
20 „	20 „	22 „	23 „	25,0 „	27 „	25$\frac{1}{3}$ „
21 „	18 „	20 „	21 „	23,8 „	26 „	24 „
22 „	16 „	18 „	19 „	22,7 „	25 „	22$\frac{2}{3}$ „
23 „	14 „	16 „	17 „	21,7 „	24 „	21$\frac{1}{3}$ „
24 „	12 „	14 „	15 „	20,8 „	23 „	20 „
Kritik der Formeln.	Ergiebt zu schmale Auftritte.	Soll nur für Steigungen von 16 bis 18 cm benutzt werden und ergiebt für kleinere Steigungen zu breite, für grössere Steigungen zu schmale Auftritte.	Soll nur für Steigungen von 15 bis 19 cm benutzt werden und ergiebt für kleinere Steigungen zu breite, für grössere Steigungen zu schmale Auftritte.	Soll nur für Steigungen von 20 bis 24 cm benutzt werden und ergiebt für kleinere Steigungen zu breite Auftritte.	Soll nur für die Steigungen von 12 bis 14 cm benutzt werden und ergiebt für grössere Steigungen zu breite Auftritte.	Die Professor W a r t h'sche Formel giebt für alle Steigungen geeignete Werte, weshalb deren Gebrauch sich am besten eignet.
Der berechnete Auftritt wird bei der Ausführung noch um das vorspringende Trittstufenprofil (4 bis 6,5 cm) vergrössert.						

in diese hinein, wodurch man die Anzahl der Steigungen A erhält, welche stets a u f G a n z e abzurunden ist; dann dividiere man von Neuem in die Stockwerkshöhe, wodurch man das genaue Steigungsmass s erhält, zu welchem alsdann der Auftritt zu berechnen ist. Ist z. B. H = 3,85 m. und s = 17 cm, so erhält man für A = 0,17 / 3,85 / ∾ 22 Steigungen, s = 22 / 3,85 / 0,175 m.

$\frac{4}{3}$ s + a = 52 cm nach Warth. $\frac{4}{3}$ · 17,5 + a = 52 cm · $\frac{70}{3}$ + a = 52 cm
23,3 + a = 52 cm a = 52 - 23,3 = 28,7 cm.

V o r t e i l h a f t e r i s t a b e r d i e S t o c k w e r k s h ö h e H a l s e i n V i e l f a c h e s d e r S t e i g u n g s a n z u n e h m e n, also z. B.:

s = 0,165 m und A = 22 Steigungen, dann ist:

$H = 22 \cdot 0{,}165 \text{ cm} = 3{,}63 \text{ m}. \qquad s = \frac{3{,}63}{22} = 0{,}165 \text{ m}.$

$A = \frac{3{,}63}{0{,}165} = 22 \text{ Steigungen}. \qquad \frac{4}{3} s + a = 52 \text{ cm}.$

$\frac{4}{3} \cdot 16{,}5 + a = 52 \text{ cm}. \qquad \frac{66}{3} + a = 52 \text{ cm}.$

$22 \text{ cm} + a = 52 \text{ cm}. \qquad a = 52 - 22 = 30 \text{ cm}.$

Hieraus ergeben sich folgende Sätze:

1. Die Stockwerkshöhe H ist gleich dem Produkt aus der Anzahl der Steigungen A und der Steigungshöhe s:

$$H = A \cdot s.$$

2. Die Steigungshöhe s ist gleich dem Quotienten aus der Stockwerkshöhe H und der Anzahl der Steigungen A:

$$s = \frac{H}{A}.$$

3. Die Anzahl der Steigungen A ist gleich dem Quotienten aus der Stockwerkshöhe H und der Steigungshöhe s:

$$A = \frac{H}{s}.$$

C. Die Ausführung der Treppen aus Holz.

Nach der Verbindung der Tritt- bezw. Futterstufen mit den Wangen teilt man die Holztreppen ein in eingeschobene, eingestemmte und aufgesattelte.

1. Die eingeschobene Treppe oder sog. Leitertreppe.

Sie ist die einfachste in ihrer Konstruktion und wird nur zu untergeordneten Treppen wie Bodentreppen angewendet. Sie besteht aus zwei 5 bis 6 cm starken und 22 bis 27 cm breiten Zargen oder Wangen, in welche die 4 bis 5 cm starken Trittstufen meist auf den Grat eingeschoben werden. Futterstufen fehlen bei dieser Treppe, weshalb sie zwischen den Trittstufen offen ist. Diese aber lässt man vor der Zargenoberfläche mindestens 3 cm vortreten. Textfigur 802 a bis e. Die Steigung wurde in diesem Beispiele zu 20 cm angenommen, woraus der zugehörige Auftritt a zu 25,5 cm sich ergiebt. Vergl. Tabelle Formel V. Seite 312.

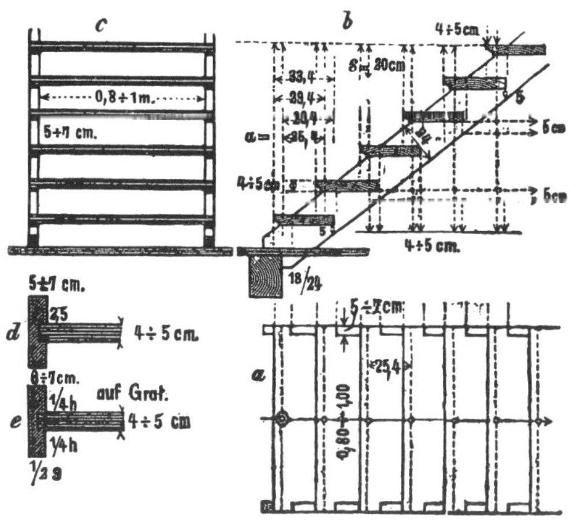

Fig. 802 a—e.

2. Die eingestemmte Treppe.

Bei derselben werden die 5 cm starken Trittstufen aus Eichenholz in die 5 cm starken Wandwangen aus Kiefern- oder Fichtenholz und in die 7 cm starken eichenen Freiwangen eingelocht, eingestemmt, während der Zwischenraum zwischen 2 Trittstufen durch die ebenfalls in die Wangen eingestemmten Setz- oder Futterstufen, 2 bis 2,5 cm stark aus Kiefern- oder Fichtenholz hergestellt, geschlossen wird. Verschiedene Verbindungen der Tritt- und Futterstufen nebst deren Profilierungen sind in Textfigur 803 dargestellt.

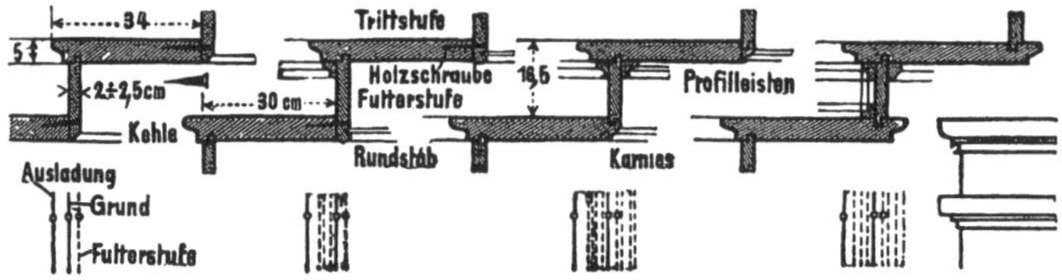

Fig. 803.

Zur Bestimmung der Wangenhöhe trägt man von Vorderkante Trittstufe 5 cm senkrecht nach oben und von Unterkante Futterstufe 5 cm senkrecht nach unten an und zieht durch die erhaltenen Punkte oberhalb und unterhalb eine Parallele zur Steigungsrichtung der Treppe, wodurch sich eine Wangenhöhe ergiebt, welche sich nach der angenommenen Steigung s der Stufen bestimmt, bei s = 16,5 cm daher senkrecht zur Steigungsrichtung 31, lotrecht gemessen 36 cm beträgt. Textfigur 804.

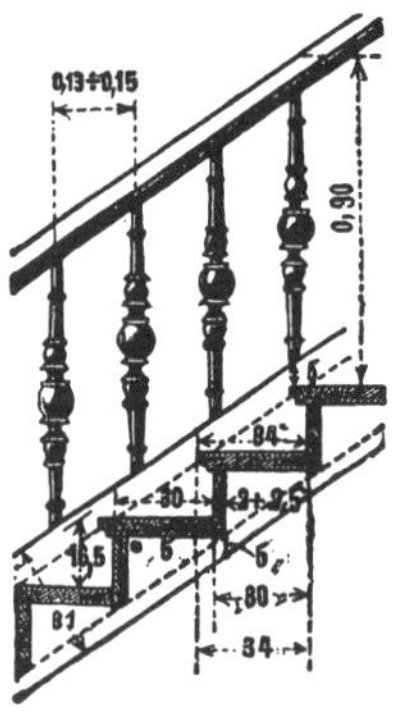

Fig. 804.

Die Wandwangen werden mittels Bankeisen an den Treppenhausmauern von mindestens 1 Stein = 25 cm Stärke befestigt, während die Freiwangen in die Treppenpfosten bezw. Treppenwechsel eingezapft und verbolzt werden. Damit die Wangen bei etwaigen Sichwerfen der Trittstufen nicht auseinander getrieben werden können, empfiehlt es sich, 3 eiserne Zuganker in jedem Treppenarme anzuordnen. Textfigur 805.

Die Wandwangen werden durch Verzinkung mit einander verbunden, Textfigur 806, während Freiwangenteile stets durch entsprechende Verzapfungen, verdeckte eiserne Bolzen bezw. auch untergelegte eiserne Schienen sicher zu befestigen sind. Textfigur 807 a b c.

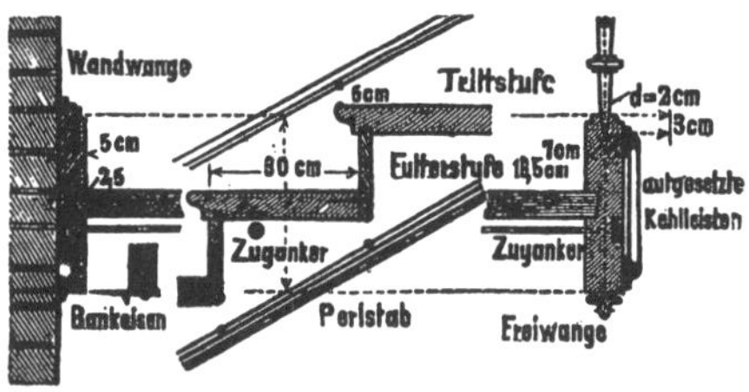

Fig. 805.

In die Freiwangen werden die Geländerstäbe oder Traillen aus Ahorn, Eiche, Kiefer oder Fichte 3 cm tief eingelocht und verleimt. Ihre geringste Stärke beträgt 2 cm, ihre grösste im Mittel 4 bis 6,5 cm. Wagerecht gemessen soll ihr Abstand von einander 13 bis 15 cm, höchstens aber 18 bis 20 cm betragen. Die Geländerhöhe nimmt man zu 85 bis 90 cm an und zwar senkrecht gemessen von Vorderkante Trittstufe bis Oberkante Handleiste, welch letztere, aus gleichem Materiale wie die Traillen hergestellt, $\frac{5}{8}$ bis $\frac{6}{10}$ cm Stärke erhält.

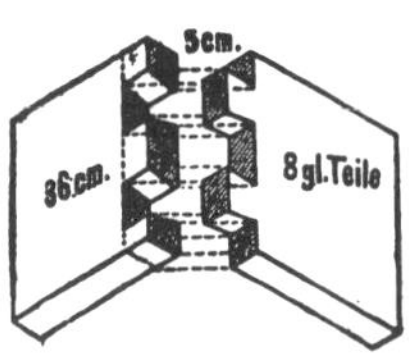

Fig. 806.

Fig. 807.

Die Antrittsstufe ist stets als Blockstufe zu konstruieren, da sie zugleich zur Befestigung der Wangen und des Treppenpfostens, der Treppenspindel, dient, welche in dieselbe eingezapft werden. Textfigur 808. Häufig jedoch wird sie hohl hergestellt, indem man an der Treppenhausmauer ein kurzes Holzstück, für die Aufnahme des Treppenpfostens aber einen abgerundeten Holzklotz verwendet, deren Zwischenraum vorn und hinten durch

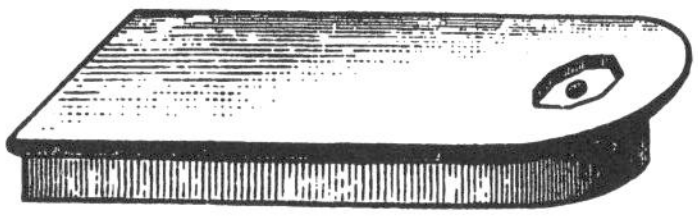

Fig. 808.

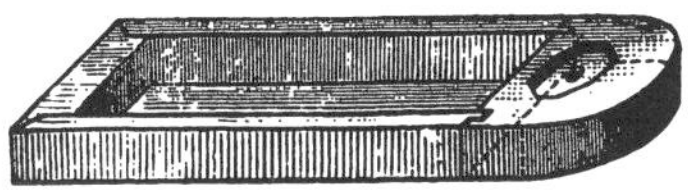

Fig. 809.

2 bis 2,5 cm starke Futterbretter geschlossen wird. Auf diese Hölzer wird alsdann die 5 cm starke Trittstufe aufgeschraubt. Textfigur 809. Meist giebt man der Antrittsstufe eine grössere Höhe, d. h. man gründet sie tiefer, da sie den ganzen Druck und Schub der Treppe aufzunehmen hat.

Der Treppenpfosten aber, meist 17 bis 20 cm stark und 1,30 bis 1,50 m hoch aus Eichenholz gefertigt, wird mit starker Holzschraube oder Zapfen und versenkten bezw. verleimten Winkeleisen auf der Antrittsstufe befestigt. Textfigur 810.

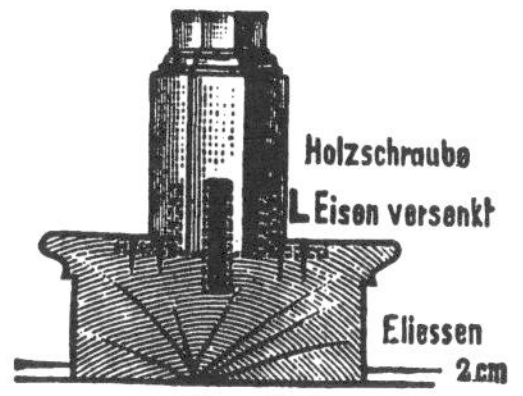

Fig. 810.

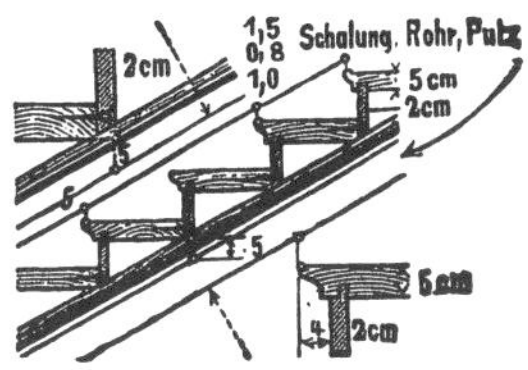

Fig. 811.

Soll eine Holztreppe als feuersicher gelten, so ist sie an ihrer Unterseite zu schalen, zu berohren und zu putzen. Textfigur 811.

Als Konstruktionsbeispiele mögen dienen:

a. Die zweiarmige gebrochene Podesttreppe mit Kropfstück oder Krümmling zur Verbindung und Ueberleitung ihrer Freiwangen am Podest in halber Stockwerkshöhe. Textfigur 712.

Gegeben ist: s = 16,5 cm. a = 30 cm. Stockwerkshöhe H = 3,63 m, Anzahl der Steigungen A = 22. Wandwangen = 5 cm stark, Freiwangen = 7 cm stark. Nutzbare Treppenarmbreite = 1,20 m. Geringste Entfernung der Freiwangen im Grundrisse 13 bis 20 cm für Anordnung eines Kopfstückes. Podestbreite = Treppenarmbreite = 1,20 m.

Zur Aufzeichnung des Grundrisses dieser Treppe — Textfigur 812a — trage man zunächst auf einer senkrechten Geraden die gegebenen Masse der Wangen- und Treppenarmbreite nebst dem Abstande beider Freiwangen für beide Treppenarme an. Alsdann zeichne man die sog. Gang- oder Teillinie, auf welcher die berechneten Auftrittsbreiten mit a = 30 cm aufzutragen sind. Diese aber liegt bei geradläufigen Treppen in der Mitte eines jeden Treppenarmes, bei Treppen gemischter Form mit geraden und Winkelstufen sowohl wie bei gewundenen Treppen und Wendeltreppen aber in einem Abstande von 50 cm von der Aussen- oder Wandwange. Auf jeden Treppenarm kommen daher $\frac{22}{2}$ = 11 Steigungen, das sind also 10

Auftritte. Jede senkrecht zur Ganglinie gezeichnete Gerade bedeutet also eine Steigung, und ist es vorteihaft, stets die Treppe nach Steigungen, nicht nach Stufen oder Auftritten zu normieren. Die gezeichneten Steigungen nennt man die Grundlinien oder den Grund der Stufen, von welchem aus sowohl die Ausladung des Trittstufenprofiles nach vorwärts, die

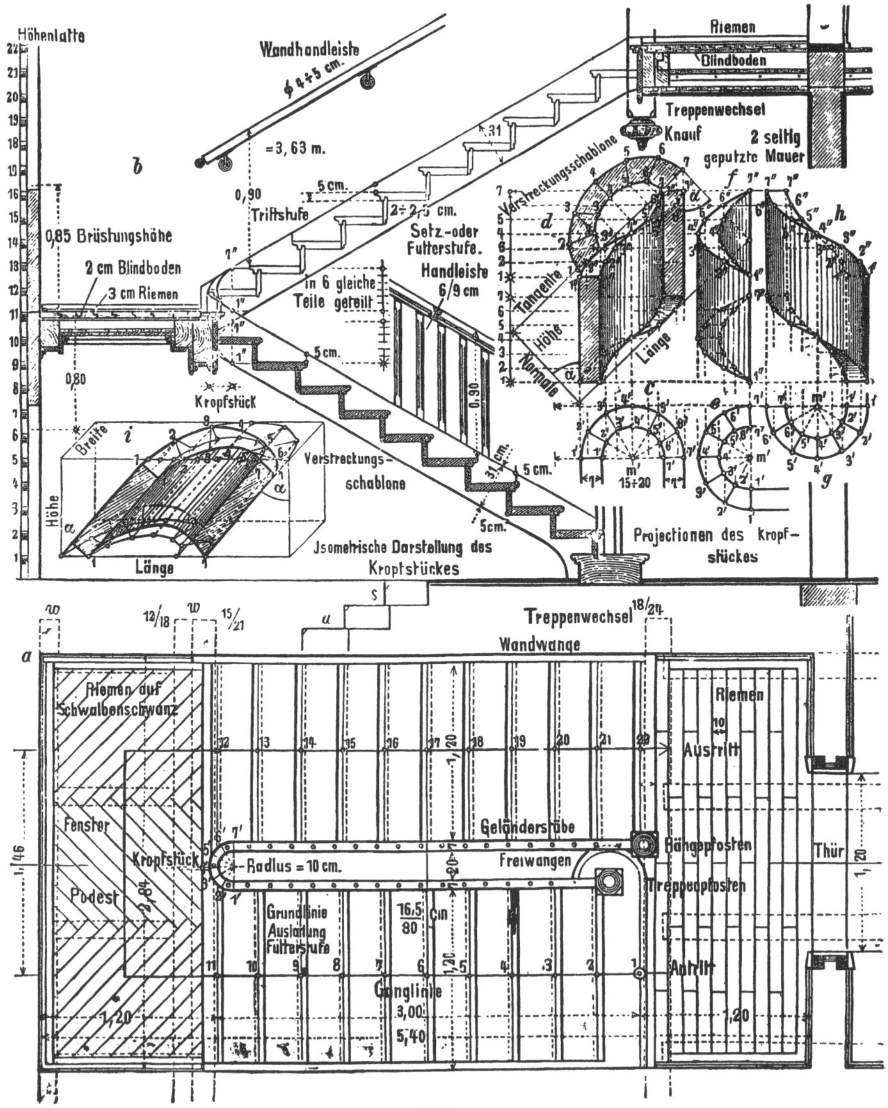

Fig. 812a—i.

Stärke der Futterstufen dagegen nach rückwärts senkrecht anzutragen und parallel zu zeichnen sind. Die Grundlinien zweier gegenüberliegender Stufen beider Treppenarme aber müssen in eine Gerade zusammenfallen und der Austritt einer Treppe muss lotrecht über deren Antritt liegen. Also Steigung 22 fällt mit Steigung 1 in ihrer Richtung zusammen. Steigung 11 aber ergiebt die Podesthöhe in halber

Höhe des Stockwerkes und es ist an die 11. Steigung die Breite des Podestes = 1,20 m = Treppenarmbreite wagerecht anzutragen. In gleicher Weise konstruiert man das obere Podest in Stockwerkshöhe, wodurch die Länge des Treppenhauses bestimmt ist und sich ergiebt zu 1,20 + 10 · 0,30 + 1,20 = 5,40 m, während die lichte Treppenhausbreite 0,05 + 1,20 + 0,07 + 0,20 + 0,07 + 1,20 + 0,05 = 2,84 m beträgt. Die Futterstufen- oder bretter der 11. und 22. Steigung oder Stufe aber müssen die Podestbalken bezw. deren vorgelegte Bohlen verkleiden, wodurch die Lage der Podestbalken und Bohlen bestimmt ist. Die Podestbalkenlage in halber Stockwerkshöhe aber besteht aus 2 Podestwechseln w von $\frac{12}{18}$, $\frac{14}{18}$ cm Stärke bezw. deren vorgelegter Podestbohle von $\frac{12}{27}$ cm Stärke, parallel zur Fensterwand des Treppenhauses verlegt, zwischen welche 3 kurze Wechsel von gleicher Stärke der Podestwechsel eingezapft werden. Auch am oberen Podest sind Stichbalken von $\frac{18}{24}$ bis $\frac{20}{26}$ cm Stärke in den Podestwechsel von gleicher Stärke mittels Brustzapfens zu befestigen. Das Kropfstück oder der Krümmling aber, welcher zur Ueberleitung und Befestigung beider Freiwangen dient, wird an dem unteren Podestwechsel bezw. an der diesem vorgelegten Bohle auf $\frac{1}{2}$ seiner Stärke von 7 cm = der Freiwangenstärke angeblattet und verbolzt. Trägt man die halbe Entfernung beider Freiwangen von einander = $\frac{20}{2}$ = 10 cm auf der Mittellinie des Treppenhauses nach rückwärts (rechts) an, so erhält man den Mittelpunkt, aus welchem man den äusseren und inneren Halbkreis des Kropfstückes beschreiben kann und zwar mit einem Radius von 17 bezw. 10 cm. Am Grunde oder am Trittstufenprofile der 2. Steigung aber ordnet man den Treppenpfosten an, dessen unterer Querschnitt meist quadratisch oder achteckig ist. Die Seitenlänge des Achteckes aber macht man gleich der Freiwangenstärke. Sucht man endlich den Mittelpunkt dieses Quadrates oder Achteckes, so erhält man den Mittelpunkt für die halbkreisförmige Abrundung der Antrittsstufe als Blockstufe, welche den Treppenpfosten aufzunehmen hat. Der Treppenpfosten am oberen Podeste aber wird wie das Kropfstück am oberen Podestwechsel angeblattet und angebolzt. Auf der Mittellinie der Freiwangen endlich sind die Traillen noch einzuteilen mit 13 bis 20 cm wagerecht gemessenem Abstande von einander.

Zur Entwickelung des Aufrisses dieser Treppe aber — Textfigur 812b — ist ein Schnitt gelegt gedacht in der Richtung der Ganglinie des ersten Treppenarmes. Durch Projektion der einzelnen Stufen, deren Höhen und Trittstufenstärke auf beigestellter Höhenlatte eingeteilt sind und von dieser wagerecht herüberprojiziert werden können, erhält man beide Treppenarme, deren zugehörige Wangenhöhe sich dadurch bestimmt, dass man von Vorderkante Trittstufe 5 cm senkrecht nach oben und von Unterkante Futterstufe 5 cm senkrecht nach unten anträgt und die erhaltenen Punkte mit einander geradlinig verbindet. Die Punkte 1' und 7', in welchen die Freiwangen in das Kropfstück übergehen, sind ebenfalls aus dem Grundrisse in den Aufriss nach 1'' 7'' hinaufzuloten.

Das Kropfstück aber ist ein cylindrischer Hohlkörper, dessen Ober- und Unterfläche schraubenförmig gestaltet, also windschief sind. Der grösseren Deutlichkeit wegen sind die 3 Projektionen des Kropfstückes in doppeltem

Massstabe herausgezeichnet und entwickelt. Textfigur 812 c d, e f, g h. Zur Konstruktion bestimme man den Höhenunterschied der oberen bezw. unteren Ansatzpunkte 1″ 7″ und teile denselben in eine Anzahl gleiche Teile, z. B. in 6, ein, welche Teilung man auch im Grundrisse des Kropfstückes vornimmt und diese Punkte mit dem Mittelpunkte m′ verbindet. Die erhaltenen Punkte 1′1′, 2′2′, 3′3′, 4′4′, 5′5′, 6′6′ und 7′7′ bilden aber die erzeugenden, wagerecht liegenden Geraden, welche unter beständiger Steigung 1 bis 7 um eine senkrechte Achse, in m′ aufgestellt, sich drehen. Durch Projektion der sich im Aufrisse verkürzenden Erzeugenden erhält man die Kurvenpunkte 1″1″, 2″2″, 3″3″, 4″4″ (letztere fallen in einem Punkte zusammen, da die Erzeugende senkrecht zum Aufrisse steht), 5″5″, 6″6″, 7″7″, welche mit einander richtig verbunden, d. h. die Punkte der äusseren und diejenigen der inneren Wangenlinie des Kropfstückes, die Projektion der unteren und oberen schraubenförmigen Flächen des Kropfstückes ergeben. Um dasselbe aus einem Holzklotz schneiden zu können, muss man zunächst die Dimensionen des letzteren bestimmen. Zieht man oberhalb und unterhalb an die äussersten Punkte der Aufrissprojektion des Kropfstückes, Tangenten, verlängert die senkrechten Kanten 1″ nach unten und 7″ nach oben, bis sie die Tangenten schneiden und errichtet in den erhaltenen Schnittpunkten die auf den Tangenten senkrecht stehenden Normalen, so erhält man ein Rechteck, dessen Längsseiten die Länge, dessen Breitseiten aber die Höhe des erforderlichen Holzklotzes bilden, während die Breite desselben der Breite des Kropfstückes im Grundrisse entspricht. Textfigur 812 c d. Zur Bearbeitung desselben aber ist zunächst die sog. Verstreckungsschablone zu konstruieren, indem man sämtliche Lote der Punkte 1″1″ bis 7″7″ bis zur oberen Tangente hinauf verlängert, in den erhaltenen Schnittpunkten Lote auf der Tangente errichtet und die senkrechten Abstände der Punkte 1′1′ bis 7′7′ von der durch m′ gelegten wagerechten Tangente 1′1′ m′ 7′7′ auf diesen Loten anträgt und mit einander verbindet. Die Herstellung des Kropfstückes sei aber weiter erläutert durch eine isometrische Darstellung desselben, zu welchem Zwecke man zunächst den Holzklotz mit den gefundenen Dimensionen seiner Länge, Breite und Höhe isometrisch unter einem Winkel von 45⁰ zeichnet. Textfigur 812 i. Auf die Oberfläche dieses Holzklotzes aber muss man in isometrischer Projektion die Verstreckungsschablone auflegen, also zeichnerisch übertragen, indem man die wagerechten Abstände sämtlicher Punkte 1′1′ bis 7′7′ auf der Vorderkante der Oberfläche aufträgt, durch die erhaltenen Punkte Linien unter 45⁰ zieht und auf diese die senkrechten Abstände dieser Punkte von der Tangente 1′1′ m′ 7′7′ absticht. Auf diese Weise erhält man ein verzerrtes Bild der auf die Oberfläche des Holzklotzes aufgelegten Verstreckungsschablone. Das Kropfstück aber steht schräg in dem Holzklotze, weshalb zunächst der Winkel α bestimmt werden muss, welchen die senkrechten Kanten des Kropfstückes 1″1″ bis 7″7″ mit den Kanten des Holzklotzes einschliessen. Diesen Winkel α überträgt daher auf die isometrische Projektion des Holzklotzes, indem man gleich grosse Stücke auf den Schenkeln des Winkels abschneidet und deren Weite oder Abstand von einander misst. Zu der erhaltenen Richtung aber zieht man Parallelen durch sämtliche Punkte der aufgelegten Verstreckungsschablone. Das Kropfstück reicht aber nicht bis an die die Ober- bezw. Unterfläche des Holzklotzes heran, weshalb die lotrechten Abstände der einzelnen Punkte des Kropfstückes von der Ober- bezw auch Unterfläche desselben von den erhaltenen Richtungslinien abzuziehen, zu subtrahieren sind, wodurch man die richtige Projektion der Ober- bezw. Unterfläche des Kropfstückes erhält. Zu demselben Resultate gelangt man aber auch, wenn man nur die senkrechten Abstände der Kropfstückoberflächenpunkte von den entsprechenden Punkten der aufgelegten Verstreckungsschablone subtrahiert und von den erhaltenen Punkten die wahre Grösse der senkrechten Kanten 1"1" bis 7"7" des Kropfstückes, der Textfigur 812d entnommen, auf den unter dem Winkel a gerichteten Kanten 1 bis 7 anträgt, wodurch man ebenfalls die schraubenförmige Unterfläche und somit die isometrische Darstellung des Kropfstückes selbst erhält. Die Befestigung der Freiwangen mit dem Kropfstück aber erfolgt durch Verzapfung und Verbolzung. Textfigur 813.

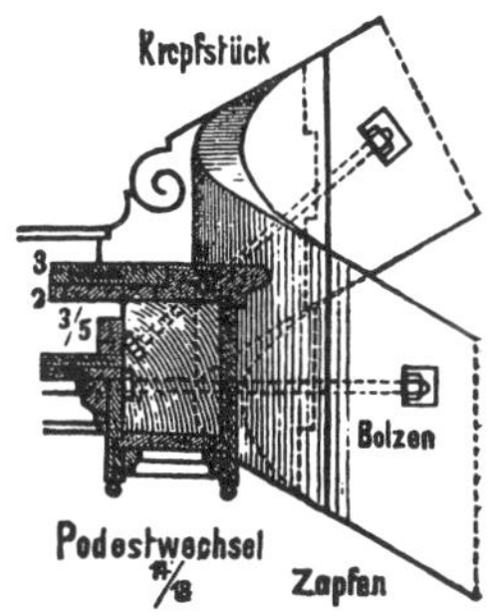

Fig. 813.

Die Podestwechsel aber können mit gehobelten Brettern verkleidet und mit Profilleisten dekorativ behandelt werden, während der Podestfussboden meist als Riemenfussboden konstruiert wird, dessen 3 cm starke Riemen mit Feder und Nut verbunden und mit geraden bezw. schrägen Fugen oder im

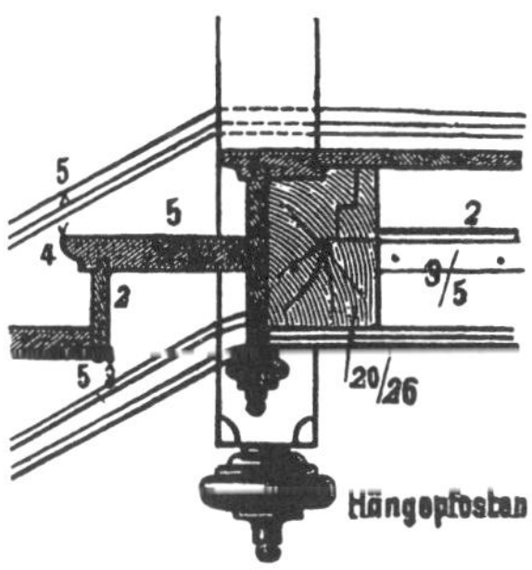

Fig. 814.

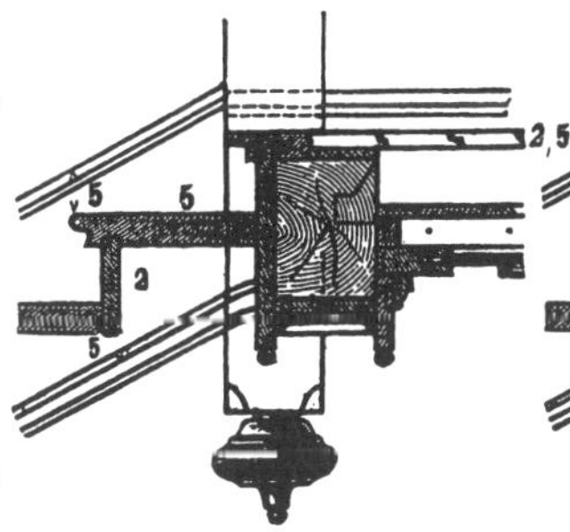
Fig. 815.

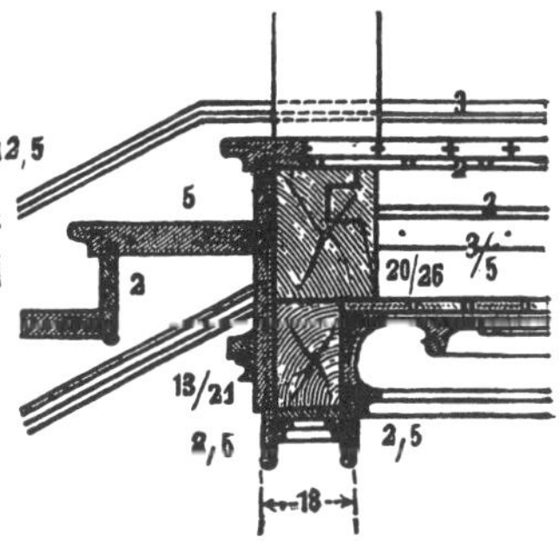
Fig. 816.

Fischgrätenverbande auf einem 2 cm starken Blindboden aus rauhen Brettern verlegt werden. Vergl. auch X. 2. S. 112 und Textfiguren 250 bis 252. Die Austrittsstufen an den Podesten aber erhalten nur eine Breite von 10 cm im Grunde gemessen, zu welchen noch die Profilausladung von 4 bis 5 cm hinzuzurechnen ist. Einige häufig angewandte Podestkonstruktionen sind in den Textfiguren 814 bis 816 dargestellt, während Textfigur 817 den Anschluss der Freiwange am Antritt der Treppe nebst ihrer Befestigung am Treppenpfosten sowie den Anschluss der Handleiste nebst Geländerstäben an letzterem zeigt.

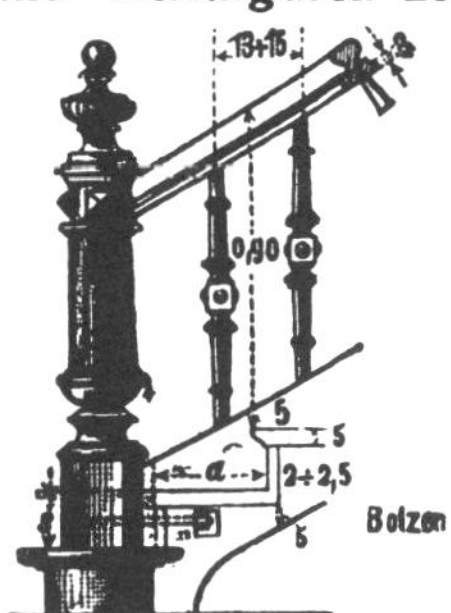

Fig. 817.

b. Die eingestemmte Treppe gemischter Form, bestehend aus geraden und Winkelstufen mit durchgehender Treppenhausspindel oder säule. Textfigur 818.

Gegeben ist s = 16,5 cm. a = 30 cm. Anzahl der Steigungen A = 22.
Stockwerkshöhe H = 22 · 16,5 = 3,63 m. Stärke der Freiwangen = 7 cm.
Stärke der Wandwangen = 5 cm. Abstand der Freiwangen von einander = 10 cm.
Nutzbare Treppenarmbreite = 1, 0 m. Stärke der Treppenhaussäule = 17 bis 20 cm.

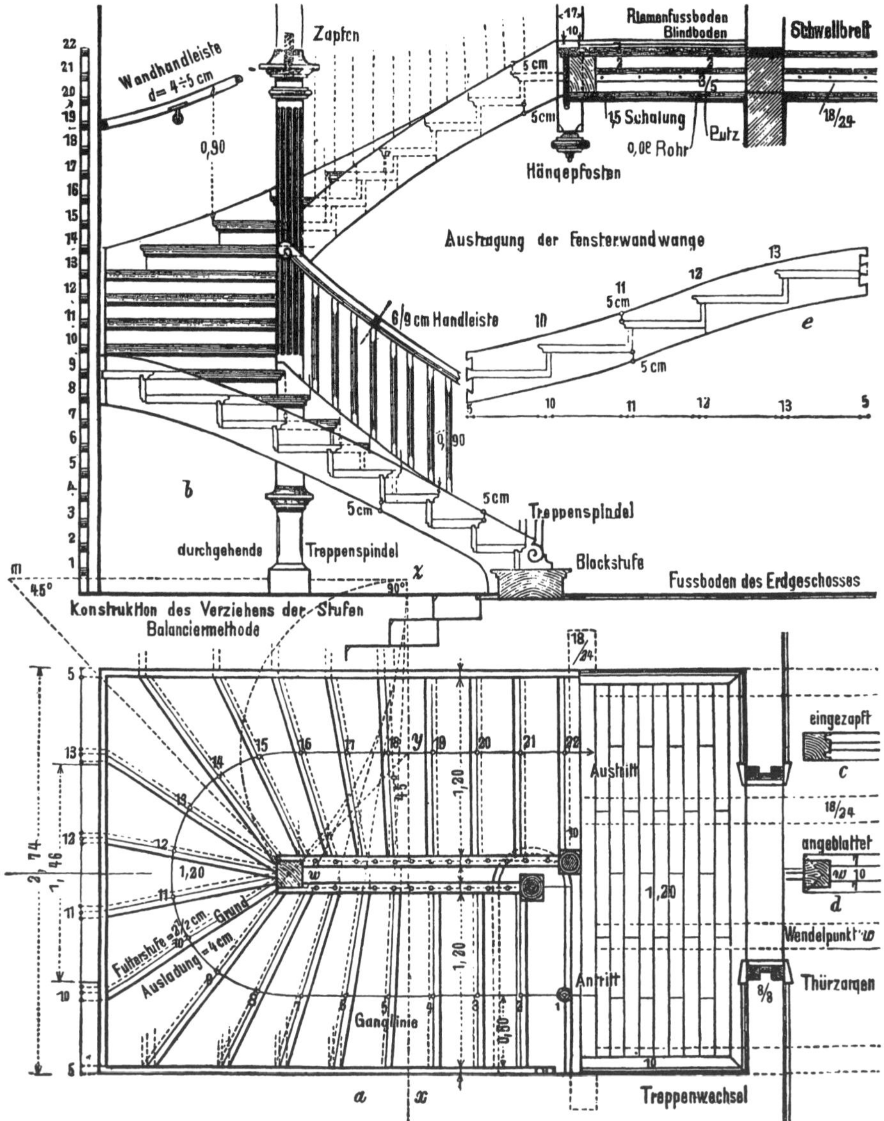

Fig. 818 a—e.

Die Freiwangen können in die Treppenhaussäule eingezapft oder zur Hälfte ihrer Stärke an dieselbe angeblattet werden. Textfigur 818 c und d. Die Ganglinie, auf welcher die Breite des berechneten Auftrittes a = 30 cm aufzutragen ist, liegt im Abstande von 50 cm von der Aussen- oder Wandwange. Da der Austritt einer Treppe lotrecht über deren

Antritt liegen soll, so ist bei gerader Anzahl Steigungen in der Mitte der Treppe ein Auftritt symmetrisch anzuordnen, bei ungerader Anzahl Steigungen aber muss eine Steigung auf der Mittellinie des Treppenhauses liegen. In diesem Beispiele also ist der Auftritt der 11. Steigung auf der Mittellinie der Treppe symmetrisch auf der Ganglinie angetragen worden. Die Winkelstufen sind nach dem sog. Wendelpunkte w gerichtet, welchen man als Mittelpunkt der Treppenspindel annehmen kann oder durch Halbierung der rechten Winkel, welchen die Freiwangen mit der Spindel bilden, erhält. Textfigur 812d. Zum bequemen Begehen einer solchen Treppe aber müssen die 3 bis 4 vor den Winkelstufen liegenden geraden Stufen verzogen werden, was durch folgende sog. Balanciermethode zeichnerisch erfolgen kann:

Man ziehe eine Gerade xz in der Mitte zwischen 2 Steigungen, von welcher aus das Verziehen der Stufen beginnen soll, hier also zwischen der 4. und 5. Steigung und die für die Konstruktion als Basis dient, durch den Wendelpunkt w aber eine 45°-Linie, welche xz im Punkte y schneidet. Alsdann nimmt man wy in den Zirkel und überträgt diese Strecke nach z, sodass yz = wy ist. In z aber errichtet man eine Senkrechte zm, welche eine weitere 45°-Linie aus w gezogen in m schneidet. m ist alsdann der Mittelpunkt für einen Bogen, dessen Radius mz = mw ist, an welchen die Grundlinien der erst geraden Stufen 5, 6 und 7 tangential anzuziehen sind. Die Stufen 9 bis 15 aber sind innerhalb der 45°-Linien aus w mit ihren Grundlinien nach dem Wendelpunkte w gerichtet. Parallel zu den Grundlinien dieser Stufen ist alsdann die Ausladung des Trittstufenprofiles sowohl wie die Stärke der Futterstufen anzutragen. Textfigur 818a.

Der Aufriss — Ansicht — dieser Treppe ergiebt sich durch Projektion der Anschnitte der Tritt- und Futterstufen an den Wand- und Freiwangen, aus welchen man wiederum die Projektionen der Wangen dadurch erhält, dass man von Vorderkante Trittstufe 5 cm senkrecht nach oben und von Unterkante Futterstufe 5 cm senkrecht nach unten anträgt, wodurch man geschweifte Wangen erhält. In Textfigur 818e ist die Fensterwandwange ausgetragen worden, welche durch Verzinkung mit den Wandwangen verbunden wird. Die Treppenhausspindel, aus Eiche hergestellt, wird in Säulenform reich ausgeführt; bei mehrgeschossigen Gebäuden aber sind die Säulen der einzelnen Stockwerke durch starke Holzschrauben mit einander zu befestigen. Zu beachten ist bei solchen Grundrissformen, dass in die Ecken des Treppenhauses nie eine Steigung zu liegen kommt, weil sonst durch die Einstemmung der Tritt- und namentlich Futterstufen die Verzinkung der Wandwangen zu sehr geschwächt würde.

c. Die eingestemmte Treppe gemischter Form mit geraden und Winkelstufen, deren Freiwangen durch ein Kropfstück mit einander verbunden und übergeleitet werden. Textfigur 819 a bis k.

Gegeben ist s = 16,5 cm.	a = 30 cm.	Nutzbare Treppenarmbreite	= 1,20 m.
Anzahl der Steigungen	A = 22.	Stockwerkshöhe H = 22 · 16,5	= 3,63 m.
Stärke der Wandwangen	= 5 cm.	Stärke der Freiwangen	= 7 cm.
Abstand derselben von einander	= 20 cm	Innerer Radius des Kropfstückes	= 10 cm.

Abstand der Ganglinie von der Wandwange = 50 cm.

Auch in diesem Beispiele ist bei gerader Anzahl Steigungen in der Mitte der Treppe eine Auftrittsbreite symmetrisch aufzutragen, bei ungerader Anzahl Stufen dagegen eine Steigung anzuordnen, damit der Austritt

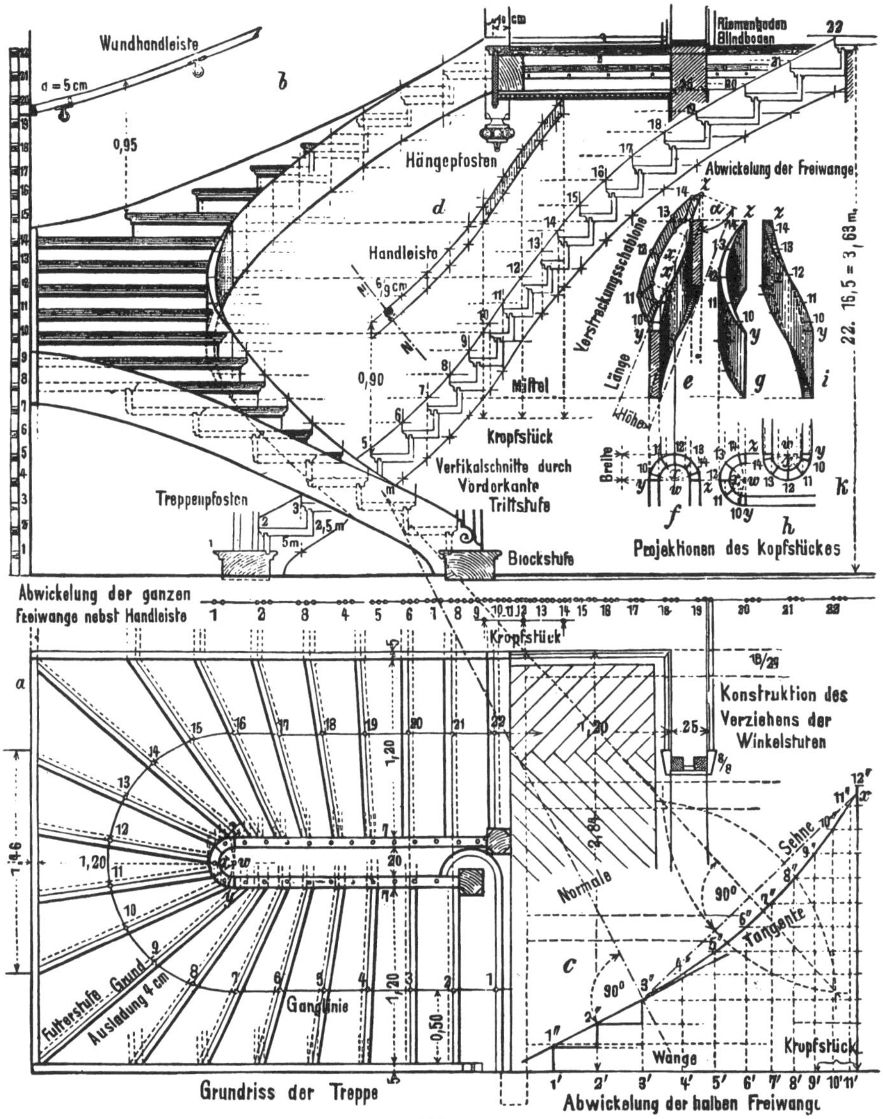

Fig. 819 a—k.

lotrecht über den Antritt zu liegen kommt. Der Übergang von den geraden Stufen zu den Winkelstufen aber muss hier ebenfalls gemildert werden durch das V e r z i e h e n der letzten 3 bis 4 geraden Stufen vor den Winkelstufen, was zeichnerisch durch folgende A b w i c k e l u n g s k o n s t r u k t i o n erfolgen kann:

Zur Abwickelung der Freiwange denke man sich einen Faden an die halbe Freiwange gelegt und diesen in eine Gerade ausgezogen. Die Freiwange aber setzt sich zusammen aus einem geraden Stück, von Stufe 1 bis zum Ansatze des

Kropfstückes gemessen, und aus dem Viertelkreise des halben Krümmlings, dessen Umfang sich leicht berechnen lässt nach der Formel: $U = d\pi = 2r\pi$.

Hier also: $$\frac{U}{4} = \frac{d\pi}{4} = \frac{2r\pi}{4} = \frac{r\pi}{2}.$$

Setzt man die aus der Zeichnung sich ergebenden Werte in diese Formel ein, so erhält man:

$$\frac{U}{4} = \frac{r\pi}{2} = \frac{(10 + 7\ \text{cm}) \cdot 3{,}14}{2} = \frac{17\ \text{cm} \cdot 3{,}14}{2} = \frac{53.38}{2} = 26{,}69\ \text{cm}.$$

Trägt man nun das gerade Stück Freiwange + dem berechneten Umfang des halben Kropfstückes auf einer Geraden an, Textfigur 819 c, errichtet im Endpunkte dieser Geraden ein Lot, auf welchen man die Steigungshöhe s = 16,5 cm für die zugehörigen Stufen 1 bis zum Punkte x, der Mitte zwischen der 11. und 12. Steigung, anträgt, so kann man aus den zugehörigen Auftrittsbreiten a = 30 cm der geraden Stufen 1 bis 3 die Steigungslinie dieser Stufen konstruieren. An die Vorderkanten ihrer Grundlinien aber legt man eine Tangente, auf welcher man im Punkte 3 die zugehörige Normale errichtet. Punkt 3 verbindet man ferner mit Punkt x, und errichtet in der Mitte dieser Sehne 3 x ein Lot, welches die Normale im Mittelpunkte m eines Bogens schneidet, dessen Radius m x = m 3 ist. An diesen Bogen nun zieht man die Steigungen der einzelnen Stufen 4 bis 11 wagerecht herüber und projiziert deren Schnittpunkte mit diesem Bogen in die Abwickelungslinie der halben Freiwange herunter, wodurch man die Einteilung der Auftrittsbreiten der zugehörigen Stufen auf letzterer erhält, welche nun auf die Grundrissprojektion der Freiwangen zu übertragen sind. Verbindet man endlich die gleichnamigen Auftrittbreiten in der Ganglinie und an den Freiwangen mit einander, so erhält man die Grundrissanordnung der verzogenen Stufen, zu deren Grundlinien die Profilausladung der Trittstufen sowohl wie die Stärke der Futterstufen parallel zu zeichnen sind.

Zur Entwickelung der Aufrissprojektion dieser Treppe aber ist eine vollständige Abwickelung der Freiwangen nebst Kropfstück erforderlich, welche man erhält, wenn man sämtliche Anschnitte der Tritt- und Futterstufen an diesen Wangen auf einer wagerechten Geraden anträgt und durch Projektion aller dieser Punkte auf die zugehörigen Steigungen, welche von der Höhenlatte wagerecht herüber zu ziehen sind, die zugehörigen Höhen der Freiwangen wie bisher bestimmt. In der Abwickelung der Freiwange ist besonders der Ansatz bezw. die Breite des abgewickelten Kropfstückes festzulegen und durch die Vorderkanten der Trittstufen, welche in das Kropfstück eingreifen, vertikale Schnitte zu legen, wodurch die lotrechte Freiwangenhöhe sich ergiebt. Im Grundrisse sind nun zur Projektion des Kropfstückes im Aufrisse die Vorderkanten der Trittstufen, welche in dem Kropfstück ihr Auflager haben, mit dem Wendel- oder Mittelpunkte des Kropfstückes zu verbinden, wodurch man die erzeugenden Geraden für die schraubenförmige Oberfläche desselben erhält, deren Projektion aus der Abwickelung des Kropfstückes sich dadurch ergiebt, dass man die lotrechten Wangenhöhen, welche durch die durch Vorderkante, Trittstufe gelegten Vertikalschnitte bestimmt worden, auf die zugehörigen Projektionen der Erzeugenden, aus dem Grundrisse heraufgelotet, wagerecht herüber projiziert. Textfiguren 818 ef, gh, hi zeigen die 3 Projektionen des Krümmlings, entwickelt aus den zugehörigen Grundrissen und den durch die Vorderkanten der Trittstufen gelegten Vertikalschnitten innerhalb des Kropfstückes, nebst seiner unteren und oberen

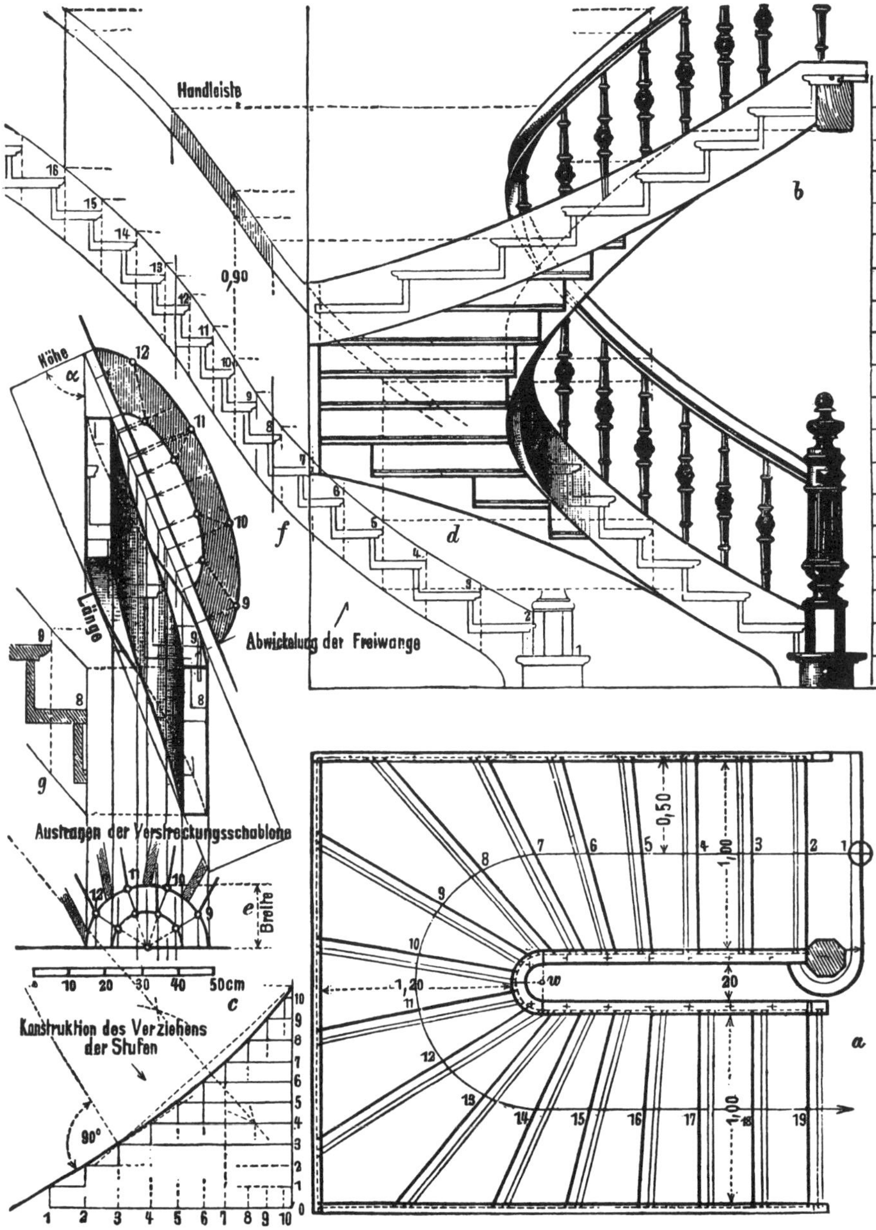

Fig. 820 a—g.

Begrenzung, welche aus der Abwickelung des Kopfstückes leicht zu konstruieren sind. In Textfigur 819 ef ist die Länge und Höhe des zur Ausführung des Kropfstückes erforderlichen Holzklotzes, sowie dessen Breite, welche dem Grundrisse zu entehmen ist, bestimmt, während die Verstreckungsschablone genau so zu konstruieren ist, wie in Textfigur 812 cd gezeigt wurde. Auch die Abwickelung der den Freiwangen entsprechend gekrümmten oder geschweiften Handleiste ist in Textfigur 819 d dargestellt, bei welcher auch besonders der Teil der Handleiste über dem Kropfstück zu beachten ist, der die gleiche Schweifung erhält wie das Kropfstück selbst.

Abweichend von der Regel, dass die Grundlinien der Stufen zweier gegenüberliegender Treppenarme gleiche Lage zeigen sollen, ordnet man häufig auch die Vorderkanten der Trittstufen in gleicher Weise an, wie in Textfigur 820 a bis g ersichlich ist. Auch kann man die Austrittsstufe über der 2. oder 3. Steigung lotrecht stellen, wodurch eine bezw. mehrere Vorstufen als Antrittsstufen erforderlich werden.

d) Die eingestemmte Podesttreppe mit Viertelwendung, abgeschweiften Podeststufen und Kropfstück zur Überleitung beider Freiwangen. Textfigur 821 a bis f.

Gegeben ist: s = 16,5 cm. a = 30 cm. Nutzbare Treppenarmbreite = 1,20 m,
Stärke der Wandwangen = 5 cm. Stärke der Freiwangen = 7 cm.
Äusserer Radius des Kropfstückes = 1,5 a = 45 cm. Innerer Radius desselben = 38 cm.

Bei Bildung des Grundrisses dieser Treppe ist zu beachten, dass die Futterstufe des Austrittes am Podest den Podestwechsel verkleiden, das Podest selbst aber quadratisch sein muss. Legt man daher den Podestwechsel mit seiner Vorderkante bündig mit der Innenkante der Freiwange des 2. Treppenarmes, so ist die Lage der Austrittsstufe, hier der 5. Stufe des 1. Treppenlaufes, bestimmt, während die 6. Steigung durch Bildung des quadratischen Podestes so zu legen ist, dass deren Futterstufe ebenfalls den zugehörigen Podestwechsel verkleidet. Beide Podestwechsel werden in einen in diagonaler Richtung des Podestes verlegten freitragenden Wechsel mittels Brustzapfens verzapft, welcher zur Befestigung des Kropfstückes dient. Eine weitere Gliederung der Podestbalkenlage kann durch Einziehung eines zweiten Diagonalwechsels in entgegengesetzter Richtung erfolgen.

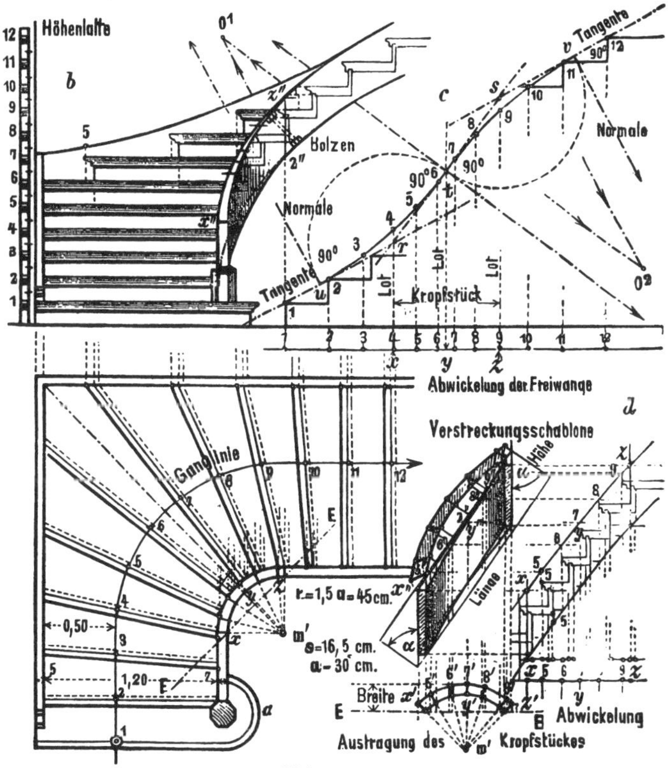

Fig. 821 a—f.

Der Radius des Kropfstückcs wird gleich der anderthalb- oder einfachen Auftrittsbreite der Stufen angenommen, d. h.

$$r = 1{,}5\ a \text{ oder } r = a.$$

Zur Überleitung beider Freiwangen dient auch in diesem Beispiele das Kropfstück, dessen schraubenförmige Ober- und Unterfläche geschweift und ohne Knick hergestellt werden müssen. Um dieses zu erreichen, sind mehrere Stufen am Aus- bezw. Antritt der Treppenarme abzurunden, auszuschweifen, was auf folgende Weisen zeichnerisch geschehen kann:

1. Ist r = 1,5 a und sollen je 2 Stufen abgerundet werden, so teilt man den inneren oder äusseren Viertelkreis des Kropfstückes in 9 gleiche Teile ein, und giebt dem Podest 2 solcher Teile als Breite am Kropfstück, während die Stufen 4 und 6 je $2\frac{1}{2}$ Teile als Auftrittsbreite an denselben erhalten. Diese Punkte nun verbindet man mit dem Mittelpunkte m' und verlängert diese Linien, bis sie die Grundlinien der Stufen 4 bzw. 5 und 6 bzw. 7 schneiden in den Punkten x^1 und x^2, deren Abstand vom inneren Viertelkreis des Kropfstückes man auf die Grundlinien der Stufen überträgt. Man macht also $x^1y^1 = x^1 1$ und $x^2y^2 = x^2z^1$. Errichtet man nun in y^1 und y^2 auf den Grundlinien der Stufen 4 und 5 Lote und zieht durch 1 und z^1 Tangenten am Viertelkreis des Kropfstückes, so schneiden diese Tangenten die zugehörigen Lote in den Mittelpunkten n^1 und n^2, aus welchen die 4. und 5 Stufe mittels eines Bogens abzurunden ist, dessen Radius $y^1n^1 = n^1 1$ bzw. $y^2n^2 = n^2z^1$ ist. Am anderen Treppenarme verfährt man auf gleiche Weise. Textfigur 821 a.

2. Oder man teilt den inneren Viertelkreis des Kropfstückes in 8 gleiche Teile ein, verbindet Punkt 1, 3, 5 und 7 mit m', deren Verlängerung die Grundlinien der 4. und 5. bzw. 6. und 7. Stufe in den Punkten x^1 und x^2 schneiden. Im Übrigen verfahre man wie unter 1. gezeigt wurde. Textfigur 821 c.

3. Soll der Radius des Kropfstückes nur gleich einer Auftrittsbreite, also r = a sein, so kann man natürlich nur die Aus- bezw. Antrittsstufe am Podest abrunden, zu welchem Zwecke man den inneren Viertelkreis des Kropfstückes nur in 3 gleiche Teile einteilt. Punkt 2 und 3 verbindet man alsdann mit m' und verfährt auf gleiche Weise wie vorher. Textfigur 821 d.

Zur Entwickelung des Aufrisses dieser Treppe ist ebenfalls eine Abwickelung der Freiwange erforderlich, indem man sämtliche Punkte der in ihr ruhenden Tritt- und Futterstufen auf einer Geraden aufträgt, bei welcher namentlich die Begrenzung des Kropfstückes in den Punkten 0 und 9 festzulegen ist. Textfigur 821 e. Durch Projektion der Stufenbreiten auf die von der beigestellten Höhenlatte wagerecht herüber projizierten Steigungshöhen erhält man die abgewickelte Freiwange, wenn man von Vorderkante Trittstufe 5 cm senkrecht nach oben und von Unterkante Futterstufe 5 cm senkrecht nach unten anträgt und die erhaltenen zugehörigen Punkte der oberen bzw. unteren Wangenlinie verbindet. Legt man ferner Vertikalschnitte durch die Vorderkanten der Trittstufen und verbindet im Grundrisse die Letzteren mit dem Mittelpunkte m' des Kropfstückes, so erhält man wiederum die erzeugenden Geraden, welche zur Bestimmung der schraubenförmigen Ober- und Unterfläche des Kropfstückes im Aufrisse erforderlich sind, und deren

Projektionen unter Benutzung der abgewickelteu Freiwange sich ergeben. Legt man am Punkt 0 und 9 der Grundrissprojektion des Kropfstückes eine Tangente EE, so lassen sich die Projektion des Kropfstückes, die Dimensionen des zugehörigen Holzklotzes sowie die zur Ausführung erforderliche Verstreckungsschablone leicht konstuieren wie bei a) und c) gezeigt wurde. Textfigur 821f Den Anschluss der Treppenspindel, Geländerstäbe und Handleiste am Antrittsarme der Treppe zeigt Textfigur 822.

Fig. 822.

e) Die eingestemmte Treppe mit Viertelwendelung, verzogenen Winkelstufen und Kropfstück zur Verbindung beider Freiwangenteile. Textfigur 823a bis d.

Gegeben ist: s = 16,5 cm. a = 30 cm. Nutzbare Treppenarmbreite = 1,20 m. Stärke der Wandwangen = 5 cm. Stärke der Freiwangen = 7 cm. Äusserer Radius des Kropfstückes r = 1,5 a = 45 cm. Innerer Radius desselben = 38 cm. Ganglinie im Abstande von 50 cm von der Wandwange.

Bei Anordnung des Grundrisses einer solchen Treppe ist zu vermeiden, dass eine Stufe in die Eckverbindung der Wandwangen einschneidet. Die Ganglinie ist im Abstande von 50 cm von der Wandwange anzuordnen und auf derselben sind die berechneten oder angenommenen Auftrittsbreiten derart anzutragen, dass ein Auftritt symmetrisch auf der durch m′ unter einem Winkel von 45° gelegten Diagonale zu liegen kommt. Auch bei einer solchen Treppe müssen die Stufen verzogen werden, damit man schön geschweifte Wangen erhält, was durch folgende Abwickelungskonstruktion zu bewirken ist:

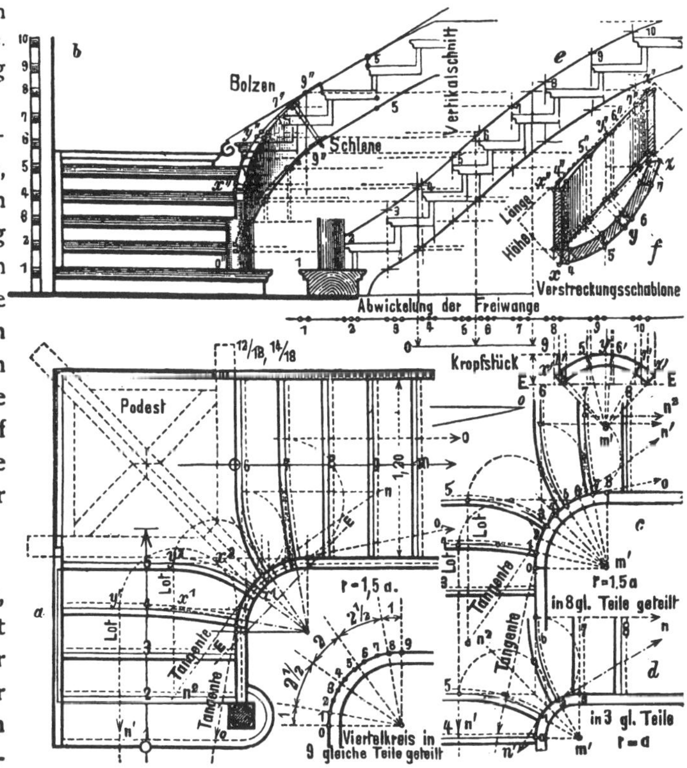

Fig. 823 a—d.

Man wickelt zunächst auf einer wagerechten Geraden die Freiwange ab, welche sich zusammensetzt aus 2 geraden Teilen, deren Länge man dem Grundrisse entnehmen kann, und dem Kropfstück xyz zu deren Überleitung, dessen Umfang U sich berechnen lässt nach der Formel

$$\frac{U}{4} = \frac{d\pi}{4} = \frac{2r\pi}{4} = \frac{r\pi}{2}.$$

Setzt man die der Zeichnung zu entnehmenden Werte in dieselbe ein, so erhält man:

$$\frac{U}{4} = \frac{r\pi}{2} = \frac{45 \cdot 3{,}14}{2} = \frac{141.30}{2} = 70{,}65 \text{ cm}.$$

Unter Benutzung der beigestellten Höhenlatte zeichnet man nun die ersten und letzten geraden Stufen unter Zugrundelegung des Auftrittes a, hier also Stufe 1, 2 3 und Stufe 11, 12 u. s. w. An diese Steigungen nun zieht man Tangenten, welche die Lote aus den Begrenzungen des abgewickelten Kropfstückes x und z in den Punkten r und s schneiden, die mit einander geradlinig zu verbinden sind. Lotet man ferner Punkt y als Mittelpunkt der Abwickelung des Kropfstückes herauf, so schneidet dieses Lot die Linie rs im Punkte t, in welchem auf rs eine Senkrechte zu errichten ist. Überträgt man ferner die Strecken ru = rt und vs = st, und errichtet in u und v Normalen auf den zugehörigen Tangenten, so schneiden sich die Normalen mit der Senkrechten in t auf rs in den Mittelpunkten o^1 und o^2 von Bogen, deren Radien $o^1u = o^1t$ und $o^2v = o^2t$ sind, an welche nun die Höhen der einzelnen Steigungen von der Höhenlatte wagerecht herüber projiziert werden können, deren Schnitte mit den Bogen auf die Abwickelungslinie der Freiwange herunter zu loten sind. Textfigur 823c. Hierdurch erhält man die Stufeneinteilung auf der abgewickelten Freiwange, welche nun in den Grundriss zu übertragen ist. Verbindet man endlich die erhaltenen Auftrittsbreiten an der Freiwange mit den entsprechenden Auftritten auf der Ganglinie, so erhält man die Grundlinien der verzogenen Stufen, an welche die Profilausladung der Trittstufen und die Stärke der Futterstufen, senkrecht angetragen, parallel zu zeichnen sind.

Für die Entwickelung des Aufrisses dieser Treppe, Textfigur 823b, sind die Vorderkanten der Trittstufen mit dem Mittelpunkte m' des Kropfstückes im Grundrisse der Treppe zu verbinden, wodurch man wiederum die erzeugenden Geraden für die Aufrissprojektionen des Kropfstückes erhält, welche unter Benutzung der Abwickelung der Freiwange, wie vorher gezeigt wurde, leicht zu konstruieren sind. Textfigur 823d enthält die Austragung des Kropfstückes, die Bestimmung der Dimensionen des erforderlichen Holzklotzes und die Verstreckungsschablone für die Herstellung desselben.

f) Die eingestemmte Wendeltreppe mit offenem Auge oder hohler Spindel. Textfigur 824abcd.

Gegeben ist: s = 16,5 cm. Nutzbare Treppenarmbreite = 1 m. Stärke der Wandwangen = 5 cm. Stärke der Freiwangen = 7 cm. Ganglinie im Abstande von 50 cm von der Wandwange.

Die geringste Auftrittsbreite an der Freiwange soll bei solchen Treppen mindestens 10 bis 15 cm betragen. Ist nun die Anzahl der Steigungen gegeben, die auf einen einmaligen Umgang kommen sollen, so hat man unter Zugrundelegung der Anzahl ihrer Auftritte, welche um 1 geringer ist als die Anzahl der Steigungen, den Umfang U und den Durchmesser des äusseren Freiwangenkreises zu berechnen nach der Formel:

$$U = d\pi = 2\,r\,\pi.$$

$$d = \frac{U}{\pi} \text{ und } r = \frac{d}{2}.$$

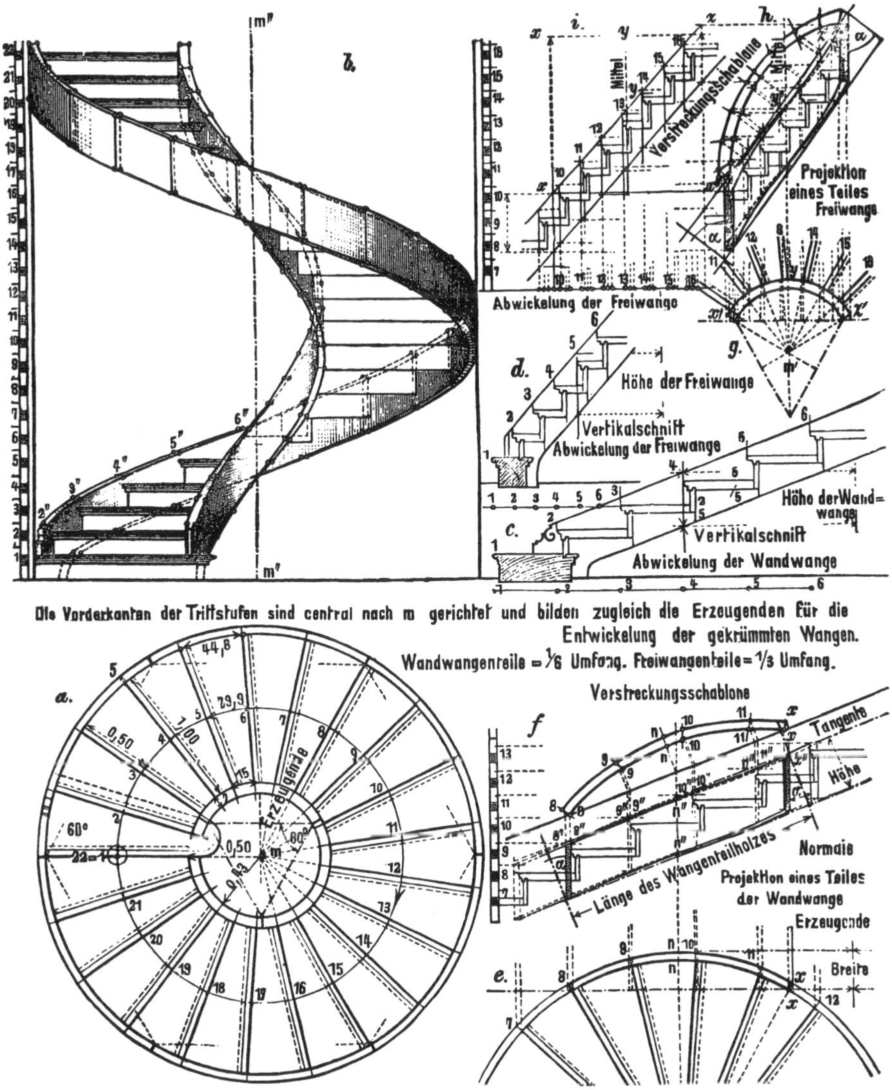

Fig. 824 a—i.

In diesem Beispiele sind auf einen einmaligen Umgang 22 Steigungen = 21 Auftritte angenommen worden. Setzen wir diesen Wert in die Formel ein, so erhalten wir: $U = 0{,}15 \text{ m} \cdot 21 = 3{,}15 \text{ m}.$

$$d = \frac{3{,}15}{3{,}14} \doteq 1 \text{ m} \quad \text{und} \quad r = \frac{d}{2} = \frac{1}{2} = 0{,}50 \text{ m}.$$

Die Auftrittsbreite a_2 in der Ganglinie aber ergiebt sich zu

$$a_2 = \frac{U}{21} = \frac{d\pi}{21} = \frac{200 \cdot 3{,}14}{21} = 29{,}9 \text{ cm},$$

während die Auftrittsbreite a_8 an der Wandwange

$$a_8 = \frac{U}{21} = \frac{d\pi}{21} = \frac{300 \cdot 3{,}14}{21} = 44{,}8 \text{ cm beträgt.}$$

Vorteilhaft richtet man bei dieser Treppenform die Vorderkanten der Trittstufen central nach dem Mittelpunkte des Auges m', weil man durch deren Anschnitte an den Wangen zugleich die erzeugenden Geraden für die Entwickelung der schraubenförmigen Ober- und Unterfläche beider Wangen erhält. Die Ausladung des Trittstufenprofiles sowohl wie die Stärke der Futterstufen ist daher nach rückwärts senkrecht zu den gezeichneten Vorderkanten der Trittstufen im Grundrisse der Treppe anzutragen und parallel zu denselben zu zeichnen. Zur Konstruktion des Aufrisses sowohl wie zur Bestimmung der Wangenhöhen ist eine Abwickelung beider Wangen vorzunehmen, indem man die Anschnitte sämtlicher Stufen an denselben auf wagerechten Geraden anträgt und die Stufen zeichnet unter Benutzung der beigestellten Höhenlatte, während man zur Bestimmung der Wangenhöhen wiederum 5 cm senkrecht von Vorderkante Trittstufe nach oben und 5 cm senkrecht von Unterkante Futterstufe nach unten anträgt und die erhaltenen zugehörigen Punkte miteinander verbindet, woraus eine geradlinige Begrenzung in Folge der gleich breiten Auftritte sich ergeben muss. Textfigur 824 cd. Legt man Vertikalschnitte durch die Vorderkanten der Trittstufen, so erhält man die lotrecht gemessene Wangenhöhe, welche für die Aufrissprojektion der Treppe erforderlich ist, die aus den Abwickelungen beider Wangen leicht zu konstruieren ist. Auch kann man die Projektionen der erzeugenden Geraden aus dem Grundrisse herautloten auf die zugehörigen Höhenlinien, und von den erhaltenen Punkten der oberen Schraubenflächen der Wangen die lotrechten Wangenhöhen senkrecht nach unten antragen, wodurch man die unteren schraubenförmigen Begrenzungen beider Wangen erhält. Die Wangen aber werden aus mehreren gleich grossen Teilen zusammengesetzt, damit man nur je eine Verstreckungsschablone zu benutzen braucht. Die Stossflächen der Wangenteile aber sind stets lotrecht und dürfen nie auf eine Futterstufe treffen. Je ein Teil einer Wand- und Freiwange nebst Bestimmung der Grösse des erforderlichen Holzes, aus welchem die Wangen geschnitten werden können, und die zugehörigen Verstreckungsschablonen sind in Textfigur 824 ef und ghi ausgetragen worden. Selbstverständlich kann man auch bei einer solchen Treppe die Grundlinien der Stufen

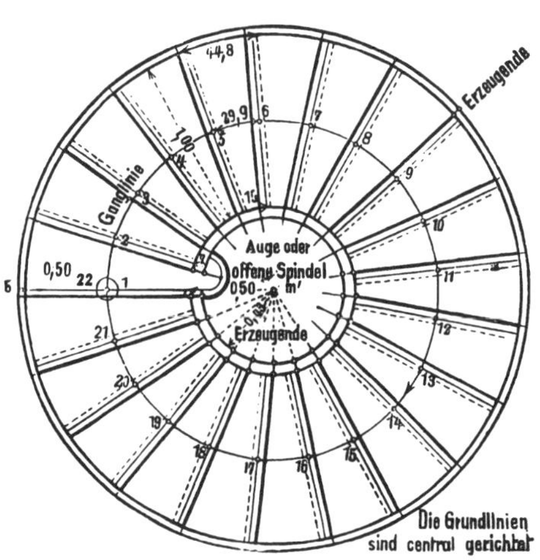

Fig. 825.

central nach dem Mittelpunkte des Auges m' richten. Textfigur 825. Ein Podest kann auch hier nach 12 bis 15 Steigungen angeordnet werden, dessen Breite mindestens gleich 3 Auftritten sein muss. Endlich ist zu beachten, dass der senkrecht gemessene Abstand zwischen 2 Stufen mindestens 1,80 bis 2,25 m betragen muss.

g) Die eingestemmte Wendeltreppe oder die kreisrunde Turmwendeltreppe mit voller Spindel oder Mönch. Textfigur 826 a bis e.

Gegeben ist: s = 16,5 cm. Nutzbare Treppenarmbreite = 1 m. Stärke der Wandwange = 5 cm. Spindeldurchmesser = 20 bis 25 cm je nach der Anzahl der Auftritte, welche seinen Umfang bedingen. Ganglinie im Abstande von 50 cm von der Wandwange.

Bei einer solchen Treppe besteht die Spindel, der Mönch oder Mäkler aus einer Holzsäule, in welche die Tritt- und Futterstufen 5 cm tief eingestemmt werden, und deren Umfang sich nach der Anzahl der Auftritte richtet, welche bei einem einmaligen Umgange in ihr ruhen. Die geringste Auftrittsbreite der Trittstufen aber beträgt bei diesen Treppen 5 bis 9 cm, unter deren Annahme man den Durchmesser des Mönches berechnen kann nach den Formeln:

$$U = d\pi \text{ und } d = \frac{U}{\pi}.$$

Angenommen, es seien 15 Steigungen, das sind 14 Auftritte, auf einer einmaligen Wendelung und 5 cm geringste Auftrittsbreite der Trittstufen am Mönch gegeben, so ist:

$$U = 14 \cdot 5 \text{ cm} = 70 \text{ cm}.$$

$$d = \frac{70}{3{,}14} = 22{,}3 \text{ cm}.$$

Die Auftrittsbreite der Trittstufen in der Ganglinie a_2 aber würde betragen:

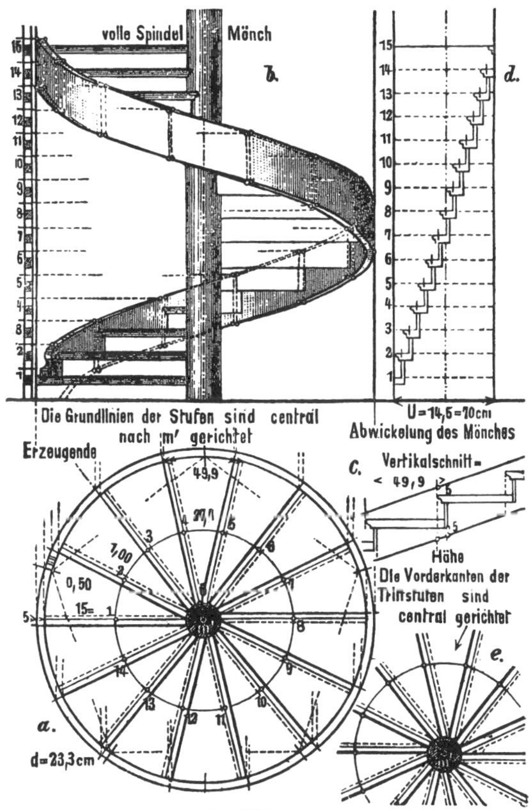

Fig. 826 a—e.

$$a_2 = \frac{U}{14} = \frac{d\pi}{14} = \frac{122{,}3 \cdot 3{,}14}{14} = 27{,}4 \text{ cm},$$

während die Auftrittsbreite der Trittstufen an der Wandwange a_3 sich ergiebt zu:

$$a_3 = \frac{U}{14} = \frac{d\pi}{14} = \frac{222{,}3 \cdot 3{,}14}{14} \mp 49{,}9 \text{ cm}.$$

Die Grundlinien der kreisrunden Turmwendeltreppen sind central nach dem Mittelpunkte des Mönches im Grundrisse zu richten Textfigur 826 a. Abweichend von dieser Regel können jedoch auch die Vorderkanten der Trittstufen central gerichtet werden. Textfigur 826 e. Zur Konstruktion des Aufrisses dieser Treppe ist ebenfalls eine Abwickelung der Wandwange vorzunehmen, um mittels vertikaler Schnitte durch die Vorderkanten der Trittstufen die Wandwangenhöhe zu bestimmen. Der Aufriss der Wandwange ergiebt sich durch Projektion der erzeugenden Geraden auf ihre zugehörigen Höhen und senkrechte Abtragung der Wangenhöhe nach unten oder unter Benutzung einer gänzlichen Abwickelung derselben. Textfigur 826 a b c. Die Abwickelung aber des Mönchumfanges wurde in Textfigur 826 d dargestellt. Die Wandwange wird auch hier aus gleich grossen Teilen zusammengesetzt, damit man nur eine Verstreckungsschablone auszutragen braucht. Im Übrigen erfolgt aber die Austragung eines Wangenteiles wie bei einem Kropfstück.

Der Antritt der kreisrunden Turmwendeltreppen erfolgte im Mittelalter stets links, was aus den Ruinen der alten Burgen noch ersichtlich ist. Begründet war dies durch die Verteidigungsweise bezw. den Einzelkampf, bei welchem dem Angreifer, mit langem Schwert bewaffnet und dem Schildknappen zu seiner linken, stets der Mönch in der Führung seiner Waffe hinderlich war, während der Verteidiger, oben stehend, und den rechten Arm mit der Waffe frei bewegen könnend, den Angreifer leicht verwundete und vertrieb.

Eine eingestemmte, gerade Treppe mit gekehltem Handgriff, gedrehten, kiefernen Spindeln und Traillen, Trittstufen 5 cm stark, Setz- oder Futterstufen, 2,5 cm stark, Wangen 6,5 cm stark, kostet pro Steigung bei 1 m Breite 12 bis 16 Mk Für je 10 cm grössere Breite 0,80 Mk. mehr.

3. Die aufgesattelte Treppe.

Bei derselben werden die äusseren und inneren Wangen, vielfach aber auch nur die letzteren dem Steigungsverhältnis s : a entsprechend ausgeschnitten. Textfigur 827. Meist werden die Stufen nur auf der Freiwange aufgesattelt. während sie in die Wandwange eingestemmt werden. Um jedoch den grossen Holzverlust zu ersparen, der durch das Ausschneiden der Wangen entsteht, kann man auch dreieckige Knaggen mit Versatz auf die geraden Wangen aufleimen und aufschrauben. Textfigur 828.

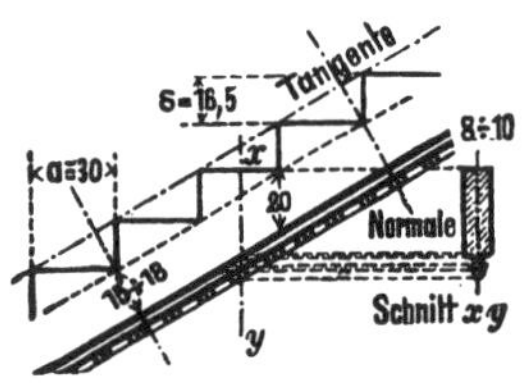

Fig. 827.

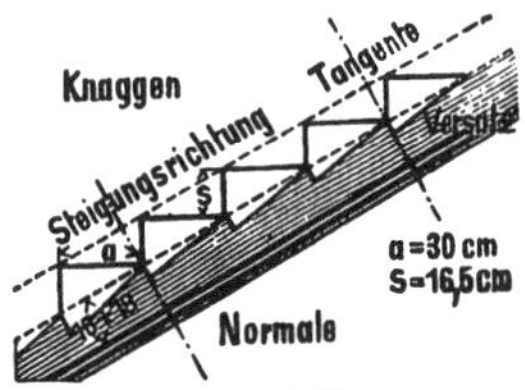

Fig. 828.

Die Wandwangen werden 5 bis 8 cm stark aus Eiche, Kiefer, Fichte hergestellt, und die Stufen in ihr eingestemmt oder ebenfalls aufgesattelt, wobei sie 8 bis 10 cm Stärke erhalten. Im letzteren Falle ist um die Tritt- und Futterstufen der Wand entlang zum Schutze des Wandputzes und zum besseren Aussehen des Abschlusses der Stufen an der Wand eine Profilleiste von 10 bis 15 cm Breite herumzuführen. Textfigur 829.

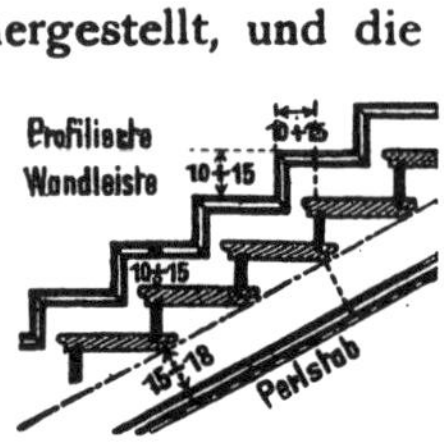

Fig. 829.

Die Freiwangen, 8 bis 10 cm stark, werden meist nur aus Eiche hergestellt, und müssen an ihrer schwächsten Stelle normal zur Steigungsrichtung gemessen noch mindestens 15 bis 18 cm, lotrecht gemessen aber mindestens 20 cm Breite haben. Etwaige Profilierungen der, Wangen an deren Unterfläche sind auch hier der Minimalbreite zuzurechnen.

Die Trittstufen, 5 cm stark, aus Eichenholz, sind mit je 2 Holzschrauben, welche versenkt und verleimt werden, auf den Wangen zu befestigen, bezw. in die Wandwangen einzustemmen. Ihr Profil wird indes an der Freiwange mit gleicher Ausladung herumgeführt und an der seitlichen Ecke überstochen. Da aber am Hirnholz der Trittstufen das Profil sich nicht gut anhobeln lässt, so empfiehlt es sich, sog. Hirnleisten mit gleichem Profile der Trittstufen anzuwenden, und diese in die Hirn seiten derselben zu verzapfen und zu verleimen, bezw. auf Gehrung unter einem Winkel von 45° zu stossen. Textfigur 830 a bis f.

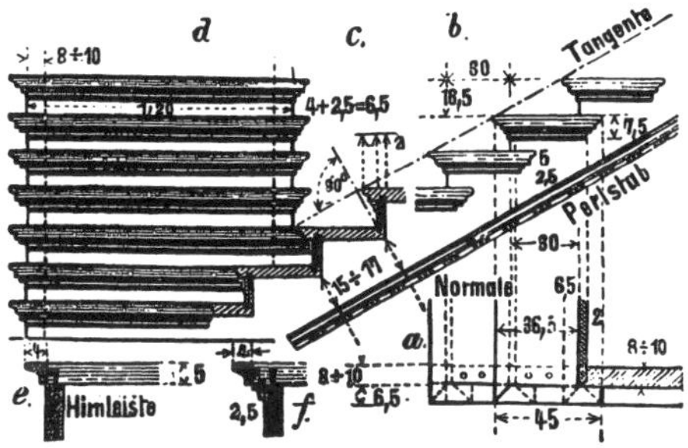

Fig. 830 a—c.

Die Futterstufen, aus Kiefer oder Fichte, 2 bis 2,5 cm stark, werden mit den Wangen auf Gehrung zusammengeschnitten und verschraubt mit je 2 versenkten und verleimten Holzschrauben an jeder Wange, sie verdecken demnach die Vorderansicht der Wangen; eventuell werden sie in die Wandwangen eingestemmt. Textfigur 830 a.

Die Podestkonstruktionen sind in derselben Weise auszuführen wie bei der eingestemmten Treppe. In Folge der grösseren Wangenhohe ist aber stets eine Bohle den Podestwechseln vorzulegen, welche eventuell dekorativ reich ausgestattet werden kann durch entsprechende Ausschnitte, Kehlungen und Profilleistenanordnungen in der Ansicht. Textfigur 831. Sollen die Wangen gleiche Ansatzhöhen an dieser Bohle erhalten, so muss man den Austritt des unteren Treppenarmes um eine Auftrittsbreite vorlegen.

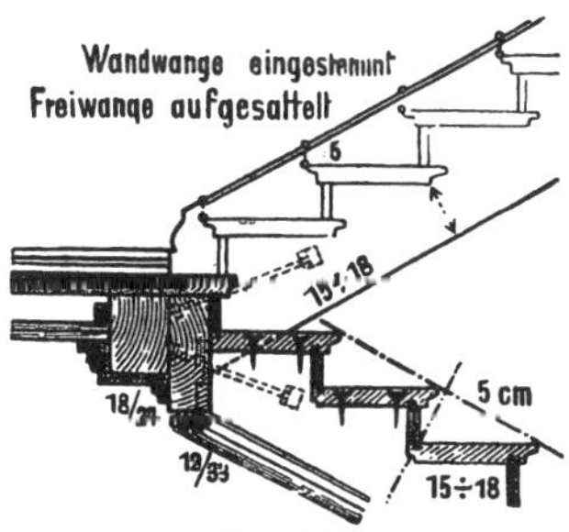

Fig. 831.

Die Geländerstäbe oder Traillen aus Ahorn, Eiche, Esche, Kiefer, Fichte stehen meist je 2 auf einer Trittstufe mit 15 cm Abstand von einander oder werden seitlich mit Schrauben und Rosetten an der Freiwange befestigt. Textfigur 832.

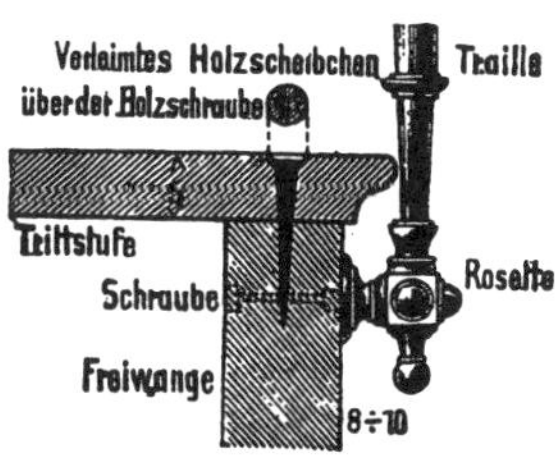

Fig 832.

Im Übrigen gelten alle Konstruktionsregeln, wie sie bei der Ausführung eingestemmter Treppen zu beachten sind.

Als Übungsbeispiele seien angeführt:

a) Die zweiarmige, gerade, aufgesattelte Podesttreppe. Textfigur 833 a bis f.

Gegeben ist s = 16,5 cm. a = 30 cm Stockwerkshöhe H = 3,63 m. Anzahl der Steigungen A = 22. Nutzbare Treppenarmbreite = 1,20 m. Wandwangenstärke 5 bis 8 cm. Freiwangenstärke 8 bis 10 cm. Ganglinie in der Mitte des Treppenarmes. Podestbreite = Treppenarmbreite. Abstand der Freiwangen von einander = 20 cm.

Nach Aufzeichnung des Grundrisses dieser Treppe, bei welcher entweder die Grundlinien oder die Vorderkanten zweier gegenüberliegenden Trittstufen beider Treppenarme in eine Gerade zusammenfallen können, ergiebt sich der Aufriss dieser Treppe unter Zugrundelegung der Steigungshöhe s durch Projektion der Tritt und Futterstufen auf die zugehörigen Höhen bezw.

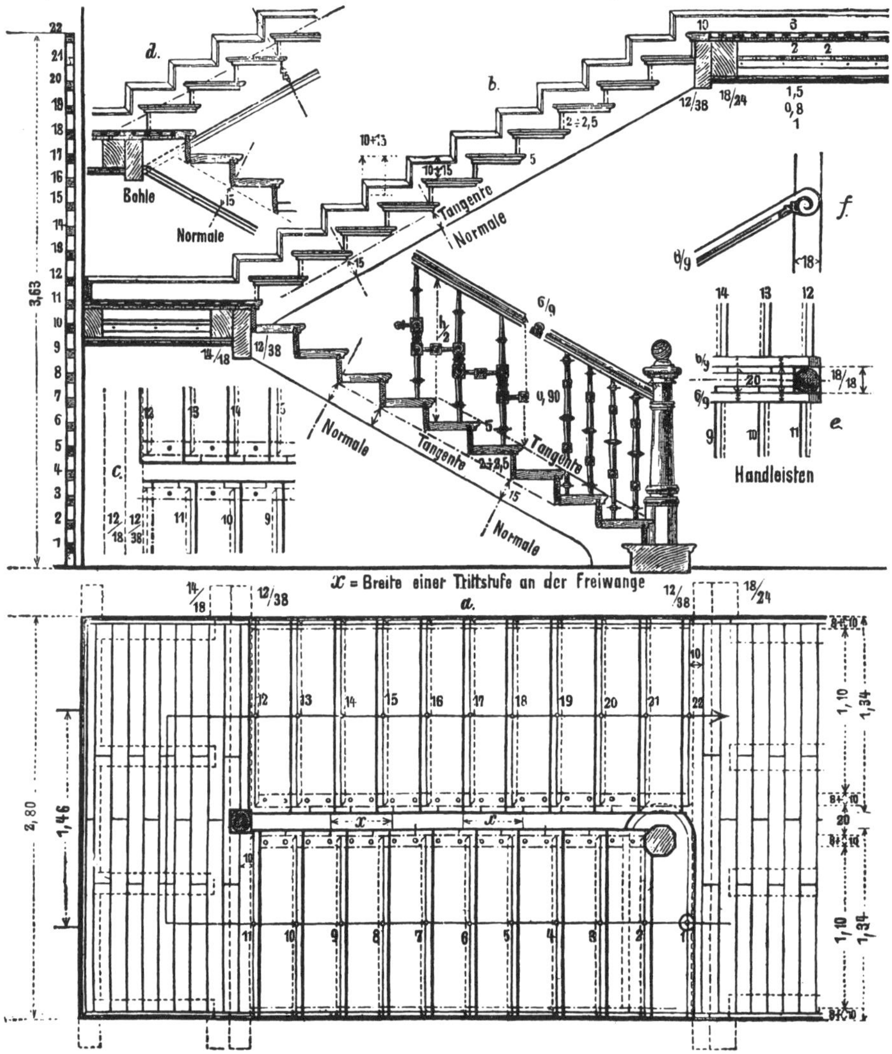

Fig. 833 a—f.

Stärken derselben, welche von der beigestellten Höhenlatte wagerecht herübergezogen werden können. Die Podestkonstruktion mit vorgelegter Bohle zeigt den verschieden hohen Ansatz der Wangen, Textfigur 833 a b, während in Textfigur 833 c d die Wangen gleich hohe Ansätze an der Bohle erhielten durch Vorschiebung des Austrittes des ersten Treppenarmes am Podest um eine Auftrittsbreite. Da die Stufen auf den Wandwangen ebenfalls aufgesattelt sind, so ist an den Treppenhauswänden eine Profilleiste

zum Schutze des Wandputzes herumgeführt. Die Befestigung der Handleiste an den Treppenpfosten erfolgt durch Verschraubung. Textfigur 833 e f.

b) Die halbkreisförmig gewundene Treppe, deren Stufen auf der Freiwange aufgesattelt, in der Wandwange dagegen eingestemmt sind. Textfigur 834 a bis f.

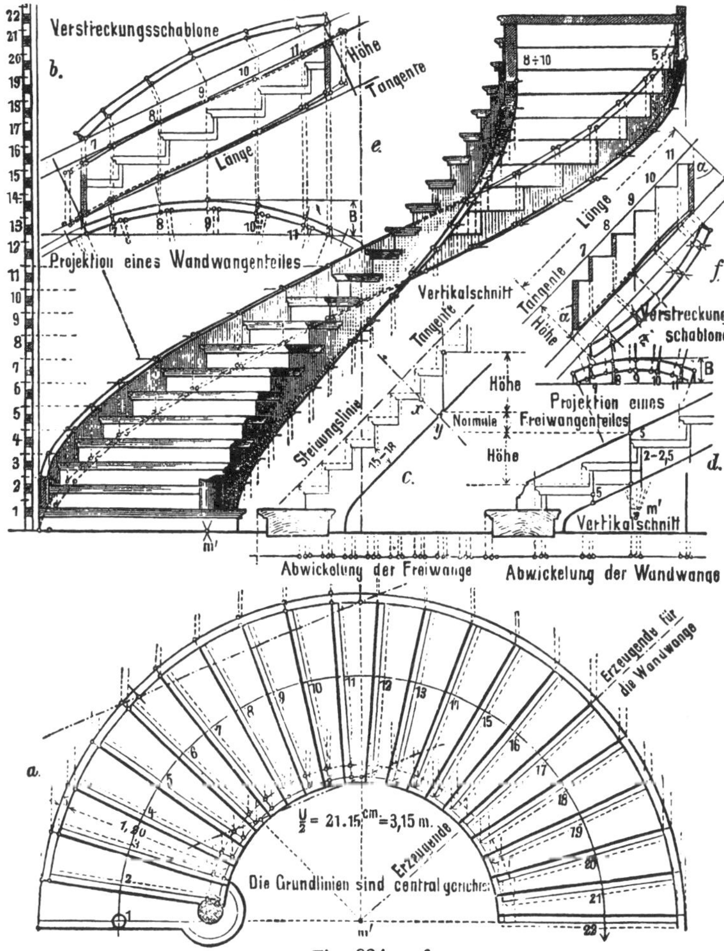

Fig. 834 a—f.

Gegeben ist s = 16,5 cm Geringste Auftrittsbreite an der Wandwange 10 bis 15 cm. Nutzbare Treppenarmbreite = 1,20 cm. Anzahl der Steigungen A = 22. Stockwerkshöhe H = 22 · 0,165 m = 3,63 m. Stärke der Wandwange = 5 cm. Stärke der Freiwange 8 cm. Ganglinie im Abstande von 50 cm von der Wandwange.

Da auch bei dieser Treppe die geringste Auftrittsbreite der Trittstufen an der Innenseite der Freiwange 10 bis 15 cm beträgt, so muss man zunächst den inneren Umfang U/2 derselben berechnen nach der Formel

$$U/2 = \text{Anzahl der Auftritte} \times 10 \text{ bis } 15 \text{ cm}.$$

Nimmt man die Auftrittsbreiten an der Freiwange zu 15 cm an, so erhält man für U/2, da 22 Steigungen nur 21 Auftritte ergeben:

$$U/2 = 21 \cdot 0{,}15 \text{ m} = 2{,}15 \text{ m}.$$

Den Radius des inneren Halbkreises der Freiwange aber berechnet man nach der Formel:

$$U/2 = \frac{d\pi}{2} = \frac{2r\pi}{2} = r\pi \text{ und } r = \frac{U/2}{\pi}.$$

Durch Einsetzung der gegebenen Werte erhält man daher:

$$r = \frac{U/2}{\pi} = \frac{315}{3{,}14} \backsim 1 \text{ m.}$$

Nach Berechnung des inneren Radius der Freiwange lässt sich der Grundriss dieser Treppe leicht aufzeichnen, deren Auftrittsbreite a_2 auf der Ganglinie, welche im Abstande von 50 cm von der Wandwange anzuordnen ist, beträgt

$$a_2 = \frac{U/2}{21} = \frac{r\pi}{21} = \frac{170 \cdot 3{,}14}{21} = 25{,}4 \text{ cm,}$$

während die Auftrittsbreite an der Wandwange a_3 sich ergiebt zu:

$$a_3 = \frac{U/2}{21} = \frac{r\pi}{21} = \frac{220 \cdot 3{,}14}{21} = 32{,}9 \text{ cm.}$$

Im Grundrisse sind die Grundlinien der Stufen central nach dem Mittelpunkte m' der Wangenhalbkreise gerichtet; sie bilden, über die Wangen verlängert, zugleich die erzeugenden Geraden für die Aufrissprojektionen der Wangen. Der Aufriss der Treppe erfordert zunächst die Abwickelungen der Wand- und Freiwange unter Benutzung der aufgestellten Höhenlatte, indem man die zugehörigen Auftrittsbreiten nebst Profilausladung der Trittstufen und Stärke der Futterstufen auf wagerechten, geraden Linien aufträgt und die Punkte auf die zugehörigen Steigungshöhen herauflotet. Legt man an die Vorderkanten der Trittstufen eine Tangente, so erhält man die Steigungsrichtung, zu welcher im Punkte x die Normale senkrecht zur Tangente zu zeichnen ist, auf die die geringste Breite der Freiwange von 15 bis 18 cm anzutragen ist. Zieht man durch den erhaltenen Punkt y eine Parallele zur Tangente, so ergiebt sich die Höhe der Freiwange, während man die Höhe der Wandwange wie früher gezeigt wurde, konstruiert Textfigur 834 c u. d. Die Aufrissprojektion der Treppe aber erhält man durch Projektion der Erzeugenden im Grundrisse auf ihre Aufrissprojektionen, deren Höhen von der beigestellten Höhenlatte wagerecht herüberprojiziert werden können. Hat man die schraubenförmige Oberfläche der Wandwange festgestellt, so erhält man deren Unterfläche, wenn man die durch die Vertikalschnitte bestimmten Wangenhöhen von den Kurvenpunkten der Oberfläche derselben senkrecht nach unten anträgt. Auf gleiche Weise erhält man auch die schraubenförmige Unterfläche der Freiwange. Bei der Aufrissprojektion ist endlich die Breite der Trittstufen an der Innenseite der Freiwange zu bestimmen, um deren Projektion im Aufrisse zu erhalten. Textfigur 834 a b. Auch zur Austragung der Wangen wird man dieselben in gleiche Teile einteilen, damit man für jede Wange nur eine Verstreckungsschablone zu konstruieren braucht. Die Austragung der Wangenteile aber erfolgt in gleicher Weise wie bei einem Kropfstück. Textfigur 834 e enthält die Austragung eines Teiles der Wandwange nebst Bestimmung der Dimensionen des zur Ausführung erforderlichen Wangenholzes und der zugehörigen Verstreckungsschablone, während Textfigur 834 f die Austragung eines Teiles der Freiwange enthält. Selbstverständlich kann man auch bei einer solchen Treppe im Grundrisse die Vorderkanten der Trittstufen central nach dem Mittelpunkte m' richten. Textfigur 835. Der Anschluss der Handleiste und Geländerstäbe am Treppenpfosten, welcher auf der Antrittsstufe als Blockstufe seinen Fusspunkt hat, zeigt Textfigur 836.

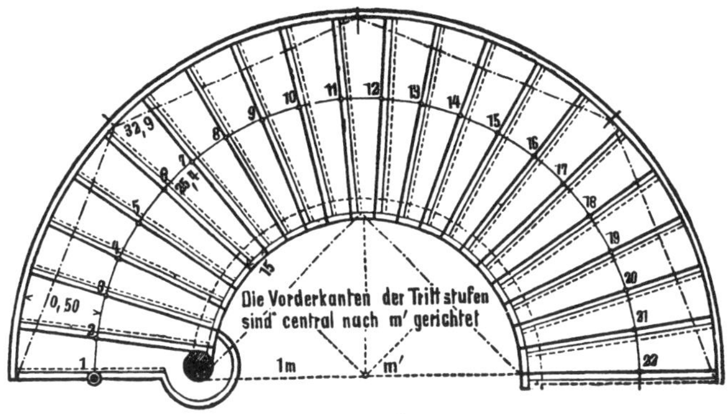

Fig. 835.

Eine Stufe aufgesattelter Treppe mit 2 geraden Läufen, 5 cm starker gehobelter und gestäbter Trittstufe und 2 cm starker Setzstufe mit Spiegel-, Kropf- und Wandleiste, 6½ bis 8 cm starken gekehlten Freiwangen, Podestwangen mit aufgesetzten Spindeln, gedrehtem Zapfen anzuliefern und aufzustellen kostet bei 1 m Breite
mit kiefernen Trittstufen 18 bis 20 Mk.
mit eichenen Trittstufen 30 bis 40 Mk.

Für je 10 cm Mehrbreite der Treppe 2 Mk. mehr.

Fig. 836.

1 lfd. m Treppengeländer mit gekehltem Handgriff und polierten, gedrehten Spindeln und Traillen aus Ahorn, Esche herzustellen und aufzustellen, einschl. aller Materialien kostet 7 bis 13,50 Mk.

XVIII. Die Konstruktion der Thüren.

Die Thüren vermitteln den Verkehr zwischen den einzelnen Räumen eines Gebäudes bezw. einer Wohnung. Nach Art ihrer Bewegung teilt man dieselben ein in Flügelthüren, welche sich um eine senkrechte Achse drehen lassen, und in Schiebethüren, welche behufs ihrer Öffnung seitwärts zu verschieben sind. Ihrem Zwecke entsprechend aber unterscheidet man Zimmerthüren, Hausthüren, Küchen-, Speisekammer- und Aborthüren, Tapetenthüren sowie Keller Waschhaus- und Bodenthüren.

Das Material, aus welchem Thüren am besten herzustellen sind, besteht aus harzreichem und astfreien Kiefern- oder Tannenholz, welches als schwedische oder polnische Kiefer, ferner als amerikanische oder kanadische

Pechkiefer, sog. Pitch-pineholz, und als kalifornische Kiefer, sog. Yellow-pineholz, in den Handel kommt. Bei reicherer Ausstattung der Thüren aber verwendet man auch Eiche, Nussbaum, Mahagoni.

Die zur Befestigung der Thüren erforderlichen Thürgerüste sind in ihrer Konstruktion bereits ausführlich behandelt worden unter VII. Die Konstruktion der Holzwände. 1. Fachwerkswände. Seite 87 bis 90 und Tafel 9. Fig. 1 bis 7. Man teilt dieselben ein in Block- oder Kreuzholzzargen, Bohlenzargen, Holzdübel mit Überlagsbohle und doppelte Kreuzholzzargen.

Die Grösse der Thüren richtet sich im Allgemeinen nach der Grösse der Räume, in welcher sie angeordnet werden. Jedenfalls müssen sie solche Lichtmasse erhalten, dass ein freier Verkehr und leichter Transport der Möbel sich ermöglichen lässt. Folgende Dimensionen sind als lichte Tischlermasse für die verschiedenen Arten von Thüren einzuhalten, während für die lichten Dimensionen der Thürgerüste im Rohbau das sog. Zimmermannsmass gilt, bei welchem die lichte Breite der Thüren um 7 bis 10 cm, die lichte Höhe derselben aber um 3, 5 bis 8 cm zu vergrössern ist. Vergl. auch S. 88.

Es erhalten:

einflügelige Thüren für Speisekammern, Aborte, Tapetenthüren 0,60 bis 0,90 m Breite bei 1,80 bis 2,10 m Höhe.

einflügelige Küchenthüren 0,90 bis 1 m Breite und 1,90 bis 2,10 m Höhe.

einflügelige Wohnzimmerthüren 1 bis 1,10 m Breite und 2,20 bis 2,40 m Höhe.

zweiflügelige Wohnzimmerthüren mit einer Schlagleiste 1,30 bis 1,90 m Breite bei 2,40 bis 2,85 m Höhe. Die Thürflügel sind hierbei gleich breit, der halben lichten Thüröffnung entsprechend. Die geringste Breite des aufgehenden Flügels einer Thür aber soll mindestens 65 cm, besser 68 bis 70 cm betragen.

zweiflügelige Wohnzimmerthüren mit zwei Schlagleisten 1,20 bis 1,35 m Breite bei 2,40 bis 2,85 m Höhe. Die Thürflügel sind hierbei verschieden breit und zwar erhält der aufgehende Flügel eine um die Breite des zwischen beiden Schlagleisten sich befindlichen senkrechten Höhenfrieses grössere Breite von 10 bis 15 cm

zweiflügelige Thüren für Säle 1,50 bis 2 m Breite bei 2,40 3 m Höhe.

zweiflügelige Hausthüren 1,35 bis 1,80 m Breite bei 2,20 bis 2,50 m Höhe ohne Oberlicht gerechnet.

Einfahrtsthore 2,20 bis 3 m Breite bei 3 bis 4,30 m Höhe, meist sind sie 2,50 m breit und 3 m hoch.

Stallthüren 1,25 bis 2 m Breite bei 2,50 bis 3 m Hohe.

Scheunenthore 3 bis 4,5 m Breite und 3,5 bis 4 m Höhe.

Im Allgemeinen soll die Breite b einer Thür sich zu ihrer Höhe h verhalten wie 1 : 2 oder höchstens 1 : $2\frac{1}{4}$.

Nach Art der konstruktiven Ausführung der Thüren aber unterscheidet man:

A. Lattenthüren.
B. Bretterthüren.
C. Verdoppelte Thüren.
D. gestemmte Thüren für Wohnungen.
E. verglaste Thüren.
F. Schiebethüren.

A. Die Lattenthüren. Textfigur 837 a b c.

Sie werden nur für untergeordnete Räume, z. B. in Keller- und Bodenräumen, angewendet, in welche Licht und Luft leicht eindringen soll. Erforderlich werden sie demnach auch in Lattenwänden und Lattenzäunen. Vergl. VII. Konstruktion der Holzwände, 5. Lattenwände, Seite 97 und 98. Sie bestehen aus rauhen, ungehobelten Latten von 3/5, 4/6,5, 5/8 cm Stärke, welche mit 2 bis 4 cm Abstand von einander auf Querriegel oder -leisten und Diagonalstreben von 10 bis 12 cm Breite und 3 bis 5 cm Stärke angenagelt werden. Häufig erhalten die Riegel auch nur die gleiche Stärke der Latten. Die Diagonalstreben haben den Zweck, ein Sichsenken der Thür zu verhindern.

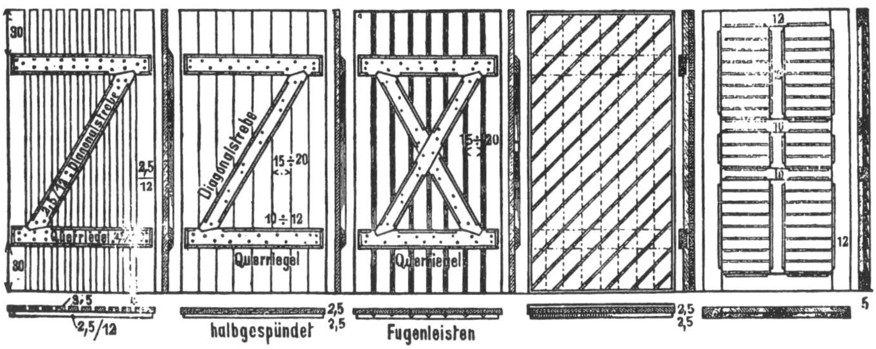

Fig. 837 a—e. Fig. 838 a—e. Fig. 839 a—e. Fig. 840 a—c. Fig. 841 a—e.

B. Die Bretterthüren. Textfigur 838 a b c.

Auch sie werden meist in untergeordneten Räumen angewendet und bestehen aus Brettern von 2 bis 4 cm Stärke und 12 bis 20 cm Breite, welche in senkrechter Lage durch aufgenagelte Querleisten von 10 bis 12 cm Breite und 3 bis 5 cm Stärke fest miteinander verbunden werden Eine oder zwei Diagonalstreben von gleicher Stärke der Querleisten m letzteren Falle sich recht- oder schiefwinklig überschneidend, werden mit Versatzung in die Querleisten eingefügt und dienen dem gleichen Zwecke wie die Streben bei Lattenthüren. An den Kanten werden Querleisten wie Diagonalstreben häufig abgefast, die Bretter selbst aber gefügt, mit oder ohne Fugendeckleisten, besser aber durch halben oder ganzen Spund verbunden, ihre Seitenkanten dagegen glatt gehobelt.

Häufig leimt man auch die Bretter zu einer Tafel zusammen, wie beim Tafelfussboden — vergl. X. Die Konstruktion der hölzernen Fussböden. e) Seite 109 — und verbindet sie durch Querleisten von 6 bis 7 cm Stärke, welche auf den Grat, d. h. schwalbenschwanzförmig in sie eingeschoben werden. Textfigur 839 a b c.

C. Die verdoppelten Thüren. Textfigur 840 a b c.

Sie werden dann angewendet, wenn Thüren, im Äusseren angeordnet den Witterungseinflüssen und Temperaturunterschieden stark unterworfen sind, z. B. Wa chhausthüren, Kellerthüren, Stallthüren. Sie werden aus 2 Brettlagen hergestellt, deren untere, innere als sog. Blindthür gespundet oder gefedert ist, während die obere, äussere Brettlage als sog. Verschalung auf die Blindthür aufgenagelt wird. Die inneren 2 bis 3 cm starken und 12 bis 15 cm breiten Bretter erhalten stets senkrechte Richtung, während die äussere Brettlage als Verschalung von gleicher Stärke in wagerechter, meist aber in schräger Richtung auf die Blindthür genagelt wird Vergl. auch VII. Die Konstruktion der Holzwände. 4) Die Bretterwände. S. 94 bis 97. Auch die Bretter der Blindthür werden durch Querleisten, auf den Grat eingeschoben, zusammengehalten. Auch kann man beide Brettlagen in einen Rahmen einzapfen, und die Bretter der Verschalung in wechselnden schrägen Richtungen auf die Blindthür aufnageln. Auch den Rahmen kann man durch mehrfache Querfriese entsprechend einteilen. Zu den verdoppelten Thüren gehören auch die sog. Jalousiethüren, welche ebenfalls im Äusseren der Gebäude, namentlich bei landwirtschaftlichen Anlagen vielfach verwendet werden und für Stallthüren sich sehr gut bewährt haben. Sie bestehen aus einem 12 bis 14 cm breiten Rahmen von 4 bis 5 cm Stärke, in welchen eine glatte Füllung eingezapft — Textfigur 842 a b — oder überfalzt wird, Textfigur 843 a b, auf die alsdann die jalousieartig übereinander greifenden, verfalzten Brettchen von 2 bis 3 cm Stärke und 10 bis 15 cm Breite aufgenagelt werden. Auch kann man die Füllung in die Mitte des Rahmens einsetzen und dieselbe beiderseits mit Jalousiebrettchen benageln. Textfigur 843 c. Weniger zu empfehlen ist es, die Jalousiebrettchen in den Rahmen direkt ohne Füllung einzusetzen, weil derartig konstruierte Thüren keinen grossen Halt haben und sehr leicht rissig werden. Textfigur 844 a b.

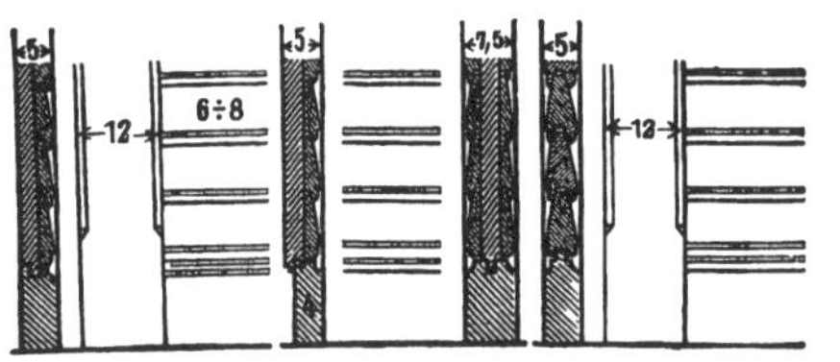

Fig. 842 b. Fig. 843 a b c. Fig. 844 a b.

D. Die gestemmten Thüren oder Füllungsthüren für Wohnräume.

Bei denselben hat man zu unterscheiden die Verkleidung des Thürgerüstes und die Thürflügel.

1. Die Verkleidung des Thürgerüstes.

Sie besteht aus dem Thürfutter und der Thürbekleidung.

a) Das Thürfutter wird gebildet durch die Thürschwelle, die beiden Seitenteile- oder -stücke und das Kopfstück, welche Teile zusammen die ganze Laibungsfläche der Thüröffnung im Rohbau verdecken. Das Thürfutter kann glatt mit aufgeleimten Kehlleisten, ausgegründet und gestemmt hergestellt werden. Im letzteren Falle besteht dasselbe aus Rahmen oder Friesen und Füllungen.

Bei Thüren in ½ Stein starken Mauern wird dasselbe stets glatt hergestellt aus 2,5 cm starken Futterbrettern. Textfigur 845 a. Bei Mauern von 1 Stein Stärke dagegen leimt man entweder auf die glatten Futterbretter Kehlleisten auf, Textfigur 845b, oder man gründet sie aus, indem

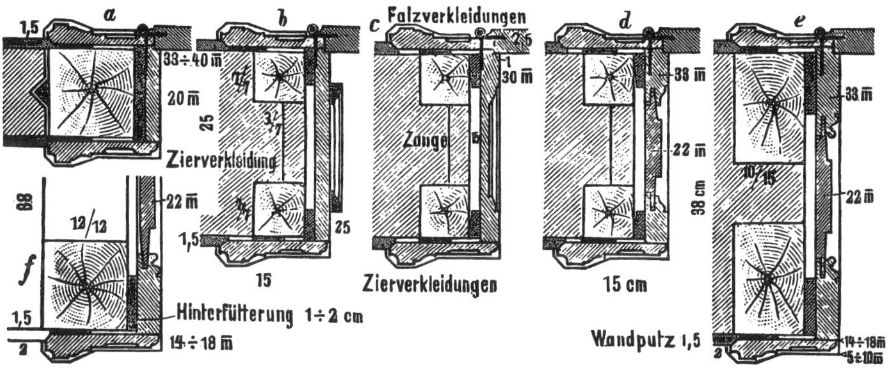

Fig. 745a—f.

man aus den 3 bis 3,5 cm starken Brettern eine entsprechende Profilierung bezw. Vertiefung aussticht, wodurch in beiden Fällen eine Gliederung des Thürfutters in Rahmen und Füllungen entsteht. Textfigur 845 c. Besser ist es jedoch, das Thürfutter in gestemmter Arbeit auszuführen, bei welcher 2,2 cm starke Füllungsbretter freibeweglich in die Nuten der 3,2 bis 3,5 cm starken Rahmen 1 bis 1,5 cm tief eingreifen. Textfigur 845 d. Für die freie Bewegung bezw. das Arbeiten des Holzes der Füllungen in den Nuten des Rahmenholzes sind 2 bis 4 mm Spielraum vor den Füllungsbrettern vorzusehen. Die Breite der Querrahmen oder Friese muss stets denjenigen der Thürflügel entsprechen, nur die Höhenfriese erhalten eine entsprechend geringere Breite, desgleichen die Kehlstösse der Rahmenhölzer, während im Kopfstück des Thürfutters stets nur eine Füllung anzuordnen ist. Bei gestemmtem Thürfutter sind die Kehlstösse stets an die Rahmen oder Friese anzuhobeln, nie aber an die Füllungsbretter, welche höchstens 30 cm breit und 1,50 m hoch zu machen sind, und die eine sog. Abplattung oder Abschrägung von 2,5 bis 4 cm Breite zur Bildung eines Spiegels erhalten. In 1½ bis 2 Stein starken Mauern wird das Thürfutter stets gestemmt hergestellt, wobei die Seitenstücke desselben stets die gleiche Teilung in Friese und Füllungen wie die Thürflügel zeigen. Textfigur 845 e und f. Bei tieferen Laibungen, also in Mauern von 2½ und mehr Stein Stärke empfiehlt es sich, die Thürflügel in die Laibungsfläche, also in das Thürfutter hineinzustellen und den schmalen Teil desselben glatt, den breiteren dagegen gestemmt auszuführen. Textfigur 846.

Die Verbindung der Teile eines Thürfutters erfolgt durch Verzinkung. Textfigur 847. Die Befestigung desselben aber in der um 7 bis 10 cm breiteren und 3,5 bis 8 cm höheren Thüröffnung im Rohbau (sog. Zimmermannsmass)

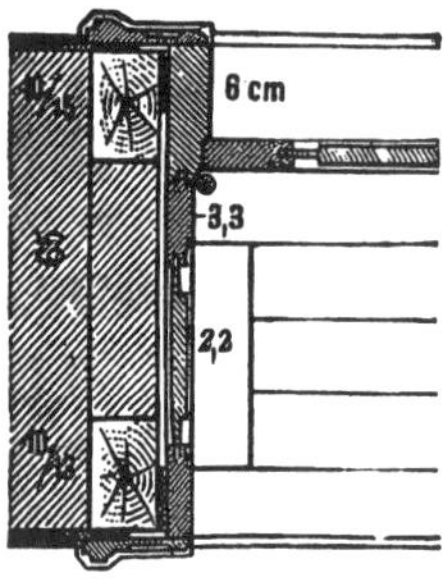

Fig. 846.

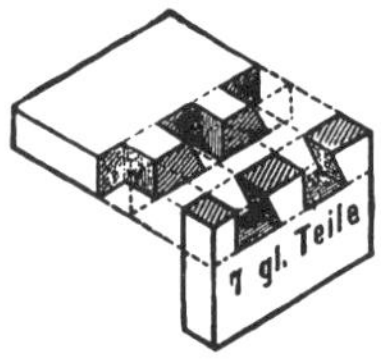

Fig. 847.

geschieht durch Holzkeile und Holzschrauben, wodurch dasselbe an den Thürzargen oder Holzziegeln des Thürgerüstes befestigt wird. Zwischen dem Thürfutter aber und dem Thürgerüst muss 1 bis 2 cm Zwischenraum verbleiben, um zwischen beiden die sog. Hinterfütterung anbringen zu können, welche aus angeleimten oder angeschraubten dünnen Holzbrettchen besteht, die an den Stellen sich befinden müssen, wo später die Befestigung der Thürbeschläge (Bänder) stattfinden soll. Diese Hinterfütterung ist aber auch erforderlich, um das Thürfutter genau senkrecht stellen, bezw. einloten zu können, da andernfalls die Thürflügel sich nicht bewegen lassen, schlecht schliessen und auch klemmen würden. Aus diesem Grunde ist das lichte Mass der Thüröffnungen im Rohbau als sog. Zimmermannsmass zu vergrössern und zwar die lichte Breite derselben um 7 bis 10 cm und die lichte Höhe um 3,5 bis 8 cm, also auf jeder Seite um 1 bis 2 cm Hinterfütterung + 2,5 cm Futterstärke = 3,5 cm mindestens.

Auch die Thürschwelle kann glatt, Textfigur 848a, oder bei tieferen Laibungen der Thürfutter gestemmt hergestellt werden, wobei im letzteren Falle die 2,2 cm starken Füllungsbretter bündig mit der Oberfläche des mindestens 3 cm starken Rahmen liegen müssen. Textfigur 848b und c. Das Schwellbrett aus hartem Holze, meist aus Eiche hergestellt, kann hierbei auf dem Fussboden des Zimmers befestigt werden, Textfigur 849a und b oder dasselbe liegt bündig mit denselben, Textfigur 849c und d, wodurch die Thüren in der Korridorwand auch einen entsprechenden unteren Anschlag erhalten.

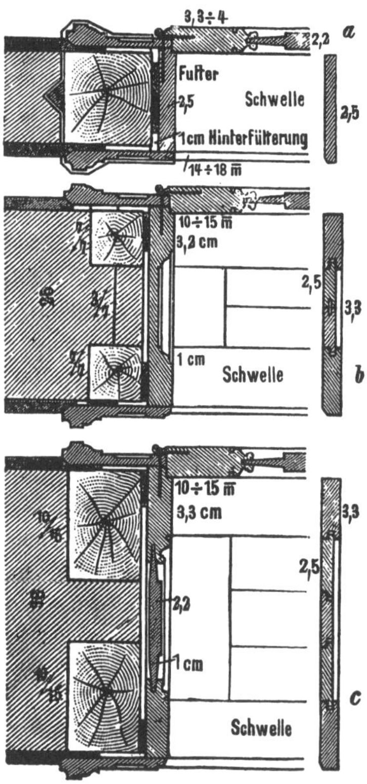

Fig. 848 a b c.

b) Die Thürbekleidung. Sie wird zu beiden Seiten der Wand, in welcher sich die Thüröffnung befindet, an den Thürzargen oder Holzziegeln angeschlagen und hat den Zweck, die Fugen zwischen dem Thürfutter und dem Mauerwerk zu verdecken. Sie besteht aus 2 senkrechten Seitenstücken oder -teilen und dem oberen, wagerechten Kopfstück, welche aus profilierten Brettern von 14 bis 18 mm Stärke mit aufgeleimten Kehlstössen hergestellt werden, deren Profile man entweder bis auf die Zimmerdielung herunterführt oder sich auf einem 12 bis 20 cm hohen Sockel todlaufen lässt, welcher 0,5 cm vor den Profilen der Thürbekleidung vortritt und denselben entsprechend einfach gegliedert ist. Textfigur 850. Gebräuchliche Profilformen von Thürbekleidungen sind in Textfigur 851 a bis h dargestellt. Bei

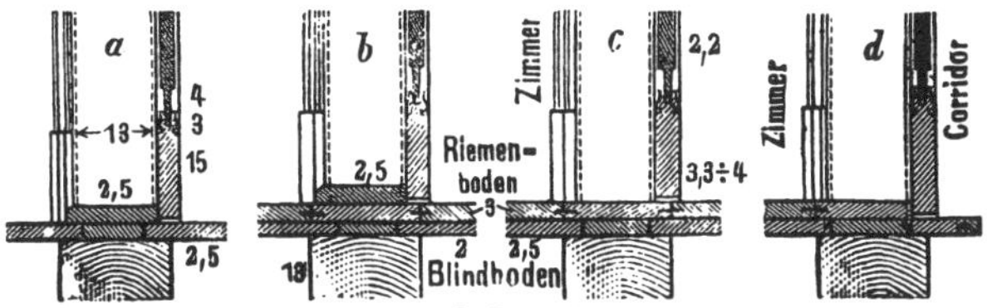

Fig. 849 a—d.

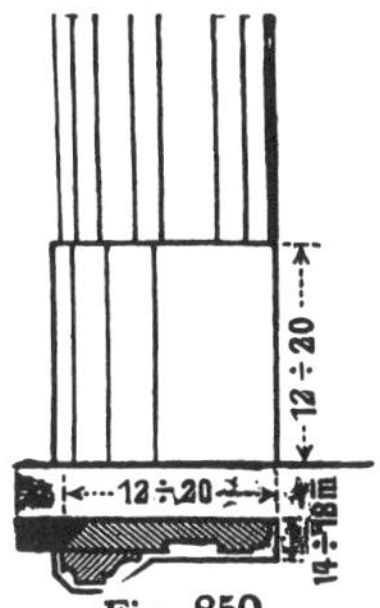

Fig. 850.

kräftig vorspringendem Profile derselben aber wird häufig eine Kehlleiste zur Überleitung auf den Wandputz

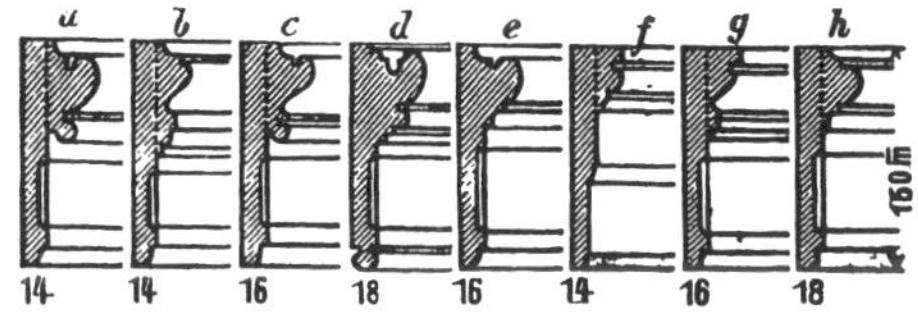

Fig. 851a—h.

angeordnet. Textfigur 852. Die Breite der Thürbekleidung beträgt im Allgemeinen $\frac{1}{7}$ bis $\frac{1}{8}$ der lichten Breite der Thüröffnung als Tischlermass und zwar für einflügelige Thüren meist 12 bis 15 cm, für zweiflügelige dagegen 15 bis 20 cm. Die einzelnen Teile einer Thürbekleidung werden auf Gehrung unter einem Winkel von 45° zusammen. geschnitten oder besser auf Gehrung überblattet, Textfigur 583. Bei den Thürbekleidungen aber hat man zu unterscheiden die sog. Falzverkleidung, in welche die Thürflügel einschlagen und an welcher die Thürbeschläge zur Befestigung und Bewegung der Thürflügel sich befinden, und die Zierverkleidung, welche die Thürlaibung umrahmt. Vergl. Textfigur 845. Bei architektonisch reicheren Ausführungen aber

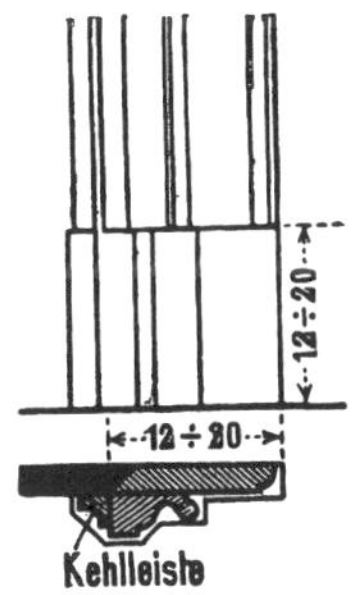

Fig. 852.

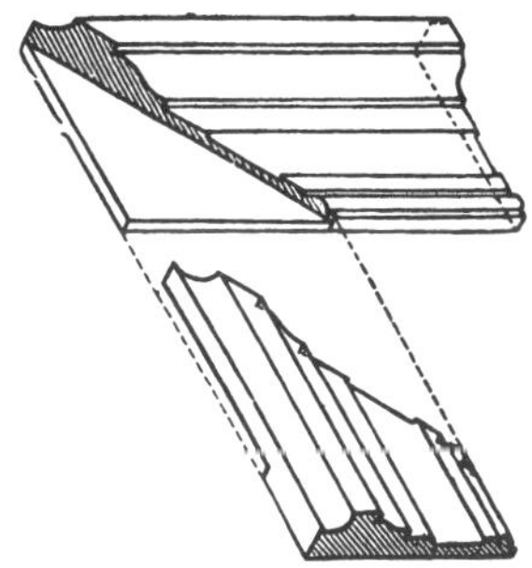

Fig. 853.

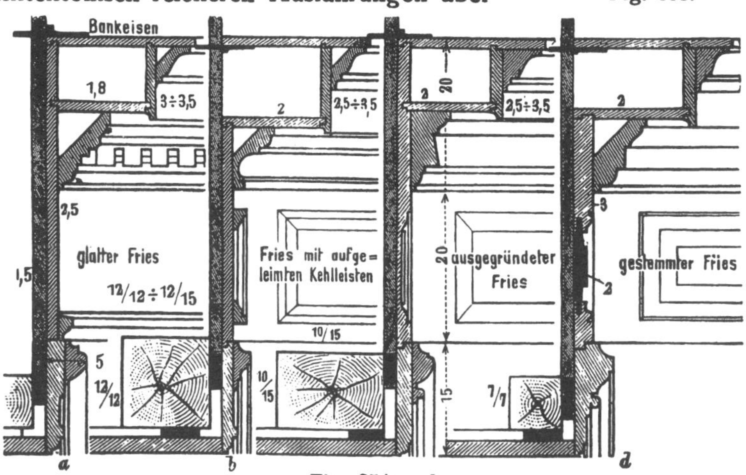

Fig. 854 a—d.

bekrönt man die Thürbekleidung vielfach durch eine **Verdachung** mit oder ohne **architraviertem Fries**, welche aus Holz oder auch Holz-

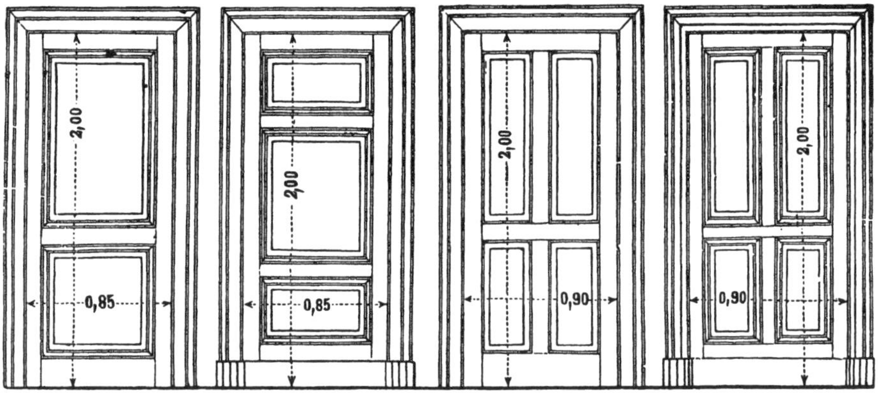

Fig. 855 a—d.

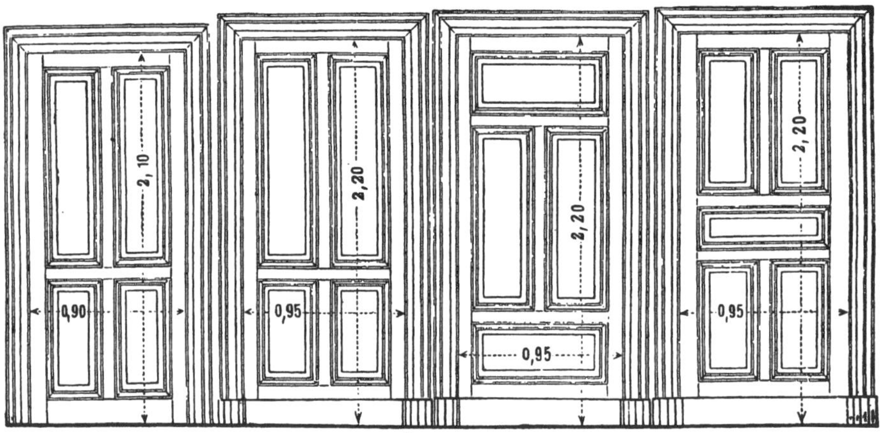

Fig. 856 a—d.

gypstrockenstuck hergestellt werden kann und deren Befestigung am Mauerwerk durch **Bankeisen** erfolgt. Textfigur 854a bis d zeigt einige Querschnitte durch hölzerne Verdachungen und deren Konstruktion.

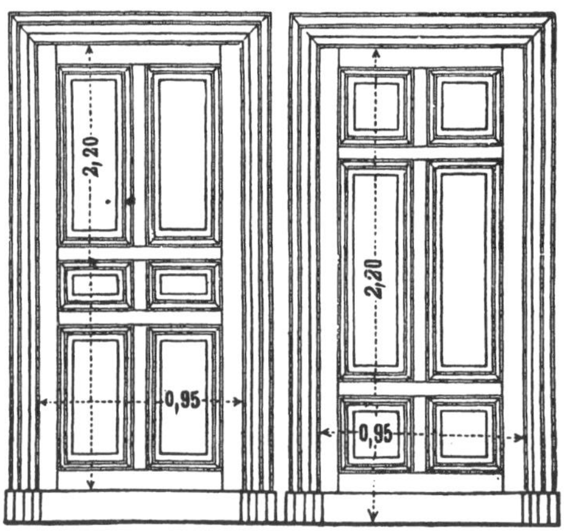

Fig. 857 a b.

2. Die Thürflügel.

Nach der Anzahl derselben unterscheidet man einflügelige und zweiflügelige Thüren. Die Thürflügel aber werden stets in gestemmter Arbeit, also aus Rahmen oder Friesen und Füllungen bestehend, hergestellt. Nach der Anzahl ihrer Füllungen aber teilt man die Thüren ein in **Drei-**, **Vier-**, **Fünf-**, **Sechs-** und **Acht-**

füllungsthüren, deren verschiedene Anordnungen mit und ohne Socke in Textfigur 855 a bis d, 856 a bis d und 857 ab dargestellt sind, während

Fig. 858 a—c.

Textfigur 858 a bis c einflügelige Thüren mit Verdachungen zeigen. Vierfüllungsthüren nennt man auch Kreuzthüren.

Bei zweiflügeligen Thüren ist zu beachten, dass die geringste Breite eines aufgehenden Thürflügels mindestens 65 cm, besser 68 bis 70 cm betragen muss. Der Anschlag beider Thürflügel miteinander aber wird

Fig. 859 a—c.

durch **Schlagleisten** gedeckt, welche auf die inneren, mittleren Höhenfriese aufgeleimt bezw. aufgeschraubt werden. Ihre Stärke beträgt $\frac{3}{4}$ bis $\frac{4}{5}$ cm. Solche Thüren werden meist als Sechs- oder Achtfüllungsthüren konstruiert. Bei Anordnung einer Schlagleiste erhält man gleich breite Thürflügel von mindestens 65 cm Breite, sodass das geringste lichte Breitenmass einer zweiflügeligen Thür mit einer Schlagleiste 1,30 m beträgt, während bei Anordnung von zwei Schlagleisten der aufgehende Thürflügel eine um die Breite des mittleren Höhenfrieses zwischen beiden Schlagleisten grössere Breite erhält. Diese aber beträgt 10 bis 12 cm, sodass die geringste lichte Breite einer zweiflügeligen Thür mit zwei Schlagleisten sich zu 1,20 m ergiebt. Textfigur 859 a b.

Nimmt man jedoch bei einer zweiflügeligen Thür mit 2 Schlagleisten die Flügelbreiten sehr verschieden an, so wird auch der Abstand beider Schlagleisten sehr gross, sodass scheinbar eine dreiteilige Thür entsteht. Textfigur 859 c.

Auch hier wird der Anschlag beider Thürflügel durch die eine Schlagleiste gedeckt, während die andere Schlagleiste nur dekorativ als sog. blinde Schlagleiste auftritt.

Die Rahmen oder Friese, meist 3,2 bis 4 cm, bei Saal- und Hausthüren dagegen 5 cm stark, und 10 bis 20 cm, meist 12 bis 14 cm breit, teilt man ein in untere, obere und mittlere Kreuz- oder Querfriese, welche in die seitlichen Höhenfriese eingezapft werden, während mittlere senkrechte Höhen- oder Mittelfriese wiederum mit den wagerechten Querfriesen durch Schlitzzapfen zu verbinden sind. Sie erhalten zu ihrer Profilierung sog. Kehlstösse von 3 bis 4 cm Breite, welche stets an die Rahmen angehobelt werden müssen. Die Kehlstösse aber teilt man ein in:

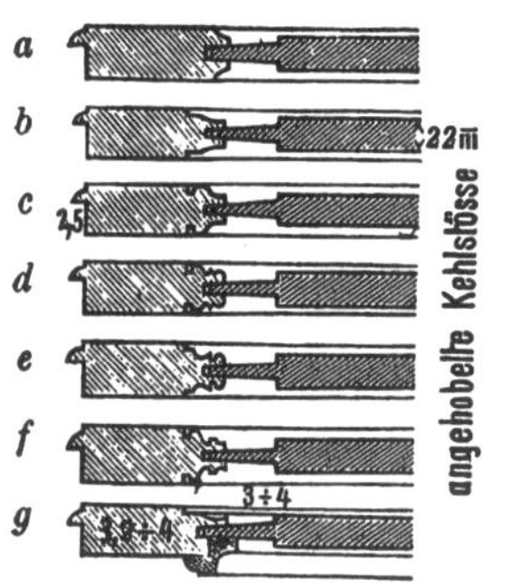

Fig. 860 a—g.

a) einfache Kehlstösse, welche bei inneren Zimmerthüren am meisten angewendet werden. Textfigur 860 a bis f.

b) einfache Kehlstösse mit aufgeleimten Leisten, angewendet für innere, reicher ausgestattete Thüren. Textfigur 860 g.

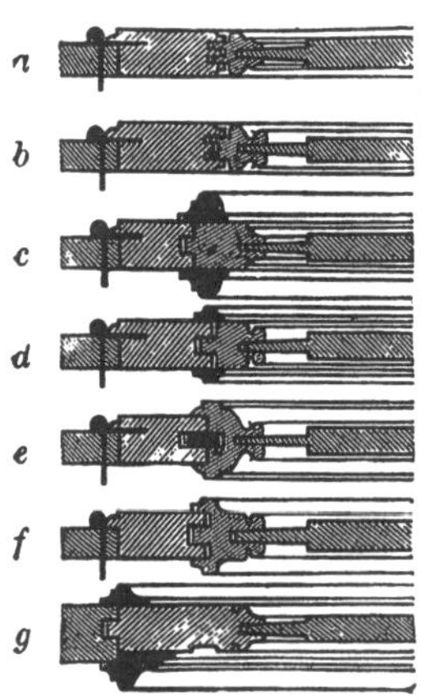

Fig. 861 a—g.

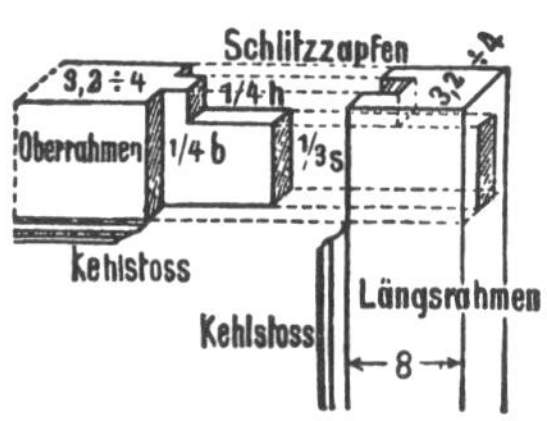

Fig. 862.

c) eingeschobene Kehlstösse, für grössere und architektonisch reichere innere Thüren, namentlich aber für Hausthüren gebräuchlich. Textfigur 861 a bis d.

d) überschobene Kehlstösse, für Hausthüren und Thore angewendet, welche eventuell äusserlich reicher wie innen ausgeführt werden sollen. Textfigur 161 e bis g.

Die Rahmenteile oder Friese werden durch verkeilte Schlitzzapfen mit einander fest verbunden, und ihre angehobelten Kehlstösse auf Gehrung geschnitten unter einem Winkel von 45°. Textfigur 862. Erhält die Thür einen besonderen Sockel, so muss der untere Querrahmen eine um die Sockelhöhe grössere Breite erhalten.

Die Füllungen oder Füllungsbretter von 2,2 cm Stärke und höchstens 30 cm Breite bei 1,50 m grösster Höhe werden in die Nuten der Rahmen oder Friese 10 bis 15 mm tief und zwar freibeweglich eingesetzt, wobei vor den Füllungsbrettern noch ein Zwischenraum von 2 bis 4 mm in den Nuten der Rahmen vorzusehen ist wegen des Arbeitens des Holzes der Füllungen, welches bedingt ist durch Temperaturunterschiede und den Feuchtigkeitsgehalt der Luft. Sie erhalten ferner eine Abplattung oder Abschrägung von 3 bis 4 cm Breite zur Bildung eines Spiegels, welcher vor der Abplattung 3 bis 5 mm vortritt. Damit in Folge des Gehrungsschnittes der Kehlstösse keine durchgehende Fuge sichtbar wird, da die Füllungsbretter nicht so tief in die Rahmen eingreifen als die Breite der Kehlstösse beträgt, so sind sog. Federn, aus dünnen Holzblättchen oder Zink bestehend, in die Gehrungen der Kehlstösse an den Rahmen ein-

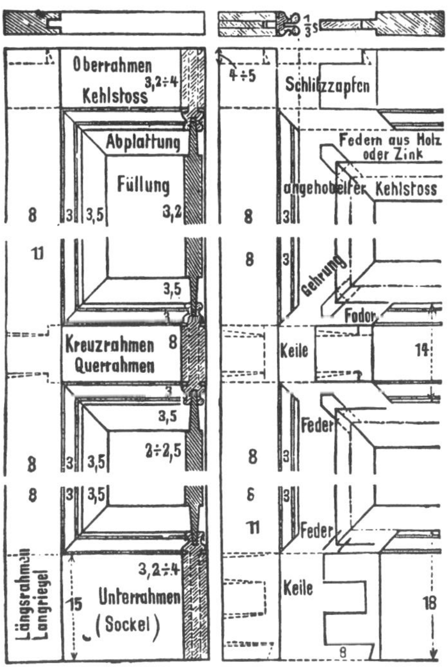

Fig. 863 a bis d.

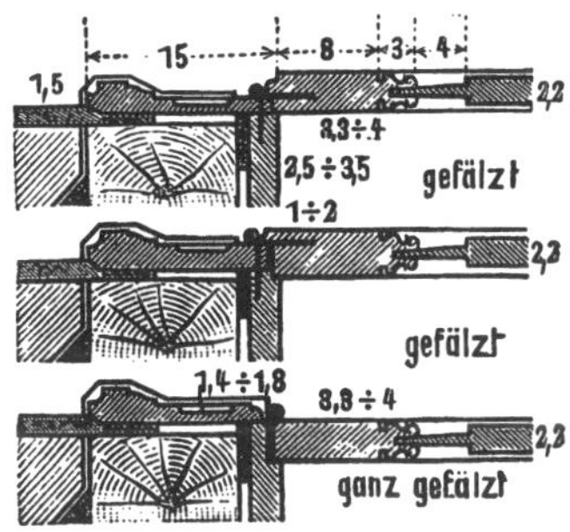

Fig. 864 a b c.

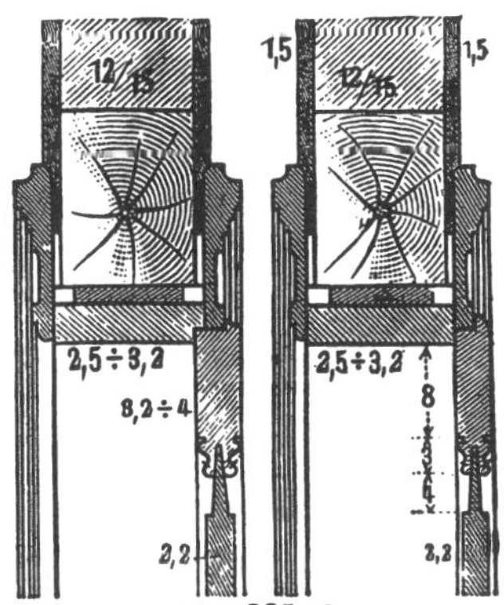

Fig. 865 a b.

zuleimen bezw. einzusetzen. In Textfigur 863 a bis d sind die Verbindungen der Rahmen oder Friese unter sich und mit den Füllungen dargestellt worden.

Die Thürflügel selbst legen sich mittels Falzes an die Falzverkleidung an und zwar können sie teilweise oder ganz gefälzt sein. In Textfigur 864a liegt die Innenseite des Thürflügels bündig mit der Innenkante der

Falzverkleidung, welche 14 bis 18 mm Stärke hat, während in Textfigur 864b die Aussenfläche des Thürflügels nur 1 bis 2 cm vor der Falzverkleidung vortritt, sodass der Falz selbst mit in das Thürfutter einzuschneiden ist. Textfigur 864c zeigt die ganz gefälzte Thür, wobei der Falz ganz in dem Thürfutter anzuordnen ist. Die gleiche Anordnung ist selbstverständlich auch am Oberteil der Falzverkleidung und des Thürfutters vorzusehen. Textfigur 865ab. Die Tiefe des Falzes aber genügt mit 1 bis 1,5 cm, während die Breite desselben für Einsteckschlösser mindestens 2,5 cm betragen muss bei einflügeligen Thüren.

Die Schlagleisten, $\frac{2}{5}$ bis $\frac{2}{5}$ cm stark, werden entweder bis auf die Zimmerdielung herabgeführt oder erhalten meist wie die Thürbekleidungen einen Sockel, auf welchem sich die profilierte Schlagleiste todläuft und welcher entsprechend einfacher zu gliedern ist mit ebenen Flächen. Textfigur 866a bis f zeigt gebräuchliche Profile für Schlagleisten nebst ihrer Sockelbildung, während in Textfigur 867abc die Anordnung der Schlagleisten für zweiflügelige Thüren enthalten ist, nebst der Schrägfuge, in welcher beide Thürflügel zusammenschlagen und die als sog. Schlossschmiege unter einem Winkel von 68° zu richten ist. Ihre Breite muss mindestens 2,5 cm betragen.

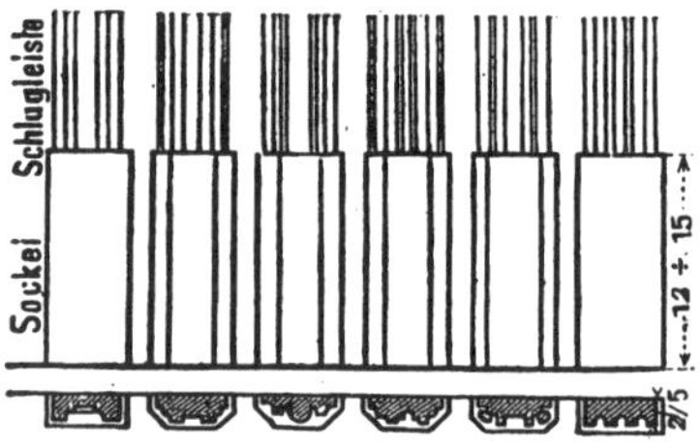

Fig. 866 a bis f.

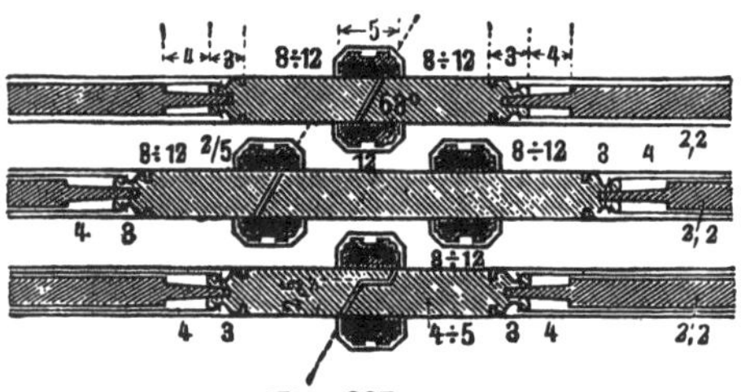

Fig. 867 a—c.

Unter Berücksichtigung aller dieser Konstruktionsregeln sind in Textfigur 868 bis 870 als Übungsbeispiele ausgeführt worden: eine einflügelige Thür in $\frac{1}{2}$, 1 und $1\frac{1}{2}$ Stein starker Mauer, eine zweiflügelige Thür mit zwei Schlagleisten in 1 Stein starker Mauer und eine solche mit einer Schlagleiste in $1\frac{1}{2}$ Stein starker Mauer, dargestellt in Grundriss (Horizontalschnitt), Aufriss und Vertikalschnitt.

Was die Anordnung der Thüren in den Scheidemauern anbetrifft, so ist darauf zu achten, dass die Thür von der Fensterwand (Frontmauer) soweit entfernt ist, dass bequem grössere Möbel, wie Sopha, Schreibtisch, Bücherschrank, Flügel, Pianino oder Betten Aufstellung finden können, für welche im Allgemeinen eine Wandfläche von 2 bis 3 m erforderlich ist. Bei 4,5 bis 5 m Zimmertiefe rechnet man daher 2 bis 2,50 m Wandfläche bis zur Thürbekleidung und 1,30 bis 1,60 m Breite der Thür einschliesslich der Verkleidung, sodass bis zur Mittelmauer noch 1,20 bis 0,9 m Wandfläche übrig bleibt zur Aufstellung eines Ofens oder kleineren Möbels. Vorteilhaft rechnet man 2,25 m Länge für die vordere Wandfläche. Textfigur 878a. Bei Zimmertiefen von 5,5 bis 6 m ist die vordere Wandfläche 2,25 bis 3 m lang zu machen, Textfigur 871b, während bei 6 m Zimmertiefe die Thür in der Mitte der Scheidemauer angeordnet werden kann. Textfigur 871c. Bei Schlafzimmern ist Rücksicht zu nehmen auf die Aufstellung der Betten, sodass häufig eine meist einflügelige Thür zur

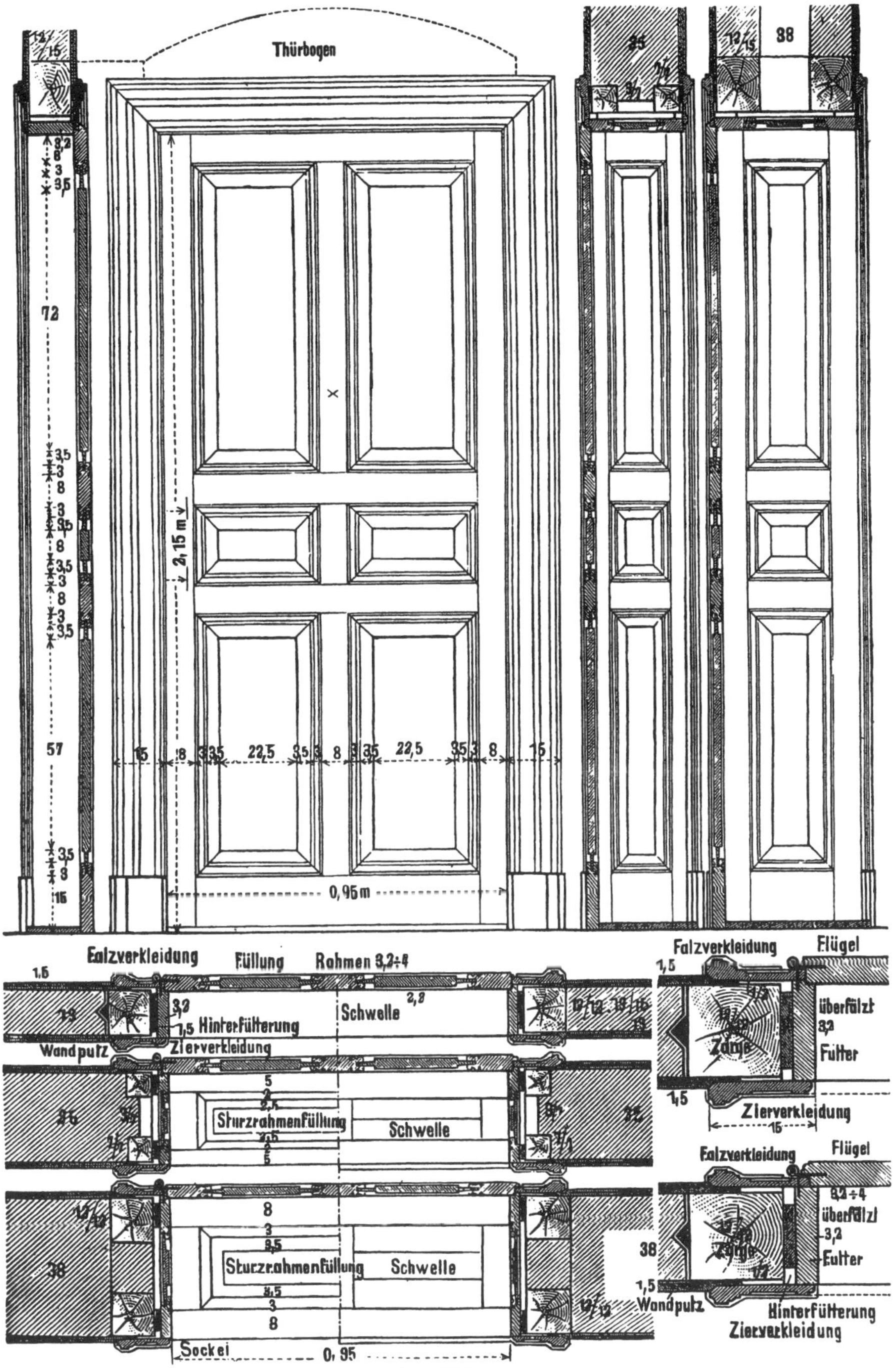

Fig. 868a—i.

Verbindung der Wohnräume miteinander nahe an die Fensterwand zu stehen kommt. Textfigur 871d. Ferner ist zu beachten, dass in einem

Zimmer sämtliche Thüren entweder die Laibungen mit der Zierverkleidung oder die Thürflügel mit der Falzverkleidung

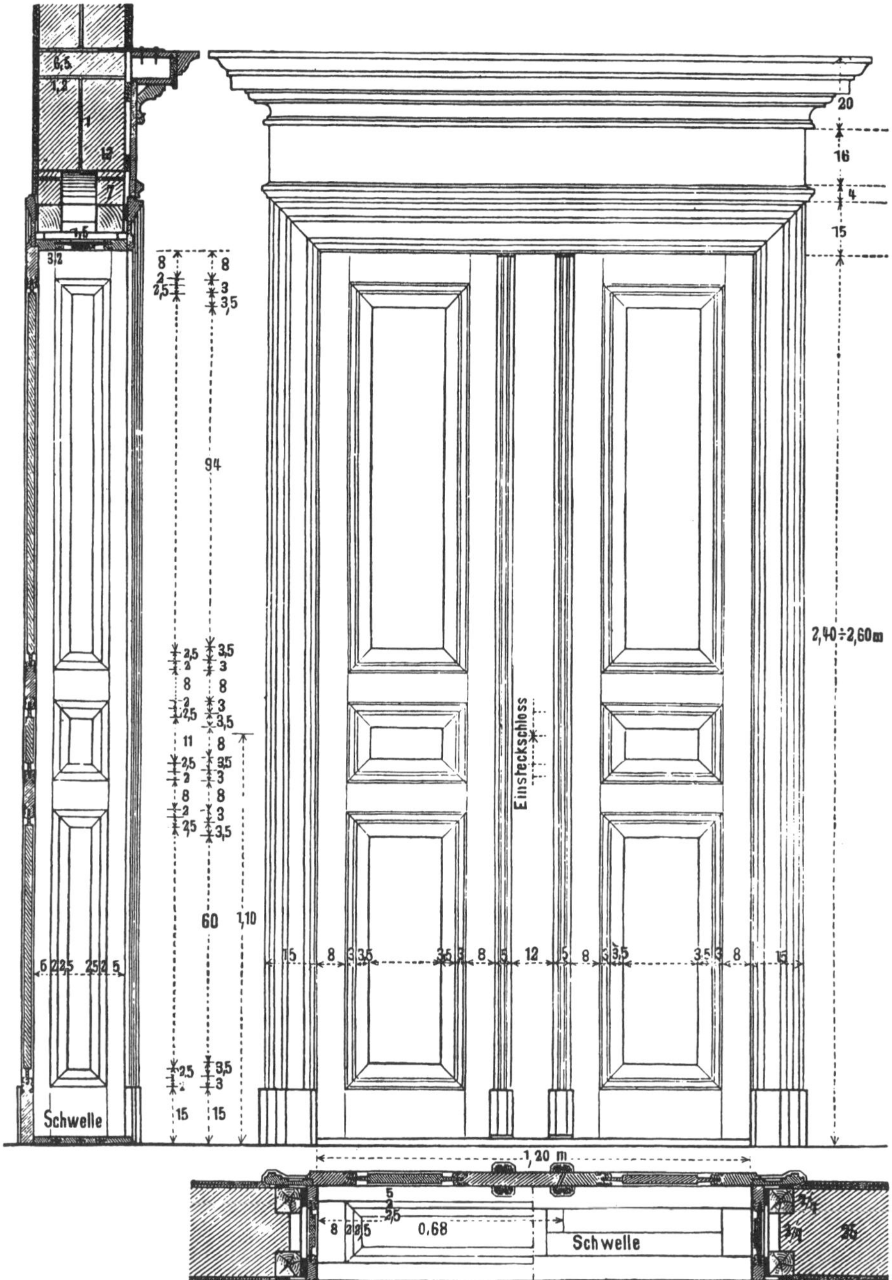

Fig. 869abc.

zeigen. Was das Öffnen der Thürflügel anbetrifft, so gilt als allgemeine Regel, das der aufgehende Thürflügel mit der rechten Hand abzudrücken ist.

E. Verglaste Thüren.

Sie werden angewendet als innere und äussere Thüren und dienen zur Erleuchtung innerer Räume. Innere verglaste Thüren werden daher

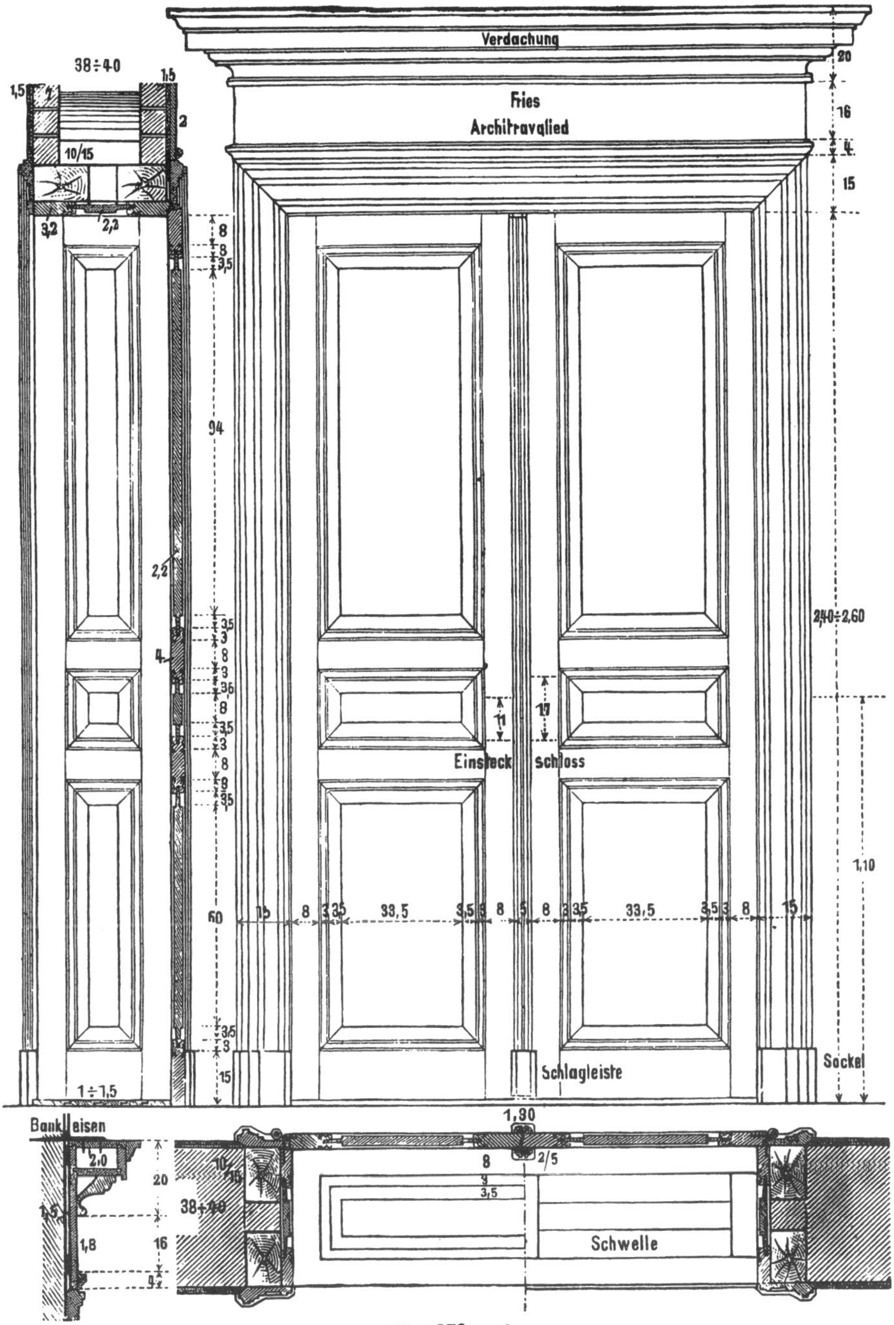

Fig. 870a—d.

erforderlich in Korridoren und Vorsälen ohne direktes Fensterlicht und in Hausfluren als sog. Windfang- oder Pendelthüren, während äussere

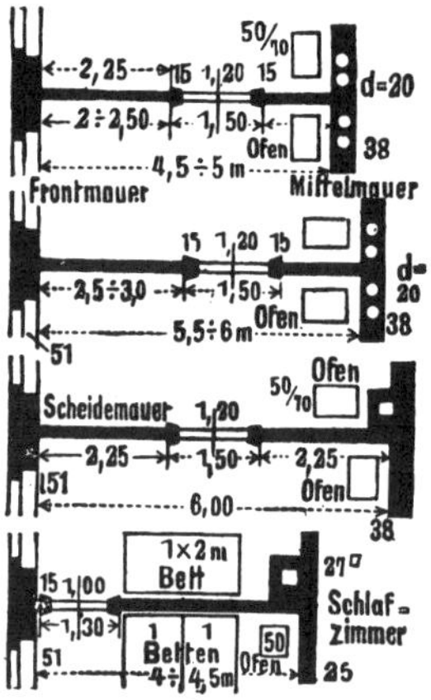

Fig. 871 a b c d.

verglaste Thüren bei Hallen, Veranden, Balkons, und als Hausthüren zur Anwendung kommen. Zur Erleuchtung innerer Nebenräume und Korridore, welche kein direktes Licht erhalten können, wird häufig über den einflügeligen Thüren der Nebenräume ein Oberlicht angeordnet, dessen Fensterrahmen 3 bis 3,5 cm stark und 4 bis 5 cm breit, in einem Deckfalz der Falzverkleidung der Thür feststehend oder beweglich hergestellt und dessen Glasfläche durch hölzerne Sprossen von 2 cm Breite und 3,2 cm Stärke gegliedert werden kann. Textfiguren 872 und 873. Im Allgemeinen werden bei Glasthüren die unteren Teile der Thürflügel in Höhe von 1 bis 1,30 m aus Holz in gestemmter Arbeit, also aus Rahmen und Füllungen bestehend, hergestellt. Die oberen Teile der Flügel dagegen erhalten die Verglasung aus $\frac{4}{4}$ oder $\frac{6}{4}$ Glas, welche in den sog. Kittfalz, bezw. auch Nuten der Rahmenhölzer freibeweglich wegen des Arbeitens des Holzes eingesetzt werden. Bei Vorsaalthüren stellt man häufig die verglasten, oberen Füllungen der Thürflügel als Fenster zum Öffnen beweglich her. Textfiguren 874 und 875. Bei breiteren, verglasten Thüren, wie Glasabschlüssen und Windfangthüren, kann man die Glasflächen durch Sprossenwerk gliedern, wobei häufig buntfarbige Überfanggläser zur Verwendung kommen. Textfigur 876 a b. Zweiflügelige Windfangthüren werden meist als sog. Pendelthüren konstruiert, deren Thürflügel mit leichter Abrundung ihrer Kanten stumpf zusammenschlagen, während sie in gleicher Anordnung in das Thürfutter einzusetzen sind. Textfiguren 877 a b und 878. Ist die Höhe einer Thür grösser als 2,50 m, so ist über den Thürflügeln zur Bildung eines Oberlichtes ein Kämpfer oder Loosholz erforderlich, welcher in den Thürfutterrahmen eingezapft

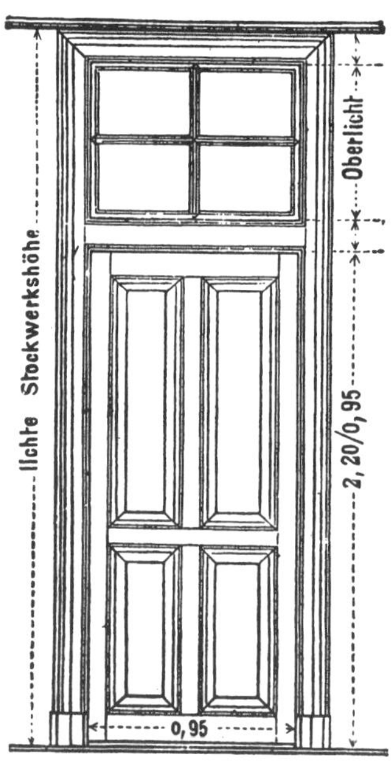

Fig. 872.

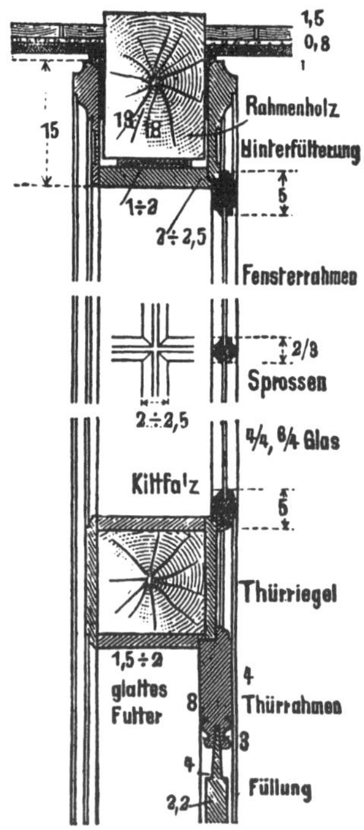

Fig. 873.

werden kann. Er erhält 6 bis 8 cm Stärke bei 10 bis 15 cm Höhe. Ist die Thür oberhalb halbkreisförmig begrenzt, so muss die Oberkante des Kämpfers über der Kämpferebene (dem Mittelpunkte) des Halbkreisprofiles

Fig. 874.

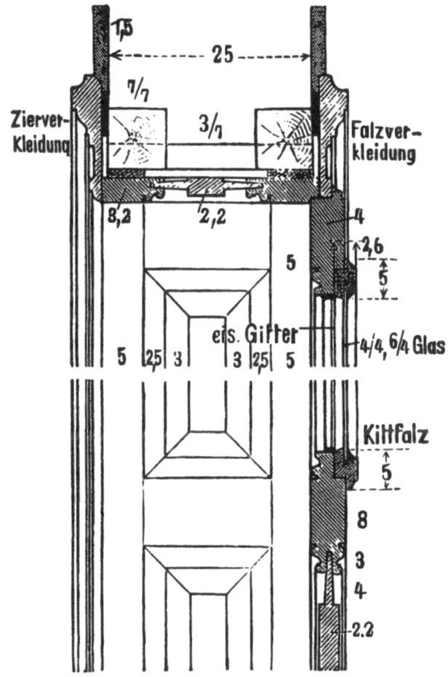

Fig. 875.

Fig 876 a b.

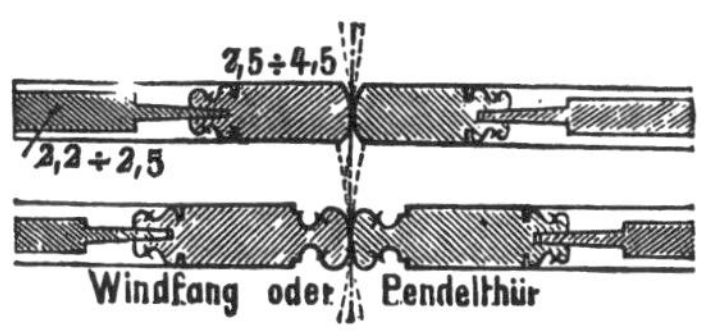

Fig. 877 a b.

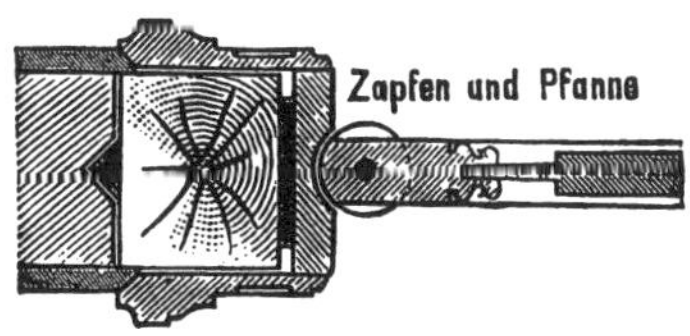

Fig. 878 a b.

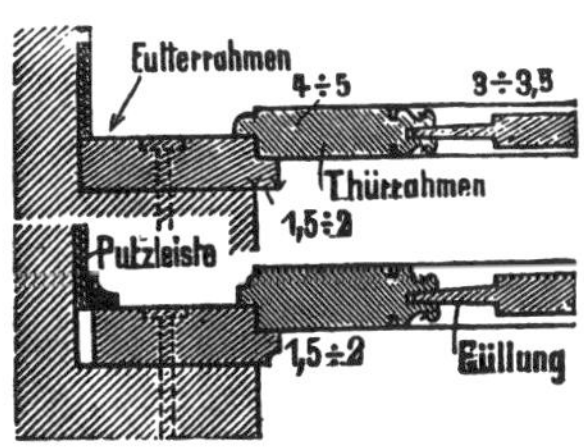

Fig. 879 a b.

liegen; andernfalls würde der Halbkreis nicht als solcher, sondern als ein gedrückter Bogen erscheinen. In den Deckfalz des Kämpfers schlagen alsdann sowohl die Thürflügel wie der Oberlichtrahmen ein.

Äussere verglaste Thüren erhalten stets einen Blind-, Blend- oder Futterrahmen von mindestens 4 bis 4,5 cm Stärke, welcher am inneren Anschlage der Thüröffnungen mittels 7 bis 9 Bankeisen oder Stein-

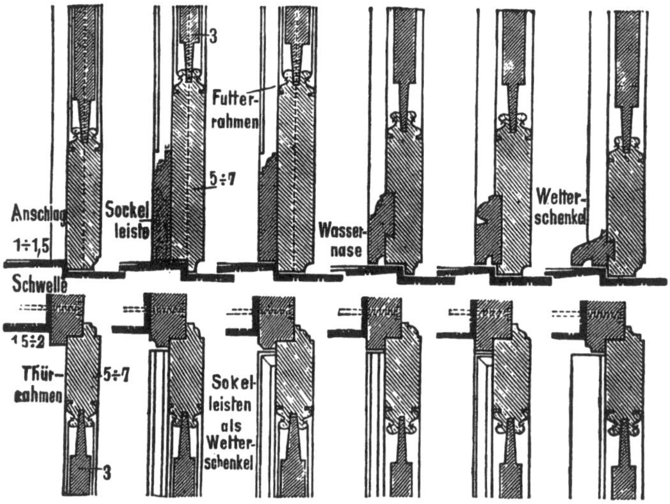

Fig. 880 a—f.

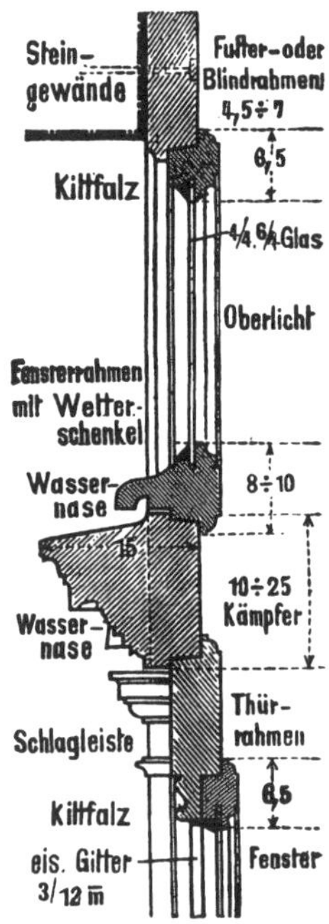

Fig. 881.

schrauben befestigt und dessen Fuge am Mauerwerk mit Haarkalk verstrichen wird. Die Breite der Anschlagsfläche aber beträgt 12 bis 25 cm. Dieser Futterrahmen ragt mindestens um 1,5 bis 2 cm beiderseits und oberhalb in die lichte Thürfüllung hinein und kann bei grösserer Breite profiliert werden. Textfigur 879 a b. Am unteren Querrahmen oder Sockel aber ist ein sog Wetterschenkel zur Ableitung des Regenwassers anzuordnen. Derselbe kann durch den Sockel selbst gebildet werden, oder er erhält bei grösserer Profilausladung desselben eine Unterschneidung oder Wassernase oder man verleimt und verschraubt einen Wetterschenkel von geringer Höhe und 4 bis 5 cm Ausladung in den Sockel, dessen Profil den Wetterschenkeln der Fensterrahmen entspricht. Textfigur 888 a bis f zeigt derartige Anordnungen im Grundriss und Querschnitt. Ganz besonders ist der Anschlag äusserer Thüren an der Thürschwelle zu beachten, welch' letztere eine um die Falzbreite grössere Tiefe erhalten muss, mit welcher die Thürflügel in den Futterrahmen einschlagen. Der untere Anschlag der Thürflügel an der Schwelle aber muss 1 bis 2 cm breit sein, während die Thürschwellen nach aussen vorteilhaft eine geringe Wasserschräge oder Abwässerung erhalten. Da auch die eigentliche Höhe der äusseren Thüren 2,20 bis 2,50 m nicht überschreiten soll, so ist bei grösserer Höhe derselben ebenfalls ein Kämpfer zur Abtrennung eines Oberlichtes anzuordnen, welcher 10 bis 25 cm hoch und breit als Kämpfergesims profiliert und in den Futterrahmen eingezapft wird. In die Deckfalze des Kämpfers schlagen ebenfalls die Thürflügel und der Oberlichtrahmen ein. Textfigur 881. Der Kämpfer erhält oberhalb eine Wasserschräge und tritt um die Stärke der Schlagleisten vor dem Thürflügelrahmen vor. Dieser aber ist 5 bis

7 cm stark und wird namentlich bei Hausthüren kräftiger profiliert und mit überschobenen Kehlstössen versehen, während die Holzfüllungen

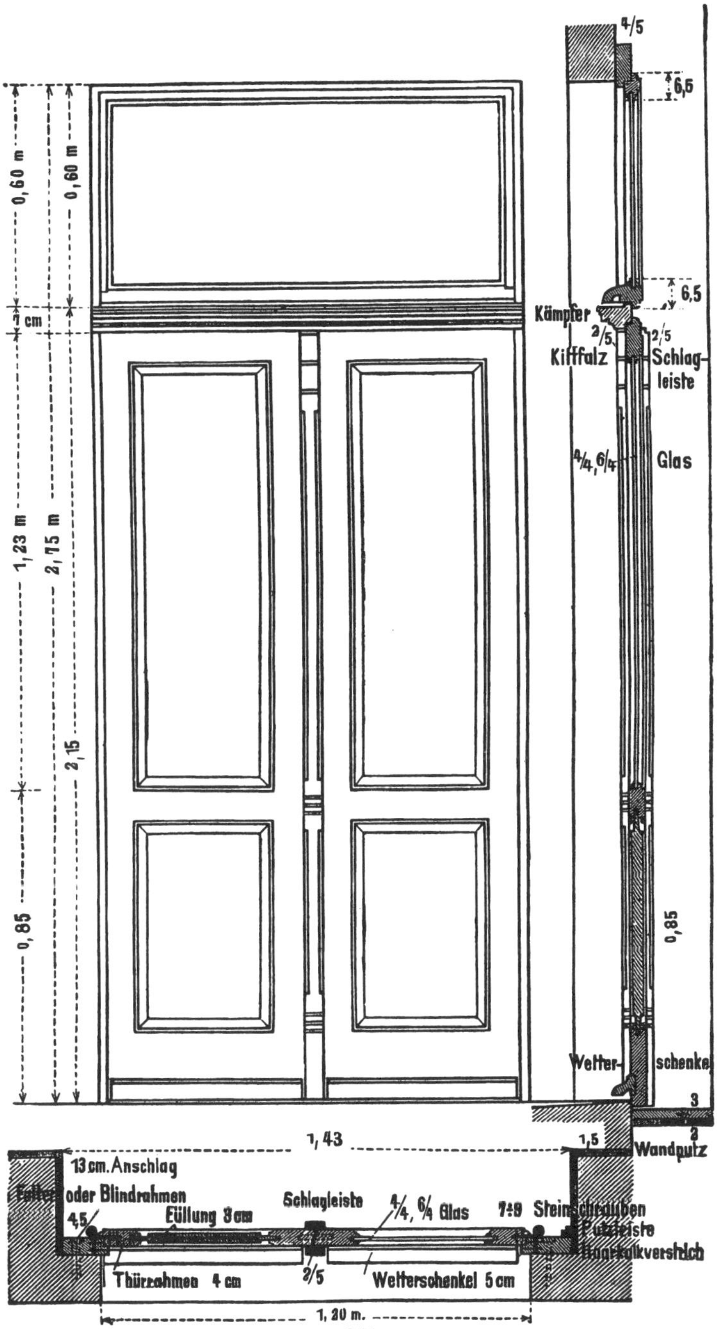

Fig. 882 a—c.

mindestens 3 cm Stärke erhalten. Den Oberlichtrahmen aber macht man 4 bis 6 cm stark und 5 bis 10 cm hoch; auch er ist an seinem unteren Rahmenteile mit einem Wetterschenkel zu versehen.

Die Schlagleisten endlich erhalten meist 5 bis 10 cm Breite bei 4 bis 8 cm Stärke und werden hauptsächlich bei Hausthüren als Pilaster oder Dreiviertelsäulen ausgeführt und architektonisch durch Kapitäl, Schaft und Sockel gegliedert.

In Textfigur 882abc ist eine Balkonthür von 1,20 m Breite und 2,75 m Höhe dargestellt, 1 m breiten und 1,90 m hohen Fenstern entsprechend mit 0,85 m Brüstungshöhe, und zwar in Grundriss, Ansicht und Querschnitt, während die Textfiguren 883ab, 884ab und 885ab Ansichten von Hausthüren und Thoren enthalten.

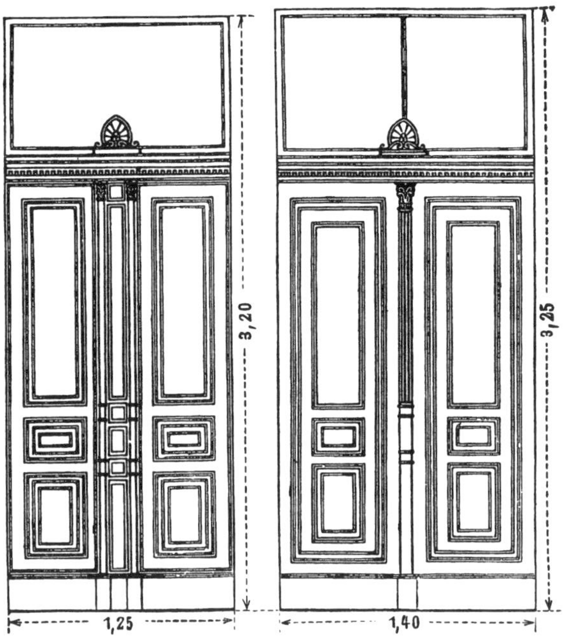

Fig. 883 a b.

Zur Befestigung der Thüren dienen Steinschrauben und Bankeisen, zur Bewegung derselben aber Bänder und Haken. Die Bänder teilt man ein in gerade Bänder, als Kurz- und Langband, Schippenbänder, Winkelbänder, Kreuzbänder, Fischbänder, auch Aufsatz- oder Einsatzbänder genannt, Scharnierbänder und Zapfenbänder, letztere für Pendelthüren.

Die Beschläge zum Verschluss der Thüren aber treten auf als Riegel und Schlösser.

Die Riegel teilt man ein in Schieb- oder Schubriegel, auch Kurz- und Langriegel genannt, und in Kantenriegel.

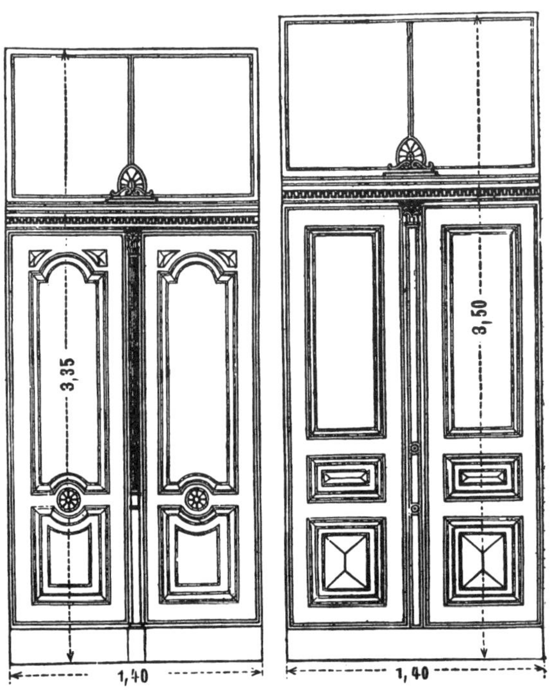

Fig. 884 a b.

Als Schlösser aber werden verwendet Kasten- und Einsteckschlösser, wozu noch die Sicherheitsschlösser treten als englisches Chubbschloss und Bramahschloss, amerikanisches Hobbs- und Yaleschloss, sowie die deutschen Schlösser von Freitag in Gera, Eisele in Karlsruhe und Spengler in Berlin.

F. Die Schiebethüren.

An Stelle der um eine senkrechte Achse drehbaren Thüren verwendet man häufig Schiebethüren, welche zur bequemeren Verbindung und Offenhaltung der Wohn und Gesellschaftsräume dienen und in engen Räumen sowohl wie bei breiten Thüröffnungen unerlässlich sind, wo die aufgehenden,

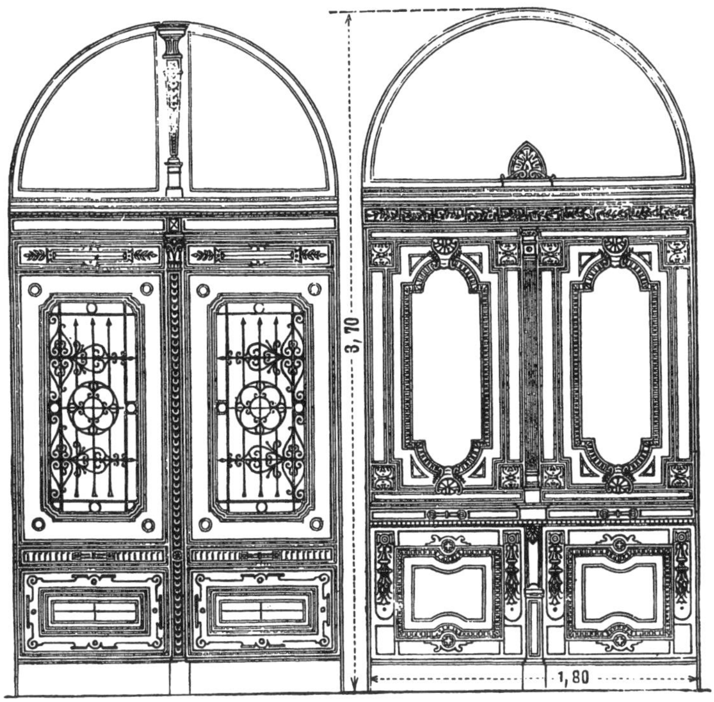

Fig. 885 a b.

um eine senkrechte Achse sich drehenden Thürflügel den Raum sehr beengen würden. Auch im Äusseren der Gebäude werden Schiebethüren und -thore angewendet, wie z. B. bei Remisen, Schuppen, Scheunen und Lagerhäusern.

Die Thürflügel innerer Schiebethüren werden seitlich in einen Mauerschlitz oder in eine Mauernische eingeschoben, welche durch eine vorgestellte Brettwand oder durch nachträgliche Aufführung einer ½ Stein starken Wand geschlossen wird, während äussere Schiebethüren frei vor einer der Wandflächen liegend anzuordnen sind. Die Anlage der Schiebethürnischen hat in folgender Weise zu erfolgen: Nachdem die Schiene s verlegt ist, werden die Mauerteile mm vorgemauert, während der obere Teil abcd offen bleibt und später mit abnehmbarer Thürverda-

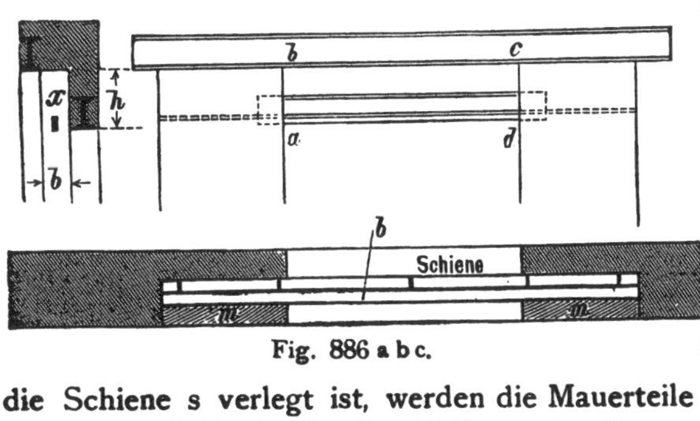

Fig. 886 a b c.

chung oder mit einer Thürbekleidung geschlossen wird. Textfigur 886 a b c. Für den Laufmechanismus ist eine erforderliche Höhe von 10 bis 25 cm bei einem Rollendurchmesser von 5 bis 24 cm vorzusehen. Die Schlitzbreite b aber nehme man gleich der Thürstärke + 2×2 cm. Die Thürflügel

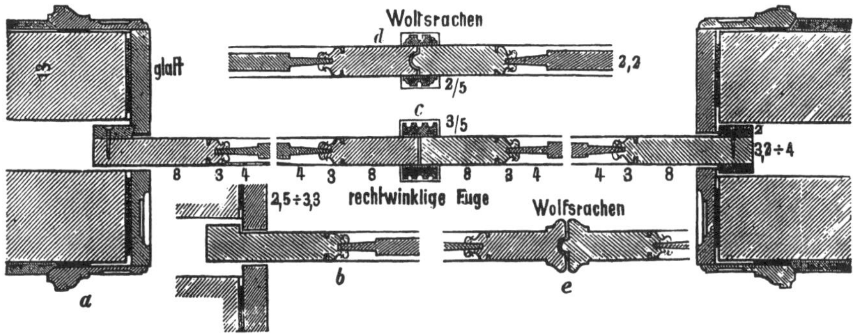

Fig. 887 a—e.

innerer Schiebethüren werden stets in gestemmter Arbeit hergestellt, wobei die Kehlstösse nur geringe Profilausladungen erhalten dürfen wegen der Seitwärtsbewegung der Thürflügel in den Mauerschlitzen. Die seitlichen Höhenfriese sowohl wie der untere und obere Querfries erhalten jedoch eine grössere Breite, damit die Thürflügel beim Schluss der Schiebethür noch um einige Centimeter in den Mauerschlitz hineinragen, und so die lichte Thüröffnung dicht schliessen. Damit jedoch die Thürflügel nicht zu weit herausgezogen werden können, wird jedem Thürflügel am unteren Querfries eine

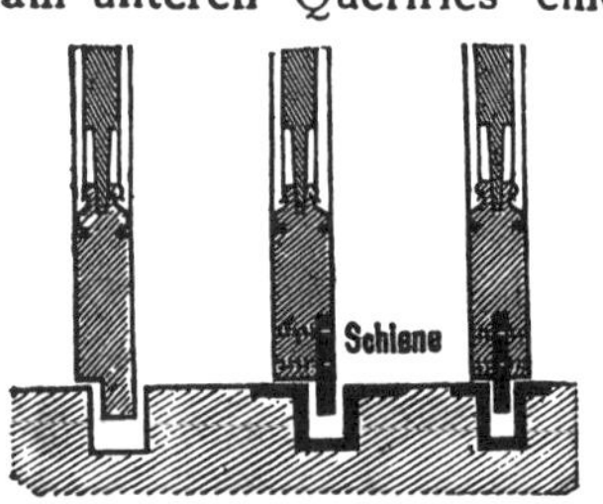

Fig. 888 a b c.

Fig. 889 a b c.

Leiste angeschraubt. Textfigur 886 a bis e. Beim Schliessen der Thür aber stossen die Thürflügel entweder stumpf zusammen mit rechteckiger Fuge, welche durch die beiderseitigen Schlagleisten gedeckt wird, Textfigur 887 c, oder sie erhalten den sog. Wolfsrachenverschluss. Textfigur 887 d. Im Fussboden aber erhalten die Thürflügel eine Führung, indem sie mit einem Falz oder angeschraubter Schiene in einem Schlitz im Fussboden eingreifen. Textfigur 988 a b c.

Das Thürfutter kann bei inneren Schiebethüren glatt oder gestemmt

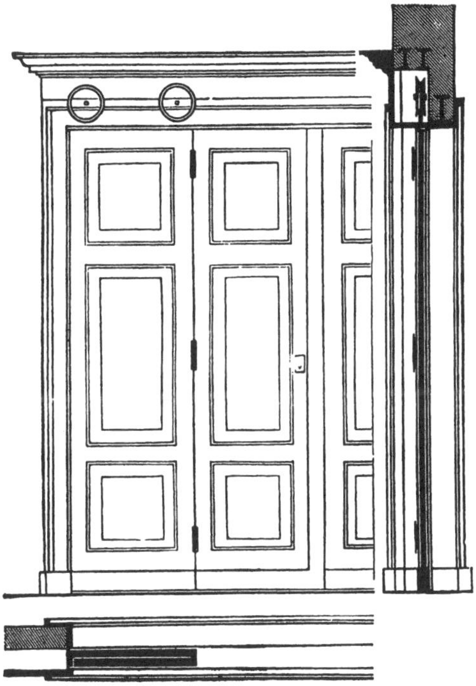

Fig. 890.

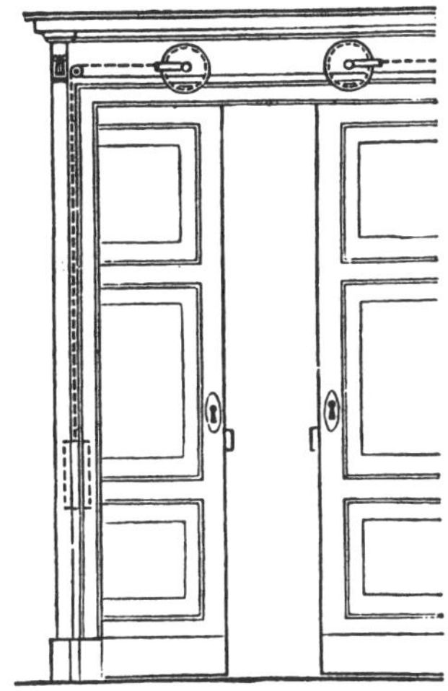

Fig. 891 a b c.

hergestellt werden. In beiden Fällen aber erhält es einen Schlitz, in welchen die Thürflügel hineingeschoben werden. Der eine obere Teil desselben aber wird fest durch Verzinkung, der andere dagegen durch Scharnierbänder beweglich hergestellt, damit die Thürflügel eingehängt werden können und man jederzeit leicht zum Laufmechanismus gelangen kann. Textfiguren 889 bis 892 enthalten verschiedene Schiebethürenanordnungen dem Kataloge No. 15 der Baubeschlägefabrik

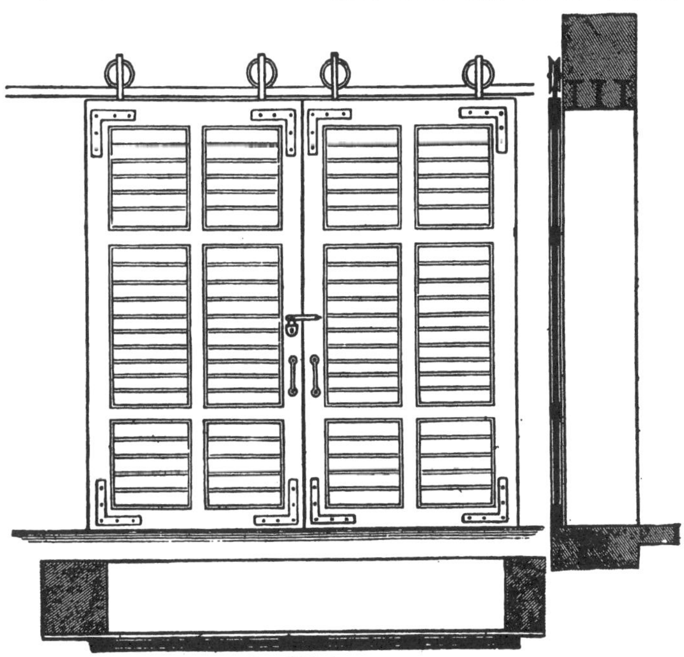

Fig. 892 a b c.

von Franz Spengler in Berlin entnommen und zwar Fig. 889 a b c eine zweiflügelige Salonschiebethür, Fig. 890abc eine dreiteilige Salonschiebethür mit mittlerer Klappthür, und Fig. 891 eine von selbst zufallende Schiebethür, während in Fig. 892abc eine äussere zweiflügelige Schiebethür für Remisen, Schuppen und dergl. dargestellt wurde

Zu einem kompletten Schiebethürbeschlage aber gehören der Laufmehanismus mit unterer Führung, die Stirngriffe zum Herausziehen der Thürflügel aus dem

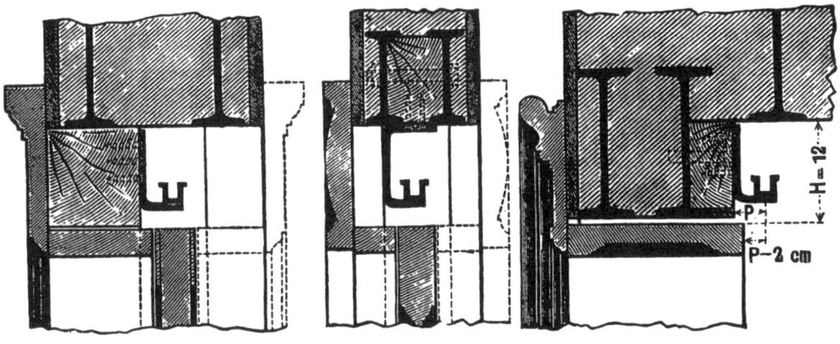

Fig. 893abc.

Schlitz, die Seitengriffe zum Zusammenschieben derselben und die Verschlussvorrichtung, welche aber oft entbehrlich ist.

Die Thürflügel laufen mit je ein paar Messingrollen auf einer Laufschiene, welche durch Winkeleisen an einem Ueberlagsholz angeschraubt wird. Die Anordnungen der Nischenkonstruktionen zur Anbringung des „Saturn“-schiebethürlaufmechanismus von Spengler, Berlin zeigt die Textfigur 893abc, während Spenglers langjährig sich bewährthabender „Korrekt“ Laufmechanismus für Schiebethüren in Textfigur 894cbc dargestellt ist, dessen Konstruktionshöhe H = 10, 18, 25, 30, 35 cm beträgt bei 5, 9, 13, 20, 24 cm Rollendurchmesser. Im Allgemeinen rechnet man für 0,80 bis 1 m Laufschienenlänge ein Hängeeisen.

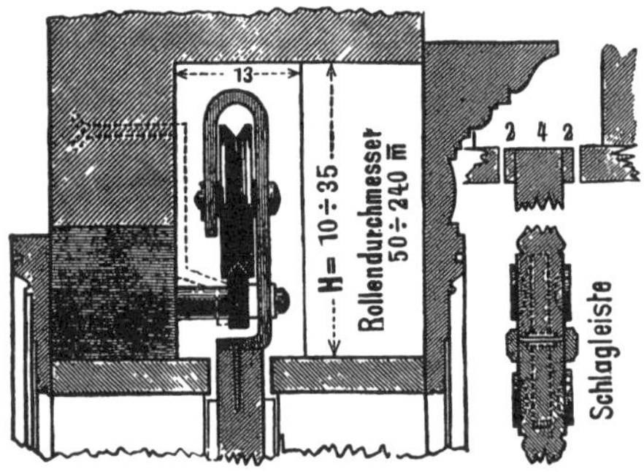

Fig. 894ab.

1 qm	Kreuzthür, 3,5 cm stark	8,00— 9,00	Mk
1 „	Sechsfüllungsthür, 4 cm stark	9,00— 9,50	„
1 „	Flügelthür desgleichen	11,00	„
1 „	desgleichen mit doppelter Schlagleiste	12,00	„
1 „	einflügelige Glasthür, 4 cm stark	8.50	„
1 „	zweiflügelige Glasthür	9,40	„
1 „	Glaswand mit Oberlicht	15,00—24,00	„
1 lfd. m.	Futter bis 15 cm tief	0,60— 0,70	„
1 lfd. m.	Futter bis 28 cm tief	1,00— 1,20	„
1 qm	gestemmtes Futter	6,50— 8,50	„
1	einfache Verdachung zu zweiflügeliger Thür	6,00	„
1	desgl. zu zweiflügeliger Thür	7,50	„
1	Konsolverdachung zu obigen Thüren	10,00—12,00	„

XIX. Die Konstruktion der Wohnhaus-Fenster.

A. Allgemeines.

Die Fenster haben den Zweck, die in den Front-, Mittel- und Scheidemauern zur Erleuchtung der Innenräume angelegten Licht- oder Fensteröffnungen luft- und wasserdicht zu verschliessen, um die Innenräume einesteils gegen Nässe und Kälte zu schützen, andernteils aber dieselben auch lüften zu können.

Die Fenstergrösse richtet sich im Allgemeinen nach der Grösse der Grundfläche eines zu erleuchtenden Raumes und zwar soll die Gesamtlichtfläche der Fensteröffnungen betragen:

in Wohnräumen $\frac{1}{8}$ bis $\frac{1}{12}$,
in Schulen $\frac{1}{5}$ bis $\frac{1}{8}$,
in Fabriksälen und Werkstätten $\frac{1}{4}$ bis $\frac{1}{6}$ der Grundfläche des Raumes.

Die lichte Höhe h der Fensteröffnungen hängt im Allgemeinen ab von der Stockwerkshöhe H und wird begrenzt und bestimmt durch 2 Masse, nämlich die Brüstungshöhe der Fenster, welche für Wohnhausfenster **0,75** bis **0,90 m**, meist 0,80 bis 0,85 m beträgt und im Rohbau von Balkenoberkante bis Sohlbankoberkante zu messen ist, und die Konstruktionshöhe, welche für die Deckenbildung erforderlich ist, und die von Balkenoberkante bis Fenstersturzunterkante bei wagerechtem oberen Fensterabschluss, bis Scheitelpunkt des Bogenprofiles bei bogenförmiger oberer Begrenzung der Fensteröffnung mit 0,80 bis **1 m** in Rechnung zu setzen ist. Textfigur 895 a bis f.

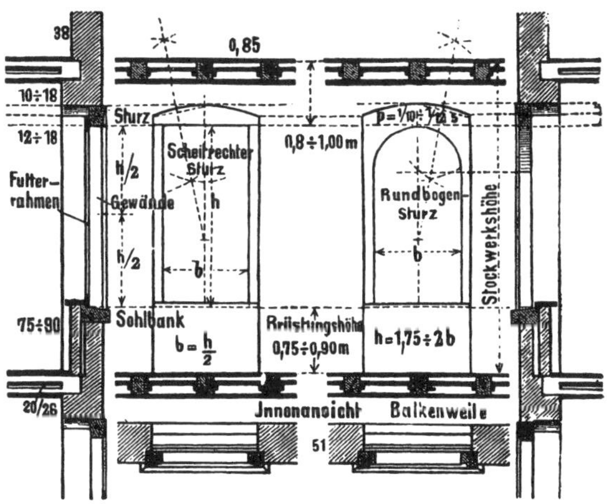

Fig. 895 a b c. Fig. 895 d e f.

Die lichte Breite b der Fensteröffnungen beträgt im Allgemeinen die Hälfte der lichten Fensterhöhe h, d, h. es verhält sich

b : h = 1 : 2.

Meist sind folgende Lichtmasse der Fensteröffnungen gebräuchlich:

für Wohnräume 0,90 : 1,80; 1 : 1,90; 1,10 : 2,0; 1,20 : 2,20; 1,25/2,50 m.

für Saalbauten 2,0/4,0 m.

für Arbeiterwohnungen und Wirtschaftsgebäude 0,80/1,50 bis 0,90/1,80 m,

für Verkaufsläden 3 : 3 bis 4 : 4 m.

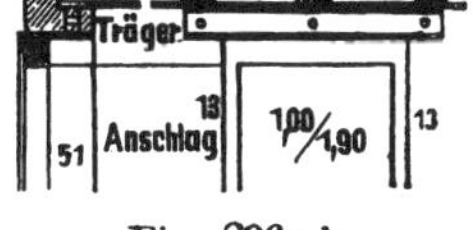

Fig. 896 a b.

Der seitliche Anschlag, um welchen das Mauerwerk im Innern vor der lichten Fensteröffnung seitlich zurücktritt, beträgt **7** oder **13** cm. Auch über dem Fenstersturz ist ein solcher Anschlag vorzusehen, über welchem der Fensternischenbogen mit Segmentbogenprofil und $\frac{1}{10}$ bis $\frac{1}{12}$ der Spannweite als Pfeilhöhe = 10 bis 18 cm bei **1** bis **1½** Stein Scheitelstärke sich wölbt. Auch bei halbkreisförmigem Bogensturz ist ein solcher anzuordnen wegen Anbringung der Fenstervorhänge und Öffnen der oberen Fensterflügel. Häufig wird namentlich bei Doppel- bezw Kastenfenstern ein doppelter Maueranschlag von je 7 cm Breite angeordnet. Bei geringer Stockwerks- bezw Konstruktionshöhe aber ersetzt man den Fensternischenbogen durch schmiedeeiserne I Träger. Textfigur 896 a b.

Für Wohngebäude werden nur Flügelfenster angewendet, welche vom Glaser gefertigt, aus Eiche, harzreichem Kiefern- und Lärchenholze, jedenfalls aber aus Holz hergestellt werden, welches sich nicht leicht wirft und krumm zieht. Sie erhalten einen mehrmaligen Anstrich von Leinöl, Firnis oder deckender Ölfarbe, um das Holz vor den Witterungseinflüssen zu schützen.

B. Die Ausführung der Flügelfenster.

Nach der Anzahl ihrer Flügel teilt man dieselben ein in ein-, zwei-, drei-, vier-, sechs- und mehrflügelige Fenster, wie solche in den Textfiguren 897 a b, 898, 899 a b und 900 a b dargestellt sind. Sie können als einfache oder Doppelfenster und nach innen oder aussen aufgehend konstruiert werden. Die Doppelfenster führt man für bessere Wohngebäude meist als Kastenfenster aus, bei welchen das innere

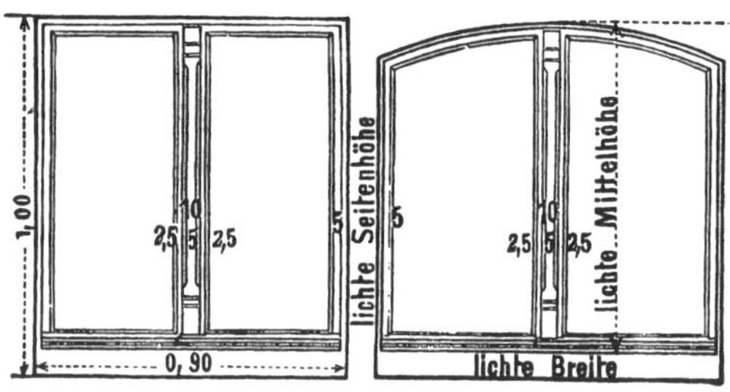

Fig. 897 a b.

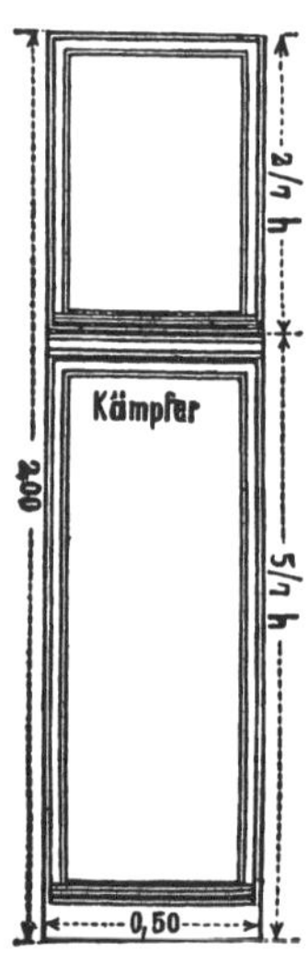

Fig. 898.

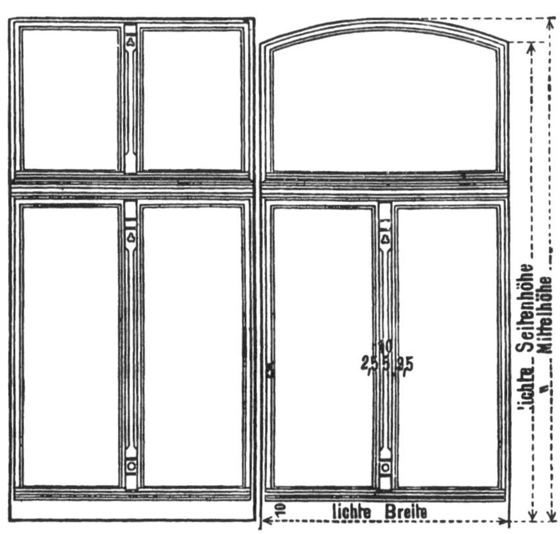

Fig. 899 a b.

oder sog. Winterfenster mit dem äusseren Fenster durch ein Zwischenfutter, den Kasten, verbunden wird.

Die Flügelfenster bestehen aus dem Fenster- oder Futterrahmen, auch Blind- oder Blendrahmen, Fensterstock oder Zarge genannt, den Fensterflügeln und dem Fenster- oder Latteibrett.

1. Der Fenster- oder Futterrahmen. Er entspricht dem Futter-

rahmen äusserer verglaster Thüren. Auch er ragt 1 bis 2 cm tief in die lichte Fensteröffnung hinein, welcher Vorsprung als der Nacken des Futterrahmen bezeichnet wird. Seine Befestigung am Anschlag der Fensteröffnung, der sog. Anlage, erfolgt durch 7 Steinschrauben oder Bankeisen, während die Fugen zwischen ihm und dem Mauerwerke mit Haarkalk zu

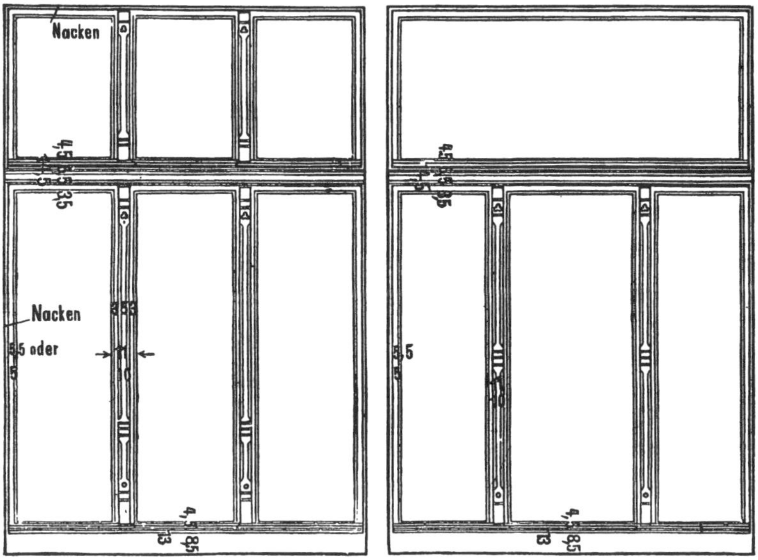

Fig. 900 a b.

verstreichen sind. Aus 32 bis 45 mm starkem Holze hergestellt besteht der Futterrahmen aus dem unteren, wagerechten Rahmenschenkel, den beiden seitlichen Höhenschenkeln und dem oberen, wagerechten oder bogenförmigen Rahmenschenkel. Diese Futterrahmenteile werden unter sich durch Schlitzzapfen und Holznägel verbunden und verleimt.

Ist die Höhe eines Fensters grösser als 1,50 m, so ist eine Höhenteilung durch Anordnung eines Loosholzes oder Kämpfers von 6,5 bis 8 cm Höhe und Breite erforderlich. Dieser aber wird in die Höhenschenkel des Futterrahmen mittels Schlitzzapfens und Holznägeln befestigt, verleimt, entsprechend profiliert und an seiner Oberfläche mit einem Falz für den Fensterflügelrahmen und einer Wasserschräge oder Abwässerung, an seiner Hängeplatte aber mit einer Unterschneidung oder Wassernase behufs leichter Abführung und Ableitung des anschlagenden Regenwassers versehen. Man legt ihn mit seiner Oberkante in $\frac{2}{3}$ der lichten Fensterhöhe h, sodass für den Fensterteil oberhalb des Kämpfers noch $\frac{1}{3}$ h verbleiben. Textfigur 901 a. Bei Halbkreisprofil des Fenstersturzes muss die Oberkante des Kämpfers noch unterhalb der Kämpferebene des Halbkreises angeordnet werden, sodass stets der volle Halbkreis der Verglasung des Oberteiles zur Geltung kommt.

Bei grösserer Breite der lichten Fensteröffnung als 0,60 m werden Pfosten, Mittelpfosten oder Setzhölzer, feststehend oder aufgehend konstruiert, erforderlich, welche bei 40 bis 50 mm Breite die gleiche Stärke des Futterrahmen erhalten. Sie werden in den unteren und oberen Rahmenschenkel bezw. den Kämpfer eingezapft und verleimt, und teilen so die Fensterfläche in 2 oder 3 Teile von gleicher bezw. auch verschiedener Breite. Liegt hierbei der Kämpfer in halber Höhe des Fensters, so bildet der Pfosten mit dem Kämpfer das sog. Fensterkreuz, Textfigur 901 b,

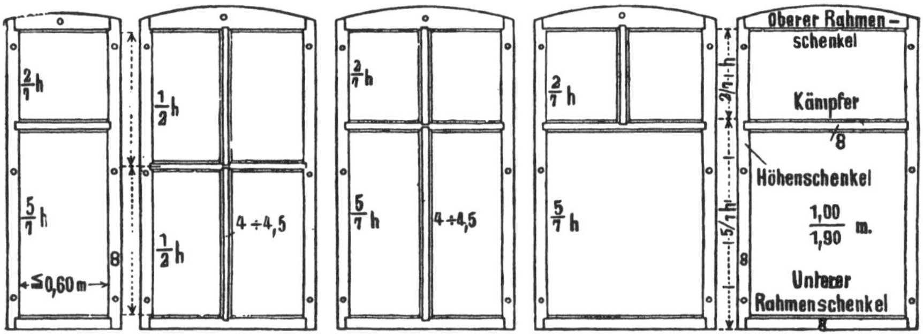

Fig. 901 a—e.

welche Anordnung durch Höherlegung des Kämpfers in $\frac{5}{7}$ h verbessert wird, da im ersteren Falle der Kämpfer sich in Gesichtshöhe befindet und so störend auftritt. Textfigur 901 c. In der Neuzeit wird höchstens ein feststehender Pfosten über dem Kämpfer noch beibehalten, Textfigur 901 d, besser jedoch werden nur noch aufgehende Pfosten angewendet, welche an den Fensterflügelrahmen sich befinden. Textfigur 901 e. Der untere Futterrahmenschenkel wird häufig als verstärkter unterer Rahmenschenkel oder Dickschenkel konstruiert und erhält als solcher 50 bis 80 mm Stärke und mindestens 80 mm Höhe. Textfigur 902.

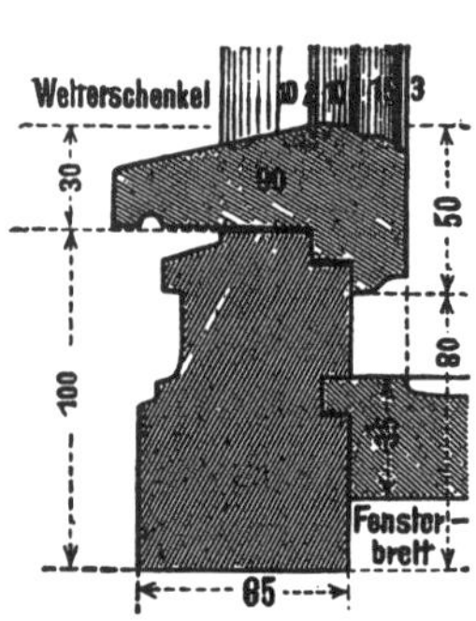

Fig. 902.

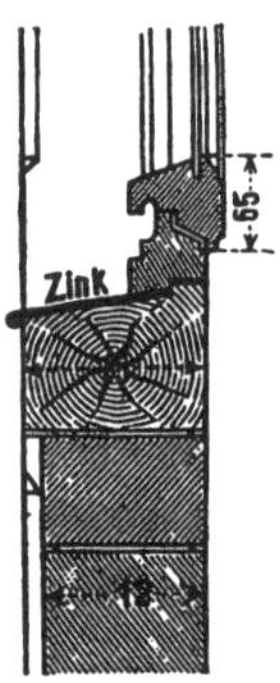

Fig. 903.

Bei Fachwerksbauten wird der Fensterfutterrahmen entweder in einen Falz der Säulen und Riegel eingelegt oder stumpf zwischen diesen eingesetzt, durch Kehlleisten oder glatte Futterstreifen befestigt und meist durch Verkleidungen umrahmt. Textfigur 903 und 904 zeigen derartige Anordnungen.

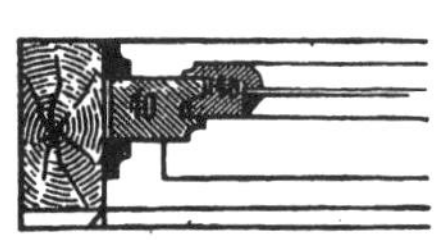

Fig. 904.

2. Die Fensterflügel. Sie werden eingeteilt in untere und obere Flügel. Jeder Fensterflügel besteht aus dem Fensterflügelrahmen, den Sprossen bei etwaiger Teilung der Glasflächen in kleinere Scheiben und der Verglasung selbst.

Der Fensterflügelrahmen setzt sich zusammen aus dem Fensterflügeloberschenkel, den beiden Seiten- oder Höhenschenkeln und dem unteren Fensterflügelrahmen als Wasser- oder Wetterchenkel, welcher auch stets an den Fensterflügeln oberhalb des Kämpfers anzuordnen ist.

Die Stärke der Fensterflügelrahmen schwankt zwischen 30 bis 45 mm bei 50 bis 65 mm Höhe oder Breite. Sie legen sich mit schrägem Falz, Kneiffalz, S-falz oder sog. Wolfsrachen als Dichtungsfalze in den Futterrahmen, mit welchem sie in Gestalt eines Deckpfalzes von 10 mm Tiefe und 6 bis 8 mm Breite überfalzt werden. Textfigur 905 a b c d. In den Falzen aber ist stets 1 bis 2 mm Luft oder Spielraum vorzusehen, damit die Fensterflügel sich leicht öffnen und bewegen lassen und nicht klemmen. An der Aussenseite erhält der Ober- und Höhenschenkel des Fensterflügelrahmen den Kittfalz von 10 bis 12 mm Tiefe und 5 bis 8 mm Höhe, in welchem die Verglasung mittels Drahtstiften oder Zinkblättchen und Glaserkitt, welcher aus Leinöl und Schlemmkreide besteht, befestigt wird. An der Innenseite werden die Fensterflügelrahmen abgefast oder flach profiliert.

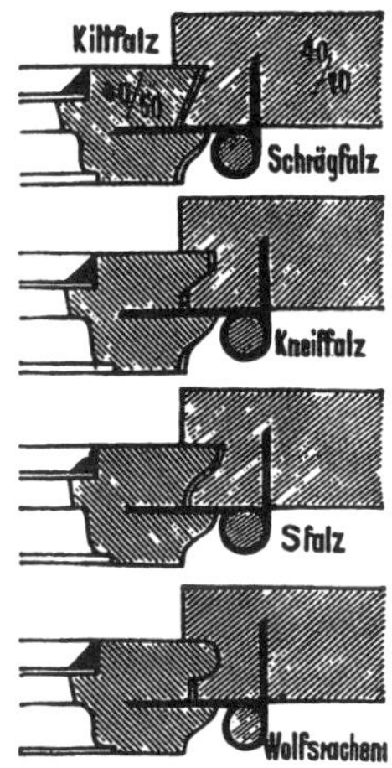

Fig. 905 a b c d.

Anders gestaltet ist der Wasser- oder Wetterschenkel des Flügelrahmen, welcher an seiner Oberfläche eine Abwässerung oder Wasserschräge und eine 3 bis 5 mm tiefe und breite Nut zur Aufnahme der Verglasung erhält, während er an seiner Unterfläche mit einer Unterschneidung oder Wassernase zu versehen ist. Er erhält meist 4 cm Ausladung vor dem Fensterflügelrahmen.

Feststehende Pfosten werden nur noch bei beweglichen Winterfenstern oder Fenstern untergeordneter Gebäude angewendet, während aufgehende Pfosten, für Wohnhausfenster stets angewendet, an den mittleren Höhenschenkeln der Fensterflügelrahmen, beide Teile aus einem Stück Holz bestehend, angearbeitet werden. Sie bilden mit den Fensterflügelrahmen das sog. Mittelstück der Fensterflügel, deren mittlere Höhenschenkel in einer Schrägfuge zusammenschlagen, welche durch beiderseitige Schlagleisten, d. h. eine äussere und eine innere Schlagleiste gedeckt wird, und zwar trägt von Innen gesehen der rechte Fensterflügel die innere, der linke Fensterflügel die äussere Schlagleiste. Dieselben erhalten 40 bis 50 mm Breite und 15 bis 20 mm Stärke. Sie werden vielfach mit den aufgehenden Pfosten aus einem Stück Holz gefertigt und können als Pilaster oder Dreiviertelsäulchen architektonisch mit Fuss, Schaft und Kapitäl ausgebildet werden.

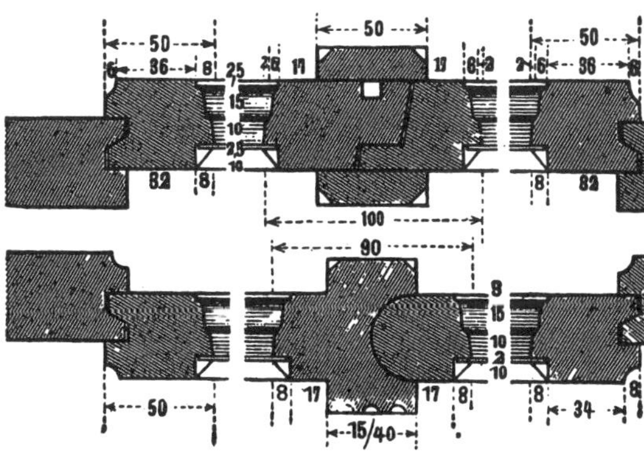
Fig. 906 a b.

Textfigur 906a zeigt den Horizontalschnitt durch ein nach innen aufgehendes Fenster, während Figur 906 b einen solchen durch ein nach aussen aufgehendes Fenster enthält. Die Fensterflügelrahmen legen sich hierbei mit Kneiffalz in den Futterrahmen, während sie in das Mittelstück mittels schrägen Falzes, dessen Schräge unter einem Winkel von 103° gerichtet sein soll, oder mit Wolfsrachen eingreifen.

In Textfigur 907 a b sind die zu Fig. 906 gehörigen Höhenschnitte durch ein nach innen bezw. nach aussen aufgehendes Fenster dargestellt, aus welchen die Einzelverbindungen der Konstruktionsteile unter sich leicht ersichtlich sind.

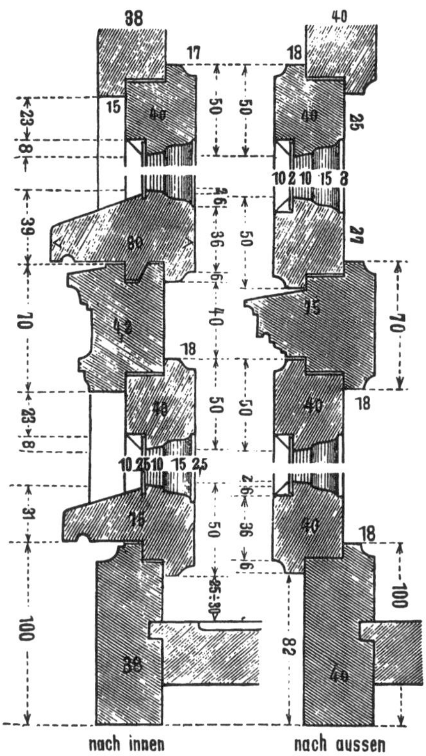

Fig. 907 a b.

Die Sprossen sind schmale Leisten und dienen zur Teilung der Glasflächen der Fensterflügel in kleinere Scheiben, welche meist quadratisch oder etwas überhöht gestaltet werden. Die Sprossen erhalten höchstens 20 bis 25 mm Breite und meist die gleiche Stärke der Fensterflügelrahmen, mit welchen sie verzapft und verleimt werden. An ihrer Aussenseite werden sie wie die Flügelrahmen mit dem Kittfalz versehen, während sie innen entsprechend den Profilen des Flügelrahmen gestaltet werden.

Fig. 908.

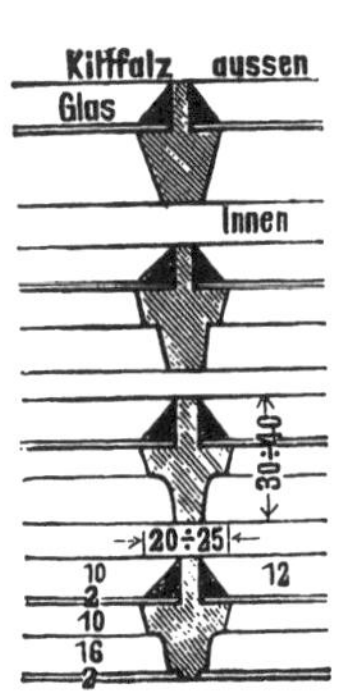

Fig. 909.

Textfigur 908 zeigt die Ansicht eines mit Sprossenteilung versehenen Treppenhausfensters, während Textfigur 909 a b c d übliche Sprossenquerschnitte enthält.

Die Verglasung. Sie besteht aus deutschem (rheinischen) $\frac{4}{4}$, $\frac{6}{4}$, $\frac{8}{4}$ Glas von 2, 3 und 4 mm Stärke, welches als einfaches, anderthalbfaches und Doppelglas in 4 Wahlen in den Handel kommt. Meist wird bei besseren Gebäuden für Fensterverglasungen die 2. oder 3. Wahl angewendet. Die Glasscheiben müssen ebene Flächen bilden, dürfen also nicht buckelig und windschief sein, auch müssen sie möglichst rein, d. h. frei von Flecken und Blasen sein. Die Grösse der Glastafeln oder Scheiben wird nach addierten Centimetern oder auch nach qm berechnet. Mattiertes und gemustertes (Mousselin) Glas, sowie geriffeltes und karriertes Rohglas wird da angewendet, wo Undurchsichtigkeit der Glasscheiben verlangt wird. Dieselben werden mittels Stiften oder Zinkblättchen und Glaserkitt in dem Kittfalz der Fensterflügelrahmen befestigt bezw. in die Nut der Wetterschenkel der Flügelrahmen eingesetzt.

3. Das Fenster- oder Latteibrett. Dasselbe dient zur Abdeckung des Brüstungsmauerwerkes, welches bei Geschossmauern von mehr als 1 Stein Stärke mit $\frac{1}{4}$ Stein starker Isolierungsluftschicht hergestellt und in den Laibungen meist $\frac{1}{2}$ bis 1 Stein tief zurückgesetzt wird. Das Fensterbrett erhält 32 bis 40 mm Stärke und greift mit Feder und Nut (Zapfen) in den unteren Futterrahmenschenkel ein, mit welchem es verleimt wird. Die Nut bezw. den Zapfen oder die Feder macht man 10 bis 12 mm hoch und 8 bis 10 mm tief. An seiner Oberfläche erhält das Fensterbrett eine Wasserrinne zur Aufnahme des Schweisswassers, welches sich an den verglasten Fensterflächen in Folge der Temperaturunterschiede niederschlägt. Diese Rinne aber gründet man 30 bis

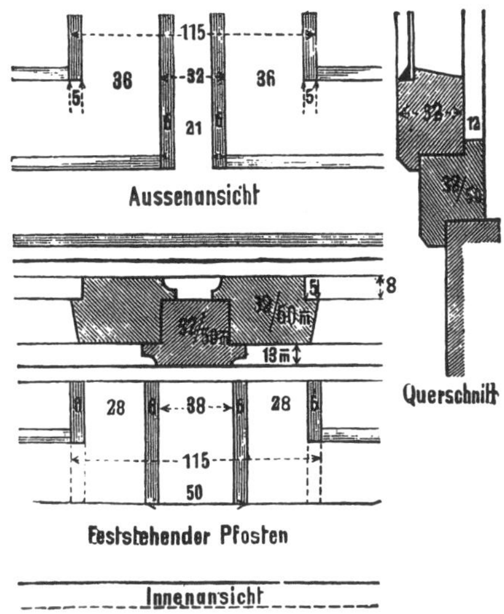

Fig. 910 a b c.

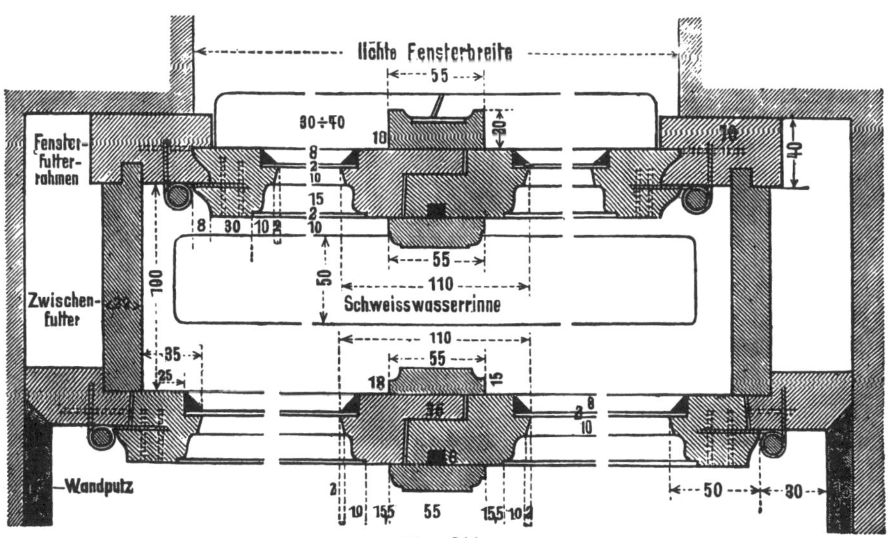

Fig. 911.

50 mm breit und 8 bis 10 mm tief aus. An der Innenkante wird das Fensterbrett profiliert und bei in der Laibung nicht zurückgesetztem Brüs-

tungsmauerwerk, vor welchem es 4 bis 5 cm ausladet, seitlich überstochen. Die Überleitung von der Ausladung des Fensterbrettes zur inneren Putzfläche der Brüstungsmauer wird meist durch eine in die Unterfläche des Fensterbrettes eingeleimte Kehlleiste bewirkt.

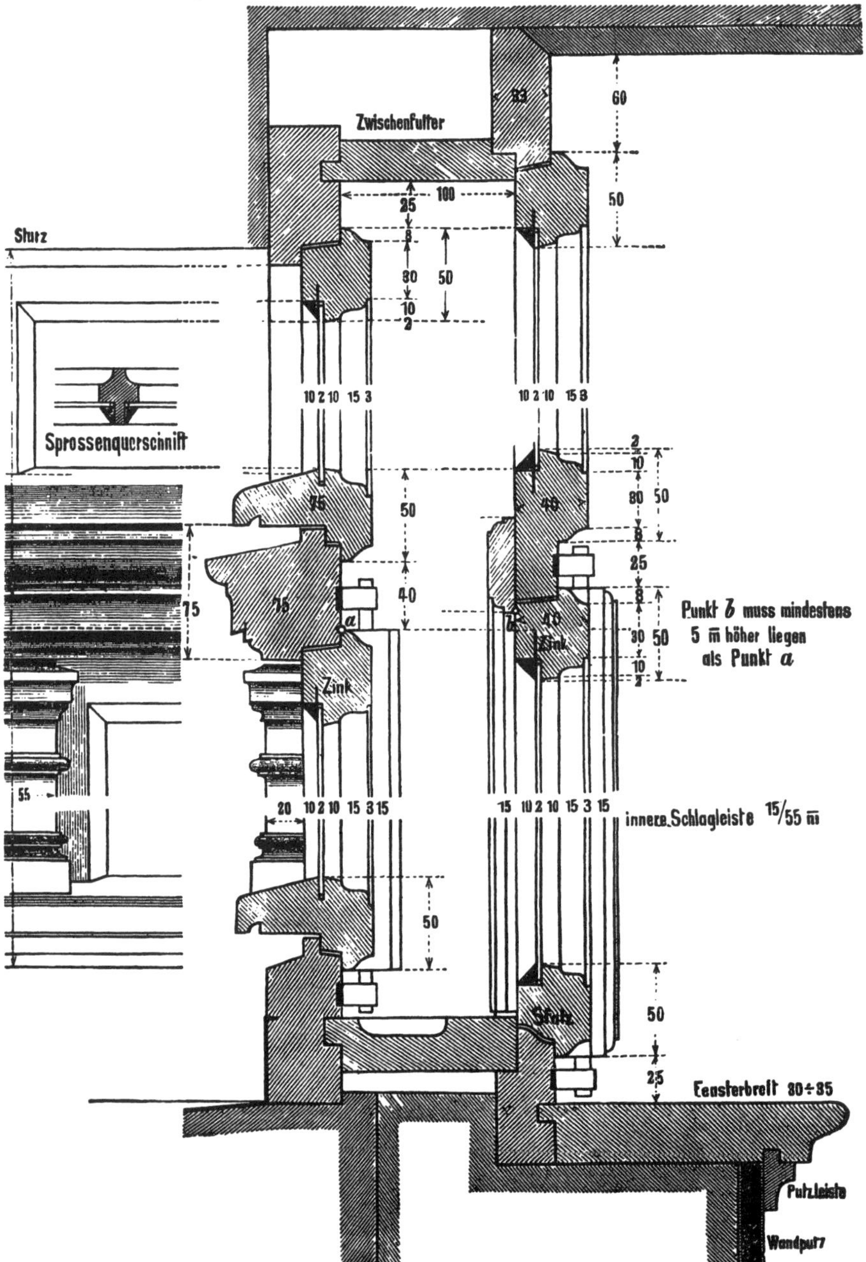

Fig. 912 a b.

Da die **einfachen** Fenster nicht den erforderlichen Schutz gegen die Temperaturunterschiede leisten, wendet man in besseren Wohngebäuden **Doppelfenster** an, welche äusserlich oder innerlich angeordnet werden können. Im ersteren Falle wird ein zweites einfaches Fenster mit meist feststehendem Pfosten in die lichte Fensteröffnung eingesetzt und vorteilhaft mit der Fensterlaibung überfalzt. Das äussere sog. Winterfenster wird alsdann am Futterrahmen des inneren Fensters mit Haken und Ösen befestigt. Textfigur 910 abc.

Da jedoch eine derartige Anordnung der Doppelfenster die Architektur der Fassaden sehr beeinträchtigt, so werden solche Winterfenster höchstens noch in hinteren, nach dem Hofe zu gelegenen Zimmern besserer Wohngebäude und bei untergeordneten Gebäuden angewendet.

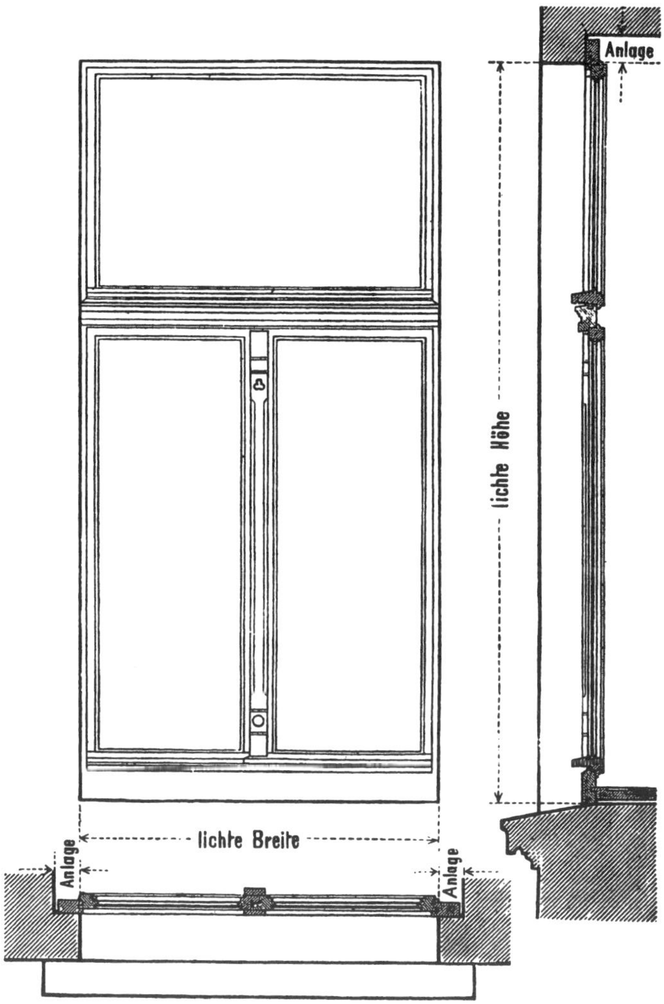

Fig. 913 abc.

Für bessere Wohnungen kommen nur noch die Kastenfenster zur Anwendung, welche aus zwei einfachen Fenstern mit aufgehenden Pfosten bestehen, deren Futterrahmen durch ein Zwischenfutter, den sog. Kasten, fest miteinander verbunden sind. Das innere Fenster wird in diesem Falle als Winterfenster bezeichnet.

Bei der Ausführung der Kastenfenster ist aber zu beachten, dass zwischen beiden Fenstern ein Zwischenraum von 10 bis 15 cm verbleiben muss, durch welchen eine isolierende Luftschicht gebildet wird, welche die Temperaturunterschiede nicht nach innen durchlässt. Ferner müssen die unteren Fensterflügel des äusseren Fensters bequem nach innen durchschlagen können weshalb die untere Kante b des Kämpfers des inneren, Fensters, welcher nur als Profilleiste ausgebildet wird, mindestens 5 mm höher liegen muss, als Punkt a des oberen Flügelrahmenschenkels des äusseren Fensters.

Textfigur 911 zeigt den Horizontalschnitt durch ein Kastenfenster, während in Textfigur 312ab der Höhenschnitt nebst Ansicht des mittleren Teiles eines solchen Fensters dargestellt wurde, aus welchen die Einzelverbindungen der Konstruktionsteile unter sich leicht ersichtlich sind.

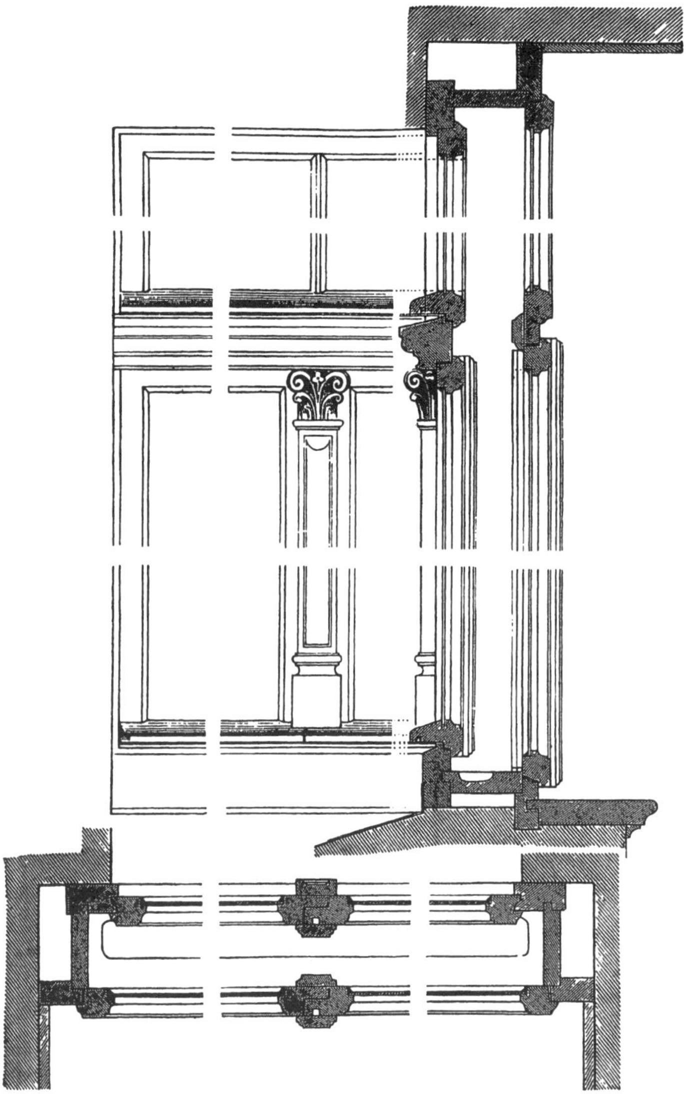

Fig. 914abc.

Als Übungsbeispiele seien auf Grund der vorangeschickten Konstruktionsregeln und Gesichtspunkte bei Ausführung der Flügelfenster angeführt:

a) ein dreiflügeliges, nach innen aufgehendes, einfaches Fenster mit aufgehendem Mittelpfosten, dargestellt in Ansicht, Grundriss und Höhenschnitt. Textfigur 913abc.

b) ein dreiflügeliges Doppelfenster als Kastenfenster mit aufgehenden Pfosten und nach innen schlagenden Fensterflügeln. Textfigur 914abc.

c) ein vierflügeliges Kastenfenster mit aufgehendem Pfosten, bei welchem die Flügel des äusseren Fensters nach aussen und die des inneren Fensters nach innen schlagen, wie solche die Eisenacher Fensterfabrik fertigt. Textfigur 915abc.

4. Die Beschläge der Fenster. Sie dienen einesteils zur Befestigung der Futterrahmen am Anschlage des Mauerwerkes, andrerseits zur Befestigung der Fensterflügelrahmenteile unter sich und zur Bewegung bezw. dem Verschluss der Fensterflügel selbst.

Zur Anbringung der Beschläge ist zwischen Fensterbrett und Flügelrahmen und den unteren und oberen Flügelrahmenschenkeln ein Zwischenraum von mindestens 25 bis 30 mm am Futterrahmen des Fensters vorzusehen.

Zur Befestigung der Futterrahmen am Anschlage der Fensterlaibung dienen Steinschrauben und Bankeisen.

Die Fensterflügelrahmenschenkel erhalten zur grösseren Sicherheit ihrer Verbindung durch Schlitzzapfen und Holznägel eiserne Winkel-, Einlass- oder Scheinecken von 2 mm Stärke, 20 mm Breite und 105, 120 oder 130 mm Länge ihrer Schenkel, welche um ihre Stärke in die Flügelrahmen versenkt und mit 5 bis 7 Holzschrauben befestigt werden.

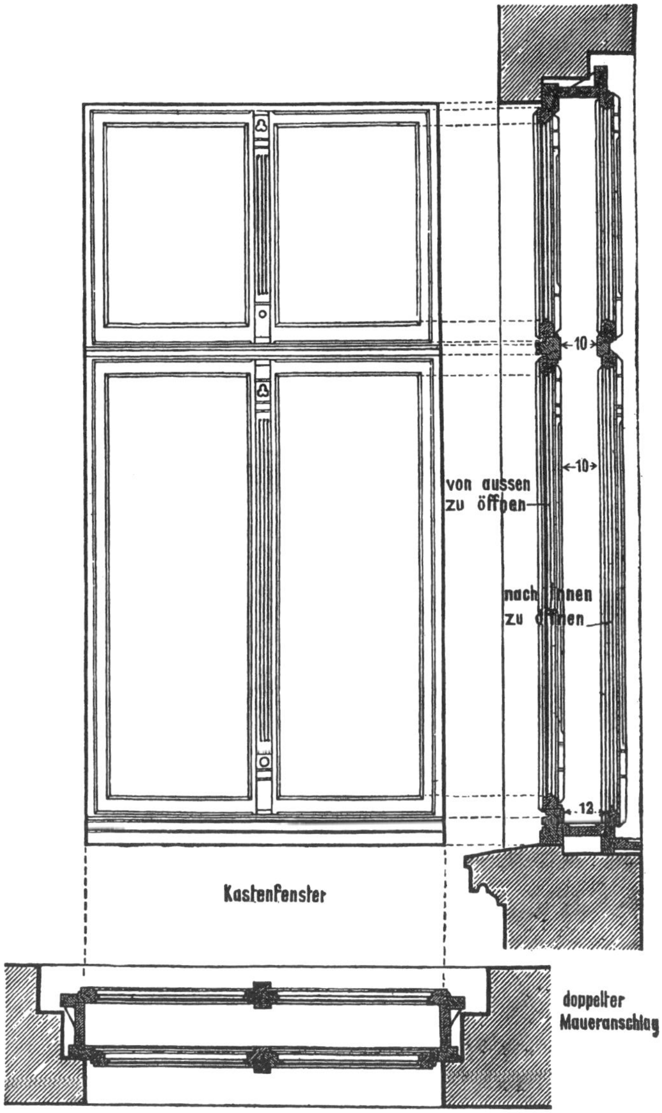

Fig. 915 abc.

Zur Bewegung der Fensterflügel dienen je 2 Bänder als Fenster-, Aufsatz- oder Fischbänder, mit welchen die Fensterflügel an den Futterrahmen gehängt werden. Bei Doppel- bezw. Kastenfenstern werden ferner Anschlagpuffer erforderlich.

Als Verschlussvorrichtungen wendet man an: einfache und doppelte Vorreiber, Knöpfe, Ruder, Einreiber, Oliven, Riegel, bei besseren Wohnhausfenstern den Baskül- oder Ziehstangenverschluss und den Espagnolett- oder Triebstangenverschluss.

Zu besserer Dichtung und Schliessung der Fenster sind in der Neuzeit vielfache Versuche gemacht worden, von denen sich besonders bewährt haben das Fenster von Professor Rinklake in Braunschweig, ausgeführt in der mechanischen Bautischlerei Oynhausen, das Sieringsche Fenster und die Spengler'schen Patent-Fenster mit ihren verschiedenartigen Beschlagteilen als Ecken, Bänder, Verschlüssen (Exaktdruckschwengelverschluss und Patent-Exakt-Zugdruck-Verschluss), Anschlagpuffern, Flügelfeststellern, Oberlichtlüftungsverschlüssen und Flügelverkuppelungen, deren teilweise Anwendung der Horizontal- und Vertikalschnitt eines vierflügeligen Berliner Doppelfensters zeigen Textfigur 916 und 917. Die erforderlichen Dimensionen an Pfosten und Flügelrahmen zur Anbringung des Baskül-

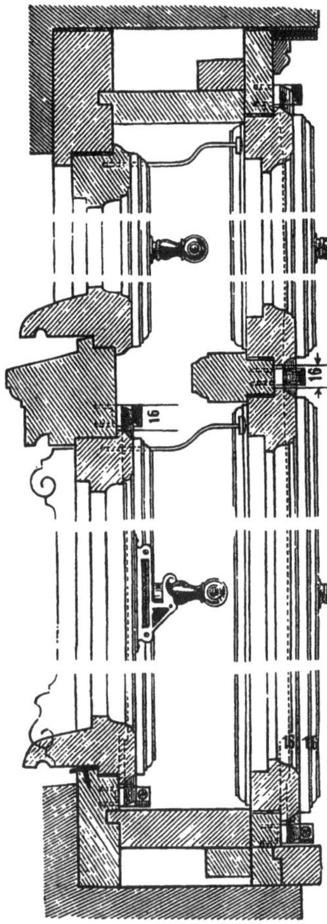

Fig. 917.

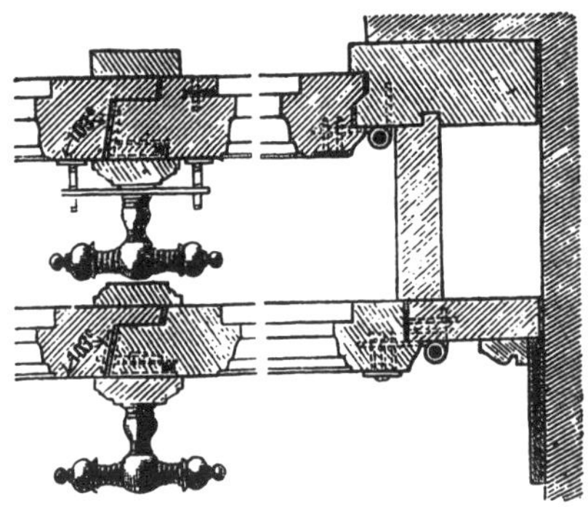

Fig. 916.

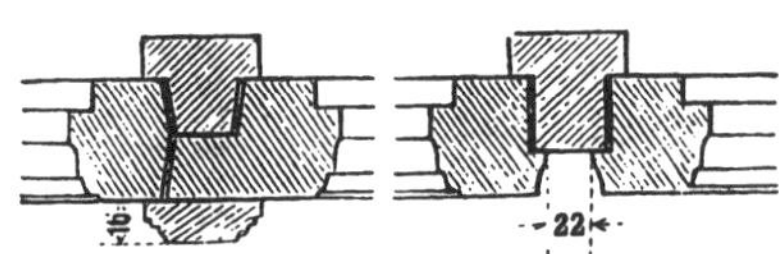

Fig. 918 a b.

Einreibers, Druckschwengel, Ruder, Vorreiber u. s. w. bei Fenstern mit feststehendem Pfosten zeigt Textfigur 918ab. Vergl. den Katalog No. 14 der Baubeschlägefabrik von Franz Spengler in Berlin.

Normalpreise für Fenster sind:

1 qm einfl Fenster, 3,5 cm stark, nicht unter 0,5 qm gross	7,00— 8,00 Mk.
1 „ zwei- und dreifl. Fenster, 4 cm stark, nicht unter 1 qm gross	8,00—10,00 „
1 „ vier- und sechsfl. Fenster, 4 cm stark	8,00— 9,50 „
1 „ „ „ „ „ mit Baskülverschluss .	9,50—11,00 „
1 „ „ „ „ Doppelfenster, nicht unter 2 qm gross	12,50—17,50 „
1 lfd. m Latteibrett, 3,5 cm stark, bis 16 cm breit . .	1,00— 1,30 „

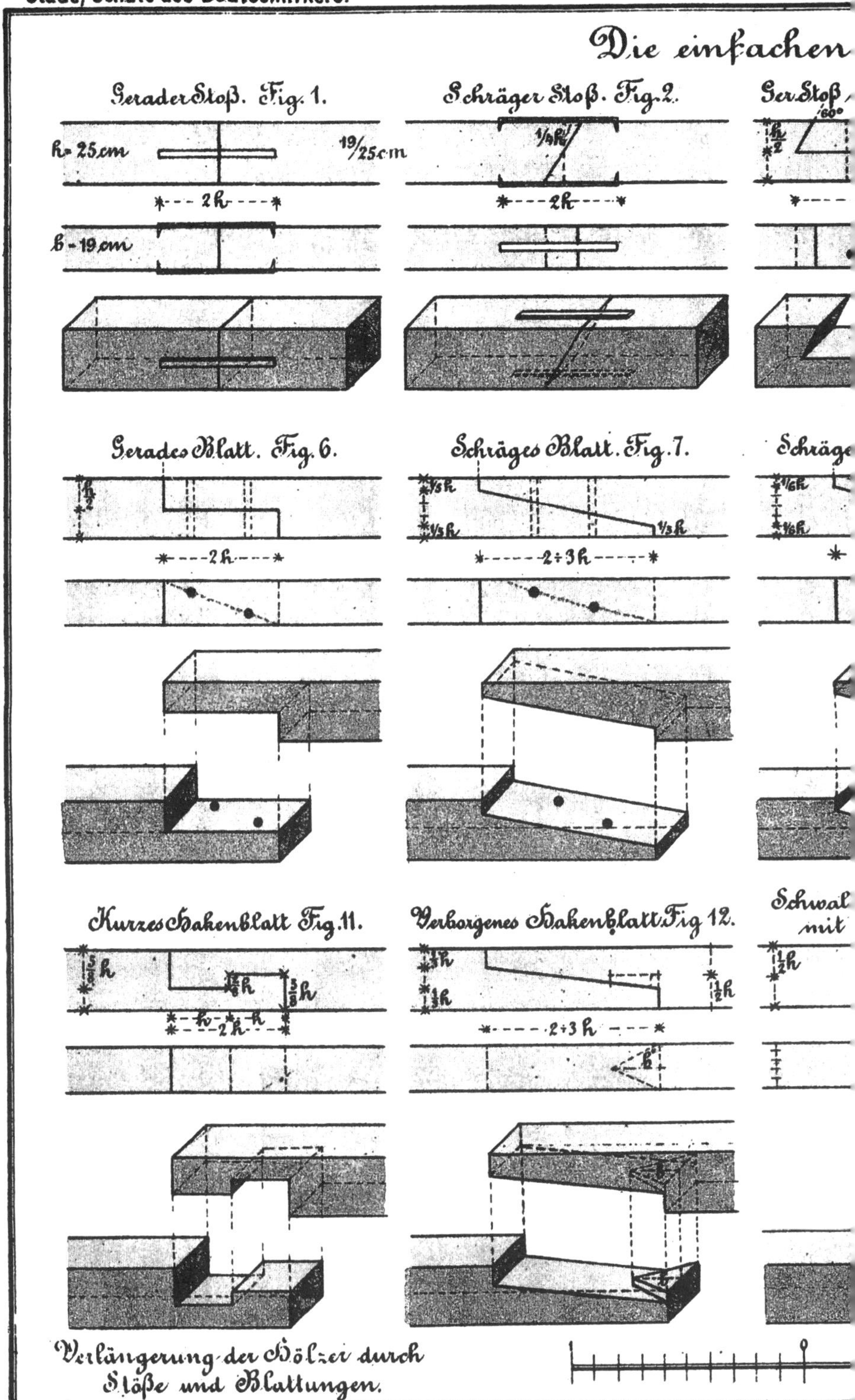
Die einfachen
Gerader Stoß. Fig. 1.
h = 25 cm
19/25 cm
2 h
b - 19 cm
Schräger Stoß. Fig. 2.
1/3 h
2 h
Ger. Stoß
60°
h/2
Gerades Blatt. Fig. 6.
h/2
2 h
Schräges Blatt. Fig. 7.
1/3 h
1/3 h
1/3 h
2 ÷ 3 h
Schräge
1/6 h
1/6 h
Kurzes Hakenblatt Fig. 11.
3/8 h
1/8 h
3/8 h
h
h
2 h
Verborgenes Hakenblatt Fig. 12.
1/3 h
1/3 h
1/2 h
2 ÷ 3 h
Schwal
mit
1/2 h
Verlängerung der Hölzer durch
Stöße und Blattungen.

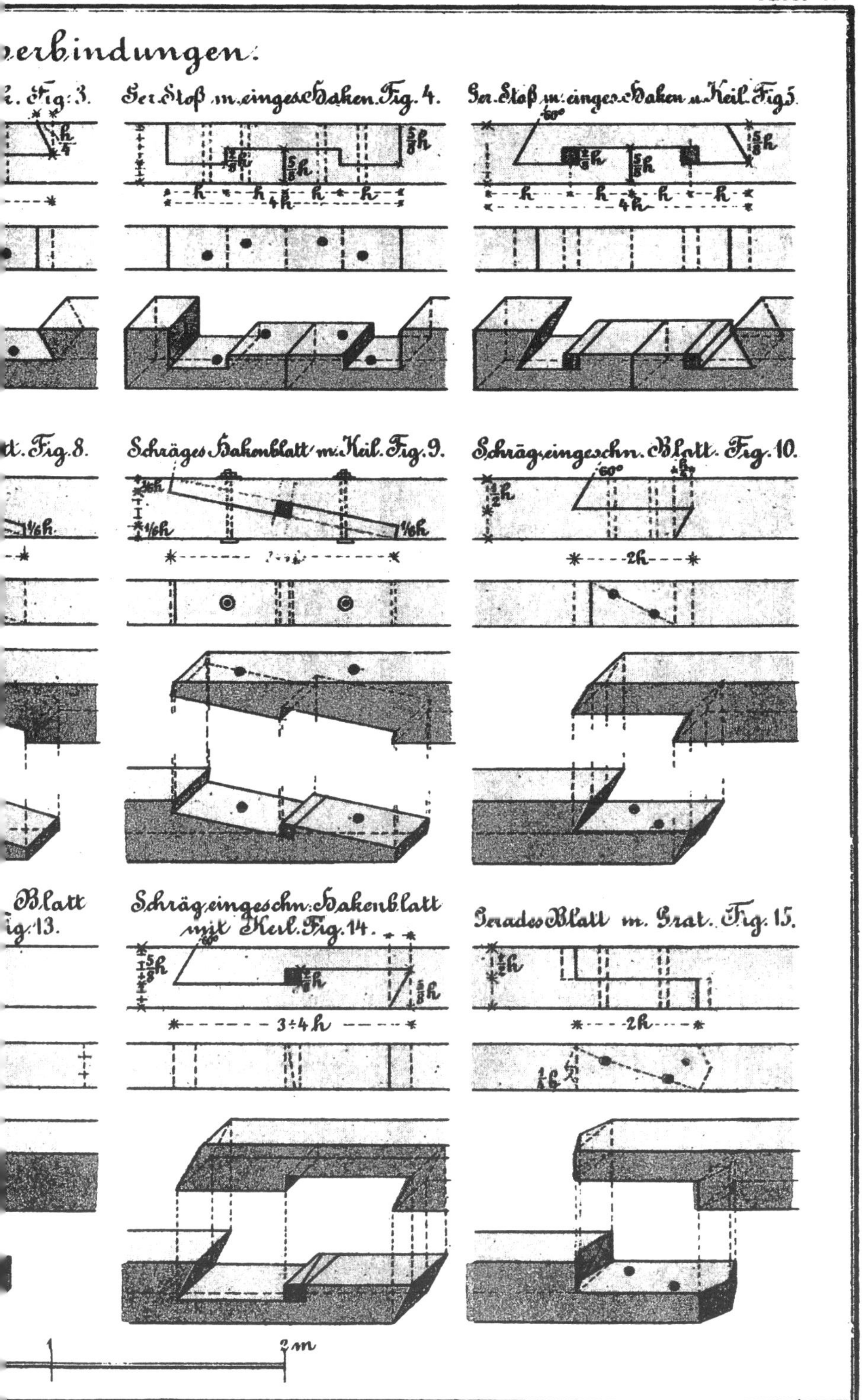

Leipzig

Lith. u. Druck v. H. Arnold, Leipzig

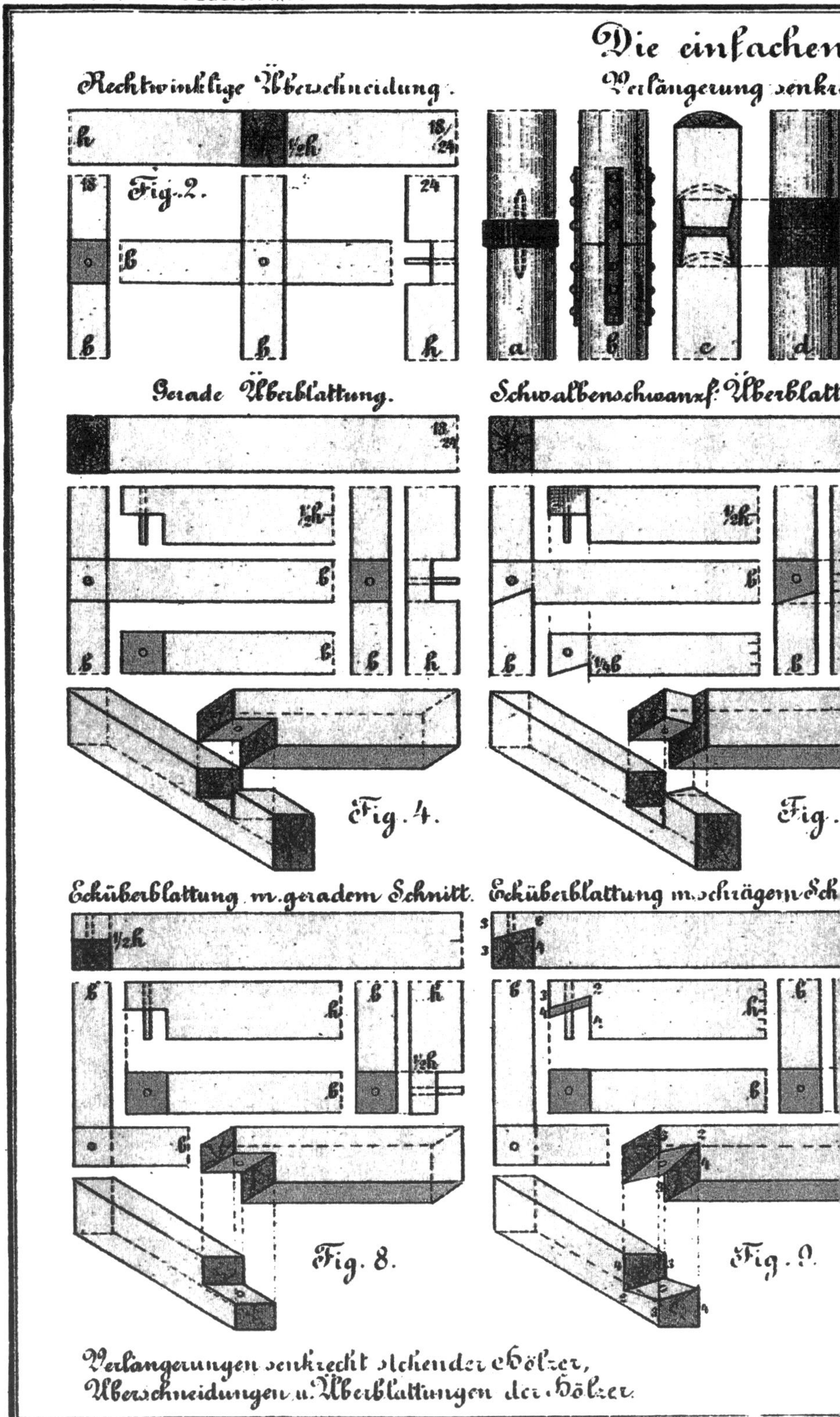
Die einfachen
Rechtwinklige Überschneidung.
Fig. 2.
Verlängerung senkr
a
b
c
d
Gerade Überblattung.
Fig. 4.
Schwalbenschwanzf. Überblatt
Fig.
Eckūberblattung m. geradem Schnitt.
Fig. 8.
Eckūberblattung m. schrägem Sch
Fig. 9.
Verlängerungen senkrecht stehender Hölzer,
Überschneidungen u. Überblattungen der Hölzer.

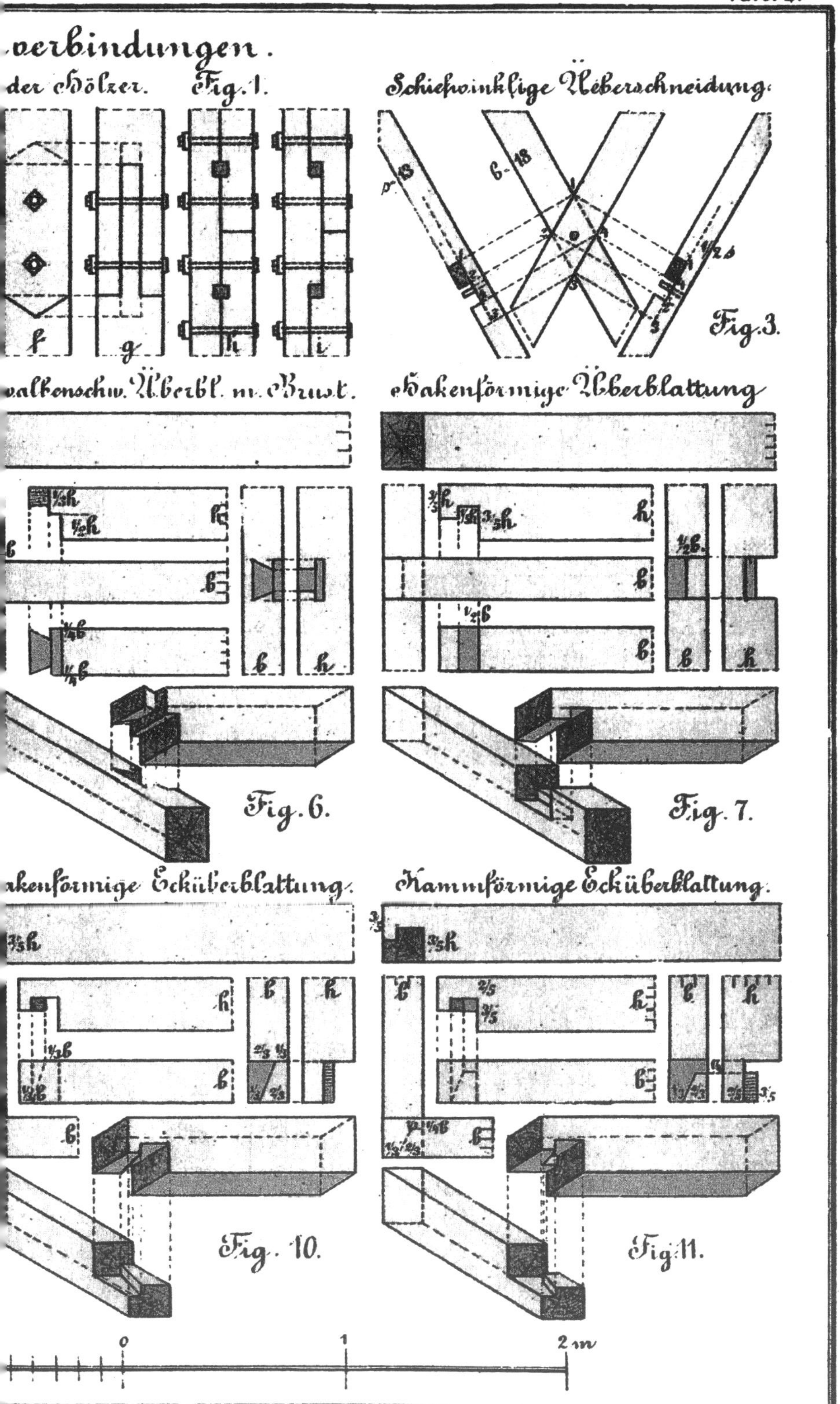

in Leipzig.

Lith. u. Druck v. H Arnold, Leipzig.

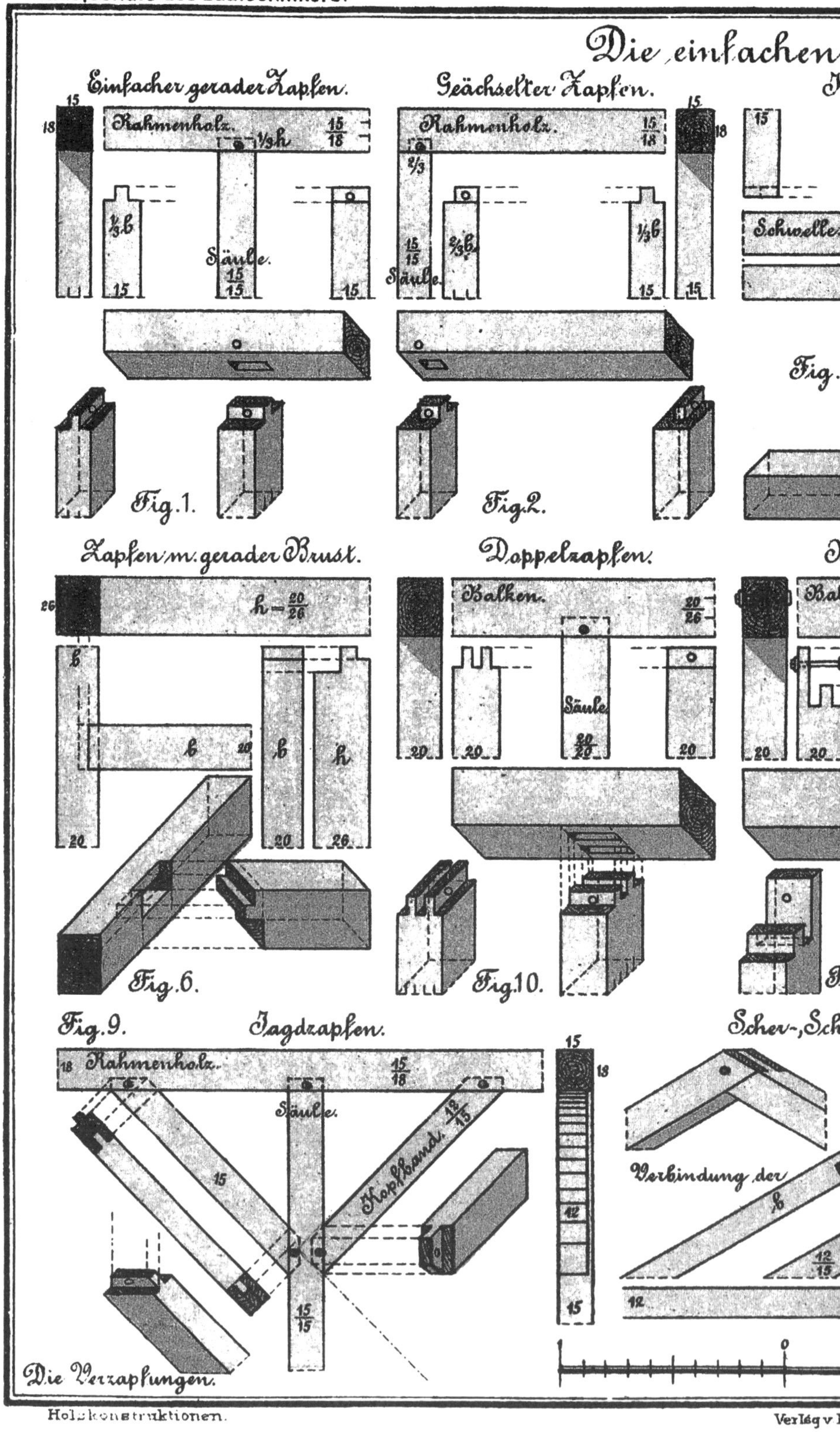
Die einfachen
Einfacher gerader Zapfen.
Rahmenholz.
Säule.
Geächselter Zapfen.
Rahmenholz.
Säule.
Schwelle.
Fig.1.
Fig.2.
Zapfen m. gerader Brust.
Doppelzapfen.
Balken.
Säule.
Fig.6.
Fig.10.
Fig.9.
Jagdzapfen.
Rahmenholz.
Säule.
Kopfband.
Scher-, Sch
Verbindung der
Die Verzapfungen.

Verlag v.

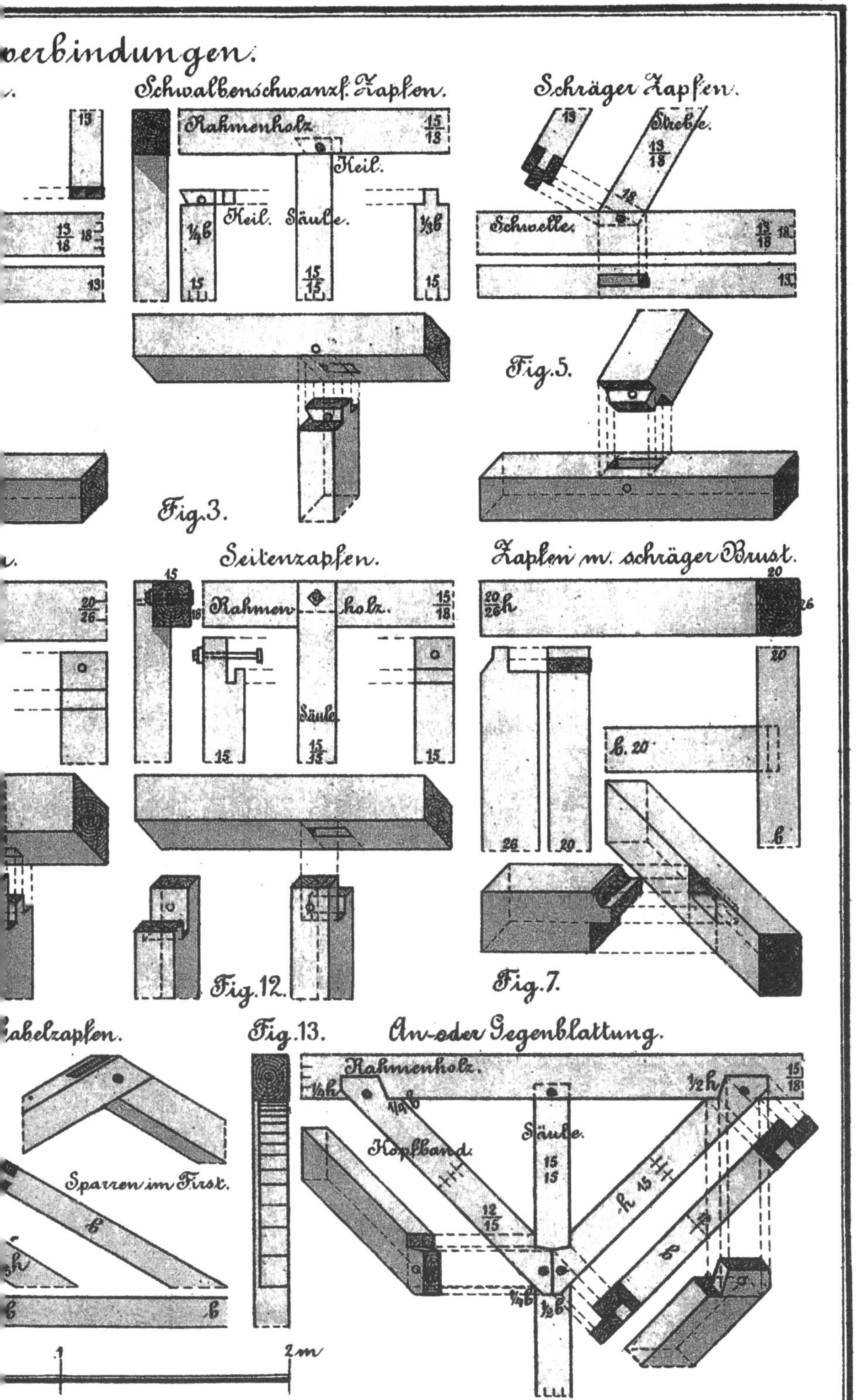
…verbindungen.
Schwalbenschwanzf. Zapfen.
Schräger Zapfen.
Rahmenholz
Keil.
Keil.
Säule.
Strebe.
Schwelle.
Fig. 3.
Fig. 5.
Seitenzapfen.
Zapfen m. schräger Brust.
Rahmen holz.
Säule.
Fig. 12.
Fig. 7.
…abelzapfen.
Fig. 13.
An- oder Gegenblattung.
Rahmenholz.
Kopfband.
Säule.
Sparren im First.
2m

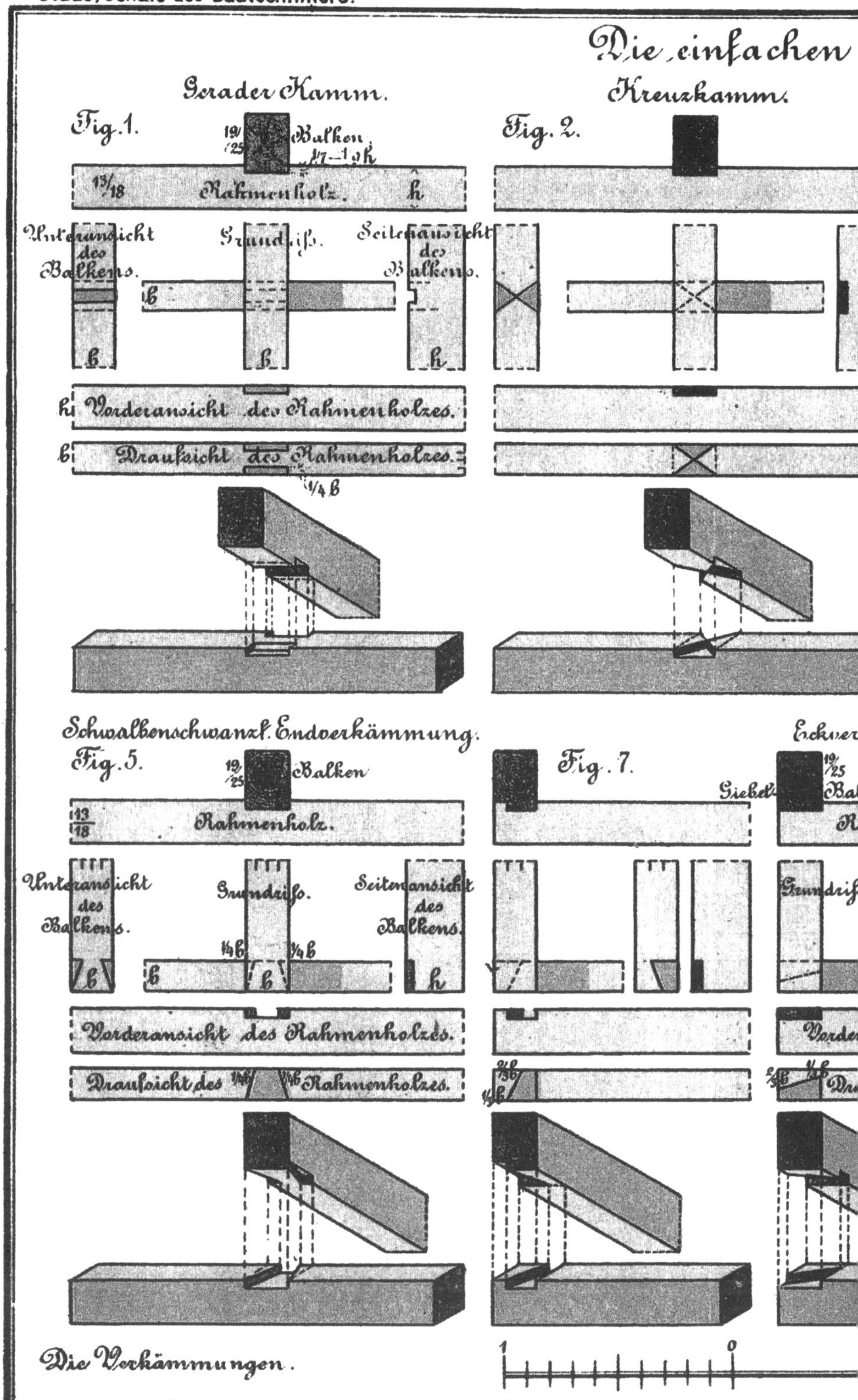
Die einfachen
Gerader Kamm.
Fig. 1.
19/25 Balken
13/18 Rahmenholz.
Unteransicht des Balkens.
Grundriß.
Seitenansicht des Balkens.
Vorderansicht des Rahmenholzes.
Draufsicht des Rahmenholzes.
1/4 b
Kreuzkamm.
Fig. 2.
Schwalbenschwanzf. Endverkämmung.
Fig. 5.
19/25 Balken
13/18 Rahmenholz.
Unteransicht des Balkens.
Grundriß.
Seitenansicht des Balkens.
Vorderansicht des Rahmenholzes.
Draufsicht des Rahmenholzes.
Fig. 7.
Die Verkämmungen.

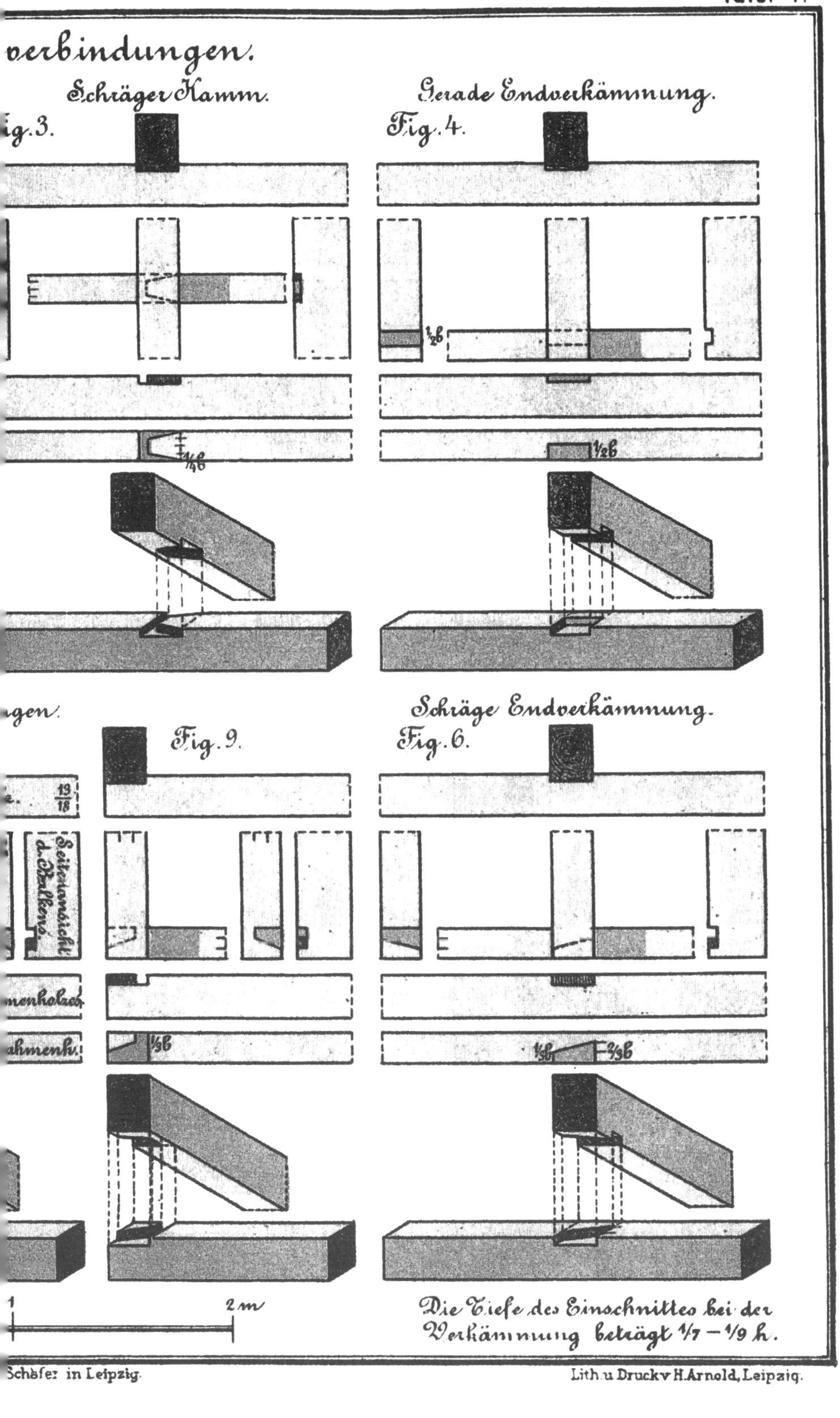

Schäfer in Leipzig.

Lith. u. Druck v. H. Arnold, Leipzig.

Die einfachen

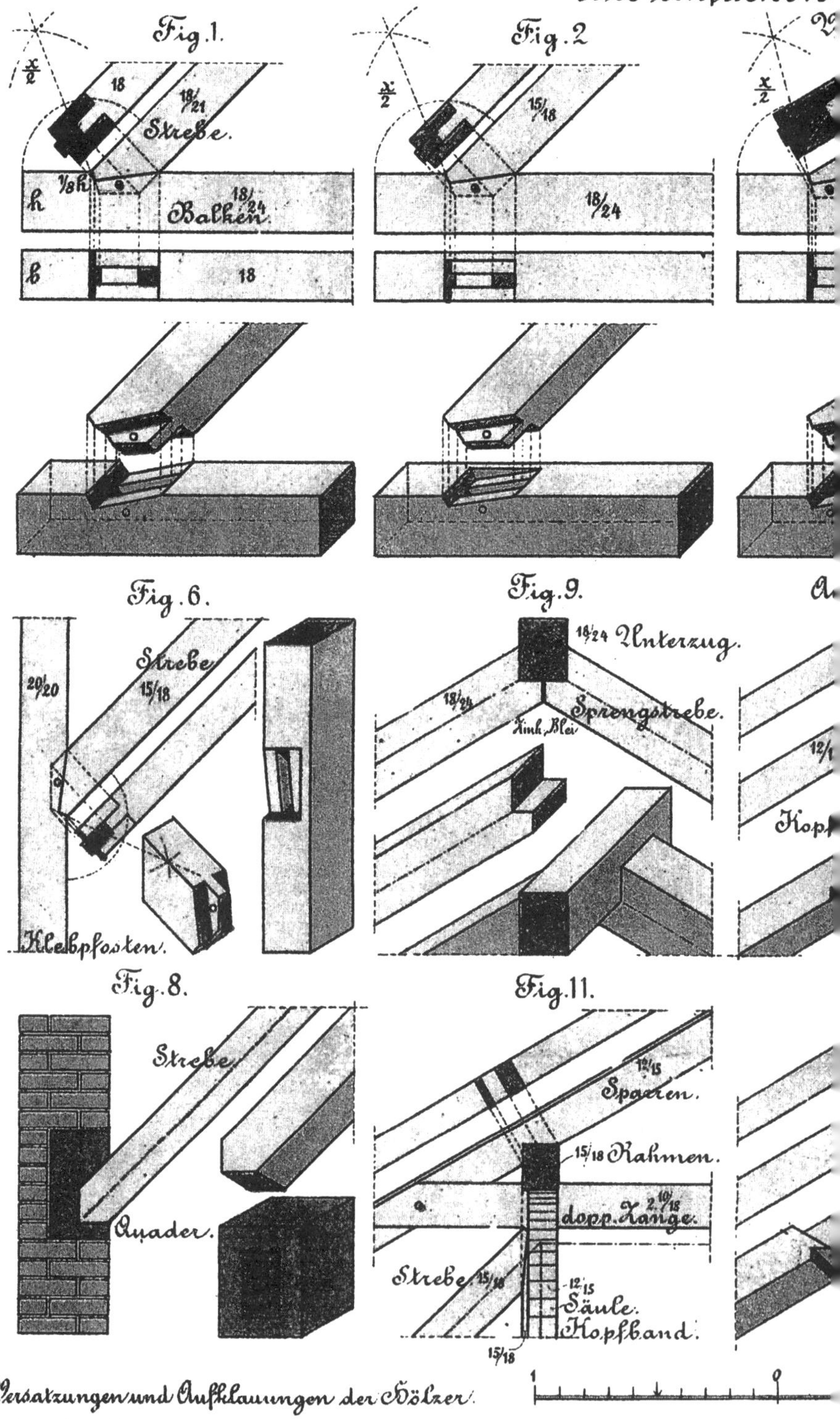

Versatzungen und Aufklauungen der Hölzer.

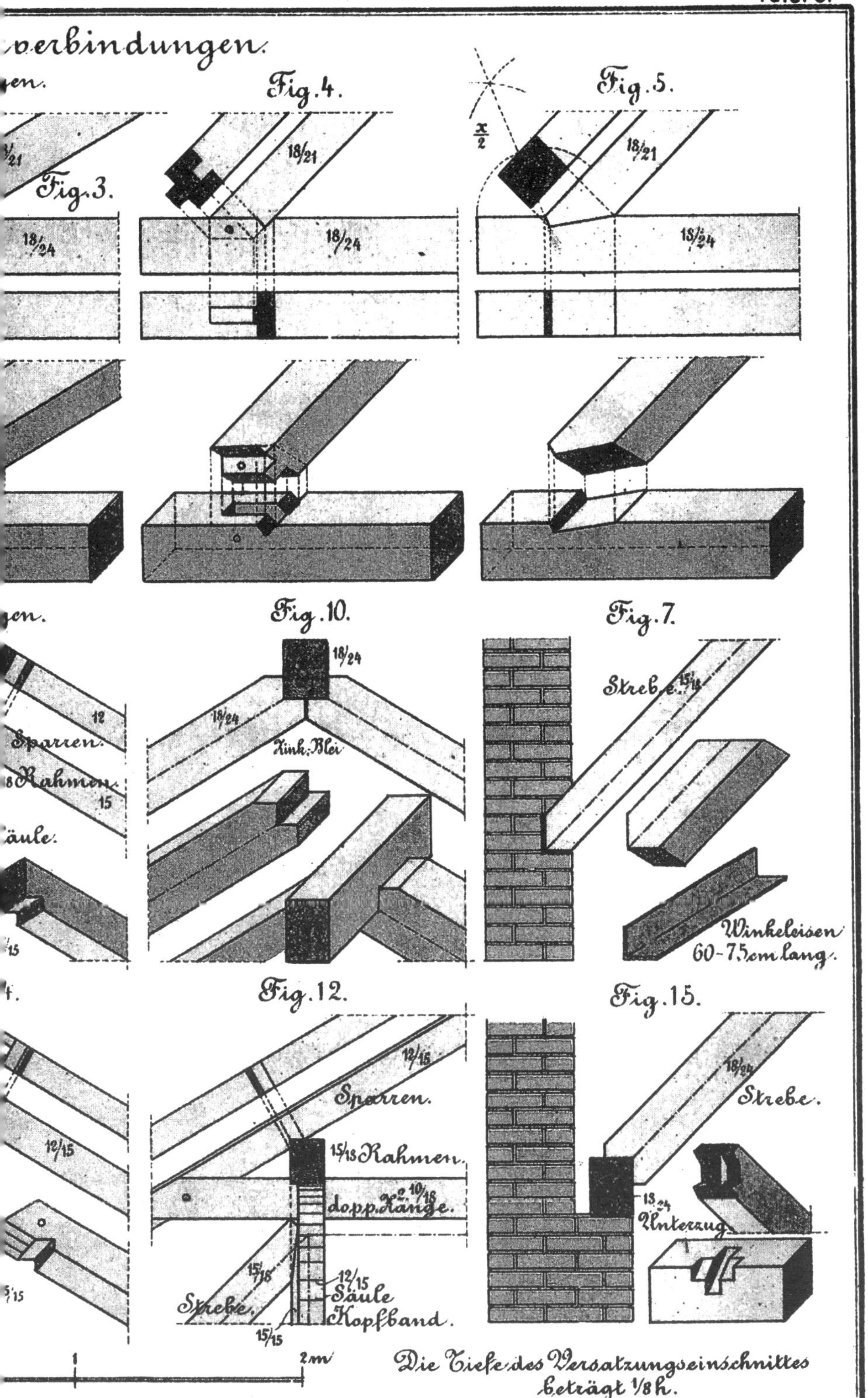
verbindungen.
Fig. 4.
Fig. 5.
Fig. 3.
18/21
18/24
Fig. 10.
Fig. 7.
18/24
Zink; Blei
Strebe 15/18
Sparren
Rahmen
Säule
Winkeleisen 60-75 cm lang.
Fig. 12.
Fig. 15.
12/15
Sparren.
15/18 Rahmen.
dopp. Zange. 2 × 10/18
15/18
12/15 Säule
Strebe.
Kopfband.
15/15
18/24
Strebe.
18/24 Unterzug.
1
2m
Die Tiefe des Versatzungseinschnittes beträgt 1/8 h.

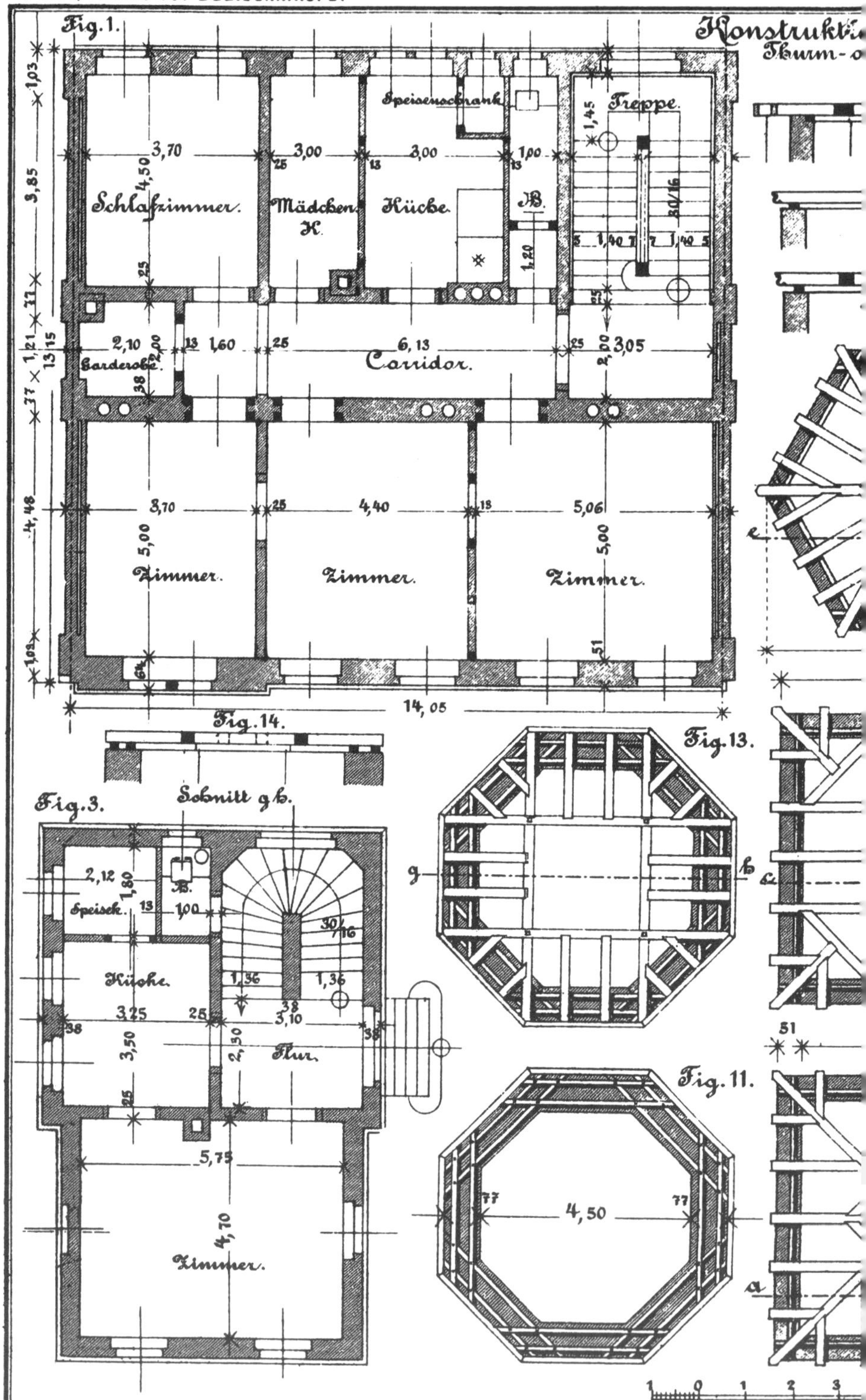
Konstrukti…
Thurm-…
Fig. 1.
Speisenschrank
Treppe.
Schlafzimmer.
Mädchen K.
Küche.
B.
Garderobe.
Corridor.
Zimmer.
Zimmer.
Zimmer.
14,05
Fig. 14.
Schnitt g b.
Fig. 3.
Speisek.
Küche.
Flur.
Zimmer.
Fig. 13.
Fig. 11.
4,50

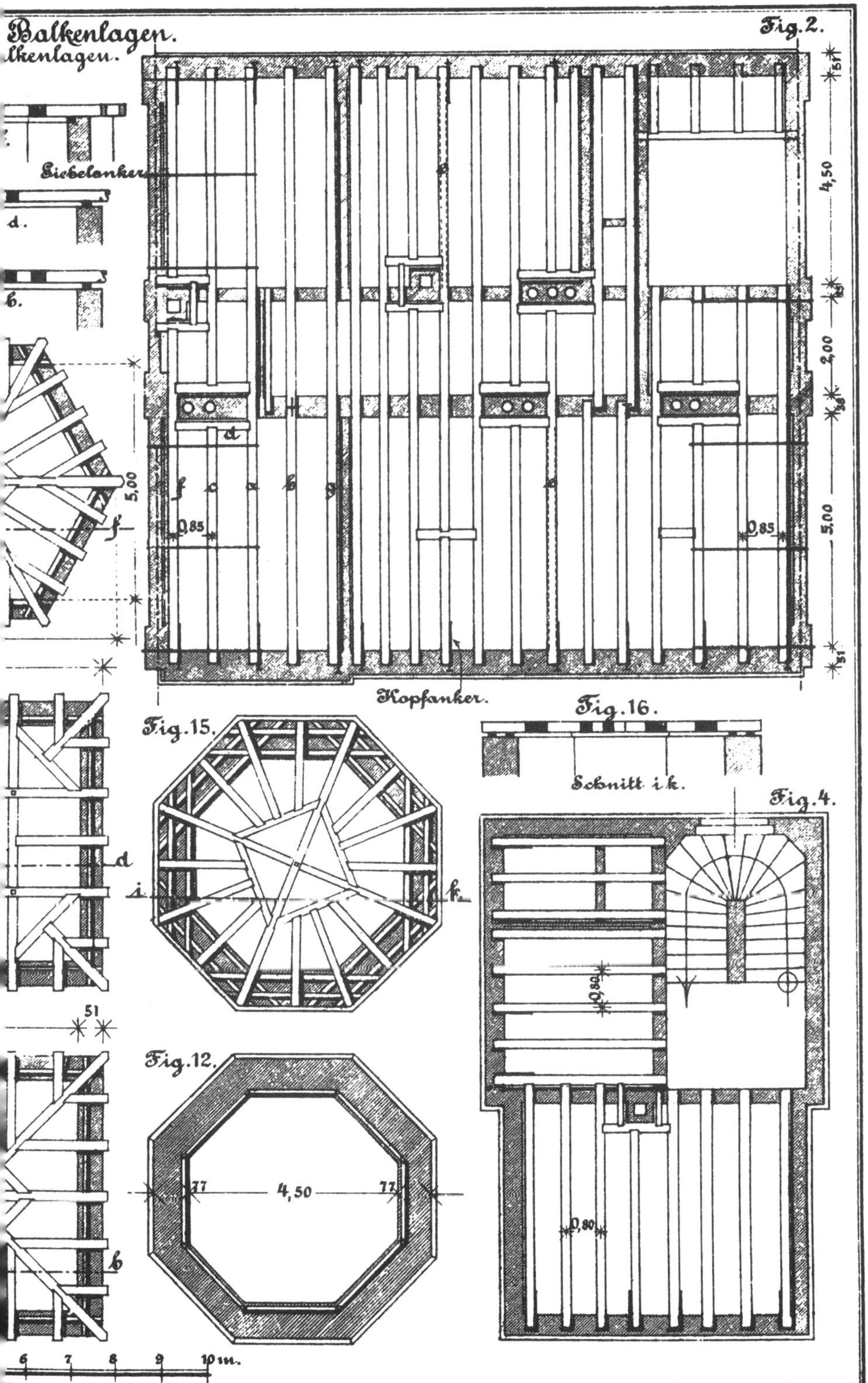

Lith. u. Druck v. H. Arnold, Leipzig.

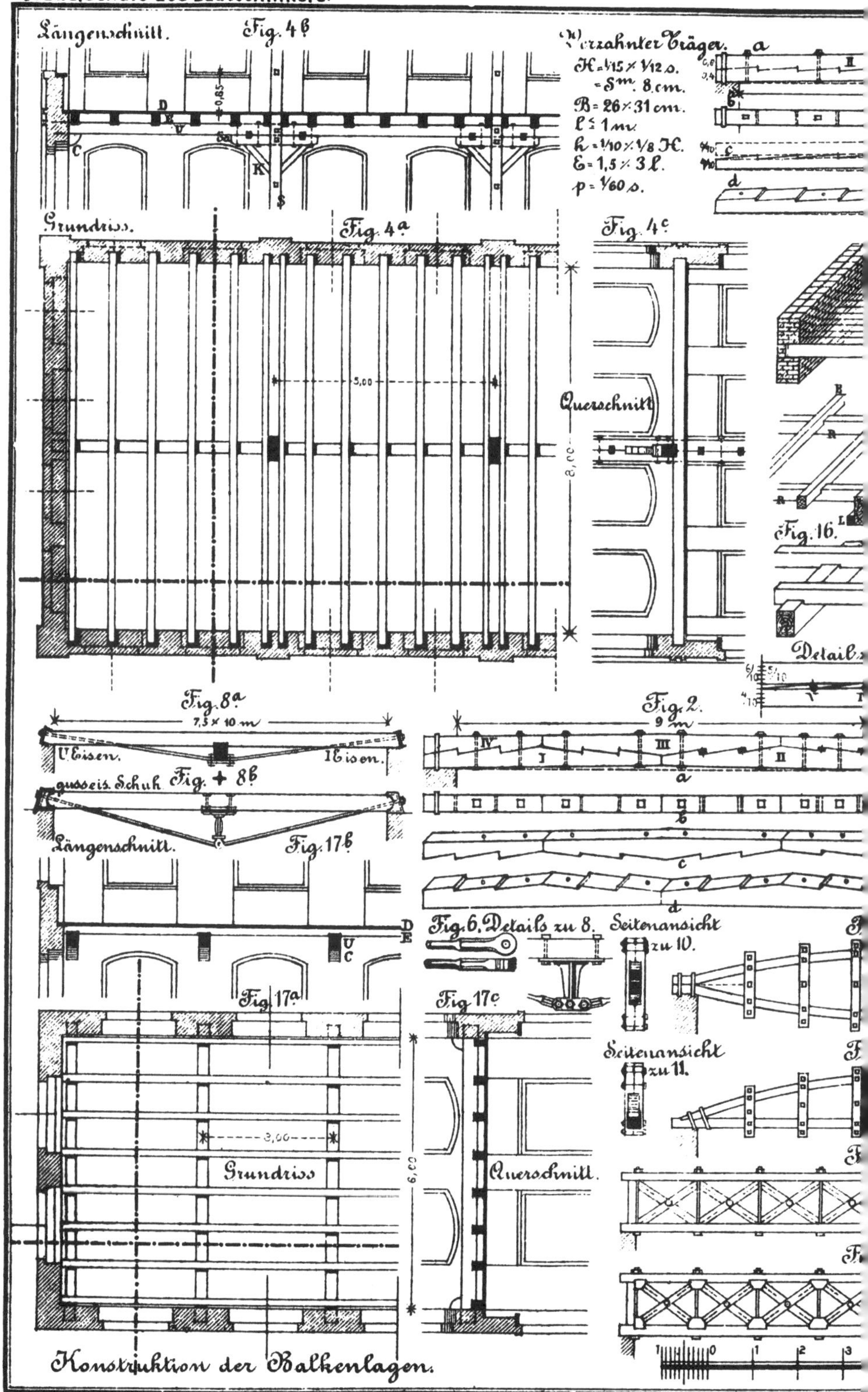

Konstruktion der Balkenlagen.

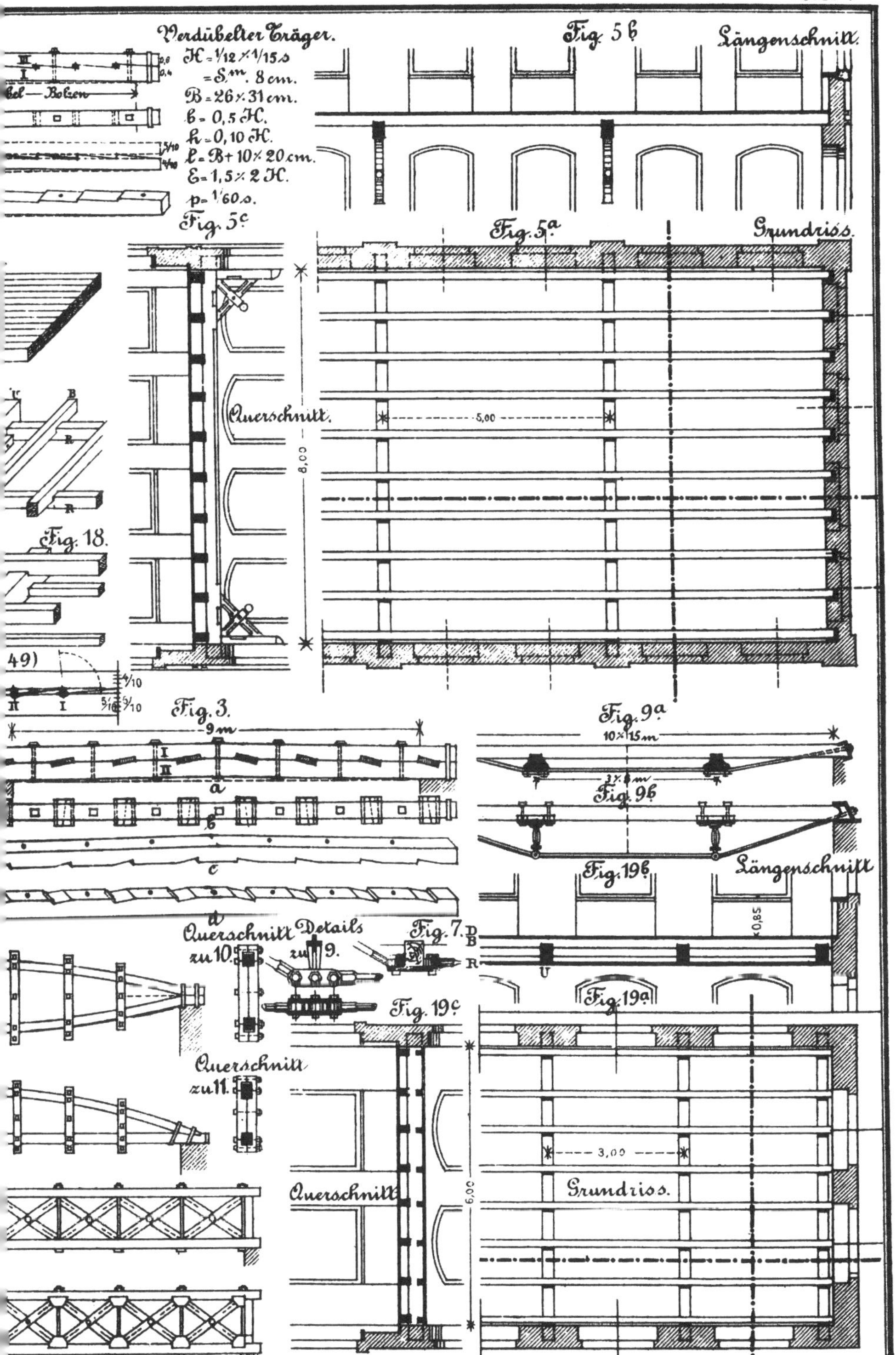

Verzahnte, verdübelte, armierte, linsenförmige und Gitterträger.

Lith. u. Druck v. H. Arnold, Leipzig.

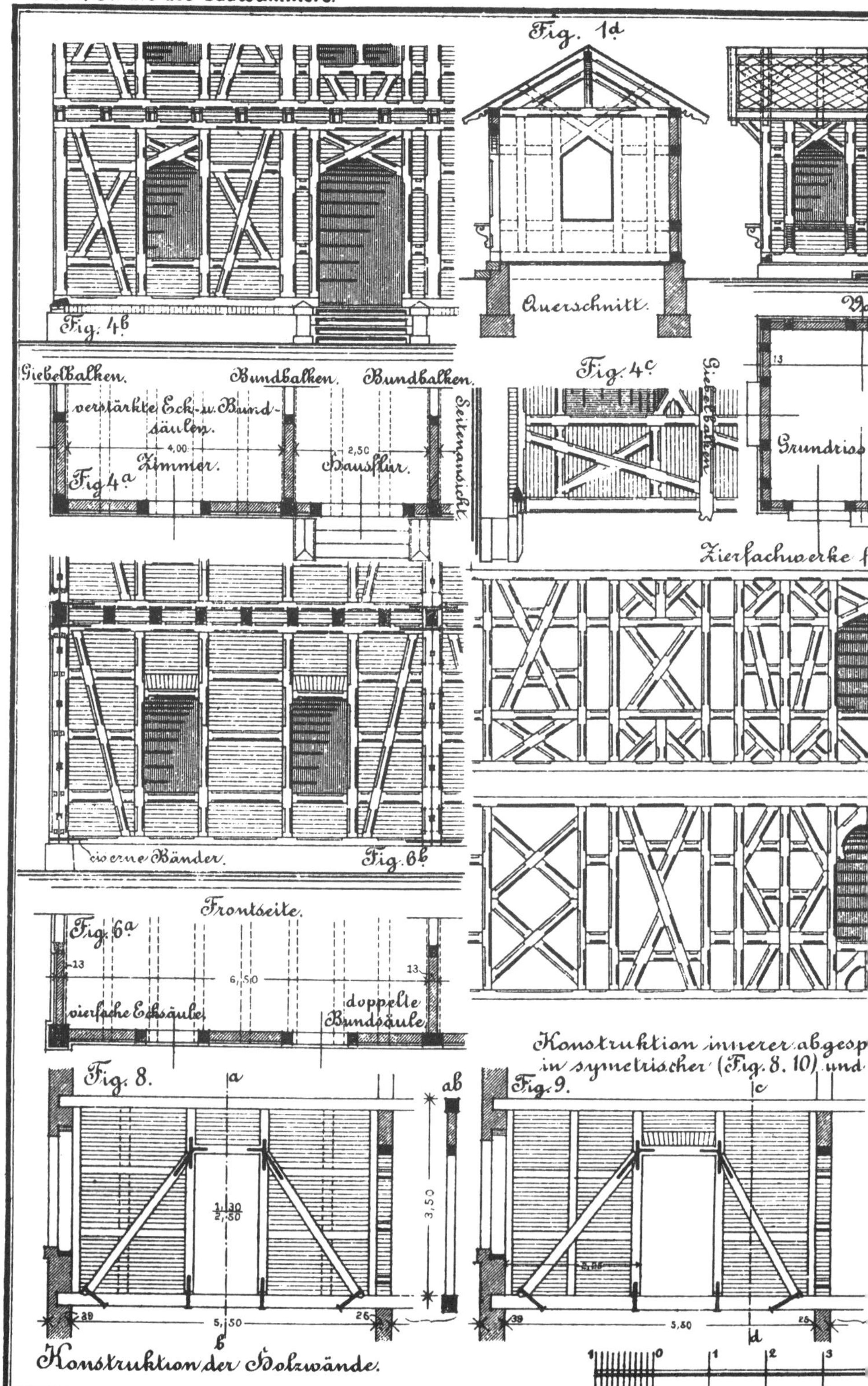
Fig. 1d
Querschnitt.
Grundriss
Fig. 4b
Giebelbalken.
Bundbalken.
Bundbalken.
verstärkte Eck- u. Bundsäulen.
4,00
2,50
Zimmer.
Hausflur.
Fig 4a
Seitenansicht
Fig. 4c
Giebelbalken
Zierfachwerke f
eiserne Bänder.
Fig. 6b
Frontseite.
Fig. 6a
13
6,50
13
vierfache Ecksäule.
doppelte Bundsäule.
Konstruktion innerer abgesp
in symetrischer (Fig. 8. 10) und
Fig. 8.
a
ab
1,30
2,50
3,50
39
5,50
26
b
Fig. 9.
c
2,85
39
5,80
25
d
1
0
1
2
3
Konstruktion der Holzwände.

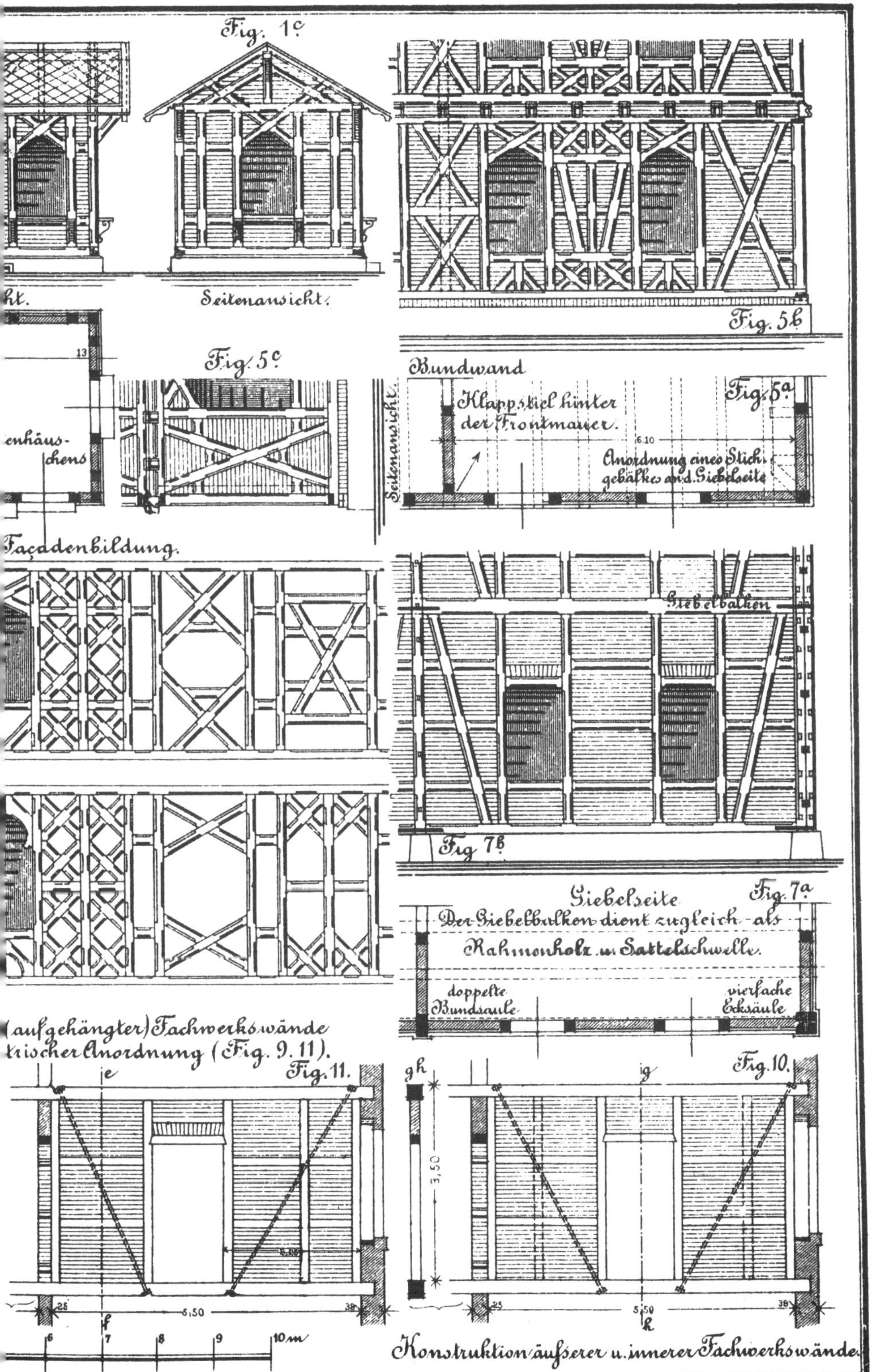

r in Leipzig

Lith. u. Druck v. H. Arnold, Leipzig.

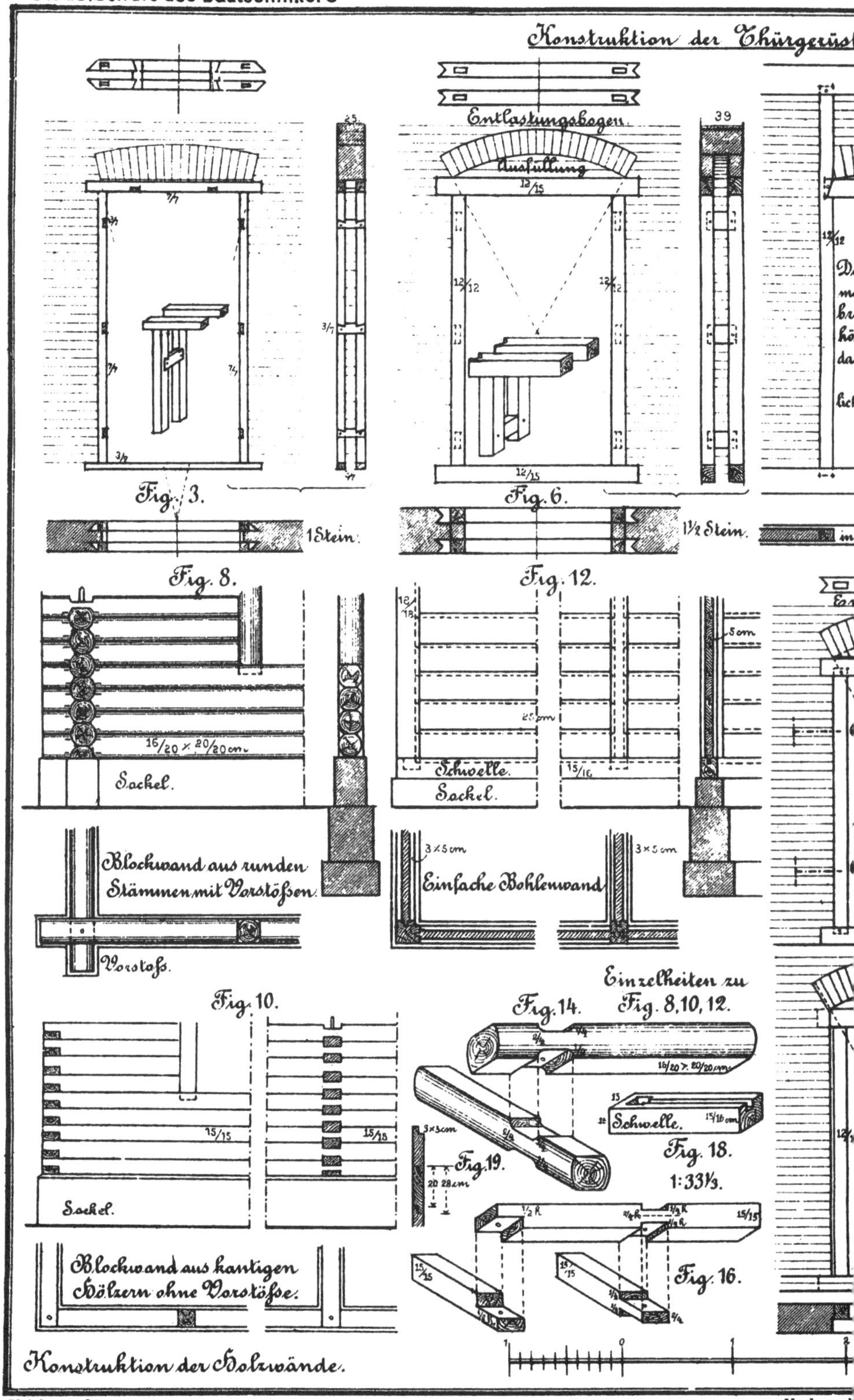
Konstruktion der Thürgerüst
Entlastungsbogen.
Ausfüllung
Fig. 3.
Fig. 6.
1 Stein.
1½ Stein.
Fig. 8.
Fig. 12.
16/20 × 20/20 cm.
Sockel.
Schwelle.
Sockel.
Blockwand aus runden Stämmen mit Vorstößen.
Vorstoß.
Einfache Bohlenwand.
Einzelheiten zu Fig. 8, 10, 12.
Fig. 10.
Fig. 14.
Schwelle.
Fig. 18.
1:33⅓.
Fig. 19.
Sockel.
Fig. 16.
Blockwand aus kantigen Hölzern ohne Vorstöße.
Konstruktion der Holzwände.

Verlag v.

...wände und Bohlenwände.

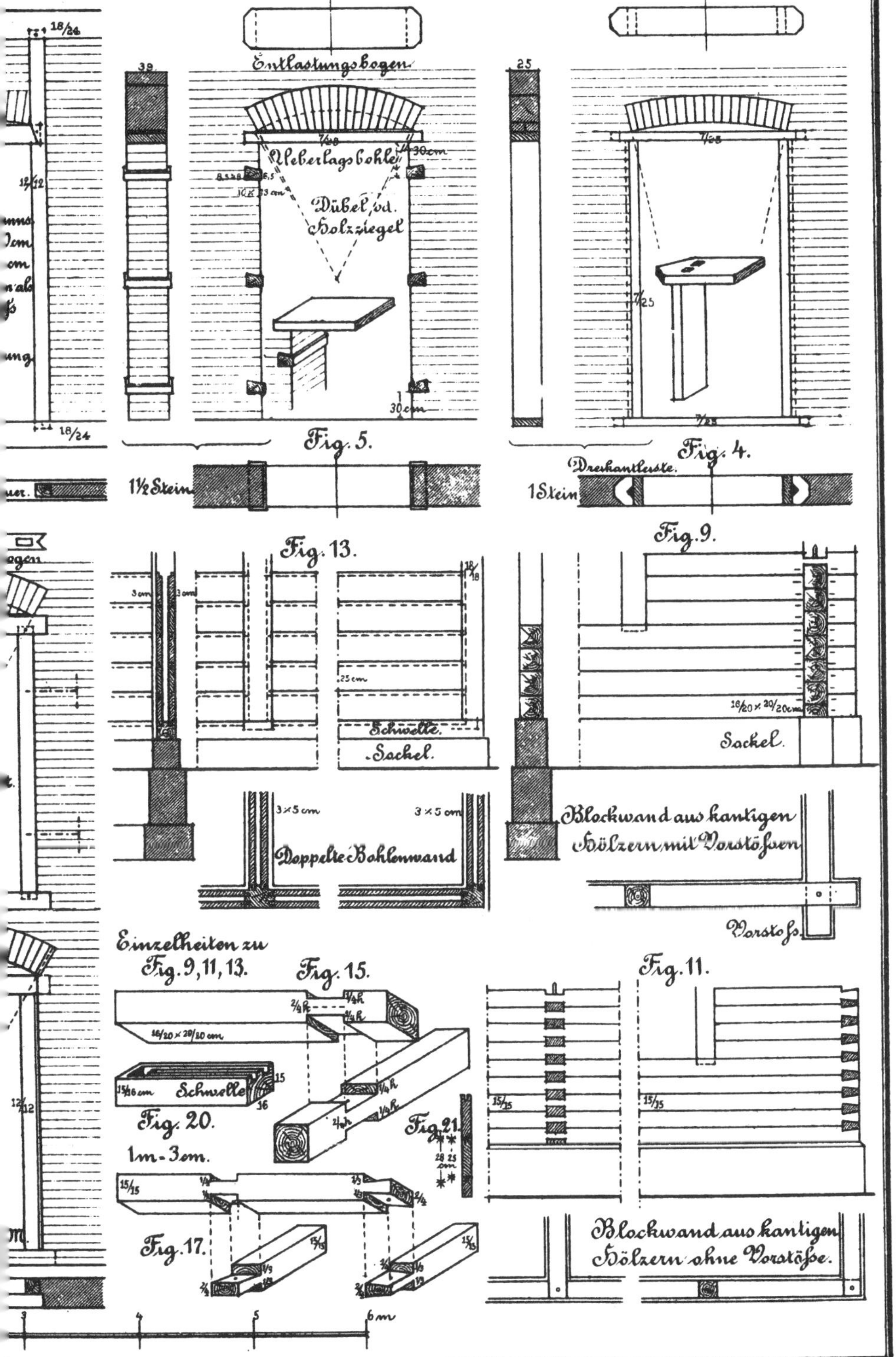

...r in Leipzig.

Lith. u Druck v. H. Arnold, Leipzig.

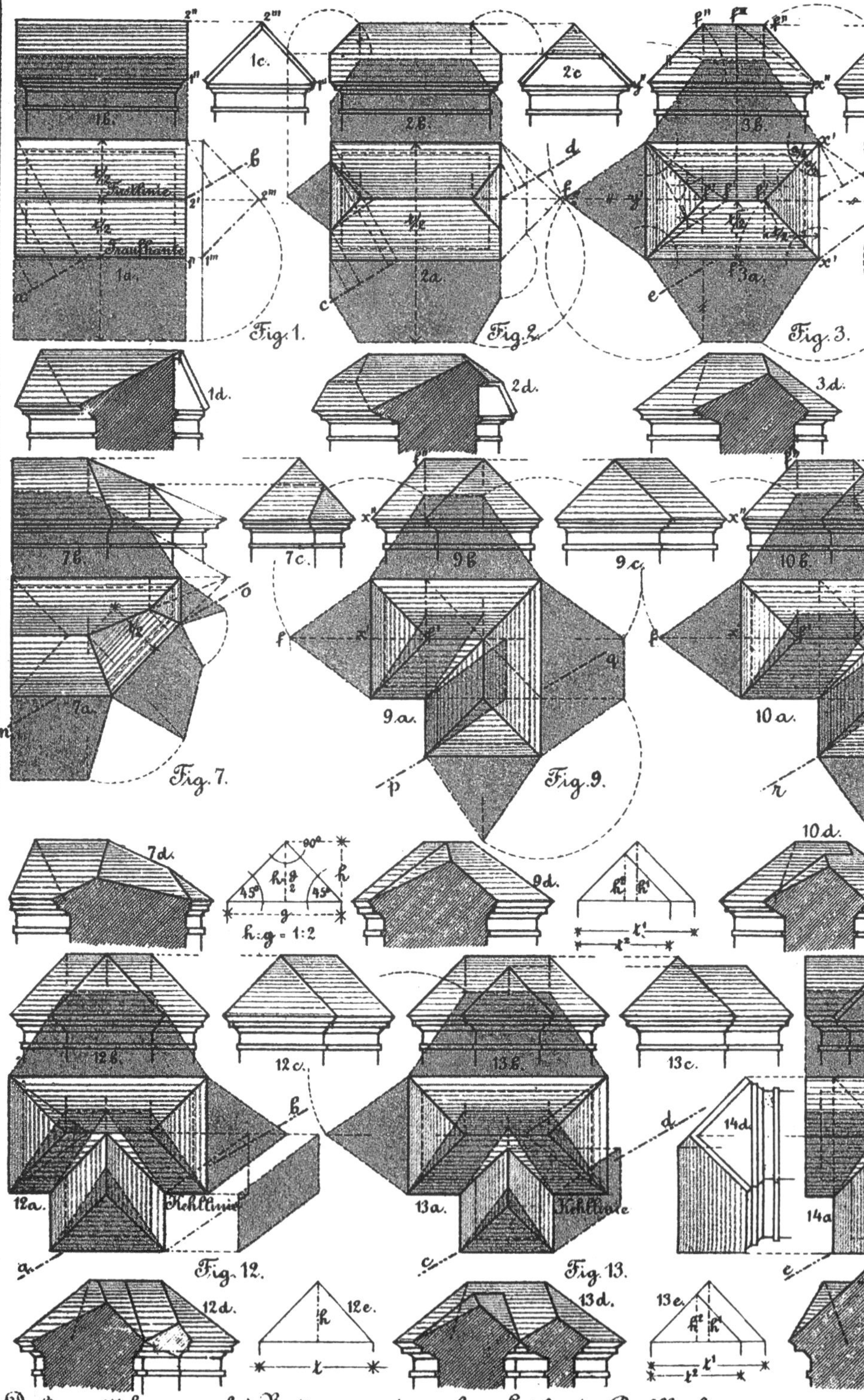

Dachausmittelungen nebst Bestimmung der wahren Größe der Dachflaechen.

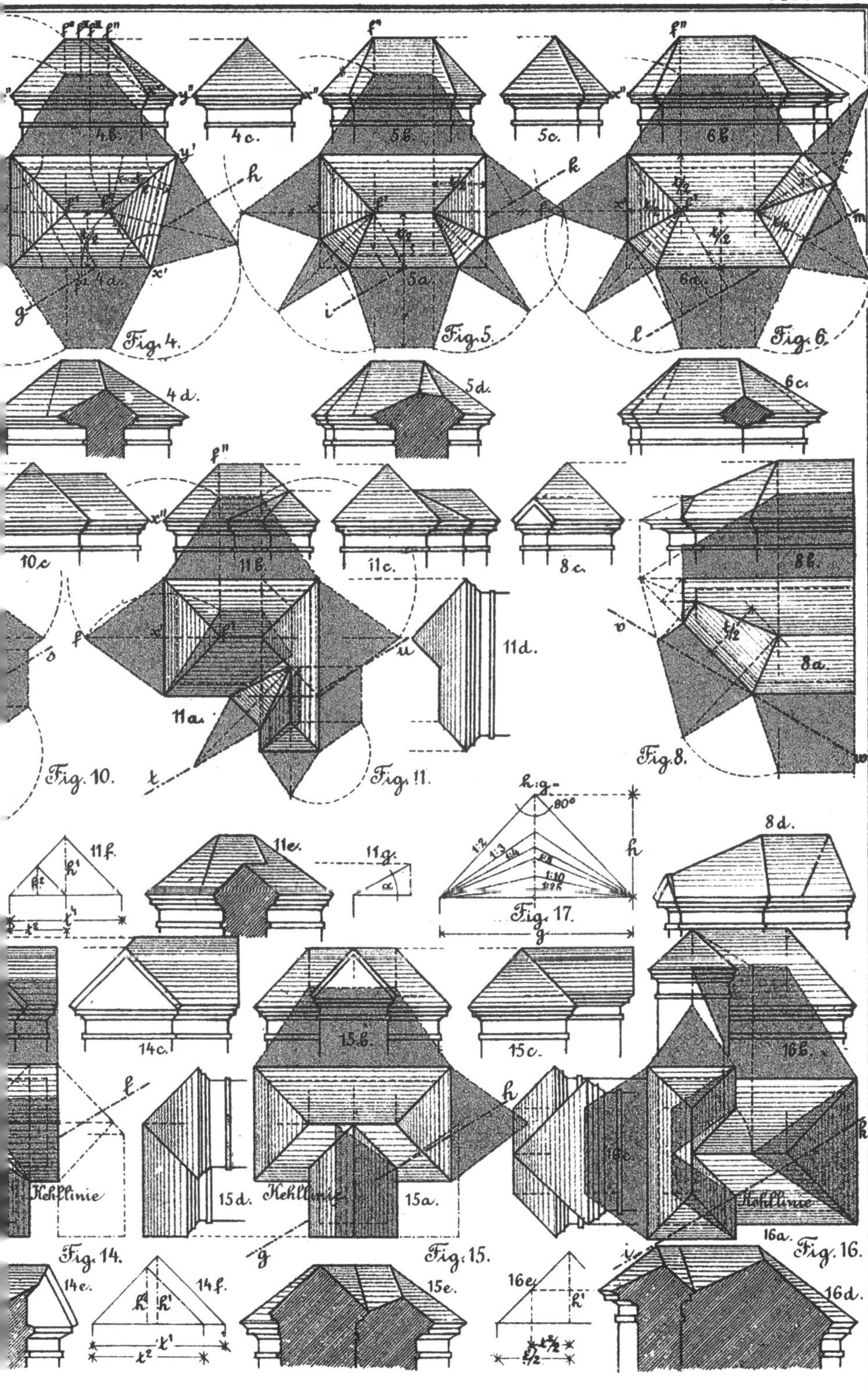

r in Leipzig. Lith. u. Druck v. H. Arnold in Leipzig.

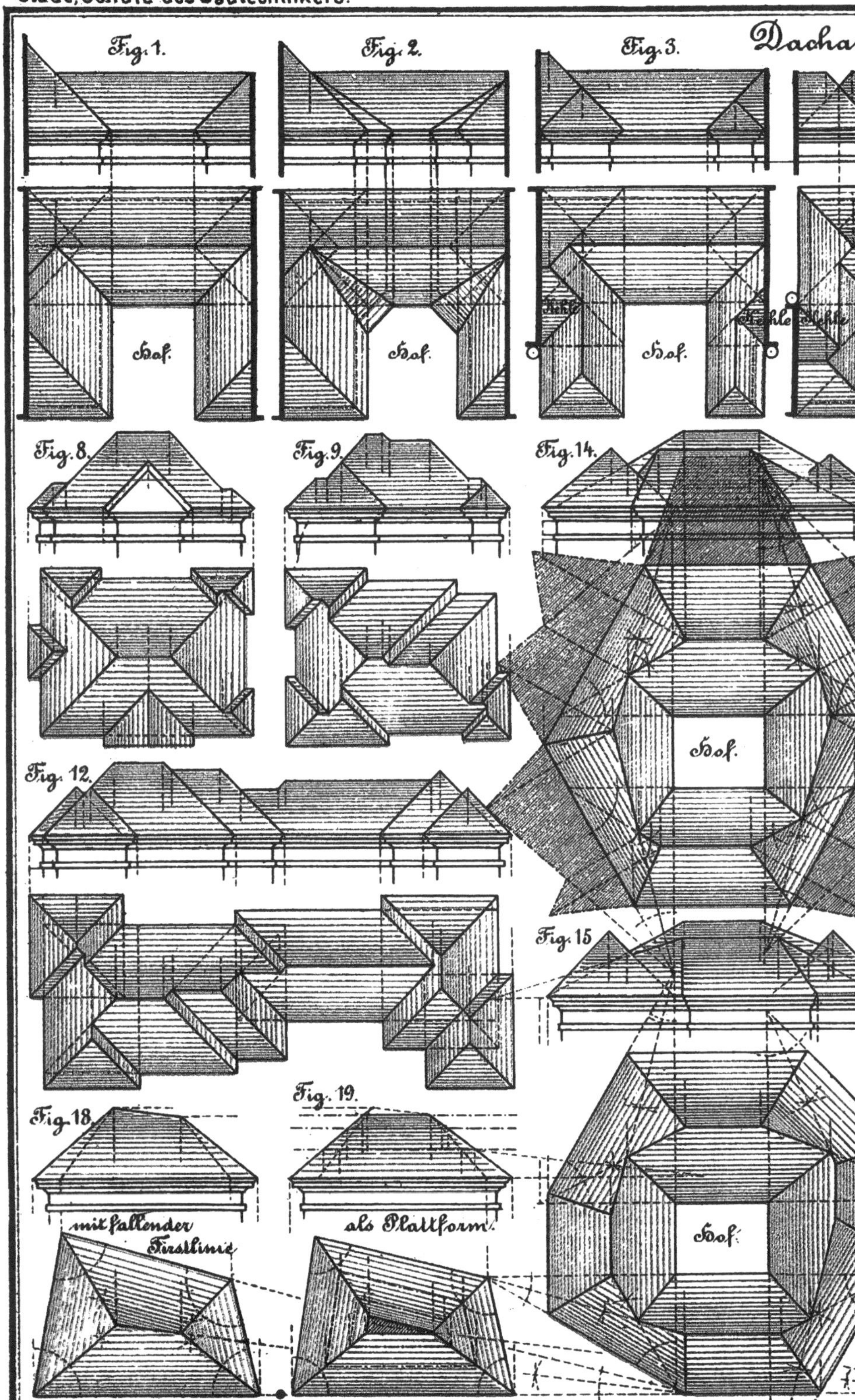

Fig. 1.
Fig. 2.
Fig. 3.
Hof.
Hof.
Kehle
Kehle
Kehle
Hof.
Fig. 8.
Fig. 9.
Fig. 14.
Hof.
Fig. 12.
Fig. 15
Fig. 18
Fig. 19.
mit fallender Firstlinie
als Plattform.
Hof.

Verlag

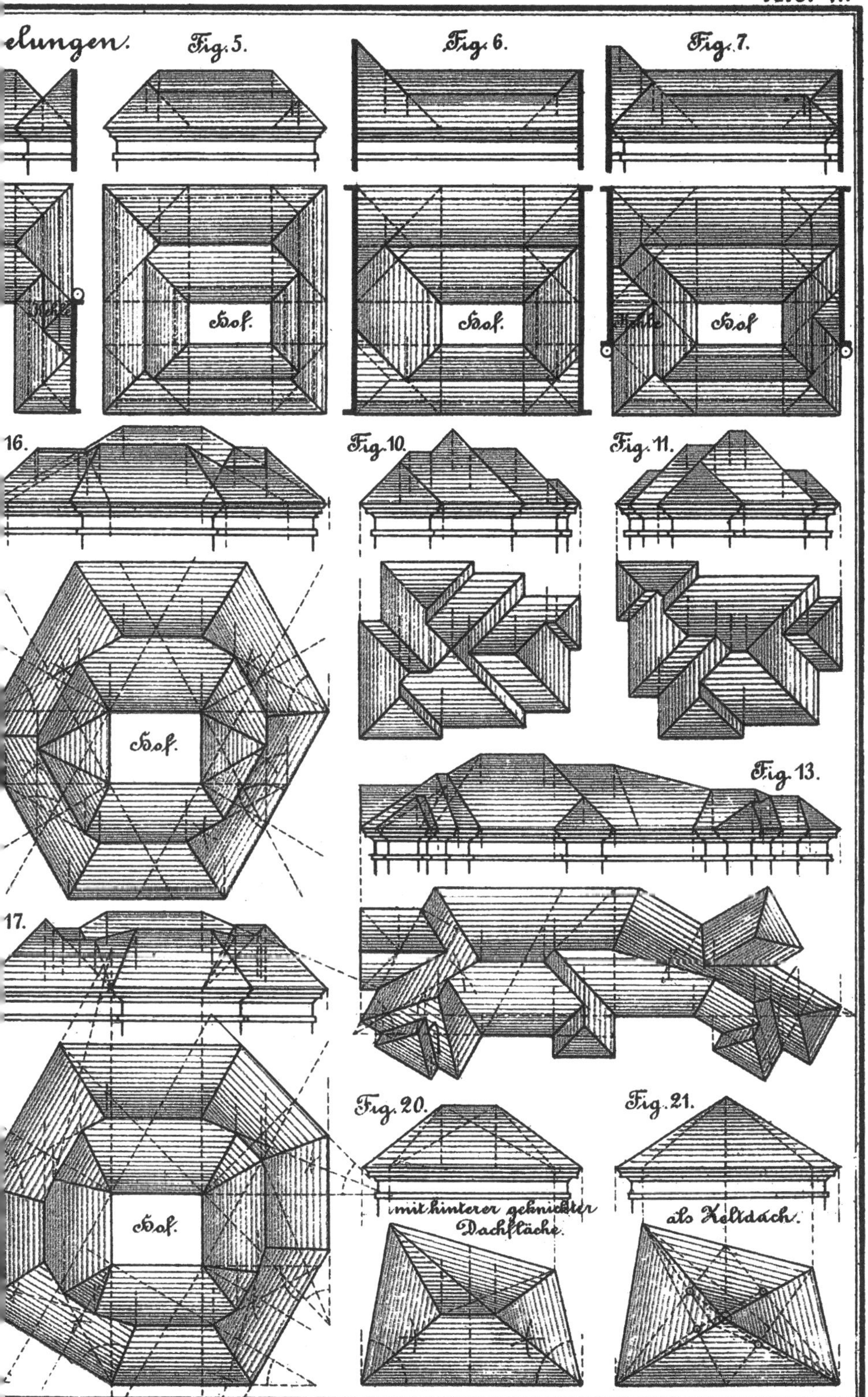

…er in Leipzig

Lith. u. Druck v. H. Arnold in Leipzig.

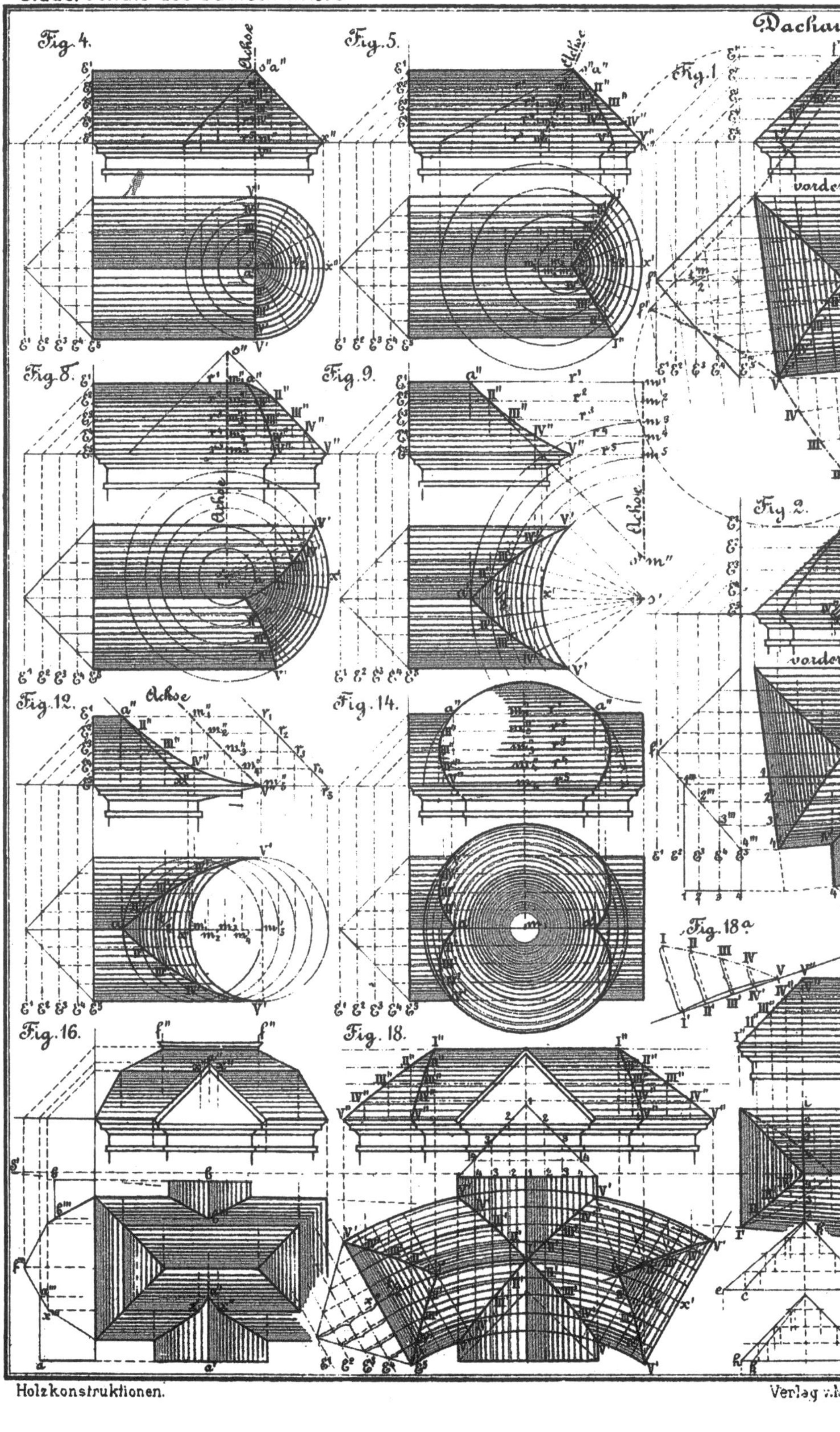
Dachau
Fig. 4.
Fig. 5.
Fig. 1
Fig. 8.
Fig. 9.
Fig. 2.
Fig. 12.
Fig. 14.
Fig. 18 a
Fig. 16.
Fig. 18.
Achse
vorder

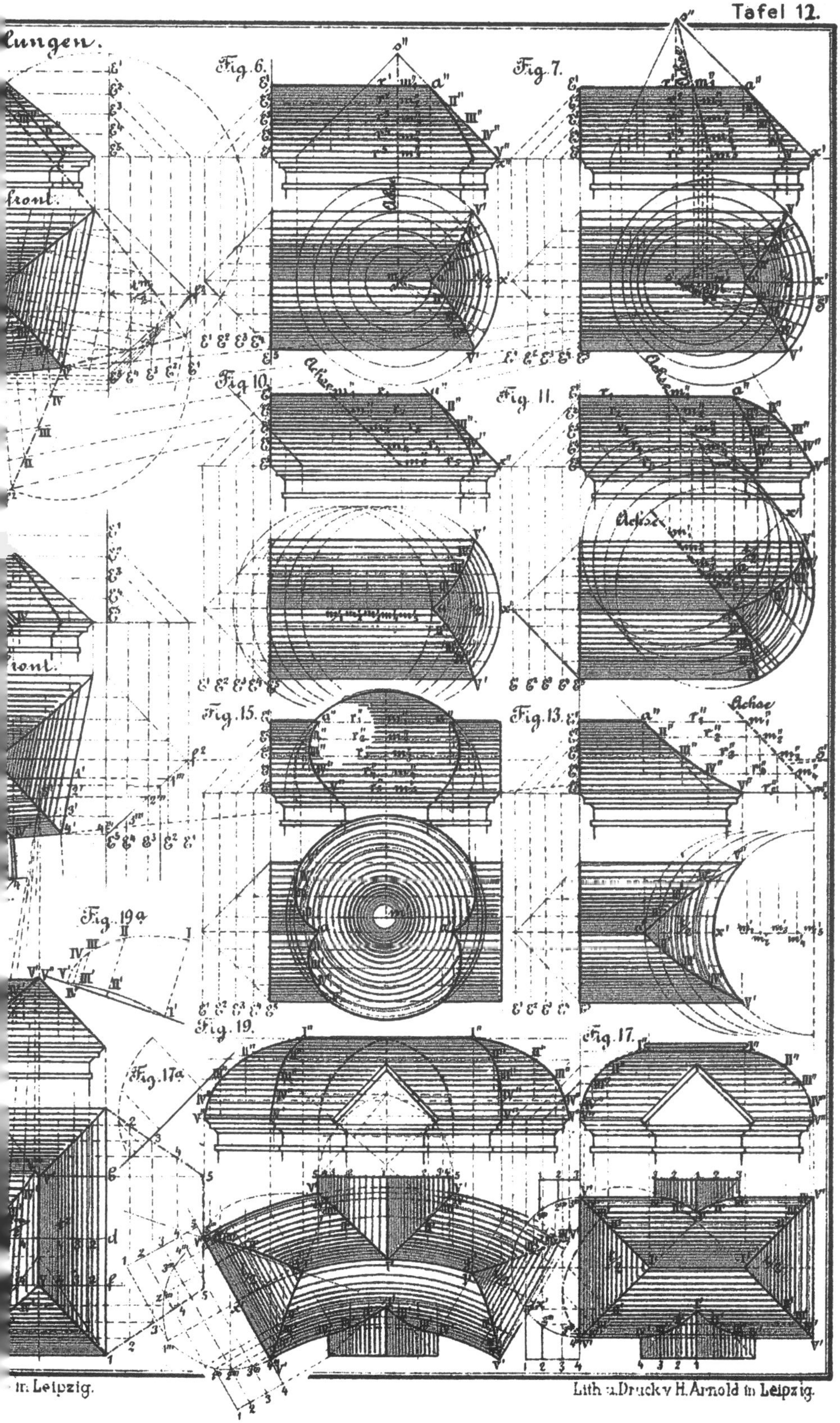

in Leipzig.

Lith. u. Druck v. H. Arnold in Leipzig.

Die Schiftung

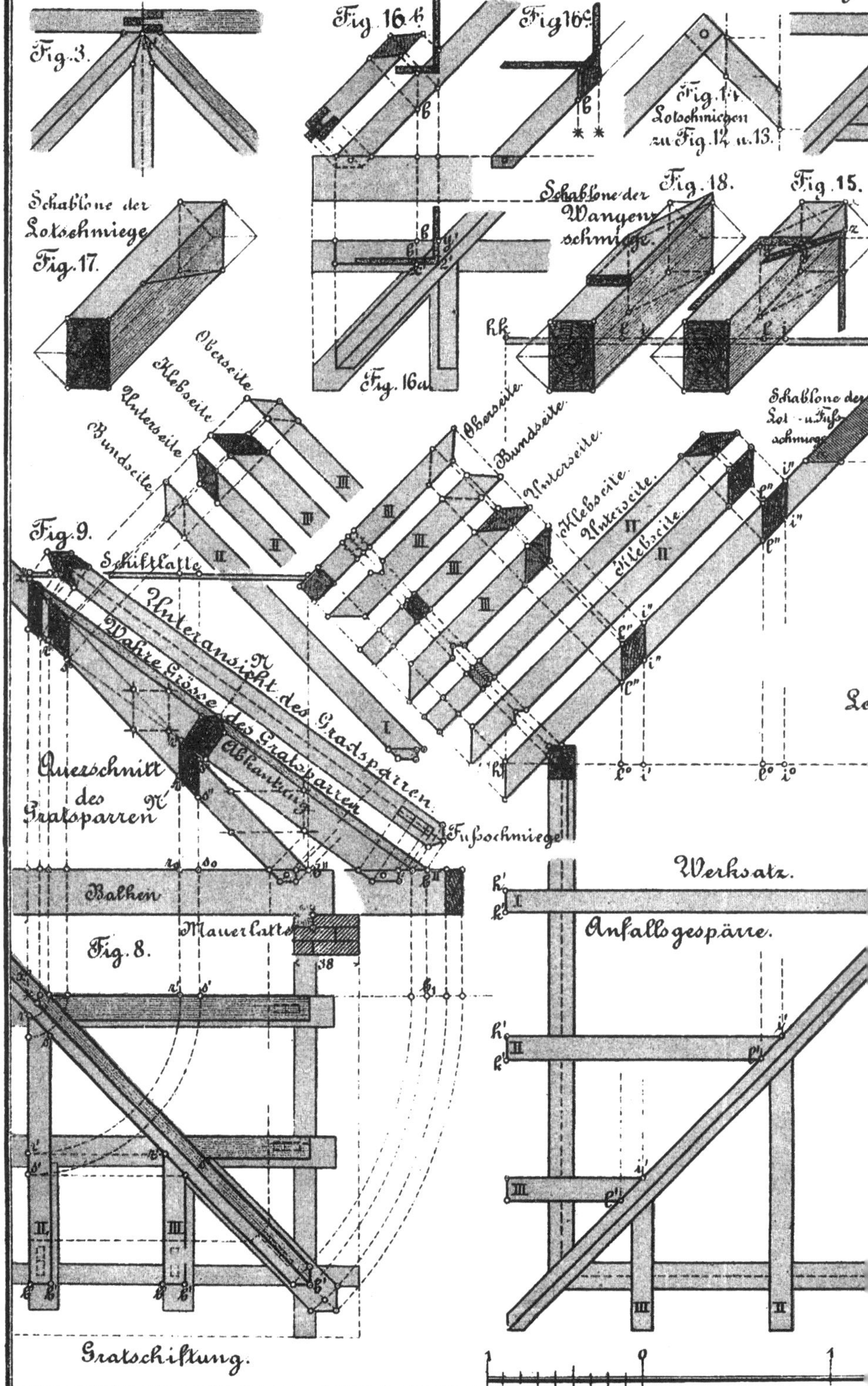

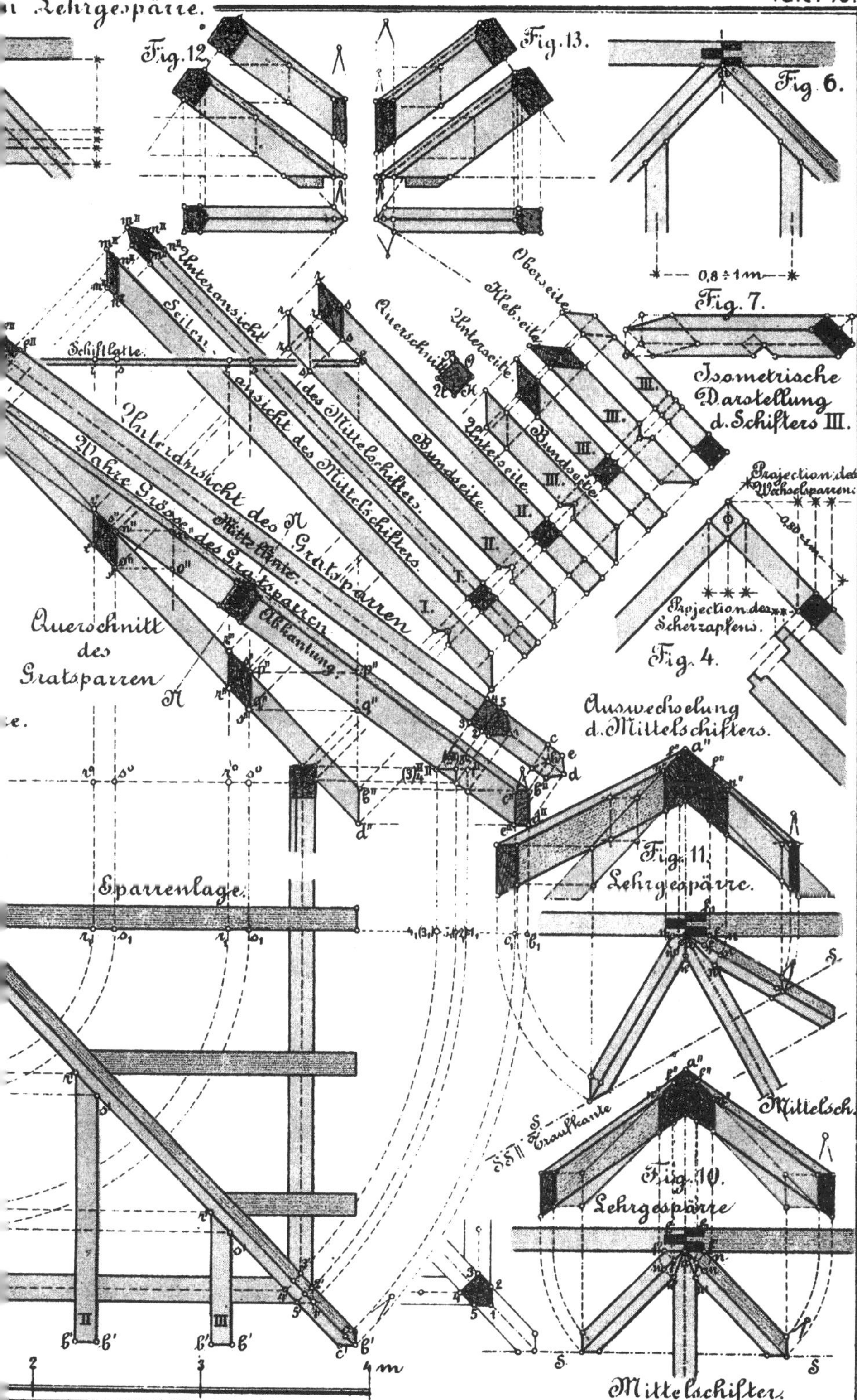
Fig. 12.
Fig. 13.
Fig. 6.
0,8 ÷ 1 m
Fig. 7.
Isometrische Darstellung d. Schifters III.
Schiftlatte
Unteransicht
Seitenansicht des Mittelschifters.
Unteransicht des Mittelschifters.
Querschnitt
Oberseite
Klebseite
Unterseite
Bundseite
Unteransicht des Gratsparren
Wahre Grösse des Gratsparren
Mittellinie
Abkantung
Querschnitt des Gratsparren
Projection des Wechselsparren
Projection des Scherzapfens
Fig. 4.
Auswechselung d. Mittelschifters.
Fig. 11. Lehrgespärre.
Sparrenlage.
Traufkante
Mittelsch.
Fig. 10. Lehrgespärre
Mittelschifter.
2
3
4 m

Die Schiftung

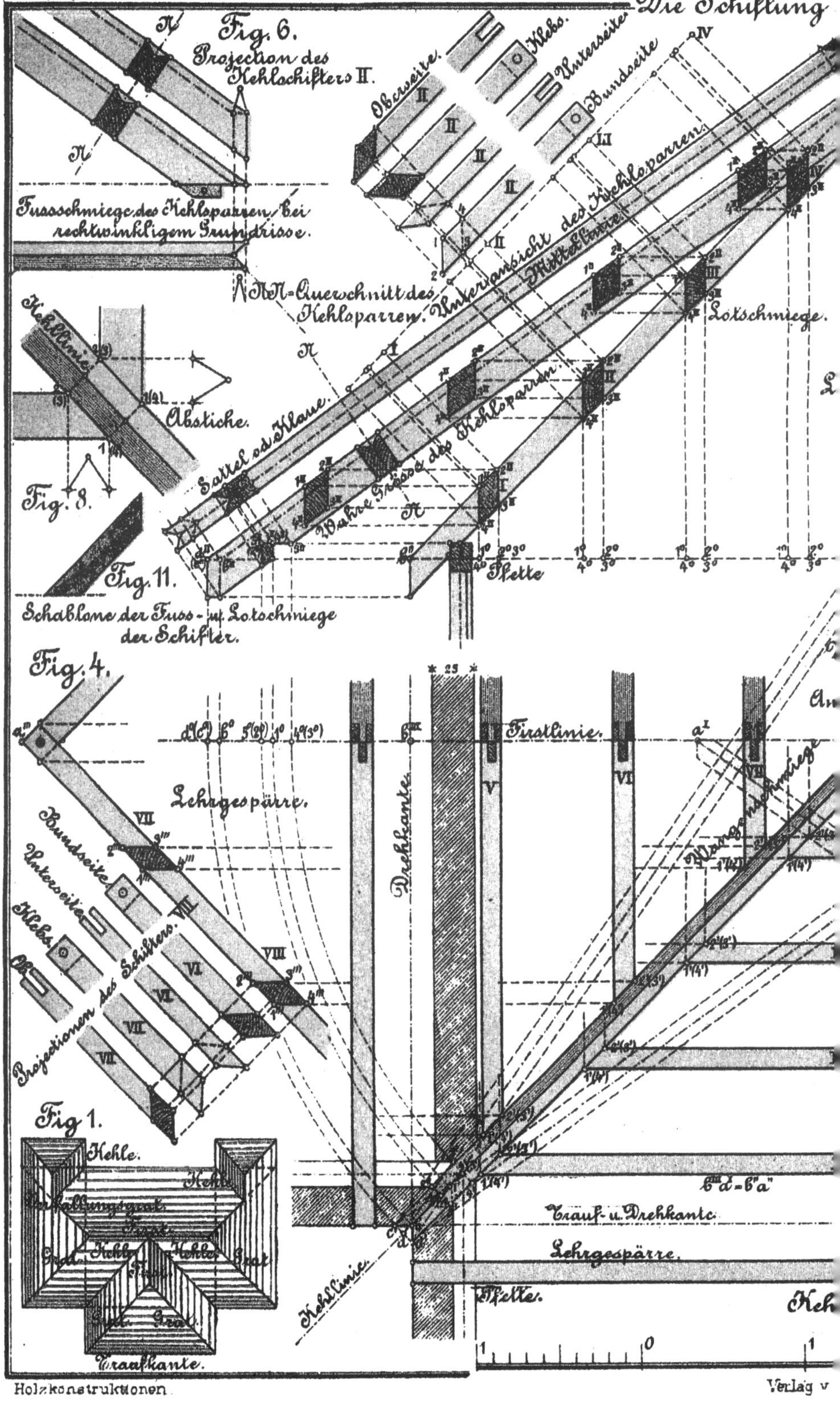

 Verlag v

…n Lehrgespärre.

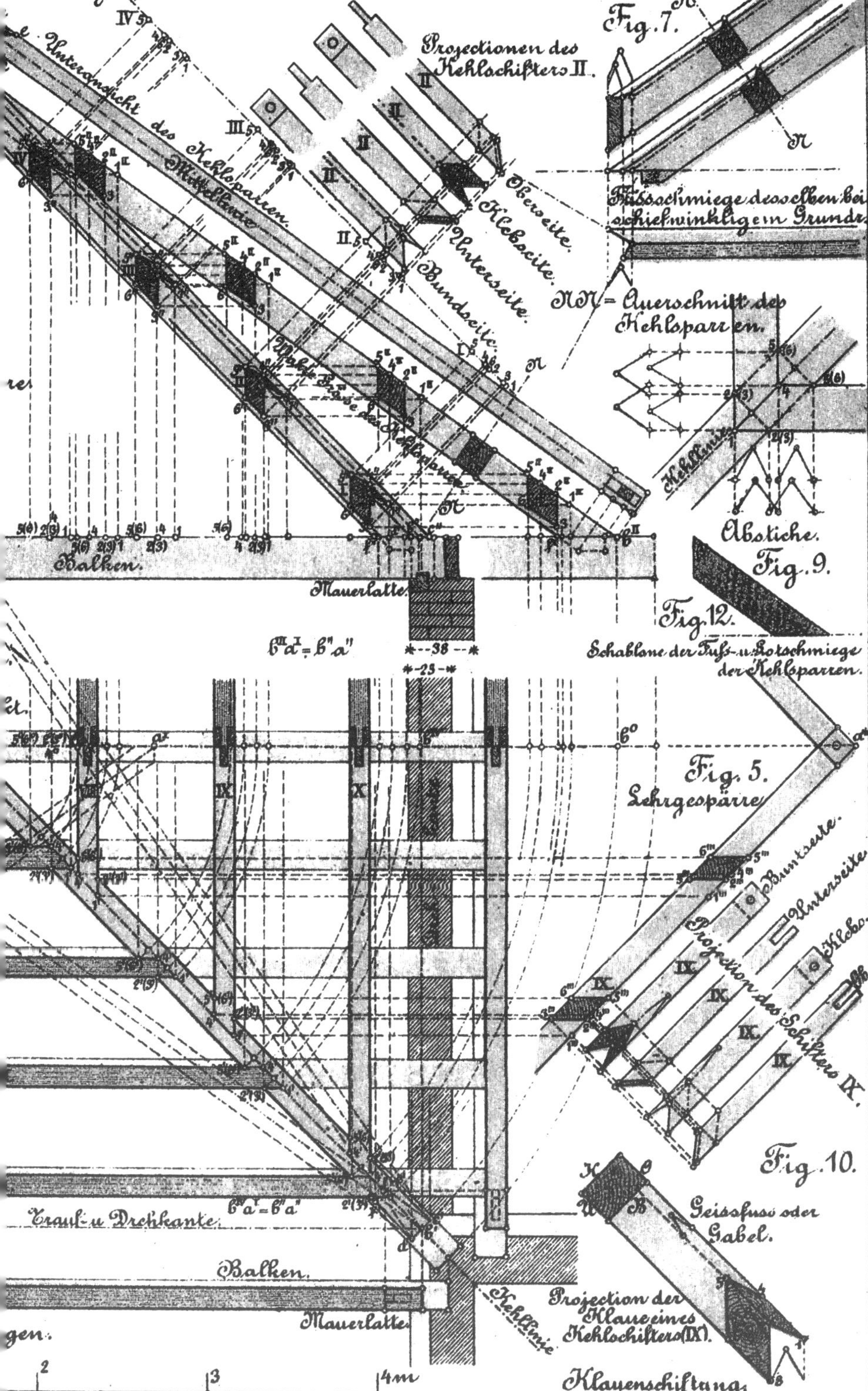

…Leipzig.

Lith. u. Druck v. H. Arnold, Leipzig.

Die Schiftung und die Bohlen-

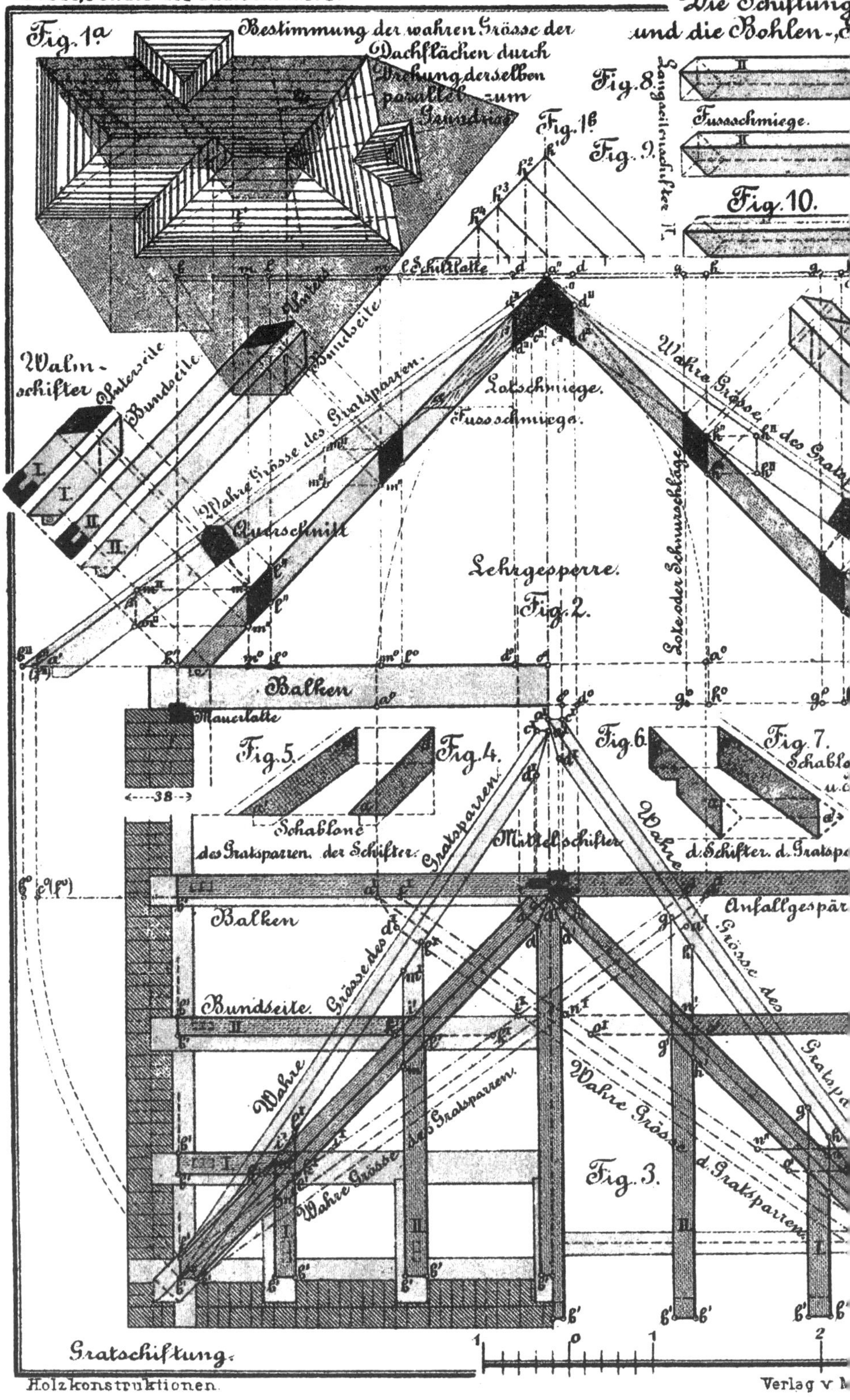

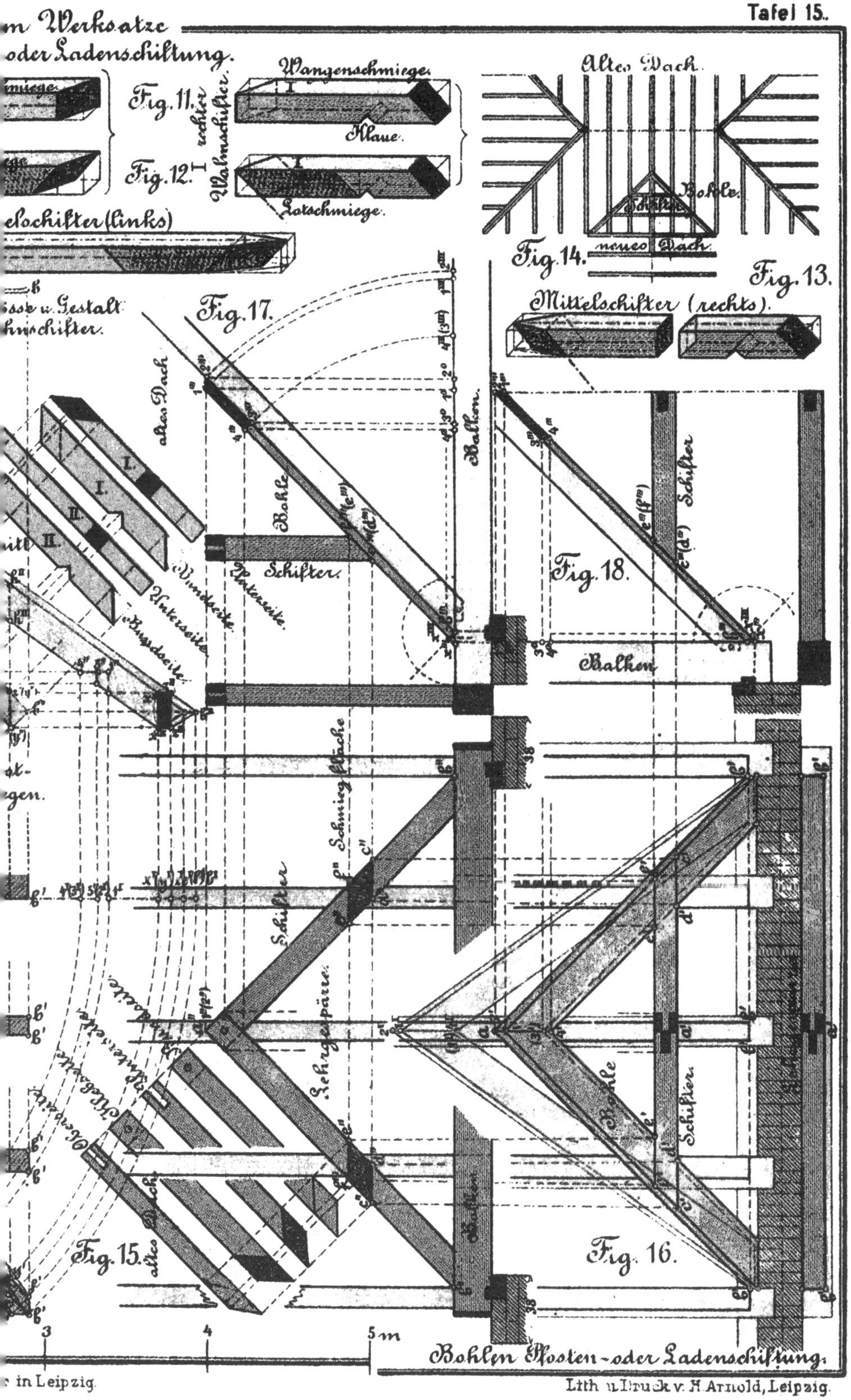

…e in Leipzig.

Lith. u. Druck v. H. Arnold, Leipzig.

Konstruktion der Kirchturmhelme.

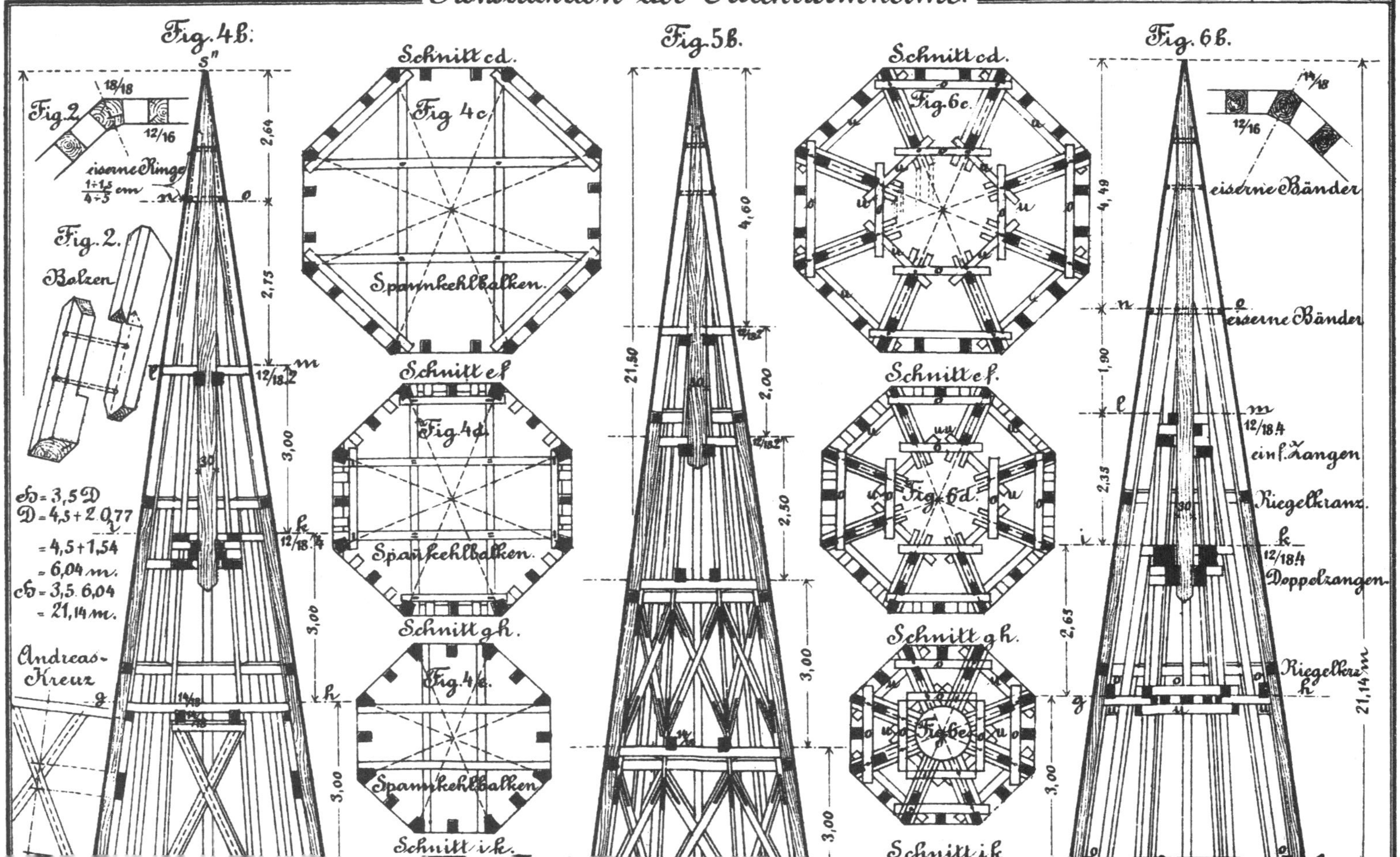

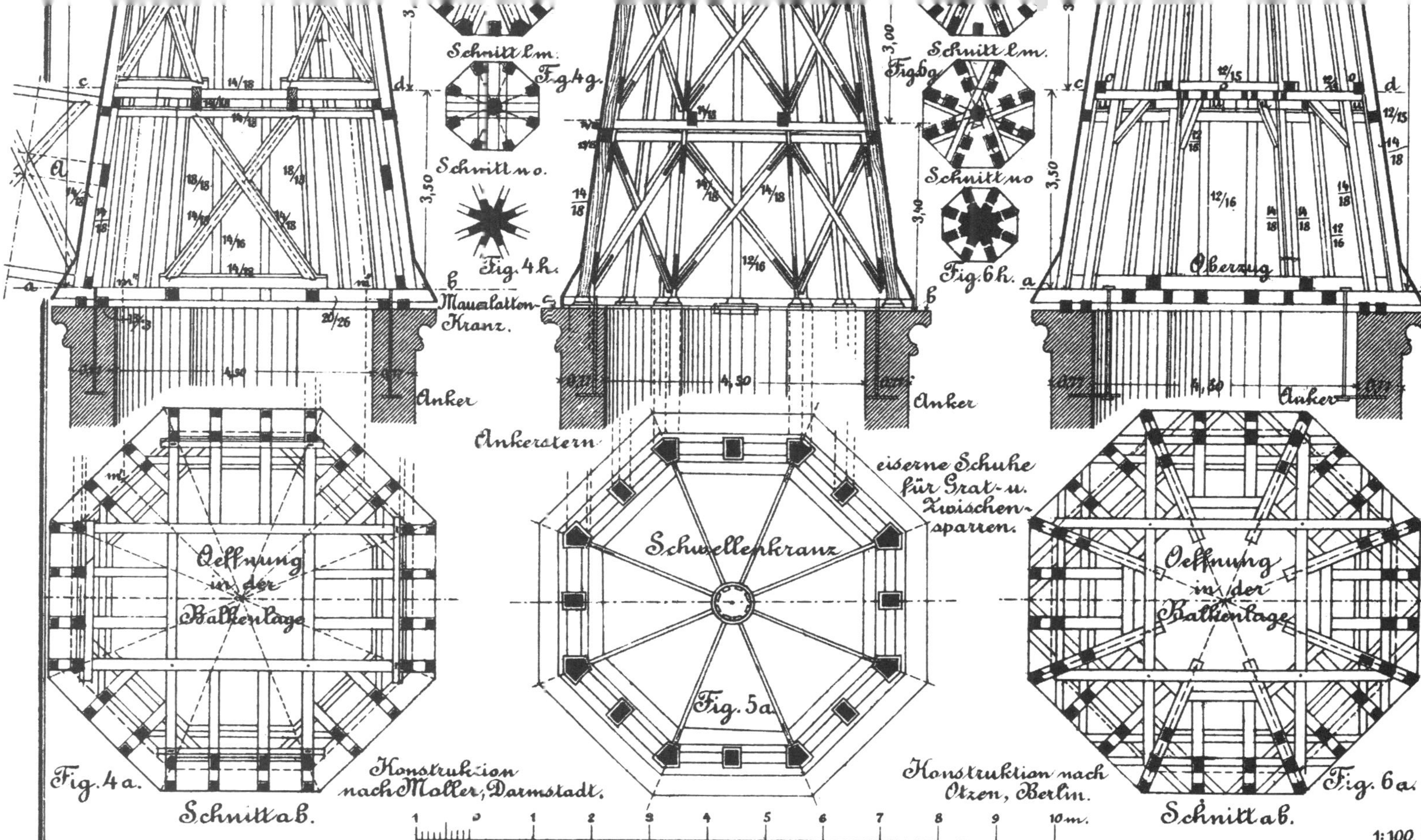

Verlag v. Moritz Schäfer in Leipzig

Lith. u. Druck v. H. Arnold in Leipzig.